W0258911

Medizinische Informatik und Statistik

Band 1: Medizinische Informatik 1975. Frühjahrstagung des Fachbereiches Informatik der GMDS. Herausgegeben von P. L. Reichertz. VII, 277 Seiten. 1976.

Band 2: Alternativen medizinischer Datenverarbeitung. Fachtagung München-Großhadern 1976. Herausgegeben von H. K. Selbmann, K. Überla und R. Greiller. VI, 175 Seiten. 1976.

Band 3: Informatics and Medecine. An Advanced Course. Edited by P. L. Reichertz and G. Goos. VIII, 712 pages. 1977.

Band 4: Klartextverarbeitung. Frühjahrstagung, Gießen, 1977. Herausgegeben von F. Wingert. V, 161 Seiten. 1978.

Band 5: N. Wermuth, Zusammenhangsanalysen Medizinischer Daten. XII, 115 Seiten. 1978.

Band 6: U. Ranft, Zur Mechanik und Regelung des Herzkreislaufsystems. Ein digitales Simulationsmodell. XV, 192 Seiten. 1978.

Band 7: Langzeitstudien über Nebenwirkungen Kontrazeption – Stand und Planung. Symposium der Studiengruppe „Nebenwirkungen oraler Kontrazeptiva – Entwicklungsphase", München 1977. Herausgegeben von U. Kellhammer. VI, 254 Seiten. 1978.

Band 8: Simulationsmethoden in der Medizin und Biologie. Workshop, Hannover, 1977. Herausgegeben von B. Schneider und U. Ranft. XI, 496 Seiten. 1978.

Band 9: 15 Jahre Medizinische Statistik und Dokumentation. Herausgegeben von H.-J. Lange, J. Michaelis und K. Überla. VI, 205 Seiten. 1978.

Band 10: Perspektiven der Gesundheitssystemforschung. Frühjahrstagung, Wuppertal, 1978. Herausgegeben von W. van Eimeren. V, 171 Seiten. 1978.

Band 11: U. Feldmann, Wachstumskinetik. Mathematische Modelle und Methoden zur Analyse altersabhängiger populationskinetischer Prozesse. VIII, 137 Seiten. 1979.

Band 12: Juristische Probleme der Datenverarbeitung in der Medizin. GMDS/GRVI Datenschutz-Workshop 1979. Herausgegeben von W. Kilian und A. J. Porth. VIII, 167 Seiten. 1979.

Band 13: S. Biefang, W. Köpcke und M. A. Schreiber, Manual für die Planung und Durchführung von Therapiestudien. IV, 92 Seiten. 1979.

Band 14: Datenpräsentation. Frühjahrstagung, Heidelberg 1979. Herausgegeben von J. R. Möhr und C. O. Köhler. XVI, 318 Seiten. 1979.

Band 15: Probleme einer systematischen Früherkennung. 6. Frühjahrstagung, Heidelberg 1979. Herausgegeben von W. van Eimeren und A. Neiß. VI, 176 Seiten, 1979.

Band 16: Informationsverarbeitung in der Medizin -Wege und Irrwege-. Herausgegeben von C. Th. Ehlers und R. Klar. XI, 796 Seiten. 1979.

Band 17: Biometrie – heute und morgen. Interregionales Biometrisches Kolloquium 1980. Herausgegeben von W. Köpcke und K. Überla. X, 369 Seiten. 1980.

Band 18: R.-J. Fischer, Automatische Schreibfehlerkorrektur in Texten. Anwendung auf ein medizinisches Lexikon. X, 89 Seiten. 1980.

Band 19: H. J. Rath, Peristaltische Strömungen. VIII, 119 Seiten. 1980.

Band 20: Robuste Verfahren. 25. Biometrisches Kolloquium der Deutschen Region der Internationalen Biometrischen Gesellschaft, Bad Nauheim, März 1979. Herausgegeben von H. Nowak und R. Zentgraf. V, 121 Seiten. 1980.

Band 21: Betriebsärztliche Informationssysteme. Frühjahrstagung, München, 1980. Herausgegeben von J. R. Möhr und C. O. Köhler. (vergriffen)

Band 22: Modelle in der Medizin. Theorie und Praxis. Herausgegeben von H. J. Jesdinsky und V. Weidtman. XIX, 786 Seiten. 1980.

Band 23: Th. Kriedel, Effizienzanalysen von Gesundheitsprojekten. Diskussion und Anwendung auf Epilepsieambulanzen. XI, 287 Seiten. 1980.

Band 24: G. K. Wolf, Klinische Forschung mittels verteilungsunabhängiger Methoden. X, 141 Seiten. 1980.

Band 25: Ausbildung in Medizinischer Dokumentation, Statistik und Datenverarbeitung. Herausgegeben von W. Gaus. X, 122 Seiten. 1981.

Band 26: Explorative Datenanalyse. Frühjahrstagung, München, 1980. Herausgegeben von N. Victor, W. Lehmacher und W. van Eimeren. V, 211 Seiten. 1980.

Band 27: Systeme und Signalverarbeitung in der Nuklearmedizin. Frühjahrstagung, München, März 1980. Proceedings. Herausgegeben von S. J. Pöppl und D. P. Pretschner. IX, 317 Seiten. 1981.

Band 28: Nachsorge und Krankheitsverlaufsanalyse. 25. Jahrestagung der GMDS, Erlangen, September 1980. Herausgegeben von L. Horbach und C. Duhme. XII, 697 Seiten. 1981.

Band 29: Datenquellen für Sozialmedizin und Epidemiologie. Herausgegeben von R. Brennecke, E. Greiser, H. A. Paul und E. Schach. VIII, 277 Seiten. 1981.

Band 30: D. Möller, Ein geschlossenes nichtlineares Modell zur Simulation des Kurzzeitverhaltens des Kreislaufsystems und seine Anwendung zur Identifikation. XV, 225 Seiten. 1981.

Band 31: Qualitätssicherung in der Medizin. Probleme und Lösungsansätze. GMDS-Frühjahrstagung, Tübingen, 1981. Herausgegeben von H. K. Selbmann, F. W. Schwartz und W. van Eimeren. VII, 199 Seiten. 1981.

Band 32: Otto Richter, Mathematische Modelle für die klinische Forschung: enzymatische und pharmakokinetische Prozesse. IX, 196 Seiten, 1981.

Band 33: Therapiestudien. 26. Jahrestagung der GMDS, Gießen, September 1981. Herausgegeben von N. Victor, J. Dudeck und E. P. Broszio. VII, 600 Seiten. 1981.

Medizinische Informatik und Statistik

Herausgeber: S. Koller, P. L. Reichertz und K. Überla

50

Der Beitrag der Informationsverarbeitung zum Fortschritt der Medizin

28. Jahrestagung der GMDS
Heidelberg, 26.-28. September 1983
Proceedings

Herausgegeben von
C.O. Köhler, P. Tautu und G. Wagner

Technischer Herausgeber: K. Schlaefer

Springer-Verlag
Berlin Heidelberg New York Tokyo 1984

Reihenherausgeber
S. Koller P. L. Reichertz K. Überla

Mitherausgeber
J. Anderson G. Goos F. Gremy H.-J. Jesdinsky H.-J. Lange
B. Schneider G. Segmüller G. Wagner

Herausgeber
C.O. Köhler
K. Schlaefer
P. Tautu
G. Wagner
Deutsches Krebsforschungszentrum
Institut für Dokumentation, Information und Statistik
Im Neuenheimer Feld 280, 6900 Heidelberg

ISBN-13:978-3-540-12912-7 e-ISBN-13:978-3-642-82158-5
DOI: 10.1007/978-3-642-82158-5

2145/3140 – 5 4 3 2 1 0

INHALTSVERZEICHNIS

Vorwort

Der vorliegende Band enthält die auf der 28. GMDS-Jahrestagung gehaltenen Vorträge und ein gesondertes Kapitel mit Vorträgen und Diskussionsbemerkungen des Workshops 'Sprachen und Grammatiken'. Die Reihenfolge und Einordnung der Arbeiten ist gegenüber der Vortragsfolge leicht verändert worden, um inhaltlich einen noch besseren Zusammenhang der Themen herzustellen. Alle Übersichtsreferate und Grundlagenarbeiten wurden an den Anfang des Buches gestellt.

Das ursprüngliche Vorhaben, den Satz für diesen Band auf einer computergesteuerten Lichtsatzanlage zu erstellen, mußten wir leider nach zeitraubenden Bemühungen wieder aufgeben, da es nicht möglich war, die mit Hilfe des Textsystems "SCRIPT" erstellten Texte auf einfache Art und Weise in eine für den Lichtsatz geeignete Form zu transferieren. Die Zusage der damit betrauten Firma wurde von dieser wieder zurückgezogen, da die Kosten für die Erstellung eines Interfaceprogramms den möglichen Kostenrahmen bei weitem gesprengt hätten.

Für die Hilfe bei der Produktion des Bandes danken wir Frau Gabriele Acar, die den größten Teil der organisatorischen Arbeiten neben der Erfassung zu erledigen hatte, sowie ihrer ebenfalls mit der Erfassung und Korrektur betrauten Kollegin Erika Kraus.

Schließlich ist es uns eine angenehme Pflicht, dem Herausgeber der Reihe und dem Springer-Verlag für die Unterstützung bei der Herstellung des Bandes zu danken.

Heidelberg, August 1984

C.O. Köhler P. Tautu G. Wagner

FESTVORTRAG ZUR VERLEIHUNG DES PAUL-MARTINI-PREISES

Placebo - das universelle Medikament

F. Gross †

Placebo - die Herkunft vom Lateinischen 'placere' ist sicher, die Bedeutung ungewiß: 'placere' im Sinne von gefällig sein, nicht von gefallen. Im Oxford Dictionary findet sich die erste medizinische Definition von 1811: 'a medicine given more to please than to benefit the patient'; 1953 heißt es leicht abgewandelt: 'a medicine to humour, rather than cure, the patient'. Beides trifft nur teilweise zu, denn die Anwendung von Placebos in der Therapie bringt dem Patienten Nutzen; andererseits dient der Einsatz zur Kontrolle eines therapeutischen Versuches nicht dazu, dem Patienten gefällig zu sein. Auch andere Definitionen des Placebo-Begriffs zeigen, wie schwierig es ist, diese doppelte Funktion der Prüfung und der Behandlung zu charakterisieren.

Im Vordergrund steht die Verwendung in der Therapie, wobei der Placebo-Effekt als die therapeutische oder unerwünschte Wirkung anzusehen ist, die auf der Einnahme der Tablette, aber nicht auf deren pharmakologischen Eigenschaften beruht (WOLF [38]). SHAPIRO [33] hat dies präzisiert und den Placebo-Effekt als die unspezifische Wirkung einer Therapie bezeichnet, die einen zusätzlichen spezifischen Effekt haben kann oder nicht. MODELL [26] geht noch weiter mit seiner Auffassung, daß jede Behandlung gleichzeitig einen Placebo-Effekt beinhaltet, von dem sich der Arzt nicht freimachen kann, sondern dessen er sich bedienen muß, im guten oder schlechten Sinn, wissentlich oder unwissentlich, töricht oder mit Überlegung. Diese umfassende Definition des Placebo-Effektes schießt wohl über das Ziel hinaus und gilt nicht für lebensrettende Maßnahmen oder Eingriffe bei schweren Erkrankungen, ist jedoch berechtigt für die Beeinflussung funktioneller Störungen und der dabei auftretenden vielfältigen Symptomatik.

Der Begriff 'Placebo' tauchte im deutschen Sprachgebiet erst gegen Ende der vierziger Jahre auf, im Zusammenhang mit Bemühungen, klinische Prüfungen von Arzneimitteln von subjektiven Eindrücken freizuhalten. MARTINI [24] hatte in seiner 'Methodenlehre der klinisch-therapeutischen Forschung' bereits Kontrolluntersuchungen gefordert, aber dabei von Schein- oder Leertabletten gesprochen; GADDUM [16] hatte die Bezeichnung 'dummy tablets' oder 'dummies' vorgeschlagen, die sich aber gegen den Wohlklang von 'Placebo' nicht durchsetzen konnte, abgesehen davon, daß ihr das wissenschaftliche Kolorit fehlt, das dem Placebo anhaftet, auch wenn man seine lateinische Herkunft nicht (mehr) kennt. Die Bezeichnung mag sogar gelegentlich am Effekt nicht unbeteiligt sein. Die Definition des Placebos als Kontrollsubstanz lautet: 'Scheinmedikament mit dem Aussehen und dem Geschmack des richtigen Arzneimittels, das bei entsprechender Versuchsanordnung die Unterscheidung zwischen den echten Arznei- und den psychischen Wirkungen ermöglicht' (SCHALDACH, Wörterbuch der Medizin, [31]). Auch dies ist nur teilweise zutreffend, da hinsichtlich des Geschmacks meist keine Übereinstimmung zwischen dem Medikament und dem entsprechenden Placebo zu erreichen ist, mitunter gar nicht erst versucht wird. Weiterhin bezieht sich diese Charakterisierung nur auf die Reaktionen des Patienten, nicht jedoch auf die Voreingenommenheit des Beobachters, also des Arztes, die durch die Gabe des Placebos auch ausgeschaltet werden soll. Dies gilt jedenfalls für die doppeltblinde Versuchsanordnung.

Im Bestreben nach einer möglichst umfassenden Begriffsbestimmung schlägt BRODY [9] vor: '1) Die Gabe eines Placebos ist eine Form der ärztlichen Behandlung oder ein Eingriff, der eine Behandlung simulieren soll und der zur Zeit seiner Anwendung keine spezifische Therapie für den Zustand darstellt, bei dem er vorgenommen wird. Placebos werden entweder wegen ihres psychologischen Effektes verwendet oder, um in einer Versuchsandordnung die Voreingenommenheit des Beobachters auszuschalten. - 2) (als Zusatz) eine Art der ärztlichen Behandlung, die heute als unwirksam angesehen wird, obwohl zur Zeit ihrer Anwendung an ihre Wirksamkeit geglaubt wurde'.
Auch diese Definition, obwohl zutreffender als die vorher angegebenen, vermag nicht

voll zu befriedigen. Der Zusatz soll der häufig geäußerten Feststellung Rechnung tragen, daß vor 100 Jahren die meisten der von den Ärzten verschriebenen Arzneien in Wirklichkeit Placebos waren. Wie viele es heute sind, wo wir den Nachweis der Wirksamkeit fordern, ist nicht sicher anzugeben, aber zweifellos ist eine beträchtliche Zahl von unwirksamen Medikamenten noch in allgemeinem Gebrauch. Abgesehen davon ist die nicht indizierte Anwendung wirksamer Arzneimittel derjenigen von Placebos gleichzusetzen. Diesem Aspekt trägt in der Definition der Hinweis Rechnung, daß eine nicht spezifische Behandlung für den zu behandelnden Zustand als Placebo-Therapie anzusehen ist - offensichtlich eine Übertreibung, denn die symptomatische Therapie ist häufig unspezifisch, und nur für wenige Krankheiten stehen uns Arzneimittel zur Verfügung, deren Wirkung wir als spezifisch bezeichnen können. Die Bemühungen um eine zutreffende Definition zeigen somit die Schwierigkeiten auf, alle Gegebenheiten und Möglichkeiten, die für die Anwendung von Placebos bestehen, in kurzer Form zusammenfassen.

Placebos in der Therapie

Reine oder echte Placebos enthalten lediglich Milchzucker, Stärke oder andere inerte Substanzen und Hilfsstoffe, Geschmackskorrigentien, Farbstoffe usw.. Ihnen gegenüberzustellen sind die unwirksamen Arzneimittel, für die sich beim Menschen kein eindeutiger, therapeutisch nutzbarer Effekt nachweisen läßt, und deren Zubereitungen als unreine, falsche oder Pseudoplacebos bezeichnet werden. Hinzu kommen Bestandteile von Arzneimittelkombinationen, die zur Gesamtwirkung nichts beitragen, weil sie unwirksam oder unterdosiert sind. Schließlich sind die Medikamente zu erwähnen, deren sich bestimmte medizinische Gruppen bedienen, die Homöopathen zum Beispiel, besonders soweit sie Hochpotenzen verschreiben, aber auch die der anthroposophischen Lehre anhängenden Ärzte, die den kontrollierten therapeutischen Versuch ablehnen und glauben, aus Einzelbeobachtungen allgemeingültige Schlüsse ziehen zu können. Als Beispiel sei das Hustenmittel Pertussin genannt, das ich bereits als Kind erhielt und dessen Geschmack ich schätzte, das aber damals den Keuchhusten ebensowenig beinflußte wie heute [39].

Echte (reine) Placebos

Ursprünglich zur Kontrolle der Wirkung von Analgetika eingesetzt, zeigten sie rasch, daß sie in einem nicht unerheblichen Prozentsatz - mitunter bis zu 50% - einen schmerzlindernden Effekt besitzen, Henry BEECHER, der als erster systematisch Placebo-Kontrollen vorgenommen hatte, sprach bereits 1955 vom 'powerful placebo', von der wirksamen Scheintablette, und stellte fest, daß sie nicht nur therapeutische Wirkungen entfalten, sondern auch toxische Effekte hervorrufen kann [3]. Diese zunächst überraschende Beobachtung beruht im wesentlichen auf zwei Ursachen: dem Einfluß des Arztes und der Reaktion des Patienten. MODELL [26] hat angegeben, daß jeder Arzt unvermeidlich Placebo-Wirkungen hervorruft, allein schon wegen seiner Rolle als 'Heiler', die in unserer Kultur verankert ist. Hinzu kommen das Gewicht der ärztlichen Persönlichkeit, das Verhältnis des Arztes zum Patienten, die Art und Weise, wie er ihn untersucht und welche Ratschläge er ihm gibt. Je mehr sich der Arzt mit dem Patienten beschäftigt, je mehr Zeit er ihm widmet und sich bemüht, auf seine Beschwerden und auf seine damit zusammenhängenden Anliegen einzugehen, um so stärker wird der Placebo-Effekt sein. Dies gilt jedenfalls für funktionelle Beschwerden und für die Behandlung bestimmter Symptome (z.B. Schmerzen), insbesondere, wenn sie zeitlich begrenzt sind. Ärzte, die der Wirksamkeit der von ihnen empfohlenen Behandlung vertrauen, die ihre Erwartungen und ihren Enthusiasmus auf die Patienten übertragen, rufen bei diesen eine positive Placebo-Reaktion hervor. Selbstverständlich können enttäuschte Erwartungen oder Versagen der angewendeten Therapie den gegenteiligen Effekt haben, der sich dann möglicherweise negativ auf eine nachfolgende andersartige Behandlung auswirkt.

Ansprechen auf Placebos

Bemühungen, einen bestimmten Persönlichkeitstypus zu charakterisieren, der besonders auf Placebos reagiert, haben kein einheitliches Bild ergeben. Bei Placebo-Reaktoren auf postoperative Schmerzzustände wurde versucht, charakteristische psychologische Kriterien aufzustellen. Dabei fanden sich zwar gewisse Unterschiede zwischen den Placebo-Reaktoren und den nicht darauf ansprechenden Personen, aber diese Merkmale entsprachen nicht dem vermuteten Bild. Die Placebo-Reaktoren waren weder wehleidig noch Querulanten, weder überwiegend Männer noch Frauen, gehörten keiner besonderen Altersklasse an und hatten den gleichen Intelligenzgrad wie diejenigen, bei denen Placebos keine Wirkung zeigten (LASAGNA et al. [20]). Nur mit Hilfe einer detaillierten psychologischen Analyse ließen sich einzelne charakteristische Differenzen feststellen, zumindest für die einheitlich positiv oder negativ reagierenden Personen, dagegen nicht für die nur gelegentlich ansprechenden. In der genannten vergleichenden Studie von Morphin- und Placebo-Injektionen zur Behandlung postoperativer Schmerzen fanden sich unter 69 Patienten 14%, die gleichartig positiv auf Placebos reagierten, 31%, die regelmäßig nicht auf Placebos ansprachen, und 55%, die in ihrer Ansprechbarkeit variierten. Die Wirksamkeit sowohl von Morphin als auch von Placebos nahm mit steigender Zahl von Injektionen ab, d.h. die Beeinflußbarkeit der Schmerzen verhält sich umgekehrt proportional zu deren Dauer.

Diese vor 30 Jahren erhobenen Befunde zur Charakterisierung von Placebo-Reaktoren zeigen die Schwierigkeiten auf, die hinsichtlich einer Voraussage der Ansprechbarkeit bestehen. Der naheliegende Schluß, daß eine positive Reaktion auf Placebos darauf hinweist, daß die behandelte Erkrankung oder das Symptom psychogenen Ursprungs ist, trifft ebensowenig zu wie die Annahme, daß eine negative Placebo-Antwort das Vorliegen einer organischen Krankheit anzeigt. Schwere somatische Erkrankungen können - zumindest vorübergehend - gut auf Placebos ansprechen, während sich psychische Störungen als resistent erweisen können. Für die Anwendung von Placebos gilt somit das gleiche wie für jede Arzneimitteltherapie, nämlich daß eine sorgfältige Untersuchung und eine vollständige Diagnostik vorauszugehen haben und daß erst nach Vorliegen aller Daten darüber zu entscheiden ist, welche Arzneimittel zu geben sind. Nicht der Persönlichkeitstypus des Patienten steht im Vordergrund, sondern die Krankheit, die Symptomatologie, mögliche äußere und innere Ursachen, die beseitigt werden können. Placebos in der Therapie einzusetzen, ist kein billiger Ersatz für eine rationale, wohl überlegte medikamentöse Behandlung, sondern erfordert sorfältiges Abwägen aller Gegebenheiten (MODELL [27]).

Ein neuer Gesichtspunkt in der Analyse der Reaktion auf Placebos ist die Bedeutung der zwischenpersönlichen Beziehungen der Behandelten. Psychoaktive Arzneimittel sind wirksamer, wenn sie Gruppen von Patienten verabreicht werden, als bei Gabe an das einzelne Individuum (ADLER und VAN BUREN HAMMELT [1]). Die Gabe von Placebos bietet eine Möglichkeit, dem Bedürfnis des Menschen zu entsprechen, sich in die Gruppe zu integrieren, ist ein Werkzeug, das hilft, das emotionelle Milieu zu schaffen, in dem sich das Individuum wohlfühlt. Placebos also als psychologische Regulatoren, die zur Erkennung grundlegender Bedürfnisse des Menschen beitragen, in diesem Fall Hilfsmittel zur Gruppenbildung, zur Vertiefung der Beziehung zwischen Arzt und Patient, zu Gruppen von Patienten - interpersonelle Therapie, ein neuer Aspekt.

Den Einfluß des Arztes und seiner Tätigkeit auf die Reaktion gegenüber Placebos hat SHAPIRO [34] als Iatroplacebogenese bezeichnet. Für den Beitrag des Arztes zur Placebo-Gabe und deren therapeutischen Wirkungen ist seine psychosoziologische Einstellung von entscheidender Bedeutung. Direkte und indirekte Iatroplacebogenese werden unterschieden; die erstere bezieht sich auf das Verhalten des Arztes gegenüber dem Patienten, auf die Erwartungen, die er von der Behandlung und deren Ergebnissen hat; indirekte Iatroplacebogenese äußert sich in der Auslösung oder Verstärkung von Placebo-Effekten, wenn der Arzt sich für die von ihm vorgeschlagene Behandlung oder seine Auffassung von der Erkrankung besonders einsetzt. Er ist auf sein eigenes Prestige bedacht, vor allem wenn es sich um einen originellen Beitrag von ihm handelt. Ein ähnlicher Einfluß kann sich ergeben, wenn er sich erst kürzlich mit einer neuen Therapie vertraut gemacht hat oder zu ihr bekehrt wurde, insbesondere wenn die Behandlung mühsam, aufwendig, langwierig, modern, ausgefallen oder gefährlich ist. Der Placebo-Effekt ist demnach ein vielfach determiniertes Phänomen, und die Iatroplacebogenese kann in begrenztem Maße helfen, verschiedene Beobachtungen über therapeutische und Placebo-Wirkungen zu erklären. Retrospektive Daten und Hypothesen sind allerdings oft unzureichend für die weitere Analyse der primären und wichtigen iatroplacebogenen Faktoren; dafür sind sorgfältige prospektive Studien erforderlich (SHAPIRO [34]). Diese Aufforderung ist allerdings nur in sehr begrenztem Maß befolgt worden; jedoch bedeutet dies nicht, daß es unwichtig ist, den genannten Einflüssen weiter nachzugehen.

Unerwünschte Wirkungen von Placebos

In zahlreichen Untersuchungen, in denen Placebos verwendet wurden, finden sich Angaben über unerwünschte Nebenwirkungen, die sich nicht von denjenigen unterscheiden, die bei Gabe von Arzneimitteln auftreten. Dabei ist die Art der Nebenwirkungen teilweise abhängig von den unerwünschten Effekten des Vergleichspräparates, auf die der Patient aufmerksam gemacht wurde, oder die Erscheinungen sind identisch mit Symptomen, zu deren Behandlung das Arzneimittel gegeben wird. So wurden bei einem Vergleich mit Hyoscin unter Placebos Miktionsbeschwerden und Sehstörungen angegeben (BRAND und WHITTINGHAM [8]). Schon BEECHER [3] hat auf die Nebenwirkungen unter Placebo-Gabe hingewiesen und bei über 1000 Patienten 35 verschiedene Symptome festgestellt, und zwar bis zu einer Häufigkeit von 50% (Benommenheit bei 36 von 72 Patienten). Es ist nicht verwunderlich, daß subjektive Symptome wie Kopfschmerzen, Benommenheit, Müdigkeit, Schwindelgefühl oder Trockenheit im Mund häufig angegeben werden. Schwieriger ist das Auftreten von Durchfällen oder Verstopfung zu erklären, von Erbrechen, von Ödemen, Juckreiz oder Exanthemen (SCHINDEL [32]; HOUZAK et al. [18]). Schließlich ist sogar über Abhängigkeit von Placebos berichtet worden (VINAR [37]).

Die Ursachen dieser durch reine Placebos hervorgerufenen Nebenwirkungen sind nicht bekannt. Sicher sind sie zum großen Teil psychogener Natur, teilweise ist es zufällige Koinzidenz. Ebensowenig steht fest, ob positive Placebo-Reaktoren auch in vermehrtem Maße mit unerwünschten Wirkungen ansprechen. Viel hängt wahrscheinlich ab von der heute geforderten Aufklärung des Patienten vor einem therapeutischen Versuch, bei der er darüber zu informieren ist, mit welchen Nebenwirkungen des Medikamentes eventuell zu rechnen ist. Dadurch wird das Bestreben nach Objektivität, das die kontrollierte therapeutische Studie auszeichnet, nicht unerheblich beeinflußt.

Falsche Placebos, Pseudoplacebos

Im Gegensatz zum reinen oder echten Placebo enthält das Pseudoplacebo eine oder mehrere pharmakodynamisch aktive Substanzen, die jedoch nicht zur Wirksamkeit beitragen, entweder weil die Dosis zu niedrig ist oder weil die Erkrankung oder das Symptom, für dessen Behandlung sie gegeben werden, nicht darauf anspricht. Somit besteht keine deutliche Grenze zwischen dem, was noch als Placebo-Wirkung anzusehen ist, und Wirkungen positiver oder negativer Art, die der oder den im Pseudoplacebo enthaltenen Stoffen zuzuschreiben sind. Charakteristische Beispiele sind Vitamine, die als Tonika gegeben werden, entweder allein oder zusammen mit anderen Stoffen, wie Eisen, Arsen, Strychnin, Adenosin, Pflanzenextrakten und vielen anderen mehr. Sogenannte Leberschutzpräparate sind hier zu nennen, insbesondere solche, die Vitamin B_{12} als Hauptbestandteil und zusätzlich noch Cholin, Methionin sowie verschiedene andere Vitamine enthalten. Aber auch Antibiotika sind als Placebos anzusehen, wenn sie zur Behandlung von Virusinfektionen dienen, nicht um vor einer möglichen sekundären bakteriellen Infektion zu schützen, sondern um auf die primären Erreger einzuwirken - Placebo-Effekte wirksamer Medikamente bei falscher Indikation (BOK [7]). Ähnlich ist es mit der Gabe gefäßerweiternder Substanzen bei nachlassender Gedächtnisleistung und affektiven Störungen im Alter, die ausgesprochene spontane Schwankungen aufweisen, nur unzureichend definiert sind und deren Beeinflussung nicht objektiv meßbar ist. Aber nicht nur Medikamente sind hier zu nennen, sondern auch ärztliche Maßnahmen - erinnern wir uns an den Aderlaß und seine mißbräuchliche Anwendung, die außerdem zu schweren Schädigungen geführt hat, an die Einläufe und Klistiere, zusammen mit dem übermäßigen Gebrauch von Abführmitteln, zur Behandlung aller möglichen Beschwerden und an verschiedene balneologische oder andere Methoden der physikalischen Therapie. Auch die Rollkur beim Ulkus ist hier anzuführen, ursprünglich ausgehend von der naiven Vorstellung, man könne die leicht schleimhautätzende organische Silberverbindung Targesin durch Lageänderungen des Körpers möglichst homogen auf der Magenmukosa verteilen. Targesin war bereits wirkungslos zur Verbesserung der Ulkusheilung und wurde durch den Wechsel von Rücken- über Seiten- zu Bauchlage nicht wirksamer. Aber der Patient war beschäftigt, drehte sich nach den Anweisungen des Arztes und der Krankenschwester gewissenhaft alle paar Minuten auf eine andere Seite und glaubte an den Nutzen dieser Übung, die ihm verständlich war.

In diesem Zusammenhang ist ein Wort zur Wirksamkeit homöopathischer Mittel angezeigt. In der Homöopathie findet sich eine eigenartige Verknüpfung von intensivem Bemühen um eine differenzierte, individuelle Symptomatik, die auf der empirischen Anwendung natürlicher Stoffe beim Gesunden beruht, mit obsoleten pharmazeutischen Methoden, die als ebenso unwissenschaftlich anzusehen sind wie die bizarre Art ihrer Dosierung. Der Versuch, eine individuelle Umstimmung als kausales Behandlungsprinzip anzusehen, ist durchaus vertretbar; fraglich ist allerdings, ob dies mit den zur Verfügung stehenden und eingesetzten Mitteln möglich ist und ob die erreichbaren Wirkungen über das hinausgehen, was mit der gezielten Gabe von reinen Placebos möglich ist. Von wenigen, allerdings nicht überzeugenden Ausnahmen abgesehen (MÖSSINGER [28]) gibt es keine kontrollierten Studien, aus denen eine Überlegenheit homöopathischer Arzneimittel gegenüber Placebos hervorgeht. Ein kürzlich veröffentlichter Vergleich zwischen Rhus toxicodendron (D6), Placebo und Fenoprofen zur Beeinflußung von Schmerzen und entzündlichen Veränderungen bei Osteoarthritis ergab eine eindeutige Überlegenheit der synthetischen antiinflammatorisch wirkenden Substanz gegenüber den beiden anderen Präparaten, die sich nicht voneinander unterschieden (SHIPLEY et al. [35]). Ob alle homöopathischen Mittel als Pseudoplacebos anzusehen sind, ist auf Grund der wenigen kontrollierten Untersuchungen, die bisher angestellt wurden, nicht zu entscheiden. Sicher trifft es für die Hochpotenzen zu, in denen, vorausgesetzt, daß sie korrekt hergestellt sind, keine Moleküle mehr enthalten sein können, da ihr Verdünnungsgrad jenseits der Loschmidt'schen Zahl liegt. Ein großer Teil der Erfolge der Homöopathie beruht zweifellos auf der Fähigkeit homöopathisch geschulter Ärzte zu sorgfältiger Beobachtung, zu weitgehender Differenzierung der Symptome, zu individueller Charakterisierung des Patienten und der sich daraus ergebenden Konsequenzen für die Behandlung. Hinzu kommt als weitere, sich meist positiv auswirkende Eigenschaft die Überzeugung von der Nützlichkeit und Wirksamkeit der von der Homöopathie vertretenden Prinzipien, die sich auf den Patienten überträgt. Dadurch ergeben sich bessere Voraussetzungen für die Anwendung dieser Medikamente als für die Gabe von echten Placebos, von denen dem Arzt bekannt ist, daß sie keine Stoffe pflanzlicher, tierischer oder mineralischer Herkunft enthalten, von denen er eine therapeutische Wirksamkeit erwartet oder glaubt erwarten zu können.

Die meisten Ärzte, die ihren Patienten Präparate verordnen, die als Pseudoplacebos anzusehen sind, sind von deren Wirksamkeit überzeugt. Sie übertragen eine Beobachtung, die sie einmal bei einem Patienten gemacht haben, auf den nächsten, und damit übertragen sie auch die positiven Erwartungen, die sie mit dem betreffenden Medikament verbinden. Eine kontrollierte Untersuchung wird der Arzt im allgemeinen nicht vornehmen, ist dazu auch nicht in der Lage, weil die Zahl der von ihm innerhalb eines bestimmten Zeitraumes betreuten Patienten mit der gleichen Erkrankung zu klein ist und weil er im Bestreben zu helfen sein Wissen, seine Überzeugung und seine Erfahrung zugunsten des Patienten einsetzen will. 'Von Präparat A haben wir Gutes gesehen', heißt es oft - die Erinnerung an positive Resultate haftet meist stärker als diejenige an Enttäuschungen. Aber auch dabei entscheidet meist die Erinnerung an die Einzelbeobachtung, ob ein Pseudoplacebo als unwirksam angesehen und deshalb nicht mehr gegeben wird. Die Selbsttäuschung gibt oft den Ausschlag für Präferenzen oder Ablehnungen bei gleicher objektiver Unwirksamkeit. Nicht selten ist es auch das Fehlen oder Auftreten unerwünschter Effekte, die zugunsten oder zuungunsten eines Präparates sprechen. Auf die Gefahr, die Therapie auf Reminiszenen der Praxis aufzubauen, hat bereits Carl WUNDERLICH vor 130 Jahren hingewiesen, darauf, wie trügerisch diese Erinnerungen sein können, weil sich die auffallenden, besonderen Fälle am stärksten einprägen, wobei mit größerem zeitlichem Abstand die Zahlen sich verdoppeln und verdreifachen. Dabei ist zu berücksichtigen, daß die Arzneimittel und Behandlungsmethoden, die 1850 zur Verfügung standen, heute überwiegend als Pseudoplacebos anzusehen sind. Immerhin forderten bereits damals verantwortungsbewußte Kliniker die Notwendigkeit, therapeutische Erfahrungen besser zu begründen, als es bis dahin der Fall gewesen war (zit. nach MARTINI [24]).

Somatische Grundlagen der Placebo-Wirkung

Der Wirkung von Placebos liegen nicht nur psychische Beeinflussungen zugrunde, sondern es lassen sich auch objektive Befunde dafür erheben, die Hinweise für die Beteiligung humoraler Faktoren geben. Als erste haben CLEGHORN et al. [12] zeigen können, daß Placebo-Injektionen bei Patienten, die sich in einem schweren Spannungs- und Angstzustand befanden, die Nebennierenrinde zu ebenso starker Sekretion anregten wie ACTH, während bei leichter oder mäßiger Spannung dieser Effekt wesentlich geringer war. Diese Beobachtungen wurden von BEECHER [4] systematisch weiterverfolgt, der feststellte, daß bei der Behandlung postoperativer Schmerzzustände Placebos um so wirksamer sind, je größer der Streß ist, unter dem sich die Patienten befinden. Mit zunehmender Spannung sind nicht nur Placebos, sondern auch Analgetika wie Morphin wirksamer als im Zustand der Ruhe, wobei Ursache und Intensität der Belastung von zusätzlicher Bedeutung sind. Je schwerer die Streß-Situation, um so ausgesprochener die Placebo-Wirkung. Beim Vergleich von 10 mg Morphin und Placebos waren zu Beginn der Behandlung postoperativer Schmerzen Placebos bei 40% der Patienten wirksam, Morphin bei 52%, während mit dem Abklingen des Schmerzes die Morphin-Wirksamkeit auf 89% anstieg und diejenige von Placebos auf 26% abfiel. Anders ausgedrückt waren beim initialen schweren Schmerz mit Placebos 77% der Morphin-Wirksamkeit erreichbar, bei den gleichen Patienten mit leichterem, abklingendem Schmerz dagegen nur noch 29%. Diese 30 Jahre alten Befunde weisen auf die Bedeutung hin, die dem Ausgangszustand für die Wirksamkeit eines Medikamentes zukommt, und zeigen gleichzeitig die Problematik auf, die Dosis eines neuen Arzneimittels auf Grund von Ergebnissen festzulegen, die bei gesunden Probanden erhoben werden. Das sympathische System und die Aktivität der Nebennierenrinde sowie andere Faktoren, deren Freisetzung oder Sekretion bei akuten Schmerzen gesteigert ist, beeinflussen die Wirksamkeit eines Analgetikums, aber auch von anderen Arzneimitteln, in wesentlichem Maße.

Im Zusammenhang damit stehen neue Befunde über die ursächliche Bedeutung der Freisetzung von Endorphin oder Enkephalinen für die durch Placebo vermittelte Analgesie. Schmerzen, die durch Extraktion eines retinierten Weisheitszahnes hervorgerufen wurden, waren durch die Gabe von Placebo weniger abgeschwächt, wenn die Patienten vor dem Placebo den Morphin-Antagonisten Naloxon erhalten hatten, als ohne Naloxon-Vorbehandlung. Bei denjenigen Patienten, die nicht auf Placebos angesprochen hatten, hatte dagegen Naloxon keinen Einfluß; der schmerzverstärkende Effekt war nur bei den Placebo-Reaktoren nachweisbar. Die verstärkte Schmerzempfindung nach Naloxon bei den Placebo-Reaktoren wird auf die Freisetzung von Endorphin als Antwort auf die Placebo-Gabe zurückgeführt (LEVINE et al. [22]). Damit ist nachgewiesen, daß zumindest unter bestimmten Bedingungen der Wirksamkeit von Placebos eine objektivierbare Reaktion von seiten des Organismus zu Grunde liegt. Offen bleibt allerdings die Frage, warum nicht alle Patienten, die ein Placebo erhielten, auf diese Weise ansprachen, sondern nur etwa 40%. Damit ist auch ungeklärt, welche Mechanismen die Freisetzung von Endorphin nach Einnahme eines Placebos auslösen. Eine ähnliche Beteiligung endogener Neuropeptide mit analgetischen Eigenschaften spielt offenbar auch bei der Akupunktur eine Rolle, bei der sich ebenfalls ein Anstieg von Beta-Endorphin im Liquor cerebrospinalis zeigen ließ. Selbstverständlich können Placebo-Reaktoren auch positiv auf wirksame Arzneimittel reagieren, von denen angenommen wird, daß sie schmerzlindernd wirken. Die verschieden starke Ansprechbarkeit auf Analgetika kann durchaus auf dem zusätzlichen Placebo-Effekt beruhen, der lediglich durch die Verabreichung einer Tablette oder Injektion ausgelöst wird. Daß die Gabe eines Placebos nicht Voraussetzung für einen analgetischen Effekt ist, ergibt sich aus Beobachtungen über die Verminderung postoperativer Schmerzen durch Zuspruch und Information (EGBERT et al. [14]).

Sind es nur die Placebo-Reaktoren, bei denen diese endogenen humoralen Faktoren ausgelöst werden, und welche Substanzen werden freigesetzt bei der Placebo-Wirkung auf andere Symptome als den Schmerz, wie etwa bei der Beeinflussung von Schlafstörungen oder von Angst- und Spannungszuständen? Und welches sind die psychophysischen Zusammenhänge, wie sind sie miteinander verknüpft, und in welchem Maße sprechen sekretorisch tätige Zellen auf psychogene Reize an? Welches sind die verantwortlichen Überträgersubstanzen und welches die Rezeptoren, auf die sie einwirken? Viele offene Fragen, deren Beantwortung bisher nicht möglich war, weil keine genügend empfindlichen Methoden zur Verfügung standen, um beim Menschen - und nur bei ihm sind derartige Untersuchungen möglich - einzelne Faktoren direkt zu bestimmen oder durch Gabe von Pharmaka ihre Freisetzung oder ihre Wirkung zu fördern oder zu hemmen. Allerdings wird es stets nur möglich sein, bei einer kleinen Gruppe von Personen entsprechende Untersuchungen vorzunehmen, so daß es zweifelhaft bleibt, ob es auch bei Anwendung neuer und verbesserter biochemischer und radioimmunologischer Methoden gelingen wird, die Ansprechbarkeit auf Placebos vorauszusagen. Nach wie vor wird im Vordergrund die Empirie stehen und der Versuch, jeweils dann ein echtes oder ein Pseudoplacebo einzusetzen, wenn es die Schwere der Symptome oder der Erkrankung und der Zustand des Patienten erlauben. Ein derartiger Entschluß setzt aber in jedem Falle eine sorgfältige Beschäftigung mit dem Patienten voraus; der oberflächliche Eindruck kann leicht täuschen, und rasche Entscheidungen - aus dem Handgelenk - haben sich häufiger als falsch denn als richtig erwiesen (LASAGNA et al. [20]).

Einige therapeutische Erfahrungen

Erkrankungen mit stark wechselnden subjektiven Symptomen sprechen besonders gut auf eine Behandlung mit Placebos an. Dies gilt z.B. für die Angina pectoris und das Ulcus ventriculi oder duodeni. Dabei bestehen allerdings große quantitative Differenzen zwischen den positiven Reaktionen, über die einzelne Untersucher berichten. In die Placebo-Studien sind diejenigen einzuschließen, die sich auf Präparate beziehen, die heute als wirkungslos anzusehen sind. In einer Übersicht über die Placebo-Wirkung bei Angina pectoris werden die Xanthine - hauptsächlich Aminophyllin - und weiterhin Khellin, Vitamin E, sowie die Ligatur der Arteria mammaria interna und die Implantation dieser Arterie in das Myokard miteinander verglichen. Alle diese Behandlungen sind heute verlassen, weil sie als unwirksam angesehen werden. Die Empfehlungen für den Einsatz dieser Arzneimittel und der chirurgischen Maßnahmen erfolgten jeweils auf Grund unkontrollierter offener Studien, und erst die später aufkommenden Zweifel an der Wirksamkeit veranlaßten kontrollierte Untersuchungen unter doppeltblinder Versuchsanordnung. Die verschiedenen Studien hatten bei den Enthusiasten bei 70 bis 90% der Patienten positive Resultate ergeben, dagegen nur bei 30 bis 40% bei den Skeptikern (BENSON und McCALLIE [6]). Dabei ist auf Grund der Zusammenstellung, die BEECHER 1955 anhand von 15 mit reinen Placebos kontrollierten Studien vorgenommen hat, mit einer Wirksamkeit von 35,2±2,2% zu rechnen. Das bedeutet, daß bei Zuständen, bei denen eine Schmerzsymptomatik oder andere subjektive Beschwerden im Vordergrund stehen, bei gut einem Drittel der Patienten mit Placebos ein positives Ergebnis zu erzielen ist, unabhängig davon, ob es sich um echte oder um Pseudoplacebos handelt.

Ähnlich liegen die Verhältnisse beim Ulcus ventriculi oder duodeni. In einer kürzlich veröffentlichten doppeltblinden Studie über die Wirksamkeit von Placebo, Cimetidin und Antacida bei der Beeinflussung der Symptome und der Heilung beim Ulcus ventriculi ergab sich eine raschere und bessere Heilungstendenz für Cimetidin im Vergleich zu Antacida oder Placebo. Die beiden letzteren unterschieden sich jedoch nicht signifikant voneinander. Die Heilungsquote unter Cimetidin-Behandlung lag bei 53, 86 und 89% nach vier, acht bzw. zwölf Wochen, diejenige für Placebo bei 26, 58 und 70%, während die mit Antacida behandelte Gruppe zunächst eine Mittelstellung einnahm, am Ende aber auch 84% erreichte (ISENBERG et al. [19]). Die Beeinflussung der Symptomatik unterschied sich dagegen nicht zwischen den drei Gruppen. Dies bedeutet, daß mit Cimetidin zwar eine schnellere und bessere Abheilung des Geschwürs erreichbar ist, daß aber Placebos die subjektive Symptomatik gleich gut beinflussen wie Cimetidin oder eine milde Antacida-Behandlung. Frühere Studien über die Wirksamkeit von Placebos im Vergleich zu Cimetidin bei der Therapie des Magengeschwürs hatten ähnliche Befunde ergeben (DYCK et al. [13]; FROST; et al. [15]). Überraschend große Unterschiede fanden sich auch in placebokontrollierten Studien bei der Behandlung des Ulcus duodeni. Dabei fielen inbesondere beträchtliche Abweichungen im Prozentsatz der positiven Placebo-Ergebnisse in einzelnen Ländern auf.

Nicht nur die subjektive Symptomatik im Verlaufe chronischer Erkrankungen spricht auf Placebo-Gabe an, sondern auch objektive Meßgrößen wie der Blutdruck. Die deutliche Abnahme des Blutdrucks unter der Einwirkung von Placebos in Langzeitstudien bei Hochdruckpatienten (Report of Medical Research Council [25]; AMERY and De SCHAEPDRYVER [2]; Report of the Management Committee of the Australiean Therapeutic Trial [23]) und ebenso bei zeitlich begrenzten therapeutischen Untersuchungen zeigt die Notwendigkeit, jeweils Kontrollgruppen einzubeziehen. Dabei ist allerdings nicht zu entscheiden, ob die Blutdruckabnahme allein auf die Gabe des Placebos zurückzuführen ist oder ob die zusätzliche Beschäftigung mit dem Patienten, die Information über Planung und Ziel einer Studie sowie die regelmäßigen Messungen des Blutdrucks für dessen Senkung mitverantwortlich sind.

Bei zahlreichen anderen Erkrankungen sind Placebos bei einem Fünftel bis zu einem Drittel der Patienten wirksam. Dies gilt in vermehrtem Maße für chronische Krankheiten, weniger für akute Zustände, obwohl auch hier, z.B. bei der Seekrankheit, bei Kopfschmerzen oder bei Schnupfen, die Gabe von Placebos Erleichterung bringen kann. Hinzu kommen psychische Beeinträchtigungen wie Angstzustände, depressive Verstimmungen und andere psychogene Reaktionen (RASKOVA und ELIS [30]). Weder bei der Beinflussung akuter Symptome noch bei derjenigen chronischer Beschwerden steht fest, inwieweit sie auf spontane Änderungen des Krankheitsverlaufs oder der zum betreffenden Symptom führenden Störungen zurückzuführen ist. Weitere Untersuchungen in dieser Richtung sind nicht nur erwünscht, sondern notwendig, weil sie dazu beitragen können, bessere Einblicke in die Ursachen funktioneller Beschwerden zu erhalten und gezieltere Maßnahmen zu ihrer Behebung einzusetzen.

Ethische Überlegungen zur Behandlung mit Placebos

Bereits vor 30 Jahren ist die Frage diskutiert worden, ob die Gabe von echten Placebos, von denen der Arzt weiß, daß sie keinen wirksamen Bestandteil enthalten, mit der ärztlichen Ethik vereinbar sei (LESLIE [21]). Ist es ethisch zu vertreten, den Patienten zu täuschen, ihm ein Präparat zu geben, von dem primär anzunehmen ist, daß es nicht auf Grund seines Inhaltes, sondern höchstens auf andere Weise wirken kann? LESLIE hatte (1954) die Täuschung des Patienten für ethisch zulässig gehalten, wenn sie dessen Wohl dient; aber auch darauf hingewiesen, daß sich der Arzt der Grenzen dieser Therapie bewußt sein muß. In verstärktem Maße gilt diese Vorsicht, wenn Pseudoplacebos verordnet werden, insbesondere wenn der Arzt nicht von ihrer Wirkung überzeugt ist und sie lediglich verschreibt, um dem Wunsche des Patienten nach einem Medikament nachzukommen. Es ist ehrlicher, in einem solchen Fall ein echtes Placebo zu geben statt eines Arzneimittels oder einer Mischung von unwirksamen Pharmaka. Das Motto 'ut aliquid fiat' sollte für die Verwendung unwirksamer Medikamente nicht ausschlaggebend sein. Der Schritt von der durch ein Placebo unterstützten Psychotherapie zu Scharlatanerie und Quacksalbertum ist klein, und der Arzt, der sich des Placebos bedient, muß sich davor hüten, die ethische Grenze zu überschreiten, die grundlegend verschiedene Arten des Vorgehens voneinander trennt.

Auf die ethischen Bedenken, Placebos in kontrollierten therapeutischen Studien mit doppeltblinder Versuchsanordnung einzusetzen, wurde bereits hingewiesen (BURKHARDT und KIENLE [11]). Ist es zu verantworten, einem Patienten ein für ihn eventuell nützliches Medikament vorzuenthalten und ihm statt dessen ein Placebo zu geben, nur um die Wirksamkeit eines neuen Arzneimittels zu überprüfen? Individualethik wurde der Sozialethik gegenübergestellt, wobei für kontrollierte Studien behauptet wurde, daß bei Berücksichtigung der für das Individuum geltenden ethischen Grundsätze sich keine statistisch signifikanten Unterschiede zwischen zwei verschieden behandelten Gruppen ergeben dürften. Auch die Information des Patienten über den Einbezug von Placebos in eine kontrollierte Studie wurde als ungenügend angesehen, um diesen möglichen Nachteil für den einzelnen aufzuheben. Die wissenschaftlichen Argumente für die Anwendung von Placebos im Rahmen von kontrollierten therapeutischen Vergleichsstudien sind jedoch unbestritten, und den ethischen Erwägungen, die dabei zu berücksichtigen sind, ist heute weitgehend Rechnung getragen (GROSS [17]; SILBER [36]). Trotzdem ist damit zu rechnen, daß auch künftig Angriffe gegen den Einbezug von Placebos in randomisierte kontrollierte Studien erfolgen werden.

Daß Patienten Placebos auch bewußt als Behandlungsmethode akzeptieren, geht aus einer Untersuchung von PARK und COVI [29] hervor. Neurotische Patienten mit Angstzuständen waren bereit, Tabletten einzunehmen, von denen ihnen bekannt war, daß sie keine wirksame Substanz enthielten. Nach einwöchiger Gabe war bei allen eine subjektive und objektive Besserung festzustellen. Die Täuschung des Patienten ist somit keine unbedingte Voraussetzung für die Wirksamkeit eines Placebos, sondern auch die wissentliche Einnahme von inerten Tabletten kann im Rahmen einer Behandlung nützlich sein.

Man hat das Placebo als die 'heilende Lüge' ('the lie that heals') bezeichnet, allerdings mit der Einschränkung, daß die Heilung nicht auf der Lüge beruhe, sondern auf dem Verhältnis zwischen Arzt und Patient und der Fähigkeit des Patienten zur Selbstheilung (BRODY [10]). Die Täuschung als solche wird im Zusammenhang mit der Anwendung von Placebos nicht als wesentlich angesehen, sondern statt ihrer kann der Arzt versuchen, dem Patienten seine Krankheit und die zu ihrer Behandlung notwendigen Maßnahmen zu erklären und ihn zur positiven Mitarbeit zu veranlassen. Ob es unter den Bedingungen der Praxis möglich ist, diese zeitlich aufwendige Methode in größerem Umfang anzuwenden, muß sich noch erweisen, jedoch ist kaum anzunehmen, daß sie die Gabe von Placebos ersetzen kann und ebensowenig die Täuschung, die damit bei der Mehrzahl der Patienten verbunden ist.

Schlußfolgerungen

In einer Zeit, in der die Beziehungen zwischen Arzt und Patient ständig unpersönlicher werden, insbesondere in Kliniken, wo heute schon die Anamnese mit dem oder für den Computer aufgenommen wird, ist es angezeigt, der Anwendung von Placebos und ihren positiven Wirkungen wieder vermehrte Beachtung zu schenken. Die Ärzte sollten nicht verächtlich auf Placebos herabblicken, sondern darin wirksame Mittel sehen, um die Selbsthilfe des Organismus bei der Überwindung krankhafter Zustände zu fördern. Dies gilt vor allem für die echten Placebos. Ihr Ersatz durch Pseudoplacebos, die Pharmaka enthalten, denen bei den Krankheiten, für die sie empfohlen werden, keine Wirksamkeit zukommt, ist nur dadurch zu rechtfertigen, daß echte Placebos nicht zur Verfügung stehen. Wären sie erhältlich, so würden die Kosten dafür von den Krankenkassen oder entsprechenden öffentlichen Gesundheitsdiensten nicht übernommen.

Die Rolle des Placebos in der Therapie und die damit gegebenen Möglichkeiten, auf das Verhältnis zwischen Arzt und Patient einzuwirken, verdienen es, weiter erforscht zu werden; ebenso wichtig ist es, die bereits jetzt vorliegenden Erfahrungen in vermehrtem Maße zu nutzen. Bisher ist allerdings in Deutschland und in anderen europäischen Ländern diesen Fragen nicht die notwendige Beachtung geschenkt worden, ganz anders als in England und den Vereinigten Staaten von Amerika, wo verschiedene Gruppen die psychischen und somatischen Auswirkungen der Placebo-Therapie untersucht und sich mit den ethischen Problemen, die sich stellen, befaßt haben. Die Möglichkeiten, durch Placebos auf den Verlauf von Krankheiten einzuwirken, verdienen berücksichtigt zu werden und sollten nicht nur erhalten bleiben, sondern erweitert werden, um eine optimale Behandlung und Sorge für den Patienten zu gewährleisten (BENSON und EPSTEIN [5]).

Wir sind mit Recht stolz auf die bedeutenden Fortschritte, welche die Arzneimitteltherapie in den vergangenen 40 Jahren gemacht hat und welche es uns ermöglichen, heute zahlreiche Krankheiten zu heilen oder zumindest aufzuhalten und zu lindern, denen wir zur Zeit unserer Ausbildung machtlos gegenüberstanden. Wir sollten aber auch nicht vergessen, daß eine große Zahl von Problemen noch ungelöst ist, viele Fragen noch auf Antwort warten, und daß weder alle Reaktionen des Menschen auf schädigende Einflüsse noch auf die Bemühungen, sie aufzuheben, rational zu erklären sind. Trotz der ständig zunehmenden pharmakologischen Kenntnisse, trotz der Erfolge der pharmazeutischen Chemie sollten wir bescheiden bleiben und uns stets der Lücken in unserer Einsicht in Lebensvorgänge bewußt sein. Im Streben nach wissenschaftlichem Fortschritt hat die Medizin mitunter die Bedeutung der zwischenmenschlichen Beziehungen vernachlässigt, nicht zuletzt diejenigen zwischen Arzt und Patient, und vergessen, daß es zahlreiche Einwirkungen auf das Individuum gibt, die sich einer rationalen Erklärung entziehen. Die Heilkunde, die ärztliche Kunst des Heilens, ist unter der Dominanz der wissenschaftlichen Medizin - der echten und der vermeintlichen - verkümmert. Das dem Placebo innewohnende Prinzip kann dazu beitragen, die Medizin wieder menschlicher zu gestalten, insbesondere in der Zeit, in der ihr in vermehrtem Maße Aufgaben in der Betreuung und Pflege alter Menschen gestellt sind. Der kluge Shakespeare erkannte bereits: 'Our remedies oft in ourselves do lie, which we ascribe to heaven. Was ist der Himmel anderes als ein Placebo?

Literatur

1. Adler, H.M., van Buren Hammelt, O.: The doctor - patient relationship revisited. An analysis of the placebo-effect. Ann. intern. Med. 78 (1973) 595-598.

2. Amery, A., de Schaepdryver, A.: Antihypertensive therapy in patients above 60. Fifth interim report of the European Working Party on High Blood Pressure in the Elderly (EWPHE). Curr. Concepts Hypertens. cardiovasc. Disorders 2 (1981) 14-20.

3. Beecher, H.K.: The powerful placebo. J. Amer. med. Ass. 159 (1955) 1602-1606.

4. Beecher, H.K.: Evidence for increased effectiveness of placebos with increased stress. Amer. J. Physiol. 187 (1956) 163-169.

5. Benson, H., Epstein, M.D.: The placebo effect. A neglected asset in the care of patients. J. Amer. med. Ass. 232 (1975) 1225-1227.

6. Benson, H., McCallie, D.P.: Angina pectoris and the placebo effect. New Engl. J. Med. 300 (1979) 1424-1429.

7. Bok, S.: The ethics of giving placebos. Sci. Amer. 231 (1974) 17-23.

8. Brand, J.J., Whittingham, P.: Intramuscular hyoscine in control of motion sickness. Lancet 1970, II: 232-234.

9. Brody, H.: Placebos and the philosophy of medicine. Clinical, conceptual and ethical issues. Chicago - London: The University of Chicago Press 1980.

10. Brody, H.: The lie that heals: The ethics of giving placebos. Ann. intern. Med. 97 (1982) 112-118.

11. Burkhardt, R., Kienle, G.: Controlled clinical trials and medical ethics. Lancet 1978, II: 1356-1359.

12. Cleghorn, R.A., Graham, B.F., Cambell, R.B. et al.: Anxiety states: Their response to ACTH and to isotonic saline. In Proc. of the First Clinical ACTH Conference, pp. 561-565. Philadelphia: Blakiston 1950.

13. Dyck, W.P., Belsito, A., Fleshler, B. et al.: Cimitidine and placebo in the treatment of benign gastric ulcer. Gut 20 (1977) 730-734.

14. Egbert, L.D., Battit, G.E., Welch, C.E., et al.: Reduction of postoperative pain by encouragement and instruction of patients. New Engl. J. Med. 270 (1964) 825-827.

15. Frost, F., Rahbek, I., Rune, S.J. et al.: Cimetidine in patients with gastric ulcer: a multicentre controlled trial. Brit. med. J. 1977, II: 795-797.

16. Gaddum, J.H.: Clinical pharmacology. Proc. roy. Soc. Med. 47 (1954) 195-204.

17. Gross, F.: Notwendigkeit und Ethik klinisch-therapeutischer Prüfungen von Arzneimitteln. Frankfurt: Paul-Martini-Stiftung der Medizinisch Pharmazeutischen Studiengesellschaft e.V. 1979, 39 S.

18. Houzak, R., Horackova, E., Culik, A.: Our experience with the effect of placebo in some functional and psychosomatic disorders. Activ. nerv. sup. (Praha) 14 (1972) 184-185.

19. Isenberg, J.I., Peterson, W.L., Elashoff, J.D. et al.: Healing of benign gastric ulcer with low-dose antacid or cimetidine. A double-blind, randomized, placebo-controlled trial. New Engl. J. Med. 308 (1983) 1319-1324.

20. Lasagna, L., Mosteller, F., von Felsinger, J.M., Beecher, H.K.: A study of the placebo response. Amer. J. Med. 16 (1954) 770-779.

21. Leslie, A.: Ethics and practice of placebo therapy. Amer. J. Med. 16 (1954) 854-862.

22. Levine, J.D., Gordon, N.C., Fields, H.L.: The mechanism of placebo analgesia. Lancet 1978, II: 654-657.

23. Management Committee of the Australian Therapeutic Trial in Mild Hypertension: Untreated mild hypertension. Lancet 1982, I: 185-191.

24. Martini, P.: Methodenlehre der klinisch-therapeutischen Forschung. 3. Aufl. Berlin - Heidelberg - New York: Springer 1953.

25. Medical Research Council Working Party on Mild to Moderate Hypertension: Adverse reactions to bendrofluazide and propranolol for the treatment of mild hypertension. Lancet 1981, II: 539-543.

26. Modell, W.: Placebo Actions. In Modell, W. (Edit.): Relief of Symptoms. 2nd Ed., pp. 47-56. St. Louis: Mosby Co. 1961.

27. Modell, W.: Drugs of Choice 1970-1971. St. Louis: Mosby Co. 1970.

28. Mössinger, P.: Der praktische Arzt als Fachmann für Erfahrung und Beobachtung. Neue Denkansätze für die Allgemeinmedizin. Heidelberg: K.F. Haug 1974.

29. Park, L.C., Covi, L.: Nonblind placebo trial. An exploration of neurotic outpatients' responses to placebo when its inert content is disclosed. Arch. gen. Psychiat. 12 (1965) 336-345.

30. Raskova, H., Elis, J.: The role of the placebo in therapeutics. Impact Sci. Soc. 28 (1978) 57-65.

31. Schaldach, H. (Hrsg.): Wörterbuch der Medizin von Zetkin-Schaldach. 6. unveränderte Auflage. Stuttgart: Thieme 1978.

32. Schindel, L.: Placebo und Placebo-Effekte in Klinik und Forschung. Arzneimittel-Forsch. 17 (1967) 892-918.

33. Shapiro, A.K.: The placebo Response. In J.G. Howells (Edit.): Modern Perspectives in World Psychiatry, pp. 599-624. Edinburgh: Oliver and Boyd 1968.

34. Shapiro, A.K.: Iatroplacebogenics. Int. Pharmacopsychiat. 2 (1969) 215-248.

35. Shipley, M., Berry, H., Broster, G. et al.: Controlled trial of homoeopathic treatment of osteoarthritis. Lancet 1983, I: 97-98.

36. Silber, T.J.: Placebo therapy, the ethical dimension. J. Amer. med. Ass. 242 (1979) 245-246.

37. Vinar, O.: Dependence on placebo: A case report. Brit. J. Psychiat. 115 (1969) 1189-1190.

38. Wolf, S.: The pharmacology of placebos. Pharmacol. Rev. 11 (1959) 689-704.

39. Anon.: The trial of homoeopathy (Editorial). Lancet 1983, I: 108.

1. DER BEITRAG DER INFORMATIONSVERARBEITUNG ZUM FORTSCHRITT DER MEDIZIN - GRUNDLAGEN UND ÜBERSICHTEN -

Aus dem Institut für Dokumentation, Information und Statistik des Deutschen Krebsforschungszentrums, Heidelberg (Direktor: Prof. Dr. G. Wagner)

Der Beitrag der Informationsverarbeitung zum Fortschritt der Medizin

G. Wagner

"Der Fortschritt in der ärztlichen Kunst hängt von der Erfahrung ab. Um ihn der zufälligen Gelegenheit entreißen und in methodischer Weise akzeptieren zu können, kommt es demnach auf eine rationelle Sammlung und kritische Auswertung der Elemente an, die die Erfahrung ausmachen ... Wegen der nicht mehr zu übersehenden Menge von in der Klinik anfallenden Daten ... läßt sich der unermeßliche Informationswert, der durch Vergleiche, Zusammenfassungen, Unterscheidungen, Gruppierungen, Typisierungen, Normierungen solcher Daten zu veranschaulichen ist, nur noch mit maschinellen Auswertungsverfahren voll ausschöpfen."

Diesen 1969 von meinem Lehrer Albin PROPPE [26] geprägten Satz möchte ich an den Anfang meines Übersichtsreferates stellen, das versucht, den Beitrag der Informationsverarbeitung zum Fortschritt der Medizin in den letzten 20-25 Jahren zu beleuchten. Den Begriff der Informationsverarbeitung möchte ich dabei in seiner ganzen Breite verstanden wissen; er soll alle die Methoden und Verfahren umfassen, die das Fachgebiet der medizinischen Informatik beinhalten: das Sammeln, Kontrollieren, Speichern, Wiederauffinden, Auswerten und Interpretieren von im klinischen Bereich anfallenden Daten, Befunden und Informationen unter Einsatz des Computers einschließlich der vom Computer eröffneten Bereiche der Simulation mathematischer Modellvorstellungen, der Technologien im Bereich der sog. Bionik und der Krankenhausverwaltung.

Selbstverständlich ist es nicht möglich, ein so weites Thema im Rahmen eines halbstündigen Vortrags umfassend zu behandeln; vielmehr können die Entwicklungen und Tendenzen nur an wenigen Beispielen als pars pro toto aufgezeigt werden.

Später und zögernder als in vielen Bereichen von Wissenschaft und Technik, Industrie und Verwaltung haben elektronische Datenverarbeitungsanlagen Eingang in die Medizin gefunden. Das hat vielerlei Gründe; einer davon mag die Befürchtung vieler Ärzte gewesen sein, der Computer könne eine Störung des für den Erfolg einer Therapie so wichtigen zwischenmenschlichen Vertrauensverhältnisses zwischen Arzt und Patient verursachen - gewissermaßen zu einer 'Entmenschlichung' der Medizin führen [39]. Die praktischen Erfahrungen der letzten 20 Jahre haben jedoch gezeigt, daß solche Befürchtungen unbegründet sind, und daß sich mit derartigen Argumenten der Fortschritt nicht aufhalten läßt.

Der Einsatz des Computers hat uns gelehrt, daß man Informationen wie materielle Güter behandeln kann. Der Computer kann Informationen erfassen, speichern, verarbeiten, umwandeln, verzweigen, heraussortieren, wieder zugänglich machen, Entscheidungen treffen und logische Schlußfolgerungen ziehen, also 'geistige Leistungen' erbringen, ohne daß der Mensch in den Arbeitsablauf einzugreifen braucht. Mit diesen Fähigkeiten hat er auch in der Medizin neue Dimensionen erschlossen, z.B. die Inangriffnahme von Fragestellungen, die wegen des dabei notwendigen enormen Rechenaufwandes bisher nicht lösbar waren. Er hat die Formulierung und Anwendung von Denkmodellen gefördert und erstmalig systematische Qualitätskontrollen klinischer Datensammlungen möglich gemacht. Gleichzeitig hat er aber auch zur Präzisierung von Begriffen und von Problemstellungen gezwungen.

Die Entwicklung der modernen Medizin - etwa seit Ende des zweiten Weltkrieges - hat zu einer enormen Erweiterung unserer diagnostischen und therapeutischen Möglichkeiten geführt. Dabei hat sich die Anzahl der vom Patienten anfallenden Daten und Befunde vervielfacht. In gleicher Weise trifft das auch für das publizierte Fachwissen zu. Die ihn geradezu überwältigende 'Informationsflut' hat den Arzt - speziell den Kliniker - in zunehmendem Maße gezwungen, nach Möglichkeiten zu suchen, seine Arbeit rationeller zu gestalten, sein Gedächtnis von Ballast zu befreien und sich leicht zugängliche Gedächtnishilfen aufzubauen. Die modernen Hilfsmittel der Daten- bzw. Informationsverarbeitung bieten sich hierfür als Ausweg aus dem Dilemma an [16]. So gesehen muß es geradezu als ein Glücksfall betrachtet werden, daß der Computer just zu dem Zeitpunkt erschien, als die Klinik in der selbstgeschaffenen Informationsfülle zu ersticken drohte (wobei allerdings nicht verkannt werden soll, daß auch der Computer zur Vermehrung der Papierflut nicht unwesentlich beigetragen hat !).

Eines steht fest: Als 'Helfer im quantifizierbaren Bereich' - wie GIERE [11] den Computer einmal genannt hat - hat dieser sich in den vergangenen 20 Jahren bewährt und wird er auch in Zukunft zunehmend Eingang in die praktische und theoretische Medizin finden. Dieser Einsatz vollzieht sich auf verschiedenen Schwierigkeitsniveaus; VAN BEMMEL [3] hat kürzlich folgende sechs 'Levels of Complexity' unterschieden:

- Kommunikation und Datenerfassung;
- Speicherung und Wiederauffinden; Datenbasen;
- Rechenarbeit, Automatisierung;
- Mustererkennung, Diagnosestellung;
- Therapie und Kontrolle;
- Forschung und Modellbildung.

Ich möchte im folgenden versuchen, gewisse Schwerpunkte des Einsatzes informationsverarbeitender Methoden und Maschinen kurz anzusprechen.

1. Klinische Dokumentation und ärztliches Berichtswesen

Das wohl umfangreichste Gebiet für einen Computereinsatz in der Medizin stellt die Erfassung, Speicherung, Verarbeitung und Auswertung der vom Patienten bezogenen, traditionellerweise im Krankenblatt festgehaltenen Daten und Befunde dar. Allein in der Bundesrepublik Deutschland werden jährlich rund 10 Millionen solcher Krankenblätter angelegt.

Die herkömmliche Krankengeschichte in handgeschriebenem, oft unleserlichem und meist unstrukturiertem Klartext mag in einer Zeit der beständigen individuellen Arzt-Patienten-Beziehung als Gedächtnisstütze für ihren Verfasser ausreichend gewesen sein; inzwischen - und schon seit langem - haben sich aber die Formen der Krankenbetreuung und -behandlung geändert. Insbesondere bei älteren, ins Krankenhaus aufgenommenen Patienten sind dabei immer mehr (und auch wechselnde) Personen und Spezialisten eingeschaltet. Für dieses Behandlungsteam hat die Krankengeschichte 'als Informationsvermittler zur Wahrung der Kontinuität in der Patientenbetreuung' [34] die Funktion des wichtigsten Kommunikations-Kanals. Außerdem gilt es, die große Menge in der Klinik anfallender Daten unterschiedlichster Typen (z.B. Laborergebnisse, Bildinformationen, Freitext etc.) und ihre logischen Beziehungen zueinander in den Griff zu bekommen. Ob dabei das von WEED [44] konzipierte 'Problemorientierte Krankenblatt' einen Fortschritt gegenüber dem chronologisch angelegten dokumentationsgerechten Krankenblatt darstellt [19], soll hier nicht untersucht werden. Der gewünschte Effekt - das schnelle Auffinden benötigter Informationen für die Behandlung des Einzelfalles wie auch für die statistische Analyse zahlreicher Krankenblätter - ist in beiden Fällen im wesentlichen abhängig von der Güte des dokumentierten Ausgangsmaterials.

Gestatten Sie mir an dieser Stelle einen kurzen historischen Exkurs.

Die ersten Versuche einer rationalisierten Krankenblattdokumentation gehen bis in die Zeit des 2. Weltkriegs zurück, als Generalarzt Dr. MÜLLER am Zentralarchiv für Wehrmedizin in Berlin Lochkartenmaschinen hierfür einsetzte [21], ungefähr gleichzeitig mit den ersten Versuchen von BERKSON an der Mayo Clinic [4]. Es ist leider viel zu wenig bekannt, daß damals bereits die Krankengeschichtsinhalte deutscher Soldaten in standardisierter Form dokumentiert und auf Lochkarten erfaßt wurden. Die in den Kellern des Reichstagsgebäudes untergebrachte einzigartige Sammlung von rund 15 Millionen dokumentationsgerecht erfaßter Erkrankungen und Verwundungen deutscher Soldaten während des 2. Weltkrieges ist nie wissenschaftlich ausgewertet worden, da sie von russischen Soldaten beim Kampf um Berlin vernichtet wurde.

Der Wunsch, die Unsumme der in den Krankenblättern niedergelegten klinischen Befunde und ärztlichen Erfahrungen besser als bis dato nutzbar zu machen, hat seit Ende der 50er Jahre zur Entwicklung standardisierter und 'dokumentationsgerechter' Krankenblätter geführt. Der 1961 vom damaligen 'Arbeitsausschuß Medizin' in der DGD - dem Vorläufer der heutigen GMDS - empfohlene 'Allgemeine Krankenblattkopf' [2] war weltweit das erste Modell für eine standardisierte Krankenblattdokumentation auf nationaler Basis. Als analoges Modell aus jüngster Zeit sei die 'Basisdokumentation für Tumorkranke' [42] erwähnt.

Die zweifellos schwierigste und besonders zeitraubende Aufgabe im Rahmen der Krankenblattdokumentation - die Erstellung der Anamnese - hat man früher vorzugsweise den dafür besonders ungeeigneten jüngsten Assistenten angehängt. An Versuchen einer Rationalisierung der Anamneseerhebung hat es in den letzten beiden Dezennien nicht gefehlt. Standardisierte sog. self-administered questionnaires', die der Patient <u>vor</u> der Krankenhausaufnahme zu Hause und in Ruhe ausfüllt, scheinen sich an einigen Kliniken (z.B. der Deutschen Klinik für Diagnostik in Wiesbaden) zu bewähren [12]. Dagegen haben sich insbesondere in den USA unternommene Versuche der Anamneseerhebung im Dialog zwischen Patient und Maschine nicht recht durchsetzen können, obwohl - wie SLACK et al. [33] festgestellt haben - viele Patientinnen Fragen aus dem Bereich der Intimsphäre der Maschine bereitwilliger anvertrauen als einem jungen Arzt. Daß dem breiten Einsatz solcher Verfahren allein die Kosten entgegenstehen sollten, erscheint mir wenig glaubhaft. Hier zeigt sich, daß nicht alles, was sich im Modellversuch zu bewähren scheint, sich auch in der Routineanwendung durchsetzt.

Die bei der Anamneseerhebung, bei der klinischen Untersuchung, in den verschiedensten Labors und Spezialeinrichtungen erhobenen Daten und Befunde sind nicht so exakt, wie häufig angenommen wird. Früher wurden dabei Fehler nur zufällig entdeckt. Der Computer gestattet systematische Fehlersuchen; die dadurch möglich gewordene Fehlerforschung hat sich inzwischen zu einer ganz wesentlichen, den Interessen des individuellen Patienten wie der klinischen Forschung dienenden Aufgabe der Informationsverarbeitung in der Medizin entwickelt [38,41]. Auch eine systematische Analyse der ärztlichen Maßnahmen im Hinblick auf Effektivität und Kosten (das sog. medical audit) ist erst durch den Computereinsatz möglich geworden. In Zeiten zunehmender finanzieller Restriktionen, in denen zwangsläufig Prioritäten gesetzt werden müssen, gewinnt eine derartige Einrichtung der Qualitätskontrolle besondere Bedeutung.

2. Automatisierung des klinischen Laboratoriums

Die seit Anfang der 50er Jahre zu beobachtende schnelle Entwicklung immer neuer biophysikalischer und biochemischer Untersuchungsmethoden menschlicher Organe und Ausscheidungen hat zu einer Vervielfachung und zunehmenden Verfeinerung der im klinischen Laboratorium anfallenden Daten und Befunde geführt. Der Arzt von heute stützt sich in seinen Handlungen sehr viel mehr auf die Ergebnisse von Laboratoriumstests als sein Vorgänger in früheren Zeiten. Er verläßt sich nicht mehr auf Einzelergebnisse, sondern beurteilt den Trend der Reaktionsausfälle im Verlauf des Krankheitsgeschehens. Alle diese Umstände und zudem die zunehmende Verknappung geschulten Laborpersonals haben dazu angeregt, nach neuartigen Arbeits- und Organisationsformen für das klinische Laboratorium zu suchen [20]. So sind riesige Laborautomaten - die sog. Autoanalyzer - ebenso entwickelt worden wie sehr dedizierte Einzelsysteme für ganz bestimmte komplizierte Untersuchungen und Berechnungen. In der Tat ist der Bereich des klinischen Laboratoriums ein besonders weites Feld für einen Computereinsatz geworden; ja, ohne Computer ist heute ein großes klinisches Laboratorium kaum mehr denkbar. Die Literatur über Laborautomation läßt derzeit zwei gegenläufige Tendenzen erkennen. Einerseits besteht eine klare Tendenz zur Entwicklung großer Systeme mit vielfältigen Aufgaben und gegebenenfalls zum Zusammenschluß solcher Systeme zu regionalen Netzwerken, wie beispielsweise im Stockholm County Health Care Information System realisiert [24]; andererseits geht der Trend zur Automation einzelner Meßgeräte durch einen Verbund mit Mikroprozessoren als sog. 'dedicated systems', d.h. zu einer Anhäufung von Klein- und Kleinstcomputern, die nur noch eine einzige Aufgabe zu bewältigen haben und daher sehr schnell und billig sein können. Ob die Großen die Kleinen oder die Kleinen die Großen verdrängen werden, ist heute noch nicht zu entscheiden. Beide Philosophien haben ihre Vorzüge und Nachteile; es wird sich das durchsetzen, was dem lokalen Bedarf besser entspricht. Unser Bemühen sollte jedoch darauf ausgerichtet sein, dem praktizierenden Arzt die Daten des Labors möglichst transparent zu machen.

3. Computerunterstützte Diagnostik

Die Stellung der Diagnose gehört zu den ureigensten Aufgaben des Arztes; sie ist zugleich die schwierigste. Da jede Diagnosestellung als das Ergebnis einer Verarbeitung von Informationen anzusehen ist, lag es nahe zu versuchen, diesen Prozeß zu automatisieren. Die Vorstellung, der Computer könne nach Eingabe der beim Kranken ermittelten Symptome und Befunde eine Diagnose auswerfen wie der Automat an der Straßenecke etwa Zigaretten, ist jahrelang für die Laienpresse faszinierend gewesen; inzwischen hat sich aber doch wohl herumgesprochen, daß die Dinge nicht ganz so einfach sind und eine ärztliche Diagnose nicht allein im Addieren von Zeichen und Symptomen besteht.

Erst nachdem die maschinelle Unterstützung der Diagnostik in den Bereich der Möglichkeiten gerückt war, hat man sich mit dem Wesen des diagnostischen Prozesses näher befaßt. Ein abgeschlossenes Bild davon haben wir bis heute noch nicht. Nach dem, was man heute weiß, hat der Vorgang der Diagnosefindung keine 'monolithische Struktur' - um einen Ausdruck von DE DOMBAL [6] zu gebrauchen; vielmehr ist anzunehmen, daß jeder Arzt seinen individuellen Weg hat, auf dem er zur Diagnose gelangt.

Dennoch sind auf Teilgebieten der Medizin beachtliche Fortschritte in der Entwicklung automatischer Diagnosehilfen erzielt worden [7]. Auf die neueren amerikanischen Entwicklungen auf diesem Gebiet wie etwa MYCIN, DIALOG, INTERNIST usw. will ich hier nicht näher eingehen. Solche 'knowledge based' oder 'Experten-Systeme' [36] sind zweifellos eindrucksvolle Beispiele prinzipieller Einsatzmöglichkeiten 'künstlicher Intelligenz', und wir werden auf dieser Tagung darüber noch Näheres von Herrn MILLER hören. Letztlich aber sind alle derartigen Versuche noch als erste tastende Schritte auf einzelnen, mehr oder weniger umschriebenen Sachgebieten zu verstehen, und keines dieser Systeme hat auch nur ein Jota Wissen mehr von sich gegeben, als seine Entwickler zuvor darin investiert haben.

Bezüglich einer Computerdiagnostik auf breitester Basis gelten wohl immer noch die von mir 1966 geäußerten Einwände: 'Eine wesentliche Schwierigkeit für jede Art maschineller Diagnostik beruht in dem Umstand, daß es keine einheitliche und nach exakt naturwissenschaftlichen Gesichtspunkten aufgebaute Systematik der Krankheiten gibt. Unsere heutige Nosologie ist vielmehr ein historisch gewachsenes Konglomerat verschiedenster geistiger Konzeptionen über Ursache und Wesen einer Krankheit. Für eine Computerdiagnostik auf breitester Basis fehlt daher ein brauchbares logisches

Klassifikationsschema' [39]. Es gibt bis heute kein Kriterium dafür, ob ein bestimmtes Erscheinungsbild bzw. ein bestimmter Geschehensablauf als ein morbus sui generis anzusehen ist oder nicht. Es fehlt schließlich die systematische Differenzierung der Zusammenhänge in solche, die den Anschein der 'Monokausalität' erwecken, und solche, bei denen eine Vielzahl von Faktoren zusammenspielt, ohne daß man einen bestimmten Faktor darunter als wesentlich betrachten könnte [27].

Wenn auch die Fundamente für eine Computerdiagnostik auf breitester Basis noch nicht tragfähig genug erscheinen, so ist der enorme Fortschritt in Einzelbereichen doch evident, insbesondere auf dem Gebiet der Auswertung biophysikalischer Signale wie EKG, EEG, EMG, Phonokardiographie, Ultraschall und als jüngstem Gebiet der Computer-Tomographie.

Die hier erzielten Fortschritte sind so bekannt, daß ich mir ein Eingehen darauf ersparen kann. Kurz erwähnt werden sollen aber noch die mehrphasigen Screening-Systeme zur Früherkennung bedeutsamer, aber verhütbarer chronischer Krankheiten in größeren Bevölkerungsgruppen [9], wie sie z.B. von COLLEN und seinen Mitarbeitern [5] für das Health-Checkup-Programm der Kaiser Foundation in Oakland entwickelt wurden. Leider hat die prophylaktische Gesundheitsüberwachung der Bevölkerung trotz geradezu idealer Vorbedingungen hierzulande nicht die Beteiligung und den Erfolg erbracht, den man sich davon erhofft hatte.

4. Computerunterstützte Therapie und Krankenpflege

Im Bereich der Therapie hat der Einsatz des Computers echte Fortschritte vor allem bei der zwei- und dreidimensionalen Berechnung von Isodosenverteilungen im Gewebe und bei der Erstellung von Dosierungsplänen bei der Radium-, Röntgen- und Isotopenbestrahlung gebracht.

Daneben wird der Computer zur Überwachung der Medikation eingesetzt. Dabei kann er Verordnungslisten herausschreiben, verabfolgte Arzneien registrieren oder der Schwester über Bildschirm mitteilen, wann der Patient X welches Medikament in welcher Dosierung bekommen muß. In den meisten dieser Systeme muß die Schwester die Verabfolgung des Medikamentes rückmelden; unterbleibt diese Meldung, erfolgt ein Mahnsignal über die Daten-Endstation. Auch auf Arznei-Inkompatibilitäten und persönliche Risiken bei bestimmten Patienten (z.B. Epileptikern, Diabetikern) kann der Computer aufmerksam machen, vorausgesetzt natürlich, daß entsprechende Angaben in einem elektronischen Gefährdungskataster gespeichert sind. Solche Nursing Systems zur Entlastung der Schwester haben insbesondere in Großbritannien ein starkes Interesse gefunden.

Im Rehabilitationszentrum in Houston erstellt der Computer nicht nur Medikationspläne, sondern entwirft auch für die meist schwerkranken und bewegungseingeschränkten Patienten und für alle Stationen der physikalischen Therapie täglich genaue Stundenpläne, die minimale Wartezeiten für Patienten und Pflegepersonal garantieren [37].

Überall da, wo physiologische Funktionen oder technisch-kybernetische Systeme gesteuert bzw. kontrolliert werden müssen, ist der Einsatz elektronischer Datenverarbeitungsanlagen sinnvoll und nutzbringend, da diese Maschinen derartige Aufgaben sehr viel besser und schneller erledigen können als der Mensch. Damit ist der Computer zu einem wichtigen Gerät z.B. für die Schwerkrankenüberwachung geworden. Beispielsweise konnte im Schockzentrum Los Angeles die Überlebensrate von Patienten mit schwersten Kreislaufzusammenbrüchen durch Computerüberwachung der Kreislauffunktionen deutlich gebessert werden [14,45].

In das Gebiet des 'Patient Monitoring' (der Patientenüberwachung) gehören auch die elektronische Narkoseüberwachung und -steuerung sowie die Kontrolle der körperlichen Funktionen bei Frischoperierten. Ein moderner Operationssaal ist ohne eine ganze Batterie komplizierter technischer Geräte zur ständigen Messung von

Blutdruck, Pulsfrequenz, Atmung, Kern- und Hauttemperatur, Sauerstoffsättigung des Blutes, Herzstromkurve usw. gar nicht mehr denkbar. Der Computer kann alle diese Parameter ständig kontrollieren und bei Erreichen einer kritischen Grenze entweder ein Alarmsignal auslösen oder eine sinnvolle Abänderung der Narkose veranlassen.

Ein ganz neu entstandenes Gebiet ist schließlich der Einsatz von Mikrocomputern zur Steuerung von Hilfen für Kranke und Behinderte, für das die Bezeichnung 'Bionik' oder 'Robotik' vorgeschlagen wurde. Die letzten Jahre haben uns auf diesem Gebiet - insbesondere in den Bereichen der computergesteuerten Prothesen, Hör- und Sehhilfen - früher nicht für möglich gehaltene Fortschritte erbracht, und das bisher Erreichte ist hier nur als der Beginn einer zukunftsträchtigen Entwicklung zu bewerten [28].

5. Analyse von Biosignalen und Bildinformationen

Die Aufnahme, Verarbeitung und Auswertung von Biosignalen, d.h. direkt vom Körper des Patienten instrumentell abgeleiteter Signale, hat durch den Computer einen entscheidenden Impetus erhalten.

Insbesondere die elektronische Elektrokardiogramm-(EKG)-Analyse konnte in den letzten Jahren so weit vervollkommnet werden, daß die EKG-Befundung durch den Computer heute kaum noch wissenschaftliche, sondern vorwiegend organisatorische Probleme bietet.

Noch nicht so weit entwickelt ist die Analyse von Hirnstromkurven (Elektroenzephalogramm), was nicht verwundert, wenn man bedenkt, daß für die Analyse einer EEG-Kurve von 10 Sekunden Dauer Millionen von rechnerischen Einzelschriften erforderlich sind. Immerhin gelingt es heute schon, bei gewissen Störungen im EEG den Sitz des Erkrankungsherdes im Gehirn zu lokalisieren.

Die technischen Entwicklungen auf dem Gebiet der Biotelemetrie gewinnen zunehmende Bedeutung für die Physiologie, die Sport- und Arbeitsmedizin.

Auch das Gebiet der Bildverarbeitung wurde durch den Computer entscheidend gefördert. Erwähnt werden sollen hier die automatisierte Chromosomenanalyse, die computergesteuerte Analyse von Gewebsschnitten und die Zytoanalyse von Portioabstrichen, wobei überall noch technische Probleme bestehen. Als besonders erfolgreiches, noch recht junges Verfahren ist hier auch die Computer-Tomographie zu nennen.

Intensiv gearbeitet wird auf den Gebieten der automatischen Erkennung von Röntgenbildern der Lunge und des Herzens, von Radioisotopen-Bildern, Augenhintergrundsaufnahmen [23] und Ultraschallbefunden. Hier ist vieles noch am Beginn einer für die Zukunft höchst vielversprechenden Entwicklung. Sehr schneller Datentransfer, sehr große Hilfsspeicher und optische Speicher sind dabei Voraussetzung [22].

6. Steuerung des Informationsflusses im Krankenhaus

Das moderne Krankenhaus ist - betriebswirtschaftlich betrachtet - ein sehr komplexer Betrieb, der nur bei guter Koordination und Kommunikation zwischen den Leistungsstationen (Operationssaal, Krankenstation, Labors, Apotheke, Röntgenabteilung, Blutbank, Küche, Aufnahmebüro, Verwaltung usw.) zufriedenstellend funktionieren kann.

In den vergangenen zwei Dezennien ist viel Zeit und Arbeit in die Entwicklung sog. Krankenhaus-Informationssysteme (KIS - oder englisch: HIS) investiert worden. Es hat sich aber zunehmend gezeigt, daß viele Blütenträume der anfänglichen KIS-Euphorie nicht so einfach wie erhofft zu realisieren waren, und die Einführung integrierender Systeme ins Krankenhaus doch eine äußerst komplizierte Angelegenheit ist und lokale Gegebenheiten der herkömmlichen Struktur und Organisation mitberücksichtigt werden müssen. So verwundert es eigentlich nicht, daß universelle Systeme, die überall einsetzbar wären, bisher nicht existieren. Ansätze mit bescheidenerer Zielsetzung - etwa das Medizinische System Hannover von REICHERTZ [29] oder KIS Kiel von GRIESSER [13] - haben durchaus aber neue und wertvolle Einblicke in das Funktionieren eines Krankenhausbetriebes erbracht und bestimmte Formen der Informationsübermittlung verbessert.

Im ambulatorischen Bereich möchte ich lediglich das von BARNETT et al. [43] entwickelte System COSTAR (Computer-Stored Ambulatory Record) des Massachusetts General Hospital in Boston erwähnen, das neben der Krankenblatt-Dokumentation noch die Patienten-Einbestellung, die Patienten-Aufnahme und das Rechnungswesen erledigt.

Daß die Automatisierung der Verwaltungsaufgaben eines Krankenhauses einfacher ist als die der ärztlich-medizinischen Funktionen und Bereiche, brauche ich hier wohl kaum zu betonen. Auf diesem Sektor existieren eine Vielzahl von Programmen, auch von seiten der Herstellerfirmen. In irgendeiner Weise dürften heute schon ungefähr 80% aller Krankenhausverwaltungen EDV-Systeme einsetzen.

Neuerdings ist - wie REICHERTZ [31] meint - eine Verlagerung des Interesses von den globalen, umfassenden Systemen weg mehr in Richtung auf spezifische Systeme zur Bewältigung ganz bestimmter Teilaufgaben des ärztlichen, pflegerischen oder administrativen Bereiches zu beobachten.

Auch der Computer in der Arztpraxis muß sich, um in der täglichen Routine bestehen zu können, an die lokalen Gegebenheiten und die Besonderheiten der individuellen Praxis anpassen. Eine entsprechende Produkt-Orientierung von seiten der Herstellerfirmen kommt nur sehr zögernd voran [30].

7. Computer im Öffentlichen Gesundheitsdienst

Auch im Öffentlichen Gesundheitsdienst ließe sich der Computer in vielen Bereichen nutzbringend einsetzen, denken wir etwa nur an die Seuchenbekämpfung, die schulärztliche Überwachung, die Mütter- und Säuglingsberatung, Familienplanung, Tuberkulosefürsorge, Wasser- und Lufthygiene, Bluttransfusionsdienste usw. - ganz allgemein gesprochen: an die Gewinnung exakter Zahlenunterlagen für gesundheitspolitische Planungen auf nationaler und auch internationaler Basis. Allerdings klafft gerade hier eine tiefe Lücke zwischen dem Wünschenswerten und dem Erreichten - jedenfalls hierzulande.

Auf der 30. World Health Assembly im Jahre 1972 unterstützten alle Mitgliederstaaten der WHO die Politik der Entwicklung von Gesundheitssystemen auf der Grundlage der primären Gesundheitsversorgung. Man stellte sich dabei zwei Arten von Systemen [35] vor:

- die sog. National Health Information Systems (NHIS), die Gesundheitsinformationen für nicht im Gesundheitswesen tätige Personen (z.B. Politiker, Sozialwissenschaftler und evtl. die breitere Öffentlichkeit) verfügbar machen sollen;

- die sog. Health Management Information Systems (HMIS), die den Beamten des Gesundheitswesens die Entscheidungsfindung erleichtern sollen.

Abgesehen von einigen ersten Ansätzen in bestimmten Teilbereichen in einigen Ostblockstaaten ist mir über die Realisierung derartiger Ideen nichts bekannt. Im Gegenteil - bei uns wird alles getan, um derartige Systeme zu verhindern, auch wenn sie - wie z.B. die Krebsregister - wissenschaftlich notwendig und sinnvoll erscheinen.

8. Computer in der Forschung

Bei der Planung, Dokumentation, Auswertung und Repräsentation biomedizinischer Forschungsvorhaben hat sich der Computer als unersetzlich erwiesen. So hat er in vielen Bereichen erstmals die Bearbeitung von Problemen ermöglicht, die wegen des damit verbundenen Rechenaufwandes bis dato gar nicht lösbar erschienen, etwa die Analyse komplexer biologischer Systeme mittels multivariater statistischer Verfahren, die Simulation biologischer Vorgänge im mathematischen Modell oder die Bewältigung riesiger Datenmengen wie etwa bei der DFG-Studie 'Schwangerschaftsverlauf und Kindesentwicklung', bei der für mehr als 20.000 Versuchs- und Kontrollpersonen rund 200 Seiten Informationen pro Fall auf standardisierten Erhebungsbögen vorliegen [10]. Daß die Aufdeckung von Gemeinsamkeiten der Struktur in solchen Datenbergen nicht ohne den Computer möglich ist, dürfte wohl einleuchten.

Der tierexperimentell tätige Forscher - sei er Pathologe, Physiologe, Pharmakologe oder Kliniker - kann sowohl bei der Erfassung von Daten und der Steuerung eines Experiments als auch bei der Auswertung der Meßergebnisse auf den Computer nicht mehr verzichten.

Die Entwicklung der Record-Linkage-Technik war weitgehend an den Computer gebunden. Die damit erreichbare verbesserte Zuordnungsmöglichkeit vieler Angaben über eine bestimmte Person aus den verschiedensten Quellen hat fraglos auch die medizinische Forschung gefördert. Man braucht hier nur an die zahlreichen Langzeitstudien der letzten Jahre, an das Modell der Oxford Record Linkage Study von ACHESON [1], an die Verknüpfung der Daten in Krankheitsregistern usw. zu denken. In einer Zeit, in der die sich über Jahrzehnte hinziehenden chronischen Krankheiten ständig an Bedeutung gewinnen und die zunehmende Spezialisierung die Synopsis persönlicher Lebensdaten immer schwieriger gestaltet, gewinnt ein systematisches Record Linkage für die epidemiologische Forschung eine erhebliche Bedeutung [40].

Was mit dieser Technik im Bereich der genetischen Forschung möglich ist, haben die geradezu erstaunlich anmutenden Stammbaumanalysen von McKUSICK [17] gezeigt, der aufgrund einer umfassenden computerunterstützten Stammbaumerstellung der amerikanischen Sekte der Amish u.a. nachweisen konnte, daß das Ellis-van Cleveld-Syndrom - eine seltene Erbkrankheit mit Zwergwuchs, überzähligen Fingern und Herzmißbildungen - durch einen 1806 aus der Schweiz kommenden Immigranten namens Samuel König in die Neue Welt eingeschleppt worden ist. Weitere humangenetische Forschungsgebiete, wie z.B. das autosomale Mapping, die Ermittlung der Lageorte einzelner Gene auf bestimmten Chromosomen, die Katalogisierung seltener Phänotypen beim Menschen [18] oder die automatisierte Chromosomenanalyse, lassen sich nur mit Hilfe des Computers durchführen.

Die Triumphe der Biochemie in der Aufklärung makromolekularer Strukturen wie RNS, DNS, Proteine und die entscheidenden Fortschritte der Nuklearmedizin (z.B. CT, NMR) wären ohne den Computer nicht möglich geworden. Wir haben uns daran gewöhnt, in den Naturwissenschaften und in der Medizin ständig umwälzende Entwicklungen und Neuerungen zu erleben, die vor relativ kurzer Zeit noch kaum vorstellbar gewesen wären.

Die Rolle des Computers bei der Bewältigung des Informationsproblems des Forschers von heute soll abschließend wenigstens kurz erwähnt werden. Auch bei der Bewältigung der Flut publizierter Informationen sind in den letzten Jahren entscheidende Fortschritte erzielt worden und riesige Schrifttums- und Informationsbanken auf vielen Spezialgebieten aller Wissenschaften entstanden. Den Wissenschaftlern des Deutschen Krebsforschungszentrums steht heute der Zugriff zu mehr als 30 Datenbanken aus aller Welt zur Verfügung, eine großartige Dienstleistung, die aber kaum gewürdigt wird.

9. Forschungsförderung

Die Entwicklung des Fachgebietes in unserem Lande hätte übrigens ohne die staatlichen Förderungsmaßnahmen in den 60er Jahren sicher nicht so zügig erfolgen können. Zu erwähnen ist dabei zunächst einmal das damalige Institut für Dokumentationswesen in Frankfurt/Main - die heutige Gesellschaft für Information und Dokumentation (GID). Seinem weitblickenden und stets hilfsbereiten Direktor Dr. Martin CREMER verdanken hierzulande sehr viele der frühen Projekte im Bereich der klinischen Dokumentation und Datenverarbeitung ihre Anlauffinanzierung; mit seiner Hilfe konnten mehrere Hochschulinstitute ihre erste Maschinenausstattung erwerben und die beiden Schulen für medizinische Dokumentare in Ulm und Gießen errichtet werden. Erwähnt werden sollte in diesem Zusammenhang auch der verstorbene Min.Rat. Dr. Kurt ZIESMER, der als zuständiger Referent im BMJFG sich persönlich sehr für die Belange der GMDS eingesetzt hat.

In den letzten 10-15 Jahren erfolgte die Förderung der medizinischen Informatik fast ausschließlich im Rahmen der drei DV-Förderungsprogramme der Bundesregierung, wobei man sich vorwiegend auf Projektförderung konzentrierte und zwischen Forschung und Projektentwicklung nicht immer klar unterschieden wurde. Der relativ geringe Erfolg und die nur sehr begrenzte Portabilität auch kostenaufwendiger Projekte läßt den rückschauenden Betrachter zweifeln, ob die förderungspolitischen Aspekte und Kriterien für die Mittelvergabe die jeweils sinnvollsten gewesen sind.

10. Kritik am Computereinsatz in der Medizin

Ein Überblick über den Nutzen des Computers für den Fortschritt der Medizin wäre unvollständig, würde man nicht auch die Kehrseite der Medaille beleuchten. Innovative Ideen und Verfahren haben noch stets die traditionellen Vorstellungen und Strukturen gestört und in das Privileg, wer was wann wie und wo tun darf, eingegriffen. Das war beim Eindringen des Computers in den klinischen Bereich nicht anders als schon bei der Einführung des Mikroskops oder des Thermometers [25]. Auf die Frage der soziologischen Strukturveränderungen in der Krankenhaushierarchie, die Änderung bestimmter Funktionsabläufe und gewohnter und liebgewordener Betätigungen - und mit alledem verbunden die Frage der Akzeptanz - möchte ich hier nicht näher eingehen. Der Preis, den wir für den technischen Fortschritt in der Medizin bezahlen müssen, ist zweifellos die zunehmende Spezialisierung und der zunehmende Verlust der Übersicht selbst über sog. kleinere Fachgebiete. Der Arzt verläßt sich in zunehmendem Maße mehr auf technische Methoden und Resultate als auf seine fünf Sinne. Die Laboratoriumsmethoden aber werden immer raffinierter und undurchsichtiger, so daß der praktisch tätige Arzt sich bezüglich der Bewertung dieser Befunde immer mehr auf den Laborarzt verlassen muß.

Die beim Computereinsatz unvermeidliche Standardisierung verwischt manche individuellen Besonderheiten.

Die traditionelle Krankenhaushierarchie wird durch den Computer beeinflußt; paramedizinisches Personal dringt in Sphären ein, die bisher allein dem Arzt vorbehalten waren. Vor mehr als 10 Jahren bereits habe ich von einem medizinischen Informatiker den Ausspruch gehört, daß die Medizin zu wichtig sei, um allein dem Arzt vorbehalten zu bleiben ! Genau dieses Problem aber - der notwendige Einbau des Nichtmediziners in das ärztlich-pflegerische Team - hat die Entwicklung der Informationsverarbeitung in der Medizin langsamer und mit größeren Geburtswehen verlaufen lassen, als wir Optimisten vor 25-30 Jahren erwartet haben.

Auch an Rückschlägen hat es in den vergangenen Jahren nicht gefehlt. Die Herstellerindustrie, die mit allen Mitteln ins Geschäft kommen wollte, hat nicht selten mehr versprochen, als sie halten konnte. Die versuchte Übernahme von in anderen Gebieten bewährten Methoden der Daten- und Informationsverarbeitung kann in diesem Bereich nur dann eine Chance für den Routineeinsatz haben, wenn diese Methoden gemeinsam mit dem Arzt am Krankenbett entwickelt werden.

Vieles, was sich in einer Pilotphase zu bewähren schien - einfach, weil es den Reiz des Neuen hatte und die Beteiligten daran persönlichen Anteil hatten - ließ sich in der Routine nicht realisieren, wegen mangelnder Akzeptanz, zu hoher Kosten oder aus irgendwelchen anderen Gründen. Ich will hier nur den selbstkritischen Bericht von KOEPPE und Mitarbeitern [15] über das Ende des radiologischen Befundungssystems ORVID erwähnen und die freimütige Auffassung der Autoren 'to call a failure a failure'. Die GMDS hat stets dafür plädiert, auch über negative Erfahrungen und Irrwege zu berichten, um anderen Kollegen bereits gemachte Enttäuschungen nach Möglichkeit zu ersparen. So wurde beispielsweise die Jahrestagung 1977 ganz bewußt unter die Rahmenthematik 'Informationsverarbeitung in der Medizin - Wege und Irrwege' gestellt [8].

11. Zukunftsaspekte

Futurologische Zukunftsprognosen über den Einsatz des Computers in der Medizin sind bisher fast stets weit über das Ziel hinausgeschossen. Die vorhergesagten gigantischen Heilstädte mit Krankenhausmaschinen als selbstlernenden Matrizensystemen sind uns - Gott sei Dank! - ebenso erspart geblieben wie die dubiöse Symbiose zwischen Gehirn und Computer.

Aber auch ohne futurologische Sterndeuterei lassen sich für den Bereich des Krankenhauses weiter steigende Ansprüche an eine mit höchstem apparativem Komfort und medikamentösem Aufwand betriebene Diagnostik und Therapie unschwer voraussagen, und man wird sicher versuchen, diese Entwicklungen mit Hilfe des Computers zu rationalisieren [32].

Als besonders zukunftsträchtige Gebiete bzw. Aufgaben der Informationsverarbeitung in der Medizin möchte ich nennen:

1. die Weiterentwicklung der Biosignalverarbeitung, gewissermaßen als Beiprodukt des allgemeinen technologischen Fortschritts;

2. den Ausbau der Bildverarbeitung, die ebenfalls von verbesserten technischen Voraussetzungen zur Speicherung von Bildinformationen (z.B. Bildplatte) profitieren wird;

3. Fortschritte der Wiederherstellungs- und Rehabilitationsmedizin auf dem Gebiet der Bionik - automatisierte Endoprothesen, verbesserte Seh- und Hörhilfen, Herzschrittmacher, künstliche Organe - alles gefördert durch die enormen Fortschritte der Mikrocomputer-Technologie;

4. den verstärkten Einsatz sog. künstlicher Intelligenz und sog. Experten-Systeme als medizinische Entscheidungshilfen;

5. Förderung der Modellbildung und der Simulationsverfahren;

6. verstärkte Verbreitung spezieller Kenntnisse und gesicherten Wissens auch für eine breitere Interessentenschicht durch Einsatz von Videotext, Bildschirmtext, sog. Personal Computer etc.

Erheblich verbessert werden muß der Austausch bewährter Programme und Systeme, der heute vielfach noch allein an der Unterschiedlichkeit und Inkompatibilität der zahllosen auf dem Markt befindlichen Betriebssysteme scheitert. Erwünscht wäre auch ein verbesserter Dialog zwischen Arzt und Informatiker. Nur durch Zusammenarbeit beider können in der Medizin optimale Systeme erwartet werden.

Was wir - last not least - pflegen sollten, ist ein kritisches Selbstbewußtsein und Selbstverständnis des Fachgebietes der Medizinischen Informatik. Wir müssen bereit sein, die Leistungen der Informationsverarbeitung in der Medizin an der Latte folgender Kriterien bzw. Aufgaben messen zu lassen:

1. Verbesserte Versorgung des einzelnen Patienten;
2. Gewinnung eines zuverlässigeren Überblicks des Klinikers über sein Krankengut;
3. Verbesserung der Organisation und Durchführung der Vor- und Nachsorge;
4. Bessere Beurteilung von Therapieerfolgen;
5. Förderung der medizinischen Forschung;
6. Klarere Abgrenzung der Fachsprache, Aufbau einer logisch in sich konsequenten Nosologie;
7. Verbesserte Verbreitung und Bereitstellung gesicherten Wissens.

Ich habe keine Zweifel, daß unser Fach alle diese Aufgaben auch in Zukunft glänzend bewältigen wird.

Literatur

1. Acheson, E.D.: Medical Record Linkage. Meth. Inform. Med. 8 (1969) 1-6.

2. Arbeitsausschuß Medizin in der DGD: Ein dokumentationsgerechter Krankenblattkopf für stationäre Patienten aller klinischen Fächer (sog. Allgemeiner Krankenblattkopf). Med. Dok. 5 (1961) 57-70.

3. Bemmel, van, J.H.: A Comprehensive Model for Medical Information Processing. Meth. Inform. Med. 22 (1983) 124-130.

4. Berkson, J.: A System of Codification of Medical Diagnoses for Application to Punch Cards, with a Plan of Operation. Amer. J. publ. Hlth 26 (1936) 606-612.

5. Collen, M.F.: Multiphasic Screening as a Diagnostic Method in Preventive Medicine. Meth. Inform. Med. 2 (1965) 71-74.

6. DeDombal, F.T.: Medical Diagnosis from a Clinician's Point of View. Meth. Inform. Med. 17 (1978) 28-35.

7. DeDombal, F.T., Grémy, F. (Eds): Decision Making and Medical Care: Can Information Science Help? Amsterdam-New York-Oxford: North-Holland Publ. Co. 1976.

8. Ehlers, C.Th., Klar, R.: Informationsverarbeitung in der Medizin - Wege und Irrwege. 22. Jahrestagung der GMDS, Göttingen, 3.-5.10.1977. Med. Informatik und Statistik, Band 16. Berlin-Heidelberg-New York: Springer 1979.

9. Flagle, Ch.D.: Automated Multiphasic Health Testing and Services: Total Systems Analysis and Design. In: Automated Multiphasic Health Testing and Services, Vol. 3. DHEW Publication No. (HSM) 72-3011. U.S. Dept. of Health, Education, and Welfare 1970.

10. Friedel, B., Wetter, G.: Dokumentation und Datenverarbeitung des Projektes "Schwangerschaftsverlauf und Kindesentwicklung". In E. Fritze und G. Wagner (Hrsg.): Dokumentation des Krankheitsverlaufs. Stuttgart-New York: Schattauer 1969.

11. Giere, W.: Probleme der elektronischen Datenverarbeitung in der heutigen Medizin. Electromedica 39 (1971) 8-12.

12. Giere, W.: Programmierte Befundschreibung - Kritischer Rückblick auf 10 Jahre Routineanwendung. In C.Th. Ehlers, R. Klar (Hrsg.): Informationsverarbeitung in der Medizin - Wege und Irrwege. Medizinische Informatik und Statistik, Band 16. Berlin-Heidelberg-New York: Springer 1979.

13. Griesser, G.: Das Klinik-Informationssystem des Klinikums der Christian-Albrecht-Universität zu Kiel. (Kiel KIS). Kiel 1975.

14. Joly, H., Trotter, J., Weil, M.H., Shubin, H.: Real Time Entry and Display of Clinical Data in an Intensive Care Unit. Meth. Inform. Med. 10 (1971) 133-138.

15. Koeppe, P., Schäfer, P., Treichel, J.: ORVID - Bericht über das Ende der Routine-Anwendung des Systems. Radiologe 14 (1974) 307-313.

16. Koller, S., Wagner, G. (Hrsg.): Handbuch der medizinischen Dokumentation und Datenverarbeitung. Stuttgart-New York: F.K. Schattauer 1975.

17. McKusick, V.A.: Some Computer Applications to Problems in Human Genetics. Meth. Inform. Med. 4 (1965) 183-189.

18. McKusick, V.A.: Mendelian Inheritance in Man. 5. Auflage. Baltimore; The Johns Hopkins Press 1975.

19. Mellner, Ch., Selander, H., Wolodarski, J.: The Computerized Problem-Oriented Medical Record at Karolinska Hospital - Format and Function, Users Acceptance and Patient Attitude to Questionnaire. Meth. Inform. Med. 15 (1976) 11-20.

20. Mieth, H., Porth, A.J.: What about "Turnkey Systems" for Clinical Laboratories? In B. Barber, F. Grémy, K. Überla, G. Wagner (Eds): Medical Informatics Berlin 1979, pp. 394-413. Lecture Notes in Medical Informatics, Vol. 5. Berlin-Heidelberg-New York: Springer 1979.

21. Mikat, B.: Archivierung und Dokumentation der Krankenblätter im Zentralarchiv für Wehrmedizin. Wehrmed. Mitt. 6 (1960) 81-85.

22. Onoe, M.: Review of Imaging in Medicine. In D.A.B. Lindberg, S. Kaihara (Eds): MEDINFO 80, pp. 180-184. Amsterdam-New York-Oxford: North-Holland Publ. Co. 1980.

23. Pe'er, J., Zajicek, G.: Computer Image Analysis of the Ocular Fundus. Meth. Inform. Med. 21 (1982) 23-25.

24. Peterson, H., Isaksson, A., Lindelöw, B., Ramgren, O.: Regional Clinical Laboratory Systems. In D.A.B. Lindberg, S. Kaihara (Eds): MEDINFO 80, pp. 590-593. Amsterdam-New York-Oxford: North-Holland Publ. Co. 1980.

25. Proppe, A.: Automation in der Entwicklung der modernen Medizin. Meth. Inform. Med. 5 (1966) 135-139.

26. Proppe, A.: Voraussetzungen einer Dokumentation und Statistik in der klinischen Medizin. In E. Fritze und G. Wagner (Hrsg.): Dokumentation des Krankheitsverlaufs. Stuttgart-New York: F.K. Schattauer 1969.

27. Proppe, A.: Computer-Diagnostik. Referat auf dem IBM-Seminar "Datenverarbeitung und Medizin" Bad Liebenzell, 5. - 7.3.1969.

28. Raviv, J. (Edit.): Uses of Computers in Aiding the Disabled. Amsterdam-New York-Oxford: North-Holland Publ. Co. 1982.

29. Reichertz, P.L.: Das Medizinische System Hannover (MSH). IBM Form Nr. E12-1166 Hannover 1972.

30. Reichertz, P.L.: Computers and the Private Physician. Meth. Inform. Med. 20 (1981) 131-132.

31. Reichertz, P.L.: Computers in Hospital Care Management. In D.A.B. Lindberg, S. Kaihara (Eds): MEDINFO 80, pp. 34-37. Amsterdam, North-Holland Publ. Co. 1980.

32. Reichertz, P.L.: Future Developments of Data Processing in Health Care. Meth. Inform. Med. 21 (1982) 55-58.

33. Slack, W.V., Van Cura, L.J., Greist, J.H.: Computers and Doctors: Uses and Consequences. Comput. biomed. Res. 3 (1970) 521-527.

34. Spechtmeyer, H., Wichmann, H.E., Renschler, H.: Internistische Dokumentationsaufgaben. Med. Welt 33 (1982) 1373-1378

35. Subramanian, M.: Informatics to Improve Medical Care of a Nation. Meth. Inform. Med. 21 (1982) 109-113

36. Townsend, H.R.A.: "Expert Systems": Their Nature and Potential. In F. Grémy, P. Degoulet, B. Barber, R. Salamon (Eds): Medical Informatics Europe 81. Lecture Notes in Medical Informatics, Vol. 11. Berlin-Heidelberg-New York: Springer 1981.

37. Vallbona, C., Spencer, W.A., Levy, A.H., Baker, R.L., Liss, D.M., Pope, S.B.: An On-line Computer System for a Rehabilitation Hospital. Meth. Inform. Med. 7 (1968) 31-39.

38. Wagner, G.: Fehlerforschung als Aufgabe der medizinischen Dokumentation. Meth. Inform. Med. 3 (1964) 93-94.

39. Wagner, G.: Computer - Hilfsmittel der modernen Medizin. IBM-Nachrichten 16, Heft 180 (1966) 304-312.

40. Wagner, G.: Medical Record Linkage. In J. Anderson, J.M. Forsythe (Eds): Information Processing of Medical Records. Amsterdam-London: North-Holland Publ. Co. 1970.

41. Wagner, G.: Datenkontrolle. In S. Koller, G. Wagner (Hrsg.): Handbuch der medizinischen Dokumentation und Datenverarbeitung. Stuttgart-New York: F.K. Schattauer 1975.

42. Wagner G., Grundmann, E.: Basisdokumentation für Tumorkranke. 3. Aufl. Berlin-Heidelberg-New York: Springer 1983.

43. Waxman, B.D., Rowny, P., Zuckerman, A., Yeh, L., Barnett, O.: An Approach to Medical Software Portability - The COSTAR V Project. In O. Rienhoff, M.E. Abrams (Eds): The Computer in the Doctor's Office. Amsterdam-New York-Oxford: North Holland Publ. Co. 1980.

44. Weed, L.L.: Das problemorientierte Krankenblatt. Stuttgart-New York: F.K. Schattauer 1978.

45. Wiener, F., Weil, M.H.: Computer-based Monitoring and Data Management in Critical Care. Meth. Inform. Med. 17 (1978) 252-260.

(From the Decision Systems Laboratory, School of Medicine, Universitiy of Pittsburgh, Pittsburgh/Penna.)

Diagnostic and Prognostic Decision-Making Systems: A Survey of Recent Developments in the United States

R.A. Miller

Abstract

Over a decade ago, D.J.CROFT [1] wrote a review article, asking 'Is Computerized Diagnosis Possible?'. His sentiments were echoed in a 1977 editorial by R.B. FRIEDMAN and D.H. GUSTAFSON [2] stating: 'Successful applications in many other areas have been reported but the overall impact of computers on health care delivery has been less than was expected as recently as 5 years ago'.
There are still no major successes to report in the realm of computerized diagnosis, but progress has been made. Two 'second-generation' artificial intelligence programs for medical diagnosis - ABEL and CADUCEUS - are reviewed below. Both are in the early stages of development. At this time, the prognosis for computerization remains unclear.
By contrast, two successful programs for computer-generated patient prognosis have been used regulary in a clinical setting. Both - ARAMIS and the Duke Cardiovascular Disease Databank - have assisted physicians in the management of individual patients, and resulted in useful general observations that have been published in the medical literature. A comparison between programs for patient prognosis and programs for medical diagnosis is made in this paper.

I would like to thank Prof. Dr. Wagner for inviting me to make some comments on computer-based systems for diagnosis and prognosis. My message is straightforward: the prognosis for systems dealing with patients' prognoses is excellent; and while the prognosis for diagnostic systems is uncertain, there is cause for continued optimism.

I will rewiew two successful programs for prognostic decision-making, ARAMIS and the Duke Cardiovascular Disease Databank, and two promising diagnostic programs, ABEL and CADUCEUS. By comparing their methodologies and areas of applicability, I will show why diagnostic and prognostic systems have different prognoses.

Many investigators have questioned what real progress has been made and what new goals can be achieved in the field of medical informatics [1-3]. For this reason, I submit the following list as an operational definition of 'success' for a medical computer program:

A successful program will exhibit:

1) Routine clinical use: regular application of the program to patient care situations in a 'real-time' manner (as opposed to only demonstrating the program on hypothetical or retrospective cases);

2) Significant clinical achievement: either validation by clinical trials documenting that a consultant program performs at the 'expert' level or, alternatively, derivation of important new medical information through use of the program (e.g., obtaining results which are then published in a refereed clinical journal);

3) Expanding usage: growth of the user community in size (especially beyond the creators of the program) with ongoing technical support for the software;

4) Continued funding: through grant support, user fees, or direct patient care revenues.

Any program that meets the above criteria for success has overcome many technical problems of implementation to investigators in the field [1,2,4-8]:

1) The program must perform a task useful to physicians. It must either do something that the physician-user is not capable of doing, or it must significantly improve performance on a task which the physician already does. Ideally, the program should produce a demonstrable positive effect on patient outcomes.

2) The task the program performs must be one that the user performs frequently enough to justify the cost of using the program.

3) The means of interaction between physician-user and the computer must be comfortable and efficient.

4) The program should be able to justify its conclusions in sufficient detail to convince the user of the value of its advice.

5) The programs and knowledge base should be easily portable from one computer to another and from one institution to another. This implies that the program must use standard definitions (terminology) for findings, diseases and therapies.

6) The program's database must be reliable and verifiable. For example, accurate statistics must be obtained for a Bayesian diagnostic program; careful and reproducible observations must be made in a clinical databank system; and accurate, detailed representations for causal (pathophysiological) relationships must be entered for a deductive system.

Clinical databank systems were developed to help manage several problems. Specifically, physicians are at a disadvantage in caring for patients with rare or chronic diseases, especially disorders where therapeutic modalities are not definitive. No individual doctor can see a large enough number of such patients (at the same stage of their illnesses) to gain insight into the best forms of intervention. When responses to various therapies take years to evolve, the amount of the response can be exceedingly difficult to judge. Clinical databanks can help physicians monitor patient prognoses and the response to various forms of therapy.

The theoretical foundations and hardware/software tools required for implementing clinical databank systems (i.e. hierarchical and relational databases) have been available for over a decade. For this reason, well-designed clinical databank systems, such as ARAMIS - the American Rheumatism Association Medical Information System [9,10] - and the Duke Cardiovascular Disease Databank [11-13], have already met most if not all of the above criteria for successful applications of computers in medicine.

Background work leading to the development of ARAMIS began in 1965, when several university rheumatology departments independently initiated patient information retrieval systems. Collaborative efforts between multiple institutions led to the adoption of a standard nomenclature for the rheumatic diseases at a special meeting of the American Rheumatism Association in 1973. The standardized items consisted of more than 400 variables for demographics, patient symptoms, signs and laboratory results, diagnoses, and therapies. In 1974 the United States Congress passed a funding bill which established a national arthritis screening and detection databank. ARAMIS was officially established in 1975. The standard terminology now includes 600 clinical variables common to all ARAMIS databanks, and 600 user-definable items which can be allocated for special studies.

Major types of activity by ARAMIS investigators include:

- Evaluation of observations, tests and procedures to determine their relative values in diagnosis and prognosis of rheumatic diseases;

- Survey of the natural history and prognosis of carefully defined subsets of patients;

- Determination of long-term patient outcomes for death, disability, discomfort, and cost in patients with arthritis and related disorders;

- Classification and definition of disease entities.

In comparison to ARAMIS, where the emphasis has been on providing a research tool for clinical investigators to determine prognoses for groups of patients rather than for individuals, the Duke Cardiovascular Disease Databank has been aimed at determining the best treatment modality (medications versus surgery) for patients with coronary artery disease. The Duke Cardiovascular program was developed in the early 1970s. It now contains records on over 7,500 individual patients evaluated by the Cardiology Service at Duke University. The databank contains a decade of records on hundreds of items including patient findings and tests such as electrocardiograms, chest x-rays, echocardiograms, electrophysiological studies, and cardiac catheterization. It also incorporates follow-up information regarding medications, NYHA functional class, subsequent myocardial infarctions, presence or absence and degree of heart failure and mortality.

We can appreciate the magnitude of accomplishments of both ARAMIS and the Duke Cardiovascular Disease Databank by reviewing the criteria for a successful program:

1) Routine clinical use

ARAMIS: As of April 1983, ARAMIS contained information on 19,217 individual patients and 107,487 patient visits. Over 90,000 prospective years of patient observation have been logged.

Duke: Over 7,500 individual patients have been followed, some for as many as twelve years. Of these patients, 6,000 were entered following cardiac catheterization to evaluate the presence or absence of coronary artery disease, and about 1,500 patients entered the study following CCU admission for acute myocardial infarction [14].

2) Significant clinical achievement

ARAMIS: See references 15-24 (a sampling of recent clinical publications by ARAMIS-related investigators).

Duke: A list of publications by the Duke investigators is contained in references 25-30.

3) Expanding usage

ARAMIS: At present, ARAMIS has 23 separate clinical databanks in use by 16 university centers. Forty associated investigators are conducting 50-60 clinical studies per year using ARAMIS. National stroke and coma databanks have been initiated using ARAMIS (TOD) software.

Duke: A group of neurologists at Duke University have used the databank software to follow patients with neurovascular diseases (stroke and TIAs). Efforts are under way to combine the TMR medical record-keeping system at Duke with the databank programs.

4) Continued funding

ARAMIS: Through national grants for the databank center at Stanford University, and individual grant support for associated investigators.

Duke: Patient care dollars (through charges for laboratory reports generated by the programs and revenues from individual clinical databank consultations) as well as grant support.

Both ARAMIS, which is written in a variant of PL/1, and the Duke cardiovascular databank system, which was originally written in PL/1, have locally developed, dedicated programs for performing database functions. There are now commercially available database systems in the United States which can be used to create clinical databanks at a fraction of the time and money cost of these original systems [31]. The National Surgical Adjuvant Project for Breast and Bowel Cancers (NSABP) uses >1022<, a commercially available pseudo-relational database system for DEC-10 computers. NSABP maintains centralized records for one hundred and fifty clinical centers administering 15 selected cancer chemotherapy protocols in the United States. Over 300 clinical parameters are followed on each of 13,000 individual patients. The effort represents over 57,700 patient-years of observation [32].

The use of clinical databanks will continue to expand and contribute important insights into the care of patients.

While I have few reservations in my enthusiasm for the use of clinical databank systems, I think the prognosis for medical diagnostic systems is as yet undetermined. Despite more than a quarter century of work by hundreds of capable investigators, we do not yet possess the theoretical understanding or the appropriate software tools needed for solving the medical diagnosis problem. I would characterize both previous and current work as part of a learning experience which has not yet come to fruition.

Early computer-based medical diagnostic systems employed one of three basic approaches: 1) variations on mathematical pattern recognition techniques, 2) implementations of Bayes' theorem, or 3) pathophysiological branching-logic algorithms, i.e. decision trees [6,33]. While some of the early efforts gained acceptance in narrowly restricted clinical domains, lack of accurate statistical information and the rigidity of the logic they employed severely limited the general applicability of such systems.

More recently, diagnostic programs using symbolic reasoning ('artificial intelligence, or AI') have gained in popularity. The first generation of medical AI programs included MYCIN, developed at Stanford University by SHORTLIFFE et al. [34,35]; CASNET, developed at Rutgers University by KULIKOWSKI and WEISS [36,37]; PIP, the present illness program developed at MIT by PAUKER, GORRY, KASSIRER and SCHWARTZ [38,39]; and INTERNIST-1, developed at the University of Pittsburgh by MYERS, POPLE and MILLER [40].

To illustrate the amount of learning that has taken place in the understanding of diagnostic algorithms, the essential elements of several systems will be summarized. Subsequently, two second-generation AI programs, ABEL [41,42] and CADUCEUS [7,40] will be described.

The simplest diagnostic algorithms use Bayes' law. In its least cumbersome form, Bayes' law can be stated as:

$$P(D|Mx) = \frac{P(D)*P(Mx|D)}{\text{Sum over all n of } [P(Dn)*P(Mx|Dn)]}$$

This formula is elegant and possibly accurate when all probabilities of findings and diseases are reliably known and patients present with only a single disorder. But few people would argue that it represents the essence of human diagnostic problem-solving strategies.

MYCIN is one of the earliest projects to have applied AI techniques to medical decision-making [34,35]. Its object is to provide recommendations for antimicrobial therapy in patients with bacteremia and/or meningitis. MYCIN's knowledge base consists of several hundred three-part rules of the form: IF premise THEN conclusion CERTAINTY-FACTOR value. A goal-directed backtracking scheme is used to select rules which result in further evaluation of the patient. MYCIN's initial goal is to determine if a significant infection exists in the patient. Consequently, all rules that might result in conclusions about the presence or absence of significant infection are considered. If one or more antecedent conditions (i.e., parameter values) of a relevant rule are unknown, a backward search is made to identify rules whose conclusions determine values for the missing parameters. MYCIN's second goal is to fire rules which can potentially identify the organism(s) causing the infection(s). MYCIN finally considers rules regarding appropriate antimicrobial therapy for the postulated infections. An evaluation of MYCIN's capabilities, documenting its expert level performance, was reported by YU et al. [35].

The CASNET (causal-associational network) model of diagnostic reasoning concerns itself with physiology and function in the disease glaucoma by use of artificial intelligence techniques [36,37]. The CASNET knowledge base consists of observable findings tied to intermediate pathophysiological states by numerical weights conveying how strongly each finding supports or discredits the presence of the state. Individual pathophysiological states are also linked to one another; link weights between states are numerical scores reflecting the degree of causal association between states. Disease states are described in terms of collections of pathophysiological states (i.e. as trajectories through the causal network of states). The process of diagnosis consists of projecting observed findings onto pathophysiological states. Via the scoring mechanism, the states are marked as confirmed, denied, or indeterminate. CASNET can ask questions to confirm or deny relevant indeterminate states. Final diagnoses are obtained by selecting diseases whose trajectories can connect the confirmed pathophysiological states without including any of the refuted states.

PIP (Present Illness Program) for patients with renal disorders uses a frame-based orientation in its approach to diagnosis of patients with renal disorders [38,39]. The PIP knowledge base consists of pathophysiological states and disease states. Each state has a list of 'trigger' findings whose presence can cause the state to come under active consideration; 'necessary' findings without which the presence of the state is impossible; 'sufficient' findings whose presence should cause immediate conclusion that the state is present; 'scoring' parameters which describe how the presence or absence of specific findings can lead to confirmation or denial of the state; and links from one state to other states (causal, associational, differential-diagnosis, and others). Trigger findings or the conclusion of related states bring a state into active consideration. Necessary, sufficient, or scoring parameters are then used to confirm or deny the presence of the state. Unlike CASNET, PIP allows findings to directly influence diagnostic conclusions about disease states.

INTERNIST-1 [7,40] is an experimental program for computer-based consultation in general internal medicine. Its knowledge base consists of disease profiles which are lists of findings reported to occur in patients with a given disease. Two numerical weights, expressing the specificity of the finding for the diagnosis, and the frequency of the finding in the disease, are associated with each manifestation in a disease profile. In effect, diseases can be listed as findings of other diseases via a 'link' mechanism. As each finding present in a patient case is entered by the user, its differential diagnosis is retrieved from the knowledge base. The differential diagnosis of the added finding is combined with those of previously known findings to form a 'master differential diagnosis list' (i.e., all possible hypotheses explaining the observed findings). Next, member hypotheses of the differential diagnosis list are scored and sorted by descending score. The most attractive diagnosis will have the highest score. Using a heuristic rule to separate competitor diagnoses from non-competing diagnoses, a 'problem area' is constructed around the leading diagnosis. INTERNIST-1 automatically concludes a diagnosis if the diagnosis is the only item in a problem area. When there is more than one diagnosis in a problem area, the most attractive diagnosis will be concluded if the next best diagnosis in a the same area is more than a threshold distance lower in score. INTERNIST-1 can make multiple diagnoses in the same patient case by successively considering and revolving different problem areas. SILVERMAN [39] compared the absolute threshold approach to diagnostic confirmation used by PIP to the relative threshold approach used by INTERNIST-1. Each method had strengths and weaknesses.

The complexity of second-generation AI diagnostic programs is of a much higher order than those summarized above. The following quotation from PATIL summarizes the difference in philosophy underlying these second generation projects:

> 'To move beyond the sometimes fragile nature of today's programs, we believe that future AIM [Artificial Intelligence in Medicine] programs must contain medical knowledge similar in depth of detail to that used by expert physicians. They must have anatomical, physiological, and pathophysiological knowledge sufficiently inclusive in both breadth and detail to allow the expression of any knowledge or hypothesis that usefully arises in medical reasoning" [42].

ABEL is the product of a five-year collaboration between Dr. William SCHWARTZ, an internationally recognized expert in the field of acid-base and electrolyte disorders, and Ramesh PATIL, originally a graduate student and now a faculty member in Computer Science at MIT [41,42]. The program acts as a consultant for patient cases with acid-base and/or electrolyte abnormalities. Key features of the system are 1) its ability to formulate coherent hypotheses at five different levels of reasoning, 2) its ability to construct causalstatus models explaining the patient's abnormalities, and 3) its ability to handle contradictory data resulting from interactions of multiple processes simultaneously present in the patient.

The aim of ABEL is to advise in the 'proper' management of the patient. The program helps gather appropriate information, helps formulate correct diagnostic hypotheses, and helps determine the optimal form of therapeutic intervention. These actions are often carried out simultaneously, as physicians frequently must institute therapy before reaching definitive diagnostic conclusions. Central to ABEL's performance is the construction of patient-specific models (PSMs). Each PSM is a data structure including all known data about the patient, possible interpretations of the data, explanatory links from tenable hypotheses to known data, and alternative formulations of the problem with the ramifications of each formulation.

ABEL consists of a knowledge base which includes a causal representation of medical information, programs which take as input patient observations and, using the knowledge base, construct PSMs, and programs which combine the phenomenological knowledge of disease associations with the pathophysiological knowledge of disease processes in order to make a judgement about which diseases are present in the patient.

ABEL is written in XLMS (eXperimental Linguistic Memory System), a special LISP-based knowledge representation language developed at Massachusetts Institute of Technology. XLMS allows construction of and access to a conceptual knowledge base where properties of higher level concepts can be inherited by lower-level concepts. For example, one can define the concept, 'concentration of an electrolyte in a body fluid' at a general level. Because plasma and urine are listed in the knowledge base as body fluids, XLMS will use the general function to calculate the concentrations of sodium, potassium, and other electrolytes in plasma or urine.

Clinical knowledge is represented in a multilayered fashion; up to five separate layers are allowed. The bottommost level is basic physiology, such as definition of the composition of body fluids. Intermediate levels describe pathophysiological processes such as 'lower-gi-fluid-loss' in terms of loss of lower gi fluid, which results in the clinical states of hypobicarbonatemia, hypokalemia, hyperchloremia, etc. A higher level description is a summary of the form 'salmonellosis causes lower gi fluid losses which can cause metabolic acidosis, dehydration, and hypokalemia'. The highest descriptive level is the clinical level which summarizes all lower levels: 'salmonellosis causes metabolic acidosis, dehydration and hypokalemia'. Links in the knowledge base tie concepts at one level to corresponding concepts at higher and lower levels.

The steps used in constructing PSMs are: initial formulation, aggregation, elaboration, projection, and component summation and decomposition. During initial problem formulation, ABEL uses patient data and its knowledge of acid-base-electrolyte physiology to characterize the nature and severity of abnormalities present in the patient, e.g. 'moderate hyponatremia and mild respiratory alkalosis'. Aggregation consists of summarizing events at a lower level of representation for the next higher level. Elaboration is the converse process whereby events postulated or observed at a higher level are expanded into a lower level representation. Projection is used to explore diagnostic possibilities for observed findings and hypothesized states. Component summation consists of predicting the combined effect of two independent processes on an observable parameter or a postulated state. For example, if both metabolic and respiratory acidosis were present in a patient, component summation would be used to predict their combined effect on the pH of the blood. Component decomposition is the opposite of component summation. In component decomposition, parameters or hypothesized states are reviewed to see if their postulated causes are sufficient to explain their severities. If not, additional causes are postulated as being present.

The steps used in ABEL's global diagnostic cycle are: presenting complaints, rank ordering hypotheses, computing diagnostic closures, termination, diagnostic information gathering, and restructuring of the PSM. The presenting complaints are expanded into PSMs as previously described. For each PSM, a scoring scheme is used to rank the complexity of the hypotheses involved. The simpler (fewer number of components) a hypothesis explaining a given set of observations is, the better its score will be. Hypotheses also receive better scores when the severities of the states they invoke to explain the data are less severe. Scoring in ABEL, therefore, has nothing to do with the probability of a condition. The scoring reflects only the attractiveness of a PSM as a causal explanation for the data.

Diagnostic closures are constructed for a few of the leading PSMs. Diagnostic closure formation consists of finding diseases which can explain the 'loose ends' in the pathophysiological models (PSMs). For example, in a patient with hypokalemia and metabolic alkalosis, a PSM may be able to explain part of the metabolic alkalosis as being perpetuated by the hypokalemia. But if the degree of alkalosis is greater than this mechanism can account for, then a second factor is postulated as contributing to the alkalosis. Diagnostic closure formation involves looking for disease states which might cause this additional degree of alkalosis. Candidate diseases must also be consistent with all other findings at the pathophysiological level. Diagnostic information gathering is done by comparing different diagnostic closures for the same PSM, looking for evidence that could support one plausible explanation more than another. Termination occurs when a diagnostic closure fully accounts for the observed findings and all competing hypotheses have been eliminated.

ABEL is still in an early stage of development. The module to construct PSMs and resolve diagnostic closures is complete. The knowledge base is only a small subset of that ultimately envisioned for clinical use. Modules for selecting appropriate therapies and determing overall strategies (i.e. when to ask questions versus when to initiate therapy) are only in the planning stages. But ABEL represents a significant advancement in our understanding of modelling medical diagnostic reasoning.

CADUCEUS is the successor program to INTERNIST-1 [40,7]. Like ABEL, it is not yet fully implemented. Design goals have been to create a knowledge base that is upward compatible with the Internist-1 knowledge base, yet which overcomes the functional limitations inherent to the Internist-1 approach, namely:

1) Ability to better represent causality, including an explicit representation of intermediate pathophysiological states,
2) Ability to better represent the degree of severity of both individual findings and of disease processes,
3) Ability to reason about illnesses anatomically and temporally,
4) Ability to formulate a global overview of a complex problem.

The INTERNIST-1 knowledge base must be revised at two levels in order to achieve the above goals. First, findings must be made into more accurate descriptors of a patient's condition. Second, disease profiles must be expanded in scope.

Findings in INTERNIST-1 were simply text strings (internally represente by an identification number) which could either be present, absent, or not available in a given patient case. In CADUCEUS, findings have a detailed structure, similar to the complex nature of findings in PIP [38]. Each finding defined in CADUCEUS has:

1) A name, such as abdominal-bruit, ascitic-fluid-specific-gravity, jaundice, sodium-blood or diastolic-arterial-blood-pressure;
2) A status descriptor which tells how to state the status of the finding, e.g., present / absent, true / false, normal / abnormal, normal / increased / decreased / absent, or a numerical value;
3) An explicit description of the normal value for the finding;
4) An optional site descriptor listing possible sites where the finding may be

instantiated, e.g., for abdominal pain, one of: epigastrium, right upper quadrant, right lower quadrant, left upper quadrant, hypogastrium, etc.;

5) An optional list of modifiers which may be used to qualify an instance of the finding. Qualifiers for abdominal pain might include severity, periodicity, pattern-of-radiation, duration, and factors which influence the pain;
6) A list of all the methods by which the finding can be measured, including units of measurement and type for each.

In CADUCEUS, the 'side effects' of patient observations are carefully represented. Much of the efficiency of interphysician communication depends on unspoken assumptions that are nevertheless conveyed by what is said. In presenting a patient case to a consultant, I may state, 'the urine specimen was negative for protein and glucose' and say nothing more about the urine. The consultant will assume that the urine was not grossly bloody, for I would be a fool to not have mentioned it if blood was present. Suppose more than 48 hours had elapsed since the urine sample was taken. If the patient's condition was one calling for a urine culture to be done, and my consultant friend was familiar with my compulsive habits, he would also assume the culture had been done and was sterile. Representation of what methods are used in obtaining information will help CADACEUS make similar assumptions.

In CADACEUS, as in INTERNIST-1, the basic building block for the knowledge base is the disease profile. In INTERNIST-1, the disease profiles were in effect 'totally compiled'. A finding was listed in a profile if the finding could occur in patients with the disease. Findings were listed uniformly, independent of whether they represented demographic information, predisposing factors, prodromal manifestations of the illness, signs seen only in the most severe cases, or late complications of an illness. The mechanism by which a disease caused a finding was not represented in INTERNIST-1. In CADUCEUS, the goal is to sort out all such factors into manageable compartments.

The components of a disease profile in CADUCEUS are as follows:

DISEASE PARAMETERS
DEMOGRAPHICS
GENERAL PREDISPOSING FACTORS
INDEPENDENT RISK FACTORS
GENERAL EFFECTS
SPECIFIC EFFECTS
CHARACTERISTIC FINDINGS
ACADEMICALLY KNOWN CLINICALLY CONTRAINDICATED EFFECTS
MANIFESTATIONS MAKING DIAGNOSIS UNTENABLE
LINKS

CADACEUS has three types of 'disease' profiles: ultimate diagnoses, facets, and subdivisions. Facets are used to profile intermediate pathophysiological states. Subdivisions are used to represent significant components of diseases: renal lupus and CNS lupus are each subdivisions of systemic lupus erythematosus. Links among diagnoses, facets and subdivisions are more complex than the simple links used in INTERNIST-1. The extra details are necessary to maintain accurate descriptions of pathways.

Within a CADUCEUS disease profile, findings are given evoking strength and frequency weights (as in INTERNIST-1). In addition, three numbers reflecting the frequency of each finding in the mild, moderate and severe forms of the disease process are recorded. The evolution of a disease can be divided into prodrome, early phase, middle phase, late phase, transient sequelae, and permanent sequelae. Each manifestation in a CADUCEUS profile can be marked to describe when it occurs during the course of the illness. Markers can also indicate which findings progress during the course of an illness and how manifestations participate in the flares of diseases with exacerbations and remissions.

The process of diagnosis in CADUCEUS will consist of projecting from findings to disease hypotheses. By tracing paths of causal attribution from hypothesized diseases through related facets, the findings truly explained by each hypothesis can be identified. A diagnosis will not be allowed to explain a finding if the time course of the finding is inconsistent with that allowed by the disease profile, or if the finding does not fit with the postulated severity of the disease. Scoring of hypotheses can be done both on a causal level, as in ABEL, and on a likelihood basis, as in INTERNIST-1. Both of these components are important in diagnostic decision-making.

In summary, the models used in second-generation medical artificial intelligence programs reflect much of what has been learned about diagnostic reasoning in the last quarter century. The assumption made 25 years ago that simple mathematical formulas could be used to do diagnostic reasoning was in retrospect naive. Although significant progress has been made in advancing our understanding of diagnostic algorithms, the process of learning must continue in order to develop effective diagnostic consultant programs.

Another sort of comparison can be made between systems for prognosis and those for diagnosis. Even if both were fully developed from a research standpoint, they would face quite different barriers to successful implementation. The differences in impediments result from differences in their intended user communities. Prognostic programs are most likely to be developed by subspecialists who are expert in their field of specialization. The experts are interested in increasing their knowledge in that area. ARAMIS was developed and is used by rheumatologists; the Duke Cardiovascular Disease Databank was developed by and is used by cardiologists. By contrast, diagnostic programs are most useful when used as 'expert consultants' in a general setting. So while prognostic systems are developed and used by subspecialists in a single domain, expert diagnostic systems are used by a much broader community, and by physicians who are not usually expert in the domain of a patient's problems.

The following comparison illustrates how implementation issues may influence the ultimate success of such systems:

1) The program must perform a task useful to physicians.

Prognostic systems:

Have already resulted in new published clinical observations.
Have already aided in the selection of therapies for patients.

Diagnostic systems:

Must be shown to be as good as expert humans before they will be accepted by the general medical community. Must justify their conclusions to a user more convincingly than would a prognostic system.

2) The task the program performs must be one that the user performs frequently enough to justify the cost of using the program.

Prognostic systems:

User community consists of subspecialists in the field. Users by definition do tasks in the subspecialty domain frequently.

Diagnostic systems:

Users tend to be general practitioners or non-experts. If a program's area of expertise is too constrained, then even programs of documented high quality will not be used often.

3) The means of interaction between physician-user and the computer must be comfortable and efficient.

Prognostic systems:

User community consists of subspecialists in the field. Data can be collected on preprinted checklists containing items with which the subspecialists are both familiar and well-trained to observe. Data entry clerks can therefore be employed for interaction with the system.

Diagnostic systems:

Users tend to be general practitioners or non-experts. The broad scope of systems such as CADUCEUS precludes use of checklists to collect information. Observations made by non-experts are less reliable and less likely to be expressed in standard terminology. Future developments in computerized speech recognition and natural language understanding will be necessary for smooth interaction.

4) The program should be able to justify its conclusions in sufficient detail to convince the user of the value of its advice.

Prognostic systems:

Well defined methods already developed. Information gleaned from statistical analysis of databank data is confirmed by subsequent independent prospective studies.

Diagnostic systems:

Explanation in enough detail to convince physician-user of program's correctness is not easily accomplished.

5) The programs and knowledge base should be easily portable from one computer to another and from one institution to another.
and
6) The program's database must be reliable and verifiable.

Prognostic systems:

General database systems widely available. Terminology within a subspecialty tends to be uniform, making collaboration easier among institutions. The reliability of the database reflects the care taken by the users in constructing it.

Diagnostic systems:

No general methodology available. AI programs are often written in machine-dependent dialects of LISP. Only largest mainframe computers can contain extensive knowledge bases and/or run programs. Knowledge bases are not statistical in nature (they contain both theoretical and practical knowledge) and often incorporate biases of developers. Updating large knowledge bases is a major problem.

In summary, systems for patient prognosis are already successful and will continue to grow in use. Much interesting work remains to be done on diagnostic systems. It will be decades before we have useful diagnostic consultant programs in general use.

References

1. Croft, D.J.: Is computerized diagnosis possible? Comput. biomed. Res. 5 (1972) 351-367.

2. Friedman, R.B., Gustafson D.H.: Computers in clinical medicine, a critical review. Comput. biomed. Res. 10 (1977) 199-204.

3. Reichertz, P.L.: Medical informatics - fiction or reality. Meth. Inform. Med. 19 (1980) 11-15.

4. Yu, V.L.: Conceptual obstacles in computerized medical diagnosis. J. Med. Philos. 8 (1983) 67-75.

5. Blois, M.S.: Conceptual issues in computer-aided diagnosis and the hierarchical nature of medical knowledge. J. Med. Philos. 8 (1983) 29-50.

6. Shortliffe, E.H., Buchanan, B.G., Feigenbaum, E.A.: Knowledge engineering for medical decision-making: a review of computer-based clinical decision aids. Proc. IEEE 67 (1979) 1207-1224.

7. Pople, H.E.: Heuristic methods for imposing structure on ill-structured problems: the structuring of medical diagnostics. In Szolovits, P. (Edit.): Artificial Intelligence in Medicine, pp. 119-190. (AAAS Symposium Series). Boulder, Colo.: Westview Press 1982.

8. Szolovits, P., Pauker, S.G.: Computers and clinical decision making: whether, how, and for whom? Proc. IEEE. 67 (1979) 1224-1226.

9. McShane, D.J., Harlow, A., Kraines, R.G. et al. TOD: a software system for the ARAMIS data bank. Computer 12 (1979) 34-40.

10. Weyl, S., Fries, J., Wiederhold, G., Germano, F.: A modular self-describing clinical databank system. Comput. biomed. Res. 8 (1975) 279-293.

11. Starmer, C.F., Rosati, R.A., McNeer, J.F.: Databank use in management of chronic disease. Comput. biomed. Res. 7 (1974) 111-116.

12. Rosati, R.A., McNeer, J.F., Starmer, C.F. et al.: A new information system for medical practice. Arch. intern. Med. 135 (1975) 1017-1024.

13. Rosati, R.A., Lee, K.L., Califf, R.M. et al.: Problems and advantages of an observational database approach to evaluating the effect of therapy on outcome. Circulation 65 (Suppl. II) (1982) 27-32.

14. Lee, K.L.: Personal communication. Duke Cardiovascular Disease Databank, Sept. 1983.

15. Decker, J., McShane, D.J., Esdaile, J.M. et al.: The glossary for rheumatic disease. Amer. Rheum. Ass. 1 (1982) 1-95.

16. Follansbee, W.P., Steen, V.D., Gamble, W.H. et al.: Cardiac involvement in progressive systemic sclerosis (pss) accessed by exercise and radionuclide technique. Abstract Arthr. Rheum. 25 (Suppl.) (1982) 5 ff.

17. Feigenbaum, P.A., Kraines, R.G., Medsger, T.A., Jr., Fries, J.F.: The variability of immunologic laboratory tests. J. Rheum. 9 (1982) 408-14.

18. Mitchell, D.M., Spitz, P.W., Young, D.Y. et al.: Predictors of mortality in rheumatoid arthritis (ra). Arthr. Rheum. 25 (Suppl.) (1982) 5149 ff.

19. Mitchell, D.M., Fries, J.F.: An analysis of the American Rheumatism Association criteria for rheumatoid arthritis. Arthr. Rheum. 25 (1982) 481-487.

20. Steen, V.D., Medsger, T.A., Jr., Rodnan, G.P.: D-penicillamine therapy in progressive systemic sclerosis (scleroderma). Ann. intern. Med. 97 (1982) 652-659.

21. Whiting-O'Keefe, Q.E., Henke, J.E., Riccardi, P.J. et al.: Recognition of information in renal biopsies of patients with lupus nephritis. Ann. intern. Med. 96 (1982) 718-723.

22. Whiting-O'Keefe, Q.E., Henke, J.E., Shearn, M.A. et al.: The information content from renal biopsy in systemic lupus erythematosus: stepwise linear regression analysis. Ann. intern. Med. 96 (1982) 723-727.

23. Ginzler, E.M., Diamond, H.S., Weiner, M. et al.: A multicenter study of outcome in systemic lupus erythematosus: I. Entry variables as predictors of prognosis. Arthr. Rheum. 25 (1982) 601-611.

24. Rosner, S., Ginzler, E.M., Diamond, H.S. et al.: A multicenter study of outcome in systemic lupus erythematosus: II. Causes of death. Arthr. Rheum. 25 (1982) 612-617.

25. Fraker, T.D.Jr., Wagner, G.S., Rosati, R.A.: Extension of myocardial infarction: incidence and prognosis. Circulation 60 (1979) 1126-1129.

26. Harris, P.J., Lee, K.L., Behar, V.S.: Outcome in treated coronary artery disease. Circulation 62 (1980) 718-726.

27. Harris, P.J., Harrell, F.E., Jr., Lee, K.L. et al.: Survival in medically treated coronary disease. Circulation 60 (1979) 1259-1269.

28. McNeer, F.J., Margolis, J.R., Lee, K.L. et al.: The role of the exercise test in the evaluation of patients for ischemic heart disease. Circulation 57 (1978) 64-70.

29. McNeer, J.F., Wallace, A.G., Wagner, G.S. et al.: The course of acute myocardial infarction: feasibility of early discharge in the uncomplicated patient. Circulation 51 (1975) 410-413.

30. Stiles, G.L., Rosati, R.A., Wallace, A.G.: Clinical relevance of S-T segment elevation. Amer. J. Cardiol. 46 (1980) 931-936.

31. Miller, R.A., Kapoor, W.N., Peterson, J.: The use of relational databases as a tool for conducting clinical studies. Forthcoming Proceedings of the Seventh Annual Symposium on Computer Applications in Medical Care, Baltimore, MD. IEEE Computer Society, October, 1983.

32. Oleson, C.E.: Personal communication, NSABP project. Sept. 1983.

33. Wagner, G., Tautu, P., Wolber, U.: Problems of medical diagnosis - a bibliography. Meth. Inform. Med. 17 (1978) 55-74.

34. Shortliffe, E.H.: Computer-based medical consultations: MYCIN. New York: American Elsevier 1976.

35. Yu, V.L., Fagan, L.M., Wraith, S.M. et al.: Antimicrobial selection by computer. J. Amer. med. Ass. 242 (1979) 1279-1282.

36. Kulikowski, C.A., Weiss, S.: Representation of expert knowledge for consultation: the CASNET and EXPERT projects. In Szolovits, P. (Edit.): Artificial Intelligence in Medicine, pp. 21-25. (AAAS Symposium Series). Boulder, Colo.: Westview Press 1982.

37. Weiss, S., Kulikowski, C.A., Safir, A.: Glaucoma consultation by computer. Comput. Biol. Med. 8 (1978) 24-40.

38. Pauker, S.G., Gorry, G.A., Kassirer, J.P. et al.: Towards the simulation of clinical cognition: taking a present illness by computer. Amer. J. Med. 60 (1976) 981-996.

39. Silverman, H.B.: A Comparative Study of Computer-Aided Clinical Diagnosis of Birth Defects. Masters Thesis, Dept. of Electrical Engineering and Computer Science. Cambrigde, Mass.: MIT Laboratory for Computer Science, January, 1981.

40. Miller, R.A., Pople, H.E., Jr., Myers, J.D.: Internist-1, an experimental computer-based diagnostic consultant for general internal medicine. New Engl. J. Med. 307 (1982) 468-476.

41. Patil, R.S., Szolovits, P., Schwartz, W.B.: Modeling knowledge of the patient in acid-base and electrolyte disorders. In Szolovits, P. (Edit.): Artificial Intelligence in Medicine, pp. 191-226 (AAAS Symposium Series). Boulder, Colo.: Westview Press 1982.

42. Patil, R.S.: Causal Representation of Patient Illness for Electrolyte and Acid-Base Diagnosis. PhD Thesis, Dept. of Electrical Engineering and Computer Science. Cambridge, Mass.: MIT Laboratory for Computer Science, October, 1981.

Aus dem Institut für Anästhesiologie, der Universität Tübingen (Direktor: Prof.Dr.med. R. Schorer)

Der Einfluß von Rechnersystemen auf die Methodik der Intensivüberwachung

E. Epple, W. Bleicher

Als sich durch Fortschritte der Naturwissenschaften im 16. und 17. Jahrhundert die Möglichkeit abzeichnete, komplexere mechanische Maschinen zu bauen, wurden neben weit vorausschauenden Ansätzen auch solche erprobt, die sich längerfristig als nicht sinnvoll erwiesen. Wir denken dabei zum Beispiel an Konstruktionen, welche menschliche Fähigkeiten - z.B. das Spielen von Instrumenten - durch Automaten nachzubilden versuchten. Obwohl derartiges 'Spielzeug' zunächst eine große Faszination ausübte, ist niemals die menschliche Fähigkeit der Interpretation eines Kunstwerkes erreicht worden. In einem mühsamen (jedoch rasch fortschreitenden) Lernprozeß mußten Kompromisse geschlossen werden zwischen Höhenflügen der Phantasie und technologischen oder auch ökonomischen Gegebenheiten. Mit anderen Worten: Es mußten maschinenadäquate methodische Ansätze gefunden werden. Unter 'maschinenadäquat' soll verstanden werden, daß ein Apparat gemäß seiner spezifischen Stärken als Hilfsmittel eingesetzt wird. Vernünftigerweise sollten menschliche Tätigkeiten nicht kritiklos ersetzt werden. Dies gilt insbesondere dann, wenn spezifisch humanitäre Qualitäten gefragt sind, wie dies in der Krankenpflege ganz besonders gilt. Dieser Lernprozeß ist offenbar immer wieder zu durchlaufen, wenn sich neue technische Möglichkeiten eröffnen. So auch in der Entwicklung der rechnergestützten Intensivpflege und Intensivüberwachung.

Im folgenden sollen ausgewählte methodische Ansätze in Hinsicht auf die Frage behandelt werden, ob sie maschinenadäquat sind und damit einen sinnvollen Einsatz der Datenverarbeitung in der Intensivpflege ermöglichen.

Als Maß für einen sinnvollen Einsatz von Rechnern in der Intensivpflege kann man die Effizienz definieren als Verhältnis von Nutzen (für den Patienten) zu den Kosten (Beschaffungs- und Wartungskosten; Personalkosten für Betrieb bzw. Bedienung). Leider ist ein derartiges Maß insofern problematisch, als der 'Nutzen für den Patienten' sich häufig nicht quantitativ fassen läßt. Trotzdem ist er als eine heuristische Größe für unsere Überlegungen nützlich. Wir können offensichtlich zwei Wege wählen, um eine Steigerung der Effizienz zu erreichen: Der eine führt über eine Senkung der Kosten, der andere über eine Steigerung der Qualität der Überwachung und Pflege (Nutzen).

Die Anwendung von Datenverarbeitungsanlagen führte zunächst einmal wegen der Beschaffungskosten und des Bedienungsaufwandes nicht unmittelbar zu einer Kostenreduzierung. Es sollte allerdings nicht übersehen werden, daß in Teilfunktionen solche Systeme tatsächlich sehr bald Kosteneinsparungen ermöglichten. Ein Beispiel stellt die direkte Übertragung der Daten aus dem klinisch-chemischen Labor bzw. dem Blutgaslabor in das Überwachungssystem dar [8]. Die übliche telefonische Übermittlung der Laborwerte ist sehr viel personalaufwendiger. (Außerdem ergibt sich auch eine qualitative Verbesserung durch die Verminderung der Zahl von Übertragungsfehlern.) Ein anderes Beispiel ist die kontrollierte Infusion (SHEPPARD in [5]), die zu einer nicht unwesentlichen Entlastung des Pflegepersonals führt. Auch hier ergibt sich zusätzlich eine qualitative Verbesserung dadurch, daß sich der Blutdruck der Patienten frühzeitig stabilisieren läßt. Eine daraus resultierende Verringerung der Liegezeit in einer Intensivpflegeeinheit mit Maximalausrüstung hat nicht nur Vorteile für den Patienten, sondern sie kann wiederum Verminderungen der Kosten im Gefolge haben.

Derartige Vorteile wurden nach außen hin oft nicht als Kostenreduzierung wirksam, weil die Systeme zusätzliche Funktionen enthielten, so daß insgesamt wohl eine Steigerung der Effektivität durch Ausweitung der Funktion und Erhöhung der Qualität (d.h. also des Nutzens) auftrat. (Natürlich gibt es auch Beispiele, bei denen die Vorteile einzelner Systemfunktionen durch die Ineffektivität anderer kompensiert wurden.) Die positiven methodischen Ergebnisse können jetzt jedoch durch modular konzipierte Systeme nutzbar gemacht werden. Die technischen Voraussetzungen dafür verbessern sich fortwährend durch die Verfügbarkeit preiswerter Prozessoren, lokaler Netzwerke und entsprechender konfigurierbarer Software. Es ist in diesem Stadium außerordentlich wichtig, die einzelnen Funktionen der Anlagen kritisch zu diskutieren, um für die Routineanwendungen geeignete Systemkonfigurationen (das beinhaltet besonders auch die Software) verfügbar zu haben.

Eine Grobeinteilung der von einem Überwachungssystem erfaßten Daten läßt sich vornehmen durch die Unterscheidung der manuell eingegebenen Off-line-Daten und der unmittelbar von Meßgeräten übernommenen On-line-Daten. (Das System kann außerdem noch vorab eingegebene Daten enthalten, die es als Nachschlagwerk bzw. als Hilfsmittel für die Entscheidungsfindung nutzbar machen kann.)

Im folgenden sei auf den Teilbereich der On-line-Daten eingegangen. Hier zeigt die Datenverarbeitung spezifische Stärken:

1.) Die Anzahl der erfaßten Meßdaten kann gegenüber der konventionellen, handgeführten Fieberkurve wesentlich höher getrieben werden - sowohl bezüglich der Zahl der Parameter als auch in bezug auf die Abtastfrequenz für den jeweiligen Parameter.
2.) Die erfaßten Daten können in sehr unterschiedlichen Formen auf Ausgabegeräten dargestellt werden (EPPLE in [5]).
3.) Eine weitergehende algorithmische Behandlung der Daten ist möglich.

Ziel der Erfassung von Meßdaten muß es sein, klinisch relevante Information in möglichst aussagekräftiger Form darzubieten. Wird eine zu große Informationsfülle dargestellt, so werden Ärzte und Pflegepersonal zwangsläufig in ihrem Aufnahmevermögen überfordert. Eine geeignete Datenreduktion bzw. Datenkompression ist daher unumgänglich. Die unter 1., 2. und 3. genannten Möglichkeiten lassen eine außerordentlich große Vielfalt möglicher Vorgehensweisen zu. Im folgenden wird versucht, diese Mannigfaltigkeit durch einige grundlegende Überlegungen einzuengen.

Für die Erkennung von Gefahrensituationen kommen zunächst einmal die Meßverfahren in Frage, die sich mit hinreichender Abtastfrequenz anwenden lassen. Dabei wäre prinzipiell zunächst einmal an die Grenzfrequenz zu denken, die sich aufgrund des Informationsgehalts des Signals unter klinischen Aspekten ergibt ([1], BLEICHER et al. in [6]). Entsprechend dem Shannonschen Abtasttheorem können sich für rasch veränderliche Signale, wie z.B. das EKG, einige hundert Abtastwerte pro Sekunde ergeben. (Dabei wird vorausgesetzt, daß Stör- und Rauschanteil nicht mit zu berücksichtigen sind (vgl. dazu EPPLE [7], BLEICHER [2]). Derartige Originalsignale werden aus ökonomischen Gründen nicht lückenlos gespeichert. Vielmehr werden in einem ersten Verarbeitungsschritt (meist durch bettseitige elektronische Einheiten) aus den Originalsignalen Merkmale extrahiert. Solche extrahierten Merkmale - auch Vitalparameter genannt (z.B. Herzfrequenz) - ergeben in ihrer Aufeinanderfolge den Vitalparameterverlauf, dessen graphische Darstellung oft auch als Trend bezeichnet wird. Bei Originalsignalen mit wiederkehrenden Mustern (z. B. QRS-Komplexe des EKG) bietet sich als höchstauflösende Merkmalsequenz die Schlag-zu-Schlag-Folge an. Häufig wird jedoch nicht diese Folge dargestellt, sondern es wird eine weitere Datenreduktion vorgenommen: Mit konstanten Zeitintervallen werden ausgewählte Augenblickswerte erfaßt, oder es werden Mittelwerte über mehrere Ereignisse (z.B. Herzschläge) gebildet. Dieses letztere Verfahren entspricht einer Tiefpaßfilterung. Auch eine Mischung dieser Verfahren wird angewandt, d.h. es erfolgt eine laufende Mittelwertbildung. Aus der Folge der Mittelwerte werden einzelne ausgewählt.

Wie wir aus der Geburtshilfe wissen, kann klinisch sehr wichtige Information in der Aufeinanderfolge der (von Schlag-zu-Schlag ermittelten) Merkmale enthalten sein. Daher verbietet sich eine Datenreduktion durch Unterabtastung oder Tiefpaßfilterung in diesem Fall. Ausgehend von den Erkenntnissen aus der Perinatologie wurde in unserem Arbeitskreis geprüft, ob die Variabiltät der Parameterverläufe klinisch bedeutsam ist. Nachdem sich dies bestätigt hat (VAN DEYK et al. in [4, 6]), ergibt sich die Forderung, diese Kurzzeitveränderungen erkennbar zu machen und wenigstens abschnittweise Merkmale mit hoher zeitlicher Auflösung (am bestem Schlag-zu-Schlag) zu speichern. Die Erkennbarkeit solch rascher Veränderungen kann durch die Mitführung eines Streumaßes erreicht werden. Dies kann im einfachsten Fall durch Speicherung und Darstellung von Minimal- u. Maximalwert innerhalb eines zu wählenden 'Elementar-Intervalls' erfolgen. Es lassen sich natürlich auch rechnerisch ermittelte Streumaße [9] verwenden.

Wenn wir davon ausgehen, daß eine lückenlose Speicherung von Originalsignalen oder auch von Merkmalsequenzen nicht ökonomisch ist und auch für die Darstellung eine zu große Informationsfülle bieten würde, stellt sich die Frage nach der angemessenen Datenreduktion. Ergebnisse unseres Arbeitskreises zeigen, daß im Verlauf der Vitalparameter charakteristische Muster auftreten, die bei einer Registrierung mit 2 Werten pro Parameter und Minute meist noch erkennbar sind. Auch Streumaße lassen sich noch ermitteln (RINKER et al. in [5], WEINMANN in [2], BUDWIG in [2, 3, 6, 12], FREY in [5]).

In gewissen Fällen ist dies allerdings nicht ausreichend (KOPP et al. [10]). Hier müssen (automatisch oder manuell ausgelöst) zusätzlich abschnittsweise Originalsignale und/oder Merkmalsequenzen abgespeichert werden [9].

Natürlich wäre es zur Entlastung des Pflegepersonals wünschenswert, die klinisch bedeutsamen Muster durch geeignete Algorithmen zu erkennen und zu klassifizieren. Darin wäre auch eine Analyse längerfristiger Trendveränderungen (SWOBODA in [5]) und Änderungen von Streumaßen mit einzubeziehen. Eine derartige weitgehende Algorithmisierung würde die Überwachung der fortlaufend gemessenen Werte in das Überwachungssystem verlagern. Ärzte und Pflegepersonal hätten dann, wie dies bei hochentwickelten Arrhythmiesystemen bereits erreicht ist, lediglich Kontrollfunktionen zu übernehmen.

Wir meinen, daß dies gegenwärtig nicht möglich ist. Zunächst einmal sind - wie bei der Einführung des EKG - Muster und klinische Befunde miteinander in Zusammenhang zu bringen. Dabei ist zu berücksichtigen, daß die Muster meist nicht isoliert in einzelnen Vitalparametern auftreten, sondern simultan oder auch mit Phasenverschiebungen in mehreren Vitalparametern.

Das bedeutet eine potentiell sehr große Zahl von Merkmalen oder Merkmalkombinationen, von denen uns bisher nur ein Teil in seiner klinischen Bedeutung bekannt ist.

Würde dieser Teil automatisch ausgewertet, so würde damit die Forderung nach einer hinreichend detaillierten Registrierung und Darstellung der Meßdaten nicht beeinflußt werden. Es wäre damit lediglich erreicht, daß das Erfolgserlebnis einer visuellen Mustererkennung eliminiert und die Motivation für eine angemessene Beobachtung der Dynamik der Vitalparameter vermindert wäre.

Wie wir aus der Mustererkennung und speziell der rechnergestützten Arrhythmieüberwachung wissen, hat eine Verminderung der falsch negativ klassifizierten Ereignisse in der Regel eine Vermehrung der falsch positiven im Gefolge. Das heißt, daß ein für die Überwachung hinreichend zuverlässiger Algorithmus zwangsläufig auch Fehlalarme erzeugen muß. Häufige Fehlalarme bedeuten jedoch für das Pflegepersonal eher eine Belastung als eine Entlastung. Angesichts einer großen Vielfalt von bedeutsamen Mustern, Trend- und Variabilitäts-Änderungen scheint die Aufgabe einer befriedigenden algorithmischen Behandlung sehr schwierig und zunächst einmal für den Routineeinsatz wenig geeignet. Eine einfachere und in die

Routine unmittelbar einsetzbare Lösung stellt die qualitativ sehr gute graphische Präsentation der Vitalparameterverläufe und die visuelle Auswertung durch Ärzte und Pflegepersonal dar. Das schließt natürlich Alarme für besonders bedrohliche Entwicklungen nicht aus (BLOM et al. in [5]).

Im folgenden sollen einige methodische und begriffliche Fragen geklärt werden: Die bisher diskutierten Vitalparameter setzen eine kontinuierliche Erfassung voraus. Sie seien als 'Überwachungsparameter' bezeichnet. Ein guter Überwachungsparameter muß in erster Linie kurzzeitige dynamische Veränderungen im Patientenzustand anzeigen können. Da die Interventionszeit für wirksame Maßnahmen bei gewissen akuten Notfällen bei einigen Minuten liegt, sollten die Veränderungen innerhalb von Zeitintervallen beobachtbar sein, die unterhalb einer Minute liegen. Daher ist die Frage nach einer hinreichend kleinen Zeitkonstante des Aufnehmers und die Frage der problemlosen Anwendbarkeit wichtiger als die Frage der spezifischen Aussagekraft und der Absolutgenauigkeit.

Um dies an Beispielen zu erläutern: Der transkutan gemessene Sauerstoff-Partialdruck mag weniger genau bestimmt sein als ein Wert aus dem Blutgaslabor. Außerdem ist er nicht nur vom arteriellen Sauerstoffpartialdruck, sondern auch von der Durchblutung abhängig. Da die Zeitkonstante des Meßfühlers unterhalb einer halben Minute liegt, erweist sich die Methode jedoch für die Überwachung als sehr nützlich, wobei eine Veränderung im angezeigten Wert durch zusätzliche Messungen oder klinische Beobachtungen bezüglich ihrer Kausalität abzuklären sind. Die Frage der Genauigkeit ist deshalb nicht dominierend, weil in der klinischen Praxis lebensbedrohende Zustände, die durch Sauerstoffmangel bedingt sind, mit drastischen Einbrüchen einhergehen. Außerdem sind gelegentliche Kontrollen über Blutgasanalysen möglich, um eine vermutete Drift zu kontrollieren.

Einen anderen 'sehr guten Überwachungsparameter' stellt der endexpiratorische CO_2-Wert dar. Er zeigt rasche Veränderungen der Lungenfunktion, der Oxigenierung des Blutes, der Kreislaufverhältnisse und des Metabolismus an. Er ist also recht unspezifisch, erlaubt aber eine frühzeitige Erkennung von Problemen.

In Ergänzung zu diesen Überwachungsparametern kommen also gezielte Messungen 'diagnostischer Parameter' hinzu, die organspezifisch sind und möglicherweise mit höherer Absolutgenauigkeit erfaßbar sind. Umgekehrt sind punktuelle Messungen - unabhängig von ihrer Genauigkeit und Spezifität - dann wertlos, wenn sich der Patient in einem instabilen Zustand befindet, in dem die entsprechenden Organfunktionen starken Schwankungen ausgesetzt sind. Dies ist jedoch, wie unsere Erfahrungen zeigen, bei Intensivpatienten recht häufig der Fall. Das bedeutet, daß eine solche punktuell meßbare Größe gezielt dann einzusetzen ist, wenn einerseits eine Indikation von den 'Überwachungsparametern' her oder durch unmittelbare klinische Beobachtungen gegeben ist und andererseits aus den Überwachungsparametern hervorgeht, daß sich der Patient zu diesem Zeitpunkt in einem quasistabilen Zustand befindet. Eine ganze Reihe von Beispielen zeigen, daß kurzzeitige Instabilitäten unter Umständen in dichter Folge auftreten können (vgl. z.B. RINKER et al. in [5]).

An dieser Stelle muß auch auf die Frage der Errechnung prognostischer Indizes ([11], SHABOT in [5]) eingegangen werden. Hier werden auf der Grundlage einer Datenbasis repräsentative Meßwerte bzw. Merkmale zu einem prognostischen Index verknüpft, der vor allem als Maßzahl zur Objektivierung der Erfolgschancen verschiedener Behandlungsstrategien nützlich ist. Hier wird bisher von punktuell gemessenen Werten ausgegangen, so daß also ein stationärer Zustand des Patienten vorausgesetzt wird. Der Aspekt des dynamischen Verhaltens der Vitalparameter bleibt außer acht. Dies begrenzt die Aussagekraft der Methode im Individualfall, bei dem die Charakteristik des Zeitverlaufs der Parameter außerordentlich aufschlußreich sein kann. Wir würden den Wert dieser prognostischen Indizes für die Therapie eines individuellen Patienten eher in einer Kontrolle des längerfristigen Erfolgs der getroffenen therapeutischen Maßnahmen sehen.

Um zur Parametererfassung zurückzukommen, sei noch eine Bemerkung zur Frage der algorithmischen Artefaktunterdrückung eingefügt. Wie die Erfahrung zeigt, sind echte Artefakte in einer gut geführten Intensivpflegestation recht selten. Eine unspezifische Artefaktunterdrückung, z.B. durch Tiefpaßfilterung, ist deshalb abzulehnen, weil damit auch klinisch relevante Ereignisse eliminiert werden können. Artefakte sollten am Entstehungsort unterdrückt werden. Ihre Darstellung in den Parameterverläufen ist daher nützlich, weil sie die Auffindung der Ursachen ermöglichen.

Ereignisse, die sich durch Veränderungen in verschiedenen, unabhängig voneinander gemessenen Vitalparametern anzeigen (und die oft wiederholt beobachtet werden), sind im Regelfall keine technischen Artefakte.

Solche Veränderungen werden oft durch pflegerische Maßnahmen ausgelöst. Sie sollten nicht als Artefakte bezeichnet werden, weil ihnen echte Veränderungen im physiologischen Bereich zugrunde liegen, so daß sie nicht selten - im Sinne eines Provokationstests interpretiert - klinisch wertvolle Information liefern können.

Besonderer Erwähnung bedarf auch die Kontrolle therapeutischer Maßnahmen in ihrer Auswirkung auf den Vitalparameterverlauf. Hier werden patientenspezifische Verläufe beobachtet. Dies gibt Anstöße zu einem genaueren Verständnis des physiologischen bzw. pathophysiologischen Zustandes. Methodisch eröffnet sich darüber hinaus eine Möglichkeit, die bei der Analyse komplexer Systeme in Naturwissenschaft und Technik oft angewandt wird. Ein Reiz löst eine Reizantwort aus, die Aufschluß geben kann über die Struktur und die Funktion des Systems. Das verbessert die Möglichkeiten einer patientenindividuellen und schonenden Therapie.

Zusammenfassung

Ein Überblick über die Funktionen rechnergestützter Intensivüberwachungssysteme würde den Rahmen dieser Arbeit sprengen (vgl. [5, 6, 7]). In der vorliegenden Arbeit wird das exemplarische Beispiel der Erfassung, Verarbeitung und Darstellung fortlaufend erfaßter Meßwerte vorgestellt. Es zeigt auf, welche Überlegung für einen 'maschinenadäquaten' Einsatz eines Rechnersystems anzustellen sind. Es wird damit ein Teilbereich angesprochen, der unserer Meinung nach für die Anwendung solcher Systeme von entscheidender Bedeutung sein kann.

Literatur

1. Bleicher, W., Epple, E., Nagel, M., Kemter, B.E., Apitz, J.: Frequenzanalyse einzelner Komplexe des Säuglings-EKG. Biomed. Technik 20 Ergänzungsband (1975) 259-260.

2. Bleicher, W., Hiesinger, E., Frey, R., Scholl, C., Epple, E.: Pädiatrische Intensivüberwachung - Herausforderung an die Technik. Therapiewoche 29 (1979) 4872-4880.

3. Bleicher, W., Frey, R., Zahn, S., Steil, E., Budwig, G., Epple, E.: Characteristic trend patterns in computerized intensive care monitoring. Comput. Cardiol. 3 (1980) 423-426.

4. van Deyk, K., Junger, H., Münch, F., Kopp, M., Epple, E., Schorer, R.: Monitoring of lung function and hemodynamics after cardiac surgery by use of a computer assisted ICU. In Prakash, O. (Ed.): Computers in Critical Care and Pulmonary Medicine, Vol. 2, pp. 175-176. New York: Plenum 1982.

5. Epple, E., Junger, H., Bleicher, W. et al. (Hrsg.): Rechnergestützte Intensivpflege. (INA-Schriftenreihe, Bd. 26). Stuttgart: Thieme 1981.

6. Epple, E., Frey, R., Bleicher, W. et al. (Hrsg.): Rechnergestützte Intensivpflege 2. (INA-Schriftenreihe, Bd. 44). Stuttgart: Thieme, 1983.

7. Epple, E., Apitz, J.: Computergestützte Intensivüberwachung. Therapiewoche 29 (1979) 4864-4871.

8. Frayer, W.W.: Patient data management in neonatal intensive care. Clin. Perinatol. 7 (1980) 145-154.

9. Irion, K.M., Bleicher, W., Hiesinger, E., Epple, E., Steil, E.: Gewinnung von Alarmkriterien aus dem Kardiotachogramm. Biomed. Technik 24 Ergänzungsband, (1979) 36-37.

10. Kopp, M., Junger, H., Bleicher, W.U., Heipertz, W., Epple, E.: Rapid dynamic changes of vital parameters shown in graphical presentation by a computerized intensive care system. In Prakash, O. (Edit.): Computers in Critical Care and Pulmonary Medicine, Vol. 2. New York: Plenum 1982.

11. Shoemaker, W.: Retrospective and prospective studies of a computerized algorithm for predicting outcome in acute postoperative circulatory failure. In Nair, S. (Edit.): Computers in Critical Care and Pulmonary Medicine, pp. 89-101. New York: Plenum 1980.

12. Weller, R., Epple, E., Frey, R., Steil, E., Schmaltz, A.A., Bleicher, W. Apitz, J.: Zur Hämodynamik bei Versorgung des Lungen- oder Körperkreislaufes über einen Ductus arteriosus im Säuglingsalter. Klin. Pädiat. 193 (1981) 27-30.

Aus dem Institut für Dokumentation, Information und Statistik am Deutschen Krebsforschungszentrum, Heidelberg (Direktor: Prof. Dr. G. Wagner)

Markov-Analyse von DNS-Sequenzen

P. Tautu

1. Einführung

Das in dieser Arbeit behandelte mathematische Problem hat seinen Ursprung in folgender Hypothese (GARDEN [5], ALMAGOR [1]):

(H) Die Basensequenz des DNS-Moleküls wird durch eine Markov-Informationsquelle (MIQ) endlicher Ordnung erzeugt.

Im Rahmen der Informationstheorie wird eine Markov-Informationsquelle als eine endliche Markov-Kette definiert zusammen mit einer Funktion f, deren Definitionsbereich aus der Menge der Zustände S besteht und deren Spannweite die endliche Menge **A**, das Alphabet der Quelle, ist (ASH [2]). Die Theorie der MIQ kann bei theoretischen Untersuchungen linearer hochpolymerer Moleküle benutzt werden, die aus einer Folge von identischen oder verschiedenen chemischen Gruppen bestehen, da diese strukturellen Einheiten als die Elemente einer Markov-Kette interpretiert werden können. Diese Einheiten werden entweder als einzelne Monomere oder als Gruppen von Monomeren identifiziert, oder aber sie stellen Monomere dar, die zwei verschiedenen Ketten angehören (wie im Fall des DNS-Moleküls), vorausgesetzt, daß diese statistisch idealisiert als lineare Sequenzen beschrieben werden können.

In einem einfachen Markov-Kettenmodell hängt die Wahl einer strukturellen Einheit nur von der letzten Einheit in der Kette ab. Den Ausführungen von L.L. GATLIN [6, 7] folgend ist dies ein passendes Modell für das DNS-Molekül, eine lange polymerisierte Kette von Nukleotiden, deren Struktur durch die wiederholten 5'-3' Phosphordiesterbindungen aufrechterhalten wird. Dieses einfache Markov-Kettenmodell kann zu einer beliebigen linearen Kette erweitert werden, in der die Wahl eines neuen Kettenelements von einer endlichen Anzahl vorangehender Einheiten abhängt. Aus diesem Grund wurde das Konzept der endlichen ('mehrfachen' oder 'r-Schritte abhängigen') Markov-Kette r-ter Ordnung eingeführt. Einige Autoren nehmen an, daß die DNS-Sequenzen in einigen Fällen von der Ordnung 2 sein können (HASEGAWA und YANO [9]; FIGUEROA et al. [4]) oder von der Ordnung 3 (GARDEN [5]). Die biochemischen Daten, die solche Modelle nahelegen, stammen aus Experimenten, die die Sequenzierungstechnik benutzen, eine Technik, die von F. SANGER und seinen Kollegen in den späten Sechzigern eingeführt wurde.
L.L. GATLIN standen bei seinen Untersuchungen diese Techniken noch nicht zur Verfügung. Mit angemessenen statistischen Methoden fand P.W. GARDEN [5], daß ein Markov-Kettenmodell dritter Ordnung sich mit der Basenstruktur des Bakteriophagen X 174 deckt, dessen DNS einsträngig und zirkulär ist und das aus 5375 Nukleotiden besteht, und daß eine Markov-Kette zweiter Ordnung sowohl an die frühen als auch an die späten Regionen von SV40, das aus ungefähr 5200 Basenpaaren besteht, angepaßt ist. Es kann sogar ein Modell der nullten Ordnung betrachtet werden, das für den Aufbau des Replikasegens des Bakteriophagen MS2 gilt. Die Sequenz von 3569 Nukleotiden beginnt hier mit dem Anfangscode AUG und endet mit dem letzten Code UAG.

Die vorliegende Arbeit beschäftigt sich mit den wesentlichen Aspekten der mehrfachen Markov-Ketten in der Anwendung auf DNS-Sequenzen. Es soll hervorgehoben werden, daß ein konzeptioneller Unterschied zwischen diesem Modell und dem Kettenmodell besteht, das zur Erforschung von Aufbau und statistischen Eigenschaften linearer Polymere in Lösung benutzt wird. Im letzteren Fall geht man mit den Zuständen (oder Aufbaustrukturen) der Kettenelemente des Moleküls als Ganzem um. Jedoch können unter bestimmten Bedingungen die Eigenschaften eines

1-dimensionalen kooperativen Systems, das eine lineare Polymerkette repräsentiert, dadurch bestimmt werden, daß man die Methode der Mittelwertbildung über eine Markov-Kette benutzt. Eine der Bedingungen ist, daß die Wechselwirkung zwischen den strukturellen Einheiten von kurzer Reichweite ist. Im Fall der einfachen Polynukleotide und Polypeptide beinhalten diese Wechselwirkungen kurzer Reichweite die Bildung (oder den Bruch) von Wasserstoffbindungen zwischen den Kettenelementen. Die Anzahl der Einheiten, die die wasserstoffgebundenen Kettenelemente trennen, hängt wiederum eng mit der Ordnung der korrespondierenden Markov-Kette zusammen (MAZUR [12]). Unter diesen Umständen sind die wesentlichen mathematischen Hilfsmittel denjenigen für das 1-dimensionale Ising-Modell (siehe z.B. THOMPSON [13]) ähnlich.

Die hier benötigten Definitionen und Sätze aus der Theorie der endlichen Markov-Ketten und der Informationstheorie kann der Leser in den Büchern von M. IOSIFESCU [11] oder S. GUIASU [8] finden.

2. Die Markov-Informationsquelle

Im folgenden soll ein 'Sequenzgenerator' eingeführt werden, der die Symbole, die zu der endlichen Menge **A** gehören - Alphabet genannt -, überträgt. Zum Beispiel hat das DNS-Alphabet vier Buchstaben (oder Symbole) d.h. $\underline{\mathbf{A}}=\{A,T,C,G\}$. Es soll eine Sequenz von Buchstaben (auf beiden Seiten unendlich) betrachtet werden, die wie folgt definiert ist:

$$\omega = (\ldots, x_{-2}, x_{-1}, x_0, x_1, x_2, \ldots), \qquad x_i \in \underline{\mathbf{A}},\ i \in Z.$$

Die Indizes stellen in unserem Fall die Lokalisationspunkte der Nukleotidbasen in der linearen Kette dar. Die Menge aller Sequenzen (Folgen) der Form (1) wird Sequenzenraum genannt und mit $\Omega=\mathbf{A}^Z$ bezeichnet. Falls der Generator in $i \in Z$ einen Buchstaben $\alpha_i \in \underline{\mathbf{A}}$ erzeugt, dann heißt die folgende Menge Zylindermenge der Länge n.

$$[\alpha_1, \ldots, \alpha_n; 1, \ldots, n] = \{\omega \mid \omega \in \underline{\mathbf{A}}^Z, x_1 = \alpha_1, \ldots, x_n = \alpha_n\}.$$

(Die formale Definition einer Zylindermenge kann in jedem Standardbuch über Maßtheorie gefunden werden.) Zum Beispiel repräsentiert die Zylindermenge $[A_1, T_2, G_3, \alpha_4, \ldots, \alpha_{10}]$ den Block der Länge zehn, festgelegt durch die Struktur der DNS in der frühen Region des SV 40, und die Basen A,T und G sind die ersten sequentiellen Buchstaben, die auf den Positionen 81, 82 und 83 der DNS-Kette sitzen.

Wenn $\mathcal{F}_{\underline{A}}$ die durch die Zylindermengen in $\underline{\mathbf{A}}^Z$ erzeugte σ-Algebra ist, dann ist das Paar $(\underline{\mathbf{A}}^Z, \mathcal{F}_{\underline{A}})$ ein messbarer Raum, d.h. ein messbarer Raum von Sequenzen, die durch eine Quelle, die das Alphabet **A** benutzt, erzeugt werden. Wenn nun μ ein Maß auf $\mathcal{F}_{\underline{A}}$ ist, so ist das Tripel $(\underline{\mathbf{A}}^Z, \mathcal{F}_{\underline{A}}, \mu)$ ein Maßraum: Er wird <u>Informationsquelle</u> genannt. Eine Sequenz ω , wie in (1) definiert, ist ein Elementarereignis auf der Informationsquelle, und die Zylindermengen (2) repräsentieren das Ereignis, daß der Sequenzgenerator im Punkt 1 den Buchstaben α_1, ..., im Punkt n den Buchstaben α_n erzeugt. Wenn $\mu(\underline{\mathbf{A}}^Z) = 1$, dann ist $\mu[\alpha_1, \ldots, \alpha_n]$ Wahrscheinlichkeit des Ereignisses (2).

Die <u>Markov-Informationsquelle</u> (MIQ) ist damit durch ein Alphabet **A**, durch eine Wahrscheinlichkeitsverteilung auf $\underline{\mathbf{A}}$ und durch eine Übergangs-wahrscheinlichkeitsmatrix **P**, die ebenfalls auf dem Alphabet definiert ist, charakterisiert. Formal haben wir:

Definition 1 (siehe GUIASU [8]). Es sei eine diskrete Wahrscheinlichkeitsverteilung der Menge $\underline{A}$ gegeben, d.h.

$$p_x \geq 0 \text{ für alle } x \in \underline{A}, \quad \sum_{x \in \underline{A}} p_x = 1,$$

und eine Übergangswahrscheinlichkeitsmatrix $\underline{P}=(p_{xy})$, $x,y \in \underline{A}$, mit positiven Komponenten $p_{xy} \geq 0$ und $\sum_{y \in \underline{A}} p_{xy}=1$ für jedes $x \in \underline{A}$, so daß für jedes $y \in \underline{A}$

$$\sum_{x \in \underline{A}} p_{xy} p_x = p_y.$$

Dann heißt eine Informationsquelle $\{\underline{A}^Z, \mathcal{F}_{\underline{A}}, \mu\}$ eine Markov-Informationsquelle, wenn die Wahrscheinlichkeiten eines jeden m-dimensionalen Blocks durch die Gleichung

$$\mu([x_0, x_1, \ldots, x_{n-1}]) = p_{x_0} p_{x_0 x_1} \cdots p_{x_{n-2} x_{n-1}}$$

gegeben sind.

Eine MIQ wird stationär genannt, wenn ihre Wahrscheinlichkeiten unter Zeittranslationen invariant sind.

Der Zusammenhang zwischen einer MIQ und einer Markov-Kette kann wie folgt interpretiert werden:

Eine Folge $(\xi_n)_{n \geq 0}$ von Zufallsvariablen mit Werten in einer endlichen Menge $S=\{1, \ldots, s\}$ heißt eine homogene endliche Markov-Kette (erster Ordnung) mit Zustandsraum S, Anfangsverteilung $\mathbf{p}=(p_i)$, $i \in S$, und Übergangsmatrix $\mathbf{P}$ genau dann, wenn

$$P\{\xi_0 = i\} = p_i$$

und

$$P\{\xi_{n+1} = i_{n+1} | \xi_n = i_n, \ldots, \xi_0 = i_0\} = P\{\xi_{n+1} = i_{n+1} | \xi_n = i_n\} = p_{i_n i_{n+1}}.$$

Im Hinblick auf Definition 1 kann festgestellt werden, daß es für einen festen Anfangszustand eine eindeutige Zuordnung zwischen der Folge von Zuständen einer Markov-Kette und der Sequenz von Symbolen, die durch eine MIQ erzeugt werden, gibt. Damit ist das Eintreten des Ereignisses

$$P\{\xi_n = i\}, \quad n \geq 0, i \in S,$$

(d.h. "die Markov-Kette ist zur Zeit n in Zustand i") äquivalent dazu, daß die MIQ den Buchstaben $i \in \mathbf{A}$ im Punkt n erzeugt.

Bemerkung 1. Die Definition von R. ASH [2] beginnt mit einer endlichen Markov-Kette. Sei $\xi_0, \xi_1, \ldots,$ eine endliche Markov-Kette und man nehme an, daß ξ_0 in Übereinstimmung mit einer stationären Wahrscheinlichkeitsverteilung gewählt worden ist, d.h.

$$P\{\xi_0 = i\} = u_i, \quad i \in S, \text{ für alle } i.$$

Eine stationäre Folge von Zufallsvariablen $X_n=f(\xi_n)$, $n \geq 0$, mit $f\colon S \to \underline{A}$ ist dann eine MIQ, die einer Markov-Kette $\{\xi_n\}$ zusammen mit der Funktion f und der stationären Wahrscheinlichkeitsverteilung $\underline{u} = \{u_1, \ldots, u_s\}$ entspricht. (Für Details von stationären oder invarianten Verteilungen siehe IOSIFESCU [10]). Das Problem der Funktionen von Markov-Ketten ist - unabhängig von der Anwendung - ein interessantes Problem. Die Bedingung, daß ein endlicher stationärer Prozess $\{X_n\}$, $n \in N$, sich als Funktion einer endlichen Markov-Kette $\{\xi_n\}_{n \geq 0}$ schreiben läßt, ist in der mathematischen Literatur seit längerem bekannt (z.B. DHARMADHIKARI [3]). Eine Folge von unabhängigen, identisch verteilten Zufallsvariablen X_0, $X_1, \ldots$ mit Werten in S wird zur <u>regulären</u> MIQ, wenn $p_{ij} = u_j = P\{X_m = j\}, i, j \in S$, $m \geq 0$, gilt. In disem Fall ist $\underline{A}$=S und f die Identität; eine reguläre MIQ ist <u>ergodisch</u> (siehe ASH [2], Theorem 6.6.2). Experimentell wurde beobachtet, daß alle natürlich auftretenden DNS ergodisch sind (GATLIN [7]).

Bemerkung 2. Die DNS des Bakteriophagen-MS2-Replikasegens ist eine spezielle MIQ 'ohne Gedächtnis', d.h. jede Base tritt unabhängig von jeder anderen Nukleotidbase in einer Sequenz auf (GARDEN [5]). In diesem Fall erhält man anstatt (3)

$$\mu([x_0, x_1, \ldots, x_{n-1}]) = p_{x_0} p_{x_1} \cdots p_{x_{n-1}}.$$

Der Sequenzgenerator wird Bernoulli-Informationsquelle genannt und ist stationär.

Bemerkung 3. Der Begriff der Regularität hat in einigen Büchern über Informationstheorie (z.B. ASH [2]) sein Äquivalent in dem Begriff der 'Unifilarität' gefunden. Wenn irgendein Zustand einer Markov-Kette mit dem Zustandsraum S in ν Schritten (ν ist eine natürliche Zahl) erreicht werden kann (unabhängig von Anfangszustand), dann gilt für die Übergangswahrscheinlichkeitsmatrix $\underline{P}^{\nu} > 0$, und $\underline{P}$ ist hierbei regulär (siehe IOSIFESCU [10], Proposition 4.1). Die wahrscheinlichkeitstheoretische Situation korrespondiert dabei mit der folgenden graphentheoretischen Repräsentation:

Definition 2. Für jedes $x \in \mathbf{A}$ seien $\chi_1, \ldots, \chi_\alpha$, d>1 die Buchstaben, die in einem Schritt von x erreicht werden können, das sind diejenigen Buchstaben χ_i, $1 \leq i \leq d$, so daß $p_{x x_i} > 0$ ist. Die MIQ heißt dann 'unifilar', wenn bei jedem Buchstaben $x \in \underline{\mathbf{A}}$ die Buchstaben $\chi_1, \ldots, \chi_\alpha$ verschieden sind.

3. Mehrfache Markov-Ketten

Dieser Abschnitt handelt von unifilaren MIQ, bei denen die Verteilung von ξ_n durch eine endliche Anzahl r>1 von vorangehenden Symbolen $\xi_{n-1}, \ldots, \xi_{n-r}$ bestimmt wird. Im Kalkül der Markov-Ketten kann die entsprechende Erweiterung der einfachen Abhängigkeit beschrieben werden durch die

Definition 3. Eine Folge $\{\xi_n\}_{n \geq 0}$ von S-wertigen Zufallsvariablen bildet eine mehrfache Markov-Kette, wenn es eine ganze Zahl r>1 gibt, so daß für jedes $i \in S$ und jedes $n \geq 0$

$$P\{\xi_n = j_r | \xi_{n-1} = i_r, \ldots, \xi_{n-r} = i_1\} = p_{i_1 \ldots i_r j_r}.$$

Dieser Prozess heißt auch Markov-Kette r-ter Ordnung mit Übergangswahrscheinlichkeitsmatrix

$$\underline{P} = (p_{i_1 \ldots i_r j_r}).$$

Die Analyse einiger experimenteller Daten legt die Existenz von DNS-Sequenzen nahe, die durch eine Markov-Kette zweiter Ordnung dargestellt werden können (HASEGAWA und YANO [9]; FIGUEROA et al. [4]; GARDEN [5]). In einer neueren Arbeit weist H. ALMAGOR [1] auf die dinukleotide Präferenz in eukaryotischer DNS hin und faßt die Ergebnisse, die durch die Sequenzierung zweier Arten von DNS entstehen, zusammen: Das lange Genom von SV 40 (5226 Nukleotide) und der lange Strang (16569 Nukleotide) des menschlichen mitochondrischen Genoms (MMG). Die Häufigkeit aller Nukleotide und Duplets ist in Tabelle 1 aufgeführt.

Tabelle 1

Nukleotid- und Dupletanzahlen in SV 40 DNS und MMG (ALMAGOR [1]).

	SV 40					HMG				
	A	C	G	T	**N**	A	C	G	T	**N**
A	532	288	345	352	1517	1602	1492	797	1232	5123
C	423	247	27	398	1095	1529	1770	436	1440	5175
G	237	266	272	257	1033	618	710	429	419	2177
T	325	293	389	574	1581	1374	1203	514	1003	4094

Erläuterungen. Die Dupletanzahlen sind als Elemente einer Matrix dargestellt. Die Anzahlen der Nukleotide sind in Spalte **N** aufgeführt jedes Element dieser Spalte ist natürlich die Summe der entsprechenden Reihenelemente (davon ausgenommen ist der Fall, wenn beide Sequenzen mit G enden; dann muß die Anzahl um zwei erhöht werden).

Es wird deutlich, daß in SV40 DNS die nukleotide Sequenz CG sehr selten eintritt; jedoch ist die eukaryotische DNS-Methylase ausschließlich CG-spezifisch, so daß mehr als 95% aller Methylation der Lebewesen im Duplet C – G auftritt.

Das Verhältnis zwischen der Ordnung r und der Anzahl der Zustände $s=|S|$ ist gegeben durch das folgende

Theorem (ASH [2], Theorem 6.5.1):
Wenn eine unifilare MIQ mit s Zuständen die endliche Ordnung r hat, dann gilt

$$r \leq 1/2\; s\,(s-1).$$

(Der Beweis ist in ASH [2], Seite 193 zu finden). Damit kann auch eine DNS-Sequenz mit $s=4$ nicht von höherer Ordnung als sechs sein.

Bemerkung 4. Mehrfache endliche Markov-Ketten können zu einfachen endlichen Markov-Ketten reduziert werden, indem eine (vektorwertige) Kette $\{\xi_n\}_{n\geq 0}$ mit Zufallsvariablen

$$\xi_n^* = (\xi_n, \ldots, \xi_{n+r-1})$$

eingeführt wird, die die Markov-Eigenschaft hat. Die Variablen ξ müssen nicht als Vektorvariable aufgefaßt werden, sondern einfach als Variable, deren Werte im Zustandsraum S^r liegen, der Menge aller r-Tupel s^r, d.h. ($_n$, $_{n+1}, \ldots,$ $_{n+r-1}$=k). Die Kette (ξ_n) kann die <u>abgeleitete</u> (assoziierte) Kette genannt werden, deren Übergangsmatrix **P** die Elemente

$$p_{kl}^* = \begin{cases} p_{k_1 \ldots k_r l_r} & \text{falls } l_d = k_{d-1},\ 1 \leqslant d \leqslant r \\ 0 \text{ sonst} & \end{cases}$$

hat. Da ein Übergang von einem beliebigen Zustand ξ zu irgendeinem anderen in r Schritten möglich ist, ist die abgeleitete Kette regulär. Damit ist eine (homogene) mehrfache Kette der Ordnung zwei (oder eine doppelte Markov-Kette) eine Folge $(\xi_0,\xi_1),\ldots, (\xi_{n-1},\xi_n)$, d.h. eine homogene einfache Markov-Kette mit dem Zustandsraum $S^2=\{(i,j), i,j\in S\}$.

Bemerkung 5. (Siehe IOSIFESCU [10], Seite 176.) Nicht jede mehrfache Markov-Kette $\{\xi_n\}_{n\geq 0}$ kann als ihre Assoziierte eine einfache Markov-Kette haben. Ist S abzählbar unendlich, so sind die allgemeinen Eigenschaften von (ξ_n) nicht dieselben wie die der assoziierten einfachen Markov-Kette (ξ_n^*).

Bemerkung 6. Sei eine MIQ der Bemerkung 1 folgend durch die stationären Zufallsvariablen $(\ldots, X_{-1},X_0,X_1,\ldots)$ bestimmt. Diese Zufallsvariablen heißen r-Schritt-abhängig, wenn die Zufallsvektoren $(X_{a-v}, X_{a-v+1}, \ldots,X_a)$, $(X_b, X_{b+1}, \ldots, X_{b+w})$ immer dann unabhängig sind, falls $b-a > r$. Das bedeutet, daß sie dann r-Schritt-abhängig sind, wenn sie durch r Indizes getrennt werden.

Es werde eine homogene doppelte Markov-Kette mit Zustandsraum S (zumindest abzählbar) betrachtet und die Übergangswahrscheinlichkeiten

$$p_{ij,k} = P\{\xi_1 = k|\xi_0 = j, \xi_{-1} = i\}, \qquad i,j,k\in S.$$

Die n-Schritt-Übergangswahrscheinlichkeiten seien gegeben durch

$$p_{ij,k}^{(0)} = \delta_{jk} \qquad (\delta\text{: Kronecker delta})$$
$$p_{ij,k}^{(n)} = P\{\xi_n = k|\xi_0 = j, \xi_{-1} = i\}$$

und die ersten Durchtrittszeitenwahrscheinlichkeiten $f_{ij,kl}^{(n)}$ seien definiert für $n\geq 2$ durch

$$f_{ij,kl}^{(1)} = \delta_{jk}p_{ij,l}$$
$$f_{ij,kl}^{(n)} = \begin{cases} P\{\xi_n = l, \xi_{n-1} = k, \xi_\nu \neq l, 0<\nu<n-1|\xi_0 = j, \xi_{-1} = i\} & \text{falls } k\neq l \\ 0 \text{ falls } k = l \end{cases}$$

Dann ist

$$p_{ij,j}^{(n)} = \sum_{k\in S} \sum_{m=1}^{n} f_{ij,kj}^{(m)} p_{kj,j}^{(n-m)}.$$

Dies ist der Startpunkt, um mit dem Studium des asymptotischen Verhaltens der n-Schritt-Wahrscheinlichkeiten beginnen zu können. In dem dargestellten Beispiel drückt dies das asymptotische Verhalten der DNS-Kette für $n\to\infty$ aus, repräsentiert durch eine homogene doppelte Markov-Kette.

Setze nun

$$u_{in} = p_{ij,j}^{(n)} \quad \text{und} \quad f_{ik}^{(m)} = f_{ij,kj}^{(m)}.$$

Gleichung (6) wird damit zu

$$u_{in} = \sum_{j\in S} \sum_{m=1}^{n} f_{ij}^{(m)} u_{j,n-m},$$

was immer im Zusammenhang mit mehrfachen Markov-Ketten auftritt, wie die klassische Erneuerungsgleichung beim Studium der einfachen Markov-Ketten. Liegt das asymptotische Verhalten von $p_{ij,j}$ einmal fest, kann dasjenige von $p_{ij,k}^{(n)}$, $j\neq k$

durch die Verwendung der Gleichung

$$p_{ij,k}^{(n)} = \sum_{l \in S} \sum_{m=1}^{n} f_{ij,lk}^{(m)} p_{lk,k}^{(n-m)}$$

erhalten werden. Ein Analogon von Gleichung (6) mit kontinuierlichen Parametern kommt bei Markov-Erneuerungsprozessen und altersabhängigen Verzweigungsprozessen vor (siehe IOSIFESCU [10]).

Literatur

1. Almagor, H.: A Markov analysis of DNA sequences. J. theor. Biol. 104 (1983) 633-645.

2. Ash, R.: Information Theory. New York: Wiley Interscience 1965.

3. Dharmadhikari, S.W.: Sufficient conditions for a stationary process to be a function of a finite Markov chain. Ann. math. Statist. 34 (1963) 1033-1041.

4. Figueroa, R., Sepulveda, A., Soto, M.A., Toha, J.: Informational analysis of MS_2 and ØX174 virus genomes. J. theor. Biol. 74 (1978) 203-207.

5. Garden, P.W.: Markov analysis of viral DNA/RNA sequences. J. theor. Biol. 82 (1980) 679-684.

6. Gatlin, L.L.: Triplet frequencies in DNA and the genetic program. J. theor. Biol. 5 (1963) 360-371.

7. Gatlin, L.L.: The information content of DNA. I, II. J. theor.Biol. 10 (1966) 281-300; 18 (1968) 181-194.

8. Guiasu, S.: Information Theory with Applications. New York: McGraw-Hill 1977.

9. Hasegawa, M., Yano, T.-A.: The genetic code and the entropy of protein. Math.Biosci. 24 (1975) 169-182.

10. Iosifescu, M.: On multiple Markovian dependence. In Bereanu, B., Josifescu, M., Postelnicu, T. et al. (Eds): Proceedings of the 4th Conference on Probability Theory, Brasov, Romania, 1971, pp. 65-71. Bucuresti: Ed. Academiei 1973.

11. Iosifescu, M.: Finite Markov Processes and Their Applications. Chichester: Wiley/ Bucuresti: Ed.Technica 1980.

12. Mazur, J.: Higher order Markov chains and statistical thermodynamics of linear polymers. In Lowry, G.G. (Edit.): Markov Chains and Monte Carlo Calculations in Polymer Science, pp. 153-185. New York: Dekker 1970.

13. Thompson, C.J.: Mathematical Statistical Mechanics. Princeton: Princeton Univ.Press 1972.

Aus dem Institut für Biometrie der Medizinischen Hochschule Hannover
(Direktor: Prof. Dr. B. Schneider)

Modelle und Realitätsbezug in der empirischen, insbesondere biomedizinischen Forschung

B. Schneider

1. Einleitung

Das Wort Modell kommt vom lateinischen Wort modulus. Dies bedeutet Maßstab, Sangweise oder Vers. Auf dem Umweg über das französische Wort modèle und das italienische Wort modello hat es sich im Deutschen eingebürgert. In der Brockhaus Enzyklopädie (17. Auflage 1971) wird erklärt:

'Modell [ital.], das, Muster, Vorbild, Nachbildung oder Entwurf von Gegenständen (vergrößert, verkleinert, in natürlicher Größe). Modelle können außer wirklichen Gegenständen auch gedankliche Konstruktionen sein.'

Uber den Modellbegriff in Naturwissenschaft und Technik ist im Brockhaus zu lesen:

'In Naturwissenschaft und Technik dienen Modelle dazu, die als wichtig angesehenen Eigenschaften des Vorbildes auszudrücken und nebensächliche Eigenschaften außer acht zu lassen, um durch diese Vereinfachung zu einem übersehbaren oder mathematisch berechenbaren oder zu experimentellen Untersuchungen geeigneten Modell zu kommen.'

Demnach werden die Modelle in Naturwissenschaft und Technik mit unterschiedlichen Intentionen eingesetzt: zur überschaubaren Beschreibung, zur formalen Erfassung und Analyse der Zusammenhänge (mathematische Beschreibung und Analyse) oder zur realen Nachbildung der zu untersuchenden Vorgänge in überschaubaren Verhältnissen (Experimentalmodell). Alle diese verschiedenen Intentionen setzen voraus, daß zunächst die zu untersuchenden Vorgänge oder Gegenstände 'in gedanklichen Konstruktionen' abgebildet werden; von ihnen also ein Gedankenmodell erstellt wird. Die Gedanken und die sie ausdrückenden Sprachformen sind somit das primäre Medium, mit dem der menschliche Geist die auf ihn einwirkenden Eindrücke, Wahrnehmungen oder Empfindungen abbildet und damit modelliert. Diese Überlegungen führen zum 'Modellkonzept der Erkenntnis', das vor allem von STACHOWIAK [8] vertreten und ausführlich diskutiert wird. In seinem Buch 'Allgemeine Modelltheorie' schreibt er:

'Hiernach ist alle Erkenntnis in Modellen oder durch Modelle und jegliche menschliche Weltbegegnung überhaupt bedarf des Mediums 'Modell' ... Modell in jenem mehrfach zu relativierenden Sinne ist ebenso die 'elementarste Wahrnehmungsgegebenheit' wie die komplizierteste, umfassendste Theorie. Modell ist das vermeintlich objektive Erkenntnisgebilde ebenso wie die Gedankenkonstruktion, die ihre Subjektivität und Perspektivität betont. Modell ist NEWTONs Partikelmechanik ebenso wie RANKEs Weltgeschichte oder HÖLDERLINs Hyperion" (STACHOWIAK [8], S. 56).

Dieser sehr weite Begriff von Erkenntnismodellen bedarf - soll er auf wissenschaftliche Erkenntnisse angewandt werden - Einschränkungen, vor allem formaler Art. Nicht jede Abbildung von realen Gegebenheiten in Gedanken und Worte kann als wissenschaftliches Modell bezeichnet werden. Schon das Attribut 'wissenschaftlich' deutet darauf hin, daß besondere Bedingungen vorliegen müssen. Dies wirft die Frage nach den Charakteristika der Wissenschaft auf.

Mit diesem Problem beschäftigt sich die Disziplin der 'Wissenschaftstheorie' oder 'Philosophy of Science'. Vielfältige Gedanken zu dieser Problematik sind z.B. in dem ausführlichen und vielbändigen Werk von W. STEGMÜLLER 'Probleme und Resultate der Wissenschaftstheorie und analytischen Philosophie' [9] enthalten. Eine ausführliche Erörterung der dort gegebenen Explikationen und Analysen würde den Rahmen dieses Vortrags bei weitem sprengen. Ich möchte daher zur Kennzeichnung der Wissenschaft auf ein Zitat zurückgreifen, das von E. SPRANGER stammt und primär auf die Philosophie gemünzt ist [7]. Im Schlußwort zum 4. Deutschen Philosophie-Kongreß stellte SPRANGER fest:

'Wo gar keine angehbare Methode mehr vorliegt, da ist eigentlich keine Philosophie. Wo gar keine Beziehung auf das letzte Sein oder den letzten Sinn waltet, da ist ebenfalls keine Philosophie'.

Kennzeichnend für die Wissenschaft ist demnach:

- die wissenschaftliche Methode,
- der Anspruch auf Allgemeingültigkeit.

Diesen beiden Kriterien müssen auch die Erkenntnis- und Gedankenmodelle genügen, die den Anspruch stellen, wissenschaftliche Modelle zu sein.

2. Das Modell der naturwissenschaftlichen Methode

Ein weitgehend anerkanntes Prinzip der naturwissenschaftlichen Methode stellt das Schema in Abb. 1 dar.

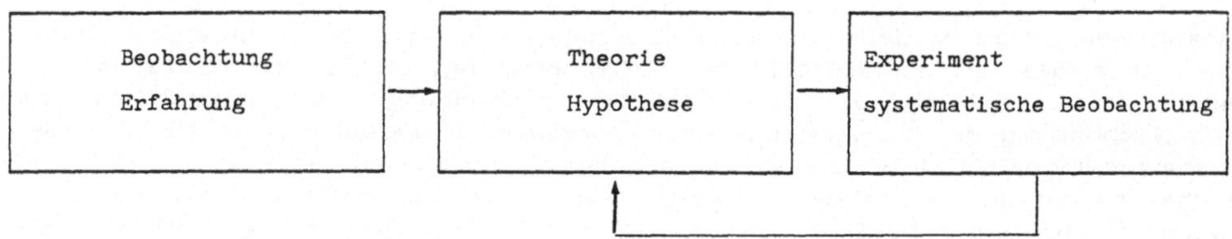

Abb. 1: Prinzip der naturwissenschaftlichen Methode

Nach diesem Prinzip umfaßt die naturwissenschaftliche Methode zwei Stufen:

- die Erstellung von Hypothesen und Theorien aufgrund von Beobachtungen und Erfahrungen,
- die Überprüfung und Modifikation dieser Hypothesen und Theorien anhand von Experimenten und gezielten, systematischen Beobachtungen.

2.1 Modelltheorie von Hypothesen und Theorien

L. WITTGENSTEIN beginnt seinen bekannten Tractatus logico-philosophicus [10] mit dem Satz:
"1. Die Welt ist alles, was der Fall ist."
Er fährt fort:
"2. Was der Fall ist, die Tatsache, ist das Bestehen von Sachverhalten.
2.01 Der Sachverhalt ist eine Verbindung von Gegenständen (Sachen, Dingen)" (WITTGENSTEIN [10], S. 11).
Danach kann man es als primäre Aufgabe jeder Naturbetrachtung (sei sie nun wissenschaftlicher oder außer-wissenschaftlicher Art) ansehen, die Beziehungen und

Verbindungen zwischen Gegenständen zu beobachten, sie zu modulieren, sie zu erklären u.ä. Dies geschieht - nach STACHOWIAK [8] - in aufeinander aufbauenden 'semantischen Stufen'. An primärer Stelle steht als 'nullte Stufe' die 'materielle Information', d.h. die Signale, Reize u.ä., die auf uns einwirken und uns Informationen über die Außenwelt vermitteln. Diesen Einwirkungen folgt als 'erste Stufe' die 'interne Modellbildung' in der Psyche einer Person. In einfachster Form besteht diese interne Modellbildung darin, daß die Eindrücke und Reize erkannt und daraufhin ein Gedankenmodell der Wahrnehmung (z.B. ein Gedankenmodell des Sehens) gebildet wird, das den Reizen und Eindrücken bestimmte Vorstellungen zuordnet. Dieses Modell nennt man auch das 'Perzeptionsmodell'. Bezüglich der formalen Kriterien, die solche Perzeptionsmodelle erfüllen sollen, sei auf STACHOWIAK verwiesen. In erweiterter Form können diese Perzeptionsmodelle miteinander kombiniert und daraus neue Vorstellungs- und Bewußtseinsgebilde abgeleitet werden. Dies führt dann zu den sogenannten internen 'cogitativen Modellen'. Zu diesen cogitativen Modellen sind die wissenschaftlichen Theorien und Hypothesen zu zählen, aber auch die metaphysischen und religiösen Vorstellungen, Weltanschauungen, Ideologien, poetische oder musikalische Gebilde u.ä.

Die internen Modelle der ersten Stufe bleiben leer und unfruchtbar, wenn sie nicht formuliert und mitgeteilt werden. Dies führt zu den semantischen Modellen der zweiten Stufe, bei denen explizite Zeichen für die Gebilde der internen Modelle, d.h. Zeichen für die Wahrnehmungs- und Vorstellungsgebilde, für die Begriffe und allgemeinen Denkgebilde angegeben werden, so daß die Struktur dieser Gebilde in verkürzter, aber eindeutiger Form (wie es zum Charakteristikum jedes Modells gehört) auf diesen Zeichen und Zeichenketten abgebildet wird. Dies geschieht z.B. durch die Abbildung der Modelle in eine Sprache, die aus einem Alphabet, aus Wörtern und aus Regeln zur Verknüpfung dieser Wörter besteht. Die Gesamtheit der Zeichenmodelle der zweiten semantischen Stufe einschließlich ihrer Verknüpfungsregeln ist ein Kommunikationssystem erster Ordnung.

Diese semantische Stufung kann fortgesetzt werden auf einer dritten oder auf weiteren Stufen, indem die Sprach- oder Zeichensysteme der zweiten Stufe erneut auf Zeichen von übergeordneten Strukturen abgebildet werden (z.B. die Sprache auf Schriftzeichen), also 'Zeichen für Zeichen der zweiten semantischen Stufe' eingeführt werden. Durch diese weitere Abbildung soll im allgemeinen eine größere Präzision und Reproduzierbarkeit erreicht werden. Dies ist allerdings mit einer 'Verkürzung' der Ausdrucksmöglichkeiten verbunden; d.h. die Zeichensysteme werden ärmer an Darstellungs- und Strukturmöglichkeiten.

Die Gegenstände der Welt, d.h. nach WITTGENSTEIN die 'Gesamtheit der Tatsachen', sind gekennzeichnet durch ihre Eigenschaften im raumzeitlichen Kontinuum (philosophisch: So-Sein). Bezeichnet man - nach STACHOWIAK [8] - die Individuen selbst als Attribute nullter Stufe, so kann man generell sagen, daß die Modelle der ersten semantischen Stufe jeweils 'Klassen von Attributen' abbilden. Unter einer solchen Attributklasse versteht STACHOWIAK [8] 'die Originale und damit grundsätzlich alle überhaupt wahrnehmbaren und denkbaren Entitäten'. In einer höheren Modellstufe, wie sie für wissenschaftliche Modelle angestrebt wird, wird diese Attributklasse als ein 'attributives System' strukturiert. Die Modelle sind somit 'Systemmodelle'. Ein solches System wird erklärt als eine Attributklasse, 'deren jedes Element sich mit jedem anderen Element derselben Klasse in (wenigstens) einer Zusammenhangsrelation befindet, derart, daß die Gesamtheit der Klassenelemente bezüglich dieser Relation ein einheitlich geordnetes Ganzes bildet' (STACHOWIAK [8], S. 137). Auf der semantischen Stufe, d.h. bei der 'sprachlichen Artikulation' werden die 'den Attributen als sprachliche Repräsentanten zugeordneten Symbolisierungen' Prädikate genannt. Der Zusammenfassung der Attribute eines Modells zu einer Attributklasse entspricht auf der zweiten Stufe somit eine Prädikatklasse, der Strukturierung in einem attributiven System die in einem Prädikatsystem.

Wendet man diese Begriffe und Überlegungen der allgemeinen Modelltheorie auf wissenschaftliche Hypothesen und Theorien an, so können diese Theorien und Hypothesen auf der ersten semantischen Stufe als Gedankenmodelle, auf der zweiten oder höheren Stufe als Sprach- oder Zeichenmodelle aufgefaßt werden. Scharfe und eindeutige Kriterien, mit denen diese Modelle von nicht-wissenschaftlichen Modellen, z.B. Erzählmodelle oder poetische Modelle, abgegrenzt werden können, sind wohl nicht zu erreichen und auch im Interesse einer Fortentwicklung der Wissenschaft nicht anzustreben. Entsprechend der im vorhergehenden Abschnitt gegebenen Charakterisierung der 'Wissenschaftlichkeit' sollten aber bei den wissenschaftlichen Theorien und Hypothesen die Kriterien der Allgemeingültigkeit und der methodisch-formalen Exaktheit zumindest angestrebt werden.

Allgemeingültigkeit bedeutet zunächst, daß sich die Aussagen der Hypothesen und Theorien nicht auf singuläre Sachverhalte, sondern auf größere Gesamtheiten solcher Sachverhalte, möglichst auf alle Sachverhalte, beziehen. Dies bedeutet, daß die Theorien und Hypothesen vorwiegend aus All-Sätzen bestehen; sie werden wenig Konstante, dafür um so mehr Variable enthalten.

Allgemeingültigkeit bedeutet aber auch, daß die Aussagen der Theorien und Hypothesen einen Gültigkeitsanspruch erheben. Sie sollen 'wahr' sein. Dies führt uns auf die bekannte Pilatus-Frage: 'Was ist Wahrheit?' (Johannes-Evangelium, Kap. 18, Vers 38). Es soll hier nicht der Wahrheitsbegriff im allgemeinen und speziell der wissenschaftliche Wahrheitsbegriff diskutiert werden. Es sei nur daran erinnert, daß namhafte Wissenschaftler und Wissenschaftstheoretiker für die Wissenschaft den Wahrheitsbegriff als nicht notwendig ansehen (so z.B. auch K. POPPER in seinen früheren Schriften). Stattdessen wird in wissenschaftlichen Aussagen 'Richtigkeit' oder 'Objektivität' verlangt. Darunter ist das Vorliegen von Entscheidungsverfahren zu verstehen, die im Einzelfall die Entscheidung gestatten, ob eine Aussage zur Klasse der 'zulässigen' oder 'richtigen' Aussagen gehört oder nicht. Über das Verhältnis zwischen dieser wissenschaftlichen Objektivität und der Idee der Wahrheit kommt H. KEUTH [3] in seiner Habilitationsschrift über 'Realität und Wahrheit' (1978) zu dem Resümee: 'Wissenschaftliche Objektivität im Sinne der Orientierung an der Idee einer Wahrheit, die in der Übereinstimmung mit der Wirklichkeit besteht, ist unmöglich, weil schon diese Idee der Wahrheit sich nicht widerspruchsfrei formulieren läßt' (S. 197).

Die Frage der Objektivität von wissenschaftlichen Theorien und Hypothesen in dem oben angegebenen Sinne hängt eng mit der Darstellungsform, also mit der wissenschaftlichen Sprache im Sinn eines Modells der zweiten semantischen Stufe zusammen. Am ehesten gestattet ein solches Entscheidungsverfahren die formalen, axiomatischen Sprachen oder Kalküle. Eine solche Sprache wurde bereits von Leibniz für die Wissenschaft gefordert. Ihre erste befriedigende Realisierung geht auf Frege zurück. Heute bilden diese formalen Sprachen einen wesentlichen Bestandteil jeder 'Formalwissenschaft', also insbesondere Mathematik, Logik und theoretische Physik. Sie bestehen aus einem System von Zeichen (Variable, Konstanten, Verknüpfungen (Junktoren), Quantoren, Relationen und Funktionen), aus einer Menge von Axiomen (formale Beziehung zwischen Variablen oder 'Leerstellen') und aus Ableitungsregeln, nach denen aus bestimmten mit den zulässigen Zeichenmengen gebildeten Ausdrücken neue hergeleitet werden dürfen. Eine wissenschaftliche Theorie gewinnt man aus einem solchen formalen Kalkül durch eine inhaltliche Deutung oder Interpretation oder 'Belegung' der Elemente des Kalküls mit gedanklichen Konstrukten, so daß die Axiome des Kalküls bei dieser Belegung als 'wahre' Gedankenkonstrukte anzusehen sind. Dabei ist es weitgehend eine Frage der subjektiven oder intersubjektiven Festsetzung, welche Gedankenkonstrukte als 'wahr' anzusehen sind (vgl. dazu auch die dialogische oder effektive Logik von P. LORENZEN [5].

Eine Aussage ist im Rahmen dieses formalen Modells richtig, wenn sie nach den Regeln des Kalküls aus den Axiomen 'ableitbar' ist. STACHOWIAK nennt das Kalkül auch ein 'formallinguistisches Darstellungsmodell', die Interpretation ein 'formales Belegungsmodell'. Die wissenschaftliche Theorie wird im wesentlichen durch die Axiome bestimmt.

Diese formalen Modelle haben sich vor allem in der Mathematik und theoretischen Physik bewährt. Es bestehen auch bemerkenswerte Ansätze, sie in der theoretischen Biologie einzuführen, z.B. bei J.H. WOODGER [11]. Allerdings blieb ihre Anwendung in der Biologie vor allem auf die Benutzung der eigentlichen mathematischen Modelle im Rahmen der Biomathematik beschränkt. Diese haben allerdings in den letzten Jahren immer mehr Gebiete der Biologie erobert und sind inzwischen ein unverzichtbarer Bestandteil der biologischen und medizinischen Forschung geworden. Die im Rahmen dieser Tagung gebrachten Vorträge über solche mathematischen Modelle belegen dies zur Genüge. Ob sich allerdings auch für die Biologie und Medizin der Glaubenssatz von Hilbert durchsetzt, den er am 11. September 1917 in Zürich formuliert hat ('Ich glaube: Alles, was Gegenstand des wissenschaftlichen Denkens überhaupt sein kann, verfällt, sobald es zur Bildung einer Theorie reif ist, der axiomatischen Methode und damit mittelbar der Mathematik'), muß offen-bleiben.

2.2 Experimentalmodelle

Die zweite Stufe der naturwissenschaftlichen Methodik besteht darin, daß die Theorien und Hypothesen im Experiment oder in der gezielten Beobachtung mit der Realität konfrontiert werden. Je nach dem Ergebnis dieser Konfrontation werden die Theorien und Hypothesen als bestätigt oder als verworfen angesehen.

Formal ist das Experiment oder die gezielte Beobachtung als ein Modell der Theorie und der Hypothese anzusehen (und nicht umgekehrt). Dieses Modell trägt alle drei Charakteristika, die von STACHOWIAK als Kennzeichen einer allgemeinen Modelltheorie formuliert wurden ([8], S. 131-133):

- **Abbildungsmerkmal:**
  Das Experiment oder die Beobachtung bildet die Theorie oder Hypothese in einer konkreten Versuchs- oder Beobachtungsanordnung ab.
- **Verkürzungsmerkmal:**
  Die experimentelle oder Beobachtungssituation erfaßt im allgemeinen nicht alle Attribute der Theorie oder Hypothese, sondern nur solche, die den jeweiligen Modellerschaffern und/oder Benutzern relevant scheinen.
- **Pragmatisches Merkmal:**
  Die Zuordnung der als relevant angesehenen Attribute des Experiments oder der systematischen Beobachtung zu den entsprechenden Elementen der Theorie erfolgt nicht per se, sondern für die bestimmte Situation des Modellerschaffers oder Benutzers innerhalb eines bestimmten Zeitintervalls und für bestimmte gedankliche oder tatsächliche Operationen.

Bei der Konfrontation der Theorie oder Hypothese mit den experimentellen oder systematischen Beobachtungsergebnissen wird im allgemeinen so vorgegangen, daß ein Teil der in der Theorie enthaltenen Variablen im Experiment oder der Beobachtung auf bestimmte Konstanten fixiert und aufgrund der theoretischen Verknüpfungen damit die Werte der übrigen Variablen vorhergesagt werden. Es wird dann verglichen, ob die vorhergesagten Werte tatsächlich im Experiment oder in der Beobachtung auch eintreffen.

Diesem Vorgehen liegt das Schema des klassischen hypothetischen Schlusses der aristotelischen Syllogistik, des sog. modus ponens, zugrunde. Dieser modus ponens lautet:

Hypothese:	Wenn A, dann B.
Experiment:	Es ist A.
Ergebnis:	Es ist B.

Die klassische Syllogistik lehrt, daß das Ergebnis (die conclusio) immer dann eintreten muß (immer richtig ist), wenn die beiden Prämissen, also die Hypothese und das Experiment, richtig sind. Man kann also bei Gültigkeit der Hypothese aus der experimentellen Situation A das Ergebnis B exakt vorhersagen. Und es muß - vorausgesetzt, daß die Hypothese gilt - stets eintreffen. Allerdings liegt bei dem naturwissenschaftlichen Experiment eine andere Situation vor. Hier kann zwar die experimentelle Situation A als gegeben und damit als richtig angenommen werden. Es ist - bei einem 'positiven' Ausgang des Experiments - auch das Ergebnis B zu beobachten. Ob allerdings die Hypothese: Wenn A, dann B, richtig ist, das kann nicht vorhergesagt oder auch angenommen werden. Daher muß diese Hypothese erst durch das Experiment überprüft werden. Eine Umkehrung des hypothetischen Schlusses, nach dem aus der Richtigkeit des Ergebnisses und des Experiments auf die Richtigkeit der Hypothese geschlossen werden kann, ist aber nicht zulässig. Es besteht kein logischer und sachlicher Grund, aus der Bestätigung einer Vorhersage B der Theorie durch das experimentelle oder beobachtete Ergebnis auf die Richtigkeit der Theorie zu schließen. Die Logik bietet zumindest hierfür keine Handhabe.

Bevor auf das Problem der Bestätigung von Theorien noch etwas ausführlicher eingegangen wird, sollen kurz zwei Besonderheiten der Experimentalmodelle, vor allem in den biologischen Wissenschaften, erwähnt werden.

Die erste Besonderheit besteht darin, daß in der Theorie die experimentelle Situation A noch nicht eindeutig festgelegt wird. Die Theorie enthält vielmehr für diese Situation noch freie 'Parameter'. Das Ergebnis des Experiments oder der Beobachtung wird dann dazu benutzt, um diese freien Parameter für die gegebene experimentelle oder Beobachtungssituation zu bestimmen, z.B. nach der Methode der kleinsten Quadrate oder der Maximum-Likelihood-Methode. In dieser Situation dient das Experiment streng genommen nicht zum Überprüfen der Theorie, sondern zur Konkretisierung der Theorie, die im übrigen als richtig und dem Experiment zugrunde liegend angenommen wird (statistische Schätzprobleme). Eine Verifikation des theoretischen Modells mit demselben Datensatz ist damit nicht mehr möglich. Die Situation könnte allerdings dahingehend erweitert werden, daß in der Theorie verschiedene Modelle mit freien Parametern miteinander konkurrieren; z.B. die Annahme einer linearen und einer quadratischen Regressionsfunktion. In diesem Fall ist es sehr wohl möglich, aufgrund der experimentellen Ergebnisse zu entscheiden, welche der konkurrierenden Annahmen bei optimalem Ausgleich der Parameter am meisten mit den experimentellen Ergebnissen übereinstimmen.

Vor allem in der Biologie und Medizin kann die experimentelle Situation entsprechend den Vorgaben der Theorie nur unvollkommen fixiert werden. Es werden freie Parameter der Theorie in der Modellsituation realisiert, deren Wert weder bekannt, noch beherrschbar ist (systematische Einflüsse, Zufallseinflüsse). Damit ist auch nicht zu erwarten, daß das Ergebnis des Experiments aus der Theorie exakt vorhergesagt werden kann. Abweichungen zwischen den experimentellen Ergebnissen und den theoretisch zu erwartenden sind also möglich und sprechen nicht notwendig dafür, daß die Theorie bei der experimentellen Situation nicht zutrifft. In diesem Fall ist es nötig, ein Maß für die möglichen Abweichungen zwischen den vorhergesagten und den tatsächlichen Ergebnissen einzuführen, das noch im Rahmen der Theorie als tolerierbar angesehen wird. Dies geschieht zweckmäßigerweise durch die Einführung von Wahrscheinlichkeitsbetrachtungen und die Fixierung von zulässigen 'Irrtumswahrscheinlichkeit'.

3. Das Problem der Bestätigung von Modellen

Wie wir gesehen haben, bietet die Logik keine Handhabe, aufgrund der Richtigkeit eines aus der Theorie vorhergesagten Ergebnisses auf die Richtigkeit der Theorie zu schließen. Man kann aber umgekehrt aus der Falschheit des Ergebnisses, d.h. aus dem Nicht-Eintreffen der vorhergesagten Situation, auf die Falschheit der Theorie schließen, vorausgesetzt, daß die angestrebte experimentelle oder Beobachtungssituation auch tatsächlich eingehalten wurde. Solche Überlegungen haben K.

POPPER veranlaßt, zur Bestätigung einer Theorie über empirische Sachverhalte nicht die Verifikation der Theorie im Experiment oder der Beobachtung, sondern deren Falsifikation heranzuziehen (POPPER [6]). Grundlegend für diese Theorie der 'deduktiven Falsifikation und Bewährung' von POPPER ist der Begriff der Basissätze. Darunter versteht er 'denkbare und mögliche Aussagen über Tatsachen'. Die Sätze sollen einfach sein; d.h. im Sinne der klassischen Logik einfache Urteile der Form: 'Es gibt ein Individuum A mit der Eigenschaft B'. Durch Konjunktion solcher Sätze können Theorien aufgebaut werden.

Eine Theorie kann auch widersprüchliche Basissätze enthalten. Die Menge der Basissätze wird nun mit der Realität konfrontiert. Eine Theorie gilt als falsifiziert, wenn sich ein Widerspruch zwischen einem Basissatz und der Realität ergibt. Ergibt sich kein solcher Widerspruch, dann wird die Theorie vorläufig akzeptiert.

Eine Theorie heißt <u>empirisch</u> (falsifizierbar), wenn sich aus der Gesamtklasse aller in der Theorie denkbaren Basissätze eine nicht leere Teilmenge abgrenzen läßt, die zu den übrigen im Widerspruch steht. Diese Definition der Falsifizierbarkeit geschieht vor der Konfrontation mit der Realität. Sie ist also eine 'logische' Eigenschaft der Theorie. Diese Definition gestattet, die Theorie bezüglich ihres empirischen Wertes zu klassifizieren. Hierfür hat POPPER den Begriff des <u>Falsifizierbarkeitsgrades</u> eingeführt. Er versteht darunter ein Maß für die Anzahl der falsifizierbaren Sätze (z.B. die Häufigkeit der falsifizierbaren Sätze im Rahmen der Gesamthäufigkeit). Dieser Falsifizierbarkeitsgrad ist umgekehrt proportional zur Wahrscheinlichkeit der Theorie. Die beiden Extreme bilden einerseits Theorien mit der Falsifizierbarkeit 0, d.h. logisch immer richtige Sätze, andererseits Theorien mit der Falsifizierbarkeit 1, d.h. logische Kontradiktionen. Beide schließt POPPER für eine vernünftige wissenschaftliche Theorie aus.

Die Frage ist, wie solche Basissätze gefunden und wie verschiedene, miteinander konkurrierende Theorien über denselben empirischen Sachverhalt, die bisher nicht falsifiziert werden konnten, zu bewerten sind.

Zum ersten Problem stellt POPPER fest, daß das Auffinden von Basissätzen ein individueller, psychischer, emotionaler Vorgang ist, der höchstens Gegenstand der Psychologie, aber nicht Gegenstand der Logik und Wissenschaftstheorie sein kann.

Zum zweiten Problem, aus miteinander konkurrierenden nicht falsifizierbaren Theorien eine Auswahl zu treffen, beruft sich POPPER auf die öffentliche Meinung der 'scientific community'. Je nach der augenblicklichen Meinung dieser community werden bestimmte der nicht falsifizierten Theorien bevorzugt und andere abgelehnt. Im Endergebnis führt dieses Prinzip - so sehr es auch den Tatsachen entsprechen mag - zu einem dogmatischen Konventionalismus, in dem der jeweilige 'Papst' der scientific community bestimmt, was als anerkannte wissenschaftliche Theorie und Hypothese zu gelten hat. Wer augenblicklich als Papst zu gelten hat, dürfte im wesentlichen nach dem 'Muhammed-Ali-Prinzip' bestimmt werden; d.h. derjenige oder diejenige Gruppe, die am lautesten sich als 'the greatest' verkündet, wird auch über die anerkannten Theorien bestimmen.

So brillant POPPER in seiner Logik der Forschung auch den tatsächlichen Wissenschaftsbetrieb analysiert und Anregungen zum Stellenwert von Theorie und Experiment gegeben hat, so wenig sind seine Vorschläge geeignet, in konkreten Situationen dem Wissenschaftler Maßnahmen an die Hand zu geben, die ihm eine Bewertung der Zulässigkeit und Zuverlässigkeit seiner Theorien gestatten. Deshalb hat in den letzten Jahren diese Theorie der deduktiven Falsifikation von POPPER zunehmend Kritik unter den Wissenschaftstheoretikern erfahren [3,8].

Es ist allerdings zu fragen, ob es überhaupt andere Möglichkeiten gibt, um aus verschiedenen konkurrierenden Theorien und Hypothesen die den empirischen Befunden am ehesten angemessene auszuwählen. Diese Frage hat sehr viel mit den Gedankengängen von Hume zu tun, der eine übergeordnete, sichere

Erkenntnismöglichkeit aus empirischen Beobachtungen über die Allgemeingültigkeit der zugrunde liegenden Gesetze verneinte. Kant hat in seiner 'Kritik der reinen Vernunft' zwar die Möglichkeit einer 'synthetischen Erkenntnis a priori' bejaht und dabei auf die mathematischen Erkenntnisse hingewiesen. Inzwischen wissen wir, daß die mathematischen Erkenntnisse keine synthetischen sind, sondern analytische, so daß auch der Ansatz von Kant in seiner Transzendentalphilosophie als gescheitert anzusehen ist. Anscheinend gibt es somit keinen Ansatz, nach dem allein aufgrund sicherer logischer Verfahren (sog. transzendentale Verfahren) die Gültigkeit von Theorien für empirische Beobachtungen aufgezeigt werden kann.

Wenn man schon keine Sicherheit und Gültigkeit erhalten kann, so taucht die Frage auf, ob nicht eine Art Wahrscheinlichkeit für die Gültigkeit von Hypothesen und Theorien für empirische Vorgänge aufgezeigt werden kann. Dies ist in der Tat der Fall. Bereits im ersten Lehrbuch der Wahrscheinlichkeitsrechnung, der 'Ars Conjunctandi' (erschienen 1713 in Basel) hat Jakob Bernoulli die Wahrscheinlichkeit als ein Maß der Zuverlässigkeit eingeführt, mit dem eine Aussage durch eine andere Aussage gestützt wird. Dieser Begriff der sog. logischen Wahrscheinlichkeit wurde später vor allem von Laplace weiterentwickelt. In unserem Jahrhundert hat WITTGENSTEIN in dem bereits erwähnten Tractatus logico-philosophicus die Wahrscheinlichkeit als ein Maß für die 'Wahrheitsgründe' definiert, mit denen ein Satz >s< einen anderen Satz >r< stützt (WITTGENSTEIN [10], Satz 5.15, S.64). Ein umfassendes formales System für diese logische oder induktive Wahrscheinlichkeit wurde von CARNAP aufgestellt [1]. Er definiert dabei die Wahrscheinlichkeit als ein 'Stützungsmaß' oder eine 'Bestätigungsfunktion' c(H,e), mit der die Hypothese H durch das empirische Ergebnis e gestützt wird.

Der Nachteil dieser Carnapschen Definition besteht darin, daß sie für sich genommen kein operables Verfahren bietet, nach dem allein aus dem logischen Gehalt von e und H eindeutig der Wert dieses Stützungsmaßes berechnet werden könnte. Es müssen also auch hier subjektive zusätzliche Modellannahmen eingeführt werden. Die bekannteste dieser Modellannahmen ist das Kollektiv- oder Wiederholbarkeitsmodell, nach dem die Beobachtungen beliebig oft wiederholbar sein sollen und eine zufällig aus der Gesamtheit aller möglichen Wiederholungen herausgegriffene Stichprobe darstellen. Ein alternatives Vorgehen, das der sog. subjektiven oder personellen Wahrscheinlichkeit, legt der Hypothesenbestätigung ein spieltheoretisches Konzept zugrunde, wobei der eine Spieler durch die Hypothese, der andere durch das empirische Ergebnis repräsentiert ist. Die Wahrscheinlichkeit wird als der faire Wettquotient für die Hypothese H bei Vorliegen des Ergebnisses e definiert [2].

Wir sehen also, daß auch die statistischen Ansätze nicht ohne willkürliche und subjektive Prinzipien das Problem der Verifikation von Modelltheorien lösen können. Ob dieses zusätzlich Prinzipien nach der Meinung der 'scientific community' oder nach anderen Kriterien, wie z.B. 'dem pragmatischen Entschluß' von STACHOWIAK [8], eingeführt werden, ist letztlich die Frage der individuellen Veranlagung. In Abwandlung eines Wortes von KOLLER [4] kann man feststellen, daß mit Statistik und mit Logik und analytischer Philosophie die Richtigkeit einer Hypothese über empirische Sachverhalte nicht bewiesen werden kann - aber mit anderen Verfahren kann sie auch nicht bewiesen werden.

Literatur

1. Carnap, R., Stegmüller, W.: Induktive Logik und Wahrscheinlichkeit. Wien: Springer 1958.

2. Finetti, B. de: Theory of Probaility. Vol I. und Vol. II. Chichester-New York-Brisbane-Toronto: Wiley & Sons 1974.

3. Keuth, H.: Realität und Wahrscheinlichkeit. Tübingen: Mohr (Paul Siebeck) 1978.

4. Koller, S.: Einführung in die Methoden der ätiologischen Forschung, Statistik und Dokumentation. Meth. Inform. Med. 2 (1963) 1-12.

5. Lorenzen, P.: Metamathematik. BI-Hochschultaschenbücher, Band 25, Mannheim: Bibliographisches Institut 1962.

6. Popper, K.R.: Logik der Forschung. 7. Aufl., Tübingen: Mohr (Paul Siebeck) 1982.

7. Spranger, E.: Schlußwort zum 4. Deutschen Philosophenkongreß. Z. philos. Forsch. 9 (1955) 409-417.

8. Stachowiak, H.: Allgemeine Modelltheorie. Wien-New York: Springer 1973.

9. Stegmüller, W.: Probleme und Resultate der Wissenschaftstheorie und Analytischen Philosophie (mehrere Bände). 2. Aufl., Berlin-Heidelberg-New York: Springer 1983.

10. Wittgenstein, L.: Tractatus logico-philosophicus. Logisch-philosophische Abhandlungen. Edition Suhrkamp 12, 7. Aufl., Frankfurt/M.: Suhrkamp, 1969.

11. Woodger, J.H.: The Axiomatic Method in Biology. Cambridge: Cambridge University Press 1957.

Aus dem Institut für Dokumentation, Information und Statistik des Deutschen Krebsforschungszentrums (Direktor: Prof. Dr. G. Wagner), Abt. Zentrale Datenverarbeitung (Leiter: Priv. Doz. Dr. C. O. Köhler)

Struktur und Standardisierung – notwendiges Übel oder unabdingbare Voraussetzung?

Claus O. Köhler

Einleitung

Das Bestreben der Menschen, Strukturen in allen Bereichen ihres Weltbildes zu erkennen und zu erklären, ist keine Erfindung der Neuzeit. Die Anfänge gehen auf die Menschwerdung überhaupt zurück. Die ersten sichtbaren Strukturen waren soziologischer Natur, nämlich die Formen des Zusammenlebens in Familien, Rotten, Clans oder wie immer man diese Gruppierungen bezeichnen will.

Die zeitlich nächste bemerkbare Struktur betraf sicherlich die Religion, die damals noch 'eins' war mit der Natur. Und da 'Natur' und 'Medizin' nicht gar so weit voneinander entfernt sind (es sollte jedenfalls so sein), liegen die Anfänge des strukturellen Denkens im medizinischen Bereich sicher noch in einer sehr frühen Zeit. Diese Behauptung setzt natürlich voraus, daß die Ausübenden der Magie Strukturvorstellungen hatten.

Die Strukturen der Erkenntnis über medizinische Sachverhalte, über den Menschen, ja über das 'Leben' als biologisches Phänomen überhaupt, änderten sich im Laufe der Jahrtausende des öfteren. Heute sind unsere Strukturvorstellungen im medizinischen Bereich weitgehend naturwissenschaftlich ausgerichtet, ohne daß es bisher auch nur im entferntesten gelungen wäre, alle biologisch-medizinischen Phänomene aufzuklären. Inwieweit die Psychosomatik in diese Denkvorstellungen hineinpaßt, soll hier und heute nicht weiter untersucht werden.

In der medizinischen Terminologie, in erster Linie bei den Krankheitsbezeichnungen als Ausdruck von Strukturvorstellungen, kann man im wesentlichen nur die historisch gewachsenen Begriffe feststellen. Diese decken sich oft genug nicht mit den wenigen naturwissenschaftlich gesicherten Erkenntnissen aus der Ätiologie, sondern fußen auf der symptomatischen Betrachtungsweise. Anstrengungen zur Verbesserung dieses Zustandes und Bemühungen, Vergleichbarkeit zwischen den Sprachbereichen herzustellen, werden seit Jahren unternommen (Beispiel: CIOMS).

Struktur

Was heißt 'Struktur' oder, besser, was ist eigentlich eine Struktur? 'Gefüge', 'Aufbau', 'innere Gliederung', 'Ordnung' sind alles Erklärungen aus Lexika, ohne daß m.E. jedes für sich allein genommen schon den Sinngehalt des Wortes 'Struktur' ausreichend beschreibt. Ich verstehe darunter auch die 'sinnvolle Ordnung', das 'sinnvolle Gefüge', wobei man natürlich über den Begriff 'sinnvoll' lange nachdenken und diskutieren kann.

Sinnvoll, für wen oder was? Wer gibt die Vorgaben und Kriterien für 'sinnvoll'? Kann sich der semantische Inhalt von 'sinnvoll' im Zeitenverlauf ändern? Ist 'sinnvoll' etwas Absolutes? Es wäre vermessen von mir, diese Fragen in 20 Minuten hier auch nur in Ansätzen beantworten zu wollen. Der Versuch der Einarbeitung in diese Problematik hat fast dazu geführt, daß dieser Vortrag nicht fertig geworden wäre. Um eine Basis für das weitere Vorgehen zu schaffen, lassen Sie mich den Begriff 'sinnvoll' als 'nicht zufällig und einem übergeordneten Ziel gehorchend' definieren.

Struktur - gerade auch im biologischen und medizinischen Bereich - ist demnach ein nicht zufälliges und einem übergeordneten Ziel gehorchendes Gefüge insgesamt und in allen seinen Teilen.

Es ist zu bezweifeln, daß mit der vollständigen Erkenntnis aller biologischen und medizinischen Strukturen 'das Erleben des Lebens als solchem, und damit auch seine geistige Sinnhaftigkeit' [8] erklärt werden kann. Ein Zitat von LICHTENBERG [5] kann dies von Schipperges leicht abgewandeltes etwas drastischer verdeutlichen: 'Der vollkommenste Affe kann keinen Affen zeichnen; auch das kann nur der Mensch, aber auch nur der Mensch hält dieses zu können für einen Vorzug.'

Die Verfolgung dieser Problematik würde den Rahmen dieses Vortrages ebenso sprengen wie der in die gleiche Richtung zielende Versuch des Verstehens und Erklärens des Wortes 'sinnvoll'.

Struktur muß auch im Zeitablauf gesehen werden. Struktur kann sozusagen als vierdimensional betrachtet werden. In der Biologie werden alle Abläufe jeweils durch eine und nur durch eine ganz bestimmte dreidimensionale Struktur gesteuert; dadurch entstehen immer wieder neue oder schon einmal dagewesene dreidimensionale Strukturen und so weiter. Es muß hierbei natürlich beachtet werden, daß Energie in allen ihren Ausprägungen, insbesondere z.B. in der bisher wenig erforschten Form der Bindungsenergie in Molekülen, als den vier Dimensionen zugehörig betrachtet wird.

Es ist auch in biologischen Systemen häufig so - von physikalischen und chemischen ganz zu schweigen [7] - , daß sich unter bestimmten Parameter-Konstellationen Strukturen als pulsierende Prozesse herausbilden. In der Medizin sind viele solcher Rhythmen bekannt [2]. 'Leben ist Rhythmus', dieser Satz von Heraklit kann sowohl auf die biochemischen Vorgänge (cardianische Rhythmen), auf physiologische (z.B. Herzschlag) als auch auf Geburt, Tod und ggfs Reinkarnation angewendet werden.

Aber zurück zur Medizin, zur Darstellung und Dokumentation medizinischer Sachverhalte in Strukturen. Medizin und Biologie als Wissenschaften sind noch weit davon entfernt, alle in ihnen wirkenden Strukturen erkennen zu können. Es ist auch nicht möglich, den Prozentsatz der Strukturen zu nennen, die schon bekannt sind, da noch nicht einmal die Gesamtmenge aller Strukturen überblickt werden kann. Als eine Analogie zur Lösung dieser Aufgabe könnte man den Aufstieg auf den Mount Everest heranziehen, bei dem man sich vielleicht erst auf den ersten 100 m befindet und vielleicht noch nicht einmal weiß, ob man überhaupt den richtigen Berg besteigt.

Unter Berücksichtigung dieser ein wenig provokativ gemeinten, pessimistischen Einstellung ist es verständlich, wie anspruchsvoll eigentlich die Forderung nach strukturierter Darstellung medizinischer Sachverhalte ist, selbst wenn wir uns optimistisch schon in etwa 4000 m Höhe wähnen. Vielleicht geht es uns dabei so wie den Chinesen, die schon vor ein paar Tausend Jahren glaubten, kurz vor dem Gipfel zu sein. Es war nur ein Nebengipfel, jedenfalls nach der jetzt in der westlichen Welt herrschenden Schulmeinung.

Wissenschaftlicher Fortschritt hat aber schon immer dazu geführt, daß sich Schulmeinungen geändert haben. Dazu ein Beispiel aus unserem Fachbereich: Charles BABBAGE hat in seinen Memoiren 'Passages from the Life of a Philosopher' [1] Mitte des vorigen Jahrhunderts gegen die Schulmeinung seiner Zeitgenossen geschrieben, daß er keine Angst habe, seine Reputation vor denen zu verlieren, die 50 Jahre nach ihm kämen. Er hat die Entwicklung zu optimistisch eingeschätzt. Es hat fast 100 Jahre gedauert, bis wir seinen Erwartungen entsprochen haben.

In den Zusammenhang der Strukturproblematik gehört auch, wie eingangs schon erwähnt, das Zusammenleben der Menschen durch oder in Strukturen, den sozialen Strukturen. Diese können wir z.Z. genau so wenig - oder vielleicht noch weniger?- erkennen oder beschreiben, wie die biologischen. Auch hier sind - z.B. durch Lorenz und Eibl-Eibesfeld - erste Wege beschritten worden. Zu diesen sozialen Strukturen gehören auch die Einstellung von Medizinern und Patienten zur Krankheit, die Verhaltensweisen von Medizinern zu Patienten und vice versa.

In Bezug auf die Verhaltensweisen hat auf der letzten Therapiewoche in Karlsruhe im August 1983 der bekannte Internist Bock wieder in die Richtung der 'Einbeziehung des ganzen Menschen' in Diagnostik und Therapie gewiesen. Diese Rede gehört zu den vielen, die mit gleichem Tenor in den letzten Jahren gehalten wurden. Zumindest in den Reden ist also eine 'Strukturänderung' - besser: eine Änderung der Einstellung zu existierenden Strukturen - erkennbar.

Auch im Verhältnis der Menschen zur Krankheit, insbesondere natürlich jeweils zur eigenen Krankheit, sind Ansätze zu einer strukturellen Änderung zu bemerken [4,10]. Die Förderung der Mitarbeit der Patienten, die Abwendung von der nur symptomatischen Betrachtungsweise, von einigen Ärzten insbesondere im niedergelassenen Bereich stark unterstützt, gewinnt an Boden, auch ohne die dabei zweifellos wirkenden medizinischen, biologischen und sozialen Strukturen voll erklären zu können.

Strukturen sind also weder notwendiges Übel noch unabdingbare Voraussetzung, Strukturen sind vorhanden, nur haben wir bisher nur wenige vollständig erkannt und beschrieben. Die weiteren Ziele liegen also in der Strukturerkennung und -beschreibung.

Standardisierung

Während im ersten Teil von 'Struktur' als - also beschreibbarem(?) - Objekt-Begriff gesprochen wurde, wird in diesem Abschnitt der entsprechende Terminus 'Standard' in seiner dynamischen - also auszuführenden - Form 'Standardisierung' verwendet. Diese sprachliche Dissonanz ist gewollt. Struktur ist etwas Vorhandenes, 'Strukturierung' ist uns Menschen nicht gegeben. Wir können bereits vorhandene Strukturen nur beschreiben - wenn wir sie vorher erkannt haben. Dagegen können wir, mit mehr oder weniger großen Schwierigkeiten, Standards aufstellen und Standardisierung betreiben, ja, wir müssen es sogar.

Was bedeutet 'Standard'? 'Standard' ist 'Durchschnittsmuster', 'Normalmaß'. Was ist 'normal'? Das war schon einmal das Rahmenthema einer GMDS-Jahrestagung. Kurze Frage am Rande: Sind wir der Beantwortung dieser Frage nach so vielen Jahren näher gekommen? 'Standardisierung' ist die 'Vereinheitlichung nach Mustern'. Nach welchem 'Muster'? Nach dem Muster einer Struktur, und dann - siehe oben.

Wenn man diese Gedanken etwas weiter führt, wäre eine Standardisierung nicht mehr erforderlich, wenn alle Strukturen bekannt wären. Standardisierung ist also nur ein Hilfsmittel für die Zeit, in der wir noch mit mehr oder weniger der Wirklichkeit entsprechenden, von uns erstellten Mustern arbeiten müssen. Stimmt das Muster nicht mehr, so fängt die Standardisierung von vorn an. Die Problematik dabei ist, daß es sicher unendlich viele verschiedene Muster mit unterschiedlichen Graden der Anerkennung in der Fachwelt gibt. Auch hier spielt die 'Schulmeinung' wieder eine entscheidende Rolle. Selbstverständlich landen wir im Chaos, wenn wir überhaupt keine Ordnung zu schaffen versuchen. HERRMAN HESSE [3] sagt speziell dazu: 'Das Chaos will anerkannt, will gelebt sein, ehe es sich in neue Ordnung bringen läßt.' Die Zeit dazu dürfte gekommen sein.

Wenn wir uns auf einen (oder wenige) Standard(s) einigen, um die 'neue Ordnung' zu schaffen, heißt das aber noch lange nicht, daß diese die 'richtigen' sein müssen. Im Wort 'einigen', das ich so leichtsinnig verwendet habe, steckt außerdem der Zündstoff, der schon oben bei der Strukturdiskussion erwähnt wurde. 'Einigen' kann man sich nur auf Dinge, Sachverhalte, Muster oder Strukturen, die einen hohen Grad der Wahrscheinlichkeit, der 'Richtigkeit' haben [6]. Der Grad dieser Wahrscheinlichkeit ist nicht meßbar, er ist nur Annahme derjenigen, die sich einigen wollen oder sollen. Wäre er meßbar, wüßten wir alles, nach dem wir suchen. Und dann wäre wiederum eine Einigung nicht mehr nötig, sondern nur noch das 'Verständnis'.

Wie schwer diese Art 'Einigung' selbst im kleinen Rahmen einer Klinik immer noch ist, haben wir alle schon erlebt, einige schon Jahrzehnte lang.

Standardisierung ist demnach ein Hilfsmittel zur Strukturerkennung. Wie wirksam dieses Hilfsmittel war oder ist, werden die zukünftigen Erkenntnisse zeigen.

Strukturerkennung und Standardisierung als Zukunftsaufgabe

Nach den Vorbemerkungen über Struktur und Standardisierung lassen Sie mich in die Niederungen der Praxis hinabsteigen. Praxis soll vereinfachend hier nur heißen: 'Medizinische Dokumentation'. Das Wörtchen 'nur' ist natürlich für die 'Eingeweihten' die reine Ironie. Die Bedeutung des Gesagten kann ein Zitat von SCHIPPERGES unterstreichen: 'Dokumentation ist und bleibt die Basis aller Forschung; sie begleitet jede ärztliche Handlung, bildet das Kriterium der therapeutischen Erfolge und schlägt sich nieder in abrufbarer Literatur' [9].

Selbstverständlich sind wir heute schon in der Lage, eine Dokumentation zu entwickeln, die vieles, alles Bekannte in medizinischen Tatbeständen, Aktionen und Schlußfolgerungen - z.B. Diagnosen - umfaßt. Die Schwierigkeiten liegen dann nur noch in der Erhebung und in der Erfassung von Merkmalsausprägungen. Auch hier wieder das ironisch gemeinte 'nur noch'. Datenerhebung heißt für den Arzt, jedes zu dokumentierende Merkmal auf seine Ausprägung(en) hin zu untersuchen. Die Qualität dieser Tätigkeit hängt außer vom Ausbildungsstand des Arztes aber auch sehr stark von seiner Motivation ab.

Die Motivation kann wiederum nur durch 'Einsicht' erreicht werden. 'Einsicht' kann aber nur erlangt werden, wenn der Arzt die Zusammenhänge bejaht, die zwischen der Dokumentation und der Möglichkeit, daraus neue Erkenntnisse zu ziehen, bestehen. Der Schritt von der Einsicht zur Mitarbeit wird leider zu selten getan, da verständlicherweise die Früchte der Bemühungen oft genug erst von den Nachfolgern geerntet werden können.

Die Erlangung der Einsicht kann auch durch Arbeitserleichterung - bei gleicher Qualität - oder durch Qualitätssteigerung - bei gleicher Arbeitsleistung - unterstützt werden, indem die eine Struktur erfordernde Dokumentation auch intensiv unmittelbar zur Diagnostik und Therapiekontrolle benutzt wird. Prüfung auf Vollständigkeit, Fehlerfreiheit, Verfügbarkeit, Zeitgerechtigkeit und Verständlichkeit der Darstellung von Daten und Ergebnissen sind hierbei wesentliche Kriterien.

Einsichten in die oben genannten Tatbestände sind schon vereinzelt vorhanden. Jetzt fehlt nur noch die Einsicht, daß zur Erarbeitung solcher, auf Strukturvorstellungen beruhender, standardisierter Systeme auch Zeit, Personal und Geld (sowohl für Investitionen als auch für laufende Ausgaben) gehören. Gerade diese Einsicht ist z.Z. im Zuge der sowieso immer weiter steigenden Kosten im gesamten Gesundheitswesen und der generellen Einsparungszwänge naturgemäß immer schwerer zu erreichen.

Im Laufe des bisher Gesagten haben Sie eigentlich nur Negativ-Aussagen erhalten, was die Möglichkeit einer 'sinnvollen' Dokumentation (sinnvoll nach meiner oben gegebenen Definition) im medizinischen Bereich betrifft. Ich habe mir oft die Frage gestellt: lohnt es sich überhaupt noch, auf diesem Sektor weiter zu arbeiten? Antworten auf diese Frage fallen immer verschieden aus; der Tenor der Antworten ist eindeutig abhängig von den gerade gehabten Erfolgs- oder Mißerfolgserlebnissen, wobei ich zugeben muß, daß man gerade an den Mißerfolgen sehr viel lernen kann.

Ich möchte Ihnen weder die Reihe meiner Erfolge noch die (vermutlich längere) Reihe meiner Mißerfolge aufzeichnen, aber ich möchte Ihnen darstellen, was ich (als Nicht-Mediziner) bisher in Bezug auf die Problematik aus meiner 19jährigen Tätigkeit gelernt habe:

- Strukturen im soziologischen Feld des Gesundheitswesens sind offensichtlich noch komplizierter als in den Bereichen der Medizin oder Biologie.

- Die erste Aussage gilt in verstärktem Maße für den universitären Bereich.

- Am stärksten zu beachten in der Arbeit an Strukturen und Standards in der Medizin ist 'Flexibilität'. Diese Flexibilität gilt sowohl im Hinblick auf die sachlichen Inhalte der Arbeit als auch auf den Umgang mit den beteiligten Personen.

- Ergebnisse (also Erfolge) sind immer nur Bruchstücke aus einem nicht bekannten Gesamtrahmen, Methoden und Standards sind nur selten direkt übertragbar.

- Wenn Mediziner nicht mehr weiter wissen, ziehen sie sich gern auf den 'Olymp' ihres 'Arztseins' zurück. Spätestens zu diesem Zeitpunkt lohnen sich Diskussionen nicht mehr, da die Mediziner - weil und wenn sie gute 'Ärzte' sind - oft genug die Berechtigung zum 'Klettern auf den Olymp' haben.

- Die Abhängigkeit des Erfolges oder Mißerfolges von den 'menschlichen' Faktoren ist außerordentlich stark.

- 'Erfolge' stellen sich oft sehr spät ein. Ich habe (immer noch) Kontakte zu Klinik-Chefs, die ich schon bei der Doktorarbeit oder Habilitationsschrift beraten habe und bei denen meine damaligen Beeinflussungsversuche heute Früchte tragen.

Die Frage ist berechtigt, welche Schlußfolgerungen ich aus diesen Erkenntnissen gezogen habe bzw. immer noch ziehe. Ich will sie beantworten:

- Beschäftigung nur noch mit Teilgebieten, aber dann sehr eingehend;

- Gezielte Auswahl der Teilgebiete nach den beteiligten Personen (ganz subjektiv);

- Mißerfolge zum Lernen benutzen, gleiche Fehler möglichst nicht noch einmal machen (das ist nicht leicht);

- Hoffnung behalten, daß vielleicht einiges doch nicht ganz vergeblich war (umsonst ist es nie);

- Trotz allem: weitermachen

Eine zusammenfassende Beantwortung der Frage, die ich im Titel meines Vortrages gestellt habe, bin ich Ihnen noch schuldig: Struktur und Standardisierung - notwendiges Übel oder unabdingbare Voraussetzung?

Struktur: Weder - noch, Strukturerkennung - unabdingbare Voraussetzung.

Standardisierung: Mehr oder weniger wirksames Hilfsmittel zur Strukturerkennung.

Lassen sie mich noch einmal mit einem Zitat von LICHTENBERG [5] meinen Vortrag beenden, das meine Anschauungen in etwa wiedergibt:

'Vor Gott gibt es bloß Regeln, eigentlich nur eine Regel und keine Ausnahmen. Weil wir die oberste Regel nicht kennen, so machen wir Generalregeln, die es nicht sind, ja es wäre wohl gar möglich, daß das, was wir Regeln nennen, wohl selbst noch für endliche Wesen Ausnahmen sein können.'

Literatur

1. Babbage, Ch.: Passages from the Life of a Philosopher. London: Longman and Green 1864.

2. Gai, S.: Rhythmen in Biologie und Medizin. Diplom-Arbeit, Fachbereich Medizinische Informatik Univ. Heidelberg / FH Heilbronn 1981.

3. Hesse, H.: Schriften zur Literatur. Ohne Ort: ohne Verlag. Bd.2.

4. Köhler, C.O.: Integriertes Krankenhaus-Informationssystem. Dissertation, Heidelberg 1973.

5. Lichtenberg, G.C.: Ausgewählte Werke. Frankfurt: Gutenberg 1970.

6. Popper, K.R.: Die beiden Grundprobleme der Erkenntnistheorie. Tübingen: Mohr 1979.

7. Prigogine, I.: Vom Sein zum Werden. München: Piper 1979.

8. Schipperges, H.: Information, Intelligenz, Intuition. Zum semantischen Bezugsfeld der Datensprache. In Köhler, C.O., Böhm, K., Thome, R. (Hrsg.): Aktuelle Methoden der Information in der Medizin, Bd.2, Informationsverarbeitung im Gesundheitswesen, S. 49-58, Landsberg: ecomed 1983.

9. Schipperges, H.: Epidemiologisches und Epistemologisches. In Köhler, C.O. (Hrsg.): Gustav Wagner - 65, S. 29-34, Heidelberg: DKFZ 1983.

10. Wolff, H. P.: Wenn der Tod als Betriebsunfall verdrängt wird. FAZ, vom 3.9.83.

Aus der Informatik II, Universität Erlangen/Nürnberg

Programmiersprachen und Programmierumgebungen

H. J. Schneider

1. Einleitung

Sprachen dienen in erster Linie der Kommunikation. Im Zusammenhang mit Programmiersprachen spielen dabei drei Aspekte eine Rolle:

- die Kommunikation des Programmierers mit dem Rechensystem,
- die Kommunikation zwischen verschiedenen mit dem Programm befaßten Personen,
- die Kommunikation des Programmierers mit sich selbst.

Zunächst müssen Programmiersprachen geeignet sein, Algorithmen zu beschreiben. Hierzu sind problembezogene Daten und Operationen notwendig. Sollen andere Personen Programme verstehen, so muß man diese Forderung dahingehend verschärfen, daß Algorithmen gut und lesbar beschrieben werden können. Man erkannte bereits Anfang der sechziger Jahre, daß der Dokumentationswert von Programmen dadurch gesteigert werden kann, daß bestimmte Strukturierungsprinzipien eingehalten werden. ALGOL 60 begann mit der Strukturierung der Algorithmen, COBOL mit der der Daten. Mit der interaktiven Programmentwicklung kam schließlich der dritte Aspekt hinzu: Die Programmiersprache muß sich zum Festhalten des bereits Gedachten eignen. Sie soll den Vorgang unterstützen, Programme zu entwickeln.

Für den verstärkten Einsatz höherer Programmiersprachen spricht außerdem die Beobachtung, daß die Anzahl der Programmzeilen, die ein Software-Entwickler pro Tag entwirft, dokumentiert und testet, weitgehend unabhängig ist von der benutzten Programmiersprache. Daraus folgt, daß die Entwicklungszeit für ein Projekt kürzer wird, wenn eine Programmiersprache mit mächtigeren Ausdrucksmitteln verwendet wird. Es kommt aber darauf an, daß nicht irgendeine Sprache verwendet wird, sondern eine der Aufgabenstellung besonders gut angepaßte.

Dieser Gedanke ist uns übrigens gar nicht so fremd, wenn wir uns auf dem wohlvertrauten Feld der sogenannten natürlichen Sprachen befinden. Es gibt eine Vielzahl problemorientierter natürlicher Sprachen, zwischen denen wir wechseln, wenn es uns erforderlich scheint: die Fachsprache der Juristen, Mediziner, Ingenieure usw.. Ihnen ist die Syntax der zugrundeliegenden natürlichen Sprache (z.B. der deutschen) und ein Grundwortschatz gemeinsam. Sie unterscheiden sich aber in den an der jeweiligen Anwendung orientierten Sprachelementen.

Der ersten Generation von Programmierern, die mit höheren Programmiersprachen arbeiteten, standen nur wenige Werkzeuge zur Verfügung: Übersetzer, Binder, Lader und einige Testhilfen auf Objektcode-Ebene. Mit der Möglichkeit, Programme interaktiv in den Rechner einzugeben, kamen zeilenweise arbeitende Editoren hinzu, die das Ändern von Programmen vereinfachten. Heute sind Testhilfen auf Quellsprachniveau üblich und sprachbezogene Editoren immer häufiger anzutreffen. B.W. BOEHM et al. [1] verweisen auf den enormen Produktivitätsgewinn, der durch den Einsatz wirklich effektiver Software-Entwicklungsumgebungen möglich ist: Sie halten einen Produktivitätsgewinn um den Faktor 2 in vier Jahren und um den Faktor 4 in neun Jahren für allgemein erreichbar. 'Diese Einsparungen sind groß, aber sie erfordern ein Engagement auf lange Sicht. Es gibt keine einfachen, schnellen Allheilmittel'.

B.W. BOEHM et al. [1] sind auch der Auffassung, daß die Anforderungen an interaktive Software-Entwicklungsumgebungen noch nicht vollständig genug bekannt sind, um genau formuliert zu werden. Eine gewisse Charakterisierung ist aber möglich. Eine Software-Entwicklungsumgebung enthält eine Menge von permanenten und temporären Objekten. Sie stellen das Wissen dar, das in den vorhergehenden Schritten der Problemlösung gefunden wurde.

Der Objektbegriff darf in diesem Zusammenhang nicht zu eng gesehen werden. Im Rahmen einer Projektbibliothek, die eine Fundgrube für <u>alle</u> Informationen über das Projekt als Ganzes und seine Komponenten sein muß, ist ein Objekt weit mehr als ein Programmtext. Zu jedem Objekt, sei es ein einzelner Modul oder eine Zusammenfassung mehrerer Moduln oder das Gesamtsystem, entstehen im Verlauf des Projekts unterschiedliche Dokumente. In Abb. 1 haben wir einige davon aufgeführt: die Definition der Anforderungen, den Lösungsentwurf, den Quelltext, den erzeugten Objektcode (ggf. für unterschiedliche Zielrechner).

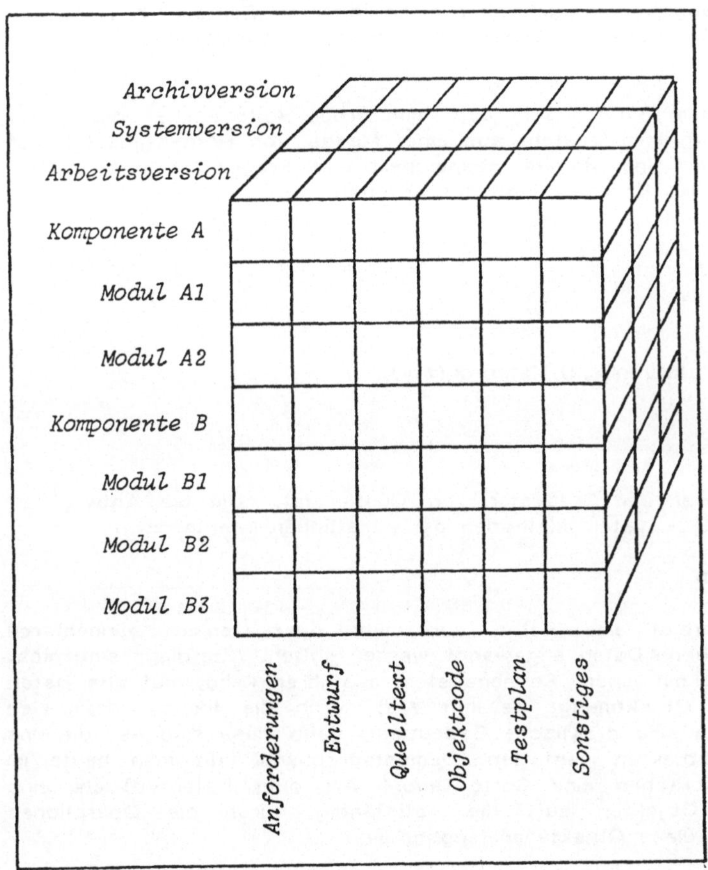

Abb. 1. Dreidimensionale Struktur der Projektbibliothek nach E. DENERT [2]

Die Übersetzungsprotokolle sind ebenso aufzubewahren wie die Testpläne und Testergebnisse. Da neben einer Arbeitsversion, die der Veränderung durch den zuständigen Mitarbeiter unterworfen ist, noch eine konsolidierte Systemversion, die allen Projektbeteiligten zum Nachschlagen oder für Testläufe zur Verfügung steht, und wenigstens eine Archivversion existieren müssen, erhalten wir eine dreidimensionale Struktur.

Ein weiterer Gesichtspunkt in der Diskussion um die Hebung der Software-Qualität ist der der Prototypkonstruktion [6]. Er soll nur kurz gestreift werden. Bekanntlich ist eine der Hauptursachen für Probleme bei der Software-Entwicklung die Tatsache, daß der Auftraggeber zunächst nur eine grobe Vorstellung davon hat, wie sich das System im Detail verhalten soll. Selbst scheinbar präzise ausgearbeitete Anforderungsdefinitionen enthalten oft noch Lücken. Die Entwicklung eines Prototyps in relativ kurzer Zeit und seine Erprobung, bevor endgültige Anforderungen definiert werden, dürften manchem Mißverständnis entgegenwirken. Insbesondere bei der Entwicklung interaktiver Systeme ist diese Vorgehensweise von Bedeutung: Erfahrungen mit der Bedienung des Prototyps können bereits in die Weiterentwicklung eingehen. Gerade bei umfangreichen, sich über einen längeren Zeitraum hinziehenden Entwicklungen sind solche Rückkopplungen in früheren Entwicklungsstadien von großem Nutzen.

Ein Hilfsmittel, das in diesem Bereich sehr bald eine große Rolle spielen dürfte, ist PROLOG. Ein PROLOG-Programm besteht aus einer Menge von Horn-Klauseln. Auf diese Weise werden Fakten und Regeln gespeichert und Fragen an das System gestellt. Ein (sehr) einfaches Beispiel möge das erläutern:

Fakten:

Vatervon(Fritz,Emil)
Vatervon(Emil,Gustav)

Regeln:

Großvater(x.y) Vatervon(x,z),Vatervon(z,y).

Dann kann mit der Frage

Großvatervon(x,Gustav)

herausgefunden werden, wer der Großvater von Gustav ist. Um die Antwort zu geben, benötigt ein PROLOG-System Methoden der künstlichen Intelligenz.

2. Problembezogene Sorten

Jeder Algorithmus beschreibt eine Folge von mehr oder weniger elementaren Operationen, die auf gegebene Daten angewandt werden sollen. Allerdings sind nicht alle Operationen, die man mit einem Rechensystem ausführen kann, auf alle Daten sinnvoll anwendbar. Eine Objektmenge gewinnt erst durch die für sie definierten Operationen und Relationen eine praktische Bedeutung, denn diese sind es, die uns das Hantieren mit den Objekten gestatten. Dementsprechend faßt man heute im Bereich der Programmiersprachen eine Sorte (auch: Art oder Datentyp) als eine Klasse von abstrakten Objekten auf, die vollständig durch die Operationen charakterisiert ist, die auf diese Objekte anwendbar sind.

Jede Programmiersprache verfügt über einige standardmäßig vorgegebene Sorten, z.B. die ganzen Zahlen, die numerisch-reellen Zahlen, die Wahrheitswerte und die Zeichenketten. In den klassischen Programmiersprachen müssen Objekte aller anderen Sorten in diese Grundsorten abgebildet werden, was dem gestandenen Programmierer auch meist ohne Schwierigkeiten möglich ist. Aber gerade deshalb scheint es notwendig zu sein, den Nachteil dieser Vorgehensweise deutlich zu machen.

Im Zusammenhang mit einem Programm, das vegetative Parameter verarbeitet, seien die Herzfrequenz sowie der systolische und der diastolische Blutdruck zu speichern. In FORTRAN würde man alle drei als ganzzahlig vereinbaren:

INTEGER syst, diast, hrzfrq

Kein Compiler kann jetzt eine Anweisung

diast + hrzfrq

als falsch erkennen, weil es sich bei beiden Variablen um ganzzahlige handelt und somit die Addition sinnvoll ist.

Eine Lösung, die sich anbietet, besteht darin, unterschiedliche Sorten für Blutdruck und Herzfrequenz zu definieren. Auf und zwischen diesen Sorten werden nur bestimmte Rechenoperationen zugelassen. Gleichzeitig muß aber festgelegt werden, daß die zulässigen Operationen mit der gewöhnlichen Arithmetik realisiert werden sollen. Dabei ist zu beachten, daß diese zweite Information im Programm (außerhalb der Definition) nicht ausgenützt werden darf. Die modernen Programmiersprachen bieten mit ihren Modulkonzepten die Möglichkeit, ein Programm so zu zerlegen, daß in den einzelnen Teilen unterschiedlich umfangreiche Informationen verwendbar sind.

Abb. 2 zeigt einen Ausschnitt aus der Schnittstelle eines ADA-Moduls, der die geforderten Sorten und die zulässigen Operationen bereitstellt [5]. Zunächst werden zwei neue Objektsorten eingeführt, deren Implementierung jedoch nach außen verborgen bleibt (PRIVATE). Anschließend folgt mit Hilfe von **FUNCTION** - Deklarationen die Festlegung der zulässigen Rechenoperationen; als Bezeichner werden die bekannten Operationszeichen benutzt. Beispielsweise legt die erste Deklaration fest, daß zwei Objekte der Sorte **blutdruck** addiert werden dürfen. Zusätzlich ist festgelegt, daß das Ergebnis einer solchen Addition wieder von der Art **blutdruck** ist.

```
PACKAGE vegetative_parameter IS
    TYPE blutdruck     IS PRIVATE;
    TYPE herzfrequenz IS PRIVATE;
    FUNCTION "+"(x,y: blutdruck)
                      RETURN blutdruck;
    FUNCTION "+"(x,y: herzfrequenz)
                      RETURN herzfrequenz
PRIVATE
    TYPE blutdruck     IS NEW integer;
    TYPE herzfrequenz IS NEW integer;
END;
```

Abb. 2: Modulschnittstelle zur Bereitstellung von Operationen mit vegetativen Parametern

In dem durch das Wortsymbol **PRIVATE** eingeleiteten Teil der Modulschnittstelle folgt nun die Festlegung, daß beide Objektsorten durch die ganzen Zahlen implementiert werden sollen. Diese Information bleibt dem Anwenderteil des Programms verborgen und kann von ihm nicht ausgenutzt werden. (Daß sie in der Schnittstelle steht, hat compilertechnische Gründe, wie J.D. ICHBIAH et al. [4] erläutern. Alle übrigen Implementierungsdetails werden von der Schnittstelle separiert und in einem als **PACKAGE BODY** gekennzeichneten Teil zusammengefaßt (Abb. 3). Er kann in übersetzter Form in einer Bibliothek liegen und braucht bei der Übersetzung anzuwendender Moduln nicht bekannt zu sein. In unserem Beispiel ist er sehr einfach, weil lediglich festzulegen ist, daß alle Operationen auf die entsprechenden Operationen für ganze Zahlen zurückgeführt werden müssen. Aus Gründen der syntaktischen Korrektheit muß angegeben werden, in welche Objektsorte das Ergebnis 'zurückverwandelt' werden soll.

```
PACKAGE BODY vegetative_parameter IS
    FUNCTION "+"(x,y: blutdruck)
                        RETURN blutdruck IS
    BEGIN
        RETURN blutdruck(integer(x)+integer(y));
    END;
    FUNCTION "+"(x,y: herzfrequenz)
                        RETURN herzfrequenz IS
    BEGIN
        RETURN herzfrequenz(integer(x)+integer(y));
    END;
END;
```

Abb. 3: Modulrumpf zur Implementierung von Operationen mit vegetativen Parametern

Es ist nicht immer nötig, neue Objektsorten durch explizite Implementierungsangaben auf bereits bekannte zurückzuführen. Als Beispiel sei die PASCAL-Version einer Sorte angegeben, die die Codierung von Angstwerten dem Compiler überläßt:

```
TYPE angstwerte =
    (unruhig, komisches gefühl, grüblerisch,
    herzklopfen, ängstlich, gespannt, traurig,
    empfindlich, unsicher).
```

Eine Variable zur Speicherung des Befindens eines Patienten kann dann mit

```
befinden: SET OF angstwerte
```

vereinbart werden.

3. Modularisierung

Man muß sich in Erinnerung rufen, daß die grundlegende Idee der strukturierten Programmierung nicht das Vermeiden von Sprunganweisungen um jeden Preis ist, sondern die Beherrschung der Komplexität eines Problems. Das wichtigste Werkzeug hierfür ist die Abstraktion. In den klassischen Programmiersprachen ist das Prozedurkonzept die einzige Möglichkeit, Moduln zu definieren. Sie abstrahieren von den algorithmischen Einzelheiten und werden heute gerne als Funktionsmoduln bezeichnet. Dagegen verfügen die Datenmoduln über ein Gedächtnis. Sie verwalten einen Speicherbereich und stellen den aufrufenden Programmteilen Funktionen zum Lesen und Verändern der dort gespeicherten Daten zur Verfügung. Hier handelt es sich also um die Möglichkeit, Datenobjekte unabhängig von den Details ihrer Implementierung auf einem abstrakten Niveau zu definieren und zu manipulieren. Zwar haben schon ausgangs der sechziger Jahre ALGOL 68 und PASCAL die Möglichkeit zur Schaffung problemspezifischer Objektarten bereitgestellt; aber beide Sprachen kennen kein Konzept zur Verheimlichung der Implementierung.

Eine wichtige Verallgemeinerung sind Moduln, die den Prototyp einer häufig gebrauchten Datenstruktur darstellen. Aus dieser Beschreibung können dann beliebig viele Realisierungen durch entsprechende Kreierungsanweisungen geschaffen werden, so daß unter den erzeugten Datenstrukturen Varianten möglich sind. Eine Charakterisierung verschiedener Modultypen haben G. GOOS und U. KASTENS [3] vorgenommen.

Datenmoduln lassen sich immer dann sinnvoll einsetzen, wenn ein zusammengesetztes Objekt von verschiedenen Teilen eines Programms verwandt werden soll, ohne daß in allen diesen Programmteilen auf die Einzelheiten der Implementierung Rücksicht genommen werden soll. Standardbeispiele in der Literatur sind Listen aller Art. Wir betrachten hier einmal ein Beispiel aus einem anderen Bereich, wo der Gedanke des Datenmoduls ebenfalls sehr nützlich und kostensparend eingesetzt werden kann, nämlich einen separaten Datenmodul als Schnittstelle zu einer externen Datei. Der Gedanke hinter diesem Beispiel ist folgender: Lesen alle Programme die von ihnen benötigten Daten direkt aus der Datei unter Verwendung der Eingabeanweisungen der Programmiersprache, so müssen sie den genauen Aufbau der Datei (Reihenfolge der Komponenten, Aufteilung auf verschiedene Sätze) berücksichtigen. Nun gibt es viele Gründe, warum gelegentlich der Aufbau einer Datei geändert werden muß, z.B. weil eines der Programme eine zusätzliche Angabe pro Eintrag benötigt. Die meisten der anderen Programme werden diese Angabe zwar nicht benötigen, aber sie müssen diese Dateiänderung beim Lesen der Datensätze berücksichtigen. Keinerlei Änderungen der Anwendungsprogramme sind nötig (höchstens eine Neuübersetzung), wenn diese Programme nicht unmittelbar auf die Datei zugreifen, sondern über einen zusätzlichen Modul, der als einziger den genauen Aufbau der Datei benutzt.

Abb. 4 zeigt ein derartiges Beispiel. Bei der externen Datei handelt es sich um Patientendaten. Der Verwaltungsmodul stellt Prozeduren bereit, die die Daten eines Patienten auf die Datei schreiben bzw. von ihr lesen können. Nur diese Prozeduren müssen den genauen Aufbau der Datei berücksichtigen. Außerdem stellt der Modul in seiner Schnittstelle Bezeichnungen für alle Komponenten der Patientenbeschreibung zur Verfügung. Nach Aufruf der Prozedur **lies patient** durch einen Anwendungsmodul kann dieser Modul auf die von ihm benötigten Komponenten zugreifen. Da ein Modul nicht auf alle von einem anderen Modul exportierten Daten zugreifen muß, berührt es ihn nicht, wenn zusätzliche Komponenten in der Schnittstelle bereitgestellt werden. Oft lassen sich Algorithmen in verschiedenen Bereichen einsetzen. Denken wir beispielsweise an Algorithmen der linearen Algebra wie Matrixmultiplikation, Lösung von Gleichungssystemen oder Eigenwertberechnungen. Ähnliches gilt für die Datenmoduln. Für die Verwaltung einer Warteschlange ist es gleichgültig, von welchem Datentyp die Elemente sind. In den klassischen Programmiersprachen müssen wir den Modul neu schreiben oder doch erheblich ändern, wenn wir ihn für Daten mit anderem Aufbau verwenden wollen. Weil es sich um einen weitgehend mechanischen Vorgang handelt, kann er automatisiert werden. Die neuere Programmiersprachenforschung stellt hierfür das Konzept der Modulschablone zur Verfügung: Man programmiert einen Prototyp, in dem eine Reihe von Angaben offen bleiben, und kann dann konkrete Moduln in beliebiger Anzahl kreieren, indem man diese formalen Parameter konkretisiert.

Dateiaufbau:

1. Satz

Spalte 1 - 6: Patientennummer

Spalte 7 - 25: Familienname

Spalte 26 - 40: Vorname

Spalte 41 - 48: Geburtsdatum

Spalte 49: Geschlecht

Spalte 50 - 55: Aufnahmedatum

2. Satz

Angaben zur Anschrift

3. Satz

Angaben über Versicherung usw.

Ausschnitt aus der Modulschnittstelle

```
PACKAGE patient IS
    name: string;
    aufnahmedatum: datum;
    geburtsdatum: datum;
    PROCEDURE lies_patient;
    PROCEDURE schreibe_patient;
END;
```

Abb. 4: Modul zur Verwaltung einer externen Datei

Wir erläutern dies in Abb. 5 an dem einfachen Beispiel einer Funktionsschablone für Mittelwertbildung. Die formalen Parameter sind die Anzahl und der Typ der zu verarbeitenden Daten. In Abb. 6 wird nun eine konkrete Funktion zur Berechnung von Mittelwerten über Pulsangaben aus der zuvor vereinbarten Schablone abgeleitet. Hierzu ist es selbstverständlich erforderlich, daß im Programm zuvor die Objektsorte **herzfrequenz** eingeführt wurde.

```
GENERIC
    anzahl: integer;
    TYPE element IS PRIVATE;
FUNCTION mittelwert (daten: array(1..anzahl) OF element)
        RETURN element IS
BEGIN
    ...
END
```

Abb. 5: Deklaration einer Funktionsschablone

```
FUNCTION pulsmittelwert IS NEW
        mittelwert(anzahl => 1ØØ,
                element => herzfrequenz);
```

Abb. 6: Kreieren einer neuen Funktion aus einer Schablone

4. Schlußbemerkung

In diesem Referat konnte notgedrungen nur eine Auswahl aus dem derzeit auf dem Sektor der Programmiersprachen und -umgebungen aktuellen Entwicklungen betrachtet werden. Im Hinblick auf den durch Wiederverwendbarkeit entstehenden Rationalisierungseffekt haben wir hier die Aspekte der Modularisierung und der Verstärkung von Übersetzungszeitkontrollen herausgestellt.

Weder PASCAL noch FORTRAN kennen ein Modulkonzept. Statt PASCAL könnte man MODULA verwenden. Wer auf FORTRAN angewiesen ist, kann auf die nächste Norm warten, die mit ziemlicher Sicherheit ein Modulkonzept enthalten wird, und muß sich zwischenzeitlich behelfen:

Man muß einen geheimen Gedanken haben und von ihm aus alles beurteilen während man wie das Volk spricht (B. Pascal, Pensées).

Literatur

1. Boehm, B.W., Elwell, J.F., Pyster, A.B. et al.: The software productivity system. Proc. 6th Internat. Conf. Software Engineering, Tokio, Sept. 1982, pp. 148-156. Long Beach: IEEE Computer Society Press 1982.

2. Denert, E.: The project library - a tool for software development. Proc. 4th Internat. Conf. Software Engineering, München, Sept. 1979, pp. 153-163. Long Beach: IEEE Computer Society Press 1979.

3. Goos, G., Kastens, U.: Programming languages and the design of modular programs. In Hibbard, P.G., Schuman, S.A. (Eds): Constructing Quality Software. Proc. IFIP Working Conf., Novosibirsk USSR, 23-28 May, 1977, pp. 153-186. Amsterdam: North-Holland 1978.

4. Ichbiah, J.D., Heliard, J.C., Roubine, O. et al.: Rationale for the Design of the ADA Programming Language. ACM SIGPLAN Not. 14, No. 6, Pt. B (1979).

5. Nagl, M.: Einführung in die Programmiersprache ADA. Braunschweig: Vieweg 1982.

6. Wasserman, A.I., Gutz, S.: The future of programming. Comm. ACM 25 (1982) 196-206.

2. DEFINITION UND VERARBEITUNG UNBESTIMMTER ODER UNVOLLSTÄNDIGER INFORMATION

Aus dem Institut für Med. Statistik und Dokumentation, Med. Hochschule, Lübeck
(Direktor: Prof. Dr. H. Fassl)

Probleme der Konsensfindung bei der Definition unbestimmter Größen

H. Fassl

Das Problem der Konsensfindung bei unbestimmten, 'weichen' Größen (Variablen) wird in der Regel unterschätzt, sogar tabuisiert. Vielleicht liefert die Diskussion darüber die Erklärung dafür, warum in anderen Bereichen plausible Lösungen der Biometrie oder Informatik im Bereich der Medizin so häufig scheitern.

Zu den verblüffendsten Erlebnissen eines klassisch mathematisch-naturwissenschaftlich Geschulten gehört, daß die Ergebnisse einer lege artis durchgeführten Studie vom Auftraggeber zwar nicht direkt als falsch abgelehnt, aber auch nicht als Grundlage risikobehafteter Entscheidungen weiterverwendet werden. Typische Beispiele der jüngsten Zeit: Ergebnisse von klinischen Phase-III-Studien der Arzneimittelprüfung, erst recht der Phasen I und II, werden von der Masse der gedachten Hauptnutzanwender - nämlich der niedergelassenen Ärzte - in zunehmendem Maße als Entscheidungsgrundlage für die Praxis als unbrauchbar bezeichnet.

Ursachen dafür sind weit seltener als angenommen Mängel im mathematisch-statistischen Lösungsansatz. Meist wird darüber geklagt, die Auswahl für Wirksamkeit, Verträglichkeit, Angemessenheit und Wirtschaftlichkeit sei einseitig klinikorientiert, nicht umfassend genug; auch ihre Operationalisierungen seien oft praxisfremd und daher die Ergebnisse kaum übertragbar. Dies gelte vor allem dann, wenn von seiten der naturwissenschaftlich orientierten klinischen Forschung Meßgrößen ausgeschlossen würden, die sich der widerspruchsfreien und eindeutigen Erfassung und Beurteilung entzögen, weil sie 'weich' seien.

Der Arzt ist es gewohnt, mit sog. 'weichen' Daten Entscheidungen zu fällen. Er weiß, daß es individuell bezogen kaum harte Daten gibt. Ein Blutzucker- oder Blutdruckwert sagt isoliert fast nichts aus. Andererseits sind für ihn mathematisch-naturwissenschaftlich kaum bestimmbare subjektiv formulierte Größen wie 'Blähungen, Magenschmerzen, Sich-abgeschlagen-fühlen', obwohl ad hoc und ad personam definiert, in der Gesamtschau des Patienten hochsensible und spezifische Indikatoren, die für ihn auch zu verallgemeinerungsfähigen Aussagen führen.

Der naturwissenschaftlich-mathematisch Geschulte sieht in den Versuchen, mit derartigen unbestimmten Größen zu arbeiten, die Gefahr unerträglicher Subjektivität, des Niveauverlustes in der klinischen Forschung. Das Problem, wie Konsens über Umfang und Struktur des Gesamtkatalogs der Beurteilungsgrößen zu erzielen ist, sieht er in der Regel erst beim Auftreten von Mißtönen, da er als primär nicht Betroffener bei einer Auswahl und Gewichtung auf die mehr oder weniger unsystematisierten Vorstellungen des Praktikers 'vor Ort' angewiesen ist.

Wie könnte die sich verbreiternde Kluft zwischen der weitgehend mathematisch-naturwissenschaftlich geprägten klinischen Forschung und der Masse der praktizierenden Ärzte und anderen für das Funktionieren des Gesundheits-Sicherungssystems Verantwortlichen wieder verschmälert werden?

Das Hauptproblem ist es m.E., einen Konsens über Auswahl und Operationalisierung unbestimmter, weicher Daten in der medizinischen Forschung zu finden. (Dies gilt auch für andere Bereiche mit diffusen Begriffen wie Intelligenz, Lebensqualität, Umwelt, Risikofaktoren.)
Zuvor der Versuch einer Ursachenanalyse:
Erinnert sei an die vier Forderungen an wissenschaftliches Arbeiten, die DESCARTES im 'Discours de la méthode' [2] aufstellte und die nunmehr wohl allgemein anerkannt sind.

1. Die Forderung nach Widerspruchsfreiheit ('niemals eine Sache als wahr anzuerkennen, von der man nicht zweifelsfrei erkennt, daß sie wahr ist').
2. Die Forderung nach Einfachheit, die dadurch zu erreichen ist, daß das Problem in so viele Teile zerlegt wird, wie angeht und nötig ist, um es leichter zu lösen.

Diese Forderungen haben sich weitgehend durchgesetzt, es ist der Weg der Mathematik und der klassischen aristotelischen Logik; auch in der Informatik wird so vorgegangen, es sei nur an das strukturierte Programmieren erinnert.

DESCARTES schließt aber noch zwei weitere Vorschriften an:

3. Die vorliegenden einfachsten Dinge (Modelle, Module) müssen wieder in die gehörige Ordnung zueinander gebracht, also rekompliziert werden.
4. Die letztliche Übersicht muß umfassend sein, 'que je fusse assuré de ne rien omettre' (daß ich also nichts vergesse).

Die Kunst der Mathematik und damit der von ihr geprägten Naturwissenschaften besteht zum großen Teil darin, alles Störende wegzulassen, bis ein widerspruchsfreies Modell besteht. Das gilt auch für die medizinische Biometrie und Informatik. Hieraus entsteht aber die Gefahr, daß am Ende die nunmehr sauberen Modelle vom Träger des letzten Risikos als unvollständig abqualifiziert werden, eben nicht mehr konsensfähig sind.

M.E. wurden in den letzten Jahren in der Epidemiologie, der klinischen Forschung, der Arzneimittelprüfung und in der Biometrie die Forderungen 3 und 4 von DESCARTES, für die ich in Anlehnung an FISHER das zusammenfassende Gütekriterium Suffizienz vorschlagen möchte, sträflich zugunsten bequemerer Mathematisierbarkeit, also Widerspruchsfreiheit (Reliabilität) und Einfachheit (siehe auch PIETSCHMANN [5] und - für den politischen Raum - DENK [1]) vernachlässigt. Ich sehe darin eine ernste Gefahr für unser Fachgebiet.

Die semantische Suffizienz statistischer Daten ist weit schwieriger abzuschätzen als ihre Reliabilität und selbst ihre Validität. Das Fehlen allgemein anerkannter Kategorien für das Notwendige, Hinreichende und Mögliche macht sich nicht nur ständig beim Versuch der 'gerechten' Einzelanalyse (etwa in der ärztlichen Anamnese) bemerkbar, sondern auch und insbesondere, wenn empirische Statistiken bei hochriskanten Einsätzen ohne die Möglichkeit des Interessenausgleichs als Entscheidungshilfen eingesetzt werden sollen (z.B. auch im Umweltschutz, bei Energieversorgungs- oder Nachrüstungsdebatten). Spätestens hier wird die latente Konsensbedürftigkeit der empirischen Komponente des statistischen Datums (STEGMÜLLER [7]) aufgrund seiner Einbettung in das meist unbewußte Geflecht paradigmatischer oder anderer Voraus-Setzungen deutlich. Der methodologische Ansatz spielt dabei eine relativ geringfügige Rolle; das Beiseiteschieben des Biometrikers im Ernstfall ergibt sich hieraus fast zwangsläufig.

Um von hier aus in die Probleme und die über zweihundertjährige Problemgeschichte des induktiven Schließens einzudringen, fehlt mir die Kompetenz. Ich möchte daher ganz pragmatisch einen Ansatz vorstellen, mit dem es nach meinen Erfahrungen möglich ist, auch bei primär schlecht bestimmten Größen Schritt für Schritt Konsens (zumindest vorläufig) erst über Gehalt und Verallgemeinerungsfähigkeit der Einzelkriterien, dann der Auswahl ihres Gesamtkatalogs zu erzielen. Das Procedere orientiert sich an dem jedem praktizierenden Arzt vertrauten, gemischt induktiv-deduktiven Vorgehen bei der Erhebung der individuellen Anamnese und Betreuung.

Er schreitet prozesshaft vor, also mit Verzweigungen, Rückkopplungen, Sprüngen, und endet (analog dem 'Forschungsprogramm' von LAKATOS [4]) eigentlich nie. Es gibt demnach auch keine endgültige Verwerfung einer Hypothese, da die Ausgangsprämissen wegen ihrer Konsensbedürftigkeit ständig Modifikationen ausgesetzt sein können (FEYERABEND [3]).

Seine Schritte:

1. Aufstellung des 'Forschungsprogramms',
2. Spontanphase mit Aktivierung der Vorinformationen (einschl. Literaturhinweise) und Aufstellung des vorläufigen Kataloges zu bestimmender Größen (Variablen),
3. Systematische Ergänzung der einzelnen Größen mit Hilfe der KANT'schen Urteilskategorien (Abb. 1),

1. <u>Qualität</u>:	Vorhandensein – Nichtvorhandensein Berücksichtigen – Nichtberücksichtigen
2. <u>Quantität</u>:	Operationalisierung (als nominales, ordinales, kardinales Datum)
3. <u>Relationen</u>:	Bezüge – Raum – Zeit – Person – Fakten
4. <u>Modalität</u>:	Gewissheitsgrad (Dignität)

Was? Wie? Wo? Wann? Wer? Warum? Womit? Wozu?

Abb. 1: Ergänzung einzelner unbestimmter Größen mit Hilfe der KANT'schen Urteilskategorien

4. Systematische Ergänzung und wechselseitige Abstimmung und Verknüpfung der Einzel-Merkmale mit Hilfe eines (derzeit) anerkannten umfassenden Ordnungssystems (falls vorhanden),

5. Systematische Abgleichung der bis dahin gefundenen Auswahl mit dem konsenstragenden Umfeld (der nicht-empirischen Komponente des statistischen Datums) (Abb. 2) mit dem Ziel, einen allseitig befriedigenden Gesamtkatalog der zu untersuchenden Größen zu erstellen,

<u>Erfahrungen</u> (E):	Vorinformationen, Vorkenntnisse, Ausbildung, Literaturlage, empirische Komponente des statistischen Datums i.e.S. (STEGMÜLLER)
<u>Paradigmata</u> (P):	Vorurteile, Lehrmeinungen, Axiome, Theorien, Prämissen, Autoritäten
<u>Intentionen</u> (I):	Ziele, Absichten, Zielkonflikte, Wünsche
<u>Risiken</u> (R):	Kosten-Nutzen-Erwägungen, Ängste, Schutzbedürfnisse, Prioritäten, Alternativen
<u>Güteansprüche</u> (G):	Reliabilität, Validität, Suffizienz, Ethik
<u>Möglichkeiten</u> (M):	Mittel, Machtausübungsmöglichkeiten und -bereitschaft, Belastungsfähigkeit, Ressourcen
<u>Offenheit</u> (O):	Sensibilität, Voreingenommenheiten, Flexibilität, Ressentiments
<u>Ansatz</u> (A):	Organisation, statistische Methodologie

Abb. 2: Konsensbeeinflussende 'Umwelt'-faktoren bei der Definition unbestimmter Größen

6. Probelauf mit fiktiven oder echten Daten (Simulation, Planspiel, Pilot-Studie),
7. Entscheidung über Abschluß oder Weiterführung der Konsensfindungsphase (immer nur vorläufig).

Der Prozeß der Konsensfindung ist im wesentlichen ein Prozeß der Vervollständigung und der bewußten Abwahl von allseitig als irrelevant angesehenen Bestimmungsgrößen. Seine prinzipielle Offenheit wird von Stufe zu Stufe deutlicher, ebenso aber auch, daß Wechselwirkungen so komplizierter Art auftreten (Abb. 3) (vergl. [6]), daß diese sich m.E. nicht mehr mit mathematischen Modellen, sondern nur noch deskriptiv-statistisch darstellen lassen.

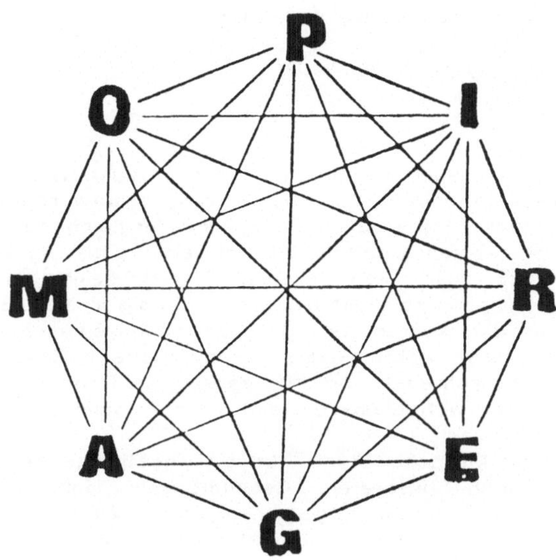

Abb. 3: Wechselwirkung zwischen den konsensbeeinflussenden 'Umwelt'-faktoren bei der Definition unbestimmter Größen.

Wichtig ist ferner, daß es keine allgemein gültige Hierarchie der Störgrößen gibt. Wahrscheinlich ist dieser Katalog auch noch nicht vollständig. Schließlich wird deutlich, daß - entgegen der Meinung der marxistischen Ideologie - die angeblich so harte Welt empirischer Daten eher den ideologischen Überbau über einem massiven, kaum beweglichen Sockel von Paradigmen, Strebungen usw. darstellt. Auf die Bedeutung von freien Planspielen mit zwei und mehr Parteien - ein weitgehend vernachlässigtes Gebiet - kann ich abschließend nur kurz hinweisen.

Literatur

1. Denk, F.: Die verborgenen Nachrichten. Eberfing: Selbstverlag 1979.

2. Descartes, R.: Discours de la méthode. Neudruck Hamburg: Meiner 1960.

3. Feyerabend, P.: Erkenntnis für freie Menschen. 2. Aufl. Frankfurt: Suhrkamp 1981.

4. Lakatos, I.: Die Geschichte der Wissenschaft und ihrer rationalen Rekonstruktionen. In Lakatos, I., Musgrave, A. (Hrsg.): Kritik und Erkenntnisfortschritt. Braunschweig: Vieweg 1974.

5. Pietschmann, H.: Das Ende des naturwissenschaftlichen Zeitalters. Wien: Zsolnay 1980.

6. Statistisches Bundesamt (Hrsg.): Stichproben in der amtlichen Statistik. Stuttgart: Kohlhammer 1960.

7. Stegmüller, W.: Probleme und Resultate der Wissenschaftstheorie und Analytischen Philosophie, Bd. IV. Berlin-Heidelberg-New York: Springer 1973.

Aus dem Institut für Medizinische Dokumentation, Statistik und Datenverarbeitung der Universität Heidelberg (Direktor: Prof. Dr. rer. nat. N. Victor) und dem Sonderforschungbereich 123 'Stochastische Modelle', Heidelberg

Zensierung - auch eine inhaltliche Frage

G. Weckesser, M. Schumacher

Unabhängig davon, ob es sich um retrospektive Studien oder prospektive Studien handelt, treten immer wieder Fragestellungen auf, bei deren Beantwortung die Zielgröße Überlebenszeit eine wesentliche Rolle spielt [1-3]. Im Vergleich zu vielen anderen quantitativen Beobachtungen weisen Überlebenszeiten eine ganz bestimmte Eigenart auf: Es kommt vor, daß man von einigen Versuchseinheiten nur unvollständige Informationen über die Zielvariable erhält, unvollständig in dem Sinne, daß wir von diesen Versuchseinheiten den wahren Wert der Überlebenszeit nicht kennen. Aber wir wissen immerhin, daß diese wahre - uns vorenthaltene - Zeitspanne einen gewissen Beobachtungswert überschreitet. Solche zensierten Beobachtungen können auf vielerlei Arten entstehen. Wir wollen uns ein einfaches Beispiel ansehen:

Angenommen, man möchte durch eine klinische Studie für eine bestimmte Krankheit die Auswirkungen einer oder auch mehrerer Behandlungen anhand der Überlebenszeiten beurteilen. Dann kann man im allgemeinen davon ausgehen, daß diejenigen Patienten, die zur Studie gehören sollen, nicht alle an ein und demselben Tag in die entsprechende Klinik kommen, sondern daß sich die jeweiligen Aufnahmetage über ein Intervall - nennen wir es (a,b) - verteilen. Das Datum des Behandlungsbeginns eines Patienten setzen wir dem Eintrittszeitpunkt dieses Patienten in die Studie gleich. Von diesem Augenblick an beobachten wir den Patienten. Diese Beobachtung erfährt eine zeitliche Begrenzung dadurch, daß entweder

(i) der Patient stirbt
oder
(ii) der Patient einen durch das Studienprotokoll festgesetzten Stichtag C überlebt
oder aber
(iii) jeglicher Kontakt zu dem Patienten abbricht.

Die beiden letztgenannten Möglichkeiten führen zu zensierten Beobachtungen.

Durch die Zeitpunkte a, b und c erhalten wir eine Zweiteilung der gesamten Studiendauer in eine Aufnahmephase und eine reine Nachbeobachtungsphase:

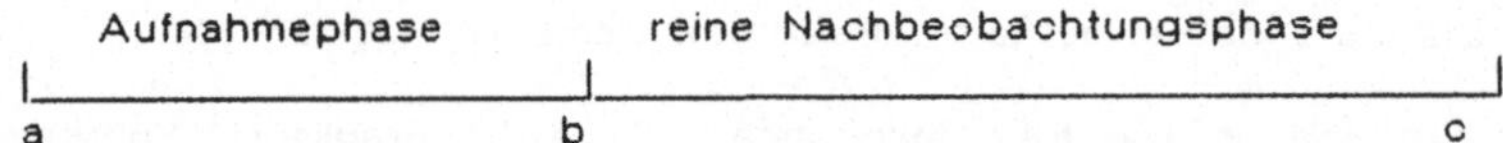

Bei unseren Betrachtungen wollen wir den zweiten Zensierungsgrund - Abbruch des Kontaktes zum Patienten - ausklammern. Wir beschäftigen uns somit im Rahmen dieses Referats nur mit der Zensierung durch das Studienende und führen an dieser Stelle die hierfür erforderlichen Begriffe ein. Für jeden Patienten können wir zwei Zufallsvariablen definieren:

T = Datum des Todes - Datum des Eintritts = wahre Überlebenszeit
C = Stichtag - Datum des Eintritts = Zensierungsvariable
(allgemein: C = Datum des Zensierungsereignisses = Datum des Eintritts)

Die Wahrscheinlichkeitsverteilung der wahren Überlebenszeit kann man durch die Survivalfunktion S(t) charakterisieren:

S(t) = P { T>t } = P { länger als t Jahre überleben }

Fast die gesamte Literatur zur Analyse zensierter Daten - und wir können hier die eigenen Arbeiten nicht ausklammern - geht von der Modellannahme aus, daß T und C stochastisch unabhängig sind (independent censoring).
Wir wollen uns hier mit zwei häufigen Gruppen von Fragestellungen beschäftigen, in denen diese Unabhängigkeitsannahme verletzt sein kann:

Beispiel 1:
Man möchte retrospektiv die Überlebenszeiten von Patienten einer definierten Diagnose analysieren. Hierzu wird man geeignete Zeiträume (a,b) und (b,c) wählen, für jeden Patienten den Wert der Überlebens- oder Zensierungszeit feststellen und mit einem Schätzverfahren (wie etwa dem Kaplan-Meier-Schätzer) die wahre Survivalfunktion S(t) der Grundgesamtheit aus der vorliegenden Stichprobe schätzen [4]. Jedoch beruhen alle bekannten Schätzmethoden für die Survivalfunktion ganz wesentlich auf der Modellannahme 'unabhängige Zensierung'. Damit diese Modellannahme gerechtfertigt ist, muß aber die Überlebenswahrscheinlichkeit S(t) unabhängig vom Eintrittsdatum sein.

Anders ausgedrückt bedeutet dies, daß Patienten verschiedenen Eintrittsdatums vergleichbare Prognosen - sprich Überlebenschancen - haben. Dies wird vermutlich dann nicht der Fall sein, wenn sich im Verlauf der Aufnahmephase die Diagnosemöglichkeiten verändert haben. Weiterhin könnten sich die Entscheidungskriterien der einweisenden Ärzte im Verlauf der Aufnahmephase geändert haben, so daß der Patientenzustrom in die Klinik zeitlich qualitativ inhomogen ist. Es lassen sich leicht weitere Ursachen finden, die eine <u>abhängige Zensierung</u> durch das Studienende hervorrufen.

Beispiel 2:
In einer kontrollierten klinischen Therapiestudie soll die Aufgabe darin bestehen, zu überprüfen, ob zwei Behandlungsmöglichkeiten - sagen wir A und B - die Überlebenschancen von Patienten mit einer bestimmten Diagnose gleichermaßen beeinflussen. Die Lösung der Aufgabe läuft also auf den Vergleich zweier geschätzter Survivalfunktionen hinaus. Auch hier existieren mehrere mögliche Gefahrenquellen, die, berücksichtigt man sie nicht, der Modellannahme 'unabhängige Zensierung' widersprechen:
Man lockert oder strafft - aus welchen Gründen auch immer - im Verlauf der Aufnahmephase die Ein- und Ausschlußkriterien der Studie. Bei multizentrischen Studien stoßen während der Aufnahmephase weitere Kliniken hinzu; oder aber die eine oder andere Klinik entscheidet sich im Zeitraum (a,b) dafür, keine weiteren Patienten in die Studie einzubringen.
Auch hier - wie in Beispiel 1 - spielt das Verhalten der einweisenden Institutionen eine Rolle, das u.a. auch durch den Ruf, den eine Studie in der medizinischen Öffentlichkeit genießt, beeinflußt werden kann.

Den beiden Beispielen ist sicher eines gemeinsam: Die Überlebenschancen der Patienten hängen unter anderem auch vom Eintrittsdatum ab - wir müssen also die Modellannahme 'unabhängige Zensierung' fallenlassen. Welche Konsequenz hat dies für die mit den klinischen Fragestellungen verknüpften statistischen Lösungsansätze? Schätzt der Kaplan-Meier-Schätzer nach wie vor die wahre Überlebenswahrscheinlichkeit?

Bleibt der Vergleich der Therapien A und B, etwa mit Hilfe des Logrank-Tests [4] gültig, obwohl eine entscheidende Modellannahme verletzt ist?

Bei dem Versuch, hierauf Antworten zu geben, wollen wir die Modellverletzung stark vereinfacht beschreiben: Wir nehmen an, daß wir diejenigen Patienten, die vor einem gewissen Zeitpunkt d im Intervall (a,b) in die Studie eintreten, bezüglich ihrer Prognose als homogen ansehen können. Entsprechendes wollen wir für die Patienten voraussetzen, die spät, d.h. nach d, in die Studie eintreten.

Wir haben es also mit einer Aufgliederung unseres Patientengutes in zwei Subgruppen zu tun. Zu jeder dieser Subpopulationen gehört eine Survivalfunktion:

Sfrüh (t) bei Eintritt vor d

Sspät (t) bei Eintritt nach d .

Dies hat zur Folge, daß sich die Survivalfunktion S(t) der gesamten Gruppe als Mischverteilung mit zwei Komponenten darstellt:

$$S(t) = p\ S_{früh}(t) + (1-p)\ S_{spät}$$

Der Mischungsparameter p ist dabei gleich der Wahrscheinlichkeit dafür, vor dem Zeitpunkt d in die Studie einzutreten.

Für den Fall, daß d bekannt ist, entstehen keine neuen Schwierigkeiten - man kann die Funktionen Sfrüh(t) und Sspät aus den entsprechenden Subgruppen wie gewohnt schätzen und setzt p gleich der relativen Häufigkeit 'früher Eintritte'.

Kennt man d nicht, so bleibt keine andere Wahl, als S(t) aus der Gesamtstichprobe zu schätzen - beispielsweise durch den Kaplan-Meier-Schätzer. Für diesen Fall läßt sich zweierlei zeigen [5]:

(i) Der Likelihood-Ansatz, der dem Kaplan-Meier-Schätzer zugrundeliegt, ist in dieser Situation nicht mehr gerechtfertigt.

(ii) Verwendet man trotzdem den Kaplan-Meier-Schätzer $\hat{S}(t)$, so setzt man ein nichtkonsistentes Schätzverfahren ein; $\hat{S}(t)$ ist asymptotisch verzerrt. Für unser Beispiel 1 bedeutet dies etwa, daß man die Überlebenswahrscheinlichkeit in der Gesamtpopulation asymptotisch überschätzt, wenn diejenigen Patienten, die 'früh' in die Studie eintreten, eine gleichmäßig bessere Prognose haben als diejenigen, die 'spät' in die Studie kommen. Dies rührt daher, daß die erwähnte Verzerrung durch eine Übergewichtung der frühen Eintritte verursacht wird.

Für den im Beispiel 2 angesprochenen Therapievergleich gilt [5]:

Trotz der oben beschriebenen Verletzung der Unabhängigkeitsannahme behalten verteilungsfreie Tests, die auf einem dem Logranktest vergleichbaren Konstruktionsprinzip beruhen, ihr Signifikanzniveau bei, solange der Änderungszeitpunkt d für beide Therapiegruppen derselbe ist. Das ist jedoch nur eine Seite des Problems. Man hat hier zu berücksichtigen, daß die Macht solcher Testverfahren durch diese Verletzung der Modellannahme in unbekannter Weise beeinflußt wird.

Man sollte im Zusammenhang mit einem Therapievergleich betonen, daß bereits eine Beschreibung der Studienergebnisse durch die Kaplan-Meier-Schätzer $S_A(t)$ und $S_B(t)$ der beiden Therapiegruppen nur mit Vorsicht zu genießen ist, falls die Unabhängigkeitsannahme verletzt ist. Wegen der oben angesprochenen Verzerrung kann man nämlich nicht davon ausgehen, daß es sich bei den erhaltenen Werten $\hat{S}_A(t)$ bzw. $\hat{S}_B(t)$ um vernünftige 'Anhaltspunkte' für die wahren Überlebenswahrscheinlichkeiten handelt. Wegen der genannten Auswirkungen und Unklarheiten, die die Verletzung der Unabhängigkeitsannahme mit sich bringt, muß man sich fragen:

Wie kann man untersuchen, ob diese Modellvoraussetzung gerechtfertigt ist? Hat man eine Vermutung über die ungefähre Lage des Zeitpunktes d, so ist es möglich, das Patientengut entsprechend dem Eintrittsdatum (vor/nach d) aufzuteilen. Für diese Subgruppen kann man dann mit einem geeigneten Testverfahren die Überlebenszeiten vergleichen.

Man muß aber bei der Interpretation dieses Teilergebnisses berücksichtigen, daß bei unglücklicher Wahl des Wertes d alle Schwierigkeiten, die wir bereits oben diskutiert haben, auch hierbei auftreten können.

Literatur

1. Fisher, L., Kanarek, P.: Presenting censored survival data when censoring and survival times may not be independent. In Proschan, F., Serfling, R.J. (Eds): Reliability and Biometry, pp. 303-326. Philadelphia: Society for Industrial and Applied Mathematics 1974.

2. Kalbfleisch, J.D., Prentice, R.L.: The Statistical Analysis of Failure Time Data. New York: Wiley 1980.

3. Lagakos, S.W.: General right censoring and its impact on the analysis of survival data. Biometrics 35 (1979) 139-156.

4. Miller, R.G.: Survival Analysis. New York: Wiley 1981.

5. Schumacher, M., Weckesser, G.: Dependent Censoring (In Vorbereitung).

Abt. Biomathematik (Leiter: Prof. Dr. N. Victor) FB 18/ Justus Liebig-Universität Giessen

Neue Methoden zur nichtparametrischen Schätzung von Dichte- und Hazardfunktionen bei zensierten Daten mit Anwendungen in klinischen Studien

K. Failing

Zusammenfassung

Es werden neue Methoden zur nichtparametrischen Schätzung von Dichte- und Hazardfunktionen bei (rechts-) zensierten Daten vorgestellt und deren Anwendung an den Daten zweier Krebsstudien demonstriert. Die Verfahren geben bei der Überprüfung von Modellannahmen und der Modellauswahl bei zensierten Daten Hilfestellung. Es werden Hinweise für die Festlegung vom Anwender zu wählender Glättungsparameter gegeben.

1. Einleitung

Für den Fall nichtzensierter Daten existiert eine Vielfalt von nichtparametrischen Methoden zur Schätzung der Dichtefunktion; Übersichten bzw. Verfahrensvergleiche geben z.B. BEAN und TSOKOS [1] und WERTZ [12]. Zur nichtparametrischen Schätzung der Hazardfunktion existieren nur wenige Ansätze. Hier sind besonders die Arbeiten von RICE und ROSENBLATT [8] sowie WATSON und LEADBETTER [11] zu erwähnen. Die genannten Verfahren sind bei zensierten Daten jedoch nicht anwendbar. Insbesondere führt etwa das Weglassen der zensierten Beobachtungen abgesehen vom Effizienzverlust zu einer verfälschten Dichteschätzung. Deshalb sind diese Verfahren bei der Analyse von Überlebenszeiten insbesondere im medizinischen Bereich völlig unbrauchbar, da in den seltensten Fällen reine unzensierte Daten vorliegen.

Zur Schätzung der Dichte- und Hazardfunktion bei zensierten Daten existiert bisher lediglich die histogrammähnliche Methode der abschnittsweise konstanten Schätzung unter Verwendung der Sterbe-Tafel-Methode (siehe z.B. GROSS und CLARK [5]), die etwa im Statistikpaket BMDP [3] verfügbar ist. FAILING [4] hat nichtparametrische Verfahren zur Dichte- und Hazard-Raten-Schätzung bei zensierten Daten vorgeschlagen, die auf dem Kaplan-Meier-Schätzer zur Schätzung der Survivalfunktion [6] aufbauen und Verallgemeinerungen der nichtparametrischen Schätzverfahren im nichtzensierten Fall darstellen.

Einige dieser Verfahren werden hier vorgestellt und an Beispielen demonstriert und diskutiert. Dabei stehen Fragen des praktischen Einsatzes der Verfahren im Vordergrund.

Im folgenden sei stets das Modell der rechtsseitigen 'Random Censorship' bei Unabhängigkeit von Zensierungszeit und wahrer Überlebenszeit angenommen [2].

2. Nichtparametrische Dichteschätzer bei zensierten Daten

Wichtige Verfahrensklassen zur nichtparametrischen Dichteschätzung bei nichtzensierten Daten sind die fixen Kernschätzer, die Nearest-Neighbour-Schätzer und die variablen Kernschätzer [10]. Wir geben im folgenden Hinweise zu deren Verallgemeinerungen für den Fall zensierter Daten.

$Z_{(1)},\ldots,Z_{(n)}$ bezeichnen die geordneten, möglicherweise zensierten Überlebenszeiten oder die Zeiten bis zum Auftreten eines bestimmten Ereignisses von n Patienten und

$$\delta_{(i)} = \begin{cases} 1, & \text{falls } Z_{(i)} \text{ unzensiert} \\ 0, & \text{falls } Z_{(i)} \text{ zensiert} \end{cases} \tag{1}$$

den Zensierungsstatus von $Z_{(i)}$ für $i=1,\dots,n$. Der Kaplan-Meier-Schätzer (im folgenden kurz KMS) zur Schätzung der Survivalfunktion stellt sich in der Form

$$S_n(t) := \begin{cases} 1 & \text{für } t < Z_{(1)} \\ \prod\limits_{i:Z_{(i)} \leq t} \left(\dfrac{n-i}{n-i+1}\right)^{\delta(i)} & \text{sonst} \end{cases} \tag{2}$$

dar. Bezeichnet nun für $i=1,\dots,n$

$$d_i := S_n(Z_{(i-1)}) - S_n(Z_{(i)}) \quad \text{mit} \quad Z_{(0)} := -\infty \tag{3}$$

die Sprunghöhe des KMS an $Z_{(i)}$, K eine Wahrscheinlichkeitsdichte (hier 'Kernfunktion' genannt) und $h_n > 0$ eine 'Bandbreite', so ist durch

$$f_n(x) := \frac{1}{h_n} \sum_{i=1}^{n} K\left(\frac{x - Z_{(i)}}{h_n}\right) \cdot d_i, \quad x \in \mathbb{R}, \tag{4}$$

ein fixer Kernschätzer bei zensierten Daten definiert. (4) läßt sich im mathematischen Sinn als Faltung der Kernfunktion K mit dem KMS S_n auffassen [4].

Häufig verwendete Kerntypen sind der 'Rechteckskern' (Dichte einer Gleichverteilung über dem Intervall [-0.5,0.5]). der) 'Dreieckskern' (Dreieck-förmige Wahrscheinlichkeitsdichte, vgl. Abb.1) und der 'Normalverteilungskern' (Dichte einer Standardnormalverteilung). Bei Verwendung einer geeigneten Bandbreitenfolge (h_n) ist für die genannten Kerntypen in FAILING [4] die Konsistenz dieser Dichteschätzer bewiesen.

Zu Nearest-Neighbour-Schätzern und variablen Kernschätzern für den Fall zensierter Daten gelangt man, indem die festen Bandbreiten h_n in (4) durch vom Verlauf des KMS (2) in der Nähe der Stelle x bzw. der Beobachtungen $Z_{(i)}$ abhängige Größen ersetzt werden.

3. Nichtparametrische Hazard-Raten-Schätzer bei zensierten Daten

In der statistischen Analyse von Überlebenszeiten, insbesondere im Bereich klinischer Studien in der Medizin, ist die Betrachtung der Hazardfunktionen

$$h(t) = f(t)/S(t), \tag{5}$$

wobei f die Sterbedichte und S die Überlebensfunktion bezeichnet, von größter Wichtigkeit. Viele Auswertungsverfahren für Überlebenszeiten stützen sich auf Eigenschaften der Hazardfunktion. Aufgrund des engen funktionalen Zusammenhangs zwischen Hazardfunktionen und Wahrscheinlichkeitsdichte ist das Problem der Hazard-Raten-Schätzung mit dem der Dichteschätzung eng verwandt und legt das Einsetzen einer Dichteschätzung f_n in die Definitionsgleichung (5) nahe. Solche Schätzfunktionen wollen wir im Gegensatz zu den direkten Methoden indirekte Hazard-Raten-Schätzer nennen. Aus der Verwendung unterschiedlicher Schätzfunktionen für die Überlebensfunktion S ergeben sich zwei Varianten. Bei Verwendung des KMS S_n aus (2) bezeichnen wir

$$h_n^{(1)}(x) := \frac{f_n(x)}{s_n(x)} \quad \text{für} \quad S_n(x) > 0 \tag{6}$$

als einfachen indirekten Hazard-Raten-Schätzer bei zensierten Daten und

$$h_n^{(2)}(x) := \frac{f_n(x)}{1 - \int_{-\infty}^{x} f_n(t)\,dt} \quad \text{für} \quad \int_{-\infty}^{x} f_n(t)\,dt < 1 \tag{7}$$

als geglätteten indirekten Hazard-Raten-Schätzer bei zensierten Daten. In (7) ist darauf zu achten, daß eine Dichteschätzung f_n verwendet wird, die ihrerseits eine Wahrscheinlichkeitsdichte darstellt. NN-Schätzer sind daher in (7) nicht verwendbar. Die Konsistenz der indirekten Methoden ergibt sich aus der Verwendung von konsistenten Dichte- und Überlebensfunktions-Schätzern [4]. Die Resultate von (6) und (7) unterscheiden sich kaum. Da in (7) die Division durch eine Sprungfunktion vermieden wird, besitzt $h_n^{(2)}$ einen glatteren Verlauf als $h_n^{(1)}$.

Die Konstruktion direkter Verfahren beruht auf der funktionalen Verbindung von Hazardrate h und kumulativer Hazardrate H gemäß

$$H(x) := \int_{-\infty}^{x} h(t)\,dt = -\log(S(x)), \tag{8}$$

wobei S die Überlebensfunktion bezeichnet. Schätzt man H durch den sog. NELSON-Schätzer (7), führt eine leicht modifizierte Anwendung des Kernschätzerprinzips analog zu (4) zu dem direkten Hazard-Raten-Schätzer

$$h_n^{(3)}(x) := \frac{1}{h_n} \sum_{i=1}^{n} K\left(\frac{x - Z_{(i)}}{h_n}\right) \cdot \frac{\delta_{(i)}}{n - i + 1}. \tag{9}$$

4. Parameterwahl und eine Verfahrensmodifikation

Bei den in den Abschnitten 2 und 3 vorgeschlagenen Schätzmethoden muß der Anwender eine Kernfunktion und einen Glättungsparameter vorgeben. Die Auswahl der Kernfunktion erweist sich wie im nichtzensierten Fall als unproblematisch, da sie lediglich die 'lokale Glattheit' der Schätzfunktion beeinflußt. Die drei in Abschnitt 2 genannten Kerntypen reichen für praktische Anwendungen völlig aus und unterscheiden sich in erster Linie qualitativ. Der Dreieckskern ist im Gegensatz zum Rechteckskern stetig, während der Normalverteilungskern zusätzlich differenzierbar ist und zu entsprechend glatten Schätzergebnissen führt (vgl. Beispiele in Abschnitt 5). Bezüglich der benötigten Rechenzeit ergibt sich jeweils etwa ein Faktor zwei beim Vergleich von Rechtecks- und Dreieckskern bzw. Dreiecks- und Normalverteilungskern. Im allgemeinen ist die Verwendung des Dreieckskerns als Kompromiß zwischen niedrigem Rechenzeitverbrauch und gewünschter lokaler Glattheit zu empfehlen.

Die Wahl geeigneter Bandbreiten bzw. Nachbarzahlen bereitet dagegen mehr Schwierigkeiten und hat einen direkten Einfluß auf die 'globale Glattheit' der Schätzkurven. Hier ist es im allgemeinen nötig, eine Auswahl von Werten auszutesten und eine subjektive Beurteilung der Resultate vorzunehmen. Da die Verfahren vor allem für Gruppenvergleiche interessant sind, ist aus Vergleichbarkeitsgründen die Verwendung gleicher Glättungsparameter in allen Gruppen anzuraten. Empirische Untersuchungen lassen allerdings eine Empfehlung für die Größenordnung der Glättungsparameter zu. So hat sich als Nachbarzahl bei einem Gruppenstichprobenumfang n die Wahl $c\cdot\sqrt{n}$ mit $1 \le c \le 2.5$ bewährt. Bezüglich der Bandbreitenwahl kann der Verlauf des KMS eine Information liefern. Bei einer Wahl von c wie oben findet man brauchbare Bandbreiten bei dem c-fachen mittleren Abstand von benachbarten Sprungstellen des KMS aus einem Bereich 'nicht zu dicht liegender' unzensierter Beobachtungen.

Schließlich wollen wir eine Verfahrensmodifikation erwähnen, die in vielen Anwendungen von Bedeutung ist. Oft ist aufgrund externer Informationen bekannt, daß zu schätzende Wahrscheinlichkeitsdichten in bestimmten Bereichen gleich Null sind. Z.B. können bei der Beobachtung von Überlebenszeiten keine negativen Werte auftreten, so daß der Träger dieser Verteilungen nur aus den nichtnegativen reellen Zahlen besteht. Die Anwendung der o.g. Schätzverfahren legt aber häufig Wahrscheinlichkeitsmaße in diese unzulässigen Bereiche. Ein Abschneiden der Kernfunktionen an diesen Grenzpunkten mit einer proportionalen Umverteilung der abgeschnittenen Fläche auf den verbleibenden Kern (vgl. Abb.1) kann hier Abhilfe schaffen. Eine solche Modifikation hat keinen Einfluß auf Konsistenzeigenschaften der Schätzverfahren.

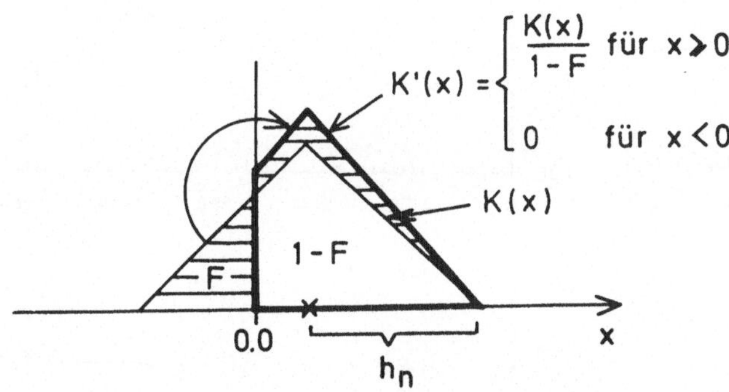

Abb. 1: Schematische Darstellung der Kernmodifikation am Nullpunkt am Beispiel des Dreieckskerns

5. Demonstration der Verfahren am Beispiel zweier Krebsstudien

Die Anwendung einiger der vorgestellten Methoden soll mit Hilfe der Daten zweier Krebsstudien demonstriert werden. Als erstes Beispiel dienen Daten von $n = 148$ Patienten einer multizentrischen Studie zur Chemotherapie des kleinzelligen Bronchialkarzinoms. Zielvariable ist die Zeit von der Behandlung bis zum Tod. Als prognostische Variable wurde u.a. der Gewichtsverlust der Patienten vor Therapiebeginn, klassifiziert in 'bis zu 5%' (Gruppe 1) und 'über 5%' (Gruppe 2), erhoben. Die Gruppengrößen betrugen $n_1 = 80$ und $n_2 = 68$ Patienten. Abb. 2 zeigt für diese Strata den KMS, einen fixen und einen variablen Kernschätzer bei zensierten Daten unter Verwendung des Normalverteilungskerns sowie die daraus resultierenden geglätteten indirekten Hazard-Raten-Schätzer.

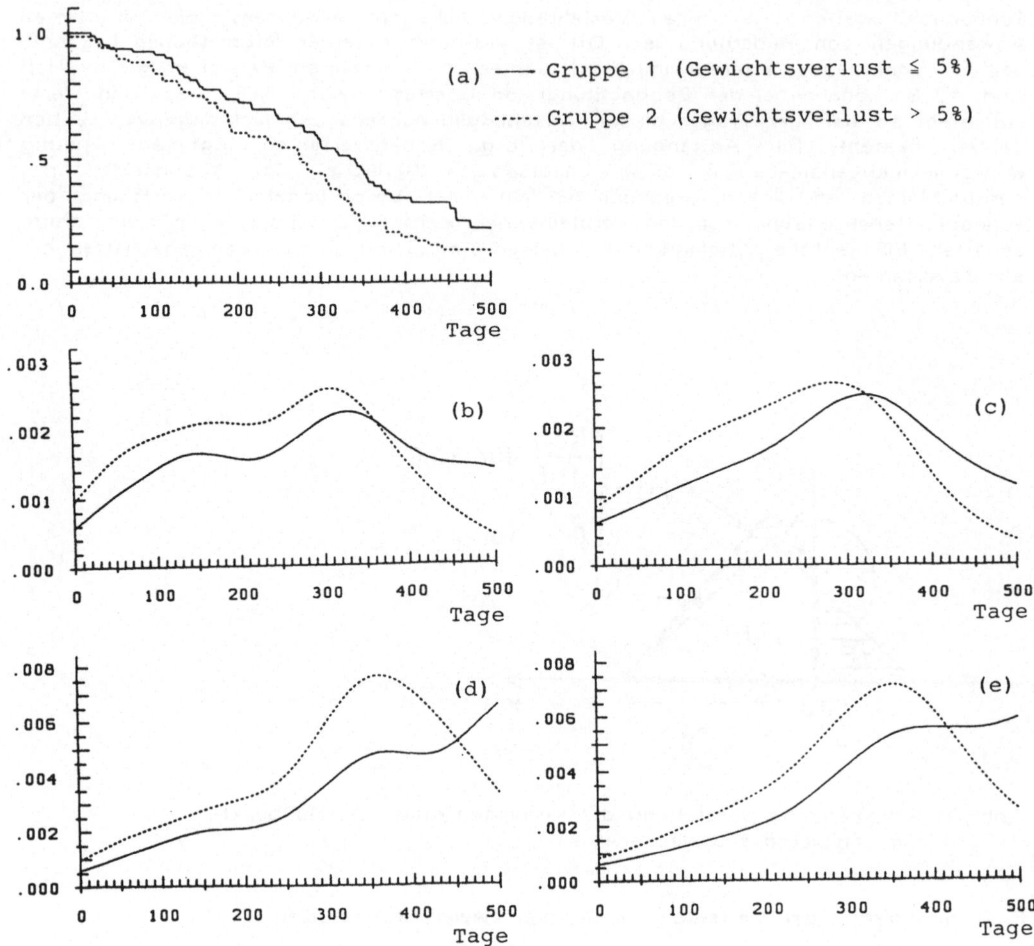

Abb. 2: Schätzkurven aus den Daten einer Studie zur Chemotherapie des kleinzelligen Bronchialkarzinoms

(a) KAPLAN-MEIER-Schätzer der Survivalfunktionen

(b) Fixer Kernschätzer bei zensierten Daten unter Verwendung des Normalverteilungskerns mit h_n = 50 Tage

(c) Variabler Kernschätzer bei zensierten Daten unter Verwendung des Normalverteilungskerns mit einer Nachbarzahl von k_n = 25

(d) Geglätteter indirekter Hazard-Raten-Schätzer über (b)

(e) Geglätteter indirekter Hazard-Raten-Schätzer über (c)

Ein Vergleich der Dichte- und Hazard-Raten-Schätzer zeigt einen qualitativ identischen Verlauf der fixen und variablen Schätzer. Interessanter ist hier ein Vergleich zwischen den Gruppen. Über die Informationen des KMS hinaus zeigen die Dichteschätzungen die deutlich höhere Sterblichkeit der Patienten in Gruppe 2 für den Verlauf eines Jahres nach der Therapie. Die Betrachtung der Hazard-Raten-Schätzer zeigt für den gleichen Zeitraum nahezu Proportionalität, danach jedoch einen deutlich gegenläufigen Verlauf mit einem Schnittpunkt, so daß die Annahme proportionaler Hazardraten über den gesamten Zeitraum als nicht gerechtfertigt erscheint.

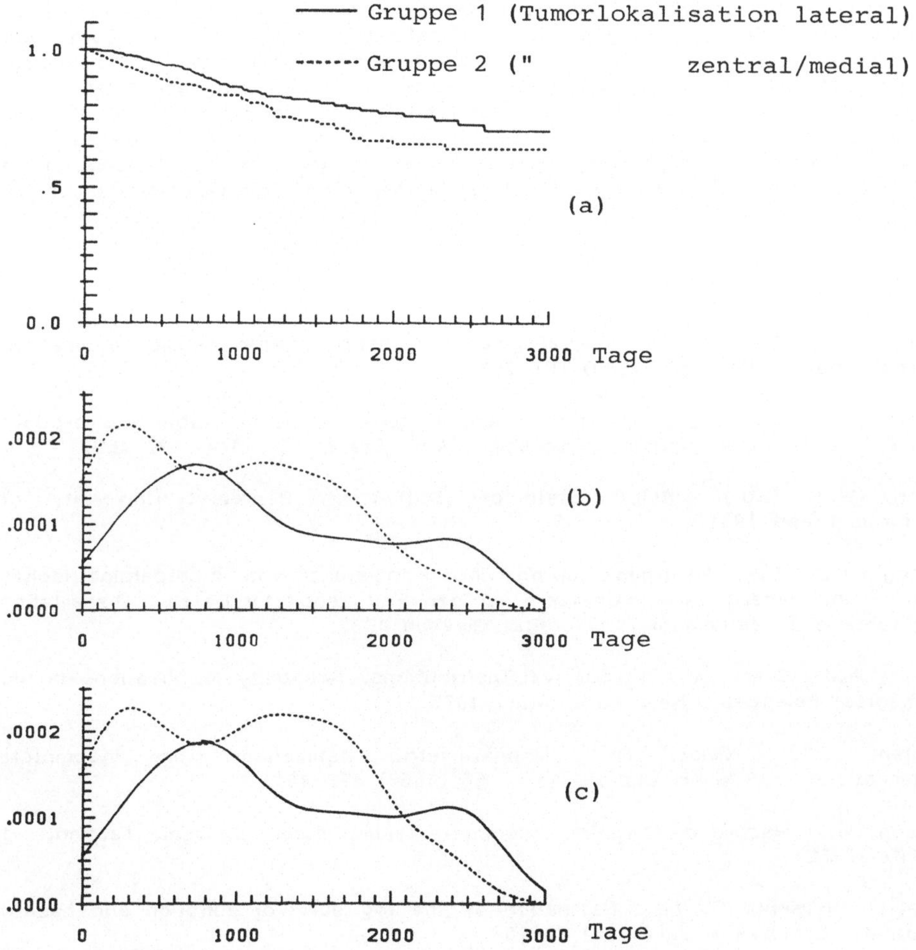

Abb. 3: Schätzkurven aus den Heidelberger Brustkrebsdaten

(a) KAPLAN-MEIER-Schätzer der Survivalfunktionen
(b) Fixer Kernschätzer bei zensierten Daten unter Verwendung des Normalverteilungskerns mit h_n = 250 Tage
(c) Geglätteter indirekter Hazard-Raten-Schätzer über (b)

Als zweites Beispiel dienen Daten von n = 671 Brustkrebspatientinnen, die in den Jahren 1972 - 1980 in der Universitätsfrauenklinik Heidelberg behandelt worden sind. Zielkriterium ist ebenfalls die Überlebenszeit nach der Therapie. Der Anteil der Zensierungen bei diesen Daten beträgt 79% (!). Als prognostische Variable soll die Tumorlokalisation in den Ausprägungen 'lateral' (Gruppe 1, n_1 = 365) und 'medial oder zentral' (Gruppe 2, n_2 = 306) herangezogen werden. Abb. 3 zeigt für diese Gruppen den KMS sowie eine Dichte- und Hazard-Raten-Schätzung. Auch hier scheint die Annahme proportionaler Hazardraten verletzt, was die Ergebnisse von SCHUMACHER [9] bestätigt. Allerdings kann seine Vermutung, das relative Risiko bliebe nach etwa drei Jahren konstant, durch unser Resultat nicht gestützt werden.

6. Schlußbemerkungen

Mit den vorgestellten Methoden haben wir Möglichkeiten aufgezeigt, bei zensierten Daten über den KMS hinausgehende Informationen bezüglich der Form der Sterbeverteilung (Dichte) und des bedingten Sterberisikos (Hazardrate) zu gewinnen. Dies erleichtert die Auswahl und Überprüfung von Verteilungsannahmen. Die gezeigten Beispiele demonstrieren die Anwendbarkeit der Verfahren für die Praxis. Wie bei allen Punktschätzungen wäre es allerdings wünschenswert, zusätzlich zu Informationen über die Varianz der Schätzverfahren zu gelangen. Erst dann ist es möglich, tatsächlich vorhandene Modellabweichungen von Zufallsschwankungen zu trennen.

Literatur

1. Bean, S.J., Tsokos, C.P.: Developments in nonparametric density estimation. Internat. statist. Rev. 48 (1980) 267-287.

2. Breslow, N., Crowley, J.: A large sample study of the life table and product limit estimates under random censorship. Ann. Statist. 2 (1974) 437-453.

3. Dixon, W.J. (Ed.): BMDP Statistical Software. Berkeley: University of California Press 1981.

4. Failing, K.: Die Verallgemeinerung und Konsistenz von nichtparametrischen Dichte- und Hazard-Raten-Schätzern für den Fall zensierter Daten. Dissertation im Fachbereich Mathematik, Universität Giessen 1983.

5. Gross, A.J., Clark, V.A.: Survival Distributions: Reliability Applications in the Biomedical Sciences. New York: Wiley 1975.

6. Kaplan, E.L., Meier, P.: Nonparametric estimation from incomplete observations. J. Amer. statist. Ass. 53 (1958) 457-481.

7. Nelson, W.: Hazard plotting for incomplete failure data. J. Qual. Technol. 1 (1969) 27-52.

8. Rice, J., Rosenblatt, M.: Estimation of the log survivor function and hazard function. Sankhya A 38 (1976) 60-78.

9. Schumacher, M.: Methoden zur Überprüfung der Voraussetzungen des Coxschen Regressionsmodells. In Berger, J., Höhne, K.H. (Hrsg.): Methoden der Statistik und Information in Epidemiologie und Diagnostik. Proceedings der 27. Jahrestagung der GMDS, Hamburg, 1982, S. 78-88. Berlin-Heidelberg-New York-Tokyo: Springer 1983.

10. Victor, N.: Alternativen zum klassischen Histogramm. Meth. Inform. Med. 17 (1978) 120-126.

11. Watson, G.S., Leadbetter, M.R.: Hazard analysis. I. Biometrika 51 (1964) 175-184.

12. Wertz, W.: Statistical Density Estimation, a Survey. Göttingen: Vandenhoeck & Ruprecht 1978

Aus dem Institut für Medizinische Biometrie der Eberhard-Karls-Universität Tübingen (Direktor: Prof. Dr. K. Dietz)

Semiquantitative Merkmale in der nichtparametrischen Statistik

K.M. Wittkowski

Einleitung

Klinische Studien, in denen der Einfluß verschiedener Therapieformen auf den Zeitraum bis zum Auftreten eines bestimmten Ereignisses als Zielkriterium gewählt wird, werden in unterschiedlichen Bereichen der medizinischen Forschung durchgeführt. So gilt z.B. in der Krebsforschung der Zeitraum zwischen Operation und Auftreten einer Metastase häufig als Kriterium für die Bewertung einer Therapie [1] oder bei der Beurteilung eines Medikaments der Zeitraum bis zum Auftreten einer Nebenwirkung.

Da die Patienten in der Regel innerhalb des Beobachtungszeitraumes nicht ständig (stationär) überwacht werden, sondern nur zu bestimmten Zeitpunken zur Untersuchung einbestellt werden können, müssen zwei Formen von Ungewißheit in den Daten bei der Auswertung berücksichtigt werden:

1. Ein Teil der Patienten scheidet vor dem Auftreten eines Ereignisses (Tod, Metastasierung etc.) aus der Studie aus. Als Gründe für dieses Ausscheiden kommen z.B. Abbruch der Studie, Tod mit anderer Todesursache (Verkehrsunfall) oder mangelnde Kooperationsbereitschaft des Patienten in Frage ('zensierte Daten').

2. Ein Teil der Patienten erscheint nicht zu allen vorgesehenen Untersuchungsterminen, so daß der Zeitpunkt des Auftretens des als Zielkriterium gewählten Ereignisses bei diesen Patienten nur mit geringerer Genauigkeit bestimmt werden kann als bei den Patienten, die regelmäßig untersucht werden können.

Merkmale, die in dieser Weise zum Teil nur ungenau beobachtet werden können, heißen 'semiquantitative Merkmale'. Speziell bei seltenen Erkrankungen oder Nebenwirkungen werden zum Nachweis von Unterschieden in den Therapien Patienten über einen längeren Zeitraum sequentiell in die Studie aufgenommen und zu Beginn der Auswertung 'synchronisiert'. Zusätzlich werden häufig mehrere Zentren an der Studie beteiligt, um eine hinreichende Zahl von Fällen für die Entscheidung heranziehen zu können. Um mögliche regionale Unterschiede bei der Auswertung berücksichtigen zu können, faßt man die Ergebnisse jedes Zentrums zu einem Block zusammen.

Abb. 1 soll anhand eines Blocks aus einem fiktiven Beispiel die Problemstellung erläutern:

- Bei den Patienten 2 und 6 kann der Zeitpunkt des Eintritts des Ereignisses nur auf zwei Monate genau angegeben werden,

- die Daten der Patienten 5 und 7 sind (rechts-)zensiert,

- bei den Patienten 3 und 6 fehlt eine Bestätigung des negativen Befundes.

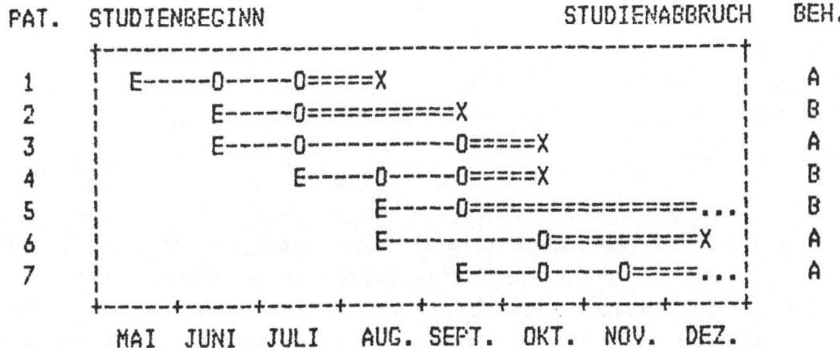

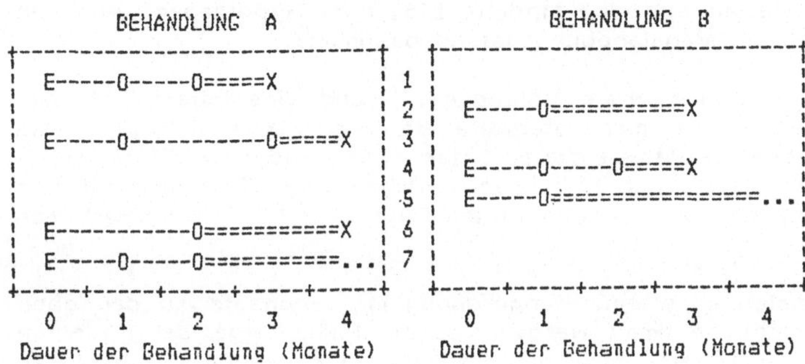

Abb. 1: Verlauf einer Studie mit sequentiellem Patienteneingang 'E' = Eintritt in die Studie, 'O'/'X' = neg./pos. Befund

Modellannahmen

Da über die Abhängigkeit des Risikos von der Dauer der Behandlung in der Regel keine exakten Angaben gemacht werden können, sollen im folgenden nichtparametrische (verteilungsfreie) Verfahren zum Vergleich der Therapien untersucht werden. Auf die Annahme, daß die Genauigkeit der Beobachtung (speziell auch das Auftreten zensierter Beobachtungen) von der Behandlung unabhängig ist, d.h. daß die Kooperationsbereitschaft der Patienten in allen Gruppen gleich ist, kann jedoch nicht verzichtet werden.

Zur statistischen Auswertung zensierter Merkmale stehen - aufbauend auf den Schätzverfahren von KAPLAN und MEIER [9] - verschiedene nichtparametrische Testverfahren zur Verfügung, die hier verallgemeinert werden sollen, damit auch in den oben beschriebenen realistischen Situationen weder Informationen vernachlässigt noch Ergebnisse durch Anwendung inadäquater Methoden verfälscht werden.

Schon BRESLOW [2] konnte zeigen, daß die von KAPLAN und MEIER [9], GEHAN [5] und MANTEL [12] vorgestellten Verfahren zur nichtparametrischen Analyse von Überlebenszeiten als Verallgemeinerungen der Tests von WILCOXON [18] bzw. KRUSKAL und WALLIS [11] dargestellt werden können. WOOLSON und LACHENBRUCH [20] haben einen entsprechenden Ansatz von PATEL [13] und PRENTICE [14] für Blockpläne aufgegriffen und für den Spezialfall einfacher Beobachtungen für jede Zelle, d.h. Kombination von Block (Zentrum) und Behandlung, nachgewiesen, daß auch die Tests von FRIEDMAN [4] und BROWN und MOOD [3] auf zensierte Daten verallgemeinert werden können.

Diese Analogie zwischen Testverfahren auf der Basis von Rängen und KAPLAN-MEIER-Schätzern ermöglicht durch Anwendung des Marginal-Likelihood-Prinzips [8] die Verallgemeinerung der nichtparametrischen Verfahren für Überlebenszeitanalysen auf allgemeine semiquantitative Merkmale und unbalancierte Zellbesetzungen.

Definition der Teststatistik

Falls keine zensierten oder ungenauen Beobachtungen vorliegen, können für die statistische Auswertung die bekannten Verallgemeinerungen des Verfahrens von FRIEDMAN [4] angewandt werden: Innerhalb eines Blockes (i = 1, ..., n) werden die Beobachtungen X_{ijk} auf ihre Ränge R_{ijk} sowie anhand geeigneter Score-Funktionen a_i auf Scores $T_{ijk} = A_i(R_{ijk})$ abgebildet. Die Wahl der Scorefunktion a_i erlaubt die Anpassung des Verfahrens an spezielle Modelle [16] oder Hypothesen. Aus den Scores wird die Prüfgröße T als Mahalanobis-Abstand bestimmt.

Können von einem Ereignis nur eine obere Schranke $X^{(+)}$ und eine untere Schranke $X^{(-)}$ beobachtet werden, so erhält man Intervalle der Form $X = [X^{(-)},X^{(+)}]$ als Zufallsvariable. Für links- oder rechts-zensierte Daten ($X^{(-)}=-\infty$ bzw $X^{(+)} = +\infty$) und für fehlende Daten ($X^{(-)}= -\infty$ und $X^{(+)}= +\infty$) stimmt diese Definition mit den üblichen Definitionen überein; bei exakt beobachteten Daten ($X^{(-)}=X^{(+)}$) definiert man $X = [X^{(-)},X^{(+)}]$.

Bei semiquantitativen Merkmalen kann eine Rangordnung im Gegensatz zu den oben genannten Fällen a priori nicht bestimmt werden, da die Reihenfolge der Patienten (vgl. die Patienten 3 und 7 in Tabelle 1) nicht unmittelbar aus den Daten abgelesen werden kann. Anhand der Teilordnung der Beobachtungen (P-2≦P-1 = P-4≦P-6≦P-3, P-1≦P-7, P-2≦P-5≦P-7) lassen sich jedoch alle Rangfolgen angeben, die mit den Beobachtungen vereinbar sind. Unter der Nullhypothese H_0, daß alle Permutationen der Reihenfolge (exakte Beobachtungen vorausgesetzt) innerhalb eines Blockes gleich wahrscheinlich sind, erhält man als Schätzer für den zu erwartenden Score-Vektor das arithmetische Mittel aller verträglichen Rangfolgen.

Tab. 1: Berechnung aller mit den Daten verträglicher Rangfolgen bei semiquantitativen Merkmalen am Beispiel von Abb. 1
( ) = mit den Daten nicht verträgliche Rangzuweisung

P-1	P-2	P-3	P-4	P-5	P-6	P-7	verträgliche Rangfolge ?
1	2	(3)	.	.	.	.	nein: P-1, P-2, P-4 < P-3
1	2	4	3	5	6	7	ja
1	2	4	3	5	7	6	ja
		.				(1260 Rangfolgen)	
		.					
6	5	7	4	3	1	2	ja
6	5	7	4	3	2	1	ja
6	(7)	.	.	.	.	.	nein: P-3 > P-2
(7)	.	.	.	.	.	.	nein: P-3 > P-1
T_{i11}	T_{i21}	T_{i12}	T_{i22}	T_{i23}	T_{i13}	T_{i14}	
3.2	3.2	6.4	3.2	4.0	4.0	4.0	

Man beachte, daß - analog zur Situation bei zensierten Beobachtungen - Differenzen in den Intervallängen nur dann Informationen beitragen, wenn für den entsprechenden Zeitraum die Möglichkeit des Eintretens eines Ereignisses (durch andere Beobachtungseinheiten desselben Blocks) gesichert ist. So können z.B. Patient 1 und Patient 2 nicht unterschieden werden, da für den zweiten Monat nach Beginn der Behandlung kein Ereignis nachgewiesen wurde; dagegen können Patient 3 und Patient 6 unterschieden werden, da im dritten Monat bei Patient 1 ein Ereignis beobachtet wurde.

Sei M(ij) die Anzahl von Beobachtungen im i-ten Block - unter der j-ten Behandlung-, die Informationen zur Unterscheidung der Behandlungen beitragen, so erhält man wie oben eine asymptotisch zentral χ^2_{p-1}-verteilte Prüfgröße $T := T'_+ (V_+)^- T_+$ wobei

$$T_i := (T_{i1}, \dots, T_{ip})'$$

$$T_{ij} := \frac{1}{M(ij)} \sum_{k=1}^{M(ij)} (T_{ijk} - T_{i..})^2$$

$$V_i := s_i^2 \begin{bmatrix} \frac{1}{M(i1)} - \frac{1}{M(i+)} & & -\frac{1}{M(i+)} \\ & \ddots & \\ -\frac{1}{M(i+)} & & \frac{1}{M(ip)} - \frac{1}{M(i+)} \end{bmatrix}$$

$$s_i^2 := \frac{1}{M(i+) - 1} \sum_{j=1}^{p} \sum_{k=1}^{M(ij)} (T_{ijk} - T_{i..})^2.$$

Unbalancierte Versuchspläne

Ungleiche Zellbesetzungen in multizentrischen Studien werden in der Regel nicht geplant, sondern entstehen als Folge zufälliger Störgrößen (von denen angenommen wird, daß sie von der Behandlung unabhängig sind). Verfahren zur Auswertung balancierter oder proportionaler Versuchpläne sind deshalb für realistische Studien häufig unbrauchbar; das oben angegebene Verfahren ist so allgemein gehalten, daß auch für unbalancierte Pläne (im Gegensatz etwa zum Verfahren von HAUX, SCHUMACHER und WECKESSER [6]) ein exakter Schätzer für die Kovarianzmatrix verwendet wird.

Da die Verfahren für semiquantitative Merkmale durch geeignete Bestimmung mittlerer Score-Vektoren auf den verallgemeinerten FRIEDMAN-Test zurückgeführt werden können, müssen unbesetzte Zellen (M(ij) = 0) wie dort besonders berücksichtigt werden:

1. Die Kovarianzmatrix V_i enthält bei unbesetzten Zellen in der entsprechenden j-ten Zeile und Spalte nur Nullen.

2. Die Verfahren von KLOTZ [10] sowie SKILLINGS und MACK [17] für Mehrfachvergleiche ergeben bereits für quantitative Merkmale inkonsistente Ergebnisse bei unbesetzten Zellen [19]. Analog dürfen bei semiquantitativen Merkmalen zur Berechnung von Paar- oder Mehrfachvergleichen anhand mittlerer Score-Vektoren nach SCHEFFE oder TUKEY nur Daten aus der Teilmenge I $(j_1, \dots, j_k)$ der insgesamt n Blöcke berücksichtigt werden, bei denen in allen zu vergleichenden Behandlungen jeweils mindestens eine Beobachtung Information zum Vergleich dieser Behandlungen beiträgt. Für Paarvergleiche nach SCHEFFE erhält man so unter H_0 asymptotisch zentral χ^2_{p-1}-verteilte Prüfgrößen.

$$T^{jj'} := \frac{\left[\sum_{i \in I(jj')} (T_{ij} - T_{ij'})\right]^2}{\sum_{i \in I(jj')} s_i^2 \left(\frac{1}{M(ij)} + \frac{1}{M(ij')}\right)} \sim \chi^2_{p-1}.$$

Für Paarvergleiche nach HOLM [7] ergibt sich diese Auswahl von Blöcken bereits durch die Berechnung neuer Blockränge für jeden Paarvergleich.

Zusammenfassung

Die hier vorgestellte Theorie zu nichtparametrischen Verfahren bei semiquantitativen Merkmalen liefert eine einheitliche Darstellung einer großen Klasse von Testverfahren für exakte (KRUSKAL und WALLIS, FRIEDMAN), zensierte (KAPLAN und MEIER) und unsichere Beobachtungen.

Die Darstellung auf der Grundlage von Rangstatistiken erleichtert die Interpretation der Versuchsergebnisse, da Hypothesen und Alternativen übersichtlich definiert sind; Anomalien, die z.B. bei dem Verfahren von GEHAN [5] beobachtet wurden, können so erklärt und vermieden werden. Die Wahl geeigneter Methoden (z.B. Score-Funktionen) kann auch für semiquantitative Merkmale auf die bekannten Ergebnisse für exakte Merkmale zurückgeführt werden.

Der einheitliche Algorithmus für eine Vielzahl von nichtparametrischen Verfahren erleichtert die Entwicklung von Auswertungssoftware, da nur noch ein Programm gepflegt werden muß; Modifikationen (z.B. die Wahl spezieller Score-Funktionen) können für alle Verfahren gemeinsam durchgeführt werden. Die Implementierung in ein statistisches Auswertungssystem (PANOS) auf einem Timesharing-Laborrechner (WANG 2200-LVP) ist in Vorbereitung.

Literatur

1. Abel, U., Edler, L., Weber, E.: Neuere statistische Methoden für die Analyse von Tumormarkerdaten. Tumordiagn. Ther. 4 (1983) 39-44.

2. Breslow, N.: A generalized Kruskal-Wallis test for comparing K samples subject to unequal patterns of censorship. Biometrika 57 (1970) 579-594.

3. Brown, G.W., Mood, A.M.: On median tests for linear hypotheses. Proc. 2nd Berkeley Symp. Math. Statist. 1 (1951) 159-166.

4. Friedman, M.: The use of ranks to avoid the assumption of normality implicit in the analysis of variance. J. Amer. statist. Ass. 32 (1937) 675-701.

5. Gehan, E.: A generalized Wilcoxon test for comparing arbitrarily singly censored samples. Biometrika 52 (1965) 203-223.

6. Haux, R., Schumacher, M., Weckesser, G.: A Rank Test for Complete Block Designs. Preprint Nr. 134. Heidelberg: Sonderforschungsbereich 123 der Universität.

7. Holm, S.: A simple sequentially rejective multiple test procedure. Scand. J. Statist. 6 (1979) 65-70.

8. Kalbfleisch, J.D., Prentice R.L.: Marginal likelihoods based on Cox's regression and life model. Biometrika 60 (1973) 267 - 278.

9. Kaplan, E.L., Meier, P.: Nonparametric estimation from incomplete observations. J. Amer. statist. Ass. 53 (1958) 457 - 481.

10. Klotz, J.: A modified Cochran-Friedman test with missing observations and ordered categorical data. Biometrics 36 (1980) 665-670.

11. Kruskall, W.H., Wallis, W.A.: Use of ranks in one-criterion variance analysis. J. Amer. statist. Ass. 47 (1952) 583-631.

12. Mantel, N.: Evaluation of survival data and two new rank order statistics arising in its consideration. Cancer Chemother. Rep. 50 (1966) 163-170.

13. Patel, K.M.: A generalized Friedman test for randomized block design when observations are subject to arbitrary censorship. Comm. Statist. A 2 (1975) 373-380.

14. Prentice, R.L.: Linear rank tests with right censored data. Biometrika 65 (1978) 167-179.

15. Scheffé, H.: The Analysis of Variance. New York: Wiley 1959.

16. Sen, P.K.: Asymptotically efficient tests by the method of n rankings. J. roy. statist. Soc. B 30 (1968) 312-317.

17. Skillings, J.H., Mack, G.A.: On the use of a Friedman-type statistic in balanced and unbalanced block designs. Technometrics 23 (1981) 171-177.

18. Wilcoxon, F.: Individual comparison by ranking methods. Biometrics 1 (1945) 80-83.

19. Wittkowski, K.: On the problem of missing cells in nonparametric multiple comparison methods. International Conference on Medical Statistics, Basel, 6.9.83. (unpublished).

20. Woolson, R.F., Lachenbruch, P.A.: Rank tests for censored randomized block designs. Biometrika 68 (1981) 427-435.

Aus der Abt. Medizinische Informatik (Leiter: Prof. Dr. C.Th. Ehlers), Georg-August-Universität Göttingen

Zur Methodik des Null-Befundes. Ein Beitrag zu dem von G. WAGNER aufgezeigten Problem

R. Klar, B. Graubner, C.Th. Ehlers

1. Einführung

1966 publizierte G. WAGNER [22] unter dem Titel 'Bedeutung und Verläßlichkeit des Null-Befundes in der Medizin' eine Arbeit, in der wahrscheinlich zum ersten Mal systematisch und umfassend das Problem des Null-Befundes in der Medizin behandelt worden ist. Unter einem Null-Befund ist dabei nicht nur der zahlenmäßige Befund 'Null', sondern auch der negative Befund zu verstehen. WAGNER zeigt in dieser bis heute richtungsweisenden Arbeit die stark vernachlässigte Behandlung des Null-Befundes im Gegensatz zum positiven Befund auf und gibt dafür mit psychologischem Hintergrund folgende Erklärung [22, S.44]: 'Ein positiver Befund ist im allgemeinen etwas, an das der Arzt sich halten kann. Dem Null-Befund kommt demgegenüber der Anschein der Sicherheit in weit geringerem Maße zu. Ihm haftet das Odium des Ungewissen, der Zufälligkeit, der methodischen Unzulänglichkeit, des Nichtbemerkens und des Vergessens an; sein Informationswert wird durch den häufig gar nicht oder nur sehr schwer abzuschätzenden Grad seiner Aussageverläßlichkeit beeinträchtigt.' Diese Einschätzung des Null-Befundes gilt sicherlich auch heute noch im Normalfall für die praktische Arbeit in der Medizin. Für die methodische Betrachtung des Null-Befundes haben sich aber inzwischen einige neue Aspekte ergeben, die hier zusammen mit den grundlegenden Erkenntnissen von WAGNER behandelt werden sollen.

In Anlehnung an WAGNER soll das Null-Befund-Problem in zwei Teile gegliedert werden: in das Problem der unterschiedlichen Bedeutungskategorien, also den semantischen Aspekt, und das Problem des Informationswertes, das hier als mathematisches und kognitives Problem der Quantifizierung des Null-Befundes behandelt werden soll.

2. Der semantische Aspekt des Null-Befund-Problems

Die unterschiedlichen Bedeutungen eines Null-Befundes lassen sich nach WAGNER in 7 Kategorien gliedern.

Herrn Prof. Dr. med. Gustav Wagner zum 65. Geburtstag gewidmet

SEMANTIK DES NULL-BEFUNDES

1. AUSSCHLUSSALTERNATIVE, NEGATIVER BEFUND

2. NICHT ERKANNTER BEFUND

3. AUSDRUCK ZUFÄLLIGER UMSTÄNDE

4. AUSSAGEUNGEWISSHEIT

5. UNKLARES GESAMTRESULTAT AUS BEFUNDKOMBINATIONEN

6. IDENTIFIZIERUNG MIT EINER "NORM"

7. NICHT ERHOBENER BEFUND

Abb. 1: Die sieben Bedeutungskategorien des Null-Befundes in Ahnlehnung an WAGNER [22] und PROPPE [19].

Die primäre Aussage eines Null-Befundes soll der explizit negative Befund nach Suche eines positiven Befundes sein. Streng betrachtet dient nur diese erste semantische Kategorie der Diagnostik, und nur sie soll bei den quantitativen Methoden berücksichtigt werden.

Die zweite Kategorie ist der Null-Befund im Sinne eines nicht erkannten Befundes als Ausdruck der Unerfahrenheit oder Flüchtigkeit des Untersuchers. Zur Reduzierung der Häufigkeit solcher Null-Befunde haben z. B. digitale bildgebundene Verfahren der Medizinischen Informatik in den letzten Jahren wesentlich beigetragen (siehe z. B. BERGER und HÖHNE [1]). Sogar ein flüchtig betrachtender, mit dem Verfahren kaum vertrauter Arzt kann heute manchen positiven Befund in der Computertomographie feststellen, den ohne diese Technik kein noch so sorgfältiger Experte entdeckt hätte.

Die dritte Kategorie des Null-Befundes bedeutet den Ausdruck zufälliger Umstände, z. B. technischer Störungen, die zu einem falsch-negativen Resultat führen. Auch hier haben Computerverfahren, z. B. der Qualitätssicherung in der Labordiagnostik, beachtliche Fortschritte erbracht. Ganz allgemein bezieht sich die Qualitätssicherung [21] nicht nur auf den apparativen und prozeßtechnischen Teil, sondern auf das gesamte ärztliche Handeln.

Die vierte Bedeutung des Null-Befundes ist Ausdruck einer Aussageungewißheit, die sich besonders aus schwer beurteilbaren Befundänderungen (besser, unverändert, schlechter) sowie schwer erkennbaren Befunden (z. B. beginnendes Karzinom) ergibt. Hierzu zählen auch Unsicherheiten in Grenzsituationen, wie der Zufallsbefund 'Null' bei kleinen Stichproben, die sich aber heute, z. B. durch den kostengünstigen Einsatz von Laborautomaten, oft vermeiden lassen. Praktisch haben alle Verfahren der Qualitätsverbesserung und der Vereinfachung in der Diagnostik diese Aussageungewißheit reduziert, und die Medizinische Informatik hat dazu einen wesentlichen Beitrag geleistet.

Der fünfte Typ des Null-Befundes resultiert nach WAGNER aus einem oft nicht eindeutig definierten Gesamtresultat nach Befundkombinationen. Nachdem GALEN und

GAMBINO [4] in aller Breite die verschiedenen Teststrategien erläutert haben, dürften hier auf formaler semantischer Ebene keine Unklarheiten mehr bestehen. In der quantitativen Betrachtung wird aber noch die Interpretation von Testkombinationen oder Symptomkomplexen zu behandeln sein.

Die sechste Bedeutungskategorie betrifft die Frage, was überhaupt als 'Null' oder normal zu betrachten ist. Die Identifizierung des Null-Befundes mit der Norm ist medizinspezifisch und höchst fragwürdig. Dieses Problem haben Methodiker zwar längst erkannt (siehe z. B. Koller [10]), aber erst in den letzten 10 Jahren ist es mit Arbeiten unter z. T. provozierenden Titeln wie 'Health, normality and the ghost of GAUSS' [2] deutlich tiefer und breiter bewußt gemacht worden. GALEN und GAMBINO [4, S.3] erläutern die sieben semantischen Kategorien des Normalen nach MURPHY [16] anschaulich anhand des Cholesterin-Normalwertes (Abb. 2) und führen den (unreflektierten) GAUSS'schen Ansatz ad absurdum: "Gesund ist, wer nicht oft genug untersucht wurde". Anstelle des 'Normalwertes' wird nun vermehrt der Begriff des 'Referenzwertes' benutzt [4,7], so daß viele Probleme dieser sechsten Art des Null-Befundes inzwischen als ansatzweise gelöst gelten können.

Bedeutungsinhalt des Begriffs "normal"	Anwendungsbereich	bevorzugte Begriffe	konkretes Anwendungsbeispiel: Normalwerte des Serumcholesterins
1. Wahrscheinlichkeitsfunktion der Gesamtheit	Statistik	GAUSS-Verteilung (Glockenkurve)	Werte sind normalverteilt
2. repräsentativster Punkt	deskriptive Wissenschaften	Mittelwert, Median	Mittelwert
3. Bereich mit häufigster Besetzung	deskriptive Wissenschaften	Vertrauensbereich, Normalbereich	Normalbereich im Sinne eines klin.-chem. Laboratoriums, Referenz-Bereich (ranghäufigste Werte)
4. am besten bzgl. des Überlebens	Genetik, Operations Research	optimal, am besten angepaßt	günstigste Werte bzgl. Fortpflanzung u. Überleben
5. ohne Schadensfolge	klinische Medizin	unschädlich, harmlos	Wertebereich, bei dem keine schädlichen Auswirkungen zu erwarten sind
6. üblicherweise angestrebt	Politik, Soziologie	konventionell	von Fachkommission als optimal empfohlener Wertebereich
7. am perfektesten in der betr. Klasse	Metaphysik, Ästhetik, Moral	ideal	Idealwert

Abb. 2: Die Semantik des 'Normalen' in Anlehnung an MURPHY [16] und GALEN und GAMBINO [4, S. 2f.]

Die siebente und letzte Bedeutungskategorie des Null-Befundes stellt den gar nicht erst erhobenen Befund dar. In der Datenverarbeitung sind spezielle Vollständigkeits-Prüfverfahren zur Erkennung der Fälle entwickelt worden, bei denen versehentlich keine Befunde erhoben oder generell einzelne Merkmale gar nicht erfaßt worden sind. Besonders die Dialogverarbeitung bietet hier schon bei der Erfassung während der Untersuchung oder Befragung differenzierte Hilfen zur Steigerung der Datenqualität und vor allem der Vollständigkeit. Wir haben sowohl für die Massendatenverarbeitung [18] als auch für den Microcomputereinsatz, z. B. bei der Erhebung zahnärztlicher Befunde [17], die Leistung solcher Prüfroutinen im Vergleich zur konventionellen Erfassung gemessen und per Computer eine Reduktion der Fehlerrate bis zum Faktor 15 erzielt.

Zusammenfassend ist für den semantischen Aspekt des Null-Befundes festzuhalten, daß die Unterscheidung zwischen den wichtigsten Bedeutungen wie negativ, unverändert, nicht entscheidbar und nicht erhoben weiterhin ein unverzichtbarer Bestandteil medizinischer Dokumentation bleibt, daß aber innerhalb dieser Kategorien dank der Bemühungen der Medizinischen Informatik beachtliche Fortschritte zur Lösung des Null-Befund-Problems erzielt worden sind.

3. Quantitative Aussagen zum Null-Befund-Problem

Zum Informationswert des Null-Befundes bemerkt WAGNER [22, S.41] einleitend: 'Der Wert einer Information wird durch ihre Zuverlässigkeit bestimmt. Eine falsche Information ist nichts wert. Zwischen richtig und falsch gibt es aber - insbesondere bei quantitativen Informationen - vielerlei Grade der Zuverlässigkeit.' Zur quantitativen Aussagekraft des Null-Befundes hat WAGNER [22] in Anlehnung an HEYMANN [6] ein prägnantes Beispiel gebraucht, das hier benutzt werden soll: Der Null-Befund (negatives Testresultat) der Lues-Seroreaktion wird als Ausschlußkriterium für die Diagnose einer Syphilis betrachtet. Diese Seroreaktion besitze eine Sensitivität von S = 95% und eine Spezifität von Z = 99%. In einer auslesefreien Stichprobe der Population betrage die Prävalenz V = 1% für diese Krankheit. Auf der Basis des BAYES'schen Theorems ergibt sich für den prädiktiven Wert des positiven Befundes (die Nachweiswahrscheinlichkeit) W+ = 48,97% und für den prädiktiven Wert des negativen Resultates (die Ausschlußwahrscheinlichkeit) W^- = 99,95%. WAGNER weist auf den zunächst verblüffend groß erscheinenden Unterschied dieser Werte hin und betont die Prävalenzabhängigkeit der Ausschlußwahrscheinlichkeit des serologischen Null-Befundes, die im Extremfall der 100%igen Prävalenz - etwa auf einer Syphilitiker-Station - auf W^- = 0% absinken kann.

Bemerkenswert an dieser Darstellung von WAGNER ist, daß sie 2 Jahre vor der fundamentalen Arbeit von LUSTED [12] zur Theorie der medizinischen Entscheidungsfindung (Medical Decision Making), in deren Rahmen heute diese Probleme behandelt werden, erschienen ist. Auch WAGNER hat nicht als erster die Bedeutung der prädiktiven Werte erkannt -schließlich ist das BAYES'sche Theorem 220 Jahre alt (1763)-, aber ihm ist es zumindest im deutschsprachigen Raum gelungen, darauf mit anschaulichen klinischen Beispielen, besonders auch zum Null-Befund, hinzuweisen. Die Leistungen von LUSTED [12,13], GALEN und GAMBINO [4] und anderen (z. B. [11]) zur Entwicklung der elementaren medizinischen Entscheidungstheorie, die inzwischen zu Recht eine sehr weite Verbreitung gefunden hat, liegen weniger in methodisch neuen Erkenntnissen als vielmehr in ihrem Geschick, für den praktisch tätigen Arzt anschauliche, leicht verständliche und anregende Beispiele und Anwendungen gefunden zu haben.

Die eingangs erwähnte kognitive Schwierigkeit, besonders bei quantitativen und mathematischen Methoden, ist erst mit Hilfe elementarer Methoden der medizinischen Entscheidungstheorie in vielen neuen Aspekten erfolgreich behandelt worden. Schließlich muß die Medizinische Informatik und Statistik nicht nur methodisch korrekt forschen und arbeiten, sondern auch ihre Methoden nach einem kognitiven Lernprozeß in die Medizin einbringen. Dabei müssen die ärztlicherseits vorhandenen Erwartungen ausgenutzt und weiterentwickelt werden, und es sind die zu vermittelnden Methoden auf die medizinische Umwelt zu orientieren.

Das Beispiel der negativen Lues-Seroreaktion soll daher nicht nur aus methodischem Interesse, sondern auch rein pragmatisch weiter untersucht werden. Da bei WAGNER und der von ihm zitierten Literatur die Formeln zur direkten Berechnung der prädiktiven Werte aus Sensitivität S, Spezifität Z und Prävalenz V noch nicht zu finden sind, seien sie hier aufgeführt (siehe auch KLAR et al. [8,9]):

$$W^+ = \frac{S \cdot Z}{1-Z+(S+Z-1) \cdot V}, \quad W^- = \frac{Z \cdot (1-V)}{1-S+(S+Z-1) \cdot (1-V)}$$

Der hier besonders interessierende prädiktive Wert des Null-Befundes W^- zeigt die in Abb. 3 für das o. g. Beispiel (S = 0,95; Z = 0,99) dargestellte Form mit den immer wieder verblüffend kleinen Werten bei hohen Prävalenzen, d.h. der dann sehr geringen Aussagekraft der Null-Befunde. Diese Schwierigkeit, einen Gesunden - etwas verallgemeinert ausgedrückt - in einem kranken Umfeld zu erkennen, ist genau das komplementäre Problem zum präventiv-medizinischen Screening, einen Kranken im gesunden Umfeld zu finden. Es sei betont, daß sich diese Schwierigkeit keineswegs nur auf die einfach quantifizierbaren Null-Befunde von Labortests bezieht. Im berühmt-berüchtigten ROSENHAN-Experiment [20] gelang es in 12 verschiedenen Kliniken keinem einzigen Psychiater, den sich völlig normal verhaltenden Pseudopatienten mit nur einer einzigen halluzinatorischen Episode in der Pseudoanamnese als gesund zu erkennen.

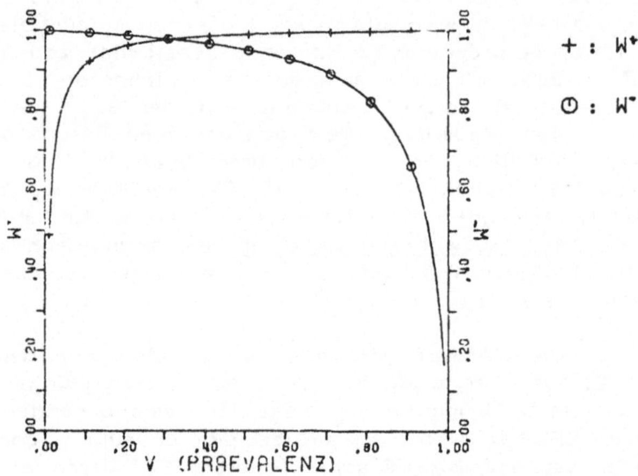

Abb. 3: Der prädiktive Wert des positiven Befundes W^+ und der prädiktive Wert des Null-Befundes (negativen Befundes) W^- als Funktion der Pravalenz V für die Lues-Seroreaktion (nach [6]) mit der Sensitivität S = 95% und der Spezifität Z = 99%.

Soll dem prädiktiven Wert des Null-Befundes W^- eine große Aussagekraft zugeordnet werden, ist neben der Prävalenzabhängigkeit noch zu untersuchen, welche der beiden Größen Sensitivität und Spezifität den stärkeren Einfluß auf W^- hat. FINK und GALEN [3] haben darauf hingewiesen, daß W^- stärker auf Änderungen der Sensitivität S als der Spezifität Z reagiert (bei W^+ verhält es sich genau umgekehrt). Wir möchten hierzu aus einer Betrachtung der partiellen Differentialquotienten von W^- ergänzen, daß diese Beziehung, die für ein großes W^- ein großes Z fordert, nur für den in praxi nicht seltenen Fall gilt, daß S und Z deutlich größer als 0,5 sind.

Die Zuverlässigkeit oder Reliabilität eines Testresultats läßt sich, wie MAI und HACHMANN [14] gezeigt haben, mit den prädiktiven Werten quantitativ beschreiben. Das gilt auch für den Null-Befund. Für die quantitative Analyse der Reliabilität wollen wir nun noch die Vorkenntnis über die relative Häufigkeit des Fehlens der Krankheit berücksichtigen. Diese vor der Befunderhebung bekannte Häufigkeit der 'Gesunden' ist das Komplement zur Prävalenz, also gleich (1-V). Wir [9] haben daher einen Vorhersagegewinn G^- für das negative Testresultat, also für den Null-Befund, folgendermaßen definiert:

$$G^- = W^- - (1-V).$$

Nur der das Komplement zur Prävalenz überschreitende Anteil des prädiktiven Wertes des Null-Befundes liefert eine zusätzliche Kenntnis. Wie dieser Vorhersagegewinn mit dem Informationsgehalt verknüpft ist, haben wir an anderer Stelle [8] abgeleitet. Abb. 4 zeigt G^- als Funktion der Prävalenz, wieder für das o. g. Beispiel der Lues-Seroreaktion, und auch hier wird die steil abnehmende Bedeutung des Null-Befundes hinsichtlich des Krankheitsausschlusses bei sehr hohen Prävalenzen deutlich.

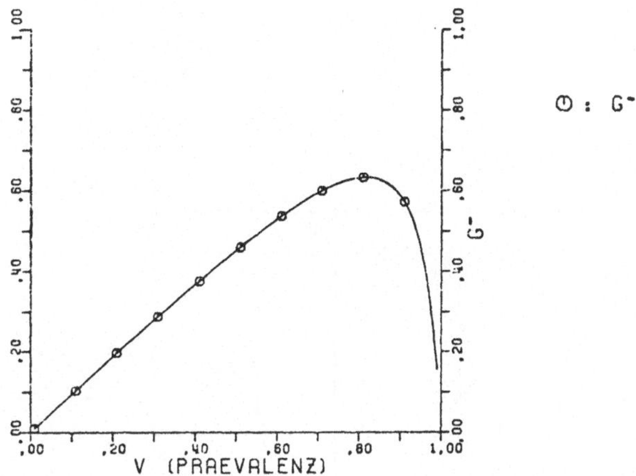

Abb. 4: Der Vorhersagegewinn des Null-Befundes $G^{-} = W^{-}-(1-V)$ als Funktion der Prävalenz V für die Lues-Seroreaktion entsprechend Abb. 3.

Einen methodisch ebenfalls in der medizinischen Entscheidungstheorie liegenden interessanten anderen Ansatz benutzen GORRY, PAUKER und SCHWARTZ [5]. In ihrer Arbeit 'The diagnostic importance of the normal finding' im New England Journal of Medicine beziehen sie Null-Befunde (normal findings) nicht auf die Bestätigung oder den Ausschluß einer Krankheit, sondern auf die differentialdiagnostische Trennung mehrerer Krankheiten. Sie zeigen in 4 anschaulich erläuterten und einfach nachzuvollziehenden klinischen Beispielen mit 2 bis 4 Differentialdiagnosen, daß Null-Befunde genau so wertvoll wie pathologische Befunde sein können. Dabei machen sie folgende Wechsel der Diagnosewahrscheinlichkeit aufgrund von Null-Befunden deutlich: 'gleich zu unterschiedlich', 'unterschiedlich zu gleich' und 'abgestuft zu nahezu gegensinnig abgestuft'. Ihre Methode verlangt zwar die vorherige Schätzung von Wahrscheinlichkeiten, kommt dann aber ohne komplizierte mathematische Formeln aus.

Für methodisch weitergehend Interessierte haben wir allerdings dem von uns zitierten Beispiel in den Spaltenüberschriften die entsprechenden Erläuterungen hinzugefügt (Abb. 5):

Ein 55jähriger männlicher Patient leidet seit einem Jahr an zunehmenden Oberbauchbeschwerden und hat 10 kg abgenommen. Die körperliche Untersuchung und das EKG ergeben normale Befunde. Der Hämatokritwert ist etwas vermindert (35 %), das Gesamtbilirubin leicht erhöht (1,6 mg/100 ml), der Haemoccult-Test weist Blut im Stuhl nach. Glukosetoleranztest und orale Cholecystographie sind unauffällig. Die wichtigsten in Frage kommenden Diagnosen D_i sind: D_1 = Magengeschwür, D_2 = Magenkarzinom, D_3 = Pankreaskarzinom und D_4 = Zwölffingerdarmgeschwür. Die jetzt durchgeführte röntgenologische Magendarmpassage ergibt keinen krankhaften Befund.

Vor der Magendarmpassage schätzte der Kliniker die Prävalenzen $P(D_i)$ der möglichen Diagnosen (siehe Spalte A in Abb. 5), und der Radiologe gab an, mit welcher bedingten Wahrscheinlichkeit $P(T-|D+)$ er bei jeder der vier Diagnosen einen

i	DIFFERENTIAL-DIAGNOSEN	A PRÄVALENZ; DIAGNOSEN-WAHRSCHEIN-LICHKEIT VOR DER MDP $P(D_i)$	B INZIDENZ DER NEG. MDP BEI DEN DIA-GNOSEN D_i $P(T- \mid D_i+)$	C THEORETISCHE ANZAHL DER PATIENTEN MIT NEG. MDP [A · B/100] FN	D NEUE DIAGNOSEN-WAHRSCHEINLICH-KEIT NACH DER NEG. MDP [C · 100/Σ] $P(D_i+ \mid T-)$
1	MAGENGESCHWÜR	30 %	10 %	3	10 %
2	MAGENKARZINOM	30 %	5 %	1,5	5 %
3	PANKREASKARZINOM	30 %	80 %	24	81 %
4	ZWÖLFFINGERDARM-GESCHWÜR	10 %	10 %	1	3 %
				Σ = 29,5	

Abb. 5: Der Einfluß einer negativen (normalen) röntgenologischen Magendarmpassage (MDP) (Null-Befund) auf die Diagnosewahrscheinlichkeiten bei einem Patienten mit Oberbauchbeschwerden (nach [5]).

Null-Befund bei der Magendarmpassage erwartet (Spalte B.) Die sich daraus ergebende theoretische Anzahl der Patienten mit negativem Röntgenbefund, also – mit Einschränkung – falsch-negativem Befund FN, ist für jede der 4 Diagnosen in Spalte C aufgeführt und ergibt sich aus C = A*B/100. Die so aus dem negativen Ergebnis der Magendarmpassage resultierende neue bedingte Wahrscheinlichkeit $P(D_i+|T-)$ für jede der Diagnosen D_i ist in Spalte D ausgewiesen, wobei D = C*100/Σ gilt. Auf der Basis des radiologischen Null-Befundes der Magendarmpassage verändern sich also die ursprünglich vom Kliniker angenommenen Diagnosenwahrscheinlichkeiten erheblich: Magengeschwür, Magenkarzinom und Pankreaskarzinom waren mit je 30% gleich wahrscheinlich (Spalte A); nun jedoch ist mit 81% das Pankreaskarzinom die eindeutig wahrscheinlichste Diagnose.

Die differentialdiagnostische Bedeutung des Null-Befundes läßt sich in Ergänzung zu GORRY et al. [5] analytisch verallgemeinert auch in einer ungewöhnlichen Formulierung des BAYES'schen Theorems darstellen:

$$P(D_i+ \mid T-) = \frac{P(T- \mid D_i+) \cdot P(D_i+)}{\sum_i P(T- \mid D_i+) \cdot P(D_i+)}.$$

Für D_1+ (Magengeschwür) des obigen Beispiels seien hier zu Demonstrationszwecken die Werte eingesetzt:

$$P(D_1+ \mid T-) = \frac{0{,}1 \cdot 0{,}3}{0{,}1 \cdot 0{,}3 + 0{,}05 \cdot 0{,}3 + 0{,}8 \cdot 0{,}3 + 0{,}1 \cdot 0{,}1} = \frac{0{,}03}{0{,}295} = 0{,}1.$$

Der von GORRY et al. [5] benutzte Vergleich der A-posteriori-Wahrscheinlichkeit $P(D_i+|T-)$ mit der A-priori-Wahrscheinlichkeit $P(D_i+)$ würde analog zum oben benutzten Vorhersagegewinn G^- ebenfalls eine prävalenzabhängige Differenz liefern, auf die hier nicht mehr eingegangen werden soll. Schließlich können nahezu beliebig viele prognostische Kenngrößen auch für den Null-Befund definiert werden, die aber zu einer verwirrenden Vielfalt und in der konkreten ärztlichen Entscheidungssituation zu einem höchst irritierenden Bild führen würden. Die Fachgruppe Medizinische Informatik der Freien Universität Amsterdam [15] hat das selbstkritisch und nicht ohne Ironie in einer Karikatur verdeutlicht (Abb. 6) Es sei deshalb nochmals betont, daß das ärztliche Umfeld in den Entscheidungsprozeß einbezogen werden muß, und zwar nicht nur im (kognitiven) Lernprozeß, sondern viel mehr noch im eigentlichen ärztlichen Handeln, das z. B. auf therapierelevante Differentialdiagnostik und ethische Normen Wert legen muß. Nicht alle Beispiele bei GORRY et al. lassen das erkennen, und es fehlt auch das systematische Einbeziehen der ärztlicherseits bei unklaren Fällen regelmäßig angeordneten weiteren Tests.

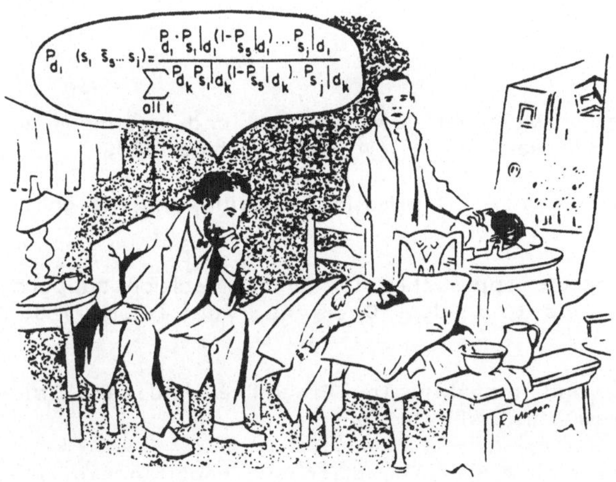

Abb. 6: Karikatur [15] zur Bedeutung des BAYES'schen Theorems.

Wie bereits eingangs erwähnt, wies schon WAGNER [22] auf das Problem von Null-Befunden bei <u>Testkombinationen</u> hin. Es kann hier nicht auf die Fülle der verschiedenen Teststrategien eingegangen werden - schon bei serieller und paralleler Ausführung von 2 Tests gibt es 6 verschiedene Möglichkeiten von Null-Befunden für das Gesamtergebnis -, und es kann auch nicht das Problem der in praxi oft gegebenen Abhängigkeit der Tests diskutiert werden (siehe hierzu [3,4]).

Wir wollen lediglich ein typisches Beispiel aus dem Bereich der unkorrellierten seriellen Testkombinationen theoretisch ausführen. (Der Begriff 'Test' steht hier als Kurzform für jedes medizinische Merkmal (Befund, Symptom, anamnestische Angabe usw.), das als positive oder negative (Null) Ausprägung für die Bestätigung oder den Ausschluß einer Krankheit genutzt wird.) In dieser Testserie, die z. B. dem Ausschluß einer Krankheit oder der nicht weniger wichtigen Frage des Freiseins von Nebenwirkungen eines Medikaments dient, sollen die Null-Befunde des Tests T_i das Gesamtkollektiv für den nächstfolgenden Test T_{i+1} bilden. Dann wird im Test T_i der prädiktive Wert der Null-Befunde W_i^- gleich dem Komplement der Prävalenz $(1-V_{i+1})$ zum Test T_{i+1}:

$$W_i^- = 1-V_{i+1} .$$

Aus der A-posteriori-Wahrscheinlichkeit des vorangehenden Tests wird eine A-priori-Wahrscheinlichkeit für den folgenden Test. Damit wird nochmals die enge Verbindung zwischen prädiktivem Wert und Prävalenz deutlich, und zwar diesmal für den Null-Befund dargestellt.
Der Vorhersagegewinn des Null-Befundes G_i^- ergibt sich dann zu

$$G_i^- = V_i - V_{i+1} .$$

Es wird also nur dann eine bessere Prognose ($G_i^- > 0$) für den Krankheitsausschluß bei dieser Teststrategie erzielt, wenn die Prävalenz von Test zu Test sinkt.

4. Schluß

Das von WAGNER aufgezeigte Problem des Null-Befundes ist in vielen Aspekten, besonders mit Hilfe der Methoden der angewandten Medizinischen Informatik und der Entscheidungstheorie, einer Lösung nähergebracht worden. Es ist jedoch immer noch eine Reihe methodischer Fragen und Probleme zu bearbeiten, die der Umsetzung zugehöriger alter und neuer Erkenntnisse in die medizinische Praxis dienen sollen.

Literatur

1. Berger, J., Höhne, K.H. (Hrsg.): Methoden der Statistik und Informatik in Epidemiologie und Diagnostik. Berlin-Heidelberg-New York: Springer 1983.

2. Elvenback, L.R., Guillier, C.L., Keating, F.R.: Health, normality and the ghost of Gauss. J. Amer. med. Ass. 211 (1970) 69-75.

3. Fink, D.J., Galen, R.S.: Probabilistic approaches to clinical decision support. In William, T. (Edit.): Computer Aids to Clinical Decisions. Vol. II, pp. 1-65. Boca Raton: CRC Press 1982.

4. Galen, R.S., Gambino, S.R.: Beyond Normality: The Predictive Value and Efficiency of Medical Diagnoses. New York: Wiley 1975.

5. Gorry, G.A., Pauker, S.G., Schwartz, W.B.: The diagnostic importance of the normal finding. New Engl. J. Med. 298 (1978) 486-489.

6. Heymann, G.: Über den Beweiswert serologischer Reaktionen. Klin. Wschr. 33 (1955) 441-445.

7. Holland, W.W., Whitehead, T.P.: Value of new laboratory tests. Lancet 1974, II: 391-394.

8. Klar, R., Reuter, R.: Vergleich zweier unterschiedlicher Ansätze von A-posteriori-Kenngrößen für die Bewertung diagnostischer Tests. In Berger, J., Höhne, K. H. (Hrsg.): Methoden der Statistik und Informatik in Epidemiologie und Diagnostik, S. 407-413. Berlin-Heidelberg-New York: Springer 1983.

9. Klar, R., Schicha, H.: Sensitivität, Spezifität und prädiktiver Wert als Beurteilungshilfen für die Qualität der klinischen Routinediagnostik. In Selbmann, H. K., Schwartz, F. W., Eimeren, W.van (Hrsg.): Qualitätssicherung in der Medizin, S. 150-159. Berlin-Heidelberg-New York: Springer 1981.

10. Koller, S.: Problems in defining normal values. Bibl. haemat. 21 (1965) 125-128.

11. Koller, S.: Mathematisch-statistische Grundlagen der Diagnostik. Klin. Wschr. 45 (1967) 1065-1072.

12. Lusted, L.B.: Introduction to Medical Decision Making. Springfield: C. C. Thomas 1968.

13. Lusted, L.B.: Clinical decision making. In de Dombal, F.T., Grémy, F. (Eds): Decision Making and Medical Care: Can Information Science Help?, pp. 77-98. Amsterdam: North-Holland 1976.

13. Mai, N., Hachmann, E.: Anwendung des BAYES-Theorems in der medizinschen Diagnostik. Metamed 1 (1977) 161-205.

15. Morgan, R.: Blokcursus medische informatica. Vakgroep Medische Informatica. Vrije Universiteit Amsterdam 1983.

16. Murphy, E.A.: The normal and the perils of the sylleptic argument. Perspect. Biol. Med. 15 (1972) 566-582.

17. Pieper, R., Klar, R., Kessler, P.: Use of a microcomputer for recording dental epidemiologic data. Community Dent. Oral Epidem. 9 (1981) 178-181.

18. Pietrzyk, P., Klar, R.: EDV-Methoden zur Qualitätssicherung der Erfassung medizinischer Daten. Vortrag auf der 26. GMDS-Jahrestagung, 21.-23.9.1981 in Gießen.

19. Proppe, A.: Datenerfassung. In Koller, S., Wagner, G. (Hrsg.): Handbuch der medizinischen Dokumentation und Datenverarbeitung, S. 199-211. Stuttgart: Schattauer 1975.

20. Rosenhan, D.L.: On being sane in insane places. Science 179 (1973) 250-258.

21. Selbmann, H.K., Schwartz, F.W., Eimeren, W.van (Hrsg.): Qualitätssicherung in der Medizin. Berlin-Heidelberg-New York: Springer 1981.

22. Wagner, G.: Bedeutung und Verläßlichkeit des Null-Befundes in der Medizin. Meth. Inform. Med. 5 (1966) 40-44.

Aus der Gesellschaft für Strahlen- und Umweltforschung, Neuherberg, Institut für Medizinische Informatik und Systemforschung (Direktor: Prof. Dr. W. van Eimeren)

Behandlung von fehlenden Werten in den Statistik-Programmsystemen BMDP, SAS und SPSSx

M. Sund, Birgit Filipiak, Kira Schulz

1. Einleitung

Als wir gebeten wurden, auf der 28. Jahrestagung der GMDS etwas zum Thema 'Fehlende Werte in Statistik-Programmsystemen' vorzutragen, sagten wir zu, weil wir aus der täglichen Erfahrung im Umgang mit Statistikpaketen und ihren Benutzern wissen, daß es da immer knifflige Probleme gibt, und deshalb überzeugt waren, darüber etwas einigermaßen Interessantes sagen zu können. Natürlich mußten wir das Thema erst einmal eingrenzen und auf die bei uns hauptsächlich verwendeten Pakete beschränken, nämlich BMDP, SAS und das neue SPSSx. Wir beabsichtigten, zunächst die informatischen Aspekte des Themas abzuhandeln, die Benutzern erstaunlich oft Schwierigkeiten machen. Dazu gehört, wie man in den Daten fehlende Werte in der einen oder anderen Weise kennzeichnen kann, was die genannten Pakete mit diesen Codes beim Einlesen der Daten machen, was mit den fehlenden Werten bei Datenmodifizierungen geschieht, wie sie dabei vielleicht erst neu entstehen usw. Dann wollten wir als Statistiker zu der uns besonders interessierenden Seite des Problems kommen, nämlich der statistischen Behandlung fehlender Werte, d.h. der Frage, was die Pakete mit diesen Löchern in den Daten bei der Berechnung von Funktionen wie Verteilungsparameter, Teststatistiken, Modellen usw. tun.

Da es aber bei den Informatikaspekten ja immer auf minutiöseste Details ankommt und obwohl jede(r) von uns damit seit Jahren vertraut ist oder vertraut zu sein glaubt als Anwender der Pakete, als Berater für viele andere Anwender und im Falle von BMDP auch als Umsteller des Programmcodes auf eine andere Anlage, stellte sich die Informatikseite als ein nicht unbeträchtliches Forschungsprojekt heraus, dessen letzte Wahrheiten in Einzelfällen ohne Zugang zum Programmcode nicht zu eruieren waren. Der Hauptgrund dafür liegt darin, daß diese Dinge aus den vorhandenen Programmdokumentationen eher schlecht bis gar nicht zu ersehen sind, erst recht nicht für den eher gelegentlichen Anwender solcher Pakete und natürlich den Anfänger. Es ist wohl so, daß das Problem der fehlenden Werte für den Benutzer zunächst ein Programmierproblem ist, daß die Programmpakete dafür aber keine einfache, konsistente und widerspruchsfreie Programmiersprache bieten, so daß die Auswirkungen der Programmierbemühungen oft Glückssache sein können.

So ist aus unserem Vorhaben in der Hauptsache ein Beitrag zur Dokumentation der Behandlung von fehlenden Werten in den drei Paketen geworden, weswegen im folgenden die Pakete auch getrennt beschrieben werden.

2. Behandlung von fehlenden Werten in BMDP

Beschrieben wird BMDP'82, das BMDP-System von 1982 in einer IBM-CMS-Version unter Zuhilfenahme der bei uns umgestellten SIEMENS-BS2000-Version BMDP'81. Die dafür verfügbare Programmdokumentation ist allerdings der reinste Fleckerlteppich. Sozusagen das Grundmuster bildet das 1981er Manual, das schon nicht aus einem Guß ist, da manche Neuerungen nicht in den Text des Vorgängermanuals eingearbeitet, sondern irgendwo angefügt wurden. Daneben gibt es einige Dokumente, die Funktionen beschreiben, die nicht oder so nicht im Manual stehen und deshalb unerläßlich sein können: den 'BMDP USER'S DIGEST' [4], der als eine handliche Kurzfassung des Manuals gedacht ist; die Hauszeitschrift 'BMDP COMMUNICATIONS'; die 'UPDATE NOTICES', mit denen BMDP Korrekturen des Programm-Codes veranlaßt. Die Programme drucken auf Wunsch (mit /PRINT NEWS.) Anmerkungen, die so neu meistens auch nicht sind. Manche Beschreibung existiert überhaupt nicht, wie z.B. die vollständige(re) Beschreibung des ANOVA-Programms BMDP4V. Seit kurzem gibt es schließlich noch ein deutschsprachiges Manual [2], das durchaus hilfreich ist, aber ebenfalls manches offenläßt.

Es ist jedenfalls oft nicht ganz einfach, die Existenz, Form und Bedeutung einer BMDP-Steueranweisung aus all diesen Quellen herauszudestillieren. Die Situation wird sich auch für das demnächst verschickte BMDP'83 nicht wesentlich verbessern, da das 1983er Manual [3] wieder keine Neufassung ist, sondern ein '1983 Revised Printing' des 1981er Manuals, das schon wieder hoffnungslos veraltet ist, weshalb eine beträchtliche Zahl von Neuerungen nur in einer 25-seitigen Zusammenstellung aufgeführt ist, die jedoch als Einlegeseiten für den 1982er DIGEST gedacht sind. Wann wird es endlich einmal ein Programmanual geben, das ähnlich wie bei Systemmanualen in Loseblattform existiert und mit Ergänzungslieferungen schnell auf einen wirklich aktuellen Stand gebracht werden kann?

Dieses Dilemma betrifft auch und vielleicht sogar vor allem die Beschreibung der Behandlung von fehlenden Werten.

2.1 Interne Darstellung von fehlenden Werten

BMDP kennt drei interne Kennzeichnungen für fehlende Werte. Im engeren Sinn als fehlend gilt ein Datenwert intern, wenn beim Einlesen und beim Modifizieren der Daten kein für die Berechnungen gültiger Wert entstanden ist. Im weiteren Sinn zählen in BMDP dazu auch die Werte, die einen vom Benutzer angegebenen Zahlenbereich über- oder unterschreiten. Zur Kennzeichnung dieser drei Typen von fehlenden Werten verwendet BMDP die drei BMDP-Konstanten XMIS, TOOBIG und TOOSMALL, deren tatsächlicher numerischer Wert für den Benutzer ohne Bedeutung ist.

2.2 Entstehung von fehlenden Werten beim Einlesen der Daten

Unmittelbar vor dem Lesen eines neuen Falles werden alle in Betracht kommenden Variablen, die einzulesenden, aber auch die zusätzlich zu erzeugenden und die temporären Variablen, als (noch) fehlend betrachtet und konsequenterweise mit der BMDP-Konstanten XMIS vorbesetzt. Diese Vorbesetzung kann intern im wesentlichen nur durch reelle Zahlen in einfach-genauer Floating-Point-Darstellung überschrieben werden sowie durch die beiden anderen BMDP-Konstanten TOOBIG und TOOSMALL. Die erlaubten Zahlendarstellungen in den Eingabedaten folgen im wesentlichen den Konventionen von FORTRAN-IV. Beim unformatierten Lesen werden die Zahlen durch mindestens ein Leerzeichen oder durch ein Komma getrennt erwartet.

Im folgenden werden nun die Fälle beschrieben, in denen beim Lesen Variablenwerte als fehlend erkannt oder als fehlend eingestuft werden:

- Als fehlend gilt ein einzulesender Wert natürlich in erster Linie, wenn kein Wert gecodet wurde.

  Beim unformatierten Lesen wird dieser Fall durch zwei aufeinander folgende Kommata erkannt, zwischen denen sich allenfalls Leerzeichen befinden. Beim formatierten Lesen erfüllt den gleichen Zweck ein Feld, das ausschließlich Leerzeichen enthält, vorausgesetzt, die entsprechende Programmoption ist eingeschaltet (mit /VARIABLE BLANKS=MISSING.). Diese gilt dann für alle einzulesenden Variablen in gleicher Weise. Die Alternative (/VARIABLE BLANKS=ZERO.) gilt ebenfalls für alle einzulesenden Variablen in gleicher Weise, es sei denn, der Benutzer verwendet für einzelne Variable die NONBLANK-Funktion des TRANSFORM-Paragraphen (z.B. als X=NONBLANK(X).). Für diese Variable wird abweichend ein leeres Feld doch wieder als fehlender Wert interpretiert. Das klingt ein bißchen umständlich und ist es auch, aber im Moment ist dies in BMDP der einzige Weg, zwischen 'Null' und 'Blank' bei der einen Variablen zu unterscheiden und bei einer anderen nicht.

- Als Kennzeichnung eines fehlenden Wertes in den Eingabedaten kann bei beiden Einlesearten auch das Stern-Zeichen (*) dienen.
  Beim unformatierten Lesen kann statt dessen auch ein anderes Zeichen gewählt werden (mit /INPUT MCHAR='c'.).
  Beim formatierten Lesen ist dies entgegen der Beschreibung im Manual und im Digest zumindest in unserer CMS-Version nicht möglich.

- Zur Kennzeichnung eines fehlenden Wertes kann bei beiden Einlesearten auch pro Variable eine Zahl verwendet werden, die der Benutzer explizit vereinbaren muß (mit /VARIABLE BEFORE. MISSING=...), wodurch diese Zahl vor der Datenmodifizierung, beim Lesen also, zur Einstufung der einzulesenden Variablen als fehlend führt. Ähnlich kann der Benutzer den gültigen Zahlenbereich einschränken (mit /VARIABLE MINIMUM=... und/oder MAXIMUM=...). Gegebenenfalls wird der Variablen dann der Wert der BMDP-Konstanten TOOBIG oder TOOSMALL zugewiesen.

- Als fehlend, weil ungültig, können beim formatierten Lesen Zahlendarstellungen eingestuft werden, die eingestreute und/oder nachfolgende Leerzeichen enthalten (mit /INPUT BLEVEL=...).

2.3 Entstehung von fehlenden Werten beim Modifizieren der Daten

Zur Programmierung von Datenmodifizierungen steht dem Benutzer die Sprache des TRANSFORM-Paragraphen zur Verfügung. Sie ermöglicht arithmetische und logische Operationen, enthält die wichtigsten mathematischen Funktionen, erlaubt eine IF-THEN-Struktur, Schleifenbildung, die Erzeugung neuer Variablen, die Verwendung von temporären Hilfsvariablen usw. 'Lags' können gebildet werden, indem die neu zu erzeugenden und die temporären Variablen nur für den ersten einzulesenden Fall mit XMIS vorbesetzt werden und spätere Fälle die Werte des vorhergehenden Falles enthalten (mit /VARIABLE RETAIN.).

Im folgenden werden die Fälle beschrieben, in denen bei der Datenmodifizierung Variablenwerte als fehlend eingestuft werden (dabei ist hervorzuheben, daß BMDP bei allen Operationen das Vorkommen von XMIS, TOOBIG und TOOSMALL selbständig überprüft):

- Das Resultat einer arithmetischen Operation wird als fehlend eingestuft und auf XMIS gesetzt, wenn mindestens eine(r) der beteiligten Variablen oder Ausdrücke einen unzulässigen Wert hat. Unzulässige Werte sind die von XMIS, TOOBIG und TOOSMALL sowie bei mathematischen Funktionen außerdem die außerhalb des Gültigkeitsbereichs der Funktion liegenden Werte wie z.B. negative Zahlen beim Wurzelziehen.

- Das Resultat einer logischen Operation wird ebenfalls als fehlend eingestuft und auf XMIS gesetzt , wenn mindestens eine(r) der beteiligten Variablen oder Ausdrücke einen unzulässigen Wert hat. Unzulässige Werte bei logischen Operationen sind XMIS, TOOBIG und TOOSMALL, es sei denn der Ausdruck ist auch mit ihnen auswertbar. Dies betrifft folgende Konstellationen, die im BMDP-Manual z.T. fälschlich als Ausnahmen gewertet werden:

  - Die logische Verknüpfung 'false' AND XMIS (oder TOOBIG oder TOOSMALL) ergibt 'false', weil zwei mit AND verknüpfte Ausdrücke immer schon dann 'false' ergeben, wenn einer der beiden Ausdrücke 'false' ist, egal, welchen Wert der andere hat. Die logische Negation dieses Ausdrucks - 'true' OR XMIS - ergibt konsequenterweise den Wert 'true'.
  - Die logischen Vergleiche mit EQ (gleich) und NE (ungleich) sind immer als 'true' oder 'false' auswertbar. Zum Beispiel ist der Ausdruck (A EQ XMIS) gleich 'true', wenn A den Wert XMIS hat, und 'false' sonst.
  - Wenn der IF-Teil einer IF-THEN-Anweisung den Wert XMIS hat, dann wird der THEN-Teil nicht ausgeführt.

- Der Benutzer kann jeder Variablen auch von sich aus den Wert XMIS zuweisen (oder TOOBIG oder TOOSMALL), und er kann danach abfragen wie z.B. in IF (A EQ TOOSMALL) THEN B=XMIS.

- Wenn nach Abarbeiten aller Datenmodifizierungsoperationen die BMDP-Variable USE, deren jeweiliger Wert den Verwendungsmodus des gerade bearbeiteten Falles bestimmt (Beibehaltung, Ausschluß, Art des Ausschlusses), den Wert XMIS hat, dann wird USE auf 0.0 gesetzt, d.h. der Fall wird ausgesondert.

- Als Alternative zu der Option für die einzulesenden Variablen kann der Benutzer für alle Variablen pro Variable eine Zahl als Kennzeichnung für einen fehlenden Wert deklarieren, die erst nach Abarbeiten aller Modifizierungsanweisungen geprüft wird (mit /VARIABLE AFTER. MISSING=... , MAXIMUM=... , MINIMUM=...).

2.4 Behandlung von fehlenden Werten durch Fallausschluß

Nach dem Einlesen der Daten eines Falles und der Modifizierung dieser Daten steht nun derselbe Fall zur Verrechnung an. Dabei müssen die Programme irgendwie auf das Auftreten einer der drei BMDP-Konstanten zur Kennzeichnung fehlender Werte im weiteren Sinn (XMIS, TOOBIG, TOOSMALL) reagieren. Die gebräuchlichste Art ist die, das Auftreten eines dieser Werte als Ausschlußkriterium zu benutzen und den Fall von den Berechnungen ganz oder teilweise auszuschließen. Dies kann nur in Grenzen durch den Benutzer gesteuert werden.

Die große Masse der BMDP-Programme verwendet dabei eines von zwei Ausschlußverfahren:

- Der Fall wird nur bei der Verarbeitung derjenigen Variablen ausgeschlossen, bei der das Ausschlußkriterium vorliegt. Positiv formuliert heißt das, daß alle verwendbaren Werte auch verwendet werden.

- Der Fall wird bei der Verarbeitung ausgeschlossen, wenn bei mindestens einer Variablen das Ausschlußkriterium vorliegt. Positiv formuliert heißt dies, daß alle diejenigen Fälle verwendet werden, die zu allen Variablen zulässige Werte haben. 'Alle Variablen' können dabei entweder 'alle zu analysierenden Variablen' oder 'alle in der USE-Anweisung des VARIABLE-Paragraphen aufgeführten Variablen' sein. Das ist ziemlich willkürlich von Programm zu Programm verschieden.

Nur bei einigen Programmen kann der Benutzer unter diesen Verfahren wählen. Wenn dies nicht möglich ist, muß die gewünschte Situation in der Datenmodifizierung u.U. selbst hergestellt werden. Zum Beispiel ist im Programm BMDP3D (t- und T-Quadrat-Tests) Verfahren 1 voreingestellt, d.h. alle zulässigen Werte werden in die Berechnungen einbezogen, wo immer möglich. Als Alternative kann der Benutzer Verfahren 2 wählen (mit /TEST COMPLETE.). Jetzt werden nur die Fälle für die Berechnungen ausgewählt, die in allen Variablen der USE-Liste des VARIABLE-Paragraphen zulässige Werte haben. Diese beiden Varianten können z.B. zu beträchtlichen Unterschieden in den T-Quadrat-Werten führen. Eine ähnliche Wahl hat der Benutzer im Programm BMDP3S (nichtparametrische Tests) nicht; es wird nur Verfahren 2 angewendet. Um in diesem Programm das gleiche wie mit Verfahren 1 in BMDP3D zu erreichen, muß der Benutzer jede Variable einzeln einlesen und analysieren.

Für die Berechnung von Kovarianzen und Korrelationen gibt es auch Mischungen dieser beiden Ausschlußverfahren, in abgewandelter Form zum paarweisen Ausschluß (z.B. in BMDP8D und BMDPAM), so daß Mittelwerte, Varianzen und Kovarianzen auch nach verschiedenen Ausschlußverfahren berechnet werden können.

2.5 Statistische Behandlung von fehlenden Werten

Die statistische Literatur ist voll von Methoden, fehlende Werte anders als durch das eine oder andere Ausschlußverfahren zu behandeln. In den Statistikpaketen ist davon auf den ersten Blick erstaunlich wenig, wenn überhaupt etwas, zu finden. Auf den zweiten Blick kann man in BMDP dann doch eine ganze Menge ausmachen wie z.B. die Ersetzung eines fehlenden Wertes durch verschiedene Regressionsschätzer in BMDPAM, die Umrechnung einer 'mit' fehlenden Werten berechneten Kovarianzmatrix in eine positiv definite Matrix, Verfahren für 'censored observations' bei Sterbetafelproblemen usw. Und auf den dritten Blick ist durch unkonventionelle Anwendung vieler Grundalgorithmen sogar sehr viel möglich, wie z.B. die Verwendung von BMDP4V für Probleme, die im Verallgemeinerten Linearen Modell formuliert werden können, oder die Verwendung der Verfahren zur nichtlinearen Regression in BMDPAR für Maximum-Likelihood-Verfahren. Dazu muß man aber sehr gut verstehen, was man eigentlich machen will, man muß BMDP gut bis sehr gut kennen, und man muß vor allem die unerschütterliche Überzeugung behalten, daß 'das' schon irgendwie geht. Details zu diesem Thema würden allerdings den Rahmen dieses Aufsatzes sprengen.

3. Behandlung von fehlenden Werten in SAS

SAS ist die Abkürzung für STATISTICAL ANALYSIS SYSTEM und liegt bei uns als Release 82.3 im IBM-System CMS vor. In SAS werden zwei Verarbeitungsteile unterschieden: der DATA-Step und der PROC-Step. Der DATA-Step dient dazu, eine bzw. mehrere spezielle System-Dateien, SAS-Data-Sets genannt, aufzubauen. Dies ist nötig, da die Analyseprogramme - Prozeduren genannt - nur SAS-Data-Sets verarbeiten können. Der Aufruf einer Prozedur mit den entsprechenden Steueranweisungen bildet einen PROC-Step. SAS verarbeitet sowohl numerische als auch alphanumerische Variable. Als Kennzeichnung von fehlenden Werten hat SAS für numerische Werte den Punkt ('.') und für alphanumerische ein Blankfeld (' ') gewählt. Den vom System vorgegebenen Wert wollen wir im folgenden Missing oder fehlenden Wert bzw. genauer: allgemeinen fehlenden Wert nennen. Dies zur Unterscheidung von speziellen fehlenden Werten, die vom Benutzer selbst vereinbart werden können. Durch Änderung der SAS MISSING-Systemoption ist es möglich, anstelle des Punktes jedes druckbare Zeichen oder auch ein Blank zur Kennzeichnung des allgemeinen fehlenden numerischen Wertes, allerdings nur für die Ausgabe der Ergebnisse, umzusetzen.

3.1 Behandlung von fehlenden Werten im DATA-Step

Im DATA-Step stehen Befehle (Statements), Operationen und Funktionen zur Erstellung eines SAS-Data-Sets zur Verfügung. Mit ihrer Hilfe können sowohl Rohdaten als auch SAS-Data-Sets eingelesen bzw. ausgegeben und modifiziert werden. Auf diese Weise können auch neue Variablen erzeugt werden. Ein SAS-Data-Set zeichnet sich dadurch aus, daß die Daten in Rechteckform gebracht werden, wie auch immer die Satzstruktur der Rohdatendatei war. Beim Eröffnen eines DATA-Steps legt SAS einen Programm-Datenvektor mit Feldern für alle einzulesenden und zu erstellenden Variablen an und initialisiert diese mit Ausnahme von denen, für die das RETAIN-Statement vorliegt, mit Missing. Beim Einlesen einer Beobachtung von einer Rohdatendatei oder eines SAS-Data-Sets werden die mit fehlend besetzten Felder durch den eingelesenen Wert ersetzt, wenn dieser ein zulässiger Wert ist. Welche Werte und Zeichenfolgen beim Einlesen ungültig sind, ist abhängig vom Variablen-Typ (numerisch oder alphanumerisch), von der gewählten Eingabeart (Spalten-, List- oder formatierter Input) und vom Eingabeformat.

- Zum Vorteil hat sich mittlerweile in allen drei betrachteten Paketen durchgesetzt, Blank-Felder beim formatierten Einlesen ohne Angabe von Optionen als fehlende Werte zu erkennen. Da beim List-Input in SAS außer den Blanks kein weiteres Zeichen zur Trennung von Variablenwerten zur Verfügung steht, müssen fehlende Werte bei Verwendung des List-Inputs mit einem Punkt gekennzeichnet werden. Dieser Punkt kann auch beim formatierten bzw. Spalten-Input zur Kennzeichnung eines fehlenden Wertes herangezogen werden. Wenn beim Einlesen eines alphanumerischen Wertes der Punkt nicht als fehlender Wert interpretiert werden soll, muß das Format $CHAR benutzt werden. Sollen Blank-Felder nicht als Missing, sondern als Wert Null (0.0) interpretiert werden, so ist das numerische Eingabeformat BZ zu verwenden.

- Für die Auswertung eines Fragebogens kann es wichtig sein, den Grund für das Fehlen einer Antwort mitzuerheben. So kann es von Interesse sein, ob diejenigen, die die Antwort verweigert haben, sich z.B. in ihren Blutdruckwerten von denen unterscheiden, die als Antwort 'weiß nicht' angegeben haben. Deshalb gibt es in SAS die Möglichkeit, für numerische Variable zwischen maximal 27 verschiedenen speziellen fehlenden Variablenausprägungen zu differenzieren. Die Buchstaben 'A' bis 'Z' und das Unterstreichungszeichen ('_') können als Variablenausprägung verwendet werden. Mit der MISSING-Anweisung müssen alle Variablenausprägungen spezifiziert werden, die als fehlend zu interpretieren sind. Die MISSING-Anweisung gilt für alle Variablen, und diese Information wird im SAS-Data-Set gespeichert. Im Gegensatz zu BMDP und SPSSx ist es in SAS nicht möglich, die MISSING-Anweisung auf einige Variablen zu beschränken oder für verschiedene Variable verschiedene Ausprägungen zu definieren. Die speziellen, vom Benutzer definierten fehlenden Werte werden in den Prozeduren und Modifikationen wie der allgemeine fehlende Wert behandelt, es sei denn, eine Unterscheidung ist sinnvoll, so z.B. bei Vergleichsoperationen und als Ausprägung in der Prozedur FREQ oder im BY-Statement. Spezielle fehlende Variablenausprägungen stehen für alphanumerische Variable nicht zur Verfügung.

- Wird beim Einlesen ein nach den Regeln des Eingabeformats ungültiger Wert gefunden, bleibt der Wert der Variablen auf Missing gesetzt. Zur Information wird eine Warnung im SASLOG ausgegeben. So sind z.B. beim Einlesen eines alphanumerischen Wertes mit dem voreingestellten Standardformat ($w.) alle Zeichen, Blanks eingeschlossen, erlaubt, wogegen beim Einlesen eines numerischen Wertes mit Standardformat (w.) nur Ziffernfolgen mit Vorzeichen, möglichem Dezimalpunkt und die E-Notation zugelassen sind. Sollen eingeschlossene und nachfolgende Blanks als Nullen interpretiert werden, ist das BZ-Format zu verwenden. Die geltenden Regeln für alle verfügbaren Eingabeformate sind ausführlich im Manual beschrieben. Unter die unzulässigen Werte fallen auch Extremwerte; so werden bei unserer Installation Werte kleiner gleich -10**75 und größer gleich 10**75 ignoriert, so daß der Wert dann Missing ist. Sollen ungültige Werte nicht als allgemeiner fehlender Wert codiert werden, so können durch Angabe der Option INVALIDDATA spezielle fehlende Werte vereinbart werden.

- Soll die Ausprägung Missing einer numerischen Variablen zugewiesen oder abgefragt werden, so ist im allgemeinen Fall der Punkt zu verwenden und bei einer alphanumerischen Variable eine der Variablenfeldlänge entsprechende Anzahl von Blanks in Hochkommata. Sind spezielle fehlende Werte vereinbart, so ist dem Zeichen des speziellen fehlenden Wertes ein Punkt voranzustellen (.A,...,.Z,._), um das Zeichen von einem Variablennamen unterscheiden zu können. Bei Zuweisung von noch nicht vereinbarten speziellen fehlenden Werten ist im Unterschied zum Einlesen kein MISSING-Statement notwendig.

- Soll eine arithmetische Operation oder eine mathematische Funktion ausgeführt werden, wobei mindestens ein Operand bzw. ein Argument Missing ist, so hat das Resultat den Wert Missing, und eine Warnung wird ausgegeben. Von dieser Regel sind die Modulo-Funktion und die Statistikfunktionen wie z. B. MEAN, SUM, MIN ausgenommen. Diese Funktionen beziehen alle nicht-fehlenden Werte in die Berechnung ein und ignorieren die fehlenden. So kann beim Aufsummieren mit SUM ein anderes Ergebnis zustande kommen als mit der '+'-Operation. Es sei A=1,B=2 und C=. , dann folgt X=A+B+C=. , aber Y=SUM(A,B,C)=3.

- Wenn eine Operation oder Funktion nicht ausgewertet werden kann, ist der Wert des Resultates Missing, so z. B. beim Logarithmus von Null, der Wurzel einer negativen Zahl und der Division durch Null. Zur Information des Benutzers wird eine Warnung ausgegeben.

- Ein fehlender Wert wird bei Vergleichsoperationen wie ein gültiger Wert behandelt. Aus diesem Grund ist es wichtig zu wissen, daß der Wert aller fehlenden Werte kleiner als jeder numerische Wert ist. Innerhalb der fehlenden Werte gilt die Größenreihenfolge: _, ., A ,..., Z. Bei alphanumerischen Variablen ist ein fehlender Wert kleiner als der aller druckbaren Zeichen. Es gibt jedoch gewisse nicht darstellbare Zeichen, die noch kleiner sind. Diese von den anderen zwei Paketen abweichende Behandlung kann zu großer Verwirrung führen. Wenn z.B. in SAS alle Beobachtungen, bei denen A<2 ist, in die Analyse einbezogen werden sollen, dann sind die, bei denen A Missing ist, im Data-Set enthalten, während sie es bei BMDP und SPSSx nicht sind.

- Aus der Behandlung von fehlenden Werten bei Vergleichsoperationen folgt, daß Missing in SAS kein mögliches Resultat von logischen Ausdrücken ist. Fehlende Werte und Null haben einen Wert von 'false' in logischen Operationen (mit OR und AND), und alle anderen Werte sind 'true'.

- Mit Hilfe des RETAIN-Statements kann erreicht werden, daß der Datenvektor des ersten Falles statt mit Missing bei den im RETAIN-Statement angeführten Variablen mit den angegeben Werten vorbesetzt wird. Die Initialisierung des Datenvektors für nachfolgende Beobachtungen erfolgt mit den Werten der vorherigen Beobachtung. Auf diesem Prinzip basieren auch die Funktionen DIF und LAG.

3.2 Behandlung fehlender Werte in den Prozeduren

In den SAS-Manualen wird bei jeder Prozedur der Behandlung von fehlenden Werten ein Abschnitt im Manual gewidmet. Die Erläuterungen sind allerdings manchmal mißverständlich und lückenhaft. Zusammenfassend kann von drei Ausschlußverfahren in SAS berichtet werden, wobei das eine eher eine Ausnahme als eine Regel ist.

- Wenn der Wert einer der im PROC-Step explizit oder indirekt genannten Variablen fehlt und diese Ausprägung nicht sinnvoll auswertbar ist, dann wird dieser Fall aus der Analyse ausgeschlossen. Davon wird der Benutzer freundlicherweise im LISTING informiert.

- Es gibt nur eine Prozedur, die nicht nach diesem Prinzip verfährt. Bei der Prozedur NESTED wird ein Fall ausgeschlossen, wenn der Wert irgendeiner Variablen des SAS-Data-Sets Missing ist, auch wenn diese Variable für die Berechnungen nicht angegeben wurde.

- Es gibt auch die Möglichkeit des teilweisen Ausschlusses von Fällen, wenn fehlende Werte vorliegen. Dann wird die Bedingung der Vollständigkeit nicht an alle genannten Variablen gestellt, sondern nur an die, die für die jeweilige Analyse vollständig sein müssen. Dieses Kriterium gilt vor allem für die univariaten Prozeduren.

Ganz selten besteht in SAS die Möglichkeit, auf das Ausschlußverfahren direkt durch Angabe einer Prozedur-Option Einfluß zu nehmen. In den Prozeduren CORR und FASTCLUS ist als Ausschlußkriterium teilweise Prüfung der Variablen auf fehlende Werte voreingestellt; sie kann aber in die vollständige Prüfung geändert werden. Wenn der Benutzer sich nicht den automatischen Auswahlkriterien anvertrauen möchte, kann er den Fallausschluß auch mit dem DELETE-Statement im Data-Step steuern.

Statt in jeder Prozedur Angaben zur Behandlung von fehlenden Werten zu machen, scheint es sinnvoller, die Behandlung von fehlenden Werten anhand der verfügbaren Prozedur-Statements anzugeben. Für jedes der im Manual erwähnten wichtigsten Statements läßt sich eine eindeutige Regel aufstellen. Wenn der Benutzer auf diese Regeln hingewiesen würde, würde er verstehen, warum bei Prozeduren mit gleicher Aufgabenstellung eine verschiedene Behandlung der fehlenden Werte vorgenommen wird. Wenn z.B. die Prozeduren FREQ und TABULATE zur Auszählung einer Variablen X, stratifiziert einmal nach Y und einmal nach Z, verwendet werden, dann schließt FREQ bei Stratifizierung nach Y alle Fälle aus, die fehlende Werte für X und Y besitzen, und entsprechend bei Stratifizierung nach Z alle, die fehlende Werte für X und Z haben. TABULATE hingegen schließt alle Fälle aus, die fehlende Werte bei X,Y und Z haben.

4. Behandlung von fehlenden Werten in SPSSx

Das Programmpaket SPSSx ist die erste Version einer Weiterentwicklung des Paketes SPSS. Da sich die Behandlung fehlender Werte in SPSSx teilweise stark von der in SPSS unterscheidet, werden an den entsprechenden Stellen auch noch die Eigenschaften der (letzten) Version 9 des SPSS aufgelistet.

Der Behandlung fehlender Werte wurde im SPSSx-Manual leider kein eigenes Kapitel gewidmet. Der Benutzer muß sich die Einzelheiten über die Behandlung fehlender Werte beim Einlesen und Modifizieren von Daten in SPSSx selber sehr aufwendig im 'User's Guide SPSSx' zusammensuchen. Für die statistische Datenanalyse enthalten die Beschreibungen der einzelnen Prozeduren im 'User's Guide SPSSx' jeweils explizit (im Inhaltsverzeichnis ausgewiesen) einen Abschnitt über die Behandlung der fehlenden Werte innerhalb dieser Prozedur. (In den SPSS-Manualen ist das nicht der Fall!)

4.1 Behandlung von fehlenden Werten beim Einlesen und Modifizieren der Daten

In SPSSx wird zwischen zwei grundsätzlichen Arten von fehlenden Werten unterschieden, zwischen den 'user-missing values' und den 'system-missing values'.

User-Missing Values

Oftmals ist es bei fehlenden Werten wichtig, sie nach ihrer inhaltlichen Bedeutung zu unterscheiden, z.B. bei Interviews zwischen 'Antwort nicht gewußt' und 'Antwort verweigert'. Dafür können beim Einlesen und Modifizieren von Daten in SPSSx mit der 'MISSING VALUE'-Anweisung für die in dieser Anweisung aufgeführten Variablen bis zu drei Einzelwerte, ein Werte-Intervall (für numerische Variable) oder ein solches Intervall und ein Einzelwert als 'user missing values' festgelegt werden. Damit ist es auch möglich - im Gegensatz zu anderen Programmpaketen, z.B. SAS -, für verschiedene Variable unterschiedliche Werte als 'user-missing values' zu definieren. Die 'user-missing values' bleiben ihrem Wert nach in der SPSSx-Datei unverändert. Sie werden dort nur entsprechend gekennzeichnet und dann bei der Weiterverarbeitung, d.h. bei Transformationen und dem Ausführen von Statistikprozeduren, besonders behandelt. Eine Ausnahme bilden dabei die alphanumerischen Variablen, die bei SPSSx so genannten 'string variables': Für diese werden die 'MISSING VALUE'-Anweisungen bei Transformationsanweisungen, wie z.B. der 'SELECT IF'-Anweisung, ignoriert, jedoch beim Ausführen von Prozeduren entsprechend berücksichtigt.

Früher festgelegte 'MISSING VALUE'-Anweisungen können im Laufe eines SPSSx-Programms wieder aufgehoben bzw. verändert werden.

System-Missing Values

Generell wird in SPSSx jeder Wert einer Variablen, der mit dem für diese Variable angegebenen Format-Typ nicht lesbar ist, 'system-missing' gesetzt (gleichzeitig gibt SPSSx eine Warnmeldung aus). Beispielsweise werden in SPSSx bei numerischen Variablen Blanks, eingeschlossene Blanks oder Buchstaben automatisch als 'system-missing' definiert, es sei denn, es wurde z.B. durch 'SET BLANKS=0' anders vereinbart oder die Daten-Eingabe erfolgte frei- oder listenformatiert. Im letzteren Fall ist es nicht möglich, fehlende Beobachtungen als Blanks einzulesen. Bei alphanumerischen Variablen sind zunächst <u>alle</u> Zeichen (Blanks, Buchstaben, Ziffern und Sonderzeichen) gültig.

In den früheren SPSS-Versionen wird bei numerischen Variablen zwischen Blank und Null nicht unterschieden. Dieses Problem kann dort mit der 'RECODE'-Anweisung gelöst werden, z.B. durch: 'RECODE XVAR (BLANK=999)'.

Neu definierte Variablen werden in SPSSx als 'system-missing' initialisiert; in SPSS werden sie auf Null gesetzt.

Das Ergebnis mathematisch nicht definierter Rechenoperationen, wie Division durch Null oder Wurzelziehen bei einer negativen Zahl, wird in SPSSx 'system-missing' gesetzt.

Bei der <u>Datenmodifikation</u> numerischer Variablen können in SPSSx mit der 'RECODE'-Anweisung durch die Schlüsselworte MISSING und SYSMIS sowohl alle fehlenden Werte (system- und user-missing) als auch nur die 'system-missing values' angesprochen und verändert werden. Mit 'RECODE AGE(MISSING=SYSMIS)' können z.B. 'user-missing values' in 'system-missing values' überführt werden. Dieselben Schlüsselwörter sind auch noch für die 'COUNT'-Anweisung verfügbar; bei anderen Transformationsanweisungen muß man sich mit speziellen <u>'Missing-Value Functions'</u> helfen.
Beispiel: 'IF MISSING(DEPT) BONUS=0'.

Ein arithmetischer oder logischer Ausdruck kann in SPSS nicht ohne weiteres ausgewertet werden, falls bei einer der beteiligten Variablen fehlende Werte auftreten. Dieses Problem muß dort mit der 'ASSIGN MISSING'-Anweisung gelöst werden.

In SPSSx fällt die 'ASSIGN MISSING'-Anweisung weg: <u>Arithmetischen Ausdrücken</u> wird ein fehlender Wert zugewiesen, sobald bei mindestens einer der angesprochenen Variablen ein fehlender Wert auftritt. Eine Alternative dazu gibt es für die statistischen Funktionen MAX, MIN, SUM, MEAN, SD, VARIANCE und CFVAR: Durch 'Funktionsname.n(X1,X2,...,Xk)' kann festgelegt werden, daß diesen Funktionen erst dann ein fehlender Wert zugewiesen wird, wenn weniger als n der angesprochenen Variablenwerte gültig sind; voreingestellt ist n=1. Ansonsten werden nur die nicht fehlenden Werte verrechnet, z.B. aufsummiert. Eine weitere Ausnahme bilden einige Operationen mit 0, die für alle Werte, einschließlich der fehlenden, immer dasselbe Ergebnis bringen:

Arithmetischer Ausdruck	Ergebnis laut User's Guide	im Release 1.1
0 * missing	0	0
0 / missing	0	0
0 ** missing	0	missing
missing ** 0	1	missing
mod(o,missing)	0	0

<u>Logische Ausdrücke</u> werden in SPSSx als numerische Ausdrücke angelegt, die die drei Werte 1 für 'true', 0 für 'false' und 'system-missing' annehmen können. Sie werden 'system-missing' gesetzt, wenn bei mindestens einer der angesprochen Variablen ein Wert fehlt. In einem solchen Fall wird die zugehörige Anweisung, wie z.B. eine 'IF'- oder 'SELECT IF'-Anweisung, <u>nicht</u> ausgeführt.

BEISPIEL:

a) Der logische Ausdruck 'A>2' wird in den Fällen 'system-missing' gesetzt, wo der Wert der Variablen A fehlt.

b) Der Wert der durch die Abfragen
IF (AGE GE 18 AND AGE LE 65) WORKERS = 1
IF (AGE LT 18 OR AGE GT 65) WORKERS = 0
neu definierten Variablen WORKERS wird 'system-missing' in den Fällen, wo für die Variable AGE der Wert fehlt.

Werden mehrere logische Ausdrücke durch logische Operatoren, AND oder OR, verknüpft, so wird bei SPSSx nach dem folgenden Schema verfahren:

Verknüpfung			Ergebnis
true	AND	true	= true
true	AND	false	= false
false	AND	false	= false
true	AND	missing	= missing
missing	AND	missing	= missing
false	AND	missing	= false
true	OR	true	= true
true	OR	false	= true
false	OR	false	= false
true	OR	missing	= true
missing	OR	missing	= missing
false	OR	missing	= missing

Aufgrund der oben beschriebenen Verfahrensweise mit fehlenden Werten in logischen Ausdrücken ist besondere Vorsicht bei logischen Abfragen in Schleifen angebracht!

4.2 Behandlung von fehlenden Werten in den einzelnen Prozeduren

Die Beschreibung jeder einzelnen Prozedur im 'SPSSx User's Guide' enthält explizit einen Abschnitt 'Missing Values'. Dort ist aufgelistet, wie fehlende Werte in der jeweiligen Prozedur voreingestellt behandelt werden und welche anderen Optionen zur Behandlung fehlender Werte zur Verfügung stehen. In den meisten Prozeduren bestehen (nur) Möglichkeiten, Fälle, in denen fehlende Werte auftreten, ganz oder teilweise aus den Berechnungen auszuschließen und/oder 'user missing values' wie normal gültige Werte zu verwenden. In einigen wenigen Prozeduren ist jedoch z.B auch die Ersetzung fehlender Werte durch Variablenmittelwerte optional.

Gerade aufgrund der Vielfalt bei der Behandlung fehlender Werte in den SPSSx-Prozeduren sollte der Benutzer vor jedem Prozeduraufruf immer auch den entsprechenden 'Missing Value'-Abschnitt im Manual berücksichtigen und sich von Fall zu Fall für die für ihn günstigste Option entscheiden.

4.3 Abschliessende Bemerkungen

Beim Modifizieren der Daten sollte der Benutzer nach Möglichkeit immer auch den Fall der fehlenden Werte mitbedenken, z.B. deren programmtechnische Behandlung bei den verwendeten arithmetischen und logischen Ausdrücken. Die ist u.U. ganz anders, als er sich das intuitiv vorgestellt hat, und außerdem von Paket zu Paket unterschiedlich voreingestellt. In SPSSx wird beispielsweise die Anweisung 'IF (A<2)...' für fehlende Werte von A nicht ausgeführt, wohl aber in SAS. Auch bei den Prozeduren ist es wichtig, daß sich der Benutzer vor dem Aufruf über die entsprechende Voreinstellung informiert. Diese kann durchaus von Paket zu Paket stark variieren. Als Beispiel hierfür sei die Berechnung von Hotellings T-Quadrat Teststatistik genannt: während BMDP'82 die fehlenden Werte berücksichtigt, werden sie in SPSSx fallweise ausgeschlossen, was zu erheblichen numerischen Unterschieden in der T-Quadrat-Statistik führen kann.

Literatur

1. Beutel, P., Küttner, H., Schubö, W.: SPSS 9 - Statistik Programm-System für die Sozialwissenschaften nach N.H. Nie und C.H. Hull. 4. Aufl. Stuttgart: Fischer 1983.

2. Bollinger, G., Herrmann, A., Möntmann, V.: BMDP. Statistikprogramme für die Bio-, Human- und Sozialwissenschaften. Stuttgart-New York: Fischer 1983.

3. Dixon, W.J. (Edit.): BMDP Statistical Software. 1983 Printing with Additions. Berkeley: University of California Press 1983.

4. Hill, M.: BMDP User's Digest. A Condensed Guide to the BMDP Computer Programs. Los Angeles: BMDP Statistical Software, Inc. 1982.

5. Nie, N.H., Hull, C. H.: SPSS - Statistical Package for Social Sciences. 2nd Ed. New York: McGraw-Hill 1975.

6. SAS Institute, Inc.: SAS User's Guide: Basics. 1982 Ed. Cary, NC: SAS Institute, Inc. 1982.

7. SAS Institute, Inc.: SAS User's Guide: Statistics. 1982 Ed. Cary, NC: SAS Institute, Inc. 1982.

8. SPSS, Inc.: User's Guide SPSSx. New York: McGraw-Hill 1983.

9. Uhlinger, H.-M. : Datenverarbeitung und Datenanalyse mit SAS: Eine problemorientierte Einführung. Stuttgart: Fischer 1983.

3. QUALITÄTSMESSUNG, VALIDIERUNG VON INFORMATIONEN

Aus dem Institut für medizinische Datenverarbeitung an der Klinik Oberwald, Grebenhain

Komplikationsregister und Todesfallbewertung als Elemente der Qualitätssicherung in der Routine

G. Stelzer

1. Einleitung

Erste Ansätze zu einer systematischen Qualitätssicherung datieren aus den frühen 50-er Jahren (z.B. [6]). In diesen ersten Jahren lag das Hauptgewicht auf der Fehleranalyse sowie der Entwicklung von Methoden zur Fehlerminimierung. 1963 widmete der Arbeitsausschuß Medizin in der DGD - heute GMDS - eine ganze Jahrestagung der Fehlerforschung [4].

Die in dieser Zeit geleistete Arbeit ermöglichte es dann Mitte der 70-er Jahre das Augenmerk vermehrt auf die Qualität des ärztlichen Handelns zu richten. So konnte Pflanz [5] Ende der 60-er Jahre eine Überwachung ärztlicher Verrichtungen fordern. 1975 begann man mit der Münchner Perinatalstudie erstmals über mehrere Versorgungseinheiten hinweg, eine auch das ärztliche Handeln kontrollierende Studie in Deutschland durchzuführen. Parallel dazu begann unter Federführung von Herrn Schega die Deutsche Gesellschaft für Chirurgie mit der Ausarbeitung ihrer Qualitätssicherungsstudie. Bei unseren Bemühungen um eine Qualitätskontrolle kommt der Überwachung und Sicherung der ärztlichen Qualität eine große Bedeutung zu und die nachfolgenden Ausführungen sollen zwei der bei uns routinemäßig betriebenen Routinen vorstellen.

Folgt man der einschlägigen Literatur, so läßt sich Qualität in drei Punkte untergliedern:

1. Qualität des Ergebnisses,
2. Qualität des Prozesses und
3. Qualität der eingesetzten Ressourcen.

Im weiteren möchte ich zwei Aspekte unserer Bemühungen, das Komplikationsregister und die Todesfallbewertung, darstellen. Vordringliches Ziel unserer Bemühungen ist die Minimierung der Komplikationen. Dabei lassen sich die Komplikationen in drei Gruppen untergliedern:

a) Aktiv verursachte Komplikationen, z.B. Perforation des Kolon bei koloskopischer Polypektomie;

b) Komplikationen, die erklärbar, aber nicht unbedingt vorhersehbar sind (z.B. Kontrastmittel-Zwischenfälle);

c) Nicht direkt erklärbare Komplikationen (z.B. akuter Herztod).

2. Technisch-organisatorische Voraussetzungen

Die Qualitätskontrolle muß sich an zwei Eckwerten orientieren:

1. an den eigenen bisherigen Leistungen
2. am nationalen und internationalen Standard

Der Vergleich mit den eigenen bisherigen Leistungen fällt erfahrungsgemäß etwas leichter. Problematisch wird es hinsichtlich der Vergleichbarkeit mit dem nationalen und internationalen Standard. Entscheidend zur Definition des eigenen Standortes ist die Vergleichbarkeit der gewonnenen Daten. Somit kommt der standardisierten Dokumentation eine entscheidende Rolle zu. Hierbei bedienen wir uns eines Dokumentations-Systems unter Einbeziehung der KRAZTUR-Routinen. Die Standardisierung erreichen wir durch die Dokumentation jeder Leistungsstelle auf vorgegebenen Dokumentationsformularen, beispielsweise die Dokumentation einer venösen Operation auf der abgebildeten 'Blauen Karte'(Abb. 1):

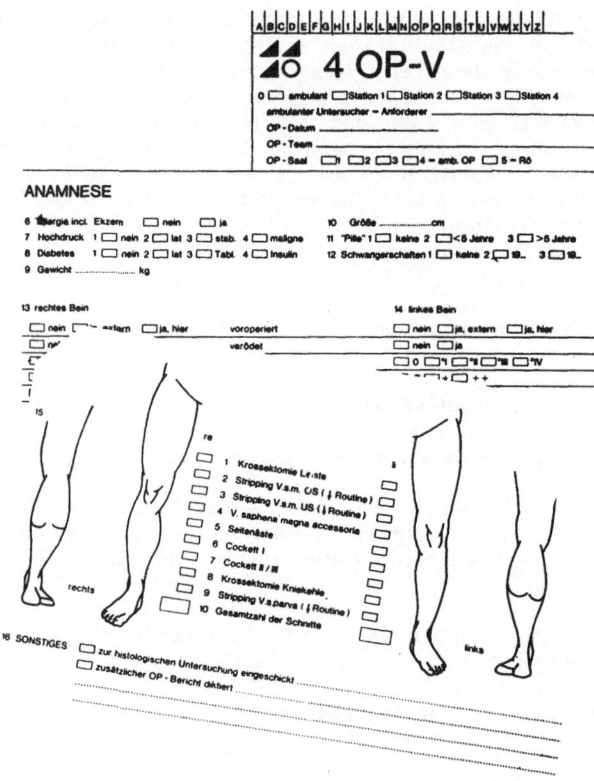

A B C D E F G H I J K L M N O P Q R S T U V W X Y Z

4 OP-V

0 ☐ ambulant ☐ Station 1 ☐ Station 2 ☐ Station 3 ☐ Station 4
ambulanter Untersucher – Anforderer ____
OP-Datum ____
OP-Team ____
OP-Saal ☐ 1 ☐ 2 ☐ 3 ☐ 4 – amb. OP ☐ 5 – Rö

ANAMNESE

6 Allergie incl. Ekzem ☐ nein ☐ ja
7 Hochdruck 1 ☐ nein 2 ☐ lat 3 ☐ stab. 4 ☐ maligne
8 Diabetes 1 ☐ nein 2 ☐ lat 3 ☐ Tabl. 4 ☐ Insulin
9 Gewicht .... kg
10 Größe .... cm
11 "Pille" 1 ☐ keine 2 ☐ <5 Jahre 3 ☐ >5 Jahre
12 Schwangerschaften 1 ☐ keine 2 ☐ 19.. 3 ☐ 19..

13 rechtes Bein
☐ nein ☐ ja, extern ☐ ja, hier — voroperiert
verödet

14 linkes Bein
☐ nein ☐ ja, extern ☐ ja, hier
☐ nein ☐ ja
☐ 0 ☐ °I ☐ °II ☐ °III ☐ °IV
☐ + ☐ ++

15 re / li
1 Krossektomie Leiste
2 Stripping V.s.m. OS (↓ Routine)
3 Stripping V.s.m. US (↓ Routine)
4 V. saphena magna accessoria
5 Seitenäste
6 Cockett I
7 Cockett II / III
8 Krossektomie Kniekehle
9 Stripping V.s.parva (↓ Routine)
10 Gesamtzahl der Schnitte

rechts
links

16 SONSTIGES
☐ zur histologischen Untersuchung eingeschickt
☐ zusätzlicher OP-Bericht diktiert

Abb. 1: Ausschnitt aus der Dokumentation einer Venenoperation

Ein entsprechender Erfassungsdialog ermöglicht uns die Übertragung in den Computer. Solche Formulare finden sich für alle Leistungsstellen.

Aufbau unseres Datenstammes

Patient

↓

Basisdaten (z.B. Sex)

↓

Datum →	**Datum** →	**Datum** → ....
↓	↓	↓
Rö-Phlebo	Rö-Thorax	Rö-arteriell
Anästhesie	EKG	PTA
....	....	....
....		....

Abb. 2: Hierarchischer Aufbau des Patienten-Datensatzes

Abbildung 2 zeigt den hierarchischen Aufbau eines Patientendatensatzes. In chronologischer Reihenfolge finden sich die jeweils abgespeicherten Formulare, die unseren Aktivitäten gleichzusetzen sind. Die Vorteile dieser Art der Dokumentation liegen auf der Hand. Pro Patient findet sich in standardisierter Form die jeweilige vollständige Krankengeschichte; das Formularwesen sichert die Vergleichbarkeit der Kollektive, standardisiert das ärztliche Handeln und erhöht die Informationsdichte der Krankenakten.

3. Erfassung der Komplikationen

Die Erfassung von Komplikationen erfolgt ebenfalls nach einem standardisierten Schema.

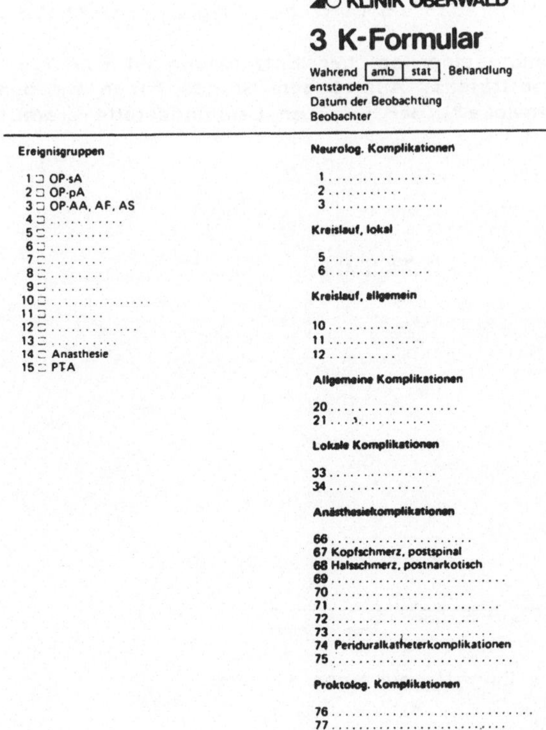

Gemeinschaftspraxis
KLINIK OBERWALD

3 K-Formular

Wahrend [amb | stat] Behandlung entstanden
Datum der Beobachtung
Beobachter

Ereignisgruppen

1 ☐ OP-sA
2 ☐ OP-pA
3 ☐ OP-AA, AF, AS
4 ☐ ....
5 ☐ ....
6 ☐ ....
7 ☐ ....
8 ☐ ....
9 ☐ ....
10 ☐ ....
11 ☐ ....
12 ☐ ....
13 ☐ ....
14 ☐ Anasthesie
15 ☐ PTA

Neurolog. Komplikationen

1 ....
2 ....
3 ....

Kreislauf, lokal

5 ....
6 ....

Kreislauf, allgemein

10 ....
11 ....
12 ....

Allgemeine Komplikationen

20 ....
21 ....

Lokale Komplikationen

33 ....
34 ....

Anästhesiekomplikationen

66 ....
67 Kopfschmerz, postspinal
68 Halsschmerz, postnarkotisch
69 ....
70 ....
71 ....
72 ....
73 ....
74 Periduralkatheterkomplikationen
75 ....

Proktolog. Komplikationen

76 ....
77 ....

Abb. 3: Formular zur Erfassung von Komplikationen

Abbildung 3 zeigt den prinzipiellen Aufbau unseres Komplikationsformulars. Zunächst wird die der Komplikation vorangegangene Aktivität angegeben und danach die aufgetretene Komplikation. Somit wird unterschieden, ob die aufgetretene Wundheilungsstörung einem venösen oder einem arteriellen Eingriff zuzuordnen ist oder aber ob eine Kreislaufkomplikation im Gefolge einer Röntgenuntersuchung oder während einer Narkose beobachtet wurde.

Da die Komplikationsmeldungen ebenfalls dem Patienten-Datensatz chronologisch zugeordnet werden, liegt uns für spätere Auswertungen eine Informationskette vor, die eine Rekonstruktion des der Komplikation vorangegangenen Handlungsablaufes zuläßt.

Da wir auf allen abgespeicherten Formularen stets die Leistungserbringer und die Leistungsanforderung mit dokumentieren, können wir aufgetretene Komplikationen nicht nur einzelnen Patientengruppen oder einzelnen vorangegangenen Aktivitäten, sondern auch einzelnen 'Verursachern' zuordnen. So macht es keine Mühe, beispielsweise die Zahl der Saphenusschädigungen beim Venenstripping auf die einzelnen Chirurgen aufzuteilen. Gleiches gilt für alle erfaßten Komplikationen.

Das eigentliche Problem dieses Systems ist die fehlende Kontrolle der Vollständigkeit. Trotzdem haben die letzten Jahre gezeigt, daß dieses Verfahren seine Berechtigung hat. So gehen wir davon aus, daß innerhalb eines bestimmten Zeitintervalls der Schwund konstant bleibt und daß durch die allen Mitarbeitern des Hauses gegebene Möglichkeit einer Komplikationsmeldung die Erfassungsrate steigt. Zu Beginn sollten nur Ärzte Komplikationen melden; dabei fiel aber auf, daß meist nur jene Komplikationen erfaßt wurden, die für den betreffenden Stationsarzt oder ambulanten Nachbehandler mit Unannehmlichkeiten verbunden waren. Durch die nun eingeräumte Möglichkeit, daß auch Komplikationen von seiten des Personals gemeldet werden, hat das nichtärztliche Personal die Möglichkeit, kritische Beobachtungen ohne die sonst zu überwindende Schwellenangst indirekt deutlich zu machen. Durch die Angabe des Beobachters ist einem Mißbrauch ein wirksamer Riegel vorgeschoben.

Voraussetzung für eine schnelle Erkennung einer solchen Entwicklung ist eine kontinuierliche Kontrolle des Komplikatonsauftretens. Aus diesem Grunde haben wir den in Abbildung 4 gezeigten Ausdruck entwickelt, der für jede Leistungsstelle erstellt werden kann.

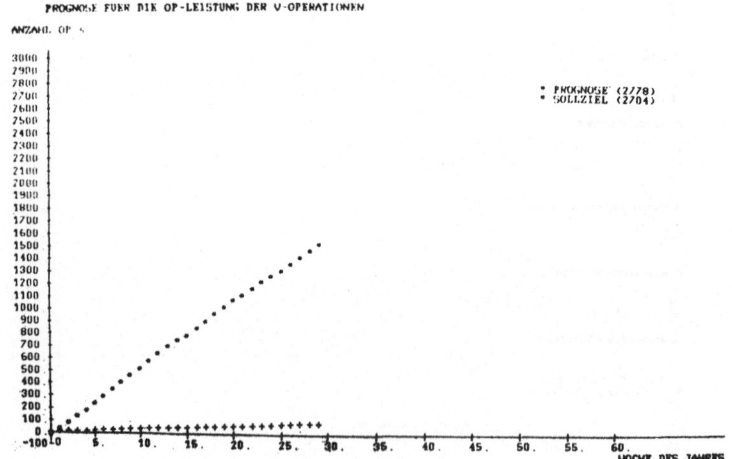

Abb. 4: Leistungskontrolle für operative Eingriffe am Venensystem.

Zum einen zeigt dieser Ausdruck die Häufigkeit einer bestimmten Leistung, in diesem Falle das operative Aufkommen bei Eingriffen am Venensystem. Er gibt eine Prognose für das Jahresende und die zu Jahresbeginn angegebene Soll-Leistung an und listet den Verlauf des Komplikationsaufkommens über den Beobachtungszeitraum auf.

Ein plötzlicher Sprung in der Komplikationshäufigkeit führte dann immer zu einer Einzel-Analyse, wobei alle hier summarisch dargestellten Komplikationen einzeln mit Angabe des Patienten und des Beobachters bzw. bei den operativen Eingriffen des Operateurs aufgelistet werden können.

Ein weiteres Beispiel zeigt das Auftreten von ventrikulären Extrasystolen während der Anästhesie (Abb.5). Hierbei galt bisher der Grundsatz, daß bei der Durchführung einer Leitungsanästhesie diese wesentlich seltener auftreten als bei einer Allgemeinanästhesie.

		VES > 10/Min.	
Allgemeine Anästhesie	n = 2693	n = 42	$Chi^2 = 197$ => signifikant für $\alpha \leq 0{,}001$
Leistungsanästhesie	n = 1205	n = 153	

Abb. 5: Häufigkeit intraoperativer ventrikulärer Extrasystolien

Abbildung 5 zeigt die Häufigkeit bei~2.700 bzw.~1.200 Anästhesien. Entgegen unseren Erwartungen zeigt sich ein umgekehrtes Verhalten. Da die Häufigkeit der ventrikulären Extrasystolen im Bereich der Leitungsanästhesien deutlich über der erwarteten Rate lag, wurde von unserer Anästhesieabteilung eine detaillierte Analyse vorgenommen. Dabei zeigte sich, daß das bei uns mit Leitungsanästhesien versorgte Patientengut als ein multimorbides anzusehen ist und somit eine Negativauswahl darstellt. Auch führten diese Ergebnisse zu weiteren Überlegungen in der Anästhesieabteilung, die hier jedoch nicht von Bedeutung sind. Eine später durchgeführte Analyse zeigte eine deutliche Abnahme der beobachteten Fälle von ventrikulären Extrasystolen.

		SPA		%	
16.2.81 bis 8.9.81		815	130	15,9	n.s. (für $\alpha \leq 0{,}05$)
		252	33	13	
		563	97	17,2	
9.9.81 bis 31.7.82		1060	159	14,9	

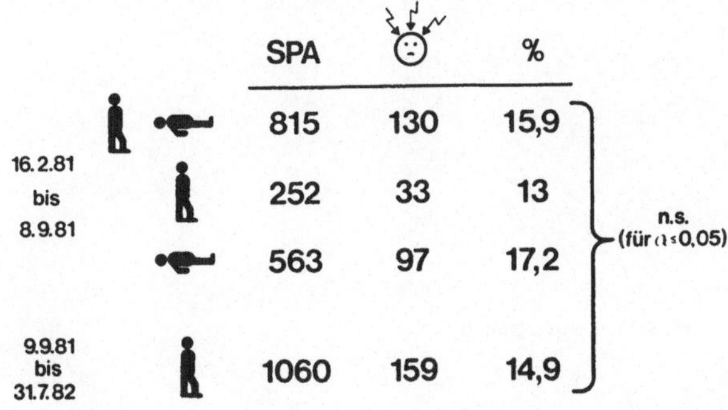

Abb. 6: Häufigkeit von postoperativen Kopfschmerzen

Abbildung 6 zeigt die Häufigkeit des Auftretens von postspinalem Kopfschmerz. Auf drei Stationen wurden drei unterschiedliche postoperative Regimes durchgeführt.

Einmal wurde den Patienten die Einhaltung der Bettruhe freigestellt, zum zweiten wurde ihnen eine strikte Bettruhe untersagt und zum dritten wurde strikte Bettruhe angeordnet. Keines der drei Kollektive unterschied sich statistisch signifikant von den anderen, so daß wir auf die strikte Forderung der Bettruhe verzichten konnten. Eine zu Beginn des Jahres durchgeführte Analyse zeigte, daß wir derzeit einen Rückgang des postspinalen Kopfschmerzes beobachten können. Dies scheint im Zusammenhang mit dem Wechsel des Punktionsinstrumentariums zu stehen. Solche Analysen haben in zweifacher Hinsicht ihre Berechtigung. Zum einen können wir den Patienten beispielsweise die etwas unangenehme 24-stündige strenge Bettruhe ersparen und gleichzeitig sind wir, was die Beurteilung unseres Handelns angeht, auch forensisch abgesichert.

4. Todesfalldokumentation

Die schwerstmögliche Komplikation ist der Todesfall. Selbstverständlich sind nicht alle Todesfälle als Komplikation bzw. als Folge eines Behandlungsfehlers anzusehen. Hierbei gilt es bei der Bewertung jedes einzelnen Todesfalles streng zu differenzieren. Aus diesem Grunde haben wir für die Dokumentation der Todesfälle ein spezielles Verfahren entwickelt. Dieses basiert wieder auf einem Erfassungsformular, in dem zunächst der Zustand des Patienten bei Eintritt in unser Haus beschrieben wird und danach eine Bewertung des Todesfalles stattfindet.

So ist der Tod eines 80-jährigen Patienten, der der Morbiditätsklasse ASA 5 zuzuordnen ist, anders zu bewerten als der eines 30-jährigen Patienten, der der ASA-Gruppe 2 zugeordnet wird.

Auch muß die Frage beantwortet werden, welcher Zusammenhang zwischen den getroffenen Maßnahmen und dem Todesfall besteht.

MORBIDITÄT
-Zum Zeitpunkt der Übernahme durch uns-

1. [0] ASA 6
2. [0] ASA 5
3. [0] ASA 4
4. [1] ASA 3
5. [4] ASA 2
6. [5] ASA 1

Punkte [ ]

Abb. 7: Bewertung der Morbidität nach Altersgruppen

Bei der Bewertung der Morbidität halten wir uns an eine Einteilung amerikanischer Anästhesisten [1]. Hierbei wird nach sechs Morbiditäts-Gruppen unterschieden (Abb.7). Die zugeordneten Punktwerte wurden von uns nach längerer Diskussion festgelegt. Stirbt ein Patient, der im präfinalen Zustand, eventuell nach erfolgter Reanimation, zu uns eingeliefert wird, so ist dieser Todesfall selbstverständlich anders zu gewichten als der eines völlig Gesunden der ASA-Gruppe 1.

ALTERSGEWICHTUNG

	Pkt.	
1.	[0]	> 70 Jahre
2.	[1]	60 - 69 Jahre
3.	[2]	50 - 59 Jahre
4.	[3]	40 - 49 Jahre
5.	[4]	30 - 39 Jahre
6.	[5]	0 - 30 Jahre

Punkte [ ]

Abb. 8: Altersgewichtung der Morbidität

Ein weiteres hier zu erwähnendes Merkmal ist die Altersgewichtung (Abb.8). Auch hier haben wir wiederum eine Punktskala eingeführt.

30-TAGE-ZUSAMMENHANG MIT MED. MASSNAHMEN

	Pkt.	gestorben nach:
1.	[1]	kons. Therapie ohne Mängel o. Unterlassungen
2.	[1]	absolut ind. diagnost. Maßnahmen
3.	[1]	absolut ind. operativ. Maßnahmen
4.	[2]	relativ ind. diagnost. Maßnahmen
5.	[2]	relativ ind. operativen Maßnahmen
6.	[4]	eher prophylakt. diagnost. Maßnahmen
7.	[4]	eher prophylakt. operativen Maßnahmen

Punkte. [ ]

Abb. 9: Erfassung des Zusammenhangs zwischen medizinischen Maßnahmen und Tod

Besonders wichtig sind die beiden folgenden Beurteilungskriterien. Zunächst gilt bei uns die Regel, daß Todesfälle, die binnen 30 Tagen nach einer Maßnahme eintreten, noch dieser betreffenden Maßnahme zugeordnet werden (Abb.9).

Dabei versuchen wir, eine Beurteilung unseres eigenen Handelns vorzunehmen. Verstirbt ein Patient nach einer beispielsweise absolut indizierten diagnostischen Maßnahme, so bewerten wir diesen Todesfall anders als einen Todesfall nach einer eher prophylaktischen diagnostischen Maßnahme. So ist ein Todesfall nach Angiographie bei kompletter absoluter Ischämie einer Extremität nur mit 1 Punkt zu bewerten, ein Todesfall nach einer eher unter kosmetischen Aspekten durchgeführten Röntgendiagnose des Venensystems jedoch mit 4 Punkten zu belasten.

BEHANDLUNGSFEHLER
(erläuterungsbedürftig)

Punkte

1. [0] keine [ ]
2. [1] geringe Fehler ohne Kausalitätsbezug zum Ex.
3. [2] geringe Fehler mit Kausalitätsbezug zum Ex.
4. [3] schwere Fehler ohne Kausalitätsbezug
5. [6] schwere Fehler mit Kausalitätsbezug

Abb. 10: Beurteilung von Behandlungsfehlern

Das wichtigste Bewertungskriterium ist die Beurteilung eines Behandlungsfehlers (Abb.10). Hierbei unterscheiden wir fünf Gruppen, beginnend damit, daß kein solcher Behandlungsfehler ersichtlich ist, bis hin zu einem schweren Behandlungsfehler mit Kausalitätsbezug. Die Addition der Punktwerte der Einzelbewertungen Morbidität, Altersgewichtung, 30-Tage-Zusammenhang und Behandlungsfehler ergibt die gesamte Punktzahl des betreffenden Todesfalles.

Die Einführung dieses Formulars war mit besonderen Schwierigkeiten verbunden. Die Beurteilung der Morbidität oder des 30-Tage-Zusammenhangs stellte noch keine Probleme dar, wohl aber die Beurteilung des Behandlungsfehlers. Die Einwände der Ärzte gegen diese Art der Todesfalldokumentation lagen überwiegend auf der forensischen Seite. Es ist auch verständlich, daß von niemandem verlangt werden kann, daß er sich selbst dem Richter ausliefert.

Die Original-Unterlagen werden gesondert aufbewahrt. Nur so kann eine wirkliche Offenheit bei der Todesfallbesprechung erzielt werden. Der entscheidende Aspekt dieses Formulars ist nicht die Summierung von Punkten, sondern der Zwang zur standardisierten Besprechung des Todesfalles. Durch die Einführung der 30-Tage-Frist ist auch einer Verlegung und damit einer Umgehung der Todesfallbesprechung bei schwersterkrankten Patienten ein Riegel vorgeschoben. Auch werden die Formulare nicht vom behandelnden Arzt allein ausgefüllt, sondern stets innerhalb einer gesondert angesetzten Todesfallbesprechung von der Gruppe.

Abbildung 11 zeigt eine Analyse der Todesfallformulare für Patienten, die sich bei uns einer arteriell-rekonstruktiven Operation unterzogen haben. Dabei fällt auf, daß zum Beispiel 1981 nur 8,7% der Patienten verstarben, es jedoch zu einer Gesamtpunktzahl von 63 Punkten kam und somit eine Durchschnittspunktzahl von 3,7 vergeben wurde. Für die ersten acht Monate 1982 findet sich eine Letalitätsrate von 9,1% unserer Patienten (auf Personen und nicht auf Operationen oder Klinikaufenthalte bezogen); jedoch nahm die durchschnittliche Punktzahl geringfügig ab.

	1980	1981	1982 (8/82)
OP-AR	243	247	213
n-Pat.	209	195	153
†	14	17	14
† % Pat.	6,69	8,7	9,1
Punkte	46	63	50
Pkte/†	3,28	3,7	3,57

Abb. 11: Todesfallstatistik 1980–1982

Nun mögen die Prozentsätze 8,7 oder gar 9,1 Erstaunen hervorrufen. Es muß aber hier darauf hingewiesen werden, daß es sich um ein extrem überaltertes, multimorbides Krankengut handelt. Dies ist ein besonderes Handicap in der gefäßchirurgischen Behandlung arterieller Verschlußkrankheiten. Meist haben diese Patienten zusätzlich noch eine koronare Herzkrankheit und eine supraaortale Durchblutungsstörung. Zusätzlich ist bekannt, daß beispielsweise bei kompletten akuten Ischämien eine 30-Tage-Letalität von ca. 50% durchaus üblich ist. Bei diesen Patienten weiß man allerdings, daß ohne Eingriff eine nahezu 100%ige Letalität zu erwarten ist [2,3].

5. Zusammenfassung

Zur Qualitätssicherung haben wir ein Komplikations- und ein Todesfallformular entwickelt. Diese Formulare werden bei uns routinemäßig über EDV dokumentiert. Durch die Zusammenfassung aller dokumentierten Daten liegen uns Informationsketten vor, die Rückschlüsse auf die vorangegangenen Handlungen zulassen. Seit Einführung des Komplikationsformulars werden alle im Verlauf von Operationen aufgetretenen Komplikationen routinemäßig wöchentlich analysiert. In etwas größeren Abständen werden auch die Komplikationshäufigkeiten anderer Leistungsstellen untersucht und bei Abweichungen entsprechende Detailuntersuchungen veranlaßt. Die Probleme des Komplikationsformulars sind in erster Linie die Sicherung der vollständigen Erfassung und gegebenenfalls die unterschiedliche Bewertung des Einzelfalles. Durch die Gruppenstruktur unserer Klinik beziehungsweise Praxis ist es jedoch gelungen, anhand von Beispielfällen ein einheitliches Beurteilungsverhalten zu trainieren. Voraussetzung dafür war ein Höchstmaß an Standardisierung und das bei uns eingeführte Formularwesen. Bezüglich der Todesfälle zwingt uns dieses Formular zu einer ebenfalls standardisierten Besprechung jedes einzelnen Todesfalles.

Von besonderer Bedeutung ist hierbei der Zwang zur Beantwortung der Frage nach einem vorliegenden Behandlungsfehler.

Es ist uns bewußt, daß das vorgestellte Verfahren in dieser Form nicht an jede andere Klinik adaptierbar ist. Ebenso dürfte die Einführung eines vergleichbaren Dokumentationswesens in einem Großkrankenhaus gewisse Probleme bereiten. Voraussetzung ist, daß alle Mitarbeiter bereit sind, eventuell aufgetretene Fehler einzugestehen, und vor deren Dokumentation nicht zurückscheuen.

Bei den bisherigen Todesfallbesprechungen wurde seither stets verhindert, daß ein Mitglied der Gruppe in die Rolle eines 'Angeklagten' eingestuft wurde. Dies hängt natürlich auch mit der besonderen Struktur einer kollegial geführten Gemeinschaftspraxis zusammen, die unseres Erachtens eine bessere Voraussetzung zur Einführung einer solchen Routine ist als ein hierarchisch geführtes Haus.

Literatur

1. Daily, E.F., Morehead, M.A.: Method of evaluating and improving quality of medical care. Amer. J. publ. Hlth. 46 (1956) 848-854.

2. Haug, M., Müller-Wiefel, H.: Analyse der letalen Verläufe nach aorto-iliacalen Rekonstruktionen. Angio 5 (1983) 165-167.

3. Koch, G., Pascher, O., Gutschi, S.: Die Letalität als Qualitätsmerkmal der Beckenarterienrekonstruktion. Angio 5 (1983) 162-164.

4. Nacke, O., Wagner, G.: Die Rolle des Fehlers in der Medizin; Fehlerforschung als Aufgabe der medizinischen Dokumentation. Meth. Inform. Med. 3 (1964) 132-150.

5. Pflanz, M.: Beurteilung der Qualität ärztlicher Verrichtungen. Münch. med. Wochenzeitschr. 110 (1968) 1944-1949.

6. Wagner, G.: Einige psychologisch bedingte Fehler bei haematologischen Routineuntersuchungen. Med. Klin. 52 (1952) 1725-1727.

Aus der Abteilung für Allgemeinchirurgie, Unfallchirurgie und der Poliklinik (Ärztlicher Direktor: Prof. Dr.med. Ch. Herfarth) der Chirurgischen Universitätsklinik Heidelberg und der EDV-Projektgruppe des Tumorzentrums Heidelberg/Mannheim

Kriterien zur programmüberwachten Plausibilitätskontrolle klinisch-onkologischer Daten

G. Pfaff, K.-H. Ellsässer, A. Quentmeier, P. Schlag

I. Einführung

Daten aus onkologischen Registern finden einen ständig wachsenden Benutzerkreis. Zu den ersten Anwendungen gehören wissenschaftliche Vorhaben, also klinische oder epidemiologische Studien. Auch die onkologische Nachsorge baut zunehmend auf klinischen Befundsammlungen auf. Die EDV unterstützt dabei zum Beispiel die Überwachung der Nachsorge, die Einbestellung von Patienten, die Terminplanung und die Arztbriefschreibung. Mit Rücksicht auf die weitreichende Nutzung klinisch-onkologischer Daten kommt deshalb ihrer Verläßlichkeit große Bedeutung zu. Die Qualitätskontrolle klinisch-onkologischer Daten findet in der Literatur erstaunlich geringen Niederschlag. Nur wenige Arbeiten befassen sich mit der Reliabilität von Daten, welche nach Krankenblttern codiert wurden [2-5, 7,8,11], und nur ein Teil hiervon berührt Probleme der Krebsdokumentation [3-5].
Umfangreiche Bemühungen zur Qualitätssicherung wurden dort unternommen, wo große Datensammlungen durch multizentrische Erhebung onkologischer Daten entstanden. Hierzu gehören vor allem zwei Projekte:

- das Centralized Cancer Patient Data System (CCPDS) der US-amerikanischen Tumorzentren (Comprehensive Cancer Centers) aus dem Jahre 1977, und

- das International Cancer Patient Data Exchange System (ICPDES) der UICC, dessen Beginn gleichfalls in das Jahr 1977 zurückreicht.

Im **CCPDS** wurden Basisdaten über Patienten von 21 Tumorzentren zusammengetragen, wobei die Datenhaltung und Qualitätskontrolle einem eigens eingerichteten Zentrum (Statistical Analysis and Quality Control Center - SAQCC) in Seattle obliegt. Der Eingang von etwa 50.000 Fällen jährlich erzwang eine weitgehend automatisierte Prüfung des auf Datenträgern übermittelten Materials. Hierfür wurden umfangreiche Prüfprogramme entwickelt. Eine Schulung des codierenden Personals vor Ort, dem ein umfangreiches Handbuch [1] zur Verfügung steht, ist selbstverständlich. Weiterhin wurde jedes teilnehmende Tumorzentrum wenigstens einmal im Jahr von Mitarbeitern der Zentrale aufgesucht. Diese revidierten gemeinsam mit dem örtlichen Stab eine zufällig ausgewählte Serie von Krankengeschichten mit dem Ziel, besondere Probleme bei der Codierung zu erkennen. CCPDS dürfte derzeit weltweit die größte Sammlung klinisch-onkologischer Basisdaten darstellen. Finanzierungsprobleme durch den kurzsichtigen Rückzug öffentlicher Gelder im Rahmen drastischer Sparmaßnahmen erzwangen zum Ende des Jahres 1982 leider die Einstellung der Sammlung neuer Meldungen; die Fortsetzung der Verlaufsbeobachtung ist für weitere fünf Jahre geplant.

Das **ICPDES** geht auf eine Initiative des Committee on International Collaborative Activities (CICA) der UICC in Genf zurück; derzeit kooperieren weltweit 14 Tumorzentren aus West- und Osteuropa, den USA und der Volksrepublik China in diesem

System. Deutsche Teilnehmer sind die Tumorzentren Essen und Heidelberg/Mannheim. Die auf Datenträger in anonymisierter Form an die Datenzentren in Houston und Amsterdam übermittelten Fälle werden dort vor Einspielung in die Datenbank mittels eines umfangreichen Programmpakets auf formale Richtigkeit und Plausibilität abgeprüft. Fälle mit ungewöhnlichen Sachverhalten oder Merkmalskombinationen (z.B. seltene Kombinationen von Lokalisation und Histologie) werden der meldenden Institution in Form einer Warnung zur Kenntnis gebracht und veranlassen dort eine Revision des Krankenblatts. Fehlerhafte Meldungen resultieren in einer Zurückweisung des Falls und gleichfalls schriftlicher Fehlermeldung. Der Abstimmung der Teilnehmer dienen zwei jährliche Arbeitstreffen auf internationaler bzw. regionaler Ebene. Das gemeinsam erarbeitete Handbuch zur Dokumentation [6], welches System, erhobene Merkmale und Gegenstand der Fehlerprüfprogramme näher beschreibt, ist im Buchhandel erhältlich.

Es ist beabsichtigt, die Basisdaten des International Cancer Patient Data Exchange System zum Bestandteil einer nationalen onkologischen Dokumentation der Tumorzentren der Niederlande zu machen.

Für die Bundesrepublik Deutschland wurde im Auftrag der Arbeitsgemeinschaft Deutscher Tumorzentren (ADT) die **Basisdokumentation für Tumorkranke** [12] entwickelt. Die hierin enthaltenen Items sollen Bestandteil der onkologischen Dokumentation aller Tumorzentren werden, wobei den Zentren eine Erweiterung um zusätzliche Merkmale freigestellt bleibt. Anders als für CCPDS und ICPDES fehlt bislang aus mannigfaltigen Gründen eine zentrale Sammelstelle für Daten der Basisdokumentation. Einheitliche Richtlinien für die Plausibilitäts- und Qualitätskontrolle hiernach erhobener Daten wurden deshalb noch nicht veröffentlicht. Da die EDV-unterstützte Führung klinischer Krebsregister weite Verbreitung findet, sind einheitliche Richtlinien zur Plausibilitätskontrolle erforderlich, um die Daten zwischen den Tumorzentren vergleichbar zu halten.

An der Chirurgischen Universitätsklinik Heidelberg besteht seit Jahren ein klinisches Tumorregister, in dem die häufigsten Tumoren nach organspezifischen Erhebungen erfaßt sind. Die Daten werden für wissenschaftliche Zwecke auf einer Großrechenanlage in herkömmlicher Dateistruktur vorgehalten; die klinische, nachsorgende Betreuung der Patienten erfolgt im Rahmen von Spezialsprechstunden mit separaten Krankengeschichten. Im Jahre 1982 wurde die Dokumentation auf das im Tumorzentrum Heidelberg/Mannheim eingeführte Datenbanksystem KRAZTUR übernommen. Parallel zur Einführung eines neuen Rechnersystems erfolgte eine völlige Neuorganisation des Registers. Ziel war eine einheitliche Basisdokumentation für alle Tumorpatienten, die für bestimmte Organtumoren durch organspezifische Daten ergänzt werden sollte. Der Umfang der zu erhebenden Daten wurde durch die Empfehlungen der Arbeitsgemeinschaft Deutscher Tumorzentren zur Basisdokumentation [12] sowie zu organspezifischen Zusatzdokumentationen vorgegeben; hinzu kamen klinikspezifische Merkmale. Diese sollten im wesentlichen organisatorischen Abläufen dienen (Arztbriefschreibung, Nachsorge). Schließlich erforderte die eingegangene Verpflichtung zur Mitwirkung im International Cancer Patient Data Exchange System der UICC die Abstimmung der eigenen Basisdaten mit den Basisdaten des ICPDES .

Der Zwang, die eigenen Daten somit im Rahmen eines internationalen Datenverbundes einer externen Qualitätskontrolle zu unterziehen, stellte zusätzliche Ansprüche an die hauseigene Dokumentation. Fehler sollten bereits zum Zeitpunkt der Dateneingabe erkannt und korrigiert werden, da eine spätere Korrektur im Routinebetrieb erheblichen Zeitaufwand erfordert.

Die Dokumentation sollte dezentral erfolgen, die Erhebungsbögen für jeden Patienten vom zuständigen Stationsarzt bearbeitet und dann zur Eingabe einer medizinischen Dokumentarin zugeleitet werden. Auch sollte der Stationsarzt möglichst einen selbsterklärenden Bogen erhalten, um beim Ausfüllen auf die Benutzung zusätzlicher Handbücher verzichten zu können.

Diesem Punkt messen wir für den Routinebetrieb erhebliche Bedeutung bei. Die Anzahl der dokumentierenden Ärzte ist größer als bei einer klinischen Studie. Weiterhin ist das Interesse der Ärzte nicht notwendig auf die onkologische Befunddokumentation konzentriert. Ihre Bereitschaft, zusätzlicher Schreibarbeit, womöglich außerhalb des eigenen Interessengebiets, besondere Sorgfalt zu widmen, mag höchst unterschiedlich sein. Auch von der Existenz eines optimalen Handbuchs ist noch längst keine sichere Wirkung auf die Datenqualität zu erwarten, da seine tatsächliche Benutzung nicht kontrolliert werden kann.

Um auch während der problematischen Einführungsphase eine befriedigende Qualität der Daten zu gewährleisten, wurde während der ersten sechs Monate nach Erhebungsbeginn jedes einzelne Krankenblatt von einem Arzt revidiert. Der Vergleich von Originalunterlagen, Erhebungsbeleg und eingegebenen Daten erlaubte es, besondere Probleme bei Erhebung und Dokumentation sofort zu erkennen und anzugehen. Nach Erstellung eines Eingabedialogs wurde zunächst mit einem stark an die Basisdokumentation [12] angelehnten Erhebungsbogen im Testbetrieb begonnen. Die ersten Erhebungen kamen von einer onkologischen Schwerpunktstation, deren Ärzte naturgemäß ständig mit onkologischen Krankengeschichten befaßt sind.

Eine Stichprobe von 31 konsekutiv eingegangenen Erhebungsbögen aus dieser Initialphase zeigte jedoch für zahlreiche Kernmerkmale eine hohe Quote von Auffälligkeiten. Wir sahen Codierprobleme verschiedener Art:

- Fehlende Angaben im Erhebungsbogen, wobei die gewünschte Information im Krankenblatt enthalten war und diesem hätte entnommen werden können;

- ungenaue Angaben durch Abkürzungen oder Verkürzungen ('Top-of-the-page syndrome', z.B. Angabe von 'Kolon' statt der genauen Lokalisation 'Colon sigmoideum' oder 'Adenokarzinom' anstelle von 'verschleimendes Adenokarzinom'). Betroffen waren vorrangig Felder, die Klartexteingabe erlaubten;

- offensichtlich fehlerhafte Angaben, wobei im Krankenblatt enthaltene Angaben (Untersuchungsbefunde, Histologie, Arztbrief etc.) von denen auf dem Erhebungsbeleg abwichen;

- inkonsistente Angaben (Konflikt zweier Feldinhalte);

- Abweichungen infolge unterschiedlicher Interpretation eines Befundes durch den Stationsarzt und den revidierenden Arzt. Eine unterschiedliche Wertung stellt dabei nicht notwendig einen Fehler dar, muß aber bei Betrachtung der Reliabilität berücksichtigt werden.

Eine Übersicht, wie häufig Auffälligkeiten nach einem beliebigen vorbeschriebenen Typus in der Stichprobe beobachtet wurden, gibt Tabelle 1.

Tab. 1: Probleme bei der Erhebung klinisch-onkologischer Basisdaten (Erhebungen angelehnt an Basisdokumentation für Tumorkranke, Stichprobenumfang n=31)

Item)		Auffällige Erhebungen)
12.	Datum der ersten ärztl. Diagnose	5
13.	Erster Tumor?	9
14.	Lokalisation des Primärtumors *)	9
15.	Seitenlokalisation	4
15a.	Zusatzangabe (zur Seitenlokalisation)	6
16.	Tumordiagnose *)	11
18.	Bei Vorliegen von Fernmetastasen: Lokalisation	8
19.	Befund prätherapeutisch (TNM)	
20.	Befund postoperativ (pTNM)	
	beide Items zusammen:	22

----

*) Item wurde als Freitext erfragt;
**) Zum Begriff der auffälligen Erhebung vgl. Text

Nicht geprüft wurden epidemiologische Daten (Staatsangehörigkeit, derzeitiger Beruf, am längsten ausgeübter Beruf, Zahl der Geburten bei Frauen). Weiterhin haben wir bewußt auf eine Prüfung der Angaben zum allgemeinen Leistungszustand des Patienten verzichtet; eine Studie [9] zum sogenannten Karnofsky-Index [10] bestätigt unsere grundsätzliche Skepsis hinsichtlich der Reliabilität dieses Items.

Wir konnten die Ursache der Auffälligkeiten durch Gespräche mit den Stationsärzten klären. Ein Teil beruhte auf offensichtlichen Interpretationsfehlern. Der aus der Basisdokumentation übernommene Fragetext wurde mißverstanden. Durch Umformulierung einiger Items gelang es, häufig auftretende Mißverständnisse zu vermeiden und die Items selbsterklärend zu machen. Weitere Fehlerquellen wurden durch Vorhalten der Merkmalsausprägungen in Antwortauswahl (Ankreuzbeleg) bereinigt, wodurch gleichzeitig die Bearbeitungszeit wesentlich gesenkt werden konnte.

II. Bemerkungen zu Items aus der Basisdokumentation

Das Datum der ersten ärztlichen Diagnose (auch Verdacht) Alle Nummern der Items beziehen sich auf Items aus der Ersterhebung der Basisdokumentation [12]. Folge- und Abschlußerhebung bleiben unberücksichtigt. (Item Nr. 12) wird oftmals als Datum der Sicherung der Diagnose verstanden. Erwünscht ist jedoch das Datum, an dem ein Arzt erstmals den Verdacht auf das Vorliegen eines Tumors geäußert hat oder die Diagnose stellte. Die medizinische Dokumentarin revidiert seither jedes Krankenblatt daraufhin, ob ein früheres als das auf dem Erhebungsbogen angegebene Datum in Frage kommt.

Das Item Nr. 13 Erster Tumor? wird häufig fehlinterpretiert. Gefragt ist eigentlich, ob bei einem Patienten ein Zweit- oder ein Mehrfachtumor vorliegt. In der angegebenen Formulierung wurde jedoch praktisch regelmäßig auch dann mit "nein" geantwortet, wenn es sich um das Rezidiv des (einzigen) Primärtumors handelte. Eine Umformulierung des Items in 'Weiterer maligner Tumor in der Vorgeschichte?' machte die Frage selbsterklärend und erbrachte die gewünschte Information hinfort mit hoher Verläßlichkeit.

Die Lokalisation des Primärtumors (Item 14) erfragten wir als Freitextfeld. Den Ärzten im Stationsdienst sollte so die mißliche Arbeit des Umgangs mit einem Lokalisationsschlüssel erspart werden. Auffälligkeiten ergaben sich hier vorrangig durch Verkürzung der Information. Die Frage 'Genauer Sitz des Primärtumors' führte prompt zu einer Verbesserung der Information. Da wir allerdings in einer Verteilung zusätzlicher Schlüsselbücher an die annähernd 50 Ärzte, welche im Routinebetrieb potentiell Erhebungsbogen ausfüllen, keinen Vorteil erkennen können, wird das Item zentral unter Beiziehung des Krankenblatts codiert. Dieses Verfahren hat sich bestens bewährt.

Unstimmigkeiten bei der Seitenlokalisation (Item 15) waren hauptsächlich auf fehlende Angaben zurückzuführen und konnten durch graphische Verbesserung des Bogens beseitigt werden.

Am auffälligsten waren die Items Nr. 19 und 20, Befund prätherapeutisch (TNM) und Befund postoperativ (pTNM). Unter 62 Feldern fanden sich in 22 Fällen Auffälligkeiten irgendeiner Art, zum Teil auch echte Fehler in der Klassifizierung. Die Größenordnung entspricht Angaben von Feigl et al. [4], welche in einer Studie über vorbereitete Testkrankenblätter 81 von 450 Codierungen des Tumorstadiums als klar fehlerhaft bewerteten (18%) und die Fehlerquote im Routinematerial nach den Ergebnissen von Stichproben um nochmals 10% höher angeben. Die Studie prüfte dabei eine relativ einfache modale Stadieneinteilung, die wesentlich unkomplizierter ist als das sehr fein abgestufte TNM-System.

Es stand danach außer Zweifel, daß ein wesentliches Augenmerk bei der Qualitätskontrolle dem Tumorstadium zu gelten hatte. Für die Einführungsphase lag ein Schwerpunkt der Kontrolle im Register deshalb in der Klassifikation des Tumorstadiums. Die letztlich realisierte Lösung sieht vor, daß für die im eigenen Krankengut häufigsten Tumoren die Klassifikation über organspezifische Erhebungsbogen nach dem Vorschlag der ADT erfolgt. In diesen Bogen werden die einzelnen Elemente der TNM-Klassifikation jeweils separat erfragt und können anschließend in die TNM-Formel umgesetzt werden. Für seltenere Tumoren erfolgt die Klassifikation zentral im Tumorregister. Zur Kontrolle wird die Tumorausbreitung jedoch in der Basisdokumentation grundsätzlich auch nach einer modalen Skala [6] erfragt, die mit der TNM-Formel verglichen wird. Mit dieser Skala läßt sich weiterhin die Ausbreitung solcher Tumoren beschreiben, welche nicht nach TNM klassifiziert werden können. Dies werten wir als zusätzlichen Vorteil.

Zu Item Nr. 24 Art der durchgeführten Behandlung muß klargestellt werden, daß nicht jede Operation zwangsläufig einer operativen Tumortherapie gleichkommt. Die gleichartige Dokumentation einer palliativen Operation und einer kurativen Tumorresektion kann nicht Ziel der Basisdokumentation sein. Die Basisdokumentation läßt hier Mißverständnisse zu. Wir erheben deshalb bei operierten Patienten grundsätzlich ein weiteres Item "Operation mit/ohne Tumorentfernung" und erfassen die Art des Eingriffs zusätzlich nach einem Operationsschlüssel sowie mit einer Beschreibung im Freitext.

III. Softwareunterstützte Plausibilitätskontrolle

Begleitend zur Optimierung der Erhebungsbogen wurde besonderes Augenmerk darauf gelegt, Fehler in den Daten bereits bei Eingabe in den Rechner durch geeignete Prüfroutinen zu erkennen und die Eingabe offensichtlich fehlerhafter Daten unmöglich zu machen. KRAZTUR bietet hierzu optimale Voraussetzungen.

Wertbereichsfehler
Die Kontrolle eingegebener Daten auf Wertbereichsfehler ist selbstverständlich; sie ist für jedes Item unerläßlich. Eine ausführliche Darstellung erübrigt sich. Notwendig ist allerdings der Hinweis, daß auch die umfangreichen Schlüssel für Lokalisation und Histologie in die Prüfung auf Wertbereichsfehler aufzunehmen sind.

Vergleichende Prüfung von mehreren Items
Eine Beschränkung der Prüfung auf die formale Richtigkeit der Daten zu einzelnen Items ist nicht ausreichend. Zur Beschreibung eines Zustandes werden in der Regel verschiedene Items zueinander in Beziehung gesetzt und gemeinsam ausgewertet. Einer vergleichenden Prüfung mehrerer Items auf die Sinnfälligkeit der Information kommt deshalb besondere Bedeutung zu.

Sequenz von Kalenderdaten
Die Basisdokumentation [12] sieht in der Ersterhebung vier Kalenderdaten vor: das Geburtsdatum, das Datum der ersten ärztlichen Diagnose, den Beginn der tumorspezifischen Behandlung und den Termin der ersten Nachuntersuchung. Für klinikeigene Zwecke werden diese in der Regel durch weitere Daten ergänzt, etwa durch das Datum der ersten ambulanten Vorstellung in der betreffenden Klinik, bei stationären Patienten durch Aufnahme- und Entlassungsdatum bzw. Beginn der Behandlung in der eigenen Klinik (z.B. Operationsdatum). Für Berechnungen der Überlebenszeit ist das Datum des letzten Kontakts mit dem Patienten (ggf. Todesdatum) zweckmäßig.

Zur Plausibilitätskontrolle empfiehlt sich etwa folgende Sequenzprüfung:

Bei Beschränkung auf die Basisdokumentation:
Geburtsdatum < Diagnosedatum* ≤ Beginn der tumorspezifischen Behandlung* ≤ aktuelles Kalenderdatum

Bei erweiterter Dokumentation:
Geburtsdatum < Diagnosedatum* ≤ Datum der ersten Vorstellung in dieser Klinik* ≤ Datum der stationären Aufnahme* ≤ Datum des Behandlungsbeginns* ≤ Entlassungsdatum ≤ Datum des letzten Kontakts mit dem Patienten ≤ aktuelles Kalenderdatum

Tumorbeschreibende Daten
Hierunter verstehen wir Angaben zur Lokalisation des Primärtumors, zur Seitenlokalisation, zum Tumorstadium, zur Tumordiagnose (Histologie) und zur Diagnosesicherung.

Feigl und Mitarb. [4] fanden bei ihrer Untersuchung zur Reliabilität onkologischer Daten für die Kombination der Merkmale Lokalisation, Tumorstadium und Histologie in 19% von 450 untersuchten Fällen größere Abweichungen. Zwar sind plausible Daten nicht notwendigerweise reliabel, doch ist die Annahme zulässig, daß für diese Merkmalsgruppen auch besondere Sorgfalt hinsichtlich der Plausibilitätskontrolle verwendet werden muß.
Die nach unserem Dafürhalten wichtigsten Plausibilitätsprüfungen lassen sich ausgehend von der Tumorlokalisation verwirklichen.

----

* indiziert mögliche Abweichungen in der Datumsfolge.

Tumorlokalisation und Geschlecht
Bei Tumoren der Geschlechtsorgane ist die Tumorlokalisation mit dem Geschlecht des Trägers zu vergleichen. Beginnt der Lokalisationscode mit 174 (weibliche Mamma) oder liegt er zwischen 179.9 und 184.9 (weibliche Genitalorgane), muß das Geschlecht weiblich sein. Ist der Lokalisationscode 175.9 (männliche Mamma) oder liegt er zwischen 185.9 und 187.9 (männliches Genitale), muß das Geschlecht männlich sein. Flüchtigkeitsfehler treten am häufigsten auf bei männlichen Patienten mit Mamma-Karzinom, deren Tumor mit Lokalisationscodes der weiblichen Mamma beschrieben wird.

Lokalisation und Seitenangabe
Die Basisdokumentation sieht eine Seitenangabe zunächst für paarige Organe vor [12], weiterhin für Tumoren der Körperoberfläche. Das Prüfprogramm des CCPDS [1] erfordert zwingend eine Seitenangabe für Tumoren bestimmter Primärlokalisationen (Tabelle 2).

Tab. 2: Tumorlokalisationen mit obligatorischer Seitenangabe (Dokumentationsregeln des CCPDS (1)

Parotis
Tonsillen
Mittelohr
Bronchus, Lunge
Mamma
Ovar, Tuba Fallopii
Hoden
Niere, Nierenbecken, Harnleiter
Auge
Nebenniere
Nebenschilddrüse
Glomus caroticum

In Anlehnung hieran verlangen wir für diese Tumoren zwingend eine Seitenangabe und ermöglichen sie für Tumoren der Körperoberfläche und einer festgelegten Anzahl anderer Lokalisationen (z.B. Knochen der Extremitäten). Bei anderen Tumorlokalisationen, für die eine Seitenangabe nicht sinnfällig ist, weisen wir einen Defaultwert zu (unpaariges Organ bzw. Systemerkrankung).

Lokalisation und Histologie
Der für die Basisdokumentation erforderliche Histologiecode (ICD-O-DA) stellt neben der TNM-Klassifikation den kompliziertesten Schlüssel dar. Er übertrifft an Umfang den Lokalisationsschlüssel bei weitem; darüberhinaus sind bei der Codierung der Morphologie detaillierte Regeln zu beachten. Im Zusammenhang mit den Abweichungen in der Nomenklatur, wie sie zwischen Pathologen verschiedener Schulen bestehen, wird die Codierung der Histologie mitunter auch für Geübte zum Problem.

Während für Studien in der Regel ein Referenzpathologe zur Verfügung steht, der die einheitliche histologische Klassifikation nach bestimmten Regeln besorgt, entfällt diese Möglichkeit für den klinischen Routinebetrieb. Hier ist ein Filter erforderlich, der ungewöhnliche Kombinationen von Lokalisation und Histologie zu erkennen vermag und bei der Eingabe eine Warnung ausgeben kann. Diese Warnung muß Anlaß sein zu prüfen, ob im konkreten Fall tatsächlich außergewöhnliche Umstände vorliegen, oder ob der Warnung ein Codierproblem zugrunde liegt.

Diese Prüfung erfordert allerdings einigen Aufwand; sie erfolgt durch Vergleich der

Eingabegrößen mit einer recht umfangreichen Tabelle. Wir empfehlen, von Neuentwicklungen abzusehen und sich der in [1] wiedergegebenen Prüftabelle zu bedienen, die nicht nur für CCPDS, sondern auch für ICPDES eingeführt ist.

Lokalisation und Tumorstadium (TNM, Ann Arbor)
Die 'Benutzung des TNM-Systems ist nicht ganz einfach und kann dem Ungeübten Schwierigkeiten bei der Dokumentation und Verschlüsselung des Befundes bereiten' [12]. Auch existiert nicht für jeden Tumor beliebiger Lokalisation und Histologie eine Stadieneinteilung nach dem TNM-System. Zwar lassen sich die häufigsten Tumoren nach TNM klassifizieren; wir haben jedoch erlebt, daß ungeübte Codierer aus dem fehlverstandenen Bestreben heraus, den Erhebungsbogen vollständig auszufüllen, ein TNM-Stadium für solche Tumoren "approximierten", auf die TNM nicht anwendbar ist. Dies verhindert eine Prüftabelle, in der jedem Lokalisationscode ein Vermerk zugeordnet ist, ob für den angegebenen Tumorsitz eine Klassifikation nach TNM bzw. nach Ann Arbor zulässig ist.

Histologie und Tumorstadium (TNM, Ann Arbor)
Gleiches wie für Lokalisation und Tumorstadium gilt für Histologie (Tumordiagnose) und Tumorstadium. Die meisten veröffentlichten TNM-Klassifikationen sind nur auf Karzinome, nicht jedoch auf Sarkome etc. anwendbar. Für Weichteilsarkome enthalten die Regeln zur TNM-Klassifikation explizit eine Liste zulässiger Positionen aus der ICD-O. Da diese Einschränkungen doch relativ häufig übersehen werden, ist eine kreuzweise Prüfung beider Items notwendig.

Tumorstadium (TNM) und Vorbehandlung
Grundsätzlich existieren TNM-Klassifikationen für den prätherapeutischen Befund sowie für den postoperativen Befund (pTNM) bei nicht vorbehandelten Tumoren. Außerdem kann ein postoperativer Befund für solche Tumoren angegeben werden, die vor der definitiven chirurgischen Therapie vorbestrahlt oder zytostatisch vorbehandelt wurden (ypTNM). Diese Fälle sind gesondert aufzuführen; die TNM-Formel ist jeweils durch ein vorgestelltes kleines 'y' zu kennzeichnen.

Die in [12] angegebenen Codes für alle möglichen T-Befunde sehen die Angabe einer ypTNM-Formel bzw. deren explizite Kennzeichnung nicht vor. Wo die Dokumentation der ypTNM-Formel für notwendig erachtet wird, empfiehlt es sich zur Vermeidung von Mißverständnissen, hierfür nach Möglichkeit eine eigene Position in der Datenbank vorzusehen, die in Abhängigkeit vom Item 'Tumorspezifisch vorbehandelt?' abgefragt wird.

Tumorstadium und Carcinoma in situ
Ist das Tumorstadium (TNM) als 'Tis'- also Carcinoma in situ - angegeben, bedarf dies der histologischen Diagnosesicherung. Die letzte (fünfte) Stelle des Histologie-Codes (ICD-O) muß dann eine '2' sein.

Histologie und Diagnosesicherung
Nur bei zytologischer oder histologischer Sicherung der Tumordiagnose ist die Angabe eines speziellen Histologie-Codes aus der ICD-O erlaubt. Für klinisch maligne Tumoren ohne mikroskopische Bestätigung sind die Codes 99903, 99906 und 99909 vorgesehen.

Die aufgeführten Möglichkeiten zur Plausibilitätsprüfung sind keineswegs erschöpfend. Sie dürften jedoch einen Großteil der Fehler erkennen, die in Daten aus der klinischen Routine enthalten sind.

IV. Zusammenfassung

Die zunehmende Nutzung klinisch-onkologischer Daten ist Anlaß, ihrer Prüfung auf Plausibilität vermehrte Aufmerksamkeit zu widmen. Dieses Problem kann in Routine nicht verläßlich durch verbesserte Handbücher und Anleitungen zu den verwendeten Erhebungsbelegen gelöst werden. Für den Routinebetrieb im rechnergestützten klinischen Krebsregister empfiehlt es sich, möglichst viele Kontrollen programmüberwacht vorzunehmen. Im internationalen Bereich wurden umfangreiche Richtlinien hierzu für das Centralized Cancer Patient Data System (CCPDS) sowie für das International Cancer Patient Data Exchange System (ICPDES) entwickelt. Aufbauend auf eigenen Erfahrungen mit der Basisdokumentation für Tumorkranke und in Anlehnung an Regeln aus CCPDS und ICPDES wurden Kriterien für eine rechnergestützte Plausibilitätsprüfung von Daten aus der Basisdokumentation erarbeitet. Diese umfassen mehrheitlich Richtlinien zur vergleichenden Prüfung zweier Items. Besondere Aufmerksamkeit ist den tumorbeschreibenden Merkmalen Lokalisation, Tumorstadium, Diagnosesicherung und Tumordiagnose (Histologie) zu widmen. Konsistenzprobleme treten gehäuft zwischen diesen Merkmalen auf. Ein mit Hilfe des kleinrechnergestützten Datenbanksystems KRAZTUR entwickelter Erhebungsdialog ermöglicht eine weitgehende Fehlererkennung sowohl durch Dialogsteuerung als auch durch Eingabeprüfung.

Literatur

1. Centralized Cancer Patient Data System (CCPDS): Data Acquisition Manual, Version 2. Seattle, Wa.: Statistical Analysis and Quality Control Center, Fred Hutchinson Cancer Research Center 1981.

2. Corn, R.F.: Quality control of hospital discharge data. Med. Care 18 (1980) 416-426.

3. Demlo, L.K., Campbell, P.M., Brown, S.S.: Reliability of information abstracted from patients' medical records. Med. Care 16 (1978) 955-1005.

4. Feigl, P., Polissar, L., Lane, W.W. et al.: Reliability of basic cancer patient data. Statist. Med. 1 (1982) 91-204.

5. Gittlesohn, A., Senning, J.: Studies on the reliability of vital and health records: I. Comparison of cause of death and hospital record diagnoses. Amer. J. publ. Hlth 69 (1979) 680-689.

6. Guinee, V.F. (Edit.): The International Cancer Patient Data Exchange System. System Manual. (UICC Technical Report Series, Vol. 68). Genf: International Union against Cancer 1982.

7. Hendrickson, L., Myers, J.: Some sources and potential consequences of errors in medical data recording. Meth. Inform. Med. 12 (1973) 38-45.

8. Herrmann, N., Cayten, C.G., Senior, J. et al.: Interobserver and intraobserver reliability in the collection of emergency medical services data. Hlth Serv. Res. 15 (1980) 127-143.

9. Hutchinson, T.A,, Boyd, N.F., Feinstein, A.R. et al.: Scientific problems in clinical scales, as demonstrated in the Karnofsky Index of Performance Status. J. chron. Dis. 32 (1979) 661-666.

10. Karnofsky, D.A., Abelmann, W.H., Craver, L.F. et al.: The use of nitrogen mustards in the palliative treatment of carcinoma. Cancer 1 (1948) 634-656.

11. Wagner, G.: Datenkontrolle. In Koller, S., Wagner, G. (Hrsg.): Handbuch der Medizinischen Dokumentation und Datenverarbeitung, S. 267-288. Stuttgart-New York: Schattauer 1975.

12. Wagner, G., Grundmann, E. (Hrsg.): Basisdokumentation für Tumorkranke. 3. Aufl. Berlin-Heidelberg-New York: Springer 1983.

Aus der Fachklinik Hornheide, Münster-Handorf (Leiter: Prof. Dr. F. Ehring)

Validierung der TNM-Klassifikation des Malignen Melanoms
– Zwischenergebnisse der Hornheider Melanomstudie –

Andrea Lippold, H. Drepper, Karla Höcker-Lindemann

1. Projektbeschreibung

In der Fachklinik Hornheide wird auf Anregung der UICC mit Unterstützung der Bundesregierung eine prospektive Feldstudie zur Validierung des TNM-Systems beim 'Malignen Melanom' durchgeführt.

Diese Studie hat die Aufgabe, die derzeit von der UICC empfohlene Klassifizierung auf ihre Praktikabilität und Prognoserelevanz zu überprüfen und die Basis für eine mit der posttherapeutischen Klassifikation korrelierende, prätherapeutische Klassifikation zu schaffen.

Folgende Fakten lassen eine möglichst exakte Validierungsstudie gerade beim malignen Melanom dringlich erscheinen:

1. Wegen der außerordentlichen Bösartigkeit wird dieser Tumor heute in der Regel sehr radikal behandelt. Defektheilung und schwere Beeinträchtigung des Lebens, die kaum durch den Tumor, sondern fast ausschließlich durch die Therapie bedingt werden, sind die unausweichliche Folge. Wir müssen uns fragen, in welchem Ausbreitungsstadium des Tumors wir durch diese radikalen Maßnahmen die Lebensdauer des Patienten tatsächlich zu verbessern vermögen.
2. Da das maligne Melanom schon sehr früh metastasiert – bereits bei einer Tumorhöhe von 3 mm steigt die Metastasierungsgefahr steil an –, sind sehr exakt durchgeführte, reproduzierbare Untersuchungsmaßnahmen mit feinkörnigen Meßmethoden zur genauen Erkundung des jeweiligen Ausbreitungsstadiums erforderlich.
3. Außer dem Ausbreitungsstadium sind nach bisheriger Erfahrung mehrere Begleitumstände wie Lokalisation, Alter, Geschlecht, Oberflächenbeschaffenheit des Tumors und Tumortyp prognoserelevanter als die Therapie und müssen daher ebenfalls erfaßt und berücksichtigt werden.
4. Das maligne Melanom weist unter den bekannten Tumoren in den letzten 20 Jahren die bei weitem höchste Steigerungsrate der Inzidenz und Mortalität auf. Es scheint, daß Typenverteilung und durchschnittlicher Verlauf sich deutlich verändert haben.

Die Erfahrungen mit der Dokumentation des malignen Melanoms in der Fachklinik Hornheide, die eine Schwerpunktklinik für die Behandlung dieses Tumors ist, haben gezeigt, wieviel organisatorische Mühe und Aufsicht für eine stetige Erfassung und Therapie notwendig sind, so daß der Entschluß zu einer monoklinischen Studie gerechtfertigt erscheint, obwohl bereits mehrere multizentrische Melanom-Studien auf nationaler und internationaler Ebene durchgeführt wurden.

Unsere Studie bezweckt schließlich auch, den Trend zur Früherfassung zu beobachten und durch Aufklärung zu verstärken.

Die Ersterhebungsphase umfasst einen Probelauf vom 6.3.-31.8.80 und eine reguläre Rekrutierungszeit vom 1.9.80 bis zum 31.12.83. Hieran wird sich eine Nachbeobachtungsphase von mindestens 3, höchstens 7 Jahren anschließen.

Bis zum Ende der Rekrutierungszeit von 3 Jahren und 4 Monaten werden ca. 1300 Verdachtsfälle aufgenommen worden sein, um eine Fallzahl von 650 -700 primären, nicht vorbehandelten Melanomen zu erreichen.

Nach sorgfältiger Schätzung wird diese Fallzahl ausreichen, um die genannten Fragestellungen hinreichend exakt bearbeiten zu können.

2. Unterstützung durch KRAZTUR

Für die Datenerhebung wurde ein Erhebungsbogensatz entwickelt, der sich in Erst-, Folge- und Abschlußerhebung gliedert. Der Ersterhebungsbogen enthält neben den TNM-spezifischen Daten alle anderen prognoserelevanten Angaben einschließlich der Therapie. Zur Verarbeitung dieser umfangreichen Datensammlung steht uns das Dokumentationssystem KRAZTUR (KleinRechnergestütztes Allgemeines Dokumentationssystem mit Zusätzlichen Text- Und Retrievalfunktionen) zur Verfügung.

Da KRAZTUR schon mehrfach diesem Gremium vorgestellt wurde, möchten wir uns darauf beschränken, seine Rolle in unserer TNM-Studie zu beschreiben.

Neben den Grundfunktionen Dialog- und Output-Generierung bietet das System den Vorteil, im Laufe der Studie notwendige Anpassungen ohne großen Programmieraufwand vornehmen zu können.

Die in der medizinischen Datenverarbeitung so wichtige und umfangreiche Fehlerprüfung und -korrektur wird durch KRAZTUR optimal unterstützt. So ist standardmäßig die Format- und Plausibilitätskontrolle für jedes Merkmal einzeln vorgesehen. Dieser Standard kann jedoch an jeder Stelle durch eigene Prüfroutinen erweitert werden. So wird z.B. im Erfassungsdialog der Melanomdaten die TNM-Klassifikation aus den eingegebenen Parametern gebildet und diese vor der Eingabe der TNM-Klassifikation als Defaultwert angeboten. Bei Übereinstimmung wird der Defaultwert bestätigt und gespeichert; bei Abweichungen werden die Parameter und die Klassifikation nochmals überprüft.

Die Standardfunktionen zur Auswertung sind gute Kontrollen für die Eingabe, da sie zu jedem Zeitpunkt im Dialog gestartet werden können und einen schnellen Überblick über den Datenbestand vermitteln.

Auswertungsprogramme, die über den KRAZTUR-Standard hinausgehen, lassen sich einfach programmieren, da die Speicherorganisation (Baumstruktur mit inverted files) einen komfortablen Zugriff ermöglicht. Diese Programme können ebenfalls in das KRAZTUR-System eingebunden oder als getrennte MUMPS-Programme im Batch-Lauf gestartet werden.

Auch zum Datenschutz enthält KRAZTUR ausreichende Vorkehrungen.
Die Zugangskontrolle mittels Passwort erlaubt nur berechtigten Benutzern den Zugang zum System. Ein berechtigter Benutzer kann nur diejenigen Programme aufrufen, die für ihn zugelassen sind. Weiterhin ist es möglich, die Zugriffsberechtigung jedes Benutzers auf einzelne Dateien und Merkmale festzulegen. Durch automatisches Abschalten des Systems wird verhindert, daß beim Verlassen des Bildschirms die Daten weiterhin zugänglich sind.

Die Anonymisierung der Daten ist durch das Speichern der personenbezogenen und nicht personenbezogenen Daten in getrennten Dateien zu erreichen. Die anonymisierte Datei wird zur Auswertung ins DKFZ, Heidelberg, überspielt.
Durch die Speicherung der Schlüsseltabellen in einer weiteren, getrennten Datei wird die Sicherheit der Daten zusätzlich erhöht. Diese flexible Datenverarbeitung schlägt eine Brücke zwischen den Klinikern und Methodikern, da dem hohen Anspruch an die Auswertungsmöglichkeiten ein relativ geringer Aufwand gegenübersteht.

3. Praktische Erfahrungen

Die Datenerhebung innerhalb einer prospektiven Studie ist zeitaufwendig, aber im

Hinblick auf Vollständigkeit und Richtigkeit der Angaben sehr effektiv. Allerdings läßt sich eine umfangreiche Erhebung in einer großen Ambulanz nur dann durchführen, wenn eine personelle Unterstützung vor Ort gegeben ist und der Erhebungsbogen an den Ablauf der Untersuchungen angepaßt ist. Wir haben außerdem alle Merkmale eingefügt, die für die Klinikdokumentation von Interesse sind, um die Motivation der Klinikärzte zur Mitarbeit in der Studie zu erhöhen. Dieses Vorgehen vermeidet Mehrarbeit und hat sich sehr bewährt.

In der Ambulanz der Fachklinik Hornheide wird immer dann ein Studienbogen ausgefüllt, wenn die Diagnose 'Malignes Melanom', und sei es nur als Verdachtsdiagnose, gestellt wird, da zum Zeitpunkt der histologischen Diagnosebestätigung der klinische Primärtumorbefund nicht mehr erhoben werden kann.

Die Studienassistentin fertigt zur gleichen Zeit einen Kunststoff-Abdruck des verdächtigen Herdes an. Die verwendete Masse 'Lastic DF' ist sehr hautfreundlich und ohne Reizung des Primärtumors wieder zu entfernen. Aus diesem Abdruck wird ein Gipsmodell hergestellt, das zusätzlich zum Farbfoto den ursprünglichen Herd auch dreidimensional darstellt.

Am Gipsmodell wird die Tumorausdehnung in vertikaler und horizontaler Richtung noch einmal gemessen. Insbesondere die exophytische Tumorhöhe läßt sich am Gipsmodell auf 0.01 mm genau bestimmen, da hierfür eine Höhendifferenzmessuhr eingesetzt wird. Am Tumorabdruck wird das exophytische Tumorvolumen bestimmt, indem die entstandene Vertiefung mit einer Flüssigkeit ausgegossen und diese Menge gemessen wird. Diese Vorgehensweise hat sich als praktikabel herausgestellt, nachdem das Verfahren des Abdrucks ausgereift war und die Mitarbeiter der Studie durch einen Arbeitsraum innerhalb der Ambulanz ständig präsent sein konnten.

Nach unserer Erfahrung ist eine vollzählige, vollständige und einheitlich beurteilte Falldokumentation als Voraussetzung für valide Daten nur durch intensive Unterstützung der Datenerhebung vor Ort zu erreichen. Wir konnten dieser Schwierigkeit, die häufig unterschätzt wird, außerdem mit klaren und umfassenden Verschlüsselungsrichtlinien, gleichbleibender Anleitung der neuen Ärzte und dem Angebot, sich bei Unklarheiten jederzeit an die Studienzentrale wenden zu können, begegnen.

4. Erste Ergebnisse

4.1 Stand der Studie

Am 30.6.83 hatte die Melanom-Studie folgenden Stand erreicht:
Es wurden 1196 melanomverdächtige Tumoren an 1167 Patienten erfaßt; 893 Tumoren bei 868 Patienten wurden histologisch als maligne Melanome bestätigt.
13 Patienten hatten mehrere primäre Melanome zum Zeitpunkt der Untersuchung, das entspricht 1.11%.

In den histologisch bestätigten Fällen sind auch die vordiagnostizierten Tumoren enthalten, die prätherapeutisch nicht zu klassifizieren sind (Tx), da sie vor der ersten Befunderhebung in unserer Klinik bereits durch eine Exzisions-Biopsie entfernt wurden. Diese Fälle können jedoch zur Auswertung der posttherapeutischen Klassifikation herangezogen werden, wenn am histologischen Präparat die dickste Stelle zu ermitteln ist. Ohne die Tx-Fälle bleiben ca. 600 Tumoren, die alle Angaben zur prä- und posttherapeutischen Klassifikation enthalten, also für die Fragestellungen der Studie voll verwertbar sind. Aus der Menge aller Ersterhebungen sind zur Zeit (Stand: 20.9.83) 482 Ersterhebungsbögen EDV-mäßig erfaßt und stehen für eine vorläufige Auswertung zur Verfügung. Dieses Kollektiv ist hinsichtlich der Alters-, Geschlechts- und Lokalisationsverteilung vergleichbar mit den Angaben aus der Literatur.

Diese Auswertung soll und kann jedoch keine Vorwegnahme der endgültigen statistischen Aufarbeitung im DKFZ sein, sondern eher eine Überprüfung der Daten und Methoden und des Stands der Studie. Für einige Fragestellungen lassen sich jedoch schon Trends erkennen.

4.2 Verteilung der TNM-Klassen

Von den 482 erfaßten Verdachtsfällen erwiesen sich 100 histologisch nicht als Melanome; 120 Fälle waren in einer anderen Klinik histologisch bereits gesichert worden, so daß 262 Fälle als unbehandelte, primäre Melanome in die Erfassung eingehen. Die Verteilung dieser Fälle auf die posttherapeutischen T-Klassen läßt erwartungsgemäß einen Gipfel in der pT2-Kategorie erkennen. Naturgemäß gering besetzt (mit 1 Fall) ist die Kategorie pT0 (unbekannter Primärtumor).

Betrachtet man in Relation hierzu die zur Zeit verwendete prätherapeutische T-Klassifikation, so stellt man eine Übereinstimmung in 71%, eine Abweichung um eine T-Klasse in 26%, um zwei T-Klassen in 2.5% und um 3 T-Klassen in 0.5% der Fälle fest.

Wenn man bedenkt, daß somit nur 3% der Fälle um mehr als eine T-Klasse klinisch falsch eingeschätzt wurden, ist diese prätherapeutische Einteilung schon recht brauchbar. Dieses Ergebnis läßt sich noch verbessern durch die Vergrößerung der Fallzahl, wie wir aus früheren Untersuchungen wissen, und durch Variation der Klassifikationsregeln, was ja eine der Aufgaben der Studie darstellt (s. 4.4).

Bei der Klassifikation der Lymphknoten (N-Kategorie) ist erwartungsgemäß die N0-Klasse (keine Evidenz für LK-Metastasen) sowohl prä- als auch posttherapeutisch am stärksten besetzt. Die Übergänge von N zu pN sind gestreut, wenn man auch die C-Kategorie (Sicherung der Angabe) berücksichtigt. Herausgegriffen sei nur die häufigste klinische N-Klasse N0C1 (nach klinischer Untersuchung kein Anhalt für LK-Metastasen):
Von 265 N0C1-Fällen wurden 196 wegen der geringen Tumordicke nicht weiter behandelt, 69 wurden histologisch untersucht, wobei sich in 54 Fällen die LK als frei, in 13 Fällen als regionär befallen und in 2 Fällen als juxtaregionär befallen erwiesen.

Die Klassifikation der Fernmetastasen ist beim malignen Melanom im wesentlichen erst im Verlauf der Erkrankung sinnvoll, denn nur in 0.5-1% der Fälle wurden gleichzeitig mit dem Primärtumor bereits Fernmetastasen festgestellt. Gesichert wurde diese Aussage durch klinische Untersuchung der gesamten Haut und der Lymphknotenregionen und durch eine Röntgenuntersuchung des Thorax in zwei Ebenen, so daß damit die häufigsten Fernmetastasen des MM ausgeschlossen werden konnten.

4.3 Vergleich klinische Tumorwerte/Modellwerte

Um den Informationswert der recht aufwendigen Modellherstellung zu belegen, wurde an 253 Fällen das Modellmaß mit dem klinisch gemessenen verglichen. Nicht nur die Tumorhöhe kann am Modell verifiziert werden, sondern auch die in der Horizontalen gemessene Tumorausdehnung (grösster Längs- und Querdurchmesser) und die Ausdehnung eines evtl. vorhandenen Knotens. Für diese 5 Meßwerte wurde jeweils die Differenz zwischen klinischem Wert und Modellwert berechnet und für diese Differenzen der Mittelwert, die Spannweite und die Standardabweichung bestimmt.

Für die horizontalen Meßwerte liegt der Mittelwert der Abweichung bei ca. 1 mm, die Standardabweichung zwischen 1.8 und 4 mm. Für die in der Vertikalen gemessene exophytische Tumorhöhe ist der Mittelwert mit 0.5 mm wesentlich geringer, ebenso die Standardabweichung mit 0.8 mm. Das ist schon allein durch den kleineren Meßbereich, der zwischen 0 und 10 mm liegt, zu erklären. Auffällig ist jedoch, daß alle horizontalen Werte in ca. 50% der Fälle keine Meßdifferenz aufweisen (groberes

Raster, in ganzen mm gemessen) und ca. 30% der Fälle im Modell größer sind als klinisch.

Bei der Tumorhöhe ist nur in 9.5% der Fälle keine Differenz festzustellen - dies ist erklärlich durch die unterschiedlichen Meßverfahren 'Dermatometer' (ein am Nullpunkt abgeschnittenes, durchsichtiges Lineal) und 'Meßuhr'. In 75% der Fälle ist der Tumor klinisch überschätzt worden.

Die Abweichung der Tumorhöhe erscheint auf den ersten Blick sehr gering; allerdings sind auch die Absolutwerte im Durchschnitt sehr klein (zwischen 0 und 10 mm). Betrachtet man jedoch die prozentuale Abweichung, bezogen auf die im Modell gemessene Tumorhöhe, so stellt man fest, daß im Mittel die Modellwerte um 74% von den klinischen abweichen. Da die Tumorhöhe ein wesentlicher Parameter für die prätherapeutische Klassifikation ist, kann erwartet werden, daß diese Abweichung sich auch in der T-Klassifikation niederschlägt.

Diese Vermutung bestätigt sich, wenn man alle Fälle einmal nach der klinischen und dann nach der am Modell gemessenen Exophytie klasssifiziert. Der Prozentsatz der Übereinstimmung zwischen T und pT ist für die Modell-Klassifikation um 13% besser.

(absolut:
Klassifikation nach klin. Höhe 58%
Klassifikation nach Modell-Höhe 71%)

Die Abweichung ist nicht durch Veränderung des Modells zu erklären; da der Abdruck form- und volumenstabil ist, können zu verschiedenen Zeitpunkten Modelle angefertigt werden. Der Vergleich der Meßwerte ergab keinerlei Anzeichen für Schrumpfung oder Ausdehnung.

Dieser Unterschied berechtigt vielmehr dazu, den mit dem Dermatometer gewonnenen Wert anzuzweifeln und ihn mit einem reproduzierbaren und genauer ausmessbaren Modell zu korrigieren.

4.4 Optimierung von T und pT

Die erfaßten Tumoren wurden nach den zur Zeit gültigen Regeln der UICC klassifiziert und diese Klassifikation neben den Grunddaten und den bekannten prognostischen Faktoren gespeichert.

Die UICC empfiehlt für das maligne Melanom allerdings nur eine posttherapeutische T-Klassifikation; die prätherapeutische wird an unserer Klinik innerhalb der Hornheider Studie zur Zeit entwickelt. Unsere Arbeitshypothese gründet sich auf mehrere Arbeiten [2,4,5], in denen retro- und prospektiv die Wertigkeit klinischer Angaben im Hinblick auf histologisch gemessene Tumorausdehnung untersucht wurde.

Aus diesen Voruntersuchungen haben sich folgende Regeln als praktikable Ausgangsklassifikation ergeben:

Tis: keine Exophytie, keine Infiltration
T1: klinische Tumordicke kleiner/gleich 0.75 mm und intakte Oberfläche
T2: klinische Tumordicke kleiner/gleich 1.5 mm und/oder Erosion
T3: klinische Tumordicke kleiner/gleich 3.0 mm und/oder Ulzeration
T4: klinische Tumordicke größer 3.0 mm

Unter 'klinischer Tumordicke' verstehen wir das Produkt aus der gemessenen exophytischen Tumorhöhe und einem Niveaufaktor, der das Verhältnis von Endophytie zu Exophytie, bezogen auf das Hautniveau, angibt. Der Niveaufaktor wird aus dem Tastbefund gewonnen.

Diese Klassifikation ergibt an unserem Probekollektiv im Vergleich mit der gegebenen posttherapeutischen Klassifikation eine Übereinstimmung von 71%. Um die Übereinstimmung zu erhöhen, wurde ein Programm zur Klassifizierung nach frei wählbaren Regeln erstellt. Diese Regeln müssen aus den gespeicherten Parametern als logische Ausdrücke in der Syntax der Programmiersprache MUMPS formuliert werden.
Variiert man die prätherapeutische Klassifikation unter Beibehaltung der posttherapeutischen Standardregeln, so erhält man z.B. folgende Ergebnisse:

Variation T prä	Übereinstimmung (%)
1. keine (Standardregeln)	71.0
2. keine Berücksichtigung der Oberfläche	70.0
3. Exophytie nur klinisch gemessen	58.0
4. Grenze für T1 auf 0.5 mm herabgesetzt	73.7
5. wie 4., aber ohne Oberflächenberücksichtigung	72.6
6. wie 4., und Grenze für T2 auf 1 mm herabgesetzt	67.7

Variiert man dagegen die posttherapeutische Klassifikation, indem man nur nach der Tumordicke ohne Berücksichtigung des Levels bei gleichen Klassengrenzen einteilt, so ist eine Übereinstimmung in 74.2% der Fälle gegeben.

Dieses Programm erlaubt es, neue Impulse in Form von weiteren Parametern und Variationen der Klassengrenzen in die prätherapeutische Klassifikation einzubringen. Zum Beispiel wird in der Literatur neuerdings der Einfluß der horizontalen Tumorausdehnung, gemessen in Länge und Breite, auf die Prognose (Metastasierung) wieder stärker in die Berechnung einbezogen, nachdem dieser Faktor vorher zugunsten der vertikalen Tumorausdehnung fallengelassen worden war.

Die Variationsmöglichkeiten sind noch nicht voll ausgeschöpft worden, da das Kollektiv sich bei Fortschreiten der Eingabe vervollständigt und dann genauere Ergebnisse erwarten läßt.

Der Faktor exophytisches Tumorvolumen wird erst später zur Klassifikationsoptimierung herangezogen werden, wenn mit den Folgeerhebungen Daten zum Verlauf zur Verfügung stehen.

5. Aspekte

Die Studie geht am 1.1.84 in die Nachsorgephase über. Da die Motivation der Patienten zu regelmässigen Kontrolluntersuchungen sehr gut ist und außerdem ein effektives Mahnsystem unter Einschaltung der niedergelassenen Ärzte eingesetzt wird, kann davon ausgegangen werden, daß die Zahl der Drop-outs durch Abbruch der Nachsorge gering bleibt und die in der Studie verbleibenden Fälle für die Auswertung der Prognoserelevanz der TNM-Klassifikation ausreichen.

Was bedeutet 'Prognoserelevanz der TNM-Klassifikation' für unsere Studie?
Das TNM-System stellt eine vereinfachte, aber praktikable Abbildung des Tumorverlaufs und damit letztlich der Prognose dar. Wir entwickeln mit diesem Modell einen Schlüssel für eine der Schwere der Erkrankung angepaßte Therapie, Rehabilitation und Nachsorge.

Auf wissenschaftlicher Ebene besteht der Sinn der Klassifikation in der Einteilung von Fällen, die aus verschiedenen Zentren und Erfassungszeiträumen stammen, in homogene und vergleichbare Gruppen.

Eigentlich müßte zuerst die Abbildung des pTNM auf die Prognose überprüft und optimiert werden. Unbedingte Voraussetzung dafür ist jedoch die Verlaufskontrolle über 5 - 7 Jahre. Daher kontrollieren wir zuerst, ob die von uns entwickelte klinische Klassifikation eine gute Abbildung der noch ungeprüften histologischen Klassifikation darstellt. Dies liefert ein brauchbares, aber noch verbesserungswürdiges Ergebnis. Letztlich sollen natürlich beide Klassifikationen die Prognose möglichst genau abbilden. Deshalb sind die eigentlichen Ergebnisse erst am Ende der Nachsorgephase zu erhalten. Mit unseren jetzigen Überprüfungen hat sich aber bereits bestätigt, daß das Material und die Methoden geeignet sind, diese Fragen zu beantworten.

TNM-Klassifikation Optimierung - prä und post -

Die Menge 'Ersterh. MM ohne Tx' wurde nach folgenden Regeln klassifiziert:

Tis:	EXO-O&(LAF=O)	pTis:	LEV=1&(TDI=O)
T1:	EXO*LAF'>,75&(OBF=O)	pT1:	TDI'>,75&(LEV'>2)
T2:	EXO*LAF'>1,5&(OBF'>1)	pT2:	TDI'>1,5&(LEV'>3)
T3:	EXO*LAF'>3&(OBF'>2)	pT3:	TDI'>3&(LEV'>4)
T4:	EXO*LAF>3	pT4:	TDI>3&(LEV'>5)

Übereinstimmung von T und pT:

	pTis	pT1	pT2	pT3	pT4	Summe
Tis	16	7	0	0	0	23
T1	3	32	26	4	1	66
T2	0	2	43	15	0	60
T3	0	0	5	34	7	46
T4	0	0	0	1	39	40
Summe	19	41	74	54	47	235

Fallzahl:	235
Übereinstimmung:	69,79%
Abweichung um 1 Stufe:	28,09%
um 2 Stufen:	1,70%
um 3 Stufen:	,43%
um 4 Stufen	0%
T prä < T post:	25,53%
T prä > T post:	4,68%

Bedeutung der Variablen, die zur prätherapeutischen Klassifizierung zur Verfügung stehen:

LAE = Länge klinisch (mm) - größte horizontale Ausdehnung
BRE = Breite klinisch (mm) senkrecht zu LAE
EXO = Exophytie am Modell bzw., wenn nicht gemessen (39 Fälle), klinisch (mm)
VOL = Volumen, gemessen am Modell (ml)
LAF = Lagefaktor (geschätztes Verhältnis von Exo- zu Endophytie)
OBF = Oberfläche (O=intakt, 1=erodiert, 2=ulzeriert)
alternativ zu EXO:
EXK = Exophytie klinisch (mm)

histologische Variablen für pT:
TDI = Tumordicke nach Breslow (mm)
LEV = Level nach Clark (1-5)

Literatur

1. Drepper, H., Lindemann, M., Lippold, A.: Zwischenergebnisse der Melanomstudie. Vortrag auf dem 16. Deutschen Krebskongress, München, 3.-6.3.1982.

2. Drepper, H., Lindemann, M., Obst, D.: A new classification of malignant melanoma proposed according to the TNM-system. J. Cancer Res. Clin. Oncol. 96 (1980) 223-229.

3. Drepper, H., Obst, D., Peters, A.: Epidemiologische Untersuchungen zur Häufigkeitszunahme des malignen Melanoms. Referat anläßlich der projektbegleitenden Fachtagung der GSF am 15.-16.4.83 in der Fachklinik Hornheide.

4. Höcker-Lindemann, K.: Untersuchungen zur prätherapeutischen Klassifikation des Malignen Melanoms im Rahmen des TNM-Systems. Med. Inaugural-Dissertation, Münster 1982.

5. Lindemann, M.: Untersuchungen zur Klassifikation des Malignen Melanoms nach den Grundsätzen des TNM-Systems. Med. Inaugural-Dissertation, Münster 1977.

6. Lippold, A.: Der Einsatz des KRAZTUR-Systems im Rahmen einer klinischen Studie. Referat anläßlich der projektbegleitenden Fachtagung der GSF am 15.-16.4.83 in der Fachklinik Hornheide.

7. Spiessl, B., Scheibe O., Wagner, G. (Hrsg.): TNM - Klassifikation der malignen Tumoren. 3., überarb. u. erw. Aufl. Berlin-Heidelberg-New York: Springer 1979.

8. Wagner, G., Becker, N.: Die Krebssterblichkeit in Mitteleuropa. Dtsch. Ärztebl. 79 Nr. 35 (1982) 37-44.

Aus der Neurochirurgischen Klinik des Klinikums Mannheim der Universität Heidelberg

TNM-Klassifizierungsvorschlag für die Tumoren des ZNS

W. Piotrowski und M. Röhrich

Eine offizielle Konzeption der TNM-Stadieneinteilung für die Tumoren des zentralen Nervensystems steht noch aus. Die Gründe hierfür dürften folgende sein:

1. Die Tumoren des Gehirns und des Rückenmarks wachsen allgemein nicht in keimblattfreie Gewebe ein; ihr Wachstum folgt eigenen Gesetzen.

2. Die Metastasierung dieser Tumoren erfolgt anscheinend auf anderen Bahnen (z.B. auf dem Liquorweg). Im Zentralnervensystem liegen keine Lymphgefäße vor.

3. Bei der Diagnostik dieser Tumoren fehlt der Faktor der manuellen Beweglichkeitsprüfung.

Gewiß sollte man einerseits den biologischen Besonderheiten der Tumoren des Nervensystems gerecht werden, andererseits aber die Aufstellung einer Klassifizierung nicht komplizieren, zumal sogar zunehmend bekannt wird, daß auch autochthone Hirntumoren in andere Gewebe und Organsysteme hinein metastasieren.

In unserem Sprachraum hat sich die Einteilung der Hirntumoren von BAILAY und CUSHING in der Modifikation von ZÜLCH (1956) durchgesetzt, der 1971 diese nach den Klassifizierungsvorschriften der UICC umarbeitete und ergänzte. Somit wurden nun auch die spinalen Tumoren und die Tumoren des peripheren Nervensystems miterfaßt.

Hinsichtlich der biologischen Wertigkeit haben sich die Einteilungen von KERNOHAN und ZÜLCH behauptet, bleiben aber nicht unwidersprochen. Wir haben nun das Glück, im Auftrag des BMFT und des deutschsprachigen TNM-Komitees (DSK) eine Pilotstudie Hirntumoren vornehmen zu dürfen. In dieser Studie soll ein eigener Vorschlag der TNM-Klassifizierung dieser Tumoren gemacht und auf seine Praktikabilität und Prognoserelevanz hin untersucht werden. In unserer Studie, die am 1. April 1982 begann, werden alle einschlägigen Fälle der neurochirurgischen Kliniken Heidelberg und Mannheim erfaßt.

Die gesamte Laufzeit beträgt 3 Jahre. Es wurde davon ausgegangen, daß pro Jahr etwa 100 Fälle Eingang in die Studie finden; diese Zahl konnte im 1. Jahr erfreulicherweise auf 150 gesteigert werden. Es werden Untersuchungen in immer gleichen Abständen durchgeführt, und zwar erfolgt die Erstuntersuchung in der prätherapeutischen Zeit des Klinikaufenthaltes; Nachuntersuchungen werden nach 3, 6 und 12 Monaten und weiterhin alle 6 Monate durchgeführt. Die bei den Untersuchungen gewonnenen Informationen werden mittels Erst- bzw. Folgeerhebungsbögen dokumentiert. Im einzelnen werden folgende Befunde festgehalten: Eine für ZNS-Tumoren modifizierte Tumoranamnese sowie ein ausführlicher prätherapeutischer neurologischer Befund, weiterhin die wichtigsten neurologischen Befunde sowie das Hirnstrombild. Anhand der bisher erhobenen Befunde erfolgt jetzt eine vorläufige TNM-Klassifikation.

Nach unserem Vorschlag wird hierbei das Kriterium T (für Tumor) in folgende Kategorien unterteilt:

T_0 = Primärtumor nicht auffindbar;
T_1 = Tumor gut abgegrenzt, Wachstum verdrängend;
T_2 = Tumor nicht gut abgegrenzt, Wachstum infiltrierend;
T_3 = Tumor in Hirn- und Rückenmarkshäute eingewachsen.

Die regionale Metastasierung wird mit dem Kriterium F (für Fluid) beschrieben. Gemeint sind hier Absiedlungen, welche sich auf dem Wege der Liquorzirkulation verbreitet haben. Dementsprechend bedeutet

F_0 = keine Metastasierung auf dem Liquorweg;
F_1 = Metastasierung in die Ventrikel oder äußeren Liquorräume;
F_2 = Metastasierung in das Rückenmark.

Schließlich werden mit dem Kriterium M noch die ohne Zweifel seltenen Fernmetastasen registriert;

M_0 = keine Fernmetastasen auffindbar;
M_1 = Fernmetastasen vorhanden.

Als zusätzliche Information wird zu jeder TFM-Kategorie eine Rubrik des Diagnosen-Sicherungsschlüssel C registriert. Gleichzeitig erfolgt eine Einstufung in eine Leistungsskala, welche sich am KARNOFSKY-Index orientiert. Denn wir wollen versuchen, die prognostischen Kriterien nicht nur nach Überlebenszeiten, sondern auch nach einer Einschätzung der Überlebensqualität festzulegen.

Das in unserer Studie experimentell angewendete TFM-Schema wurde in konsequenter Orientierung an den von der UICC herausgegebenen Richtlinien entwickelt. Dementsprechend werden die histologischen Diagnosen nach dem Tumorhistologieschlüssel der ICD-O-DA verschlüsselt.

Wir sind uns im klaren, daß die strenge Befolgung der TNM-Prinzipien im speziellen Fall der Tumoren des ZNS zu Problemen führt. So ist z.B. die Definition des infiltrativen Wachstums bei Hirntumoren anders zu sehen als im Falle der Epitheliome des Magen-Darmtraktes. Auch kommen Metastasen von autochthonen Hirntumoren selten vor, so daß sie voraussichtlich nicht als prognoserelevant angesehen werden können. Ein weiteres Problem stellt die sehr unterschiedliche histogenetische Abkunft der Hirntumoren dar. So sind nur etwa 50% neuroektodermale Tumoren unterschiedlicher Malignitätsstufen; der Rest entstammt den verschiedenen Strukturen des mittleren Keimblattes. Aus diesen Gründen ist es später vielleicht nötig, an Stelle der Metastasierung die Lokalisation eines Hirntumors als prognostisch wichtigeres Kriterium zu verwenden.

Die spezielle Problematik der TNM-Klassifikation von Hirntumoren besteht

1. in ihrer histogenetischen Verschiedenheit;
2. im fast völligen Fehlen von Metastasen und
3. in der Bedeutung der Lokalisation des Tumors innerhalb des Ursprungsorgans.

Unter Berücksichtigung dieser Überlegungen werden wir nach Beendigung unserer Studie ein TNM-analoges TFM-Klassifizierungssystem für Tumoren des ZNS vorlegen, das hoffentlich auf breiter Basis anwendbar sein wird.

Literatur

1. Bailey, P., Cushing H.: Die Gewebsverschiedenheit der Gliome und ihre Bedeutung für die Prognose. Jana: G. Fischer 1930.

2. Kernohan, J.W., Mabon, R.F., Svien, H.J., Adson A.W.: A simplified classification of the gliomas. Proc. Staff Meet. Mayo Clinic 24 (1949) 71-75.

3. Zülch, K.J.: Die 'Gradeinteilung' (Grading) der Malignität der Hirngeschwülste. Acta Neurochir. 10 (1962) 639-645.

Aus der Urologischen Universitätsklinik Bonn (Direktor: Prof.Dr. W. Vahlensieck)

Auswirkungen der TNM-Validierungs-Studie auf die Klassifikationsrichtlinien der UICC für das Harnblasen - Karzinom

H.-W. Radeke, N. Jaeger, H.-D. Adolphs

1. Einleitung

Ein Klassifikationssystem wie das TNM-System der UICC ist nur dann brauchbar, wenn sich die einzelnen innerhalb des Systems definierten Kategorien reproduzierbar bestimmen lassen. Für die Festlegung der T-Kategorie bei Harnblasen-Tumoren werden von der UICC eine Reihe von diagnostischen Methoden vorgeschrieben, die sämtlich nur sehr begrenzt verwendbar sind [7]. Es handelt sich um klinische Untersuchung, Urographie, Zystoskopie, bimanuelle Untersuchung in Narkose und Biopsie. Die klinische Untersuchung gibt nur in fortgeschrittenen Stadien Anhaltspunkte. Das i.v. Urogramm zeigt in der Blasenübersicht Kontrastmittelaussparungen größerer, intrakavitärer Raumforderungen und bei Verlegung der Ostien eine Harnstauung. Die Zystoskopie gibt Aufschluß über Ausdehnung, Lokalisation und oberflächliche Beschaffenheit der Tumoren. Die Biopsie ermöglicht die Differenzierung von benignen und malignen Prozessen. Es bleibt die bimanuelle Narkoseuntersuchung, die allerdings eine hohe Fehlerquote, insbesondere ein Understaging aufweist und stark vom subjektiven Empfinden des

Literatur angegebenen Fehlerquoten bei der klinischen T-Klassifizierung mit den bisherigen Verfahren zusammengestellt [2,4,6,8,9]. Sie reichen bis zu einer Fehlerquote von 71%.

Tab. 1: Fehlerquoten der klinischen T-Klassifizierung beim Harnblasen-Karzinom

Autor		n	Fehler
Richie et al.	(1975)	134	65 %
Varkarakis et al.	(1975)	82	71 %
Skinner	(1977)	k.A.	63 %
Whitmore jr. et al.	(1977)	130	44 %
Murphy	(1978)	100	54 %

---

* Mit Unterstützung des Bundesministeriums für Forschung und Technologie, Förderungskennzeichen 0701905 5

In der gegenwärtigen Praxis stützt sich die Diagnose bezüglich der T-Kategorie auf die transurethrale Resektion, wobei der pathohistologische Befund maßgebend für die weitere Therapie ist. Die transurethrale Sonographie versprach nach den ersten Erfahrungen eine deutliche Verbesserung der nicht-operativen T-Klassifizierung. Das Verfahren wurde bereits von verschiedenen Kliniken mit Erfolg erprobt, jedoch mit zu geringen Fallzahlen [1,3,5]. Ziel der von uns durchgeführten Studie ist es, anhand einer größeren Zahl von Untersuchungen die Leistungsfähigkeit der Methode genauer zu überprüfen.

Die Auswirkungen des Vorhabens auf die Klassifikationsrichtlinien der UICC ergeben sich aus der Beantwortung der Frage, inwieweit die zur Zeit vorgesehenen T-Kategorien beim Harnblasen-Karzinom sonographisch unterscheidbar sind. Im folgenden werden die bisherigen diesbezüglichen Gesamtergebnisse der TNM-Studie für Blasentumoren, Bonn, vorgestellt und durch einige Fallbeispiele erläutert und veranschaulicht.

2. Untersuchungs-Technik

Im Gegensatz zur abdominellen Ultraschalluntersuchung läßt sich bei der transurethralen Sonographie ein direkter, schalleitender Kontakt zu den fraglichen Gewebe-strukturen herstellen (Abb. 1). Der Schallkopf hat einen Durchmesser von 7 mm und wird durch einen handelsüblichen Resektoskopschaft in die Harnblase eingeführt. Die mit Flüssigkeit gefüllte Harnblase dient als Wasservorlaufstrecke. Zwischen Schallkopf und Gewebe findet praktisch keine Absorption oder Reflektion der Wellen statt. Die Blasenwand wird nahezu senkrecht getroffen. Damit herrschen ideale Bedingungen für die Sonographie.

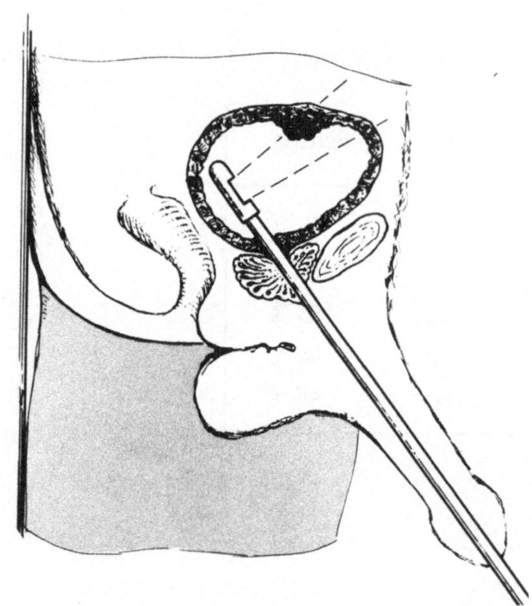

Abb. 1: Transurethrale Sonographie (schematisch)

3. Patientengut

Bislang wurden insgesamt 212 Patienten mit histologisch gesichertem urothelialen Karzinom der Harnblase in die Studie eingebracht. Sie wurden jeweils in Narkose unmittelbar vor der ersten Resektion transurethral sonographiert. Lag der Verdacht auf eine Infiltration von Nachbarorganen vor, so trat die transrektale Sonographie ergänzend hinzu. Die sonographische T-Klassifizierung wurde mit dem Ergebnis der pathohistologischen Untersuchung des Operationspräparates verglichen, vorwiegend nach transurethraler Resektion, in einigen Fällen auch nach Zystektomie (zur T-Klassifikation beim Harnblasen-Karzinom s. Tab. 2).

Tab. 2: Prätherapeutische T-Klassifikation des Harnblasen-Karzinoms

Tis	**Präinvasives Carcinom (Carcinoma in situ)**
TA	**Papilläres noninvasives Carcinom**
T1	**Keine Invasion über die Lamina propria hinaus**
T2	**Invasion der oberflächlichen Muskulatur**
T3a	**Invasion der tiefen Muskulatur**
T3b	**Perforierende Invasion der Blasenwand**
T4a	**Invasion von Prostata, Uterus oder Vagina**
T4b	**Fixation an der Beckenwand und/oder der Bauchwand**

4. Ergebnisse

Tabelle 3 zeigt die Korrelation zwischen sonographischer und pathohistologischer T-Klassifizierung. Tumoren der Kategorie Tis wurden nicht berücksichtigt, da sie sich durch Ultraschall definitionsgemäß nicht erfassen lassen. Eine Unterscheidung zwischen den Kategorien TA und T1 ist wegen der geringen Dicke von Mucosa und Lamina propria sonographisch nicht möglich. Die von uns so bezeichneten Ultraschallkategorien UTA und UT1 werden deshalb im folgenden unter UT1 subsumiert.

Tab. 3: Korrelation der sonographischen (UT) und pathohistologischen (pT) T-Kategorie beim Harnblasen-Karzinom (n=212)
(Übereinstimmung 67%, Overstaging 25%, Understaging 8%)

	pTA/pT1	pT2	pT3	pT4
UT 1	**103**	8	2	-
UT 2	28	**19**	6	-
UT 3	8	14	**17**	-
UT 4	-	1	3	**3**

Faßt man alle Kategorien zusammen, so ergibt sich in 67% der Fälle eine Übereinstimmung zwischen Ultraschall und Histopathologie, ein sonographisches Overstaging, d.h. eine zu hohe T-Kategorie in 25%, und ein Understaging in 8%. Die Tatsache, daß das Overstaging gegenüber dem Understaging deutlich überwiegt, unterscheidet die Sonographie von den meisten bisher üblichen Methoden. Vor allem die Kategorie pT2 ist davon betroffen: 14 von 42 pT2-Tumoren wurden fälschlicherweise zu hoch (als T3) eingestuft. Nur 19 wurden richtig klassifiziert.

5. Diskussion

Die Ursachen von sonographischen Fehlbestimmungen sind mannigfaltig. Im folgenden wird ihnen anhand von Fallbeispielen nachgegangen.

Abbildung 2 zeigt ein typisches transurethrales Sonogramm. Die Blasenwand stellt sich als schmales, echodichtes Band dar. Sie hat bei gefüllter Blase einen Durchmesser von weniger als 5 mm. In der unteren Bildhälfte gelangt ein Tumor zur Darstellung. Häufig besitzt Tumorgewebe, wie auf diesem Bild, eine im Vergleich zur Wandmuskulatur echoärmere Reflexstruktur. Der Tumor ist dadurch gut von der Wand zu unterscheiden und behindert die Transmission des Ultraschalls nicht wesentlich. Es handelt sich in Abbildung 2 um ein weder sonographisch noch histologisch die Muscularis infiltrierendes T1-Karzinom. Die Blasenwand an der Tumorbasis ist gut durchgezeichnet. Ein intramurales Wachstum führt dagegen zur Unterbrechung der Kontinuität der Wandechos durch das weniger echogene Tumorgewebe (Abb. 3).

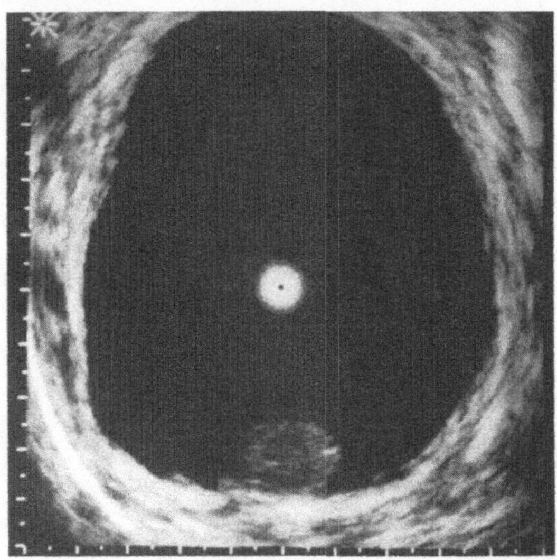

Abb. 2: Transurethrales Sonogramm mit Harnblasenkarzinom (UT1/pT1)

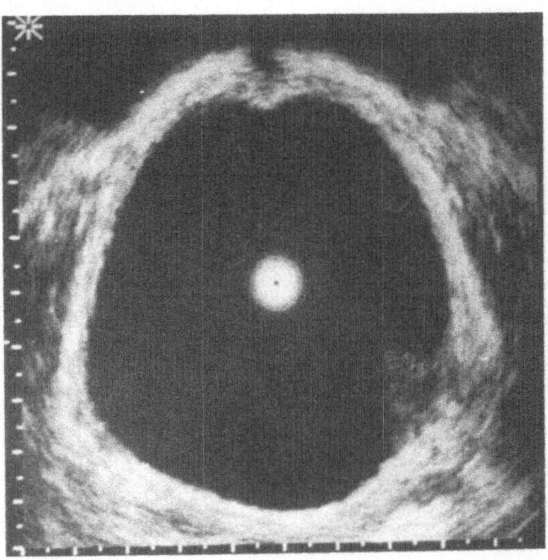

Abb. 3: Wandinfiltrierendes Harnblasenkarzinom (UT3a/pT3a)

Echodichte, verkalkende Tumoren (Abb. 4), die den größten Teil des Schalls bereits an ihrer Oberfläche reflektieren, können einen erheblichen Schallschatten verursachen. Die Blasenwand scheint dadurch unterbrochen. Pathohistologisch handelt es sich jedoch um ein pT1-Karzinom; eine Muskelinfiltration konnte ausgeschlossen werden.

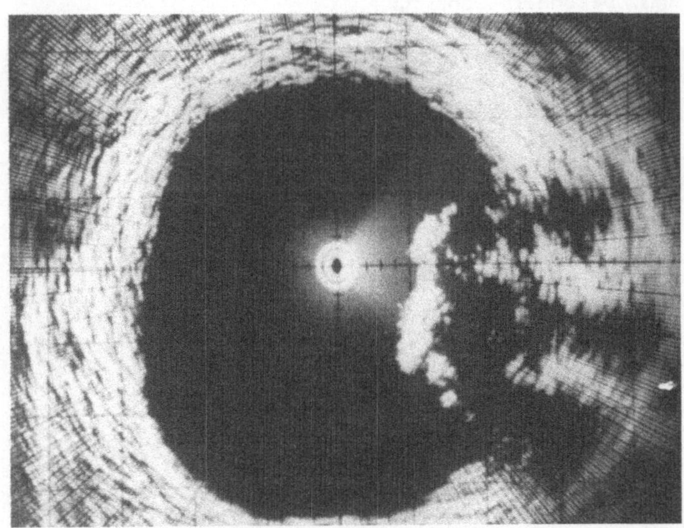

Abb. 4: Echodichter, verkalkender Tumor mit Schallschattenbildung (UT3b/PT1)

Große, echoärmere Tumoren reflektieren den Schall zwar nicht an der Oberfläche, können durch ihr Volumen die Schallenergie aber so stark abschwächen, daß eine sinnvolle Aussage über den Zustand der Blasenwand an der Tumorbasis nicht mehr möglich ist (Abb. 5). Aufgrund des in Abbildung 5 vorgestellten Sonogramms war ein T3-Karzinom diagnostiziert worden. Histologisch ergab sich eine Kategorie pT1.

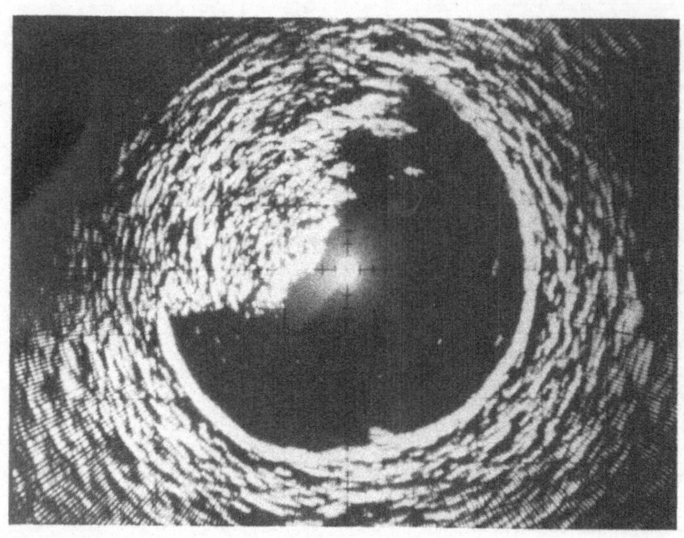

Abb. 5: Voluminöses, schallabsorbierendes Blasenkarzimon (Ut3b/pT1)

Mit zunehmender Tumorgröße wird eine sonographische T-Klassifizierung bei größeren Tumoren schwieriger. Tabelle 4 zeigt die Trefferquote des Ultraschalls, geordnet nach der Tumorgröße. Das Overstaging nimmt bei großen Tumoren zu. Die Übereinstimmung zwischen sonographischer und pathohistologischer T-Kategorie nimmt entsprechend ab. Erwartungsgemäß ist das Ergebnis bei den Karzinomen der dritten Gruppe, deren Durchmesser bereits in der Größenordnung der Eindringtiefe des Ultraschalls liegt (> 3 cm), besonders schlecht.

Tab. 4: Treffsicherheit der transurethralen Sonographie bei unterschiedlicher Tumorgröße
(Üb = Übereinstimmung, Ov = Overstaging, Un = Understaging)

Tumor-Größe	n	Üb	Ov	Un
<1 cm	61	83 %	13 %	4 %
1-3 cm	98	71 %	23 %	6 %
>3 cm	53	50 %	43 %	7 %

Eine weitere Ursache für eine zu hohe sonographische T-Kategorie illustriert Abbildung 6: Im Bereich der Blasenwand ist eine echoarme, die Wand unterbrechende Zone zu erkennen. An dieser Stelle war die TUR (transurethrale Resektion) des exophytischen Anteils eines Urothel-Karzinoms vorgenommen worden. Die Sonographie zwei Wochen nach dem Eingriff scheint auf eine Tumorinfiltration bis in das perivesikale Gewebe hinzuweisen (Kategorie T3b). Nach der pathohistologischen Untersuchung des suspekten Gewebes fand sich eine umfangreiche Fibrose. Das eigentliche Tumorwachstum erstreckte sich nur bis in die oberflächliche Muskulatur (pT2). Bei Tumor-Rezidiven im Bereich von Resektionsnarben oder entzündlichen Blasenwandveränderungen kann deshalb eine Infiltration der Muscularis vorgetäuscht werden.

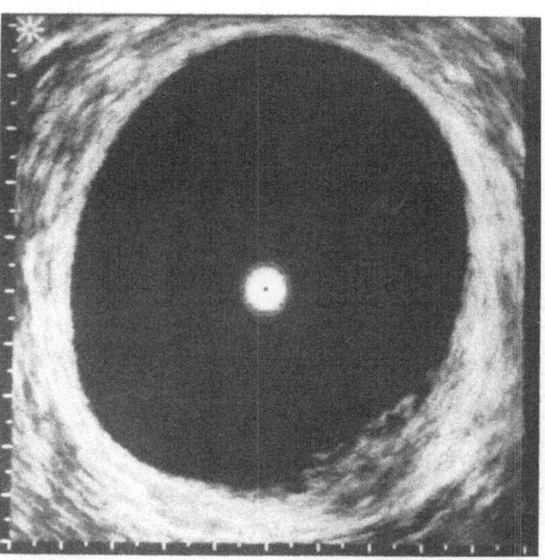

Abb. 6: Durch Fibrose vorgetäuschte Tumorinfiltration (rechts unten)

Wie unsere Ergebnisse gezeigt haben, ist die Ultraschalluntersuchung vor allem bezüglich der Unterscheidung zwischen den Kategorien T2 und T3 unbefriedigend. Eine Ursache dafür liegt in den physikalischen Gegebenheiten bei der Untersuchung. Die radiale Auflösungsgenauigkeit des Ultraschalls ist nicht besser als 1 - 2 mm. Da der Blasenwanddurchmesser bei gefüllter Blase ebenfalls im Millimeterbereich liegt, stößt die Sonographie hier an prinzipielle Grenzen. Dazu kommt die oben geschilderte Problematik.

Inzwischen steht uns ein erweitertes Modell des Brüel & Kjaer-Ultraschallgeräts zur Verfügung, das die Möglichkeit eines 'Postprocessings' der Sonogramme anbietet. Dadurch ist eine Verbesserung der Klassifizierungsmöglichkeiten zu erwarten.

Bei der Anwendung der uns bisher zur Verfügung stehenden Geräte war eine Abgrenzung der Blasenwand nach perivesikal aus technischen Gründen nicht selten mit Schwierigkeiten verbunden (Abb. 7).

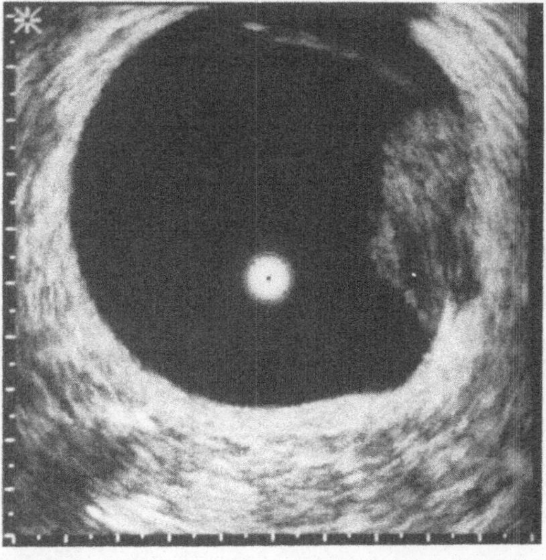

Abb. 7: Sonogramm eines infiltrierenden Karzinoms bei schlechter Abgrenzbarkeit der Blasenwand nach perivesikal

Die sonographische Klassifizierung eines wandüberschreitenden Tumors wird dadurch erheblich erschwert, wenn nicht gar unmöglich gemacht. Mit Hilfe des Post-processings ist es möglich, die Anzahl der Graustufen zu variieren und Linien gleicher Helligkeit hervorzuheben. Dadurch gelingt eine wesentlich bessere Strukturierung des Ultraschallbildes und in der Folge eine klarere Abgrenzung der Blasenwand gegen das umgebende Fettgewebe. Abbildung 8a,b zeigt den Zustand vor und nach Entfernung der schwächeren Graustufen. In Abbildung 8b tritt die Blasenwand stärker hervor.

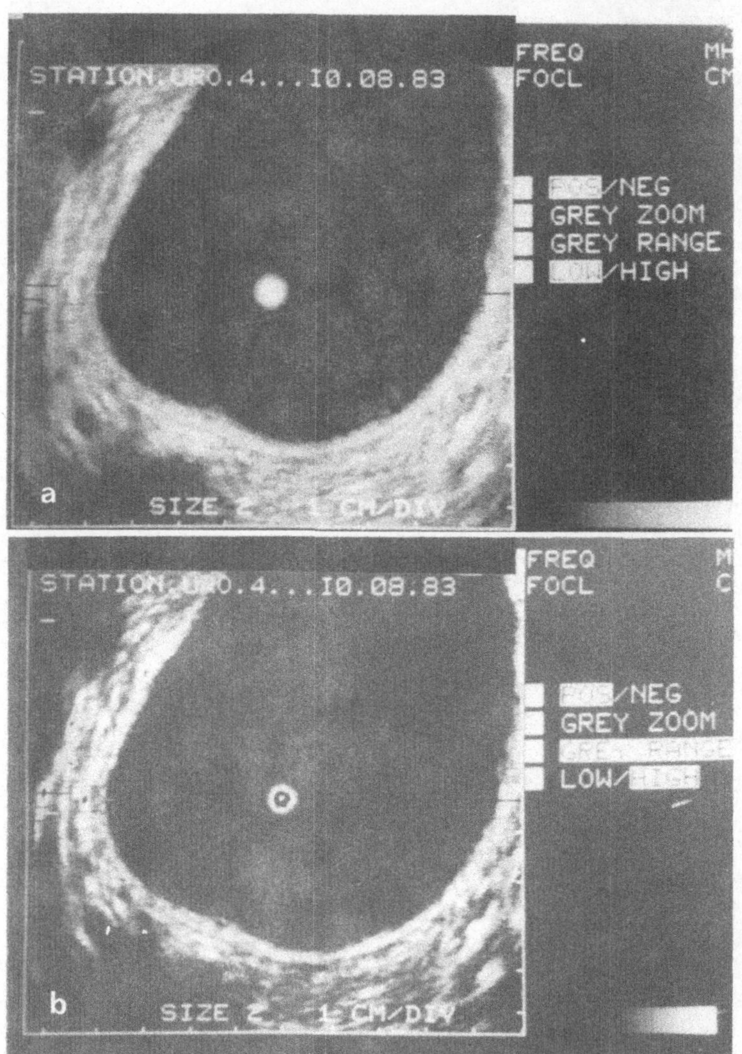

Abb. 8: Abgrenzbarkeit der Harnblasenwand vor (a) und nach Entfernung (b) schwächerer Graustufen

Abbildung 9 demonstriert den Effekt der sogenannten Äquidensitendarstellung. Echos oberhalb einer bestimmten Stärke werden schwarz dargestellt, so daß Linien gleicher Echointensität (Äquidensiten) sichtbar gemacht werden können. An der unteren Blasenzirkumferenz befindet sich ein Karzinom. Im Bereich der Tumorbasis ist eine Verdünnung der Wand zu erkennen, die sonographisch auf eine Kategorie T2 hinweist. Die Diagnose wurde histologisch bestätigt.

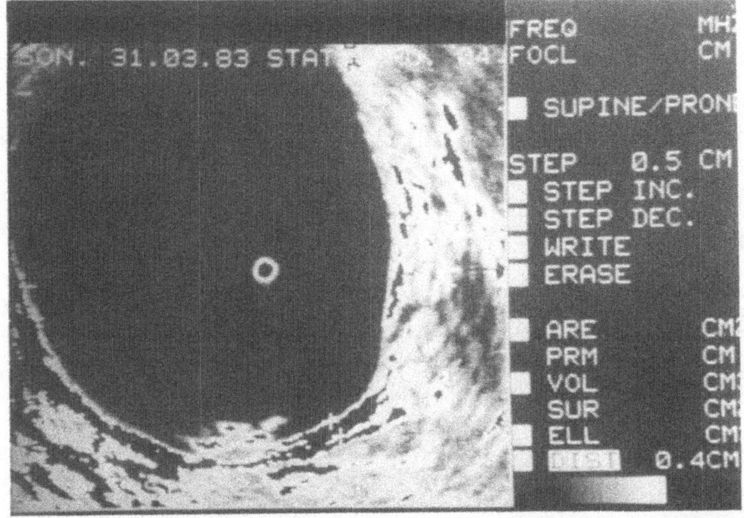

Abb. 9: Darstellung der Blasenwandkonturen durch Äquidensiten

6. Zusammenfassung und Ausblick

In der transurethralen Sonographie liegt eine Methode vor, die mit einer Treffsicherheit von 70% eine bei weitem bessere präoperative T-Klassifizierung des Harnblasen-Karzinoms ermöglicht als die bisher von der UICC vorgeschriebenen Verfahren.

Schwierigkeiten treten vor allem bei großen Tumoren bzw. bei bereits resezierten Blasen mit Rezidiv-Tumoren auf. Eine prinzipielle Grenze der Methode ist durch das Auflösungsvermögen des Ultraschalls gegeben. Dadurch sind die Kategorien Tis, TA und T1 nicht zu unterscheiden. Nach unseren bisherigen Erfahrungen könnte auch eine Zusammenfassung der Kategorien T2 und T3a bei der sonographischen Klassifizierung diskutiert werden. Um diese Frage zu beantworten ist jedoch eine statistisch signifikante Fallzahl erforderlich. Da nur 35 % der bisher untersuchten Harnblasen-Tumoren muskelinfiltrierenden Kategorien angehören, muß die Gesamtzahl an Sonographien noch beträchtlich erhöht werden.

7. Danksagungen

Wir danken Herrn Dr.A. Penkert, Krankenhaus Siloah, und Herrn Dr.B. Hautumm, St.Antonius Hospital, Eschweiler, für die Durchführung von Ultraschalluntersuchungen und die Bereitstellung ihrer Ergebnisse im Rahmen unserer Studie.

Zu besonderem Dank verpflichtet sind wir Frau K. Lange für ihre wertvolle Hilfe bei der praktischen Durchführung der Studie und der Anfertigung der Manuskripte.

Literatur

1. Gammelgaard, J., Holm, H.H.: Transurethral and transrectal ultrasonic scanning in urology. J.Urol. 124 (1980) 863-868.

2. Murphy, G.P.: Developments in preoperative staging of bladder tumors. Urology 11 (1978) 109-115.

3. Niijima, T., Nakamura, S., Shiraishi, T.: Transurethral scanning and scanning via abdominal wall. In Watanabe, H., Holmes, J.H., Holm. H.H. et al. (Eds): Diagnostic Ultrasound in Urology and Nephrology, pp.96-104. Tokyo-New York: Igaku-Shoin 1981.

4. Ritchie, J.P., Skinner, D.G., Kaufman, J.J.: Radical cystectomy for carcinoma of the bladder: 16 years of experience. J. Urol. 113 (1975) 186-189.

5. Schüller, J., Walther, V., Schmiedt, E. et al.: Intravesical ultrasound tomography in staging bladder carcinoma. J. Urol. 128 (1982) 264-266.

6. Skinner, D.G.: Current state of classification and staging of bladder cancer. Cancer Res. 37 (1977) 2838-2842.

7. Spiessl, B., Scheibe, O., Wagner, G. (Hrsg.): TNM-Klassifikation der malignen Tumoren. 3. Aufl. Berlin-Heidelberg-New York: Springer 1979.

8. Varkarakis, M.J., Gaeta, J., Moore, R.H. et al.: Prognosis of bladder carcinoma in patients treated with cystectomy. Int. Urol. Nephrol. 7 (1975) 39-48.

9. Whitmore, W.J.,Jr., Batata, M.A., Ghoneim, M.A. et al.: Radical cystectomy with or without prior irradiation in the treatment of bladder cancer. J. Urol. 118 (1977) 184-187.

Aus der Abteilung für Klinische Pathologie, Chirurgische Universitätsklinik, Erlangen (Leiter: Prof.Dr. P.Hermanek)

Validierung von TNM-Befunden aus der Sicht des Pathologen

P. Hermanek

Vornehmstes Ziel der klinischen Krebsforschung ist die Verbesserung der Therapie und das Streben nach besseren Langzeitergebnissen der Behandlung. Dieses Ziel kann nur erreicht werden, wenn bei jedem Patienten klinische und pathologische Ausgangsbefunde, Therapie und weiterer Verlauf sorgfältig dokumentiert und damit die Voraussetzungen einer späteren statistischen Analyse geschaffen werden.

Bei der Beurteilung des Therapieergebnisses muß berücksichtigt werden, daß die Prognose des Tumorkranken dreifach beeinflußt wird, nämlich

1. vom Tumor selbst,
2. von patientenabhängigen Faktoren (z.B. Alter, Geschlecht, Allgemeinzustand, Immunstatus) und
3. von der Therapie.

Die Individualität des Tumors (Tab.1) ist zweifach charakterisiert [6], nämlich

1. durch seine feingewebliche Beschaffenheit, die wiederum durch den histologischen Typ und den histologischen Malignitäts- oder Differenzierungsgrad -also durch Typing und Grading- erfaßt wird, und
2. durch die Ausbreitung des Tumors zum Zeitpunkt der Diagnose bzw. Ersttherapie, bestimmt durch das Staging anhand des TNM- bzw. pTNM-Systems.

Tab. 1: Individualität eines Tumors

	histologischer Typ	Typing
Histomorphologie	histologischer Malignitäts- oder Differenzierungsgrad	Grading
Tumorausbreitung zum Zeitpunkt der Diagnose bzw. Ersttherapie	TNM / pTNM	Staging

TNM-Validierungsstudien

Seit Jahren bemühen sich verschiedene Institutionen in allen Ländern - in Deutschland in erster Linie das deutschsprachige TNM-Komitee (DSK) - um die Ausarbeitung eines praktisch anwendbaren, doch hinreichend genauen, prognostisch aussagekräftigen Systems zur Beschreibung der Tumorausbreitung. Viele Vorschläge wurden gemacht, immer wieder Verbesserungen eingeführt; die letzten internationalen Vorschläge der UICC stammen aus dem Jahre 1978 [14]. Die meisten dieser Vorschläge resultieren aus retrospektiven Untersuchungen, und daher ergab sich die Forderung nach prospektiven Validierungsstudien [15].
Derartige TNM-Validierungsstudien haben die Mitberücksichtigung der anderen prognostischen Faktoren zur Voraussetzung, da ja vielfach Wechselbeziehungen bestehen. Für den Pathologen ergibt sich daher nicht nur das Problem der uniformen Beurteilung der Tumorausbreitung, sondern zugleich auch das der uniformen Beurteilung der Histomorphologie.

Histologische Klassifikation (Typing)

Die Problematik der histologischen Typenbestimmung wird am besten erhellt, wenn man sich der diesbezüglichen, sozusagen klassischen Publikation von SALZER [12] erinnert. SALZER hat damals (Tab.2)

Tab. 2: Unterschiedliche histologische Klassifikation von Lungenkarzinom

	SALZER 1967 [12] (15 Pathologen, n=100)	FEINSTEIN et.al.1970 [1] (5 Pathologen, 10 Befundungen, n=50)
nur 1 Diagnose	38 %	38 %
2 Diagnosen	8 %	34 %
3 oder mehr Diagnosen	54 %	28 %

Schnitte von 100 Lungenmalignomen an 15 Pathologen gesandt: bei nur 38% der Tumoren ergaben sich gleiche Diagnosen, bei 8% zwei Diagnosen, bei 54% 3 oder mehr Diagnosen. Wer könnte es SALZER verargen, von einem 'Fiasko der Klassifizierung' gesprochen zu haben. Einige Jahre später wurde auch aus den USA [1] auf die unterschiedliche Interpretation der histologischen Bilder beim Lungenkarzinom hingewiesen. Man muß aus heutiger Sicht aber feststellen, daß die Prinzipien der Klassifikation bei SALZER andere waren als die der heute gültigen WHO-Klassifikation der Lungentumoren [8,16]. Es hat sich bei deren Erstellung gezeigt, daß bei strikter Einhaltung der Spielregeln sehr wohl eine weitgehend einheitliche Klassifikation unter immerhin 18 Pathologen aus 16 verschiedenen Ländern [8] möglich war. Die Reproduzierbarkeit der WHO-Klassifikation der Lungenkrebse wird auch erwiesen durch die bei annähernd gleichem Untersuchungsgut mehr oder minder gleichen Häufigkeitsverteilungen im Schrifttum [7] (Tab.3).

Tab. 3: WHO-Klassifikation des Lungenkarzinoms. Literaturübersicht, klinisches Krankengut, n=5530 (nach HERMANEK u. GALL 1979 [7])

Haupttypen	Häufigkeit Durchschnitt	Häufigkeit Variationsbreite
Plattenepithelkarzinom	45 %	36 - 54 %
kleinzelliges Karzinom	20 %	17 - 26 %
Adenokarzinom	25 %	14 - 29 %
großzelliges Karzinom	11 %	3 - 21 %

Im Rahmen der laufenden TNM-Validierungsstudie des Magenkrebses wurden 17 Großflächenschnitte von Magenkrebsen ausgewählt und 12 beteiligten Pathologen vorgelegt (Abb.1).

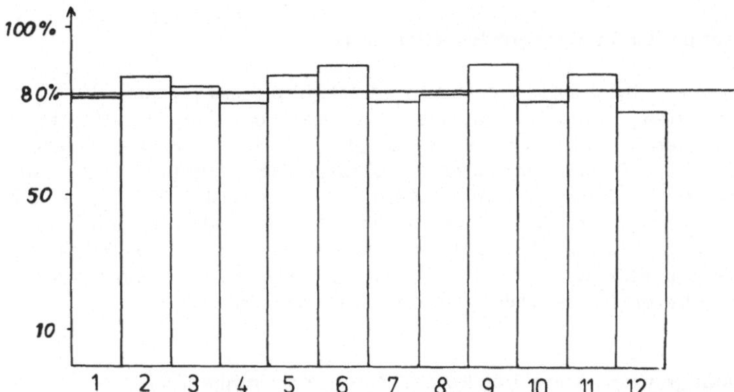

Abb. 1: TNM-Validierungsstudie Magenkarzinom. WHO- und LAUREN-Klassifikation bei 17 Magenkrebsen. Häufigkeit der Übereinstimmung der Diagnosen von 12 Pathologen mit den gemeinsam von Marburg und Erlangen gestellten Diagnosen.

Dabei ergab sich sowohl in der WHO-Klassifikation [11] als auch in der LAUREN-Klassifikation [9] in über 80% Übereinstimmung mit der Marburg-Erlanger Diagnose. Dabei ist aber zu berücksichtigen, daß die Definitionen (Tab.4)

Tab. 4: WHO-Klassifikation der Magenkarzinome [11]

1. Adenokarzinom	a) tubulär
	b) papillär
	c) muzinös
2. Siegelringzellkarzinom	
3. undifferenziertes Karzinom	

der WHO-Klassifikation zwar einigermaßen klar sind, daß aber gerade das Magenkarzinom in hohem Maße dazu neigt, an verschiedenen Stellen unterschiedliche Strukturen zu zeigen, und gerade solche Fälle wurden für das Seminar mit ausgewählt. Die Einordnung erfolgt nach den überwiegenden Bildern. Es gibt natürlich auch Tumoren, bei denen die verschiedenen Komponenten in annähernd gleichen Teilen vorkommen, und wenn man zwei derartige Fälle des Seminars ausnimmt, bei denen man tatsächlich unterschiedlicher Meinung sein kann, dann ergibt sich eine Übereinstimmung der 12 Pathologen von über 90%.

Voraussetzung für eine derartige weitgehend uniforme histologische Typisierung von Tumoren ist eine möglichst detaillierte, exakte Definition. Bei den derzeit gültigen WHO-Klassifikationen ist dies leider nicht überall der Fall. Zum Beispiel unterscheiden wir beim Kolon und Rektum [10] zwischen Adenokarzinomen und muzinösen Adenokarzinomen. Die WHO definiert letztere wie folgt: 'adenocarcinoma in which substantial amounts of mucin are retained within the tumor'. Bei einer derartigen Definition ist natürlich die Interpretation unterschiedlich: beim Untersucher A wird ein Tumor mit etwa 30% extrazellulärer Schleimbildung schon als muzinös gewertet, beim Untersucher B erst ab 50%. Wir haben es uns deshalb in Erlangen

[5] zur Regel gemacht, derartige Definitionen, die einer subjektiven Interpretation zugänglich sind, zu präzisieren, im Fall des muzinösen Adenokarzinoms diese Diagnose nur dann zu stellen, wenn mehr als die Hälfte des Tumors ausgeprägte extrazelluläre Schleimbildung zeigt. Wir haben gesehen, daß dann ohne Schwierigkeiten gleiche Befunde von verschiedenen Untersuchern erstellt werden.

Bestimmung des histologischen Malignitätsgrades (Grading)

Der gleiche Grundsatz einer möglichst präzisen Definition gilt auch für die Bestimmung des histologischen Malignitätsgrades. Dieser unterliegt z.B. beim kolorektalen Karzinom nach den Definitionen der WHO [10] (Tab.5a) natürlich großer Subjektivität, denn wann ist ein Tumor normalen Strukturen sehr ähnlich und wann nicht mehr? Wir haben daher vor Jahren versucht [2,5], die Malignitätsgradbestimmung nach strengeren Kriterien unter Mitberücksichtigung quantitativer Verhältnisse vorzunehmen (Tab.5b). Wir haben wiederum die Erfahrung gemacht, daß bei einer entsprechend genauen Definition verschiedene Untersucher ohne Mühe in etwa 90% zu übereinstimmenden Ergebnissen kommen.

Tab. 5: Bestimmung des Malignitätsgrades bei kolorektalen Karzinomen

a) WHO-Klassifikation [10]	
gut differenziert:	histologische und zelluläre Merkmale sehr ähnlich normalem Drüsenepithel
mäßig differenziert:	Mittelstellung zwischen gut und schlecht differenziert
schlecht differenziert:	histologische und zelluläre Merkmale kaum ähnliche normalem Drüsenepithel
b) Erlanger Vorschlag [2,5]	
Malignitätsgrad 1:	durchgängig Drüsenbildung (nirgends solide Areale) wiegend hohe Zylinderzellen
Malignitätsgrad 2:	weder Malignitätsgrad 1 noch Malignitätsgrad 3
Malignitätsgrad 3:	bei schwacher Vergrößerung (40x) wenigstens in einem Gesichtsfeld überwiegend solide, mit nur angedeuteter Drüsenbildung oder: stellenweise starke Kernpolymorphie (Riesenkerne) und reichlich Mitosen

Definitionen der TNM/pTNM-Klassifikation

Auch für die Bestimmung der Tumorausbreitung ist die exakte Definition der einzelnen Kategorien von größter Bedeutung. Leider können wir nicht verschweigen, daß in der derzeit gültigen TNM- und pTNM-Klassifikation [14] diesbezüglich einige Schwachpunkte bestehen. Ein Beispiel hierfür ist etwa beim kolorektalen Karzinom die Unterscheidung zwischen unmittelbar angrenzenden Strukturen und weiter entfernten Organen:
(p)T3= Tumor mit Ausdehnung auf unmittelbar angrenzende Strukturen, (p)T4= Tumor mit Ausdehnung über die unmittelbar angrenzenden Organe oder Gewebe hinaus.

Probleme ergeben sich zum Beispiel auch bei der T/pT-Klassifikation bei Hauttumoren (Tab.6). Dem Histologen ist der Unterschied zwischen einem präinvasiven Karzinom und einem Karzinom mit 'strikt oberflächlichem oder exophytischem Wachstum' nicht verständlich. Was minimale Infiltration der Dermis und was schon tiefe Infiltration der Dermis ist, unterliegt subjektiver Interpretation.

Tab. 6: T/pT-Klassifikation der Hautkrebse [14]

(p)Tis	präinvasives Karzinom (Carcinoma in situ)
(p)T1	... strikt oberflächlich oder exophytisch
(p)T2	... mit minimaler Infiltration der Dermis
(p)T3	... mit tiefer Infiltration der Dermis

Wenn aber die Definitionen nicht eindeutig sind und individuell ausgelegt werden können, wird das Hauptziel der TNM-Klassifikation, nämlich eine uniforme Beschreibung der Tumoren, nicht erreicht. Aus diesen Gründen wird das deutschsprachige TNM-Komitee in der deutschen Auflage des TNM-Atlas [13] bei derartigen interpretationsbedürftigen Formulierungen kommentierende Erläuterungen beifügen, so daß bei Einhaltung der darin festgelegten Formulierungen tatsächlich jeder Untersucher eine gleiche Einordnung eines bestimmten Tumors vornehmen müßte.

Histologische Methodik und pTNM-Klassifikation

Abgesehen von der Frage der Definition ist für die pTNM-Klassifikation die histopathologische Methodik von wesentlicher Bedeutung. Grundsätzlich gilt: je genauer untersucht wird, desto zuverlässiger ist das Ergebnis. Für die Bestimmung von pT, also der kontinuierlichen Tumorausdehnung, haben sich seit vielen Jahren Großflächenschnitte besonders bewährt [3,4].

Besondere Bedeutung hat die histologische Untersuchung der Lymphknoten, nicht zuletzt deshalb, weil der Aufwand an Personal und Zeit hierbei relativ groß ist. Sicher genügt es heute nicht, nur die makroskopisch auffälligen Lymphknoten einzubetten und histologisch zu untersuchen, wenngleich derartige Meinungen auch in den letzten Jahren noch da und dort vertreten wurden. An der Abteilung für Klinische Pathologie in der Chirurgischen Universitätsklinik Erlangen werden grundsätzlich alle bei sorgfältiger Lamellierung aufgefundenen Lymphknötchen und alle auf Lymphknoten verdächtigen Strukturen eingebettet. In einer speziellen Untersuchung haben wir bei kolorektalen Karzinomen versucht festzustellen, welche Methodik der histologischen Aufarbeitung notwendig ist, um verläßliche Aussagen über den Lymphknotenstatus zu erhalten.

Tab. 7: Größe der Lymphknotenmetastasen bei kolorektalen Karzinomen.
90 Patienten mit 546 Lymphknotenmetastasen

mm	a) Größe der einzelnen Metastasen (n=546)	b) größter Durchmesser der jeweils größten Metastase (n=90)
< 1,00	26 (4,8%)	2 (2%)
1,00-1,99	61 (11,1%)	2 (2%)
2,00-4,99	220 (40,3%)	21 (23%)
5,00-9,99	183 (33,5%)	34 (38%)
≥ 10,00	56 (10,3%)	31 (34%)

Entscheidend hierfür ist die Größe der Lymphknotenmetastasen. Betrachtet man die einzelnen Metastasen (Tab.7a), findet man in 4,8% Lymphknotenmetastasen mit einem Durchmesser von weniger als 1,0 mm und in 11,1% solche mit einem Durchmesser von 1,0 bis 1,99 mm. Jedoch waren die meisten dieser Mikrometastasen nicht die einzigen Metastasen, kamen vielmehr neben größeren Metastasen vor, so daß die pN-Klassifikation durch Nichtaufdeckung der zusätzlichen Mikrometastasen nicht beeinflußt worden wäre. Entscheidend ist daher die bei den einzelnen Patienten jeweils vorkommende größte Metastase (Tab.7b). Ausschließlich Metastasen unter 1,0 mm Durchmesser fanden wir nur bei 2% der Patienten. Daraus kann gefolgert werden, daß man Lymphknoten mit einer relativ großzügigen histologischen Bearbeitungsweise untersuchen kann und dabei eine doch nur geringe Fehlerrate riskiert.

Folgerungen für TNM-Validierungs- und Therapiestudien

Für die Praxis von TNM-Validierungsstudien, aber auch für alle Therapiestudien, bei denen es ja in gleicher Weise auf eine exakte Definition des Krankengutes ankommt, ergeben sich aus dem Dargelegten einige Folgerungen:

1. Für histologische Klassifikation, Malignitätsgradbestimmung und Beurteilung der Tumorausbreitung bzw. Staging sind detaillierte Definitionen erforderlich. Sind die vorliegenden internationalen Definitionen unklar und unterschiedlicher Interpretation zugänglich, müssen die Definitionen für die spezielle Studie im Detail präzisiert werden.

2. Die histologische Technik sollte für die jeweilige Studie in allen Einzelheiten festgelegt werden.

3. Der eigentlichen Studie sollte eine Pilotstudie der Pathologen vorangehen, in der die Möglichkeiten einer uniformen Tumorklassifikation in praxi geprüft werden.

Aus alldem ergibt sich, daß bei entsprechenden Studien die Mitwirkung von Pathologen schon bei den ersten Planungsschritten unerläßlich ist. Wir meinen, daß bei Beachtung dieser Vorschläge bei entsprechenden Studien eine erhebliche Qualitätsverbesserung erzielt werden kann.

Literatur

1. Feinstein, A.R., Gelfmann, N.A., Yesner, R.: Observer variability in the histopathologic diagnosis of lung cancer. Amer. Rev. Resp. Dis. 101 (1970) 671-684.

2. Hermanek, P.: Aktuelles aus der klinischen Pathologie des kolorektalen Karzinoms. In Rügheimer, E., Schellerer, W., Schildberg, F.W. (Hrsg.): Aspekte moderner Chirurgie. Erlangen: Perimed 1977.

3. Hermanek, P.: Untersuchung von Hodentumoren in Großflächenschnitten. Pathologe 3 (1982) 160-163.

4. Hermanek, P.: Evolution and pathology of rectal cancer. World J. Surg. 6 (1982) 502-509.

5. Hermanek, P.: Pathohistologische Begutachtung von Tumoren. Erlangen: Perimed 1983.

6. Hermanek, P., Gall, F.P.: Grundlagen der klinischen Onkologie. Baden-Baden-Köln-New York: Witzstrock 1979.

7. Hermanek, P., Gall, F.P.: Lungentumoren. Baden-Baden - Köln - New York: Witzstrock 1979.

8. Kreyberg, L., Liebow, A.A., Uehlinger, E.A.: Histological Typing of Lung Tumours. Geneva: WHO 1967.

9. Laurén, P.: The two histological main types of gastric carcinoma: Diffuse and so-called intestinal-type carcinoma. An attempt at a histo-clinical classification. Acta path. microbiol. scand. 64 (1965) 31-49.

10. Morson, B.C., Sobin, L.H.: Histological Typing of Intestinal Tumours. Geneva: WHO 1976.

11. Oota, K., Sobin, L.H.: Histological Typing of Gastric and Oesophageal Tumours. Geneva: WHO 1977.

12. Salzer, G.: Klinische Überlegungen zur Histologie des Bronchuskarzinoms. Das Fiasko der Klassifizierung. Thoraxchirurgie 15 (1967) 121-124.

13. Spiessl, B., Hermanek, P., Scheibe, O., Wagner, G.: TNM-Atlas. Deutsche Ausgabe. Berlin-Heidelberg-New York: Springer 1984 (im Druck).

14. UICC: TNM Classification of Malignant Tumours. 3rd Ed. Geneva: UICC 1978, enlarged and revised 1982.

15. Wagner, G., Thomas, C.: Durchführungsrichtlinien für die Feldstudien zur Validierung des TNM-Systems. Heidelberg: DKFZ 1980.

16. WHO: Histological Typing of Lung Tumours. 2nd Ed. Geneva: WHO 1981.

Aus dem Klinikum Köln-Merheim, II. Lehrstuhl für Chirurgie, Köln

TNM-Validierung beim Magenkarzinom im Rahmen einer multizentrischen interdisziplinären Studie: Über die Schwierigkeiten der Kliniker, die Befunderhebung zuverlässiger zu gestalten

H. Rohde, E. Rau, Brigitte Gebbensleben

Einleitung

Das TNM-System zur Klassifikation der malignen Tumoren wurde von P. DENOIX in den Jahren 1943-1952 entwickelt [5]. Die T-,N- und M-Kategorien stellen quantifizierte Ausdehnungsbefunde von Tumor (T), Lymphknoten (N) und Metastasen (M) dar. Der entscheidende Vorteil der TNM-Klassifikation liegt darin, daß die Tumorkategorien getrennt klassifiziert werden können und damit ihr Einfluß auf die Prognose unabhängig gewichtet werden kann [1].

Nationale Komitees haben Definitionen zu den TNM-Kategorien des Magenkarzinoms entwickelt, so die Amerikaner [4] ursprünglich auf dem Boden einer retrospektiven Analyse [2] und die Japaner, die schon 1962 durch Gründung einer Gesellschaft zur Erforschung des Magenkarzinoms (Japanese Research Society for Gastric Cancer) die organisatorischen Voraussetzungen für eine einheitliche Erfassung von Magenkarzinompatienten in Japan schufen. Das deutschsprachige TNM-Komitee (DSK) war federführend bei der von den Unio Internationalis Contra Cancrum (UICC) herausgegebenen Klassifikation der malignen Tumoren, die seit 1.1.1979 im deutschen Sprachraum gelten [5].

Eine große Zahl der das Magenkarzinom beschreibenden Faktoren sind hinsichtlich ihrer Prognoserelevanz noch nicht zuverlässig untersucht, z.B. die Tumorlokalisation, -größe, -form, der Tumortyp, die Tumorausdehnung und -tiefeninfiltration. Die Bedeutung der Topographie befallener Lymphknoten in bezug auf die Primärtumorlokalisation oder die Bedeutung histologischer Klassifikationskriterien (Typing und Grading) für die Prognose konnte bisher nicht bestimmt werden. Eine prospektive kooperative Studie unter Beteiligung von Chirurgen und Pathologen im europäischen Raum mit 901 Magenkarzinompatienten konnte keine Aussage bringen, weder zur Prognoserelevanz der Tumorlokalisation, der Tumorform, des Tumortyps, der Tumorausdehnung, -tiefeninfiltration noch zur Metastasentopographie oder zu den histologischen Karzinomkriterien [3]. Im Rahmen des Programms der Bundesregierung (Forschung und Entwicklung im Dienste der Gesundheit) wurden vom deutschsprachigen TNM-Komitee Studien zur Validierung der UICC-TNM-Klassifikation von Organtumoren empfohlen. Richtlinien für die Durchführung derartiger Feldstudien zur Validierung des TNM-Systems erschienen 1980 [6]. Nach einer öffentlichen Ausschreibung des Bundesministeriums für Forschung und Technologie (BMFT) haben wir am 1.4.1982 mit unserer multiklinischen interdisziplinären Magenkarzinom-TNM-Validierungsstudie in Köln begonnen. Wir befinden uns in der Rekrutierungsphase, so daß uns zur Zeit naturgemäß vor allem die Probleme des vollständigen Dateneingangs und die Techniken zur Verbesserung der Datenqualität beschäftigen. Für beide Problemkreise wurden verschiedene Methoden entwickelt, die nachfolgend angegeben werden. Ausführlich wird auf die Schwierigkeiten des Chirurgen beim Versuch einer möglichst zuverlässigen Datenerfassung eingegangen.

Methoden zur Sicherung und Steigerung der Datenqualität

Nach einer Pilotphase, die mit den Lehrkrankenhäusern der Philipps-Universität Marburg (Fulda, Siegen, Kassel) in Zusammenarbeit mit der Chirurgischen Universitätsklinik Marburg (frühere Arbeitsstelle des Projektleiters) in den Jahren 1980/1981 durchgeführt worden war, begann die Rekrutierungsphase am 1. April 1982 unter Leitung des neu eingerichteten Studiensekretariats des Projektleiters an dessen jetziger Arbeitsstätte in Köln. Für die organisatorische Abwicklung der Studie wurden ein Studienkoordinator und eine wissenschaftliche Mitarbeiterin eingestellt. Neben den in der Pilotphase erprobten Erst-, Folge- und Abschlußerhebungsbögen hat die Studienleitung folgende Techniken zur Erhöhung der Datenqualität entwickelt:

(1) Ein Manual der Instruktionen ('Kochbuch') für das Ausfüllen der Erst-, Folge- und Abschlußerhebungsbögen;
(2) Einbau von Doppelfragen in den Ersterhebungsbögen zum gleichen Sachverhalt;
(3) Durchschreibeblätter für die Erhebungsbögen, so daß sich der Chirurg durch den Pathologen und umgekehrt kontrolliert fühlen dürfen;
(4) sorgfältige Analyse und eventuelle Korrektur der Bögen nach ihrer Einsendung im Studiensekretariat;
(5) schnellstmögliche Rücksprache mit dem Studienpartner über das studieneigene Telefon des Studiensekretariats wegen der Rückkopplung und zur Klärung der Angaben in den Erhebungsbögen;
(6) Besuche des Studienkoordinators bei den Partnern zum Erfahrungsaustausch und zur Analyse der organisatorischen Probleme der Studie vor Ort;
(7) in dreimonatigem Rhytmus in Köln durchgeführte Seminare' aller Studien-teilnehmer;
(8) Testung der Studienpartner bei den Seminaren;
(9) Trendanalysen über die Fallzahleingänge bei den Seminaren;
(10) Darstellung von Klinikprofilen zum Fallzahleingang bei den Seminaren;
(11) Vermitteln von Techniken zum Beispiel für die Vollständigkeit der Folge- und Abschlußerhebungen;
(12) Vorlegen eines Manuals der Instruktionen ('Kochbuch') für das Ausfüllen von Folge- und Abschlußerhebungsbögen durch die niedergelassenen Ärzte als Werkzeug für die kooperative Folge- und Abschlußerhebung der örtlichen Patienten mit den Krankenhausärzten;
(13) Erstellung eines Leitfadens für die histopathologische Untersuchung aller Studienpatienten für alle beteiligten Pathologen;
(14) Durchführung von Schnittseminaren für alle beteiligten Pathologen;
(15) Anlegen eines gemeinsamen Histologiearchivs im Studiensekretariat mit histologischen Schnitten von jedem in die Studie eingebrachten Patienten;
(16) Error-check-Prozeduren bei der Dateneingabe mit dem Computer;
(17) Datenkontrolle auf Stimmigkeit vor Eingabe in den Computer durch eine unabhängige Fachkraft, um systematische Fehler zu reduzieren;
(18) doppelte Dateneingabe am Computer, um zufällige Fehler zu vermeiden.

Schwierigkeiten bei der zuverlässigen Datenerhebung

Trotz Anwendung der oben genannten Techniken zur Erhöhung der Datenqualität, sind der Chirurg und der Pathologe unterschiedlichen, aber ähnlichen Problemen bei der Erhebung von Befunden ausgesetzt, die zur Datenverarbeitung gelangen und dort, in Zahlen ausgedrückt, dann den Eindruck großer Objektivität machen. Hier soll aber auch auf Probleme hingewiesen werden, die ihre Ursache in schlecht praktikablen Definitionen und Klassifikationen haben. Sie zwingen den Kliniker zu einem vermeintlich höheren Grad an Zuverlässigkeit und lösen dabei einen niedrigeren Grad der Zuverlässigkeit bei der Befundbewertung und -festlegung aus.

Die T-Kategorie wird von den verschiedenen nationalen Komitees unterschiedlich definiert. Nach Ansicht der Europäer (UICC) und der Japaner (JRC) stellt die Tumorflächenausdehnung einen prognoserelevanten Faktor dar, während die Amerikaner [4] lediglich die Tumortiefeninfiltration als prognoserelevant ansehen.

Die Probleme für den Chirurgen beginnen bei der Lokalisationsangabe des Primärtumors im Magen während der Laparotomie. Ein Teil der Tumoren macht sich durch Infiltration der Subserosa und Serosa an der Oberfläche der Magenwand bemerkbar. Ein anderer Teil ist bei der Inspektion der Magenwand von außen gar nicht erkennbar. Typisches Beispiel: das Magenfrühkarzinom. Wenn die Serosaoberfläche der Magenwand regional gegenüber der Umgebung verändert ist, gibt dies Hinweise auf den Tumorsitz, jedoch ist die topographische Zuordnung des Tumors zu definierten Regionen des Magens (oberes, mittleres, unteres Drittel) oder sogar, wie von der UICC gefordert [5], zu einer Hälfte einer derartigen Region für die Definition des T2-Stadiums häufig unmöglich.

Findet sich bei der Inspektion der Magenoberfläche mit dem Ziel, die Primärtumorlokalisation festzulegen, eine ausgedehnte Serosainfiltration, sind meistens auch die Nachbarstrukturen, vor allem das kleine oder das große Netz, der linke Leberlappen oder das Pankreas, schon infiltriert. Dadurch wird es noch schwerer, wenn nicht unmöglich, den Primärtumor in seiner Flächenausbreitung entsprechend der vorgegebenen Zahlennotation im Ersterhebungsbogen festzulegen.

Neben der Inspektion bietet die Palpation eine Möglichkeit zur Ergänzung des visuellen Befundes. Inwieweit die Zuverlässigkeit der Zuordnung zu einer T-Kategorie hierdurch erhöht wird, ist unklar. Allzuoft ist die flächenhafte Infiltration der Magenwand nicht nur auf diese beschränkt, sondern greift entsprechend der Tumorausbreitungstendenz auf die Nachbarorgane über, so daß infolge der dann flächenhaft vorhandenen Karzinominfiltration weder durch Inspektion noch durch Palpation eine zuverlässige Festlegung der Tumorausbreitung möglich ist.

Werden Inspektion und Palpation des Magens zur Bestimmung der Primärtumorausdehnung (T-Kategorien) ergänzt durch chirurgische Exploration des Magens und der ihn umgebenden Gewebe, läßt sich die Zuverlässigkeit der T-Kategoriebestimmung erhöhen. Die prätherapeutische klinische TNM-Klassifikation ist jedoch folgendermaßen definiert [5]: 'Sie basiert auf dem erhobenen Befund, der bis zum Entschluß zur endgültigen Behandlung abgeschlossen wurde (= prätherapeu-tischer Befund). Die Befunderhebung basiert auf klinischen, radiologischen, endoskopischen und anderen relevanten Untersuchungen. In einigen Fällen kann sie ergänzt werden durch chirurgische Exploration vorgängig der definitiven Behandlung.' Hier erhebt sich die Frage, wie weit der Chirurg bei der operativen Exploration gehen darf, um im Rahmen der von der UICC definierten prätherapeutischen klinischen Klassifikation zu bleiben. Darf er die Magenwand eröffnen, um auf diese Weise den Tumorbefund durch Inspektion und Palpation an der Mageninnenwand erheben zu können? Darf er das große Netz vom Querkolon abpräparieren, um so von der bursa omentalis her auch die Magenhinterwand inspizieren zu können?

Hieraus ist ersichtlich, daß nicht nur der bei der Laparotomie zu erhebende anatomische Befund gelegentlich in seiner Zuordnung zu definierten Kategorien größte Schwierigkeiten bereiten kann, sondern daß auch unzureichende, der Praxis nicht angepaßte Definitionen die Zuverlässigkeit der Befunderhebung seitens des Chirurgen fehlerhaft beeinflussen können.

Die Problematik für die Lymphknoten (N-Kategorien) ist ähnlich wie beim Primärtumor. Lymphknoten können entlang der großen Kurvatur besonders gut bei der Inspektion und Palpation identifiziert werden, wenn sie vergrößert sind. Dies ist jedoch nicht immer der Fall. Die topographische Zuordnung der Lymphknoten geschieht anhand der anatomischen Strukturen, besonders der großen Arterien (z.B. A. gastrica sinistra, A. gastroepiploica dextra, A. lienalis).

Diese Gefäße liegen jedoch alle versteckt im Gewebe, entweder unter dem Omentum minus oder majus oder am Pankreasoberrand, also hinter dem Magen, so daß immer erst nach Eröffnung der Bursa omentalis die Arterie gesehen werden kann. Je korpulenter der Patient, desto fettreicher sind großes und kleines Netz und umso schwieriger ist auch die Auffindung von Lymphknoten. Allein deshalb ist bei vielen unserer Patienten eine zuverlässige Festlegung des Lymphknotenstatus unmöglich. Liegen ausgedehnte, flächenhafte Tumorinfiltrationen vor, läßt sich zur Lymphknotentopographie überhaupt keine Aussage machen.

Wenn nun für die N1-Kategorie definiert wird [5]: 'Evidenz für Befall der Lymphknoten bis zu 3cm vom Primärtumor entfernt und entlang der kleinen und großen Kurvatur', so setzt dies voraus, daß der Primärtumorrand eindeutig bestimmbar ist! Aus oben Gesagtem geht jedoch hervor, wie schwer es sein kann, eine exakte Bestimmung anzugeben. Gänzlich unmöglich ist sie im Falle des Primärtumors Kategorie T1.

Hier handelt es sich definitionsgemäß um Tumoren, die auf die Mukosa und/oder Submukosa beschränkt sind. Der Chirurg kann sie bei der Laparotomie in den allerwenigsten Fällen tasten, noch weniger aber ihre Begrenzung gegenüber gesundem Gewebe festlegen. Da dies nicht möglich ist, kann er auch nicht den für die N1-Definition entscheidenden 3-cm-Abstand vom Primärtumorrand berechnen. Hieraus resultiert eine große Unsicherheit bei der Festlegung der N1-Kategorie im Rahmen der prätherapeutischen TNM-Klassifikation durch den Chirurgen.

Für die N2-Kategorie der Lymphknoten findet sich die gleiche Problematik. Hier kommen jedoch weitere Schwierigkeiten hinzu. Die N2-Definition der UICC [5] spricht von 'Befall der Lymphknoten entlang der Aa. gastrica, lienalis, coeliaca und hepatica communis'. Ohne subtile Freipräparation dieser Arterien lassen sich hier liegende Lymphknoten nicht darstellen. Das heißt, bei der von der UICC vorgeschlagenen prätherapeutischen klinischen TNM-Klassifikation lassen sich keine Aussagen über den Metastasenverdacht in diesen Lymphknoten machen, es sei denn, sie fallen unter die Definition der chirurgischen Exploration, was jedoch in praxi nirgends auf der Welt, auch nicht in Japan, üblich ist. Die UICC hat ausdrücklich die prätherapeutische klinische TNM-Klassifikation als 'vorgängig der definitiven Behandlung' [5] definiert. In der Praxis ist es jedoch so, daß nur dort, wo die systematische Lymphadenektomie entlang der oben genannten Arterien zur definitiven Behandlung des Magenkarzinoms gehört, diese Maßnahme von den Chirurgen ausgeführt wird, so daß erst dadurch die gewünschten Informationen über die Lymphknoten eingeholt werden.

Zusammenfassung

Die multiklinische interdisziplinäre Magenkarzinom-TNM-Validierungsstudie befindet sich in der Rekrutierungsphase. Es ist zu früh, über Ergebnisse zu berichten. Umso stärker sind wir bemüht, die Datenqualität durch zuverlässigere Befunderhebung und -dokumentation zu steigern. Unter den organisatorischen Maßnahmen zur Steigerung der Datenqualität haben sich besonders die alle drei Monate in Köln stattfindenden Seminare aller Studienpartner (Chirurgen und Pathologen) bewährt. Es wird auf systemimmanente Schwierigkeiten des Chirurgen bei der Erhebung des T- und N-Kategoriebefundes nach geöffnetem Abdomen entsprechend der prätherapeutischen klinischen TNM-Klassifikation der UICC hingewiesen. Aber auch die vorgegebenen Definitionen bieten in sich Probleme, indem sie von dem Kliniker in Zahlen ausgedrückte ja/nein-Entscheidungen verlangen, die in bestimmten Situationen zu Falschangaben zwingen. Diese sind einer zuverlässigen Befundangabe nicht nur abträglich, sondern widersprechen ihr.

Literatur

1. Arnal, M.L., Dold, U., Ehlers, C.Th. et al.: Das TNM-System zur Beschreibung der Ausdehnung maligner Tumoren. Dtsch. med. Wschr. 93 (1968) 694-698.

2. Kennedy, B.J.: TNM classification for stomach cancer. Cancer 26 (1970) 971-983.

3. Lundh, G., Burn, J.I., Kolig, G. et al.: A co-operative international study of gastric cancer. Ann. roy. Coll. Surg. Engl. 54 (1974) 219-228.

4. American Joint Committee on Cancer: Manual for Staging of Cancer. 2nd edition. Philadelphia: Lippincott 1983.

5. Spiessl, B., Scheibe, O., Wagner, G. (Hrsg.): TNM-Klassifikation der malignen Tumoren. 3. Aufl., Berlin-Heidelberg-New York: Springer 1979.

6. Wagner, G., Thomas, C.: Durchführungsrichtlinien für die Durchführung von Feldstudien zur Validierung des TNM-Systems (unter Förderung des BMFT). Heidelberg: DKFZ 1980.

4. ASPEKTE DER DATENVERARBEITUNG UND STATISTIK IM GESUNDHEITSWESEN

Aus der Gesellschaft für Strahlen- und Umweltforschung mbH München, Institut für Med. Informatik u. Systemforschung (Direktor: Prof. Dr. W. van Eimeren)

Kriterien zur Systemauswahl

R. Engelbrecht

Die Entwicklung im Bereich Datenverarbeitung hat in den vergangenen Jahren zu einem erhöhten Einsatz von EDV-gestützten Verfahren geführt, auch im Bereich Medizin. Es ist bekannt, daß ein großer Anteil in dieser Entwicklung in den sinkenden Hardwarekosten und dem Zwang zur Automatisierung begründet ist. Wie dramatisch die Zukunft im Bereich Medizin werden kann, zeigt unter anderem eine Expertenumfrage der University of Southern California, Los Angeles [8] im Bereich Information Management, die in Delphitechnik 1980 durchgeführt wurde. Danach wird erwartet, daß im Jahr 1985 55.000 Personal-Computer im häuslichen Bereich für 'Health Monitoring' eingesetzt werden. Diese Zahl erhöht sich bis 1990 auf 333.000 und demonstriert die Durchdringung der Gesellschaft mit DV-gestützten Verfahren im Bereich Medizin und DV allgemein. Ein weiterer Faktor dieser Durchdringung ist die Einbringung von Computern in die Ausbildung, beginnend in der Schule.

Es ist zu erwarten, daß in wenigen Jahren der Computer ein noch selbstverständlicheres Werkzeug sein wird, als er es in vielen Bereichen heute schon ist. Dies bedeutet aber nicht gleichzeitig, daß der Anwender bei einem solch komplexen Instrument ein wesentlich besseres Wissen und Beurteilungsvermögen hat als heute oder in der Vergangenheit. Es steht sogar zu erwarten, daß die vielfältigen Möglichkeiten mit Fortschreiten der Entwicklung den Entscheidungsträger, z.B. den Krankenhausmanager, eher unsicher machen und er in dieser Situation mehr Unterstützung braucht als vorher. Es sollte z.B. bei Beschaffungen kein Unterschied zwischen dem sein, was der Anwender haben wollte, und dem, was er geliefert bekommen hat, nur weil der Anwender nicht in der Lage war, die Angebote zu verstehen, zu hinterfragen und gegeneinander abzuwägen.

Die Förderung des Anwenders und damit die Förderung der Anwendung ist das Ziel der Arbeitsgruppe "Anwenderkriterien". Konkret heißt das, daß der Anwender in die Lage versetzt werden muß, DV-Systeme nach für ihn verständlichen und nachvollziehbaren Kriterien auszusuchen oder in Auftrag zu geben. Dazu sind Hilfsmittel für ein problemorientiertes Vorgehen für den Anwender notwendig. Ein Beispiel für ein solches Hilfsmittel ist das erste Buch der Arbeitsgruppe 'Instrumentarium zur Auswahl von EDV-Systemen im Gesundheitswesen', dessen Frontseite in Abb. 1 dargestellt ist [4].

Im folgenden soll die Entwicklung von Kriterien unter Benutzung des 'Instrumentariums' beschrieben werden. Bei der Auswahl und dem Vergleich von EDV-Systemen muß angesichts der Vielzahl der zu beachtenden Kriterien klar definiert sein, wie die Umgebung aussieht und für welchen Zweck das EDV-System eingesetzt werden soll. Es lassen sich fünf verschiedene, voneinander unabhängige Bereiche beschreiben, die insgesamt eine 5-dimensionale Matrix darstellen. Für jedes Element dieser Matrix lassen sich spezifische Kriterien aufstellen.

Die einzelnen Ebenen dieser Matrix sind:

I. Aktionsbereich, z.B. medizin-technisches System,
II. Einsatzbereich, z.B. Krankenhaus,
III. Personengruppe, z.B. Anwender in der Fachabteilung,
IV. Komponente, z.B. Orgware,
V. Zielbereich, z.B. Wirtschaftlichkeit.

SCHRIFTENREIHE ZUR INFORMATIONS-VERARBEITUNG IM GESUNDHEITSWESEN 1

Instrumentarium zur Auswahl von EDV-Systemen im Gesundheits-wesen

Herausgegeben von Claus O. Köhler

Erarbeitet von der Arbeitsgruppe ›Anwenderkriterien‹ der Deutschen Gesellschaft für Medizinische Dokumentation, Informatik und Statistik

von

H. Böckmann, K.H. Ellsässer, R. Engelbrecht, R. Härtner, I. Hengstler-Häfner, R. Heu, H. Juranek, R. Kilias. C.O. Köhler, W. Kolster, T.R. Kornemann, G. Reppmann, K. Schlaefer

Vorwort: P. L. Reichertz

ecomed

Abb. 1: Frontseite des Buches "Instrumentarium zur Auswahl von EDV-Systemen im Gesundheitswesen" (siehe [4]).

Die einzelnen Bereiche sind unterschiedlich stark gegliedert, z.B. die Komponenten in Org-, Soft- und Hardware und die Personengruppen in Anwender (Fachabteilung), Management, DV-Bedienung und DV-Entwicklung.

Es ergeben sich 1.296 Kombinationen oder Zellen, von denen allerdings nicht alle sinnvoll sind. Die Zahl der Zellen läßt sich auf 144 reduzieren, wenn man nur die ersten 3 Ebenen betrachtet. Dies ist insoweit sinnvoll, als die Ebenen IV und V sehr stark in die noch zu beschreibenden Kriterien eingehen. Jede einzelne Zelle ist charakterisiert durch die Fragen: Welche Art von System soll untersucht werden (Aktionsbereich)? Wo soll es eingesetzt werden (Einsatzbereich)? Für wen soll es eingesetzt werden (Person)? Dabei ist natürlich klar, daß jedes System nicht nur in einer Zelle beurteilt werden muß, sondern durch seine Vielschichtigkeit mehrere Zellen abdeckt. Aufgrund dieser Darstellung läßt sich dann aber für den jeweiligen Anwender klar festlegen, welche Beurteilungsmatrizen für ihn relevant sind und welche nicht. Es gilt also, einen Frage- oder Beurteilungsbogen zusammenzustellen, der eine Systemauswahl ermöglicht. Basis hierfür sind die Kriterien.

Diese Kriterien oder Oberbegriffe - als Vokabularium bezeichnet [4] - gehen von 'Accounting' bis 'Zugriffsschutz'. Es sind insgesamt 46, die sich in verschiedenen Gruppen zusammenfassen lassen und wertneutral sind. Jede Vokabel ist aufgegliedert nach:

- Bedeutung
- allgemeine Erläuterung
- Beispiel
- Fragenkatalog
- Querverweise
- Literaturhinweise, soweit vorhanden.

Es soll an dieser Stelle nicht weiter darauf eingegangen werden. Wie das Verfahren der Beurteilung in Form einer Nutzwertanalyse abläuft, ist durch das Beispiel "Patientenaufnahme" in Form einer Fallstudie auf 30 Seiten beschrieben und kann nachgelesen werden. Vielmehr wird im folgenden versucht, die einzelnen Kriterien am Beispiel einer Systemauswahl im Krankenhaus deutlich zu machen. Dabei ist das Krankenhausinformationssystem (KIS) nach COLLEN [1] durch seine verschiedenen Bereiche charakterisiert:

- Administratives Subsystem
- Department-Subsysteme
- Ancillar- und Support-Subsysteme
- Medical Records
- Entscheidungs- und Managementhilfen

Um die Vorgehensweise zu verdeutlichen, soll nur auf den administrativen Teil eines KIS eingegangen werden. Wichtiger ist es darzustellen, wie man von den Oberbegriffen zu Kriterien kommt. Dabei müssen die Kriterien folgende 3 Bedingungen erfüllen. Sie müssen

- genau definiert (im wahren Sinne des Wortes: abgrenzbar sein);
- für den Benutzer (der Kriterien) verständlich, d.h. nachvollziehbar sein;
- für den Benutzer (der Kriterien) beurteilbar, d.h. z.B. auf einer Meßskala festlegbar sein.

Die Kriterien genügen aber erst dann diesen Bedingungen, wenn sie stark genug gegliedert sind. Am Beispiel der Kosten sei dies verdeutlicht. Natürlich lassen sich Kosten allein schon beurteilen; doch wird dieses Urteil sehr ungenau und damit in seiner Aussage wenig wertvoll, da der Begriff zu umfassend ist und jeder Anwender sicher nur einen Teil davon bewertet. Besser ist es, wenn man die Kosten untergliedert.

Auf der Basis des "Instrumentariums" ergibt sich eine Einteilung in

- Planungskosten
- Installationskosten
- Einrichtungskosten
- Einführungskosten
- Betriebskosten
- Folgekosten.

Die Aufteilung läßt sich auch für andere kostenrelevante Kriterien aufstellen, wie z.B. Personalbedarf und Ausstattungsbedarf. Allerdings läßt sich hinter den Kostenkriterien noch eine andere Struktur erkennen: die Phasenabhängigkeit.

Bei der Bewertung von Informationssystemen ist eine Beurteilung der einzelnen Phasen des Lebenszyklus eines Systems von Vorteil, da dadurch eine höhere Selektivität des nachfolgenden Auswahlverfahrens erreicht wird. Die Phasen lassen sich mit folgenden Begriffen umschreiben:

Phase 1 – Planung, Vorbereitung
Phase 2 – Einführung
Phase 3 – Betrieb
Phase 4 – Modifikation.

Je nach Art des Systems oder Subsystems (z.B. eines Krankenhausinformationssystems) kommt den einzelnen Phasen ein besonderes Gewicht bzw. eine besondere Bedeutung zu. Beispielsweise sind bei einem täglich benutzten System die Kosten in der Betriebsphase anders zu bewerten als bei nur monatlicher oder gar nur jährlicher Benutzung. Die Projektion der Kriterien aus dem Vokabularium auf die einzelnen Phasen ergibt für jede Phase einen Set von Kriterien (Abb.2).

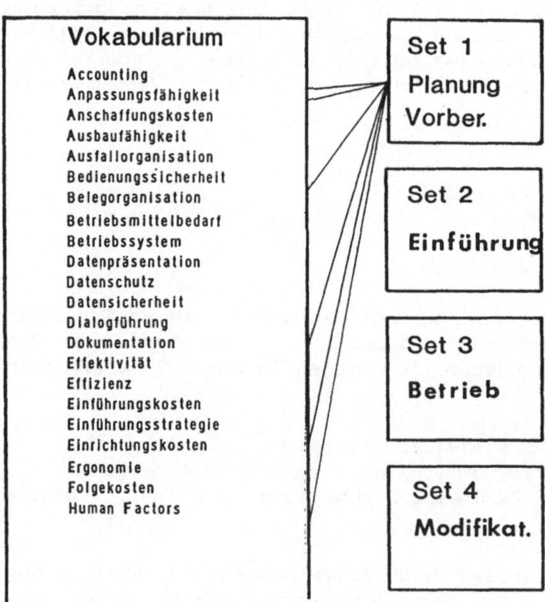

Abb. 2: Bilden der Kriterien für die einzelnen Phasen

Dabei ist diese Projektion nicht immer eindeutig, da einzelne Kriterien , wie z.B. "Anpassungsfähigkeit" in verschiedenen Sets vorkommen. Zur exemplarischen Erklärung des Vorgehens soll beispielhaft die Erstellung des Sets 1 geschildert werden. Set 1 setzt sich aus folgenden Kriterien zusammen:

Kosten
- Anschaffungskosten
- Einrichtungskosten
- Installationskosten
- Planungskosten

Bedarf
- Raum und Ausstattung
- Personal

Beschreibung
- Dokumentation
- Leistungsumfang
- Pflichtenheft

Allgemein
- Anpassungsfähigkeit
- Belegorganisation
- Effektivität
- organisatorische Änderungen
- Support
- Vertrag

Die Aktivitäten und Kriterien im Set 1 lassen sich nun nach dem Typ der zu verarbeitenden Daten klassifizieren (Abb.3) und auf die so charakterisierten Systemtypen anwenden.

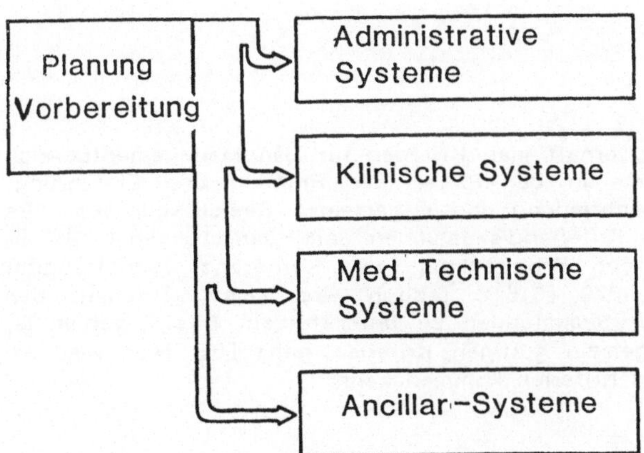

Abb. 3: Aufteilung der Kriterien auf den Systemtyp

Damit ist eine Strukturierung eines Krankenhausinformationssystems zur Bewertung vorgegeben, die allerdings noch recht grob ist und noch weiter verfeinert werden kann. Die nächste Stufe der Verfeinerung ist in Abb. 4 dargestellt.

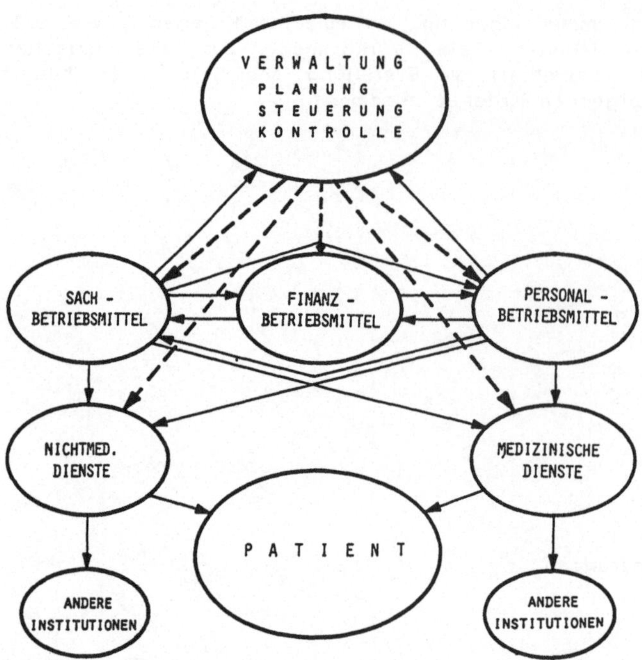

Abb. 4: Modell eines Krankenhausinformationssystems (aus [2])

Sie basiert auf dem Typ der Einrichtung, dem das Subsystem dienen soll, und enthält die vier Bereiche

- Management
- Ressourcen
- Erzeugung Dienstleistung
- Verbrauch Dienstleistung

Geht man in der Bewertung so vor, erhält man Kriterien für den Managementbereich im Feld der administrativen Systeme in der Phase der Planung und Einführung, aufgeteilt nach Kosten, Bedarf, Beschreibung und allgemeinen Gesichtspunkten. Es gibt in der Literatur zwar durchaus Kriteriendiskussionen und -sammlungen (z.B. für Krankenhausinformationssysteme in den Proceedings- der Konferenz über Hospital Information Systems in Kapstadt 1979 [3,5]); jedoch wird meist versäumt, den Anwender in der Benutzung solcher Sammlungen zu unterstützen. Das Ergebnis ist dann die Klage, daß es keine allgemein gültigen Kriterien gäbe [6]. Hier wird ein Weg aufgezeigt, wie man zu solchen Kriterien kommen kann.

Zusammenfassung

Das behandelte Thema ist eingeschränkt, weil es nur den Aspekt der Systemauswahl beleuchtet. Es wird aber deutlich, daß eine solche Kriteriensammlung auch Aus- und Fortbildungsaspekte beinhaltet. Dies ist nicht unwichtig, da es einen Fortschritt in der Anwendung von Methoden der Informatik in der Medizin in weiten Bereichen nur geben kann, wenn der Benutzer in der Lage ist, mit dem Ersteller von Systemen zu reden. Dazu ist die Bedeutung der Begriffe genauso notwendig wie das Verständnis der Systemzusammenhänge. Die Technologie-Bewertung oder 'Technology Assessment' wird in den nächsten Jahren an Bedeutung gewinnen umso mehr, als das Angebot an fertigen Systemen (Turn-Key-Systeme) ständig wächst.

Schließlich sollte nicht übersehen werden, daß häufig die Kenntnis über die spezifischen Funktionsabläufe im eigenen Hause nicht vorhanden ist (z.B. über den Datenfluß in und zwischen den einzelnen Bereichen des Krankenhauses). Es wird die Aufgabe der Arbeitsgruppe "Anwenderkriterien" in den nächsten Jahren sein, dem Anwender für diesen Bereich Werkzeuge zur Verfügung zu stellen.

Literatur

1. Collen, M.F.: The functions of a HIS: An overview. In MEDINFO 83 Seminars, pp. 61-64. Amsterdam: North-Holland 1983.

2. Engelbrecht, R.: Verwaltung und Krankenhaus-Informationssystem - Eine Strukturanalyse. In Horbach, L., Duhme, C. (Hrsg.): Nachsorge und Krankheitsverlaufsanalyse. Proceedings. 25. Jahrestagung der GMDS, Erlangen, 1980, S. 634-640. Berlin-Heidelberg-New York: Springer 1981.

3. Griesser, G.: New Criteria for the evaluation of hospital information systems. In Shannon, R.H. (Edit.): Hospital Information Systems, pp. 279-302., Amsterdam: North-Holland 1979.

4. Köhler, C.O. (Hrsg.): Instrumentarium zur Auswahl von EDV-Systemen im Gesundheitswesen. Landsberg: Ecomed 1982.

5. Lewis, T.L., Macks, G.C.: GAPS: Present criteria for the evaluation of medical information systems. In Shannon, R.H. (Edit.): Hospital Information Systems, pp. 249-278. Amsterdam: North-Holland 1979.

6. Tost, R.: Auswahlkriterien für ein Bürokommunikationssystem. Computerwoche vom 24.6.1983, S. 62-63.

7. A Technology Assessment of Personal Computers: Vol. III: Personal Computer Impacts and Policy Issues. Los Angeles: Office of Interdisciplinary Programs, University of Southern California 1980.

Aus dem Institut für quantitative Methoden, Fachgebiet Systemanalyse und EDV, Fachbereich Informatik, Technische Universität Berlin

Rechnergestützte Systemanalyse

A. Kohnle

1. Einleitung

Die Notwendigkeit des Einsatzes von Methoden zur Verbesserung der Qualität von Software ist weithin unbestritten. In der Vergangenheit wurden eine Vielzahl von Methoden entwickelt, welche einzelne Phasen des Software-Entwicklungsprozesses unterstützen; von einer einheitlichen, geschlossenen Methodologie sind wir jedoch noch weit entfernt.

Eine Forschungsrichtung, die in den letzten Jahren an Bedeutung gewonnen hat, ist die Rechnerunterstützung von Methoden. Die bisherigen Anstrengungen konzentrieren sich auf Phasen, die zeitlich nach der Systemanalyse liegen und zusammengefaßt zu Methodenbündeln auch als Software Engineering Environments (SEE) bezeichnet werden.

Eine Weiterentwicklung der Software Engineering Environments wurde mit Computer-Aided Softwaredesign (CAS) eingeleitet. In Anlehnung an CAD (Computer-Aided Design) unterstützt CAS Projektmanagement, Systementwurf, Implementation und Dokumentation mit einer Auswahl an üblichen Methoden und macht Papier und Bleistift für die Softwareentwicklung weitgehend überflüssig.

Allen bisher entwickelten SEEs, sowie den CAS-Systemen fehlt jedoch ein nahtloser Übergang von der Problemerkennung zum Systementwurf, da der Prozeß der Systemanalyse in der Regel nur sehr vage mit dem Software-Systementwurf gekoppelt ist.

Die Verwendung der Arbeitsmittel des CAS - wie Graphikdisplays, Lichtgriffel und Tabletts - eröffnet neue Möglichkeiten, mit Rechnerunterstützung die Methoden der Systemanalyse auf die Denk- und Handlungsweise der Anwender auszurichten.

2. Entwicklung zum Computer-Aided Software Design (CAS)

Die Anwendungsprogrammierung in Hochschule, Industrie, Wirtschaft und Gesundheitswesen hat sich von einer anfänglich eher handwerklichen Technik zunehmend zu einer ingenieurmäßigen Disziplin - dem Software Engineering - entwickelt.

Im Vergleich zu traditionellen Ingenieurwissenschaften - wie dem Maschinenbau oder dem Bauingenieurwesen - verfügt das Software Engineering jedoch nur über einen geringen Erfahrungsschatz, um konstruktive Verfahren auszuarbeiten oder neue Programme aus bestehenden abzuleiten.

Folgende Stufen kennzeichnen die zeitliche Entwicklung der Software-Technologie von ihren Anfängen bis heute [6]:

- Zunächst konzentrierten sich die Vorschläge der 'strukturierten Programmierung' auf eine Erweiterung des Abstraktionsniveaus, d.h. eine Entfernung der Programmierung von der Maschinenebene hin zu einer abstrakteren Ebene.

- Darauf folgte die Erkenntnis, daß der Entwurfsprozeß ebenfalls einer methodischen Grundlage bedarf.

- Bedingt durch Komplexität und Vielzahl der zu erstellenden Softwaresysteme wurde die Automatisierung der Methoden vorangetrieben. Es entstanden Software-Werkzeuge bzw. Software Engineering Environments.

- In Anlehnung an das rechnergestützte Konstruieren (CAD) in den klassischen Ingenieurwissenschaften schlägt SCHULZ [11] eine neue Sichtweise rechnergestützter Software-Entwurfssysteme vor, das Computer-Aided Software Design (CAS).

Definition von CAS (nach Schulz 1982)

CAS unterstützt sämtliche Phasen eines Software-Projektes (Auftragsphase, Definitionsphase, Programmentwurf, Codierung, Test, Wartung) hinsichtlich

- phasenspezifischer Tätigkeiten,
- phasenspezifischer Dokumentation,
- Projektmanagement

und verbindet interaktiv Mensch und Computer zu einem Gesamtsystem, indem der Mensch durch Versuch und Irrtum ein Software-System systematisch konstruiert, iterativ verbessert und wartet.

Struktur von CAS-Systemen

Ein CAS-System besteht aus drei Teilsystemen:

- Ein Datenbanksystem verwaltet Standards, Programmbausteine (Moduln), Daten und Testdaten.
- Ein Kommunikationssystem unterstützt die Kommunikation zwischen den am Entwurfsprozess beteiligten Personen.
- Ein Methodenbanksystem unterstützt alle Phasen des Entwicklungsprozesses mit einer Auswahl an üblichen Methoden.

Diesen drei Teilsystemen überlagert ist noch ein Projektsteuerungssystem.

3. Der Beitrag der Systemanalyse zur Softwarekrise

Mit großen Anstrengungen versuchte man in den letzten Jahren, höhere Programmiersprachen, Testhilfen, Datenbanken und Methoden des Software-Engineerings einzuführen; doch letztlich konnte durch keines der genannten Werkzeuge die Softwarekrise bewältigt werden. Ingenieurmäßiges Denken reicht offensichtlich nicht aus, um die unterschiedlichen Sichtweisen von Informatikern und Anwendern zur Deckung zu bringen.

Die Wurzeln der Krise liegen vor allem in der Systemanalyse, für die es noch keine analytisch exakte Vorgehensweise gibt. Eine Implementation kann objektiv noch so hervorragend sein, subjektiv beurteilt jedoch der Anwender ob seine Erwartungen erfüllt sind und das System sich als praxistauglich erweist.

Folgende 'klassische' Fehlerquellen führen dazu, daß Systemanalytiker und Anwender selten auf Anhieb das realisiert vorfinden, was sie sich eigentlich vorgestellt hatten (vgl.[8]):

1. Anwender sind nicht genügend intensiv in der Entwurfsphase beteiligt und machen ihre unbefriedigten Wünsche erst im nachhinein geltend.

2. In Datenmodellen, Datenflußdiagrammen usw. erkennt der Anwender nicht die Lösung seiner Probleme.

3. In einer gewaltigen Papierflut gehen die relevanten Informationen in viel zu vielen Details unter.

4. Mißverständnisse und Unklarheiten werden nicht rechtzeitig aufgedeckt, weil die Darstellungsmittel nicht benutzergerecht sind.

5. Die Schnittstellen sind aus historischen Gründen unsauber, oder die Auswirkungen des neuen Systems werden nicht genügend reflektiert.

6. Zu frühe Anlehnung an Eigenschaften von Hard- und Software, das heißt: die Anforderungsdefinition wird mehr auf die technischen Gegebenheiten des Rechners als auf die tatsächlichen Informationsbedürfnisse des Benutzers ausgerichtet.

In der Integration von Methoden und Werkzeugen für die Systemanalyse in ein CAS-System steckt eine besondere Problemstruktur, da hier Fachspezialisten und Systemspezialisten zusammen wirken müssen.

4. Überlick über verschiedene Ansätze zur Unterstützung der Systemanalyse

Neben den 'klassischen' Methoden der Systemanalyse wie mündliche und schriftliche Befragung oder Beobachtung entstanden in den letzten Jahren auch strukturierte Methoden, welche die Analyse selbst unterstützen.

Im folgenden soll ein kurzer Überblick über PSL/PSA (Problem Statement Language/Problem Statement Analyzer) [12], SADT (Structured Analysis and Design Technique) [10], und SSA (Structured System Analysis) [5] gegeben werden, um die generellen Ansätze in dieser Richtung zu verdeutlichen.

4.1 PSL/PSA

Im Rahmen des seit 1968 durchgeführten Forschungsprojektes ISDOS (Information System Design and Optimization System) wurden PSL und PSA entwickelt.

PSL stellt ein Beschreibungsprinzip zur Verfügung, welches darauf beruht, daß ein System durch seine Objekte und die Relationen zwischen den Objekten beschrieben wird. Dabei müssen die Objekte einem von 22 vorgegebenen Objekttypen und die Relationen einem von 55 vorgegebenen Relationstypen zugeordnet werden.

Der Analytiker vergleicht ein oder mehrere Objekte gleichen Typs und beschreibt alle Relationen, die zu anderen Objekten führen. Die vollständige Systembeschreibung wird in der Regel auf mehreren Abstraktionsebenen durchgeführt (s. Abb. 1).

```
PROCESS          Auftragsabwicklung
    PART OF          Pharmagrosshandel

    DESCRIPTION

Abwicklung der Kundenkontakte bei Auftragseingang

RECEIVES       Kundenbestellung
DERIVES        Lagerplan-für-Auslieferungen USING Artikeldatei
DERIVES        Gestelle-Rechnung USING Kundenbestellung,
                        Kundendatei, Artikeldatei
UPDATES         Kundendatei, Artikeldatei
```

Abb. 1: Beispiel Pharmagroßhandel (PSL)

Mit PSA werden die in PSL formulierten Anforderungen auf Richtigkeit geprüft und in einer Datenbank gespeichert. Danach kann die in der Datenbank gesammelte Information in verschiedenster Form analysiert, aufbereitet und interpretiert werden.

4.2. SADT

SADT ist ein graphisches Analyse- und Beschreibungsmittel, das von der Firma Softech in den Jahren 1974/75 entwickelt wurde. SADT besteht aus Diagrammen, welche sich aus beschrifteten Kästen und Pfeilen zusammensetzen (s. Abb. 2).

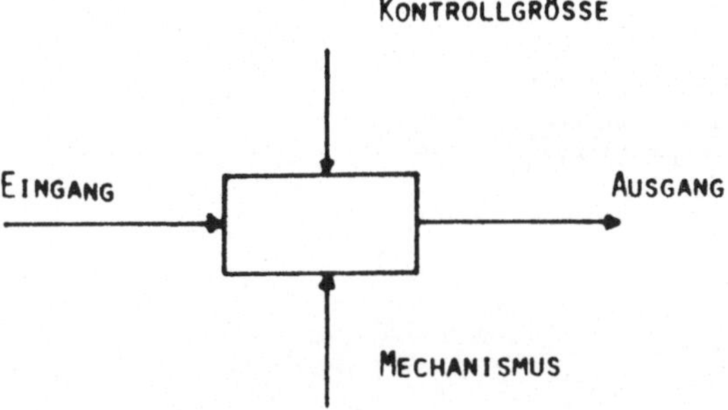

Abb. 2: Aktivitätsmodell

Einerseits werden mit Kästen und Pfeilen Tätigkeiten dargestellt, welche Eingangsdaten in Ausgangsdaten transformieren (Tätigkeitsmodell). Andererseits werden mit Kästen und Pfeilen auch Daten dargestellt, welche auf der Eingangsseite durch Tätigkeiten erzeugt und auf der Ausgangsseite von Tätigkeiten benötigt werden (Datenmodell).

Zur Vorgehensweise bei der Analyse schreibt SADT eine Reihe von Prozeduren vor, welche jedoch sehr allgemein gehalten sind. Im Vordergrund stehen Zwecküberlegungen und der Standpunkt des Betrachters.

Begonnen wird mit der Beschreibung auf der höchsten Abstraktionsstufe. Durch Aufspaltung des Systems in Teilsysteme wird dann eine schrittweise Verfeinerung erreicht.

Eine Rechnerunterstützung für SADT war ursprünglich nicht vorgesehen. Da sich der manuelle Aufwand für Graphik und Beschriftung in der Praxis als Engpaß erwiesen hat, lag eine Automatisierung der Graphikaufbereitung nahe.

Es gibt inzwischen eine Rechnerunterstützung für SADT an der Technischen Universität Berlin und bei der Firma Triumph-Adler in Nürnberg. Das System der TU-Berlin basiert auf dem Graphischen Kernsystem (GKS) und unterstützt z.Zt. die Graphikaufbereitung mit einer Kommandosprache. Bei Triumph-Adler ist SADT in das Software Engineering Environment PLASMA [2] eingebettet, welches außer der Graphikaufbereitung auch automatisch

- alle Daten entsprechend den SADT-Regeln überprüft,

- die Erstellung von Knotenverzeichnissen unterstützt,

- die Top-down- und Bottom-up-Analyse aller Eingangs- und Ausgangsgrößen übernimmt (s. Abb. 3).

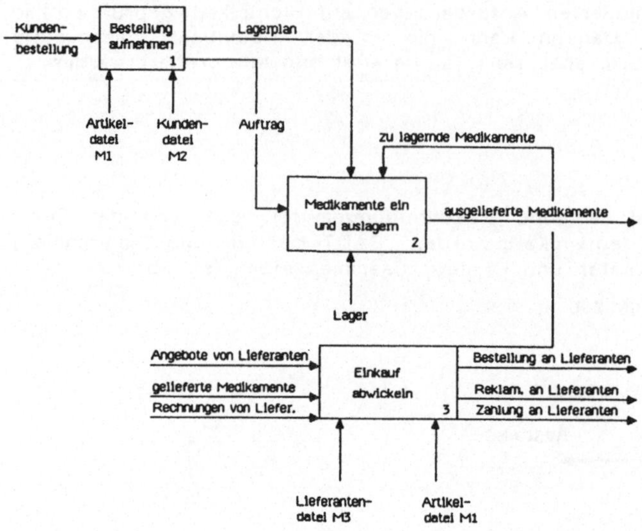

Abb. 3: Beispiel Pharmagroßhandel (SADT)

4.3. SSA

SSA ist ein Methodenbündel, das aus einer Zusammmenstellung von Methoden und Techniken besteht. Ein System wird durch Datenflußdiagramme, ein Data Dictionary (DD) und durch Transformationsdiagramme dargestellt. Datenflußdiagramme (DFD) bestehen aus den folgenden Symbolen, Datenquelle/-senke, Datenfluß, Prozeß und Datenspeicher (s. Abb. 4).

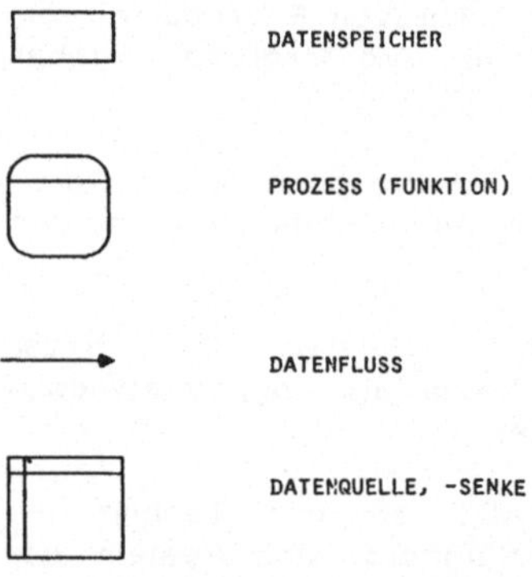

Abb. 4: Symbole für DFD

Die grundsätzliche Vorgehensweise ist eine Top-down-Zerlegung des Problems, wobei die Betrachtung der Datenflüsse im Vordergrund steht. Aus den Datenflüssen werden Prozesse abgeleitet, welche Eingangsdatenflüsse in Ausgangsdatenflüsse transformieren. Nachdem alle Datenflüsse erkannt wurden, erfolgt eine detaillierte Beschreibung im Data Dictionary, um die Sprachbarriere zwischen Systemanalytiker und Benutzer zu überwinden.

Vervollständigt wird die gesamte Beschreibung durch die Verarbeitungslogik der Prozesse, die in den Transformationsdiagrammen festgehalten wird (s. Abb. 5).

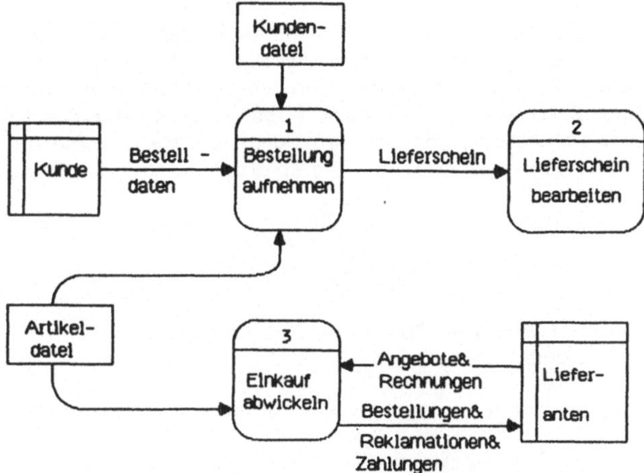

Abb. 5: Beispiel Pharmagroßhandel (SSA)

Auch SSA war zunächst ohne Rechnerunterstützung entwickelt worden. Inzwischen gibt es das Graphikunterstützungssystem STRADIS/DRAW [1] von McAUTO, USA, und das Software Engineering Environment PROMOD [7] von der Firma GEI in Aachen. PROMOD unterstützt außer der Graphikaufbereitung

- die Verwaltung des Data Dictionary,
- die Verwaltung der Transformationsdiagramme
- und die Prüfung der Zusammenhänge des Beschreibungsmodells.

5. Zukünftige Entwicklung rechnergestützter Tools in der Systemanalyse

Die Schaffung eines einheitlichen, durchgängigen Gesamtwerkzeuges für die Softwareentwicklung ist zur Zeit noch nicht möglich. Vorläufig werden einzelne Phasen - wie beispielsweise die Systemanalyse - unterstützt, wobei Probleme an den Übergängen zu späteren Phasen nicht ganz auszuschließen sind.

Neben den Darstellungs- und Strukturierungsproblemen gibt es noch schwerwiegende Kommunikations- und Interpretationsprobleme zwischen Benutzer und Analytiker. Die wichtigste Forderung an jedes Systemanalysewerkzeug ist die Forderung nach maximaler Benutzerbeteiligung am gesamten Systemanalyse-Prozess. Die bisher entwickelten Werkzeuge nutzen noch nicht alle Möglichkeiten aus, welche die Innovationen moderner Hardware und Software bieten. Die Verwendung der Arbeitsmittel des CAD wie Graphikdisplays, Lichtgriffel und Tabletts eröffnet neue Möglichkeiten, die Methoden der Systemanalyse mit Rechnerunterstützung auf die Denk- und Handlungsweise der Anwender auszurichten. Begünstigt wird diese Entwicklung durch kostengünstige, leistungsfähige Mikroprozessoren, Graphikdisplays, Farbdisplays und Eingabegeräte wie Maus, Rollkugel und Lichtgriffel.

Perspektiven, wie diese Arbeitsmittel eingesetzt werden können, zeigen neue Rechner wie das Xerox-Star-System bzw. Apple-Lisa-System oder EMS 8500 von Siemens auf. Die Benutzerschnittstelle dieser Systeme berücksichtigt das WYSIWYG-Prinzip [4], welches schon den Spread-Sheet-Kalkulatoren wie Visicalc [3] und Multiplan [9] im kaufmännischen Bereich zu einem Markterfolg verholfen hat. WYSIWYG steht für 'what you see is what you get' und erfüllt mit dieser Form der Dialoggestaltung in hervorragender Weise die ergonomische Forderung der Benutzer nach

Selbsterklärungsfähigkeit und Kontrollierbarkeit.

Dieses Prinzip auf die Rechnerunterstützung der Systemanalyse angewendet bedeutet, den Bildschirm wie ein Blatt Papier als Entwurfsfläche aufzufassen, wobei die Handhabung dieser rechnergestützten Entwurfsfläche an die menschliche Denk- und Handlungsweise im Umgang mit einem Blatt Papier anzupassen ist. Die Leistungsfähigkeit von Methoden und Werkzeugen läßt sich theoretisch nur sehr schwer beantworten. Um Nutzen und Effektivität von Werkzeugen besser beurteilen zu können, wäre es sinnvoll, kontrollierte Experimente durchzuführen. Hierbei könnten Besonderheiten einzelner Anwendungsgebiete, wie beispielsweise der Medizin, durchaus berücksichtigt werden.

Literatur

1. Anon.: NEW-A Computer System that Designs Computer Systems. McAuto / IST. Firmenschrift. St. Louis, USA, o. J.

2. Balzert, H.: Die Entwicklung von Software-Systemen. Mannheim: Bibliographisches Institut 1982.

3. Basis Software GmbH (Hrsg.): Visicalc, Visuelles Kalkulationssystem. Münster 1980.

4. Böcker, A.D.: Das WYSIWYG-Prinzip. Log in 3 (1983) 61.

5. Gane, L., Sarson, T.: Structured System Analysis Tools and Techniques. Englewood Cliffs: Prentice-Hall 1979.

6. Hesse, W.: Methoden und Werkzeuge zur Software-Entwicklung - Ein Marsch durch die Technologie-Landschaft. Informatik-Spektrum 4 (1981) 229-245.

7. Hruschka, P.: PROMOD - Motivation und Einführung. Firmenschrift Aachen: Gesellschaft für elektronische Informationsverarbeitung mbH 1982.

8. Lesshafft, K.: Der Beitrag der Systemanalyse zur Softwarekrise. Online 20, Nr. 3 (1982) 68-69.

9. Olivetti, C. (Hrsg.): Multiplan User Guide. Ivrea 1982.

10. Ross, T.D., Schoman, K.E., Jr.: Structured analysis for requirement definition. IEEE Trans. Softw. Engng SE-3 (1977) 6-15.

11. Schulz, A.: Vom CAD zum CAS. Angew. Inform. 24 (1982) 607-614.

12. Teichroew, E., Hershey, E.A.: PSL/PSA: A computer-aided technique for structured documentation and analysis of information processing systems. IEEE Trans. Softw. Engng SE-3 (1977) 41-48.

Aus dem Institut für Dokumentation, Information und Statistik am Deutschen Krebsforschungszentrum, Heidelberg (Direktor: Prof. Dr. G. Wagner),

Wann kann man eine Therapiestudie wegen nicht signifikanter Unterschiede abbrechen?
- Statistische Aspekte bei Zwischenauswertungen randomisierter Therapiestudien -

L. Edler

1. Einleitung

Im Laufe von Planung, Durchführung und Auswertung einer randomisierten klinischen Studie müssen Entscheidungen getroffen werden, welche den Fortgang des Vorhabens beeinflussen und steuern. Sie treten bereits bei der Bildung einer Studiengruppe und der Festlegung eines Studienprotokolls auf und enden oft erst mit der Publikation der Ergebnisse oder der Entscheidung über ein nachfolgendes Studienvorhaben. Erstreckt sich der Patientenzugang einer Studie über einen beträchtlichen Zeitraum, so stellt sich oft die Frage, ob die Studie vorzeitig - d.h. vor Erreichen der für erforderlich gehaltenen Anzahl von Patienten - beendet werden kann oder muß.

Die Entscheidung über einen Studienabbruch ist mit äußerster Sorgfalt und Verantwortung zu treffen, da mit ihr das gesamte Studienvorhaben gefährdet werden kann. Ergebnisse aus einer leichtfertig abgebrochenen Studie könnten als bedeutungslos angesehen werden, womit letztlich die Anstrengungen der an der Studie Beteiligten vergeblich, die für die Studie investierten Mittel vergeudet und die Informationsmöglichkeit durch die eingebrachten Patienten vertan wären. Aus diesem Grund sollte ein Studienabbruch nur bei bestimmten Indikationen erfolgen (vgl. Biefang et al. [3]).

Die folgenden Überlegungen beschränken sich der Einfachheit halber auf randomisierte zweiarmige Studien, deren Patientenerhebung über einen beträchtlichen Zeitraum geht. Die Überlebenszeit sei als Endpunkt (Zielkriterium) gewählt, und es mögen zensierte Beobachtungen vorliegen (wie z.B. bei vielen Krebsstudien).

Wesentliche Indikationen für einen Studienabbruch sind

1. Eine hinreichend gesicherte statistische Evidenz des Ergebnisses in den dafür bestimmten Endpunkten. (Unverzerrte Schätzung des Behandlungseffekts, kleine Varianz der Schätzungen und Berücksichtigung von Ungleichgewichten in prognostischen Faktoren sind statistische Erfordernisse.)

2. Nebenwirkungen oder Toxizitäten. Sie können eine Weiterführung eines Behandlungsschemas verhindern.

3. Eine Änderung des medizinischen Wissensstandes über das Behandlungs-schema oder über die zu behandelnde Krankheit.

Diesen Indikationen ist die ethische Motivation gemeinsam, einen Patienten nicht dem Risiko einer irgendwie als unterlegen erkannten Behandlung auszusetzen. Indikation 1. wird in der Regel so angewendet, daß bei einem mit vorgegebener Fehlerwahrscheinlichkeit α (Fehler 1. Art) gesicherten Unterschied zwischen den Behandlungen abgebrochen wird. Eine andere - weit weniger beachtete - Möglichkeit einer hinreichend gesicherten statistischen Evidenz ist gegeben, wenn die Ergebnisse einer minimalen, als annehmbar erachteten Behandlungsdifferenz mit einer genügend hohen Sicherheit widersprechen (vgl. HARRINGTON et al. [6] und MEIER [10]). Ein Studienabbruch wegen genügend hoher Sicherheit für keinen Unterschied ist Gegenstand der folgenden Überlegungen. Praktisch wird dies selten alleiniges

Abbruchkriterium sein. Zusammen mit Indikation 2. oder 3. kann es aber für einen Studienabbruch entscheidend sein.

Ein konkretes Beispiel, das zur Illustration der nachfolgenden theoretischen Überlegungen dienen wird, motivierte diese Fragestellung:
Noch bevor die geplante Anzahl der Patienten einer (zweiarmigen) randomisierten klinischen Studie eingebracht worden war, zeigte sich bei einer Zwischenauswertung eine erhöhte Toxizität in dem gegen eine Standardtherapie zu prüfenden Arm. Gleichzeitig wurde bekannt, daß mit einer neuen dritten Therapieform noch bessere Ergebnisse erzielt wurden. Eine Zwischenauswertung zeigte eine starke Übereinstimmung in den beiden Armen (großer p-Wert). Dies legte die Frage nahe:

Wie groß ist unter Berücksichtigung des bisher bekannten Verlaufs die Wahrscheinlichkeit, daß die Studie mit einem negativen (d.h. nicht signifikanten) Ergebnis endet, wenn sie wie geplant zu Ende geführt wird?

Ist diese Wahrscheinlichkeit W hoch, sollte angesichts der beobachteten Toxizitäten und der neuen Therapie diese Studie abgebrochen und die noch dafür vorgesehenen Patienten für eine neue Fragestellung, eventuell unter Einbeziehung dieser neuen dritten Therapie, eingesetzt werden. Es wäre unethisch, den Patienten die Chance einer solchen neuen Therapie vorzuenthalten, und es wäre auch unökonomisch, Patienten weiter in eine Studie einzubringen, die mit hoher Wahrscheinlichkeit negativ endet.

Ausgangspunkt ist also ein Studienplan mit einem festen Stichprobenumfang n pro Therapiearm, bei welchem eine vorgegebene Fehlerwahrscheinlichkeit 1. Art α und eine Macht $1-\beta$ zur Entdeckung eines Unterschieds Δ zwischen den medianen Überlebenswahrscheinlichkeiten festgelegt wurden, z.B. unter Annahme von exponentiell verteilten Überlebenszeiten nach GEORGE und DESU [5]. Im folgenden werden zunächst die Problematik des Abbruchs einer Studie und die Problematik von Zwischenauswertungen besprochen. Anschließend wird die obige Fragestellung im Rahmen eines Studiendesigns statistisch präzisiert, und es werden Lösungsmöglichkeiten angegeben. An dem eben genannten Beispiel wird das Vorgehen illustriert.

2. Zum Abbruch einer klinischen Studie

Fragestellung, Endpunkte, vorgesehene Auswertungsmethoden und Fallzahlen bilden in einer klinischen Studie eine Einheit, die durch einen Abbruch aufgelöst wird. Die Überzeugungskraft der Ergebnisse wird hierbei beeinträchtigt und ihre Interpretation erschwert. Ein Abbruch nur aufgrund einer statistischen Indikation wird der Natur dieses in der Regel multiplen Entscheidungsproblems sicher genauso wenig gerecht wie ein Abbruch ohne quantitative statistische Objektivierung. Die folgende Liste mit Fragen und Bemerkungen zum Abbruch einer klinischen Studie soll die Komplexität dieses Problems erhellen.

A1 Wie groß sind die Unterschiede zwischen den Behandlungsarmen?
- in den vorgesehenen Endpunkten (Ansprechrate, Mortalitätsrate, Überlebenszeit)
- in den Nebenwirkungen (Rate des Auftretens fataler oder nicht-fataler Ereignisse; Schwere der Beeinträchtigung des Patienten)

A2 Wie liegen die beobachteten Ereignisse im Vergleich zu bekannten Ergebnissen (Schätzungen mit Vertrauensbereichen; Ergebnisse aus parallelen Studien; Literaturvergleich)? Liegt die Standardtherapie oder die Placebogruppe besonders günstig oder ungünstig? Wie ist die Konkordanz der Ergebnisse in bestimmten Untergruppen?

A3 Gibt es Hinweise auf mögliche Verzerrungen des Ergebnisses (unterschiedliche Verteilung der prognostischen Faktoren in den Behandlungsarmen; unterschiedliche Diagnose oder Responsebeurteilung; Klinikeffekte, die nicht ausbalanciert sind; blind/doppelblind; unterschiedlich intensive Untersuchung einer Gruppe aufgrund von Nebenwirkungen; unterschiedliche Zusatz- oder Nachbehandlung)?

A4 Sind der Dateneingang und die Dokumentation der Daten für eine gesicherte statistische Schlußfolgerung ausreichend? Hat die Randomisation funktioniert? Können Daten, die nach Abbruch eintreffen, das Ergebnis noch ändern? Ist der Abbruch technisch durchführbar (multizentrische Studie)?

A5 Welche Konsequenzen hat ein Abbruch mit dem bisher beobachteten Ergebnis
- für die medizinische Praxis der beteiligten Institutionen,
- für die medizinische Praxis außerhalb der beteiligten Institutionen,
- für die medizinische Forschung?

Wie wird diese Studie bewertet werden (momentane Signifikanz der Endpunkte; momentane Macht; Größe der Wahrscheinlichkeit, daß sich das Ergebnis noch 'umkehrt')?

A6 Welches sind die Konsequenzen für die Studiengruppe (erfolgversprechende Alternativen, neues Studienprotokoll, zwischenzeitliche Therapie)?

3. Zu Zwischenauswertungen einer klinischen Studie

Für die Entscheidungsfindung über den Abbruch einer Studie ist eine quantitative statistische Objektivierung in einer Zwischenauswertung erforderlich. Zu diesem Zweck hat die statistische Methodenforschung eine Reihe von Verfahren entwickelt und dem Bedürfnis klinischer Studien angepaßt. Es wurde versucht, der Notwendigkeit von Zwischenergebnissen durch sequentielle Verfahren so Rechnung zu tragen, daß die Fehlerwahrscheinlichkeiten bis zur Endauswertung unter Kontrolle gehalten werden und daß die Patientenanzahl im Mittel(wert) minimal wird (vgl. dazu ARMITAGE [2] und POCOCK [12]).

3.1 Stoppregeln für klinische Studien

Bekannte Verfahren sind die <u>sequentiellen Likelihood-Quotiententests</u> in einer <u>geschlossenen</u> Form mit geradlinigen oder gekrümmten Stoppgrenzen und die <u>wiederholten Signifikanztests.</u> Beide Klassen sind für eine Anwendung auf eine klinische Studie von unserem oben vorausgesetzten Typ ungeeignet, da sie eine stetige Dokumentation und Auswertung bei einem unverzüglich beobachteten Endpunkt erwarten. Die Mehrzahl der Arbeiten legt einen binomial- oder normal-verteilten Endpunkt zugrunde und verweist auf approximative Güte bei Vorliegen zensierter Beobachtungen.

Anwendung für zensierte Überlebenszeiten als Endpunkt hat die Klasse der <u>gruppen-sequentiellen Tests</u> gefunden [11,12]. Diese im allgemeinen numerische Integration erfordernde Methodik gestattet bei einem minimalen mittleren Stichprobenumfang n pro Therapiearm mit der Macht $1-\beta$ eine gewisse Anzahl a von Tests, so daß bei einem zu entdeckenden Effekt Δ die vorgegebene ('overall') Fehlerwahrscheinlichkeit 1. Art eingehalten wird. Bei insgesamt a-1 Zwischenauswertungen nach jeweils einer gewissen Anzahl von beobachteten Todesfällen wird die statistische Signifikanz eines Unterschieds an den nominellen Niveaus $\alpha_1,\dots,\alpha_{a-1}$ beurteilt und entsprechend wird gestoppt oder weiterbeobachtet. Verschiedene Vorschläge wurden für die Wahl der nominellen Niveaus gemacht (vgl. POCOCK [12]). Ein gruppen-sequentieller F-Test wurde von POCOCK [11] für unzensierte exponentiell verteilte Überlebenszeiten vorgeschlagen. Das Stoppen in den sequentiellen Verfahren wird durch die Beobachtung <u>einer</u> Endpunktvariablen bestimmt. Dadurch ergeben sich u.U. Einschränkungen für die statistische Analyse anderer Variablen. Oft verhindern auch logistische Probleme im Datenfluß eine sofortige Auswertung.

Gruppen-sequentielle Verfahren, die der Praxis von in regelmäßigen Abständen stattfindenden Zwischenauswertungen am weitesten entgegenkommen, zielen in erster Linie auf die frühe Entdeckung von signifikanten Unterschieden. Sie kontrollieren dazu den Fehler 1. Art (α). Der zufällige Wert des Stichprobenumfangs wird kontrolliert durch den mittleren Stichprobenumfang und durch ein Maximum, das meist höher als der in einem festen Plan entwickelte Umfang ist. Für das vorliegende Problem des Stoppens wegen nicht signifikanter Unterschiede waren diese Verfahren auch meist nicht gedacht und sind dafür auch nicht direkt anwendbar.

Speziell für zensierte Überlebenszeiten wurde von JONES und WHITEHEAD [7] ein sequentielles Verfahren entwickelt, das versucht, das bei klinischen Studien zwangsläufig vorkommende 'overshoot' (eine gewisse Anzahl von Patienten wird in der Zeit zwischen Analyse und Abbruch noch in die Studie aufgenommen) und 'overrunning' (eine gewisse Anzahl der zensierten Überlebenszeiten werden nach dem Abbruch noch beobachtet werden können) zu berücksichtigen. Eine gruppen-sequentielle Version wurde von JONES et al. [8] vorgestellt, die sich für die Praxis von Zwischenauswertungen eignet und sich für eine Schätzung von W einfach modifizieren läßt.

3.2 Problematik von Zwischenauswertungen

Der Beschreibung eines Verfahrens zum Stoppen einer Studie (mit festem Stichprobenumfang) wegen nicht signifikanter Unterschiede auf der Basis von Zwischenauswertungen sollen hier einige allgemeine Gesichtspunkte für Zwischenauswertungen in Schlagworten vorangestellt werden (vgl. dazu auch KÖPKE [9]).

Gründe für die Durchführung von Zwischenauswertungen

Z 1 Quantitative Grundlage für Entscheidungen über den Fortgang der Studie durch die Studienleitung oder entsprechende Entscheidungsgremien:

- rechtzeitige Entdeckung von Unterschieden, die aus ethischen Gründen zu einem Abbruch der Behandlung mit einer unterlegenen Therapie oder zum Abbruch der gesamten Studie führen können;
- Entdeckung eines Null-Ergebnisses vor Ablauf der Studie, die zu einem Stopp der Studie führen kann (ökonomischer Einsatz der in einem Patientengut enthaltenen Informationsressourcen);
- rechtzeitige Entdeckung von unerwünschten oder toxischen Nebenwirkungen mit der möglichen Konsequenz von Protokolländerungen oder eines Abbruchs.

Z 2 Überprüfung der Praktikabilität und des Einhaltens des Studienprotokolls (Ein-/Ausschlußkriterien, Behandlungsprobleme).

Z 3 Rechtzeitiges Erkennen von Problemen bei der Dokumentation, Datenorganisation und beim Datenfluß.

Z 4 Motivation der Studienteilnehmer, insbesondere bei multizentrischen Studien, durch Grundinformationen über die bisher eingebrachten Patienten.

Voraussetzungen für die Durchführung von Zwischenauswertungen

V1 Anzahl, zeitliche Abstände (abhängig von Patientenzugang, Zeitverzögerungen, Studienorganisation) und der Umfang von Zwischenauswertungen sind im voraus festzulegen. Beschränkung auf eine Auswahl von Variablen.

V2 Kriterien für das Stoppen sind im voraus festzulegen. Die Auswirkungen auf die Fehlerwahrscheinlichkeiten bzw. Fallzahlbestimmung sind zu berücksichtigen (Vermeidung von zu vielen falsch positiven Resultaten durch Korrektur der Niveaus der Tests, vgl. [12]).

V3 Die Logistik des notwendigen Datenflusses muß gesichert sein (Vollständigkeit und Korrektheit der Daten vor jeder Auswertung).

Den berechtigten Gründen für Zwischenauswertungen steht die Gefahr der Verzerrung des Ergebnisses gegenüber durch

- Bekanntgabe von Zwischenergebnissen an die Studienteilnehmer bezüglich der Endpunkte;
- Publikation von vorläufigen Ergebnissen.

4. Statistische Formulierung des Abbruchproblems und Bezeichnungen

T_A und T_B seien die Überlebenszeiten in den beiden Behandlungsarmen A und B, welche im Rahmen einer randomisierten klinischen Studie verglichen werden sollen. Entsprechend bezeichnen F_A und F_B die Verteilungsfunktionen (VF) und S_A und S_B die Überlebensfunktionen. Stetigkeit der VF sei vorausgesetzt. Der Vergleich zwischen A und B erfolge mittels eines statistischen Tests der (Null)hypothese

$$H_0 : S_A(x) = S_B(x) \quad \text{für alle } x > 0$$

gegen die einseitige (proportional hazards) Alternative

$$H_1 : S_A(x) = S_B(x)^{1+\rho} \quad \text{für alle } x > 0, \ \rho > 0$$

Schreibt man $S_A(x)=H(x)^{1+\theta/2}$, $S_B(x)=H(x)^{1-\theta/2}$ so transformiert sich das Testproblem in

$$H_0 : \theta = 0$$
$$H_1 : \theta > 0 .$$

μ_A und μ_B bezeichnen den Median von T_A und T_B. Die (multiplikative) Erhöhung (Erniedrigung) der medianen Überlebenszeit in B werde mit $\Delta=\mu_B/\mu_A$ bezeichnet. Unter H_1 gilt $(1-\theta/2)\ H(\mu_B)=(1+\theta/2)\ H(\mu_A)$. Die Fallzahl n pro Behandlungsarm sei unter der Annahme exponentiell verteilter Überlebenszeiten so bestimmt, daß bei einer Fehlerwahrscheinlichkeit 1. Art α mit der Macht $1-\beta$ eine Erhöhung der medianen Überlebenszeit in B um den Faktor Δ_1 entdeckt werden kann:

$$n=n(\alpha,\beta,\Delta_1|H(x)=e^{-x}\ x\geq 0),$$

vgl. GEORGE und DESU [5]. Δ_1 entspricht $\theta_1=2(\Delta_1-1)/(1+\Delta_1)$ als Parameter der Alternative, wenn $H(x)=e^{-x}$.

$n_A(\tau)$ bzw. $n_B(\tau)$ bezeichne die Anzahl der Patienten, die in Behandlungsarm A bzw. B bis zur Zeit τ nach Beginn der Studie verstorben sind; $n(\tau)=n_A(\tau)+n_B(\tau)$. $N_A(\tau)$ bzw. $N_B(\tau)$ bezeichne die gesamte beobachtete Zeit von Patienten in A bzw. B bis zur Zeit τ.
Zu den Zeiten $\tau_1,\dots,\tau_{a-1}$ werden Zwischenauswertungen durchgeführt. Bei einem gleichmäßigen Patientenzugang sind äquidistante Auswertungszeitpunkte $\tau_j=j\tau$ und

eine nicht zu kleine Anzahl von zwischenzeitlichen Todesfällen $n(\tau_j)-n(\tau_{j-1})$ (z.B. $\geq$ 10-20) zu empfehlen. Da das wiederholte Testen zu den Zeitpunkten τ_j das Signifikanzniveau (Wahrscheinlichkeit, mindestens einen signifikanten Unterschied auf dem Niveau α zu erhalten, wenn in Wirklichkeit kein Unterschied vorhanden ist) erhöht wird, muß für jeden einzelnen Test zur Zeit τ_j ein niedrigeres nominales Signifikanzniveau α_j in Abhängigkeit von der Anzahl a so gewählt werden, daß insgesamt das Niveau α gehalten wird (vgl. POCOCK [12]).

Bei einer Zwischenauswertung zur Zeit τ_j werde zum Vergleich der Überlebenszeiten in A und B der Logrank-Test durchgeführt. $t_1 < t_2 < \ldots < t_k$ bezeichne die beobachteten 'failure' Zeiten (beobachtete unzensierte Überlebenszeiten) bis zur Zeit τ_j. Für i=1,....,k bezeichne O_i die Anzahl beobachteter Todesfälle zur Zeit t_i, r_i^A bzw. r_i^B die Anzahl der zur Zeit t_i- unter Risiko stehenden Patienten in Therapie A bzw. B und $r_i = r_i^A + r_i^B$. Dann ist die Logrank-Teststatistik zur Zeit τ_j gleich

$$Z_j = n_B(\tau_j) - \sum_{i=1}^{k} O_i\, r_i^B/r_i$$

und ihre Varianz unter der Nullhypothese gleich

$$V_j = \sum_{i=1}^{k} \frac{O_i\,(r_i - O_i)}{r_i - 1}\;\frac{r_i^A\; r_i^B}{r_i^2}\,.$$

$Z_i/\sqrt{V_i}$ ist die Logrank-Teststatistik mit asymptotischer Standard-Normalverteilung N(0,1) mit VF Φ.

Unter der Alternative ist für hinreichend kleine Θ und große $n(\tau_j)$ Z_j approximativ normal verteilt: $Z_j \sim N(\Theta V_j, V_j)$. Mit u_α so, daß $\Phi(u_\alpha)=1-\alpha$, läßt sich die gesuchte Wahrscheinlichkeit W schreiben als

$$W=P(Z_i/\sqrt{V_i} \leq u_{1-\alpha_i} \text{ für } j < i \leq a \,|\, (Z_i,\ V_i)\quad i \leq j)$$

Eine direkte Berechnung dieser bedingten Wahrscheinlichkeit, gegeben (Z_i, V_i), $i \leq j$, ist schwierig und soll hier nicht weiter verfolgt werden (vgl. dazu SLUD und WEI [13] für den verallgemeinerten Wilcoxon Test und TSIATIS [14] für eine allgemeine Klasse von Tests, welche den Logrank umfaßt). Im folgenden Abschnitt wollen wir zwei verschiedene Methoden vorschlagen, um diese Wahrscheinlichkeit approximativ zu bestimmen. Die erste benutzt den sequentiellen Plan von JONES et al. [8] und paßt ihn dem festen Plan mit Zwischenauswertungen an. Die zweite benutzt Simulationen, um aus dem bisher bekannten Verlauf der Studie unter der Annahme der Homogenität auf die geplante Stichprobengröße zu extrapolieren, wobei mehrere Varianten zur Verfügung stehen.

5. Quasisequentielle Lösung

JONES et al. [8] benutzten zur Auswertung einer zweiarmigen klinischen Studie bei einseitiger Alternative einen gruppen-sequentiellen Logrank-Test mit dreieckigem Stopp-Bereich nach der Modifikation des sequentiellen Likelihood-Quotienten-Tests von ANDERSON [1]. Es werden regelmäßige Zwischenauswertungszeitpunkte τ_j angenommen, so daß sich die Varianz jeweils um einen konstanten Betrag erhöht, $V_j=jI$ mit $n(\tau_j)$ j n_0. Die Stoppregel ist durch die Geraden $Z=c'+d\ V$ und $Z=-c'+d'\ V$ im V,Z(V)-Koordinatensystem (vgl. Abb.1) definiert. Falls $\alpha=\beta$, gilt $d=\Theta_1/4$, $d'=3\Theta_1/4$ und $c'=(-2/\Theta_1)\ln 2\alpha-0.583\ \sqrt{I}$ wenn $H_1{:}\Theta=\Theta_1$ die Alternative für die Bestimmung des Stichprobenumfangs ist. Überschreitungswahrscheinlichkeiten des Pfades (V,Z(V)) über die obere bzw. untere geradlinige Schranke in Abb.1 werden aus Formeln von ANDERSON [1] abgeleitet. Damit erhält man z.B. P_{Θ} (Annahme von $H_0|Z(V_0)=Z_0$).

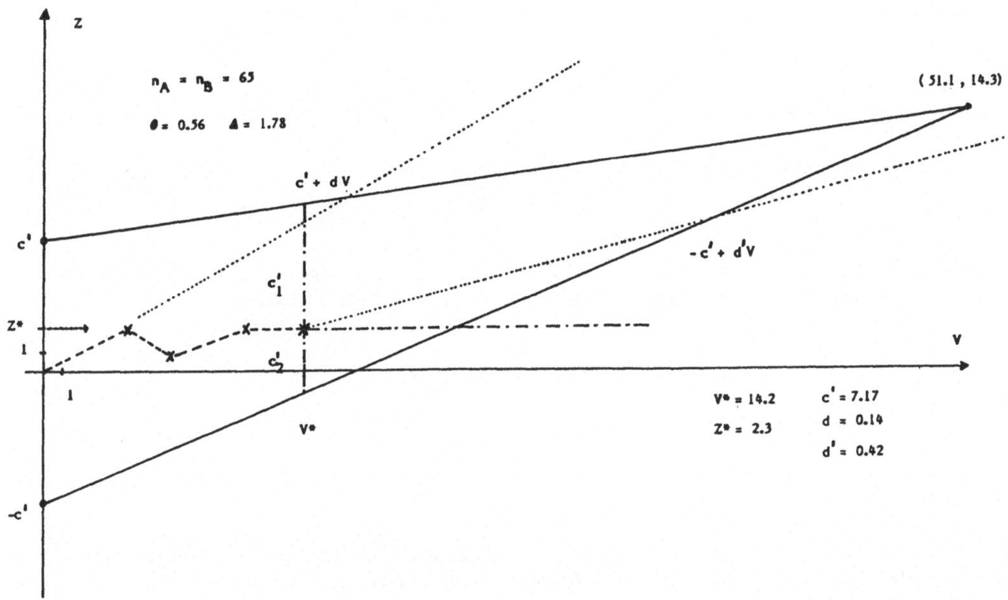

Abb. 1: Quasisequentieller Plan für das Beispiel mit $n_A=n_B=65$ Patienten pro Therapiearm und $\alpha=\beta=0.05$ bei $\Delta=1.78$, (siehe Text). Das ausgezogene Dreieck mit den Ecken $(0,c')$, $(51.1,\ 14.3)$ und $(o,\ -c')$ ist der Weiterbeobachtungsbereich nach dem sequentiellen Logrank-Test von JONES et al. (1982). Die gestrichelte Linie zeigt den Verlauf des Pfades $(V, Z(V))$ für die 2., 3., 4. und 5. Zwischenauswertung, gekennzeichnet durch x. Das strichpunktierte Koordinatensystem mit Ursprung (V^*, Z^*) bildet mit den beiden Geraden $c'+dV$ und $-c'+d'V$ den Weiterbeobachtungsbereich für den in (V^*, Z^*) bedingten Prozeß. Die punktierten Geraden zeigen den Drift $E\ Z(V)=\Theta V$ für $\Theta=0.56$ in (0,0) und $\Theta=0.26$ in (V^*, Z^*).

Für unsere Fragestellung interessiert der Verlauf des Prozesses $\{Z(V),\ V\geq V^*\}$ nach einer Zwischenauswertung zu einem Zeitpunkte τ^*, gegeben den vorherigen Verlauf $\{Z(V),\ V\leq V^*\}$. Für eine approximative Lösung kann der Stoppbereich von JONES et al. [8] für die gegebene Studie mit Parametern α, β und $\Theta_1 = 2(1-\Delta_1)/(1+\Delta_1)$ bestimmt werden. Die in einem solchen Plan zu erwartende Fallzahl n_e ist kleiner als n. Für die Zwischenauswertungen zu den Zeiten τ_i werden die Punkte $(V(\tau_i),Z(\tau_i))$ in den Stoppbereich eingetragen. Zur Zeit $\tau_j=\tau^*$ sei der Pfad in (V^*,Z^*). Nimmt man in Analogie zu den klassischen sequentiellen Verfahren eine Markov-Eigenschaft dergestalt an, daß der zukünftige Verlauf des Pfades $(V,Z(V))$ von den vergangenen Pfadpunkten $\{V(\tau_i),Z(\tau_i),\ i\leq j\}$ nur über (V^*,Z^*) zur Zeit τ_j abhängt, kann W nach einer Translation des Nullpunkts nach (V^*,Z^*) ebenfalls nach den Formeln von ANDERSON [1] berechnet werden (J. WHITEHEAD, persönliche Mitteilung). Der Faktor $0.583\sqrt{I}$ dient wieder zur Korrektur der diskontinuierlichen Beobachtung (vgl. WHITEHEAD und STRATTON [16]). Er ist nicht zu verwenden, wenn nach τ^* lediglich noch ein Test am Ende der Studie geplant ist.

$P_{\textcircled{H}}$ (Annahme von H_0 | $(V(\tau_i), Z(\tau_i))$ $i=1,..j$) = $P_{\textcircled{H}}$ ($Z(V) \leq - c'+d'V$ für ein V mit $V^* \leq V \leq V^T$ und dieses V ist kleiner als jedes andere mit $Z(V) \geq c'+dV | Z(V^*)=Z^*$) = $P_{\textcircled{H}}$ ($Z(U) \leq -c'_2+d'$ für ein U mit $0 \leq U \leq V^T-V^*$ und dieses U ist kleiner als jedes andere mit $Z(U) \geq c'_1+dU | Z(0)=0$),

wobei $Z(U) \sim N(\Theta U, U)$ verteilt ist.

Nach ANDERSON [1], Theorem 4.3, S.180 und der Bemerkung auf S.183 kann man diese Wahrscheinlichkeit berechnen. Man ersetzt in Formel (4.32)

$T=V^T-V^*$, $\gamma_1 = Z^* - (-c' + d'V^*)$, $\gamma_2 = Z^* - (c' + dV^*)$,

$\delta_1 = \Theta_1 - d'$, $\delta_2 = \Theta_1 - d$.

Die Berechnung der Überschreitungswahrscheinlichkeit hängt noch ab von den Parametern Θ der Alternative.

Ist die Annahme von exponentiell verteilten Überlebenszeiten gerechtfertigt, kann das sequentielle Verfahren von BRESLOW und HAUG [4] auf ähnliche Weise für eine Approximation von W benutzt werden. Sei $\lambda_A(t)=n_A(t)/N_A(t)$, $\lambda_B(t)=n_B(t)/N_B(t)$, $\Theta(t)=\lambda_A(t)/\lambda_B(t)$ und $X_n = n \ln\Theta(t_n)$, wenn $\lambda_A(t_n)\lambda_B(t_n)>0$ und $X_n = 0$ sonst. Ein sequentieller Test kann dann mit dem Verlauf von $U_n = 0.5(X_n-(n/2)\ln\Delta_1)$ in Abhängigkeit von n ebenfalls mit den Ergebnissen von ANDERSON [1] konstruiert werden. $\{U_n\}$ ist eine Irrfahrt, deren Zuwächse die Varianz 1 und den Erwartungswert $+\mu$ unter H_0: $\mu_A=\mu_B$ und $-\mu$ unter H_1: $\mu_B=\Delta\mu_A$ besitzen, wenn $\mu:=1/2\ln \Delta_1$. Unter Ausnutzung der Markov-Eigenschaft von U_n lassen sich mit den entsprechenden Formeln von ANDERSON [1] wiederum die gewünschten Überschreitungs-wahrscheinlichkeiten berechnen.

6. Monte-Carlo-Verfahren

Die Grundidee ist wiederum, die bis zu einer Zwischenauswertung zur Zeit τ^* bekannte Information aus den ersten n^* Beobachtungen zu nutzen, um auf das mit dem geplanten Stichprobenumfang $2n>n^*$ mögliche Ergebnis zu extrapolieren. Dies setzt eine gewisse Repräsentativität der ersten n^* Beobachtungen voraus (wie übrigens auch bei allen sequentiellen Verfahren!). Deswegen sollte auch der Anteil $n^*/2n$ nicht zu klein sein. Gegeben die ersten n^* Beobachtungen, n_A^* für Therapie A und n_B^* für Therapie B, kann die Wahrscheinlichkeit W mit Simulationsmodellen geschätzt werden:
Nach den bis zur Zeit τ^* bekannten Verteilungen der Überlebenszeit für A und B wird eine große Anzahl M (z.B. M=1000) von Simulationen vom Umfang n ausgeführt und für jede der Wert der Logrank-Statistik oder der ihr entsprechende p-Wert $p^{(m)}$ berechnet, m=1,.....,M. Die relative Häufigkeit von p-Werten größer gleich α ist dann eine Schätzung für W. Der Einfachheit dieses Verfahrens steht natürlich ein gewisser Rechenaufwand gegenüber, der aber mit heute vorhandenen Rechenanlagen gut bewältigt werden kann. Dies ist im Prinzip nichts anderes als die Bestimmung der Macht eines Tests für einen gegebenen Stichprobenumfang, hier aber unter der durch bisherige Daten festgelegten Alternative. Je nachdem, wie die Verteilungen der Überlebenszeiten in A und B aufbereitet oder geschätzt werden, ergeben sich verschiedene Simulationsmodelle.

6.1 Stichprobe aus den zensierten Daten

Bei dieser dem 'Bootstrapping' nachempfundenen Simulation wird jede Stichprobe durch Ziehen mit Zurücklegen aus den vorhandenen Daten erzeugt. Angenommen, wir haben bis zur Zeit τ^* für Therapie X (X=A oder B) die Überlebenszeiten Y_i^X mit entsprechendem Zensierstatus δ_i^X beobachtet – δ_i = 1 für eine unzensierte (z.B. verstorben) und δ_i = 0 für eine zensierte Beobachtung (z.B. noch am Leben oder 'lost in follow up') – i=1,....n_X. Durch n-maliges Ziehen mit Zurücklegen aus der Menge von beobachteten Paaren

$$\sigma_A = \{(Y_1^A, \delta_1^A), \ldots, (Y_{n_A^*}^A \delta_{n_A^*}^A)\}$$

und entsprechend aus

$$\sigma_B = \{(Y_1^B, \delta_1^B), \ldots, (Y_{n_B^*}^B \delta_{n_B^*}^B)\}$$

erhält man jeweils eine Stichprobe vom Umfang n für A und für B.

Diese beiden Simulationsstichproben werden mit dem Logrank-Test verglichen und der p-Wert berechnet. Durch M-malige Wiederholung dieser Stichprobenerzeugung und Berechnung des Tests erhält man schließlich M p-Werte $p^{(m)}$, m=1,....M, und

$$W = \frac{1}{M} \text{ (Anzahl der } p^{(m)} \geq \alpha) \qquad \text{als Schätzung für W.}$$

W wird dabei unter der Annahme des zur Zeit τ^* vorhandenen Prozentsatzes und der Art der zensierten Beobachtungen geschätzt. Wird dies in einem zu frühen Stadium durchgeführt, kann es zu Verzerrungen kommmen, wenn zuviele Patienten erst kurz in der Studie sind. Im folgenden Verfahren kann man Verteilung und Prozentsatz von zensierten Zeiten frei bestimmen.

6.2 Stichprobe aus der KAPLAN-MEIER-Schätzung

Mittels der zur Zeit τ^* vorhandenen Überlebensdaten σ_A und σ_B werden die Kaplan-Meier-Schätzungen der Überlebensfunktionen S_A und S_B für A und B berechnet und als Überlebenszeitverteilung für die Simulation verwendet. Auf dem Intervall [0,1] gleichverteilte Zufallszahlen und Inversion von S_X liefern dann sofort nach S_X verteilte zufällige Zeiten. Es wird eine Simulationsstichprobe aus S_A und S_B erzeugt und W wie in 6.1 geschätzt.

Durch Hinzunahme eines bestimmten Zensiermechanismus (z.B. Zensierung durch eine auf dem Intervall [0,a] gleichverteilte Zufallsvariable) lassen sich entsprechend zensierte, nach S_X verteilte Simulationsstichproben erzeugen. Im Prinzip kann aus σ_A und σ_B auch die Zensierverteilung in A und in B geschätzt und zur Erzeugung von Zensierzeiten für die Simulation benutzt werden. Dies setzt aber eine beträchtliche Anzahl zensierter Beobachtungen voraus.

6.3 Stichprobe aus einer parametrischen Verteilung

Gibt es Gründe, die Überlebensfunktionen für A und B innerhalb einer parametrischen Klasse von Verteilungen (z.B. Exponential-, Weibull-Verteilung) zu schätzen, genügt es, die Parameter vermöge σ_A und σ_B zu schätzen und nach dieser so angepaßten Verteilung wie in 6.2 die Simulation durchzuführen.

6.4 Simulation nach Auffüllen

Der Idee der Extrapolation von n^* auf 2n kommt eine Stichprobenerzeugung noch näher, bei der nur die jeweils noch fehlenden $n-n_A^*$ und $n-n_B^*$ Überlebenszeiten durch Simulation aus σ_A bzw. σ_B oder S_A bzw. S_B erzeugt werden. Die Verfahren aus 6.1 bis 6.3 lassen sich leicht entsprechend modifizieren.

7. Beispiel

Für eine randomisierte zweiarmige klinische Krebsstudie wurden n=65 auswertbare Fälle und n=55 beobachtete Todesfälle pro Behandlung geplant. Dies sollte ermöglichen, mit einen einseitigen Test auf dem Niveau $\alpha=0.5$ mit einer Macht von $1-\beta=0.9$ eine Erhöhung der medianen Überlebenszeit in Therapie B um das 1.75-fache der Standardtherapie A zu entdecken, exponentiell verteilte Überlebenszeiten vorausgesetzt. $\Delta=1.75$ entspricht $\theta=0.545$. Zwischenauswertungen wurden in halbjährlichen Abständen vereinbart. Bei der fünften Zwischenauswertung sollte als Entscheidunghilfe für das weitere Vorgehen eine Schätzung für die Wahrscheinlichkeit W gefunden werden. Tabelle 1 zeigt das Ergebnis des Logrank-Tests für die zweite, dritte, vierte und fünfte Zwischenauswertung (die erste wurde wegen zu kleiner Anzahlen nicht berücksichtigt).

Tab. 1: Ergebnis des Logrank-Tests für vier von fünf Zwischenauswertungen. In Klammern die Anzahlen zensierter Beobachtungen.

Zwischenauswertungen

	erste	zweite	dritte	vierte	fünfte
n_A	9 (4)	10 (8)	14 (6)	23 (7)	29 (3)
n_B	8 (4)	10 (7)	15 (5)	23 (7)	30 (3)
Z	-	2.26	0.87	2.32	2.26
V	-	4.45	6.89	11.02	14.24
p-Wert	-	0.28	0.75	0.48	0.55

Für eine quasisequentielle Schätzung von W wurde der sequentielle Plan nach JONES et al. [8] konstruiert. θ wurde so korrigiert, daß derselbe Stichprobenumfang n=65 für $\alpha=\beta=0.05$ erreicht wurde. Dies ergab $\Delta=1.78$ und $\theta=0.56$. $\sqrt{(V_3-V_2)} + (V_4-V_3) + (V_5-V_4) / \sqrt{3} = 1.81$ diente als Schätzung für $\sqrt{I}$. Mit $c'=7.17$, $d=0.14$ und $d'=0.42$ ergab sich der in Abb.1 gezeichnete Stoppbereich mit den vier Pfadpunkten $(V_i, Z(V_i))$, i=2,3,4,5 und $V^T=51.1$, $V^*=14.2$, $Z^T=14.3$, $Z^*=2.3$. Eine Schätzung für W mit (4.54) von ANDERSON [1] lieferte den Wert W = 0.21, wenn das ursprüngliche $\theta=0.56$ benutzt wird. Mit dem nach der fünften Zwischenauswertung geschätzten $\theta=0.26$ erhält man W = 0.93. Dazwischen liegende θ's liefern W's zwischen 0.2 und 0.9. Ohne den Korrekturfehler $0.583\sqrt{I}$ ist W=0.19 für $\theta=0.56$ und W=0.71 für $\theta=0.26$.

Für die Schätzung von W über Monte-Carlo-Verfahren wurde der aktuelle Stand der Daten bei der fünften Zwischenauswertung zugrunde gelegt und M=1000 Simulationen ausgeführt. Die Stichprobe aus der Kaplan-Meier-Kurve wurde drei verschiedenen Zensierungen unterzogen: keine Zensierung, ca. 10% Zensierung mit U[0,40] und ca. 30% Zensierung mit U[0,15] (U bezeichne die Gleichverteilung auf dem entsprechenden Intervall). Die Daten selbst waren zu ca. 10% zensiert. Die Überlebenskurven beider Therapiearme zeigten eine gute Anpassung (p>0.6) an die Exponentialverteilung mit $\lambda_A=0.21$ und $\lambda_B=0.16$, was einem $\Delta=1.31$ entspricht. In guter Übereinstimmung damit ergab der Quotient der beiden mit der

Kaplan-Meier-Schätzung erhaltenen Schätzungen der medianen Überlebenszeiten μ_B/μ_A=1.33. Die Schätzung des relativen Risikos von A im Vergleich zu B mit dem Logrank-Test war 1.22. Aufgrund der guten Anpassung an die Exponentialverteilung, welche mit fast identischen Schätzwerten bereits bei der vierten Zwischenauswertung beobachtet wurde, wurden exponentiell verteilte Zeiten mit λ_A=0.21 und λ_B=0.16 mit den bereits oben benutzten Zensierungen simuliert und daraus W geschätzt. Die Ergebnisse sind in Tabelle 2 zusammengestellt.

Tab. 2: Schätzung von W in verschiedene Monte Carlo-Verfahren;
$n_A=n_B=65$
a) $n_A=n_B=75$
b) errechnete Macht = 0.54

	W	% Zensierte A	% Zensierte B
Bootstrap	**0.77**	**10**	**10**
Kaplan-Meier	**0.85**	**0**	**0**
	0.81	**11**	**13**
	0.73	**28**	**33**
Exponential-	**0.54**[b)]	**0**	**0**
Verteilung	**0.51**[a)]	**0**	**0**
λ_A =0.21	**0.59**	**12**	**15**
λ_B =0.16	**0.64**	**30**	**38**

Schlußbemerkungen

Für eine Therapiestudie mit der Überlebenszeit als Zielkriterium wurde die Frage nach der Wahrscheinlichkeit für ein nicht-signifikantes Ergebnis am Ende der Studie aufgeworfen, wenn die zu einer bestimmten Zwischenauswertung vorhandene Information mit in die Berechnung eingehen soll. Es geht dabei um das Problem, eine Studie noch vor ihrem regulären Ende zu stoppen, wenn statistisch ein negatives Resultat evident wird, um Studienkosten zu sparen und das dadurch frei werdende Patientengut anderweitig mit größerem Erfolg zu studieren. Diese Wahrscheinlichkeit für ein nicht-signifikantes Ergebnis konnte in der Form von W quantifiziert werden. Die meisten sequentiellen oder gruppen-sequentiellen Verfahren beschäftigen sich - berechtigterweise - überwiegend mit dem Problem des frühzeitigen Stoppens wegen eines hinreichend signifikanten Unterschieds und gehen auf diese Fragestellung nicht ein. Ein gruppen-sequentieller Plan von D. JONES und J. WHITEHEAD für den Logrank-Test kann zu einer approximativen Bestimmung dieser Wahrscheinlichkeit herangezogen werden. Die Berechnung von W hängt aber stark ab von dem eingangs gewählten sequentiellen Plan und dem Parameter der Alternative, welcher die Drift von Z(V) festlegt, und sie ist nur asymptotisch gültig. Dies kann bei praktischen Anwendungen - insbesondere bei kleineren Stichproben zu Schwierigkeiten führen. Unter diesen Gesichtspunkten erscheinen die einfacher zu handhabenden Monte-Carlo-Verfahren, die auf den geplanten Stichprobenumfang extrapolieren, für die Praxis besser geeignet. Durch Variation von Randbedingungen ist es zudem möglich, Aussagen über die Variabilität der Schätzung unter verschiedenen Modellannahmen zu machen. Außerdem ist eine Beschränkung auf einen bestimmten Test nicht gegeben.

Im Gegensatz zu einem Abbruch wegen signifikanter Unterschiede kann für die Beantwortung der vorliegenden Frage das statistische Kriterium nur in Begleitung mit klinischen und medizinischen Kriterien herangezogen werden. Eine Reihe der wichtigsten Aspekte für Zwischenauswertungen und für den Abbruch einer klinischen Studie wurde aus diesem Grund den rein statistischen Überlegungen vorangestellt.

Die Entscheidungsfindung ist in jedem Fall komplex und durch Abwägen zwischen verschiedenen Notwendigkeiten gekennzeichnet.

Eine vorzeitig mit einem nicht-signifikanten Ergebnis abgebrochene Studie verliert an statistischer Macht: Der Unterschied zwischen den Therapien, der überhaupt hätte entdeckt werden können, wird größer als der bei der Planung ursprünglich anvisierte. Bei einem relativ späten Abbruch, wenn mit einer hohen Wahrscheinlichkeit ein negatives Ergebnis beobachtet werden wird, kann dieser Verlust an Macht durch die Erhöhung der Macht in einer anderen Studie bei Einsatz des so frei werdenden Patientenguts ausgeglichen werden. Auf keinen Fall aber darf die ohnehin zu hohe Anzahl von zu kleinen Studien durch eine zunehmende Anzahl von abgebrochenen kleinen Studien noch vergrößert werden.

Danksagung

Die Monte-Carlo-Verfahren wurden mit dem APL-Programmpaket SIMULATION der Abteilung Biostatistik am Deutschen Krebsforschungszentrum in Heidelberg auf einer IBM 3032 ausgeführt. Zufallszahlen wurden durch Algorithmen erzeugt, welche von Dipl.Math. W. Rittgen von der Abteilung Mathematische Modelle am Deutschen Krebsforschungszentrum freundlicherweise zur Verfügung gestellt wurden. Für die Durchführung der Simulation bin ich Frau Dipl.Math. Jutta Berger zu besonderem Dank verpflichtet, ebenso wie Frau Renate Rausch für die Erstellung des Manuskripts.

Literatur

1. Anderson, T.W.: A modification of the sequential probability ratio test to reduce the sample size. Ann. math. Statist. 31 (1960) 165-197.

2. Armitage, P.: Sequential Medical Trials. 2nd ed. Oxford: Blackwell 1975.

3. Biefang, S., Köpcke, W., Schreiber, M.A.: Manual for the Planning and Implementation of Therapeutic Studies. (Lecture Notes in Medical Informatics, Vol.20) Berlin-Heidelberg-New York: Springer 1983.

4. Breslow, N., Haug, C.: Sequential Comparison of Exponential Survival Curves. J. Amer. statist. Ass. 67 (1972) 691-697.

5. George, S.L., Desu, M.M.: Planning the size and duration of a clinical trial studying the time to some critical event. J. chron. Dis. 27 (1974) 15-24.

6. Harrington, D.P., Fleming, T.R., Green, S.J.: Procedures for serial testing in censored survival data. In Crowley, J., Johnson, R.A. (Eds): Survival Analysis, pp. 269-286. Hayward: Institute of Mathematical Statistics 1982.

7. Jones, D.R., Whitehead, J.: Sequential forms of the log rank and modified Wilcoxon tests for censored data. Biometrika 66 (1979) 105-113.

8. Jones, D.R., Newman, C.E., Whitehead, J.: The design of a sequential clinical trial for the comparison of two lung cancer treatments. Statist. Med. 1 (1982) 73-82.

9. Köpcke, W.: Therapeutische Studien. Zwischenauswertungen und vorzeitiger Abbruch. Münch. med. Wschr. 124 (1982) 441-443.

10. Meier, P.: Terminating a trial - the ethical problem. Clin. Pharmacol. Ther. 29 (1979) 641-646.

11. Pocock, S.J.: Group sequential methods in the design and analysis of clinical trials. Biometrika 64 (1977) 191-199.

12. Pocock, S.J.: Interim analyses and stopping rules for clinical trials. In Bithell, J.F., Coppi, R. (Eds): Perspectives in Medical Statistics, pp. 191-223. London: Academic Press 1981.

13. Slud, E.V., Wei, L.J.: Two sample repeated significance tests based on the modified Wilcoxon statistic. J. Amer. statist. Ass. 77 (1982) 862-868.

14. Tsiatis, A.A.: Group sequential methods for survival analysis with staggered entry. In Crowley, J., Johnson, R.A. (Eds): Survival Analysis, pp. 257-268. Hayward: Institute of Mathematical Statistics 1982.

15. Whitehead, J.: The use of the sequential probability ratio test for monitoring the percentage germination of accessions in seed banks. Biometrics 37 (1981) 129-136.

16. Whitehead, J., Stratton, I.: Group sequential clinical trials with triangular continuation regions. Biometrics 39 (1983) 227-236.

Eine umfangreichere Literaturzusammenstellung ist auf Anfrage erhältlich.

Aus dem Hochschulrechenzentrum der Universität Dortmund

Die Entropie als Maß in der Bevölkerungs- und Gesundheitsstatistik

Elisabeth Schach

Einleitung

Im Rahmen der Bewertung von Einzelmaßnahmen oder Maßnahmengruppen im Gesundheitwesen werden oft Maße benötigt, die es gestatten, den im Verlauf der Maßnahmenbewertung im Gesundheitswesen ablaufenden Trend zu beschreiben und zu beurteilen. Bei langandauernden Bewertungsversuchen kann dann der in der besonders behandelten Population auftretende Trend mit dem Trend in der Gesamtbevölkerung verglichen werden. Unterschiede im Niveau und in der Steigung der diesem Vergleich zugrundeliegenden Maße werden dann zur Effektivitätsbeurteilung herangezogen. So könnte z.B. eine Maßnahme, die darauf gerichtet ist, die Krankenhausverweildauern zu senken, derart beurteilt werden, daß man die langfristig erwartete Entwicklung der durchschnittlichen Krankenhausverweildauern und deren Fortentwicklung mit der tatsächlich nach Einführung der Maßnahme eingetretenen verglеicht. Um diesen Vergleich durchführen zu können, wären entsprechende Daten über die Entwicklung der Krankenhausverweildauer für die entsprechende Bevölkerung für mehrere zurückliegende Jahre und beobachtete Verweildauern nach Einführung der Maßnahme erforderlich.

Gerade die erste Gegebenheit, nämlich die Verfügbarkeit von Daten für eine Reihe von zurückliegenden Jahren, ist für nur wenige Datenkörper gegeben. Zu ihnen gehören die Daten der Bevölkerungs-, Mortalitäts- und Todesursachenstatistik. Diese müssen daher dahingehend geprüft werden, ob sie über die bekannten Maße hinaus weitere Maße zur Beschreibung der Bevölkerungstrends liefern können, so daß mit ihrer Hilfe

- zeitliche Vergleiche für eine Bevölkerung oder

- Vergleiche zwischen verschiedenen Untergruppen einer Bevölkerung oder

- Vergleiche verschiedener Länder

durchgeführt werden können. Wegen der Vereinheitlichung der Nomenklatur und Methodik kommen für diese Vergleiche nur die Daten der Bevölkerungs- und Todesursachenstatistik in Frage.

Neben den landläufig verwendeten Indikatoren wie Gesamtmortalität, spezifische Mortalität, Lebenserwartung, wird hier ein weiterer vorgestellt, der auf den Beziehungen der letzten beiden Maße basiert. Es ist die Entropie oder Information, die von Demetrius in der Biologie verwandt wurde und für die KEYFITZ [6] Schätzer vorschlug.

Entropie

Zu ihrer Erklärung muß man ein wenig ausholen. Bei der Betrachtung der Überlebenskurven der deutschen Bevölkerung für die Jahre 1871/80 bis 1977/79 (Statistisches Bundesamt, 1952 und 1981) (Abb.1) fallen folgende Eigenheiten auf:

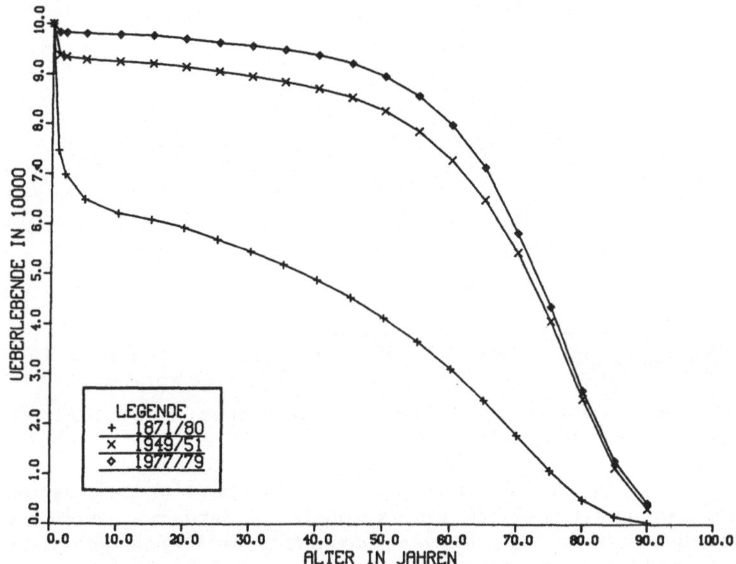

Abb. 1: Überlebende von 100.000 Männern bei Alter X - Deutsches Reich 1871/80, Bundesgebiet 1949/1951, Bundesrepublik Deutschland 1977/79

- die Kurven veränderten sich mit der Zeit von stark durchhängenden zu solchen, die bis zum Alter 50 Jahre flach verlaufen und dann relativ steil abfallen,

- die Verlagerung der Kurve nach oben im Bild ist vorwiegend auf eine Reduktion der Sterblichkeit in jungen Jahren zurückzuführen,

  die Überlebenschancen im Alter kleiner als 5 Jahre haben sich in den letzten 100 Jahren erheblich, die für das Alter 90 Jahre nur in den ersten 70 Jahren dieser Zeitperiode, in den letzten 30 Jahren kaum mehr verändert.

Ein ähnliches Bild beobachten wir für Frauen (Abb. 2), nur mit dem Unterschied, daß für jede der betrachteten Zeitperioden die Linien der Frauen über denen der Männer des entsprechenden Alters liegen. Für sie gilt im Gegensatz zu den Männern, daß die Verbesserung der Lebenserwartung zwischen 1949/51 und 1977/79 sich bis ins hohe Alter bemerkbar macht.

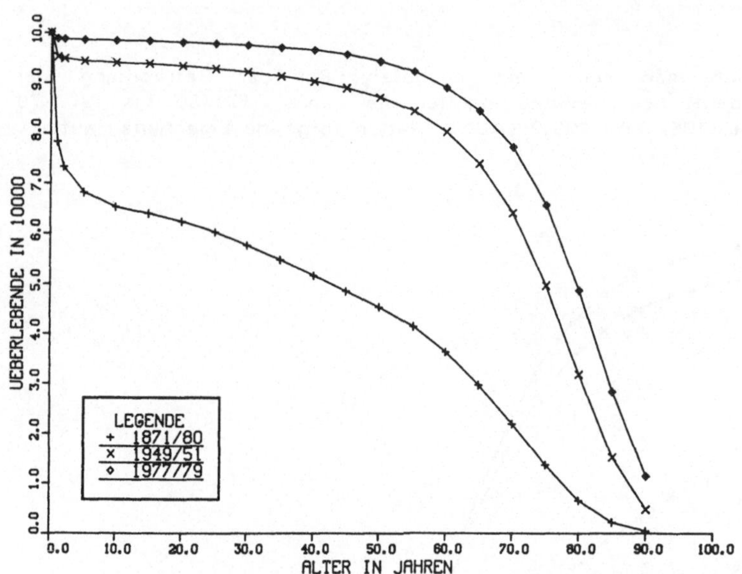

Abb. 2: Überlebende von 100.000 Frauen bei Alter X - Deutsches Reich 1871/80, Bundesgebiet 1945/51, Bundesrepublik Deutschland 1977/79

Wenn wir die Überlebenskurven für die Bundesrepublik Deutschland in den Jahren 1977/79 und Schweden in den Jahren 1975/79 [11] vergleichen, dann zeigt sich das Bild der Abb. 3. Es wird deutlich, daß die Kurven Schwedens zu Beginn wenig, im Alter über 50 Jahre aber merklich über denen der Bundesrepublik Deutschland liegen. Außerdem ähneln sich die Überlebenskurven von Schwedens Männern und Frauen mehr als die entsprechenden Kurven für die Bevölkerung der Bundesrepublik.

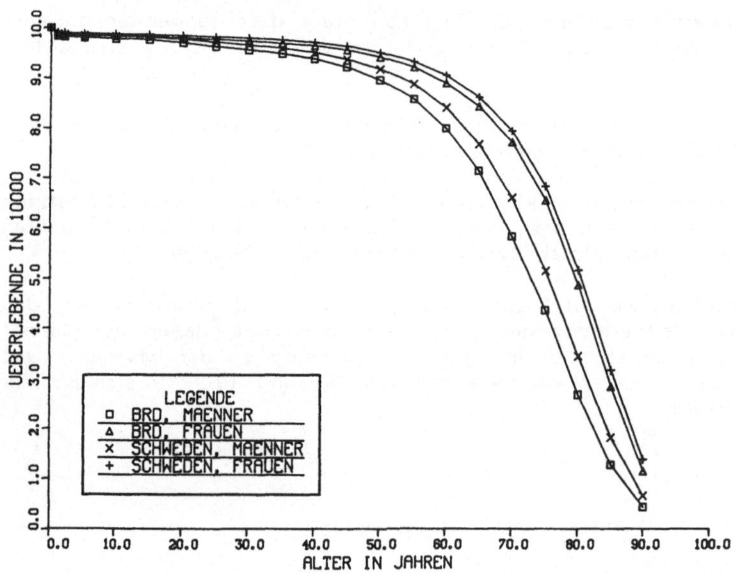

Abb. 3: Überlebende von 100.000 Personen bei Alter X - Frauen und Männer, Bundesrepublik Deutschland 1977/79, Schweden 1975/1979

Die Entropie, der ich mich nun widmen möchte, ist eine die Sterbetafel von Populationen charakterisierende Konstante.

Sie beschreibt den Effekt einer kleinen durchschnittlichen Veränderung der Sterberate auf die Lebenserwartung einer Bevölkerung und ist definiert als

$$H = \frac{-\sum_x \log l_x * l_x}{\sum_x l_x},$$

wobei l_x die Überlebenden des Alters x der Sterbetafel sind. Wenn sich die Sterberate um y% reduziert, wächst die Lebenserwartung um y*H%. So führt eine Reduktion der Sterberate um durchschittlich 1% zu einer durchschnittlichen Lebenserwartungsverlängerung von 1%*H in jedem Alter.

Beobachtete Werte der Konstanten H liegen zwischen 0 und 1. KEYFITZ [6] zitiert die in Tabelle 1 angegebenen Werte von H für verschiedene Lebewesen.

Tabelle 1: Beobachtete Werte der Entropie

H	Lebewesen
0	Fruchtfliege
1- 2	Menschliche Bevölkerung Mitteleuropas, 1980iger Jahre
5	Hydra (Kleinlebewesen)
1	Auster

Ist H nahe bei 1, so führt eine Reduktion der Mortalität zu einer etwa gleichen relativen Verlängerung des Lebens. Ist H nahe bei 0, so führt eine Verringerung der Mortalität zu einer vergleichsweise geringeren Lebensverlängerung. H mißt also die Konkavität der Überlebenskurven. Da mehr und mehr Personen zum Alter über 60 Jahre überleben, hat heute eine Verminderung der Mortalität nur eine wesentlich geringere als proportionale Erhöhung der Lebenserwartung zur Folge.

Betrachten wir nun einige Anwendungen der Entropie:

1. Sie ermöglicht es uns, die einer prozentualen durchschnittlichen längeren Lebensdauer entsprechenden Mortalitätsratenunterschiede zwischen zwei Gruppen zu schätzen. Wenn z.B. die Relation der Lebenserwartungen zwischen zwei Geschlechtern sich wie 1:1.07 verhält (etwa 1949/51 Bundesgebiet Deutschland, [9]), dann ist die durchschnittliche Mortalität der Gruppe mit 7% höherer Lebenserwartung um 36% niedriger (H=0,1945; (1-1,07)/H = Mortalitätsreduktion in %).
2. Betrachtet man die durchschnittliche Verlängerung des Lebens bei Mortalitätsreduktionen von 1%, dann wäre das Ergebnis eine 0,211%ige durchschnittliche Verlängerung des Lebens, wenn H=0,211 (Männer). Das hätte für einen 0jährigen Jungen 1949/51 eine Lebensverlängerung von 0,14 Jahren und für einen 40jährigen Mann eine solche von 0,07 Jahren bedeutet. 30 Jahre später, nämlich auf Grund der Sterbeverhältnisse in den Jahren 1977/79, brächte dieselbe Mortalitätsverringerung nur noch eine durchschnittliche Lebensverlängerung von 0,151% und damit von 0,1 Jahren für einen männlichen Neugeborenen, von 0,05 Jahren, für einen Mann von 40 Jahren und für einen Mann im Alter von 90 Jahren eine Lebensverlängerung von 2 Tagen mit sich. Einer durchschnittlichen Reduktion der Mortalität von 1% folgte 1977/79 eine Lebensverlängerung von 1.6 Monaten (0jähriger), einer solchen von 10% eine zu erwartende Lebensverlängerung von 1,5 Jahren (0jähriger) bis 28,8 Tagen (90jähriger), und eine vollkommene Eliminierung aller Todesursachen hätte eine relative Lebensverlängerung von 14,7 Jahren für einen 0jährigen und eine solche von 9,5 Monaten für einen 90jährigen zur Folge [7,10]. Die Reaktionsfähigkeit der Lebenserwartung auf Mortalitätsveränderungen wird also immer geringer, d.h. die Lebenserwartung wird immer unelastischer gegenüber Mortalitätsveränderungen.

Abb. 4 zeigt für die Länder Deutschland, Frankreich, Spanien [2,3,4,5,8,9,10] die zeitliche Entwicklung der Entropie, also dieser Elastizität, in den letzten Jahrzehnten.

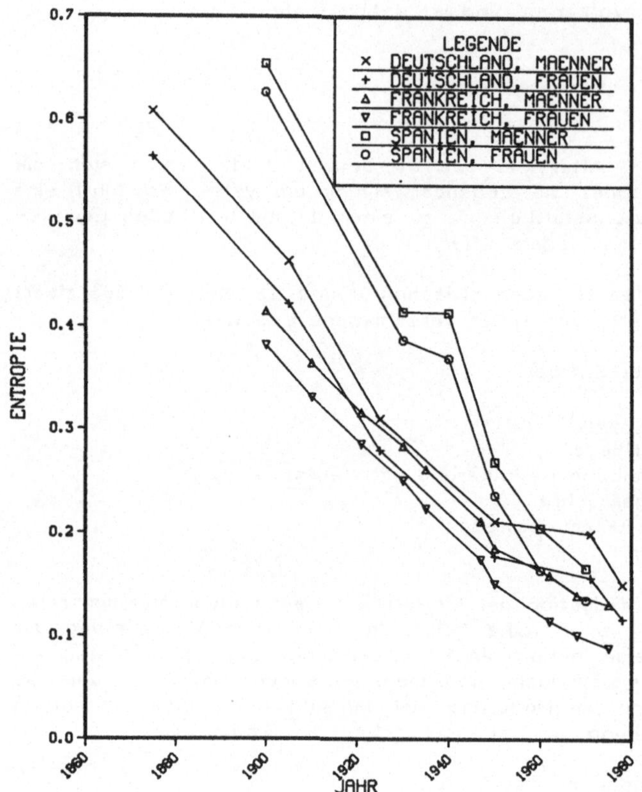

Abb. 4: Entropieschätzungen im zeitlichen Verlauf: Deutschland, Frankreich, Spanien

Während 1880 dieser Wert noch um 0,6 lag, schwankt er heute zwischen 0,1 und 0,2 für die Länder Mitteleuropas. Das bedeutet, daß bei einer 10%igen durchschnittlichen Reduktion der Mortalität um 1880 noch eine 6%ige durchschnittliche Verlängerung der Lebenserwartung (10%*0,6) erwartet werden konnte, heute jedoch nur noch eine 1,5%ige Lebensverlängerung zu erwarten ist. Der Trend der letzten 30 Jahre war so, daß in der Bundesrepublik ein jährlicher durchschnittlicher Abfall der Entropie um 0,02 zu beobachten war.

Abbildung 4 scheint außerdem zu zeigen, daß eine Abflachung um H=0,1 herum zu erwarten ist. Die Entropien der drei Länder, die sich zunächst unterschiedlich entwickelten, nahmen in den letzten Jahren sehr ähnliche Größenordnungen an.

3. Es ist gleichfalls von Interesse, den Effekt einer Reduktion einzelner Todesursachen und nicht der Gesamtmortalität auf die Lebenserwartung zu kennen. KEYFITZ [6] zitiert Schätzer der Entropie für einzelne Krankheitsgruppen aus eigenen Arbeiten für 1964 (U.S.A). Diese geben, analog zu den vorher gemachten Überlegungen, die durchschnittliche Verlängerung des Lebens an, wenn die Mortalität an der Krankheitsart um einen kleinen Prozentsatz reduziert wird. Greift man nun die kardiovaskulären Krankheiten heraus, dann zeigt sich, daß sich unter Anwendung der Entropieschätzungen für die Krankheitsgruppe die Zahl der verlorenen Lebensjahre eines Neugeborenen mit 5,6 für Knaben und mit 4,8 Jahren für Mädchen [6] angeben läßt. Diese Zahlen vergleichen sich mit 13,3 für Knaben und 17,1 Jahren für

Mädchen, wenn mit Hilfe der Methode der verlorenen Lebensjahre die Wirkung der vollkommenen Ausrottung der Todesfälle dieser Krankheitsgruppe geschätzt wird [6]. Berücksichtigt man also alterspezifische Sterbewahrscheinlichkeiten für eine Krankheit und schätzt für diese die Entropie, so läßt sich mit ihrer Hilfe die Wirkung einer solchen hypothetischen Situation (nämlich die vollkommene Ausrottung einer Todesursache) realistischer einschätzen als mit der Methode der verlorenen Lebensjahre.

Zusammenfassung.

Die Entropie wird als weiteres Maß für die Analyse, die Darstellung und den Vergleich von Sterbetafeln empfohlen. Sie gibt an, um wieviel sich die durchschnittliche Lebenserwartung relativ verlängerte/verkürzte, wenn die Mortalität durchschnittlich um einen kleinen Prozentsatz reduziert/erhöht würde. Mit ihrer Hilfe kann gezeigt werden, wieviel geringer die Lebensverlängerung heute im Vergleich zu vor 100 Jahren bei gleicher relativer Mortalitätsreduktion ausfällt. Sie kann also dazu dienen, die Auswirkungen auf die Lebenserwartung zu schätzen, die eine Maßnahme im Gesundheitswesen zur Folge hat, die eine Mortalitätsreduktion gegebenen Umfangs bewirken soll. Sie kann weiterhin dazu genutzt werden, die Auswirkungen der Reduktion der Mortalität an bestimmten Todesursachen um einen realisierbaren, kleinen Prozentsatz auf die zusätzlichen zu erwartenden Lebensjahre einer bestimmten Altersgruppe (z.B. der im Arbeitsleben stehenden Personen) zu beurteilen. Sie bietet dafür einen realistischeren Ansatz als der bisher verwendete der verlorenen Lebensjahre, wie am Beispiel der Krankheiten des Herz-Kreislaufsystems gezeigt wird.

Literatur

1. Geißler U.: Verlust an Lebensjahren. Wido-Materialien 5. Bonn: Wissenschafliches Institut der Ortskrankenkassen 1979.

2. Institut National de la Statistique et des Etudes Economiques (INSEE): Annuaire Statistique de la France. Paris 1956.

3. Institut National de la Statistique et des Etudes Economiques (INSEE): Annuaire Statistique de la France. Paris 1981.

4. Instituto Nacional de Estadistica: Anuario Estadistico de Espana. Madrid 1964.

5. Instituto Nacional de Estadistica: Anuario Estadistico de Espana. Madrid 1979.

6. Keyfitz, N.: Applied Mathematical Demography. New York: Wiley 1977.

7. Schach, E.: Alternative ways of presenting statistics on sickness, disability and death. Measurement of Health and Health Promotion: A Positive Approach. Geneva: WHO 1983, (in preparation).

8. Statistisches Bundesamt: Statistisches Jahrbuch 1952 für die Bundesrepublik Deutschland. Wiesbaden: Kohlhammer 1952.

9. Statistisches Bundesamt: Statistisches Jahrbuch 1981 für die Bundesrepublik Deutschland. Wiesbaden: Kohlhammer 1981.

10. Statistisches Bundesamt: Statistisches Jahrbuch 1982 für die Bundesrepublik Deutschland. Wiesbaden: Kohlhammer 1982.

11. Statistica Centralbyran: Statistisk Arsbok för Sverige. Stockholm 1981.

Aus dem Institut für Dokumentation, Information und Statistik am Deutschen Krebsforschungszentrum, Heidelberg (Direktor: Prof. Dr. G. Wagner)

Parameterschätzung bei Geburtsprozessen: Implikationen für die Epidemiologie

N. Becker

...all epidemiology, concerned as it is with the variation
of disease from time to time or from place to place,
must be considered mathematically ...
if it is to be considered scientifically.'
(R. Ross 1911)

Wenn gegenwärtig von Epidemiologie die Rede ist, wird darunter häufig die Epidemiologie chronischer Krankheiten verstanden. Dies mag mit der wachsenden Bedeutung dieser Art von Krankheiten in unserem Jahrhundert zusammenhängen, in dessen Verlauf sie die Infektionskrankheiten von den ersten Plätzen in der Todesursachenstatistik verdrängt und infolgedessen zunehmend die Aufmerksamkeit der Epidemiologen auf sich gezogen haben.
Geht man indessen vom wissenschaftlichen Entwicklungsstand beider Sparten - Epidemiologie chronischer und infektiöser Krankheiten - aus, ergibt sich ein etwas anderes Bild. Während es auf dem Gebiet infektiöser Krankheiten in den letzten Jahrzehnten gelungen ist, mit der Ausarbeitung mathematischer Modelle ein hohes Maß an wissenschaftlicher Exaktheit zu erreichen [1], steht eine analoge Mathematisierung auf dem Gebiet chronischer Krankheiten noch aus.

Von einer mathematischen Modellbildung wird erwartet, daß sie zur klaren Definition der grundlegenden Begriffe der jeweiligen Disziplin beiträgt, die präzise Formulierung (Formalisierung) der zur Debatte stehenden wissenschaftlichen Thesen fördert und einen vertieften Einblick in die Mechanismen der Krankheitsentstehung und -entwicklung ermöglicht, um nur einige Beispiele zu nennen [4].

Wie im Falle der Modellbildung bei Infektionskrankheiten ergibt sich das praktische Ziel, Ansatzpunkte für eine wirksame Prävention zu finden. Bei Infektionskrankheiten ist es z.T. gelungen, durch Modelle zu quantifizieren, welche Quarantänemaßnahmen in welchem Umfang erforderlich sind, um Epidemien zu stoppen, in welchem Umfang Impfaktionen durchgeführt werden müssen, um den Ausbruch von Epidemien zu verhindern etc. In Analogie dazu wäre von Modellen bei multifaktoriell induzierten, chronischen Krankheiten zu hoffen, daß ebenfalls verstanden wird, an welcher Stelle der Krankheitsinduktion am wirksamsten Prävention betrieben werden kann.

Mit dem vorliegenden Beitrag soll der Vorschlag zur Diskussion gestellt werden, über die Theorie der Punktprozesse einen einheitlichen theoretischen Rahmen für die Epidemiologie chronischer Krankheiten zu definieren. Es soll gezeigt werden, daß deren gängige Begriffe unter bestimmten Voraussetzungen als Schätzer für die Parameter solcher stochastischer Prozesse entwickelt werden können und ihr Zusammenhang dadurch gut sichtbar wird. Bezüglich spezieller chronischer Krankheiten liefern Karzinogenesemodelle ein Beispiel, daß in diesen allgemeinen Rahmen spezielle Krankheitsmodelle leicht eingebettet werden können.

Für eine theoretische Epidemiologie chronischer Krankheiten könnte deren Verankerung in der Theorie der Punktprozesse einige Vorteile bringen. Einmal wäre dadurch ein solides mathematisches Fundament gegeben, über das ein einheitlicher Sprachgebrauch zu erreichen wäre. Zum andern stünden die gesamten Ergebnisse dieser mathematischen Richtung für die epidemiologische Forschung zur Verfügung, d.h. Kenntnisse bezüglich der Eigenschaften bestimmter Prozesse, Verfahren zur Parameterschätzung etc.

Im Zentrum der Modelle für Infektionskrankheiten steht der Kontakt zwischen Fällen und Nicht-Fällen und die sich daraus ergebende Dynamik des Krankheitsgeschehens. Mathematisch sind hier die auftretenden Fälle abhängige Ereignisse, und ihre Dynamik wird beschrieben durch Differentialgleichungen deterministischer oder stochastischer Art.

Im Unterschied dazu ist das Auftreten von Fällen chronischer Krankheiten unabhängig vom Kontakt zwischen Gesunden und bereits Erkrankten; mathematisch handelt es sich daher um unabhängige Ereignisse, die der Epidemiologe zählt und in Beziehung zu setzen sucht mit Vorgängen exogener oder endogener Natur, die am Entstehen dieser Krankheiten beteiligt sein könnten. Für den Epidemiologen sind das Auftreten chronischer Krankheiten - also sowohl in der gesamten Bevölkerung als auch beim Individuum - zufällig in der Zeit verteilte Punkte, deren Fixierung bei Krebs z.B. durch die erste histologisch gesicherte Krebsdiagnose erfolgen kann. Mathematisch spricht man bei einem solchen Vorgang von einem Punktprozeß [7].

Ein Individuum aus einer Population sei genauer charakterisiert durch den Punktprozeß $\{x_t(\omega);t\in L\}$ auf dem Wahrscheinlichkeitsraum (Ω,F,P), $L=\{t|0\leq t<T\}$ mit der Zufallsvariablen T auf $(0,\infty)$ als dem Zeitpunkt des Todes. Ω enthalte als einziges Element das Ereignis 'Auftreten der chronischen Krankheit U'.

$\{x_t(\omega);t\in L\}$ gibt die Zeitpunkte des Auftretens von U an.

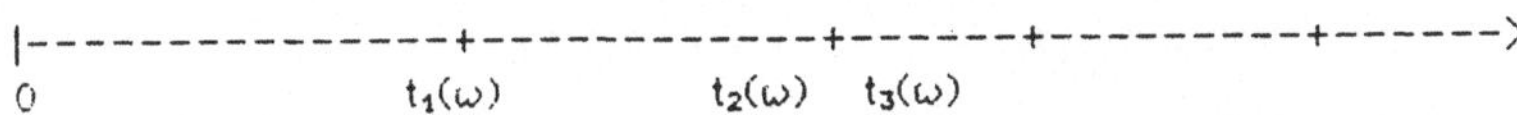

Mit dem Punktprozeß assoziiert ist ein Zählprozeß $\{N_t;t\geq 0\}$, der stückweise konstant und mit ganzzahligen Sprüngen an den $t_i(\omega)$, $i=1,2,...,$ die Anzahl der Krankheits-'hits' angibt.

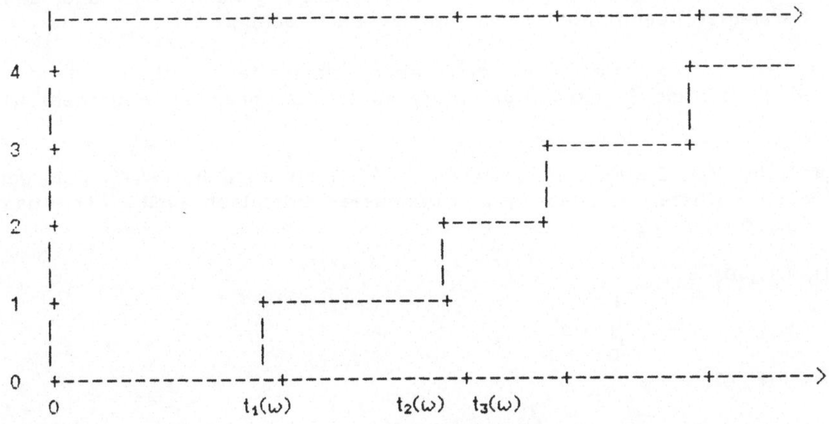

Je nach den Eigenschaften der Krankheit U und dem Gesichtpunkt, unter dem man die Inzidenz von U betrachtet, wird man zu verschiedenen Typen von Punktprozessen gelangen:

1. Nimmt man an, daß das Auftreten von Hits unabhängig von der Vorgeschichte ist (d. h. unabhängig von der Zahl und dem Zeitpunkt früherer Hits) und auch infinitesimal keine Nachwirkung auf mögliche spätere Hits hat, erfüllt $\{N_t;t\geq 0\}$ die Bedingungen eines Poisson-Prozesses mit absolut stetiger Parameter-Funktion im Sinne folgender Bedingungen:

a) der Punkt-Prozeß ist bedingt geordnet;

b) für alle $t \geq 0$ und für ein beliebiges mit der Zufallsvariablen $\{N\sigma; t_0 \leq \sigma < t\}$ assoziiertes Ereignis E existiert der Grenzwert $\delta^{-1} P(N_{t,t+\delta}=1|E)$ mit $\delta \to 0$, und der Grenzwert ist eine endliche, integrierbare Funktion nur von t. Formal geschrieben erhält man mit λ_t als Grenzfunktion

$$\lambda_t = \lim_{\delta \to 0} \frac{P(N_{t,t+\delta}=1|E)}{\delta}$$

wobei $\int \lambda_t$ existiert und endlich ist für alle endlichen Intervalle (s,t), $0 \leq s \leq t$;

c) $P(N_0=0)=1$.

2. Bei Krankheiten, bei denen die mehrmalige Inzidenz abhängig ist von der Vorgeschichte und auch Nachwirkungen nach sich zieht, sind die Voraussetzungen eines Poisson-Prozesses verletzt. Berücksichtigt man die wechselseitige Abhängigkeit von Ereignissen, gelangt man zu einem selbsterregenden Punktprozeß im Sinne der folgenden Definition:

a) $\{N_t; t \geq t_0\}$ ist bedingt geordnet;

b) der Grenzwert der Funktion $\alpha(\Delta t, N_t)$ mit

$$\alpha(\Delta t, N_t) = \begin{cases} (\Delta t)^{-1} P(N_{t,t+\Delta t}=1|N_t) & \text{für } N_t=0 \\ (\Delta t)^{-1} P(N_{t,t+\Delta t}=1|N_t; w_1, w_2, \ldots, w_N) & \text{für } N_t \geq 1 \end{cases}$$

existiert für $\Delta t \to 0$ für fast jede Realisierung von $\{N_t; t \geq t_0\}$

c) $P(N_0=0)=1$.

3. Läßt man zusätzlich noch äußere Prozesse ('exogene Faktoren') als Einflußgrößen auf den Punktprozeß zu, gelangt man zu doppelt stochastischen Prozessen. Bei diesen Punktprozessen ist die Intensitätsfunktion λ_t selbst wieder ein stochastischer Prozeß $(\lambda_t(x_t); t \geq t_0)$, der Intensitätsprozeß genannt wird und das durch äußere Parameter beeinflußte Krankheitsgeschehen beschreibt.

Im folgenden sollen, ausgehend von den eben definierten selbsterregenden Punktprozessen, einige für die Epidemiologie interessante Zusammenhänge dargestellt werden.

1) Bei der Betrachtung der Erstinzidenz von Krankheiten ist zunächst $N_t=0$ und die Darstellung des selbsterregenden Punktprozesses identisch mit der des inhomogenen Poisson-Prozesses

$$P(N_t=0|N_0=0) =$$

$$P(N_t=0) = e^{-\int_0^t \lambda\sigma d\sigma}$$

Ein Spezialfall dieser Prozesse ist die Situation, in der man ganz allgemein den Eintritt des Todes betrachtet. In diesem Fall ist die obige Wahrscheinlichkeit gerade die bei Survival-Analysen wohlbekannte Überlebensfunktion S(t) (siehe ([2,3])

$$S(t) = P(t < T) = P(N_t=0)$$

aus der man die Sterbefunktion F(t) als Komplement erhält

$$\begin{aligned} F(t) &= 1 - S(t) \\ &= P(T \leq t) \\ &= P(N_t > 0). \end{aligned}$$

Im Sprachgebrauch der Survival-Modelle heißt die Intensitätsfunktion $\lambda\sigma$ Hazardfunktion.
Schreibt man die Wahrscheinlichkeit explizit nieder, wird der Zusammenhang zum Begriff des Risikos deutlich:

$$\lambda(t) = \lim_{\Delta t \to 0} \frac{P(t < T \leq t+\Delta t | t < T)}{\Delta t} .$$

Den Zähler $R_{t,}\Delta_t$

$$R_{t,}\Delta_t = P(t < T \leq t+\Delta t | t < T)$$

nennt man Risiko.
Von hier ausgehend können die für epidemiologische Studien gebräuchlichen Begriffe der Risikodifferenz und des relativen Risikos [5] exakt eingeführt werden, worauf hier nicht weiter eingegangen wird.

2) Stellt man an die Hazardfunktion $\lambda\sigma$ bestimmte Anforderungen, kann man die in der Epidemiologie chronischer Krankheiten häufig benutzten Begriffe der Inzidenzdichte und Inzidenzrate [5] als Maximum-Likelihood-Schätzer für $\lambda\sigma$ ableiten.

Dazu muß, weil man mit Einzelfällen , für die bisher die Punktprozesse lediglich definiert waren, keine Statistik betreiben kann, die Betrachtung auf eine größere Population ausgedehnt werden. Die Schätzung der Hazardfunktion eines Individuums erfolgt dann dadurch, daß eine ganze Gruppe von Personen (gegebenenfalls die gesamte Bevölkerung) beobachtet wird, sofern man unterstellen darf, daß ihre Hazardfunktionen gleich sind.
Genauer: eine Population von M gleichaltrigen Personen sei gegeben, die identische und unabhängige Hazardfunktionen haben. Die Wahrscheinlichkeit, im Zeitraum (0,t) genau C Fälle zu zählen, ist dann binomial verteilt:

$$P(X=C) = \binom{M}{C} (P(N_t>0))^{C} (P(N_t=0))^{M-C}$$

Für die Darstellung der Wahrscheinlichkeiten für die im Verlaufe des Alterungsprozesses der Population empirisch zu beobachtenden Fallzahlen sei das Intervall (0,t) in k Teilintervalle unterteilt

$$0=t_0 < t_1 < t_2 \ldots t_k = t$$

mit $C_i, i=1,\ldots,k$, Fällen und M_i, $i=1,\ldots,k$, Überlebenden. Die Wahrscheinlichkeit für die tatsächlich beobachteten Häufigkeiten ist dann

$$P(X_i=C_i, i=1,\ldots,k) = \prod_{1}^{k} \binom{M_{i-1}}{C} \left(1 - e^{-\int_{t_{i-1}}^{t_i} \lambda\sigma d\sigma}\right)^{C_i} \left(e^{-\int_{t_{i-1}}^{t_i} \lambda\sigma d\sigma}\right)^{M_{i-1}-C_i} .$$

Mit der Näherung

$$e^{x} = 1 + x \qquad x<<1$$

ist die Likelihood-Funktion in logarithmischer Darstellung

$$l(\lambda) = \sum_{1}^{k} \log\left(\frac{M_{i-1}}{C_i}\right) + \sum_{1}^{k}\left(C_i \log \int_{t_{i-1}}^{t_i} \lambda\sigma d\sigma\right)$$

$$+ \sum_{1}^{k}(M_{i-1}-C_i)\left(-\int_{t_{i-1}}^{t_i} \lambda\sigma d\sigma\right)$$

Eine geschlossene Darstellung eines Maximum-Likelihood-Schätzers kann aus dieser allgemeinen Likelihood-Funktion nicht gegeben werden.

Mit der harten Einschränkung, daß nämlich $\lambda\sigma$ unabhängig von der Zeit ist

$$\lambda\sigma = \lambda = \text{const},$$

läßt sich jedoch ein ML-Schätzer angeben. Im Grunde genommen ist dies gerade die Bedingung für einen speziellen Punktprozeß, den reinen Geburtsprozeß.

Die abgeleitete Likelihood-Funktion ist dann

$$\frac{dl(\lambda)}{d\lambda} = \sum_{1}^{k} \frac{C_i}{\lambda} - \sum_{1}^{k}(M_{i-1}-C_i)(t_i-t_{i-1}) = 0 \ ,$$

woraus folgt

$$\lambda = \frac{C_t}{\sum_{1}^{k}(M_{i-1}-C_i)(t_i-t_{i-1})} \qquad \text{mit } C_t=\sum_{1}^{k}C_i \qquad \text{bzw. mit } k\to\infty$$

$$\lambda = \frac{C_t}{\int_{t_0}^{t} N(\sigma)d\sigma}$$

Dies ist die in der Epidemiologie bekannte Inzidenzdichte, die die aufgetretenen Fälle auf 'Personenjahre' bezieht.

Für sehr große N erhält man mit der Näherung

$$N\sigma = N = \text{const}$$

$$\lambda = \frac{C_t}{N^*(t-t_0)}$$

die Inzidenzrate. Bei der Betrachtung chronischer Krankheiten sind diese Begriffe also über eine heuristische Begründung im Rahmen einer demographisch orientierten Epidemiologie hinaus inhärent aussagekräftig.

Wie man sieht, geht in diese Ableitung jedoch die sehr rigide Voraussetzung einer altersunabhängigen Hazardfunktion ein. Bekanntlich rettet sich die Epidemiologie aus dieser auch aus der Praxis geläufigen Schwierigkeit, indem sie auf kleinen Intervallen ('Altersgruppen') die wenigstens stückweise Konstanz der Hazardfunktion postuliert und quasi pro Altersgruppe jeweils einen neuen Geburtsprozeß ansetzt.

Will man sich indessen auf die stückweise Konstanz der Hazardfunktion nicht einlassen, muß man mit numerischen Algorithmen die Likelihood-Funktion maximieren. Hierbei wäre zu untersuchen, wie stark die Abweichungen zwischen dem numerischen Maximum und den mit Inzidenzraten gewonnnen Näherungen sind.

3) Bisher wurde über die Eigenschaften der Intensitätsfunktion λ bei speziellen Krankheiten nichts ausgesagt. Abschließend soll daher nun gezeigt werden, wie in den allgemeinen Rahmen des oben Gesagten Karzinogenesemodelle als spezielle Krankheitsmodelle eingebettet werden können [8].
Sei Σ ein biologisches System mit n Komponenten. Die Überlebensfunktion für Σ sei

$$\begin{aligned} S(t) &= P(T\Sigma>t) \\ &= P(T_1\&\ldots\&T_n>t) \end{aligned}$$

wobei die Zufallsvariablen T_k, $k=1,\ldots,n$ den Zeitpunkt des Ausfalls des k-ten Systems angeben.
Speziell ist die Überlebensfunktion des k-ten Systems

$$S_k(t) = P(T_k>t) \qquad k=1,\ldots,n \quad .$$

Zur genauen Charakterisierung der Ausfallzeiten T_k seien

$$\Theta_k \qquad\qquad k=1,\ldots,n$$

Zufallsvariable, die Schwellenwerte für die Schädigung des k-ten Systems darstellen mit gemeinsamer Verteilung T, T(0)=0.

Zur Quantifizierung der Wirkung umweltbedingter Schädigung bezeichne

$$\alpha_{kj} \qquad k=1,\ldots,n;j=1,2,\ldots$$

das Ausmaß der Schädigung durch den j-ten Treffer von Umweltagentien mit

$$a_{kj} = \sum_{l=1}^{j} \alpha_{kl} \qquad k=1,\ldots,n;j=1,2,\ldots$$

$$\alpha_j = (\alpha_{1j},\ldots,\alpha_{nj})$$

habe die gemeinsame Verteilung A_j.

Für T_k gilt damit

$$T_k = \inf\{t:N(t)\geq J_k\}$$

wobei

$$J_k = \min\{j:a_{kj}\geq\Theta_k\}$$
$$k=1,\ldots,n;j=1,2\ldots$$

mit N(t) als Anzahl der Treffer.

Sei noch

$$p_{jk} = P(a_{kj} < \Theta_k) = \int_0^\infty A_{k1} \ldots A_{kj}(s)dT(s)$$

und

$$q_j(t) = P(N(t)=j) ,$$

so kann man die Überlebensfunktion des k-ten Systems explizit angeben als

$$S_k(t) = P(T_k > t) = \sum_0^\infty q_j(t)p_{jk} \quad .$$

Ferner seien Agentien aus der Umwelt repräsentiert durch einen Punktprozeß $(N_t; t \geq t_0)$, der einen Strom von Ereignissen mit m pathogenen Faktoren (dargestellt als m unabhängige Punktprozesse) beschreibt.

$$N(t) = \sum_1^m N_i(t) \quad .$$

Das j-te Ereignis setzt sich zusammen aus m Teilereignissen

$$j = \sum_{i=1}^m \tau_i \quad .$$

Bei Annahme von Poisson-Verteilungen für die Punktprozesse mit Parametern μ_i erhält man für $S_k(t)$

$$S_k(t) = \sum_0^\infty q_j(t)p_{jk}$$

$$= \sum_0^\infty \frac{(\mu_i t)^j}{j!} e^{-\mu_i t} (V_i(t))^j \, p_{jk} \; .$$

Mit

$$\lambda(t) = \frac{S'_k(t)}{S_k(t)}$$

ergibt sich für die Hazardfunktion der Ausdruck

$$\lambda(t) = \mu_i \left[1 - \frac{\sum_0^\infty p_{j+1,k} M_i (V_i(t))^{j+1}}{\sum_0^\infty p_{jk} M_i V_i(t))^j}\right] - \frac{\sum_0^\infty p_{jk} M_i (\Psi_i(t))^j}{\sum_0^\infty p_{jk} M_i (V_i W t))^j}$$

mit

$$M_i = \frac{(\dot{\mu}_i t)^j}{j!} e^{-\lambda_i t} \qquad i=1,\ldots,m \quad .$$

Schließlich können in das Modell Damage-Repair-Mechanismen in Form von Poisson-gesteuerten Markov-Prozessen eingebaut werden, worauf hier nicht weiter eingegangen wird (siehe dazu [8]).
Dieser allgemeine Rahmen für Umweltkarzinogenese-Modelle kann bezüglich konkreter Fragestellungen spezialisiert und damit eventuell vereinfacht werden. Durch das Modell ist dann vorgezeichnet, welche Parameter geschätzt werden müssen.

Literatur:

1. Bailey, T.J.: The Mathematical Theory of Infectious Diseases and its Applications. London: Griffin 1975.

2. Cox, D.R.: Regression models and life-tables. J. roy. statist. Soc. B 34 (1972) 187-220.

3. Elandt-Johnson, R.C., Johnson, N.L.: Survival Models and Data Analysis. New York: Wiley 1980.

4. Lilienfeld, A.M.: Foundations of Epidemiology. New York: Oxford University Press 1976.

5. Miettinen, O. S.: Principles of Epidemiologic Research. Boston: Department of Epidemiology and Biostatistics, Harvard School of Public Health 1978 (Unpublished Course Text).

6. Ross, R.: The Prevention of Malaria. London: Murray 1911.

7. Snyder, D.L.: Random Point Processes. New York: Wiley 1975.

8. Tautu, P.: Carcinogenesis theory revisited: Reliability models avenue. In The Biometric Society (Edit.): Proceedings of the 9th International Biometric Conference., Vol. II, pp.110-124, Boston, 1976, Raleigh: The Biometric Society 1976.

Aus dem Medis-Institut (Direktor: Prof. Dr. W. von Eimeren) der Gesellschaft für Strahlen- und Umweltforschung mbH, Neuherberg

Automatische EKG-Auswertung in Bevölkerungsstudien

S. Perz, R. Küfner, R. Luft, S.J. Pöppl, F. Röder, Jutta Stieber

Als einfaches und doch aussagekräftiges Verfahren zur Diagnostik kardialer Erkrankungen hat das Elektrokardiogramm weite Verbreitung gefunden. Es liefert Informationen über die Herzfrequenz, den Rhythmus, den allgemeinen Zustand des Myokards und eignet sich zur Erkennung von Manifestationen ischämischer Erkrankungen. Darüber hinaus kann mit bestimmten EKG-Anomalien (Risikoindikatoren) das Risiko künftiger kardialer Ereignisse beschrieben werden. Für Bevölkerungsstudien gewinnt die Verfügbarkeit einer standardisierten EKG-Befundung durch ein validiertes Instrumentarium Computer-EKG-Auswertung besondere Bedeutung, da mit der Konstanz der Vermessungs- und Befundkriterien dieses Verfahrens eine wichtige Forderung der Epidemiologie erfüllt wird. Am Beispiel der Münchener Blutdruckstudie II (MBS II) werden Anwendungsmöglichkeiten der automatischen EKG-Auswertung im Rahmen einer Bevölkerungsstudie gezeigt.

1. Einleitung

Das Elektrokardiogramm (EKG) hat als einfaches und doch aussagekräftiges Verfahren zur Diagnostik kardialer Erkrankungen in der klinischen Routine und ärztlichen Praxis weite Verbreitung gefunden. Größenordnungsmäßig werden jährlich etwa 20 Millionen EKGs in der Bundesrepublik registriert und im wesentlichen konventionell ausgewertet. Das EKG erscheint auch unentbehrlich für Untersuchungen in der kardiovaskulären Epidemiologie. Die Gründe hierfür wurden von Rose und Blackburn (9) folgendermaßen zusammengefasst:

1. Das EKG liefert Informationen über die Herzfrequenz, den Rhythmus, die Überleitung und den allgemeinen Zustand des Myokards.
2. Das EKG eignet sich für die Diagnose ischämischer Herzerkrankungen wie z.B. Myokardinfarkte, Ischämien und Hypertrophien.
3. Aufgrund bestimmter EKG-Anomalien (Risikoindikatoren) läßt sich das Risiko künftiger kardialer Ereignisse abschätzen.
4. Die Information aus der EKG-Untersuchung ist unabhängig von der aus anderen Untersuchungsbereichen.
5. Das EKG stellt eine objektive, quantitative Aufzeichnung eines für das Individuum charakteristischen Signals dar.

Bei einer Reihe von Bevölkerungsstudien [1,3,8] war das EKG deshalb wesentlicher Bestandteil des Untersuchungsprogramms.

Den Vorteilen der EKG-Untersuchung stehen jedoch eine Reihe von Problemen in der routinemäßigen Anwendung gegenüber:

Technische, biologische und Befundvariabilität mindern die diagnostischen Möglichkeiten. Erforderliches Fachwissen für die EKG-Beurteilung erhöht den organisatorischen und kostenmäßgen Aufwand.

2. Qualitätssicherung und Kostensenkung durch Automation

Qualitätsverbesserung und Kostensenkung scheinen erreichbar durch den Einsatz der maschinellen EKG-Auswertung, insbesondere vor dem Hintergrund großer Datenmengen, wie sie in Bevölkerungsstudien anfallen. Die für epidemiologische Untersuchungen geforderte Konstanz der Vermessungs- und Befundkriterien wird, soweit dasselbe Auswertungsprogramm eingesetzt wird, mit der maschinellen Auswertung realisiert. Die stand-alone EKG-Erfassungs- und Auswertungssysteme verfügen u.a.

über eine automatische Ablaufsteuerung:

Patientenidentifikationsdaten und Zusatzinformationen (Alter, Größe, Gewicht, Medikation etc.) werden dialoggesteuert erfasst, auf Plausibilität geprüft und mit dem analog-digital umgesetzten EKG auf Datenträger gespeichert. Die Ergebnisse der maschinellen Befundung stehen für die statistische Weiterverarbeitung in rechnerfähiger Form zur Verfügung. Die Signalqualität, ein wichtiger Faktor für exakte Vermessung und zuverlässige Befundung [4], kann vor Ort automatisch geprüft werden. Bei unzureichender Signalqualität kann ohne Neueinbestellung eines Probanden ein Wiederholungs-EKG registriert werden.

3. Die EKG-Untersuchung im Rahmen der Münchner Blutdruckstudie

Die automatische EKG-Auswertung mit dem medis-EKG-Programmsystem [6] wurde bei der Münchner Blutdruckstudie II, einem Follow-up der Münchner Blutdruckstudie I, [2,10] durchgeführt. Die Hauptfragestellungen dieser Blutdruckstudien betrafen:

- die Häufigkeit der Hypertonie und weiterer kardiovaskulärer Risikofaktoren in der Münchner Bevölkerung und deren Veränderung im Laufe eines Jahres,
- den Behandlungsstatus der Hypertoniker,
- Wissen und Einstellung der Bevölkerung zu den Gefahren der kardiovaskulären Risikofaktoren.

Fragestellung bei der EKG-Untersuchung

Die für uns wesentlichen Fragestellungen für die Einbeziehung von EKG-Untersuchungen in der Münchner Blutdruckstudie II betrafen

- die Häufigkeiten von EKG-Anomalien in der Münchner Bevölkerung,
- die Beziehungen zwischen Hypertonie und EKG-Anomalien.

Population

Die Studienpopulation, aus der eine ungeschichtete Zufallsstichprobe gezogen wurde, war die Münchner Bevölkerung in der Altersgruppe der 30 bis 69-Jährigen mit erstem Wohnsitz in München und deutscher Staatsangehörigkeit.

Felderhebung

Die Felderhebung wurde in der Zeit vom 25.01.-21.05.1983 in 7 über das Stadtgebiet verteilten Untersuchungszentren durchgeführt. Da bis zu 3 Untersuchungszentren gleichzeitig geöffnet waren, standen 3 automatische EKG-Aufzeichnungs- und Auswertungssysteme zur Verfügung. Sie waren vom Typ CARDICOMP [5, 6], einer gemeinsamen Entwicklung der Firma Periphere Computer Systeme und des GSF-medis-Instituts. Aus organisatorischen Gründen wurde von der Möglichkeit der Computer-Sofort-Auswertung vor Ort kein Gebrauch gemacht. Die EKG-Daten wurden auf Disketten gespeichert und zentral im medis-Institut ausgewertet.

Beteiligung

Die Möglichkeit einer Untersuchung wurde allen 1.827 Teilnehmern angeboten. Sie wurde von 1.357 Probanden wahrgenommen, was einer Beteiligung von 74,3% entsprach. Als Gründe für die Nichtbeteiligung wurden vor allem regelmäßige ärztliche Kontrolle (25,3%) genannt. Zeitknappheit (6,4%), kein Interesse (4,5%), Verschiebung des EKGs ohne nachherige Durchführung (3,8%) spielten eine geringere Rolle. Ca. ein Drittel der Nichtteilnehmer machten keine weiteren Angaben. 115 Probanden wurden über Hausbesuche erreicht. Hier waren EKG-Untersuchungen nicht vorgesehen. Technische Defekte oder Bedienungsfehler spielten eine untergeordnete Rolle (1,3%).

Untersuchungsschema

Die EKG-Untersuchung wurde nach dem in Abb. 1 dargestellten Schema durchgeführt. Die anomalen Computer-EKG-Befunde wurden fachärztlich nachbefundet. Davon ausgenommen wurden auch EKGs mit Normvarianten, die keinen Krankheitswert haben, beispielsweise Bradykardien mit Herzfrequenzen zwischen 50 und 59 oder grenzwertige aV-Blöcke 1. Grades. Lag nach Meinung des befundenden Kardiologen ein 'kontrollbedürftiger EKG-Befund' vor, so erfolgte die Mitteilung an den Probanden, seinen Hausarzt aufzusuchen.

MÜNCHNER BLUTDRUCK-STUDIE

MBSII

EKG-AUSWERTUNG - U N T E R S U C H U N G S S C H E M A

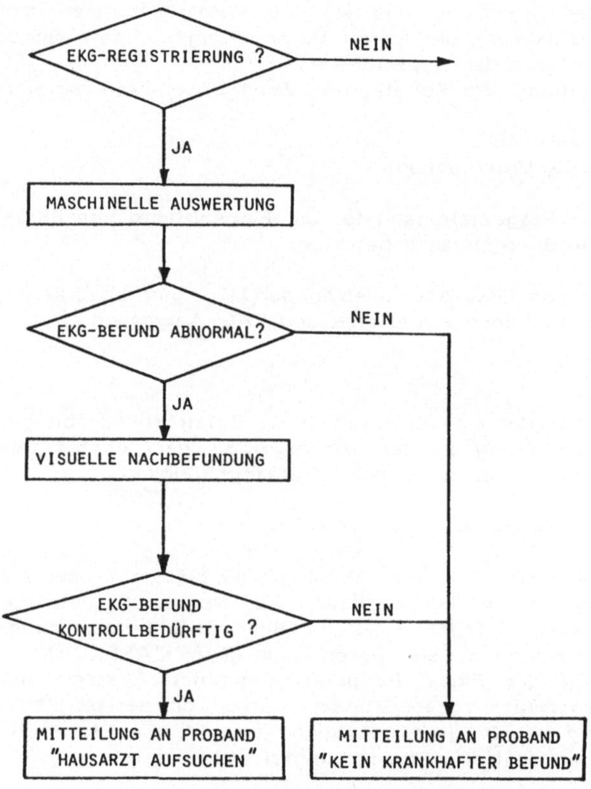

Abb. 1: Untersuchungsschema der EKG-Auswertung in der Münchner Blutdruckstudie II

4. Ergebnisse

Häufigkeit von EKG-Anomalien

Bei der Differenzierung zwischen normalen, kontrollbedürftigen und nicht-kontrollbedürftigen Befunden ergab sich folgende Aufteilung (Abb. 2):

MÜNCHNER BLUTDRUCK-STUDIE

MBS II

EKG-AUSWERTUNG - E I N T E I L U N G

STUDIENTEILNEHMER INSGESAMT: 1827

EKG-BETEILIGUNG: 1357 74.3%

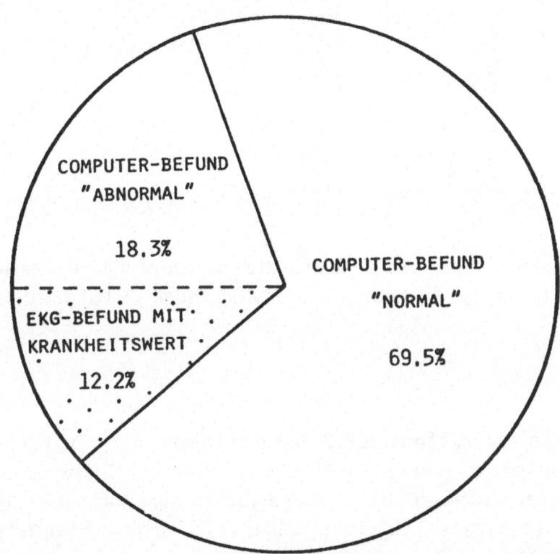

Abb. 2: Zusammenfassende Beurteilung der EKG-Befunde in der Münchner Blutdruckstudie II (n = 1357)

69,5% der untersuchten Fälle hatten einen EKG-Befund, der im wesentlichen 'normal' war. Von den verbleibenden 30,5% mit EKG-Veränderungen, die nachbefundet wurden, hatte ein gutes Drittel einen EKG-Befund mit Krankheitswert ('kontrollbedürftiger Befund').

Der Anteil 'kontrollbedürftiger' EKG-Befunde war in den einzelnen Altersgruppen sehr unterschiedlich. Er reichte von 3,2% bei den 30-39jährigen Frauen bis zu 28,7% bei den 60-69jährigen Männern (Abb. 3).

Die 'kontrollbedürftigen EKG-Befunde' (n=166) waren meistens Hypertrophiezeichen (n=43), Blockbilder (n=40), Rhythmusstörungen (n=38), Vorhofveränderungen (n=18).

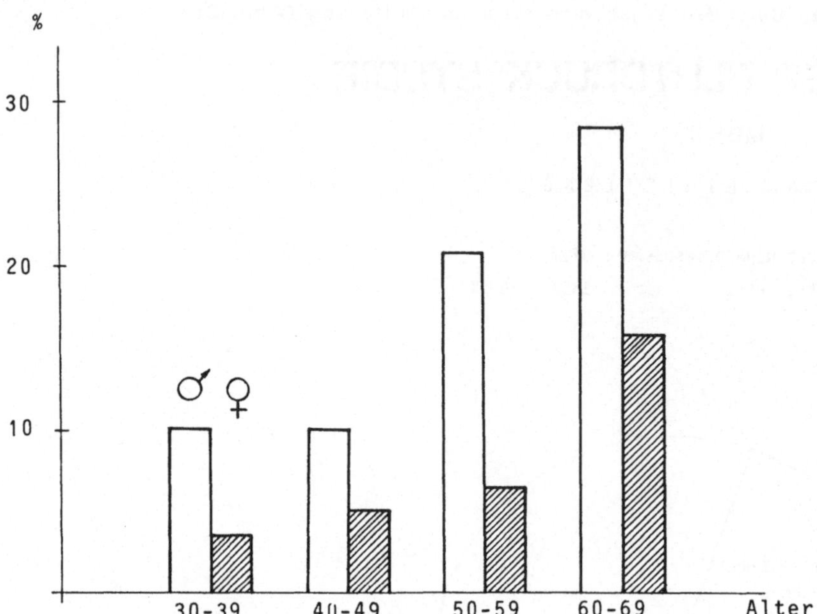

Abb. 3: Relative Häufigkeit kontrollbedürftiger EKG-Befunde in den 4 Altersgruppen der Teilnehmer an der EKG-Untersuchung der Münchner Blutdruckstudie II (n = 1357)

EKG-Anomalien und Bluthochdruck

Für die Analyse des Zusammenhangs zwischen EKG-Anomalien und Bluthochdruck wurden sowohl die gemessenen Blutdruckwerte als auch die EKG-Anomalien zu Kategorien zusammengefaßt. Die untersuchten EKG-Kategorien waren: Bradykardie, Sinusarrhythmie, sonstige Rhythmusstörungen (Extrasystolie, Vorhof-Flimmern/Flattern, Rhythmusstörungen unbestimmter Art), Überleitungsstörungen, ventrikuläre Leitungsstörungen, linksventrikuläre Hypertrophien, ST-Veränderungen, T-Veränderungen, Infarkte.

Beim Blutdruck wurden 3 Kategorien unterschieden: Normotone, Grenzwertige und Hypertoniker (Definition s. Abb. 4). Am Beispiel der in den Abbildungen dargestellten ST-Veränderungen wird deutlich, daß die relative Häufigkeit von ST-Veränderungen in den Blutdruckkategorien 2 und 3 gegenüber Kategorie 1 zunimmt. In der Gruppe der älteren Probanden wurden sowohl bei Männern als auch bei Frauen bei etwa 17% der Hypertoniker ST-Veränderungen, im wesentlichen unspezifischer Art, gefunden gegenüber nur 0,7% bei den normotonen Männern.

MÜNCHNER BLUTDRUCK-STUDIE

MBS II

Zusammenhang zwischen dem Risikofaktor Hypertonie und EKG-Anomalien
Signifikante Beziehungen $p \leq 0.01$

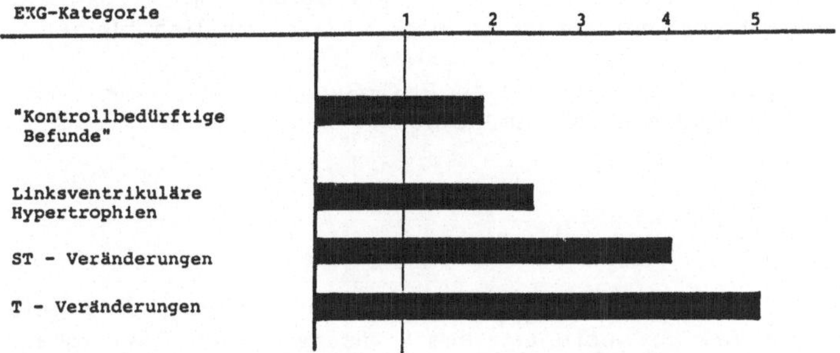

Abb. 4: Relative Häufigkeit von ST-Veränderungen in Abhängigkeit vom Blutdruck. Der Blutdruck wurde kategorisiert.

In Abb. 5 sind jene EKG-Anomalien zusammengefaßt dargestellt, für die sich ein statistisch signifikanter Zusammenhang (p<0,01) mit der Hypertonie ergab. Dies sind linksventrikuläre Hypertrophien, ST-Veränderungen und T-Veränderungen. Diese EKG-Anomalien wurden häufiger bei Hypertonikern als bei Normotonen angetroffen. Die berechnete odds ratio reichte von 2,4 bei der LVH bis über 5,1 bei den T-Veränderungen. Auch für die heterogene Gruppe der 'kontrollbedürftigen' EKG-Befunde ergab sich ein Zusammenhang zur Hypertonie: Kontrollbedürftige EKG-Befunde waren bei Hypertonikern etwa doppelt so häufig wie bei Normotonen.

MÜNCHNER BLUTDRUCK-STUDIE

MBS II

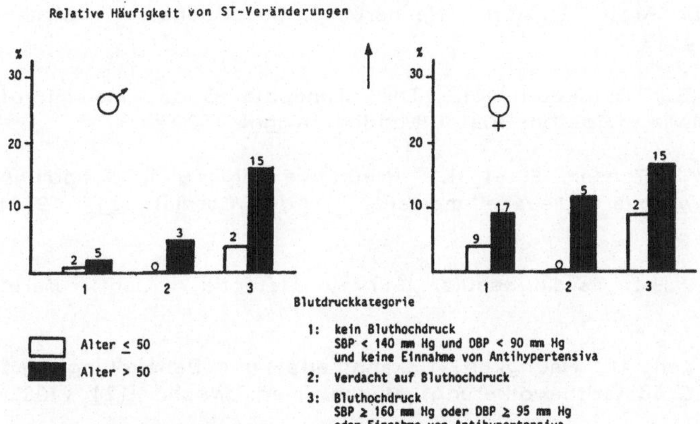

Abb. 5: Odds Ratio von EKG Anomalien durch Vergleich von Probanden mit Bluthochdruck mit solchen ohne Bluthochdruck

Schlußfolgerung

Die Verfügbarkeit inzwischen preisgünstiger mikroprozessorgesteuerter EKG-Aufzeichnungs- und Auswertungssysteme bringt bei der Anwendung in Bevölkerungsstudien Vorteile. Aus unserer Erfahrung gehören hierzu vor allem erhöhter Bedienungskomfort bei der Registrierung und damit geringe Fehlerraten, unmittelbare Verfügbarkeit der Befundergebnisse in rechnerfähiger Form, standardisierte Vermessung und Befundung, die Möglichkeit der Beschränkung der visuellen Befundung auf anomale Computer-EKG-Befunde. Allerdings sollte die Bewertung anomaler EKG-Befunde in Verbindung mit einer Mitteilung an die Studienteilnehmer ärztlicher Kontrolle vorbehalten bleiben.

Durch Erweiterung des Diagnoseteils des verwendeten EKG-Systems soll eine EKG-Codierung nach dem jetzt für epidemiologische Studien empfohlen MINNESOTA CODE II [7] erreicht werden.

Literatur

1. Kannel, W.B., Gordon, T., Castelli, W.P. et al.: Electrocardiographic left ventricular hypertrophy and risk of coronary heart disease. The Framingham study. Ann. intern. Med. 72 (1970) 813-822.

2. Keile, U., Doering, A., Stieber, J.: Community studies in the Federal Republic of Germany. In Gross, F., Strasser, T. (Eds): Mild Hypertension: Recent Advances, pp. 63-82. New York: Raven Press 1983.

3. Keys, A. (Edit.): Coronary Heart Disease in Seven Countries. Circulation 41 Suppl. 1 (1970) 211 pages.

4. Perz, S., Herrmann, G.: Diagnostic accuracy in computerized analysis of non-optimum ECG-signals. In Mengden, H.-J. von, Just, H. (Eds): Medical Data Transmission by Public Telephone Systems, pp. 64-73. München-Wien-Baltimore: Urban und Schwarzenberg 1978.

5. Pöppl, S.J.: Development of microcomputers (dedicated ECG systems). In Rienhoff, O., Abrams, M.E. (Eds): The Computer in the Doctor's Office, pp. 299-311. Amsterdam: North-Holland 1980.

6. Pöppl, S.J.: Handbuch für Ärzte. 2. Aufl. Neuherberg: Gesellschaft für Strahlen- und Umweltforschung 1982.

7. Prineas, R.J., Crow, R.S., Blackburn, H.: The Minnesota Code. Manual of Electrocardiographic Findings. Boston-Bristol-London: Wright 1982.

8. Reunanen, A., Pyörälä, K., Punsar, S. et al.: Predictive value of ECG findings with respect to coronary heart disease mortality. Adv. Cardiol. 21 (1978) 310-312.

9. Rose, G.A., Blackburn, H.: Cardiovascular Survey Methods. Genf: World Health Organisation 1968.

10. Stieber, J., Döring, A., Keil, U.: Häufigkeit, Bekanntheits- und Behandlungsgrad der Hypertonie in einer Großstadtbevölkerung, Münch. med. Wschr. 124 (1982) 747-752.

Aus dem Tumorzentrum Heidelberg/Mannheim

Zeitabhängige Ridit-Analyse
Eine Methode zur Auswertung ordinaler Daten aus unregelmäßigen Verlaufskontrollen

U. Abel

Zusammenfassung

Der Artikel beschreibt eine Methode für Zweistichprobenvergleiche von Messungen aus unregelmäßigen Verlaufskontrollen. Sie beinhaltet erstens eine graphische Darstellung der Dynamik der 'Ridits', die auf der Basis von semiquantitativen Daten berechnet werden, und zweitens einen trennscharfen Text der globalen Nullhypothese.

1. Die Idee

a. Die grundlegende Annahme

Es ist typisch für Daten aus unregelmäßigen Verlaufskontrollen, daß zu den meisten Zeitpunkten t nur wenige Beobachtungen vorliegen. Um eine Auswertung solcher Daten vornehmen zu können, wird angenommen, daß sich für die fehlenden Werte obere und untere Schranken angeben lassen. Genauer gesagt: Falls $t \in (t_0,t_1)$, worin t_0,t_1 aufeinanderfolgende Beobachtungszeitpunkte für das i-te Individuum sind, und falls m_i die zeitabhängige Messung an i bezeichnet, so wird postuliert, daß $m_i(t)$ im abgeschlossenen Intervall mit den Endpunkten $m_i(t_0)$ und $m_i(t_1)$ liegt. Diese Annahme ist gerechtfertigt, wenn die Messungen

- monoton verlaufen, z.B. in Wachstumsprozessen, oder
- im Vergleich zur Abfolge der Beobachtungszeitpunkte nur langsam schwanken, wie z.B. der Karnofskyindex;

und sie läßt sich - zumindest für explorative Zwecke - vertreten, wenn nahegelegt werden kann, daß sie in statistischen Analysen nicht zu Verzerrungen führt.

b. Das Verfahren

Sei J das Zeitintervall, aus dem die Beobachtungen stammen. J umfaßt nicht notwendigerweise den gesamten Follow-up, sondern kann aus Fallzahlerwägungen oder anderen Gründen beschränkt werden. Das obige Postulat liefert uns untere und obere Grenzen für die Messungen aller Individuen in J mit Ausnahme möglicher fehlender Werte am Anfang und am Ende des Intervalls. Daher kann man für alle t die Daten als doppelt zensiert (semiquantitativ) betrachten und - im Falle von Zweistichprobenvergleichen - die (Gehan)-generalisierte Wilcoxon-Statistik aus ihnen ableiten. Die approximativ normalverteilte Teststatistik W_t, die sich auf diese Weise ergibt, läßt sich zu 'Ridits' transformieren [1], die, obschon äquivalent zur Wilcoxon-Statistik, eine anschaulichere Interpretation besitzen und insbesondere eine graphische Darstellung erlauben.

Für den Test der globalen Nullhypothese muß berücksichtigt werden, daß die W_t in hohem Maße abhängige Zufallsvariable sind. Es sollten daher Verfahren benutzt werden, die - anders als SIDAK'S [7] Ungleichung - in diesem Fall trennscharf sind.

2. Detaillierte Beschreibung des Verfahrens

Seien G_1, G_2 zwei Patientengruppen, an denen während des Zeitintervalls J Schicksals- und Verlaufskontrollen vorgenommen werden. Wir definieren $T_i = \{t_{i,1} \ldots\ldots t_{i,max}\}$ als geordnete Menge der Beobachtungszeiten des i-ten Individuums und setzen

$$T = \bigcup_{i \in G_1 \cup G_2} T_i .$$

Wir nehmen an, daß es sich für $t \in T$ bei den Beobachtungen (Messungen) $m_i(t)$ um Zufallsvariable X_t bzw. Y_t handelt, je nachdem, ob $i \in G_1$ oder $i \in G_2$ gilt.

Sei im folgenden t ein beliebiges festes Element von T. Als Folge des Postulats aus 1.a.) können wir untere und obere Schranken $\underline{m}_i(t)$ und $\overline{m}_i(t)$ für $m_i(t)$ angeben (wobei möglicherweise $\underline{m}_i(t) = \overline{m}_i(t)$ gilt). Patienten mit $t_{i,max} < t$ werden von der Analyse zum Zeitpunkt t ausgeschlossen. Fassen wir $m_i(t)$ als doppelt zensierte Beobachtung auf, so können wir die (Gehan-) verallgemeinerte Wilcoxon-Statistik W_t als geeignete Prüfgröße für den Vergleich von G_1 und G_2 bei t berechnen. Die folgenden Formeln sind [2] und [4] entnommen. Es gilt

$$W_t = \sum_{\substack{i \in G_2 \\ t \leq t_{i,max}}} U_i(t) \quad (1)$$

worin $U_i(t)$ die Differenz ist aus der Zahl der Beobachtungen bei t, die definitiv kleiner sind als $m_i(t)$, und der Zahl der Beobachtungen bei t, die definitiv größer sind als $m_i(t)$.

Sei H_0 die Nullhypothese : $\forall t$: $X_t = Y_t$. Die Varianz von W_t unter H_0 berechnet sich nach der Formel

$$var(W_t) = n_1(t) n_2(t) \sum_{i=1}^{N(t)} U_i^2(t) / N(t) \cdot (N(t)-1) \quad (2)$$

mit $n_k(t)$= Anzahl der Individuen i in G_k mit $t \leq t_{i,max}$ $(k=1,2)$ und $N(t) = n_1(t) + n_2(t)$.
Die Ridit-Analyse wurde von BROSS [1] als Verfahren zur Analyse ordinaler Daten von 2 Gruppen vorgeschlagen. Grob gesprochen ist der mittlere Ridit von G_2 im Vergleich zur Referenzgruppe G_1 ein Schätzwert für die Wahrscheinlichkeit, daß ein zufällig aus G_2 gewähltes Individuum einen höheren Meßwert aufweist als ein zufällig aus G_1 gewähltes. Für den mittleren Ridit gilt [6]

$$R = U / n_1 . n_2 \quad ,$$

worin n_1, n_2 die Gruppenumfänge und U die Mann-Whitney-Statistik bezeichnet, die mit Wilcoxons W über die Beziehung

$$W = 2\ U - n_1\ n_2$$

zusammenhängt.

Wir können daher W_t in unserer Analyse durch

$$R_t = (W_t + n_1(t) n_2(t)) / 2\ n_1(t) n_2(t) \quad (3)$$

$$var(R_t) = var(W_t) / 4\ n_1^2(t) n_2^2(t)$$

ersetzen, wobei R_t den mittleren Ridit von G_2 im Vergleich zu G_1 zum Zeitpunkt t bezeichnet.

Wird [3] für alle $t \in T$ ausgewertet, so erhält man eine anschauliche Darstellung der Dynamik der Unterschiede zwischen G_1 und G_2 bezüglich m. Man beachte, daß definitionsgemäß der Ridit der Referenzgruppe 0.5 beträgt.

Ein Test von H_0 kann auf der Grundlage der $W_t, t \in T$, durchgeführt werden. Falls H_0 gilt und Verzerrung ausgeschlossen werden kann (vgl. die Diskussion weiter unten), so sind die Größen $\widetilde{W}_t = W_t / \sqrt{var(W_t)}$ approximativ $\mathcal{N}$ (0,1) - verteilt. H_0 läßt sich z.B. mit SIDAK'S Ungleichung für multinormalverteilte Zufallsvariable prüfen, die in unserem Fall [7]

$$P(\prod_{t \in T} |W_t| \leq c_t) \geq \prod_{t \in T} P(|\widetilde{W}_t| \leq c_t) \quad (4)$$

lautet.
Diese Ungleichung wird offenbar unschärfer für stärker korrelierte W_t, so daß sie in unserem Kontext nicht immer trennscharf sein wird. Alternativ kann man die Ungleichung

$$\forall c \geq 0 : P(|\overline{\widetilde{W}}_t| \geq c) \leq P(|\widetilde{W}_t| \geq c), \quad (5)$$

verwenden, worin $\widetilde{W}_t$ den Mittelwert der W_t in T bezeichnet.
ist scharf, wenn für alle W_t, W_t, der Korrelationskoeffizient 1 ist. Die Ungleichung kann aus bekannten Sätzen über Multinormalverteilungen (s. [3], S. 350) hergeleitet werden. Für einen einseitigen Text mit Hilfe von (5) wird H_0 auf dem Niveau $1-\alpha$ verworfen, wenn

$$\widetilde{W} > q_{1-\alpha}$$

gilt mit $q_{1-\alpha} = (1-\alpha)$ - Quantil der Standardnormalverteilung.

3. Beispiel

Auf der Basis von Daten aus [5] wurde die Entwicklung der Lungenfibrose von Lungenkrebspatienten nach Bestrahlung mit Neutronen bzw. Photonen analysiert. Aus klinischen und methodologischen Gründen wurde J durch t_{max} = 450 Tage beschränkt. Die Zeitachse wurde in 8 Intervalle zu 30 Tagen zerlegt. Der erste Follow-up-Zeitpunkt lag bei t = 72 Tagen.

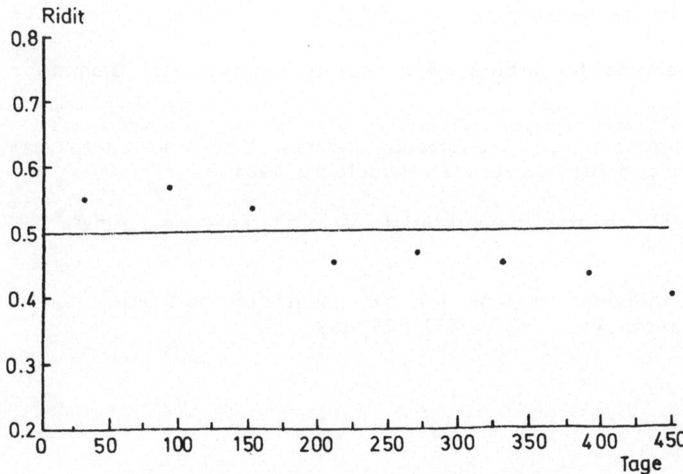

Abb. 1: Ridit-Analysen der Entwicklung der Lungenfibrose zu der Photonen-Gruppe relativ zur Neutronengruppe (Daten aus [5]).

4. Diskussion

Einige Bemerkungen über die Validität der Methode sind am Platze.
Drei Arten von Verzerrungen können bei der Auswertung auftreten. Zwei von ihnen sind bei Daten aus langen Verlaufskontrollen praktisch unvermeidlich.

Die erste entspringt einer möglichen Assozation zwischen Failures (Tod) und den Messungen. Wenn das Sterberisiko z.B. positiv mit den Messungen korreliert, dann werden in der Gruppe mit den häufigeren frühen Todesfällen u. U. resistente Patienten übrig bleiben, die später niedrigere Meßwerte aufzeigen. Wenn Todesfälle in J vorkommen, so sollte daher geprüft werden, ob sie mit m assoziiert sind und, falls das der Fall ist, ob sich die Failure-time-Verteilungen in beiden Gruppen erheblich unterscheiden.

Die zweite Verzerrungsquelle ist ein möglicher Zusammenhang zwischen den Meßwerten und der Zensierverteilung der Beobachtungsdauer. Dies ist jedoch ein seltenes Phänomen, auf das hier nicht näher eingegangen werden soll.

Die dritte Art der Verzerrung ist mehr spezifisch für die Methode. Sie betrifft die Bildung der Intervalle ($\underline{m}_i(t)$, $\overline{m}_i(t)$). Offenbar kann dieses Vorgehen eine Gruppe begünstigen oder benachteiligen. So werden z.B. die Unterschiede zwischen den Gruppen hinsichtlich der Messwerte eines Wachstumsprozesses unterschätzt, wenn die Verlaufskontrollen weit auseinanderliegen.
Wenn eine starke Verzerrung nicht ausgeschlossen werden kann oder es zweifelhaft ist, ob die grundlegende Annahme (s. 1.a.)) der Methode erfüllt ist, so kann die zeitabhängige Ridit-Analyse dennoch als exploratives Verfahren genutzt werden.

Literatur

1. Bross, I.D.J.: How to use ridit analysis. Biometrics 14 (1958) 18-38.

2. Gehan, E.A.: A generalized two-sample Wilcoxon test for doubly censored data. Biometrika 52 (1965) 650-653.

3. Kendall, M.G. Stuart, A., Griffin, C.: The Advanced Theory of Statistics. Vol. 1. 2nd Ed. London: C. Griffin 1973.

4. Mantel, N.: Ranking procedures for arbitrarily censored observation. Biometrics 23 (1967) 65-78.

5. Schnabel, K.: Neutronentherapie von Bronchialkarzinomen. Eine klinisch-experimentelle Studie. Habilitationsschrift, Universität Heidelberg 1981.

6. Selvin, S.: A further note on the interpretation of ridit analysis, Amer. J. Epidemiol. 105 (1977) 16-20.

7. Sidak, Z.: Rectangular confidence regions for the means of multivariat normal distributions. J. Amer. statist. Ass. 62 (1967) 626-633.

Besondere Beachtung findet die Vermittlung eines breiten Fachwissens unter schwerpunktmäßiger Berücksichtigung der medizinischen bzw. biowissenschaftlichen Terminologie. Dem Studenten werden somit neben Kenntnissen in Physiologie, Anatomie, Pharmakologie/Toxikologie und klinischer Chemie Kenntnisse in Botanik, Zoologie, Ökologie und angrenzenden Bereichen (z.B. Produktionswissenschaften) vermittelt. Die übergeordneten Studieneinheiten des Curriculums sind wie folgt aufgebaut:

Basisstudieneinheiten

1. Orientierungsphase: Einführung in Studium und Beruf; Übersicht über das Bibliotheks-, Informations- und Dokumentationswesen,
2. Methoden geistigen Arbeitens,
3. Fremdsprachenkenntnisse,
4. Wissenschaftskunde,
5. Grundlagen der Datenverarbeitung,
6. Mathematik und Statistik.

Kernstudieneinheiten

7. Betriebs(wirtschafts)lehre der Bibliothek und Dokumentationseinrichtung,
8. Medienkunde,
9. Informationsdienstleistungen: Bibliographie, Auskunft und Informationsvermittlung,
10. Formale Erfassung,
11. Sachliche Erschließung,
12. Informationssysteme,
13. Biowissenschaftliche Fachkenntnisse,
14. Spezielle Datendokumentation in den Biowissenschaften.

Ergänzende Studieneinheiten

15. Recht des Bibliotheks-, Informations- und Dokumentationswesens, Informationspolitik,
16. Soziologie des Bibliotheks-, Informations- und Dokumentationswesens,
17. Technische Verfahren und Geräte: Druck- und Reprographieverfahren, Mikrotechniken,
18. Archivwesen; Verfahren der Archivverwaltung.

Als Beispiel für die Ausbildungsinhalte in den Studieneinheiten seien die Informatik-bezogenen Veranstaltungen (Studieneinheit 5, 12, 14) und die Medizin- bzw. Biowissenschaften-bezogenen Veranstaltungen (Studieneinheit 13) dargestellt.

2.1 Informatik-bezogene Ausbildung

Die Informatik-bezogenen Veranstaltungen gliedern sich wie folgt (in Klammern die Anzahl der Unterrichtsstunden):

Grundstudium

- Grundlagen der Datenverarbeitung I (36),
- Handhabung von Datenendgeräten (18),
- Grundlagen der Datenverarbeitung II (18),
- Programmieren I (36).

Aus der Fachhochschule Hannover, Fachbereich Biowissenschaftliche Information und Dokumentation

Der Stand des Studiengangs 'Biowissenschaftliche Dokumentation' an der Fachhochschule Hannover

E. Wolters, W. Hellmann

1. Einleitung

Im Fachbereich Bibliothekswesen, Information und Dokumentation (BID) der Fachhochschule Hannover werden seit dem Wintersemester 1980/81 Diplom-Dokumentare der Fachrichtung Biowissenschaften ausgebildet [3]. Die Bezeichnung 'Biowissenschaftliche Dokumentation' wurde statt 'Medizinische Dokumentation' gewählt, um anzudeuten, daß zwar die Medizin eine zentrale Rolle in Ausbildung und Berufsbild spielt, die Ausbildungsinhalte aber weiter gefaßt wurden, um die Absolventen für eine umfassende dokumentarische Tätigkeit im gesamten Bereich der Biowissenschaften zu qualifizieren. Zentrale Aufgabe des Biowissenschaftlichen Dokumentars sind die Erfassung, Sammlung, Speicherung, Auswertung und Vermittlung von Daten, die inhaltliche Erschließung biowissenschaftlicher Literatur, die Durchführung von Literaturrecherchen und die Betreuung von Fachbibliotheken. Diese Aufgaben können in Einrichtungen wie medizinischen oder biowissenschaftlich orientierten Dokumentationsstellen, Universitätskliniken, größeren Krankenhäusern, medizinischen Forschungseinrichtungen, staatlichen Gesundheitsämtern, kassenärztlichen Vereinigungen sowie im Bereich der Pharmaindustrie durchgeführt werden.

Der Studiengang wurde im Rahmen des Modellversuchs 'Konzeption und Entwicklung von Studiengängen im Bereich Bibliothek, Information und Dokumentation (BID)' der Bund-Länder-Kommission für Bildungsplanung und Forschungsförderung geschaffen und an der Fachhochschule Hannover am Fachbereich Bibliothekswesen, Information und Dokumentation eingerichtet [1,5]. Die Ausbildung erfolgt wegen der engen Verzahnung der Studieninhalte nach einem weitgehend integrierten Curriculum mit den Studiengängen Bibliothekswesen und Allgemeine Dokumentation. Seit 1980 nehmen jährlich 18 Studenten der Fachrichtung Biowissenschaftliche Dokumentation ihr Studium auf. Die ersten Absolventen werden Anfang 1984 das Studium mit dem Diplom abschließen.

2. Aufbau des Studiengangs

Der Breite des Einsatzfeldes tragen die Inhalte des schwerpunktmäßig praxisorientierten Studiums Rechnung. Das siebensemestrige Studium gliedert sich in ein dreisemestriges Grundstudium mit einem sechmonatigen Praktikum und ein viersemestriges Hauptstudium mit einem dreimonatigen Praktikum und umfangreichen Anteilen an Projektarbeit. Wichtige Studieninhalte sind: Aufbau und Arbeitsweise von Informationssystemen, EDV-Anwendung im biowissenschaftlichen Informations- und Dokumentationsbereich, Statistik, biowissenschaftliche Datendokumentation, Bibliographie und Informationsvermittlung, inhaltliche Erschließung von Fachliteratur und Fremdsprachenkenntnisse.

Hauptstudium

- Programmieren II (72),
- Mathematische Grundlagen für Informationssysteme (18),
- Programmieren III (36),
- Informationssysteme (36),
- Seminar Informationssysteme (54),
- Datendokumentation in den Biowissenschaften (36),
- Informatik in den Biowissenschaften (54).

Ziel der Ausbildung in diesem Bereich ist die Vermittlung von solidem, anwendungsbezogenem Grundwissen und die Ausbildung im praktischen Umgang mit Informationssystemen, Programmiersprachen und Betriebssystemen. Es wird keine konventionelle Programmierausbildung durchgeführt, sondern es werden anhand einer Programmiersprache die prinzipiellen Konstrukte von Programmiersprachen vermittelt, um so den Absolventen zu befähigen, die Erfahrungen mit der erlernten Programmiersprache auf andere Sprachen zu übertragen.

2.2 Biowissenschaftliche Fachkenntnisse

Die Studieneinheit Biowissenschaftliche Fachkenntnisse [4] ist folgendermaßen gegliedert (in Klammern die Anzahl der Unterrichtsstunden):

Biowissenschaften I

- Terminologie (36),
- Grundlagen der Biologie und Chemie (72),
- Ziele und Institutionen der Medizin (18).

Biowissenschaften II

- Funktionelle Anatomie (36),
- Pharmakologie I (36),
- Systematische Biologie (36).

Biowissenschaften III

- Pharmakologie II (18),
- Pathologie (36),
- Klinische Chemie (36).
- Institutionen in den Biowissenschaften (mit Übungen) (36), alternativ
- Institutionen in der Medizin (mit Übungen) (36).

Biowissenschaften IV

- Pysiologie (vergleichend) (54),
- Okologie (36).

Biowissenschaften V

- Ergänzungsfächer Medizin (z.B. Med. Mikrobiologie) (72), alternativ
- Ergänzungsfächer Naturwissenschaften (z.B. Genetik) (72).

Wesentlich ist hier die Vermittlung von Fachkenntnissen aus den grundlegenden Fächern der Medizin und den angrenzenden Fächern.

3. Projektarbeit und Labors

Starke Bedeutung wird der Projektarbeit im fünften und sechsten Semester beigemessen. In einem Projekt erarbeitet sich eine Gruppe von etwa 12 Studenten ein Thema unter Anleitung eines Dozenten. Die Projektthemen orientieren sich an Problemen der Berufspraxis, wobei eine enge Verzahnung von theoretischer und praktischer Arbeit nicht nur im Bereich der Hochschule, sondern auch direkt im Praxisfeld angestrebt wird. Ziele der Projektarbeit sind die Erweiterung des fachlichen Wissens, die Festigung von berufsrelevanten Fertigkeiten und die Ausbildung eines kooperativen Arbeitsstils zur Bewältigung der komplexen praxisbezogenen Probleme.

Um den Praxisbezug weiter zu fördern, wurde der Fachbereich mit einer Reihe von Lehrwerkstätten ausgestattet:

- Lehr- und Studienbibliothek

  Diese dient zur praktischen Einübung aller bibliothekarischen Aufgaben und zur Versorgung der Studenten und Dozenten des Fachbereichs mit Literatur.

- Lehrdokumentationsstelle

  Sie dient zur Vermittlung praxisnaher Kenntnisse der inhaltlichen Erschließung sowie der Einübung konventioneller und EDV-gestützter Dokumentationsverfahren.

- Biolabor

  Zur Bewältigung der Stoffülle (über die Medizin hinaus) wurde ein Biolabor für die exemplarische Vermittlung medizinischer sowie biowissenschaftlicher Lerninhalte konzipiert [2].

- Reprowerkstatt

  In dieser Werkstatt werden die Studenten mit den wichtigsten Verfahren der Kopier- und Drucktechnik vertraut gemacht.

- DV-Labor

  Mit einer eigenen Datenverarbeitungsanlage und einer Reihe von Bildschirmarbeitsplätzen werden praktische Erfahrungen in der Programmierung und im Aufbau sowie der Nutzung von hauseigenen und überregionalen Informationssystemen vermittelt.

  Entwurf, Eingabe, Test und Korrektur von Programmen werden im Labor praktisch eingeübt. Die Studenten lernen, eigene kleine Programme zu erstellen, existierende Software zu warten bzw. zu erweitern und diese Erfahrungen auf andere Softwareumgebungen zu übertragen. Das Ziel ist keine Programmierausbildung, sondern die Förderung der Fähigkeit, den Programmierprozeß sowie Komplexität und Implikationen der Softwareentwicklung zu verstehen, um zu einem 'qualifizierten Anwender' von Computern zu werden.

  Das Datenverarbeitungslabor ist mit einem Rechner Digital Equipment PDP11/44, 2 Microcomputern, Magnetplatten- und Bandeinheiten sowie 25 Terminals ausgestattet (Abbildung 1).

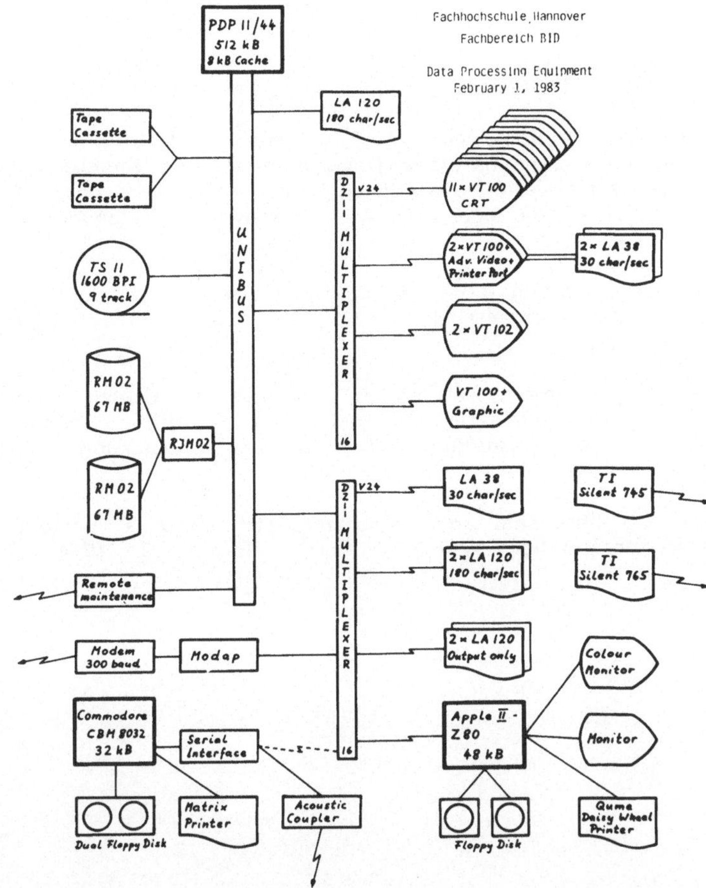

Abb. 1: Ausstattung des Datenverarbeitungslabors

4. Diskussion und Erfahrungen

Der Aufbau der Lehrwerkstätten ist inzwischen abgeschlossen. Die curriculäre Planung konnte ohne grundsätzliche Probleme in die Praxis des Lehrbetriebs überführt werden. Korrekturen in der Reihenfolge der Studieninhalte wurden in geringem Umfang vorgenommen. Die wesentlichen, auf Grund der praktischen Erfahrungen durchgeführten Umstellungen waren:

- eine geringfügige Reduzierung des bibliothekarischen Anteils,
- eine Erweiterung der DV-Ausbildung im Bereich der Programmierung,
- eine Erweiterung und Neuverteilung der Stundenzahl in Statistik und der biowissenschaftlichen Studieninhalte,
- eine Verlegung und Zusammenfassung der praktischen Ausbildung (geplant: ein großes Praktikum im 4. Studiensemester).

Das integrierte Konzept der gemeinsamen Ausbildung von Bibliothekaren und Dokumentaren soll weitgehend beibehalten werden. Trotz der unscharf umrissenen Berufsfelder scheint damit die Grundlage für eine gute Ausbildung im Bereich der biowissenschaftlichen Dokumentation gegeben zu sein.

Literatur

1. Bock, G.: Der neue Fachbereich Bibliothekswesen, Information, Dokumentation an der Fachhochschule Hannover. ABI-Technik 3 (1983) 113 -119.

2. Hellmann, W., Rienhoff, O., Franzkowiak, A.: Aufgaben und Struktur des Biolabors im Studiengang Biowissenschaftliche Dokumentation des Fachbereichs BID der Fachhochschule Hannover. (Materialien zum Modellversuch, 13). Hannover: Fachhochschule Hannover und Institut für Entwicklungsplanung und Strukturforschung 1982.

3. Rienhoff, O. (Hrsg.): Studienrichtung Biowissenschaftliche Dokumentation an der Fachhochschule Hannover. (Schriftenreihe der GMDS, 3). Stuttgart: Schattauer 1980.

4. Rienhoff, O., Hartmann, K., Hellmann, W. et al.: Biowissenschaftliche Fach- und Sprachkenntnisse. (Materialien zum Modellversuch, 16). Hannover: Fachhochschule Hannover und Institut für Entwicklungsplanung und Strukturforschung 1983.

5. Wolters, E.: Education of librarians and documentalists using a computer laboratory and a library information system, Educat. Inform. 2 (1984) (im Druck).

5. SYSTEME ZUR DIAGNOSE- UND PROGNOSESTELLUNG

Aus dem Physiologischen Institut der Universität Mainz (Direktor: Prof. Dr. G. Thews)

Die reservierte diagnostische Aussage - ihre klinische Bedeutung und ihre optimale Realisierung mit Hilfe entscheidungstheoretischer Methoden -

C. F. Hess, K. Brodda

1. Einleitung

Die Formulierung der diagnostischen Aussage (DA) ist sowohl für den Ablauf des Diagnosevorgangs als auch für die terminale diagnostische Entscheidung und damit für Therapie und Prognoseabschätzung von entscheidender Bedeutung. Für jeden Patienten wird im allgemeinen nach Durchführung gewisser Basisuntersuchungen zunächst eine vorläufige DA getroffen, die eine initiale differentialdiagnostische Fragestellung beinhaltet. Davon abhängig werden weitere Untersuchungen ausgeführt, nach deren Ergebnissen die vorläufige DA modifiziert oder vollständig geändert wird.

Entscheidet sich der Arzt für genau eine der differentialdiagnostisch vorgegebenen Krankheiten, trifft er daher eine eindeutige DA, so bricht er den Diagnoseverlauf damit ab und formuliert die terminale DA. Demgegenüber ist die vorläufige DA in aller Regel eine reservierte DA, welche auch in anderen Stadien des Diagnoseverlaufs auftreten kann Die reservierte DA legt sich nicht auf eine der in Betracht kommenden Erkrankungen fest, sondern behält sich die Differenzierung zwischen bestimmten Krankheitsklassen (oder Subklassen) vor. Zwar besitzt die reservierte DA gegenüber der eindeutigen DA eine größere diagnostische Unschärfe, sie vermeidet aber die frühe Festlegung auf eine etwaige Fehldiagnose.

Zur terminalen DA wird die reservierte DA dann, wenn zusätzliche Untersuchungen die diagnostische Unschärfe nicht mehr verringern (im speziellen Fall kann eine eindeutige DA entstanden sein), wobei die verbleibende Unschärfe weder prognose- noch therapierelevant sein darf. In jedem Fall möchte der Arzt mit einer solchen reservierten DA das Fehldiagnoserisiko bzw. die Fehldiagnoserate (FDR) verringern, wobei er gegenüber der eindeutigen DA einen Verlust an diagnostischer Schärfe in Kauf nimmt. Fehldiagnoserisiko FDR und diagnostische Schärfe DS bestimmen dabei die Güte der diagnostischen Aussage. Da der Arzt die Wahl einer reservierten DA meist intuitiv trifft, sind die Auswirkungen seiner Entscheidungen auf die Größen FDR und DS im allgemeinen nicht exakt zu ermitteln; entsprechend ist die Güte seiner DA auch nicht annähernd abzuschätzen. Tatsächlich gibt es mit scheinbar gleicher Berechtigung diese zwei Typen des ärztlichen Diagnostikers: den des vorsichtigen, reservierten und den des entscheidungsfreudigen Arztes mit eindeutigem Diagnoseverhalten.

In Anlehnung an ärztliche Vorgehensweisen sind auch für computergestützte Diagnoseverfahren zahlreiche 'human-like reasoning'-Methoden entwickelt worden, so etwa die häufig verwendete 'decision tree'-'Methode [1, 7] oder die 'Fuzzy set theory' von SMETS et al. [9]. Gütekriterium aller dieser Methoden war allein die Größe der FDR. Da sie nur selten in der Lage waren, die FDR ärztlicher Diagnosefindung zu verringern, erwiesen sie sich als weniger tauglich.

Die Güte der computergestützten Diagnoseverfahren wurde dann von PIPBERGER [6] durch Anwendung der multivariaten Diskriminanzanalyse insbesondere auf die Differentialdiagnose von Herz- und Lungenerkrankungen mit Hilfe des EKG wesentlich verbessert. Hierdurch gelang es erstmals, die diagnostische Qualität der computergestützten EKG-Auswertung, gemessen an der Größe der FDR, so zu verbessern, daß sie sich selbst derjenigen erfahrener Kardiologen überlegen zeigte. Zur Diagnosefindung benutzte PIPBERGER die Bayes-Entscheidungsregel, die eine stets eindeutige DA mit minimal möglicher FDR hervorbringt.

Durch Verallgemeinerung mathematischer Ansätze von QUESENBERRY und GESSMAN [8] konnte es uns gelingen, auch die reservierte DA in die medizinische Entscheidungstheorie einzuführen [2, 3, 4]. Das Verfahren wurde auch am praktischen Beispiel der computergestützten Differentialdiagnose kongenitaler Herzvitien demonstriert [3]. Diese Resultate zeigen nicht nur neue Perspektiven für die computergestützte Diagnosefindung auf, sondern sie bieten auch Möglichkeiten zur Analyse der ärztlichen DA, wie im folgenden dargestellt werden soll.

2. Methoden

Um die Auswirkungen einer reservierten DA bei der ärztlichen Diagnosefindung an einem einfachen Beispiel zu demonstrieren, ließen wir von drei Ärzten der Klinik für Nuklearmedizin des Universitätsspitals Zürich (Leitung: Prof. Dr. W. Horst) die Schilddrüsen- (SD)-Hormonwerte T3, T4 und FT4 im Serum eines Testkollektivs von Probanden mit klinischem Verdacht auf Hyperthyreose klassifizieren. Dabei sollten die Ärzte sich zunächst in jedem Fall für genau eine Diagnosemöglichkeit (eu- oder hyperthyreot) entscheiden. In einem zweiten Schritt durften zweifelhafte Fälle in einen Kontrollbereich eingeordnet werden (reservierte Beurteilung). Die richtigen Diagnosen waren bei der folgenden Auswertung durch weiterführende Untersuchungen und die Kenntnis des weiteren Krankheitsverlaufs bekannt (externe Validierung). So konnten für jeden Arzt und jede Diagnoseart die FDR, für die reservierte DA zusätzlich der Anteil der kontrollbedürftigen Probanden und damit die diagnostische Schärfe bestimmt werden.

Diese Resultate wurden mit den entsprechenden Ergebnissen der statistischen Analyse dieses diagnostischen Problems verglichen. Dazu bestimmten wir mit Hilfe von Trainingskollektiven (unter externer Validierung) die univariaten (Normal-) Verteilungen für jedes SD-Hormon im eu- und hyperthyreoten Bereich. Die anschließende eindeutige Klassifizierung innerhalb des Testkollektivs erfolgte einzeln für jeden Schilddrüsenhormonwert nach der Referenzwertmethode (siehe Abb. 1) Alle Werte innerhalb eines 2-s-Bereichs (s: Standardabweichung) um den Mittelwert X_E der Verteilung der euthyreoten Population wurden als normal (euthyreot; die Differentialdiagnose Eu-, Hypothyreose bzw. Hypo-, Hyperthyreose stand bei dieser Untersuchung nicht zur Diskussion) bezeichnet, alle anderen als hyperthyreot. Diese Methode beschränkt die Rate R_E der falsch positiven Resultate automatisch auf etwa 2%.

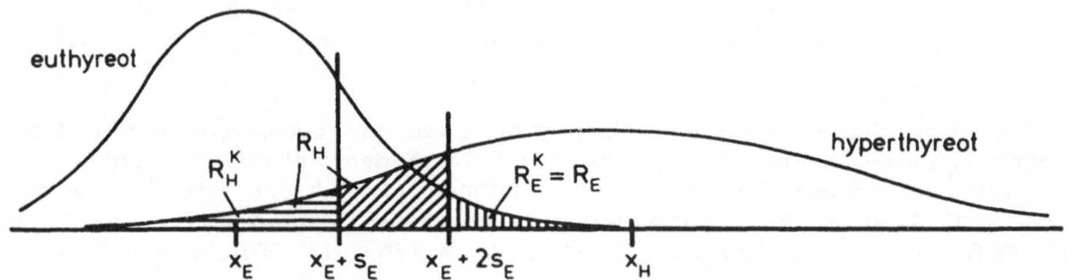

Abb. 1: Verteilungskurven von Schildrüssenhormonwerten x im euthyreoten (E) und hyperthyreoten (H) Fall. X_E, X_H: Mittelwerte; S_E, S_H: Standardabweichungen; R_E, R^K_E: Raten falsch positiver Diagnosen ohne und mit Kontrollbereich; R_H, R^k_E: entsprechende Raten falsch negativer Diagnosen.

Dagegen wurden für die reservierte DA alle die Fälle in einen Kontrollbereich eingeordnet, für die der entsprechende Hormonwert zwischen einfacher und doppelter

Standardabweichung lag; die übrigen Klassifizierungen erfolgten wie bei der eindeutigen Referenzwertmethode. Damit wird die Rate der zu erwartenden falsch negativen Beurteilungen von R_H auf R^K reduziert.

Schließlich wurde das Testkollektiv entsprechend einer zweivariaten reservierten DA mit Hilfe der T3- und T4-Ergebnisse klassifiziert (siehe Abb. 2). Hierbei wurden alle die (T3, T4)-Wertepaare in einem Kontrollbereich eingeordnet, für die mindestens ein Wert in einem univariaten Kontrollbereich liegt oder für die sich die jeweiligen univariaten Zuordnungen widersprechen.

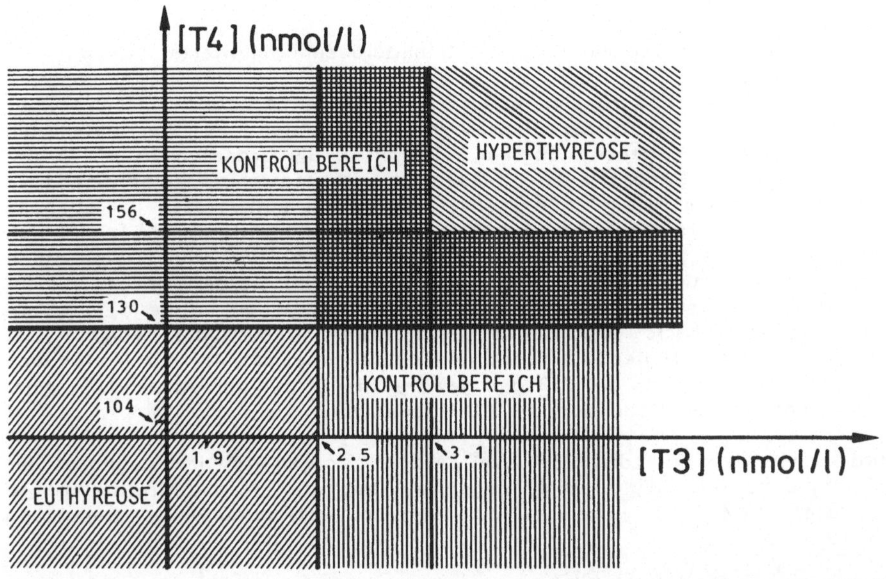

Abb. 2: Veranschaulichung zweivariater Entscheidungsregionen für die Hormone T3 und T4. Jedes (T3, T4)-Wertepaar wird einer der drei Regionen zugeordnet.

Für höhere Merkmalsdimensionen kann das mit der Anwendung der reservierten DA verbundene Vorgehen nicht mehr graphisch dargestellt werden. Ihre Anwendung macht dann die Formulierung eines entsprechenden Algorithmus und rechnerische Ausführung mit Hilfe eines Computers notwendig. Diese multivariate Diskriminanzanalyse erfordert vorab die Definition der N differentialdiagnostisch in Frage kommenden Erkrankungen, die Kenntnis der A-priori-Wahrscheinlichkeit $p_1, \ldots, p_N$ für die definierten Erkrankungen sowie die der multivariaten, M-dimensionalen (bei M Untersuchungen) statistischen (Normal-) Verteilungen $f_1, \ldots, f_N$ der Untersuchungsergebnisse für jede der N Krankheitsklassen und schließlich die Bestimmung der Untersuchungsdaten $x = (x_1, \ldots, x_M)$ für den individuellen Krankheitsfall.

Dann garantiert die Bayes-Entscheidung, die für jedes Befundmuster x die Krankheitsklasse mit maximalen $p_j f_j(x)$ auswählt, die minimale FDR unter allen möglichen eindeutigen diagnostischen Aussagen. Berücksichtigt man für eine reservierte DA alle die Krankheitsklassen j (und verzichtet damit auf deren Differenzierung), für die

$$p_j f_j(x) \geq c_j \sum_{K=1}^{N} p_K f_K(x)$$

ist, so beschränkt man die Wahrscheinlichkeit FDR(j), Patienten mit Krankheit Nr. j falsch zu klassifizieren, auf höchstens c_j und die durchschnittliche FDR auf $\bar{c} = \sum_{K=1}^{K} c_K p_K$. Gleichzeitig bekommt man eine maximale diagnostische Schärfe (d.h. minimale Rate kontrollbedürftiger Patienten) unter allen reservierten DA mit gleicher FDR [2, 3].

Die beiden Formen der DA erprobten wir (mit c_j = 0.1 für j = 1, ..., N) für die Differentialdiagnose von vier kongenitalen Herzvitien mit Hilfe von höchstens neun EKG-Merkmalen*. Die Klassifizierung wurde mit Hilfe zweier Verfahren durchgeführt [3]: Einmal wurden die 80 EKG den vier Krankheitsklassen mit Hilfe einer fest vorgegebenen Anzahl von EKG-Merkmalen zugeordnet; für die Anwendung der zweiten, sequenziellen Methode wurden die EKG-Merkmale schrittweise und individuell für jeden Patienten mit Hilfe entscheidungstheoretischer Optimalitätskriterien ausgewählt. Da die wirklichen Erkrankungen durch Herzkatheteruntersuchungen gesichert waren, konnten für jeden Fall die FDR und die diagnostische Schärfe bestimmt werden.

3. Ergebnisse

3.1. Diagnose der Hyperthyreose mit Hilfe der Schilddrüsenhormonwerte

Nach Kenntnis der Schilddrüsenhormonwerte T3, T4 und FT4 eines Patientenkollektivs mit Verdacht auf Hyperthyreose stimmten die drei beteiligten Ärzte in ihrer Beurteilung weitgehend überein (Tab. 1). Sie ordneten 20 - 27% der tatsächlich hyperthyreoten Patienten der Klasse der Euthyreoten zu (falsch negative Resultate R_H) und beurteilten höchstens 2% der euthyreoten Probanden fälschlicherweise als hyperthyreot. Diese FDR wurde jedoch durch die zusätzlich gegebene Möglichkeit der Einordnung in einen Kontrollbereich nicht wesentlich verändert; lediglich die Rate der falsch positiven Diagnosen wurde von 2% auf 0% reduziert, bei Arzt 1 lag sie dort auch schon vorher. Allerdings entstand ein Verlust an diagnostischer Schärfe, der sich in einer Kontrollbedürftigkeit von 8% der Patienten äußerte. Offenbar legten die beteiligten Ärzte unbewußt den Kontrollbereich außerhalb des Referenzbereichs, so daß der gewünschte Effekt der Anwendung einer reservierten DA, nämlich die Reduktion der FDR, ausblieb.

Tab. 1: Fehldiagnoseraten für die von drei Ärzten vorgenommene Diagnose der Hyperthyreose. R_H, R^K_H: falsch negative Resultate; W^K: kontrollbedürftige Resultate; RWM (T3): Ergenisse der Referenzwertemethode bei Benutzung von T3.

	"eindeutige" DA (ohne Kontrollbereich)		"reservierte" DA (mit Kontrollbereich)		
	R_H (%)	R_E (%)	R_H^K(%)	R_E^K(%)	W^K (%)
Arzt I	20	0	20	0	8
Arzt II	27	2	27	0	8
Arzt III	20	2	20	0	8
RWM (T3)	27	0	7	0	16

Dagegen wird die FDR durch die in Abb. 1 aufgezeigte formalisierte Anwendung der reservierten DA deutlich reduziert. Liegt bei der Benutzung des T3-Tests allein die Rate der falsch negativen Resultate bei den beteiligten Ärzten bei 27%, so sinkt sie bei der formalisierten Anwendung der reservierten DA auf ihren vierten Teil, wobei lediglich 16% des Gesamtkollektivs kontrollbedürftig werden. Entscheidend für dieses Ergebnis war, daß der Kontrollbereich innerhalb des Referenzbereichs gelegt wurde.

Die in Abb.2 verdeutlichte zweivariate Entscheidung mit reservierter DA (Benutzung von T3 und T4) vermag sogar beide Fehldiagnoseraten, die der falsch positiven und die der falsch negativen, für dieses Testkollektiv auf 0% zu reduzieren, allerdings auf Kosten der Kontrollbedürftigkeit von ca. 35% der Patienten.

3.2. Computergestützte Differentialdiagnose von vier kongenitalen Herzvitien mit Hilfe des EKG

Hierbei sind wir wie folgt vorgegangen: Mit Hilfe der A-priori-Wahrscheinlichkeiten p und der bedingten Verteilungen f läßt sich für die EKG-Merkmale unabhängig vom individuellen Fall eine Rangfolge aufstellen, die die Fähigkeit der Merkmale betrifft, zwischen den Krankheitsklassen zu trennen. Gemäß dieser Rangfolge wurden neun Merkmalsklassen gebildet, wobei die erste Klasse das Merkmal mit der größten Trennfähigkeit enthielt (Merkmalsanzahl M_a=1). Zur zweiten Klasse gehörte zusätzlich das Merkmal mit der nächstkleineren Trennfähigkeit (M_a = 2) usw. bis zur neunten Klasse mit M_a = 9. Jede Merkmalsklasse wurde separaten Rechendurchgängen zugeführt, wobei jedesmal die durchschnittliche Fehldiagnoseraten FDR_R für die eindeutige DA und FDR_R für die reservierte DA ermittelt wurden. Für die reservierte DA wurde außerdem die Rate der kontrollbedürftigen EKG, d.h. die diagnostische Unschärfe berechnet.

Nach Abb. 3 nimmt dann mit steigender Anzahl der EKG-Merkmale die FDR_B der eindeutigen (Bayes-)Entscheidung wie erwartet ab, ebenso die diagnostische Unschärfe DVS bei der reservierten DA. Die FDR_R der reservierten DA bleibt gemäß ihrer Konstruktion immmer unter einer vorgegebenen Schranke (hier 10%), nimmt aber mit ansteigender Merkmalzahl M_a leicht zu.

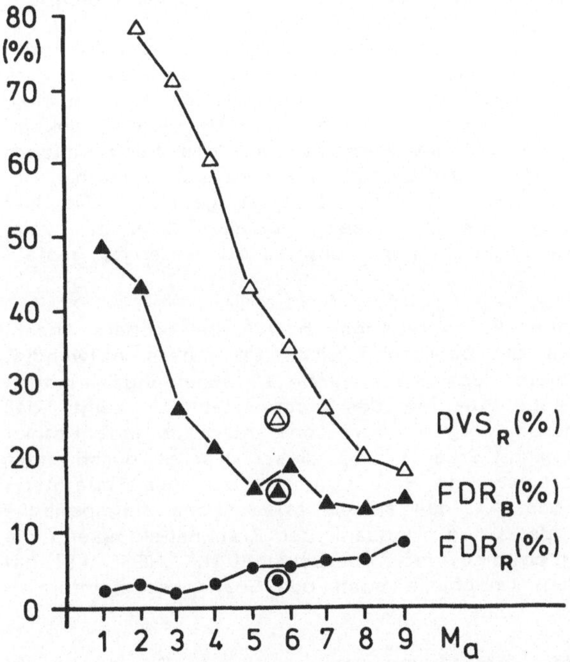

Abb. 3: Fehldiagnoseraten FDR für die eindeutige (B) und reservierte (R) diagnostische Aussage sowie Verlust an diagnostischer Schärfe DVS_R für die Diagnose kongenitaler Herzvitien. Ma: Anzahl der benutzten EKG-Merkmale. Mit Kreis versehen sind die Ergebnisse für ein sequenzielles Diagnoseverfahren mit optimierter individueller Merkmalsauswahl.

Für M_a = 6 etwa wird die FDR_B der eindeutigen DA durch die reservierte DA von 20% auf 5% reduziert, bei einer Kontrollbedürftigkeit von etwa 35% der EKG. Diese diagnostische Unschärfe kann weiter verringert werden, wenn man die in das Entscheidungsverfahren eingehenden EKG-Merkmale nicht vorab und unabhängig vom jeweils zu untersuchenden EKG auswählt, sondern sie schrittweise nach einem vorgegebenen Optimalitätskriterium individuell bestimmt [3, 5]. Man benötigt dann bei diesem Testkollektiv durchschnittlich 5,8 Merkmale, um eine FDR_R der reservierten DA von 3% zu erreichen. Dabei müssen nur 25% der EKG als kontrollbedürftig eingestuft werden.

4. Diskussion

Viele Ärzte wahren Zurückhaltung bei der eindeutigen Festlegung auf eine bestimmte Diagnose. Sie wählen in Kenntnis des Untersuchungsergebnisses eine gewisse Anzahl der differentialdiagnostisch vorgegebenen Erkrankungen aus, für die sie sich eine diagnostische Entscheidung evtl. in Betracht weiterer, zu erhebender Befunde vorbehalten. Durch dieses Verhalten möchten die Ärzte das Risiko einer Fehldiagnose vermindern; sie nehmen allerdings dafür eine unschärfere diagnostische Aussage in Kauf.

Wir haben dieses Entscheidungsverhalten mit "reservierter diagnostischer Aussage" bezeichnet und für deren Güte zwei statistische Parameter definiert: Fehldiagnoserate und diagnostische Unschärfe.

So sinnvoll das genannte ärztliche Verhalten zunächst erscheint, so wird es doch ohne gründliche Analyse des vorliegenden diagnostischen Problems und ohne Kenntnis der entscheidungstheoretischen Impliktationen häufig wenig effizient gehandhabt.

Wenn auch unser Beispiel vom ärztlichen Diagnoseverhalten nicht zu stark verallgemeinert werden darf, so zeigt es doch, daß die Zuordnung von Befundwerten zu einem Kontrollbereich oft intuitiv vorgenommen wird, nicht aber nach sachlichen Erfordernissen, d.h. unter Bemühung um eine Reduktion der FDR. Die Reduktion der FDR kann aber nach statistischer Analyse und Formalisierung des diagnostischen Problems sowie zielorientierter Wahl von Kontrollbereichen mit einfachen mathematischen Mitteln erreicht werden. Auch dies hat unser Beispiel gelehrt. Die hier geleistete Analyse der reservierten diagnostischen Aussage vermag daher dem Arzt zu helfen, sein Entscheidungsverhalten zu strukturieren und es effizienter zu gestalten.

Für umfassendere differentialdiagnostische Fragestellungen bzw. eine größere Anzahl von Untersuchungen wird andererseits die Benutzung eines Computers notwendig, weil dann die Komplexität des Problems das menschliche Entscheidungsvermögen übersteigt. Die entscheidungstheoretische Analyse der reservierten DA zeigt, daß man die FDR auch in diesem Fall durch Vergabe von Konstanten für jede Krankheitsklasse nach oben beschränken kann. Erkauft wird dieser Vorteil durch einen Verlust an diagnostischer Schärfe, der hier als Rate kontrollbedürftiger Fälle definiert wurde. Zu dieser Definition sei bemerkt, daß sie die tatsächliche diagnostische Unschärfe nur unvollkommen erfaßt, da sie die Anzahl der Krankheitsklassen, die nach der reservierten DA noch möglich sind, nicht berücksichtigt. HESS [3] hat daher zur Definition der diagnostischen Unschärfe auch das Shannonsche Informationsmaß benutzt.

Die entscheidungstheoretisch begründete Anwendung der reservierten DA ermöglicht es also, die FDR vorab auf beliebige Werte zu beschränken und unter dieser Bedingung eine maximale diagnostische Schärfe zu erhalten. Darüber hinaus ist die reservierte DA den meisten computergestützten Differentialdiagnoseproblemen eher angemessen als die üblicherweise verwendete eindeutige DA in Form einer Bayes-Entscheidung, denn häufig hat man es nur mit Teilen einer umfassenderen Diagnosefindung zu tun, wobei je nach Diagnoseverlauf die Veränderung der Zielgrößen

---

*Wir danken Herrn Professor Dr. Michaelis, Direktor des Institutes für Medizinische Statistik der Universität Mainz, für die Überlassung der diesbezüglichen Daten.

FDR und diagnostische Schärfe erforderlich sein kann. Der mit dem computergestützten Diagnoseprogramm kommunizierende Arzt kann daher den Diagnoseverlauf gezielt steuern und seine evtl. nicht programmierbare Erfahrung hierbei mitbringen.

Angedeutet wurde außerdem die Möglichkeit, die FDR und die diagnostische Schärfe durch eine an entscheidungstheoretischen Kriterien orientierte Auswahl der Untersuchungen weiter zu optimieren [3, 5], was kostengünstig Untersuchungsgänge ersparen kann. Durch Einführung weiterer Modifikationen, etwa Prüfung der initialen differentialdiagnostischen Fragestellung auf Suffizienz oder Berücksichtigung von Risiken und Kosten von Untersuchungen, läßt sich die Konstruktion der reservierten diagnostischen Aussage zu einer recht umfassenden Methode der Diagnosefindung erweitern.

5. Zusammenfassung

Viele Ärzte legen sich nach Betrachtung der Untersuchungsbefunde nicht eindeutig auf eine bestimmte Diagnose fest, sondern behalten sich die Differenzierung zwischen bestimmmten Krankheitsklassen vor, um eine Fehldiagnose zu vermeiden. Wir sprechen dann von einer reservierten diagnostischen Aussage (DA). Die hier vorgenommene Analyse der reservierten DA stützt sich auf zwei gütebestimmende Größen: die Fehldiagnoserate FDR und den auftretenden Verlust an diagnostischer Schärfe. Wir zeigen an einem Beispiel, daß die reservierte DA von Ärzten häufig intuitiv und in Unkenntnis der statistischen Implikationen ineffizient benutzt wird. Die reservierte DA läßt sich auch für komplexere diagnostische Probleme, die mit Computerunterstützung gelöst werden müssen, gewinnbringend verwenden: die FDR kann in jedem Fall bei maximal möglicher diagnostischer Schärfe auf einen genügend kleinen Wert beschränkt werden. Unter Benutzung der reservierten DA lassen sich automatische, sequentielle Diagnoseverfahren konstruieren, bei denen die Untersuchungsergebnisse des Patienten schrittweise nach definierten Optimalitätskriterien ausgewählt dem Diagnoseverlauf zugeführt werden.

Literatur

1. Grémy, F., Salomon, R., Chastang, C.: Theory of medical decision problems. Introductory remarks. In Shires, D. B. Wolf, H. (Eds): Medinfo 77, pp. 95-99. Amsterdam: North-Holland 1977.

2. Hess, C. F.: Die Klassenauswahl in Mustererkennungsprozessen - dargestellt am Beispiel computergestützter Diagnoseverfahren in der Medizin. Diss. Universität Mainz 1979.

3. Hess, C. F.: Individuell optimale Untersuchungsauswahl und individuell optimale diagnostische Aussage - ein umfassendes Verfahren zur computergestützten Differentialdiagnose. Diss. Universität Mainz 1982.

4. Hess, C. F., Brodda, K.: On the optimum choice of categories for the classification of biomedical data patterns. Meth. Inform. Med. 18 (1979) 222-228.

5. Hess, C. F., Brodda, K.: On the optimum selection of investigations in computer-aided differential diagnosis. Zur Veröffentlichung eingereicht in Comp. biomed. Res.

6. Pipberger, H. V.: Potentialities, problems and perspectives of ECG data processing. Verh. dtsch. Ges. Kreisl.-Forsch. 44 (1978) 33-37.

7. Pöppl, S. J., Herrmann, G., Höbel, W. et al.: Adaptive nonlinear approaches to nonparametric classification and discrimination techniques based on Pipberger ECG-file. In Shires, D. B. Wolf, H. (Eds): Medinfo 77, pp. 1017-1021. Amsterdam: North-Holland 1977.

8. Quesenberry, C. P., Gessaman, M. P.: Nonparametric discriminátion using tolerance regions. Ann. math. Statist. 39 (1968) 664 - 673.

9. Smets, P., Vainsel, H.; Bernard, R.; et al.: Bayesian probalitiy of fuzzy diagnosis. In Shires, D. B., Wolf, H. (Eds): Medinfo 77, pp. 121-122. Amsterdam: North-Holland 1977.

Aus der Abteilung für Theoretische Chirurgie im Zentrum für Operative Medizin I, Philipps-Universität Marburg

Computergestützte Diagnose bei der oberen Gastrointestinalblutung

Ch. Ohmann, K. Thon, H. Stöltzing, Yang Qin, H. Rohde, W. Lorenz

Computerunterstützte Diagnosesysteme sind heute auf vielen Gebieten der Medizin etabliert [21]. Dabei liegt der Vorteil dieser Systeme nicht in der Erstellung von den Arzt ersetzenden Computerdiagnosen, sondern in der Bereitstellung eines sinnvollen Hilfsmittels zur Verbesserung der Diagnosestellung durch den Kliniker. Unter dem Einfluß computerunterstützter Diagnosesysteme hat sich dabei die traditionelle Betrachtungsweise von Diagnose als intuitiver Kunst - basierend auf persönlicher Erfahrung und Textbuchwissen - geändert in eine mehr statistische Betrachtungsweise von Diagnose - basierend auf Wahrscheinlichkeiten [5]. Dadurch erhält die Zuverlässigkeit, d.h. die Verlässlichkeit der Zahlenwerte der diagnostischen Wahrscheinlichkeiten, einen erheblich größeren Stellenwert [11,12]. Für den Bereich der oberen Gastrointestinalblutung haben wir ein computerunterstütztes Diagnosesystem entwickelt, ausgewertet und auf diesen Aspekt hin untersucht.

Das klinische Problem

Die obere Gastrointestinalblutung ist mit ca. 150 Krankenhauseinweisungen pro 100.000 Population pro Jahr eine relativ häufige Erkrankung [2] mit einer beachtlich hohen Letalität von 2-10%, je nach Zusammensetzung des Krankengutes [4]. Eine längere, nur allgemein unterstützende Therapie (z.B. Bluttransfusionen) ohne Kenntnis der Diagnose verschlechtert im Durchschnitt die Prognose [4]. Daher besteht die Notwendigkeit einer frühen Diagnose der Blutungsquelle, um eine läsionsabhängige Therapie einleiten zu können. Diese ist z.B. in unserer Klinik beim blutenden Ulcus duodeni operativ, bei blutenden Ösophagusvarizen eine endoskopische Sklerosierungstherapie und beim Mallory-Weiss-Syndrom konservativ.

Die Endoskopie ist mit ca. 90% Richtigkeit allen anderen Verfahren bei der Diagnosestellung überlegen [13]. Sie stellt allerdings mit ca. 1% Komplikationen (etwa 0,5% schwer) einen risikoreichen Eingriff mit erheblicher Belästigung des Patienten dar [7]. Da ein Teil der Blutungspatienten nicht endoskopisch, sondern operativ bzw. konservativ behandelt wird, stellt sich die Frage, ob durch sorgfältige Anamnese und klinischen Befund unter Vermeidung der Endoskopie diese Patienten herausgefiltert werden können. Zu diesem Zweck haben wir eine Studie durchgeführt, die klären soll, inwieweit der Chirurg bzw. ein computerunterstütztes Diagnosesystem in der Lage ist, aufgrund von Anamnese und klinischem Befund allein die Ursache einer oberen Gastrointestinalblutung zu erkennen.

Patienten und Methode

Bei einer konsekutiven Serie von 457 Patienten (Jan. 1978 - Febr. 1983) mit oberer Gastrointestinalblutung wurden unmittelbar nach Klinikaufnahme Anamnese und klinischer Befund mittels eines EDV-Fragebogens prospektiv dokumentiert [18]. Dabei wurden insgesamt 44 Merkmale ausgewählt, die aufgrund klinischer Erfahrung und eines Literaturstudiums eine möglichst gute Diskriminierung zwischen den verschiedenen Erkrankungen versprachen.

Die endgültige Diagnose (Enddiagnose) der Blutungsquelle erfolgte aufgrund der bei allen Patienten durchgeführten Notfallendoskopie unter Berücksichtigung von Befunden aus Operation, Histologie, Röntgen und weiteren Endoskopien. Das Krankengut wurde in die 4 Gruppen Ulcus ventriculi (U.v.), Ulcus duodeni (U.d.), Varizen und die Gruppe der übrigen Läsionen (Rest) eingeteilt.

Die computerunterstützte Diagnose wurde mit Hilfe des Bayes-Theorems unter der Voraussetzung der Unabhängigkeit der Symptome für die einzelnen Krankheiten durchgeführt (10,20). Als A-priori-Wahrscheinlichkeit wurde P(D) = 0,25 für D = U.v., U.d., Varizen und Rest gewählt. Die Wahrscheinlichkeit P(S/D) für das Auftreten des Symptoms S bei der Krankheit D wurde durch den Quotienten aus der Anzahl der Patienten mit Krankheit D und Symptom S und der Anzahl der Patienten mit Krankheit D geschätzt. Als computerunterstützte Diagnose wurde die Krankheit mit der größten A-posteriori-Wahrscheinlichkeit gewählt.

Um eine zu optimistische Schätzung der Fehlerrate des computerunterstützten Systems zu vermeiden [22], wurde eine Einteilung des Krankengutes in eine Trainingsstichprobe von N = 362 (Jan. 78 - Dez. 81) zum Aufbau der Datenbasis mit Schätzung der Wahrscheinlichkeiten P(S/D) und eine Teststichprobe von N = 95 (Jan. 82 - Febr. 83) zur Auswertung des computerunterstützten Systems vorgenommen.

Darüberhinaus wurde für die Teststichprobe vom untersuchenden Arzt unmittelbar nach Erhebung der Anamnese und Durchführung der klinischen Untersuchung ohne Kenntnis der computerunterstützten Vorhersage eine diagnostische Vorhersage auf dem EDV-Fragebogen notiert. Da bei 5 Patienten ohne Angabe von Gründen keine Vorhersage gemacht wurde, stehen 90 diagnostische Vorhersagen des Klinikers zur Auswertung zur Verfügung.

Ergebnisse

In Tabelle 1 und 2 sind die Klassifikationsmatrizen der diagnostischen Vorhersage des Klinikers und des computerunterstützten Systems für die Testgruppe dargestellt [8]. Es ergibt sich eine Richtigkeit der diagnostischen Vorhersage des Computers von 60% und des Klinikers von 61%. Das Vorhersagemuster des Klinikers unterscheidet sich hauptsächlich in der U.d.-Gruppe mit 78% richtigen Vorhersagen gegenüber 42% des Computers und in der Restgruppe mit 42% richtigen Vorhersagen gegenüber 65% des Computers. Eine Ausnahmestellung nimmt die Gruppe der Varizen mit ca. 80% richtigen Diagnosen und einem Vorhersagewert (predictive value) von ca. 85% sowohl beim Computer als auch beim Kliniker ein.

Betrachtet man die Klassifikationsmatrix mit Verzichtsmöglichkeit für die computerunterstützte Diagnose, in der sichere und unsichere Diagnosen getrennt gezählt werden [8], so ergeben sich bei einem Grenzwert von 0.8 insgesamt 63% zweifelhafte Diagnosen (P(D/S) < 0.8 für D = U.v., U.d., Varizen, Rest), 25% richtige Diagnosen und 12% falsche Diagnosen. Der Ausschluß zweifelhafter Diagnosen bringt keine entscheidende Verbesserung in der Richtigkeit. Besonderen Aufschluß über das probabilistische Verhalten des Diagnosesystems gibt die Ausschlußmatrix in Tabelle 3, bei der alle Krankheiten mit P(D/S) < 0.1 ausgeschlossen wurden [8]. Die Differentialdiagnose von Varizen gegen die übrigen Erkrankungen gelingt gut, was sich an dem Ausschluß der Diagnose Ösophagusvarizen von 86% bei U.v.-Patienten, 89% bei U.d.-Patienten und 84% in der Restgruppe dokumentiert. Umgekehrt werden bei der Diagnose Ösophagusvarizen in 67% der Fälle ein U.v., in 75% ein U.d. und in 63% eine andere Blutungsursache ausgeschlossen. Die Diskriminierung von U.v.-, U.d.-Patienten gegen Patienten mit sonstigen Erkrankungen (Rest) gelingt mit Ausschlußquoten von 42-52% lediglich unvollständig. Noch schlechter ist die Diskriminierung zwischen U.v.- und U.d.-Patienten mit gegenseitigen Ausschlußquoten von 33% U.d.-Ausschluß bei U.v.-Patienten und 37% U.v.-Ausschluß bei U.d.-Patienten.

Tab. 1: Klassifikationsmatrix der diagnostischen Vorhersage des Klinikers

Testgruppe (N = 90)		Enddiagnose				
		U.v.	U.d.	Var.	Rest	
Kliniker	U.v.	10	2	0	10	22
	U.d.	6	14	2	7	29
	Var.	1	1	18	1	21
	Rest	1	1	3	13	18
		18	18	23	31	90
Richtigkeit (%)		56	78	78	42	61

Tab. 2: Klassifikationsmatrix der computerunterstützten Diagnose

Testgruppe (N = 95)		Enddiagnose				
		U.v.	U.d.	Var.	Rest	
Computer	U.v.	10	4	2	2	18
	U.d.	7	8	0	7	22
	Var.	1	1	19	2	23
	Rest	3	6	3	20	32
		21	19	24	31	95
Richtigkeit (%)		48	42	79	65	60

Das Diskriminanzvermögen des computerunterstützten Systems läßt sich darüberhinaus an verschiedenen Meßgrößen überprüfen. Hierzu sind in Tabelle 4 die durchschnittliche Wahrscheinlichkeit für die tatsächliche Krankheit, das quadratische Kriterium und das ε-modifizierte logarithmische Kriterium dargestellt [9,11,12]. Die durchschnittliche Wahrscheinlichkeit für die tatsächliche Diagnose ist mit 0,52 bei einem maximal möglichen Wert von 1 gering. Das quadratische Kriterium als eine kontinuierliche Funktion der zugeteilten diagnostischen Wahrscheinlichkeiten berücksichtigt auch die Wahrscheinlichkeiten der nicht vorhandenen Krankheiten. Bei einem theoretischen Maximum von 2 und einem Minimum von 0 (gewünscht) ist der ermittelte Wert von 0,59 kaum verschieden von dem quadratischen Score 0,75 des indifferenten Systems, bei dem jeder Krankheit konstant die Wahrscheinlichkeit 0,25 zugeordnet wird [11]. Das ε-logarithmische Kriterium, approximativ gleich

$$\frac{1}{N} \sum_i \ln (P_{id(i)} + \epsilon),$$

ist besonders sensitiv gegen sehr kleine Wahrscheinlichkeiten bei der tatsächlichen Erkrankung. Bei ε = 0.01, einem Minimum von -4.56 und einem Maximum von 0 (gewünscht) spiegelt der Wert -1.00 den hohen Anteil von 16 Patienten mit einer Wahrscheinlichkeit von P(D/S) $<$ 0,10 für die tatsächliche Diagnose wieder.

Tab. 3: Ausschlußmatrix für die computerunterstützte Diagnose
(* Krankheiten D mit P(D/S) < 0.1 ausgeschlossen)

Testgruppe (N = 95)		Enddiagnose			
Ausschluß-diagnosen*		U.v.	U.d.	Var.	Rest
Computer	U.v.	3	7	16	14
	U.d.	7	4	18	15
	Var.	18	17	4	26
	Rest	11	8	15	5
	maximal möglich	(21)	(19)	(24)	(31)

Einen wesentlichen Aspekt der Leistungsgüte bei der probabilistischen Diagnose stellt heute die in der Einleitung angesprochene Zuverlässigkeit der Zahlenwerte der diagnostischen Wahrscheinlichkeiten dar [6,11]. So kann ein computerunterstütztes Diagnosesystem mit geringem Diskriminanzvermögen durchaus von klinischer Relevanz sein, wenn die zugehörigen Wahrscheinlichkeiten Gültigkeit besitzen (Zuverlässigkeit). Unter der Annahme perfekter Zuverlässigkeit der Wahrscheinlichkeiten läßt sich der Erwartungswert der oben genannten Meßgrößen berechnen und mit dem tatsächlich beobachteten Wert vergleichen. Nach Tabelle 4 ergibt sich eine um 11% höhere erwartete Wahrscheinlichkeit für die tatsächliche Krankheit und ein um 13% höherer erwarteter Anteil richtiger Vorhersagen im Vergleich zum beobachteten Wert. Unter Zugrundelegung der Standardnormalverteilung muß in beiden Fällen die Nullhypothese perfekter Zuverlässigkeit abgelehnt werden ($p < 0.001, p < 0.01$). Ebenso lassen das quadratische Kriterium und das ϵ modifizierte logarithmische Kriterium bei Annahme perfekter Zuverlässigkeit wesentlich bessere Werte erwarten als in der Studie dann tatsächlich beobachtet wurden (siehe Tabelle 4).

Es gibt viele Möglichkeiten, in denen ein System vom perfekten Verhalten abweichen kann. Hierzu gehört das Favorisieren von bestimmten Krankheiten oder von häufigen Krankheiten (size bias [12]). In Tabelle 5 ist der Anteil jeder einzelnen Krankheit sowie der Erwartungswert unter der Annahme perfekter Zuverlässigkeit dargestellt. Der Test der Zuverlässigkeitshypothese zeigt (nicht signifikant), daß keine Krankheit im Durchschnitt über- oder unterfavorisiert ist.

Diskussion

Das Diskriminanzvermögen des Klinikers und des computerunterstützten Systems ist mit ca. 60% Richtigkeit gleichermaßen schlecht, bestätigt aber für den Bereich der computerunterstützten Diagnose die Ergebnisse einer multizentrischen Studie und unsere früheren Ergebnisse [4,17]. Das computerunterstützte System erreicht damit nicht die guten Ergebnisse bei anderen Krankheitsbildern [3,21]. Außerdem konnte das typische Ergebnis, daß die Anwendung des Computers die diagnostische Genauigkeit um etwa 10% erhöht, nicht beobachtet werden [3,21].

Denkbare Gründe für die schlechten Ergebnisse wären unter anderem, daß Anamnese und klinischer Befund nicht die für eine Diskriminierung nötigen Parameter enthalten, die Qualität der Daten gering ist, das falsche mathematische Modell gewählt wurde oder daß es überhaupt nicht möglich ist, aufgrund von Anamnese und klinischem Befund zwischen den verschiedenen Läsionen zu diskriminieren.

Die Merkmale aus Anamnese und klinischem Befund in unserer Studie umfassen die Merkmale in der Übersichtsstudie zur oberen Gastrointestinalblutung der "World Organisation of Gastroenterology" [4]. Diese Studie basiert auf einer umfangreichen Literaturanalyse, so daß man davon ausgehen muß, daß unser Fragebogen, abgesehen von hier nicht interessierenden Spezialuntersuchungen, alle für eine Differentialdiagnose wichtigen Merkmale enthält.

Tab. 4: Diskriminanzvermögen und Zuverlässigkeit des computerunterstützten Systems
* Pij = P(Dj/Si) = Wahrscheinlichkeit für Dj beim Vorliegen des Symptomenvektors Si von Patient i
d(i) = Index der tatsächlichen Erkrankung von Patient i
d(i) = Index der Erkrankung mit maximaler Wahrscheinlichkeit bei Pati
I(..) = Indikatorfunktion mit I (wahr) = 1, I (falsch) = 0
ε = 0.01, w(Pij) = (1-ε)*Pij + ε
** berechnet unter der Annahme perfekter Zuverlässigkeit der Wahrscheinlichkeiten (11,12)

Meßgröße	Berechnung*	Teststichprobe (N=95) beobachtet	erwartet**
Durchschnittliche Wahrscheinlichkeit für tatsächliche Krankheit	$\frac{1}{N}\cdot\sum_i P_{i\,d(i)}$	0,52	0,63
Anteil richtiger Vorhersagen	$\frac{1}{N}\cdot\sum_i I(d(i)=\hat{d}(i))$	0,60	0,73
Quadratisches Kriterium	$\frac{1}{N}\cdot\sum_i [(1-P_{i\,d(i)})^2+\sum_{j\neq d(i)} P_{ij}^2]$	0,59	0,37
ε-modifiziertes logarithmisches Kriterium	$\frac{1}{N}\cdot\sum_i [\ln w(P_{i\,d(i)})+\varepsilon\cdot\sum_{j\neq d(i)}\ln(w(P_{ij})/\varepsilon)]$	-1,00	-0,58

Tab. 5: Zuverlässigkeit der computerunterstützten Diagnose für die einzelnen Erkrankungen
* Pi1 = P(D1/Si) = Wahrscheinlichkeit für D1 beim Vorliegen des Symptomenvektors Si von Patient i,
n1 = Anzahl der Patienten mit Erkrankung D1

Meßgröße	Berechnung*	Teststichprobe (N = 95)			
		U.v.	U.d.	Var.	Rest
Anteil der einzelnen Krankheit (%)	z.B. $Q = \frac{n_1}{N}$	22,1	20,0	25,3	32,6
Erwartungswert unter der Annahme perfekter Zuverlässigkeit (%)	z.B. $E(Q) = \frac{1}{N}\sum_i P_{i1}$	22,7	25,5	22,3	30,0
Differenz	Q - E(Q)	-0,6	-5,5	+3,0	+2,6

Die Daten aus Anamnese und klinischem Befund basieren auf einer vor Beginn der Studie definierten Terminologie [4] und einer prospektiven Datensammlung mittels EDV-Fragebogens. Dabei hat sich gezeigt, daß in 19% der Fälle ein Datenverlust von mindestens 20% zu verzeichnen war. Der größte Teil dieses Datenverlustes ist unvermeidbar, da aufgrund des Schockzustandes des Patienten diese Informationen einfach nicht zu erhalten sind. Der Vergleich der computerunterstützten Diagnose dieser Patienten mit dem Kollektiv der Patienten ohne nennenswerten Datenverlust ergab eine Reduktion der Richtigkeit bei Datenverlust um 9%.

Obwohl die Verwendung des Bayes-Theorems zur Schätzung von Diagnosewahrscheinlichkeiten zu den populärsten Modellen in der computerunterstützten Diagnose gehört, ist es vor allen Dingen wegen der Voraussetzung der Unabhängigkeit der Symptome nicht unumstritten [16]. Hinsichtlich des Diskriminanzvermögens haben vergleichende Studien mit verschiedenen statistischen Modellen allerdings gezeigt, daß auch bei Nichterfüllung dieser Voraussetzung das Bayes-Theorem durchaus konkurrenzfähig ist [1,19]. Darüberhinaus sollte der Aspekt der Einfachheit und Verständlichkeit des statistischen Modells für den Kliniker nicht vergessen werden, da eine routinemäßige Anwendung computerunterstützter Diagnosesysteme vom Kliniker und nicht vom Statistiker durchgeführt wird [16].

Damit soll nicht gesagt werden, daß erfolgreiche Diagnosemodelle für die obere Gastrointestinalblutung nicht entwickelbar sind. Insbesondere eine geeignete Selektion von Variablen unter Berücksichtigung der Zeitstabilität und Verwendung anderer Modelle (z.B. lineare logistische Regression [6]) könnten die Ergebnisse verbessern. Aufgrund der Erfahrung mit der Leistungsfähigkeit der computerunterstützten Diagnose nach dem Bayes-Theorem sind allerdings entscheidende Verbesserungen nicht zu erwarten. Man muß davon ausgehen, daß Anamnese und klinischer Befund die Diagnose der Blutungsquelle auch mit Hilfe computerunterstützter Diagnosesysteme nicht zufriedenstellend ermöglichen [14,15].

Neben dem Diskriminanzvermögen eines computerunterstützten Systems ist die Zuverlässigkeit der diagnostischen Wahrscheinlichkeiten das zweitwichtigste Qualitätsmerkmal [9,11,12]. Bei der Betrachtung aller vier untersuchten Kriterien zeigt sich (siehe Tabelle 4), daß von unserem Diagnosesystem übertrieben zuversichtliche Diagnosen produziert werden. Die Zahlenwerte der diagnostischen Wahrscheinlichkeiten können also nicht unbedingt als Wahrscheinlichkeiten interpretiert werden. Einer der Gründe hierfür ist, daß ein Teil der Variablen miteinander korreliert ist, aber in dem Modell abhängige Information als unabhängige Information verarbeitet wird [12,16]. Durch Einführung eines globalen Assoziationsfaktors könnte die Überzuversichtlichkeit der Diagnosen eventuell vermieden werden [16].

Aufgrund des mangelnden Diskriminanzvermögens und der Unzuverlässigkeit der Wahrscheinlichkeiten kann unser computerunterstütztes System in dieser Form sicherlich nicht als sinnvolles Hilfsmittel bei der diagnostischen Entscheidungsfindung des Arztes eingesetzt werden. Diese und weitere Studien auf dem Gebiet der oberen Gastrointestinalblutung können aber helfen, die tatsächliche Bedeutung von Anamnese und klinischem Befund für die Diagnose der Blutungsquelle zu klären.

Literatur

1. Croft, J.D.: Mathematical methods in medical diagnosis. Ann. biomed. Eng. 2 (1974) 69-89.

2. Cutler, J.A., Mendeloff, A.I.: Upper gastrointestinal bleeding - Nature and magnitude of the problem in the U.S. Dig. Dis. Sci., Suppl. 26 (1981) 90-96.

3. Dombal, de F.T., Leaper, D.J., Staniland, J.R., et al.: Computer-aided diagnosis of acute abdominal pain. Brit. med. J. 1972, II: 9-13.

4. Dombal, de F.T., Morgan, A.G., Staniland, J.R. et. al.: Clinical features - computer analysis. In Dykes, P.W., Keighly, M.R.B. (Eds): Gastrointestinal Haemorrhage, pp. 155-165, Bristol: John Wright 1981.

5. Diamond, G.A.: Computer diagnosis: revolution or revelation? (Editorial) Int. J. Cardiol. 2 (1982) 219-220.

6. Dirschedl, P.: Praktische Erfahrungen mit dem multiplen logistischen Modell. In Köpcke, W., Überla, K. (Hrsg.): Biometrie - heute und morgen, S. 278-300. Berlin - Heidelberg - New York: Springer 1980.

7. Gilbert, D.A., Silverstein, F.E., Tedesco, F.J.: National ASGE survey on upper gastrointestinal bleeding - Complications of endoscopy. Dig. Dis. Sci., Suppl. 26 (1981) 55-59.

8. Habbema, J.D.F., Hilden, J., Bjerregaard, B.: The measurement of performance in probabilistic diagnosis - I. The problem, descriptive tools, and measures based on classification matrices. Meth. Inform. Med. 17 (1978) 217-226.

9. Habbema, J.D.F., Hilden, J., Bjerregaard, B.: The measurement of performance in probabilistic diagnosis - V. General recommendations. Meth. Inform. Med. 20 (1981) 97-100.

10. Hall. G.H.: The clinical application of Bayes' theorem. Lancet 1967, II: 555-557.

11. Hilden, J., Habbema, J.D.F., Bjerregaard, B.: The measurement of performance in probabilistic diagnosis - II. Trustworthiness of the exact values of the diagnostic probabilities. Meth. Inform. Med. 17 (1978) 227-237.

12. Hilden, J., Habbema, J.D.F., Bjerregaard, B.: The measurement of performance in probabilistic diagnosis - III. Methods based on continuous functions of diagnostic probabilities. Meth. Inform. Med. 17 (1978) 238-246.

13. Morrisey, J.F.: Clinical approach to diagnostic endoscopy in patients with upper gastrointestinal bleeding. Dig. Dis. Sci., Suppl. 26 (1981) 6-11.

14. Ohmann, C., Thon, K., Stöltzing, H. et al.: Unzuverlässigkeit von Anamnese und klinischem Befund für die klinische und computerunterstützte Diagnose bei oberer Gastrointestinalblutung. Langenbecks Arch. Chir., Suppl. 1983, 23-27.

15. Ohman, C., Thon, K., Stöltzing, H. et al.: Klinische und computerunterstützte Diagnose bei oberer Gastrointestinalblutung. Dtsch. med. Wschr. (im Druck).

16. Spiegelhalter, D.J.: Statistical aids in clinical decision-making. Statistician 31 (1982) 19-36.

17. Thon, K., Ohmann, C., Rohde, H. et al.: Einführung der computerunterstützten Diagnose bei der oberen Gastrointestinalblutung. Langenbecks Arch. Chir., Suppl. 1982, 331-235.

18. Thon, K., Ohmann, C., Rohde, H. et al.: Die obere Gastrointestinalblutung: Wie zuverlässig läßt sich die Rezidivblutung anhand klinischer Blutungszeichen ermitteln. Langenbecks Arch. Chir., Suppl. 1981, 163-165.

19. Titterington, D.M., Murray, G.D., Murray, L.S. et al.: Comparison of discrimination techniques applied to a complex data set of head injured patients. J. roy. statist. Soc. A 144 (1973) 145-175.

20. Victor, N.: Probabilistische Zuordnungsverfahren. Meth. Inform. Med. 12 (1973) 238-244.

21. Wardle, A. Wardle, L.: Computer aided diagnosis - A review of research. Meth. Inform. Med. 17 (1978) 15-28.

22. Zentgraf, R., Victor, N.: Some problems arising in the statistical treatment of diagnosis. Meth. Inform. Med. 17 (1978) 10-15.

Aus dem Institut für Medizinische Statistik und Biomathematik der Universität Düsseldorf (Direktor: Prof. Dr. H.J. Jesdinsky)

Adaptive Nachbarschaftsschätzer bei Zuordnungsregeln mit qualitativen Daten

H.J. Trampisch, H.J. Jesdinsky

Zusammenfassung

Zuordnungsregeln im Bereich qualitativer Daten werden hauptsächlich unter Restriktionen an die zugrundeliegenden Verteilungen konstruiert (z.B. Log-Lineares-Modell, Lancaster-Modell). Vielfach wird auch für diese Problemstellung die lineare Diskriminanz-Funktion benutzt. Derartige Restriktionen besitzen den Nachteil, daß ein Einfluß auf die Zuordnungsregeln nur über die Voraussetzungen an die Wahrscheinlichkeitsverteilung (z.B. Log-Lineares-Modell 2. Ordnung oder multivariate Normalverteilung) möglich ist. Die sich hiermit ergebenden Zuordnungsregeln sind im allgemeinen nicht konsistent.

Anhand eines Beispiels (Prognose beim Morbus Crohn) wird die Anwendung von Nachbarschaftsschätzern demonstriert. Durch eine geeignete Bestimmung eines Gewichtsfaktors aus der Stichprobe, der den Einfluß der Nachbarzellen bei der Schätzung der Zellwahrscheinlichkeiten festlegt, wird die Konsistenz der Zuordnungsregeln sichergestellt.

Mit der Festlegung der Nachbarschaftsbeziehungen innerhalb der Kontigenztafel kann unmittelbar Einfluß auf die Schätzwerte genommen werden. Dadurch ist ein direktes Übertragen medizinischen Vorwissens auf die Schätzwerte der Zellwahrscheinlichkeiten und damit auf die Zuordnungsregeln möglich. Man kann erwarten, daß bei realistisch kleinen Stichprobenumfängen mit diesem Ansatz eine Verkleinerung der mittleren Fehlerrate der Multinomial-Regel möglich sein wird.

1. Einleitung

Zuordnungsregeln werden im Bereich medizinischer Anwendungen hauptsächlich zum Finden differentialdiagnostisch oder prognostisch bedeutsamer Merkmale eingesetzt. Die Standardaufgabe besteht in der Auswahl einiger weniger Merkmale aus einer großen Fülle von vorgegebenen Merkmalen. Für einen Vergleich methodischer Ansätze ist dieses Problem jedoch ungeeignet. Einfacher ist es, für einen Methodenvergleich eine feste Anzahl Merkmale vorauszusetzen.

Für die Durchführung eines Vergleichs werden tatsächliche Wahrscheinlichkeiten benötigt. Diese tatsächlichen Wahrscheinlichkeiten kann man entweder ohne Bezug zu realen Daten vorgeben oder anhand realer Daten festlegen. Die Festlegung der tatsächlichen Wahrscheinlichkeiten aufgrund realer Daten erfordert Datensätze, deren Fallzahl groß genug ist, um mit einiger Zuversicht die relativen Häufigkeiten in dem Datensatz als tatsächliche Wahrscheinlichkeiten verwenden zu können.

2. Verwendeter Datensatz

Wir werden für die weiteren Darstellungen die Daten einer kontrollierten klinischen Studie bei Patienten mit Morbus Crohn heranziehen (3, Tabelle 1). Wir werden diesen Datensatz zur Festlegung der tatsächlichen Wahrscheinlichkeiten, der Parameter der Multinomialverteilung, verwenden. Diese tatsächlichen Wahrscheinlichkeiten werden wir dann sowohl zur Darstellung des Prinzips der (adaptiven) Nachbarschaftsschätzung als auch zur Durchführung einer Monte-Carlo-Untersuchung zum Vergleich der Nachbarschaftsschätzer mit der linearen Diskriminanz-Funktion verwenden.

Tab. 1: Merkmale (Therapie, Albumin) von 300 Patienten mit Morbus Crohn zu Beginn einer kontrollierten klinischen Prüfung in Beziehung zum Verlauf der Erkrankung innerhalb der nächsten zwei Jahre nach Aufnahme in die Studie.

Therapie		Albumin [g/l]	Verlauf		Zell-nummer
Salazosulfa-pyridin	Predni-solon		positiv	negativ	
nein	ja	≤ 38	20	13	1
		> 38	26	6	2
	nein	≤ 38	4	46	3
		> 38	12	8	4
ja	ja	≤ 38	17	20	5
		> 38	25	10	6
	nein	≤ 38	15	37	7
		> 38	28	13	8
Summe:			147	153	

Diese Daten bieten eine günstige Voraussetzung für die Anwendung des Unabhängigkeits-Modells und der linearen Diskriminanz-Funktion. Die Behandlung wurde durch Randomisierung festgelegt, so daß Korrelationen zu der weiteren Einflußgröße 'Albumin' nicht auftreten sollten.

3. Multinomial-Regel und Lineare Diskriminanz-Funktion

In Tabelle 2 sind die sich aus Tabelle 1 ergebenden relativen Häufigkeiten gruppenweise dargestellt.

Tab. 2: Bedingte Wahrscheinlichkeiten der Ausprägungskombinationen in den beiden Gruppen 'positiver Verlauf' und 'negativer Verlauf' sowie optimale Zuordnungsregel (Multinomial-Regel) bei Voraussetzung gleicher a priori Wahrscheinlichkeiten ($q_1=q_2=0.5$).

Therapie		Albumin [g/l]	Verlauf		Regel D*
Salazosulfa-pyridin	Predni-solon		positiv	negativ	
nein	ja	≤ 38	0.13	0.07	positiv
		> 38	0.18	0.04	positiv
	nein	≤ 38	0.03	0.30	negativ
		> 38	0.08	0.05	positiv
ja	ja	≤ 38	0.12	0.13	negativ
		> 38	0.17	0.07	positiv
	nein	≤ 38	0.10	0.24	negativ
		> 38	0.19	0.08	positiv
Summe:			1.00	1.00	

Diese sollen für die folgenden Überlegungen als bedingte (tatsächliche) Wahrscheinlichkeiten für die entsprechenden Ausprägungskombinationen in den beiden Gruppen verwendet werden. Außerdem ist in Tabelle 2 die optimale Zuordnungsregel unter Voraussetzung gleicher A-priori-Wahrscheinlichkeiten ($q_1 = q_2 = 0.5$) aufgeführt. Mit dieser Regel D* werden aus der Gruppe 1 ('positiver Verlauf')

$$F_1(D^*) = 0.03 + 0.12 + 0.10 = 0.25$$

der Patienten falsch (d.h. in Gruppe 2) zugeordnet. Aus Gruppe 2 ('negativer Verlauf') ergibt sich dieser Anteil zu

$$F_2(D^*) = 0.07 + 0.04 + 0.05 + 0.07 + 0.08 = 0.31$$

Insgesamt ergibt sich unter der Annahme gleicher A-priori-Wahrscheinlichkeiten eine optimale Fehlerrate von

$$F(D^*) = 0.5\ (F_1(D^*) + F_2(D^*)) = 0.28.$$

Bei einer Anwendung der Multinomial-Regel sind in diesem Beispiel insgesamt 14 Parameter (2 mal Anzahl Zellen minus 2) zu schätzen. Die große Anzahl der zu schätzenden Parameter im Verhältnis zu dem in praktischen Anwendungen kleinen Stichprobenumfang ist das Hauptargument gegen eine Verwendung der Multinomial-Regel. Mit Hilfe von 'Modellvorstellungen' über die zugrundeliegenden Zellwahrscheinlichkeiten wird versucht, die Anzahl der zu schätzenden Parameter zu reduzieren. Zuordnungsregeln, die auf restriktiven Modellvorstellungen basieren, können der (asymptotisch optimalen) Multinomial-Regel allenfalls bei kleinen und mittleren Stichprobenumfängen überlegen sein. Bei großen Stichprobenumfängen müssen die zwangsläufig nicht erfüllten Modellvorstellungen zu schlechteren Zuordnungsregeln führen.

Bei der Linearen Diskriminanz-Funktion wird vorausgesetzt, daß die Logarithmen der Zellwahrscheinlichkeiten proportional einer quadratischen Form sind:

$$\mathrm{Log}\ p(x) \propto (x-\mu)'\ \Sigma^{-1}\ (x-\mu)$$

Dabei ist μ der Erwartungswertvektor der Merkmale und Σ deren Kovarianzmatrix. Dabei wird zusätzlich eine gleiche Kovarianzmatirix in beiden Gruppen vorausgesetzt. Erwartungswerte sowie Kovarianzmatrix bei einer Verschlüsselung der Ausprägung mit den Werten 1 und 2 sind in Tabelle 3 zusammengestellt.

Tab. 3: Erwartungswerte der Merkmale in beiden Gruppen sowie gemeinsame Kovarianzmatrix bei einer Verschlüsselung der Ausprägungen mit Werten 1 und 2.

	Erwartungswerte		Kovarianzmatrix		
	Verlauf				
	positiv	negativ	Album.	Prednis.	Salazos.
Albumin	1.62	1.24	0.209	-0.001	0.012
Prednisolon	1.39	1.67		0.229	0.014
Salazosulf.	1.58	1.53			0.246

Mit diesen Erwartungswerten und der Kovarianzmatrix können dann die Zellwahrscheinlichkeiten berechnet werden (Tab. 4). In Tabelle 4 wurde eine Normierung der Zellwahrscheinlichkeiten derart durchgeführt, daß deren Summe innerhalb jeder Gruppe 1 ergibt. Hiermit erhält man die (asymptotischen) Fehlerraten der Linearen Diskriminanz-Funktion:

$$F_1(LDA) = 0.13 + 0.03 + 0.12 + 0.10 = 0.38$$

$$F_2(LDA) = 0.04 + 0.05 + 0.07 + 0.08 = 0.24$$

$$F(LDA) = 0.05 \cdot (F_1(LDA) + F_2(LDA)) = 0.31$$

Tab. 4: Bedingte tatsächliche (wahre) und unter dem Modell der linearen Diskriminanzanalyse (LDA) bestimmte Wahrscheinlichkeiten der Ausprägungskombinationen in den beiden Gruppen 'positiver Verlauf' und 'negativer Verlauf'.

Therapie			Verlauf				
Salazosulfa-pyridin	Predni-solon	Albumin [g/l]	positiv Wahr.	positiv LDA	negativ Wahr.	negativ LDA	Regel LDA
nein	ja	$\leq$ 38	0.13	0.08	0.07	0.09	negativ
		> 38	0.18	0.19	0.04	0.01	positiv
	nein	$\leq$ 38	0.03	0.02	0.30	0.32	negativ
		> 38	0.08	0.05	0.05	0.02	positiv
ja	ja	$\leq$ 38	0.12	0.09	0.13	0.08	negativ
		> 38	0.17	0.36	0.07	0.01	positiv
	nein	$\leq$ 38	0.10	0.05	0.24	0.43	negativ
		> 38	0.19	0.16	0.08	0.04	positiv
Summe:			1.00	1.00	1.00	1.00	

4. Das Prinzip der Nachbarschaftsschätzung

Das Prinzip der Nachbarschaftsschätzung geht auf eine Arbeit von HILLS [2] zurück. In Tabelle 5 sind die nächsten Nachbarn zu der Zelle Nr. 1 dargestellt. Es sind dies gerade diejenigen Zellen, die sich hinsichtlich der Merkmale in genau einer Komponente unterscheiden.

So ist in Zelle Nr. 2 lediglich ein Unterschied bezüglich Albumin '>38 g/l' in Zelle 2 und '$\leq$ 38 g/l' in Zelle 1 vorhanden. Zelle Nr. 5 unterscheidet sich von Zelle Nr. 1 bezüglich der Behandlung mit Salazosulfapyridin ('Nein' in Zelle Nr. 1 und 'Ja' in Zelle Nr. 5). Die Idee der Nachbarschaftsschätzung besteht darin, zu jeder Zelle eine Anzahl von Nachbarzellen anzugeben, die sich bezüglich der Prognose nur geringfügig von der Ursprungszelle unterscheiden. Hills hat hierfür diejenigen Zellen benutzt, die sich in genau einer Komponente von der Ursprungszelle unterscheiden. Die Schätzung der Zellwahrscheinlichkeit für Zelle 1 geschieht durch folgenden Ansatz:

$$\hat{P}_1 = (1-s)\, h_1 + \frac{S}{3}\,(h_2 + h_3 + h_5).$$

Hierbei ist h_i die relative Häufigkeit in Zelle i und s ein Gewichtsfaktor ($0 \leq s \leq 1$). Die Schätzung P_1 ist eine gewichtete Summe aus der relativen Häufigkeit in Zelle Nr.

1 und dem Mittelwert der relativen Häufigkeiten der Nachbarzellen. In Tabelle 6 sind zu jeder Zelle alle Nachbarzellen aufgeführt.

Tab. 5: Nächste Nachbarzellen zur Zelle Nr. 1 (Therapie: Prednisolon, Albumin: ≤ 38 g/1.) Für diese 2^3-Tafel mit Numerierung (1-8) sind immer solche Zellen Nachbarn, deren Nummern die Differenz 1, 2 oder 4 aufweisen.

Therapie Salazosulfa-pyridin	Therapie Predni-solon	Albumin [g/l]	Zell-nummer	Nachbar-zelle
nein	ja	≤ 38	1	
		> 38	2	*
	nein	≤ 38	3	*
		> 38	4	
ja	ja	≤ 38	5	*
		> 38	6	
	nein	≤ 38	7	
		> 38	8	

Tab. 6: Nächste Nachbarzellen zu allen Zellen.

Therapie Salazosulfa-pyridin	Therapie Predni-solon	Albumin [g/l]	Zell-nummer	Nachbar-zellen
nein	ja	≤ 38	1	2 3 5
		> 38	2	1 4 6
	nein	≤ 38	3	4 1 7
		> 38	4	3 2 8
ja	ja	≤ 38	5	6 7 1
		> 38	6	5 8 2
	nein	≤ 38	7	8 5 3
		> 38	8	7 6 4

Statt dieser formalen Definition von Nachbarzellen kann auch eine inhaltliche Festlegung vorgenommen werden. Eine mögliche inhaltliche Wahl ist in Tabelle 7 angegeben. Hier wurden Nachbarzellen derart festgelegt, daß dies gerade diejenigen Zellen sind, in welchen die für die Ursprungszelle zutreffende Therapie ebenfalls durchgeführt wurde. Dies bedeutet, daß die Zellen Nr. 3 und 4 (Placebobehandlung) keine und die Zellen Nr. 5 und 6 (Kombinationsbehandlung) je 2 Nachbarzellen besitzen.

Tab. 7: Andere Wahl der Nachbarzellen.

Therapie Salazosulfapyridin	Prednisolon	Albumin [g/l]	Zellnummer	Nachbarzellen
nein	ja	≤ 38	1	5
		> 38	2	6
	nein	≤ 38	3	-
		> 38	4	-
ja	ja	≤ 38	5	7 1
		> 38	6	8 2
	nein	≤ 38	7	5
		> 38	8	6

5. Schätzung des Gewichtsfaktors

Die Festlegung des Gewichtsfaktors s kann in Abhängigkeit vom Stichprobenumfang n vorgenommen werden ($s=s_n$). Bestimmt man den Gewichtsfaktor, so daß der Erwartungwert der Summe der quadratischen Differenz der geschätzten Zellwahrscheinlichkeiten von den tatsächlichen Zellwahrscheinlichkeiten minimal wird, so erhält man für die Gruppe 'positiver' Verlauf' die in Tabelle 8 angegebenen optimalen Gewichtsfaktoren S*.

Tab. 8: Optimale Gewichtsfaktoren s^*_n der adaptiven Nächste-Nachbar-Schätzung für verschiedene Stichprobenumfänge (Zellwahrscheinlichkeiten der Gruppe 'positiver Verlauf').

n	.5	10	20	50	100	500	1000	5000
s^*_n	0.65	0.56	0.45	0.29	0.17	0.04	0.02	0.01

Für die Stichprobenumfänge n=5 und n=10 wird demzufolge die Schätzung der Zellwahrscheinlichkeiten stärker durch die Nachbarzellen als durch die Ursprungszelle bestimmt ($s^*_n > 0.50$). Mit wachsendem Stichprobenumfang werden immer stärker die relativen Häufigkeiten als Schätzer verwendet. Hierdurch wird die Konsistenz der Zuordnungsregeln sichergestellt [1, 5]. Je nach Größe des Stichprobenumfangs wird demzufolge mehr 'externe' bzw. 'interne' Information (Modellvorstellung bzw. empirische Daten) verwendet. Je kleiner der Stichprobenumfang ist, desto stärker können Informationen über den Datensatz (z.B. Abhängigkeiten) bei der Schätzung der Zellwahrscheinlichkeiten berücksichtigt werden. Die im empirischen Datensatz vorhandene Information ist dann gering gegenüber der externen Information. Je größer der Stichprobenumfang wird, umso stärker wächst der Informationsgehalt in der Stichprobe. Ein Festhalten an Modellvorstellungen kann dann die Schätzungen unter Umständen verschlechtern.

Die Bestimmung des optimalen Gewichtsfaktors erfordert die Kenntnis der tatsächlichen Zellwahrscheinlichkeiten. Schätzt man den Gewichtsfaktor aus der

Stichprobe, indem man die relativen Häufigkeiten in der Stichprobe anstelle der tatsächlichen Zellwahrscheinlichkeiten verwendet ('Plug-in-Schätzung'), so erhält man sogenannte 'adaptive Schätzer' [4]. Diese adaptiven Schätzer sind ebenfalls asymptotisch erwartungstreue Schätzer.

6. Monte-Carlo-Untersuchung

Das Verhalten der adaptiven Schätzer bei endlichen Stichprobenumfängen ist in Abbildung 1 als Ergebnis einer Monte-Carlo-Untersuchung dargestellt. Für die dort aufgeführten Stichprobenumfänge wurden jeweils 20 Stichproben gemäß den bedingten Wahrscheinlichkeiten aus Tabelle 2 simuliert. Für fünf verschiedene Zuordnungsregeln wurden die Mittelwerte der Fehlerraten gebildet. In Abbildung 1 ist die Differenz zum optimalen Fehler F(D*)=0.28 aufgetragen. Man erkennt deutlich die globale Überlegenheit der gemäß Tabelle 7 gebildeten adaptiven Nachbarschaftsregel. Bei einer formalen Wahl der Nachbarn (Tabelle 6), wie dies bei der adaptiven Nächste-Nachbarn-Regel getan wird, ist die Güte der Regel für kleine Stichprobenumfänge nicht so gut. Ebenfalls ist deutlich zu erkennen, daß sowohl die Lineare Diskriminanz-Funktion als auch das Unabhängigkeits-Modell bereits ab etwa einem Stichprobenumfang 100 zu schlechteren Fehlerraten als die Multinomial-Regel führen. Bereits bei diesem Stichprobenumfang sind die asymptotischen Fehler der beiden nicht konsistenten Zuordnungsregeln größer als diejenigen der Multinomial-Regel. Zusammenfassend läßt sich sagen, daß die adaptive Nachbarschaftsschätzung ein flexibles Ausnutzen der Information über Merkmale bei der Bestimmung von Zuordnungsregeln gestattet. Durch die adaptive Schätzung des Gewichtsparameters wird ein stetiger Übergang von stärker modellabhängigen zu konsistenten Zuordnungsregeln möglich.

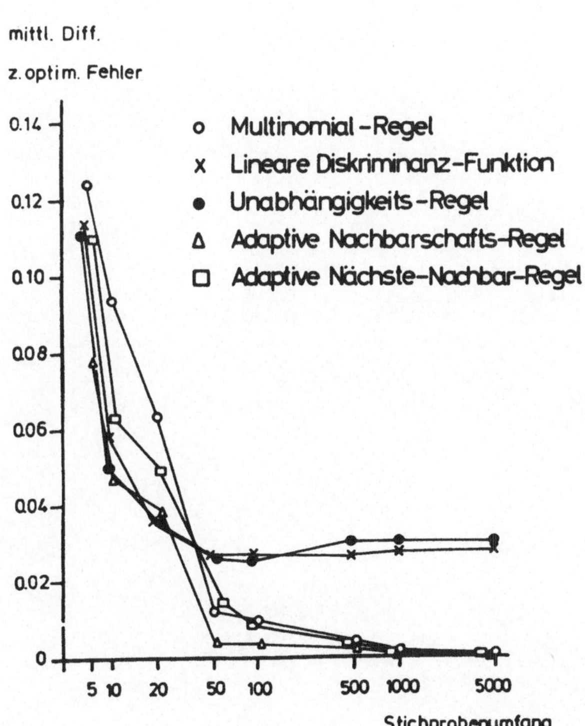

Abb. 1: Mittlere Differenzen zum optimalen Fehler F(D*)=0.28 fünf verschiedener Zuordnungsregeln bei zugrundeliegenden Zellwahrscheinlichkeiten aus Tab. 2

Literatur

1. Hall, P.: Optimal near neighbor estimator for use in discriminant analysis. Biometrika 68 (1981) 572-575.

2. Hills, M.: Discrimination and allocation with discrete data. J. roy. Statist. Soc. C 16 (1967) 237-250.

3. Malchow, H., Ewe, K., Brandes, J.W. et al.: European cooperative Crohn's disease Study I - Results of drug treatment. Gastroenterology (in print).

4. Trampisch, H.J.: Zuordnungsprobleme in der Medizin - Anwendung des Lokationsmodells. Habilitationsschrift. Universität Düsseldorf 1982.

5. Wang, M.-C., van Ryzin, J.: A class of smooth estimators for discrete distributions. Biometrika 68 (1981) 301-309.

Aus der Abt. Med. Statistik, Biomathematik und Informationsverarbeitung (Leiter: Prof. Dr. U. Feldmann) und dem Institut für Anästhesiologie und Reanimation, Universität Heidelberg, Klinikum Mannheim (Direktor: Prof. Dr. H. Lutz)

Einsatz der logistischen Diskriminanzanalyse zur Prognostik postoperativer Komplikationen mit ordinaler Risiko-Skalierung

U. Feldmann, M.-P. Osswald, A. Johann

1. Problemstellung

Die grundsätzliche Eignung diskriminanzanalytischer Klassifikationsverfahren zur Unterstützung der ärztlichen Diagnostik wird in vielen Veröffentlichungen anhand interdisziplinärer Pilotanwendungen aufgezeigt. Dennoch haben sich solche Verfahren im Gegensatz zu differential- und funktionsdiagnostischen Anwendungen in der routinemäßigen klinischen Diagnostik offenbar nicht durchsetzen können. Das gleiche scheint für die klinische Prognostik erwünschter bzw. unerwünschter therapeutischer Wirkungen zu gelten, die gerade in jüngster Zeit eine zunehmende medizinische Bedeutung erlangt [16].

In bezug auf mathematische Modellierung wird das Problem der Diagnostik und das Problem der Prognostik meist identisch behandelt; dennoch bestehen gewisse Unterschiede:

<u>Diagnostik:</u>

a) Die zu erkennende Krankheit liegt bereits vor.
b) Die beobachtbaren Symptome sind eine Folge der Krankheit.
c) Es ist prinzipiell möglich, eine eindeutige diagnostische Entscheidung über die Krankheit zu treffen, indem man den Symptomvektor, z.B. durch einen sequentiellen diagnostischen Prozeß, hinreichend groß wählt.
c) Es wird im allgemeinen eine nominale Krankheits-Klassifikation durchgeführt (Art der Krankheit).

<u>Prognostik:</u>

a) Die zu erkennende erwünschte bzw. unerwünschte therapeutische Wirkung liegt nicht vor.
b) Die prognostischen Variablen werden <u>vor</u> Eintritt der therapeutischen Wirkung erhoben.
c) Es ist apriori prinzipiell unmöglich, eine eindeutige Entscheidung über die therapeutische Wirkung zu treffen, d.h. es ist prinzipiell unmöglich, einen für die eindeutige Entscheidung hinreichend großen Vektor prognostischer Variablen zu wählen.
d) Es wird im allgemeinen eine ordinale Klassifikation der therapeutischen Wirkung durchgeführt (Güte des Erfolges, Schwere der Komplikation).

In beiden Fällen ist Punkt (c) jeweils eine Folgerung aus den Punkten (a) und (b).
Auf die grundsätzliche Problematik einer objektivierbaren Definition der Begriffe Diagnose bzw. Krankheit [23] kann hier nicht eingegangen werden; jedoch kennzeichnet Punkt (c) eine der 'versteckten Voraussetzungen' [14] aller diskriminanzanalytisch Klassifikationsverfahren.
Alle Diskriminanzanalysen gehen davon aus, daß eine deterministisch eindeutige Zuordnung des Meßvektors der Einflußvariablen (Symptome, prognostische Variable) zu genau einer Ausprägung der Zielvariablen (Krankheit, Wirkung) möglich ist und daß diese Zuordnung zumindest einmal an einem Trainings-Kollektiv durchgeführt wurde.

Eine solche Zuordnung erfolgt über 'Außenkriterien', d.h. der in mathematischen Modellen für Diagnostik und Prognostik verwendete Meßvektor ist in seiner Dimension notwendigerweise unvollständig. Hier liegt möglicherweise eine Erklärung für die mäßige Akzeptanz der Diskriminanzanalyse in der klinischen Diagnostik.

Im Bereich der Prognostik besteht, im Gegensatz zur Diagnostik, für den Arzt keine Möglichkeit, den Meßvektor prospektiv zu vervollständigen, so daß der Informationsstand über den einzelnen Patienten für Arzt und mathematisches Verfahren als äquivalent angesehen werden kann. Mathematische Verfahren haben sogar den Vorteil, als multivariate Verfahren die stochastische Abhänigkeit der verschiedenen prognostischen Variablen quantitativ berücksichtigen zu können. Dies gilt auch für eine objektivierbare Beurteilung der prognostischen Wertigkeit der einzelnen Variablen.

Voraussetzung ist allerdings, daß an einem hinreichend großen und repräsentativen Patienten-Kollektiv eine vollständige Erhebung der prognostischen Variablen und der eingetretenen therapeutischen Wirkungen vorgenommen wurde.

Eine weitere Besonderheit der Prognostik ist es, daß nach Punkt (d) eine Erfolgsbeurteilung durch Ordinal-Skalen vorgenommen wird und in vielen Fällen, z.B. bei der Schwere einer postoperativen Komplikation, eine Beurteilung nur vorgenommen werden kann, wenn neben den eigentlichen therapeutischen Wirkungen auch die Ausgangssituation des Patienten, d.h. die prognostischen Variablen berücksichtigt werden.

Das in dieser Arbeit vorgestellte Verfahren zur Prognostik postoperativer Komplikationen beruht auf 700 in einer Kohortenstudie erhobenen Operationen bzw. Anästhesien am Klinikum Mannheim und soll die Punkte (a) bis (d) dadurch berücksichtigen, daß

- zur Prognostik eine mathematische Zuordnungsregel verwendet wird, die unmittelbar die A-posteriori-Wahrscheinlichkeit für das individuelle Operationsrisiko schätzt, und
- ordinale Risiko-Skalen benutzt.

Zu Punkt (1) bietet sich die logistische Diskriminanzanalyse an. Betrachtet man die methodische Literatur zu Punkt (2), so finden sich in diesem Bereich kaum Ansätze. Daher wird ein eigener Ansatz für die logistische Diskriminanzanalyse vorgestellt und mit dem Ansatz von ANDERSON und PHILIPS [5] verglichen.

2. Zuordnungsregeln

Zunächst werden einige Definitionen sowie die formale Darstellung von Zuordnungsregeln gegeben und in den folgenden Abschnitten angewendet.

Seien $x=(x_1, x_2,..., x_r)$ eine Realisation des r-dimensionalen Meßwertvektors X und H eine kategoriale Variable mit m Kategorien, die jedem Träger des Meßvektors x eine Kategorie H=i mit i=1, 2,..., m zuordnet.

Ferner sei $f_i(x) = f(x|H=i)$ die bedingte Wahrscheinlichkeitsverteilung (bzw. Verteilungsdichte) des Meßvektors x für die Kategorie H=1, und pi = P(H=i) die A-priori-Wahrscheinlichkeit für die Zugehörigkeit zur Kategorie H=i.

Dann läßt sich nach der Bayes'schen Formel die A-posteriori-Wahrscheinlichkeit für die Zugehörigkeit des Trägers des Meßvektors x zur Kategorie H=i angeben:

$$P(H=i|x) = (p_i \circ f_i(x)) / \sum_{K=1}^{m} (p_k \circ f_k(x)) \qquad (1)$$

Gleichung (1) ist äquivalent zu

$$P(H=i|x) = G_i(x) \cdot P(H=m|x) \qquad (1^*)$$

mit $G_i(x) = (p_i \cdot f_i(x))/(p_m \cdot f_m(x))$ für i=1, 2,..., m.

Daraus folgt $G_m(x)=1$ und $P(H=m|x) = 1/ \sum_{k+1}^{m} G_k(x)$.

Eine Zuordnungsregel besteht darin, den r-dimensionalen Meßwertraum X vollständig in m disjunkte Teilgebiete D_i (i=1, 2,..., m) zu zerlegen und die Zuordnung H=i zu treffen, falls der Meßvektor x Element des Gebietes D_i ist.

Wie RAO [19] und ANDERSON [1] ausführen, besteht die einfachste und zugleich allgemeinste Zuordnungsregel darin, den Träger des Meßvektors x derjenigen Kategorie H=i zuzuordnen, für die die A-posteriori-Wahrscheinlichkeit P(H=i|x) maximal wird, d.h. nach Gleichung (1):

Klassifiziere den Träger des Meßvektors x in die Kategorie H=i, falls x Element des Gebietes D_i ist, mit

$$D_i = \{x | p_i \cdot f_i(x) = \underset{j}{\mathrm{Max}} (p_j \cdot f_j(x)) \text{ für } j=1, 2,..., m\}. \qquad (2)$$

Betrachtet man Gleichung (1*), dann kann D_i auch dargestellt werden als

$$D_i = \{x | g_i(x) = \underset{j}{\mathrm{Max}}\, g_j(x) \text{ für } j=1, 2,..., m\}, \qquad (3)$$

wobei $g_i(x) = \ln G_i(x)$ die Diskriminanzfunktion ist und nach (1*) stets gilt $g_m(x)=0$.

Die Zuordnungsregeln genügen einem Optimalitätskriterium, denn durch sie wird die absolute Wahrscheinlichkeit P(D) für eine richtige Zuordnung D maximiert [22]:

$$P(D) = \sum_{i=1}^{m} P_i \cdot p(x \in D_i | H=i). \qquad (4)$$

Dabei ist $P(x \in D_i | H=i) = \int_{D_i} f_i(x)dx$

die bedingte Wahrscheinlichkeit für eine richtige Zuordnung zur Kategorie H=i.

Bisher wurde davon ausgegangen, daß die A-priori-Wahrscheinlichkeiten pi und die bedingten Verteilungen $f_i(x)$ vollständig bekannt sind; dies ist bei konkreten Anwendungen jedoch nicht der Fall.

Man kann zwei generelle Ansätze unterscheiden, die von DAWID [9] (a) als 'sampling paradigm' und (b) als 'diagnostic paradig oder 'prognostic paradigm'-[20], discussion bezeichnet werden:

a) Verfahren, die auf Schätzungen der Verteilungen $f_i(x)$ beruhen und Ausdruck (4) maximieren, z.B. Verfahren, bei denen der Verteilungstyp bekannt ist, die entsprechenden Parameter jedoch unbekannt sind, (wie die lineare und quadratische Diskriminanzanalyse), oder verteilungsfreie Verfahren, (wie Kernschätzer-, Nachbarschaftsschätzer- und Unabhängigkeitsmodelle) [11,21].

b) Verfahren, die die Diskriminanzfunktionen $g_i(x)$ direkt schätzen und Ausdruck

(1*) maximieren, d.h. die logistische Diskriminanzanalyse, die von J.A. ANDERSON als partiell verteilungsabhängig ([13], S.169-197) bezeichnet wird.

3. Logistische Diskriminanzanalyse mit nominaler Klassifikation

Für dichotome Klassifikation haben DAY und KERRIDGE [10] die lineare logistische Diskriminanzanalyse eingeführt. Grundlage waren die von D.R. COX [7] entwickelten logistischen Regressionsmodelle für binäre Daten, die von COX [8] auf nominal skalierte Zielgrößen erweitert wurden.

ANDERSON [1,2] übertrug die Ansätze von COX auf die Diskriminanzanalyse und verallgemeinerte die Modelle insbesondere in bezug auf verschiedene Arten der Stichprobenerhebung.

Die lineare logistische Diskriminanzanalyse betrachtet die Diskriminanzfunktionen als lineare Funktionen in den zu schätzenden Parametern:

$$g_i(x) = a_i^* - b_i^* \circ x \text{ für } i=1, 2,\ldots(m-1) \text{ und } g_m(x)=0. \qquad (5)$$

Dabei sind

$a^* = (a_1^*, a_2^*,\ldots, a_m^*-1)$ und $b_i^* = (b_{1i}^*, b_{2i}^*,\ldots, b_{ri}^*)$ Parametervektoren

und $x = (x_1, x_2,\ldots, x_r)$ ist der Meßwertvektor.
Aus der Darstellung $g_i(x) = \ln((p_i \circ f_i(x))/(p_m \circ f_m(x)))$
folgt, daß die A-priori-Wahrscheinlichkeiten pi lediglich Einfluß auf den Parametervektor a* haben, d.h.:

$$a_i^* = \ln(p_i/p_m)+a_i^* \text{ für } (i=1, 2,\ldots, (m-1)). \qquad (6)$$

Die Zuordnungsregel [3], die die A-posteriori-Wahrscheinlichkeit (1*) maximiert, lautet:

$$\text{Klassifiziere } H=i, \text{ falls } g_i(x) = \max_j g_j(x) \text{ für } j=1, 2,.., m.$$

Zur Schätzung der Parametervektoren a* und b^*_i verwendet ANDERSON [1,2] die Maximum-Likelihood-Methode. Die Likelihood-Gleichungen sowie die asymptotische Kovarianz-Matrix für die geschätzten Modellparameter werden von ANDERSON für verschiedene Arten der Stichprobenerhebung angegeben.

Der logistische Ansatz schätzt die Parameter der Diskriminanzfunktionen direkt und macht keine Annahmen über die Verteilung des Meßvektors x.
Hier liegen gewisse Vorteile gegenüber den anderen Diskriminanzverfahren:

- Die verschiedenen Arten der Stichprobenerhebung können durch die Maximum-Likelihood-Methode modelliert werden.
- Die Wechselwirkung zwischen prognostischen bzw. diagnostischen Variablen kann modelliert werden, z.B. im Sinne eines linearen multiplen Regressionsmodells.
- Die asymptotischen Varianzen und Kovarianzen der Parameter können bestimmt werden.
- Die Anzahl der zu schätzenden Modellparameter ist minimal. Sie beträgt $(m-1)\circ(r+1)$, während z.B. bei der linearen Diskriminanzanalyse die Anzahl der Parameter quadratisch mit der Dimension r des Meßwertvektors wächst.

Der letzte Punkt liefert eine Rechtfertigung dafür, die logistische Diskriminanzanalyse bei Auswertungsproblemen mit höherer Dimension des Meßwertvektors einzusetzen.

4. Logistische Diskriminanzanalyse mit ordinaler Klassifikation

ANDERSON und PHILIPS [5] entwickeln ordinale Diskriminanz- und Regressionsansätze, die eine Verallgemeinerung der von PLACKETT [17] bzw. MCCULLAGH [15] eingeführten ordinalen Regressionsmodelle darstellen. Für ordinale logistische Regression gibt COX ([8], S.103) einen entsprechenden Ansatz.

Sei H eine ordinale Klassifikationsvariable mit m geordneten Klassen H=i für i=1, 2,..., m. Ferner sei $F(\bullet)$ eine vollständig spezifizierte Verteilungsfunktion. Dann wird folgender Ansatz betrachtet:

$$P(H \leq i|x) = F(a_i - b \bullet x) \text{ für } i=1, 2,..., (m-1) \quad (7)$$
$$\text{und } P(H \leq m|x) = 1$$

$a=(a_1, a_2,..., a_m-1)$ mit $a_{i-1} \leq a_i$ und $b=(b_1, b_2,..., b_r)$ sind Parametervektoren, $x=(x_1,..., x_r)T$ ist der Meßvektor.

Für die logistische Funktion gilt

$$P(H \leq i|x) = Exp(a_i - bx)/(1+Exp(a_i - bx)), \quad (8)$$

und die A-posteriori-Wahrscheinlichkeit kann dargestellt werden als

$$P(H=i|x) = P(H \leq i|x) - P(H \leq (i-1)|x). \quad (9)$$

Die Parameterschätzung erfolgt aus (9) und (8) durch die Maximum-Likelihood-Methode, die von ANDERSON und PHILIPS [5] für die verschiedenen Arten der Stichprobenerhebung angegeben wird.
Für diskriminanzanalytische Anwendungen werden zwei Zuordnungsregeln betrachtet:

A) Klassifiziere den Träger des Meßvektors x in die Gruppe H=i mit der größten A-posteriori-Wahrscheinlichkeit (9).

B) Klassifiziere den Träger des Meßvektors x in die Gruppe H=i, für die die latente Strukturvariable $z=b \bullet x$ die Ungleichung

$$a_{i-1} < z \leq a_i \text{ mit } i=1, 2,..., m \text{ erfüllt,} \quad (10)$$
wobei
$a_0=-\infty$ und $a_m=+\infty$ gesetzt wird.

Das Verfahren ist eine Verallgemeinerung der dichotomen (m=2) logistischen Diskriminanzanalyse auf den Fall ordinaler Klassifikation, hat jedoch den Nachteil, daß im Gegensatz zu m=2 für m>2 die Zuordnungsregeln (A) und (B) nicht mehr identisch sind und Zuordnungsregel (B) keinem Optimalitätskriterium genügt. Ferner berücksichtigt das Verfahren keine A-priori-Wahrscheinlichkeiten.

Daher wird im folgenden ein Verfahren der logistischen Diskriminanzanalyse angegeben, das die Gleichung (1*) berücksichtigt und als 'natürliche' Verallgemeinerung auf den Fall der ordinalen Klassifikation betrachtet werden kann.
Wie in Abs. 3 wird der Logarithmus der Quotienten der bedingten Verteilungen als lineare Funktion der Parameter betrachtet:

$$\ln((p_i \cdot f_i(x))/p_{i+1} \cdot f_{i+1}(x)) = a_i - b \cdot_x \qquad (11)$$
$$\text{für } i=1,\ 2,\ldots,\ (m-1)$$

Der Unterschied zu Abs. 3 besteht darin, daß die Quotienten nicht fest auf die Klasse H=m bezogen sind, sondern auf die jeweils 'nächst höhere' Klasse H=i+1.
Die A-priori-Wahrscheinlichkeiten werden entsprechend (6) berücksichtigt durch

$$a_i = \ln(p_i/p_{i+1}) + a_i \qquad (12)$$

Als Zuordnungsregel wird Regel (B) benutzt. Man kann leicht zeigen, daß mit Zuordnungsregel (B) und Ansatz (11) die A-posteriori-Wahrscheinlichkeit P(H=i|x) in Formel (1*) maximiert wird, denn es gilt folgendes Lemma:

Lemma 1:

Setzt man in Gleichung (5)

$$a_i = \sum_{k=i}^{\max} ak \text{ und } b_i = (m-i) \cdot b, \qquad (13)$$

dann gilt für den Meßvektor x die Ungleichung (10) genau dann, wenn x Element des Gebietes (3) ist, d.h. die Zuordnungsregel (B) maximiert mit Ansatz (11) die A-posteriori-Wahrscheinlichkeit für die Klasse H=i.

Ferner ist zu zeigen, unter welchen Voraussetzungen die Ungleichung (10) gilt.

Lemma 2:

Die Ungleichung $a_{i-1} \leq a_i$ gilt genau dann für alle i=1, 2,..., m,
wenn

$$p_{i+1} \cdot f_{i+1}(x) \cdot p_{i-1} \cdot f_{i-1}(x) \leq (p_i \cdot f_i(x))^2$$
für alle i=2, 3,...,(m-1) und alle x.

Da die Parameter ai mit der Maximum-Likelihood-Methode geschätzt werden, kann auch die Hypothese (asymptotisch) getestet werden, daß die Ungleichung $a_i - 1 \leq a_i$ für alle i gültig ist, d.h. die Frage geklärt werden, ob die vorliegenden Daten eine ordinale Klassifikation zulassen.

5. Parameter-Schätzung

ANDERSON [1] hat gezeigt, daß in der logistischen Regressions- und Diskriminanzanalyse drei Arten der Stichprobenerhebung durch die Maximum-Likelihood-Methode modelliert werden können (siehe auch (2,3,4)).

Ausgehend von dem (r+1)-dimensionalen Daten-Vektor (x,H) kann als Likelihood betrachtet werden:

I. Die bedingte Verteilung (H|x), d.h. es werden unabhängige Beobachtungen aus der bedingten Verteilung für die Klassifikationsvariable H, gegeben den Meßvektor x, gezogen (conditional sampling on x). Dieses Vorgehen entspricht dem einer prospektiven Studie mit Stratifikation der Einflußvariablen.
II. Die gemischte Verteilung (x,H), d.h. es werden unabhängige Beobachtungen

aus der (r+1)-dimensionalen Verteilung gezogen (mixture sampling). Dieses Vorgehen entspricht dem einer (prospektiven) Kohortenstudie.

III. Die bedingte Verteilung $(x|H)$, d.h. es werden unabhängige Beobachtungen aus der bedingten Verteilung für den Meßvektor x, gegeben die Klasse H, gezogen (conditional sampling on H). Dieses Vorgehen entspricht dem einer (retrospektiven) Fall-Kontroll-Studie (siehe auch (5,6,18)).

Die Daten des im nächsten Abschnitt betrachteten Beispiels zur Prognose postoperativer Komplikationen wurden im Rahmen einer Kohortenstudie erhoben. Daher ist die Likelihood-Funktion für (II) aufzustellen:

Sei n_i der Stichprobenumfang in der Kategorie H=i und $n = \sum_{i=1}^{m} n_i$ der Gesamt-Stichprobenumfang. Ferner sei $x=x_{ij}$ der Meßwertvektor der j-ten Probanden (j=1, 2,..., n_i) in der i-ten Kategorie H=i mit i=1, 2,..., m. Die Likelihood-Funktion lautet:

$$L_M(a,b) = \prod_{(i,j)} \bullet f(H,x), \qquad (14)$$

wobei $f(H,x)=P(H|x)\bullet f(x)$ die gemischte Verteilungsdichte des Vektors (H,x) und f(x) die Verteilungsdichte des Meßvektors x ist. Da über den Meßvektor x keine Verteilungsannahmen gemacht wurden, ist f(x) unabhängig von den Parameter-Vektoren a und b, d.h. die Likelihood-Funktion

$$L_c(a,b) = \prod_{(i,j)} P(H|x) \qquad (15)$$

unterscheidet sich lediglich um einen konstanten Faktor von der Likelihood-Funktion LM(a,b). Es genügt also, die Likelihood-Funktion L_c zu maximieren; sie entspricht dem Fall I.

Nach Gleichung (1*) ist die Log-Likelihood

$$l(a,b) = \sum_{(i,1)} \{\ln G_i(x) - \ln(\sum_{K=1}^{m} G_K(x))\} \qquad (16)$$

Für den Fall der ordinalen Diskriminanzanalyse gilt wegen Lemma 1 (Abs.4):

$$G_i(x) = \mathrm{Exp}(\sum_{K=i}^{m-1} a_K - (m-i)\bullet bx) \text{ für } i=1, 2,..., (m-1) \qquad (17)$$

und $G_m(x) = 1$.

Die Likelihood-Gleichungen lauten dann:

$$\partial l/\partial a_s = \sum_{(i,j)} \{ \sum_{K=1}^{s} (n_k/n) - \sum_{K=1}^{s} G_k / \sum_{K=1}^{m} G_k \} = 0 \qquad (18)$$

für $s=1, 2, \ldots, (m-1)$ und

$$\partial l/\partial b_s = \sum_{(i,j)} \{ -(m-i) \cdot x_s + \sum_{(K=1)}^{m-1} ((m-k) x_s \cdot G_k) / \sum_{K=1}^{m} G_k \} = 0$$

für $s=1,2,\ldots,r$.

Dabei ist x_s die s-te Komponente des Meßvektors $x-x_{ij}$.

Die Lösung der Likelihood-Gleichung führt auf ein nichtlineares Approximationsproblem. Auf die Darstellung der Fisher'schen Informationsmatrix bzw. der asymptotischen Kovarianzmatrix der Parametervektoren a und b soll an dieser Stelle nicht eingegangen werden. Die Herleitung sowie die mathematische Behandlung des Falles III für ordinale Klassifikation bleibt einer gesonderten Arbeit vorbehalten.

6. Prognose postoperativer Komplikationen

Am Klinikum Mannheim wird eine vom Institut für Anästhesiologie und Reanimation entwickelte präoperative Risiko-Checkliste routinemäßig eingesetzt, die den körperlichen Zustand jedes zu operierenden Patienten erfaßt (Abb. 1) und diesen Zustand durch einen numerischen Risiko-Index quantifiziert.

Präoperative Risiko-Checkliste

0	1	2	4	8	16	Pkt
Geplante Operation, nicht dringlich	Geplante Operation, bedingt dringlich	Nicht geplante Op., dringlich	Soforteingriff			
Oberflächenchirurgie	Extremitäteneingriff	Operation m. Eröffnung der Bauchhöhle	Operation m. Eröffnung von Thorax o. Schädel	Zweihöhleneingriff	Polytrauma / Schock	
Alter 1 - 39 Jahre	0 - 1 Jahre 40 - 69 Jahre	70 - 79 Jahre	> 80 Jahre			
Voraussichtl. Op.zeit < 60 Min.	61 - 120 Min.	121 - 180 Min.	> 180 Min.			
Normgewicht ± 10%	10 - 15% Untergew.	10 - 30% Übergew. 15 - 25% Untergew.	> 30% Übergew.			
Normotonie < 160, < 95 mm Hg	Behandelte Hypertonie (kontrolliert)	Unbeh. od. kurzfristig beh. Hypertonie	Behandelte Hypertonie (unkontrolliert)			
Herzleistung normal	Rekomp. Herzinsuff.	Angina pectoris			Dekomp. Herzinsuff.	
EKG normal	Mäßige EKG-Veränd.	Schrittmacher-EKG	Fehlend. Sinusrhythmus > 5 ventrik. Extrasyst./Min			
Kein Herzinfarkt	Herzinfarkt > 2 Jahre	Herzinfarkt > 1 Jahr	Herzinfarkt > 6 Mon.	Herzinfarkt < 6 Mon.	Herzinfarkt < 3 Mon.	
Atmung normal	Obstruktion beh.	Obstruktion unbeh.	Bronchopulmonaler Infekt-Pneumonie	Restriktion	Manifeste Ateminsuffizienz; Cyanose	
Laborwerte Leber normal	Laborwerte Leber leichte Veränderungen	Laborwerte Leber schwere Veränderungen				
Laborwerte Niere normal	Laborwerte Niere leichte Veränderungen	Laborwerte Niere schwere Veränderungen				
Laborw. SBH u. Elektr. normal	Laborw. SBH u. Elektr. leichte Veränderungen	Laborw. SBH u. Elektr. schwere Veränderungen				
Hb > 12.5 g %	Hb 12.5 - 10.0 g %	Hb < 10.0 g %				
Verbrennungsindex (% Verbr. Fläche x Alter)	bis 20	bis 40	bis 60	bis 80	> 80	
					Anzahl Punkte	

Risikogruppe	I	II	III	IV	V
Punkte	0 - 2	3 - 5	6 - 10	11 - 20	> 20

Abb. 1: Präoperative Risiko-Checkliste des Instituts für Anästhesie und Reanimation, Klinikum Mannheim.
Risikogruppen: Leicht (I und II)
Mittel (III)
Schwer (IV und V)

Die Verwendung dieser Checkliste hat praktische Konsequenzen in bezug auf:

- die personelle OP-Planung, d.h. die Auswahl des Anästhesisten und der Assistenz,
- die organisatorische OP-Planung, d.h. die Auswahl des OP-Saales bzw. des Monitorings,
- die postoperative Planung.

Im Rahmen einer Kohortenstudie sollte die aus klinischer Erfahrung entwickelte Checkliste validiert werden. In einem definierten Zeitraum wurden sämtliche Operationen in vier OP-Sälen prospektiv erhoben und die intraoperativ, im Aufwachraum und während der postoperativen Liegezeit des Patienten aufgetretenen Komplikationen erfaßt.

Zur einheitlichen Beurteilung von Komplikationen wurde folgende Bewertung im Sinne einer Ordinal-Skala vorgenommen:

Leicht: Keine Komplikation oder kein bleibender Schaden,
Mittel: Fraglich bleibender Schaden,
Schwer: Auftreten von bleibenden Organschäden oder Exitus.

Diese Beurteilung erfolgt notwendigerweise unter Berücksichtigung der präoperativen Zustandsbeschreibung des Patienten, z.B. des Alters als Möglichkeit für Polymorbidität.

Es ergibt sich somit das Problem der Reliabilität, auf das in dieser Arbeit nicht eingegangen werden soll. Die hier verwendete Komplikations-Bewertung erfolgte durch einen Oberarzt.

Abb. 2 zeigt die entsprechenden bedingten Häufigkeitsverteilungen für den Risiko-Index-Mannheim und seine gute Prognose-Fähigkeit, insbesondere bei der Prognose der schweren Komplikationen.

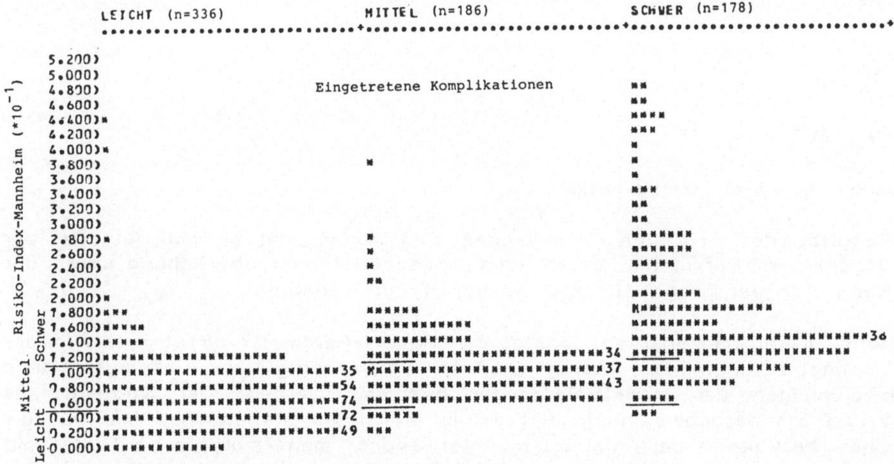

Abb. 2: Häufigkeitsverteilungen des Risiko-Index-Mannheim in bezug auf eingetretene Komplikationen. (*=Einzelfall)

Die Anwendung der in den Abschnitten 4 und 5 hergeleiteten ordinalen logistischen Diskriminanzanalyse auf das vorhandene Datenmaterial ergibt die in Abb. 3 dargestellten Regressionskoeffizienten b_i und die Trennpunkte a_j.

ORDINALE LOGISTISCHE DISKRIMINANZANALYSE

VARIABLE	KOEFFIZIENTEN		
	B	S_B	RANG
OP-BEDINGUNG	1.6	0.8	10
OP-ART	1.6	0.3	3
ALTER	2.8	0.7	7
VORAUSSICHTLICHE OP-DAUER	3.0	0.5	2
NORMAL-GEWICHT	1.4	0.5	9
NORMOTONIE/HYPERTONIE	3.1	0.5	1
HERZLEISTUNG	5.0	1.0	5
EKG	3.1	1.0	8
HERZINFARKT	-0.2	0.3	14
ATMUNG	0.9	0.2	6
LEBERWERTE	0.7	1.0	13
NIERENWERTE	2.1	1.5	11
SBH/ELEKTROLYTE	1.5	1.5	12
HB	5.8	1.1	4
VERBRENNUNGSINDEX	—	—	—

KONSTANTEN: $A_1 = 19.5 \quad s_{A_1} = 2$

$A_2 = 31.0 \quad s_{A_2} = 3$

STRUKTURVARIABLE: $z = B \cdot x$ (RISIKO-INDEX)

Abb. 3: Resultat der ordinalen logistischen Diskriminanzanalyse mit Angabe der geschätzten Parameter, deren asymptotische Standardabweichung sowie der Rangfolge der prognostischen Wertigkeit der Variablen

Die logistische Diskriminanzanalyse schätzt die Modell-Parameter direkt mit Hilfe der Maximum-Likelihood Methode; daher können gleichzeitig die asymptotischen Standardabweichungen der Modell-Parameter bestimmt werden. Der Quotient aus Schätzwert und Standardabweichung (t-Test) ist somit ein statistisches Maß für die prognostische Wertigkeit der Variablen. Verwendet man multiple t-Tests mit Bonferroni-Korrektur, so ergibt sich, daß die Variablen (siehe Abb. 3) mit den Rängen 10 bis 14 nicht zur Diskriminierung beitragen und somit vernachlässigt werden können. Dieses Ergebnis wird auch durch eine 'stepwise analysis' mit Hilfe des Likelihood-Quotiententests nach Neyman und Pearson bestätigt. Die Diskriminierungs-Eigenschaft des logistischen Risiko-Index wird in Abb. 4 dargestellt und zeigt eine gleichmäßig gute Prognostik.

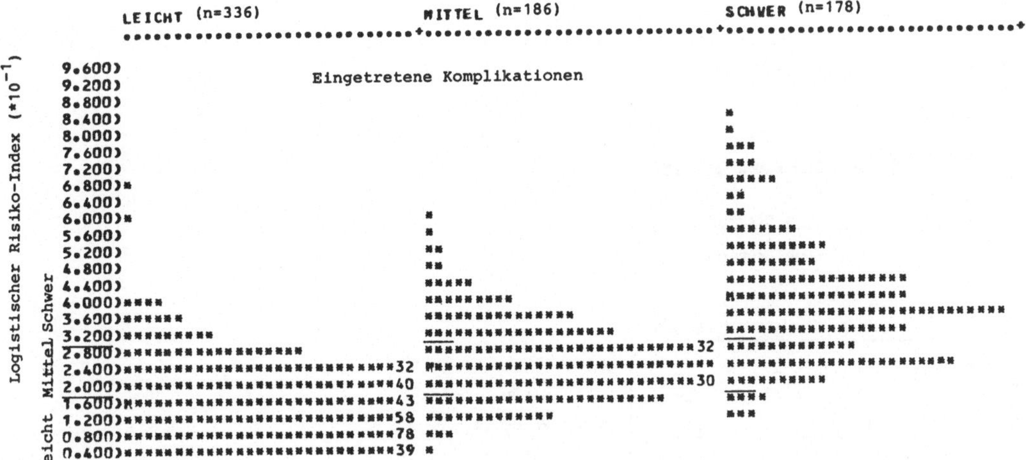

Abb. 4: Häufigkeitsverteilung des logistischen Risiko-Index in bezug auf eingetretene Komplikationen. (*=Einzelfall)

Abb. 5 zeigt die A-posteriori-Wahrscheinlichkeiten für das Auftreten der drei verschiedenen Komplikations-Schweregrade in Abhängigkeit von dem logistischen Risiko-Index und stellt somit eine Operations-Charakteristik für diesen Index dar.

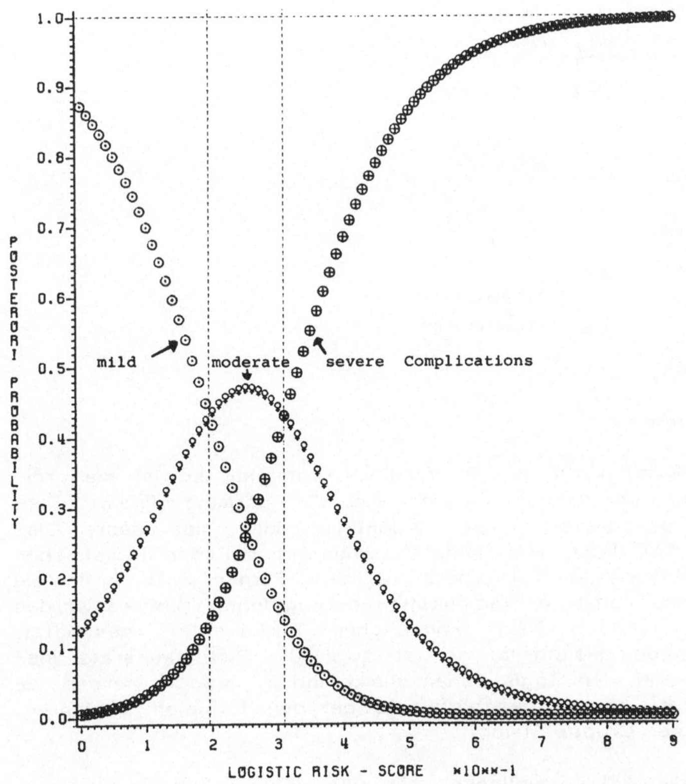

Abb. 5: A-posteriori-Wahrscheinlichkeiten für die Schwere der Komplikation in Abhängigkeit von dem logistischen Risiko-Index

Einen Vergleich bezüglich der Klassifikationstabellen zwischen dem logistischen Ansatz mit dem Ansatz einer normalen linearen Diskriminanzanalyse einerseits und mit dem Risiko-Index-Mannheim andererseits zeigt Abb. 6.

POSTOPERATIVE KOMPLIKATIONEN

ORDINALE LOGISTISCHE DISKRIMINANZANALYSE

KLINISCHE BEWERTUNG

PROGNOSE	LEICHT	MITTEL	SCHWER		
LEICHT	239	55	12	306	
MITTEL	79	82	45	206	63% RICHTIG
SCHWER	18	49	121	188	PARAMETER = 16
	336	186	178	700	

NORMALE LINEARE DISKRIMINANZANALYSE

PROGNOSE	LEICHT	MITTEL	SCHWER		
LEICHT	251	59	16	326	
MITTEL	70	88	68	226	62% RICHTIG
SCHWER	15	39	94	148	PARAMETER = 147
	336	186	178	700	

RISIKO - INDEX - MANNHEIM

PROGNOSE	LEICHT	MITTEL	SCHWER		
LEICHT	135	9	3	147	
MITTEL	163	107	35	305	54% RICHTIG
SCHWER	38	70	140	248	PARAMETER = 0
	336	186	178	700	

Abb. 6: Klassifikationstabellen

Betrachtet man die Gesamt-Richtigkeitsrate als Vergleichskriterium, so ist die ordinale Diskriminanzanalyse nur unerheblich besser als die normale lineare Diskriminanzanayse. Dabei ist allerdings zu berücksichtigen, daß die lineare Diskriminanzanalyse insgesamt 147 Parameter schätzt, während bei der logistischen Analyse lediglich 16 Modell-Parameter geschätzt werden. Ferner wird durch die lineare Diskriminanzanalyse eine nominale Klassifikation durchgeführt, d.h. es werden zwei Diskriminanzfunktionen, jedoch kein einheitlicher Risiko-Index geschätzt. Betrachtet man den Risiko-Index-Mannheim, so ist zwar die Richtigkeitsrate insgesamt um 9% geringer als bei dem logistischen Risiko-Index, jedoch werden die Gruppen 'mittel' und 'schwer' besser geschätzt als bei den formalen Verfahren, allerdings sehr zuungunsten der Gruppe 'leicht'.

Da die formalen Verfahren die Wahrscheinlichkeit für eine richtige Zuordnung maximieren und bisher ohne Einführung einer Verlustfunktion angewendet wurden, ergibt sich bei diesen Verfahren eine symmetrische Häufigkeitsverteilung in bezug auf die Hauptachse der Klassifikationstabelle.

Dies ist beim Risiko-Index-Mannheim nicht der Fall. Eine Unterschätzung der Schwere der Komplikation tritt bei diesem Index weit weniger häufig auf als eine Überschätzung. Durch die Einführung einer Verlustfunktion in die ordinale logistische Analyse kann eine entsprechende Asymmetrie der Klassifikationstabelle bei Optimierung der Richtigkeitsrate erreicht werden.

7. Schlußbemerkung

Die vorliegende Arbeit hat überwiegend methodischen Charakter; die Datenanalyse ist damit keineswegs abgeschlossen.

Um den Vorschlag machen zu können, die bisherige Art der Risikobeurteilung durch einen neuen Risiko-Index zu ersetzen, müssen an dem vorliegenden Datenmaterial noch folgende Probleme geklärt werden:

- Die Frage nach der Reliabilität der klinischen Einteilung in die drei Risikogruppen,
- die Frage nach der Skalierung der präoperativ erhobenen Merkmale,
- die Frage nach der Definition einer geeigneten Verlustfunktion.

Der auf der Basis der ordinalen logistischen Diskriminanzanalyse neu erarbeitete Risiko-Index müßte dann im Rahmen einer weiteren Kohortenstudie validiert werden.

Literatur

1. Anderson, J.A.: Separate sample logistic discrimination. Biometrika 59 (1972) 19-35.

2. Anderson, J.A.: Diagnosis by logistic discriminant function: Further practical problems and results. Appl. Statist. 23 (1974) 397-404.

3. Anderson, J.A.: Multivariate logistic compounds. Biometrika 66 (1979) 17-26.

4. Anderson, J.A., Blair, V.: Penalized maximum likelihood estimation in logistic regression and discrimination. Biometrika 69 (1982) 123-136.

5. Anderson, J.A., Philips, P.R.: Regression, discrimination and measurement models for ordered categorical variables. Appl. Statist. 30 (1981) 22-31.

6. Breslow, N.E., Day, N.E.: Statistical Methods in Cancer Research, Vol. 1. Lyon: International Agency for Research on Cancer 1980.

7. Cox, D.R.: Some procedures associated with the logistic qualitative response curve. In David, F.N. (Edit.): Research Papers in Statistics: Festschrift for J. Neyman, pp. 55-71. New York: Wiley 1966.

8. Cox, D.R.: The Analysis of Binary Data. London: Chapman and Hall 1970.

9. Dawid, A.P.: Properties of diagnostic data distribution. Biometrics 32 (1976) 647-658.

10. Day, N.E., Kerridge, D.F.: A general maximum likelihood discriminant. Biometrics 23 (1967) 313-323.

11. Dombal, F.T. de, Grémy, F. (Eds): Decision Making and Medical Care: Can Information Science Help? Amsterdam: North-Holland 1976.

12. Habbema, J.D.F., Gelpke, G.J.: A computer program for selection of variables in diagnostic and prognostic problems. Comput. Progr. Biomed. 13 (1981) 251-270.

13. Krishnaiah, P.R., Kanal, P.R. (Eds): Handbook of Statistics. Vol. 2: Classification, Pattern Recognition and Reduction of Dimensionality. Amsterdam: North-Holland 1982.

14. Lachenbruch, P.A., Goldstein, M.: Discriminant analysis. Biometrics 35 (1979) 69-85.

15. McCullagh, P.: Regression models for ordinal data. J. roy. statist. Soc. B 42 (1980) 109-142.

16. Osswald, P.-M.: Risiko der Anästhesie. Habilitationsvortrag. Klinikum Mannheim 1982.

17. Plackett, R.L.: The Analysis of Categorical Data. London: Griffin 1974.

18. Prentice, R.L., Pyke, R.: Logistic disease incidence models and case-control studies. Biometrika 66 (1979) 403-411.

19. Rao, C.R.: Linear Statistical Inference and its Application. New York: Wiley 1965.

20. Titterington, D.M., Murray, G.D., Murray, L.S., et al.: Comparison of discrimination techniques applied to a complex data set of head injured patients. J. roy. Statist. Soc. A 144 (1981) 145-175.

21. Trampisch, H.J.: Zuordnungsprobleme in der Medizin: Anwendung des Lokationsmodells. Habilitationsschrift. Universität Düsseldorf 1982.

22. Welch, B.L.: Note on discriminant functions. Biometrika 31 (1939) 218-220.

23. Wingert, F.: Medical Informatics. An Introduction. (Lecture Notes in Medical Informatics, Vol. 14). Berlin-Heidelberg-New York: Springer 1981.

Aus der Zentrale zur methodischen Betreuung von Therapiestudien der Universität Gießen

Analyse des prognostischen Wertes von Tumormarkerverläufen für eine frühzeitige Rezidiverkennung beim kleinzelligen Bronchialkarzinom ()

R. Holle

1. Zusammenfassung

Die Krebstherapieforschung hat in den letzten Jahren durch die Entdeckung sogenannter Tumormarker entscheidende neue Impulse erhalten. Als erfolgversprechendste Einsatzmöglichkeit wird dabei die Rezidivfrüherkennung im behandlungsfreien Zeitraum angesehen. Im folgenden werden methodische Probleme im Vorfeld der statistischen Auswertung erörtert, eine Strategie zur Suche nach optimalen Vorhersagekriterien angegeben und methodische Ansätze für die einzelnen Schritte vorgeschlagen.

2. Einleitung

Tumormarker sind körpereigene Substanzen, die direkt oder indirekt vom Tumor produziert werden und daher bei tumorkranken Patienten in erhöhter Konzentration im Blut festgestellt werden können. Als klassische Tumormarker gelten inzwischen die onkofetalen Antigene CEA und AFP sowie Proteine und Hormone wie z.B. ACTH, Calcitonin und Ferritin. Diese Marker können von verschiedenen Tumoren produziert werden und sind daher im allgemeinen nicht spezifisch. Während die Erforschung der Tumormarker zunächst von Tumoren des Gastrointestinaltraktes ihren Ausgang nahm, sind inzwischen u.a. auch das Bronchialkarzinom und das Mammakarzinom als markerproduzierende Tumoren bekannt. Möglichkeiten für die klinische Anwendung bestehen prinzipiell auf mehreren Gebieten:

(a) als Screening-Verfahren in der Krebsfrüherkennung,
(b) zu differentialdiagnostischen Zwecken,
(c) im Rahmen von Staging-Systemen,
(d) bei der Erfolgsbeurteilung einer Antitumortherapie,
(e) zur frühzeitigen Erkennung von Rezidiven bei 'geheilten' Patienten.

Zur Zeit bestehen die größten Hoffnungen für den erfolgreichen Einsatz von Tumormarkern bezüglich der Punkte (d) und (e), also im Rahmen des Therapie-Monitoring. Darüber hinaus kann die Tumormarkerforschung aber auch wesentlich zum Verständnis des Tumorgeschehens beitragen. Der Einsatz von Tumormarkern in der Therapieverlaufskontrolle wird nahegelegt durch Beispiele typischer Verlaufskurven, die eine Parallelität von Tumormarkerverhalten und klinischem Verlauf aufzeigen [4]; ein Beispiel aus der unten genannten Studie ist in Abb. 1 dargestellt.

Ob hieraus jedoch ein therapeutischer Nutzen abgeleitet werden kann, ist allerdings noch umstritten; es liegen hierzu bisher kaum systematische Untersuchungen an großen Patientengruppen vor.

----

*) Gefördert vom Bundesministerium für Forschung und Technologie

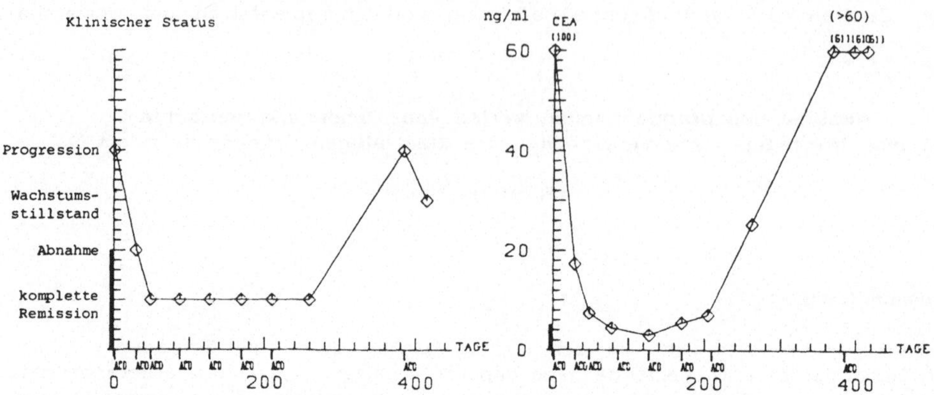

Abb. 1: Vergleich der zeitlichen Verläufe des klinischen Status und des Tumormarkers CEA bei einem Patienten aus der Chemotherapiestunde kleinzelliges Bronchialkarzinom.

3. Bedeutung von Tumormarkern beim kleinzelligen Bronchialkarzinom

Das kleinzellige Bronchialkarzinom ist charakterisiert durch ein schnelles Wachstum mit frühzeitiger Metastasierung, so daß im allgemeinen eine Operation von vornherein ausgeschlossen ist. Dafür sprechen allerdings 80% der Patienten auf eine aggressive Chemotherapie an, und es können innerhalb von vier Monaten bis zu 50% komplette Remissionen erreicht werden. In den meisten Fällen folgt allerdings rasch wieder ein neues Rezidiv, das nur dann noch auf erneute Chemotherapie anspricht, wenn es rechtzeitig erkannt und behandelt wird. Hier kommt den Tumormarkern als Mittel zur Rezidivfrüherkennung möglicherweise eine bedeutende Rolle zu, vorausgesetzt, daß sie eine sichere und frühzeitige Erkennung zulassen. Für den Methodiker stellt sich dabei das Problem, eine Strategie zur Auswahl eines in diesem Sinne besten Vorhersagekriteriums zu entwickeln.

4. Datenstruktur und Datenaufbereitung

In einer multizentrischen Therapiestudie unter Leitung von Prof. Havemann (Marburg) zum Vergleich von einheitlicher und alternierender Chemotherapie an 300 Patienten mit kleinzelligem Bronchialkarzinom wird als Nebenfragestellung die Beurteilung des Wertes von Tumormarkern für die Rezidiverkennung untersucht. Hierzu werden zunächst die drei Tumormarker CEA, Calcitonin und ACTH in Abständen von je drei Wochen während der Therapie bzw. bei vorliegender Komplettremission im therapiefreien Zeitraum alle vier Wochen bestimmt. Inzwischen liegen von 150 Patienten hinreichend lange Nachbeobachtungen (d.h. mindestens 10 Monate) vor. Anhand dieses Datenmaterials werden z.Zt. explorative Auswertungen der Tumormarkerverläufe vorgenommen. Es bleibt bei diesem Vorgehen ein zweiter Pool von 150 vergleichbaren Patienten, an dem bei der Endauswertung die Überprüfung formulierter Hypothesen vorgenommen werden kann.

Besondere Probleme bei der Auswertung stellt die Unregelmäßigkeit der zeitlichen Verteilung der Messungen zwischen den Patienten sowie vor allem auch die fehlende Übereinstimmung der Meßzeitpunkte von Tumormarkern und klinischen Beobachtungen innerhalb der Patienten. Eine Synchronisation ist hier zum Zwecke der besseren Auswertbarkeit erforderlich; es muß aber gewährleistet sein, daß dadurch nur ein geringer Informationsverlust eintritt. Möglichkeiten hierfür wären erstens die Einführung fester Zeitintervalle und zweitens die Angleichung an die Zeitpunkte entweder der Tumormarker oder der klinischen Beobachungen. Im Falle fester Zeitintervalle ergibt sich die Schwierigkeit, daß entweder viele Messungen herausfallen oder zahlreiche Lücken entstehen, dafür aber eine gute Vergleichbarkeit zwischen verschiedenen Patienten gegeben ist. Für die Auswertung der vorliegenden Fragestellung erscheint die Angleichung an die Zeitpunkte der Blutabnahme vorteilhaft, zumal eine Interpolation des klinischen Verlaufs wesentlich unproblematischer ist als umgekehrt die Interpolation des Tumormarkerverlaufs. Zur intraindividuellen Vergleichbarkeit und zur Kennzeichnung großer Lücken in den Verläufen sollte dennoch eine Unter- und Obergrenze für den zeitlichen Abstand zweier Meßpunkte festgelegt werden. Für die Datenaufbereitung (in diesem Fall ist damit die Überführung in eine für weitere Auswertungen brauchbare Datenstruktur gemeint) wird man meist ein geeignetes Datenhaltungs- und Retrievalsystem (z.B. in der genannten Studie: SIR) benötigten.

Die Tumormarker werden mittels der Methode des Radioimmun-Assay (RIA) bzw. beim CEA mittels Enzymimmuno-Assay gemessen. Hierbei erfolgt die quantitative Bestimmung mittels einer Eichkurve, die im unteren und oberen Randbereich nicht linear verläuft und daher dort eine relativ hohe Messungsgenauigkeit bewirkt. Während manche Autoren von vornherein eine Dichotomisierung (normal/erhöht) oder eine Einteilung in bis zu vier Klassen vorschlagen, halten wir die quantitative Auswertung zumindest im linearen Meßbereich für möglich und sinnvoll. Zur Anwendung spezieller diskreter Auswertungsverfahren kann dann jederzeit immer noch eine Vergröberung des Skalenniveaus vorgenommen werden.

Bei der Verlaufsmessung des klinischen Zustands der Patienten bieten sich verschiedene Möglichkeiten an. Für die Rezidivfrüherkennung könnte man die Feststellung des Zeitpunktes des klinischen Rezidivs und die damit ermöglichte Dichotomisierung in 'weiterhin Remission' und 'klinisches Rezidiv' als hinreichend ansehen. Um jedoch den gesamten Krankheitsverlauf einprägsam abbilden zu können, haben wir darüber hinaus die Beurteilung auf einer fünfstufigen Rangskala vorgenommen (vgl. Abb. 1).

5. Auswertungsverfahren in der Literatur

Das Spektrum der in der Literatur angewandten oder vorgeschlagenen Verfahren zur Untersuchung des Zusammenhangs zwischen Tumormarker und klinischem Verlauf ist zwar breit gespannt, aber nur in den Extremen besetzt. Auf der einen Seite sind zu nennen: einfache Klassifizierungen der Markerverläufe, die dann z.B. in einer Kontingenztafel den klinischen Kategorien gegenübergestellt werden [6,7]. Die Autoren konnten zeigen, daß bei Tumoren des Gastrointestinaltraktes ein Zusammenhang zwischen dem Verlauf des Markers CEA und der klinischen Prognose besteht. Unklar bleibt dabei, wie und mit welcher Sicherheit eine Rezidivaussage im Einzelfall getroffen werden kann, so daß hieraus zunächst kein klinischer Nutzen gezogen werden kann. Wesentlich komplexere statistische Verfahren werden von ABEL, EDLER, WEBER [1] in einem Übersichtsartikel aufgeführt, nämlich das Proportional-Hazard-Modell mit zeitabhängigen Kovariablen (siehe auch GAIL [3]) sowie Markoff-Modelle mit diskreter bzw. kontinuierlicher Zeitstruktur. Die Anwendbarkeit solcher Verfahren wird oft beeinträchtigt durch die sehr einschränkenden Voraussetzungen; so ist im Falle des Cox-Modells die Proportionalität der Hazard-Funktionen häufig nicht gegeben [2], oder das zeitliche Muster der Tumormarkerbestimmungen ist abhängig vom klinischen Zustand des Patienten. Wie diese Verfahren in eine Suchstrategie nach einem besten Kriterium eingebettet werden können, ist derzeit noch offen.

6. Gesichtspunkte der methodischen Strategie

Aus den Mängeln der in der Literatur benutzten Verfahren ergeben sich Gesichtspunkte, wie eine Strategie für die Bewertung der prognostischen Potenz von Tumormarkerverläufen im Rahmen der Rezidivvorhersage aussehen sollte.

(1) Es sind Entscheidungskriterien oder Klassen von Entscheidungskriterien zu definieren, die auf sinnvolle Weise aus den Verlaufswerten eines oder mehrerer Tumormarker bestimmbar sind.

(2) Die möglichen Entscheidungen sind theoretisch zu bewerten, etwa als 'richtig' und 'falsch' oder sogar mittels einer Nutzen-Funktion.

(3) Die Suche nach dem bezüglich der Bewertung besten Entscheidungskriterium sollte zunächst zwischen verschiedenen Klassen, dann innerhalb der Klasse ablaufen.

(4) Der praktische Wert des 'optimalen' Kriterums kann nur im Rahmen einer neuen randomisierten Studie ermittelt werden.

Möglicherweise ergeben sich im letzten Schritt neue Aspekte für die Bewertung von Nutzen und Kosten der getroffenen Entscheidung. Eine solche Rückmeldung würde dann ein neues Auswahlverfahren für das Kriterium nach sich ziehen, dessen Ergebnis wiederum in einer kontrollierten Studie bestätigt werden müßte.

7. Klassen von Entscheidungskriterien

Viel Raum für explorative Auswertungen eröffnet die Frage, welche Charakteristika einer Tumormarkerverlaufskurve sich als besonders aufschlußreich für die Rezidivvorhersage erweisen. Hier liegen in der Literatur schon eine Reihe von Vorschlägen vor, z.B. das ein- oder zweimalige Übersteigen eines Grenzwertes oder der Anstieg um einen absoluten oder relativen Mindestbetrag.

Weitere Möglichkeiten wären etwa durch die Einbeziehung der Anstiegsgeschwindigkeit gegeben oder durch Hinzuziehung früherer Werte des Kurvenverlaufs, indem beispielsweise der Anstieg auf den prätherapeutischen Markerwert bezogen wird.

Ein anderer, vielversprechender Ansatz ist die sequentielle Varianzschätzung und eine daran orientierte Beurteilung des Tumormarkeranstiegs, da hierdurch dem individuellen Niveau bzw. der Schwankung der Verlaufskurve Rechnung getragen wird. Weiterhin ist es denkbar, zeitabhängige Kriterien zu definieren, da sich frühe Rezidive möglicherweise anders ankündigen als späte Rezidive.

Wie oben beschrieben wurde, können aufgrund verschiedener Faktoren ungenaue, falsche oder fehlende Tumormarkerwerte vorkommen. Nur solche Kriterien, die hiergegen robust sind, kommen für eine praktikable und erfolgreiche Anwendung in die engere Auswahl. Hieraus folgt, daß sich ein vernünftiges Entscheidungskriteruim möglichst auf mindestens drei aufeinanderfolgende Serumproben beziehen soll (d.h. zweimaliger Anstieg), es sei denn, fehlerhafte Werte kommen sehr selten vor und können teilweise durch Doppelmessung eliminiert werden. Die Heteroskedastizität der Meßskala läßt sich möglicherweise durch eine geignete Transformation der Tumormarkerwerte beseitigen (z.B. Logarithmieren). Ein auch bei lückenhaften Verläufen praktikables Verfahren muß möglichst wenig auf die Größe der Zeitintervalle zwischen den Messungen Bezug nehmen. Patienten mit sehr großen Beobachtungslücken müssen allerdings vermutlich nach einem anderen Kriterium als die übrigen beurteilt werden.

Um bei aller Robustheit dennoch ein sensibles Kriterium definieren zu können, sollte die gemeinsame Beurteilung der Verläufe mehrerer Tumormarker durchgeführt werden. Bisherige Ergebnisse aus der Literatur und aus den eigenen Daten zeigen, daß verschiedene Marker im allgemeinen nur gering miteinander korreliert sind, so daß ein echter Informationsgewinn zu erwarten ist. Für die Patienten mit zwei oder drei tumorsensiblen Markern wird sich damit auch die Sicherheit der Voraussage erhöhen. Multivariate Entscheidungskriterien wurden bisher meist nur in der Form der logischen Disjunktion univariater Kriterien verwendet (z.B. 'mindestens einer der Marker übersteigt die Normgrenze'). Die Verwendung des Produktwertes zweier Marker wird von OEHR et al. [5] in etwas anderem Zusammenhang vorgeschlagen. Diese neue Variable kann aber durchaus ungeeigneter als der bessere der beiden einzelnen Marker sein, wie eigene Ergebnisse zeigen.

Als Beispiel für die vielfältigen Möglichkeiten bei der Definition von Entscheidungskriterien wird das folgende Ad-hoc-Verfahren vorgestellt: Unter der Annahme der Konstanz der Verteilung eines Tumormarkers über den Verlauf der rezidivfreien Zeit bei jedem Patienten lassen sich Wahrscheinlichkeiten für das Auftreten monoton steigender Sequenzen berechnen. Für mehrere Marker werden die Wahrscheinlichkeiten aufgrund der angenommenen Unabhängigkeit multipliziert. Ist die so berechnete 'Wahrscheinlichkeit' der multivariaten Tumormarkersequenz kleiner als ein bestimmter Grenzwert, so wird ein Rezidiv vermutet. Weitere Verbesserungsmöglichkeiten lassen sich sofort nennen, z.B. die Hinzuziehung einer Indifferenzzone in Abhängigkeit von der Schwankung des individuellen Markerverlaufs sowie die unterschiedliche Gewichtung der verschiedenen Marker. Man sieht, daß zur Lösung dieses Teilproblemes ein wahrlich exploratives Vorgehen erforderlich ist.

8. Bewertung der Entscheidungen

Anhand des ausgewählten Prognosekriterums kann eine dichotome Entscheidung der Form 'Verdacht auf Tumorrezidiv: ja/nein' getroffen werden. Die Bewertung der Richtigkeit dieser Entscheidung ist allerdings gerade beim kleinzelligen Bronchialkarzinom außerordentlich schwierig. Wärend z.B. im Falle der post-operativen Verlaufskontrolle von Gastrointestinaltumoren ein aufgrund des Tumormarkerverlaufs geäußerter Rezidivverdacht durch die sogenannte 'Second-Look-Operation' überprüft werden kann, ist dies aufgrund der unterschiedlichen Wachstumscharakteristika beim kleinzelligen Bronchialkarzinom nicht möglich. Stattdessen wurden in der vorliegenden Studie die Patienten bis zum Eintreten klinischer Rezidivanzeichen weiter beobachtet.

Das Problem der Bewertung von Tumormarkeranstiegen stellt sich besonders bei jenen Fällen, in denen ein Rezidivverdacht etwa 2 bis 6 Monate vor dem klinisch erkennbaren Rezidiv geäußert wird. Ein zeitlicher Vorsprung (sog. 'lead time') der Tumormarker von mehr als 6 Monaten kann praktisch ausgeschlossen werden, da der Tumor für sein schnelles Wachstum bekannt ist. Beträgt der zeitliche Abstand weniger als zwei Monate, so kann man in jedem Fall von einer richtig-positiven Entscheidung ausgehen. Im dazwischenliegenden Bereich könnte man zur Beurteilung der Entscheidung etwa den weiteren Verlauf der Marker heranziehen und nur bei fortgesetzter Anstiegstendenz die Entscheidung als richtig-positiv werten. Dies ist allerdings oft nicht einfach und zudem fragwürdig, da ja auch zur Beurteilung des weiteren Anstiegs Kriterien definiert werden müssen, was zu einem logischen Zirkel führt. Es scheint daher vernünftiger zu sein, aufgrund des Vorwissens eine obere Grenze für die 'lead time' festzulegen. Diese dürfte beim kleinzelligen Bronchialkarzinom ungefähr bei 3 - 4 Monaten liegen. Problematisch ist in diesem Zusammenhang weiterhin, daß der Zeitpunkt des klinischen Rezidivs auch davon abhängt, wie regelmäßig der Patient zur Kontrolluntersuchung in der Klinik erscheint.

Aufgrund der genannten Unsicherheiten schlagen wir vor, die Grenze für die Früherkennung eines klinischen Rezidivs zunächst variabel zu halten (z.B. 2, 3, oder 4 Monate) und ihren Einfluß auf die Bestimmung des optimalen Kriteriums zu untersuchen.

9. Vergleich verschiedener Kriterien

Der Vergleich verschiedener Kriterien kann einerseits durch Beurteilung der Häufigkeit falscher Entscheidungen anhand der bekannten diagnostischen Gütekriterien Sensitivität und Spezifität erfolgen; andererseits muß aber auch die durchschnittliche 'lead time' bei richtig-positiven Entscheidungen optimiert werden. Als methodisches Hilfsmittel für den ersten Teil bietet sich zum Vergleich von Klassen von Kriterien die RPC-Analyse an. Der graphische Vergleich der sog.

'Receiver-Operation-Charakteristiken' läßt eine Vorauswahl geeigneter Entscheidungskriterien unabhängig vom jeweils gewählten Schwellenwert zu. Als Beispiel hierzu zeigt Abb. 2 den Vergleich der Tumormarker CEA und Calcitonin sowie ihres Produktwertes, bezogen auf eine bestimmte Klasse von Anstiegskriterien.

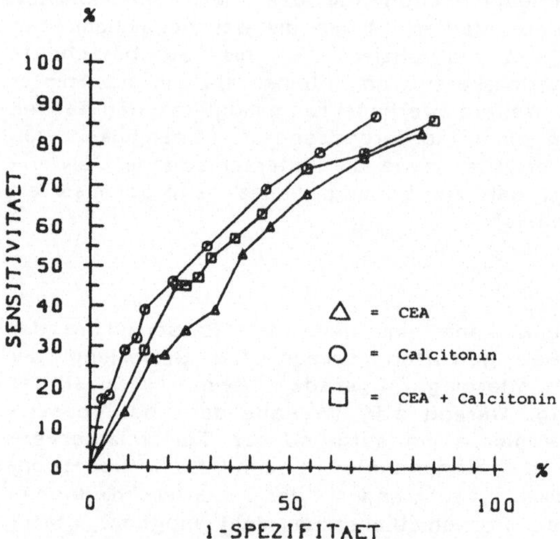

Abb. 2: Beispiel zum Vergleich von Kriterien mittels ROC-Kurven.

Probleme ergeben sich allerdings, wenn das Entscheidungskriterium von zwei oder mehr Schwellenwerten abhängt. wie es z.B. bei der logischen Verknüpfung mehrerer univariater Kriterien der Fall ist.

Hat man mit Hilfe der ROC-Analysen eine Vorauswahl unter allen möglichen Entscheidungskriterien getroffen, so muß sich die weitere Vorgehensweise an einer Bewertung der falsch-positiven und falsch-negativen Entscheidungen orientieren, Erfahrungen hierzu werden zur Zeit gesammelt.

Literatur

1. Abel, U., Edler, L., Weber E.: Neuere statistische Methoden für die Analyse von Tumormarkerdaten. Tumordiagn. Ther. 4 (1983) 39-43.

2. Failing, K.: Neue Methoden zur nichtparametrischen Schätzung von Dichte- und Hazardfunktionen bei zensierten Daten mit Anwendungen in klinischen Studien. In Köhler, C.O., Tautu, P., Wagner, G. (Hrsg.): Der Beitrag der Informationsverarbeitung zum Fortschritt der Medizin. Berlin-Heidelberg-New York: Springer 1984.

3. Gail, M.H.: Evaluating serial cancer marker studies in patients at risk of recurrent disease. Biometrics 37 (1981) 67-78.

4. Havemann, K., Gropp, C.: Ektope Hormonproduktion beim kleinzelligen Bronchialkarzinom. Internist 21 (1980) 84-94.

5. Oehr, P. Fischer, L., Kersies, W. et al.: Verteilung, Sensitivität und Spezifität von TPA, CEA und CEAxTPA Marker-Produktwerten bei Patienten mit gastrointestinalem Carcinom. Tumordiagn. Ther. 3 (1982) 195-198.

6. Ravry, M. Moertel, C.G., Schutt, A.J. et al.: Usefulness of serial serum carcinoembryonic antigen (CEA) determinations during anticancer therapy or long-term followup of gastrointestinal carcinoma. Cancer 34 (1974) 1230-1234.

7. Staab, H.J., Anderer, F.A., Stumpf, E. et al.: Carcinoembryonales Antigen (CEA). Klinische Wertung der Rezidivierungs- und Metastasierungsprognosen mittels CEA-Verlaufsanalyse bei Patienten mit Adenokarzinomen des Gastrointestinaltraktes. Dtsch. med. Wschr. 102 (1977) 1082-1086.

Aus dem Institut für Medizinische Statistik und Dokumentation der Universität Mainz (Direktor: Prof. Dr. J. Michaelis)

Beste Kombinationen von Analysemethoden zur Identifikation toxischer Substanzen

G. Hommel

1. Problemstellung

Im Routinebetrieb eines toxikologischen Laboratoriums ist für eine vorgegebene Substanz ("Gift") aufgrund einer oder mehrerer Analysemethoden ("Systeme", z.B. Dünnschichtchromatographie oder Gaschromatographie) zu entscheiden, welche Substanz tatsächlich vorliegt. Seien S_i (i=1,....,m) die möglichen Substanzen und M_j (j=1,....,n) die verfügbaren Methoden. Bei der Messung einer Substanz S_i mit der Methode M_j kann meist Normalverteilung mit Erwartungswert ("Standardwert") μ_{ij} und Varianz σ_j^2 angenommen werden.

k sei die Anzahl auszuwählender Systeme $M_{j1},\ldots,M_{jk}$. Gesucht ist dasjenige "Design" $\{j_1^*,\ldots,j_k^*\}$, das nach einem geeigneten Kriterium die "beste" Identifizierung von Giften ermöglicht.

2. Fenster-Methode

Gegeben sei für jedes System M_j eine "Fenstergröße" d_j (j=1,....,n), abhängig von σ_j. "Fenster" für die Substanz S_i ist der Bereich $\mu_{ij} \pm \frac{1}{2} d_j$. Jede Messung $x=(x_{j1},\ldots,x_{jk})$ ergibt somit eine (evtl. leere) Liste möglicher Substanzen.

Eine Substanz heißt identifizierbar, wenn sie höchstens allein in einer "Liste" auftritt. Die "Identification Power" (IP) eines Designs ist die Anzahl der identifizierbaren Substanzen; die "Discrimination Power" (DP) ist die Anzahl der Paare von Substanzen, die unterschieden werden können. In diesem Sinne ist ein Design das "beste", wenn es maximale IP (oder DP) besitzt. In den Laboratorien wird zur Definition des "besten" Designs meist mit der IP gearbeitet.

3. Bayes-Ansätze

Ziel ist es, für jede Messung x eine Liste $\{S_1,\ldots,S_r\}$ möglicher Substanzen zu erstellen, in der die wahre Substanz enthalten ist, wobei die Listenlänge r möglichst klein gehalten werden soll.

a) Kontrollierte Fehlidentifikation (Ausschluß der wahren Substanz mit maximaler Wahrscheinlichkeit α): Für jedes x werden die A-posteriori-Wahrscheinlichkeiten $p_i=P(S_i|x)$ (i=1,....,m) aller Substanzen bestimmt. Die Liste wird aus den Substanzen mit den größten p_i gebildet solange, bis die Gesamt-Wahrscheinlichkeit $1-\alpha$ erreicht wird.

b) Verlustfunktion: Als Verlust L (wenn man aufgrund einer Messung x eine Liste erstellt) definiert man

$$L = \begin{cases} 1 & \text{falls die wahre Substanz nicht in der Liste,} \\ b.(r-1) & \text{falls die wahre Substanz in der Liste,} \end{cases}$$

wobei r die Listenlänge und b eine Konstante mit $0<b\leqslant\frac{1}{m-1}$ seien.

Mit diesem Ansatz erhält man eine beste Entscheidungsregel, die man jedem Design als "Listenregel" zugrundelegt.

Für die Ansätze a) und b) bezeichnet man als "bestes Design" dasjenige, das minimale "mittlere" Listenlänge (Näherung für die minimale erwartete Listenlänge) besitzt. Mit diesem Begriff des "besten" Designs wird seit einigen Jahren in Groningen gearbeitet; er bietet gegenüber der Fenster-Methode wesentliche Vorteile.

4. Analyse von Mischungen

In der Praxis liegen oft Mischungen von Substanzen vor, und man erhält daher meist mehrere Meßwerte pro System. Hierdurch treten zusätzliche Probleme auf:

1) Die Zahl der Meßwerte pro System ist unterschiedlich;
2) die Zahl der Komponenten ist unbekannt;
3) die Zuordnung der Meßwerte verschiedener Systeme ist nicht eindeutig.

Die Lösungsversuche befassen sich nicht mit der Frage nach dem besten Design, sondern ausschließlich mit der Identifizierung; eine befriedigende Lösung mittels eines Computerprogramms scheint vor allem aus Rechenzeitgründen sehr schwierig zu sein.

Literatur

1. Akerboom, J.C., Schepers, P., Werff, J. v.d.: Thin layer chromatography, a case study. Statist. Neerlandica 34 (1980) 173-187.

2. DFG, Kommission für Klinisch-toxikologische Analytik (Hrsg.): Gas-chromatographische Retentionsindices toxikologisch relevanter Verbindungen auf SE- 30 oder OV- 1. Mitteilung I. Weinheim: Verlag Chemie 1982.

3. Moffat, A.C.: Evaluation of chromatographic and spectroscopic procedures. In Symposium on the Poisoned Patient: The Role of the Laboratory, pp. 83-103. (Ciba Foundation Symposium New Series, Vol. 26). Amsterdam-Oxford-New York: Elsevier/Excerpta Medica/North-Holland 1974.

6. STRUKTURORIENTIERTE DATENSPEICHERUNG UND WIEDERAUFFINDUNG

Aus dem Institut für Medizinische Statistik und Dokumentation der Medizinischen Hochschule, Lübeck (Direktor: Prof. Dr. H. Fassl)

BAIK und KRAZTUR - ein Vergleich aus Anwendersicht

H.-J. Friedrich

Als Anwender wird in diesem Beitrag sowohl der System- als auch der Anwendungsimplementierer verstanden. Der Benutzer als "Enduser" (Datenerfasser) ist nicht gemeint.

BAIK (Befunddokumentation und Arztbriefschreibung In Krankenhäusern) und KRAZTUR (früher KRAnkenhaus-Zentriertes TUmor-Register, jetzt Klein- Rechnergestütztes Allgemeines Dokumentations-System mit Zusätzlichen Text- Und Retrieval-Funktionen) sind Programmsysteme zur Erfassung, Speicherung, Bearbeitung, Wiederauffindung und Darstellung medizinischer Daten. Beide Systeme sind mit Hilfe von MUMPS realisiert worden (einem Software-Werkzeug, das die Funktionen eines Betriebssystems, einer Programmiersprache (Interpreter) sowie eines Datenverwaltungssystems in sich vereinigt) [5,6]. Beide Systeme sind mit öffentlichen Mitteln aus dem Förderungsprogramm "DV in der Medizin" finanziert worden.

Am Institut für Medizinische Statistik und Dokumentation der Medizinischen Hochschule Lübeck wurden die beiden Systeme erprobt und anschließend in Routine übernommen. Version I von KRAZTUR und die "Modellphasen-Version" von BAIK wurden auf einer Philips-Anlage, Version II von KRAZTUR und die "Zentrale-Verfahrenspflege-Version" von BAIK auf einem DEC-Rechner implementiert. Erfahrungen aus über einem Jahr Routineanwendung liegen jetzt vor. BAIK wird in der Augenklinik eingesetzt, KRAZTUR für die Kolon-Rektum- und Mamma-Karzinom-Dokumentation der Chirurgie und der Frauenklinik.

1. Historische Entwicklung, regionale und inhaltliche Einsatzschwerpunkte

BAIK:

Die Entwicklung von BAIK reicht zurück bis in das Jahr 1967. Nach einem Einsatz an der Deutschen Klinik für Diagnostik wurden die gewonnenen Ergebnisse in zwei vom Bundesministerium für Forschung und Technologie finanzierten Projekten den moderneren EDV-Gegebenheiten angepaßt (es handelt sich um die Vorhaben DIPAS und DIADEM, Dokumentations- und Informationsverbesserung in der Praxis des niedergelassenen Arztes bzw. Dokumentations- und Informationsverbesserung für den Arzt mit dezentralem EDV-Modul). Projektdauer bis 1979; ab April 1979 bis Ende 1982 (Mitte 1983) wurde dann im Rahmen des Programms der Bundesregierung zur Förderung von Forschung und Entwicklung im Dienste der Gesundheit innerhalb des Projektes "Datenverarbeitung im Gesundheitswesen" das Bund-Länder-Vorhaben zur Einführung einheitlicher Befunddokumentation und Arztbriefschreibung in Krankenhäusern (BAIK) durchgeführt, wobei Sach- und Personalmittel gerade auch für die beteiligten Krankenhäuser vorgesehen waren. In BAIK wurden Ergebnisse aus den Vorhaben DIPAS und DIADEM auf Bund-Länder-Ebene multipliziert und die Teilsysteme von BAIK DOC und IATROS in einem oder mehreren Krankenhäusern modellhaft eingesetzt [2].

Abb. 1: BAIK-Modellkrankenhäuser

KRAZTUR:

1975 wurde ein Antrag auf Gewährung eines Bundeszuschusses für die Modellerstellung eines mittels EDV geführten Krebsregisters für Bronchial-Ca-Patienten im Krankenhaus Rohrbach in Zusammenarbeit mit dem Institut für Dokumentation, Information und Statistik des Deutschen Krebsforschungszentrums gestellt, der Ende 1976 bewilligt wurde. Das Projekt baute auf drei Diplomarbeiten der Fachhochschule Heilbronn auf und wurde, nachdem die organisatorischen und personellen Voraussetzungen 1977 geschaffen worden waren, nach einer Anlauf- und Werkzeugerstellungsphase mit Beginn des Jahres 1978 begonnen und mit Fertigstellung der Version I des KRAZTUR-Systems im Dezember 1979 vorläufig beendet. 1980 begann die Umstellung auf andere Hardware und damit die Arbeit an Version II des Systems, die das sog. "Generatorkonzept" voll verwirklicht [4].

Die Medizinische Hochschule Lübeck nahm als eine der Modellanstalten des Bund-Länder-Vorhabens BAIK von Anfang an am Projekt teil. Die Version I (Stand Ende 1979) des KRAZTUR-Systems wurde mit Hilfe der damaligen Projektmitarbeiter reanimiert. Nach Umstellung auf andere Hardware wurde auch in Lübeck Version II übernommen.

Das Vorhandensein von portabler, mit öffentlichen Geldern finanzierter Standard-Software für den Bereich der medizinischen Informatik, war für die Medizinische Hochschule ausschlaggebend, in einem Doppelprojekt beide Systeme zu implementieren und in der Praxis zu erproben.

Einen Überblick über die regionale Verteilung der beiden Systeme geben die Abbildungen 1 und 2 (Stand: Mitte 1983), wobei sich die Abbildung für BAIK auf die Verteilung der sog. "Modellkrankenhäuser" innerhalb des Bund-Länder-Projektes bezieht.

Die inhaltlichen Anwendungsschwerpunkte sind bei BAIK Befundberichte und Arztbriefe in allen medizinischen Fachgebieten, bei KRAZTUR die Tumordokumentation (Tumorregister) überregional, Literaturdokumentation, Dokumentation von Schmerzpatienten, Anwendung in der Klinik für Gefäß- und Enddarmerkrankungen.

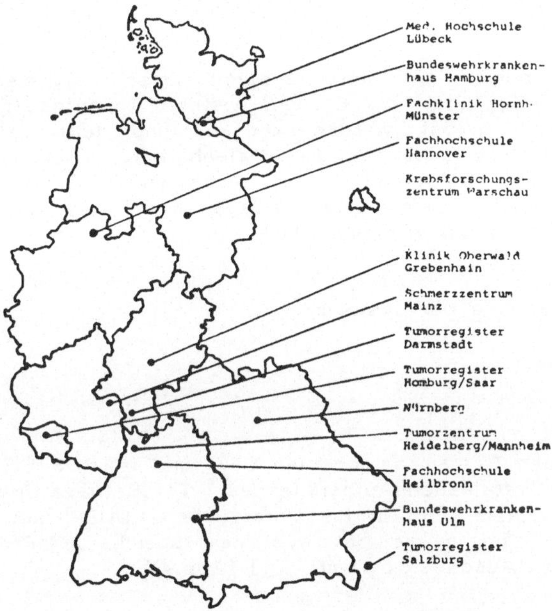

Abb. 2: Verteilung der KRAZTUR-Systeme

2. Die Philosophie der Systeme

BAIK:

Das sog. BAIK-Modell (Abb.3) ist eine Gesamtdarstellung des gedanklichen Hintergrundes für das System BAIK.

Dieses Modell unterscheidet streng zwischen einerseits patientenbezogenen, behandlungsorientierten Daten, die im Krankenhaus erstellt werden, der individuellen Auskunft dienen und zu Krankengeschichten verdichtet werden einerseits und andererseits befund- und erkenntnisorientierten Daten, die klassifiziert und komprimiert, epidemiologisch kontrolliert wissenschaftlichen Fragestellungen zur Verfügung stehen. Das Dilemma des medizinischen Datums, einerseits deskriptives Element zur Beschreibung des Individuums, andererseits Stabilisator für statistische Gesetzmäßigkeiten im epidemiologischen Sinne zu sein, wird hier in aller Schärfe erkannt. Hieraus resultiert die Abtrennung eines gesonderten Retrieval-Systems als direkte Konsequenz dieser Erkenntnis.

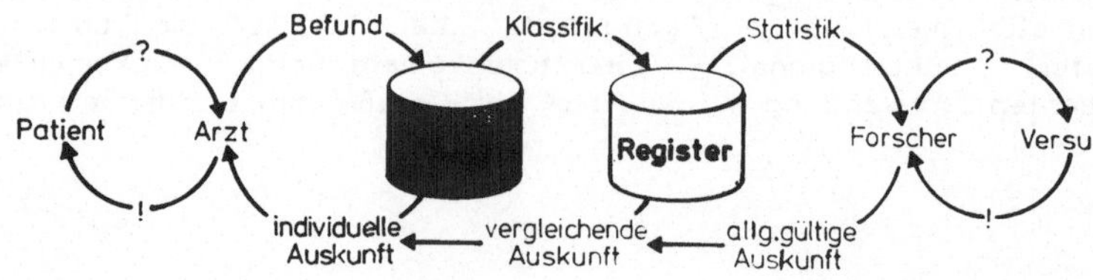

Abb. 3: BAIK-Modell

KRAZTUR:

KRAZTUR orientiert sich primär an einem systemtechnisch organisatorisch betriebswirtschaftlichen Ansatz, löst die Fragen, welche Teilaufgaben durch welche Teilsysteme optimal gelöst werden können, und legt dabei die Schwerpunkte auf die Datenerfassung, die Datenhaltung, Fehlerprüfung, Datenpräsentation und die Steuerung von Abläufen. Trotz etwas unterschiedlicher Ansätze ähneln sich in der endgültigen Realisierung beide Systeme bezüglich der Funktionalität in hohem Maße.

3. Systemkomponenten und Werkzeuge der Systeme

a) Datenerfassung und Ausgabe

BAIK:

BAIK besteht aus den beiden Systemkomponenten DOC und IATROS ("Doctor's Office Computer" und "InformationsAufbereitendes TextRetrievalOrientiertes System"), wobei das Teilsystem DOC in die Untersysteme DUSP und DUTAP zerfällt ("Datenerfassungs- Und in die Untersysteme -SpeicherungsProgramm" und "Decodierungs- Und TextAusgabeProgramm" [1] (Abb.4)).

Im Vorfeld des DUSP-Programmes befindet sich ein Prüfungsparametersatz-Generierungsprogramm, das im Wesentlichen die Funktion eines spezifischen Formulargenerators beinhaltet. Das Formular ist die Grundbezugseinheit im gesamten BAIK-System und die konsequente Verwirklichung der Idee, Lokalität und Umstände, kurz: den Verursacher der Daten als Attribut der Daten fest mit diesen zu verknüpfen.

Jedes Formular ist formal in Kapitel gegliedert, jedes Kapitel in Zeilen, jede Zeile in verschiedene Felder, und jedes Feld kann einen der in DUSP definierten Datentypen beinhalten. Zu jedem einzelnen Feld können an jede beliebige Stelle sofort klartextliche Ergänzungen hinzugefügt werden, die integrativ bei der Erfassung und Berichtschreibung verarbeitet werden. Mit Hilfe der "a priori synthetisch definierten Datentypen" in BAIK wird das Prinzip: Codierung für Häufiges, Klartext für weniger Häufiges (ZIPF-MANDELBAUM'sches Gesetz) verwirklicht.

Durch die Wahl von prädefinierten Datentypen ist es einerseits möglich, in einer weiteren Ausbaustufe des Systems ein sog. "Data dictionary" (BAIK Datenlexikon) aufzubauen und über verschiedene Einheiten hinweg eine terminologische Kontrolle zu erreichen; auf der anderen Seite können komplexe Prüfvorschriften sowie komplexe Datenstrukturen wie z.B. hierarchische numerische Schlüssel, die mehrdimensional mit verschiedenen Attributen versehen sind, verwirklicht werden, ohne daß der Benutzer tiefer in eine Prüfsystematik einsteigen muß.

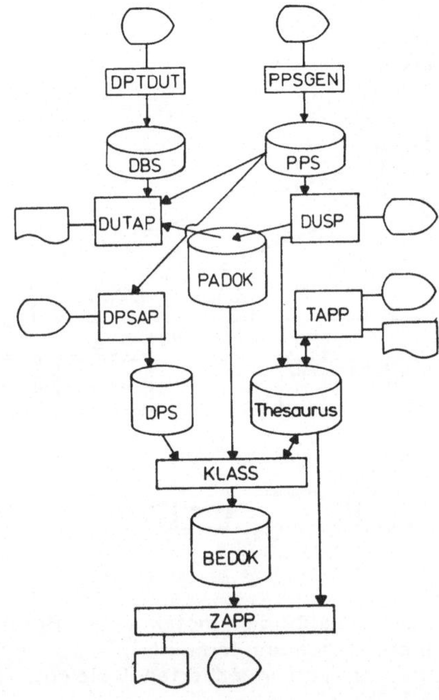

Abb. 4: Datenerfassung und Ausgabe

Den in BAIK definierten Datentypen merkt man ihre Herkunft aus der medizinischen Praxis an. Das mit dem Prüfparametersatzgenerator aufgebaute Formular kann nun zur Erfassung mit Hilfe des Programms DUSP verwendet werden, wobei - um es noch einmal zu wiederholen - an jeder beliebigen Stelle jedes Feldes eine Klartextergänzung möglich ist. Zur Erstellung von Berichten und Arztbriefen wartet das BAIK-System mit einer eigenen Programmiersprache auf, die den Namen DUTAP trägt. Sie ist schon ziemlich früh von GIERE [1,2] in Backus-Naur-Form definiert und im Laufe der Zeit in Assembler, FORTRAN und MUMPS realisiert worden. In der "zentralen-Verfahrenspflege-Version" des Systems BAIK existiert zudem ein Programmgenerator, der die Parametrisierung der einzelnen Sprachbefehle der DUTAP-Sprache mit Hilfe eines Dialogs vornimmt. DUTAP ist seinem Design und seiner Herkunft nach nicht blockstrukturiert und bietet in einer einfach handhabbaren Form eine Fülle von Editier- und Mappingfunktionen an, die Datenselektionsvorgänge, Formatisierungs- und datenabhängige Editierbefehle beinhalten, so daß es u.a. z.B. möglich ist, grammatikalisch richtig Flexionen und Pluralbildungen vorzunehmen. Da die strenge Formularbindung und damit die Kontextabhängigkeit der medizinischen Daten vorhanden ist, wird es mit Hilfe der DUTAP-Sprache auf leichte Weise möglich; Verlaufsberichte aus den verschiedensten Erfassungen zusammenzuziehen und vergleichend in einem Bericht zusammenzustellen.

Für die Datenerfassung und Ausgabe in KRAZTUR existiert das sog. "Anweisungskonzept", einer der Kerngedanken des KRAZTUR-Systems [3]. Bestimmte immer wiederkehrende Verarbeitungsschritte sind standardisiert und zu sog. Anweisungen gebündelt worden.

KRAZTUR:

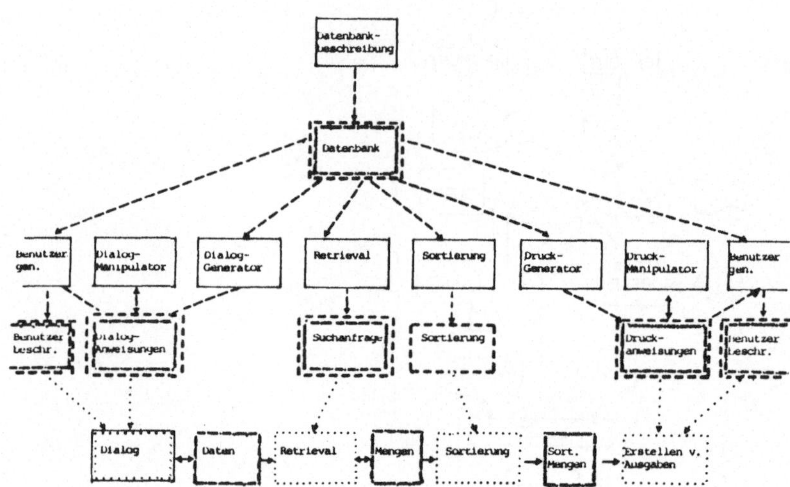

Abb. 5: Datenerfassung und Ausgabe

Auf diese Weise sind insgesamt fünf mächtige molekulare Befehle oder Anweisungen entstanden, die im einzelnen folgendes leisten:
- Generierung von Dialogfragen und Anlegen von invertierten Dateien,
- Lesen von Daten aus der Datenbank,
- Schreiben von Daten,
- Aufnahme zusätzlicher MUMPS-Befehle in die Anweisungsfolgen,
- Generierung von Texten in einer Spooldatei.

In der zweiten Version von KRAZTUR ist dieses Anweisungskonzept eingegangen in ein mächtiges Generatorkonzept. Im einzelnen stehen zur Verfügung:
- ein Datenbankgenerator, der für jedes Merkmal dessen Namen, dessen Prüfmodus, dessen logischen Ort der Speicherung, Codierung, Invertierung, Korrektur und Hilfetext enthält. Bemerkenswert in diesem Zusammenhang ist, daß an dieser Stelle, d.h. vor der Eingabe von Daten, festgelegt werden muß, welches Merkmal invertiert wird. Wir werden sehen, daß dies einer der Hauptunterschiede zum System BAIK ist;
- ein Dialoggenerator und ein Dialogmanipulator, der die Zusammenstellung von lauffähigen Dialoganweisungen leistet und zusätzliche Plausibilitätsprüfungen ermöglicht;
- ein Benutzergenerator, der die Benutzer zuläßt und ihnen die Benutzung einer bestimmten (Unter-)menge der vorhandenen Funktionen auf ganz bestimmten Datenendgeräten erlaubt (Datenschutzaspekt);
- ein Druckgenerator, mit dessen Hilfe der Benutzer die Form der Datenausgabe wählen kann als Liste, Tabelle oder fortlaufenden Text. Logische Bedingungen für die datengesteuerte Textgenerierung können mit dem Druckmanipulator eingefügt werden (Abb.5).

Die Generatoren sind gut handhabbar, setzen aber beim Benutzer MUMPS-Kenntnisse voraus. Außerdem muß der Benutzer Kenntnis über die im System verwendeten Datenstrukturen haben, um diese in seiner Anwendung optimal einsetzen zu können.

b) Retrieval und Recherche

BAIK:

Das BAIK-System bietet für die Auswertung den zweiten Hauptsystemteil IATROS an ("informationsAufbereitendes und TextRetrievalOrientiertes System"), ein komplexes Teilsystem zum gezielten Wiederauffinden von von Befunden auch und gerade mit Klartext unter Verwendung von Thesauri. Die Benutzer-Gesichtspunkte einer Auswertung können mit Hilfe von IATROS abgebildet werden. Es ist möglich, mit einem Zentralthesaurus, z.B. dem AGK-Thesaurus, mit 90000 Eintragungen Zentralthesaurus, z.B. dem zu arbeiten (dann aber nur mit einem Hintergrundsrechner) oder mit einem minimalen lokalen Thesaurus, der genau die Auswertungsperspektive des betreffenden Anwenders abbildet. Durch die Möglichkeit der Klassifizierung und Reklassifizierung eines Datenpools mit Hilfe von Dokumentationsparametern können Daten selektiert und extrahiert, durch Vorzugsbenennungen ersetzt und so für einen Retrieval- und Auswertungsgang vorbereitet werden. Bevor eine Auswertung durchgeführt werden kann, ist ein Invertierungslauf notwendig. Direkte Ad-hoc-Auswertungen sind nicht möglich. Die Primärdaten werden nicht verändert, da für die klassifizierten Daten eine neue Datei angelegt wird. Ein Plus des IATROS-Systems ist die Möglichkeit der Berücksichtigung der Auswertungsperspektive und der Reklassifizierung, z.B. bei Änderungen und Revisionen von Schlüsselsystemen. In seiner Mächtigkeit kann sich IATROS durchaus mit STAIRS messen. (IATROS ist Gegenstand eines weiteren Beitrages dieses Bandes). Darüber hinaus ist in BAIK eine allgemeine Ausgangsschnittstelle definiert, die es ermöglicht, aus den hierarchischen Datenstrukturen lineare Records zu extrahieren, die dann in Rechtecksmatrixform beliebigen statistischen Auswertesystemen zugeführt werden können.

KRAZTUR:

In KRAZTUR bestehen die Retrieval-Funktionen darin, daß auf der Gesamtmenge des gesammelten Datenmaterials oder auf Ergebnismengen von früheren Retrieval-Läufen aufgesetzt werden kann und mit Hilfe von Boole'schen Suchanfragen eine Menge von Identifikationsdaten von Zielinformationen gewonnen werden kann. Auch in KRAZTUR sind Klartextrecherchen möglich, allerdings beziehen sich diese auf die Primärdaten; ein Thesaurus wird nicht vorgehalten. Ergebnismengen können sortiert und in graphischer Form ausgegeben werden (z.B. Histogramme), oder es können Variablen kreuztabelliert werden. Auch in KRAZTUR steht eine allgemeine generalisierte Schnittstelle für beliebige Auswertungsprogramme zur Verfügung, so daß die Auswertungsfunktionen nicht als eigentlicher Teil des KRAZTUR-Systems betrachtet werden müssen.

4. Datenstrukturen der beiden Systeme

BAIK:

Bei BAIK ist deutlich zu erkennen, daß hier das sog. "Verursacherprinzip" oder die Kontextabhängigkeit der Datenspeicherung realisiert wird (Abb.6). Logische (und physikalische) Zugriffspfade für die eigentlichen Daten führen immer und ausschließlich über die Formularbezeichnung, die Kapitelkennzeichnung, die Zeilenkennzeichnung innerhalb dieses Formulars.

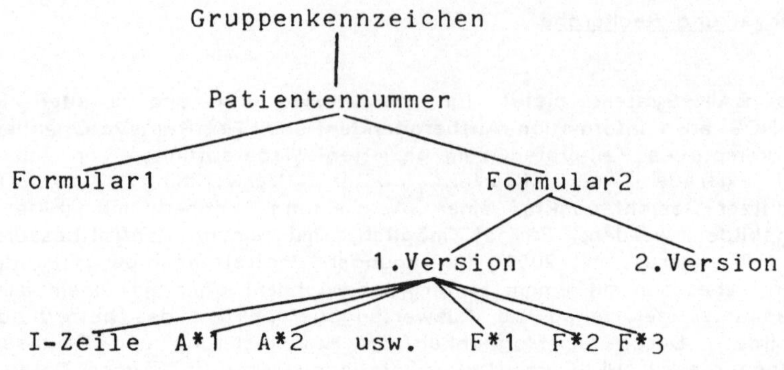

Abb. 6: BAIK-Datenstruktur

KRAZTUR:

In der ersten Version von KRAZTUR war dies zunächst grundlegend anders.

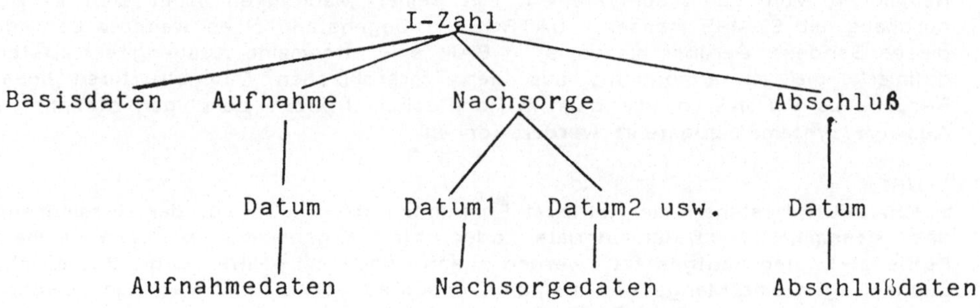

Abb. 7: Erste KRAZTUR-Datenstruktur

Der Einstieg erfolgte hier über mehrere Stufen einer nach einem eigenen Algorithmus gebildeten Identifikationszahl und leitete dann über zu den verschiedenen Abschnitten wie Basiserhebung, Erstbehandlung, Nachfolgebehandlung, Abschlußbehandlung (Abb.7). In Version II von KRAZTUR findet sich dann die Kontextbindung in Form der sog. "Versorgungseinheit", die in ihrer Funktionalität in etwa mit der Formularbezeichnung von BAIK zu vergleichen ist. Auch auf der untersten Ebene des Feldes bzw. der Variable ist eine vergleichende Kontextbindung vorhanden (Abb.8). Die hier dargestellte Datenstruktur ist eine häufig realisierte Form. Grundsätzlich ist KRAZTUR völlig frei in der Festlegung der Datenstrukturen.

BAIK verbirgt die Datenstruktur für den Anwendungsimplementierer, KRAZTUR legt sie offen dar, was u.a. ermöglicht, durch Handverpointerung mehrfach ineinander geschachtelte Repeatinggroups auf verschiedenen Ebenen zu realisieren, was in BAIK in dieser Form nicht möglich ist.

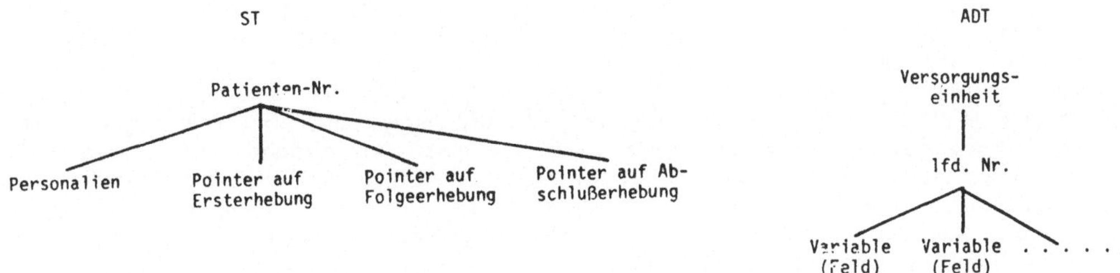

Abb. 8: Heutige KRAZTUR-Datenstruktur

5. Verbindungsmöglichkeiten von und zu anderen Systemen

BAIK:

In BAIK sind sowohl für den Input als auch für den Output generelle Schnittstellen definiert. Für den Eingang in das System ist dies ein Pseudoformular für die wichtigsten Patientendaten. BAIK arbeitet sowohl in Verbindung mit üblicherweise auf dem Markt befindlichen Aufnahmesystemen (vergl. Anwendung in Hannover, Landesfrauenklinik) als auch mit einem eigenständigen Modul zur Patientenerfassung (vergl. Eigenentwicklung "PERMIT" in Lübeck). Die Ausgangsschnittstelle ist so gehalten, daß es generell möglich ist, andere Auswertesysteme mit Daten zu bedienen.

KRAZTUR:

KRAZTUR ist eingebettet in das allgemeine Konzept eines Krankenhausinformationssystems [4]. In seiner Realisierung am Ursprungsort stellt KRAZTUR ein komplettes Netzwerksystem mit Vor-(Knoten-)rechnern und einem Hauptrechner dar und ist somit selbst ein Krankenhausinformationssystem.

Von beiden Systemen mußte das Problem gelöst werden, hierarchische Records mit mehreren "repeating groups" auf verschiedenen Ebenen zu linearisieren, um sie so anderen Systemen zugänglich zu machen.

6. Implementierungs- und Wartungsfragen beider Systeme

a) Implementierung

Bei beiden Systemen gestaltet sich die Implementierung der eigentlichen Systemsoftware problemlos. Die von den betreffenden Stellen gelieferten Bänder bzw. Kassetten lassen sich unter dem MUMPS-Betriebssystem in der Regel auf Anhieb laden und initialisieren. (Bei Implementierung auf Philips-Anlagen ist darauf zu achten, daß das System einen sog. vergrößerten Stack hat und über high core buffer MUMPS verfügt, um so etwaigen Performance-Problemen aus dem Wege zu gehen.) In KRAZTUR existieren Auswahlmöglichkeiten zur Anpassung z.B. an verschiedene Terminaltypen; im System BAIK existiert ein Initialisierungsprogramm, das die Anpassung an die Peripherie durch Parameterversorgung im Dialog vornimmt. Bei der Implementierung der Systemsoftware in der Modellphase von BAIK wurde den einzelnen Krankenhäusern direkte personelle Unterstützung gewährt. Die Implementierung der eigentlichen Anwendung ist ein langwieriger Prozeß, der sich augenfällig niederschlägt in der Erstellung von Formularen. Die Einführung der beiden Systeme bedeutet nicht nur die reine Applikation eines Software-Systems, sondern impliziert eine Organisationsdurchleuchtung der betreffenden Stelle. Vielfach wird man sich überhaupt zum ersten Mal der eigenen Organisation bewußt; es müssen Umstellungen in der Ablauforganisation, zum Teil sogar in der Strukturorganisation erfolgen. Dies darf bei einer Anwendung auf keinen Fall übersehen werden; aus diesem Blickwinkel heraus sind auch Widerstände und Frustrationen erklärbar, die zwar namentlich an dem neuen System festgemacht werden, die aber ihren Grund in den allgemeinen Widerständen gegenüber Innovationen in Organisationen haben.

Die vom Anwendungsimplementierer geforderten hohen Qualifikationen bezüglich organisatorischer und sozialer Flexibilität sind bekannt. Das System BAIK hat aus diesem Umstand die Konsequenz gezogen und eine sog. "Einführungsstrategie" entwickelt, die für die Organisationsplanung und Meilensteinentwicklung einer spezifischen Anwendung herangezogen werden kann. Sie erzwingt den schriftlich fixierten Konsens zwischen Anwender und Anwendungsimplementierer am Ende jeder einzelnen Phase und umfaßt einen Planungszeitraum für eine Anwendungsentwicklung von fast einem Jahr. Daß diese Gesamtzeit für die Etablierung einer Anwendung nicht zu hoch gegriffen ist, bestätigt u.a. SCHMÜCKER [7].

Der benötigte Zeitraum kann aus eigener Erfahrung nur bestätigt werden. Wichtigstes Fazit aus den Anwendungen der beiden Systeme erscheint uns die klare Benennung von Verantwortlichkeiten, sowohl auf seiten der betreffenden Klinik als auch auf seiten des Anwendungsimplementierers.

Sowohl für die System- als auch für die Anwendungsimplementierung stehen die jeweiligen Urheber für telefonische Auskünfte zur Verfügung. Bei KRAZTUR ist dies der direkte und informelle Kontakt bzw. die Möglichkeit, das System auf komerzieller Basis implementieren und eine Anwendung einführen zu lassen. Bei BAIK existiert ein offiziell eingerichtetes Benutzer-Telefon, das jederzeit besetzt ist.

b) Wartungsfragen

KRAZTUR:

KRAZTUR ist auf die Übernahme der Wartung und Systempflege eines Systembetreuers vor Ort angewiesen; in einigen Fällen der Systemdistribution hat ein Medizinischer Informatiker die Verantwortlichkeit über die Anwendung übernommen.

BAIK:

Anders bei BAIK: hier wird auf Bundesebene eine allgemeine zentrale Verfahrenspflege etabliert, an der die einzelnen Bundesländer teilnehmen. Das Modell der zentralen Verfahrenspflege orientiert sich an ähnlichen Verfahren für die administrative Datenverarbeitung in der Medizin (FINK, KOLK usw.). Die endgültige Etablierung und Festigung dieser zentralen Verfahrenspflege scheint mit ausschlaggebend für den weiteren Erfolg von BAIK zu werden. Durch die zentrale Verfahrenspflege wird die Fehlerbeseitigung und Systemerweiterung auf dem Antragswege erreicht; das Mutterhaus behält sich die Freigabe von verschiedenen Versionen vor und kann somit verhindern, daß verschiedene Versionen von BAIK in Umlauf sind.

Diese Einheitlichkeit scheint bei KRAZTUR nicht gegeben zu sein, bedingt dadurch, daß die recht unterschiedlichen Systemversionen I und II weiterhin den gemeinsamen Namen KRAZTUR tragen, obwohl die Systemausbaustufen sich bei verschiedenen Anwendungen sehr stark auseinanderentwickeln.

7. Gegenüberstellung der beiden Systeme anhand von Hauptqualitätsmerkmalen

a) Funktionalität

Beide Systeme haben die unverkennbare Tendenz, übermächtig in ihrer Funktionalität zu werden. Dies ist nicht zuletzt dadurch bedingt, daß durch die vorhandene Portabilität die beim Nutzer hervorgerufene Innovation weitere Systemerweiterungswünsche weckt. Beide Systeme sind bezüglich ihrer Funktionsabdeckung stark konvergierend und decken die Bereiche Datenerfassung, formale Prüfung, Speicherung, Berichtswesen, Recherche und Retrieval voll ab. Ein Äquivalent für das Arbeiten mit einem oder mehreren Thesauri wie im IATROS-Teil von BAIK gibt es in KRAZTUR nicht.

b) Bedienerfreundlichkeit

Beide Systeme führen den Benutzer durch Dialoge, erlauben vom Benutzer gesteuerte Sprünge im Dialog sowie Korrekturen an jeder Stelle und bieten Hilfetexte. Diese Möglichkeit ist in KRAZTUR positiver ausgeprägt. In einem vom BMFT geförderten Projekt wird zur Zeit u.a. die Benutzer-Akzeptanz von KRAZTUR untersucht.

c) Sicherheit

Zwischen dem total sicheren Softwaresystem und einem System, das im wesentlichen nur richtige Eingaben verträgt, ist eine weite Spanne. Geht man nach STETTER [8], so sind häufiger Gebrauch von Sprunganweisungen, Variablen als die negativen Eigenschaften von Programmen natürlich für MUMPS-Programme eine der Hauptgefahrenquellen. Nur eine sehr disziplinierte Programmierweise, eine äußerst sauber durchgeführte Programmdokumentation und eine hohe Transparenz von Programm- und Datenstrukturen gibt die Gewähr für Sicherheit.

Die im KRAZTUR-System angebotenen Hilfswerkzeuge zur Selbstdokumentation von Anwendungen sind vorbildlich. Für BAIK existiert eine Systemdokumentation; für KRAZTUR wird diese fertiggestellt (Stand: Sept. 1983). BAIK hat mit dem Verlassen der Modellphasen-Version einen akzeptablen Sicherheits- und Systemzustand erreicht.

d) Wartbarkeit

Programmsysteme als langlebige Produkte unterliegen einem ständigen Änderungsdruck: zum einen möchte man die funktionale Leistung ständig verbessern, zum andern die Programme unter Beibehaltung ihrer funktionalen Leistung in bestimmten Eigenschaften verbessern. Da BAIK das gesamte Verfahren zentral pflegt, erübrigt sich für den Benutzer zunächst die Frage bezüglich der Wartbarkeit. Will der Benutzer Teile der Wartung selbst übernehmen, muß er sich intensiv in beide Systeme einarbeiten.

e) Wirtschaftlichkeit

Beide Systeme sind auf dem Wege zur Erreichung eines gewissen Qualitätsstandards in der medizinischen Dokumentation und Befundschreibung sowie zur Erhaltung dieses gesetzten Standards in ihrer Nützlichkeit nicht zu unterschätzende Werkzeuge.

So vergehen in unserer Augenklinik bis zur Versendung eines Arztbriefes keine 24 Stunden (=BAIK-Anwendung). Die synoptische Darstellung aller bisherigen Daten zu einem Nachsorgetermin wird in der Frauenklinik als Hauptvorteil der Krebs-KRAZTUR-Anwendung genannt.

Im Rahmen des BAIK-Modellprojektes wurde von einer unabhängigen Wirtschaftsprüfungsgesellschaft eine Kosten-Nutzen-Analyse durchgeführt, die für eine exemplarische Anwendung (Landesfrauenklinik Hannover) eine Einsparung in Höhe von ungefähr 40.000,- DM pro Arbeitsplatz aufgezeigt hat. Sicher scheint zu sein, daß bisher aufgetretene Staus und Engpässe abgebaut und daß Mengensteigerungen mit Hilfe dieser Systeme abgefangen werden können.

8. Fragen des Datenschutzes

Von der Hardwareseite (Binden der Terminals an eine bestimmte Funktion, Passwordkonzept, Benutzer-Identifikation) ist in beiden Systemen ein völlig gleichartiger Zugriffsschutz geschaffen worden.

Im Rahmen des Modellprojektes BAIK wurden Fragen des Datenschutzes explizit erörtert einschlägige Bund- und Ländergesetze sowie Verordnungen über die Einbeziehung des Arzt-Patienten-Rechts und der Schweigepflicht sind von einem im Modellprojekt arbeitenden Juristen durchgearbeitet und zu einem Handbuch des Datenschutzes kompiliert worden. Innerhalb des Modellprojektes wurden vor der Anwendung des Verfahrens explizite Datenschutzprüfungen durch persönlichen Besuch von Projektmitarbeitern vorgenommen.

9. Ausblick auf Erweiterungen und Entwicklungstendenzen sowie Aussagen über Einsetzbarkeit innerhalb der Klinik-DV

a) Beide Systeme steuern in Richtung auf kontrollierte Terminologie zu. In KRAZTUR-Anwendungen wird der Gebrauch individueller Codierungen mehr und mehr abgebaut. Es wird in zunehmendem Umfang dafür Sorge getragen, daß allgemein verfügbare und einmal definierte Codierungen verwendet werden. In BAIK wird zur Zeit ein BAIK-Datenlexikon intergriert, das ebenfalls haus- bzw. fachübergreifend einmalig definierte Variablen unter symbolischen Namen bereit hält. Dies bietet die Möglichkeit, in sämtlichen Systemkomponenten notwendige Parameterisierungen automatisch zu substituieren.

b) Eine weitere Tendenz wird die Verwendung von portablen Screen-Editoren innerhalb der Systeme bzw. komplementär zu den Systemen sein, so daß es innerhalb der Systeme möglich sein wird, von der dialoggeführten Erfassung kurzfristig in den Screen-Editor-Modus überzuwechseln und von da wieder zurück in den strukturierten Dialog zu gelangen.

c) Eine dritte Entwicklungstendenz zeigt sich deutlich in der Zielrichtung auf den sog. Desk-Top-Computer oder Personal-Computer-Bereich. So ist z.B. in einer ersten Version das KRAZTUR/M-System und in Teilen das BAIK-System auf sog. PC's realisiert.

Betrachtet man die Integrierbarkeit in eine Klinik-EDV (Krankenhaus-Informationssystem), so stellt sich bei KRAZTUR das System selbst als ein Krankenhausinformations-System dar bzw. als ein Generator hierfür. BAIK läßt sich über die oben bzw. als ein genannten Schnittstellen zur Patientenerfassung grundsätzlich in ein Gesamtsystem einbinden. In Lübeck haben wir das Ziel, die Systeme auf Knoten- bzw. Vor-Ort-Rechnern einzusetzen, die extrahierten Daten auf einen Zentralrechner zu übertragen, der seinerseits unter einem Betriebssystem sowohl MUMPS als auch jede andere Sprache vorhalten wird, so daß für den Daten- und Dateiaustausch technisch und logisch die Voraussetzungen vorhanden sein werden.

10. Allgemeine Thesen

a) Ein System muß die Verwirklichung von abstrakten Datentypen ermöglichen. Die Wege dahin können über die Prä- oder Postkombination von Datenattributen führen. Eine Festlegung der Wertemenge und der auf diese Wertemenge gültig anwendbaren Operatoren muß auf der Benutzeroberfläche möglich sein. Ob Text selbst ein Datentyp oder ein Attribut eines Datentyps sein soll, ist von der Anforderung der Anwender abhängig.

b) Im Bereich der Medizin bedarf das Datum der Kontextbindung, um zur verwertbaren Information zu werden. Ob diese Kontextabhängigkeit allerdings dadurch erreicht wird, daß die Bindung an logische und physikalische Zugriffspfade erfolgt, mag dahingestellt bleiben.

c) Wesentliche Bedingung für die Akzeptanz von derartigen Systemen ist die Möglichkeit eines "fast oder rapid prototypings".

d) Systeme müssen mehr und mehr als sog. "learning systems" konzipiert werden, die es ermöglichen, adaptiv während der Anwendung von unstrukturierten Gegebenheiten über grob strukturierte zu fein strukturierten bis hin zu codierten Erfassungen zu gehen.

e) Mehr als bisher muß ein qualitätssicherndes Software-Engineering unabdingbar für alle Phasen der System-Entwicklung und -Betreuung werden.

f) Es muß bei der Einführung klar sein, daß es sich nicht nur um die Applikation eines Programmsystems, sondern um struktur- und ablauforganisatorische Änderungen handelt, die dem Ziel der Qualitätserreichung und der Qualitätssicherung dienen. Damit werden derartige Systeme zu Innovationsinstrumenten.

Ich möchte stellvertretend für die jeweiligen Teams Herrn Prof. Giere und Herrn Priv.-Doz. Köhler herzlich für die gewährte Unterstützung danken. Mein Dank geht auch an meine Mitarbeiter Frau Lange und Frau Mittkus, ohne deren Unterstützung die parallele Erprobung der beiden Systeme nicht möglich gewesen wäre.

Literatur

A: zu BAIK

1. Giere, W. (Hrsg.): BAIK - Benutzerinformation. Universität Frankfurt, Zentrum der Med. Informatik, Abt. f. Dokumentation und Datenverarbeitung 1983.

2. Giere, W.: Befunddokumentation und Arztbriefschreibung in Krankenhäusern. Berlin-Heidelberg-New York: Springer 1984. (In Vorbereitung)

B: zu KRAZTUR

3. Ellsässer, K.-H., Köhler, C.O., Wagner, G.: KRAZTUR - A generator for medical documentation and information systems. Meth. Inform. Med. 20 (1981) 191-195.

4. Köhler, C.O.: Ziele, Aufgaben, Realisation eines Krankenhaus-informationssystems. Berlin-Heidelberg-New York: Springer 1982.

C: zu MUMPS

5. Offenhäuser, K.-H.: Was verbirgt sich hinter MUMPS? Praxis med. Dok. 1983, Nr. 3, 56-57.

6. Hesse, S., Kirsten, W.: Einführung in die Programmiersprache MUMPS. Berlin-New York: de Gruyter 1983.

7. Schmücker, P., Walter, P.: Ein praktischer Versuch einer effizienten klartextlichen Arztbrief- und Berichtschreibung mit integrierter Informationsauswertung. Vortrag 27. Jahrestagung der GMDS, 27.-29. Sept. 1982 in Hamburg.

8. Stetter, F.: Softwaretechnologie. Mannheim-Wien-Zürich: B-I-Wissenschaftsverlag, 1981.

Aus dem Institut für Medizinische Statistik und Epidemiologie der TU München, (Vorstand: Prof. Dr. H.-J. Lange)

Struktur der medizinischen Basisdaten

R. Thurmayr, M. Schnabel

Zusammenfassung

Die medizinische Basisdokumentation kann sich nicht mit der Aufzählung der medizinischen Basisdaten eines Patienten begnügen. Sie muß zugleich die Relationen, die zwischen und innerhalb der medizinischen Daten bestehen, berücksichtigen. Dies bedeutet für die Basisdokumentation eine erhebliche zusätzliche Belastung bei der Erfassung, Speicherung und Wiedergewinnung der Daten, wobei die gängigen Datenbanksysteme der komplizierten Struktur der medizinischen Basisdaten nur mit erheblichem Zusatzaufwand seitens des Benutzers gerecht werden. Die Vorteile des Einbezugs der Relationen in die Basisdokumentation liegen in verbesserter Datenprüfung, verständlicherer Ausgabe der Daten eines Patienten und gezielterer Auswertungsmöglichkeit bei multivariater Betrachtungsweise.

Nach dem Vorschlag der Weltgesundheitsorganisation [1] werden für die Morbiditätsstatistik (Basisdokumentation) folgende Daten erfaßt:

- Angaben zur Person des Patienten,
- Informationen für Verwaltungszwecke,
- Angaben über Krankheiten, Verletzungen und andere Gesundheitsstörungen,
- Angaben über die Therapie, insbesondere über Operationen.

Im Klinikum rechts der Isar der TUM werden diese Daten durch die postoperativen Komplikationen, die Histologie sowie in einigen Kliniken durch die TNM-Klassifikation und die Bakteriologie ergänzt [2].

1. Relationen zwischen den medizinischen Basisdaten

Die Grundstruktur der medizinischen Basisdaten hat folgende Form:

Patient
|
Krankheit
|
Therapie
|
Ergebnis

wobei unter Ergebnis die postoperativen Komplikationen und das Behandlungsergebnis verstanden werden soll, während Histologie, TNM-Klassifikation und Bakteriologie als Spezifikation der Krankheit betrachtet werden.

Die medizinischen Basisdaten dieser Grundstruktur sind durch Relationen miteinander verbunden [3, 4]. Die Relationen 'leidet an', "wird behandelt mit" und "bewirkt" verbinden die Basisdaten folgendermaßen:

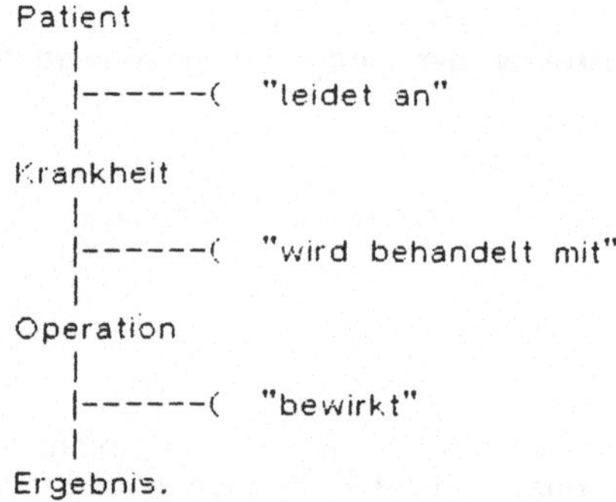

Da bei einem Patienten sämtliche Basisdaten mehrfach vorkommen können, genügt es nicht, die Basisdaten ohne Angabe der Relationen zwischen den Basisdaten zu speichern. Durch die Unterteilung der Basisdaten in **Aufenthalte** bei stationären Patienten und in Behandlungseinheiten bei ambulanten Patienten werden die Relationenketten Krankheit - Operation - Ergebnis auf die einzelnen Aufenthalte beschränkt. Diese Unterteilung nach Aufenthalten reicht nicht aus, wenn mehrere Krankheiten während eines Aufenthaltes vorhanden sind. Deswegen wurde die Methode des **problemorientierten Krankenblattes** auf die Speicherung der Basisdaten übertragen, indem die Objekte einer Relationenkette mit der gleichen Folgenummer (Problemnummer) bezeichnet werden.

Wir haben außerdem eine **Unterteilung nach operativen Eingriffen** eingeführt, wodurch die Relation Operation -- postoperative Komplikation bei mehreren Operationen in einem Aufenthalt eindeutig angezeigt wird. Die Unterteilung nach Aufenthalten hat den Nachteil, daß zwischen Aufenthalt und Krankheit nicht eine 1:m-Beziehung, sondern eine n:m-Beziehung besteht, d.h. in einem Aufenthalt können nicht nur mehrere Krankheiten vorkommen, sondern ein und dieselbe Krankheit kann auch in mehreren Aufenthalten behandelt bzw. untersucht werden, was bei schweren Erkrankungen vor allem malignen Charakters üblich ist. Um letzteren Fall anzeigen zu können, müßte die Problemnummer nicht aufenthaltsbezogen vergeben, sondern bei einem Patienten durchlaufend numeriert werden, so daß ein und dieselbe Erkrankung im zweiten und weiteren Aufenthalt die gleiche Problemnummer erhält. Diese **patientenbezogene Durchnumerierung von Krankheiten,** auch über Aufenthalte in verschiedenen Kliniken hinweg, ist in der Praxis äußerst schwer durchzuführen. Jede Verbesserung und jeder Update könnten nämlich nur unter Kenntnis aller gespeicherten Basisdaten eines Patienten erfolgen.

Die n:m-Beziehung zwischen Operationen und postoperativer Komplikation kompliziert die Struktur der Basisdaten zusätzlich. Eine Operation kann mehrere postoperative Komplikationen zur Folge haben, und eine allgemeine Komplikation wie eine Bronchopneumonie kann Folge mehrerer Operationen sein, die in einer Sitzung durchgeführt wurden. Um diese n:m Beziehung in den Griff zu bekommen, haben wir den Begriff einer **operativen Sitzung** in die Basisdokumentation eingeführt, die anzeigt, daß Operationen gleichzeitig durchgeführt wurden.

Schließlich kann die Relation "wird behandelt mit", die bisher zwischen Krankheit und Operation definiert war, auch zwischen Ergebnis und Operation auftreten, wenn eine postoperative Komplikation Anlaß zu einem operativen Eingriff gibt, z.B. Verschluß der Bauchdecken wegen Platzbauchs nach einer Magenresektion. Diese Relation muß sich keineswegs auf einen Aufenthalt beschränken, sondern kann durchaus wie eine Krankheit in einem weiteren Aufenthalt behandelt werden, z.B. Wundrevision wegen Wundinfektion nach Appendektomie, oder erst neu auftreten, wie Bruchoperation wegen Narbenbruchs nach Gallenblasenentfernung. Reicht die Relation über zwei Aufenthalte, so geben wir im zweiten Aufenthalt bei der postoperativen Komplikation einen **Rückverweis** auf die Operation durch Diagnosenschlüsselnummern, die auf den Zustand nach einer Operation, z.B. 'Zustand nach Gallenblasenentfernung', hinweisen.

2. Relationen innerhalb der medizinischen Basisdaten

Neben den bisher besprochenen Relationen zwischen den medizinischen Basisdaten gibt es weitere Relationen innerhalb der Basisdaten. In der Morbiditätsstatistik [1] wird zwischen Haupterkrankung und anderen Erkrankungen unterschieden. Als **Haupterkrankung** wird diejenige Erkrankung bezeichnet, "die während des jeweiligen Zeitraums behandelt oder untersucht wurde". Sind mehrere Erkrankungen vorhanden, die behandelt oder untersucht wurden, "so ist in der Regel die Erkrankung, die die meisten medizinischen Leistungen beanspruchte, als Haupterkrankung anzusehen". Die anderen Erkrankungen mit medizinischen Leistungen nennen wir **Nebenerkrankungen.** Die Hauptdiagnose steht in unserer Basisdokumentation im ersten Diagnosenfeld eines jeden Aufenthalts und kann an dieser Position erkannt werden. Erkrankungen ohne medizinische Leistung werden in der Regel nicht in die Basisdokumentation aufgenommen.

Risikodiagnosen werden bei uns durch einen Diagnosenzusatz gekennzeichnet. Es sind Erkrankungen, die einer Langzeittherapie bedürfen (wie Diabetes mellitus und Hypertonie) und werden bei patientenbezogener Ausgabe hervorgehoben, um den Arzt darauf hinzuweisen.

Nach den Empfehlungen zur Morbiditätsstatistik "sollte eine Krankheitsbezeichnung möglichst aufschlußreich sein und sollte jede verfügbare Einzelangabe über Sitz, biologische Variabilität, Ätiologie usw. eines Zustands enthalten."

Wir führen daher zur Bezeichnung einer Krankheit neben der **Grundkrankheit** auch die **Folgeerkrankungen** auf, wobei die Folgeerkrankungen möglichst in einer Kausalkette aufgeführt werden, z.B. Magenkarzinom, Lymphknotenmetastasen, Lebermetastasen. Grund- und Folgekrankheiten einer Kausalkette erhalten als Kennzeichnung ihrer Zusammengehörigkeit dieselbe Problemnummer. Falls ausnahmsweise Hauptdiagnose und Grundkrankheit nicht übereinstimmen, wie bei Ileus wegen Dickdarmkarzinom, der mit einer Ileostomie behandelt wurde, so nimmt eine Folgeerkrankung die Stelle der Hauptdiagnose ein. Die Grundkrankheit folgt unmittelbar der Hauptdiagnose an zweiter Stelle vor der Aufreihung weiterer Folgekrankheiten dieser Kausalkette im angeführten Beispiel: 1. Ileus, 2. Kolonkarzinom, 3. Lymphknotenmetastasen. Durch eine Datei mit Diagnosenschlüsselnummern, in der Folgeerkrankungen markiert sind, können Folgeerkrankungen automatisch in der Position der Hauptdiagnose erkannt und die Grunderkrankung in der zweiten Position aufgesucht werden. Die gleichen Regeln der Reihenfolge für Grund- und Folgeerkrankungen gelten auch für Nebenerkrankungen. Die eben zitierte Datei wird Parameterliste des Diagnosenschlüssels genannt, da in ihr noch weitere Merkmale der Schlüsselnummern gespeichert sind [5].

Die oben angeführte Empfehlung zur möglichst aufschlußreichen Formulierung der Diagnosen kann auf Schlüsselebene nicht immer eingehalten werden, wenn man einen Klassifikationsschlüssel wie die "International Classification of Diseases" (ICD) benützt. Hier gibt es Schlüsselnummern, bei denen eine Spezifizierung des Sitzes der Erkrankung (z.B. Arterienverschluß nicht möglich ist. Wurde eine solche Erkrankung operativ behandelt, so geht die Spezifizierung aus der Operationslokalisation hervor, die im Operationsschlüssel angegeben wird (z.B. Arterienverschluß, behandelt mit einem Bypass am Oberschenkel). Erfolgt jedoch keine Operation, so muß die **Spezifizierung** des Sitzes durch eine zweite Schlüsselnummer ausgedrückt werden. Dazu wird eine Schlüsselnummer genommen, die nur den Sitz einer Erkrankung ausdrückt, z.B. Erkrankung der Hand. Solche Nummern sind zum Teil im ICD/E im HNO- und Gynäkologiebereich bereits vorhanden; zum Teil wurden sie von uns, vor allem im Bereich der Extremitäten, neu eingebracht. Diese Schlüsselnummern sind ebenfalls in der Parameterliste des Diagnosenschlüssels gekennzeichnet. Es gibt noch eine Reihe von Schlüsselnummern, die z.B. Besonderheiten in der Krankenhausbehandlung anzeigen, wie "Behandlung vom Patienten abgelehnt" oder "inoperabel", die ebenfalls mit der vorangestellten Schlüsselnummer nur eine Diagnose bezeichnen. Auch diese Schlüsselnummern sind in der Parameterliste gekennzeichnet.

Zwischen den verschiedenen Formen der "Diagnose" in der Zwischen den verschiedenen Formen der " Basisdokumentation bestehen dann folgende Relationen:

- Hauptkrankheit "gleichzeitig mit" Nebenkrankheit,
- Grundkrankheit "bedingt" Folgekrankheit,
- Folgekrankheit "bewirkt durch" Grundkrankheit,
- Diagnoseschlüsselnummer "spezifiziert durch" Diagnoseschlüsselnummer.

Auch innerhalb der Operationen unterscheiden wir ähnliche Relationen, wobei die Operationen innerhalb eines Aufenthaltes zeitlich aufgereiht sind:

- Operation "in einer Sitzung mit" Operation,
- Hauptoperation "unter" Nebenoperationen,
- Operationsschlüsselnummer " spezifiziert durch" Operationsschlüsselnummer.

3. Konsequenzen aus der Datenstruktur für die Datenverarbeitung

Konsequenz der komplizierten Datenstruktur der medizinischen Basisdaten ist die Notwendigkeit, Basisdaten nicht ohne Relationen zu speichern, wenn die Auswertung eine univariate Betrachtungsweise überschreiten soll.

Lösungsmöglichkeiten für die Anzeige von Relationen wurden bereits bei ihrer Schilderung aufgeführt. Wenngleich wir noch nicht alle Relationen in unserer Basisdatenbank in Griff bekommen haben, so zeigen sich doch folgende Anzeigemöglichkeiten:

- Untergliederung eines Patientensatzes in kleinere Einheiten, z.B. Aufenthalt,
- Pointer, z.B. Problemnummer,
- Stellung innerhalb von Wiederholungsfeldern, z.B. Hauptdiagnose,
- Speicherung von Merkmalen einer Erkrankung, z.B. Parameterliste.

Diese Vielfalt der Anzeigen ist notwendig, da die Erfassung der Relationen über Pointer allein die Datenerfassung völlig überfordern würde. Wegen der n:m-Beziehungen zwischen den Basisdaten scheidet für die Datenspeicherung ein hierarchisches Datenbankmodell aus. Ein adäquates Modell ist dagegen ein Netzwerkdatenbanksystem, wo die n:m-Kombinationen als neue Netzwerkknoten eingeführt werden müssen.

Entsprechende Konsequenzen müssen für die Auswertung einer Basisdatenbank gezogen werden. Eine Abfragesprache muß die verschiedenen Speichermöglichkeiten von Relationen ansprechen können, um multivariate Anfragen innerhalb der gewünschten Relationen durchführen zu können. Bisher ist es nur möglich, existierende Abfragesprachen durch aufwendige Benutzerprogramme zu ergänzen, um der komplizierten Datenstruktur medizinischer Daten gerecht zu werden.

Wenn die Relationen in den Basisdaten berücksichtigt werden, können medizinische Basisdaten bei der Eingabe überprüft werden. Ohne Berücksichtigung der Relationen kann lediglich die Zulässigkeit einer Schlüsselnummer geprüft werden, d.h. ob die Schlüsselnummer im Schlüssel vorgesehen ist, während z.B. bei Berücksichtigung der Relation "wird behandelt mit" geprüft werden kann, ob bei gegebener Diagnose die angegebene Operation möglich ist.

Einen weiteren Vorteil bringen die Relationen bei der patientenbezogenen, decodierten Ausgabe der Basisdaten. Die Einfügung der Relationen zwischen die Bezeichnung der Basisdaten zeigt, daß der Ausdruck rascher erfaßt werden kann, z.B. Magenkarzinom mit Lymphknotenmetastasen und Lebermetastasen statt Magenkarzinom, Lymphknotenmetastasen, Lebermetastasen. Der Ausdruck mit Relationen entspricht auch mehr der Ausdrucksweise der Ärzte.

Schließlich ist es mit Hilfe der Relationen möglich, die Abfragen der Basisdaten viel stärker zu spezialisieren. Wenn bei einer Abfrage nach allen Wundinfektionen nach Appendektomie die Relation "bewirkt" nicht berücksichtigt wird, so werden alle Patienten herausgesucht, die eine Appendektomie und bei irgendeinem Aufenthalt eine Wundinfektion hatten gleichgültig, ob durch die Appendektomie oder durch eine andere Operation verursacht, d.h. es wird in das Ergebnis eine sehr große Menge von Daten eingeschlossen, die auf die eigentliche Fragestellung nicht zutreffen.

Abschließend betrachtet, bringt die Berücksichtigung der Relationen in der Basisdokumentation wesentliche Vorteile. Andererseits stellt die Hereinnahme der Relationen große Anforderungen an die Erfassung, Speicherung und Wiedergewinnung der Daten.

Literatur

1. Bundesminister für Jugend, Familie und Gesundheit (Hrsg.): Handbuch der internationalen Klassifikation der Krankheiten, Verletzungen und Todesursachen (ICD). 9. Revision, Band 1, S.822-827. Wuppertal: Deutscher Consulting-Verlag 1979.

2. Lange, H.-J., Thurmayr, R.: Klinische Datenverarbeitung in der Fakultät für Medizin der Technischen Universität München. München: Uni-Druck 1979.

3. Wingert, F.: Medizinische Informatik. Stuttgart: Teubner 1979.

4. Horn, W., Buchstaller, W., Trappel, R.: The structure of manifestations in a medical consultation system. In Trappel, R. (Edit.): Cybernetics and Systems Research. Amsterdam: North-Holland 1982.

5. Schnabel, M., Thurmayr, G.R., Ohngemach, D. et al.: Datenstrukturen bei der Basisdokumentation. In Jesdinsky, H.J., Weidtman, V. (Hrsg.): Modelle in der Medizin - Theorie und Praxis, S.182-191. (Med. Informatik und Statistik, Bd. 22.) Berlin-Heidelberg-New York: Springer 1980.

Aus der Abteilung für Dokumentation und Datenverarbeitung (ADD)
(Leiter: Prof.Dr. W. Giere) im Zentrum der medizinischen Informatik, Klinikum der J.W. Goethe-Universität Frankfurt/M.

Klassifikation, befundorientierte Speicherung und Informationsgewinnung mit IATROS

Brigitte Zips, W. Giere

Zusammenfassung

Das Informations-Aufbereitende Text-Retrieval-Orientierte System IATROS wird vorgestellt. Oberstes Ziel ist das (Wieder-)Gewinnen von Informationen. Dies kommt sowohl den Belangen des Patienten als auch der medizinischen Forschung zugute und dient außerdem Planungszwecken und der Patientenverwaltung. Dazu werden die Daten nach den jeweiligen Wünschen des Benutzers maschinell aufbereitet. Verarbeitet werden sowohl Code als auch Klartext. Die Aufbereitung der Daten umfaßt die Schritte Selektion, Transformation, Standardisierung, Invertierung und Dokumentation. Bei der Aufbereitung der Daten und bei der eigentlichen Recherche wird in der Regel ein Thesaurus verwendet. Daraus ergibt sich, daß die Ärzte bei der Befundniederlegung oder Recherche nicht dieselben, standardisierten Begriffe gebrauchen müssen, sondern ihre individuelle Sprache beibehalten können.

Gearbeitet wird vorwiegend im Dialog mit all den damit verbundenen Vorteilen, z.B. Anwendung der Browsing-Methode beim Recherchieren. IATROS ist in MUMPS, teilweise auch in COBOL programmiert und mittlerweile auf einigen Mikro- und Mini-Rechnern installiert.

1. Einleitung

Ziel des Informations-Aufbereitenden Text-Retrieval-Orientierten System IATROS ist es, mehr Information zu gewinnen, um

- die Versorgung und Behandlung der Patienten zu verbessern,
- medizinische Erkenntnisse zu erhalten,
- administrative Vorgänge zu beschleunigen und zu verbessern, (z.B.
- Planungsdaten zu erhalten),
- die Grundlagen für die Einzelleistungsabrechnung zu schaffen.

Die folgenden Beispiele veranschaulichen typische Fragestellungen aus unserer Praxis:

- Zu welchem Zeitpunkt erreicht die Hormonkonzentration nach Injektion eines Medikaments ihr Maximum?
- Welche Einzelleistungen wurden von der Abteilung B9 im Januar erbracht?
- Wieviele Patienten wurden wegen eitriger Blinddarmentzündung operiert?
- Welche Begriffe wurden in Sektionsprotokollen im Zusammenhang mit dem Begriffsfeld Leber verwendet?

IATROS ist eine Komponente des Systems BAIK. (Befunddokumentation und Arztbriefschreibung In Krankenhäusern). Es verarbeitet strukturierte und geprüfte Daten, wie sie z.B. das Datenerfassungs- und Speicherungs-Programm DUSP [2, 3, 4] liefert. Mit DUSP können beliebige medizinische Sachverhalte dokumentiert werden. Die kleinste Einheit stellt ein Feld dar. Ein Feld, z.B. Diagnose oder Alter, besteht aus einem Inhalt und einem Zusatz. Beide sind von beliebiger Länge. Der Feldinhalt kann kodiert (bei Häufigem) oder frei formuliert (bei Seltenem) sein. Codes werden deshalb für Häufiges verwendet, weil sie besser geprüft [1] und ausgewertet werden können als Klartext sowie Erfassungszeit und Speicherplatz sparen. Der Zusatz ist immer in Klartext angegeben. Es wird berücksichtigt, daß im Laufe der Zeit mehrere Felder gleicher Art für einen Patienten existieren können. Ferner ist eine im Zuge des medizinischen Fortschritts sich weiter entwickelnde Datenstruktur erlaubt.

Die grundlegenden Gedanken hierzu sind beschrieben in [5, 6, 7].

2. Überblick

Das primäre Ziel von IATROS (Abb. 1) ist die Recherche über die patientenbezogene Dokumentation (PADOK). Dazu müssen die Daten klassifiziert, selektiert und standardisiert werden (KLASS). Für diesen Vorgang der maschinellen Aufbereitung benötigt man eine von der jeweiligen Fragestellung abhängige Vorschrift, den sogenannten Dokumentationsparametersatz DPS, ggfs die Datenbeschreibung aus dem BAIK-Datenlexikon und ggfs eine strukturierte Sammlung von Begriffen, einen sogenannten Thesaurus. Durch diese Datenaufbereitung entsteht aus der patientenbezogenen Dokumentation (PADOK) die befundbezogene Dokumentation (BEDOK) mit Dokumentdatei und invertierter Datei. Sobald die befundbezogene Dokumentation existiert, kann man das Zähl- und Auskunft- Programm-Paket (ZAPP) einsetzen.

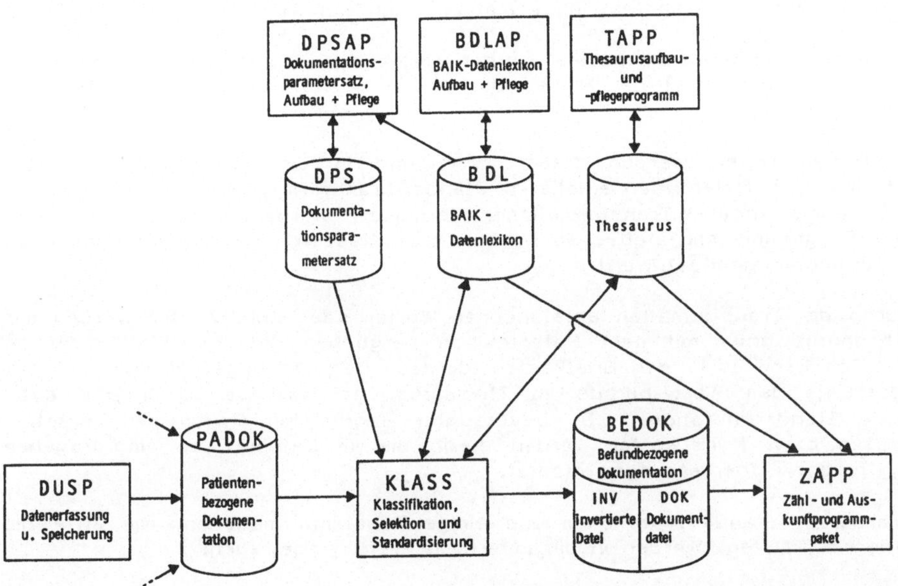

Abb. 1: Zusammenfassung von IATROS aus Subsystemen, Datenflüsse und Dateien

Für jeden Parameter, der die Datenaufbereitung beeinflußt -Dokumentationsparametersatz, Datenlexikon und Thesaurus- gibt es ein eigenes Aufbau- und Pflege-Programm.

Auf diese Subsysteme soll hier nicht näher eingegangen werden. Dagegen seien kurz ein paar Worte zu den Parametern gesagt.

Der **Dokumentationsparametersatz** gibt an, welche Daten wie aufbereitet werden (s.u.).

Das **BAIK-Datenlexikon** enthält u.a. die Datenbeschreibung für IATROS. Die Recherche nach umgangssprachlichen Begriffen in klassifizierten Patientendaten erfolgt mit Hilfe des Datenlexikons unabhängig von der Datenstruktur. Das

Datenlexikon beinhaltet außerdem Übersetzungen für z.B. kodierte Daten, d.h. es kann z.B. nach 'männlich' gesucht werden, wenn X oder 1 oder M eingegeben wurde. Das Datenlexikon enthält - mit anderen Worten - syntaktische Information und Übersetzungslisten, während semantische Informationen, insbesondere multihierarchische Klassifikation von Begriffen, im Thesaurus zusammengefaßt sind. Der Thesaurus enthält also neben der Klassifikation der einzelnen Begriffe in Suchwort, Modifikationswort, Stoppwort usw. Informationen über die Beziehungen zwischen den Begriffen, wie z.B. Synonyme, Oberbegriffe, Unterbegriffe usw. [9, 15]. Der oberste Level des Datenlexikons, die Übersetzung eines Codes, findet den Anschluß an den Thesaurus als Eingangswort.

Der **Thesaurus** wird in IATROS sowohl bei der Klassifikation (KLASS) als auch bei der Recherche (ZAPP) eingesetzt.

Im Prinzip kann jeder beliebige Thesaurus in IATROS abgebildet und bearbeitet werden. Beispielhaft haben wir den Thesaurus der Arbeitsgruppe Klartextanalyse der GMDS 'AGK-Thesaurus' [10, 11] in IATROS übernommen.

3. Die Aufbereitung der Daten anhand des DPS

Die Aufbereitung der Daten besteht insgesamt aus fünf Schritten:

- Die zu klassifizierenden Primärdaten werden selektiert. Dabei kann anonymisiert werden, z.B. dadurch, daß der Name oder andere identifizierende Merkmale nicht übernommen werden.

- Die selektierten Daten werden transformiert und in eine einheitliche Struktur überführt. Für alle Datentypen existieren Standardtransformationen. Darüber hinaus können beliebige andere Transformationen formuliert werden. Hier existiert eine allgemeine Programmschnittstelle. So können z.B. Klassen oder aus verschiedenen Feldern Quotienten gebildet werden.

- Diese durch die Transformation entstandenen Wörter oder Kunstwörter werden mit einem Thesaurus bzw. mit dem Datenlexikon verglichen. Ist das Wort nicht im Thesaurus, so kann es in den Briefkasten für neue Begriffe eingefügt werden. Gibt es andererseits das Wort bereits im Thesaurus, so wird es durch eine evtl. vorhandene Standardnotation, z.B. bevorzugter Begriff bei Synonymen, ersetzt. Feldadressen bzw. Kunstwörter werden durch die im Datenlexikon eingetragenen Suchbegriffe bzw. Übersetzungen ersetzt.

- Die Primärdaten, Standardnotationen und einige Zusatzinformationen, wie etwa die Lokalisation der Daten, werden in die invertierte Datei eingetragen.

- Die Primärdaten oder durch die Klassifikation entstandene Standardnotationen werden in die Dokumentdatei eingetragen.

Alle fünf Aufbereitungsschritte werden durch den sogenannten Dokumentationsparametersatz DPS [15] gesteuert. Die Klassifikation ist eine Funktion der jeweiligen Fragestellung. Dies bedeutet, daß die Primärdaten reklassifiziert werden können, wenn sich die Fragestellung ändert. Die Klassifikation, Selektion und Standardisierung KLASS der Daten wird bewußt getrennt von der Datenerfassung und eigentlichen Recherche durchgeführt. So kann also zu unterschiedlichen Zeiten oder auch gleichzeitig auf unterschiedliche Arten ausgewertet werden, je nach Anwenderwunsch.

Ausgehend von den Analysen über die Verteilung der medizinischen Fachsprache von SCHALCK [12] haben wir bei der Klartextverarbeitung bewußt auf die syntaktische Analyse eines Satzes, wie sie z.B. von WINGERT [13, 14] oder PRATT [8] durchgeführt wird, verzichtet. Unser pragmatischer Ansatz geht weitgehend von der nominalen medizinischen Sprache aus, die in Zweifelsfällen, z.B. bei der Verwendung von Modifikationsbegriffen, den jeweiligen Kontext berücksichtigt. Dieser Ansatz ist für IATROS bzw. BAIK mit seiner aufwendigen Datenstrukturierung besonders sinnvoll, weil im allgemeinen nicht Klartext in der Umgangssprache verarbeitet wird sondern Texte, deren semantischer Rahmen durch die Lokalisation der Angaben innerhalb einer Datenstruktur bestimmt wird. Die Textverarbeitung von ganzen Sätzen bildet die Ausnahme. In IATROS-KLASS wird der Text in einzelne Sätze, ein Satz in einzelne Wörter zerlegt. Nach der Punkt-zu-Punkt-Regel von RÖTTGER [10] werden die Satznummern und Wortnummern gebildet. Bei der Suche können also benachbarte Begriffe durch die sogenannte Adjacent-Funktion mitberücksichtigt werden. Die durch die Zerlegung entstandenen Begriffe können durch evtl. vorhandene Standardbegriffe ersetzt werden. Durch diese Art der Aufbereitung werden folgende Möglichkeiten für die Klartextsuche geschaffen:

- Suche nach einzelnen Wörtern inkl. aller Synonyme, z.B. Diabetes, Zuckerkrankheit,.....,
- Suche nach Wortgruppen, z.B. Diabetes mellitus,
- Suche nach Wortstämmen, z.B. Diabet (es, iker),
- Suche nach Wortfeldern, z.B. Meningitis, Nephritis,....,

3.1 Beispiel

Ein Beispiel soll die Vorgehensweise bei der Klassifikation, Selektion und Standardisierung verdeutlichen:

Die Beispieldaten (Abb. 2) enthalten folgendes:

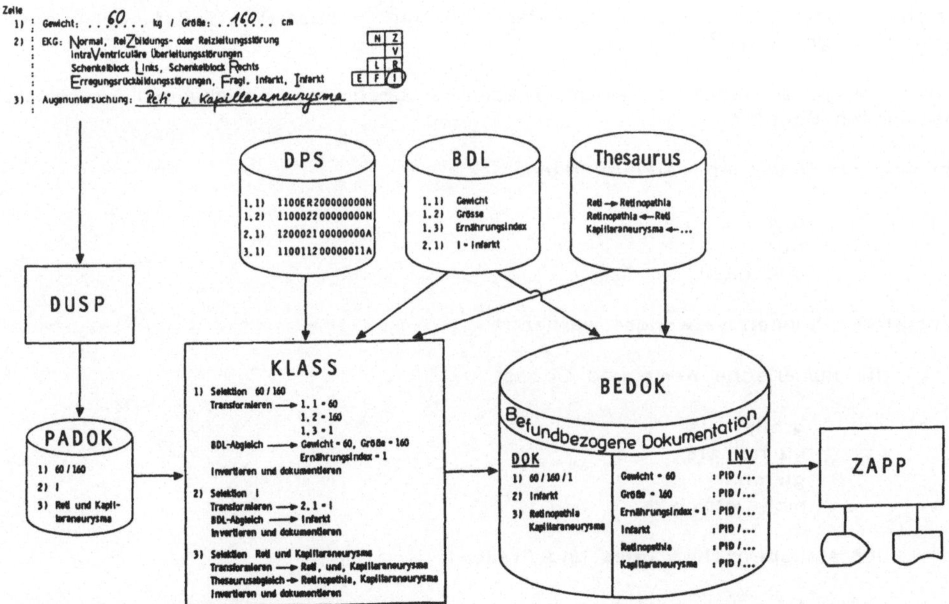

Abb. 2: Beispiel für eine 'Klassifikation'.

(1) In Zeile 1 stehen als Feldinhalte die numerischen Werte für Gewicht und Größe 60 und 160. KLASS selektiert die beiden Werte mit den jeweiligen Lokalisationen. Außerdem wird aus den beiden Werten Größe und Gewicht durch die Formel Gewicht/(Größe-100) ein Ernährungsindex gebildet, dem eine 'neue' Lokalisation zugeteilt wird. Alle drei Lokalisationen werden im Datenlexikon aufgesucht und durch den Suchbegriff ersetzt. Dann wird nach den drei Suchbegriffen Gewicht,

Größe und Ernährungsindex invertiert. Zum Schluß werden die Werte dokumentiert.

(2) In Zeile 2 steht als Feldinhalt der Alphacode I als Angabe zum EKG. KLASS verknüpft die Lokalisation des Feldes und den Feldinhalt zu einem Kunstwort. Dieses Kunstwort wird im Datenlexikon aufgesucht und durch die entsprechende Übersetzung, in diesem Beispiel: Infarkt, ersetzt. In diesem Beispiel wird nach der Übersetzung invertiert. Diese Übersetzung wird an die befundbezogene Dokumentation übergeben.

(3) In Zeile 3 steht als Feldinhalt der Klartext zur Augenuntersuchung: 'Reti und Kapillaraneurysma'. Durch die Transformation wird der Text in einzelne Wörter zerlegt. Jedes Wort wird mit dem Arbeitsthesaurus verglichen. Das Stoppwort 'und' wird nicht weiter bearbeitet. Alle anderen Wörter werden in Standardbegriffe überführt. Das Wort Reti wird durch das bevorzugte Wort Retinopathia ersetzt. Das Wort Kapillaraneurysma wird als bevorzugtes Wort erkannt und übernommen. KLASS invertiert in diesem Fall nach den Klartextbegriffen. Am Ende werden die Suchbegriffe Retinopathia und Kapillaraneurysma in invertierter Datei und Dokumentdatei eingetragen.

4. Die Recherche

Die Recherche dient primär der Beantwortung der folgenden drei generellen Fragestellungen:

(1) Welche Befunde hatte ein Patient?

(2) Welche oder wieviele Patienten hatten spezielle Befunde oder Befundkombinationen?

(3) Welche Begriffe haben in einem Thesaurus bestimmte Beziehungen zu einem bestimmten Begriff?

Erlaubt sind die logischen Verknüpfungen:

und
oder
und nicht

Als Operatoren können verwendet werden:

für numerische Werte und Codes:

größer als
kleiner als
gleich
nicht gleich

für alphabetische Codes und Freitext:

folgt lexikographisch
beinhaltet

Im obigen Beispiel wäre folgende Recherche möglich:

S Infarkt&Gewicht>70&'Reti

Suche alle Patienten mit Infarkt, die über 70 kg wiegen und keine Retinopathie haben.

Diese Fragestellungen kommen aus dem Bereich der deskriptiven Statistik. Es ist möglich, die durch IATROS entstandenen Daten aus der befundbezogenen Dokumentation für Programmpakete für analytische Statistik zur Verfügung zu stellen. Eine komfortablere Schnittstelle wird derzeit realisiert, bei der neben der Klassifikation aller Datentypen speziell für die Statistikpakete auch automatisch die Datenbeschreibungen generiert werden.

Die Recherchen werden hauptsächlich im direkten Dialog mit dem Rechner durchgeführt. Dies bedeutet sofortige Antworten unabhängig von der Organisation eines Rechenzentrumsbetriebs. Durch Ausgabe von Zwischenergebnissen wird der Anwender laufend über den Stand seiner Recherchen informiert. Der Hauptvorteil des Dialogs liegt aber in der Browsing-Methode. Es ist generell möglich, beliebige Kommandos zu beliebiger Zeit in Abhängigkeit von vorangegangenen Ergebnissen einzugeben.

Neben den eigentlichen Suchfunktionen - Suche nach Merkmalen und Thesaurussuche - gibt es eine Reihe von Ausgabefunktionen, Ausgeben einzelner Merkmale, Durchschnittswerte usw. und zahlreiche Hilfsfunktionen [15]. So kann man z.B. mehrere Kommandos zu einem sogenannten Makro zusammenfassen und zu einer bestimmten Zeit ausführen lassen. Dies kann protokolliert werden. Mit dieser Methode lassen sich immer wiederkehrende Probleme der Auswertung, etwa wöchentliche oder monatliche Anfertigung von Statistiken, Abrechnungshilfen usw., als Dauerauftrag ohne immer wiederkehrenden hohen Aufwand lösen.

Die Liste der Funktionen ist offen.

5. Abschließende Bemerkungen

Zur Zeit gibt es IATROS-Anwendungen im Universitätsklinikum Frankfurt (Gynäkologie, Diabetikerambulanz, Pathologie, Sportmedizin, Herz/Thorax-Chirurgie), in der Abteilung Rheumatologie der Deutschen Klinik für Diagnostik in Wiesbaden, in der Landesfrauenklinik Hannover und in der Medizinischen Hochschule Lübeck (Ophthalmologie).

IATROS ist in MUMPS geschrieben und derzeit auf vier verschiedenen Rechnertypen implementiert, nämlich

- DEC
- PHILIPS
- PLESSEY
- TANDEM.

Für die Massendatenverarbeitung wurde KLASS in COBOL für 'Groß-Rechner' programmiert. So können Dialoganwendungen, wie z.B. das Retrieval, auf dem Mikro vor Ort und die rechenzeitintensiveren Prozeduren, wie z.B. die Klassifikation, im Hintergrundsystem durchgeführt werden.

Zum Schluß noch eine Zusammenfassung der wesentlichen IATROS-Funktionen:

- Recherchen im Dialog, oder auch als 'Dauerauftrag' im Batch,
- Browsing-Methode,
- Suche unter Zuhilfenahme des Thesaurus,
- Suche im Thesaurus,
- Schnittstelle zur analytischen Statistik,
- Sowohl Codes als auch Klartext sowie ein Code-Klartextgemisch können ausgewertet werden,
- Reklassifikation in Abhängigkeit von der Fragestellung,
- Datenlexikon für Syntax, Thesaurus für multihierarchische Semantik.

Literatur

1. Barnett, G.O., Greenes, R.A., Grossman, J.H.: Computer processing of medical text information. Meth. Inform. Med. 8 (1969) 177-182.

2. Bogdanski, K., Gassinger, C., Giere, W.: Gesicherte Datenqualität durch Datentypisierung und Dialogprüfung bei Befunderfassung durch DUSP. In Victor, N., Dudeck, J., Broszio, E.P. (Hrsg.): Therapiestudien, S.369-377. (Med. Informatik und Statistik, Bd. 33.) Berlin-Heidelberg-New York: Springer 1981.

3. Giere, W., Baumann, H.: Zur Erfassung und Verarbeitung medizinischer Daten mittels Computer. 1. Mitteilung. Meth. Inform. Med. 8 (1969) 11-18.

4. Giere, W.: Zur Erfassung und Verarbeitung medizinischer Daten mittels Computer. 2. Mitteilung. Meth. Inform. Med. 8 (1969) 197-200.

5. Giere, W.: Beispiel einer EDV-Organisation in einer privaten Diagnoseklinik. In Koller, S., Wagner, G. (Hrsg.): Handbuch der medizinischen Dokumentation und Datenverarbeitung, S.895-912. Stuttgart: Schattauer 1975.

6. Giere, W.: Projekt DV in der Medizin. Einführung der Datenverarbeitung in die ärztliche Praxis. Dokumentations- und Informationsverbesserung in der Praxis des niedergelassenen Arztes mittels EDV-Service (DIPAS). DVM-Bericht 3, 1975.

7. Giere, W.: Datenbankkonzept IATROS für patienten- und befundbezogene Dokumentation. In Nacke, O., Wagner, G. (Hrsg.): Dokumentation und Information im Dienste der Gesundheitspflege, S.159-168. Stuttgart: Schattauer 1973.

8. Pratt, A.W.: Medicine, computers and linguistics. Adv. biomed. Engng. 3 (1973) 97-140.

9. Röll, I., Runge, H.: Projekt: Thesaurusaufbau und -pflege. Frankfurt: ADD 1978.

10. Röttger, P., Reul, H., Klein, I. et al.: Die vollautomatische Dokumentation und statistische Auswertung pathologisch-anatomischer Befundberichte. Meth. Inform. Med. 8 (1969) 19-26.

11. Röttger, P.: Theoretische Grundlagen, empirische Generierung und Anwendungsstruktur eines Textverarbeitungssystems für die Pathologie. Habilitationsschrift. J.W. Goethe-Universität, Frankfurt 1979.

12. Schalck, D., Arnst, F.-J., Giere, W.: Die klinische Diagnose im sprachstatistischen Vergleich. Symposion über Klartextanalyse in der Medizin (2). Datenverarbeitung in der Medizin. München: Siemens 1974.

13. Wingert, F.: Textverarbeitung in der Medizin. EDV Med. Biol. 5 (1974) 132-143.

14. Wingert, F.: Klartextverarbeitung in der Medizin. In Wingert, F. (Hrsg.): Klartextverarbeitung, S.1-20. Berlin-Heidelberg-New York: Springer 1978.

15. Zips, B.: IATROS-Benutzerhandbuch, Version 2.0. Frankfurt: ADD 1982.

Aus der Hals-Nasen-Ohrenklinik der Universität Erlangen-Nürnberg (Direktor: Prof. Dr. M.E. Wigand)

DADICODIS
Ein anwendungsneutrales Datenbanksystem mit hohem Komfort durch Einbeziehung von Codierungs- und Plausibilitätskontrollspezifikationen in die Data Definition Language

E. Münch

Realisierbare Datenstrukturen und Data Definition Language

Aus dem Leistungsspektrum des Datenbanksystems CIS, das in DADICODIS (Data Directed Coding and Information System) die Basisfunktion des Dateihandlings erfüllt und dessen Abfragesprache - in Kombination mit speziell entwickelten Programmen - zur Auswertung der Patientendatenbank herangezogen wird, sind insbesondere dessen niedriger Preis, dessen einfache und robuste Handhabung, dessen relativ mächtige Abfragesprache und dessen integrierter Bildschirmmaskengenerator zu erwähnen. Um ein medizinisches Dokumentationssystem mit den Leistungsmerkmalen

- automatische Verschlüsselung von Patientendaten,
- krankenblattorientierte Datenpräsentation und -manipulationen,
- Darstellung und Auswertung zeitlicher Abhängigkeiten der Befunde

zu erhalten, wurde ein Programmpaket entwickelt, dem der Name DADICODIS gegeben wurde und dessen Konzeption im folgenden skizziert werden soll.

CIS interstützt den Aufbau von Strukturen (physisch)
Satz
Gruppe
Feld

Die Definition von logischen Strukturen mit höheren Hierarchiestufen ist ohne zusätzliche Programme nicht möglich. bezug auf die medizinische Dokumentation können also z. B. Strukturen nach dem folgenden Schema (Abb. 1) gebildet werden:

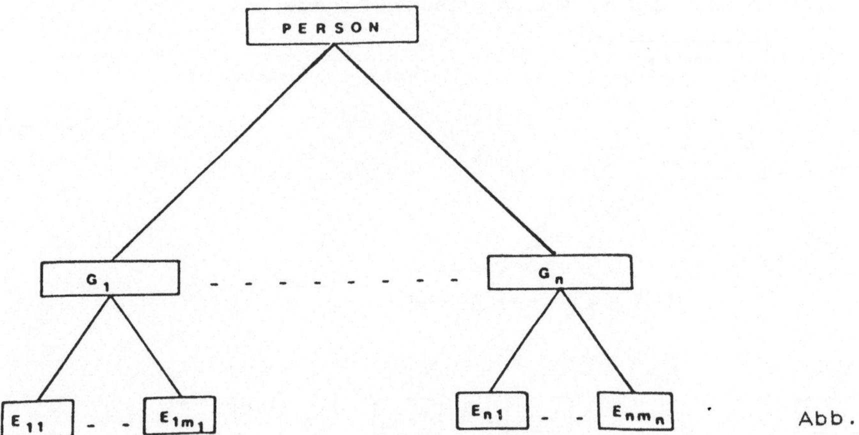

Abb. 1

wobei die Gruppen Gi (i = 1,...,n) einfache Wiederholgruppen und Eij, (i = 1,...,n,j = 1,...,mi) Elemente sind, wobei genau ein Element pro Gruppe mehrwertig sein darf. Im medizinischen Anwendungsgebiet werden die Gruppenschemata G im allgemeinen Befundtypen charakterisieren wie z. B. (Abb. 2)

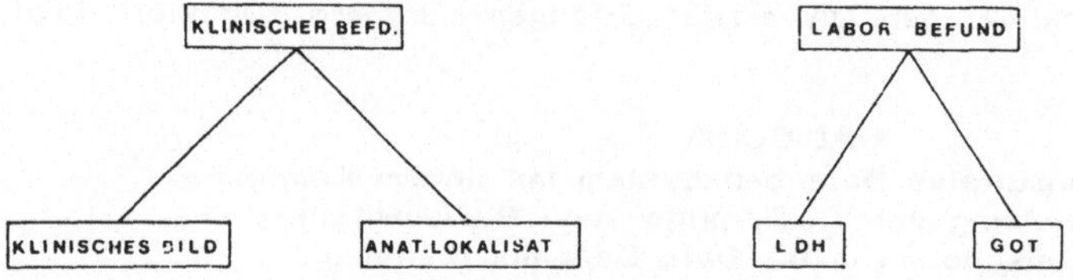

Abb. 2

Ein Schema in CIS wird definiert, indem den Schemaattributen (Abb. 3) jeden Elementes des Schemas Werte zugewiesen und in das CIS-Datadictionary in beliebiger Reihenfolge eingetragen werden.

Attribute von Elementen im CIS-Datadictionary		Wertebereich	Attributwerte am Beispiel des Elementes LDH aus Abb. 1. 1. 3
Schema-attribute	'gruppenkennung'	Zeichenketten der Länge 4	LABO
	'elementname'	Zeichenketten der Länge 15	LDH
	'länge'	$\{\ell \mid 0 \leq \ell \leq 255,\ \ell \in \mathbb{N}\}$	4
	** 'verweisdateieintrag'	{JA, NEIN}	NEIN
	'picture' **	{rechtsbündig, linksbündig} x {gepackt, binär, zifferw., zeichenw}	rechtsbündig x ziffernweise
	'position des ersten Bytes in der Gruppe'	$\{p \mid 9 \leq p \leq 9999,\ p \in \mathbb{N}\}$	9
	'wert' ***	durch den Wert des Attributes picture definiert	0012

Abb. 3

In DADICODIS können nach dem in Abb. 4 gezeigten Schema,

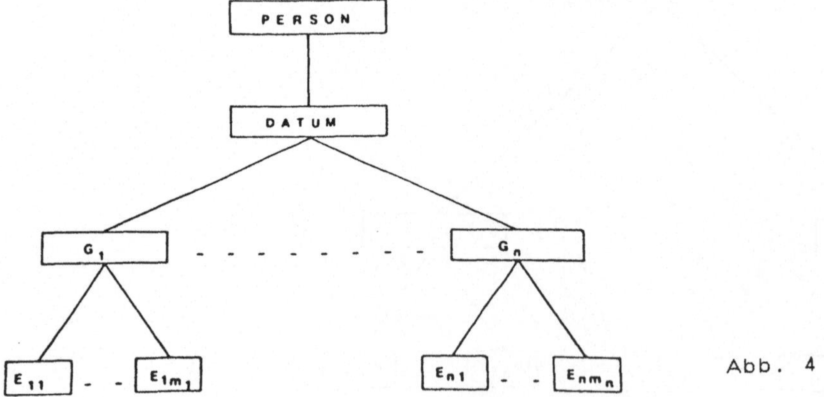

Abb. 4

in dem DATUM eine zusammengesetzte Gruppe ist, Datenstrukturen definiert werden.

Um diesen und den anderen o. g. Leistungsmerkmalen, die in CIS nicht realisiert sind, zu genügen, benötigt DADICODIS Steuerinformationen, die es aus einem zweiten Datadictionary -dem sog. DADICODIS-Datadictionary- bezieht, das seinerseits als eine von CIS verwaltete Datei angegeben wurde. Die Abbildungen 5 und 6 zeigen die in DADICODIS zusätzlich verwendeten Schemaattribute. Die ein spezielles Schema definierenden Werte dieser Attribute werden - für den Datenbankverwalter sehr komfortabel - von einer Routine vorgespielten Bildschirmmaske aufgenommen und in das DADICODIS-Datadictionary eingetragen.

Schemaattribute von Gruppen im DADICODIS - Datadictionary	Wertebereich	Attributwerte am Beispiel der Gruppe LABOR - BEFUND
'gruppenkennung'	Zeichenketten der Länge 4	LABO
'gruppenname'	Zeichenketten der Länge 40	LABORDATEN
'maskenname'	Zeichenketten der Länge 6	BSFLAB
'gruppenlänge'	$\{\ell \mid 10 \leq \ell \leq 9999,\ \ell \in \mathbb{N}\}$	16
'elementanzahl'	$\{i \mid 1 \leq i \leq 9999,\ i \in \mathbb{N}\}$	2
'mehrwertiges Element'	{JA, NEIN}	NEIN

Abb. 5

Schemaattribute von Elementen im DADICODIS - Dadadictionary	Wertebereich	Attributwerte am Beispiel des Elementes LDH
'verschlüsselung'	{JA, NEIN}	NEIN
'schlüsseldateiname'	Zeichenketten der Länge 6	-
'schlüsselmaskenname'	Zeichenketten der Länge 6	-
'nummerisch'	{JA, NEIN}	JA
'untere grenze'	Zeichenketten der Länge 8	0000
'obere grenze'	Zeichenketten der Länge 8	1500
'elementbezeichnung'	Zeichenketten der Länge 28	LACTATDEHYDROGENASE
'elementmaskenname'	Zeichenketten der Länge 6	-

Abb. 6

Codierung, Datenpräsentation, Plausibilitätskontrolle

Die Werte der Elemente, deren Attribut 'verschlüsselung' (s. Abb. 6) den Wert JA erhielt, werden bei der Patientendatenerfassung in numerische Werte codiert, die dann bei der Patientendatenpräsentation im Klartext decodiert werden. Der Wert des Attributes 'schlüsseldateiname' dient hierbei als Verweis auf die entsprechende Schlüsseldatei. Hierdurch wird ggf. eine logische Beziehung, wie in Abb. 7 gezeigt, realisiert. Durch den Wert des Attributes 'schlüsselmaskenname' wird eine Bildschirmmaske spezifiziert, die bei Bedarf die Daten neu zu erstellender Schlüsseldatensätze aufnimmt und in die Schlüsseldatei einfügt. Die Attribute 'numerisch?', 'untere grenze' und 'obere grenze' dienen der Durchführung einer Plausibilitätskontrolle bei nicht zu verschlüsselnden Datenelementen. Bei der Datenpräsentation werden die Werte des Attributes 'gruppenname' zur Kennzeichnung der gesamten Datengruppe und die Werte des Attributes 'elementbezeichnung' zur Benennung von Zahlenwerten, die ja nicht selbsterklärend sind wie o. g. Klartext, eingespielt.

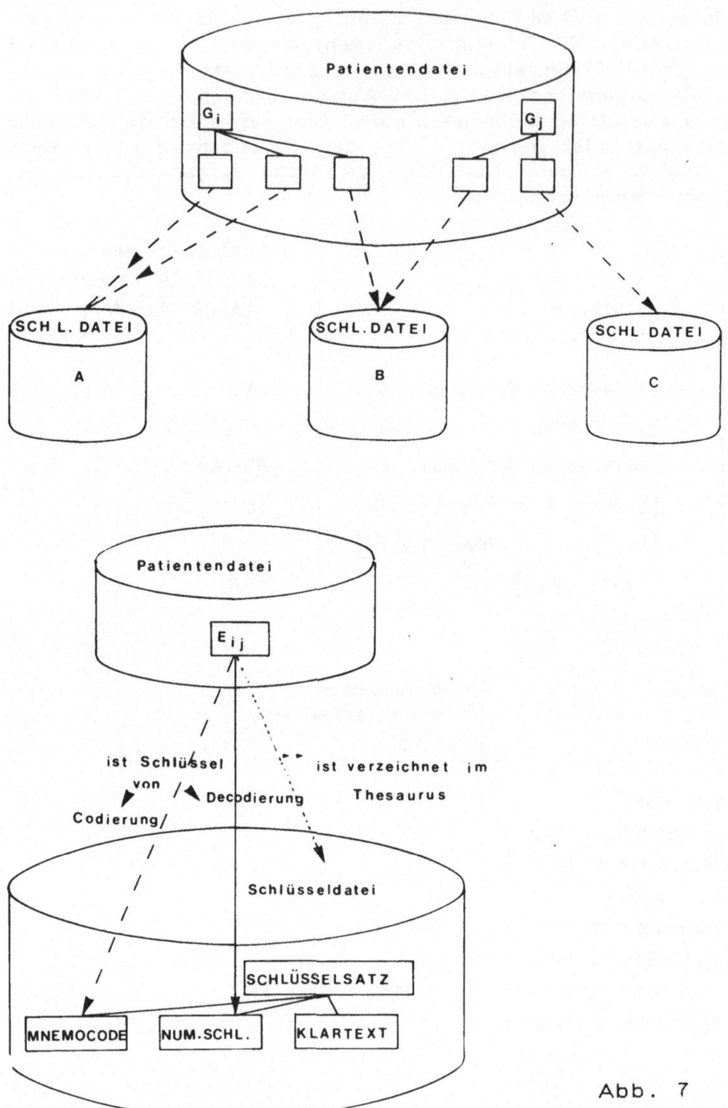

Abb. 7

Data Manipulation Language

Physisch sind alle einen Patienten betreffenden Datengruppen sequentiell hintereinander als Zeichenketten in **einem** Datensatz gespeichert. Die physische Reihenfolge wird, als zeitliche interpretiert. Programmintern ist ein Zeiger auf die Datengruppen realisiert, der mit untenstehenden Kommandos bewegt werden kann.

Die Datengruppen, die zwischen zwei Gruppen DATUM

DATUM

TAG MONAT JAHR

liegen, werden der Gruppe DATUM mit der niedrigeren Sequenznummer zugeordnet.

Die Gruppe DATUM ist fest im Programm definiert und braucht im DADICODIS-Datadictionary nicht spezifiziert werden.

Es gibt drei Typen von Befehlen (DADICODIS-Befehle, im folgenden in Großbuchstaben):

-Befehle ohne Argument

ERFASSEN	neuen Patienten in die Datei aufnehmen,
SUCHEN	Patienten suchen (für Übergabe der Suchargumente wird Bildschirmmaske zur Verfügung gestellt),
LÖSCHEN	zuletzt am Bildschirm gezeigte Datengruppe wird gelöscht.

-Befehle mit Argument, die o. g. Zeiger setzen

Z,i	Setzen des Zeigers auf die Datengruppe mit der Sequenznummer i, Decodierung der Werte der Gruppenelemente und Zeigen des Klartextes auf dem Bildschirm,
P,i	wie Z,i und Datenpräsentation auf dem Schnelldrucker,
Z,A und P,A	Präsentation aller Gruppen,
K,i	Korrektur der Datengruppe mit der Sequenznummer i.

-Befehle, die als Argument einen Wert des Attributes 'gruppenkennung' haben

A,XXXX	Ausgabe der Bildschirmmaske, die der Datengruppe mit der 'gruppenkennung' = XXXX zugeordnet wurde, und anfügen der Datengruppe an das physische Ende des Patientendatensatzes nach Codierung bzw. Plausibilitätskontrolle der Werte ihrer Gruppenelemente,
EI,XXXX	wie A,XXXX, mit der Ausnahme, daß die Datengruppe physisch zwischen die zuletzt am Bildschirm gezeigte Datengruppe und die darauffolgenden Datengruppen eingeschoben wird.

Beispiel

Sei KLIB der Wert des Attributes 'gruppenkennung' der nach dem in Abb. 2 gezeigten Schema 'klinischer Befund' gebildeten Datengruppe. Dann erscheint nach Eingabe des Kommandos A,KLIB die in Abb. 8 präsentierte Bildschirmmaske und nach Betätigen der Datenübertragungstaste der zu den eingetragenen Memocodes gehörige Klartext (Abb. 9). In Abb. 10 sind Sequenzen von Datengruppen im Klartext, wie sie z. B. nach dem Kommando Z,A auf dem Bildschirm erscheinen, dargestellt.

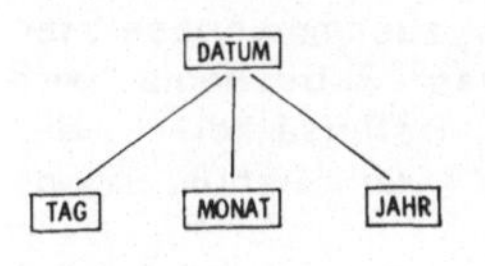

Abb. 8

```
BILDSCHIRMFORMULAR ZUR EINGABE UND KORREKTUR VON KLINISCHEN BEFUNDEN

ANATOMISCHE LOKALISATION :zunge        KLINISCHER BEFUND :entz

LTG                                    TAST
```

Abb. 9

```
KLINISCHER BEFUND                                   ABSCHNITTSNR.:  3
ZUNGE O.N.A.                  ENTZUENDUNG

     LOKALISIERT IST DER PATIENT :
MUELLER              ALFONS              (*) 01.01.1950        1
GIB DOKUMENTATIO NSKOMMANDO EIN
SYSTEM DADICODIS, MUENCH/ERLANGEN

LTG                                    TAST
```

Abb. 10

Datenschutz

Das Programm selbst und somit auch die Patientendatei(en) sind Passwort-geschützt. Der Datenschutz auf Datengruppen- bzw. Datenelementebene ist so realisiert, daß jedem Benutzer nur die (Teil-)sicht auf das Schema PERSON (s. Abb. 4) gestattet wird, die durch ein dem Benutzer zugeordnetes (Sub-)schema definiert ist. Diese Zuordnung eines (Sub-)schemas - und auch der zu eröffnenden Patientendatei - zu einem bestimmten Benutzer geschieht durch Verweise in der 'Benutzeridentifikationsdatei', in der jeder Benutzer u.a. einen Code erhält, der zusammen mit den Werten des Attributes 'gruppenkennung' den zusammengesetzten ISAM-KEY der Sätze des DADICODIS-Datadictionary ergibt: Das Subschema wird durch die Spezifikationen definiert, die in den Datensätzen des DADICODIS-Datadictionary enthalten sind, in deren ISAM-KEY der Benutzercode enthalten ist.

```
DATUM : 01.01.82                    ABSCHNITTSNR    2

KLINISCHER BEFUND                                       ABSCHNITTSNR    3
ZUNGE O.N.A.                    ENTZUENDUNG

KLINISCHER BEFUND                                       ABSCHNITTSNR    4
GAUMEN O.N.A.                   T2N0M0 (ERST-TU PRAETHERAP. OHNE R.)

DATUM : 08.08.83                    ABSCHNITTSNR    5

KLINISCHER BEFUND                                       ABSCHNITTSNR    6
GAUMEN O.N.A.                   T1N0M0 (REZIDIV)

    LOKALISIERT IST DER PATIENT :
%PLEASE ACKNOWLEDGE
```

Abb. 11

Durch Zuweisung von verschiedenen Schlüsseldateien zu gleichen Elementen bei verschiedenen Benutzern kann ein Datenschutz sogar bis auf die Ebene der Werte von Elementen erwirkt werden, was aber nur sinnvoll ist, wenn die Mengen der numerischen Schlüssel dieser Schlüsseldateien disjunkt sind und wenn den Benutzern die Möglichkeit der Manipulation dieser Schlüsseldateien genommen wurde, indem den Attributen 'schlüsselmaskenname' ein 'Dummy-Wert' zugewiesen wurde.

Letztlich erzeugt DADICODIS bei der Identifizierung des Benutzers einen Vermerk in einem Logbuch (CIS-Datei), aus dem bei Bedarf zu ersehen ist, welcher Benutzer wann auf welche Patientendatei zugegriffen hat.

Ein Massenscreening der Patientendatei ist nur den Personen möglich, denen die Bedeutung der numerischen Schlüssel bekannt ist.

Auswertung

Zur Auswertung der gesamten Patientendatenbestände steht die mächtige Abfragesprache von CIS zur Verfügung. Lediglich zur Bearbeitung von zeitbezogenen Datenbankanfragen muß die Patientendatei (bzw. eine geeignete, bereits präselektierte Menge von Sätzen der Patientendatei) in eine Hilfsdatei überführt werden. Dies übernimmt ein DADICODIS-Dienstprogramm, das die Sätze der Patientendatei so in 'Hilfsdatensätze' zerlegt, daß jeder Hilfsdatensatz aus nur **einer** nach dem Schema DATUM gebildeten zusammengesetzten Datengruppe besteht. In der so erzeugten Hilfsdatei ausgeführte Recherchen sind dann notwendigerweise zeitbezogen. Um Verknüpfungen mit der Patientendatei zu ermöglichen und zur eindeutigen Kennzeichnung der Hilfsdatensätze wird jeder Hilfsdatensatz mit dem ISAM-KEY des ursprünglichen Patientendatensatzes markiert.

Durch ein weiteres Dienstprogramm werden somit sogar Recherchen vom Typ: 'Suche alle Patienten, bei denen zuerst die Ereigniskombination A und dann die Ereigniskombination B auftrat' möglich.

Zusammenfassung

Bei DADICODIS (Data Directed Coding and Information System) handelt es sich um ein auf den Einsatz in der Medizin orientiertes Datenbanksystem, in dem die Basisoperationen des Dateihandlings von einem kommerziellen Datenbanksystem, dem Compact-Informations-System CIS der Firma SIEMENS, abgewickelt werden. Die zur automatischen Daten-Codierung, Plausibilitätskontrolle und Datenpräsentation benötigten Steuerinformationen bezieht DADICODIS aus einem zweiten Datadictionary, das dem Datadictionary des kommerziellen Datenbanksystems CIS zur Seite gestellt ist. Die Kombination der automatischen Codierung mit der Möglichkeit, verschiedenen Benutzern durch Zuweisung unterschiedlicher Subschemata verschiedene Sichten auf das Patientendatenschema zu eröffnen, erlaubt einen komfortablen Datenschutz bis auf die Ebene des Wertes von Datenelementen.

Literatur

1. Böhm, M., Riemer, M., Höhne, K.-H.: Implementation of a relational data base system on top of a commercial DBMS. In Barber, B., Grémy, F., Überla, K., Wagner, G. (Eds): Medical Informatics Berlin 1979, pp. 611-618. Berlin-Heidelberg-New York: Springer 1979.

2. CODASYL Systems Committee (Edit.): Data Base Task Group Report. New York: ACM 1971.

3. CODASYL Systems Committee (Edit.): Feature Analysis of Generalized Data Base Management Systems. Technical Report. Amsterdam: IFIP Administrative Data Processing Group 1971.

4. CODASYL Systems Committee (Edit.): DDL Journal of Development, June 1973. Amsterdam: IFIP Administrative Data Processing Group.

5. Codd, E.F.: A relational model of data for large shared data banks. Commun. ACM 13 (1970) 377-387.

6. Durchholz, R., Richter, G.: Das Datenmodell der 'Feature Analysis of Generalized Data Base Management Systems'. Angew. Inform. 14 (1972) 553-568.

7. Plesch, M., Griese, J.: Eigenschaften von Datenbanksystemen - ein Vergleich. Angew. Inform. 14 (1972) 489-498.

8. Sauter, K., Klonk, J., Rienhoff, O.: Integrity problems within a database supported patient information system. In Barber, B., Grémy, F., Überla, K., Wagner, G. (Eds): Medical Informatics Berlin 1979, pp. 570-579. Berlin-Heidelberg-New York: Springer 1979.

9. Schröder, K.: Vergleich der Verweistechniken in Datenbanksystemen: Adreßkettung contra Indextabellen. Angew. Inform. 14 (1972) 145-153.

10. Wedekind, H.: Datenbanksysteme I. (Reihe Informatik, Bd. 16). Mannheim: Bibliographisches Institut 1974.

Aus der Praxis Dr. med. K.H. Metzner, Mainz

Das problemorientierte Krankenblatt

K.H. Metzner

Das problemorientierte Krankenblatt ist in USA, wie ich bei verschiedenen Reisen zum Studium der Organisationsformen ärztlicher Praxen in USA feststellen konnte, ein durchaus geläufiges und geschätztes Dokumentationsverfahren. Seit den sechziger Jahren haben die Arbeiten und Gedanken von L.L. Weed in die ärztliche Alltagsarbeit in Hospital, Klinik und Praxis Eingang gefunden.

Den niedergelassenen Ärzten in der Bundesrepublik Deutschland sind die Probleme einer sachgerechten Patientendokumentation noch weitgehend fremd. Für den klinischen Bereich gibt es Arbeiten über Fragen der Krankenblattdokumentation, vor allem hinsichtlich der Gestaltung eines einheitlichen Krankenblattkopfes, wobei offen bleibt, inwieweit einheitliche Krankenblätter in den klinischen Betrieb Eingang gefunden haben. Allerdings darf man annehmen, daß insbesondere im universitären Bereich schon in größerem Umfange einheitliche Krankenblattköpfe verwendet werden.

Anläßlich des Deutschen Ärztetages in Nürnberg (1980) hat ODENBACH über das problemorientierte Krankenblatt berichtet, soweit erkennbar jedoch ohne jegliche Resonanz.

Im folgenden seien die wesentlichen Gesichtspunkte des problemorientierten Krankenblattes noch einmal kurz dargestellt, wobei hinsichtlich der Argumente, die zur Begründung der Notwendigkeit der breiten Einführung des problemorientierten Krankenblattes vorgetragen werden, auf die Monographie von L.L. Weed "Das problemorientierte Krankenblatt" (Schattauer 1978) verwiesen sei.

Die vier Elemente des problemorientierten Krankenblattes sind

- die Datenbasis,
- die Problemliste,
- der Initialplan,
- die Verlaufsnotizen.

Die **Datenbasis** besteht aus der Vorgeschichte der klinischen Untersuchung und den Laborwerten.

Die Vorgeschichte ist die Zusammenfassung einer einfühlsamen Anamnese mit Akzent auf aktueller Vorgeschichte und Umwelt. Ihr schließt sich das sog. Patientenprofil, - d.h. die wesentlichsten personenbezogenen Informationen über den Patienten - an.

Bei der EDV-mäßigen Realisierung ist hier auf eine weitgehende Formalisierung Wert zu legen, da die Verwendung von ausschließlichem Volltext Speicherplatz- und Zeitprobleme verursachen würde.

Die **Problemliste** dient der Verbalisierung und Formalisierung aller Probleme.

Sie ist gleichzeitig ein "Inhaltsverzeichnis" des Krankenblattes und ein "Index", in dem die verschiedenen Probleme des Patienten mit laufender Numerierung aufgeführt werden.

Der **Initialplan** wird für jedes Problem getrennt aufgestellt. Danach ist das weitere diagnostische und therapeutische Vorgehen auszurichten. Für jedes Problem sind weitere Daten zusammenzutragen und ein Behandlungsplan aufzustellen, nach dem für jedes Problem die Behandlung durchzuführen ist. Außerdem hat eine laufende Aufklärung des Patienten über die Ursachen seiner Probleme und deren Wertung durch den Arzt wie auch über die vorgesehene und laufende Behandlung stattzufinden.

Bei den Verlaufsnotizen ist zu unterscheiden zwischen beschreibenden Eintragungen (jede Verlaufseintragung ist direkt zur Problemliste in Beziehung zu setzen, entsprechend zu numerieren und mit dem Titel zu versehen, "Operationsberichte und Eintragungen durch paramedizinisches Personal sind hierin eingeschlossen"), Verlaufsbögen (z.B. Fieberkurven), die bei allen Problemen mit komplexer Daten-Zeit-Abhängigkeit zu führen sind und schließlich der Abschlußbericht. Die Behandlung eines Patienten sollte nicht beendet werden, ehe nicht über jeden Punkt der Problemliste eine abschließende Zusammenfassung geschrieben ist.

Die Unwägbarkeiten, die in komplexen biologischen Systemen stecken, lassen exakt numerierte und mit Titeln versehene Verlaufseintragungen zum entscheidenden Teil des Krankenblattes werden.

Jeder problemorientierte Abschnitt der Verlaufsnotizen kann aus einigen oder allen der folgenden Elemente bestehen:

- Subjektive Daten,
- objektive Daten,
- Analyse - Interpretation der Sachverhalte,
- Plan.

Bei der Neuprogrammierung eines Praxis-Computer-Systems galt es, diesen Anforderungen insoweit Rechnung zu tragen, als die Software für den Arzt, der die Prinzipien des problemorientierten Krankenblattes für sich als verbindlich definiert, die notwendigen Voraussetzungen und Hilfen bot, um das problemorientierte Krankenblatt in der praktischen Anwendung mittels EDV zu realisieren.

Das Arzt-System PROMEDI erfüllt diese Voraussetzungen, ohne die allgemeinen administrativen Interessen, insbesondere die des niedergelassenen Arztes, zu vernachlässigen.

Aus der Nuklearmedizinischen Abteilung, Zentrum Radiologie und der Abteilung für Medizinische Dokumentation und Datenverarbeitung (Leiter: Prof. Dr. C.Th. Ehlers) des Universitätsklinikums Göttingen

EDV-gestützte klinische Dokumentation in einer nuklearmedizinischen Abteilung

H. Schicha, R. Reichmann, R. Klar, C.Th. Ehlers, D. Emrich

Die Nuklearmedizin ist ein relativ junges, methodenorientiertes Fach. In den 70er Jahren kam es zu einem starken Anstieg der Untersuchungszahlen, in Göttingen von 1970 bis 1978 auf das 6,5-fache (Abb. 1). Seither war ein weiteres Wachstum jedoch nicht mehr zu verzeichnen. Damit scheint a prima vista eine Sättigung bei der klinischen Nutzung nuklearmedizinischer Methoden eingetreten zu sein. Die Verhältnisse sind jedoch komplizierter, denn das Spektrum der angewandten nuklearmedizinischen Untersuchungen war in den letzten Jahren einem starken Wandel unterworfen. Gleichzeitig kam es auch zu Veränderungen der Indikationen zu nuklearmedizinischen Untersuchungen sowie der Prävalenz pathologischer szintigraphischer Befunde. Eine frühzeitige Erfassung und eine Klärung der Ursachen hierfür sind für die Nuklearmedizin und deren Nutzer gleichermaßen von Bedeutung.

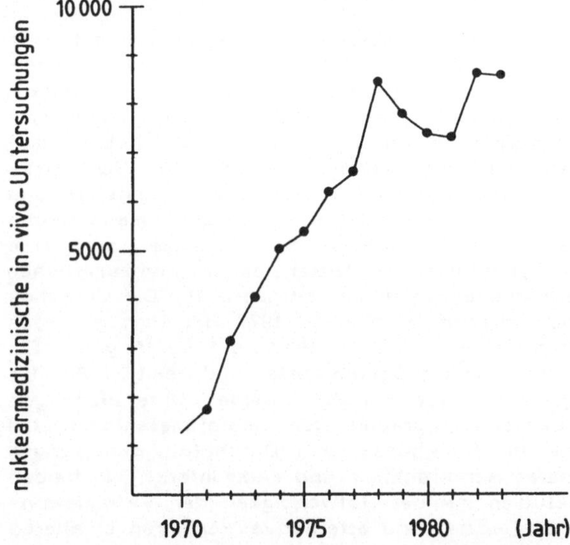

Abb. 1: Anzahl von In-vivo-Untersuchungen in der Nuklearmedizinischen Abteilung der Universität Göttingen. (1983 hochgerechnet vom ersten Halbjahr)

Ursachen für solche Änderungen sind zum Beispiel:

- Eine Fehleinschätzung des klinischen Nutzens von nuklearmedizinischen Methoden. Eine Über- oder Unterschätzung wird bei der Einführung neuer Untersuchungsverfahren häufig beobachtet.

- Die Neueinführung oder der verstärkte Einsatz alternativer Verfahren, die mit nuklearmedizinischen Untersuchungen konkurrieren. Hier sind vorwiegend bildgebende Verfahren wie die Ultraschalldiagnostik und Computertomographie zu nennen.

- Neue Bedürfnisse des klinischen Nutzers, z.B. infolge neuer Therapieformen. Als Beispiel können hier herzchirurgische Eingriffe genannt werden, die die Notwendigkeit einer nicht invasiven Verlaufskontrolle, z.B. mit Hilfe nuklearmedizinischer

Methoden, nach sich ziehen können.

- Schließlich spielen auch externe Einflüsse eine Rolle, z.B. eine Konkurrenz durch weitere nuklearmedizinische Abteilungen oder auch der zunehmende Kostendruck, der zu einer niedrigeren Bereitschaft zu externen Zuweisungen führt.

Aus den genannten Änderungen ergeben sich Konsequenzen für eine nuklearmedizinische Abteilung, z.B.

- für die Organisation der Abteilung, z.B. was den Personaleinsatz, die Bestellung von Radiopharmaka oder die Patienteneinbestellung betrifft;

- für notwendige Geräteinvestitionen, da bestimmte nuklearmedizinische Geräte einschließlich Rechner für Auswertungen häufig von einzelnen Untersuchungsverfahren stark bestimmt werden;

- aus Änderungen des Indikationsspektrums ergeben sich ferner Anhaltspunkte dafür, in welchen Bereichen die Schwerpunkte der methodischen Weiterentwicklung nuklearmedizinischer Untersuchungsverfahren liegen sollten;

- dies führt auch zur Notwendigkeit einer entsprechenden Fortbildung der zuweisenden Ärzte.

Abbildung 2 zeigt die Verschiebungen bei den einzelnen Untersuchungsarten in Göttingen in den letzten Jahren. So ist seit 1978 ein starker Rückgang von Gehirn-Untersuchungen zu verzeichnen. Dies ist die Folge des Einsatzes der Computertomographie, die bei der Mehrzahl der klinischen Fragestellungen beim Gehirn eine höhere Aussagefähigkeit als die Szintigraphie aufweist. Auch bei der Leber-Milz-Szintigraphie ist seit 1981 ein Rückgang zu verzeichnen. Dies ist Folge der Ultraschalldiagnostik, die bei vergleichbarer Aussagefähigkeit einfacher, schneller und kostengünstiger durchführbar ist. Andere Untersuchungen wie die nuklearmedizinische Nieren- und Lungen-Diagnostik weisen eine allmähliche Zunahme auf. Die Schilddrüsenszintigraphie zeigte zwar ebenfalls im Mittel einen kontinuierlichen Anstieg, jedoch wurden jahresweise erhebliche Einbrüche festgestellt. Die Ursachen hierfür sind für die Universität Göttingen spezifisch: nämlich 1977 der Umzug in das neue Klinikum und 1980 die Niederlassung eines Nuklearmediziners in Göttingen. Ein starker Anstieg ist seit 1977 für die Skelett-Szintigraphie und seit 1980 für nuklearmedizinische Herzuntersuchungen zu verzeichnen. Beide Untersuchungen betreffen häufige Krankheiten, die Skelettszintigraphie für Skelettmetastasen bei Krebskranken und die Herzszintigraphie für Funktions- und Durchblutungsstörungen bei Herzkranken, vorwiegend bei koronarer Herzkrankheit und nach Infarkt. In beiden Fällen existieren kontrollierte Therapiestudien mit der Notwendigkeit der Verlaufskontrolle. Hieraus resultiert ein zunehmender Bedarf, und alternative Verfahren existieren bisher nicht oder nur begrenzt.

Aus diesen Gründen halten wir es für erforderlich, gerade in einem methodisch orientierten Fach wie der Nuklearmedizin den sich verändernden Bedarf an unterschiedlichen Untersuchungen und den Wandel bei den klinischen Fragestellungen regelmäßig zu registrieren. Seit 1979 erfolgt in unserer Abteilung mit Unterstützung der Abteilung für medizinische Dokumentation und Datenverarbeitung der Universität Göttingen eine EDV-Erfassung der Patienten.

Da die uns interessierenden Daten primär ärztliche Angaben betreffen, ist diese Erfassung 'vor Ort' erforderlich. In unserer Abteilung erhält jeder Patient einen EDV-Ablochbeleg. Da die Schilddrüsendiagnostik traditionell ein besonderer Schwerpunkt unserer Abteilung ist, werden Schilddrüsenpatienten getrennt von Organszintigraphien und nuklearmedizinischen Funktionsmessungen erfaßt.

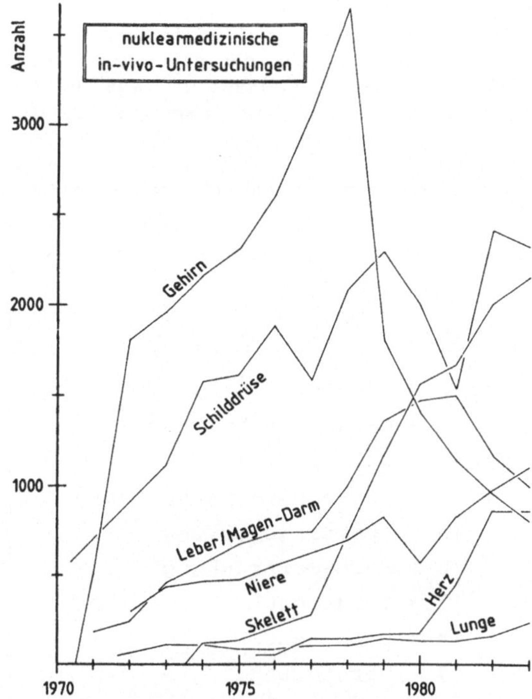

Abb. 2: Jährliche Untersuchungsfrequenzen bei den wichtigsten nuklearmedizinischen In-vivo Untersuchungsarten

Aufgrund der Belege können jederzeit verwaltungstechnische Daten - z.B. Patientenzahl, Alter und Geschlecht, ambulante oder stationäre Zuweisung, Privat- oder Kassenpatient - ausgedruckt, sowie dabei zwischen Erst- und Wiederholungsuntersuchungen unterschieden werden.

Im Vordergrund steht jedoch die Erfassung klinischer Daten, die für das Fach Nuklearmedizin und deren Nutzer von Bedeutung sind. So werden bei Organ-Szintigraphien und nuklearmedizinischen Funktionsuntersuchungen folgende Parameter erfaßt und in regelmäßigen Zeitabständen überprüft: Häufigkeit bestimmter nuklearmedizinischer Untersuchungen, klinische Fragestellungen bei den einzelnen Untersuchungsarten, nuklearmedizinische Untersuchungsergebnisse sowie die Sicherheit der Diagnose, mit der diese erhalten werden, und schließlich die Prävalenz, das heißt die Häufigkeit pathologischer Befunde.

Bei Schilddrüsenpatienten wird erfaßt: Die Art der Schilddrüsenerkrankungen, das heißt die Diagnosen bzw. die Zusammensetzung des Krankengutes. Weiterhin werden bestimmte Befunde registriert, z.B. eine endokrine Orbitopathie, Schilddrüsenzysten, Strumaart und -größe, szintigraphische Befunde und Laborwerte. Eine derzeit durchgeführte und eine empfohlene Schilddrüsentherapie werden ebenfalls erfaßt, zusätzlich auch unabsichtliche schilddrüsenbeeinflussende Prämedikation, z.B. eine Jodzufuhr in Form von Röntgenkontrastmitteln.

Neben den regelmäßigen Ausdrucken, die das Krankengut und bestimmte Befunde betreffen, existieren Suchprogramme zur Identifikation von Patientenkollektiven mit bestimmten Eigenschaften. Diese Eigenschaften können aufgrund der erfaßten Parameter beliebig zusammengestellt werden.

Da meist eine klinisch vorgegebene Fragestellung vorliegt, die aufgrund des nuklearmedizinischen Ergebnisses positiv oder negativ beantwortet wird, kommen wir mit einer begrenzten Anzahl von Diagnosen aus (Tab. 1). Aus der szintigraphischen Untersuchungsart (Tab. 2) und der Krankheitsangabe geht die klinische Fragestellung meist eindeutig hervor. Für Schilddrüsen-Patienten kommen wir mit einem gesonderten Diagnosenschlüssel mit 23 Diagnosen aus.

Tab. 1: Diagnosenschlüssel für Organszintigraphien und nuklearmedizinische Funktionsmessungen

SCHLÜSSEL DER KRANKHEITSANGABEN (ORGANSZINT./FUNKTIONSMESS.)	
00 = normal	11 = degenerativ
01 = anatom. Normvariante	12 = metabolische Störung
02 = angeborene Störung	13 = Rezidiv
03 = diffus entzündlich	14 = Organgröße pathologisch
04 = lokal entzündlich	15 = Funktionsstörung
05 = Operationsfolge	16 = Systemerkrankung
06 = Traumafolge	17 = Sonstiges
07 = diffus vaskulär	18 = Unbekannt
08 = lokal vaskulär	19 = Verstorben
09 = sekundärer Tumor	
10 = primärer Tumor	

Tab. 2: Schlüssel der Untersuchungsarten

SCHLÜSSEL ZU UNTERSUCHUNGSART (ORGANSZINTIGR./FUNKTIONSMESS.)

Neurologie	Hämatologie	Nephrologie
01 Sequenz-Sz.	31 Blutvolumen	51 Nephrogramm
02 stat. Hirn-Sz.	32 Erythr.Lebensz.	52 Clearance
03 Liquor-Sz.	33 Erythr.Abbauort	53 Nieren-Sequ.Sz.
	34 Selekt. Milz-Sz.	54 stat. Nieren-Sz.
Kardiologie	35 Thromboz.abbau	55 Nieren-Funkt.-Sz.
11 Myokard-Sz.		
12 Infarkt-Sz.	**Gastroenterologie**	**Sonstiges**
13 Herzfunktions-Sz.	41 Leber-Milz-Sz.	71 Skelett-Sz.
14 Phlebo-Sz.	42 Chole-Sz.	72 Knochenmark-Sz.
	43 Cr-Alb.-Test	73 Lymph-Sz.
Pulmonologie	44 Ca-Resorp.-Test	74 J-131-Ganzkörper
21 Perfusions-Sz.	45 Schilling o. IF	75 Ga-67-Sz.
22 Ventilations-Sz.	46 Schilling m. IF	77 P-32-Augentest
	47 Magen-Sz.	78 Abszess-Sz.(In-111)
	48 Speicheldr.-Sz.	

Bei diesem Vorgehen ist der ärztliche Aufwand bei unseren Ablochbelegen gering und betrifft durchschnittlich nur die Verschlüsselung von 8–16 Feldern. Bei Kontrollen und der systematischen Anwendung von Plausibilitäts- und Fehlersuchprogrammen fand sich eine primäre Fehlerrate von nur 1–5%. Fehlerhaft ausgefüllte Belege werden dem verantwortlichen Arzt zur Korrektur zurückverwiesen.

Abb. 3 faßt die Indikationen getrennt nach Untersuchungsarten für die Jahre 1979 bis 1982 für die nuklearmedizinische Abteilung der Universität Göttingen zusammen. Obwohl für jede Untersuchungsart zahlreiche Indikationen bekannt sind, stehen meist eine oder zwei klinische Fragestellungen zahlenmäßig ganz im Vordergrund. Dies ist durch die Häufigkeit der abzuklärenden Erkrankung vorgegeben, wobei sich regionale und schwerpunktmäßige Unterschiede ergeben können.

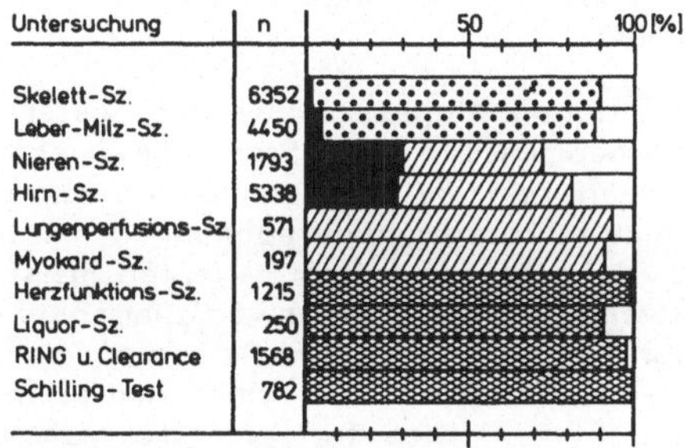

■ = primärer Tumor

⊠ = Metastasen

▨ = prim. Durchblutungsstörung

▩ = Funktionsstörung

Abb. 3: Indikationen zu den häufigsten nuklearmedizinischen Untersuchungen. (Mittelwert von 1979 bis 1982)

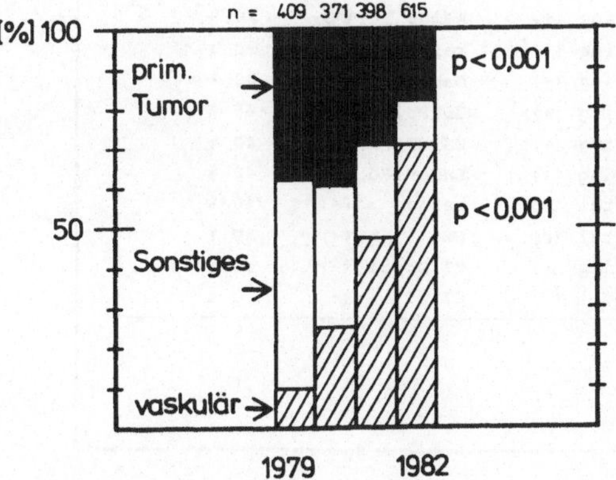

Abb. 4: Indikationen zur Nieren- und Sequenz- bzw. Funktionsszintigraphie in den Jahren 1979 bis 1982

Bei der Skelett-Szintigraphie stand mit 88% die Metastasensuche ganz im Vordergrund, desgleichen bei der Leber-Szintigraphie mit 83%. Bei der Nieren- und Hirnszintigraphie stand entweder die Suche nach einem primären Tumor dieser Organe mit etwa 30% oder nach einer Durchblutungsstörung mit etwa 40 bzw. 50% im Vordergrund. Eine Änderung der Indikationen war vor allem bei der Gehirn- und insbesondere bei der Nierenszintigraphie weg von Tumoren hin zu Durchblutungsstörungen zu verzeichnen. Bei der Nierenszintigraphie stieg diese Indikation von 10% im Jahr 1979 auf 70% im Jahr 1982 an (Abb. 4). Bei der Lungenperfusionsszintigraphie war eine Durchblutungsstörung infolge Lungenembolie mit 94% nahezu die einzige Indikation. Auch bei der Myokardszintigraphie bestand die Frage nach einer Durchblutungsstörung bei koronarer Herzkrankheit in 92%. Die Indikation zur Herzfunktionsszintigraphie, Liquorraumszintigraphie, Isotopennephrographie und seitengetrennten Nieren-Clearance-Untersuchung sowie zum Schillingtest bestand meist in der Frage nach einer Funktionsstörung mit über 90 bis 95% aller Indikationen. Dahinter verbergen sich allerdings unterschiedliche Erkrankungen, die jedoch szintigraphisch meist nicht differenziert werden können.

Hinweise darauf, ob nuklearmedizinische Methoden richtig eingesetzt werden, liefert die Prävalenz pathologischer Befunde. Da nuklearmedizinische Verfahren eine, wenn auch meist nur geringe, Strahlenexposition aufweisen und der technische Aufwand oft nicht unbeträchtlich ist, können sie als allgemeine Vorsorgeuntersuchungen nicht benutzt werden. Andererseits sind sie nicht-invasiv und belasten den Patienten meist wenig, so daß sie für einen Einsatz vor einer aufwendigeren und invasiven Diagnostik besonders gut geeignet sind. Hieraus folgt entsprechend dem Bayes' Theorem, daß für die nuklearmedizinische Diagnostik überwiegend Patienten mit einer mittleren Prävalenz der zu suchenden Störung geeignet sind [1,2]. Dies trifft für die Mehrzahl auch anderer medizinisch-technischer Untersuchungsverfahren zu. So wäre z.B. ein pathologisches Resultat in 50% und ein normaler Befund in 50% aller szintigraphischen Untersuchungen ein wünschenswertes Ergebnis, das anzeigen würde, daß die Indikationsschwelle zur Szintigraphie nicht zu hoch und nicht zu niedrig ist.

Tab. 3: Abschätzung der wünschenswerten Prävalenz pathologische Befunde
US = Ultraschall CT = Computertomographie
Rö = Röntgen Doppl. = Dopplersonographie

Untersuchung	Nutzen (direkte therapeut. Konsequ.)		Kosten/Aufwand Strahlenexpos.		alternative Verfahren		wünschenswerte Prävalenz
Skelett-Sz.	groß	(+)	gering	(+)	keine	(+)	20 %
Lungenperfusions-Sz.	groß	(+)	gering	(+)	keine	(+)	20 %
Schilling-Test	groß	(+)	gering	(+)	Labor	(-)	40 %
Nieren- u. Sequenz-Sz.	groß	(+)	gering	(+)	US,Rö,CT	(-)	40 %
Leber-Milz-Sz.	groß	(+)	gering	(+)	US,CT	(-)	40 %
RING u. Clearance	groß	(+)	gering	(+)	Labor,Rö	(-)	40 %
Herzfunktions-Sz.	fraglich	(ø)	mittel	(ø)	keine	(+)	40 %
Myokard-Sz.	groß	(+)	mittel	(ø)	EKG	(-)	50 %
Hirn- u. Sequenz-Sz.	fraglich	(ø)	gering	(+)	CT,Doppl.	(-)	50 %
Liquor-Sz.	fraglich	(ø)	groß	(-)	CT (?)	(-)	70 %

Ausgangsbasis mittlere Prävalenz von 50 %.
Jedes (+) minus 10 %, jedes (-) plus 10 %.

In Tab. 3 sind die wichtigsten nuklearmedizinischen Untersuchungsmethoden angegeben; dabei wurde von einer wünschenswerten mittleren Prävalenz von 50% pathologischer Befunde ausgegangen. Dieser Wert wurde anschließend modifiziert unter Berücksichtigung des direkten therapeutischen Gewinnes, der Kosten und des Aufwandes der Untersuchung einschließlich der im Einzelfalle sehr unterschiedlichen Strahlenexposition des Patienten und schließlich auch unter Berücksichtigung alternativer Verfahren. In der rechten Spalte der Tabelle sind die so abgeschätzten wünschenswerten Prävalenzen unter Berücksichtigung dieser Faktoren aufgeführt. Sie können nur Anhaltswerte darstellen und sind auch von regionalen Gegebenheiten und Möglichkeiten abhängig.

Es ergab sich z.B., daß für die Skelettszintigraphie, die meist zum Nachweis von Skelettmetastasen eingesetzt wird, eine relativ niedrige Prävalenz pathologischer Befunde - z.B. von 20% - wünschenswert wäre. Denn der Nutzen des Untersuchungsergebnisses ist groß, und es ergeben sich direkte therapeutische Konsequenzen. Untersuchungsaufwand, Kosten und Strahlenexposition sind gering, und günstigere alternative Verfahren existieren nicht. Umgekehrt ist z.B. bei der Liquorszintigraphie ein direkter therapeutischer Nutzen durchaus fraglich, und Kosten, Aufwand sowie Strahlenexposition sind relativ hoch. Auch ist die Computertomographie das primäre Verfahren der Wahl und die Szintigraphie liefert nur eine Ergänzung in funktioneller Hinsicht. Daher ist für die Liquorszintigraphie eine hohe Prävalenz pathologischer Befunde wünschenswert, d.h. eine strenge Indikationsstellung.

Eine Differenz zwischen wünschenswerter und beobachteter Prävalenz pathologischer Befunde ist zu erwarten bei einer falschen Einschätzung der Aussagefähigkeit einer bestimmten Methode, bei einer falschen Einschätzung alternativer Verfahren und bei einer falschen Einschätzung von Risiko und Kosten. Schließlich können mangelnde Untersuchungskapazitäten eine Rolle spielen, andererseits auch ein zu breiter Einsatz, z.B. um vorhandene Kapazitäten auszulasten. Wenn zwischen wünschenswerter und beobachteter Prävalenz pathologischer Befunde Diskrepanzen vorliegen, ist gegebenenfalls eine Änderung der Indikationsschwelle anzustreben. Denn bei zu hoher Prävalenz ist eine Verminderung durch eine Erhöhung der Patientenzahl zu erreichen, d.h. durch eine Senkung der Indikationsschwelle. Bei zu niedriger Prävalenz ist dementsprechend eine Erhöhung der Indikationsschwelle sinnvoll. Dies setzt eine Konstanz für Gesamtpatientenzahl, Indikationen, alternative Verfahren und therapeutische Konsequenzen voraus. Innerhalb kurzer Zeitintervalle ist eine Konstanz dieser Größen meist gegeben.

Tab. 4: Vergleich zwischen wünschenswerter und im Jahr 1981 beobachteter Prävalenz pathologischer Befunde sowie Änderung der Untersuchungsfrequenzen im Jahr 1982

Untersuchung	Prävalenz path. Befunde gewünscht	beobachtet	Untersuchungsfrequenz gewünscht	beobachtet *)
Skelett-Sz.	20 %	34 %	steigend	+ 21 %
Lungenperfusions-Sz.	20 %	41 %	steigend	+ 21 %
Schilling-Test	40 %	28 %	fallend	- 29 %
Nieren- u. Sequenz-Sz.	40 %	51 %	steigend	+ 54 %
Leber-Milz-Sz.	40 %	29 %	fallend	- 22 %
RING u. Clearance	40 %	69 %	steigend	- 17 %
Herzfunktions-Sz.	40 %	71 %	steigend	+ 86 %
Myokard-Sz.	50 %	71 %	steigend	+ 72 %
Hirn- u. Sequenz-Sz.	50 %	30 %	fallend	- 25 %
Liquor-Sz.	70 %	77 %	konstant	+ 10 %

*) 1982/1981

Tab. 4 zeigt einen Vergleich zwischen der so abgeschätzten gewünschten und der im Jahr 1981 beobachteten Prävalenz pathologischer Befunde bei den wichtigsten nuklearmedizinischen Untersuchungsarten. Bei zu hoher beobachteter Prävalenz wäre eine steigende Patientenzahl sinnvoll und auch zu erwarten, bei zu niedriger eine fallende. Die letzte Spalte von Tab. 4 zeigt die tatsächlich beobachtete

Veränderung der Untersuchungsfrequenz im Jahre 1982 gegenüber 1981.

Bei der Skelettszintigraphie wurde meist bei der Suche nach Skelettmetastasen eine Prävalenz pathologischer Befunde von 34% im Jahr 1981 beobachtet. Bei einer wünschenswerten niedrigeren Prävalenz von 20% war im Jahr 1982 ein Anstieg der Patientenzahl um 21% zu verzeichnen. Entsprechend verhielten sich Lungen-, Nieren-, Myokard- und Herzfunktions-Szintigraphie. Umgekehrt fand sich eine zu niedrige Prävalenz pathologischer Befunde für Schillingtest, Leber-Milz- und Hirn-Szintigraphie. Hier wurden 1982 tatsächlich abnehmende Patientenzahlen beobachtet. Eine Diskrepanz ergab sich für die Nierenfunktionsdiagnostik, die Isotopennephrographie und seitengetrennte Nieren-Clearance, bei der in 69% pathologische Befunde erhoben wurden, eine deutlich niedrigere Prävalenz jedoch wünschenswert wäre. Dennoch waren die Patientenzahlen rückläufig. Ursache hierfür ist wahrscheinlich eine falsche Einschätzung dieser Methode, entweder durch den Nuklearmedizinier oder durch die klinischen Nutzer.

Die Ergebnisse zeigen, daß sich eine Regulierung einer zu hohen oder zu niedrigen Prävalenz pathologischer Befunde oft infolge einer entsprechenden Kooperation mit dem klinischen Nutzer entwickelt. Sie zeigen auch, bei welchen Untersuchungsarten mit weiter steigenden Frequenzen zu rechnen ist. Daraus geht auch hervor, in welchen Bereichen Untersuchungskapazitäten und Geräteinvestitionen erforderlich sind und wo nicht.

Abschließend noch ein Beispiel für die von uns benutzten Suchprogramme: Im Jahre 1978 wurde eine Promotionsarbeit vergeben mit dem Thema: 'Bedeutung der Leber-Milz-Szintigraphie in der Verlaufskontrolle von Lebermetastasen'. Hierzu mußte ein Doktorand alle Krankenakten mit Leber-Milz-Szintigrammen aus dem Archiv heraussuchen, wobei jede einzelne Akte durchgesehen werden mußte. Um insgesamt 300 geeignete Patienten aus 4.000 Krankenakten herauszusuchen, benötigte der Doktorand etwa ein Jahr. Nach einem weiteren Jahr war die retrospektive Auswertung aller Krankenakten, die eigentliche Doktorarbeit, abgeschlossen.

In einer Nachfolgearbeit wurde die gleiche Frage für die Skelettszintigraphie gestellt. Hier konnte unsere EDV-Erfassung bereits genutzt werden. Es wurden alle Patienten mit einem Skelett-Szintigramm gesucht, bei denen die klinische Fragestellung nach Skelettmetastasen bestand. Voraussetzung für die Auswahl eines Patienten war, daß zweimal oder häufiger ein Skelettszintigramm mit dieser Fragestellung angefertigt worden war und daß zudem zweimal oder öfter ein szintigraphischer Metastasennachweis erfolgte. Anschließend wurde eine Liste von etwa 400 Patienten von insgesamt 4000 skelettszintigraphischen Untersuchungen ausgedruckt, die diese Kriterien erfüllten. In diesem Fall benötigte der Doktorand zur Einengung des gewünschten Krankengutes nur einen Tag. Anschließend konnte dann die eigentliche Arbeit durchgeführt werden, die einen Vergleich forderte und zu dem dann die verschiedenen Krankenakten der 400 Patienten herangezogen werden mußten.

Zusammenfassung

Die EDV-Erfassung unserer Patienten hat sich gut bewährt. Voraussetzung war eine gute Motivation der Mitarbeiter durch einen nur geringen zusätzlichen Zeitaufwand, um die erforderlichen Angaben von den behandelnden Ärzten zu gewinnen. Von primärem Interesse sind für die nuklearmedizinische Abteilung nicht die verwaltungstechnischen Angaben, die aber von der Verwaltung genutzt werden. Im Vordergrund stehen vielmehr Untersuchungen hinsichtlich der Frequenzen einzelner Untersuchungsarten, die klinischen Indikationen zu verschiedenen nuklearmedizinischen Untersuchungen, deren Ergebnisse sowie die Prävalenz pathologischer Befunde. Hiermit kann abgeschätzt werden, ob die Indikationsschwellen für die jeweiligen Untersuchungsarten zu hoch oder zu niedrig sind und ob korrektive Maßnahmen unternommen werden sollten. Auch für die Planung zukünftiger Untersuchungskapazitäten und Geräteinvestitionen sowie für methodische Weiterentwicklungen sind die vorliegenden Daten von Nutzen.

Literatur

1. Hamilton, G.W., Trobaugh, G.B., Ritchie, J.L., et al.: Myocardial imaging with 201-thallium: An analysis of clinical usefulness based on Bayes' theorem. Sem. Nucl. Med. 8 (1978) 358-364.

2. Klar, R., Schicha, H.: Sensitivität, Spezifität und prädiktiver Wert als Beurteilungshilfen für die Qualität der klinischen Routinediagnostik. In: Selbmann, H.K., Schwartz, F.W., Eimeren, W. van (Hrsg.): Qualitätssicherung in der Medizin,
S. 150-159. (Med. Informatik und Statistik, Band 31.) Berlin-Heidelberg-New York: Springer 1981.

Aus der Abteilung der Sanitätseinheit Mitte-Süd, Bozen

Automatisierte Erfassung der administrativen Patientendaten und Befundung in der Nuklearmedizin

N. Cabassa, C. Tomasi, G. Montini, D. Morini, F. Perinelli, M. Da Via

Unter Bezugnahme auf die beim 28. Nationalen Kongress der Röntgenmedizin in Rimini im Mai-Juni 1978 dargelegten Daten sei in der folgenden Ausführung ein Überblick über die weiteren Erfahrungen auf dem Gebiet der Datenverwaltung und -auswertung beim Dienst für Nuklearmedizin der Sanitätseinheit Mitte-Süd gegeben.

Der Dienst für Nuklearmedizin stützt sich auf Rechner sowohl bei der Erfassung und Verwertung von Daten, die für die Verwaltung von Bedeutung sind, als auch bei der Erfassung und Verarbeitung medizinischer Meßwerte.

Die Verarbeitung der für die Verwaltung relevanten Daten erfolgt über einen Online - Anschluß an die zentrale DVA der S.E. Mitte-Süd, während sich die medizinische Analyse auf Rechner stützt, an die die Meßgeräte (Gamma-Kamera, Gamma- und Beta-Counter) online angeschlossen sind. Die ausgegebenen Daten betreffen sowohl In-vivo- als auch In-vitro-Untersuchungen. Die Endprotokolle werden bei der zentralen DVA gespeichert.

Diese Ausführungen beschränken sich auf die bei der Erfassung und Verarbeitung der Patientendaten und bei der automatischen Befundung gewonnenen Erfahrungen.

Methode

Die zentrale DVA verfügt über einen Rechner Honeywell livello 69/40 mit einem Speichervermögen von 1 MB, 6 Magnetplatten zu 200 MB, einem Schnelldrucker zu 800 Zeilen pro Minute, einer Einheit von 2 Magnetbändern und mehreren Terminals mit einer Durchgabenschwindigkeit von 9600 baud. Die angewandte Software wurde an Ort und Stelle in Zusammenarbeit zwischen beiden Diensten erarbeitet.

Input

Im Aufnahmelaboratorium des Dienstes für Nuklearmedizin ist ein Terminal aufgestellt, über welches für alle Patienten, seien sie nun ambulant oder stationär, und für alle von bestimmten Personen vorliegenden Blutproben vom zentralen Computer abgefragt werden kann, ob bereits frühere Untersuchungen vorliegen. Andernfalls werden die Personaldaten (Zuname, Vornamen, Ehezuname, Geburtsort, Geburtsprovinz, Geburtsdatum, Geschlecht, Staatsbürgerschaft, Zivilstand, Sprachgruppe, Wohnadresse, Wohnsitzgemeinde, Telefonnummer, Versicherungsträger, Hauptversicherter, Anmerkungen) eingegeben; gleichzeitig wird eine Archiv-Nr. für das Archiv des Dienstes für Nuklearmedizin zugeteilt.

Daraufhin wird über einen Schnelldrucker das Personalblatt ausgefertigt. Der Patient wird nun den angeforderten Untersuchungen unterzogen. Die Blutproben für die In-vivo-Untersuchungen werden direkt an das Labor des Dienstes für Nuklearmedizin geleitet.

Über das Terminal in der Abteilung für die In-vivo-Untersuchungen - welches an die zentrale DVA angeschlossen ist - wird die Position des Patienten neuerdings abgerufen und um folgende Daten ergänzt: Datum der Untersuchung, Krankenhaus, Abteilung (bei stationären Patienten), Beschreibung der Untersuchung, Codezahl der Untersuchung, verwendetes Isotop, Menge, kritisches Organ, Fotomaterial, Anzahl der Aufnahmen, Apparat, Codezahl des Technikers, der die Untersuchung durchgeführt hat.

Der mit der Auswertung der Befunde beauftragte Arzt fügt die auf der Arbeitsvorlage noch fehlenden Daten mittels Terminal hinzu. Die auf Grund der festgestellten Anzeichen und auf Grund der Angaben im Krankenblatt angenommene Diagnose wird unter vier Aspekten charakterisiert: pathologisches Organ, Meßgerät, Ätiologie, diagnostische Sicherheit; der Befund selbst wird als 'normal, pathologisch, nicht auswertbar' eingestuft. Der Arzt hat die Möglichkeit, einen Nebenbefund sowie einen Alternativbefund - unter einer Codezahl - durchzugeben, ebenso ärztliche Anmerkungen. Der Befund schließt mit der Eingabe des Namens des Arztes.

Bei den In-vitro-Untersuchungen gelangen die Blutproben mit den Patientenblättern direkt ins Labor des Dienstes für Nuklearmedizin. Dort werden die radiochemischen Analysen durchgeführt und das Resultat rechnerisch ausgewertet. Das Ergebnis wird über das Terminal im Labor nach der auf dem Sichtschirm aufscheinenden Vorlage durchgeführt und zwar: Datum der Untersuchung, Krankenhaus, Abteilung (bei stationären Patienten), Codezahl der Untersuchung, Apparat, verwendetes Isotop.

Bei Funktionsgruppen mit mehreren Ergebnissen werden eingespeichert: erstes Ergebnis, zweites Ergebnis, usw., für die Untersuchung benötigte Zeit, Teilergebnis, Gesamtergebnis. Es folgen anschließend der Name des Technikers und des Biologen, die die Untersuchung durchführten, und eventuelle zusätzliche Anmerkungen.

Output

Die vom Computer gespeicherten Daten bieten eine Reihe von Informationsmöglichkeiten verwaltungstechnischer, epidemiologischer und statistischer Art. Für den Arzt und den Patienten ist sicher die Möglichkeit, frühere Untersuchungen kurz zusammengefaßt oder auch ausführlich herauszugeben, von unmittelbarem Nutzen.

Es ist auch möglich, Untersuchungsergebnisse desselben Patienten in der Röntgenabteilung, die ebenfalls an die zentrale DVA angeschlossen ist, und eventuelle Diagnosen früherer stationärer Aufenthalte und festgestellte Risikofaktoren abzurufen.

Von den Druckern in der Abteilung, bzw. in der zentralen DVA werden außerdem die Befunde der Patienten, die In-vitro-Untersuchungen unterzogen wurden, sowie die zweisprachigen (italienischen und deutschen) Befunde der In-vivo-Untersuchungen mit normalen oder nicht auswertbaren Ergebnissen gedruckt. Die letztgenannten werden an die Poliambulatorien der S.E. zwecks Aushändigung oder Zusendung an die Patienten geschickt.

Schlußwort

Das von uns bisher angewandte System hat sich von großem praktischen Nutzen erwiesen, was die Archivierung, Befundung, Patientenadministration, Erhebung von Statistiken und die wissenschaftliche medizinische Forschungsarbeit betrifft. Es bietet außerdem den Vorteil, daß der Informationsfluß zwischen den verschiedenen

Einrichtungen der S.E. und zwischen der S.E. Mitte-Süd und anderen S.E. reibungslos funktioniert, wodurch Zeit und Arbeitskraft eingespart wird.

Es kann somit abschließend festgestellt werden, daß auf Grund der bisher gewonnenen Erfahrungen die Automatisierung beachtliche Vorteile mit sich gebracht hat, vor allem auf organisatorischer Ebene und in Hinblick auf die Kosten-Nutzen-Rechnung.

Literatur

1. Cabassa, N., Facchin, M., Montini, G., Kaufman, S., Corazzola, R.: Sistema automatico di archiviazione e recupero dei dati tecnico-amministrativi per un Servizio di Medicina Nucleare. Atti 28° Congresso Nazionale SIRMN pag. 280-281. - Rimini 31.5.-3.6.78.

2. Cabassa, N., Tomasi, C., Montini, G., Morini, D., Perinelli, F.: - Atti 17° Congresso Nazionale di Biologia e Medicina Nucleare Firenze (maggio 1979) - II° Convegno Nazionale SIRMN - Napoli (settembre 1981).

Aus der Abteilung Medizinische Statistik und Dokumentation des Klinikums der Christian-Albrechts-Universität zu Kiel (Direktor: Prof. Dr. K. Sauter)

Modellierung, Verwaltung und Verarbeitung von Patientendaten in Krankheitsregistern

J. Hedderich, K. Sauter

1. Einleitung

Durch die Abteilung Medizinische Statistik und Dokumentation werden seit einer Reihe von Jahren mehrere spezielle, langfristig angelegte patientenbezogene Dokumentationssysteme für verschiedene Fachabteilungen des Klinikums informationstechnisch unterstützt. Dabei wurden die Probleme bezüglich der Modellierung, Verwaltung und Verarbeitung der zu diesen Krankheitsregistern erhobenen Daten in der Vergangenheit isoliert bearbeitet. Sowohl die Datenmodelle als auch die Programmsysteme wurden wesentlich durch die zur jeweiligen Zeit verfügbaren Rechnerbetriebsmittel und den jeweils zuständigen Sachbearbeiter geprägt. Seit einem Jahr steht ein kooperativ mit dem Data-Center der Universität Uppsala (Direktor: Prof. Dr. W. Schneider) entwickeltes relationales Datenbanksystem mit einer Dialogsprache für Datenmanipulation und Abfragen zur Verfügung, unter dem die Krankheitsregister nun weitgehend einheitlich realisiert werden.

2. Krankheitsregister

Unter Datenmodellierung ist der Vorgang zu verstehen, die Daten, die zu einem Anwendungssystem benötigt werden, unabhängig von der zur Verfügung stehenden DV-Technologie problemadäquat in bezug auf ihre Verwendung zu ordnen und in einem geeigneten Modell zu beschreiben. Die Definition der Zielfunktion, d.h. der Zweck der Datenerhebung, ist Voraussetzung für alle weiteren Überlegungen.

Allgemein dienen Krankheitsregister der systematischen Erfassung von Krankheiten in der Bevölkerung. Sie sind insbesondere dann erforderlich, wenn eine langfristige Beobachtung der Erkrankten bzw. Neuerkrankungen für die unterschiedlichsten Fragestellungen notwendig ist [4]. Für diesen Fall ist eine einheitliche Dokumentation, d.h. Erfassung, Speicherung, Verarbeitung und Auswertung der entsprechenden Daten in einem EDV-System erforderlich. Ein Gesichtspunkt ist hierbei die Sammlung von Krankheitsfällen, die vorwiegend der Vertiefung wissenschaftlicher Erkenntnisse dient. Ein anderer Gesichtspunkt ist die Unterstützung der Patientenbetreuung, insbesondere hinsichtlich funktioneller Abläufe (z.B. in der Nachsorge). Das Zielsystem zweier Krankheitsregister soll in den folgenden Abschnitten näher beschrieben werden.

An der Abteilung Paidopathologie (Direktor: Prof. Dr. Harms) wurde zu Beginn des Jahres 1977 ein zentrales Tumorregister eingerichtet. Die vier Hauptaufgaben dieses Registers sind [7]:

1. Sammlung und wissenschaftliche Auswertung von Tumorpräparaten,
2. diagnostische Beratung, Klassifizierung und Subtypisierung von Tumoren,
3. Vermittlung des erarbeiteten Spezialwissens,
4. Funktion als Referenz-Zentrum für klinisch-pathologische Verbundstudien.

Eine besondere Bedeutung dieses Registers ergibt sich aus den zahlreichen Besonderheiten von Tumoren im Kindesalter. Die Organisation des Kindertumorregisters (KTRG) in einem EDV-System hat entsprechend dieser Aufgabenstellung die in Abbildung 1 dargestellten Funktionen und Abläufe zu berücksichtigen.

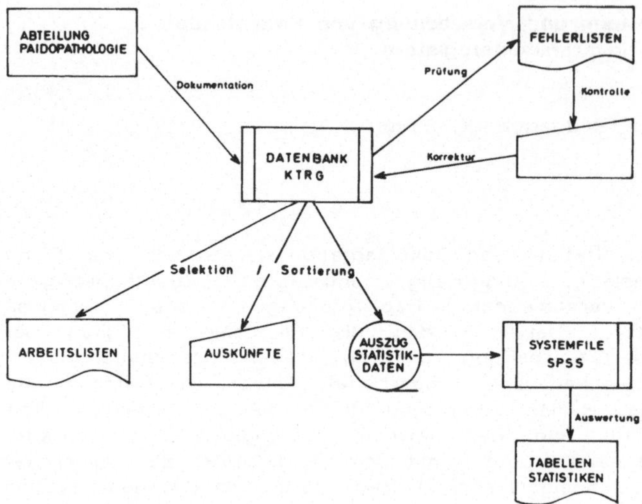

Abb. 1: Darstellung der Funktionen im Kindertumorregister

Die Hauptaufgabe für das Nachsorgeregister am Tumorzentrum Kiel (Sprecher: Prof. Dr. Lennert) besteht in der organisatorischen Unterstützung der nachklinischen Betreuung von Patienten mit einem Tumorleiden, die im Klinikum der Christian-Albrechts-Universität behandelt wurden [8]. Der Schwerpunkt liegt dabei in der Vollständigkeit der Erfassung und in der Kontinuität der Nachsorge. Dem ersten Punkt soll durch die Integration des Nachsorgeregisters in das Klinikinformationssystem, dem zweiten Punkt durch die Beteiligung auch niedergelassener Ärzte (Hausärzte und Fachärzte) an dem Nachsorgeprogramm Rechnung getragen werden. Daneben kommt dem Nachsorgeregister eine besondere Bedeutung bei Problemen der klinischen und epidemiologischen Forschung zu, insbesondere durch die Unterstützung der Basisdokumentation für Tumorkranke, wie sie von der Arbeitsgemeinschaft Deutscher Tumorzentren empfohlen wird. Die Funktionen, die ein EDV-System bezüglich dieser Aufgabenstellung erfüllen muß, sind in Abbildung 2 dargestellt.

3. Entwicklung des Datenmodells

Krankheitsregister sind patientenbezogene Dokumentationen, d.h. Datensammlungen, deren (vorwiegend medizinische) Informationselemente auf einzelne Patienten zurückgeführt werden können. Für die Entwicklung eines Datenmodells zur Beschreibung dieses strukturierten Datenbankinhaltes bestehen sowohl funktionsabhängige als auch 'übergeordnete' Randbedingungen, die vor allem die Datenauswahl und die Patientenidentifikation betreffen. Ein allgemeines Kriterium für die Einbeziehung von Daten in ein Krankheitsregister ist aus medizinischer Sicht deren langfristige Nützlichkeit bzw. Relevanz [1]. Auch ist der Aufwand bei der Datenerhebung (Klassifikation, Codierung) und Speicherung (etwa Textdaten) der Bedeutung dieser Information im Rahmen der Aufgabenstellung gegenüberzustellen. Die eindeutige personenbezogene Zusammenführung von räumlich und zeitlich getrennt erhobenen Informationen ist eine der wichtigsten Anforderungen an ein Krankheitsregister. Besondere Anforderungen an das Datenmodell können sich daher auch aus Datenschutzaspekten ergeben [6,12].

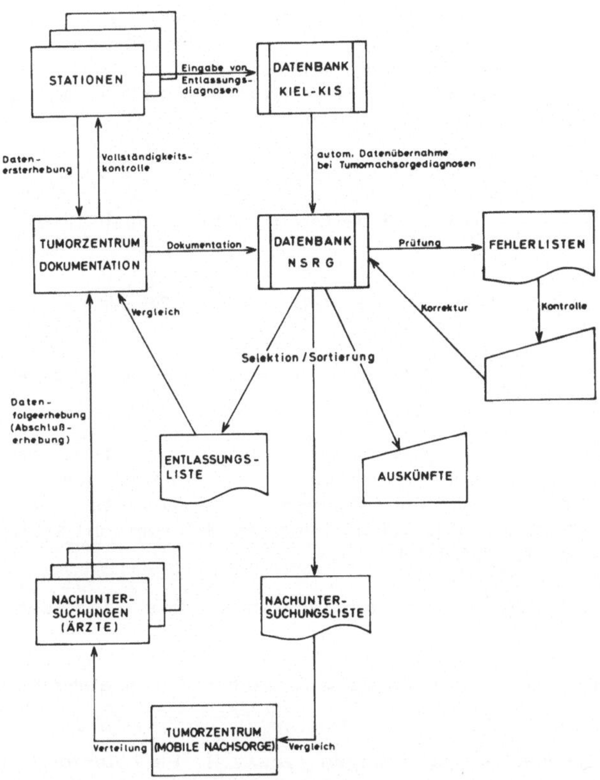

Abb. 2: Darstellung der Funktionen im Nachsorgeregister Eine wesentliche Entwicklungsphase für Krankheitsregister ist der jeweilige Datenbankentwurf, der bei modernen Datenbanksystemen, dem ANSI/X3/SPARC-Modell [2] entsprechend, mehrschichtig erfolgt (konzeptionelle, externe und interne Schemata). Im Mittelpunkt der folgenden Ausführungen steht dabei das Datenmodell für das <u>konzeptionelle</u> Schema, das den Datenbankinhalt ganzheitlich und unter Einbeziehung semantischer Information beschreibt [3,10,14]. Dabei sollen die Überlegungen zu einem für die Krankheitsregister jeweils geeigneten Datenmodell in möglichst standardisierten und überschaubaren Schritten zusammengefaßt werden.

Im ersten Schritt des Entwurfes sind die Objekte (Entitäten) und die Beziehungen zwischen diesen zu benennen. Dieser Schritt entspricht in der Planung statistischer Auswertungen der Festlegung von Beobachtungseinheiten; es ist zu bedenken, an welchen Objekten, wann (Zeit), wo (Ort, Quelle) und durch wen (Person) Beobachtungen gemacht werden können. Der Patient wird in jedem Fall durch ein Objekt repräsentiert. Andere Objekte betreffen reale Dinge (z.B. Präparate) oder Ergebnisse (z.B. Diagnosen). Zwischen den Objekten bestehen Zusammenhänge (Assoziationen), die in funktionalen Abläufen, Zuständen und Ereignissen im Realsystem begründet sind. Die Beschreibung dieser Zusammenhänge führt zur Entscheidung bezüglich der Identifikation der einzelnen Objektelemente (Schlüsselattribute) und der Zuordnungsregeln, insbesondere der Häufigkeitsverhältnisse (1:1; 1:n; n:m).

Im zweiten Schritt erfolgt die Attributssammlung und Attributbeschreibung. Jedem Objekt wird eine Anzahl von Variablen zugeordnet, die an dem Objekt beobachtet werden sollen [9]. Jede Variable wird durch einen Namen, den Typ und den Wertebereich (Domäne) beschrieben. Unter Typ soll die Merkmalseigenschaft in bezug auf die zulässigen Merkmalsausprägungen verstanden werden:

a) Text (alphanumerische Zeichenfolge);

b) Symbol (alphanumerische Zeichen- bzw. Ziffernfolge bei qualitativen, nominalskalierten Merkmalen);

c) Zahl (natürliche Zahlen bei quantitativen, diskreten bzw. rangskalierten Merkmalen);

d) Werte (reelle Zahlen bei quantitativen, stetigen bzw. intervall- oder quotientenskalierten Merkmalen).

Unter dem Wertebereich soll der Bereich beschrieben werden, in dem die Merkmalsausprägungen (Realisierungen) beobachtet werden können. Dazu gehören Minima, Maxima, Skalierungsangaben, Dimensionsangaben, Normalwerte und Wertemengen (z.B. Diagnosenverzeichnisse). Zusätzlich kann es erforderlich sein, den Vorgang zur Bestimmung (Messung) zu definieren.

Einigen Attributen kommt beim Entwurf des Datenmodells eine besondere Bedeutung zu:

- Schlüsselattribute dienen zur eindeutigen Kennzeichnung einzelner Objektelemente und Objekt-Verknüpfungen.

- Häufbare Merkmale führen zu natürlichen Wiederholungen, wie z.B. Risikofaktoren, Symptome und Diagnosen. Je nach Bedeutung dieser Merkmale kann es sinnvoll sein, neue Objekte in das Datenmodell einzuführen.

- Gewichte (Prioritäten) dienen der unterschiedlichen Bewertung von Objektelementen im Rahmen der Auswertung.

- Ordnungskriterien, insbesondere Zeitangaben, gestatten es, die Objektelemente nach verschiedenen Kriterien zu sortieren. Zu jedem Objektelement sollte daher das Datum der Datenerhebung (Erfassung bzw. Änderung) mit aufgenommen werden. Sind einzelne Attribute vom Datum abhängig (Verlaufsdatum), dann sollten hierfür neue Objekte definiert werden [11]. Weitere Ordnungskriterien sind z.B. die Datenquelle bzw. der Ort der Datenerhebung.

Im dritten Schritt ist die aus den ersten beiden Schritten entstandene natürliche Datenstruktur in bezug auf die Funktionen des Zielsystems zu überprüfen. In einem aus Anwendungssicht endgültigen Entwurf sind die Eigenarten und die Verwendung der Attribute in bezug auf die globale Zielsetzung der Dokumentation zu beschreiben. Daraus können auch die gültigen Integritäts- und Konsistenzbedingungen [13] abgeleitet werden. Für bestimmte Teilanwendungen kann es erforderlich sein, im Sinne spezieller Benutzersichten mehrere Attribute zu einem Aggregat zusammenzufassen oder aber spezielle Attribute feiner aufzugliedern (Segmentierung).

Im vierten und letzten Schritt ist eine formale Überarbeitung des Datenmodells in bezug auf die Normalformen nach Codd erforderlich. In der Regel wird man nach obigem Vorgehen das Datenmodell bereits in der 2. Normalform vorliegen haben, d.h. Wiederholungsgruppen sind nicht vorhanden, und es gibt keine Attribute, die von einer echten Teilmenge der Schlüsselattribute abhängen. Diese können gegebenenfalls in neuen Objekten mit vereinfachten Schlüsselattributen dokumentiert werden. Die Überprüfung der Abhängigkeiten zwischen den übrigen Attributen führt zur 3. Normalform, in der jedes Attribut ausschließlich von der Gesamtheit der Schlüsselattribute abhängt. Abhängigkeiten der Attribute untereinander können durch Einführung von 'Lexikonobjekten' vermieden werden [15].

4. Konzeptionelle Schemata der Krankheitsregister

Das konzeptionelle Schema des Kindertumorregisters enthält neben den Patienten noch als wichtigstes Objekt das Präparat (Abb. 3). Die Patientenidentifikation erfolgt durch eine laufende Nummer innerhalb des Geburtsjahrganges. In Verbindung mit dem Geschlecht und dem Geburtsnamen ist einerseits die Eindeutigkeit der Identifikation gewährleistet und andererseits auch eine gewisse Anonymität aus

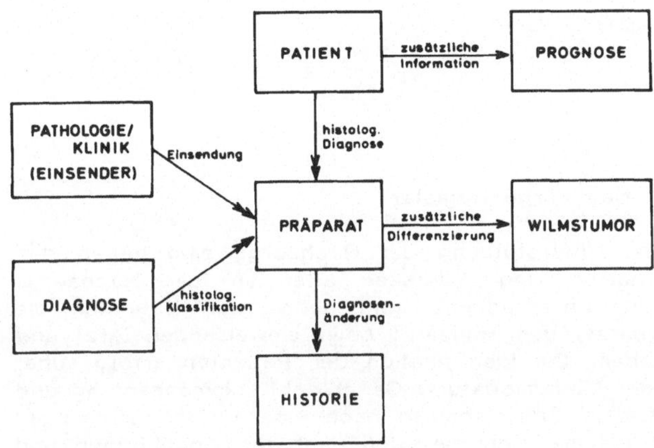

Abb. 3: Konzeptionelles Schema im Kindertumor-Register

Datenschutzaspekten gegeben. Zu jedem Patienten erfolgt eine (oder mehrere) Einsendung von Präparaten an die Abt. Paidopathologie durch eine Klinik oder ein Institut für Pathologie. Für diese ist entsprechend auch ein Objekt eingerichtet worden. Die Identifikation der Präparate erfolgt durch eine laufende Nummer der Einsendung im Jahrgang und, falls mehrere Präparate zu berücksichtigen sind, durch eine automatisch generierte Folgeziffer. Entsprechend der oben zitierten Zielsetzung bezüglich der Klassifizierung und Subtypisierung von Tumoren im Kindesalter ist es erforderlich, auch für die histologischen Diagnosen ein Objekt vorzusehen, in dem neben einer übergeordneten Gruppeneinteilung auch die weitergehende Differenzierung von Tumoren dokumentiert werden kann. Bei Revision einer Diagnose, z.B. aufgrund einer neueren Einsendung, wird der alte Befund als 'Historie' in Verbindung mit einer Datumsangabe abgelegt. Eine spezielle Studie arbeitet zur Zeit an der Differenzierung von Nephroblastomen. Für diese Fälle sollen Zusatzinformationen, insbesondere auch Kommentare, dokumentiert werden. Angaben zum Verlauf bzw. zur Prognose spielen zunehmend eine größere Rolle auch in der histologischen Beurteilung der Präparate und umgekehrt. Aus diesem Grund ist man bemüht, nachträglich möglichst aktuelle Informationen zur Prognose zu erfassen. Im konzeptionellen Schema des Nachsorgeregisters müssen zwei Aspekte bezüglich der Zielsetzung von Krankheitsregistern berücksichtigt werden (Abb. 4).

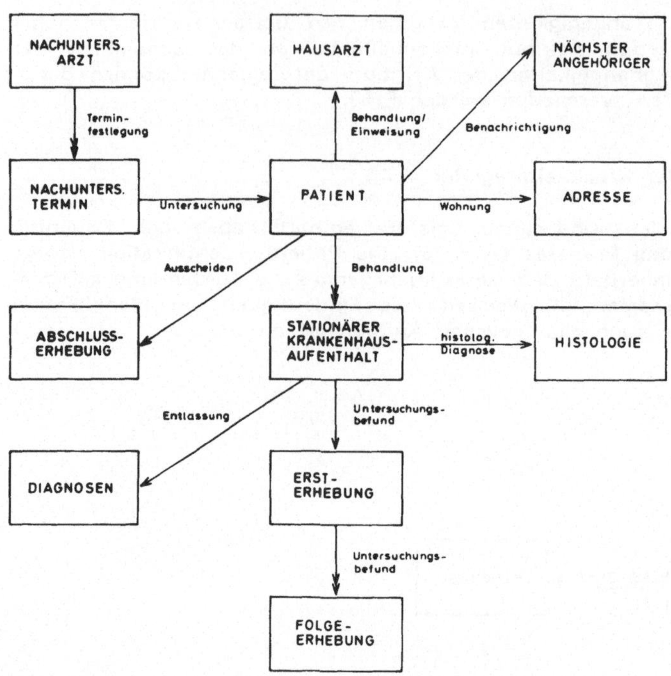

Abb. 4: Konzeptionelles Schema im Nachsorge-Register

Im Hinblick auf die organisatorische Unterstützung der Nachsorge sind neben den Untersuchungsterminen auch die Namen und Adressen aller an der Nachsorge beteiligten Institutionen zu erfassen. Entsprechend sind neben den Patienten die Objekte für den Nachuntersuchungsarzt, den Hausarzt bzw. einweisenden Arzt und den nächsten Angehörigen vorgesehen. Die Identifikation der Patienten erfolgt über die von der GMDS empfohlene I-Zahl (Geburtsdatum, Geschlecht, Namensanfang und Folgeziffer), die in Verbindung mit dem Geburtsnamen nach eigenen Untersuchungen ausreichend eindeutig ist. Während für die Adresse, den nächsten Angehörigen und den Hausarzt ebenfalls die I-Zahl zur Identifikation vorgesehen ist, erfolgt für den Nachuntersuchungsarzt eine Identifikation nach Ort und Fachabteilung. Zu jedem Patienten kann immer nur ein Nachuntersuchungstermin gültig sein.

Im Hinblick auf die Erfassung der Basisdokumentation für Tumorkranke und fach- bzw. organspezifischer Ergänzungen sind zur Zeit entsprechende Objekte für den Klinikaufenthalt, die Entlassungsdiagnose, die histologische Diagnose und für die Erst-, Folge- und Abschlußerhebung vorgesehen. Die Identifikation erfolgt hier im allgemeinen über eine erweiterte Aufnahmenummer bezüglich der ersten stationären oder ambulanten Behandlung sowie durch eine laufende Nummer der Nachsorgeuntersuchung. Für jeden Tumor kann allerdings nur eine Ersterhebung durchgeführt und damit auch nur ein Nachsorgezyklus angestoßen werden.

5. Speicherung und Verarbeitung der Daten

Die im dritten Abschnitt beschriebene schrittweise Modellierung von Daten in Krankheitsregistern ist unabhängig von den Möglichkeiten der technischen Realisierung. Sie zielt insbesondere nicht auf ein vorhandenes Datenbanksystem oder eines der bekannten Datenmodelle.

In der Abteilung Medizinische Statistik und Dokumentation steht für die Implementierung das kooperativ mit dem Data-Center der Universität Uppsala/Schweden entwickelte relationale Datenbanksystem MIMER zur Verfügung. Dieses System verfügt über zwei Benutzerschnittstellen. Über die in eine Wirtssprache eingebettete Schnittstelle (MAMI) können Anwendungsprogramme auf Daten bzw. Datenbeschreibungen zugreifen. Die andere Schnittstelle ist die Datendefinitions- und Datenmanipulationssprache MIMAN, über welche im Dialog auf die Datenbank zugegriffen werden kann.

Die physische Implementierung konnte in beiden Fällen identisch zu den oben beschriebenen logischen Modellen erfolgen. Die Objektbeziehungen können dynamisch über die Schlüsselattribute und die in der MIMER-Datenbankbeschreibung spezifizierten sekundären Zugriffswege nachvollzogen werden. Bezüglich der Realisierung der verschiedenen Verarbeitungsfunktionen (Abb. 1 u. 2) sind allerdings neben dem Datenbanksystem zusätzlich die verfügbaren Hard- und Softwareressourcen zu berücksichtigen. MIMAN ist unter dem interaktiven System ICCF/DOS-VSE implementiert. In dieser Kommandosprache können Anweisungsfolgen (Prozeduren) definiert und über variable Eingabeparameter (Menü) abgearbeitet werden. Unter Berücksichtigung dieser Bedingungen ist die Verarbeitung der Daten in drei Aufgabenbereiche gegliedert.

Die Datenerfassung über gesonderte Erhebungsbögen ist als selbständige Funktion realisiert. Die Daten werden durch entsprechende Anwendungsprogramme gelesen bzw. aus der Datenbank des Klinikinformationssystems übernommen, entsprechend den vorgesehenen Regeln auf Plausibilität, Konsistenz und Vollständigkeit geprüft und unter Berücksichtigung der Integritätsbedingungen eingetragen (vgl. Schritt drei, Abschnitt 3).

Ein Erfassungsprotokoll ist die Grundlage für die folgenden Datenkorrekturen, die prozedurgesteuert im Dialog durchgeführt werden können. (Ausgenommen davon sind Änderungen der Schlüsselattribute.)

Grundlage für die verschiedenen Anwendungen ist die variable Selektion und Sortierung von Informationen. Auskünfte bezüglich ausgewählter Attribute zu ausgewählten Fällen können im Dialog bearbeitet bzw. vorbereitet werden. Das Ergebnis, in jedem Fall eine auf ein im Datenmodell beschriebenes Objekt bezogene Zusammenstellung, kann zwischengespeichert, korrigiert oder ergänzt und für die weitere Verarbeitung durch ein Druckprogramm oder ein Statistikprogramm verwendet werden. Die Auflösung konkreter Anfragen kann sehr variabel bearbeitet werden. Damit ist die primäre Aufgabenstellung der Krankheitsregister als Referenz- bzw. Indexregister, durch das der Zugang zu detaillierten Falldaten ermöglicht bzw. beschleunigt wird, realisiert. Allerdings können fallorientierte Berichte und Verlaufsdarstellungen bzw. Tabellen nicht so bequem erstellt werden.

6. Zusammenfassung

Zum Aufbau einer medizinischen Datenbank benötigt man ein aus den speziellen Anforderungen abzuleitendes Modell [5]. An zwei Beispielen wurde gezeigt, daß durch ein schrittweises Vorgehen ein für die Krankheitsregister problemadäquates Datenmodell beschrieben werden kann, dessen physische Implementierung unter einem relationalen Datenbanksystem direkt möglich ist. Die Realisierung erfolgte jeweils auf der Grundlage bestehender Dokumentationssysteme, wodurch die Sicht auf objektbezogene Eigenheiten, Zusammenhänge und Funktionsabläufe häufig eher verdeckt war. Insgesamt konnte die Verfügbarkeit der Registerdaten wesentlich verbessert werden. Die Datenintegrität ist gewährleistet, und wesentliche Verarbeitungsfunktionen konnten einheitlich gestaltet und realisiert werden.

Literatur

1. Acheson, E.D.: Medical record linkage. Meth. Inform. Med. 8 (1969) 1-6.

2. ANSI/X3/SPARC Study Group on Data Base Management Systems: Internal Report, Febr. 1975.

3. Dubien, R.J., Covvey, H.D., Sevcik, K.C. et al.: A database system implementation providing data independence for medical applications. In Shires, D.B., Wolf, H. (Eds): MEDINFO 77, pp. 87-94. Amsterdam: North-Holland 1977.

4. Frentzel-Beyme, R., Keil, U.: Krankheitsregister. In Brennecke, R., Greiser, E., Paul, H.A. et al. (Hrsg.): Datenquellen für Sozialmedizin und Epidemiologie, S.125-127. (Medizin. Informatik und Statistik, Bd. 29) Berlin-Heidelberg-New York: Springer 1981.

5. Grémy, F.: Informatics and medical methodology: random reflections about clinical data bases. Med. Inform. 7 (1982) 85-92.

6. Griesser, G., Jardel, J.P., Kenny, D.J. et al. (Eds): Data Protection in Health Information Systems - Where do we stand? Amsterdam: North-Holland 1983.

7. Harms, D., Gottschalk, I., Hedderich, J.: 5 Jahre zentrales Tumorregister bei der Gesellschaft für Pädiatrische Onkologie. Verh. dtsch. Krebsges. 4 (1983) 171-181.

8. Hedderich, J., Griesser, G.: Das Krebsnachsorgeregister im Tumorzentrum Kiel. Jber. Schlesw.-Holst. Krebsges. 1980, 60-69.

9. Heydthausen, M., Knop, J.: Data structures for medical documentation. Comput. Progr. Biomed. 12 (1980) 243-248.

10. Klonk, J., Sauter, K.: Steps towards a methodology for data base design. In Lindberg, D.A.B., Kaihara, S. (Eds): MEDINFO 80, pp. 470-474. Amsterdam: North-Holland 1980.

11. Rector, A.L.: Data decay, significance and confidentiality: A time-oriented data-model for comprehensive care. Med. Inform. 6 (1981) 187-193.

12. Sauter, K.: Data security in health information systems by applying software techniques. Meth. Inform. Med. 18 (1979) 214-222.

13. Sauter, K., Klonk, J., Rienhoff, O.: Integrity problems within a database-supported patient information system. In Barber, B., Grémy, F., Überla, K., Wagner, G. (Eds): Medical Informatics Berlin 1979. pp. 570-579. (Lecture Notes in Medical Informatics, Vol. 5). Berlin-Heidelberg-New York: Springer 1979.

14. Wiederhold, G.: Database Design. New York: McGraw-Hill 1977.

15. Venkatakrishnan, V.: Subject data modeling. Datamation 29, No. 4 (1983) 159-167.

Aus der Georg-August-Universität Göttingen, Abteilung Medizinische Informatik
(Leiter: Prof. Dr. C.Th. Ehlers)

Computergestützte Diagnosenverschlüsselung im Universitätsklinikum Göttingen - Zwischenbilanz nach 5 Jahren und Zukunftsplanung -

B. Graubner, R. Klar, C.Th. Ehlers

Zusammenfassung

Nach mehr als fünfjährigem Betrieb eines teilautomatisierten Diagnosenverschlüsselungssystems im Universitätsklinikum Göttingen werden hier einige Erfahrungen und Erkenntnisse kritisch dargelegt. Leitlinien für die weitere Entwicklung sind erstens die bessere Einbindung in den Behandlungsprozeß, die zu größerem Nutzen, höherer Motivation der Ärzte und besserer Datenqualität führen soll, und zweitens die Anwendung moderner und international anerkannter Klassifikationen für Diagnosen und Operationen, die Vergleiche und Zusammenarbeit auf lokaler, nationaler und internationaler Ebene ermöglichen.

1. Einführung

Von 1977 bis 1979 bezogen die meisten Kliniken den Klinikumsneubau in Göttingen [9]. Nach Fertigstellung des 2. Bauabschnittes (1985) werden sich außerhalb desselben nur noch die Hautklinik, die Psychiatrische Klinik und die Abteilung für Kinderkardiologie befinden. Für die patientengebundene Verwaltung und für die Patientensteuerung wurden von Anfang an die Daten aller stationären und ambulanten Patienten des Neubaus EDV-mäßig erfaßt und verarbeitet [1, 2]; seit Mai 1983 sind mit dem Anschluß der letzten externen Poliklinik auch alle Patienten der Altbau-Kliniken einbezogen.

Nicht so zufriedenstellend verlief die Entwicklung auf dem Gebiet der zentralisierten medizinischen Dokumentation. Zwar begann ebenfalls 1977 die erste Klinik mit der Erfassung und computergestützten Verschlüsselung ihrer medizinischen Basisdaten, d. h. vor allem der Diagnosen und Operationen; doch sind bisher erst 6 Kliniken an das entsprechende allgemeine System für die stationären Behandlungsfälle angeschlossen: Neurologie (12/77), Urologie (7/78), Orthopädie (1/80), Neurochirurgie (1/80), Pädiatrie (4/80), Innere Medizin (nur Teilbereich, 11//78).

Als Hauptaufgaben unserer zentralisierten medizinischen Dokumentation betrachten wir
1. die zeitgerechte Vermittlung medizinischer Basisinformationen zur Behandlungsunterstützung und
2. die Realisierung patientenbezogener und anonymisierter Auswertungen dieser Daten zu wissenschaflichen und sonstigen (medizinal-)statistischen Zwecken.

Wir sehen heute die Aufgaben in dieser Reihenfolge, haben bisher allerdings die besseren Ergebnisse im Bereich der Auswertungen erzielt.

Als Zentralcomputer benutzen wir eine IBM 3081 D16 (seit 1/83, vorher IBM/370-158 MP) mit dem Betriebssystem MVS und dem Datenbank- / Datenkommunikationssystem IMS.

Das Konzept unserer Diagnosenverschlüsselung [3, 7, 12] beruht auf einer konsequenten Trennung zwischen der Formulierung der Diagnosen bzw. Operationen durch den Arzt auf einem speziellen, jeweils für den Behandlungsfall ausgedruckten Erfassungsbogen und ihrer Verschlüsselung im Bildschirmdialog durch die der Klinik bzw. Station im Ebenenbüro zugeordnete Organisationsassistentin. Auf der Grundlage der semantisch bedeutungsvollen Bestandteile der im Prinzip vollkommen frei gewählten Diagnosebezeichnung gelingt dem Verschlüsselungsprogramm die eindeutige Identifizierung, oder es präsentiert am Terminal eine Vorschlagsliste, aus der - meist in den vordersten Positionen - die Organisationsassistentin die zutreffende Diagnose per Lichtstift auswählt. Gelingt die Zuordnung nicht, so erfolgt eine vorläufige Verschlüsselung, für die in regelmäßigen kurzen Zeitabständen geprüft wird, ob es sich um eine fehlerhafte Eingabe oder Zuordnung oder um eine dem System noch unbekannte Diagnose handelt. Grundlage der Diagnosenklassifikation ist der Klinische Diagnosenschlüssel von IMMICH (KDS; 14.000 Diagnosebezeichnungen), der im Laufe der Anwendung von uns um über 2.000 Begriffe erweitert worden ist. In dieser Erweiterung sind die mit dem gleichen Programm erfaßten Operationsverfahren enthalten, die - zunächst unverschlüsselt - aus dem Operationsanmelde- und -steuerungsprojekt in die 'aktuelle Patientendatenbank' übertragen werden.

Unsere 'historische Patientendatenbank' [1] enthält zur Zeit (22.09.83) Angaben über 334.000 Patienten. 81.000 davon (=24%) sind stationär behandelt worden, und von diesen wiederum sind bei 29.000 Patienten (=36%) insgesamt 90.000 Diagnosen bzw. Operationen gespeichert (=3,1 pro Patient). Zusätzlich sind bei 3.100 der dokumentierten stationären Patienten (=11%) in getrennten Datenbanksegmenten 5.400 Diagnosen als Gefährdungen eingetragen (1,7 pro Patient). Diese Daten werden vielfältig für wissenschaftliche Auswertungen benutzt und bei Wiederaufnahme eines Patienten in derselben Klinik in einer ausgedruckten Behandlungsübersicht zur Verfügung gestellt.

Die 1981 eingetretene, im Gegensatz zu unseren sonstigen Projekten stehende Stagnation in der Entwicklung dieses Verfahrens hat zunächst personelle Ursachen, da medizinisch geschultes Fachpersonal für dieses Projekt in der Abteilung Medizinische Informatik zeitweilig nur noch stark reduziert vorhanden war. Es wurde allmählich aber auch deutlich, daß die ursprüngliche Konzeption den zwischenzeitlich gewonnenen Erfahrungen und den veränderten praktischen Erfordernissen angepaßt werden muß. Die Ergebnisse einiger Analysen des Datenmaterials weisen in die gleiche Richtung.

2. Datenerfassung

Das zunächst verfolgte Ziel einer behandlungsbegleitenden Dokumentation im Sinne des problemorientierten Krankenblattes [11] ließ sich nicht verwirklichen, weil die jeweils gespeicherten Daten während dieser Behandlung nicht in gleicher Weise abgerufen oder anderweitig verwendet werden konnten. Dabei spielte nicht nur das anfängliche Fehlen von nachgeschalteten Programmen und Ein- und Ausgabeterminals direkt auf den Stationen eine Rolle, sondern beispielsweise auch die mangelnde Vertrautheit des medizinischen Personals mit dem Hilfsmittel EDV, seine oft irrationalen Vorbehalte gegen den 'großen und undurchschaubaren' Computer und die zu schwache Anbindung an die herkömmlichen und weiter notwendigen Dokumentationsverfahren auf den Stationen (Krankenblätter, Briefe u. ä.).

Die medizinischen Daten werden jetzt in der Regel am Behandlungsende (Entlassung bzw. Verlegung) dokumentiert. Dabei werden sie nach Einweisungs-, Verdachts- und gesicherten Diagnosen sowie Operationen gekennzeichnet und nötigenfalls mit 'Zustand nach ...' oder 'Rezidiv' ergänzt, auch 'Kein Anhalt für ...' kann angegeben werden. Die Einweisungsdiagnosen haben keine praktische Bedeutung gewonnen. Eine zusätzliche Kennzeichnung wäre jedoch für andere Gruppen notwendig, z. B. für Behandlungsdiagnosen, Komplikationen und Sektionsdiagnosen.

Zwischen Entlassung des Patienten, Dokumentation durch den Arzt und Eingabe am Bildschirm vergingen 1982 in drei Kliniken durchschnittlich 5 bis 6 Tage. Dabei ist programmtechnisch und organisatorisch für die vollzählige Erfassung aller stationären Patienten der jeweiligen Kliniken gesorgt. Die wünschenswerte Datenerfassung in größerer Zeitnähe zur Patientenentlassung ist nur realisierbar, wenn dabei andere Informationsbedürfnisse befriedigt werden können, z. B. Ausdruck eines (vorläufigen) Entlassungsberichtes oder einer Entlassungsmeldung an den Versicherungsträger. (Ein positives Beispiel ist unser OP-Projekt, bei dem wir die Erfassung medizinischer Daten vor der Operation erreicht haben, da sie für das OP-Management benötigt werden. Sie erscheinen dann anschließend auch auf dem ausgedruckten OP-Bericht [2].)

In einer Stichprobenerhebung zum Problem der Integration verschiedener Informationsflüsse haben wir für drei Kliniken verschiedene Informationsquellen für Diagnosen verglichen: 1. Arztbriefe/Epikrisen, 2. Schreiben an die Versicherungsträger (Kostenübernahme- und Verlängerungsanträge, Entlassungsmeldungen) und 3. unsere medizinische Datenbank (= 'historische Patientendatenbank'). Erwartungsgemäß haben die Arztbriefe den höchsten Informationsgehalt; unerwartet jedoch fanden sich in der Gruppe 2 nur wenige wesentlich andere oder ungenauere Diagnosen als in der Gruppe 3. Wir schlußfolgern daraus, daß eine inhaltliche und organisatorische Verbindung zwischen diesen Informationsbereichen möglich und nützlich ist (Datenerfassung in näherer Verbindung zu den Arztbriefen, automatischer Druck regelmäßig erforderlicher Anträge und Berichte anhand der gespeicherten Daten u. ä.).

Als das wichtigste Ergebnis derartiger Verknüpfungen und damit motivationsfördernd erscheint uns die noch bessere Realisierung einer am Behandlungsanfang zusammen mit der Patientenakte oder sogar noch vor ihr dem Arzt zur Verfügung gestellten Übersicht über die früheren Behandlungen des Patienten im Klinikum. Auch das setzt eine rasche Diagnoseneingabe am Behandlungsende voraus, damit diese Daten für die nächste Behandlung, die unter Umständen ja unmittelbar folgen kann, nach Möglichkeit tatsächlich vorhanden sind.

Wirklich sinnvoll sind diese Bemühungen nur, wenn die medizinischen Informationen innerhalb des Klinikums zwischen den Kliniken ausgetauscht d. h. auf der Behandlungsübersicht - anders als bisher - unabhängig von den eingebenden Kliniken ausgedruckt werden. Jahrelang hatten die Klinikdirektoren dagegen Vorbehalte, jetzt aber wünschen sie mehrheitlich diese Möglichkeit. Bisher druckten wir lediglich die 'Gefährdungen' klinikübergreifend aus. Da die Bewertung einer Diagnose als Gefährdung schwierig sein kann - in überraschend vielen Fällen enthalten die 'Gefährdungen' die einzigen dokumentierten Diagnosen -, beabsichtigten wir, sie nun in die Diagnosenreihe einzuordnen und evtl. auffällig zu markieren. (Bemerkenswert ist an unserem Material, daß nur bei einem Zehntel der Patienten Gefährdungen angegeben sind; allerdings sind weitere schon jetzt bei Diagnosen eingeordnet. Das gilt sogar für Diabetes mellitus!)

In jedem Fall hat der Arzt mittels eines Schutzkennzeichens die unbeschränkte Möglichkeit, jede Diagnose für den Ausdruck auf den Behandlungsübersichten zu sperren. Auswertungen ergaben allerdings, daß dieses Verfahren hauptsächlich von Ärzten benutzt worden ist, die Daten 'ihrer' Patienten vor den anderen Kollegen schützen wollten: Die Zahl der jährlich in einer einzigen Klinik geschützten Diagnosen schwankte zwischen 90 und 2. Die vierthäufigste Diagnose dabei war 'lumbales Wurzelreizsyndrom'; in allen anderen Kliniken wurden jährlich Diagnosen bei nur 1 bis 5 Patienten geschützt. Insgesamt traten geschützte Diagnosen bei weniger als 1% aller dokumentierten Patienten auf.

Die Diagnosen werden vom Arzt in der Regel auf Formularen notiert, die der Computer für den jeweiligen Behandlungsfall gedruckt hat. Um die Erfassung zu erleichtern, hatten wir intern ein kompliziertes Regelwerk programmiert, das die Gültigkeit von Diagnosen für nachfolgende Behandlungen festlegt und über die Notwendigkeit einer neuen Erfassung entscheidet. Jetzt müssen wir kritisch feststellen, daß dadurch die Informationen inhaltlich und zeitlich ungenauer geworden sind (z. B. zweimalige Dokumentation ein und derselben Operation, fehlende Diagnosen für einen zweiten Behandlungsabschnitt, unklare Abgrenzung von Behandlungsperioden).

Bewährt hat sich die Verknüpfung mit dem Operationsanmelde- und -steuerungsprojekt, aus dem Diagnosen und Operationsbezeichnungen in die 'aktuelle Patientendatenbank' automatisch übertragen und über den Diagnosenerfassungsbeleg und dessen Bearbeitung durch den Arzt in das Diagnosenverschlüsselungsverfahren und damit selektiv in die medizinische Datenbank übernommen werden [2, 8]. Leider werden die Operationsangaben postoperativ nicht immer korrigiert und in dem geschilderten Arbeitsablauf auch nicht in jedem Fall überprüft. (Beispielsweise gelangen präoperative Angaben folgender Art gelegentlich in die medizinische Datenbank: 'Verdacht auf Meniskusläsion', 'evtl. Meniskektomie'.)

Programmtechnische und organisatorische Änderungen sollen hier die Datenvalidität noch weiter erhöhen. Die trotzdem bereits erzielte Verbesserung der Datenqualität wird deutlich aus einem patientenbezogenen Vergleich zwischen der OP-Datenbank und der medizinischen Datenbank für Patienten einer operierenden Klinik aus je einem Quartal vor und nach der Kopplung beider Datenbanken (I/80 und I/82): Im ersten Zeitraum betrug die Übereinstimmung bei den Operationen nur etwa 50%, im zweiten jedoch 90%. Bei den Diagnosen sind die Prozentsätze nur geringfügig ungünstiger, was sich jedoch vor allem aus der unterschiedlichen Zielsetzung beider Dokumentationen erklärt.

Nicht bewährt hat sich die Blutgruppenerfassung im Zusammenhang mit der Diagnosendokumentation, da dieses Verfahren zu fehleranfällig ist. Die Erfassung soll zukünftig durch das Blutgruppenlabor selbst erfolgen.

3. Datenklassifizierung

1975 entschieden wir uns für die Benutzung des Klinischen Diagnosenschlüssels von IMMICH [5], der uns mit seiner relativ klaren topographischen und nosologischen Gliederung und wegen seiner Praxisnähe am besten geeignet erschien. Da wir ursprünglich noch keine Freitextspeicherung geplant hatten (sie wurde allerdings mit Projektbeginn realisiert) und da wir für jede von den Klinikern gewünschte und von uns als sinnvoll bewertete Schlüsselergänzung offen sein wollten, mußte für jede erforderliche Diagnosebezeichnung eine eindeutige Notationsmöglichkeit vorgesehen werden. Die KDS-Notation wurde deshalb von 5 auf 11 Stellen erweitert, wobei die 6. bis 9. Stelle für weitere Unterteilungen und die 10. und 11. Stelle für Synonymunterscheidungen genutzt werden. Sachlich nicht ganz korrekt wurden bei dieser Umsetzung alle zu einer 5-stelligen KDS-Notation gehörenden Begriffe als Synonyme angesehen. (Dieses Problem erkennt man besonders deutlich, wenn man sich die Diagnosen 'Vergiftung durch ...' ansieht, wo z. B. verschiedene Chemikalien unter einem KDS-Code erscheinen.)

Die praktische Nutzung führte zu der bereits oben erwähnten Begriffsvermehrung um ein Siebentel, die inhaltlich in diesem Umfang sicherlich nicht gerechtfertigt ist, obwohl es sich dabei auch um die hinzugenommenen Operationen von drei Disziplinen handelt. Im Rückblick zeigen sich uns darin die Probleme, die bei eigenen Erweiterungen durch wechselnde Mitarbeiter hinsichtlich der Terminologie, korrekten Einordnung und Schlüsselkonsistenz bestehen. Die Notwendigkeit von Ergänzungen weist aber auch auf Mängel des KDS hin, die vor allem auf seiner fehlenden Weiterentwicklung beruhen (Erscheinungsjahr 1966!); unerwarteterweise machen sich bei längerem Gebrauch aber auch Schwächen in seiner Systematik bemerkbar, die vor allem das (Wieder-)Finden von Diagnosen erschweren.

Leider ist die im KDS verwendete ICD/E nicht völlig mit der später verabschiedeten 8. Revision der Internationalen Klassifikation der Krankheiten (ICD-8, ab 1968 gültig) kompatibel. Diese hat sich mit der 9. Revision (ab 1979 gültig) zu einer auch für

Kliniken akzeptablen und vor allem international am weitesten verbreiteten allgemeinen Krankheitsklassifikation entwickelt. (Mit der 10. Revision, d. h. wahrscheinlich erst 1995, soll auch die Verbindung zu einer Internationalen Nomenklatur der Krankheiten hergestellt werden.) Für einige klinische Disziplinen sind inzwischen fachspezifische Auszüge und Erweiterungen publiziert worden, z. B. für die Onkologie, Psychiatrie, Pädiatrie, Kinderchirurgie, Urologie, Pulmologie und Rheumatologie.

Weniger erfolgreich sind bisher die Bemühungen der WHO hinsichtlich eines Operationsschlüssels verlaufen: Der Entwurf der International Classifications of Procedures in Medicine (1978) wird inzwischen nicht mehr weiterentwickelt. Unter den deutschsprachigen Operationsschlüsseln ist, wie wir nach sorgfältiger Prüfung meinen, derjenige der VESKA der am klarsten gegliederte und am einfachsten anzuwendende; sein Notationsaufbau entspricht dem der ICD.

Wir sind heute der Ansicht, daß für unsere medizinischen Basisdaten ICD-9 und VESKA-OP-Schlüssel in der Zukunft und vor allem hinsichtlich der Einbeziehung weiterer Kliniken die geeignetsten Schlüssel darstellen. Denn wir benötigen angesichts unserer Freitextspeicherung nur eine relativ grobe Klassifikation, um sachlich zusammengehörende Begriffe wiederfinden zu können. Allgemeingültige Klassifikationen werden für eine einzelne Disziplin stets Wünsche offen lassen, aber das ist der Preis für die von ihnen gebotenen Integrationsmöglichkeiten. Für jede klinische Disziplin braucht der Schlüssel ja nur den Rahmen festzulegen, in dem diese ihre Terminologie unterbringt. Wir halten eine Reihe fachspezifischer Auszüge für die den praktischen Bedürfnissen am besten entsprechende Lösung und haben mit den notwendigen Vorarbeiten begonnen.

Wir hoffen, daß wir mit der Anwendung der ICD einen Beitrag dazu leisten werden, daß krankheitsspezifische und morbiditätsstatistische Untersuchungen erleichtert und - wie schon in anderen Staaten - auch in der Bundesrepublik Deutschland in immer größerem Rahmen möglich sein werden.

Das Problem, mit zwei nach unterschiedlichen Klassifikationen verschlüsselten Datenbeständen arbeiten zu müssen, haben wir noch nicht gelöst. Wahrscheinlich werden nur Daten bei wiederaufgenommenen Patienten umgesetzt werden können - das jedoch ist die Entscheidung der Kliniker -, so daß künftig der Auswertungszeitraum geteilt werden muß (=alter und neuer Datenbestand).

4. Datenauswertung

Die Möglichkeit wissenschaftlicher Auswertungen bildet für die Ärzte eine wesentliche Motivation für die Erfassung medizinischer Basisdaten. Dabei wird jedoch gern übersehen, daß dies nur für einen Teil der Ärzte zutrifft, daß Klinikdirektoren und Oberärzte die medizinische Dokumentation zwar als wichtig und nützlich betrachten, selten aber die damit verbundenen Routineaufgaben erfüllen müssen. Die dazu herangezogenen Ärzte befinden sich häufig in der Ausbildung, verfügen noch nicht über die erforderliche Sachkenntnis und haben, weil sie die Klinik nach Ausbildung meist verlassen, oft gar kein Interesse an späteren Auswertungen. Ihnen fehlt also häufig die Motivation für eine gute medizinische Dokumentation.

Die kritische Analyse unseres Datenmaterials hat uns inzwischen gezeigt, wie fehleranfällig trotz aller Sorgfalt alle Daten und Auswertungen sein können. Diese Feststellung erscheint trivial, ist in der Praxis jedoch immer wieder überraschend.

Unser Programm erkennt zwar einen Teil einfacher Eingabefehler; jedoch bleiben noch zu viele unentdeckt. Glücklicherweise sind sie nur selten sinnentstellend. Da aus der Diagnosendokumentation mit ihren geringen Häufigkeiten kein gleichermaßen eindrucksvolles Beispiel angeführt werden kann, sei für fehlerhafte Eingaben eine Untersuchung über die Wohnortangabe in unserer Datenbank herangezogen: Fast ein Drittel unserer Patienten, das sind ca. 100.000, hat als Wohnort '3400 Göttingen'.

Bei immerhin 0,5% davon ist 'Göttingen' falsch eingegeben (ohne Berücksichtigung von Abkürzungen aller Art und von Ortsteilnamen), bei 0,07% die Postleitzahl '3400' mit einem anderen Ort verbunden und bei 0,06% eine andere Postleitzahl zu 'Göttingen' gesetzt. Bei den Diagnosen ermittelten wir stichprobenmäßig eine gleichsinnige Fehlerrate von 1-2%.

Problematischer sind falsche Zuordnungen bei der Verschlüsselung (bei alleiniger Speicherung der Notation wird sie fast nie entdeckt!) und bei den von uns verwendeten Problemkennzeichen (gesicherte Diagnose, Operation u. a., siehe oben). Ein Beispiel soll das verdeutlichen: Gesucht waren alle Patienten mit Totalendoprotheseoperation der Hüfte. Der Kliniker meinte, daß wir ihm nur 75% der tatsächlichen Fälle angegeben hätten. Wir suchten deshalb weiter und entdeckten in unserer Datenbank weitere 17% unter anderen bzw. falschen Problemkennzeichen und zusätzliche 8% unter anderen Notationen, z. B. der für die Endoprotheseoperation. Für unsere Auswertungsstrategie war das lehrreich und zeigte uns zugleich, daß wir über den vorhandenen Kontrollausdruck der zu einem Patienten eingegebenen Diagnosen hinaus dem Kliniker noch besser helfen müssen, Fehler in seinem Datenmaterial zu erkennen (z. B. durch Übersichtslisten der Patienten und verbesserte programmtechnische Prüfungen).

Verschiedenste interne Auswertungen unserer Patientendatenbanken und -dateien einschließlich von Mehrfachauswertungen zeigten uns das Problem der schwankenden Auswertungskonsistenz, das meistens unbemerkt bleibt und nicht immer leicht behebbar ist. Wir erlebten dabei z. B. die unerwarteten Auswirkungen komplizierter Programm- oder Datenbanklogiken (Beispiele: zeitliche Definition oder Einordnung eines Behandlungszeitraums, Gültigkeitszuordnung einer Diagnose).

Die verschiedenen Möglichkeiten unserer patientenbezogenen und anonymisierten Auswertungen wollen wir hier nicht darstellen, aber abschließend auf einen für uns wichtigen Grundsatz hinweisen: Jede Auswertung von Daten einer Klinik setzt die Genehmigung des zuständigen Direktors voraus; sind die Daten mehrerer Kliniken betroffen, so müssen alle Verantwortlichen zugestimmt haben. Jeder Empfänger von Auswertungen wird darüber hinaus schriftlich auf die Wahrung des Datengeheimnisses (nach §5 des Bundesdatenschutzgesetzes) verpflichtet. Nur eine konsequent restriktive Verfahrensweise auf diesem mit Recht sensiblen Gebiet schafft das notwendige Vertrauen für die klinikumsinterne Diagnosenweitergabe zum Zweck der besseren Behandlung eines Patienten, aber auch das wissenschaftliche Interesse des Arztes, der an der Erforschung bestimmter Krankheiten oder Patientengruppen arbeitet.

5. Ausblick

Der Schwerpunkt unserer jetzigen Arbeit auf dem Gebiet der Dokumentation medizinischer Basisdaten liegt vor allem auf der besseren Verflechtung mit dem medizinischen Behandlungsprozeß. Wir erwarten dadurch eine Erhöhung der Datenqualität, die es uns leichter ermöglicht, allmählich den größten Teil der Kliniken in die gemeinsame medizinische Dokumentation einzubeziehen. Das macht auch eine Erweiterung des erfaßten Datenspektrums nötig, um differenzierte Erwartungen erfüllen zu können und eine Koordination mit den mannigfachen routinemäßigen Spezialdokumentationen zu erreichen.

Ein quantitativ wie qualitativ neuer Schritt wird die Einbeziehung medizinischer Daten der ambulanten Patienten sein, die den größeren Teil des Patientengutes ausmachen. Als einen realistischen Lösungsansatz betrachten wir die etappenweise Einbeziehung von Patienten mit bestimmten Krankheiten oder aus bestimmten Ambulanzen, also in einer von den Ärzten getroffenen Auswahl (im Gegensatz zur vollständigen Erfassung der stationären Patienten).

Unsere kritische Betrachtung des Erreichten erfüllt uns einerseits mit Zufriedenheit, weist uns andererseits aber auch eine Fülle von Aufgaben. Die dargestellten

Probleme - und es sind ja längst nicht alle! - dürften in verschiedenen Formen und Ausprägungen an vielen gleichartigen Instituten auftreten und unterschiedlich gut erkannt und bewältigt werden. Wir wissen, daß die Umsetzung der Erfahrungen anderer nicht leicht ist, glauben aber doch, daß gemeinsame Anstrengungen zur Lösung dieser Probleme sinnvoll sind. So wünschen wir uns positive Ergebnisse bei den seit 1961 [6] mehrfach wiederholten Bemühungen, zu einer über die Belange eines Klinikums hinausgehenden medizinischen Basisdokumentation zu kommen und gleiche Grundlagen dafür wenigstens in den Universitätskliniken zu benutzen (vor allem hinsichtlich der Diagnosen-und OP-Klassifikation). Wir sind zur Zusammenarbeit und auch zu erforderlichen Kompromissen bereit.

Literatur

1. Ehlers, C.Th., Baumgart, H.W., Burkhardt, P. et al.: Data Processing in the Hospital of the Georg-August-University Göttingen. A General Description of the System. Göttingen 1980.

2. Ehlers, C.Th., Klar, R.: The Information System of the Göttingen Hospital. In O'Moore, R.R., Barber, B., Reichertz, P.L., et al. (Eds): Medical Informatics Europe 82, pp. 21-27. (Lecture Notes in Med. Informatics, Vol. 16) Berlin-Heidelberg-New York: Springer 1982.

3. Haase, J., Klar, R., Pietrzyk, P.: Ein Programm zur Diagnosenverschlüsselung im Dialogverkehr. Meth. Inform. Med. 17 (1978) 145-150.

4. Handbuch der Internationalen Klassifikation der Krankheiten, Verletzungen und Todesursachen (ICD) 1979. 9. Revision. Hrsg. vom Bundesminister für Jugend, Familie und Gesundheit. Bd. 1: Systematisches Verzeichnis. Bd. 2: Alphabetisches Verzeichnis. Wuppertal: Deutscher Consulting-Verlag 1979.

5. Immich, H.: Klinischer Diagnosenschlüssel. Stuttgart: Schattauer 1966.

6. Immich, H., Wagner, G.: Basisdokumentation in der Klinik. In Koller, S., Wagner, G. (Hrsg.): Handbuch der medizinischen Dokumentation und Datenverarbeitung, S.335-376. Stuttgart: Schattauer 1975.

7. Klar, R., Haase, J., Ehlers, C.Th.: On-line support for basic medical information in a large university hospital. In Anderson, J. (Edit.): Medical Informatics Europe 78, pp. 671-677. Berlin-Heidelberg-New York: Springer 1978.

8. Klar, R., Ehlers, C.Th.: On-line support and work load evaluation for a large surgical department. In Bemmel, J.H. van, Ball, M.J., Wigertz, O. (Eds): Medinfo 83, pp. 760-763. Amsterdam: North-Holland 1983.

9. Schneider, H.L. (Hrsg.): Unser Klinikum. Medizinische Fakultät der Universität Göttingen. Der Neubau des Klinikums, 1. Ausbaustufe. Göttingen 1977.

10. Vereinigung Schweizerischer Krankenhäuser (VESKA): Operationsschlüssel 1979. Klassifikation der diagnostischen und therapeutischen Eingriffe. Bearb. von J. Stutz, H. Ehrengruber, M. Herrmann. Aarau: VESKA 1979.

11. Weed, L.L.: Das problemorientierte Krankenblatt. Übertr. von E. Beck. Stuttgart: Schattauer 1978.

12. Wolf, M., Klar, R., Lange, H.: Dialogunterstützte klinische Dokumentation am Universitätsklinikum Göttingen. In Horbach, L., Duhme, C. (Hrsg.): Nachsorge und Krankheitsverlaufsanalyse, S.623-625. (Med. Informatik und Statistik, Band 28.) Berlin-Heidelberg-New York: Springer 1981.

Aus dem Institut für Medizinische Informatik und Biomathematik der Westfälischen Wilhelms-Universität Münster (Direktor: Prof. Dr. F. Wingert)

Ergebnisse der automatischen Identifizierung bei der Patientenaufnahme in den Kliniken der Univ. Münster

R.-J. Fischer

1. Patientenaufnahme

Ein Teil der Kliniken der Universität Münster wird in den nächsten Jahren zu einem Großklinikum zusammengefaßt. Bis dahin hat jede Klinik ihre eigene Patientenaufnahme und ihr eigenes Archiv; ein Datenvergleich findet nicht statt. Krankenblätter zu früheren Aufnahmen eines Patienten werden mit Hilfe von manuell geführten Verzeichnissen gesucht, die nach dem Familiennamen orientiert sind. Die Übertragung der Stammdaten des Patienten wie Name, Vorname, Geschlecht und Geburtsdatum auf benötigte Formulare geschieht durch Abrollen einer ADREMA-Folie, die während der Patientenaufnahme erstellt wird. Für die Vergabe von Krankenblattnummern hat jede Klinik ihr eigenes System. In der Regel wird einem Patienten genau **eine** Krankenblattnummer zugeteilt, die auch für Wiederaufnahmen verwendet wird. Diese Festlegung wird aber gelegentlich durch Vergabe einer neuen Nummer durchbrochen, etwa weil das Krankenblatt zu umfangreich wurde oder weil die letzte Aufnahme mehr als 5 Jahre zurückliegt.

Im Großklinikum sollen auch die einzelnen Archive zu einem Zentralarchiv zusammengeführt werden. Dabei soll im Zuge einer Basisdokumentation ein Teil der Daten aus den Krankenblättern per Datenverarbeitung verwaltet werden.

Als Hauptordnungskriterium ist wie üblich das Geburtsdatum vorgesehen. Um die zum gleichen Patienten gehörenden Daten aus verschiedenen Kliniken zusammenführen zu können, genügt es sicher nicht, auf identische Stammdaten abzufragen, da Fehler bei den Stammdaten zu erwarten sind. Es müssen auch alle Patienten berücksichtigt werden, deren Stammdaten hinreichend ähnlich sind. Dieses Identifizierungsproblem stellt sich später bei einer Patientenaufnahme im Dialog genauso, wenn nämlich geprüft werden muß, ob zu dem Patienten schon ein Krankenblatt vorhanden ist.

2. Automatische Identifizierung

Bislang wurde schon ein Teil der Daten aus den Krankenblättern im Zuge einer Basisdokumentation off-line erfaßt und ausgewertet, aber klinikweise getrennt. Um Erfahrungen für eine spätere automatische Identifizierung während des Aufnahmedialogs zu sammeln, wurden ab 1.7.1982 für alle als Erstaufnahmen gemeldeten Patienten off-line alle Patienten mit ähnlichen Stammdaten bestimmt. Als Vergleichsdaten dienten Name, Vorname, Geschlecht und Geburtsdatum. In zwei Fällen wurde dabei ein Eintrag ins Protokoll veranlaßt:

1. unter den Patienten derselben Klinik fand sich ein weiterer Patient mit identischen oder ähnlichen Vergleichsdaten;

2. unter den Patienten von mindestens einer anderen Klinik gab es wenigstens einen Patienten mit ähnlichen (aber nicht identischen) Vergleichsdaten.

Im ersten Fall bestand dann der Verdacht, daß die Aufnahme des Patienten doch nicht die erste in dieser Klinik war. Die Anzahl solcher Fälle gibt einen Hinweis auf die Zuverlässigkeit der bisherigen Methode, das Krankenblatt einer früheren Aufnahme zu finden.

Im zweiten Fall mußte anhand der Krankenblätter überprüft werden, wie oft es sich um identische Patienten handelt, bei denen Fehler in den Vergleichsdaten vorlagen.

Die Häufigkeit dieser Fehler erlaubt, für den Entwurf eines späteren Aufnahmedialogs festzulegen, welche Vergleichsdaten bei vertretbarem Aufwand als evtl. fehlerhaft für eine automatische Identifizierung berücksichtigt werden sollen.

Das verwendete Off-line-Verfahren der automatischen Identifizierung wird in [1] beschrieben. Das Problem fehlender oder unvollständiger Angaben bei Name, Vorname und Geburtsdatum [2] wird hier ausgeklammert, da es sich bei einem Aufnahmedialog in der Regel nicht stellt.

Die zur Bestimmung der Ähnlichkeit zweier Namen bzw. Vornamen verwendeten Hilfsalgorithmen sind in [3] und [4] beschrieben. Geburtsdatum und Geschlecht dürfen nur alternativ abweichen, um Ähnlichkeit zu ergeben. Dabei dürfen sich ähnliche Geburtsdaten nur in einer Ziffer oder in der Vertauschung zweier benachbarter Ziffern unterscheiden, was den am häufigsten vorkommenden Verfälschungen bei fehlerhafter Erfassung entspricht.

3. Auswertung der Ergebnisse nach Art und Umfang der Abweichungen

Nach fünf Monaten waren 14.303 angebliche Erstaufnahmen durch die automatische Identifizierung geprüft, wobei die Vergleichsdaten Name, Vorname, Geburtsdatum und Geschlecht jeweils mit den entsprechenden Angaben von insgesamt etwa 320.000 Patienten der beteiligten Kliniken verglichen wurden. Daraus ergaben sich 1.204 Eintragungen von Paaren möglicherweise identischer Patienten im Protokoll.

102mal wurde gemeldet, daß in der Klinik, die die Erstaufnahme gemeldet hatte, schon ein Patient mit identischen Vergleichsdaten existierte. In allen diesen Fällen ergab sich, daß es sich um denselben Patienten handelte, zu dem also bei der Wiederaufnahme sein altes Krankenblatt nicht gefunden werden konnte.

Die übrigen 1.102 Eintragungen betrafen Paare von Patienten, die je nach Abweichung ihrer Vergleichsdaten zu Gruppen zusammengefaßt wurden (siehe Tab. 1).

Tab. 1: Anzahlen identischer und nicht identischer Paare von Patienten, nach Abweichungen in Gruppen aufgeteilt

Gruppen-index	Name	Vorname	Geburtsdatum Geschlecht	Anzahl	davon nicht ident.
1	ähnl.	ident.	ident.	340	3
2	ident.	ähnl.	ident.	278	0
3	ident.	ident.	ähnl.	257	6
4	ähnl.	ähnl.	ident.	43	0
5	ident.	ähnl.	ähnl.	42	11
6	ident.	verschied.	ident.	62	31
7	ähnl.	verschied.	ident.	63	58

4. Folgerungen und Ausblick

Dieser probehafte Einsatz eines Off-line-Verfahrens zur automatischen Identifizierung zeigt, daß diese auch künftig im Großklinikum beim Aufnahmedialog fehlerhafte Angaben in den wichtigsten Identifizierungsdaten berücksichtigen muß.

Es bleibt offen, ob die 102 Fälle, in denen fälschlicherweise keine frühere Aufnahme festgestellt wurde, auf unrichtige Angaben des Patienten oder eher auf unzureichende manuelle Suchkarteien zurückzuführen sind. Schon diese Beispiele mit korrekten Vergleichsdaten zeigen, daß die Überprüfung, ob zu dem aufzunehmenden Patienten schon ein Krankenblatt vorhanden ist, mit Hilfe der Datenverarbeitung erfolgen sollte.

Darüber hinaus erweist sich der Einsatz der Datenverarbeitung in Fällen fehlerhafter Vergleichsdaten als unverzichtbar. Die absoluten Anzahlen aus Tabelle 1 lassen nur Vergleiche untereinander zu, nicht aber Prozentangaben zur Schätzung der Wahrscheinlichkeiten ihres Auftretens, da nur die gemeldeten Erstaufnahmen ausgewertet wurden. Das Entdecken einer fehlerhaften Angabe war dabei nur bei den Patienten möglich, die vorher schon einmal in einer der Kliniken gewesen waren. Insgesamt dürften fehlerhafte Daten wesentlich häufiger sein als die durch eine Wiederaufnahme nachweisbaren Fälle.

Unter den Vergleichsdaten erweist sich erwartungsgemäß das Geburtsdatum (mit der Angabe des Geschlechts) als am zuverlässigsten, obwohl 257 entdeckte Verfälschungen noch erstaunlich viel ist. Der Name wird am häufigsten fehlerhaft festgehalten. Ebenso wie beim Vornamen müßte hier mehr auf die Vorlage des Personalausweises geachtet werden, um Hörfehler auszuschalten. Bei Vornamen werden vom Patienten nicht selten Varianten der amtlichen Form angegeben oder sogar zur Unterschrift verwendet. Diese 'Freizügigkeit' geht bis zum Verlust einer erkennbaren Ähnlichkeit mit der amtlichen Version.

Überraschen muß auch, wie häufig Fälle von mehr als einer Abweichung in den Vergleichsdaten vorkommen (Gruppe 4 bis 7). Obwohl Namen und Vornamen nur ähnlich sind, lassen gleiche Geburtsdaten noch auf Identität schließen (Gruppe 4). Erst abweichende Geburtsdaten (Gruppe 5) und nicht mehr als ähnlich erkennbare Vornamen (Gruppe 6 und 7) machen es zunehmend wahrscheinlicher, daß es sich bei dem verglichenen Paar um nicht-identische Personen handelt. Bei dem geringen zusätzlichen Aufwand, die Zugehörigkeit zu Gruppe 6 zu prüfen, scheint es für einen Aufnahmedialog noch zu lohnen, derartige Paare anzuzeigen, da immerhin etwa in der Hälfte der Fälle (hier 31 und 62) noch eine erfolgreiche Identifizierung zu erwarten ist. Lediglich Gruppe 7 könnte unberücksichtigt bleiben.

Die bisherige Off-line-Erprobung der automatischen Identifizierung hat für den geplanten Aufnahmedialog im Großklinikum ergeben:

- bei der Feststellung, daß es sich um eine Erstaufnahme handelt, kann man sich weder auf von Hand geführte Suchdateien noch auf die Auskunft des Patienten verlassen. Eine Überprüfung, ob zu diesem Patienten schon ein Krankenblatt mit Daten früherer Aufnahmen vorliegt, muß mit Hilfe der Datenverarbeitung erfolgen;

- bei dieser Überprüfung sind nicht nur fehlerhafte Namen und Vornamen zu berücksichtigen, sondern auch fehlerhafte Angaben des Geburtsdatums und des Geschlechts sowie Kombinationen solcher Fehler.

Die oben beschriebenen ausgewählten Gruppen sind ein Kompromiß, möglichst auch selten vorkommende Fehlerkombinationen zu erfassen, ohne daß die Antwortzeiten beim Aufnahmedialog zu lang werden und ohne daß zu häufig nicht-identische Patienten als möglicherweise identisch angezeigt werden.

Literatur

1. Fischer, R.-J.: Aŭtomata identigo per personaj datumoj. Homa Lingvo kaj komputilo, INTERKOMPUTO, Budapest 1982.

2. Fischer, R.-J.: La problemo de mankantaj aŭ malkompletaj datumoj dum aŭtomata identigo. In Vorbereitung für den 10. Internationalen Kybernetik-Kongreß, Namur 1983.

3. Fischer, R.-J.: A threshold method of approximate string matching. In O'Moore, R.R., Barber, B., Reichertz, P.L. et al. (Eds.): Medical Informatics Europe 82, pp. 843-849. (Lecture Notes in Medical Informatics, Vol.16). Berlin-Heidelberg-New York: Springer 1982.

4. Fischer, R.-J.: Ein Algorithmus zur Ähnlichkeitsuntersuchung deutscher Vornamen. 7. Paderborner Novembertagung, Paderborn (1982). (im Druck).

Aus dem Institut für Dokumentation und Information über Sozialmedizin und öffentliches Gesundheitswesen (idis), Bielefeld (Leiter: Ltd. Med.Dir. Dr. G. Sassen)

idis-Microdok-SOMED-A: Ein kombiniert konventionell-elektronisches Verfahren für das Informations-Retrieval am Arbeitsplatz des Nutzers unter fakultativem Einsatz eines Mikrocomputers

W. Gerdel, H. Lange, G. Murza, G. Sassen

1. Informationsbedarf der in der praktischen Anwendung tätigen Berufsgruppen

Die wissenschaftliche Information und Dokumentation, wie sie von den zentralen, computerisierten Informationseinrichtungen durchgeführt wird, wendet sich in erster Linie an den Wissenschaftler in Forschung und Entwicklung. Es handelt sich hierbei um eine relativ kleine Elite, die auf dem Informationssektor ohnehin bereits privilegiert ist, etwa durch die Möglichkeit, sich bei wiederholten Kongreßbesuchen über neueste Entwicklungen zu informieren, durch den in der Regel gegebenen Kontakt mit anderen in der Forschung und Entwicklung Tätigen, durch den Austausch von Schriften zwischen gleichartig arbeitenden Institutionen an verschiedenen Orten im In- und Ausland, durch die häufig unmittelbare Nähe zu einer Instituts- und/oder Universitätsbibliothek. Wie steht es jedoch mit dem Informationsbedarf der großen Zahl derjenigen, die in der praktischen Anwendung arbeiten. Es handelt sich hier sowohl um Fachkräfte mit wissenschaftlichen als auch um solche mit anderen, z.B. Fachhochschulabschlüssen. Letzteren sind die oben aufgezählten Vorteile zumeist vorenthalten. Sie besuchen selten Kongresse, kennen wenig gleichartig Arbeitende an anderen Orten, haben am Ort häufig keine ihrem Fachgebiet entsprechende Bibliothek und auch wenig Zeit zum Lesen, da sie mit Routinearbeit voll eingedeckt sind. Nur selten sind sie in die Lehre eingebunden, was sonst zusätzlich zum Literaturstudium motiviert. Auch entfällt bei ihnen die Motivation durch Zwang zur Publikation, da die Menge von Publikationen - anders als bei wissenschaftlichen Laufbahnen - in der Praxis für das berufliche Fortkommen nicht entscheidend ist.

2. Untersuchungen und Entwicklungen zur Gestaltung einer Informationsdienstleistung

Die Gestaltung einer Informationsdienstleistung macht Überlegungen notwendig, die mit denen des Marketing zu vergleichen sind. Die Entwicklung der Informationsdienstleistungen im idis basiert daher auf entsprechenden Untersuchungen.

- Zum Informationsbedarf: Aus Anfragenanalysen [4], Umfragen bei Abonnenten [1] und Befragungen von potentiellen Benutzern [8] ist u.a. bekannt, daß Aktualität und Vollständigkeit der Information, die beim Wissenschaftler an erster Stelle stehen, beim praktisch Tätigen nicht unbedingt vorrangig sind. Hier kommt es auf die Schnelligkeit (Schreibtischnähe) und die Direktheit der Information (Fakteninformation) an.

- Zum Informationsangebot: Analysen der Sekundärliteratur haben Aussagen über Vollständigkeit und Einschlägigkeit anderer und eigener Dienste erbracht; die Analyse der Primärliteratur ergab u.a. die Liste der schwerpunktmäßig auszuwertenden Zeitschriften [10].

- Zu den semantisch-syntaktischen Strukturen der zu vermittelnden Informationen: Analysen und Versuche haben zu praktikablen Formen des exzerptiven Referierens geführt, so daß eine faktenorientierte Dokumentation realisiert werden konnte [3, 5].

- Zum Medium der Informationsdarbietung: Frühzeitig wurde der Mikrofiche als Speichermedium gewählt. Der Mikrofiche hat gegenüber anderen Formen der Informationsdarbietung eine Reihe von Vorteilen, vor allem den, daß er preisgünstig ist [7].

- Zur Benutzung der Informationsdienstleistung: Dem Benutzer muß vermittelt werden, wie er den besten Nutzen aus der Informationsdienstleistung ziehen kann. Er erhält daher ein Benutzermanual und eine gediegene Einweisung sowie ggf. Nachschulungen [6]. Untersuchungen der vorgenannten Art in bezug auf das Themenfeld Arbeitsmedizin haben zur Entwicklung von idis-Microdok/SOMED-A geführt (Microdok = Mikrofiche-Informationsspeicher mit computererstellter Registerorganisation für die Aufgaben der Dokumentation; SOMED-A = Sozialmedizinische Literaturdatenbank, Teilspeicher Arbeitsmedizin).

3. Der Inhalt von idis-Microdok/SOMED-A

idis-Microdok/SOMED-A enthält im Grundspeicher, der den Zeitraum von 1978 bis 1982 abdeckt, die bibliographischen Angaben von 34.000 arbeitsmedizinischen Publikationen, davon 50% mit Referaten teils in deutscher, teils in englischer oder französischer Sprache. Der Speicher enthält den Hinweis auf rund 28.000 Autoren meist mit vollständigen Adressen der Institutionen. Die Inhalte sind durch Registerwörter (Deskriptoren) erschlossen: 250.000 Tokens, 3.300 Types. Ein Thesaurus mit rund 6.000 Einträgen gliedert den Wortschatz, der außer den Deskriptoren noch Verweise von Nichtdeskriptoren auf Deskriptoren, Deskriptoren auf andere Deskriptoren sowie zahlreiche Erläuterungen enthält. Der Speicher hat einen jährlichen Zugang von etwa 5.000 Dokumentationseinheiten. Für die Literatur von vor 1978 wird ein weiteres Speichersegment mit ca. 44.000 Literaturnachweisen vorbereitet. Auswertungsbasis für den Speicher ist das Schrifttum der sozialmedizinischen Bibliothek des idis mit zur Zeit rund 700 laufend gehaltenen Zeitschriften, rund 18.000 Zeitschriftenbänden der zurückliegenden Jahre, rund 22.000 Bänden Monographien und andere Buchliteratur einschließlich grauer Literatur sowie 150 laufend gehaltenen Fachbibliographien der Kern- und Randgebiete. Es werden Themen der Arbeitshygiene, -physiologie, -toxikologie, -pathologie, Umwelthygiene, arbeitsmedizinische Aspekte der Epidemiologie, der Prävention, der Gesundheitserziehung, der Suchtbekämpfung, der Rehabilitation und der Begutachtung behandelt. Somit enthält der Speicher relevante Literaturnachweise für Werks- und Betriebsärzte, Gewerbeärzte, wissenschaftlich tätige Arbeitsmediziner, Beauftragte für Arbeitshygiene, Ärzte des öffentlichen Gesundheitswesens sowie sonstige an der Arbeitsmedizin interessierte Ärzte und Nichtärzte.

4. Kosten und Handhabung von idis-SOMED-A

Da der Mikrofiche ein äußerst preisgünstiges Speichermedium ist, lassen sich die Kosten für den arbeitsmedizinischen Informationsspeicher ausgesprochen niedrig halten. Der Preis für das Jahresabonnement (Ergänzungslieferung von jeweils ca. 5.000 Literaturnachweisen) beträgt 300,-- DM. Dieser Betrag liegt in der Größenordnung des Jahresabonnementpreises einer guten Fachzeitschrift oder eines Referateblattes, jedoch enthält SOMED-A doppelt soviel Informationen wie ein gedruckter Dienst. Der Grundspeicher der Jahre 1978 bis 1982 kostet 1.000,-- DM. Dieser Preis reduziert sich auf 500,-- DM bei Abschluß eines dreijährigen Abonnementvertrages. Hinzu kommen die Kosten für die einmalige Ausstattung des Mikrofiche-Arbeitsplatzes: ein Mikrofiche-Lesegerät (ab 300,-- DM im Handel erhältlich), dazu eine Mikrofiche-Mappe aus Ordnungsmitteln (für die zur Zeit rund 100 Mikrofiche des Grundspeichers). Der Benutzer erhält den idis-Thesaurus sowie ein Benutzermanual. Darüber hinaus wird ihm eine gediegene Einweisung durch idis-Mitarbeiter angeboten. Er ist in der Lage, ohne zusätzliche Betriebskosten beliebig viele Recherchen direkt an seinem Arbeitsplatz ('schreibtischnah') durchzuführen. Der bei komplexen Inhalten so wichtige multidimensionale Zugriff ist mit Hilfe des zweckmäßig angeordneten Deskriptorenregisters mit rotierten Deskriptorenketten möglich. Die Dokumentare des idis arbeiten seit 1974 mit dem Mikrofichespeicher und haben auf diese Weise jährlich über 3.000 Recherchen durchgeführt.

Die guten Erfahrungen bei der eigenen Erprobung sind ein wichtiges Argument für das jetzige Angebot des Speichers an externe Benutzer. Zur raschen Orientierung bei einer Frage reichen dem Benutzer in manchen Fällen durchaus die Informationen der bei fast der Hälfte der Literaturnachweise vorhandenen Referate. Diese sind zu einem Teil nach den Regeln des idis für Exzerptiv-Referate geschrieben. Bei der Beschaffung von Kopien der Originalliteratur kann der idis-Literaturdienst behilflich sein. Der überwiegende Teil der im idis-SOMED-A-Literaturspeicher nachgewiesenen Literatur ist in der idis-Bibliothek als Original vorhanden und wird auf Bestellung gegen ein geringes Nutzungsentgelt in Kopie zugesandt.

5. Mikrocomputergestütztes Mikrofiche-Retrieval

Der SOMED-A-Mikrofichespeicher ist für die konventionell-manuelle Arbeit konzipiert. Diese wird möglich durch das oben erwähnte, ebenfalls auf Mikrofiche gespeicherte Deskriptorenregister. Besonders im Anfang können jedoch für den noch ungeübten, aber ungeduldigen Benutzer einige Eigenschaften von SOMED-A als störend empfunden werden: die Suche im Register stellt Anforderungen an die Konzentration des Lesers, mehrdimensionaler Zugriff ist durchaus möglich, die Arbeit wird jedoch bei weitverzweigten Verknüpfungen zunehmend erschwert. Das Register verweist auf die Koordinaten des Textmikrofiches. Diese Fundstellen müssen von Hand zwischennotiert werden. Bei dem Wunsch nach einem möglichst vollständigen Rechercheergebnis wird man unter verschiedenen Deskriptoren in das Register einsteigen; dabei wird es vorkommen, daß einige Fundstellen mehr als einmal auftreten. Mit zunehmender Vertrautheit mit dem Verfahren gelingt es, solche Nachteile zu vermeiden (etwa durch den Einstieg über seltener vorkommende Deskriptoren, durch weitgehende Einengung der Fragestellung). Sie fallen ohnehin weniger ins Gewicht bei einer Recherchehäufigkeit von nicht mehr als ein bis zwei Anfragen pro Tag. Durch den Einsatz eines Mikrocomputers lassen sich die genannten Nachteile überwinden. An Peripheriegeräten ist allein ein Diskettenlaufwerk erforderlich. Idis hat eine Konfiguration der Verbindung eines Mikrocomputers mit einem Mikrofiche-Lesegerät realisiert. Es verwendet hierbei (noch immer) einen Commodore PET (mit 32 K frei programmierbar) und ein Diskettenlaufwerk von Computhink (mit 2 Laufwerken für 5-Zoll Disketten mit einer Speicherungsfähigkeit von je 180.000 Zeichen). Als Mikrofiche-Lesegerät wird ein Adressograph-Multigraph-Mikrofiche-Kasettenretrievalgerät betrieben (eine Kassette faßt bis zu 30 Mikrofiches). Das Retrievalgerät hat eine Tastatur zur Eingabe der Fichenummer, der waagerechten sowie der senkrechten Mikrofiche-Koordinate. Als Eigenentwicklung wurde ein Interface zwischen dem Mikrocomputer und dem Retrievalgerät hergestellt. Die Steuerung des Retrievalgerätes durch den Mikrocomputer macht die Betätigung der Tastatur am Retrievalgerät überflüssig. Die Programme für die Dateneingabe, die Generierung und für das Informationsretrieval entstammen der Programmsammlung SAGA [2] und wurden den besonderen Belangen von SOMED-A angepasst. Um das Verfahren des mikrocomputergesteuerten Mikrofiche-Retrieval zu demonstrieren, wurde ein Segment aus SOMED-A mit 20 Mikrofiches in einer Kassette zusammengefaßt. Da eine Übertragung der auf Datenträger vorhandenen Deskriptorensätze auf den Mikrocomputer nicht möglich war, wurden die wichtigsten Deskriptoren mit den zugehörigen Fichelokationen über Tastatur erfasst. Eine invertierte Datei der Deskriptoren wurde generiert. Das Retrieval-Programm bearbeitet folgende Funktionen:

- Anzeige der Suchwortliste (oder von Teilen davon);

- Suche mit Booleschen Ausdrücken unter Verwendung mehrerer Klammerebenen;

- Anzeige der Zielinformationen (auf dem Mikrocomputer-Bildschirm erscheint die Fichelokation, auf dem Lesegerätbildschirm stellt sich die entsprechende Position des entsprechenden Mikrofiches ein; bibliographische Angaben, Institutionsanschrift und Referat werden lesbar);

- Unterbrechung der Verarbeitung;

- Wiederaufsetzen an gewünschter Stelle;

- Ende des Dialogs;

- Bildfolge zur Erläuterung von Inhalt und Benutzung von idis-SOMED-A.

6. Schlußbemerkungen

Das beschriebene Pilotobjekt eines mikrocomputergesteuerten Mikrofiche-Retrieval wird zum Zwecke der Demonstration und der Benutzerschulung eingesetzt. Es erlaubt den Test des Benutzerverhaltens sowohl gegenüber dem zur Verfügung stehenden Dialogsystem als auch gegenüber dem Inhalt der Datenbank. Bisher nicht vorhandene Möglichkeiten der Online-Analyse der eingespeicherten Daten können genutzt werden. Die Autoren sind nicht der Meinung, daß das Medium Mikrofichespeicher das Non-plus-Ultra in der Informationsdarbietung für die in der praktischen Anwendung arbeitenden Benutzer ist. Allerdings ist der Mikrofichespeicher eine nicht zu ignorierende preiswerte Alternative zum EDV-Terminal bei Daten, die sich nicht mehr oder nicht binnen Stunden verändern, wie es bei den Literaturdaten der Fall ist.

Literatur

1. Eisenhardt, O.H.: Auswertung einer Befragung der Abonnenten eines Referateblattes. (Manuskript). Bielefeld 1981.

2. Gerdel, W.: SAGA (Schemata für Abspeicherung, Generierung und Auswertung). Programme für Mikrocomputer in Basic. (Manuskript). Bielefeld 1980.

3. Gerdel, W., Eisenhardt, O.H., Nacke, O. et al.: Schema der programmierten Abstraktion der redundanzarmen Darstellung und Transformation von Aussagen. In Jesdinsky, H.J., Weidtman, V. (Hrsg.): Modelle in der Medizin - Theorie und Praxis, S. 756. Berlin-Heidelberg-New York: Springer 1980.

4. Lange, H.: Anfragenstatistik als Mittel der Systemoptimierung in der Literaturdokumentation. In Nacke, O., Wagner, G. (Hrsg.): Dokumentation und Information im Dienste der Gesundheitspflege, S. 291-300. Stuttgart: Schattauer 1976.

5. Lange, H., Huhmann, H.: Beispiele einer Dokumentation industrieller Noxen nach den Prinzipien des Europäischen Informationssystems für industrielle Medizin. EURISIM-N. Teil A: Anorganische Noxen. Teil B: Organische Noxen. Forschungsbericht. Bielefeld: Institut für Dokumentation und Information über Sozialmedizin und öffentliches Gesundheitswesen 1978.

6. Lange, H., Huhmann, H.: idis-SOMED-A. Der arbeitsmedizinische Literaturspeicher auf Mikrofiches 'idis-Microdok'. Einführung in die Handhabung des idis-Microdok-Systems. Bielefeld: Institut für Dokumentation und Information über Sozialmedizin und öffentliches Gesundheitswesen 1983.

7. Nacke, O.: IDIS-MICRODOK I. Ein Mikrofiche-Informationsspeicher mit computererstellter Registerorganisation für die Aufgaben der Dokumentation. In Deutscher Dokumentartag 1974, Bonn - Bad Godesberg vom 7.-11.10.1974, Bd. 1, S.108-120. München: Saur 1975.

8. Nacke, O., Gerdel, W., Lange, H.: Gutachten über den Aufbau eines europäischen Informationssystems für industrielle Sicherheit. EURISIS, Bd. 1: Einführung und Erhebungen. Bd. 2: Lösungsvorschläge, Schlüsselanhang und Tabellenanhang. Bielefeld: Institut für Dokumentation und Information über Sozialmedizin und öffenliches Gesundheitswesen 1973.

9. Nacke, O., Hentz, P., Gerdel, W. et al.: Prinzipien eines universellen Informationssystems für die Arbeitsmedizin. In Jesdinsky, H.J., Weidtman, V. (Hrsg.): Modelle in der Medizin - Theorie und Praxis, S. 440 -447, Berlin-Heidelberg-New York: Springer 1980.

10. Otto, H.: Untersuchungen über die Möglichkeiten der Optimierung der Zeitschriftenauswahl für eine sozialmedizinische Dokumentationsstelle anhand der Anfragenbeantwortung eines Jahres. Dissertation. Universität Münster 1978.

7. SYSTEME ZUR PATIENTEN- UND THERAPIEÜBERWACHUNG

Aus der Abteilung Medizinische Informatik, der Georg-August-Universität, Göttingen (Leiter: Prof. Dr. med. C.Th. Ehlers)

Rechnergestützte Informationssysteme für Intensivpflege – ein Beitrag zum Fortschritt der Medizin?

U. Timmermann, H. Schillings, C.Th. Ehlers

Nach nunmehr siebenjähriger Erfahrung mit der Entwicklung, der Einführung und dem Betrieb des 'Göttinger Informationssystems für Intensivpflege (GISI)', das die Bereiche Patient Monitoring und Patient Data Management umfaßt, soll diese Arbeit dem Versuch einer Standortbestimmung dienen.

1. Applikationsprofil

GISI ist ein Softwaresystem zur routinemäßigen Überwachung von Intensivpflegepatienten sowie der Dokumentation von Daten dieser Patienten. Das System basiert auf einem Rechnernetzwerk. Ein zentraler Hintergrundrechner (DEC PDP 11/70) ist mit 16 Satellitenrechnern (SOLO 1041) gekoppelt. Der Ausgangspunkt war eine kommerziell erhältliche Soft- und Hardware der Firma Mennen Medical, die dem Standard zum Beschaffungszeitpunkt entsprach. Mit der Erfahrung, die Nutzer und Informatiker mit dieser Software gemacht hatten, wurde eigene Programmentwicklung betrieben, d.h. bei der Weiterentwicklung flossen die Erfahrungen der klinischen Nutzer in die Programmgestaltung ein. Ein Grundprinzip der Entwicklung ist es, GISI an den Nutzer und nicht den Nutzer an GISI anzupassen.

Heute haben wir ein System, das in der Lage ist, alle für die bettseitige Intensivüberwachung notwendigen Informationen einzulesen, zu speichern und wieder auszugeben. Im Rahmen der vorgegebenen Monitorbestückung können folgende auf ein hämodynamisches Monitoring ausgerichtete Parameter kontinuierlich überwacht werden: Herzfrequenz, arterieller Blutdruck, pulmonal arterieller Blutdruck (wahlweise linker Vorhofdruck), zentralvenöser Blutdruck, transkutaner pO_2, Körpertemperatur, Atemfrequenz, Blutverluste aus zwei Drainagen und Urinausscheidungen.

Wird ein Parameter nicht kontinuierlich automatisch erfaßt, kann der Wert (z.B. Blutdruck gemessen mit Manschette) am Bett des Patienten über eine Funktionstastatur des SOLO-Systems manuell eingegeben werden. Nicht oder noch nicht automatisch on-line erfaßbare Werte, wie z.B. Standardpflegenotizen, Respiratoreinstellung, Blutgaslaborwerte und Starten, Stoppen, Unterbrechen von Therapieverordnungen (Medikation, Infusion, Transfusion), werden auch über diese Funktionstastatur eingegeben.

Für das Blutgas-Laborprogramm gibt die MTA im Blutgas-Labor die Meßwerte ein. Diese Werte werden automatisch auf die aktuelle Patiententemperatur bezogen und zusammen mit den errechneten Sekundärparametern sowohl im Labor als auch auf dem SOLO-Bildschirm direkt am Bett des Patienten ausgegeben.

In jeder Intensivpflegeeinheit befindet sich am zentralen Wachplatz ein Terminal, das für administrative Aufgaben, Patientenaufnahme und Entlassung sowie für Freitexteingaben benutzt wird. Auch der Arzt gibt den Therapieplan eines Patienten am Terminal ein; Standardtherapiepläne erleichtern diese Aufgabe. Der Rechner erstellt einen Ausdruck des Plans als Arbeitsunterlage für das Pflegepersonal (Abb. 1).

```
Goettingen Informationssystem fuer Intensivpflege
Gisi Test Klinik                                    90. Tag:20.09.1983  Verordnete Therapie                               23.09.1983  13:37
Bett 1 : TESTPATIENTIN,GISI
Groesse (cm)          : 168                         Diagnose : AORTENSTENOSE GRAD3                 Operation    : AKE
Gewicht (kg)          : 65           20.09.1983                HISTO: VERHORN.PLATTENEPITHELC                    BYPASS ZUM RIVA
Koerperoberflaeche    : 1.75 BER.    20.09.1983                ARCINOM                                           BYPASS ZUM PLA
Blutgruppe            : A RH POS                               Z.N.B II 1957 JETZT BLUTENDE
Risikofaktoren        : DIABETES MELLITUS TYP 2                EROSIONEN IM ANASTOMOSENBEREIC
                        HYPERTONIE                             H
                        KHK
==================================================================================================================================
Therapieplan 20.09.1983 gueltig ab 12:00                                                                           ! Ueberwachung :
                                                                                                                   !   I.
Nr.   Name                      MG      ML        Appl.      Verordnungszeiten                                     !  II.
 1. Gramaxin                  2000     100        I.V.       13:00,21:00,05:00                                     ! III.
 2. Lanitop Amp                0.1       1        i.v.       14:00                                                 !   I.
 3. ==)B.B.                                                                                                        !===============
    Lasix Amp                   20       2        i.v.
 4. ==)B.B.
    Dipidolor Amp               15       2        i.v.
 5. ==)B.B.
    Valium Amp                  10       2        I.V.
 6. ==)B.B.
    Euphyllin Amp 0.12                   1        IV
--------------------------------------------------------------------------------------------------------------
Nr.   Name                      MG      ML        Startzeit  Verordnung ==)  ml/Min    Tro/Min    ca.Laufzeit in Min.
 7. Sterofundin G-5                    500        12:15      720Min          0.75      15         720
    + KCL 7.45% Amp             40      40
                                40 MMOL
 8. Sterofundin G-5                    500        nach Nr.7  720Min          0.75      15         720
    + KCL 7.45% Amp             40      40
                                40 MMOL
 9. ==)B.B.
    Sterofundin                        400                   60Min           8.333     167        60
    + Human-Albumin 20%                100
10. ==)AB 1.P.OP.TAG
    Sterofundin                        250        12:00      1440Min         0.174     3          1440
    + Heparin                            1
                           5000 IE
--------------------------------------------------------------------------------------------------------------
11. ==)BEI RR ) 160 MMHG
    NITROLINGUAL                60      12
    auf Laevulose 5%                    38
--------------------------------------------------------------------------------------------------------------
12. ==)B.B.
    Vollblut                           460                   60Min           7.666     153        60
    Konserven Nr. _________
13. ==)B.B.
    Frischblut                         460                   60Min           7.666     153        60
    Konserven Nr. _________
--------------------------------------------------------------------------------------------------------------
14. ==)B.B.
    Human-Albumin 20%                  100                   60Min           1.666     33         60
--------------------------------------------------------------------------------------------------------------
WEITERE VERORDNUNGEN :
  - BILANZ -800
==============================================================================================================
 !  ! Hb,HT        !  ! Leukos  !
 !  ! Blutgase     !  ! Thrombos!
 !  ! Elektrokyte  !  ! Urin    !
 !  ! Ges. EW      !  !         !
 !  ! Kreatinin    !  !         !
 !  ! GOT, GPT     !  !         !
 !  ! AP, LDH      !  !         !
 !  ! Quick        !  !         !
 !  ! Bili         !  !         !
 !  ! Gerinn.      !  ! Roent.  !
 !  ! BZ           !  ! EKG     !
 !  ! E'phorese    !  ! EEG     !
 ==============================

                                                                   ______________________
                                                                        Stationsarzt
```

Abb. 1: Vom Computer erstellter Therapieplan

Alle Eingaben sind jederzeit am Bett des Patienten abrufbar. Zusätzlich zur Bildschirmausgabe wird alle 6 Stunden automatisch ein Patientenreport erstellt. Auf einem Blatt werden Kurvenverläufe der Vitalwerte und die therapiebezogenen Daten (Blutgaswerte, Atmungszustand, Schwestern-Notizen, Ausscheidungen, Bilanz, Medikation) zusammengestellt und auf einem Schnelldrucker ausgedruckt (Abb. 2). Ein solcher Report kann jederzeit zusätzlich zur automatischen Erstellung angefordert werden.

Das System wird seit Mai 1983 in der Routine auf der Intensivstation der Klinik für Herz-, Thorax- und Gefäßchirurgie benutzt.

2. Anforderungsprofil

Was erwarten nun die Nutzer – Krankenpflegepersonal und Ärzte – von dem System? Zunächst einmal geht der Nutzer von der ihm bekannten Dokumentation der Fieberkurve aus. Diese möchte er auf den Rechner übertragen wissen. Dabei jedoch muß der Rechner versagen. Eine manuelle Eintragung in den Rechner setzt softwarebedingt eine bestimmte Eingabeprozedur voraus, die fast immer langsamer ist als eine entsprechende Notiz mit Papier und Bleistift. Diese Schwerfälligkeit des

Rechners wird als belastender empfunden als die Erleichterung, on-line gemessene Daten nicht mehr eintragen zu müssen. Aus unseren Erfahrungen heraus kann gesagt werden, daß weder Pflegepersonal noch Ärzte klare Vorstellungen haben, was sie von dem System erwarten, oder diese nicht artikulieren. Es wird häufig Negativkritik geübt; Lösungsvorschläge und Anregungen werden nur selten gemacht.

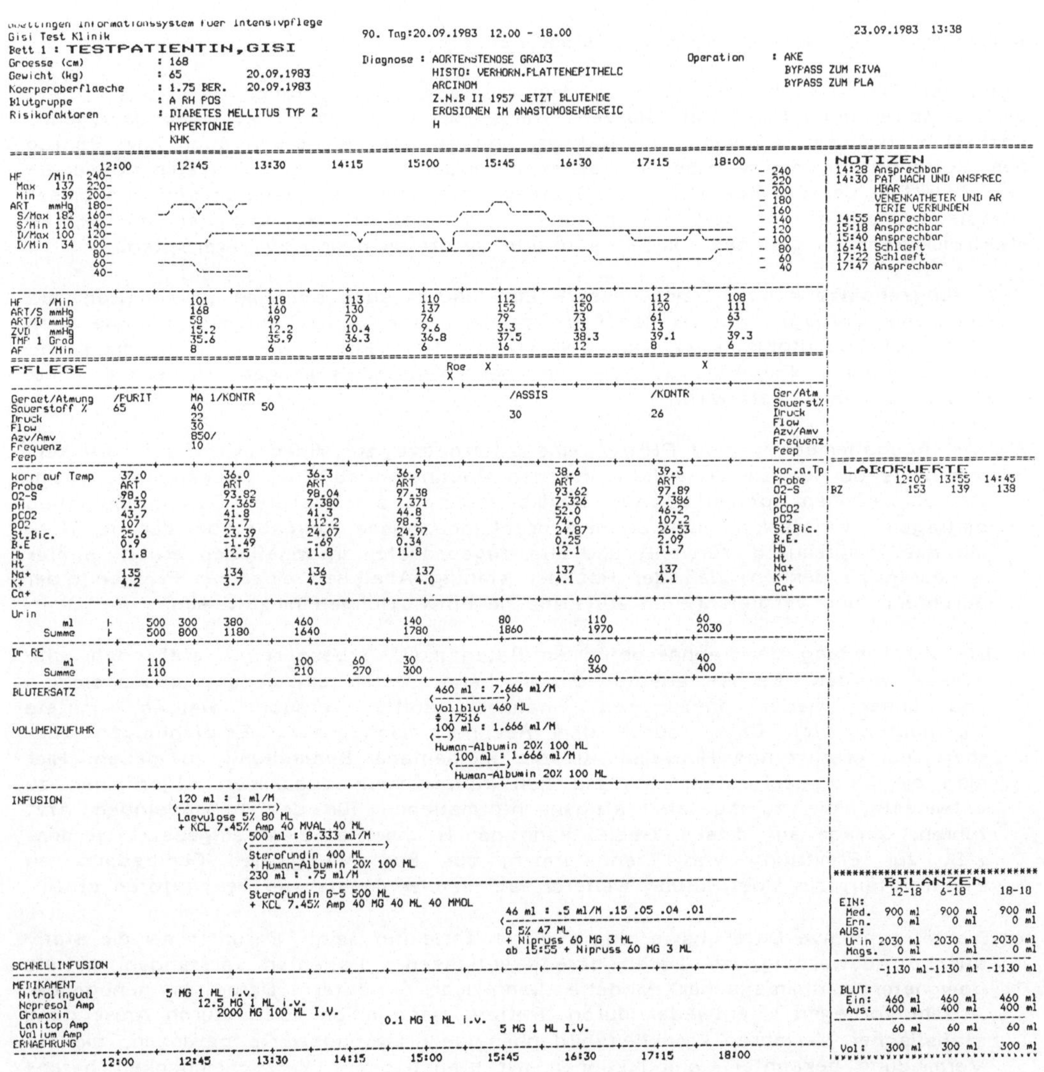

Abb. 2: Vom Computer erstellter Patientenbericht

Bei der Datenpräsentation via Bildschirm können nicht alle Informationen gleichzeitig, sondern nur Informationsblöcke nacheinander abgerufen werden. Der Nutzer muß durch diese sequentielle Darstellungsform eine Vorauswahl treffen, bevor er die Daten lesen kann, d.h. er muß wissen, was er dargestellt haben möchte. Durch diesen Verlust der Synopsis wird der Nutzer zu einer grundlegenden Änderung der

Entwicklung gewohnter diagnostischer Entscheidungsprozesse gezwungen, denn bisher kann das Personal die handgeschriebene Kurve, die ja immer bis zum momentanen Zeitpunkt aktuell ist und alle Daten enthält, übersehen, um Auffälligkeiten zu entdecken.

Auch die qualitative' verbesserte Dokumentation der On-line-Werte, die Berechnung temperaturkorrigierter Laborwerte oder die exakten Bilanzen wiegen die oben genannten Nachteile nicht auf. Entweder werden diese graduellen Verbesserungen im Routinebetrieb einer Intensivstation nicht gebraucht, oder sie werden nicht erkannt.

3. Lösungsansätze

Warum entwickeln wir ein solches System weiter?

Wenn das Ziel eines Systems wie GISI nur die reine Dokumentation, d.h. das Erstellen computergedruckter Fieberkurven wäre, dann bestünde kein ausgewogenes Verhältnis zwischen Aufwand und Nutzen, und es wäre sicherlich auch kein Beitrag zum Fortschritt in der Medizin. Wir sehen in dieser Phase nur den ersten notwendigen Schritt in der Entwicklung eines Systems, das fähig ist, Datenbanken von dieser Komplexität aufzubauen und zu 'handeln'. Nur mit den Möglichkeiten der Mikroelektronik kann es gelingen, diese Datenfülle zu erfassen und zu verarbeiten.

a) Lösungsansätze können sein: bessere Ein- und Ausgabesysteme zu schaffen, als sie bisher vorliegen. Es ist dabei an Spracheingabe zu denken, die ja heute auch nicht mehr so utopisch ist wie noch vor einigen Jahren, wie auch an die rechnerdialogfähige Fieberkurve, die an der Neurochirurgischen Universitätsklinik Düsseldorf entwickelt wird.

   Als Ausgabemedium sind Plotter eine Alternative zu Videoschirm und Drucker; allerdings dürften sie zu anfällig für den Routinebetrieb einer Intensivstation sein. Weiterhin können hochauflösende Grafikbildschirme zur besseren Datenpräsentation beitragen. Wir denken auch an eine problembezogene Ausgabe, bei der der Nutzer das Problemfeld vorwählt und alle zugeordneten Informationen erhält. Später ist daran zu denken, daß der Rechner ständig Analysen einzelner Problemfelder durchführt und vergleicht, um auf kritische Entwicklungen hinzuweisen.

b) Die Verarbeitung der rechnergeführten Daten muß verbessert, ja erst noch entwickelt werden. Es ist absolut unzureichend, Daten einzulesen, abzuspeichern und linear wieder auszugeben; vielmehr sollte versucht werden, mittels Verknüpfung von Daten durch den Rechner diagnostische Empfehlungen oder therapieunterstützende Hinweise für die momentane Behandlung zu geben. Hier sind die Mediziner aufgerufen, mit den Informatikern zusammen Algorithmen zu entwickeln, die zu aussagekräftigen Informationen für den behandelnden Arzt führen. Gerade auf diesem Gebiet kann der Rechner effizient eingesetzt werden, z.B. zur Ermittlung von Trendalarmen, zur Berechnung des Fehlbedarfs an Elektrolyten, zur Überprüfung weiterer technischer Geräte wie Respiratoren etc..

c) Die retrospektive Datenauswertung muß gewährleistet sein. Darunter sei die statistische Auswertung von Daten bereits entlassener Patienten verstanden. Mittels geeigneter mathematischer Modelle kann man - sofern Daten in genügender Anzahl vorliegen - entweder durch 'Pattern Recognition' oder durch Anwendung statistischer Verfahren krankheitsbildabhängige Erfahrungswerte gewinnen, die zur Vermeidung bekannter Komplikationen mit statistischer Wahrscheinlichkeit herangezogen werden können.

Weiterhin ist daran zu denken, das Einsatzgebiet dieser Systeme zu verlagern oder zu erweitern. Denn möglicherweise ist die Passivität der Mediziner darauf zurückzuführen, daß man sich von der Auswertung der Daten des Aufenthaltes eines Patienten auf der Intensivstation allein zu wenig medizinische Aussagekraft verspricht. Der Einsatz dieser Systeme im Operationssaal als exaktes

Operationsprotokoll in Verbindung mit den Aufzeichnungen während des Aufenthaltes auf der Intensivstation wecken vielleicht eher das Interesse an einer Auswertung.

Im momentanen Zustand befindet sich unser rechnergestütztes Informationssystem für Intensivpflege in einer Zwitterstellung: Einerseits kann das System nur durch intensive Nutzung verbessert werden, um Schwachstellen aufzudecken und beheben zu können; andererseits kann aber gerade diese Nutzung durch die Unausgewogenheit zwischen Applikations- und Anforderungsprofil nicht durchgesetzt werden. Soweit uns bekannt ist, haben andere Systeme ähnliche Probleme, deren Ursache wohl nicht nur im System, sondern auch in der Einstellung zu diesen Systemen zu suchen ist. Das Potential für den Beitrag zum Fortschritt der Medizin ist, so meinen wir, vorhanden; die Umsetzung muß noch erfolgen.

Literatur

1. Brode, P.E., Urban, A.E., Lehmann, V.: Kardiologie und Herz-Thoraxchirurgie an der Johanniter-Kinderklinik St. Augustin. Röntgenstrahlen H. 45 (1981).

2. Frey, R., Beicher, W., Weller, R. et al.: Rechnererstellte Überwachungsbogen als Entscheidungshilfen für die Klinik. In Epple, E., Junger, H., Bleicher, W. (Hrsg.): Rechnergestützte Intensivpflege. Symposium in Tübingen 1979, S. 148-158. (INA-Schriftenreihe, Bd. 26). Stuttgart: Thieme 1981.

3. Klapp, A., Krämer, M., Piek, J. et al.: Eine neuartige Computereingabetechnik für Verordnungen und Notizen in der Intensivmedizin. Vortrag beim Symposium über Monitoring der Johannes-Keppler-Universität Linz. In Beiträge zur Anästhesie und Intensivmedizin. Wien: W. Maudrich (im Druck).

4. Schillings, H., Scharnberg, B., Sabean, R.M. et al: Ein neues Konzept computerunterstützter Schwerkrankenüberwachung: Göttinger Informationssystem für Intensivpflege 'GISI'. Meth. Inform. Med. 17 (1978) 173-176.

5. Schillings, H., Sabean, R.M., Ehlers, C.Th.: Integration und Verarbeitung manuell eingegebener Daten. In Epple, E., Junger, M., Bleicher, W. et al. (Hrsg.): Rechnergestützte Intensivpflege. Symposium in Tübingen 1979, S. 131-138. (INA-Schriftenreihe, Bd. 26). Stuttgart: Thieme 1981.

6. Schillings, H., Scharnberg, B., Sabean, R.M. et al: Patientenüberwachung mit Mikrorechnern - Ein neuer Weg des Monitoring? In Ehlers, C.Th., Klar, R. (Hrsg.): Informationsverarbeitung in der Medizin - Wege und Irrwege-, S. 682-688. (Med. Informatik und Statistik, Band 16.) Berlin-Heidelberg-New York: Springer 1979.

7. Sheppard, L.C.: The clinical usefulness of the computer in the care of critically ill patients. Proc. IEEE 67 (1979) 1300-1306.

Aus dem Institut für Anästhesiologie und Reanimation an der Fakultät für klinische Medizin Mannheim der Universität Heidelberg (Direktor: Prof. Dr. H. Lutz).

Kontinuierliche Überwachung vitaler Parameter während der Anästhesie

H.-J. Hartung , P.-M. Osswald , H.-J. Bender , H. Lutz

Einleitung

Die Überwachung der Herzkreislauf- und Atmungsfunktionen während der Anästhesie wird konventionell durch intermittierende Messungen durch den Arzt oder Hilfspersonal ausgeführt. So wird die Herzfrequenz meist von Monitoren kontinuierlich überwacht und diskontinuierlich in einem Anästhesie-Protokoll verzeichnet, ebenso Blutdruck und verschiedene respiratorische Meßgrößen wie Atemfrequenz, Zugvolumen, Atemminutenvolumen und applizierte Narkosegaskonzentration oder Medikamente und Infusionen. Diese konventionelle Anästhesie-Protokollführung erlaubt jedoch nur eine diskontinuierliche Dokumentation aller erfaßten und kontrollierten Parameter, so daß wichtige Informationen verloren gehen bzw. subjektiv beeinflußt werden können. Um ein umfassendes Bild vom gesamten Anästhesieverlauf zu ermöglichen, wurde am Institut für Anästhesiologie und Reanimation in Mannheim ein Prozeßrechnersystem entwickelt, welches über geeignete Meßfühler Biosignale der Hämodynamik, der Beatmung sowie der applizierten Beatmungsgase kontinuierlich aufzeichnet und präsentiert. Darüber hinaus können verschiedene off-line Parameter wie Infusionen oder Medikamentengaben zeitgerecht dokumentiert werden.

Material und Methodik

Ziel des entwickelten Systems ist die Integration bereits vorhandener, routinemäßig angewandter Monitore in ein flexibles Datenerfassungssystem mit einem Mikroprozessor zur On- und Off-line-Datenaufnahme und -Datenpräsentation. Das Anästhesie-Überwachungssystem besteht aus einem Mikroprozessor - lokalisiert im Operationssaal - sowie vorgeschalteten Monitoren, durch welche über Meßfühler die Vorverarbeitung der Patientenparameter stattfindet. Die Daten werden dann über einen 16-Kanal-Analog-Digitalwandler dem Mikroprozessor zugeführt und in übersichtlicher Form in Minutenabständen auf einem Bildschirm präsentiert. Die respiratorischen Parameter umfassen Atemfrequenz, Zugvolumen, Beatmungsdrücke, Atemminutenvolumina und endexspiratorische CO_2-Konzentration sowie die Konzentrationen der verabreichten Narkosegase, die zum Teil über praktische Kleingeräte, teilweise auch über ein Massenspektrometer, dem Mikro zugeführt werden. Weiterhin werden kontinuierlich Herzfrequenz und Kreislaufdrücke aufgezeichnet.

Alle on- und off-line erfaßten Parameter können am Ende der Anästhesie krankenblattgerecht durch eine Hardcopy in Form von Schaubildern dokumentiert werden. Darüber hinaus können sämtliche Meßwerte digital in Tabellenform ausgedruckt werden.

Ergebnisse

Die erhaltenen Aufzeichnungen der gemessenen Vitalparameter und der eingegebenen Off-line-Daten werden anhand von geeigneten Fallbeispielen demonstriert.

1. Beispiel: Operation nach Whipple

2. Beispiel: Operation eines Aortenaneurysmas

3. Beispiel: Notfalloperation: Anlage eines portokavalen Shunts bei unstillbarer Ösophagusvarizenblutung

Diskussion

Die kontinuierliche Überwachung und Dokumentation vitaler Parameter ist für den Bereich der Intensivmedizin zum Teil durch die Industrie, zum Teil durch die von Arbeitsgruppen entwickelten Mikroprozessorsysteme zur Routine geworden [3, 6, 8, 11, 13].

Die einzelnen Systeme unterscheiden sich hinsichtlich des Bedienungskomforts, der Datendarstellung sowie der Speichermöglichkeiten. Ganz überwiegend werden kardiozirkulatorische Größen on-line erfaßt [2, 5]. Für die Respiration wird meist nur die Möglichkeit geboten, die Atemfrequenz kontinuierlich aufzuzeichnen [1]. Einzelne Zentren erarbeiteten Programme für die On-line-Aufzeichnung pulmonaler Parameter [9, 12], die aber einem breiten Anwenderkreis wegen des hohen technischen Aufwandes, der diffizilen Handhabung und der hohen Kosten nicht nutzbar sein werden. Im Bereich der Anästhesie wird für die speziellen Erfordernisse des Fachgebietes industriell ein angepaßtes Mikroprozessorsystem weder für die kardiozirkulatorische Aufzeichnung der gemessenen Parameter noch für die Erfassung der respiratorischen Meßwerte angeboten. Einzelne anästhesiologische Institute [4, 7, 10] versuchen selbst, eine adäquate Lösung zu finden mit der Vorstellung, ein handschriftliches Anästhesie-Protokoll möglichst weitgehend zu ersetzen. So wurden in Schweden [10] und den USA [4] Systeme vorgestellt, die ein computergestütztes Monitoring - on-line - anästhesiologisch wichtiger Größen gewährleisten. Der Schwerpunkt dieser Systeme liegt jedoch darin, die Daten zu erfassen und zu dokumentieren: eine geeignete transparente Datendarstellung, welche das Protokoll überflüssig werden ließe, wird nicht geboten. Eine Fortentwicklung zeichnet sich in Atlanta (USA) ab [8], die einzig bislang ein komplettes computererstelltes Protokoll produziert, wobei Erfahrungen über die Anwendungen im Routinebetrieb nicht vorliegen.

Das für anästhesiologische Verhältnisse am Institut für Anästhesiologie in Mannheim entwickelte System bewährt sich seit nunmehr 10 Monaten für verschiedene Op-Bereiche - insbesondere Neurochirurgie, Gefäß- und große Abdominalchirurgie - im Routinebetrieb. Es gewährleistet die Erfassung relevanter On- und Off-line-Parameter und ermöglicht die lückenlose Erfassung und Darstellung der Meßwerte. Neben der objektiven Dokumentation ist so eine Arbeitsverteilung für den Anästhesisten möglich geworden. Dieser wird von der Routinedokumentationsarbeit, d.h. der Führung der Narkoseprotokolle, entlastet und kann sich nahezu uneingeschränkt der Narkoseführung widmen. Übersichtliche graphische Präsentationen der Meßwertverläufe vermitteln ein realistisches Bild vom bisherigen Anästhesieverlauf und sichern so die Grundlagen für bessere und sichere Entscheidungen über das weitere Procedere, da der Zusammenhang mit den verabreichten Anästhetika, Medikamenten und Infusionen bzw. Transfusionen jederzeit transparent dargestellt ist.

Die krankenblattgerechte Dokumentation und Archivierung, die für einen reibungslosen Informationsfluß zur nachfolgenden Patientenbehandlung notwendig ist, wird durch die Hardcopy-Unit direkt vom Bildschirm realisiert.

Literatur

1. Bartels, H., Adolf, J., Bonke, S. et al.: Einsatz eines rechnergestützten Überwachungs- und Dokumentationssystems in der postoperativen Behandlung von Risikopatienten. Intensivbehandlung 4 (1979) 99-104.

2. Comerchero, H., Vernia, M., Tivig, G. et al.: Solo: An interactive microcomputer-based bedside monitor. 3rd Symposium on Computer Applications in Medical Care, Washington, USA, 1979.

3. Ehlers, C.Th.: Datenverarbeitung im Klinikum der Georg-August-Universität Göttingen. Beschreibung des Gesamtsystems Göttingen. Universität Göttingen 1979.

4. Klain, M.M., Finestone, S.C.: Computerized cardio-pulmonary monitoring in the operating rooms. Symposium on Computers in Critical Care and Pulmonary Medicine, Lund, Schweden, June 1980.

5. Lustig, I.J., Parrish, J.N., Augenstein, J.S. et al.: Clinical experience with a minicomputer based data management system in surgical intensive care. 3rd Internat. Symposium on Computers in Critical Care and Pulmonary Medicine, Norwalk, USA, June 1981.

6. Norlander, O.P.: Patientendatensystem für Operation und Intensivpflege. Chirurg 44 (1973) 445-448.

7. Paulsen, A.W., Frazier, W.T., Harbort, R.A. et al.: Computer aided monitoring for the anaesthesist. Symposium on Computers in Critical Care and Pulmonary Medicine, Lund, Schweden, June 1980.

8. Pettersson S.O., Seemann, T., Wahlberg, K. et al.: The computer in the hospital service, clinically oriented information system. Östra Hospital Gothenburg, Proposal Dec. 1975.

9. Rader, C., Taylor, W., Hansen D.: A distributed microprocessor respiratory intensive care monitoring system with mass-spectrometer proximal flowmeter and airway pressure transducer. 3rd Internat. Symposium on Computers in Critical Care and Pulmonary Medicine, Norwalk, USA, June 1981.

10. Ribbe, T., Hallen, B., Lumarsson, D. et al.: Data log system for monitoring during anaesthesia. Symposium on Computers in Critical Care and Pulmonary Medicine, Lund, Schweden, June 1980.

11. Salat, H.: Elektronische Patientenüberwachung in der internistischen Intensivpflegestation des Kreiskrankenhauses Herford. Röntgenstrahlen H. 30 (1974).

12. Turney, S.Z.: Computerized multibed respiratory monitoring. 3rd Internat. Symposium on Computers in Critical Care and Pulmonary Medicine, Norwalk, USA, June 1981.

13. Zeelenberg, C., Hoare, M.R.: Herzrhythmusüberwachung. In Epple, E., Junger, H., Bleicher, W. et al. (Hrsg.): Rechnergestützte Intensivpflege. Symposium in Tübingen 1979, S. 37-49. (INA-Schriftenreihe, Bd. 26). Stuttgart: Thieme 1981.

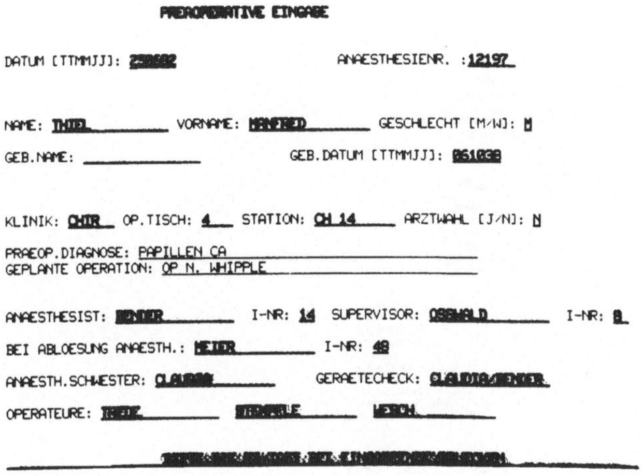

PRAEOPERATIVE EINGABE

DATUM [TTMMJJ]: 250682 ANAESTHESIENR. :12197

NAME: THIEL VORNAME: MANFRED GESCHLECHT [M/W]: M

GEB.NAME: GEB.DATUM [TTMMJJ]: 061038

KLINIK: CHIR OP.TISCH: 4 STATION: CH 14 ARZTWAHL [J/N]: N

PRAEOP.DIAGNOSE: PAPILLEN CA

GEPLANTE OPERATION: OP N. WHIPPLE

ANAESTHESIST: BENDER I-NR: 14 SUPERVISOR: OSSWALD I-NR: 8

BEI ABLOESUNG ANAESTH.: MEIER I-NR: 48

ANAESTH.SCHWESTER: CLAUDIA GERAETECHECK: CLAUDIA/BENDER

OPERATEURE: THEDE STEMMLE WEBCH

Abb. 1: Darstellung administrativer Daten

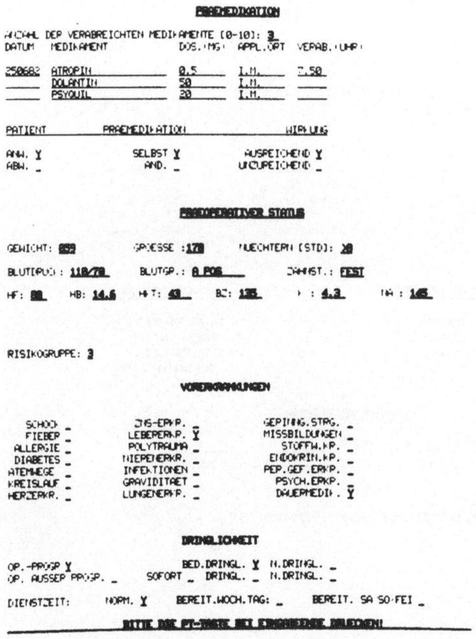

PRAEMEDIKATION

ANZAHL DER VERABREICHTEN MEDIKAMENTE [0-10]: 3

DATUM	MEDIKAMENT	DOS.(MG)	APPL.ORT	VERAB.(UHR)
250682	ATROPIN	0.5	I.M.	7.50
	DOLANTIN	50	I.M.	
	PSYQUIL	20	I.M.	

PATIENT PRAEMEDIKATION WIRKUNG

ANW. Y SELBST Y AUSREICHEND Y

ABW. _ AND. _ UNZUREICHEND _

PRAEOPERATIVER STATUS

GEWICHT: 059 GROESSE :170 NUECHTERN [STD]: 20

BLUTDRUCK: 110/70 BLUTGR.: A POS ZAHNST.: FEST

HF: 80 HB: 14.6 HKT: 43 BZ: 135 K: 4.3 NA: 145

RISIKOGRUPPE: 3

VORERKRANKUNGEN

SCHOCK _	ZNS-ERKR. _	GERINNG.STRG. _
FIEBER _	LEBERERKR. Y	MISSBILDUNGEN _
ALLERGIE _	POLYTRAUMA _	STOFFW.KR. _
DIABETES _	NIERENERKR. _	ENDOKRIN.KR. _
ATEMWEGE _	INFEKTIONEN _	PER.GEF.ERKR. _
KREISLAUF _	GRAVIDITAET _	PSYCH.ERKR. _
HERZERKR. _	LUNGENERKR. _	DAUERMEDIK. Y

DRINGLICHKEIT

OP.-PROGR Y BED.DRINGL. Y N.DRINGL. _

OP. AUSSER PROGR. _ SOFORT _ DRINGL. _ N.DRINGL. _

DIENSTZEIT: NORM. Y BEREIT.WOCH.TAG: _ BEREIT. SA SO FEI _

BITTE DIE PF-TASTE BEI EINGABEENDE DRUECKEN!

Abb. 2: Formular zum präoperativen Patientenstatus

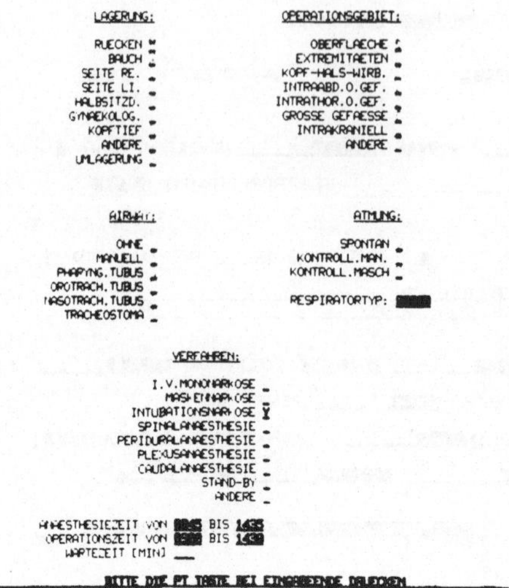

Abb. 3: Dokumentation postoperativer Angaben

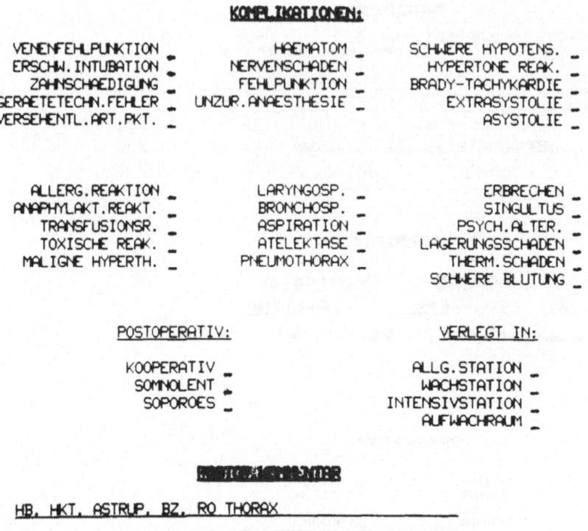

Abb. 4: Komplikationsformular

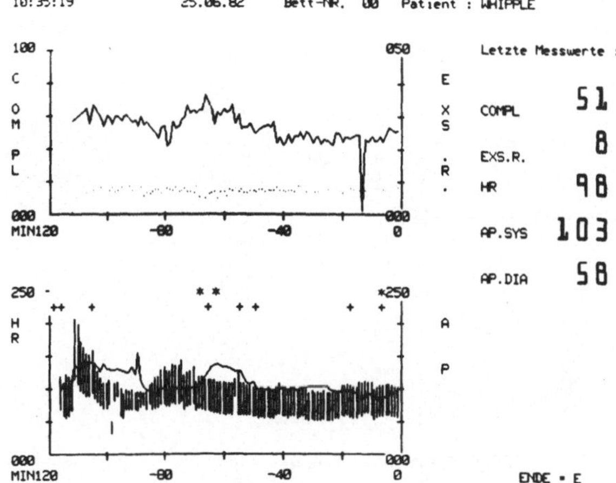

Abb. 5: Darstellung on-line erfasster Parameter während der Einleitunsphase der Anästhesie: Compliance, exspirat. Resistance, Herzfrequenz, Blutdruck.

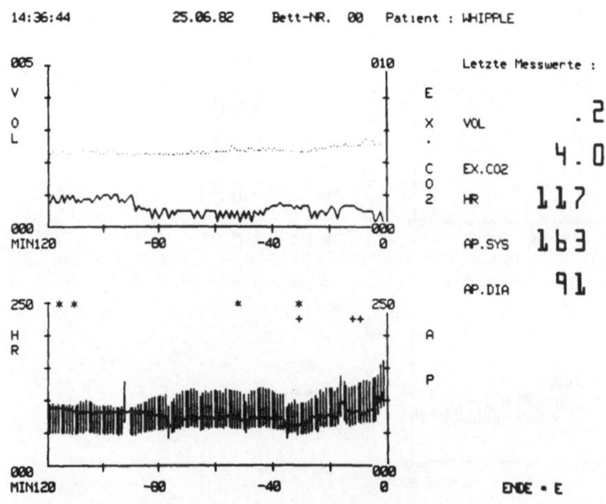

Abb. 6: Darstellung der endexspirat. CO2 und Halothankonzentrationen und des Kreislaufs während der Ausleitungsphase der Anästhesie.

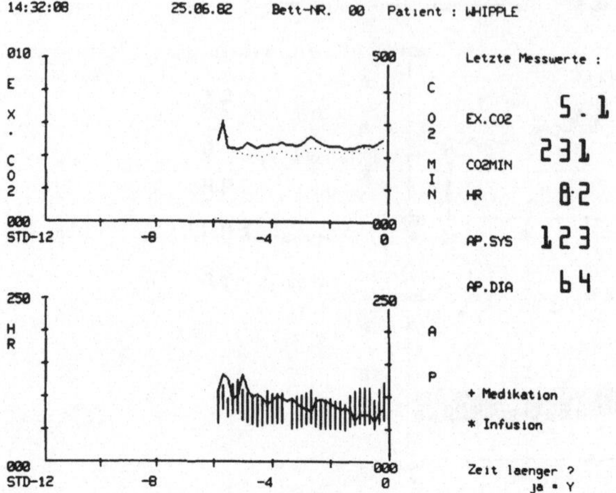

Abb. 7: Darstellung des gesamten Anästhesieverlaufes: endexspiratorische CO2 Konzentration, CO2-Minutenproduktion und Kreislaufverhalten.

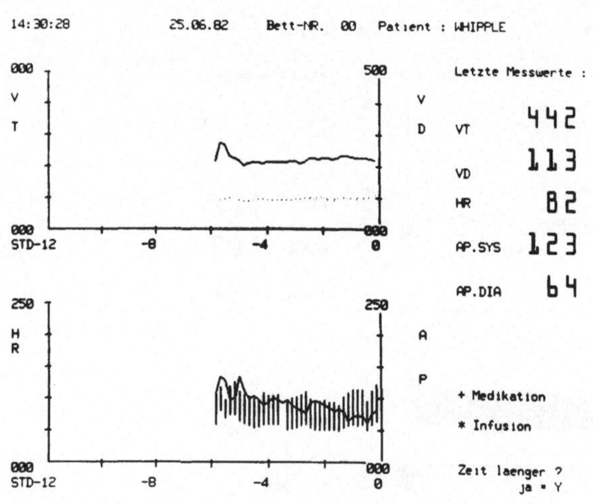

Abb. 8a

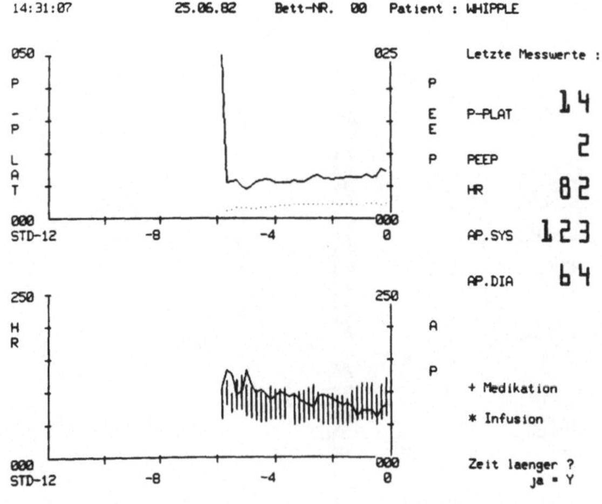

Abb. 8b

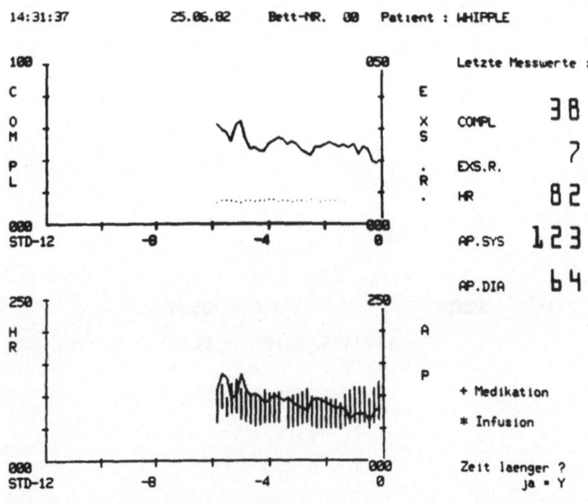

Abb. 8c

Abb. 8 (a–c): Darstellung mechanischer Ventilationsgrößen: Zugvolumen, Totraumvolumen, Plateau- und endexspiratorischer Druck, Compliance, exspiratorische Resistance, jeweils mit Kreislaufparametern.

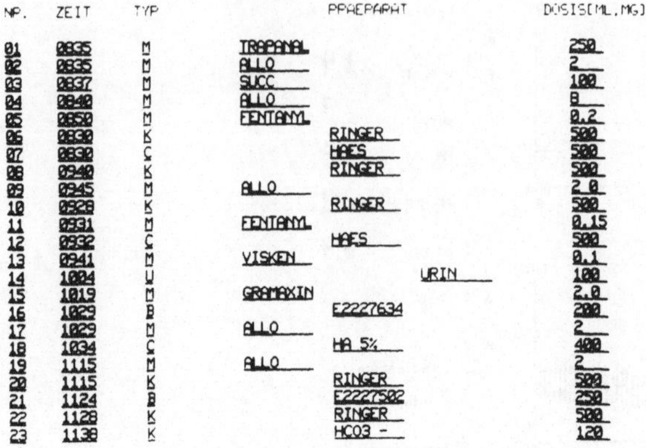

MEDIKAMENTENLISTE

NR.	ZEIT	TYP	PRAEPARAT	DOSIS[ML,MG]
01	0835	M	TRAPANAL	250
02	0835	M	ALLO	2
03	0837	M	SUCC	100
04	0840	M	ALLO	8
05	0850	M	FENTANYL	0.2
06	0830	K	RINGER	500
07	0830	C	HAES	500
08	0940	K	RINGER	500
09	0945	M	ALLO	2 0
10	0928	K	RINGER	500
11	0931	M	FENTANYL	0.15
12	0932	C	HAES	500
13	0941	M	VISKEN	0.1
14	1004	U	URIN	100
15	1019	M	GRAMAXIN	2.0
16	1029	B	E2227634	200
17	1029	M	ALLO	2
18	1034	C	HA 5%	400
19	1115	M	ALLO	2
20	1115	K	RINGER	500
21	1124	B	E2227502	250
22	1128	K	RINGER	500
23	1138	K	HCO3 -	120

Abb. 9: Ausdruck der Medikamentenliste für zwei Stunden: in den Abb.4 und 5 sind die Medikamentenmarker in den Kreislaufgraphiken ersichtlich.

BILANZ

KRIST. : 3220 KOLLOIDE : 1800 BLUT : 0950

URIN : 0850 BLUTVERLUST : 0650

Abb. 10: Bilanzformular

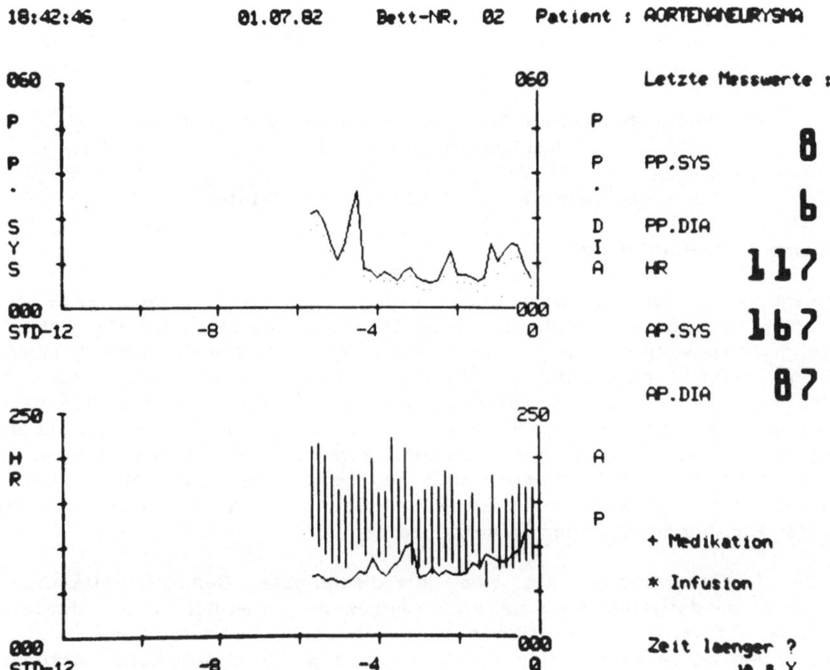

Abb. 11: Darstellung des Gesamtverlaufes der Drücke des System- und Pulmonalkreislaufes während einer Anästhesie zur Resektion eines Aortenaneurysmas.

Aus der Abteilung Medizinische Statistik und Dokumentation (AMSD) des Klinikums der Christian-Albrechts-Universität zu Kiel (Direktor: Prof. Dr. K. Sauter, vordem Prof. Dr.med. G. Griesser)

Integration eines Tumornachsorge-Registers in ein Klinikinformationssystem

G. Griesser, J. Hedderich, K. Sauter

0. Allgemeine Vorbemerkungen

Die Notwendigkeit der nachklinischen Betreuung aller wegen eines malignen Tumorleidens behandelten Patienten dürfte mittlerweile unstrittig sein. Diese Nachsorge muß auswahlfrei alle in einer Krankenanstalt behandelten Tumorpatienten erfassen und deren Ergehen bis zur klinisch angenommenen Heilung bzw. bis zum Tod kontrollieren [3, 7, 8]. Nur auf diese Weise, d.h. durch regelmäßige periodische Nachuntersuchungen durch Krankenhaus- und niedergelassene Ärzte, lassen sich rechtzeitig lokale Rezidive, Fernmetastasen, Zweittumoren, Präneoplasien, Begleit- und Folgekrankheiten [5,24] erkennen und gegebenenfalls behandeln. Überdies muß die Tumornachsorge für die soziale Betreuung und psychische Führung der Patienten [24] und der Familienangehörigen genutzt werden.

So ist die Tumornachsorge als eine interdisziplinäre Gemeinschaftsaufgabe von Klinikern und niedergelassenen Ärzten anzusehen, wobei dem Hausarzt eine Schlüsselrolle zufällt. Die Nachsorge bedarf jedoch, um die beiden Voraussetzungen der auswahlfreien Erfassung und der kontinuierlichen Kontrolle aller Tumorpatienten zu erfüllen, eines gut organisierten und exakt programmierten Systems mit einem Tumornachsorge-Register (NSR) im früheren Sinne eines klinischen Krebsregisters [15,25]. Derartige Tumornachsorge-Register, von denen es mittlerweile in der Bundesrepublik Deutschland, Österreich und der Schweiz eine ganze Reihe [u.a. 1,4-8,10,11,16,19,21] mit verschiedenen methodischen Ansätzen gibt, haben neben der Individualbetreuung der Patienten die generelle Aufgabe, Grundlagen für die vergleichende Beurteilung der verschiedenen Therapieverfahren mit dem Ziel der Verbesserung der Behandlungsergebnisse zu schaffen [6]. So ist ein ausgebautes Nachsorge-Register zum einen die organisatorische Leitstelle für die Patientenbetreuung, zum andern die Zentralstelle für die wissenschaftliche Auswertung der anfallenden Daten [18].

1. Das Tumornachsorge-Register des Tumorzentrums Kiel

Im März 1977 wurde im Klinikum der Universität Kiel ein Tumorzentrum gegründet, das sich, neben der Optimierung und Standardisierung der organspezifischen Tumortherapien, der Verbesserung der interdisziplinären Zusammenarbeit in Tumordiagnostik und -therapie sowie der onkologischen Fortbildung, die Nachsorge im oben erwähnten Sinne als Aufgabe gestellt hatte. Im Juli 1977 wurde mit der Planung des Nachsorge-Registers begonnen mit den Zielen

- alle im Klinikum der Universität Kiel behandelten Patienten mit malignen Neubildungen unabhängig von Tumorart, -stadium und -therapie zu erfassen;
- die regelmäßige Nachsorge im Zusammenwirken von Klinikern und niedergelassenen Ärzten zu gewährleisten;
- die Ergebnisse der jeweiligen Nachuntersuchungen festzuhalten;
- die Daten für die Nachsorge des Einzelfalles sowie für wissenschaftliche Auswertungen mit Hilfe eines Computer-gestützten Systems verfügbar zu machen.

Da die Basisinformationen aller im Kieler Klinikum stationär behandelten Fälle im Klinikinformationssystem (KIEL KIS) [8] erfaßt werden, erschien die Integration des Tumornachsorge-Registers als ein logisch dediziertes System von KIEL KIS zweckmäßig, um

- Doppelarbeit bei der Datenerfassung zu vermeiden, und
- die auswahlfreie Erfassung aller Patienten mit einem malignen Tumor zu gewährleisten.

Zu diesem Zweck wurden alle im Diagnosenlexikon von KIEL KIS aufgeführten Tumor-Diagnosen mit einer besonderen Kennung versehen, die durch ein entsprechendes Programm automatisch zur Übernahme der entsprechenden Datensätze in die Datenbasis des Nachsorge-Registers führt. Anhand der eindeutigen Patientenkennzeichnung kann gleichzeitig festgestellt werden, ob es sich um einen neuen Patienten oder um einen dem NSR bereits bekannten Kranken handelt. Im letzteren Fall wird der neue Datensatz den bereits in der NSR-Datenbasis vorhandenen Daten hinzugefügt. Eine in regelmäßigen Abständen gedruckte Liste zeigt der Nachsorgestelle des Tumorzentrums die Entlassung der Tumorpatienten an (Abbildung 1). Die Erstellung einer Karteikarte soll der Nachsorgestelle die Führung einer Handakte für die Ablage der verschiedenen für die Nachsorge notwendigen Unterlagen erleichtern.

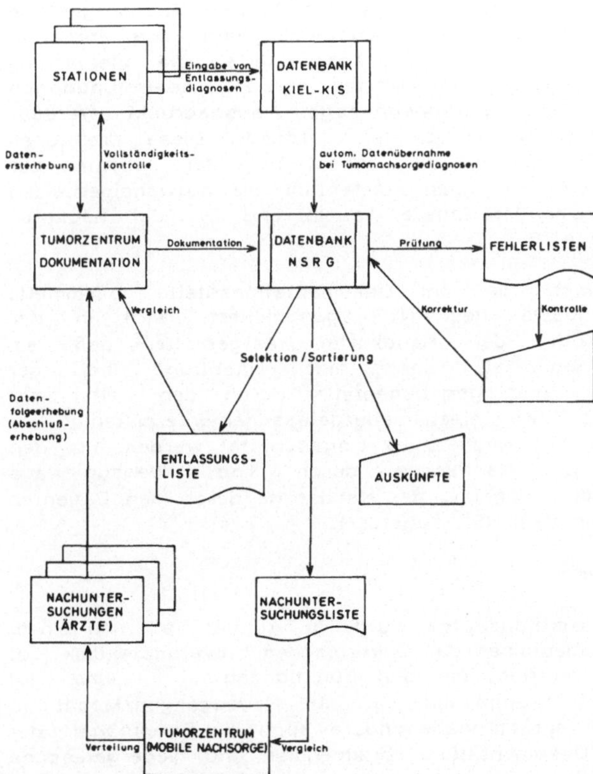

Abb. 1: Ablaufschema von Dokumentation und Tumornachsorge im Tumorzentrum Kiel [12]

Für die Dokumentation von Erst-, Folge- und Abschlußerhebungen wurde die Basisdokumentation der Arbeitsgemeinschaft Deutscher Tumorzentren (ADT) [2,27] eingeführt, damit auch der Tumor-Histologie- [14] und der TumorLokalisations-Schlüssel [23] sowie die TNM-Klassifikation der malignen Tumoren [20]. Der in der Basisdokumentation enthaltene Datensatz erschien der Arbeitsgruppe Nachsorgeregister als ein vernünftiger Kompromiß zwischen dem für die Steuerung und Kontrolle der Nachsorge und für statistische Übersichten notwendigen Inhalt und der Machbarkeit der Dokumentation in Klinik und Praxis. Nach früheren Erfahrungen wurde es auch nicht als tunlich angesehen, den klinisch tätigen wie den niedergelassenen Kollegen die Verschlüsselung der Bögen für Erst- und Folgerhebung zu übertragen. Deshalb wurden von der Arbeitsgruppe Nachsorgeregister, in der alle Fachgebiete vertreten sind, (analog zu den Erfassungsbögen der ADT) Formblätter entwickelt, die im Klartext von den entsprechenden Ärzten ausgefüllt werden sollen, während die Verschlüsselung vom Personal der Nachsorgestelle nach Überprüfung auf Vollständigkeit vorgenommen wird. Da die Dokumentation im klinischen Betrieb und in der Praxis zugegebenermaßen eine Schwachstelle war und ist, die einkalkuliert werden muß, sind die Erfassungbögen so angelegt, um mit einem Mindestmaß an Zeit und Arbeit ausgefüllt werden zu können. Allerdings soll nach der jeweils beigefügten Arbeitsanleitung auf Vollständigkeit und Richtigkeit von Tumorlokalisation, Tumordiagnose und TNM-Klassifikation besonderer Wert gelegt werden.

Da auf den Formblättern zur Erst- und Folgeerhebung zusätzlich zum Schema der ADT der Termin für die nächste Nachuntersuchung und die dafür verantwortliche Stelle (Klinik, niedergelassener Arzt) enthalten sind, verfügt das Nachsorge-Register über die notwendigen Informationen zur Steuerung und Kontrolle der Nachsorge. So werden in regelmäßigen Abständen Nachuntersuchungslisten für die Nachsorgestelle gedruckt, in der alle demnächst anfallenden Nachsorgetermine und -orte enthalten sind. Aufgrund dieser Liste werden in der Nachsorgestelle, die gleichzeitig Dokumentationsstelle ist, die entsprechenden Karteikarten markiert, die Befundbögen für die Folgeerhebung, die ebenfalls personenbezogen ausgedruckt werden, bereitgelegt und an die nachuntersuchenden Stellen versandt. Diese dreifachen Formblätter dienen einerseits als Hinweis auf die Einbestellung der Patienten zur Nachuntersuchung; zum andern werden auf ihnen klartextlich die notwendigen, den Verlauf beschreibenden Daten dokumentiert sowie Termin und Ort der nächsten Nachuntersuchung eingetragen.

Die Informationen werden in der Nachsorge- und Dokumentationsstelle gesammelt, verschlüsselt und in der Datenbasis des NSR gespeichert. Wird in der Nachsorgestelle durch Sichtkontrolle der Handkartei festgestellt, daß ein Nachsorgebefund nicht eingegangen ist, kann eine Nachfrage bei der nachuntersuchenden Stelle erfolgen und gegebenenfalls durch den Leiter der 'Arbeitsgruppe Tumornachsorge' des TZK - einen niedergelassenen Internisten - eine der beiden Nachsorgeschwestern (mobile Nachsorge) eingeschaltet werden. Für den Fall des Ausscheidens aus der Nachsorge durch Tod, Wegzug aus Schleswig-Holstein oder kategorische Ablehnung der Nachsorge durch den Patienten wird ein Abschlußbogen angelegt und dem NSR zugeführt.

2. Entwicklung des Nachsorgeregisters

Auf der Grundlage des obigen Gesamtkonzeptes wurde im August 1979 mit einem Probelauf begonnen, bei dem die Patientinnen der Chirurgischen Universitätsklinik Kiel mit einem Mamma-Karzinom erfaßt wurden, um den Funktionsablauf an einer gut überschaubaren, homogenen Patientengruppe mit ca. 10 Neuzugängen/Monat zu testen. Für die Wahl dieser Gruppe sprach insbesondere auch die Bereitschaft der zuständigen Ärzte der Klinik, die Dokumentation vorzunehmen und niedergelassene Kollegen an der Nachsorge zu beteiligen.

Der Probelauf bestätigte im Prinzip die Durchführbarkeit und Richtigkeit des entwickelten Konzeptes einer eigenständigen Datenbasis für das Nachsorgeregister bei Integration in das Klinik-Informationssystem sowie die Eignung als Steuerungs- und Kontroll-Instrument für die Tumornachsorge. Allerdings erwies sich das anfänglich notwendige System von Batch-Anwendungsprogrammen als ein verzögernder Faktor. Auf inzwischen notwendig gewordene organisatorische und informationstechnische Änderungen am Konzept wird in Abschn. 3 sowie in [12] näher eingegangen.

Trotz der gemeinsamen Bemühungen um die Einbeziehung weiterer Tumorarten in die Dokumentation und damit in die Nachsorge durch die Leitung des Tumorzentrums Kiel, die Arbeitsgruppe Nachsorgeregister und die AMSD war bei der überwiegenden Mehrzahl der Kliniker eine mehr als deutliche Zurückhaltung festzustellen. Arbeitsbelastung einerseits und die angeblich stark reduzierte Aussagefähigkeit der Basisdokumentation für Tumorkranke andererseits waren die vorgebrachten wesentlichen Begründungen. Allerdings kann die Stichhaltigkeit der Einwände nicht völlig von der Hand gewiesen werden, wenn man die große Zahl der überregionalen, tumorspezifischen Therapiestudien in Rechnung stellt. Sie verlangen infolge der umfangreichen Datensätze einen großen Arbeitsaufwand. Sie bringen aber auch durch die Begrenzung der Studien auf die relativ kurze Zeit weniger Jahre die Aussicht auf eine baldige fundierte wissenschaftliche Aussage über Nutzen, Unwert oder Schaden einer bestimmten Therapie und tragen somit zur Motivation des klinisch tätigen Wissenschaftlers bei. Demgegenüber wird die Basisdokumentation für Tumorkranke zum Zweck der nachklinischen kontinuierlichen Betreuung als eine weniger wissenschaftliche und damit nachrangige Routinearbeit angesehen.

Überdies war (und ist noch) ein erheblicher Partikularismus unverkennbar, der im Prinzip der Idee des Tumorzentrums, das auf interdisziplinäre Zusammenarbeit angelegt ist, entgegensteht. So wurden in zwei Kliniken eigene tumorspezifische Register auf Mikrocomputern implementiert. Das eine davon wird allerdings nach dem Ausscheiden des Initiators aus der Klinik schon nicht mehr weitergeführt, wodurch wertvolles wissenschaftliches Datenmaterial, wenn nicht verlorengeht, so doch ungenützt bleibt, ein nicht seltenes Ereignis partikularer Lösungen. So schloß sich erst zwei Jahre später - temporär - die Hals-, Nasen- und Ohrenklinik der Universität dem Nachsorgeregister für die Kehlkopf-Karzinome an. Seit Juni 1982 werden auch die gynäkologischen Karzinome (Zervix-, Uterus- und Ovarial-Karzinome) der Universitäts-Frauenklinik erfaßt.

Die zögernde Entwicklung war außerdem durch das Fehlen einer zentralen Dokumentationsstelle beim Tumorzentrum Kiel bedingt, die erst nach Einsetzen der Förderung des TZK durch den Bundesminister für Arbeit und Sozialordnung im Oktober 1982 eingerichtet werden konnte.

Das Personal des TZK besteht derzeit aus dem geschäftsführenden Arzt, 2 weiteren Medizinern (als Koordinatoren), 1 Diplom-Informatikerin, 1 Dokumentarin, 1 Sekretärin und 2 Nachsorgeschwestern.

Der aktuelle Dokumentationsstand umfaßt:

	Erst-	Folge-
	erhebungen	
Mamma-Ca., kolorektale T.	325	287
Gynäkologische Karzinome	231	386
HNO-Karzinome	246	23
	802	696

(insgesamt 82 Abschlußerhebungen)

Von den 1.859 Patienten, die während der gesamten Zeitabschnitte entsprechend den in KIEL KIS gespeicherten Daten an einer der beteiligten Universitätskliniken aufgenommen wurden, sind somit nur 43 % in das Nachsorgekonzept übernommen worden.

3. Erfahrungen und Schwierigkeiten

Die mit dem Nachsorgeregister des TZK gemachten Erfahrungen und die dabei festgestellten Probleme lassen sich nach inhaltlichen, organisatorischen und technischen Aspekten zusammenfassen.

3.1. Inhaltliche Aspekte

Bezüglich des Inhaltes der Dokumentation wurde, wie oben bereits angedeutet, bei der Konzeption des Datenmodells die Basisdokumentation für Tumorkranke der ADT, erweitert um die Daten zur organisatorischen Unterstützung der Nachsorge (Termin und Ort/Klinik oder niedergelassener Arzt), als ausreichend angesehen. Da die Patienten-Stammdaten einschließlich eines eindeutigen Patientenkennzeichens automatisch von KIEL KIS dem Nachsorgeregister zur Verfügung gestellt werden, erübrigt sich die Neuaufnahme dieser Daten auf den klartextlichen Erfassungsbögen, die bereits oben erwähnt worden sind. Bei den Bögen zur Ersterhebung werden die Patientendaten durch die klinikumsüblichen Aufkleber, die von KIEL KIS erstellt werden, aufgebracht. Überdies können die Erfassungsbögen für Erst- und Folgeerhebungen, deren Kopie in der Krankenakte als Kurzdokumentation der jeweiligen Untersuchung dient, ohne Kenntnis der verschiedenen Schlüsselverzeichnisse von den Stationsärzten oder den Dokumentationsassistentinnen der Kliniken bearbeitet werden.

Während in der 'Arbeitsgruppe Nachsorgeregister des TZK' die niedergelassenen Kollegen den Datensatz der Fragebögen als zu umfangreich und damit zu arbeitsaufwendig ansahen, forderten die klinisch tätigen Ärzte inhaltliche Erweiterungen. Das Nachsorgeregister kann nämlich aufgrund der Basisdokumentation nach ADT nur bedingt Daten aus der Krankengeschichte der Patienten, insbesondere bezüglich des klinischen Verlaufs, übernehmen. Es dient nach seiner Zielsetzung einmal als Referenzdatei, über die der Zugriff auf die Krankenblätter ermöglicht wird. Es kann aber auch sehr rasch durch die Zusammenstellung gewünschter ähnlich gelagerter Fälle (Tumorarten, Geschlecht, Alter, Therapieform(en)) Grundinformationen für die Kliniker liefern. Jedoch ist die Begründung der Kliniker als stichhaltig anzusehen, daß ohne die Berücksichtigung organ- und therapiespezifischer Angaben die Mitarbeit am Nachsorgeregister wenig attraktiv sei. Um diesen Anforderungen gerecht werden zu können, wurde das Register auf ein leistungsfähiges Datenbanksystem umgestellt [12].

3.2. Organisatorische Aspekte

Organisatorisch ist das Nachsorgeregister derzeit ausschließlich auf die Unterstützung der nachklinischen Betreuung der stationär im Klinikum der Universität Kiel behandelten Patienten ausgerichtet. Dabei hat es die Aufgabe, die Vollständigkeit der Ersterhebungen und die Kontinuität der periodischen Nachuntersuchungen anhand der Folgeerhebungen zu gewährleisten. Da sich aber aus therapeutischen Gründen eine reinliche Scheidung zwischen stationärer und (zeitweise) ambulanter Behandlung nicht treffen läßt, ergab sich eine Lücke bei den zeitweise ambulant behandelten Patienten, z.B. bei ambulant durchgeführten Bestrahlungsserien. Ähnlich gelagert sind die Fälle, die zu Anfang der Erkrankung oder im Krankheitsverlauf in einem auswärtigen Krankenhaus stationär behandelt wurden und die zu irgendeinem Zeitpunkt stationär oder ambulant im Klinikum behandelt werden. Um diese Tumorkranken in die Nachsorgeorganisation des TZK aufnehmen zu können (wohlgemerkt auf Wunsch der Patienten und/oder ihrer behandelnden Ärzte), muß das Register auf diese Patientengruppe ausgeweitet werden. Daher müssen auch die in den Klinik-Ambulanzen eingerichteten Nachsorgesprechstunden bzw. deren Patienten in das Konzept einbezogen werden. Gegebenenfalls müssen hierfür die Personal- und Ersterhebungsdaten dieser Patienten nachträglich erfaßt und dokumentiert werden.

Während eines Aufenthaltes im Klinikum zur Behandlung eines Tumorleidens können mehrere konsekutive Aufenthalte in verschiedenen klinischen Abteilungen zustande kommen. Diese verschiedenen klinikbezogenen Fälle, gekennzeichnet durch die Aufnahmenummern, dürfen aber nur zu einem Nachsorgezyklus führen. Während datentechnisch die Zuordnung dieser Behandlungsfälle zur Person des Kranken in richtiger zeitlicher Abfolge durch das Zusammenspiel zwischen dem personenbezogenen Patientenkennzeichen und den klinikbezogenen Aufnahmenummern gewährleistet ist, bedarf es einer Abstimmung der verschiedenen Kliniken untereinander hinsichtlich der Ersterhebung bzw. der Verantwortung für die Nachsorge, um unkoordinierte Einbestellungen der Kranken zur Nachuntersuchung zu vermeiden. Dabei wird von dem klinisch tätigen Arzt übersehen, daß das Nachsorgeregister dem nachsorgenden Arzt bzw. den nachsorgenden Ärzten ein Steuerungsinstrument an die Hand gibt. An diesem Beispiel zeigt sich auch, daß die organisatorischen Schwierigkeiten in einem Klinikum als einem Verbund mehrerer Kliniken in der Nachsorge ungleich größer sind, als wenn die Nachsorge nur von einer Klinik betrieben wird, wie etwa von GALL [6] beschrieben. Man könnte fast sagen, die Schwierigkeiten steigen in der Potenz der beteiligten Institutionen.

Unter die organisatorischen Aspekte fällt auch die Verwertung der histologischen Befundberichte des Pathologischen Instituts für die Dokumentation der Tumordiagnose nach dem Tumor-Histologie-Schlüssel [14]. Nach den bisherigen Erfahrungen lassen in einer ganzen Anzahl von Fällen die klartextlichen Angaben auf den Erfassungsbögen für die Ersterhebung eine eindeutige Zuordnung zu einer Schlüsselnummer des ICD-O-DA durch die Dokumentationsstelle des TZK nicht zu. Zur Überbrückung dieser Informationslücke konnte jedoch in der Zwischenzeit eine Querverbindung zwischen der Dokumentationsstelle des TZJ und dem Eingangslaboratorium des Pathologischen Instituts hergestellt werden, so daß die histologischen Befunde bzw. Diagnosen verfügbar sind.

Im Nachsorgeregister werden Privatpatienten nur im Rahmen der Ersterhebung erfaßt, durch die Nachsorgestelle aber nicht weiter betreut, was neben anderen Ursachen zu der bereits erwähnten unvollständigen Erfassung der Tumorpatienten führt.

3.3. Technische Aspekte

In der technischen Realisierung mußte zunächst ein System von Batch-Anwendungsprogrammen entwickelt werden. Die Datenerfassung und Datenkorrektur erfolgte über Lochkarten. Auf diese Weise kam es zu zusätzlichen zeitlichen Verzögerungen im Funktionsablauf. Nach der Umstellung auf ein neues Betriebssystem in der zweiten Jahreshälfte 1982 wurde das Nachsorgeregister mit einem modernen Datenbanksystem neu konzipiert, so daß heute die Einbeziehung organspezifischer Zusatzinformationen sowie Abfragen und Datenkorrekturen bzw. Dateneinträge im Dialog möglich sind [12]. Für Übersichtstatistiken und Tabellen ist eine Datenübertragung zu einem Statistikprogramm vorgesehen.

4. Zusammenfassung

Insgesamt läßt sich festhalten, daß sich die Integration des Tumornachsorge-Registers in das Kieler Klinik-Informationssystem als eine vernünftige und tragfähige Lösung erwiesen hat. Von den bei der Implementation neuer Systeme bzw. Subsysteme üblichen Anlaufschwierigkeiten abgesehen, waren in informationstechnischer Hinsicht keine großen Probleme festzustellen. Dagegen zeigten sich beim organisatorischen Zusammenspiel zwischen den klinischen Abteilungen und der Nachsorgestelle des Tumorzentrums Kiel, dem die Dokumentationsstelle angehört, eine ganze Reihe von Problemen, die jedoch nicht unlösbar sind.

Literatur

1. Altendorf, A., Sinn, H.P., Seibold, H.: Bericht über ein computergestütztes klinisch-pathologisches Krebsregister der ersten Ausbaustufe. In Horbach, L., Duhme, C. (Hrsg.): Nachsorge und Krankheitsverlaufsanalyse, S. 460-467. (Med. Informatik und Statistik, Band 28.) Berlin-Heidelberg-New York: Springer 1981.

2. Arbeitsgemeinschaft Deutscher Tumorzentren: Regionale Onkologische Versorgung in der Bundesrepublik Deutschland. Heidelberg: DKFZ 1980.

3. Ehlers, C.Th., Griesser, G.: Bedeutung und Organisation der Krebsnachsorge. Langenbecks Arch.klin.Chir. 316 (1966) 765-769.

4. Ellsässer, K.H., Hoenicke,E., Köhler, C.O. et al.. Das Dokumentations-, Kommunikations- und Organisations-System des Tumorzentrums Heidelberg/Mannheim mit KRAZTUR. In Horbach, L., Duhme, C. (Hrsg.): Nachsorge und Krankheitsverlaufsanalyse, S. 474-488. (Med. Informatik und Statistik, Band 28.) Berlin-Heidelberg-New York: Springer 1981.

5. Ellsässer, K.H., Köhler, C.O., Wagner, G.: KRAZTUR - A generator for medical documentation and information systems. Meth.Inform.Med. 20 (1981) 191-195.

6. Gall, F.P.: Nachsorge nach Krebsoperationen. In Horbach, L., Duhme, C. (Hrsg.): Nachsorge und Krankheitsverlaufsanalyse, S. 37-49. (Med. Informatik und Statistik, Band 28.) Berlin-Heidelberg-New York: Springer 1981.

7. Griesser, G.: Beitrag zur klinischen Krebsstatistik. Anglo-German med. Rev. 2 (1964) 403-421.

8. Griesser, G.: Das Klinik-Informations-System des Klinikums der Christian-Albrechts-Universität zu Kiel. Kiel: Universitätsdruckerei 1975.

9. Griesser, G., Ehlers, C.Th.: Notwendigkeit und Organisation der Krebsnachsorge. In Wagner, G. (Hrsg.): Krebs - Dokumentation und Statistik maligner Tumoren, S. 385-393. Stuttgart: Schattauer 1966.

10. Grundmann, E., Hobik, E.: Das Krebsregister Münster - ein klinikbezogenes Register. Dtsch. Ärztebl. 47 (1976) 3019-3024.

11. Hedderich, J., Griesser, G.: Das Krebsnachsorgeregister im Tumorzentrum Kiel. Jber. Schlesw.-Holst. Krebsges. 1980, 60-69.

12. Hedderich, J., Sauter, K.: Modellierung, Verwaltung und Verarbeitung von Patientendaten in Krankheitsregistern. In Köhler, C.O., Tautu, P., Wagner, G. (Hrsg.): Der Beitrag der Informationsverarbeitung zum Fortschritt der Medizin. Berlin-Heidelberg-New York: Springer 1984.

13. Horbach, L., Duhme, C. (Hrsg.): Nachsorge und Krankheitsverlaufsanalyse. (Med. Informatik und Statistik, Band 28.) Berlin-Heidelberg-New York: Springer 1981.

14. Jacob, W., Scheida, D., Wingert, F. (Hrsg.): Tumor-Histologie-Schlüssel (ICD-O-DA). Berlin-Heidelberg-New York: Springer 1978.

15. Jahn, E.: Krebsregister. In Wagner, G. (Hrsg.): Krebs - Dokumentation und Statistik maligner Tumoren, S. 75-85. Stuttgart: Schattauer 1966.

16. Krieg, V.: Das Register für Onkologische Nachsorge der GBK in Münster. In Horbach, L., Duhme, C. (Hrsg.): Nachsorge und Krankheitsverlaufsanalyse, S. 448-459. Berlin-Heidelberg-New York: Springer 1981.

17. Scheibe, O., Wagner, G., Bokelmann, D. (Hrsg.): Krebsnachsorge. München: Urban & Schwarzenberg 1980.

18. Scheibe, O., Wagner, G.: Dokumentation der Nachsorge in Klinik und Praxis. In Scheibe, O., Wagner, G., Bokelmann, D. (Hrsg.): Krebsnachsorge, S. 370-385. München: Urban & Schwarzenberg 1980.

19. Schemper, M., Funovics, J., Fritsch, A.: Das computergestützte Nachsorgesystem der I. Chirurgischen Universitätsklinik in Wien. In Horbach, L., Duhme, C. (Hrsg.): Nachsorge und Krankheitsverlaufsanalyse, S. 276-281. Berlin-Heidelberg-New York: Springer 1981.

20. Spiessl, B., Scheibe, O., Wagner, G. (Hrsg.): TNM-Klassifikation der malignen Tumoren. 3. Aufl. Berlin-Heidelberg-New York: Springer 1979.

21. Suhr, P., Stützer, H., Weidtman, V.: Das klinische Krebsregister des Tumorzentrums Köln. In Horbach, L., Duhme, C. (Hrsg.): Nachsorge und Krankheitsverlaufsanalyse, S. 441-447. Berlin-Heidelberg-New York: Springer 1981.

22. Wagner, G. (Hrsg.): Krebs - Dokumentation und Statistik maligner Tumoren. Stuttgart: Schattauer 1966.

23. Wagner, G. (Hrsg.): Tumor-Lokalisationsschlüssel. 2. Aufl. Berlin-Heidelberg-New York: Springer 1979.

24. Wagner, G.: Organisation der Krebsnachsorge in Klinik und Praxis. In Scheibe, O., Wagner, G., Bokelmann, D. (Hrsg.): Krebsnachsorge, S. 10-20. München: Urban & Schwarzenberg 1980.

25. Wagner, G., Ott, G.: Krebsregister. In Koller, S., Wagner, G. (Hrsg.): Handbuch der medizinischen Dokumentation und Datenverarbeitung, S. 1141-1155. Stuttgart: Schattauer 1975.

26. Wagner, G., Möhr, J.-R.: Dokumentation, Datenverarbeitung und Statistik in Medizinischen Krebszentren. In Horbach, L., Duhme, E. (Hrsg.): Nachsorge und Krankheitsverlaufsanalyse, S. 523-530. Berlin-Heidelberg-New York: Springer 1981.

27. Wagner, G., Wiebelt, H.: Die Basisdokumentation für Tumorkranke der Arbeitsgemeinschaft Deutscher Tumorzentren (ADT). In Horbach, L., Duhme, C. (Hrsg.): Nachsorge und Krankheitsverlaufsanalyse, S. 431-440. Berlin-Heidelberg-New York: Springer 1981.

Aus dem Biometrischen Zentrum für Therapiestudien (BZT) München

Rechnerunterstütztes Patienten-Monitoring im Rahmen einer Leukämiestudie

Th. Zwingers, G. Hammel, Dorothea Messerer, I. Starz

Die Komplexität multizentrischer Therapiestudien stellt den Studienkoordinator und das ihn unterstützende statistische Auswertungszentrum vor besondere Probleme. Diese liegen zum einen im Bereich der Datenqualität und der daraus resultierenden Aussagekraft der Studie, zum anderen im Bereich der Organisation. Eine geeignete Software ist in gewissem Rahmen fähig, eine Unterstützung zu liefern. Auf der GMDS-Jahrestagung 1980 wurden die Anforderungen an solche Softwareinstrumente definiert [1]. Hier soll über ihre Realisierung und die Erfahrungen, die mit dem rechnerunterstützten Patienten-Monitoring gemacht wurden, berichtet werden.

1. Therapiestudie 'Akute Leukämie'

Bei der Studie, an der wir unsere Vorstellungen von Patienten-Monitoring schrittweise realisieren, handelt es sich um eine Beobachtungsstudie zur Therapie der akuten Leukämie [2]. Ziel der Studie ist es, die Praktikabilität und den Erfolg eines aggressiven Chemotherapieschemas beim Erwachsenen zu zeigen. In dieser multizentrischen Studie rekrutierten seit 1978 über 30 Kliniken in der gesamten BRD 400 Patienten. Jeder Patient soll das folgende Therapieschema durchlaufen (Abb.1):

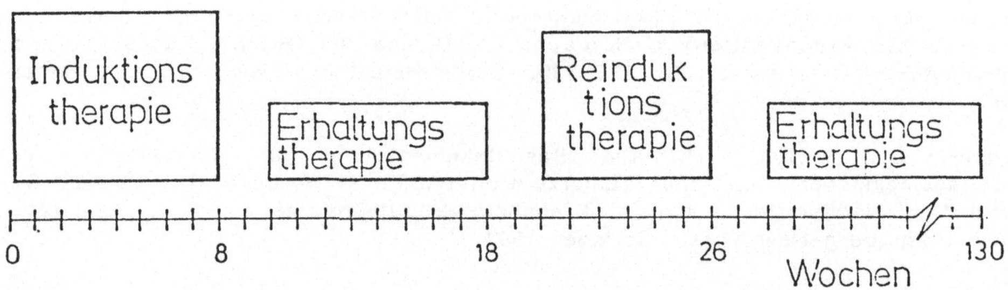

Abb. 1: Therapieschema für erwachsene Patienten mit akuter lymphatischer (ALL) und akuter undifferenzierter Leukämie (AUL)

- Eine Induktionstherapie; anschließend, falls eine komplette Remission erzielt wurde,
- eine Erhaltungstherapie, dann
- eine erneute Induktions- und abschließend
- eine zweijährige Erhaltungstherapie.

Jeder Induktionszyklus besteht aus 8 Medikamenten, die zu festgelegten Zeiten verabreicht werden (Abb.2).

ALL/AUL des Erwachsenen
Schema der Induktionstherapie

Prednisolon
L-Asparaginase
Vincristin
Daunorubicin

Cyclophosphamid
Cytosin-Arabinosid
Methotrexat
Mercaptopurin

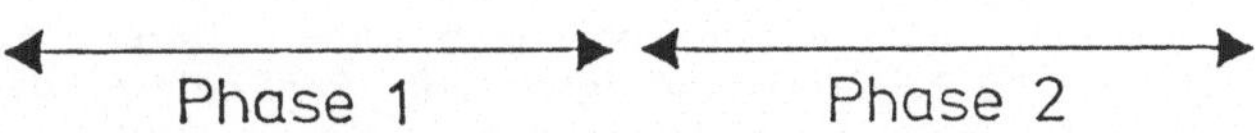

Abb. 2: Schema der Induktionstherapie

Im Laufe einer solchen Behandlung werden für jeden Patienten 12-14 Erhebungsbögen ausgefüllt, die nahezu 800 Einzelangaben enthalten.

2. Patienten-Monitoring

Wo liegen die organisatorischen und inhaltlichen Probleme, bei denen die Datenverarbeitung eine Unterstützung anbieten kann, und wie sieht eine solche Unterstützung aus?

Probleme ergeben sich unter anderem durch die anfallenden Datenmengen, die nicht mehr ohne weiteres überschaubar und überprüfbar sind, durch den langen zeitlichen Verlauf der Studie über zwei Jahre pro Patient, wobei eine gleichmäßige Beobachtung gewährleistet sein sollte, durch das komplexe Therapieschema, das sowohl eine genaue zeitliche Einhaltung der Gabe der verschiedenen Medikamente als auch der Behandlungsphasen verlangt und durch die hohe Zahl der beteiligten Kliniken.

Um diesen Problemen zu begegnen, ist es notwendig, über jeden einzelnen Patienten zu jeder Zeit informiert zu sein, um die Durchführung und Vollständigkeit seiner Therapie zu überwachen. Dieses Patienten-Monitoring soll folgende Aufgaben übernehmen:

- Die Förderung der Datenqualität durch Vollständigkeits- und Plausibilitätsprüfungen sowohl im Erfassungs- als auch im Verlaufskontext;
- eine Unterstützung der Organisation durch Datenkomprimierung, geeignete Dokumentation der Daten und Kontrolle der einzuhaltenden Termine;
- eine Überprüfung der Therapie-Compliance, so z.B. den Vergleich von SOLL- und IST-Medikamenten und Überprüfung der Zeitpunkte der diagnostischen Maßnahmen.

Ein Teil dieser Aufgaben wird dabei in unserem System vom Rechner übernommen, ein anderer, wie z.B. komplexe Plausibilitätsprüfungen, wird weiterhin vom Studienbetreuer und vom behandelnden Arzt geleistet werden müssen. Daher ist eine enge Zusammenarbeit mit dem behandelnden Arzt notwendig. Zum einen dient ein Teil des Monitorings, die Kontrolle der zeitlichen Durchführung, seiner Unterstützung, zum anderen kann er allein als Datenurheber aufgetretene Fehler korrigieren. Deshalb ist eine übersichtliche und leicht verständliche Form der Darstellung entscheidend für das Gelingen der durchgeführten Maßnahmen.

Wie sieht nun unser Patienten-Monitoring im einzelnen aus?

3. Förderung der Datenqualität

Die Aussagekraft einer Studie beruht im wesentlichen auf der Datenqualität. Zu ihrer Sicherung müssen alle Daten, soweit dies überhaupt möglich ist, komplett vorhanden sein. Daher werden alle eingehenden Erhebungsbögen von verschiedenen Personen sequentiell auf Vollständigkeit überprüft. Es wird aber nicht nur geprüft, ob alle Items ausgefüllt sind, sondern es werden auch eine erste Plausibilitätsprüfung im Erfassungskontext, d.h. innerhalb dieses einen Erhebungsbogens, sowie notwendige Nachcodierungen vorgenommen. Bei auftretenden Fehlern wird die entsprechende Stelle markiert, und der behandelnde Arzt erhält den Erhebungsbogen zur Korrektur zurück. Nach Dateneingabe überprüft der Rechner, ob Überschreitungen der vorgegebenen Wertebereiche vorliegen, führt inhaltliche Plausibilitätsprüfungen durch, die die Angabe sich ausschließender Merkmale und die zeitliche Sequenz innerhalb eines Erhebungsbogens betreffen. Spezielle Programme übernehmen die Prüfung des Verlaufskontextes. Zeitlich später erhobene Daten können durchaus frühere Daten, die formal richtig sind, in Frage stellen, z.B. Veränderungen von Parametern des Blutbildes oder das Auftreten eines Rezidivs nach Progression. Diese Prüfungen können äußerst komplex werden und lassen sich zum größten Teil auch nicht im voraus fest definieren.

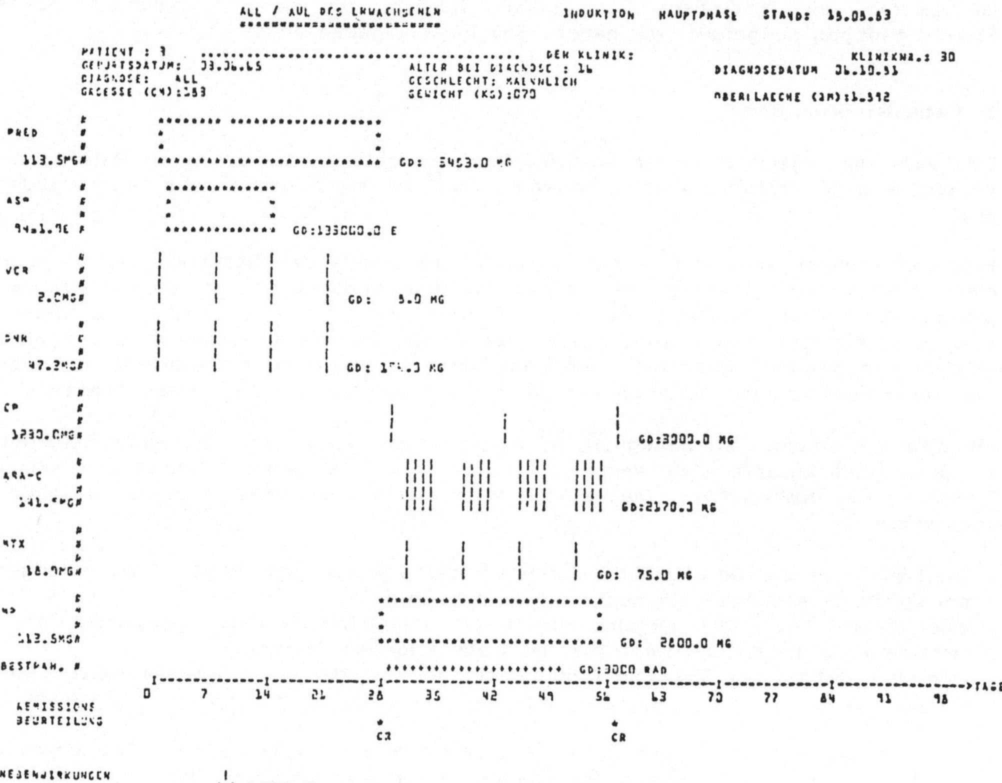

Abb. 3: Einzelfalldarstellung der Induktionstherapie

Hier kann ein Rechner nicht mehr die Prüfung selber übernehmen, sondern nur noch die Daten so aufbereiten, daß diese Prüfungen von einem kompetenten Bearbeiter leicht ausführbar sind. Ein bewährtes Mittel, eine große Menge von Daten zu komprimieren und übersichtlich darzustellen, sind graphische Methoden.

Wir haben daher speziell die Therapie graphisch veranschaulicht (Abb.3). In dieser Darstellung der Induktionstherapie sind 117 Variablen übersichtlich dargestellt. Es werden alle einzelnen Gaben der Medikamente nach Dosis und Zeitpunkt sowie aufgetretene Nebenwirkungen und der Therapieerfolg abgebildet.

Der behandelnde Arzt erhält diese graphischen Darstellungen von jedem Patienten und jedem Behandlungsabschnitt. Er ist ohne große Mühe in der Lage, die vielen Informationen mit einem Blick miteinander zu vergleichen und Fehler oder Mißverhältnisse zu entdecken und zu korrigieren. Die Datenqualität konnte damit gegenüber anderen Studien entscheidend verbessert werden.

```
STAND: 23.07.83

PATIENT :           17                                 DER KLINIK:  ULM
                    ALTER BEI DIAGNOSE :                                DIAGNOSE DATUM :07.01.81
                    GESCHLECHT: MAENNLICH
                    NEIN    VORPHASE  :          JA
INIT. LABORPARAMETER :

    LEUKOZYTEN    (PRO CMM) :    2700
                  (PRO CMM) :    1269
    GRANULOZYTEN  (PRO CMM) :      27
                            :     7.0
                  (IN %)    :     100
```

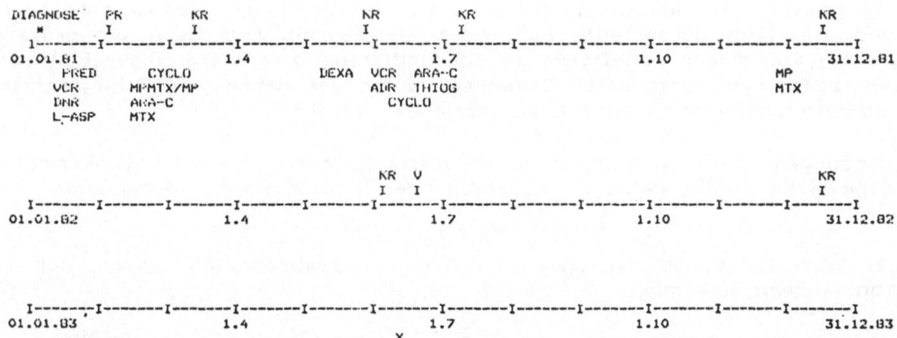

Abb. 4: Einzelfalldarstellung des Krankheitsverlaufes

4. Unterstützung der Organisation

Bei einer multizentrischen Studie wird ein Patient während seiner Therapie und Nachbeobachtung von verschiedenen Personen versorgt. Nicht nur sind verschiedene Abteilungen eines Krankenhauses - z.B. Innere Medizin und Radiologie - zuständig, sondern auch innerhalb einer Abteilung wechselt häufig der behandelnde Arzt. Wir haben damit eine typische 'Multi-Observer'-Dokumentation vorliegen. Um für alle Personen eine möglichst äquivalente Informationsqualität über den individuellen Studienablauf bereitstellen zu können, ist eine komprimierte Dokumentation nötig. Wir haben daher neben der graphischen Dokumentation einzelner Behandlungsabschnitte versucht, eine Darstellungsform zu finden, aus der der gesamte bisherige zeitliche

Verlauf eines Patienten zu ersehen ist (Abb. 4).

Auf einer Zeitachse werden alle wichtigen Ereignisse festgehalten und bei Eingang neuer Informationen fortgeschrieben. Neben der Datenkomprimierung, durch die viele Informationen auf einen Blick angeboten werden, dienen diese Darstellungen auch anderen Zwecken.

Wir wollen durch Rückkopplung zwischen statistischem Zentrum und behandelndem Arzt die Motivation zur kontinuierlichen Mitarbeit erhöhen. Es soll nicht der Eindruck entstehen, daß alle gelieferten Daten bis zum Tag der Endauswertung in einem Pool verschwinden. Auf der anderen Seite werden die Ärzte durch den Hinweis auf den nächsten Termin an die Einhaltung der Untersuchungs- und Behandlungstermine erinnert, denn nicht immer behandelt der bei Krankheitsbeginn betreuende Arzt den Patienten auch zum Zeitpunkt der Nachuntersuchung.

Der Studienkoordinator wird durch diese Abbildungen in die Lage versetzt, sich leicht einen Überblick über den augenblicklichen Stand der Rekrutierung und der Behandlung in den einzelnen Zentren zu verschaffen.

5. Überprüfung der Therapie-Compliance

Die Aussagekraft einer Therapiestudie ist neben der Datenqualität auch vom Ausmaß der Einhaltung des vorgeschriebenen Therapieschemas abhängig. Zwar lassen sich Abweichungen im Einzelfall nicht vermeiden, systematische Abweichungen müssen aber erkannt und in Aussagen über die Beziehung zwischen Behandlung und Erfolg berücksichtigt werden. Um solche systematischen Abweichungen frühzeitig und einfach zu erkennen und u.U. zu vermeiden, müssen sowohl der Studienkoordinator als auch der behandelnde Arzt durch geeignete Mittel unterstützt werden.

Wir benützen zur Überprüfung der Therapie-Compliance, d.h. sowohl der Einhaltung von Dosis und Verabreichungszeitpunkt der Medikamente als auch der Zeitpunkte der Diagnostik, die beiden bisher vorgestellten Abbildungen (Abb. 3 und 4). In der Darstellung einzelner Therapieabschnitte wird die Soll-Dosis der Medikamente eingetragen und als 100% dargestellt. Für jedes Medikament wird dann die prozentuale Abweichung von dieser Soll-Dosis als Höhendifferenz dargestellt. Diese Eintragungen erfolgen zeitgerecht über einer Zeitachse, unter der neben der Erfolgsbeurteilung auch aufgetretene Nebenwirkungen aufgezeichnet werden.

Verschiebungen, Unterbrechungen oder Auslassungen einzelner Medikamente als unterschiedliche Muster zwischen Patienten oder Kliniken können daher leicht erkannt werden.

Die zeitlichen Relationen zwischen den Behandlungsabschnitten lassen sich damit, wie Abb. 4 zeigt, erkennen.

Wir benützen diese Darstellungen der Therapiedurchführung also gleichzeitig für mehrere Aufgaben:

- Zur Plausibilitätskontrolle,
- zur Dokumentation und
- zur Erkennung von Therapieabweichungen.

Erreichen wir aber unser Ziel?

6. Akzeptanz

Der Prüfstein für die Unterstützung, die das statistische Zentrum leistet, ist die Akzeptanz durch den Kliniker und die Verbesserung der Datenqualität. Wir haben die Erfahrung gemacht, daß die graphische Darstellung des zeitlichen Verlaufs der Therapie eine sehr gute Akzeptanz bei den Klinikern gefunden hat. Dies drückt sich sowohl im Interesse an den nächsten Ausarbeitungen aus als auch in der

Rückmeldung von Fehlern bezüglich der mehrdimensionalen Plausibilität, die sicher auf den üblichen Wegen in dem Maße nicht aufgedeckt worden wären.

7. Weitere Arbeiten

Zur Verbesserung unseres Systems und zur Erhöhung der Effizienz bemühen wir uns, weitere Darstellungen zu entwickeln. Vordringlich werden wir ein 'Einbestellsystem' entwickeln, mit dem z.B. Nachuntersuchungstermine dem behandelnden Arzt automatisch schriftlich mitgeteilt und gegebenenfalls angemahnt werden können. Weiterhin werden wir versuchen, den Verlauf von Labordaten ebenso anschaulich darzustellen wie die Therapie, um auch auf diesem Gebiet die Datenqualität zu erhöhen.

Wir sind uns bewußt, daß die zeitliche 'Lücke' zwischen Datenerfassung und Prüfung, die es verhindert, daß ein noch größerer Anteil an entdeckten Fehlern korrigiert wird, erst durch eine 'ONLINE'-Verbindung zwischen Klinik und Auswertungszentrum geschlossen werden könnte.

8. Diskussion

'Nobody is perfect'; dies gilt auch für die graphischen Darstellungen. In unserer optischen Datenkomprimierung lassen sich Einzelwerte exakt nur schwer wiedergeben, zumal es sich um sogenannte Printerplots handelt, die nicht kontinuierlich darstellen. Aber auch die erhöhte Genauigkeit eines Plotters würde unserer Meinung nach hier keine Verbesserung schaffen. Niemand wird die Höhe eines Balkens, der eine Dosierung in 'mg' wiedergibt, in 'mm' nachmessen, um dann eine Umrechnung vorzunehmen.

Ein anderes Problem liegt unseres Erachtens darin, daß trotz des hohen Grades an Datenkomprimierung sich nicht alle Daten eines Patienten zusammenstellen lassen. Einerseits eignen sich einzelne Datentypen, z.B. Querschnittsmerkmale wie der immunologische Subtyp, nicht für eine graphische Darstellung (und eine zu große Vielfalt von Schrift und Bild ist der Übersichtlichkeit abträglich). Andererseits schränkt die vorhandene Fläche, die sinnvoll genutzt werden kann, das Prinzip, alle Daten in ihren zeitlichen Relationen untereinander darzustellen, ein.

Wir glauben, daß unser System des Patienten-Monitoring ein akzeptabler Kompromiß zwischen Genauigkeit und Übersichtlichkeit ist.

Unsere Ziele: Datenprüfung, organisatorische Hilfestellung und inhaltliche Transparenz werden erreicht oder lassen sich durch weiteren Ausbau erreichen.

Wir werden mit diesem Prinzip der graphischen Datenkomprimierung und Verlaufsdarstellung auch weitere Studien unterstützen und dabei hoffentlich ebenso gute Erfahrungen mit der Eliminierung von Datenfehlern und der Akzeptanz durch den Kliniker machen.

Literatur

1. Hölzel, D., Zwingers, T.: Anforderungen an Softwareinstrumente für kontrollierte klinische Studien. In Victor, N., Dudeck, J., Broszio, E.P. (Hrsg.): Therapiestudien, 26. Jahrestagung der GMDS, Gießen, 1981, S. 343-350. (Med. Informatik und Statistik, Band 33.) Berlin-Heidelberg-New York: Springer 1981.

2. Hölzel, D., Thiel, E., Löffler, H. et al.: Patientenrekrutierung und Ergebnisse einer Vorphasestudie zur Therapie der akuten lymphatischen Leukämie und der akuten undifferenzierten Leukämie des Erwachsenen. Onkologie 6 (1983) 170-174.

Aus dem Institut für Immunologie der Universität Heidelberg (Direktor: Prof. Dr. K. Rother)

Spezielle Therapiekontrolle in der Transfusionsmedizin
- Überprüfung auf Kompatibilität und Konkordanz -

A. Kluge

Einleitung

Therapiekontrollen können - häufig im nachhinein bei Kollektiven - Bewertungsverfahren oder bei Einzelfällen - während der Therapie - Regelmechanismen sein. Die speziellen Kontrollen in der Transfusionsmedizin sind Prüfvorgänge und müssen nicht selten unter Zeitdruck in jedem Einzelfall vor Therapiebeginn durchgeführt werden. Es sind im Prinzip Abfragen nach Erfülltsein bestimmter Kriterien: Einhalten des Therapieschemas, Identität von bestimmten Blutmerkmalen von Patient und Medikament, Einhaltung festgelegter Laufzeiten. Die in den Stichworten auftauchenden unscharfen Begriffe wie "Kompatibilität" und "Konkordanz" zeigen bereits auf, daß neben einer vollständigen Identität auch Näherungswerte zu berücksichtigen sind.

Bei der Therapie mit menschlichem Blut und Blutbestandteilen, die Arzneimittel darstellen, ist deutlich zu unterscheiden in erstens Blutkonserven und zweitens Blutplasmapräparate mit Bestandteilen der Blutflüssigkeit, insbesondere mit Plasma-Eiweißen [2]. Letztere werden großtechnisch unter Zuhilfenahme eingreifender Trennungsverfahren aus Hunderten bis Tausenden von Einzelblutspenden gewonnen. Dadurch haben sich Einzelbestandteile dem Durchschnittswert angenähert, unverträgliche Individualeigenschaften neutralisiert; die Präparate sind somit universalverträglich geworden. Abhängig von der Chargengröße kann eine Vielzahl von gleichartigen Abfüllungen hergestellt werden. In flüssiger oder gefriergetrockneter Form sind diese ein bis mehrere Jahre haltbar und weisen keine Lagerungsprobleme auf. Diese verschiedenen Eigenschaften verleihen ihnen eine Apothekenfähigkeit.

Andererseits sind Blutkonserven, da sie nur aus einzelnen Blutspenden stammen, individual-spezifisch. Sie enthalten die Blutbestandteile in angenähert derselben Mischung, wie sie im Blut des Individuums anzutreffen sind. Die Bestandteilgruppen können aufgetrennt werden durch schonende, einfache physikalische Verfahren (wie Zentrifugation und Filtration). Das nachfolgende Schema zeigt in vereinfachter Form eine zunehmende Auftrennung von "Vollblut" in Blutbestandteile auf (Abb. 1).

Das Medikament Blutkonserve als lebendes Organ bzw. Organteil ist mit einer Reihe von Besonderheiten und Nebenwirkungen behaftet. Diese Tatsache erfordert für jede Medikation eine individuelle Untersuchung auf Verträglichkeit. Diese Testung wird in Speziallaboratorien anhand von zwei Blutproben vorgenommen, stellvertretend für den vorgesehenen Blutempfänger und Blutspender. Eine im Labor beobachtete Verträglichkeit garantiert in hohem Maße eine Verträglichkeit im Organismus. Voraussetzung ist, daß sich im sogenannten Pilotröhrchen der Blutkonserve und in der Blutprobe des Empfängers tatsächlich das Körpermaterial des deklarierten Partners befindet. Simple Verwechslungen können schwerwiegende, bisweilen tödliche Folgen haben. Deshalb muß bei dieser Medikation mehrfach auf physikalische Identität der einmal als verträglich befundenen Partner kontrolliert werden. Diese Kontrollen verlangen Konzentration und sind störanfällig im Fall einer geteilten Aufmerksamkeit. Diese ergibt sich, wenn ein Bearbeiter während eines

Kontrollvorgangs mehrerer Regelfälle seine Aufmerksamkeit einem Notfall mit höherer Priorität zusätzlich zuwenden muß.

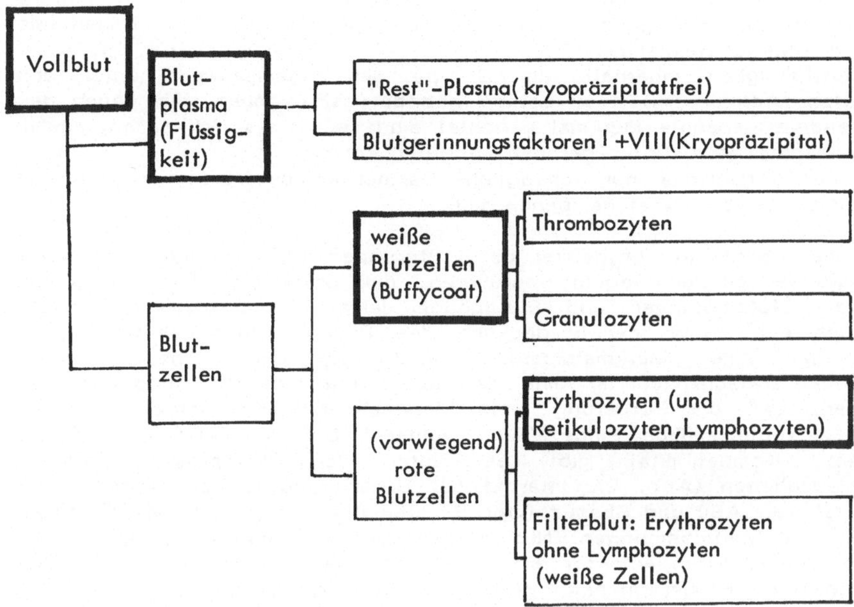

Abb. 1: Auftrennung von Vollblut in Blutbestandteile für die Bluttransfusion

1. Konkordanz der Therapieschemata

Die moderne Transfusionsmedizin bevorzugt die Therapie mit Blutkomponenten [2]. Die Vorteile dieses Vorgehens bestehen darin, daß

- der gewünschte Blutbestandteil in Form von Konzentraten besser oder überhaupt erst applizierbar ist,
- die Gabe der anderen Blutbestandteile, die als Ballast oder lediglich als Transportvehikel anzusehen sind, vermieden bzw. durch die Gabe anderer Flüssigkeiten (einfache kristalline Lösungen) ersetzt wird,
- das wertvolle und knappe Ausgangsmaterial menschliches Blut optimal, d.h. für die Behandlung mehrerer Patienten ausgenutzt wird.

Diese erwünschte Diversifikation erreicht ihre Grenzen, wenn eine bestehende Indikation stufenweise erweitert wird und der Patient zwei oder mehrere verschiedene Blutkomponenten erhält. Dann stellt sich die Frage nach der Ökonomie, ob es nicht einfacher ist, alle Komponenten unaufgetrennt im Ausgangsmaterial Vollblut zu geben. Ferner ist eine Situation nicht selten, daß ein Patient unter einem Langzeit-Therapieschema zwecks Prophylaxe sonst zu vernachlässigender Überempfindlichkeitsreaktionen aufwendig präparierte Blutkonserven erhält, dann aber durch ein unvorhergesehenes Ereignis (z.B. Blutung) sich zunehmend zu einem Notfall entwickelt. Spielt sich dieser Vorgang etwa innerhalb von 12-24 Stunden ab, so wird durch den Schichtdienst des medizinischen Assistenzpersonals sowohl in der Klinik als auch in der Blutbank nicht wahrgenommen, daß das ursprüngliche Therapieschema sich völlig geändert hat. Durch eine DV-unterstützte Auflistung aller Blutanforderungen der letzten Zeit und einen eventuell programmierten Vergleich kann auf Konkordanz innerhalb eines Therapieschemas geprüft und frühzeitig auf eventuelle Unstimmigkeiten hingewiesen werden.

2. Kompatibilität zwischen Empfänger und Medikament

Die Unverträglichkeitsreaktionen bei der Übertragung von Blut eines Menschen auf einen anderen beruhen darauf, daß:

1.) unter den Zellen des Menschen rote Blutkörperchen an ihrer Oberfläche vererbliche Merkmale (Antigene) aufweisen, die angegriffen werden können (sie sind passive Reaktionsteilnehmer);
2.) in der Blutflüssigkeit innerhalb der Gruppe der Plasmaeiweiße unter den Abwehrstoffen (Antikörpern) auch solche gebildet sein können, die gegen das eine oder andere genannte Merkmal gerichtet sind, somit als aktive, aggressive Reaktionsteilnehmer rote Blutkörperchen angreifen können;
3.) innerhalb eines Organismus nur verträgliche Partner kombiniert sein können, mit anderen Worten Kompatibilität herrschen muß.

Bereits Landsteiner konnte als Entdecker der Blutgruppen 1901 bei der Aufstellung der diesen zugrundeliegenden Regeln postulieren, daß unter Berücksichtigung der Blutgruppen von Blutempfänger und Blutspender eine Blutübertragung nunmehr gefahrlos möglich sei. Nach der Entdeckung des Rhesusfaktors (D) wurde das Transfusionskriterium einer Merkmalsidentität auch auf diesen neuen Faktor angewandt. In der Zwischenzeit ist eine derartige Fülle von Blutgruppenfaktoren entdeckt worden, daß die Forderung nach Merkmalsidentität modifiziert werden mußte. Über die routinemäßige Einbeziehung weiterer Blutgruppenfaktoren in die Forderung nach Kompatibilität gibt es unter den Transfusionsmedizinern Meinungsverschiedenheiten (Abb. 2). International dominierend ist die Ansicht, nur eine Kompatibilität von AB0 und Rhesusfaktor D, also der Blutgruppe, wie sie heute verstanden wird, zu berücksichtigen. Nur in den seltenen Fällen, in denen sich gegen einen weiteren Blutgruppenfaktor ein Abwehrstoff gebildet hat, ist dann dieser Faktor zusätzlich in die Forderung nach Verträglichkeit einzubeziehen.

Immunhämatologie	:	Blutgruppenserologie
Merkmale (Antigene)		Abwehrstoffe (Antikörper=Ak)

Blutgruppe

AB0-Blutgruppe	Ak sehr häufig vorhanden
Rhesus(D)Faktor	Ak werden häufig gebildet

weitere Blutgruppenfaktoren

Rhesus-System, Kell-Faktor	Ak werden selten gebildet
selten getestete Merkmale	Ak werden sehr selten gebildet

Abb. 2: Aufteilung der Blut(gruppenserologischen) Merkmale nach Häufigkeit des Vorkommens der gegen sie gerichteten Abwehrstoffe (Antikörper) als Bewertungskriterium

In der Bundesrepublik wird von einer Reihe von Blutbankleitern eine weitergehende prophylaktische Einbeziehung auch von zusätzlichen Blutgruppenfaktoren, nämlich denen des Rhesus-Systems und des Kell-Faktors, gefordert. Diese Differenzierung führte zu einer erheblichen Erschwerung der Lagerhaltung durch eine Aufsplittung in zahlreiche Teillager und kann in aller Konsequenz nicht immer durchgehalten werden.

Gegenüber den Blutbank-EDV-Systemen des anglo-amerikanischen Raumes ohne Berücksichtigung weiterer Blutgruppenfaktoren wird z.B. im Transfusions-medizinischen Informations- und Dispositionssystem des Bluttransfusionsdienstes des Universitätsklinikums Hamburg-Eppendorf (TRAMIDIS) eine prophylaktische Einbeziehung der Faktoren des Rhesus- und Kell-Systems routinemäßig praktiziert [9].

Wir beziehen eine Mittelstellung: Blutkonserven von Blutspendern mit ausgetesteten weiteren Blutgruppenfaktoren gehen innerhalb des Blutkonservendepots in ein Speziallager, das entsprechend den AB0-Blutgruppen aus 4 Teillagern besteht. (Falls unverbraucht, werden sie spätestens eine Woche vor Verfalltermin in das allgemeine Lager wieder eingeschleust). Wir ziehen die Beobachtung heran, daß die wenigen Menschen (einer auf 200), die einen außergewöhnlichen Abwehrstoff gegen einen weiteren, bestimmten Blutgruppenfaktor gebildet haben, nachträglich häufiger auch Antikörper gegen einen zweiten oder dritten Blutgruppenfaktor zu produzieren in der Lage sind. Anstelle einer generellen Prophylaxe bei allen Blutkonserven-Empfängern halten wir bei diesem kleinen Personenkreis eine gezielte Prophylaxe für angezeigt. Bei diesem streben wir neben der Kompatibilität hinsichtlich des aktuellen Blutgruppenfaktors, gegen den die Unverträglichkeit gerichtet ist, auch eine Kompatibilität des Rhesus- und Kell-Systems an. Medizinisch halten wir dieses Verfahren für einen gangbaren Kompromiß. Bei diesem Vorgehen bewegen sich die Anforderungen an das Blutkonservenlager und der Verbrauch an Testmaterial in vertretbaren Grenzen.

Die Überprüfung auf Blutgruppen-Identität: In den wenigen Blutbank-EDV-Systemen, die sich neben Blutspender und Blutprodukt auch auf den Blutempfänger erstrecken, wird bei den Transfusionspartnern (Empfänger und Spender) eine Überprüfung auf Blutgruppen-Identität in der Regel durchgeführt [5]. Eine Abweichung führt meist zu einer einheitlichen Warnmeldung. Diese kann übergangen werden, wird jedoch intern festgehalten (im Logfile geführt) [7]. Da absichtliche Abweichungen von dem Identitätsgebot meist in Notfällen vorgenommen werden müssen, halten wir eine gleichzeitige und unabhängige Überprüfung des Ausmaßes der Inkompatibilität per EDV-Programm für wünschenswert. Dies dient der Absicherung der primären Entscheidung des technischen Mitarbeiters der Blutbank. Die qualitativen Begriffe "Universalempfänger" und "Universalspender" gelten heute nur noch mit Einschränkungen. Die seit langem bestehende Bewertung in Major- und Minor-Unverträglichkeit basiert auf vorwiegend quantitativen Überlegungen. Diese Abweichungsregeln wurden noch in der Zeit der globalen Vollblut-Therapie formuliert. Wegen der inzwischen dominierenden Blutkomponenten-Therapie erscheint eine detaillierte Berücksichtigung der einzelnen Blutbestandteile sowohl von Blutkonserve als auch von Empfänger erforderlich. Die aus dieser vielfältigen Kombinatorik sich ergebende Tabelle haben wir soweit vereinfacht, daß sie praktikabel erscheint (Tab. 1).

Verträglichkeitstest: Unter den weiteren Kontrollen bei Therapie mit Blutbestandteilen wird die größte Bedeutung der individuellen serologischen Verträglichkeitsprüfung mit je einer Probe des Empfängers und der Blutkonserve beigemessen. Diese Maßnahme ist das wichtigste Kriterium, weshalb das Medikament Blutkonserve nicht apothekengängig ist. Eine Blutkonserve kann daher aus einem speziellen Blutkonserven-Depot nur in Verbindung mit einem Labor unter Berücksichtigung der Testergebnisse zur Anwendung abgegeben werden.

Wie in der Laborpraxis wird in den meisten Blutbank-EDV-Systemen der serologische Verträglichkeitstest (genauer: der Eintrag dieses Kreuzproben-Ergebnisses) als sehr wichtig angesehen. Ich habe eine abweichende Meinung von der DV-mäßigen Behandlung dieses Tests, der andererseits in unserem Labor durch verschiedene Techniken und zahlreiche Kontrollen mit einer hohen technischen Sicherheit ausgestattet ist. Da das Ergebnis der Kreuzprobe in rund 99% "einwandfrei" lautet, könnte es als Erwartungswert betrachtet werden. In den verbleibenden 1% der Fälle wird entweder die Zuordnung einer eindeutig unverträglichen Blutkonserve sofort rückgängig oder die Einschränkung der Verträglichkeit durch Zusatztext kenntlich gemacht. Mir erscheint es ausreichend, wenn ein Blutbank-EDV-Programm [3,4] anhand der Blutkonservenart Meldungen ausdruckt, daß entweder das Kreuzprobenergebnis zu beachten oder eine Kreuzprobe nicht erforderlich sei. Der Ergebniseintrag nur der Kreuzprobe erfolgt in unserem DV-System [3,4] konventionell handschriftlich und bietet nur bei diesem wichtigen Test mit einer Originalunterschrift auch eine hohe formale Absicherung.

Tab. 1: Kompatibilität der Blutgruppe (AB0,RhD) zwischen Blut-Empfänger und Blutkonserve unter Berücksichtigung der Blut-Komponenten rote/weiße Zellen/Plasma.
Bei den Antworten "bedingt ja/bedingt nein" sind die Nummern der Textbausteine des Systems (9) angegeben, die Erläuterungen und/oder Bedingungen enthalten.

Blutkonserveninhalt		Blut-Empfänger					
	AB0	A	B	AB	0	Rh+	Rh-
rote Blutzellen (Erythrozyten)	A	===	NEIN	ja:3+4	NEIN		
	B	NEIN	===	ja:3+4	NEIN		
	AB	NEIN	NEIN	===	NEIN		
	0	ja:3+5	ja:3+5	ja:3+5	===		
weiße Blutzellen (Leukozyten)	A	===	ja:2+6	ja:3+6	ja:2+6		
	B	ja:2+6	===	ja:3+6	ja:2+6		
	AB	ja:2+6	ja:2+6	===	ja:2+6		
	0	ja:3+5	ja:3+5	ja:3+5	===		
"gelb" Blutplasma	A	===	ja:2+8	ja:2+8	ja:3+10		
	B	ja:2+7	===	ja:2+7	ja:3+10		
	AB	ja:3+11	ja:3+11	===	ja:3+11		
	0	ja:2+7	ja:2+8	ja:2+9	===		
Rhesusfaktor	D						
rote Blutzellen	pos					===	nein:14+15
(Erythrozyten)	neg					ja:13	===

3. Verfallsterminüberwachung

Bei den Blutbestandteilkonserven sind relativ kurze Verfallszeiten von wenigen Stunden bis einigen Wochen zu beachten. Wie alle Medikamente dürfen nach dem Arzneimittelgesetz [1] auch Blutkonserven nach Überschreiten des Verfallstermins nicht ausgegeben werden. Nicht nur diese Terminüberwachung bei der Ausgabe, auch Warnmeldungen einige Tage vor Verfallstermin sind Bestandteil transfusionsmedizinischer EDV-Systeme [5]. Zusammen mit der Lagerbestandsführung und -optimierung dienen sie der Verbesserung der Wirtschaftlichkeit einer Blutbank [8, 6, 10]. Hier sind Komponenten wirksam, die im Prinzip Ähnlichkeit haben mit denen in einem DV-unterstützten Apothekensystem.

Die Besonderheiten in der Transfusionsmedizin liegen auf der Empfängerseite; auch hier sind Verfallstermine zu überwachen. Die für die Verträglichkeitstestung verwendete Blutprobe des Patienten darf gemäß Richtlinien [1] nicht älter als 3 Tage sein, weil sie dann nicht mehr mit Sicherheit die Verhältnisse im Organismus widerspiegelt. Aufgabe eines DV-Systems ist es daher, anhand des eingegebenen Probendatums im Vergleich zur Rechnerzeit das medizinische Assistenzpersonal von dieser Vergleichsarbeit zu entlasten.

4. Beobachtung von Nebenwirkungen

Als Besonderheit bei der Therapie mit Blutkonserven (und Plasmapräparaten) können selten und wenn, dann als Spätreaktion nach Ablauf der Inkubationszeit, Infektionen durch unerkannt gebliebene übertragene Krankheitserreger vorkommen. Bei dieser von einem bestimmten Blut-Empfänger ausgehenden Meldung sind bei üblicher Aufteilung einer Blutspende sämtliche Bestandteilkonserven dieser und sicherheitshalber auch der vorangegangenen Spende zu überprüfen. Zu jeder Blutbestandteilkonserve müssen die Daten der jeweiligen Empfänger ermittelt werden. Bei diesen konventionell außerordentlich langwierigen, aus medizinischen Gründen aber wichtigen Suchvorgängen ist der Einsatz der Datenverarbeitung für diese Recherchen mit Antworten im Sekundenbereich sehr eindrucksvoll. Sieht man von den Qualitätskontrollen bei der Herstellung von Blutkonserven ab, so ist hiermit das zeitlich letzte Detail unter den erweiterten Therapiekontrollen genannt.

5. Abschlußbetrachtung

In Standardwerken über medizinische Informatik [11] und über Krankenhausbetriebswirtschaftslehre wird in der Reihenfolge: 1. Materiallager, 2. Küche, 3. Apotheke an vierter Stelle die Blutbank als ein Lager aufgeführt, das durch DV-Einsatz wirtschaftlicher geführt werden könne. Einem Blutbankleiter sind Wirtschaftlichkeitsbetrachtungen vertraut und Bestandteil des Organisationsplanes. In seiner gleichzeitigen Funktion als Arzt für Laboratoriumsmedizin hat er jedoch vorrangig die Abwendung von Schäden an Leib und Leben der für die Therapie vorgesehenen Patienten zu beachten. Bei den hier besprochenen Therapiekontrollen wird das Ziel vertreten, vor Erhalt des Ergebnisses der wichtigen serologischen Verträglichkeitsprobe zum frühestmöglichen Zeitpunkt Warnhinweise über Unverträglichkeit zu erhalten. Aufgrund eines mehrfachen Datenvergleichs kann innerhalb eines DV-Systems wenige Sekunden nach Zuordnung einer Blutkonserve zu einem vorgesehenen Empfänger ein Höchstmaß an Kontrollen am Beginn einer Therapie mit dem Medikament Blutkonserve/Blutbestandteilkonserve erfolgen.

6. Zusammenfassung

Therapiekontrollen im erweiterten Sinne betreffen in der Transfusionsmedizin vorwiegend das Stadium der Medikation.

(1) Die Überprüfung der Konkordanz eines primär festgelegten Therapieschemas dient der Ökonomie in der Blutkomponententherapie.

(2) Blutkonserven haben als Medikament die Besonderheit, auf individuelle Verträglichkeit ausgetestet werden zu müssen. Bei den als verträglich befundenen Transfusionspartnern muß auf physische Identität mit Hilfe von Identifikationssystemen geprüft werden. Eine zweite Prüfung berücksichtigt gemäß Richtlinien eine Identität der wichtigsten Blutgruppen-serologischen Merkmale. Für Abweichungen von der Merkmalsidentität, aus denen aber noch eine volle oder bedingte Kompatibilität resultiert, werden die Regeln in tabellarischer Form vorgelegt.

(3) Eine Verfallsterminüberwachung, ähnlich der in Apotheken-EDV-Systemen, hat für ein Blutkonservendepot besondere Bedeutung, da Blutbestandteilkonserven mit wenigen Stunden bis einigen Wochen relativ kurze Laufzeiten aufweisen. Eine zusätzliche Besonderheit in der Transfusionsmedizin ergibt sich daraus, daß der Blutprobe des Blutempfängers eine Laufzeit von nur 3 Tagen zugeordnet wird, die zu überwachen ist.

(4) Wiederum aufgrund der Individualität einer Blut(bestandteil)-Konserve müssen in den seltenen Fällen einer Infektionsübertragung als Nebenwirkung die Daten derjenigen Blutspende, aus der die in Verdacht geratene Blut-/Blutbestandteil-Konserve stammt, sowie einer vorhergehenden Blutspende des gleichen Blutspenders eruiert werden. Gegenüber der vorherrschenden Meinung, daß

bei Blutbanken eine Lagerhaltungsoptimierung Hauptaufgabe sei, wird der transfusionsmedizinische Gesichtspunkt für verschiedene Therapiekontrollen als vordringliche Aufgabe genannt, die durch EDV-Unterstützung optimiert werden kann.

Literatur

1. Gesetz zur Neuordnung des Arzneimittelrechts vom 24. August 1976, BGBl. I, S. 2445, v. 1.9.1976.

2. Kluge, A.: Functions of patient-oriented blood transfusion services. In Möhr, J.-R., Kluge, A. (Eds): The Computer and Blood Banking (EDP Approaches in Transfusion Medicine). Proceedings of the GMDS Spring Conference, Tübingen, April 1981, pp. 6-13. Berlin-Heidelberg-New York: Springer 1981.

3. Kluge, A., Zsakai, M., Stucky, W. et al.: ADV-unterstütztes System für Blutspendedienst, Blutkonservendepot und Bluttransfusionsdienst (BluBB). 5.) Bereich Bluttransfusionsdienst mit Transfusionsdokument und Blutempfänger-Risikodatei. Posterbeitrag auf der GMDS-Frühjahrstagung "Transfusionsmedizinische EDV-Systeme", 9.-11.4.1981, Tübingen.

4. Kluge, A., Zsakai, M., Stucky, W. et al.: Transfusion service including transfusion record and blood recipient risk data file. In Möhr, J.-R., Kluge, A. (Eds): The Computer and Blood Banking (EDP Approaches in Transfusion Medicine). Proceedings of the GMDS Spring Conference, Tübingen, April 1981, pp. 218-220. Berlin-Heidelberg-New York: Springer 1981.

5. Möhr, J.-R., Kluge, A. (Eds): The Computer and Blood Banking (EDP Approaches in Transfusion Medicine). Proceedings of the GMDS Spring Conference, Tübingen, April 1981. (Lecture Notes in Medical Informatics, Vol. 13). Berlin-Heidelberg-New York: Springer 1981.

6. Page, B.: Mathematische Entscheidungsverfahren in Blutbanken. EDV Med. Biol. 11 (1980) 5-12.

7. Peters, M., Clark, I.: A hospital blood bank laboratory data bank processing system. In Fokkens, O. (Edit.): Medinfo 83 Seminars, pp. 268-269. Amsterdam: North-Holland 1983.

8. Prastacos, G.P.: Systems analysis in regional blood management. In Möhr, J.-R., Kluge, A. (Eds): The Computer and Blood Banking (EDP Approaches in Transfusion Medicine). Proceedings of the GMDS Spring Conference, Tübingen, April 1981, pp. 110-131. Berlin-Heidelberg-New York: Springer 1981.

9. Roos, D.: Restrictions concerning automated disposition systems from the medical point of view. In Möhr, J.-R., Kluge, A. (Eds): The Computer and Blood Banking (EDP Approaches in Transfusion Medicine). Proceedings of the GMDS Spring Conference, Tübingen, April 1981, pp. 155-168. Berlin-Heidelberg-New York: Springer 1981.

10. Vonier, J., Wolf, G.K., Klüge, A.: Organisation des Informationsflusses zwischen Blutspender und Blutempfänger sowie Verfahren zur Optimierung des Blutdepots mit Hilfe von Datenbankfunktionen. In Adlassnig, K.-P., Dorda, W., Grabner, W. (Hrsg): Medizinische Informatik. München: Oldenbourg 1981.

11. Wingert, F.: Medizinische Informatik. Stuttgart: Teubner 1979.

Aus dem Institut für medizinische Informatik und Systemforschung der Gesellschaft für Strahlen- und Umweltforschung, München-Neuherberg
(Direktor: Prof. Dr. W. von Eimeren) und der Abteilung für Transfusionsmedizin, Universitätskrankenhaus Hamburg-Eppendorf (Leiter: Prof. Dr. Busch)

Verbesserung des Antikörpersuchtests durch rechnergestützte Auswahl geeigneter Blutspender

H. Schubel, B. von Eisenhart-Rothe

Zusammenfassung

Zum Auffinden von irregulären Blutgruppen-Antikörpern dient der Antikörpersuchtest. Nach dem Prinzip der möglichst starken Homozygotie der Testerythrozyten wurden Kriterien erarbeitet, nach denen Spenderblut ausgewählt wird, um daraus einen verbesserten Antikörpersuchtest zusammenzustellen. Abweichend von den sonst üblichen zwei Spenderbluten werden Erythrozyten von drei Spendern zusammengestellt. Dadurch ist sowohl das Prinzip der starken Homozygotie als auch die Forderung nach allen klinisch relevanten Antigenen im Antikörpersuchtest erfüllt.

Aus den Daten der Blutspender des Universitätskrankenhauses Eppendorf (Hamburg) wurden alle möglichen Tripel von Blutgruppen der verfügbaren Spender gebildet und anhand der Auswahlkriterien auf ihre Eignung als Testzellen untersucht. Mehrere der gefundenen Tripel von Testerythrozyten sind seit einem Jahr als Antikörpersuchtest im Einsatz.

1. Blutfaktoren

Blutübertragungen sind aus der heutigen Medizin nicht mehr fortzudenken. In einem Großklinikum wie dem Universitätskrankenhaus Eppendorf in Hamburg werden im Jahr an etwa 10.000 Patienten insgesamt 30.000 bis 35.000 Blutkonserven transfundiert.

Die wissenschaftliche Grundlage für Bluttransfusionen hat Karl Landsteiner im Jahr 1900 mit der Entdeckung der AB0-Blutgruppen gelegt. Seitdem reißt die Kette der Entdeckung neuer Blutfaktoren nicht ab. Blutfaktoren sind genetisch determiniert. Sie sind erbliche Eigenschaften der Membran der roten Blutkörperchen und haben den Charakter von Antigenen.

Gelangen rote Blutkörperchen in einen genetisch anderen Organismus, so können sich spezifische Antikörper im Blutserum bilden. Die Antikörper sind gegen die genetisch fremden Antigene gerichtet. Kommt es zu einer Verbindung von Antigen und korrespondierendem Antikörper, so spricht man von einer Antigen-Antikörper-Reaktion. Ihre wichtigsten Formen sind die Agglutination (Verklumpung von Erythrozyten) und die Hämolyse (Auflösung von roten Blutzellen).

Man unterscheidet zwischen regulären und irregulären Antikörpern. Reguläre Antikörper (Isoantikörper) sind Antikörper, die normal im Blut vorhanden und mit der Blutgruppe verträglich sind. So enthält Blut der Blutgruppe

A Antikörper gegen B (Anti-B),

B Antikörper gegen A (Anti-A),

0 Anti-A und Anti-B.

Irreguläre Antikörper sind im Blut normalerweise nicht vorhanden. Die klinisch relevanten irregulären Antikörper werden hervorgerufen durch Bluttransfusionen bzw.

durch Mikrotransfusionen bei Schwangerschaften. Dementsprechend treten auch bei Frauen häufiger Antikörper auf (Frauen 4%, Männer 2,5%) [2].

Heute sind über 400 Blutgruppen-Antigene auf der Membran der Erythrozyten bekannt. Daneben existieren Antigene auf den Leukozyten, den Thrombozyten und auch im Blutplasma. Da die meisten Blutfaktoren voneinander unabhängig sind, ergibt sich eine enorme Vielfalt von Kombinationsmöglichkeiten der Blutfaktoren.

Eine Berücksichtigung aller Blutfaktoren bei Bluttransfusionen mit dem Ziel der Identität der Blutgruppe von Spender und Empfänger ist deshalb ausgeschlossen. Bei einer solchen Maximalforderung bliebe nur die Möglichkeit, dem Patienten sein eigenes Blut zu transfundieren; ein geeigneter Spender wäre jedoch nicht zu finden. Eine Transfusion ist deshalb immer mit einem gewissen Risiko behaftet. Vorsicht ist insbesondere dann geboten, wenn im Patientenblut bereits Antikörper vorhanden sind. Eine erneute Sensibilisierung würde den Antikörper verstärken (Boosterung).

2. Der Antikörpersuchtest

Um das Risiko gering zu halten, werden vor der Transfusion Empfänger- und Spenderblut mehreren Untersuchungen unterzogen. Es werden die Blutgruppen von Empfänger und Spender im AB0-System, der Rhesusfaktor D und zum großen Teil auch die Rhesusfaktoren Cc und Ee sowie der Faktor Kell bestimmt. Transfundiert wird nach Möglichkeit Blut, das in diesen Faktoren identisch oder zumindestens verträglich ist.

Zur Vermeidung von Transfusionsreaktionen und in der Schwangerenvorsorge wird insbesondere bei Verdacht auf eine frühere Immunisierung der Antikörpersuchtest durchgeführt. Er dient dazu, das Vorhandensein von irregulären Antikörpern im Patientenblut festzustellen. Werden Antikörper im Serum des Patienten gefunden, wird in einer anschließenden Antikörperdifferenzierung der Antikörper spezifiziert. Darüberhinaus wird bei der Transfusion direkt neben dem Patienten eine Verträglichkeitsprobe durchgeführt.

Gemäß den Richtlinien zur Blutgruppenbestimmung und Bluttransfusion [4] wird in der transfusionsmedizinischen Praxis im allgemeinen der Antikörpersuchtest mit zwei Testerythrozyten eingesetzt [1, 9], die im AB0-System und im Rhesus-System die folgenden Eigenschaften haben:

AB0	Rhesus
	C$\bar{c}$ D Ee
0	+- + -+
0	-+ + +-

Als klinisch relevante Antigene werden im allgemeinen die Systeme 'Duffy', 'Kell', 'Kidd', 'Lewis', 'Lutheran', 'MNS' und 'P' erachtet, und dementsprechend sind diese Blutgruppensysteme in den industriell vertriebenen Suchzellen in unterschiedlicher Güte berücksichtigt. Das Antigenmuster aus den beiden Testerythrozyten sollte sich so ergänzen [4], daß irreguläre Antikörper gefunden werden können.

Statt der Verwendung von 2-er Paneln für den Antikörpersuchtest wird von uns der Einsatz von 3-er Paneln als Antikörpersuchtest angestrebt, weil

- einerseits die Variante C^w neben den allelen Antigenen C und $\bar{c}$ ebenfalls klinisch relevant ist und deshalb im dritten Testerythrozyten Berücksichtigung finden soll,
- andererseits möglichst alle Antigene aus den obigen Blutruppensystemen nicht nur vorhanden sein sollten, sondern mindestens auf einem Testerythrozyten in homozygoter Form vorliegen sollen.

Es gibt Antikörper, die einen 'Dosiseffekt' zeigen: bei Einsatz von Suchzellen mit homozygoten Antigenen wird bei ihnen die auftretende Antigen-Antikörper-Reaktion verstärkt [3], und damit sind im Probandenserum vorhandene Antikörper besser nachweisbar.

3. Das 3-er Panel aus Spenderdaten

Im Bluttransfusionsdienst des Universitätskrankenhauses Eppendorf wurden in den vergangenen Jahren die klinisch relevanten Antigene aller Blutspender der Blutgruppe 0 bestimmt. Parallel dazu wurde versucht, geeignete Zusammenstellungen von Spenderbluten zu 3-er Paneln vorzunehmen, bei denen das Antigenmuster alle Antigene berücksichtigt, zu denen klinisch relevante Antikörper auftreten, und zugleich die Forderung nach einer maximalen Homozygotie erfüllt. Eine manuelle Sortierung scheidet bei der großen Zahl der Spender und damit auch der Vielzahl der Möglichkeiten, die Spenderblute zu 3-er Paneln zu kombinieren, aus. In einer Kooperation des UKE und GSF wurde die Zusammenstellung der 3-er Panel aus den Spenderdaten auf den GSF-Rechnern erarbeitet.

Aus den Daten der Blutspender wurden die im Rhesus-System homozygoten vom Typ 1 und Typ 2 sowie die C^w-positiven Spenderdaten als Typ 3 selektiert

	C^w	$C\bar{c}$	D	Ee
Typ 1	−	+−	+	−+
Typ 2	−	−+	+	+−
Typ 3	+			

Es wurden alle möglichen Kombinationen gebildet, die von jedem Typ je einen Spender beinhalten. Die daraus resultierenden Antigenmuster (3-er Panel) wurden auf die in ihnen enthaltene Homozygotie der allelen Antigene untersucht.

Für die im Panel enthaltene Homozygotie und für die daneben auftretende Heterozygotie des gesamten Panels sowie der einzelnen Testerythrozyten wurden Maßzahlen gebildet. An Hand der Maßzahlen, die z.T. ausschließenden Charakter, z.T. bewichtenden Charakter hatten, wurden die geeigneten 3-er Panel selektiert. Dabei gelten die Antigenmuster als am besten, bei denen die wenigsten Antikörper auf ihr korrespondierendes Antigen in heterozygoter Form stoßen.

Da die Blutfaktoren nicht gleichverteilt sind und einige extrem selten auftreten, ist der Ansatz, alle Antigene mindestens einmal in homozygoter Form im 3-er Panel zu erhalten, viel zu ehrgeizig. Die Faktoren K, Kp^a, Lu^a und C^w sind selten positiv und dementsprechend extrem selten in homozygoter Ausprägung. Für sie müssen die Forderungen nach Homozygotie im Antikörpersuchtest fallen gelassen werden.

Auf der Basis der Antigenbefunde von etwa 3000 Spendern der Blutgruppe 0 konnten mehrere 3-er Panel von Spenderbluten zu Antikörpersuchtests zusammengestellt werden, die

- das Antigen C^w enthalten,
- die Rhesus-Antigene $DC\bar{c}Ee$ sowie die Antigene M, N, S, s, Fy^a, Fy^b, Jk^a, Jk^b, Lu^b, Kp^b, k, Le^a und Le^b in homozygoter Form enthalten,
- darüberhinaus sind die Antigene K, Kp^a, Lu^a und p^1 im Antikörpersuchtest (heterogen) enthalten.

Mit diesen 3-er Panel-Antikörpersuchtests wird das Auffinden von Antikörpern

Anti-Kp^a
Anti-Lu^a
Anti-C^w

ermöglicht, die mit den meisten sonst üblichen 2-er Paneln überhaupt nicht nachzuweisen sind.

Darüberhinaus treten auf Grund des Dosiseffekts auch bei anderen Antikörpern

stärkere Antigen-Antikörper-Reaktionen auf und ermöglichen dadurch, auch schwächere Antikörper zu finden und damit eine Boosterung der schwachen Antikörper zu verhindern.
Etwa 20 Antikörper konnten im UKE in einem Jahr zusätzlich nachgewiesen werden, die mit den zuvor verwendeten 2-er Paneln nicht hätten gefunden werden können.

Literatur

1. Allen, N. K.: Detection and Identification of Blood Group Antibodies, Scientific Report Nr. 1/2. Los Angeles: Hyland Lab. Res. Div. 1965.

2. Heinrichs, D.: Häufigkeit irregulärer Antikörper bei Patienten-, Schwangeren- und Spenderuntersuchungen in den Jahren 1975 und 1976. Dissertation im Fachbereich Medizin der Universität Hamburg 1983.

3. Slowidowski, E.: Die Bedeutung homozygoter oder heterozygoter Antigene bei Testerythrozyten für die Durchführung des Antikörper-Suchtests. Dissertation im Fachbereich Medizin der Universität Hamburg 1982.

4. Wissenschaftlicher Beirat der Bundesärztekammer (Hrsg.): Richtlinien zur Blutgruppenbestimmung und Bluttransfusion. Köln: Deutscher Ärzte-Verlag 1980.

8. MODELLE UND ANALYSEN

BIOLOGISCHER SYSTEME UND STRUKTUREN

Aus der Abteilung Histodiagnostik und Pathomorphologische Dokumentation, Institut für Experimentelle Pathologie, Deutsches Krebsforschungszentrum, Heidelberg

Digitale Bildverarbeitung in der Histopathologie

G. Zinser, D. Komitowski

Zusammenfassung

Die vorliegende Arbeit präsentiert ein System zur digitalen Bildverarbeitung, das die Aufgabe hat, deskriptive Ergebnisse histopathologischer Auswertungen durch quantitative Daten über die histologischen Bilder zu ergänzen und im Sinne einer objektivierten Befunderhebung zu deuten. Speziell entwickelte Verfahren zur morphologischen Charakterisierung der Zellkerne einschließlich der Beschreibung ihrer Chromatinstruktur werden dargestellt. Die Verfahren ermöglichen eine Erfassung der Veränderungen der Chromatinstruktur während der Tumorentwicklung. Dies wird am Beispiel von unbehandelten Leberzellkernen der Ratte und von Zellkernen eines hepatozellulären Karzinoms gezeigt.

Einleitung

Ein Grundproblem der Histopathologie ist die objektive Erfassung und Beschreibung lichtmikroskopischer Bilder. Aufgrund natürlicher Grenzen des menschlichen visuellen Systems und der verbalen Form der Wiedergabe sind nur qualitative Aussagen möglich. Demgegenüber wäre für viele Problemstellungen eine quantitative Bildbeschreibung notwendig. Zur Lösung dieses Problems bieten sich die Methoden der digitalen Bildverarbeitung an. Sie ermöglichen, die qualitativen Befunde der histopathologischen Auswertung durch quantitative Daten über die histologischen Bilder zu ergänzen [3].

Hierbei sind insbesondere die Erscheinungsformen der Zellkerne von großem Interesse. Sie erlauben, die morphologischen Eigenschaften der Tumoren mit ihrem biologischen Verhalten zu korrelieren. Sie bilden darüber hinaus die Basis für die Einstufung der Tumoren und ermöglichen es, Prognosen über deren Entwicklung zu erstellen [1,5,6]. Die Methoden der digitalen Bildverarbeitung wurden daher insbesondere auf die Beschreibung der Form und der inneren Struktur der Zellkerne angewendet.

Apparatur

Die von einem Mikroskop Axiomat (Zeiss) erzeugten Bilder werden mit einer Plumbicon-Videokamera abgetastet und in digitalisierter Form in einem Rechner PDP 11/34 zur weiteren Verarbeitung gespeichert [3]. Die Bearbeitung der Bilder wird durch mehrere Peripheriegeräte unterstützt. Es stehen u.a. ein Bildanalysegerät Quantimet 720 (Cambridge Instruments Inc.), ein Bildspeicher mit Farbbildschirm sowie ein Mikroprozessor (Motorolla 68000) zur Steuerung von Mikroskoptisch und -fokus zur Verfügung.

Bildaufnahme

Die Ergebnisse aller Bildverarbeitungsverfahren werden wesentlich von der Qualität des ursprünglichen digitalisierten Bildes beeinflußt. Dies gilt insbesondere für histologische Bilder, die sich durch einen schwachen Kontrast ihrer Strukturen auszeichnen.

Wir verwenden deshalb ein Aufnahmeverfahren, das eine hohe Qualität der digitalen Bilder gewährleistet. Zellkernbilder werden mit einem Objektiv 100x, Öl, numerische Apertur 1.3 und einer zusätzlichen Nachvergrößerungseinrichtung aufgenommen. Das theoretische Ortsauflösungsvermögen des Objektivs beträgt ca. 250 nm. Die Rastergröße im digitalisierten Bild entspricht 36 nm im Objekt. Diese digitalen Bilder sind stark überabgetastet und haben eine sehr geringe Informationsdichte. Sie werden deshalb nach der Digitalisierung durch Mittelung um einen Faktor vier verkleinert, so daß eine Rastergröße von etwa der Hälfte der theoretischen Ortsauflösung des Mikroskopobjektivs erreicht wird.

Verglichen mit der Aufnahme von Bildern bei entsprechend schwächerer Mikroskopvergrößerung bietet diese Methode folgende Vorteile:

- Das Signal/Rausch-Verhältnis, das ein sehr wichtiges Maß für die Bildqualität ist, wird wesentlich größer.
- Die Dynamik der Grauwerte in den Bildern kann vergrößert werden, was sich erleichternd auf die nachfolgende Bearbeitung auswirkt.
- Der Einfluß der Modulationsübertragungsfunktion der Kamera, der die Ortsauflösung im digitalen Bild verschlechtert, wird stark reduziert. Die Messung der tatsächlichen Ortsauflösung in nach dem beschriebenen Verfahren erzeugten digitalen Bildern ergab die theoretische Ortsauflösung der verwendeten Mikroskopoptik.

Die Bildaufnahme wird durch eine semiautomatische Vorsegmentierung mit Hilfe der Hardware des Bildanalysegerätes Quantimet 720 unterstützt. Es werden Unterbilder des Mikroskopbildes gespeichert, die jeweils nur einen Zellkern enthalten (Abb. 1).

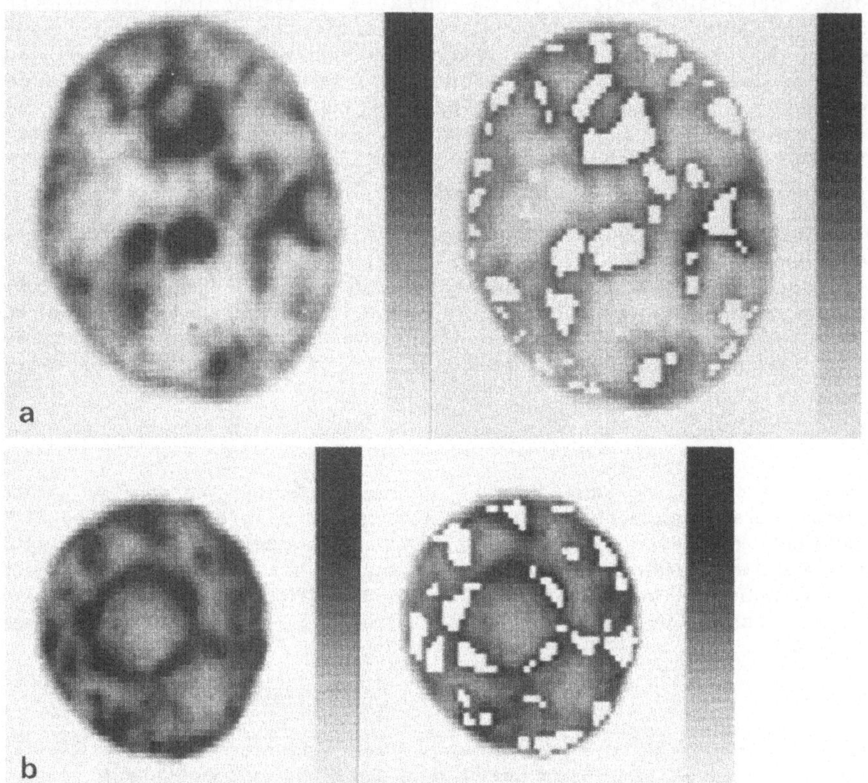

Abb. 1: Digitalisierte Bilder typischer Zellkerne (links) und lokalisierte Chromatinpartikel (rechts; markiert durch weiße Flächen).
a) Zellkern aus normaler Rattenleber
b) Zellkern aus einem hepatozellulären Karzinom der Ratte

Bildverarbeitung

Die Verarbeitung der aufgenommenen Zellkernbilder beinhaltet
- die Segmentierung der Zellkerne,
- die Untersuchung ihrer Form,
- die Analyse ihrer Struktur sowie
- die Aufbereitung und Darstellung der erhaltenen Daten.

Die Segmentierung ist der erste und zweifellos einer der wichtigsten Schritte der digitalen Bildverarbeitung. Vom Erfolg dieses Schritts hängt die Qualität aller nachfolgenden Verarbeitungsschritte ab. Aufgrund der speziellen optischen Eigenschaften von Zellkernbildern, nämlich der starken Inhomogenität der optischen Dichte im Innern aufgrund der starken Chromatin-Textur und der starken Variation der optischen Dichte und deren Gradienten entlang der Zellkernkontur, führen die allgemein verwendbaren Schwellwert- und Gradientenverfahren (s. [2]) für einen Überblick) häufig nicht zu einem befriedigenden Ergebnis. Es wurde deshalb ein neues Verfahren entwickelt, das speziell auf die Eigenschaften der Zellkerne abgestimmt ist und verschiedene Charakteristika als A-priori-Information ausnutzt [7]. Das Verfahren verwendet die Tatsache, daß Zellkerne zumeist eine näherungsweise runde Form haben, zur Transformation des Zellkernbildes in ein Polarkoordinatensystem. Die Kontur des Zellkerns stellt sich dann annähernd als eine Gerade mit bekannter Richtung dar. Mittels dieser Information ist eine Verfolgung der Kontur anhand erhöhter Gradienten der optischen Dichte verhältnismäßig einfach und wenig störungsanfällig. Durch Anpassung einer Ellipse an die so erhaltene Kontur eines Zellkerns ergeben sich Aussagen über die Zellkernform. Formparameter bilden die Exzentrizität der Ellipse sowie die Güte der Anpassung.

Darüber hinaus dient die Kenntnis der Zellkernkontur als Basis für die Beschreibung der inneren Struktur der Zellkerne. Das typische Erscheinungsbild des lichtmikroskopisch sichtbaren Chromatins stellt sich in Form von Regionen variabler Größe mit lokal hoher optischer Dichte dar (siehe Abb. 1). Zur Beschreibung der Chromatinstruktur werden deshalb diese Regionen hoher optischer Dichte ('Chromatinpartikel') lokalisiert und ihre Eigenschaften untersucht. Das Lokalisationsverfahren ist prinzipiell ein Schwellwertsegmentierungs-Algorithmus mit lokal adaptiver Schwelle. Der Algorithmus erzeugt disjunkte Regionen maximaler Fläche um alle lokalen Maxima der optischen Dichte. Dieses Verfahren ist gegenüber schwachem Kontrast und Bildrauschen nur wenig störanfällig. Für jedes lokalisierte Chromatinpartikel werden Fläche, mittlere und maximale optische Dichte sowie seine radiale Position im Zellkern berechnet und gespeichert. Die radiale Position eines Chromatinpartikels ist definiert als das Verhältnis des Abstandes seines Schwerpunktes der optischen Dichte vom Zellkernmittelpunkt zur Länge des durch seinen Schwerpunkt verlaufenden Radiusvektors vom Zellkernmittelpunkt zum Zellkernrand. Daraus ergibt sich ein von der Zellkernform unabhängiges Positionsmaß.

Ergebnisse

Die entwickelten Verfahren wurden auf mehrere Datensätze verschiedener Gewebearten und mit verschiedenen Präparationsmethoden angewendet. Als Beispiel werden die Ergebnisse der vergleichenden Untersuchung der Chromatinstruktur von Zellkernen eines hepatozellulären Karzinoms der Ratte und von Leberzellkernen unbehandelter Ratten bei Präparation als Paraffinschnitt und mit Feulgen-Färbung [4] dargestellt (siehe Abb. 1). Es wurden 458 Zellkerne von normaler Leber und 478 Karzinom-Zellkerne aufgenommen. Insgesamt wurden in diesen Zellkernen 11.825 (normale Kerne) bzw. 17.859 (Karzinom-Kerne) Chromatinpartikel lokalisiert. Die Chromatinstruktur beider Zellkerntypen läßt sich aufgrund der Größen, Positionen und optischen Dichten der lokalisierten Chromatinpartikel charakterisieren und voneinander unterscheiden:

1. Die Anzahl der Chromatinpartikel nimmt mit steigender Partikelfläche schnell ab (Abb. 2).

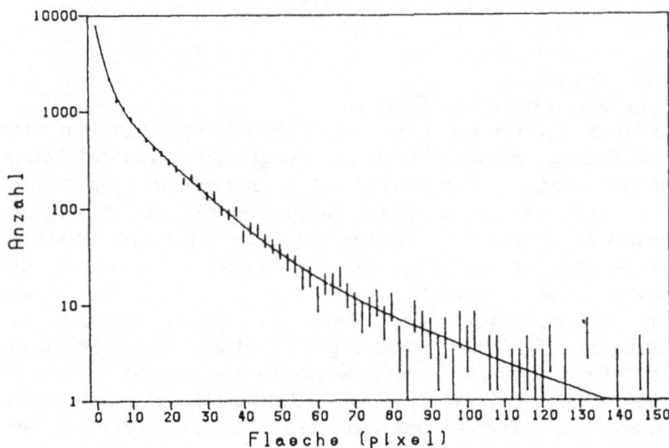

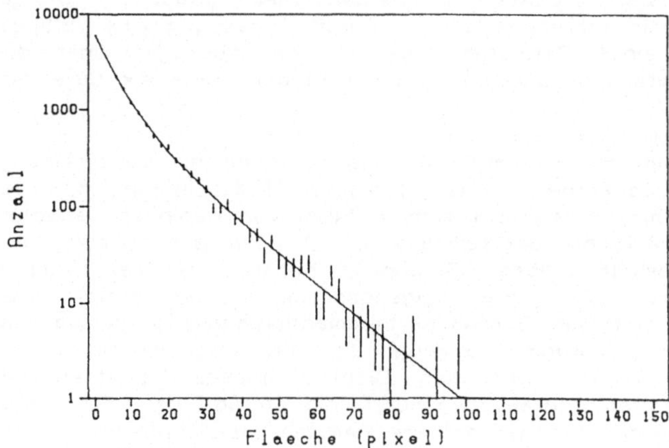

Abb. 2: Häufigkeitsverteilungen der Flächen der Chromatinpartikel. Die Fläche ist in Bildpunkten angegeben (50 Bildpunkte entsprechen 1 μm^2). An die Verteilungen sind Summen von Exponentialfunktionen angepaßt (s. Text).
a) Normale Leber
b) Hepatozelluläres Karzinom

2. Bei Karzinom-Zellkernen sind Partikel mit großen Flächen seltener als bei normalen Zellkernen (Abb. 2). Tabelle 1 zeigt den relativen Anteil der Chromatinpartikel mit Flächen größer als 15 Bildpunkte (entsprechend 0.30 μm^2). Es besteht ein signifikanter Unterschied zwischen normalen Zellkernen und Karzinom-Zellkernen.

3. An die Flächenhäufigkeitsverteilungen der Chromatinpartikel lassen sich Summen von drei (normale Zellkerne) bzw. zwei (Karzinom-Zellkerne) Exponentialfunktionen anpassen (Abb. 2):
$H(F) = a_1 \cdot \exp(-F/t_1) + a_2 \cdot \exp(-F/t_2) + a_3 \cdot \exp(-F/t_3)$
(H = Anzahl Partikel pro Flächenintervall, F = Fläche, a_i, t_i anzupassende Konstanten).
Die Konstanten t_i und a_i sind in Tabelle 1 zusammengefaßt. Die Produkte $a_i a_i$ ergeben die relativen Stärken der Exponentialfunktionen.

4. Die Häufigkeitsverteilungen der radialen Positionen der Chromatinpartikel (Abb. 3) steigen bei beiden Zellkerntypen vom Zellkernmittelpunkt zum Zellkernrand hin linear an.

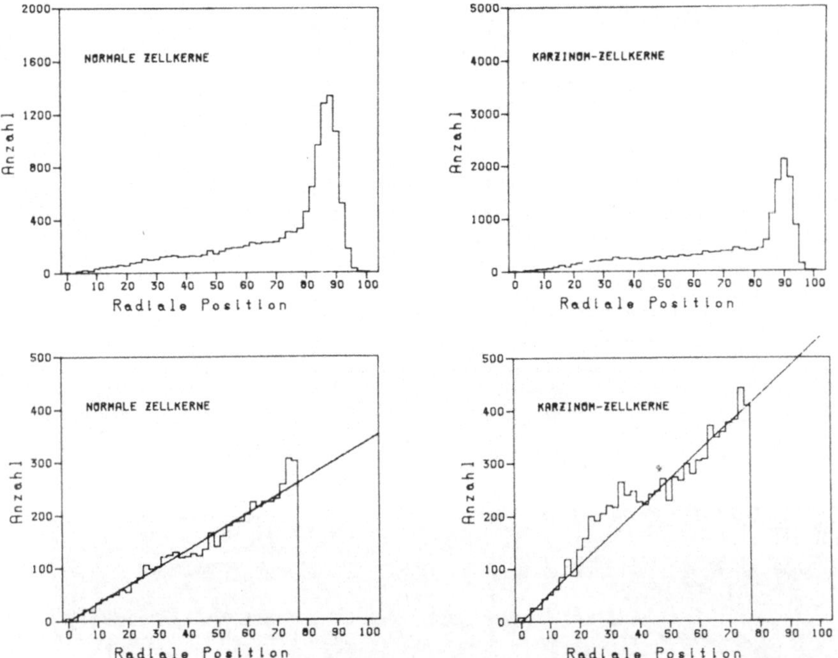

Abb. 3: Häufigkeitsverteilungen der radialen Positionen der Chromatinpartikel (Position 0 = Zellkernmittelpunkt, Position 100 = Zellkernrand). Die beiden unteren Diagramme zeigen Ausschnitte aus den oberen (radiale Position $\leq$ 76) mit angepaßten Geraden.

Dieser lineare Anstieg entspricht einer konstanten Belegungsdichte ρ (Tabelle 1).

In der Nähe der Zellkernränder ist die Anzahl von Chromatinpartikeln pro Flächeneinheit bei beiden Zellkerntypen stark überhöht. Die Werte der mittleren und maximalen Belegungsdichten ρ_r und ρ_{max} im Randbereich sind in Tabelle 1 angegeben. Bei Karzinom-Zellkernen gibt es eine zusätzliche leichte Überhöhung der Belegungsdichte der Chromatinpartikel bei Positionen um ca. 30 % des Kernradius.

5. Weitere Informationen liefert die zweidimensionale Häufigkeitsverteilung der radialen Positionen und der mittleren optischen Dichten der Chromatinpartikel (Abb. 4).

Im Vergleich zu den normalen Zellkernen liegt bei den Karzinom-Zellkernen eine zusätzliche Gruppe von Chromatinpartikeln bei niedrigen radialen Positionen und hohen optischen Dichten vor. Diese zusätzliche Gruppe verursacht die Überhöhung der Häufigkeit der Chromatinpartikel um die radiale Position 30 in Abb. 3. Sie enthält etwa 3.300 Partikel, d.h. ca. 20 % der Gesamtzahl aller lokalisierten Chromatinpartikel und kann korreliert werden mit dem Nucleoli-assoziierten Heterochromatin, das sich lichtmikroskopisch bei den Karzinom-Zellkernen im Gegensatz zu den normalen Zellkernen sehr deutlich darstellt (siehe Abb. 1).

Tab. 1: Eigenschaften der Chromatinpartikel

	Kontrolle	Karzinom
Anzahl Kerne	458	478
Anzahl Partikel	11 825	17 859
Anteil Partikel mit Fläche ≥ .30 μm^2 (%)	26.4 ± 0.5	18.9 ± 0.3
a_1 ($10^3 \mu m^{-2}$)	150 ± 20	115 ± 10
a_2 ($10^3 \mu m^{-2}$)	42 ± 3	29 ± 1
a_3 ($10^3 \mu m^{-2}$)	2.2 ± 0.2	-
t_1 ($10^{-3} \mu m^2$)	45 ± 10	100 ± 10
t_2 ($10^{-3} \mu m^2$)	220 ± 10	285 ± 2
t_3 ($10^{-3} \mu m^2$)	620 ± 10	-
ρ (μm^{-2})	0.51 ± 0.02	0.58 ± 0.05
ρ_r (μm^{-2})	1.4 ± 0.1	1.7 ± 0.1
ρ_{max} (μm^{-2})	2.4 ± 0.1	2.0 ± 0.1

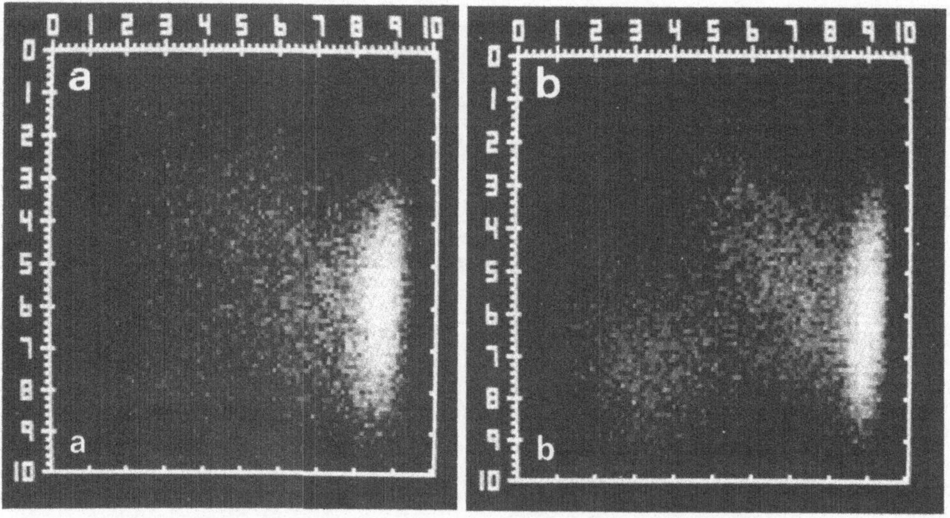

Abb. 4: Zweidimensionale Häufigkeitsverteilungen der radialen Position (horizontal; 10 = Zellkernrand) und der mittleren optischen Dichte (vertikal; 10 = Maximalwert) der Chromatinpartikel.
a) Normale Leber; b) Hepatozelluläres Karzinom

Diskussion

Die Chromatinstruktur von Zellkernen kann anhand der statistischen Eigenschaften der Regionen hoher optischer Dichte quantitativ erfaßt werden. Die von uns untersuchten unterschiedlichen Zellkerntypen sind voneinander unterscheidbar. Die mittels der beschriebenen Präparationsmethode erhaltenen Eigenschaften der Chromatinstruktur wurden mit anderen Präparationsmethoden bestätigt.

Die Unterschiede in der Chromatinstruktur verschiedener Zellkerntypen sind oft sehr gering. Es ist deshalb erforderlich, möglichst viel Information aus einem Zellkernbild zu erhalten. Eine Voraussetzung dafür ist eine hohe Qualität der digitalisierten Bilder, wie sie durch das beschriebene Bildaufnahme-Verfahren gewährleistet ist, sowie eine möglichst gute Segmentierung der Zellkerne. Nachteilig wirken sich prinzipielle Einschränkungen bei der Analyse zweidimensionaler Bilder dreidimensionaler Objekte aus. Da die Schärfentiefe der erforderlichen hochauflösenden Mikroskopoptik klein ist im Vergleich zur typischen Größe der zu untersuchenden Objekte und im Vergleich zur Dicke eines histologischen Präparates, enthält ein zweidimensionales Bild nur einen Bruchteil des gesamten Informationsinhaltes eines Zellkerns. Systematische Fehler entstehen dadurch, daß das gesamte Präparat defokussiert in jeder Fokusebene abgebildet wird. Um umfassende Aussagen über die Chromatinstruktur machen zu können, werden deshalb Verfahren zur Erzeugung und Analyse dreidimensionaler Zellkernbilder untersucht [8].

Literatur

1. Broders, A. C.: Carcinoma in situ contrasted with benign penetrating epithelium. J. Amer. med. Ass. 99 (1932) 1670-1682.

2. Fu, K. S., Mui, J. K.: A survey on image segmentation, Pattern Recogn. 13 (1973) 3-16.

3. Komitowski, D., Zinser, G., Stute, C.: Digital picture analysis as an integral part of the Information System for Experimental Pathology of the German Cancer Research Center. Meth. Inform. Med. 22 (1983) 69-74.

4. Pearse, A. G. E.: Histochemistry. Theoretical and Applied. Edinburgh: Churchill Livingstone 1968.

5. Schairer, E.: Kernmessungen und Chromosomenzählungen an menschlichen Geschwülsten. Z. Krebsforsch. 43 (1936) 1-38.

6. Stein, P., Grundmann, E.: Untersuchungen über die Kernstruktur in normalen Geweben und im Carcinom. Beitr. path. Anat. 125 (1961) 54-76.

7. Zinser, G., Komitowski, D.: Segmentation of cell nuclei in tissue section analysis. J. Histochem. Cytochem. 31 (1983) 94-100.

8. Zinser, G., Erhardt, A., Komitowski, D. et al.: Erzeugung und Rekonstruktion dreidimensionaler lichtmikroskopischer Bilder. In Kazmierczak, H. (Hrsg.): Mustererkennung 1983, S. 294-299. (VDE-Fachberichte, Nr. 35). Berlin: VDE-Verlag 1983.

Aus der Abteilung Zentrale Datenverarbeitung (Leiter: Priv. Doz. Dr. C.O. Köhler) des Instituts für Dokumentation, Information und Statistik (Direktor: Prof. Dr. G. Wagner) am Deutschen Krebsforschungszentrum Heidelberg

Ein Bildverarbeitungssystem zur Analyse von Gel-Elektrophoresen

U. Engelmann, H.P. Meinzer

1. Einführung

In vielen medizinischen und biologischen Forschungslabors - wie z.B. im Deutschen Krebsforschungszentrum (DKFZ) - werden Autoradiographien und Photographien von Polyacrylamid (PAGE)- oder Agarose (AGE)- Gel-Elektrophoresen hergestellt. Diese können zur Bestimmung des Molekulargewichts von Polypeptiden oder DNA-Fragmenten und so zur Bestimmung ihrer relativen Ordnung untereinander benutzt werden. Die Auswertungen dieser Bilder werden üblicherweise manuell durchgeführt. Das ist nicht nur zeitaufwendig, sondern liefert auch ungenaue Ergebnisse.

In Zusammenarbeit mit dem Institut für Virusforschung am DKFZ wurde versucht, den Computer als Hilfsmittel für die Auswertung solcher Bilder einzusetzen. Zunächst wurde ein generelles Software-Werkzeug für Bildverarbeitungs-Aufgaben entwickelt [4]. Darauf aufbauend sind spezielle Probleme, wie die Auswertung von Autoradiographien und Photographien von Elektrophorese-Gelen, in Angriff genommen worden [3,5].

2. Material

Für die Virusforschung ist die Analyse der Virus-DNA von großem Interesse. In diesem Zusammenhang ist die Herstellung von vielen Gel-Elektrophoresen notwendig. Mit Hilfe dieser Gele können die Molekulargewichte von DNA-Fragmenten, die durch das Schneiden mit Restriktionsenzymen entstehen, geschätzt werden. Außerdem kann durch geschicktes Schneiden mit verschiedenen Restriktionsenzymen die Anordnung der Fragmente innerhalb des Genoms bestimmt werden.

Solche Gel-Elektrophoresen weisen alle die gleiche Struktur auf und werden auf die gleiche Weise ausgewertet:

> Ein Gel-Bild besteht aus mehreren Bahnen oder Spuren, die einen senkrechten Verlauf vom oberen zum unteren Bildrand aufweisen. In einem Gel liegen mehrere Spuren nicht überlappend nebeneinander. Sie enthalten Banden, die orthogonal zum Bahnverlauf liegen und sich von der rechten zur linken Bahngrenze ausdehnen. Das Vorhandensein solcher Banden zeigt an, daß sich an dieser Position im Gel DNA-Material angesammelt hat. Die relative Mobilität der DNA-Fragmente bezogen auf den Bahnanfang liefert Informationen über das Molekulargewicht der Fragmente. Durch Vergleich mehrerer Bahnen können Informationen über die Basensequenz oder die Position von Fragmenten innerhalb des Genoms abgeleitet werden.

Ein Bildverarbeitungssystem zur Analyse von Gel-Elektrophoresen sollte in der Lage sein, die Bahnen zu erkennen und innerhalb der Bahnen die Banden zu bestimmen, so daß anschließende Auswertungen möglich werden.

3. Methoden

3.1 Der Interpreter PIC

Auf dem Gebiet der digitalen Bildverarbeitung gibt es eine ganze Reihe von grundlegenden Operationen, die bild- und problemunabhängig sind und für jedes praktische Problem benötigt werden [2,6,11,12]. Deshalb ist in unserem Institut der Interpreter

PIC entwickelt worden, der diese generellen Operationen durchführt [4,9,10]. Der Vorteil einer interpretativen Kommandosprache gegenüber anderen Lösungen, wie Unterprogrammpaketen oder Menue-gesteuerten Programmsystemen, wurde schon hinreichend diskutiert [3,8,9,10].

Die Sprache PIC besteht aus ca. 90 Befehlen, die sich in folgende Gruppen einteilen lassen:

- Dateiverwaltung
- Bilddarstellung
- Geometrische Bildmanipulationen
- Histogramm-Modifikationen
- Filter-Operationen
- Fourier-Operationen
- Arithmetische und Boole'sche Operationen
- Hilfsfunktionen
- Spezialfunktionen

Fast alle Kommandos können abgekürzt werden. PIC bietet die Verarbeitungsmodi 'conversational' und 'batch'. Der Modus 'batch' ist vor allem bei aufwendigen Operationen an sehr großen Bildern von Vorteil. Durch die Benutzung eines Inputprozessors [13], der in unserem Institut entwickelt worden ist, kann sich der Benutzer seine privaten Abkürzungen oder Synonyme definieren. Außerdem können PIC-Kommandos zu Prozeduren zusammengefaßt werden. Eine sehr wichtige 'Spezialfunktion' von PIC ist das Kommando

CALL Subroutine

Mit diesem Kommando werden zur Laufzeit benutzereigene FORTRAN-Unterprogramme geladen und ausgeführt. Damit hat der Benutzer die Möglichkeit, die Sprache für seine spezielle Problemstellung selbst zu erweitern. Auf diese Weise können neue Funktionen hinzugefügt werden, ohne daß die Grammatik der Sprache geändert werden muß.

Die Analyse von Gel-Elektrophoresen basiert auf diesem grundlegenden Software-Werkzeug (s. Abb. 1). So braucht sich der Benutzer nicht um Standard-Operationen, wie Laden, Speichern und Darstellung von Bildern oder Skalieren, Bildausschnittsbildung oder Bildvorverarbeitungsmethoden zu kümmern. Er kann sich auf das tatsächliche Problem konzentrieren und dazu eine komfortable Systemumgebung benutzen.

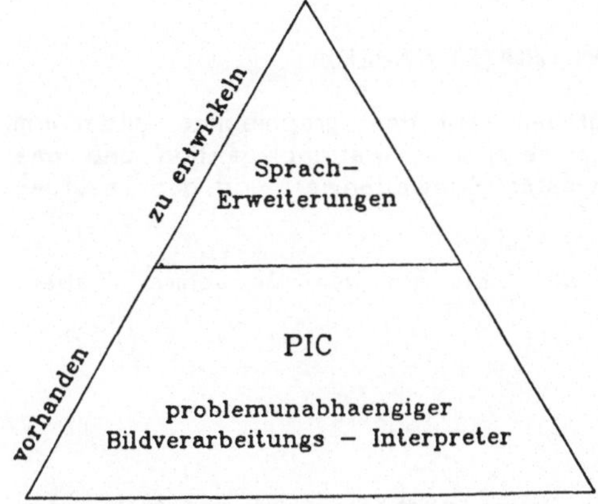

Abb. 1: Der Interpreter PIC als Basis für die Analyse von Gel-Elektrophoresen

3.2 Erweiterung der Sprache PIC

Das wesentliche Bildverarbeitungs-Problem bei der Analyse von Gel-Bildern ist die Segmentierung des Bildes in Bahnen und die Lokalisation der Banden innerhalb der Bahnen. Die Software zur Lösung dieser Probleme wurde über die Schnittstelle 'CALL Subroutine' entwickelt und getestet. Später wurden neue Kommandos kreiert und in PIC integriert. Dazu wurden die Grammatiken von Scanner und Parser erweitert und die entwickelten Unterprogramme als semantische Regeln hinzugefügt. Auf diese Weise wurde PIC um eine neue Gruppe von Kommandos, die zur Analyse von Gel-Elektrophoresen dienen, erweitert. Ein Teil der neuen Kommandos und deren Syntax soll im folgenden beschrieben werden.

Zum Verständnis der Kommandos muß deren Syntax erläutert werden: Ausdrücke in Klammern können weggelassen werden und der Schrägstrich / ist ein logisches ODER zwischen zwei oder mehreren Schlüsselwörtern. Alle Kommandos können abgekürzt werden. Zum besseren Verständnis wird hier die ausführliche Langform gewählt.

Nach der Vorverarbeitung des Bildes mit PIC muß dieses zunächst in Bahnen segmentiert werden. Hierfür wurde das Kommando

FIND TRACKS (MANUAL)

eingeführt. Läßt man das Schlüsselwort MANUAL weg, so wird diese Operation automatisch durchgeführt. Die Bestimmung der Bahnen nutzt das A-priori-Wissen aus, daß Bildspalten, die in einer Bahn liegen, eine höhere Standardabweichung der Grauwerte aufweisen als die Spalten zwischen den Bahnen. Deshalb wird das Standardabweichungs-Histogramm der Grauwerte in den Spalten berechnet. Auf dieses Histogramm wird eine variable Schwellenwertoperation angewendet, d.h. daß der Schwellenwert für jedes Bild neu bestimmt wird. Für jeden potentiellen Schwellenwert wird die Anzahl resultierender Bahnsegmente bestimmt. Die häufigste Anzahl resultierender Segmente liefert so den optimalen Schwellenwert.

Diese Methode liefert in der Regel sehr gute Ergebnisse. Trotzdem ist eine Möglichkeit der interaktiven Bahnsegmentierung vorgesehen: FIND TRACKS MANUAL. Hierfür wird ein graphisches Terminal benötigt. Nach Eingabe des Kommandos wird die Spaltenprojektion des Bildes auf den Schirm gezeichnet. Mit Hilfe eines graphischen Cursors markiert der Benutzer die Grenzen der Bahnen.

Für die Präsentation der Bahnsegmentierung stehen zwei Kommandos zur Verfügung:

DISPLAY TRACKS

PRINT TRACKS (ON (WHITE) PAPER)

Mit dem ersten Kommando werden zwei Diagramme auf dem graphischen Bildschirm gezeichnet (s. Abb. 2). Das erste Diagramm zeigt die Spaltenprojektion und das zweite die Standardabweichungen mit dem optimalen Schwellenwert und den resultierenden Bahngrenzen.

Das zweite Kommando gibt die Bahngrenzen als Liste auf dem Bildschirm, Tabellierpapier oder weißem Papier aus.

Mit dem Kommando

ELIMINATE BACKGROUND

werden die Grauwerte von Pixeln, die keiner Bahn angehören, auf negative Grauwerte gesetzt, so daß sie in den Bilddarstellungen von PIC nicht sichtbar sind, sondern nur die Bahnen selbst dargestellt werden.

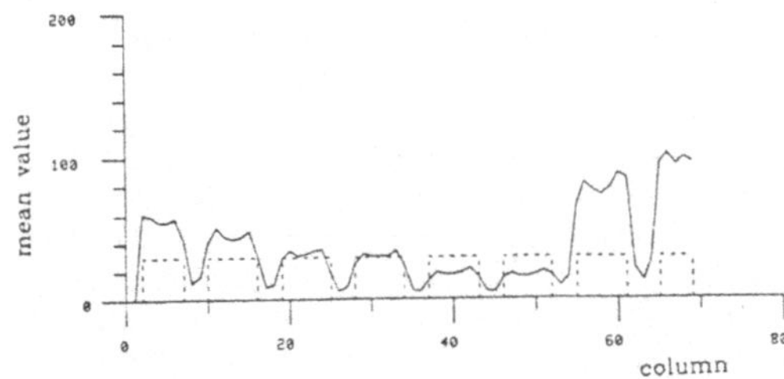

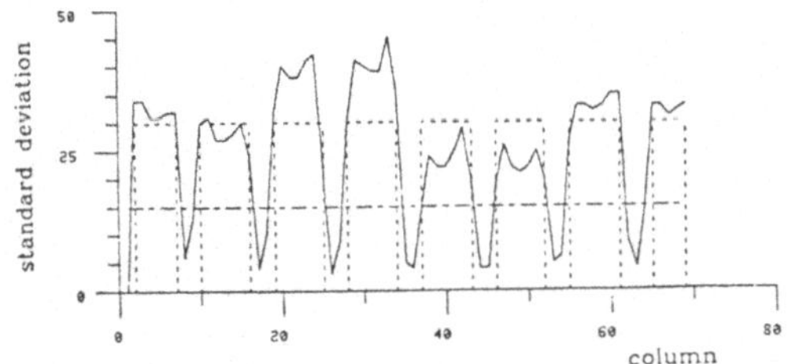

Abb. 2: Mittelwert und Standardabweichungen eines Gel-Bildes mit eingezeichnetem optimalen Schwellenwert und resultierenden Segmenten

Der nächste Schritt ist die Lokalisation von Banden innerhalb der Bahnen. Zur Lösung dieser Aufgabe wird folgendes A-priori-Wissen über die Struktur der Bilder ausgenutzt:

- Banden reichen von einer Bahngrenze bis zur anderen.
- Die vertikalen Maxima der Banden bilden einen verbundenen Pfad von der linken zur rechten Bahngrenze.

Aufgrund dieses Wissens wurde das Kommando

FIND PEAKS VERTICAL

eingeführt, das die relativen vertikalen Maxima bestimmt (Abb. 3b). Aus der Menge der relativen Maxima werden die verbundenen Pfade, also die 'Kammlinie' der Banden mit dem Kommando

FIND PATHS

bestimmmt. Dieser Algorithmus sucht entlang der linken Bahngrenze nach Startpunkten für solche Pfade. Vom Startpunkt aus wird mit einem Backtracking-Verfahren [2,3,12] ein Weg zur gegenüber liegenden Bahngrenze gesucht. Für die Pfadpixel gilt dabei die Einschränkung, daß nur die Nachbarschafts-Beziehungen 'rechts neben', 'rechts oben' und 'rechts unten' erlaubt sind. Sind mehrere Alternativen möglich, so wird nach bestimmten Prioritäten vorgegangen. Der aktuelle Weg und mögliche Alternativen werden in einem Stack gespeichert. Endet ein Weg vorzeitig in einer Sackgasse, so wird eine POP-Operation auf den Stack ausgeführt und ein anderer Weg ausprobiert. Der Algorithmus ist zu Ende, wenn entweder die rechte Bahngrenze erreicht wurde oder keine POP-Operation mehr möglich ist, weil der Stack leer ist. Im ersten Fall enthält der Stack schließlich die 'Kammlinie' der Bande (s. Abb. 3 c,d). Dieses Kommando (bzw. die dahinter verborgene Semantik) liefert gute

Ergebnisse in der Form eines Objekt-Arrays, der die der Bande zugehörige Bahn, die relative Mobilität und die Intensität der Bande enthält.

Ergebnisse aller bisher beschriebenen Operationen können auf verschiedene Arten dargestellt werden. Zur visuellen Präsentation und Verifikation können die gängigen DISPLAY-Funktionen von PIC benutzt werden. So kann zum Beispiel nach der Lokalisation der Banden das Bild so dargestellt werden, daß nur noch die Banden sichtbar sind (Abb. 3d und 4). Dabei können die Banden ihren ursprünglichen Grauwert besitzen oder zur Verdeutlichung auf den maximalen Grauwert gesetzt werden (s. Abb. 3 c,d).

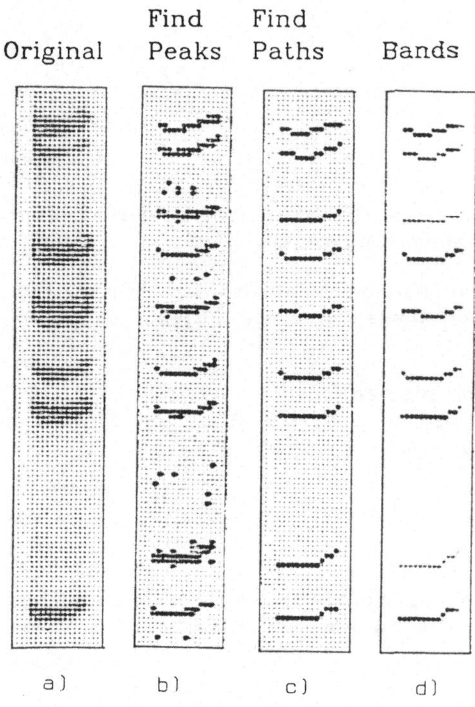

Abb. 3: a) Originalbahn eines Gel-Bildes. b) relative Maxima nach dem Kommando FIND PEAKS. c) markierte 'Kammlinie' der Banden nach dem Kommando FIND PATHS. d) gefundene Banden auf den Originalwert gesetzt

Eine Liste der Banden mit den dazugehörigen Bahnen, der relativen Mobilität und ihrer Intensität kann mit

PRINT BANDS (ON (WHITE) PAPER)

auf dem Bildschirm oder auf (weißem) Papier ausgegeben werden.

Da die Bahnen bzw. die darin liegenden Banden aufgrund nicht einheitlicher Temperaturgradienten im Gel oft gegeneinander verschoben sind, wurde das Kommando

CORRECT TRACKS

eingeführt.

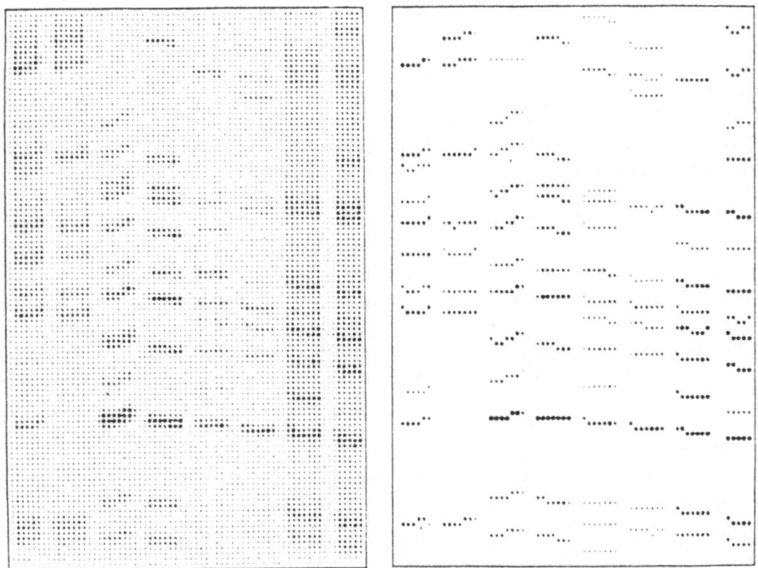

Abb. 4: Original und Ergebnis

Damit können Banden mit gleichem Molekulargewicht so manipuliert werden, daß die relative Mobilität auch übereinstimmt. Dies ist für weitere Auswertungen sehr hilfreich. Für die Bestimmung von Molekulargewichten von Fragmenten ist es notwendig, zunächst bekannte Molekulargewichte (in einer Referenzbahn) zuzuordnen. Dazu steht das Kommando

ATTACH (MOLECULAR) WEIGHTS

zur Verfügung. Unbekannte Molekulargewichte werden mit dem Kommando

INTERPOLATE (MOLECULAR) WEIGHTS

anhand der Referenzbahn interpoliert. Die Ergebnisse werden mit

PRINT (MOLECULAR) WEIGHTS (ON (WHITE) PAPER)

auf dem Bildschirm oder (weißem) Papier ausgegeben. Ein nützliches Nebenprodukt ist das Kommando

PLOT TRACK DENSITIES (MEDIAN / MEAN / MIDDLE)

Hiermit wird der Verlauf der optischen Dichte entlang der Bahnen geplottet. Mit den optionalen Parametern kann bestimmt werden, ob zeilenweise der Median, der Mittelwert oder einfach der Grauwert in der Bahnmitte verwendet werden soll.

Für Routineanwendungen ist es nicht notwendig, alle genannten Kommandos einzeln einzugeben. Die hohe Modularität ist nützlich für die Einarbeitung von Benutzern und für die Wartung. In der Regel werden jedoch mehrere Kommandos in einer Prozedur zusammengefaßt.

4. Implementierung

Das vorgestellte System ist auf einer IBM 3032 unter dem Betriebssystem TSS (time sharing system) implementiert. Für die graphischen Darstellungen werden die TEKTRONIX-Terminals 4014, 4015 oder 4112 benutzt. Die graphischen Darstellungen können auch auf einem VERSATEK Printer/Plotter kopiert oder mit einem CALCOMP-Plotter gezeichnet werden.

Die Programme sind in FORTRAN IV geschrieben und benötigen ca. 10 MB Hauptspeicher. Den größten Teil davon benötigen die Bildmatrizen. Es werden drei INTEGER-Matrizen in der maximalen Größe von 900 x 900 Pixeln und 4 REAL-Matrizen in der maximalen Größe 256 x 256 gleichzeitig im Hauptspeicher gehalten.

Zur Analyse von Eingabezeilen wird ein Parser benutzt, der mit dem Generator PAULA (Generator für Parser und lexikalische Analyse-Programme) erzeugt wurde [1].

Die Verwendung von Synonymen und Prozeduren wird durch den INPUTPROCESSOR ermöglicht [13]. Für graphische Darstellungen werden die TEKTRONIX-Unterprogrammpakete TCS (terminal control system) und AG II (advanced graphics two) verwendet [7].

5. Schlußbetrachtung

Die Erfahrung mit der Kommandosprache PIC zeigt, daß der Benutzer sie schnell verstehen und mit ihr arbeiten kann. Die Kommandos zur Analyse der Bilder sind sehr einfach und deshalb auch gut zu verstehen. Durch die hohe Modularität wird das System transparent und die Programmpflege erleichtert. Durch die Analyse des Eingabestrings mit dem Parser kann dem Benutzer eine komfortable Mensch/Maschine-Schnittstelle zur Verfügung gestellt werden, die sanft auf Eingabefehler reagiert und dem Benutzer eindeutige und leicht verständliche Fehlerhinweise gibt. Durch die Zusammenfassung von mehreren Kommandos zu mächtigen Prozeduren wird die Akzeptanz des Systems zusätzlich verbessert. So kann das System auch von Computer-Laien bedient werden.

Die Bildanalyse mit dem Rechner kann in einigen Bereichen bessere, d.h. genauere Ergebnisse liefern und den Forscher von zeitraubenden Tätigkeiten befreien.

6. Danksagung

Wir danken Dr. G. Zinser für das Digitalisieren der Bilder und den Kollegen in unserem Institut, die uns bei der Benutzung des Generators PAULA und des INPUTPROCESSORS behilflich waren. Besonderen Dank schulden wir Dr. C. Gray vom Institut für Virusforschung für die Einführung in die biologisch/chemischen Zusammenhänge und seine Kooperation.

Literatur

1. Becker, N., Osterburg, G., Schadewaldt, K.: PAULA - Generator für LL(1)-Parser und lexikalische Analyseprogramme. ZDV-Technical Report No. 10, DKFZ, Heidelberg 1977.

2. Castleman, K.R.: Digital Image Processing. Englewood Cliffs: Prentice Hall 1979.

3. Engelmann, U.: Entwicklung eines Interpreters zur Analyse von Gelbildern mit Methoden der Bildverarbeitung, Diplomarbeit Fachbereich Medizinische Informatik, Universität Heidelberg/Fachhochschule Heilbronn 1983.

4. Engelmann, U., Meinzer, H.P.: PIC-Ein Interpreter zur Bildbearbeitung. ZDV-Technical Report No. 25, DKFZ, Heidelberg 1982.

5. Engelmann, U., Meinzer, H.P.: Analysis of Elektrophoresis Gels by an Image Processing System. In van Bemmel, J.H., Ball, M.J., Wigertz, O. (Eds): MEDINFO 83. Amsterdam-New York-Oxford: North-Holland 1983.

6 Gonzalez, R.C., Wintz, P.: Digital Image Processing. Addison-Wesley, Reading 1977.

7. Hahne, H.: TEKTRONIX, TCS und AG-II. ZDV-Technical Report No. 8, DKFZ, Heidelberg 1976.

8. Meinzer, H.P.: Command Languages in Application Programming. In Lindberg, D.A.B., Kaihara, S. (Eds): MEDINFO 80. Amsterdam-New York-Oxford: North-Holland 1980.

9. Meinzer, H.P.: An Interpreter for Matrix Graphics. In Moore, R.R., Barber, B., Reichertz, P.L., Roger, F. (Eds): Medical Informatics Europe 82. Berlin-Heidelberg-New York: Springer 1982.

10. Meinzer, H.P., Engelmann, U.: A Language for the Interactive Manipulation of Digitized Images. In Lang, M. (Edit.): 6th International Conference on Pattern Recognition, Munich, 1982. IEEE, Silver Spring, MD: Computer Society Press 1982.

11. Pratt, W.K.: Digital Image Processing. New York-Chichester-Brisbane-Toronto: Wiley 1978.

12. Rosenfeld, A., Kak, A.C.: Digital Picture Processing. New York: Academic Press 1976.

13. Schadewald, K., Merx, R., Kynast, W.: Der Input-Prozessor. ZDV-Technical Report No.18, DKFZ, Heidelberg 1980.

Aus der Medizinischen Hochschule Hannover

Zur Musteranalyse mikroskopischer Muskelschnittbilder

U. Ranft

1. Einführung

In der Zytologie, d.h. der Analyse von Zellen bzw. Zellbestandteilen, gehört der Einsatz rechnergestützter Systeme, die Aufgaben der qualitativen und quantitativen Mikroskopie automatisch durchführen -z.B. automatische Blutzellanalysegeräte wie CELLSCAN oder Hematrak- schon seit gut einem Jahrzehnt zur Routine [6]. Wesentlich langsamer und mit bisher noch bescheidenen Erfolgen ist die Entwicklung der automatischen Bildverarbeitung und Analyse von Gewebsstrukturen vorangekommen [7]. Ein wichtiger Grund hierfür ist u.a. in den komplexeren Strukturen der Bilder zu suchen. In dieser Arbeit soll über einige Ansätze und Methoden berichtet werden, die einen Beitrag zur automatischen Analyse von mikroskopischen Muskelschnittbildern liefern können. Als Datenmaterial standen ca. 200 mit ATP-ase präparierte Katzenmuskelschnitte mit einer räumlichen Auflösung von 480x320 Pixel und einer Grauwerteskala von 256 Stufen zur Verfügung. Das Datenmaterial setzt sich sowohl aus normalen als auch aus pathologischen Präparaten zusammen. Obwohl zum Teil erhebliche Unterschiede zwischen tierischen und menschlichen Muskelpräparaten bestehen, bieten die Katzenmuskelschnitte dennoch die Möglichkeit, die prinzipiellen Probleme der Bildanalyse von Muskelschnitten zu bearbeiten. In den folgenden Abschnitten werden ein statistischer Ansatz, ein Segmentierungsverfahren und ein struktureller Ansatz behandelt.

2. Statistischer Ansatz

Für den unbefangenen Betrachter bietet die mosaikartige unregelmäßige Anordnung der Muskelfasern in den Muskelschnittbildern (vgl. Abb. 2a) das typische Beispiel eines Texturmusters. Die Unterschiede in der Verteilung der Muskelfasertypen (kenntlich durch die unterschiedliche Anfärbung bzw. Grauabstufung) im Texturmuster sind ein wesentliches Kriterium für die Einteilung der Schnittbilder in unterschiedliche Klassen, d.h. sie zeigen entweder eine normale Zusammensetzung oder eine pathologische Veränderung an. Insbesondere der statistische Ansatz hat sich bei der Analyse und Klassifikation von Texturmustern bewährt [2]. Im statistischen Ansatz werden die aus der Bildmatrix extrahierten Merkmale aufgrund eines statistischen Modells ihrer Verteilung in einem Klassifikator zur Bildklassifizierung verwendet.

2.1 Zusammenhangsmatrix und Merkmalsextraktion

Eine wichtige Gruppe von Texturmerkmalen, wie sie u.a. von HARALICK [4] angegeben wurde, gründet auf der zweidimensionalen verbundenen Häufigkeitsstatistik. Eine Zusammenhangsmatrix (cooccurrence matrix) C(d) beschreibt dabei die Häufigkeitsverteilung der Grauwertkombinationen aller Pixelpaare in einem festen Abstand d und ist wie folgt definiert:

$$c_{ij}(d) = \sum_{\theta \in \Omega} \# \{(k, l) \in N_y \times N_x \mid f(k, l) = i, f(k', l') = j, \\ (k', l') = (k + [d \sin\theta], l + [d \cos\theta]) \in N_y \times N_x\}, \tag{1}$$

wobei $\Omega = \{0^\circ, 45^\circ, \ldots, 315^\circ\}$,

$N_x = \{1, \ldots, M\}, N_y = \{1, \ldots, N\}, N_g = \{1, \ldots, G\}$,

$f : N_y \times N_x \rightarrow N_g$,

$[x]$ nächste ganze Zahl von x und

$\#\{..\}$ Anzahl der Elemente der Menge $\{..\}$.

In der Zusammenhangsmatrix ist also die Information über Nachbarschaftsbeziehungen von Bildelementen bezüglich ihrer Grauwerte enthalten. Die mosaikartige Textur der Katzenmuskelschnitte wird im wesentlichen von drei in ihren mittleren Grauwerten unterscheidbaren Fasertypen gebildet. Ziel des statistischen Ansatzes ist es nun, die Nachbarschaftsbeziehungen der drei Fasertypen im jeweiligen Präparat zur Klassifizierung auszunutzen, wobei die Nachbarschaftsbeziehung durch die Zusammenhangsmatrix C(d) beschrieben wird. Die zu extrahierenden Merkmale der Bildmatrix sind dann also die Elemente dieser Zusammenhangsmatrix.

Da nur drei Fasertypen in ihren Grauwertebereichen zu unterscheiden sind, kann C(d) von einer 256x256 Matrix auf eine 3x3 Matrix reduziert werden. Die für die Grauwertetransformation der Bilder erforderlichen zwei Schwellenwerte werden aus den Diagonalelementen der Zusammenhangsmatrix des Orginalbildes bei sehr kleinen Abständen d ermittelt. In der Verteilung der diagonalen Häufigkeiten von C(d) sind die drei Grauwertebereiche der Fasertypen im allgemeinen deutlicher zu unterscheiden als in der marginalen Häufigkeitsverteilung von C(d). Die Nachbarschaftsbeziehung der Fasern wird dann optimal durch C(d) beschrieben, wenn der Abstand gleich dem mittleren Faserdurchmesser gewählt wird. Dieser kann wiederum durch C(d) des nicht transformierten Bildes abgeschätzt werden, und zwar durch den Kontrast K(d):

$$K(d) = \sum_{i,j} (i-j)^2 c_{ij}(d) / \sum_{i,j} c_{ij}(d) \tag{2}$$

In der Nähe des mittleren Faserdurchmessers erreicht der Kontrast K(d) als Funktion des Abstandes d ein Maximum bzw. eine Sättigung.

Die sechs unabhängigen Komponenten der symmetrischen 3x3 Zusammenhangsmatrix des grauwertetransformierten Bildes bilden den Merkmalsvektor $f=(f_1 \ldots f_6)^T$. Die mit der Gesamtzahl der Bildpixel normierten Komponenten des Vektors f sind direkt als relative Nachbarschaftshäufigkeit der drei Fasertypen zu interpretieren.

2.2. Maximum-Likelihood-Klassifikation

Unter der Annahme, daß die Nachbarschaftsbeziehungen unabhängig voneinander sind oder dazu äquivalent, daß ein Bild das Ergebnis eines stochastischen Prozesses ist, beschreibt die multinomiale Verteilung die Wahrscheinlichkeitsverteilung des Merkmalvektors f:

$$P_k(f) = \left\{ (\sum_{i=1}^{6} f_i)! / \prod_{i=1}^{6} (f_i!) \right\} \prod_{i=1}^{6} {}^k p_i^{f_i} \quad \text{mit} \quad \sum_{i=1}^{6} {}^k p_i = 1 \tag{3}$$

Hierbei gibt ${}^k p_i$ die Wahrscheinlichkeit an, in der Klasse k das Ereignis , d.h. eine bestimmte Nachbarschaftsbeziehung l=(i,j), zu beobachten. Unter der Annahme gleicher A-priori-Wahrscheinlichkeiten der Klassen ergibt der Bayes-Klassifikator die folgende Maximum-Likelihood-Klassifikationsregel:

$$l_k = \max_j l_j \rightarrow f \in \text{Klasse } k \quad \text{mit} \quad l_k = \sum_{i=1}^{6} f_i \log {}^k p_i \tag{4}$$

Die Wahrscheinlichkeiten ${}^k \hat{p}_i$ werden mittels einer Lernstichprobe aus den Komponenten des Merkmalvektors f geschätzt:

$${}^k \hat{p}_i = \sum_j {}^k f_{ij} / \sum_{i,j} {}^k f_{ij} \quad \text{mit } {}^k f_{ij} \text{ die i-te Komponente des j-ten Stichprobenelementes der k-ten Klasse} \tag{5}$$

Mit einer Teststichprobe aus dem verfügbaren Datenmaterial wurden die folgenden Wahrscheinlichkeiten ${}^{K}p_i$ geschätzt:

	Grauwertekombinationen					
Klasse	(1,1)	(1,2)	(1,3)	(2,2)	(2,3)	(3,3)
1	0,065	0,213	0,013	0,674	0,034	0,001
2	0,173	0,249	0,015	0,534	0,027	0,002
3	0,075	0,104	0,018	0,600	0,136	0,068

An derselben Teststichprobe wurde die Fehlerrate des Klassifikators zu 30% abgeschätzt, und zwar mit den folgenden Jack-knifed-Reklassifikationsraten:

		zugewiesene Klasse		
		1	2	3
ursprüng-	1	18	4	0
liche	2	7	15	0
Klasse	3	3	5	12

Bei der Bewertung dieses Ergebnisses sind zwei entscheidende Mängel der Merkmalsextraktion zu berücksichtigen. Zum einen ist die Bildtransformation mittels Schwellenwertoperationen nicht sehr effektiv für eine Segmentierung des Bildes in die Bereiche verschiedener Fasertypen. Neben der problematischen Schwellenwertbestimmung werden grundsätzlich Nichtmuskelfaserelemente je nach ihren Grauwerten fälschlich den drei Muskelfasertypen zugeordnet. Zum anderen ist die Faserdurchmesserbestimmung nicht immer eindeutig. So weisen insbesondere pathologische Schnittbilder Fasern sehr unterschiedlicher Größe auf. Trotz dieser Einschränkungen läßt das Ergebnis aber den Schluß zu, daß ein statistischer Texturanalyseansatz wichtige Informationen über Bildinhalte liefern und somit zur Klassifikation beitragen kann.

3. Segmentierungsverfahren

Schon der statistische Ansatz hat gezeigt, daß die Segmentierung der Schnittbilder in ihre strukturellen Elemente, wie Muskelfasern, Gefäße, Bindegewebe usw., eine entscheidende Rolle bei der Bildanalyse und Klassifikation spielt. Es soll deshalb ein Segmentierungsverfahren vorgestellt werden, das den unmittelbaren Anschluß für eine Bildanalyse bzw. Klassifikation bietet (8). Das Verfahren stützt sich einerseits auf einfache lokale Bildoperationen, andererseits nutzt es intensiv A-priori-Kenntnisse und Bildkontextinformationen. Der Segmentierungsprozeß zerfällt in einen Zerlegungs- und Verschmelzungsprozeß (split and merge process), wobei lokale Bildinformation hauptsächlich bei der Bildzerlegung, Kontext- und A-priori-Information, aber auch bei der Segmentverschmelzung genutzt wird (Abb. 1).

3.1. Bildzerlegungsprozeß

Ziel des Bildzerlegungsprozesses ist es, die lokale Kanteninformation weitestgehend zu einer Segmentierung des Bildes zu nutzen, indem die Bildpunkte solange in verschiedenen Bereichen zusammengefaßt werden, bis alle Bereiche nur noch durch signifikante Kanten voneinander getrennt werden. Dieser Bereichsbildungs- oder Zerlegungsprozeß wird in vier Stufen zergliedert, und zwar in Kantendetektion, Kantenselektion, Kantenverdünnung und Bereichsdetektion (Abb. 1). Ein Sobel-Operator erzeugt ein Kantenbild (Abb. 2b). Dessen Grauwerthistogramm liefert den

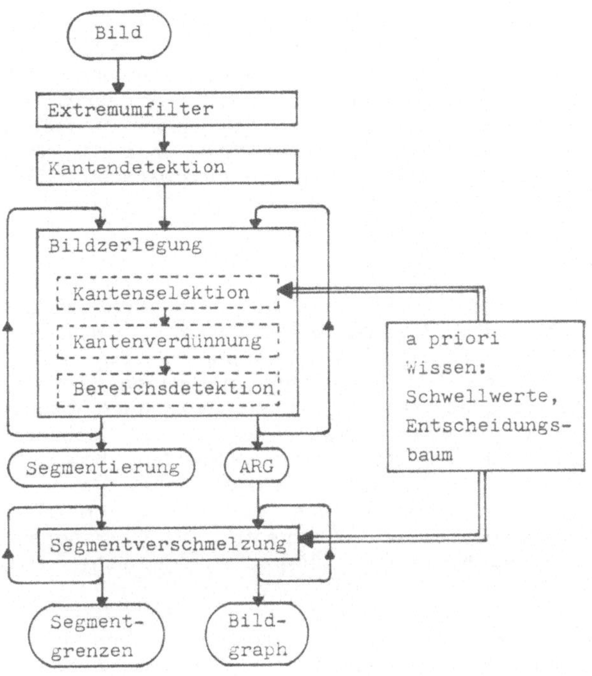

Abb. 1: Flußdiagramm des Segmentierungsverfahrens

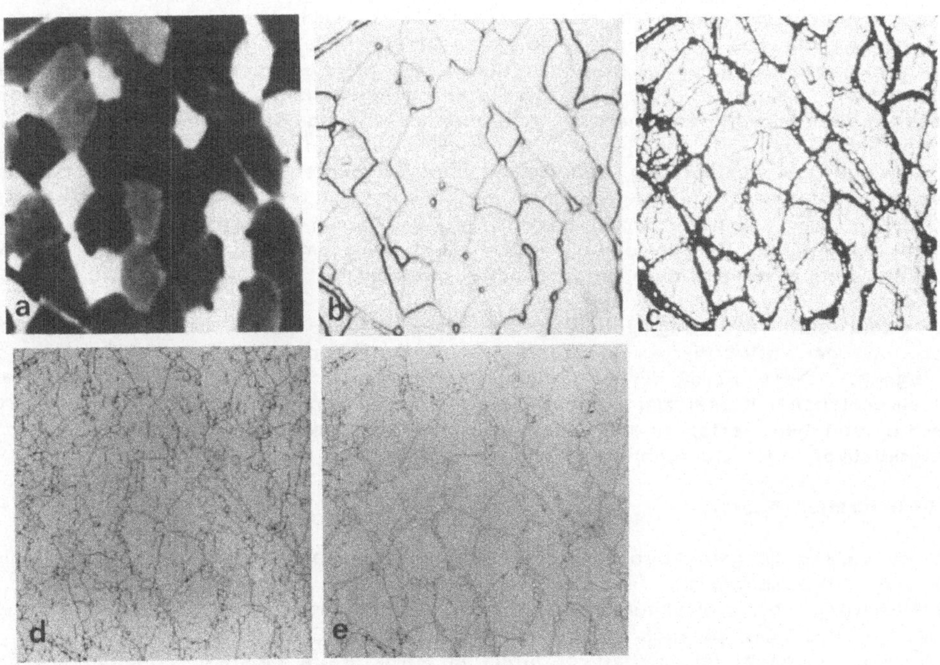

Abb. 2: (a) Katzenmuskelschnitt, 256x256 Pixel, 256Graustufen; (b)-(e) Zwischenergebnisse des Bildzerlegungsprozesses

Schwellenwert zur Bestimmung der signifikanten Kanten (Abb. 2c). Im so erhaltenen binären Kantenbild werden die Kanten bis auf Pixelbreite verdünnt (Abb. 2d). Im letzten Schritt werden alle Kanten eliminiert, die nicht zusammenhängende Gebiete trennen (Abb. 2e). Dieser vierstufige Zerlegungsprozeß wird nach seiner ersten Anwendung auf das gesamte Bild iterativ weiterhin auf diejenigen Bildsegmente angewandt, die noch deutlich größer als eine durchschnittliche Muskelfaser sind. Vorangestellt wird dem Zerlegungsprozeß eine Extremum-Filteroperation, die zur Kantenverstärkung dient.

3.2. Segmentverschmelzungsprozeß

Da beim Zerlegungsprozeß das Bild in mehr Bereiche zergliedert wird, als strukturelle Elemente tatsächlich vorhanden sind, muß ein Segmentverschmelzungsprozeß folgen. Er wird vom A-priori-Wissen über die allgemeine Bildstruktur der Muskelschnitte und von Kontextinformationen gesteuert. Schon während des Zergliederungsprozesses wird der aktuelle Segmentierungszustand des Bildes durch einen attributierten relationalen Graphen (ARG) beschrieben. Die Knoten und Kanten des Graphen entsprechen den Segmenten bzw. deren Nachbarschaftsrelationen. Attribute von Knoten und Kanten sind u.a. Segmentfläche, Segmentumfang, mittlerer Grauwert des Segmentes, Formfaktoren, Länge der gemeinsamen Grenze zweier benachbarter Segmente. Die Operationen des Verschmelzungsprozesses wirken nur noch auf den Bildgraphen und nicht mehr auf das Bild selbst.

Der iterative Verschmelzungsprozeß (siehe Abb. 1) wird dadurch gegliedert, daß in jedem Iterationsschritt als Kandidaten zur Verschmelzung mit einem Nachbarn nur diejenigen Segmente zugelassen werden, deren Nachbarsegmente entweder mindestens gleich große Flächen haben oder im vorangegangenen Schritt als mögliche Kandidaten nicht mit einem Nachbarn verschmolzen wurden. Die Iteration endet, wenn keine Segmente mehr verschmolzen werden können. Die Entscheidung, ob ein Kandidat mit einem Nachbarn verschmolzen wird, wird mittels eines binären Entscheidungsbaumes getroffen (Abb. 3). Der Entscheidungsbaum repräsentiert die A-priori-Kenntnis und verarbeitet den durch die Attribute des Graphen vermittelten Bildkontext. An jeder Verzweigung des Entscheidungsbaumes wird eine logische Aussage über eines oder mehrere Attribute des Kandidatensegmentes oder seiner Nachbarschaft geprüft und je nach Ergebnis (wahr oder falsch) einer der beiden Folgezweige zur Fortsetzung genommen. Die Endknoten des Entscheidungsbaumes bedeuten entweder eine Anweisung zur Verschmelzung mit einem bestimmten Nachbarn oder Nichtverschmelzbarkeit. Nach jedem Iterationsschritt wird die Entscheidung über Verschmelzung oder Nicht-Verschmelzung ausgeführt und der Bildgraph und seine Attribute entsprechend geändert.

Als Endprodukt des Segmentierungsprozesses steht neben den Segmentgrenzen (Abb. 4) der attributierte Bildgraph als Beschreibung des Muskelschnittes zur Verfügung. Diese Form der Bildbeschreibung bildet eine geeignete Ausgangsbasis für verschiedene Klassifizierungsmethoden. Hierzu können auch die bisher in der Literatur üblichen Verfahren der Quantifizierung der Muskelschnitte gehören, wie z.B. Zählstatistiken oder Querschnittsverteilungen der Muskelfasertypen [3].

4. Struktureller Ansatz

Das im vorangegangen Abschnitt beschriebene Segmentierungsverfahren bietet nicht nur die Voraussetzung, um die bisher üblichen Quantifizierungsverfahren zur Klassifizierung der Muskelschnittbilder zu automatisieren, sondern auch eine Ausgangsbasis, um gänzlich neue Ansätze auf ihren Einsatz in der Bildanalyse hin zu prüfen. Gedacht ist hierbei vor allem an strukturelle Mustererkennungsverfahren; aber auch eine verbesserte Version des im Abschnitt 2 beschriebenen statistischen Verfahrens könnte mit dem Segmentierungsverfahren als Vorspann entwickelt werden.

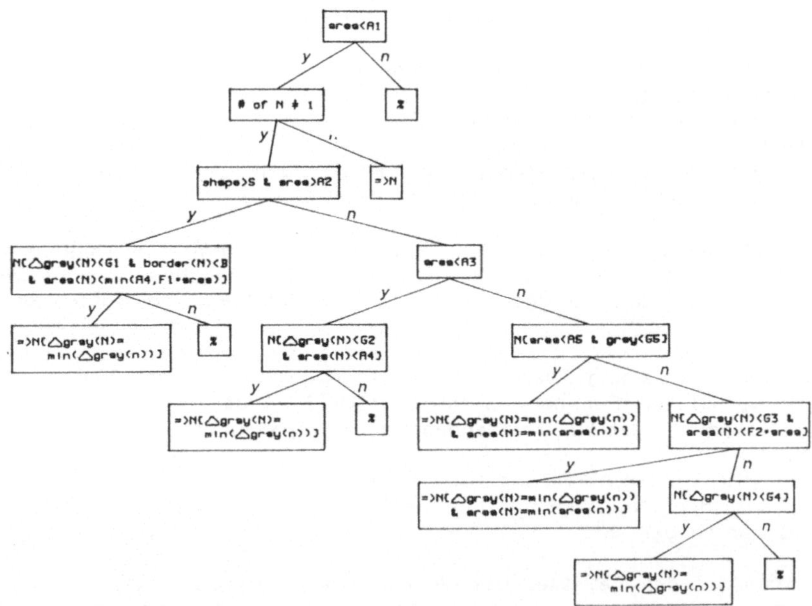

Abb. 3: Entscheidungsbaum des Segmentverschmelzungsprozesses

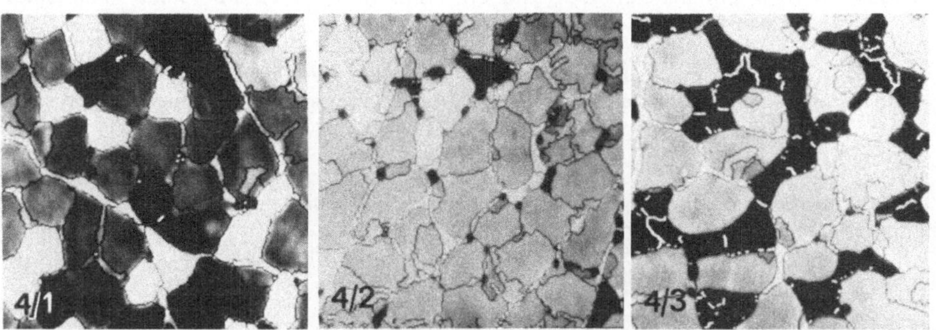

Abb. 4: Ergebnisse des Segmentierungsverfahrens an Katzenmuskelschnitten

Von SANFELIU [9] wurde ein graphentheoretisches Verfahren zur Klassifizierung von Muskelschnittbildern angegeben, wobei allerdings die Segmentierung als Vorverarbeitung von Hand vorgenommen wurde. Im folgenden soll eine ähnliche Vorgehensweise nach einer von BUNKE und ALLERMANN [1] vorgeschlagenen Methode der inexakten Graphenübereinstimmung (inexact graph matching) skizziert werden. Ergebnisse einer Realisierung des Verfahrens liegen noch nicht vor.

4.1. Inexakte Übereinstimmung zweier attributierter relationaler Graphen

Ein zweidimensionales Bildmuster wird durch einen attributierten relationalen Graphen beschrieben, dessen Knoten die strukturellen Bildelemente und dessen Kanten die strukturellen Beziehungen der Bildelemente im Bild repräsentieren. Knoten und Kanten sind mit Attributen versehen, die die einzelnen Knoten, d.h. Bildelemente, und ihre Beziehungen untereinander näher beschreiben. Ein attributierter relationaler Graph (ARG) ist dann wie folgt definiert:

Def.: Ein ARG ist ein 4-Tupel $\omega = (N,B,\upsilon,\varepsilon)$ über $V=V_N \cup V_B$, wobei

(1) N die endliche, nicht leere Menge der Knoten,
(2) $B \subseteq N \times N$ die Menge der Kanten,
(3) V_N die Menge der Knotenattribute,
(4) V_B die Menge der kantenattribute,
(5) $\upsilon: N \rightarrow V_N$ eine Attributierungsfunktion der Knoten und
(6) $\varepsilon: B \rightarrow V_B$ eine Attributierungsfunktion der Kanten.

Die inexakte Übereinstimmung zweier ARG ω_1 und ω_2 wird nun durch eine Folge von Anpassungsoperationen, die in ω_1 in ω_2 überführen, bestimmt. Die Anpassungsoperationen sind das Einfügen, Löschen und Ersetzen von Kanten und Knoten.

Def.: Eine inexakte Anpassung des ARG$\omega_1 = (N_1,B_1,\upsilon_1,\varepsilon_1)$ an den ARG $\omega_2=(N_2,B_2,\upsilon_2,\varepsilon_2)$ ist eine Funktion $f : N_1 \cup \{\xi\} \rightarrow N_2 \cup \{\xi\}$, wobei
(1) einen gelöschten oder zu ersetzenden Knoten repäsentiert,
(2) $f(\$) \neq \$$,
(3) $n \neq n' \rightarrow f(n) \neq f(n')$ mit $n,n' \in N_1$ und $f(n)$, $f(n') \in N_2$ und
(4) f nur aus den Operationen 'Einfügen', 'Löschen' und 'Ersetzen'von Knoten und Kanten besteht.

Um ein Maß für den Grad der inexakten Übereinstimmung zu erhalten, werden durch eine Kostenfunktion jeder Anpassungsoperation bestimmte Kosten zugeordnet. Die Kosten der inexakten Anpassung cost(f) ist die Summe aller Einzelkosten der in der Anpassungsfunktion f enthaltenen Operationen. Ein geeignetes Übereinstimmungsmaß gewinnt man durch die folgende Definition:

Def.: Wenn $f_1 \ldots f_n$ alle möglichen inexakten Anpassungen zwischen zwei ARG ω_1 und ω_2 sind, dann ist die optimale inexakte Anpassung f^* definiert durch

$$\mathrm{cost}(f^*) = \min_{f_1..f_n} \{\mathrm{cost}(f)\} \quad .$$

Unter minimal einschränkenden Voraussetzungen, die von der Kostenfunktion der Anpassungsoperationen gefordert werden müssen, haben die Kosten der optimalen inexakten Anpassung die Eigenschaft einer Metrik und sind deshalb ein geeignetes Maß der inexakten Übereinstimmung.

4.2. Klassifikation mittels der inexakten Übereinstimmung

Der Anwendung der inexakten Übereinstimmung zur Klassifizierung liegt der Gedanke zugrunde, daß Prototypen die unterschiedlichen Musterklassen repräsentieren und das zu klassifizierende Präparat derjenigen Klasse zugeordnet wird, mit dessen Prototyp es die größte Ähnlichkeit aufweist. Die Bildmuster werden durch einen ARG repräsentiert, und die im vorangegangenen Abschnitt definierten Kosten der optimalen inexakten Anpassung werden als geeignetes Maß für die Ähnlichkeit gewählt. Der aus dem Segmentierungsverfahren (Abschnitt 3.) resultierende attributierte Bildgraph erfüllt genau die Definition eines ARG. Die Prototypen für die Muskelschnittklassen können entweder reale oder konstruierte Schnittbilder sein.

Ein entscheidendes Problem bei der Klassifizierung nach der Methode der inexakten Übereinstimmung ist neben der geeigneten Auswahl einer Kostenfunktion die Anwendung eines effizienten Algorithmus zur Auffindung der optimalen inexakten Anpassung. Offensichtlich wächst die Rechenzeit exponentiell mit der Knotenzahl des ARG bei einer erschöpfenden Auswertung aller möglichen Anpassungsfunktionen. Heuristische Baumsuchalgorithmen, wie sie u.a. von NILSSON [5] beschrieben werden, bieten sich zur Lösung des Problems besonders an, da die Kostenfunktion sich unmittelbar als heuristische Auswertungsfunktion zur Steuerung des Suchverfahrens verwenden läßt.

5. Zusammenfassung

Das Problem der automatischen Bildanalyse mikroskopischer Muskelschnittbilder wurde mit drei unterschiedlichen Ansätzen angegangen. Erstens wurde mit einem einfachen statistischen Klassifikationsverfahren an tierexperimentellen Bilddaten gezeigt, daß statistische Texturmerkmale aufbauend auf einer verbundenen Grauwerteverteilung, der Zusammenhangsmatrix, zur Klassifizierung geeignete Informationen über die Nachbarschaftsbeziehungen der verschiedenen Fasertypen bieten können. Selbst bei diesem einfachen Ansatz aber stellt sich die Segmentierung der Bilder in ihre strukturellen Bestandteile, wie Muskelfasern, Gefäße usw., als ein entscheidendes Problem. Deshalb wurde zweitens ein Segmentierungsverfahren vorgestellt, das als Ergebnis mittels eines attributierten Bildgraphen eine Beschreibung des vollständig segmentierten Bildes liefert. Das Segmentierungsverfahren nutzt intensiv in interpretierender Weise den Bildkontext und stützt sich hierbei auf A-priori-Kenntnisse über die allgemeine Bildstruktur. Der Bildgraph des Segmentierungsverfahrens bietet eine geeignete Ausgangsbasis für unterschiedlichste Ansätze weiterer Bildanalyseverfahren. Eine solche auf dem Bildgraphen aufbauende Bildanalyse wurde drittens als struktureller Ansatz mit der Methode der inexakten Übereinstimmung von attributierten relationalen Graphen (ARG) vorgeschlagen. Diese Methode bietet insbesondere dadurch, daß die verschiedenen Klassen von Muskelschnittbildern durch konstruierte oder reale Prototypen repräsentiert werden, eine hohe Flexibilität hinsichtlich ihrer Anwendung auf Muskelschnittbilder unterschiedlichster Präparation. Offen blieb hierbei allerdings die Frage, inwieweit effiziente Algorithmen mit akzeptablen Rechenzeiten für diese Methode zur Verfügung stehen.

Literatur

1. Bunke, H., Allermann, G.: Inexact graph matching of structural pattern recognition. Pattern Recogn. Lett. 1 (1983) 245-253.

2. Conners, R.W., Harlow, C.A.: A theoretical comparison of texture algorithms. IEEE Trans. Pattern Anal. Mach. Intelligence PAMI-2 (1980) 204-222.

3. Dubowitz, V., Brooke, M.H.: Muscle Biopsy: A Modern Approach. London: Saunders 1973.

4. Haralick, R.M.: Statistical and structural approach to texture. Proc. IEEE 67 (1979) 786-804.

5. Nilsson, N.J.: Principles of Artificial Intelligence. Berlin-Heidelberg-New York: Springer 1982.

6. Preston, K., Jr.: Computer hardware for biomedical pattern recognition. In Fu, K.S., Pavlidis, T. (Eds): Biomedical Pattern Recognition and Image Processing, pp. 213-231. Weinheim: Verlag Chemie 1979.

7. Preston, K., Jr.: Tissue section analysis: Feature selection and image processing. Pattern Recogn. 13 (1981) 17-36.

8. Ranft, U., Prewitt, J.M.S., Fu, K.S.: Segmentation of microscopic transverse section pictures of muscle tissue using a split-and-merge technique. In Lang, M. (Edit.): Proceedings of the 6th International Conference on Pattern Recongnition, Munich, 1982, pp. 303-330. Silver Spring: IEEE Computer Society Press 1982.

9. Sanfeliu, A.: An application of a distance measure between graphs to the analysis of muscle tissue patterns. (TREE-81-15). School of Electrical Engineering, Purdue University, Indiana 1981.

Aus der Medizinischen Universitätsklinik Köln (Direktor: Prof. Dr. R. Gross)

Testen zellkinetischer Hypothesen mit Hilfe von Regulationsmodellen

H.E. Wichmann

Einleitung

Die Zellkinetik ist ein Gebiet, welches eine Vielzahl von Ansatzpunkten für die mathematische Modellbildung liefert - von der Simulation des Zellzyklus über räumliche Zellstrukturen bis hin zum malignen Wachstum. Eine Untergruppe zellkinetischer Modelle soll uns im folgenden beschäftigen, nämlich die Regulationsmodelle. Diese befassen sich einerseits mit dem Fluß von Zellen oder Substanzen im Körper, berücksichtigen zusätzlich aber den Fluß von Informationen. Sie charakterisieren das Wechselspiel von Bedarfsmeldung und Bedarfserfüllung und zeigen auf, wie das Fließgleichgewicht zustande kommt und wie der Körper auf Störungen dieses Gleichgewichts reagiert.

Der menschliche Körper bietet unzählige Beispiele für derartige Regulationsvorgänge, von denen zunehmend mehr durch mathematische Modelle beschrieben werden. Hier seien der Regelkreis Hypothalamus - Hypophyse - periphere Hormonbildungsstätten [5], das neuromuskuläre Reflexverhalten [8] die Regulation des Herz- Kreislauf-Systems [3] und die Aktivierung des Gerinnungssystems [4] erwähnt.

Im folgenden will ich mich mit dem Beispiel der Blutbildung beschäftigen . Dieses Regulationssystem ist im wesentlichen aus drei einzelnen Regelkreisen zusammengesetzt, welche für die Bildung der roten und weißen Blutkörperchen und der Blutplättchen zuständig sind und miteinander wechselwirken [1,6,11,12]. Jeder dieser Regelkreise hat vereinfacht die folgende Struktur (Abb. 1):

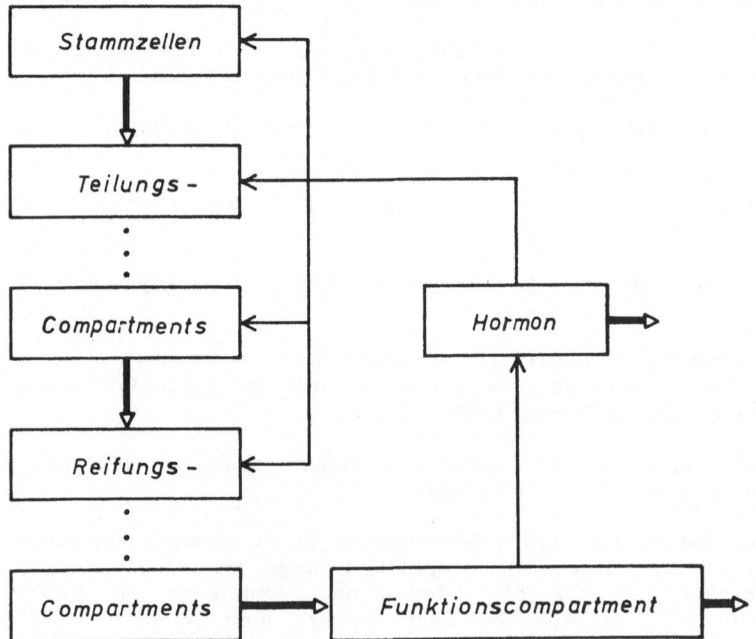

Abb. 1: Vereinfachtes Schema der Blutbildung --> Übergänge von Zellen und Hormonen, --> Regulationsmechanismen. (Nach WICHMANN 1979)

Ausgehend von einem Stammzellcompartment durchlaufen die Zellen mehrere Teilungs- und Reifungscompartments im Knochenmark, bevor sie ins Funktionscompartment im Blut gelangen. Während die Stammzellen sich selbst reproduzieren, sind die übrigen Zellen auf Nachschub aus den jeweiligen Vorgängercompartments angewiesen. Die Rückkopplung erfolgt über ein oder mehrere Hormone, welche die Proliferation und die Transitzeiten in Abhängigkeit von der Zahl reifer Zellen im Funktionscompartment steuern.

Mathematische Verfahren

Für die mathematische Beschreibung eines derartigen Regelkreises werden unterschiedliche Verfahren eingesetzt: Hängt das Zellsystem stark vom Verhalten einzelner Zellen ab, so werden stochastische Ansätze benötigt. Betrachtet man jedoch große Zellzahlen, so genügt es oft, das mittlere Verfahren der Populationen zu beschreiben. Hierzu eignen sich gewöhnliche Differentialgleichungen .

Regulationsvorgänge erweisen sich als zutiefst nichtlinear, und daher kommt man mit linearen Ansätzen in der Regel nicht aus. Außer der Nichtlinearität treten als weitere Komplikation Zeitverzögerungen auf, welche zu retardierten Differentialgleichungen führen.

Diese gewöhnlichen Differentialgleichungen mit oder ohne Retardierung lassen sich als Spezialfall partieller Differentialgleichungen verstehen und aus diesen ableiten. Das zugehörige Verfahren wurde von VON FÖRSTER [7] entwickelt und soll kurz beschrieben werden (Abb. 2).

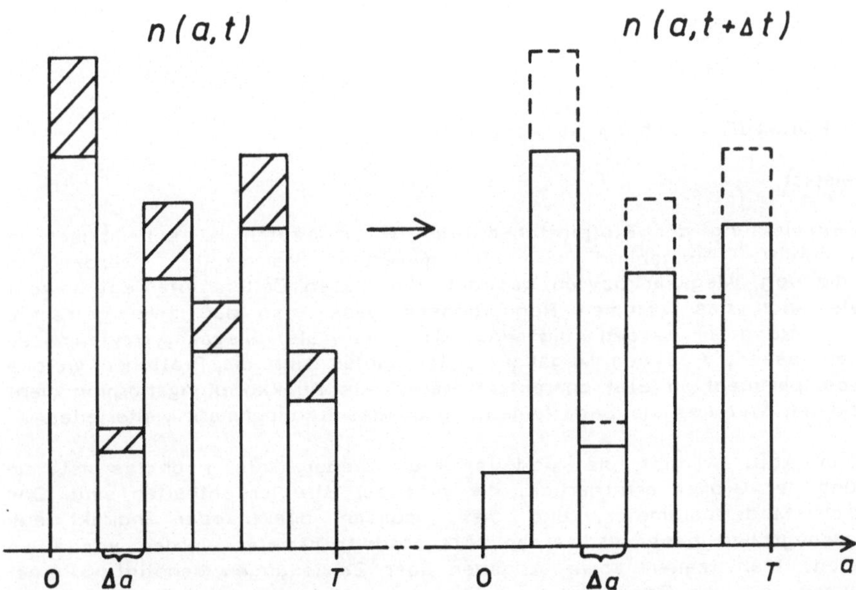

Abb. 2: Zeitliche Änderung der Altersverteilung n(a,t). Beim Übergang von t nach t + Δt rückt die Altersverteilung um Δa = Δt nach rechts. Dabei gehen die schraffierten Flächen (Verlustrate) und die rechte Säule (Abwanderungsrate) im linken Diagramm verloren. Im rechten Diagramm kommt dafür die linke Säule (Zuflußrate) hinzu. (Nach WICHMANN 1979)

Bei dem VON FÖRSTER'schen Ansatz wird eine Zellpopulation in Altersklassen n(a,t) unterteilt, und es wird untersucht, wie sich die Subpopulation mit dem Alter a und der Zeit t verändert. In der Abbildung ist links die Altersstruktur in einem Zellcompartment zur Zeit t und rechts zur Zeit t + dt dargestellt. Die Zellen sind beim Übergang von t nach t + dt um da gealtert, d.h. die Altersklassen sind nach rechts gerückt. Die Säule, die der höchsten Altersklasse entspricht, ist verschwunden; sie ist ins Nachfolgecompartment abgewandert. Dafür ist in der niedrigsten Altersklasse eine Säule aus dem Vorläufercompartment hinzugekommen. Schließlich sind die schraffierten Anteile durch Zellverlust verloren gegangen. Dieses Geschehen lässt sich mit Hilfe der VON FÖRSTER-Gleichungen beschreiben, die in der nächsten Abbildung zu sehen sind (Abb. 3). Oben links steht die partielle Differentialgleichung mit der Altersverteilung n, der Zeit t, dem Alter a und einer Verlustfunktion Theta. Darunter stehen einige andere Darstellungsformen, auf die ich nicht näher eingehen will. Dieser Formalismus soll nun auf den Regelkreis der Thrombopoese angewendet werden, auf die Bildung der Blutplättchen.

$$\frac{\partial n}{\partial t} + \frac{\partial n}{\partial a} = - n \cdot \Theta$$

$$\dot{N}(t) = \int_O^T \frac{\partial n}{\partial t}(a,t)\, da$$

$$= - \int_O^T \frac{\partial n}{\partial a}(a,t)\, da - \int_O^T n(a,t) \cdot \Theta(a,t)\, da$$

$$N(t) = \int_O^T n(a,t)\, da$$

$$\dot{N}(t) = n(O,t) - n(T,t) - \int_O^T n \cdot \Theta\, da$$

$$n_O(t) := n(O,t)$$

Abb. 3: VON FÖRSTER-Gleichung für konstantes T

Anwendungsbeispiel

Die zelluläre Entwicklung der Blutplättchen oder Thrombozyten ist schematisch in Abb. 4 dargestellt. Ausgehend von determinierten Stammzellen werden im Knochenmark die sog. Megakaryozyten gebildet. Bei diesen Zellen unterliegt sowohl die Anzahl als auch das Volumen Regulationseinflüssen, so daß zwei getrennte Compartments betrachtet werden müssen, die sich als Megakaryozytenmasse zusammenfassen lassen. Aus den Megakaryozyten bilden sich die Plättchen welche das Funktionscompartment im Blut charakterisieren. Als Rückkopplungshormon dient das Thrombopoetin, welches die Bedarfsmeldung an das Knochenmark weiterleitet.

Das Schema in Abb. 4 gibt die Modellstruktur wieder. Als nächstes ist die Charakterisierung der Größen erforderlich, die in dieser Struktur enthalten sind. Das geschieht durch Modellparameter, und diese müssen direkt oder indirekt aus biologischen Messgrößen bestimmt werden. Als Modellparameter werden vor allem Generationszeiten, Transitzeiten sowie Angaben über Zellteilungen benötigt. Ferner müssen Annahmen über die Dosis-Wirkungsbeziehungen zwischen dem Thrombopoetin und den megakaryozytären Vorstufen im Knochenmark gemacht werden, welche der direkten Messung nicht zugänglich sind.

An dieser Stelle sei auf eine Besonderheit der Blutbildungsmodelle hingewiesen, die bei vielen anderen Modellen nicht gegeben ist: Die meisten Modellparameter sind der direkten Messung zugänglich und müssen nicht aus Verlaufskurven geschätzt werden. Dadurch werden Parameterschätzverfahren nur in wenigen Fällen benötigt, und das oft gravierende Problem der Parameteridentifizierung ist hier weitgehend entschärft. Lediglich für die Rückkopplungswirkungen sind Modellhypothesen erforderlich.

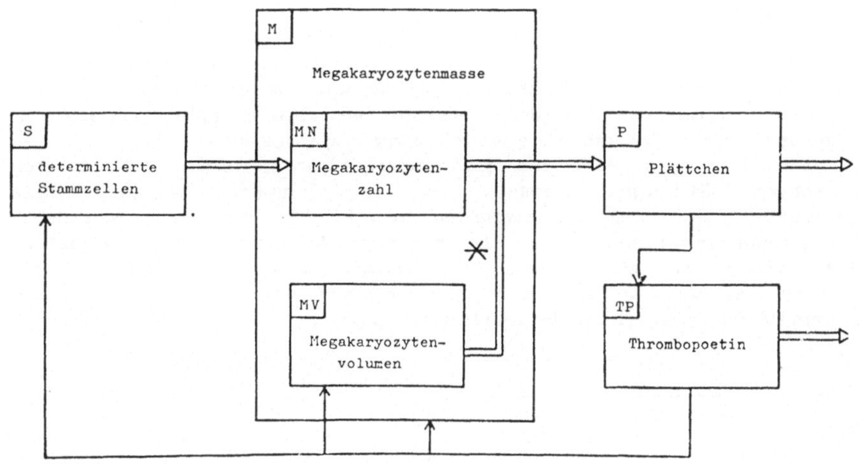

Abb. 4: Vereinfachtes Schema des thrombopoetischen Regelkreises (= Zellübergänge, ---> = Regulationsmechanismen). (Nach WICHMANN 1979)

Beides zusammen - also Modellstruktur und Modellparameter - erlauben es, die Modellgleichungen aufzustellen (Abb. 5). Im vorliegenden Fall handelt es sich um gewöhnliche Differentialgleichungen mit Zeitverzögerung, die mit Hilfe des VON FÖRSTER-Formalismus hergeleitet worden sind. Als erstes wollen wir uns nun die Anwendung dieses Regelkreismodells auf die Thrombopoese der Ratte ansehen.

Modellgleichungen

S det. Stammzellen	$\dot{S}(t) = Z_S(TP(t)) - S(t)/\tau_S$
M Megakaryozytenmasse	$\dot{M}(t) = Z_M(TP(t))\ S(t)/\tau_S - M(t)/t_M(TP))$
MN Megakaryozytenzahl	$\dot{MN}(t) = S(t)/\tau_S - MN(t)/\tau_M(TP(t)$
MV Megakaryozytenvol.	$\dot{MV}(t) = M(t)/MN(t)$
P Plättchen	$\dot{P}(t) = M(t)/\tau_M(TP(t)) - M(t-\tau_P)/\tau_M(TP(t-\tau_P))$
TP Thrombopoetin	$\dot{TP}(t) = Z_{TP}(P(t)) - TP(t)/\tau_{TP}$

Abb. 5: Modellgleichungen zur mathematischen Beschreibung des thrombopoetischen Regelkreises. (Nach WICHMANN 1979)

Thrombopoese bei Ratten

Das erste 'Modellexperiment', das wir durchführen wollen, ist die Simulation eines akuten Verlustes von Thrombozyten (Abb. 6). Im Modell wie auch in der Realität geschieht das durch Herabsetzen des Anfangswertes im Thrombozytencompartment. Drei Schweregrade der Thrombozytopenie sind dargestellt, welche den Anfangswerten 10%, 50% und 90% des Normalwertes entsprechen. Durch den thrombozytopenischen Stimulus kommt es zu einem Anstieg des Thrombopoetinspiegels, der wiederum zweierlei bewirkt: Er induziert zusätzliche Teilungen der determinierten Stammzellen, die in dieser Abbildung nicht dargestellt sind, und führt dadurch mit einer gewissen Verzögerung zu einem Anstieg der Megakaryozytenzahl. Das Megakaryozytenvolumen hingegen steigt sofort an, da das Thrombopoetin unmittelbar zusätzliche Endomitosen induziert.

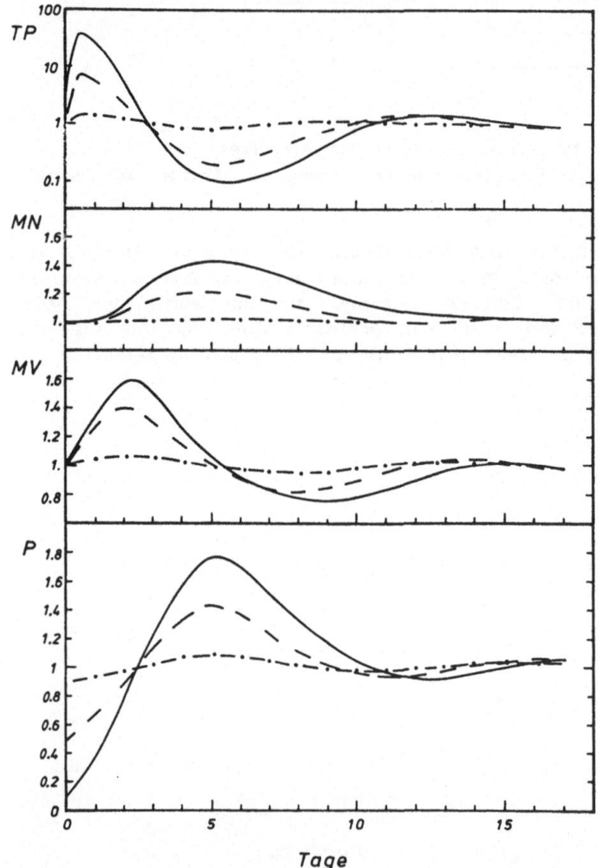

Abb. 6: Modellsimulation einer akuten Thrombozytopenie bei der Ratte: Die initiale Verkleinerung der Plättchenzahl (P) führt zum Anstieg des Thrombopoetinspiegels (TP), der wiederum eine frühe Vergrößerung des Megakaryozytenvolumens (MV) und einen etwas späteren Anstieg der Megakaryozytenzahl (MN) induziert. (Nach WICHMANN 1979)

Insgesamt führen vergrößerte Anzahl und vergrößertes Zellvolumen der Megakaryozyten zu einer überschießenden Produktion von Blutplättchen. Diese hat nun umgekehrt eine Suppression des Systems zur Folge: Der Thrombopoetinspiegel sinkt auf subnormale Werte ab. Dadurch werden weniger und kleinere

Megakaryozyten gebildet, bis schließlich auch die Thrombozytenzahl normalisiert ist.

Das dargestellte Modellergebnis - die Simulation einer akuten Thrombozytopenie - kann nun mit einer realen Thrombozytopenie am Versuchstier verglichen werden. Dieser Vergleich ist der nächste und zugleich der entscheidende Schritt: er entspricht der Modellprüfung. In Abb. 7 sind das Megakaryozytenvolumen und die Thrombozytenzahl bei akuter Thrombozytopenie in Experiment und Modell einander gegenübergestellt. Die Dreiecke entsprechen den gemessenen Megakaryozytenvolumina und die Punkte der Plättchenzahl, jeweils bei der Ratte. Die durchgezogenen Linien sind die zugehörigen Modellkurven. Wie man sieht, reproduziert das Modell die Meßwerte in befriedigender Weise für die beiden dargestellten Experimente.

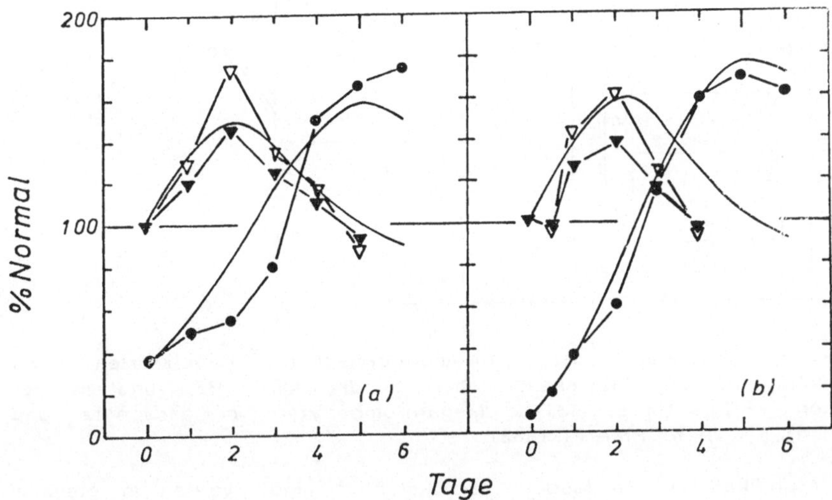

Abb. 7: Modellprüfung zur akuten Thrombozytopenie bei der Ratte: Vergleich der Modellkurven (------) mit Daten zum Megakaryozytenvolumen (▼,▽) und zur Plättchenzahl (●). (Nach WICHMANN 1979)

In gleicher Weise lassen sich andere Experimente zur akuten oder chronischen Stimulation und Suppression im Modell simulieren und mit den verfügbaren Daten vergleichen. Sie alle müssen gleichzeitig innerhalb des Modells reproduziert werden, wenn dieses den Anspruch erheben will, die wichtigsten Regulationseigenschaften zu enthalten. Unterstellt, dies gelingt, dann können wir dazu übergehen, die Früchte der Modellanalyse zu ernten. Dies sind vor allem Aussagen über die Proliferationsverhältnisse im Knochenmark. Die Modellannahmen zu den Dosis-Wirkungs-Beziehungen des Thrombopoetins haben sich bewährt, weitere Ergebnisse lassen sich daraus ableiten.

Der nächste wichtige Schritt ist die **Sensitivitätsanalyse** des Modells. Hierbei wird geprüft, wie empfindlich die einzelnen Annahmen in das Modell eingehen, ob Alternativannahmen zu den gleichen Ergebnissen führen etc. Die Sensitivitätsanalyse wurde für alle Modellparameter und einige strukturelle Annahmen durchgeführt.

Normale Thrombopoese beim Menschen

Die Erkenntnisse bei der Ratte sollen nun auf den Menschen übertragen werden (Abb. 8). Hierzu müssen zunächst die Modellparameter geändert werden, denn vor allem die Transitzeiten und die Lebensdauer der reifen Zellen sind beim Menschen ca. doppelt so groß wie bei der Ratte. Zusätzlich muß der Plättchenspeicher in der Milz berücksichtigt werden, der beim Menschen ein Drittel aller Thrombozyten enthält. Daher unterscheiden wir im folgenden zwischen der Gesamtplättchenzahl P, der zirkulierenden Plättchenzahl PC und der Plättchenzahl PS in der Milz.

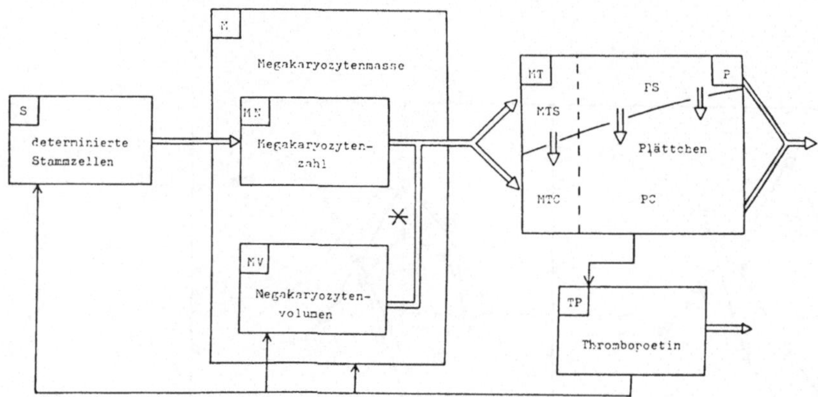

Abb. 8: Erweitertes Schema des thrombopoetischen Regelkreises mit Berücksichtigung der Plättchenspeicher in der Milz (PS) und in der Zirkulation (PC). (MTS, MTC: Megathrombozyten in der Milz und Zirkulation). (Nach WICHMANN 1982)

Nachdem diese Modifikationen im Modell berücksichtigt sind, werden in gleicher Weise wie bei der Ratte Simulationsrechnungen durchgeführt und mit entsprechenden Daten verglichen. Dies sei exemplarisch für die akute Thrombozytopenie bei Menschen dargestellt.

Abb. 9 zeigt den Vergleich für eine Reduktion der Thrombozytenzahl auf 50%. Die Datenpunkte für die Megakaryozytenzahl MN, das Megakaryozytenvolumen MV und die zirkulierende Plättchenzahl PC stammen dabei von gesunden Probanden. Auch hier stimmt die berechnete Zellkinetik weitgehend mit den Messungen überein.

Auf weitere Beispiele zur Modellprüfung möchte ich an dieser Stelle verzichten und statt dessen auf eine zusätzliche Anwendungsmöglichkeit eines solchen Modells eingehen, nämlich das Testen von Hypothesen.

Regulatoren der normalen Thrombopoese

Die erste Frage, die hierbei untersucht werden soll, lautet: Welche Rolle spielen die Milzthrombozyten bei der Regulation? Sind sie an der Rückkopplung beteiligt, wie einige Autoren meinen, oder wird die Rückkopplung nur durch die zirkulierenden Thrombozyten bestritten, wie andere annehmen? Durch Formulierung beider Hypothesen im Modell und Berechnung ihrer Konsequenzen läßt sich eine Entscheidung herbeiführen. Am besten eignen sich für den Vergleich die Gleichgewichtsdaten von hämatologisch Gesunden, bei denen der Milzspeicher verändert ist. Dies ist in Abb. 10 dargestellt: Die Abszisse bezeichnet die relative Milzspeichergröße, während die Ordinate die Gesamtplättchenzahl P bzw. die zirkulierende Plättchenzahl PC im Gleichgewicht repräsentiert. Was sagen nun die beiden Rückkopplungshypothesen bei verändertem Milzspeicher voraus? Ist die Gesamtzahl aller Thrombozyten in Zirkulation und Milz für die Regulation verantwortlich, dann darf es keine Rolle spielen, wo die Zellen sich aufhalten. Die Gesamtplättchenzahl P liegt also unabhängig vom Milzspeicher bei 100%, und die Zahl zirkulierender Plättchen PC wird bei der Umverteilung in den Milzspeicher linear kleiner. Dies entspricht den durchgezogenen Kurven in der Abbildung.

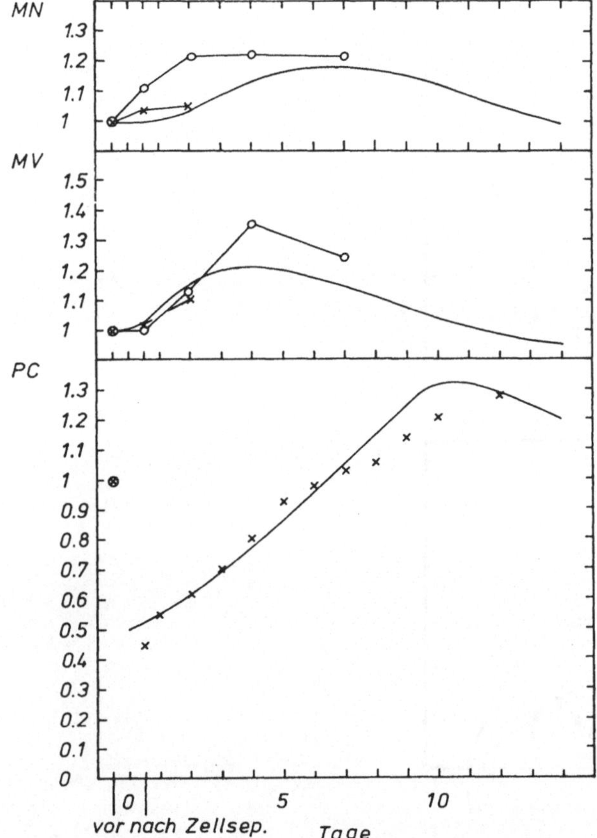

Abb. 9: Modellprüfung zur akuten Thrombozytopenie beim Menschen: Vergleich der Modellkurven (------) mit den Daten gesunder Probanden (MN = Megakaryozytenzahl, MV = Megakaryozytenvolumen, PC: zirkulierende Plättchenzahl). (Nach WICHMANN 1982)

Anders sieht die Situation aus, wenn die zirkulierenden Zellen allein für die Rückkopplung verantwortlich sind. In diesem Fall bedeutet die vergrößerte Milz ein Signal zur Steigerung der Proliferation, die Gesamtplättchenzahl wächst an und auch die zirkulierende Plättchenzahl ist größer als im ersten Fall. Dies entspricht den gestrichelten Linien in der Abbildung. Wie man sieht, unterstützen die Daten eindeutig die erste Rückkopplungshypothese. Die Antwort der Modellprüfung lautet somit: Eine Rückkopplung durch die Gesamtplättchenzahl steht erheblich besser in Einklang mit den Daten als eine Rückkopplung durch die zirkulierenden Thrombozyten.

Gibt es weitere Regulatoren?

Dies führt uns zur nächsten offenen Frage der Thrombopoeseforschung, nämlich zu der Frage nach weiteren Regulatoren. Wie wir gesehen haben, kommt man bei der normalen Thrombopoese mit einem Regulator aus, nämlich dem Thrombopoetin. Gilt das aber auch für andere Situationen oder gibt es zusätzliche pathophysiologische Einflüsse auf die Thrombopoese?

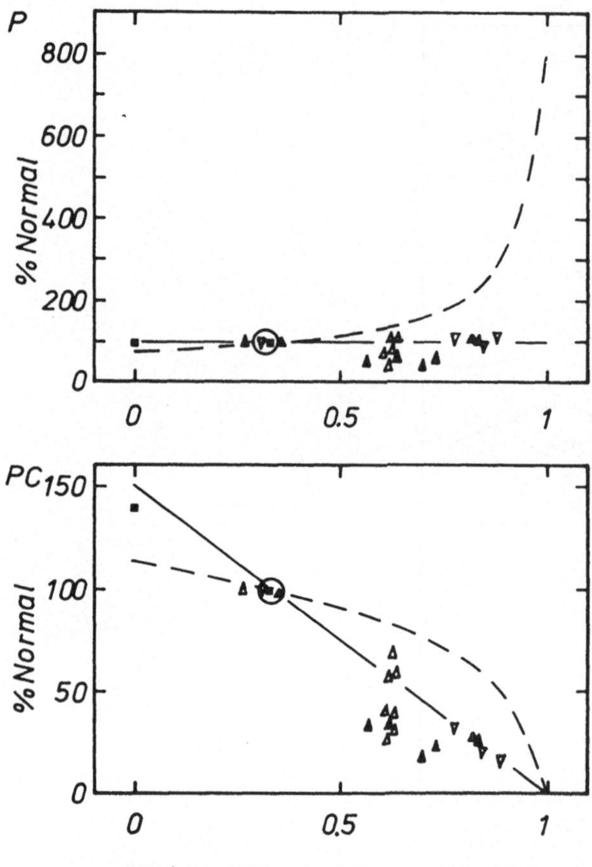

Abb. 10: Hypothesenprüfung zur Thrombopoese beim Menschen: Die Annahme, daß die normale Regulation von der Gesamtthrombozytenzahl P abhängt (------), stimmt deutlich besser mit den Daten überein als die Annahme, daß die Regulation über die zirkulierende Plättchenzahl PC erfolgt (- - - -). Die Daten stammen von hämatologisch gesunden Personen. (Nach WICHMANN 1982)

Ein pathophysiologischer Regulator könnte nach operativen Eingriffen wirksam werden. Hierbei kommt es nämlich zu einem Anstieg der Thrombozytenzahlen, wobei als Ursache eine Stimulation der hämopoetischen Stammzellen diskutiert wird. Der Stammzellstimulus würde zu einem Anstieg der Megakaryozytenzahl und nach einigen Tagen zur Thrombozytose im Blut führen. Diese Hypothese soll im Modell nachgebildet werden.

Abb. 11 zeigt das Ergebnis. Für die durchgezogene und die kurz-gestrichelte Kurve, die zwei leicht modifizierte Modellvarianten darstellen, wurde eine Stammzellstimulation angenommen, die innerhalb von 10 Tagen verschwindet. Die zirkulierende Plättchenzahl PC reagiert mit einer Thrombozytose von ca. 160% . Beim Fehlen der Stammzellstimulation beträgt der Plättchenanstieg hingegen lediglich 110%, wie die lang-gestrichelte Modellkurve zeigt. Die Daten unterstützen die Annahme des zusätzlichen Stimulus.

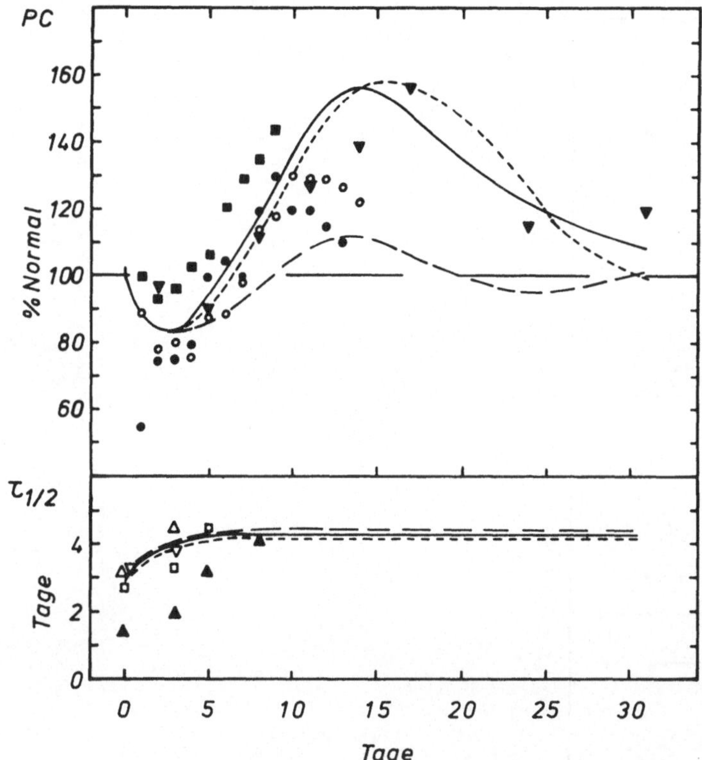

Abb. 11: Hypothesenprüfung zur Thrombopoese beim Menschen: Die Annahme, daß beim Operationstrauma ein zusätzlicher Stammstimulus wirksam ist (------, - - - -: 2 Modellvarianten), reproduziert den postoperativen Thrombozytenanstieg. Dies ist bei alleiniger Thrombopoetinwirkung (-- -- --) nicht der Fall. Daten zur zirkulierenden Plättchenzahl PC und zur Thrombozytenhalbwertzeit $tau_{1/2}$ nach abdominellen Eingriffen nach WICHMANN 1982)

Die Modellrechnungen zeigen erstens, daß ein zusätzlicher pathophysiologischer Stimulator der Thrombopoese benötigt wird, zweitens, daß die gewählte Form der Stimulation zum Verständnis der Daten ausreicht und drittens, daß der Stimulus quantifiziert werden kann.

Milzinhibitor-Hypothese

Im letzten Beispiel soll die häufig diskutierte Hypothese eines Milzinhibitors im Modell analysiert werden. Diese Hypothese wurde aufgestellt, um einerseits den starken Thrombozytenanstieg nach Entfernung der Milz, andererseits die verringerte Plättchenzahl bei Vergrößerung der Milz zu erklären. Dabei nimmt man an, daß die Milz normalerweise einen Inhibitor bildet, der die Knochenmarksproliferation hemmt.

Dieser hypothetische Inhibitor würde bei Entfernung des Organs wegfallen und dadurch zu einer verstärkten Proliferation führen, und er würde umgekehrt bei Vergrößerung der Milz verstärkt gebildet und dadurch die Proliferation hemmen. Das Lager der Thrombopoeseforscher ist gespalten, wobei eine Hälfte an den Milzinhibitor glaubt und die andere nicht.

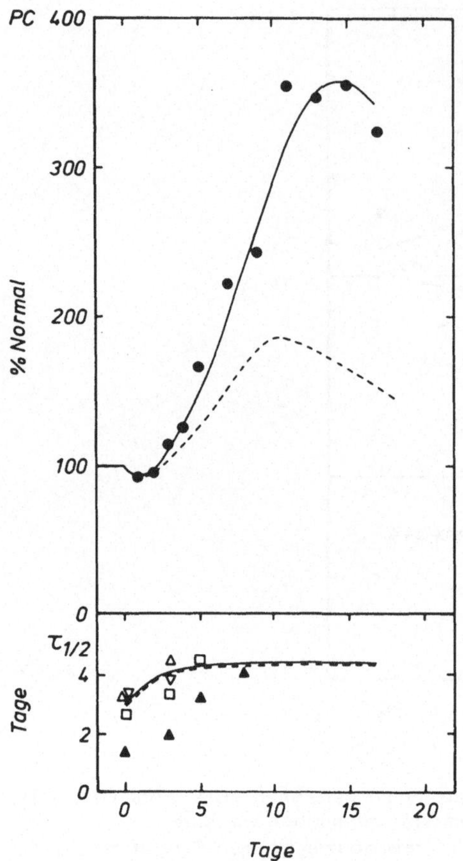

Abb. 12: Hypothesenprüfung zur Thrombopoese beim Menschen: Die Thrombozytose nach Splenektomie kann auch ohne Milzinhibitorhypothese aus dem Verlust des Milzspeichers und einer postoperativen Stammzellstimulation (wie bei vergleichbaren abdominellen Eingriffen) verstanden werden (------). Der alleinige Milzspeicherverlust (- - - -) reicht jedoch nicht zum Verständnis der Daten aus. (Daten zur zirkulierenden Plättchenzahl PC und zur Thrombozytenhalbwertzeit $tau_{1/2}$ nach posttraumatischer Splenektomie, nach WICHMANN 1982)

Im Modell soll geprüft werden, ob es möglich ist, den Thrombozytenanstieg nach Milzentfernung ohne die Milzinhibitorhypothese zu verstehen. Hierzu werden Daten hämatologisch Gesunder betrachtet, bei denen die Milz nach traumatischer Ruptur operativ entfernt werden mußte. Bei diesen Personen steigt die zirkulierende Plättchenzahl auf 300 - 400% des Normalwertes an, wie Abb. 12 zeigt. Dieser Anstieg ist natürlich nicht allein durch den Verlust des Milzspeichers zu verstehen, wie die gestrichelte Modellkurve belegt. Wäre aber das zusätzliche Operationstrauma in der Lage, die Daten zu erklären? Die Antwort lautet: Ja. Nimmt man einen Stammzellstimulus wie bei vergleichbaren abdominellen Eingriffen an, dann ergibt sich die obere Modellkurve, die dem Verlauf der Meßwerte entspricht. Zur Erklärung der Thrombozytose nach Splenektomie reicht also die Kombination von postoperativer Stimulation und Milzspeicherverlust aus, ein Milzinhibitor wird hierfür nicht benötigt.

In ähnlicher Weise läßt sich anhand des Modells zeigen, daß die verringerte Zahl von Blutplättchen, die bei Milzvergrößerung gefunden wird, allein aus der Umverteilung der Zellen in den Milzspeicher und einer leichten Verkürzung der Lebensdauer dieser Zellen zu verstehen ist. Auch zur Erklärung dieser Daten ist der hypothetisch geforderte Milzinhibitor entbehrlich.

Zusammengefaßt hat das Beispiel der Thrombopoese demonstriert, wozu ein mathematisches Rückkopplungsmodell dienen und was es leisten kann:

- Es zeigt auf, welche Größen eine entscheidende Rolle bei der Regulation spielen und welche von untergeordneter Bedeutung sind.

- Es erlaubt auf indirektem Wege Aussagen über Wirkmechanismen, die der direkten Messung nicht zugänglich sind.

- Es ermöglicht das quantitative Testen biologischer Hypothesen.

- Es stellt Hilfsmittel für die klinische Anwendung bereit, z.B. Nomogramme für die Knochenmarksproliferation.

- Eine weitere Anwendung schließlich ist das Erarbeiten und Optimieren von Untersuchungsprotokollen oder Versuchsplänen. Dadurch ist es möglich, die bisherigen Modellerkenntnisse auszunutzen und in enger Zusammenarbeit mit Experimentatoren und Klinikern gezielt auf neue Fragen anzuwenden.

Der Vortrag ist ein Auszug aus meiner Habilitationsschrift [11], aus der auch einige Abbildungen übernommen wurden. Insgesamt wurden in dieser Arbeit 10 unterschiedliche Stimulations- oder Suppressionseinflüsse untersucht (akute und chronische Thrombozytopenie und Thrombozytose, Adrenaliengabe, Splenektomie, Splenomegalie, verkürzte Thrombozytenlebensdauer, Operationstrauma, Verbrennung). Hierbei wurden über 60 Kurvenverläufe mit entsprechenden experimentellen und klinischen Daten verglichen (über 600 Datenpunkte). Das Modell der Thrombopoese der Ratte enthält 5 Differentialgleichungen mit 12 Parametern, von denen 9 direkt messbar sind. Lediglich 3 freie Parameter waren aus 34 Verlaufskurven zu schätzen. Das Modell für den Menschen enthält 7 Differentialgleichungen mit 15 Parametern. Hiervon waren 5 freie Parameter aus 29 Verlaufskurven zu schätzen.

Literatur

1. Löffler, M., Wichmann, H.E.: A comprehensive mathematical model of stem cell proliferation which reproduces most of the published experimental results. Cell Tissue Kinet. 13 (1980) 543 - 561.

2. Möller, D., Popović, D., Thiele, G.: Modeling, Simulation and Parameter-Estimation of the Human Cardiovascular System. Braunschweig: Vieweg 1983.

3. Ranft, U.: Zur Mechanik und Regelung des Herzkreislaufsystems. (Medizinische Informatik und Statistik, Bd. 6). Berlin-Heidelberg-New York: Springer 1978.

4. Richter, O.: Mathematische Modelle für die klinische Forschung: enzymatische und pharmakokinetische Prozesse. (Medizinische Informatik und Statistik, Bd. 32). Berlin-Heidelberg-New York: Springer 1982.

5. Schenzle, D.: An autocatalytic model for pulsatile release of GNRH. Neuro-Endocrinol. Lett. 2 (1980) 25 -30.

6. Steinbach, K.H., Raffler, H., Pabst, G. et al.: A mathematical model of canine granulocytopoiesis. J. math. Biol. 10 (1980) 1-12.

7. Von Förster, H.: Some remarks on changing populations. In Stohlman, F. (Edit.): The Kinetics of Cellular Proliferation, pp. 382-407. New York: Grune and Stratton 1959.

8. Von Förster, H.: Computation in neutral nets. Current Mod. Biol. 1 (1967) 47-93.

9. Wichmann, H.E.: Konstruktion von Blutbildungsmodellen mit Hilfe der von Förster Gleichung. EDV Med. Biol. 10 (1979) 12-16.

10. Wichmann, H.E., Gerhardts, M.D., Spechtmeyer, H. et al.: Mathematical model of thrombopoiesis in rats. Cell Tissue Kinet. 12 (1979) 551-567.

11. Wichmann, H.E.: Ein allgemeiner mathematischer Ansatz zur Konstruktion von Blutbildungsmodellen und seine Anwendung auf die Thrombopoese. Habilitationsschrift, Universität Köln 1982.

12. Wichmann, H.E.: Computer modeling of erythropoiesis. In Dunn, C.D.R. (Edit.): Current Concepts in Erythropoiesis, pp. 99-141. Chichester: Wiley 1983.

Aus dem Deutschen Krebsforschungszentrum Heidelberg, Institut für Dokumentation, Information und Statistik, (Direktor: Prof. Dr. G. Wagner)[1], dem Sonderforschungsbereich 123 an der Universität Heidelberg[2], WUDAC, Universität Uppsala, Schweden[3], und der Hadassah Medical School, Hebrew University, Jerusalem, Israel[4]

Ein Simulationsmodell der Kinetik in Dünndarmkrypten

H.P. Meinzer[1], Th. Götz[2], B. Sandblad[3], G. Zajicek[4]

Einleitung

Dynamische Vorgänge in lebenden biologischen Systemen lassen sich selten so gut beobachten wie in den Krypten des Darms. Zu einer einfachen Geometrie kommt hier noch ein vergleichsweise schneller Zellzyklus. Aus diesem Grund liegen eine große Menge experimenteller Arbeiten vor, die die verschiedensten meßtechnisch zugänglichen Parameter der Kinetik in Dünndarmkrypten beschreiben. Über die zugrundeliegenden Steuerungsmechanismen gibt es jedoch nur wenige Aussagen.

Diese Arbeit beschreibt ein Simulationsmodell, d.h. eine Nachbildung der räumlichen und zeitlichen Abläufe in einer Krypte. Aufgrund gewisser Anfangswerte ergeben sich nach einem Simulationslauf eine Menge von Resultaten, die sich mit den bekannten Eigenschaften einer Krypte in Übereinstimmung bringen lassen. In einem Modell lassen sich zusätzlich Annahmen und Einflüsse studieren, die in der Natur nicht nachprüfbar sind oder noch nicht untersucht wurden.

Auf diese Weise lassen sich für die räumliche und zeitliche Struktur der Abläufe in einer Krypte Aussagen machen, die durch weitere Experimente bestätigt oder verworfen werden können. Interessant sind dabei die Phasenverteilungen und die Dauer eines Zellzyklus sowie deren Varianzen wie auch Annahmen über den Verlust der Proliferationsfähigkeit und die Kriterien für den Tod einer Zelle.

Biologische Grundlagen

Das Zellerneuerungssystem einer Darmkrypte gliedert sich in drei Zonen, in die

- Stammzellenzone (S-Zone) im Bereich der Kryptenbasis,
- Proliferationszone (P-Zone) im mittleren Teil,
- Reifungszone (M-Zone) im oberen Teil der Krypte.

Die S-Zone ist bei Dünndarmkrypten von Mäusen auf die vier bis fünf untersten Zellpositionen beschränkt. Legt man einen senkrechten Schnitt, der die Kryptachse enthält, durch die Krypte, so liegt die Zelle, die der Kryptachse am nächsten ist, in Position 1, die unmittelbar darüber liegende in Position 2 etc. (s. Abb. 1) Die S-Zone enthält insgesamt ca.50 Zellen, darunter etwa 15 Stammzellen, der Rest besteht zum größten Teil aus Panethzellen. Eine Differenzierung wird hier nicht ausgelöst; es findet lediglich ein Reifungsprozeß bei bereits differenzierten Zellen statt.

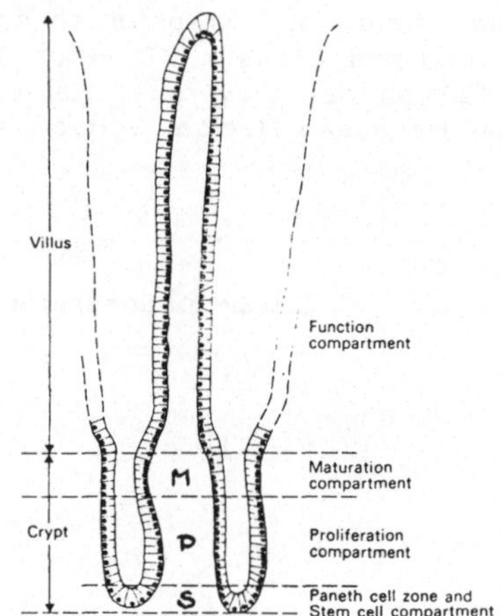

Abb. 1: Dünndarmkrypte

Daraus ergibt sich, daß alle differenzierten Zellen, die sich in der S-Zone befinden, aus der P-Zone eingewandert sein müssen und nicht an Ort und Stelle entstanden sein können [4-8]. Die einzigen proliferierenden Zellen in der S-Zone sind die Stammzellen; alle anderen sterben ab, ohne sich noch einmal geteilt zu haben.

In der P-Zone wird die Differenzierung in die verschiedenen Zelltypen induziert, hauptsächlich in Säulenzellen, die nach oben in die M-Zone wandern, und Panethzellen, die abgestorbene Zellen in der S-Zone ersetzen. Die Säulenzellen bleiben proliferierend, solange sie sich in der P-Zone befinden, und teilen sich hier noch mehrfach.

In der M-Zone gibt es keine proliferierenden Zellen mehr. Der in der P-Zone begonnene Reifungsprozeß geht weiter, so daß alle Zellen, die die Krypte nach oben verlassen, voll funktionsfähig sind. Die Zellproduktion einer Krypte wird u. a. verstärkt, wenn ein größerer Teil des Dünndarms entfernt wird.

Die Grenze zwischen P- und M-Zone scheint krypteníntern gesteuert zu werden, während die Grenze zwischen S- und P-Zone sich verschiebt, wenn die ganze Krypte gegen den Muscularis mucosae geneigt wird, so daß dieser Steuerungsmechanismus wohl außerhalb der Krypte liegt [9].

Modellannahmen

Es wurde ein Computerprogramm angefertigt, das die dynamischen Prozesse in einer Krypte simuliert. Dazu war es nötig, gewisse Vereinfachungen der geometrischen Struktur der Krypte zu unterstellen. Wir nehmen an, daß eine Krypte rotationssymetrisch bezüglich der Kryptachse ist, und beschränken uns auf die Simulation einer Zellreihe oder Spalte (column) aus der Krypte. Das Vorgehen verursacht eine Verfälschung der Ergebnisse für den Kryptenboden, d.h. für die ersten vier bis fünf Positionen, weil hier in Wirklichkeit eine Abnahme der Anzahl der Zellen, die ringförmig nebeneinanderliegen, vorliegt.

Des weiteren nehmen wir an, daß der Zellaustausch zwischen den Spalten vernachlässigbar ist oder daß der Austausch zwischen den Spalten ein gleichmäßiger Prozeß ist. Das erscheint insofern zulässig, als es sonst in der Natur beobachtbare Ausbeulungen der Krypte geben müßte.

Die Beschränkung des Simulationsmodells auf eine Spalte bedeutet auch, daß wir es mit einer eindimensionalen Reihe benachbarter Zellen zu tun haben, d.h. das Modell ist linear und zusammenhängend. Es gibt in der Reihe der Zellen keine leeren Plätze. Wenn eine Zelle sich teilt, so liegen die beiden Töchter nebeneinander und nehmen die Position der Mutterzelle und die nächste in Richtung auf den Kryptenausgang in Anspruch. Das bewirkt, daß, um einen Platz für die zweite Tochterzelle zu schaffen, die darüberliegenden Zellen alle um eine Position nach oben versetzt werden müssen.

Diese Modellannahme der Wanderung bedeutet, daß keine turbulenten Zellwanderungen stattfinden. Benachbarte Zellen bleiben benachbart. Diese Annahme, die dem Simulationsmodell zugrunde liegt, besagt nicht, daß die Zellwanderung allein durch den Druck neugeborener Zellen bewirkt wird. Sie beinhaltet lediglich die Vorstellung, daß sich die Wanderungsgeschwindigkeiten benachbarter Zellen nur wenig unterscheiden, bzw. daß die Zellpopulation im wesentlichen homogen ist (d.h. hauptsächlich aus Säulenzellen besteht).

Die Wanderung von Zellen aus der P-Zone zurück in die S-Zone, die nötig ist, um dort abgestorbene differenzierte Zellen zu ersetzen, kann vernachlässigt werden, weil es sich hier in erster Linie um Panethzellen handelt, die eine vergleichsweise lange Lebenserwartung haben, so daß ein Ersatz relativ selten nötig wird.

Eine weitere Modellannahme ist das Vorhandensein genau <u>einer</u> ewig proliferationsfähigen Stammzelle in einer Spalte der Krypte. Diese Stammzelle bleibt immer in Position eins; wenn sie sich teilt, wird eine der Töchter zur neuen Stammzelle am gleichen Ort; die zweite Tochter wird in Position zwei geschoben.

Alle Zellen entwickeln sich unabhängig voneinander. Jede proliferierende Zelle durchläuft nacheinander die Phasen G_1, S, G_2 und die Mitose, deren jeweilige Dauer eine unabhängige Zufallsvariable ist. Danach werden zwei neue Zellen geboren, die entweder wiederum in den beschriebenen Zellzyklus eintreten oder unter bestimmten Bedingungen nicht mehr proliferieren dürfen, d.h. in eine Art Ruhe- oder Reifezustand übergehen.

Die experimentellen Ergebnisse zeigen Mitosen, vor allem in der unteren Hälfte der Krypte. Die Zellen, die oberhalb einer bestimmten Position i geboren werden, nehmen nicht mehr alle am Zyklus teil, sondern gehen in einen Ruhezustand über. Der Abfall der mitotischen Aktivität wird von CAIRNIE [11,12] als 'slow-cut-off' bezeichnet, d.h. die Proliferationsfähigkeit geht innerhalb einer Zone, die sich über wenige Positionen erstreckt, auf Null zurück. In unserem Modell kann neben dem positionsabhängigen Verlust der Teilungsfähigkeit einer Zelle auch angenommen werden, daß die Proliferationsfähigkeit von der Generation einer Zelle abhängt. Mit Generation ist hier die Anzahl der Mitosen seit dem Hervorgehen aus der Stammzelle gemeint. Die Annahme, daß ab einer bestimmten Generation die Zellen sich nicht weiter teilen, ist im Vergleich zum positionsabhängigen cut-off ein schärferes Kriterium, weil zwar zwischen Position und Generation ein Zusammenhang besteht, aber es insgesamt in der Krypte weniger Generationen als Positionen gibt.

Für das Modell muß auch eine Annahme getroffen werden, die die Länge einer Krypte beeinflußt. Die einfachere dabei ist, die Länge einer Krypte auf eine bestimmte Anzahl von Positionen fest zu begrenzen. Mit dem Erreichen des Kryptenendes an einer bestimmten Position stirbt die Zelle oder wandert in eine Zotte, eine Art positionsabhängiger Tod.

Die Kryptenlänge hängt, jedenfalls in den Darmabschnitten, die keine Zotten besitzen, unmittelbar mit Annahmen über die Ursachen für den Tod von Zellen zusammen. Wenn man auf den positionsabhängigen Tod am Kryptenende verzichten will, muß man andere Kontrollmechanismen unterstellen. Eine Möglichkeit kann hier die Annahme eines generations- und altersabhängigen Todes sein. Der Tod tritt danach in der i-ten Generation seit Verlassen der Stammzelle nach einer vorbestimmten Lebensdauer seit der letzten Mitose ein. Diese Art der Kontrolle der Lebensdauer von Zellen führt zu variablen Kryptenlängen, wie sie auch in der Natur beobachtet werden. Allerdings muß dann auch zugelassen werden, daß Zellen vor dem Erreichen des Kryptenendes sterben. In unserem Modell werden tote Zellen innerhalb der Zellreihe herausgenommen, die darüberliegenden Zellen werden um eine Position zurückversetzt, die Krypte schrumpft. Das hat auch Auswirkungen auf die Wanderungsgeschwindigkeit der Zellen entlang der Kryptenachse.

Die Plazierung der Stammzelle in Position eins bewirkt eine mitotische Aktivität, die, zwar stark schwankt, sich doch von Anfang an auf einem hohen Niveau befindet. Der Abfall wird durch den positions- oder generationsabhängigen cut-off verursacht. In den experimentellen Ergebnissen dagegen steigt die mitotische Aktivität zunächst erst auf ein gewisses Niveau an. Der Anstieg ist je nach Lage der Krypte im Darm und je nach Tierart verschieden, in der Regel jedoch in den ersten 5 bis maximal 10 Positionen zu finden [3,11,12,17]. Das ist auch genau der Ort der größten geometrischen Abweichung zwischen der Realität und dem Modell. In der Literatur wird beschrieben, daß sich in den fraglichen ersten Positionen am Kryptenboden bevorzugt eine identifizierbare Gruppe von Zellen befinden, die Paneth-Zellen [5]. Wenn man das Vorhandensein von Paneth-Zellen berücksichtigt, läßt sich der Anstieg des mitotischen Indexes simulieren. Wir nehmen an, daß sich unterhalb der Stammzelle und der daran anschließenden älteren Zellen noch eine variable Anzahl von Paneth-Zellen befindet. Das ist in Übereinstimmung mit den Überlegungen, daß sich aus den Stammzellen von Zeit zu Zeit auch diese Zellen bilden, sich im Kryptenboden aufhalten oder eventuell ihrerseits einem vergleichsweise langsamen Zellzyklus unterworfen sind [3,4,5].

Um das Modell nicht zu sehr zu komplizieren, wird die Berücksichtigung einer variablen Anzahl von Paneth-Zellen durch Einbau in die Zellreihe erst nach Ablauf der Simulation vorgenommen. Das hat neben dem erwünschten Effekt des Anstiegs des Mitose-Indexes in den ersten Positionen noch die Auswirkung, daß der Abfall desselben über eine Reihe von Positionen hinweg stattfindet, auch wenn man ursprünglich einen 'scharfen' cut-off in der Simulation annimmt, d.h. genau an einer Position oder genau nach einer bestimmten Generation.

Implementation

Der Zustand des Systems zur Zeit $t \geq 0$ wird beschrieben durch eine $3 \times n_{max}$ Matrix

$$A(t) = \begin{matrix} p_i(t) \\ g_i(t) \\ t_i(t) \end{matrix} \quad \text{fr } i = 1, \ldots, n_{max}$$

Dabei ist

- n_{max} die (hier als konstant angenommene) Anzahl Zellen pro Spalte, $p_i(t)$ ist der Zustand der Zelle an Position i zur Zeit t ($p_i(t) = 0$: Zelle nicht proliferierend, $p_i(t) = 1$: Zelle in G_1, $p_i(t) = 2$: Zelle in S, $p_i(t) = 3$:Zelle in G_2, $p_i(t) = 4$: Zelle in M, $p_i(t) = -1$: Position i nicht besetzt.

- $g_i(t)$ die Generationszahl der Zelle an Position i ($g_1(t) = 1$: die Stammzelle ist immer in Generation 1).

- $t_i(t)$ der Zeitpunkt, zu dem die Zelle in Pos. i das nächste Mal ihren Zustand ändert.

Um die zeitliche Entwicklung des Systems zu beschreiben, benötigt man 4 unabhängige Zufallsgeneratoren, die Zufallszahlen T_j nach dem Gesetz $F_j, j = 1, \ldots, 4$ erzeugen; T_j ist die Zeit, die eine Zelle im Zustand j zubringt. Für einen Simulationslauf kann für F_j entweder eine Gamma-, eine Lognormal oder eine Normalverteilung gewählt werden. Die 4 Mittelwerte sowie die Varianzen dieser

Verteilungen sind ebenfalls Eingabeparameter. Jeder Simulationslauf startet mit einer Zelle in Position 1, die sich in G_1 befindet:

$$A(0) = \begin{matrix} 1 & -1 & \ldots & -1 \\ 1 & -1 & \ldots & -1 \\ t_1 & \infty & \ldots & \infty \end{matrix}$$

t_1 ist gemäß F_1 verteilt. Ist A(t) bereits gegeben, dann gilt für die weitere Entwicklung:

$$A(t+s) = A(t) \text{ für } t+s < \min\{t_1, \ldots, t_{nmax}\}$$

Ist $t_k = \min\{t_1 \ldots, t_{nmax}\}$ der Zeitpunkt des nächsten Ereignisses und k die Position an der dieses Ereignis stattfindet, dann ist, falls $p_k \neq 4$, d.h. falls keine Zellteilung stattfindet

$$A(t_k) = \begin{matrix} p_i'(t_k) \\ g_i'(t_k) \\ t_i'(t_k) \end{matrix} \text{ für } i = 1, \ldots, n_{max}$$

Dabei ist

$$\begin{aligned} p_i'(t_k) &= p_i(t_k-) \qquad g_i'(t_k) = g_i(t_k-) \text{ für } i \neq k \\ t_i'(t_k) &= t_i(t_k-) \end{aligned}$$

$$\begin{aligned} p_k'(t_k) &= p_k(t_k-)+1 && \text{(die Zelle geht in den nächsten Zustand)} \\ g_k'(t_k) &= g_k(t_k-) && \text{(ihre Generationszahl bleibt gleich),} \\ t_k'(t_k) &= t_k + T \end{aligned}$$

wobei T verteilt ist nach F_i wenn $i = p_k'(t_k)$. Das heißt, es ändert sich nur der interne Zustand der Zelle an Position k, und es wird festgelegt, wie lange die Zelle in diesem Zustand bleibt.

Falls $p_k = 4$ ist, findet zur Zeit t_k eine Zellteilung statt. Die beiden neuen Zellen nehmen benachbarte Positionen ein, alle darüberliegenden Zellen werden um eine Position verschoben, die letzte Zelle verläßt das System:

$$\begin{aligned} p_i'(t_k) &= p_i(t_k-) \\ g_i'(t_k) &= g_i(t_k-) \qquad \text{für } i < k \\ t_i'(t_k) &= t_i(t_k-) \end{aligned}$$

$$\begin{aligned} p_i'(t_k) &= p_{i-1}(t_k-) \\ g_i'(t_k) &= g_{i-1}(t_k-) \qquad \text{für } k+1 < i \leq n_{max} \\ t_i'(t_k) &= t_{i-1}(t_k-) \end{aligned}$$

Zustand der neuen Zellen:

Die neuen Zellen können entweder weiter proliferierend sein (Zustand 1) oder den Zyklus verlassen (Zustand 0). Zwei Alternativen für den Mechanismus, der diesen Übergang steuert, werden betrachtet:

(i) Es existiert eine Zahl g_{max}, so daß gilt

$$p_k(t_k) = p_{k+1}(t_k) = \begin{cases} 0 & \text{falls } g_k(t_{k-1}) = g_{max} \\ 1 & \text{sonst} \end{cases}$$

d.h. eine Zelle kann sich genau g_{max} mal teilen und geht dann in den Ruhezustand. Entscheidet man sich für dieses Modell, so gehört g_{max} zu den Eingabeparametern.

(ii) Es wird eine 0-1-Zufallszahl X erzeugt mit

$$P(X=1) = q_k$$

Diese Zufallszahl legt den Zustand der neugeborenen Zellen fest:

$$p_k(t_k) = p_{k+1}(t_k) = X ,$$

d.h. der Übergang in den Ruhezustand ist zufällig und positionsabhängig. In diesem Fall ist $\{q_k\}$ Eingabeparameter.

Generationszahl der neuen Zellen:

Für die Generationszahl der neuen Zellen gilt in jedem Fall:

$$g_k'(t_k) = g_{k+1}'(t_k) = g_k(t_k-)+1 \quad \text{für } k \neq 1$$

oder
$$\left.\begin{aligned} g_1'(t_1) &= 1 \\ g_2'(t_1) &= 2 \end{aligned}\right\} \text{ für } k = 1$$

d.h. die Stammzelle (Zelle an Position 1) bleibt immer in Generation 1 und bleibt deshalb, auch wenn Variante (i) betrachtet wird, unbeschränkt teilungsfähig.

Falls
$$p_k'(t_k) = p_{k+1}'(t_k) = 0$$

ist, wird

$$t_k'(t_k) = t_{k+1}'(t_k) = \infty$$

gesetzt: mit diesen Zellen geschieht nichts mehr.

Wartezeit der neugeborenen Zellen:

Im Fall $p_k'(t_k) = p_{k+1}'(t_k) = 1$ werden zwei unabhängige Zufallszahlen T_1 und T_2 nach dem Gesetz F_1 erzeugt und

$$t_k'(t_k) = t_k(t_k-)+T_1$$
$$t_{k+1}'(t_k) = t_k(t_k-1)+T_2$$

gesetzt.

Bei jeder Änderung der Matrix A wird zusätzlich festgestellt, wie lange die Zelle, die gerade ihren Zustand ändert, in diesem Zustand war. Man erhält so am Ende eines Simulationslaufs eine Matrix

$$B = (B_{ij})_{\substack{i=0\dots4 \\ j=1\dots nmax}}$$

B_{ij} gibt dann an, wie lange insgesamt die Position j von einer Zelle im Zustand i besetzt war. Daraus erhält man

$$P_{ij} = P \{\text{eine zufällig an Position } j \text{ herausgegriffene Zelle ist im Zustand } i\}$$

$$= B_{ij} \Big/ \sum_{i=0}^{4} B_{ij}$$

Diese Beziehung ist nur dann richtig, wenn das System im Gleichgewicht ist. Man beginnt deshalb mit der 'Buchführung' nicht zur Zeit t = 0, sondern erst nach einer gewissen 'Einschwingzeit'.

Betrachtet man

$(P_{2j})_{j=1...nmax}$ bzw. $(P_{4j})_{j=1...nmax}$,

so erhält man die theoretischen Labelling- bzw. Mitoseindizes, die sich mit den experimentellen Daten vergleichen lassen.

Diskussion

Aus einer Menge von Eingabeparametern ergibt sich nach einer genügend langen Simulations- oder Laufzeit eine Reihe von Ergebnissen. Diese Ergebnisse werden mit den gemessenen oder in der Literatur beschriebenen Werten verglichen. In einer Reihe von Simulationsläufen wird der Einfluß der Eingabe- auf die Ausgabeparameter studiert. Dabei werden die Eingabeparameter so justiert, daß eine bestmögliche Anpassung der Ergebnisse an die bekannten Werte erreicht wird.

Zu den Eingabeparametern gehören

- die jeweilige Dauer der Phasen G_1, S, G_2 und der Mitose sowie deren Varianzen,
- die Wahl einer Verteilung der Zeiten (Gamma, Log-normal oder Normal) sowie von Startwerten für die verschiedenen Zufallszahlengeneratoren,
- bei ortsabhängigem cut-off dessen untere und obere Grenze,
- bei generationsabhängigem cut-off die Angabe der Generation,
- eine Angabe zum Tod der Zellen, positionsabhängig am Kryptenende, oder ein Tod nach der Lebenszeit t_D in der Generation i,
- die Verteilung der Paneth-Zellen im Kryptenboden.

Zuletzt ist noch die Simulationsdauer und die Zahl der gewünschten Beobachtungen (Protokolle des Systemzustands) während eines Simulationslaufes einzugeben.

Zu den Ergebnissen einer Simulation gehören unter anderem:

- der mitotische Index (MI),
- die Verteilung der S-Phasen in der Krypte, der Labelling Index (LI),
- die Verteilung der Kryptenlänge,
- die Wanderungsgeschwindigkeit der Zellen in Richtung der Kryptenachse,
- die Altersverteilung der Zellen am Kryptenende,
- die Generationenverteilung in der Krypte und am Kryptenende,
- die Fraction of Labelled Mitoses-Kurve (FLM),
- die Verteilung der proliferierenden Zellen.

Zu den verschiedenen, z.T. graphischen Ausgaben kann eine Auswahl publizierter experimenteller Daten hinzugefügt werden, um einen leichten Vergleich von Simulation und Experiment zu gewährleisten.

Die Indices der Abbildungen 2 und 3 entstanden unter folgenden Randbedingungen:

$T(G_1) = 24\ \%$
$T(S) = 65\ \%$
$T(G_2) = 1\ \%$
$T(M) = 10\ \%$

mit einer gemeinsamen Varianz von 10%. Die Zykluszeit wurde mit konstant 10 Stunden angenommen und eine Normalverteilung der Zeiten unterstellt. Der Verlust der Proliferationsfähigkeit tritt mit der vierten Generation nach dem Verlassen der Stammzelle ein. Die Verteilung der Stammzellen wurde mit 5%, 5%, 10%, 10%, 20%, 20%, 20%, 10% in den Positionen 1 bis 8 angenommen. Die Laufzeit der Simulation betrug 5000 Stunden.

Der Kurvenverlauf des mitotischen Indexes in Abb. 2 wird im wesentlichen von drei Größen bestimmt:

- Der Anstieg der Kurve von Position 1 bis 8 ist verursacht durch die Paneth- und Stammzellenverteilungsannahme.

- Die absolute Höhe der Kurve (etwa 8%) wird bestimmt durch die Annahme einer Mitosezeit von 10% der gesamten Zykluszeit.

- Der Abfall der Kurve von Position 10 bis 20 ist eine Folge des Proliferationsverlustes in der 4. Generation und der Paneth-Zellenverteilung.

Alternativ kann der Abfall der Kurve auch durch einen slow-cut-off, dem positionsabhängigen Proliferationsverlust, von Position 10 - 13 verursacht werden.

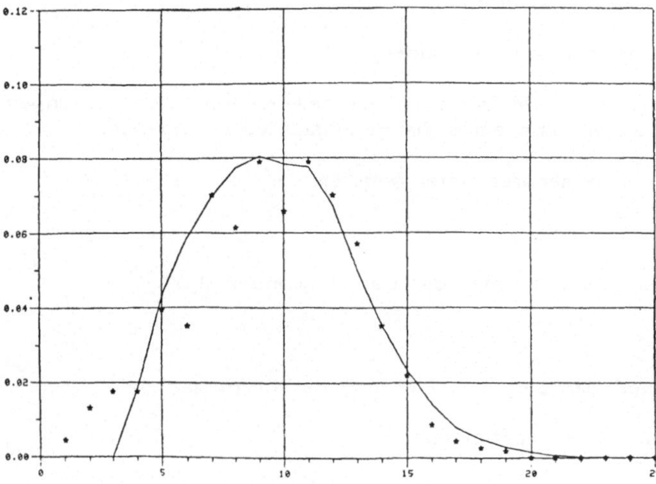

Abb. 2: Der mitotische Index (MI) und die Ergebnisse nach Potten [17]

Für den Index der S-Phase (labelling index) in Abb. 3 gilt analog das gleiche wie für den mitotischen Index, nur daß hier die absolute Höhe der Kurve (Position 810) ein Ergebnis der Wahl der Dauer der S-Phase von 65% ist.

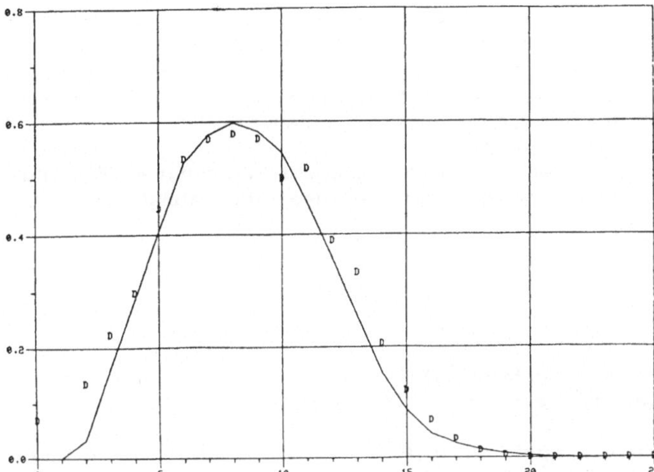

Abb. 3: Der S-Phasenindex (labelling index) (LI) und die Ergebnisse nach Potten [17]

Aus der Serie von Simulationsläufen, die zur Justierung der 'besten' Eingabeparameter nötig war, können weitere Lehren gezogen werden:

- Die Dauer $T(G_2)$ der G_2-Phase muß verhältnismäßig kurz sein.
- Die Varianz aller Phasenzeiten kann nicht genau bestimmt werden, sie darf nur nicht gleich Null sein.
- Die Zykluszeit (T_c) spielt überhaupt keine Rolle, d.h. aus MI und LI können keine Rückschlüsse auf T_c gezogen werden.
- Es ist gleichgültig, welche der drei möglichen Verteilungen (Γ, LN, N) unterstellt wird.

Die durch die Simulation gewonnene Kurve der Wanderungsgeschwindigkeiten entlang der Kryptenachse stimmt mit den in der Literatur beschriebenen Werten überein. Interessant sind auch die Verteilungen der Generationen entlang der Krypte, sie können jedoch in der Natur nicht beobachtet werden.

Ausblick

Wenn man unterstellt, daß die Modellannahmen, die dem Simulationsmodell zugrunde liegen, richtig sind, können eine Reihe weiterer Erkenntnisse aus den Simulationsläufen gewonnen werden. Am Modell sind Beobachtungen möglich, die sich zur Zeit noch dem experimentellen Nachweis entziehen. Dazu gehört vor allem die Aufzeichnung der Generationsverteilungen entlang der Krypte. Eine Verifikation der Modellannahmen könnte durch genauere Kenntnis der Panethzellenverteilungen in der Krypte unterstützt werden.

Aus den FLM-Kurven lassen sich die Zellzykluszeit T_c und deren Varianz ermitteln, die publizierten FLM-Kurven sind bisher jedoch von geringer Qualität [1,11,12]. Insbesondere fehlt hier die Berücksichtigung des tageszeitlichen Verlaufs der mitotischen und S-Phase-Aktivitäten [23]. Die Varianz der verschiedenen Zeiten läßt sich eventuell auch aus der Korrelation der Ergebnisse der mitotischen und S-Phasen Aktivitäten in benachbarten Zellen gewinnen. Den Experimentatoren fällt auf, daß die Mitose häufig in benachbarten Zellen gleichzeitig stattfindet [17]. Das kann damit einfach erklärt werden, daß diese zwei Zellen mit hoher Wahrscheinlichkeit Brüder sind, also gleichzeitig aus einer früheren Zelle hervorgegangen sind.

In der Zukunft ist geplant, auch die MI und LI verschiedener krankhafter Zustände zu bearbeiten. Dabei wird vor allem das Konzept des generationsabhängigen cut-offs einer kritischen Prüfung unterzogen werden.

Literatur

1. Al-Dewachi, H.S., Wright, N.A., Appleton, D.R. et al.: The cell cycle time in the rat jejunal mucosa. Cell Tissue Kinet. 7 (1974) 587-594.

2. Al-Dewachi, H.S., Wright, N.A., Appleton, D.R. et al.: The effect of a single injection of hydroxyurea on cell population kinetics in the small bowel mucosa of the rat. Cell Tissue Kinet. 10 (1977) 203-213.

3. Appleton, D.R., Sunter, J.P., Watson, A.J.: Cell Proliferation in the Gastrointestinal Tract. Tunbridge Wells Pitman Medical: 1980.

4. Bjerknes, M., Cheng, H.: The stem-cell zone of the small intestinal epithelium. I. Evidence from paneth cells in the adult mouse. Amer. J. Anat. 160 (1981) 51-63.

5. Bjerknes, M., Cheng, H.: The stem-cell zone of the small intestinal epithelium. II. Evidence from paneth cells in the newborn mouse. Amer. J. Anat. 160 (1981) 65-75.

6. Bjerknes, M., Cheng, H.: The stem-cell zone of the small intestinal epithelium. III. Evidence from columnar, enteroendocrine, and mucous cells in the adult mouse. Amer. J. Anat. 160 (1981) 77-91.

7. Bjerknes, M., Cheng, H.: The stem-cell zone of the small intestinal epithelium. IV. Effects of resecting 30 % of the small intestine. Amer. J. Anat. 160 (1981) 93-103.

8. Bjerknes, M., Cheng, H.: The stem-cell zone of the small intestinal epithelium. V. Evidence for controls over orientation of boundaries between the stem-cell zone, proliferative zone, and the maturation zone. Amer. J. Anat. 160 (1981) 105-112.

9. Bjerknes, M., Cheng, H.: The role of underlying non-epithelial elements in the orientation of boundaries between crypt compartments. In Appleton, D.R., Sunter, J.P., Watson, A.J. (Eds): Cell Proliferation in the Gastrointestinal Tract, pp. 98-101. Tunbridge Wells: Pitman Medical 1980.

10. Britton, N.F., Wright, N.A., Murray, J.D.: A mathematical model for cell population kinetics in the intestine. J. theor. Biol. 98 (1982) 531-541.

11. Cairnie, A.B., Lamerton, L.F., Steel, G.G.: Cell proliferation studies in the intestinal epithelium of the rat. I. Determination of the kinetic parameters. Exp. Cell Res. 39 (1965) 528-538.

12. Cairnie, A.B., Lamerton, L.F., Steel, G.G.: Cell proliferation studies in the intestinal epithelium of the rat. II. Theoretical aspects. Exp. Cell Res. 39 (1965) 539-553.

13. Chang, W.W.L., Nadler, N.J.: Renewal of the epithelium in the descending colon of the mouse. IV. Cell population kinetics of vacuolated-columnar and mucous cells. Amer. J. Anat. 144 (1975) 39-56.

14. Cheng, H., Leblond, C.P.: Origin, differentiation and renewal of the four main epithelial cell types in the mouse small intestine. V. Unitarian theory of the origin of the four epithelial cell types. Amer. J. Anat. 141 (1974) 537-562.

15. Leblond, C.P., Cheng, H.: Identification of stem cells in the small intestine of the mouse. In Cairnie, A.B., Lala, P.K., Osmond, D.G. (Eds): Stem Cells of Renewing Populations, pp. 7-31. New York: Academic Press 1976.

16. Potten, C.S.: Proliferative cell populations in surface epithelia: Bilogical models for cell replacement. In Jäger, W., Rost, H., Tautu, P. (Eds): Biological Growth and Spread. Mathematical Theories and Applications, pp. 23-35. Berlin-Heidelberg-New York: Springer 1980.

17. Potten, C.S., Chwalinski, S., Swindell, R. et al.: The spatial organization of the hierarchical proliferative cells of the crypts of the small intestine into clusters of 'synchronized' cells. Cell Tissue Kinet. 15 (1982) 351-370.

18. Potten, C.S., Wichmann, H.E., Loeffler, M. et al.: Evidence for discrete cell kinetic subpopulations in mouse epidermis based on mathematical analysis. Cell Tissue Kinet. 15 (1982) 305-329.

19. Schneider, W., Sandblad, B.: A new approach to a computer based system for modelling and simulation. In Alpérovitch, A., Dombal, F.T. de, Grémy, F. (Eds): Evaluation of Efficacy of Medical Action, pp. 479-495. Amsterdam: North-Holland 1979.

20. Sunter, J.P., Appleton, D.R., Wright, N.A. et al.: Kinetics of changes in the crypts of the jejunal mucosa of dimethylhydrazine-treated rats. Brit. J. Cancer 37 (1978) 662-672.

21. Sunter, J.P., Wright, N.A., Appleton, D.R.: Cell population kinetics in the epithelium of the colon of the male rat. Virchows Arch. B Cell Path. 26 (1978) 275-287.

22. Tsubouchi, S.: Kinetic analysis of epithelial cell migration in the mouse descending colon. Amer. J. Anat. 161 (1981) 239-246.

23. Wright, N.A.: Cell proliferation in the normal gastrointestinal tract. In Appleton, D.R., Sunter, J.P., Watson, A.J. (Eds): Cell Proliferation in the Gastrointestinal Tract, pp. 3-21. Tunbridge Wells: Pitman Medical 1980.

24. Wright, N., Morley, A., Appleton, D.: Variation in the duration of mitosis in the crypts of Lieberkuhn of the rat; a cytokinetic study using vincristine. Cell Tissue Kinet. 5 (1972) 351-364.

25. Wright, N., Watson, A., Morley, A. et al.: Cell kinetics in flat (avillous) mucosa of the human small intestine. Gut 14 (1973) 701-710.

26. Zajicek, G.: A computer model of a two compartment cell renewal system. Int. J. bio-med. Comput. 4 (1973) 285-294.

27 Zajicek, G.: The intestinal proliferon. J. theor. Biol. 67 (1977) 515-521.

28. Zajicek, G., Meinzer, H.P., Komitowski, D.: Automated image processing of the colon crypt epithelium. Comput. biomed. Res. 15 (1982) 155-163.

Aus dem Institut für Regelungs- und Steuerungstechnik der Universität Siegen

Simulation von drei-dimensionalem Tumorwachstum sowie von unterschiedlichen Behandlungsstrategien

W. Düchting, Th. Vogelsaenger

1. Einführung

Im letzten Jahrzehnt haben sich insbesondere Biomathematiker und Physiker verstärkt der mathematischen Beschreibung von normalen und malignen Zellvermehrungsprozessen zugewandt. Diese Aktivitäten sind von TAUTU [14] umfassend beschrieben worden. Die Zahl der Ingenieure jedoch, die sich mit Zellregulationsproblemen befaßt, ist nach wie vor sehr klein. Von der nachrichtentechnischen Seite aus hat zwar KÜPFMÜLLER bereits im Jahre 1949 in Kooperation mit DRUCKREY und TRAPPL [4] versucht, experimentelles Tumorwachstum mathematisch zu beschreiben. Bis zu einem Ansatz, der Zellwachstumsprozesse mit Hilfe der Regelungstheorie interpretieren konnte [5], vergingen jedoch noch weitere 20 Jahre. Auf der Grundlage dieser sehr einfachen regelungstechnischen Ansätze [5] wurde in der Folgezeit versucht, Modelle zu entwickeln, die das Verhalten von gestörten biologischen Regelkreisen beschreiben. So ist es beispielsweise möglich, den zeitlichen Verlauf der Anzahl der Zellen zu berechnen, wenn eine Regelschleife des blutbildenden Prozesses durch äußere oder innere Einwirkungen gestört wird [6]. Diese mit Hilfe von Computersimulationen erzielten Ergebnisse beschränken sich jedoch auf ein Studium der Zeitverläufe von Zellzahlen unterschiedlicher Zellsysteme. Um die Simulation des räumlichen Wachstums von Zellen miteinzubeziehen, wurden erweiterte Modelle entwickelt [7], mit denen die zwei-dimensionale Darstellung von Gewebeschnitten möglich wurde. Allerdings führten in der ersten Entwicklungsstufe die sowohl für einzelne Zellen als auch für Zellinteraktionen für die Programmiersprache FORTRAN IV aufgestellten Algorithmen lediglich zu einer Unterscheidung zwischen normalen Zellen und Tumorzellen. Auf diese Weise konnte beispielsweise das Tumorwachstum in einem Tabakblattgewebe erfolgreich simuliert werden [1,7].

Der nächste Schritt verlangte logischerweise eine Erweiterung des Modells hinsichtlich der Forderung nach einer Unterscheidbarkeit der einzelnen Zellzyklusphasen. Dieser wurde gleichzeitig mit der Simulation des drei-dimensionalen Wachstums einer einzelnen Tumorzelle in einem Nährmedium verbunden. Die experimentellen In-vitro -Beobachtungen [2,3,10,11] am Tumorsphäroiden ergaben, daß die von unserer Arbeitsgruppe entwickelten Modellansätze [8] zu einer zufriedenstellenden Übereinstimmung zwischen Experimenten und Simulationsergebnissen führten. Da das In-vivo-Tumorwachstum überwiegend in der Nähe von Kapillaren stattfindet, soll in diesem Beitrag der Versuch gemacht werden, das Tumorwachstum drei-dimensional unter Berücksichtigung von Kapillaren zu studieren und im Computerexperiment unterschiedliche Behandlungsarten (chirurgischer Eingriff, Bestrahlung [13], Chemotherapie [15]) zu simulieren.

2. Getroffene Annahmen

Der komplexe Prozess der Vermehrung von normalen Zellen und von Tumorzellen in einem Gewebe läßt sich zur Zeit mit einem geschlossenen mathematischen Ansatz nicht beschreiben. Selbst nach einer Unterteilung des Problems in zahlreiche Teilbereiche müssen zu deren Lösung mehrere stark vereinfachende Voraussetzungen und Einschränkungen getroffen werden. Es sind dies:

- Die Simulation des Tumorwachstums wird auf einen 40x40x40 Zellraum beschränkt, d.h. es läßt sich lediglich ein Gewebesegment mit einem Volumen von ca. 1 mm^3 entsprechend etwa 60.000 Zellen nachbilden.

- Für jede einzelne Zelle wird eine kubische Form mit konstantem Volumen angenommen.

- Die einzelnen Zellphasenzykluszeiten sowie der Zellverlust werden als konstant vorausgesetzt. Die beobachtete altersabhängige Abnahme der Produktionsrate der Tumorzellen wird durch eine Verlängerung ihrer Zellzyklusphasendauer von 0.17 Prozent je Zeiteinheit berücksichtigt.

- Zur Reduktion der Rechenzeit wird angenommen, daß eine Zelle jeweils nur mit ihren horizontalen und vertikalen Nachbarzellen in einen Informationsaustausch treten kann.

- Es wird ein <u>statisches</u> Netzwerk von Kapillaren eingeführt.

- Vernachlässigt werden in dieser Arbeit der Tumorangiogenesis-Effekt, die Migration von Tumorzellen über das Kapillarsystem in andere Organe, Immunreaktionen sowie Nebenwirkungen bei Tumorbehandlungen.

3. Modellansatz

Das Tumorwachstum in einem vaskularisierten Gewebesegment läßt sich durch die Ansätze

- cytokinetische Modelle für normale und maligne Zellen,

- Aufstellung von Zell-Zellinteraktionsregeln für normale und maligne Zellen sowie

- Modellierung des Kapillarsystems

simulieren.

3.1 Zytokinetische Modelle für normale und maligne Zellen

Entsprechend der klassischen zellkinetischen Literatur sind zur Beschreibung des Zellzyklus von normalen und von Tumorzellen Modelle entwickelt worden, die einander sehr ähnlich sind [9]. Wesentliche Unterschiede bestehen darin, daß normale Zellen nur eine begrenzte Teilungsfähigkeit besitzen und zur Aufrechterhaltung des Gleichgewichts zwischen Zellvermehrung und Zellverlust die Existenz von Stammzellen postuliert werden muß. Zur Beschränkung der Rechenzeit ist in diesem Beitrag für die normalen Zellen ein Übergang vom Zellzyklus in den ausdifferenzierten Zustand (E-Zelle) nach 4 Teilungen angenommen worden.

Eine Tumorzelle hingegen ist theoretisch unbegrenzt teilungsfähig (Abb. 1). Ein Übergang in die fiktive Ruhephase 'G0' soll dann stattfinden, wenn der Abstand von den Kapillaren mehr als drei Zellschichten beträgt. In Tabelle 1 sind in Anlehnung an die zellkinetische Literatur [12] die in dieser Arbeit verwendeten Zellphasendauern aufgelistet worden.

3.2 Zell-Zellinteraktions- und -produktionsregeln

Aus den zahlreichen Regeln, denen die Regeneration der normalen Zellen und die Proliferation der Tumorzellen unterliegen, seien auszugsweise angeführt:

(a) Bevor sich eine <u>normale Zelle</u> teilt, prüft diese, ob sich in der ihrer Position zugeordneten Zeile oder Spalte ein freier Zellplatz befindet oder nicht. Liegt eine freie Position vor, dann beginnt die Zelle den Teilungsprozeß in diese Richtung und schiebt die benachbarten Zellen in Richtung des nächstliegenden freien Zellplatzes.

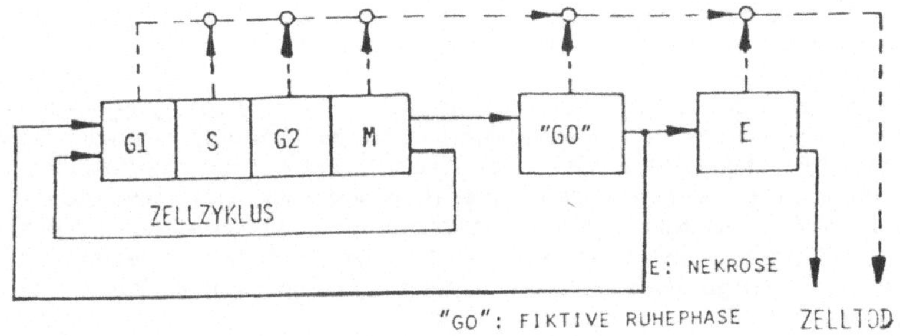

Abb. 1: Cytokinetisches Modell für Tumorzellen

Tab. 1: Verwendete Zellphasendauern in Stunden

$(T_C = T_{G1} + T_S + T_{G2} + T_M)$

σ = Standardabweichung

ZELLPHASENDAUER IN H		T_{G1}	σ_{G1}	T_S	σ_S	T_{G2}	σ_{G2}	T_M	σ_M	T_C	T_{G0}	σ_{G0}	T_E	σ_E
NORMALE ZELLE		10	2	8	1	4	1	1	0	23	24	8	16	2
TUMOR-ZELLE	a	4	1	4	1	1	1	1	0	10	5	2	40	4
	b	9	1	8	1	2	1	1	0	20	10	3	50	5
	c	26	7	10	3	3	1	1	0	40	20	4	60	6

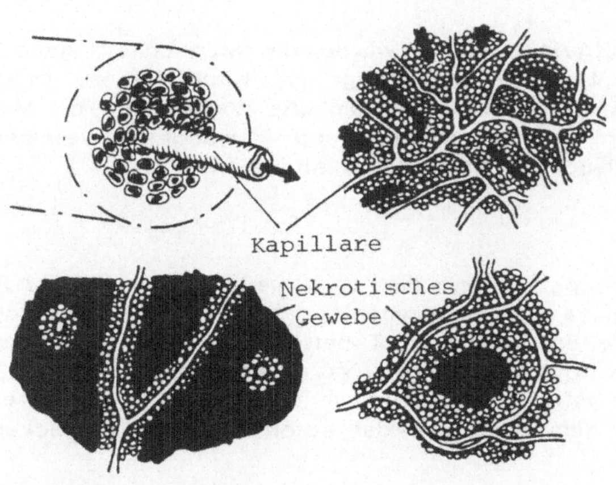

Abb. 2: Architektur von Kapillaren (2)

Nach jeweils 4 Teilungsstufen der <u>normalen</u> Zelle findet ein Übergang der proliferierenden Zelle in den ausdifferenzierten Endzustand statt.

Im Unterschied zu den Bedingungen (a)-(b) kann sich eine <u>Tumorzelle</u> theoretisch unendlich oft teilen und ist zur Vermehrung auch dann fähig, wenn im Gewebe keine freie Position für die Aufnahme einer Tochterzelle zur Verfügung steht. Ein Zufallszahlengenerator bestimmt dann die Richtung der sich teilenden Tumorzelle. Letztere kann sich allerdings nur dann teilen, wenn ihr Abstand zu den Kapillaren geringer als 3 Zellschichtsstärken ist. Tumorzellen, die sich in einer größeren Entfernung von den Blutgefäßen befinden, gehen in die fiktive Ruhephase 'G0' mit nachgeschalteter Nekrosephase E über (Abb. 2).

3.3 Modellierung des Kapillarsystems

Die in den Abschnitten 3.1 und 3.2 formulierten Regeln und Bedingungen sind in Rechenalgorithmen transformiert worden. Zahlreiche modular aufgebaute Programmpakete wurden in FORTRAN IV geschrieben. Eine Skizze des gesamten Programmablaufs ist in Abb. 3 dargestellt. Eingabedaten für einen Simulationslauf sind u.a.:

- Angaben über den Charakter einer Zelle (normal, maligne, vaskulär),

- Angaben über eine Struktur des Gefäßsystems,

- Anfangszellzahlen von normalem Gewebe und von Tumorzellen,

- Daten über die einzelnen Zellphasendauern,

- Angaben über die Zellverlustrate (in den vorliegenden Beispielen 0.2% für normale Zellen, 1% für Tumorzellen pro Zeiteinheit),

- Beschreibung der gewünschten Behandlungsart (Chirurgie, Radiotherapie, Chemotherapie).

Zur Informationsspeicherung der Daten einer einzelnen Zelle werden 64 bits benötigt. Die Simulationsabläufe erfolgen auf einem CYBER 72/76 Rechner, und ein einzelner Simulationslauf über T=100 Zeiteinheiten erfordert etwa 8 Minuten.

Zur Berücksichtigung des Blutgefäßsystems wurde die Möglichkeit geschaffen, ein <u>statisches</u> Zellsystem (Abb. 4) zur Nachbildung von Kapillaren zu definieren. Es besteht die Möglichkeit, das zeitliche und räumliche Verhalten von insgesamt 6 unterschiedlichen Zellsystemen (von 3 normalen und 3 malignen Systemen) in dem von unserer Arbeitsgruppe entwickelten Modell zu studieren.

4. Simulationsbeispiele

Ausgangspunkt für Computerexperimente, die verschiedene Tumorbehandlungsarten simulieren, ist ein vaskularisiertes Gewebesegment, das mit Hilfe von gleichverteilten Zufallszahlen mit normalen Zellen (Daten s. Tabelle 1) belegt worden ist. In das Zentrum dieses Segments wurden zur Zeit T=0 Zeiteinheiten 11 proliferierende Tumorzellen (Fallgruppe a, Tabelle 1) willkürlich in die Nähe von Kapillaren positioniert, die sich schrittweise zu dem in Abb. 5 dargestellten Tumor entwickelt haben.

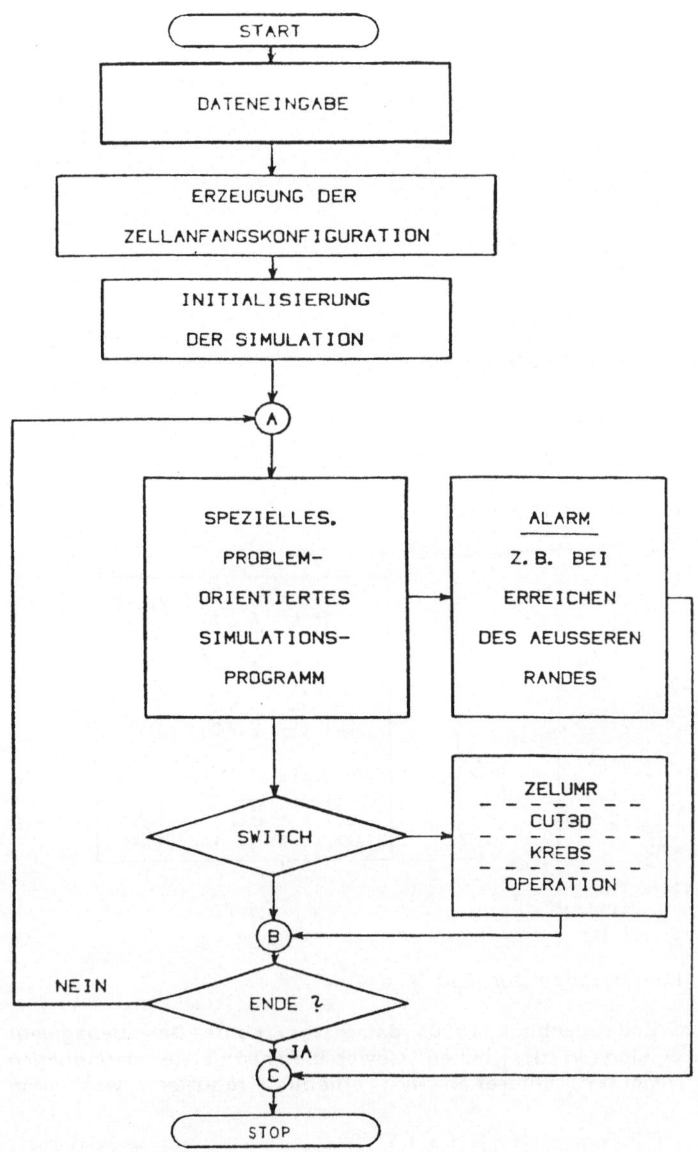

Abb. 3: Vereinfachtes Flußdiagramm des Programmablaufs

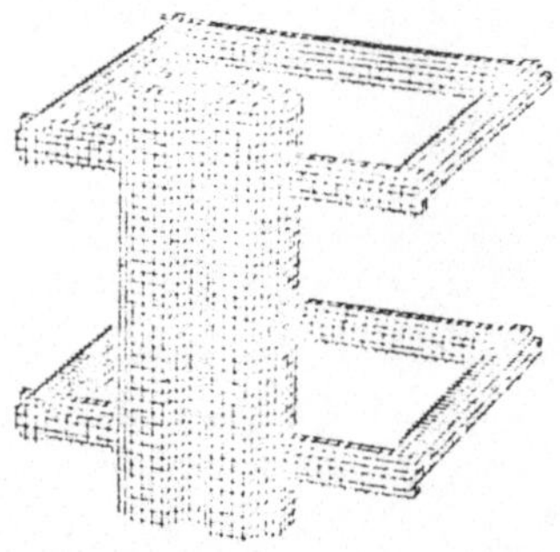

Abb. 4: Simulation von Kapillaren

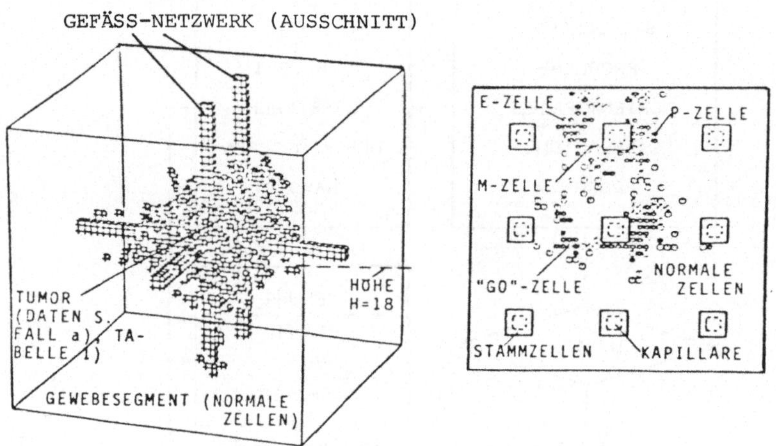

Abb. 5: Tumorkonfiguration zur Zeit T = 200

Entfernt man im Zeitaugenblick T=201 das halbe rechte Gewebesegment operativ, so bleiben nur die sich in der linken Gewebesegmenthälfte befindlichen Tumorzellen erhalten. Die Tumorzellproliferation wird erheblich reduziert, was auch aus Abb. 6 hervorgeht.

Eine Bestrahlung des Gewebesegments zur Zeit T=201 unter der Annahme, daß mit Hilfe von Zufallszahlengeneratoren 50% der normalen Zellen und der Tumorzellen irreversibel geschädigt werden, zeigt Abb. 7.

Eine chemotherapeutische Behandlung, bei der alle proliferierenden Tumorzellen (G1, S, G2, M) - nicht aber die G0- und E-Tumorzellen - durch ein Chemotherapeutikum zur Zeit T=201 zerstört worden sind, ist in Abb. 8 dargestellt. Der zugehörige zeitliche Verlauf der Tumorzellzahlen (Abb. 9) zeigt nach einer zeitweiligen Remission einen erneuten Anstieg der Tumorzellzahlen. Dieser Effekt erklärt sich daraus, daß die sich in der Nähe von Kapillaren befindenden G0-Tumorzellen in den Zellzyklus zurückgetriggert wurden und somit proliferierende Zellen geworden sind.

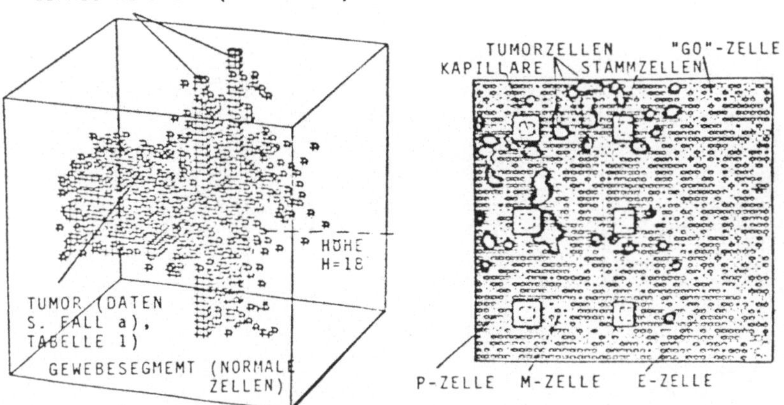

Abb. 6: Tumorkonfiguration zur Zeit T=500 nach einer chirurgischen Entfernung der rechten Gewebesegmenthälfte zur Zeit T=201

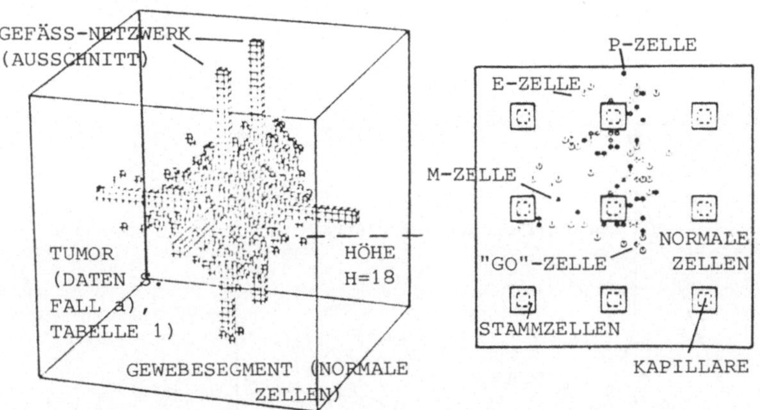

Abb. 7: Tumorkonfiguration nach einer Bestrahlung (Absterbewahrscheinlichkeit aller Zellen: 50 %) im Augenblick T=201

Ein wesentlich günstigeres Behandlungsergebnis erhält man, wenn das Chemotherapeutikum wiederholt appliziert wird, und zwar zu einem Zeitpunkt, der durch das Minimum des Verlaufs der G0-Tumorzellkurve bestimmt wird. Dieser wird in dem vorliegenden Beispiel zu T=212 Zeiteinheiten ermittelt. Das Simulationsergebnis mit nur noch wenigen verbleibenden Tumorzellen ist in Abb. 10 dargestellt. Es besteht somit die Möglichkeit, den optimalen chemotherapeutischen Behandlungsaugenblick vor einer klinischen Behandlung im Computerexperiment zu ermitteln.

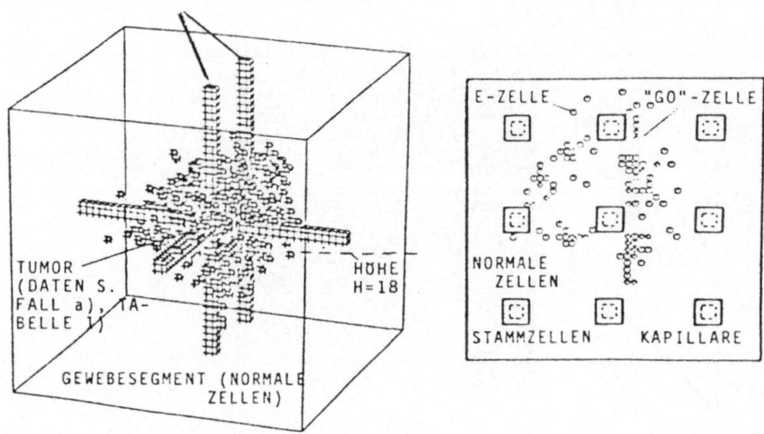

Abb. 8: Tumorkonfiguration nach einer chemotherapeutischen Behandlung im Augenblick T=201 (Absterbewahrscheinlichkeit aller proliferierenden Tumorzellen: 100 %)

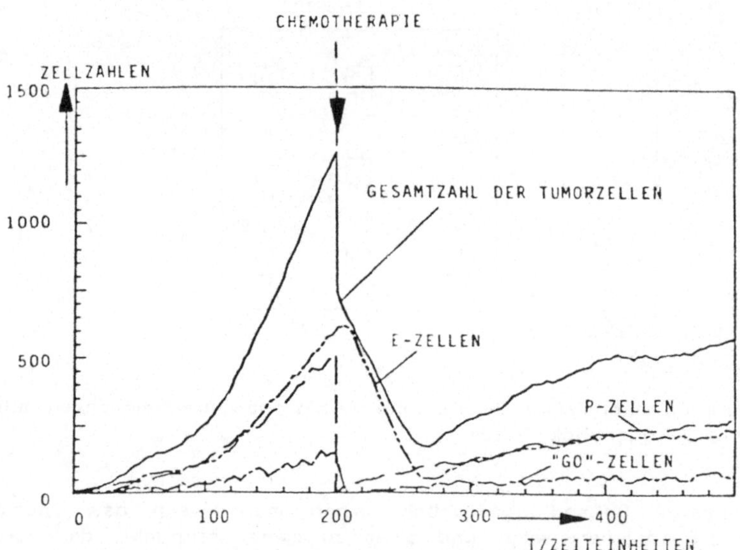

Abb. 9: Anzahl der Tumorzellen im Simulationsexperiment nach Abb. 8 als Funktion der Zeit

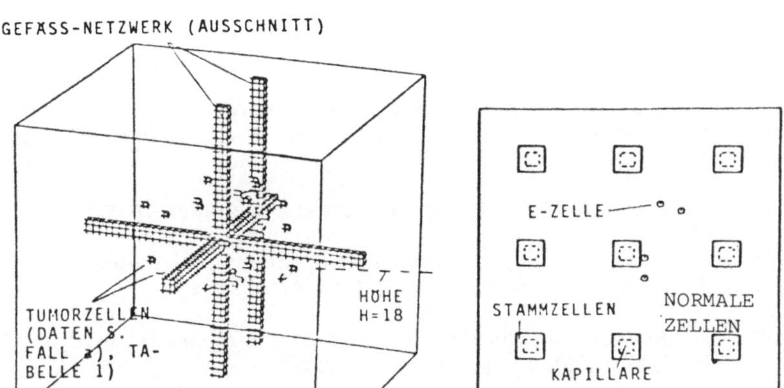

Abb. 10: Tumorkonfiguration nach einer zweimaligen chemotherapeutischen Behandlung zur Zeit T=260

Während die in den Arbeiten [7] und [8] entwickelten Modellergebnisse durch In-vitro -Experimente bestätigt werden konnten, gestaltet sich die Überprüfung der vorliegenden Simulationsergebnisse wesentlich schwieriger. Hierfür gibt es zahlreiche Gründe:

- die Zellzyklusphasendauern sind nicht konstant;
- die Daten der Ruhe- (G0) und Nekrosephase (E) sind lediglich grobe Schätzwerte;
- die Annahmen über das als statisch angenommene Kapillarsystem sind idealisiert.

Aus diesem Grund versuchen wir zur Zeit, experimentell arbeitende Tumorbiologen zu stimulieren, die Simulationsergebnisse des In-vivo-Tumorwachstums durch In-vitro-Experimente zu bestätigen.

5. Zusammenfassung

Der vorliegende Beitrag beschäftigt sich mit der drei-dimensionalen Simulation des Tumorwachstums in einem vaskularisierten Gewebesegment.

Zu diesem Zweck sind für normale Zellen und für Tumorzellen Zytokinetische Modelle und Zell-Zellinteraktionsregeln entwickelt worden. Auf dieser Basis aufbauend wurden Algorithmen formuliert und in der Programmiersprache FORTRAN IV programmiert.

Einige ausgewählte Beispiele zeigen das breite Spektrum der Computersimulationen, die es erlauben, neben dem räumlichen Tumorwachstum auch die unterschiedlichen Behandlungsarten sowie einen optimalen Behandlungsplan vor einer klinischen Behandlung vorab im Computerexperiment zu ermitteln.

Literatur

1. Braun, A.C.: The Story of Cancer. Reading: Addison-Wesley 1977.

2. Carlsson, J.: Tumor models in vitro. Acta Universitatis Upsaliensis No. 466, Uppsala 1978.

3. Conger, A.D., Ziskin, M.C.: Growth of mammalian multicellular tumor spheroids. Cancer Res. 43 (1983) 556-560.

4. Druckrey, H., Küpfmüller, K., Trappl, W.: Experimentelle Beiträge zum Wachstumsproblem bei Geschwülsten und Metastasen, Z. Krebsforsch. 56 (1949) 407-425.

5. Düchting, W.: Krebs, ein instabiler Regelkreis. Kybernetik 5 (1968) 70-77.

6. Düchting, W.: Computer simulation of abnormal erythropoiesis - an example of cell renewal regulating systems. Biomed. Techn. 21 (1976) 34-43.

7. Düchting, W., Dehl, G.: Spatial structure of tumor growth: A simulation study. IEEE Trans. Syst. Man Cybern. SMC- 6 (1980) 292-296.

8. Düchting, W., Vogelsaenger, T.: Three-dimensional pattern generation applied to spheroidal tumor growth in a nutrient medium. Int. J. bio-med. Comput. 12 (1981) 377-392.

9. Düchting, W., Vogelsaenger, T.: Aspects of modelling and simulating tumor growth and treatment. J. Cancer Res. clin. Oncol. 105 (1983) 1-12.

10. Folkman, J.: Tumor angiogenesis. In Becker, F.F. (Edit.): Cancer 3. Biology of Tumors: Cellular Biology and Growth, pp. 355-388. New York: Plenum Press 1975.

11. Landry, J., Freyer, J.P., Sutherland, R.M.: A model for the growth of multicellular spheroids. Cell Tissue Kinet. 15 (1982) 585-594.

12. Steel, G.G.: Growth Kinetics of Tumours. Oxford: Clarendon Press 1977.

13. Swan, G.W.: Optimization of Human Cancer Radiotherapy. Berlin-Heidelberg-New York: Springer 1981.

14. Tautu, P.: Mathematical models in oncology: A bird's eye view. Z. Krebsforsch. 91 (1978) 223-235.

15. Zietz, S., Nicolini, C.: Mathematical approaches to optimization of cancer chemotherapy. Bull. Math. Biol. 41 (1979) 305-324.

Aus dem Physiologischen Institut der Johannes Gutenberg Universität Mainz

Modellbildung und Simulation nichtlinearer physiologischer Systeme

D.P.F. Möller

1. Einleitung

Wegen der Komplexität biologischer Systeme und der Möglichkeit, relativ leicht Veränderungen am Modell durchführen zu können, sind die rechnerunterstützten Simulationsmodelle das probate Verfahren zur Untersuchung des dynamischen Verhaltens nichtlinearer physiologischer Systeme.

Die rechnerunterstützte Simulation kann dabei Ersatz und/oder Ergänzung zu Experimenten sein, bzw. die Näherung einer im Regelfall nicht vorhandenen geschlossenen numerischen Lösung darstellen, da die mathematische Behandlung nichtlinearer physiologischer Systeme die Lösung komplizierter und teilweise verkoppelter Differentialgleichungssysteme erfordert, welche die biologischen Vorgänge wie z.B. Diffusion, Perfusion und Distribution beschreiben. Dazu wird das biologische System durch eine hinreichend genaue mathematische Nachbildung im Rechner implementiert und anschließend simuliert.

Um Modellrechnungen zu in vivo nicht meßbaren Größen durchführen zu können oder um auf Grund von Modellergebnissen gezielte experimentelle Untersuchungen anzuregen, werden aus den Klassen von mathematischen Modellen parametrische Problemmodelle, d.h. Modelle mit Struktur gewählt, welche die funktionell und morphologisch relevanten biologischen Parameter explizit und eindeutig enthalten. Dann kann auch den beiden Anforderungen bei der Modellbildung nichtlinearer physiologischer Systeme genügt werden: Einerseits dürfen die vereinfachenden Annahmen des Problemmodells das reale Objektsystem nicht verzerrt abbilden, so daß seine Aussagen nicht mehr von Bedeutung sind; andererseits ist der formale Aufwand zu begrenzen, damit das System handhabbar bleibt.

Demgegenüber erfordern die nichtparametrischen Modelle im allgemeinen unendlich viele Parameter zur Beschreibung des dynamischen Verhaltens. Es liegt ein Modelltyp mit theoretisch unendlich großer Dimension vor. Ziel der Arbeit ist die Entwicklung geeigneter nichtlinearer mathematischer Simulationsmodelle, die zur Untersuchung des Kurz- und Langzeitverhaltens des Blutdrucks einsetzbar sind.

2. Die deduktive Modellbildung

Ausgehend von einer qualitativen Vorstellung über das funktionelle und dynamische Verhalten des Objektsystems wird durch mathematische Abstraktion das Problemmodell entwickelt. Zu diesem Zweck werden aus der das Objektsystem beschreibenden Vielgestaltigkeit diejenigen Elemente mit ihren Attributen und nicht leeren Mengen der Relationen ausgewählt, die den Prämissen des Anwendungszusammenhangs genügen. Daraus folgt, daß ein und dasselbe Objektsystem für unterschiedliche Anwendungszusammenhänge durch verschiedene Problemmodelle befriedigt werden kann.

Das Ergebnis der Systemanalyse ist ein qualitatives Problemmodell, dessen Abstraktion durch algebraische Gleichungen, gewöhnliche oder partielle Differentialgleichungen, auf das quantitative Problemmodell führt. Seine Parameter - Koeffizienten der mathematischen Gleichungen sowie Anfangsbedingungen - bilden die A-priori-Systemparameter. Im Falle einfacher Modelle sind sie zumindest qualitativ hinreichend bekannt. Bei der Modellbildung komplexer biologischer Systeme trifft das nicht mehr zu. Hier sind im Regelfall nicht alle für das Problemmodell relevanten Größen bekannt. Darüber hinaus sind häufig die Interdependenzen des Objektsystems nicht vollständig beobachtbar. So kann es sein, daß bei der Modelluntersuchung festgestellt wird, daß bei der Systemanalyse als unwesentlich für das Problemmodell angesehene und demzufolge unberücksichtigte Aspekte doch wichtige Zusammenhänge beinhalten, die berücksichtigt werden müssen, und umgekehrt. Die Modellbildung ist mithin sequentieller, oft auch interaktiver Natur.

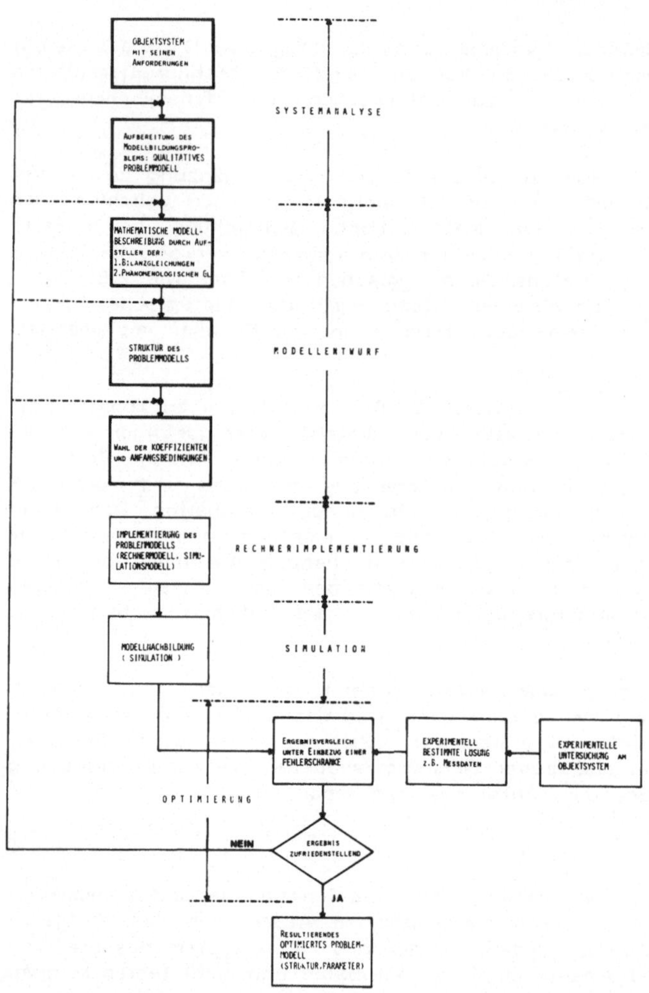

Abb. 1: Flußdiagramm der um eine experimentelle Modellnachprüfung erweiterten (dünnumrandete Blöcke) deduktiven Modellbildung (dickumrandete Blöcke)

Es zeigt sich somit, daß die Erweiterung der rein deduktiven Modellbildung um eine experimentelle Modellnachprüfung zweckmäßig ist. Dazu wird das Problemmodell mittels Programmierung eines Rechners in das Simulationsmodell (Simulator) umgesetzt.

Im Anschluß an die erfolgreiche Verifikation des Simulationsmodells (Austesten der Programme) erfolgt die Modellvalidierung. Für gleiche Randbedingungen werden die rechnerunterstützte Lösung und die experimentell am Objektsystem gewonnene Lösung miteinander verglichen.

Aus den möglichen auftretenden Ablagen muß die notwendige Korrektur abgeleitet werden, die in Abhängigkeit von der Art der Ablage auf unterschiedlichen Ebenen ausgeführt wird, was Abb. 1 zeigt. Das Ergebnis ist ein verbessertes quantitatives Problemmodell. Bei minimaler Leistungsfähigkeit des entwickelten Problemmodells muß gegebenenfalls der beschriebene Zyklus vollständig durchlaufen werden.

3. Modellbildung des Kurz- und Langzeitverhaltens der Blutdruckstabilisierung

Die Parameterisierung zur Modellbildung des Kurzzeitverhaltens des Blutdrucks ist funktionell durch einen rein arteriell elastischen, einen rein resistiven und einen rein venös-kapazitiven Abschnitt unter Einschluß der jeweiligen kardialen Abschnitte realisiert, wie Abb. 2a zeigt [6, 7]. Diejenige des Langzeitverhaltens des Blutdrucks ist arteriell elastisch, resistiv und kapazitiv unter Einschluß der entsprechenden Flüssigkeitskompartimente realisiert worden und in Abb. 2b angegeben [8].

4. Ergebnisse und Diskussion ausgewählter Simulationsbeispiele

Die normale Funktion des Organismus hängt von einer ausreichenden Versorgung mit Sauerstoff und damit von der notwendigen Durchblutung ab. Der Sauerstoffbedarf des Organismus als ganzem bzw. einzelner Organe ist eine wichtige Regelgröße des Kreislaufsystems, wobei dem arteriellen Blutdruck als treibender Kraft der Perfusion eine besondere Bedeutung zukommt. Der unter Belastung erforderliche Mehrtransport an Sauerstoff wird durch eine entsprechende Steigerung der Kreislaufleistung bewältigt.

Die Beziehung zwischen dem Herzzeitvolumen HZV und dem Sauerstoffverbrauch (O_2-Verbrauch) ist in Abb. 3 für Humanbefunde [5] sowie für Modellergebnisse angegeben. Die Zunahme des Herzzeitvolumens ist überwiegend durch einen Anstieg der Herzfrequenz bedingt, wobei die Frequenz bis etwa 90% der Maximalbelastung näherungsweise linear mit der Leistung ansteigt.

Bei Belastung erfolgt eine Zunahme der Sauerstoff-Utilisation und damit der arterio-venösen Differenz ($avDO_2$). Wie aus Abbildung 3 ersichtlich, ist der Sauerstoffverbrauch umso höher, je größer der Wert der $avDO_2$ ist, d.h. je kleiner die Sauerstoffkonzentration im venösen Blut ist.

Neben dem bereits diskutierten Herzzeitvolumen ist für die Herzarbeit unter Belastung das Blutdruckverhalten entscheidend. Das Kreislaufsystem arbeitet so, daß seine Mehrleistung ohne wesentliche Drucksteigerung erfolgt; demzufolge wird der periphere Widerstand (RA) durch eine Weitstellung der Gefäße im Arbeitsbereich gesenkt. Der relativ hohe Wert des arteriellen Mitteldrucks in Ruhe für das Modellergebnis ist auf einen zu hoch gewählten Ruhewert des peripheren Widerstandes im Modell zurückzuführen.

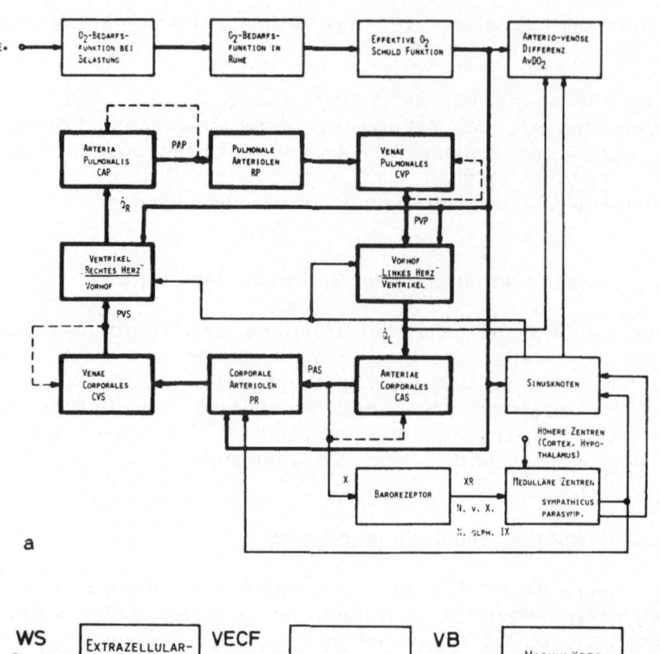

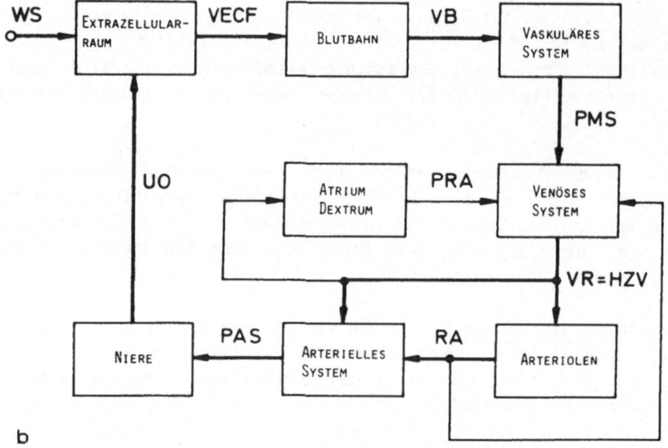

Abb. 2: Strukturelle blockorientierte Darstellung a) des physiologisch vollständig geschlossenen und geregelten Modells des Kurzzeitverhaltens des Blutdrucks im kardiovaskulären System und b) des Langzeitverhaltens der Blutdruckstabilisierung im renovaskulären System

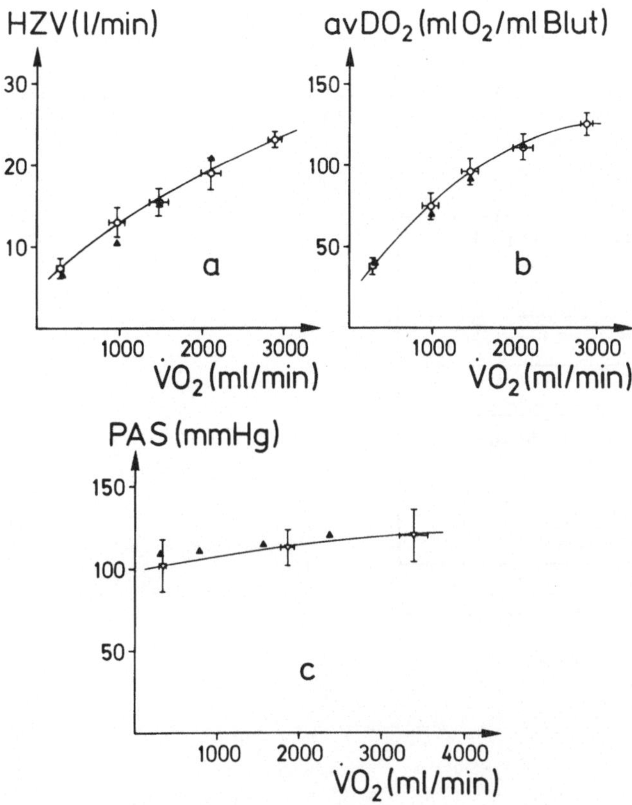

Abb. 3: Vergleichende Darstellung hämodynamischer Systemzustände für Humanbefunde und Modellergebnisse in Abhängigkeit vom Sauerstoffverbrauch (V_{O_2}) a) Herzzeitvolumen (HZV) 0 (5), b) arteriovenöse Differenz (avD_{O_2}) 0 (5), c) arterieller Mitteldruck (PAS) (1) Kurven ▲ zeigen jeweils die Verläufe der Modellergebnisse.

Tab. 1 zeigt zusammenfassend das dynamische Verhalten der relevanten hämodynamischen Kreislaufgrößen für gemessene Befunde und Modellergebnisse. Daraus ist die hinreichend genaue Nachbildung des realen biologischen Systems sowie die Eindeutigkeit der Modellaussagen ersichtlich.

Tabelle 1: Zusammenfassende Darstellung der Veränderungen der relevanten hämodynamischen Kreislaufgrößen unter Einwirkung einer ergometrischen Belastung (PAS: arterieller Mitteldruck; PVA: venös systemischer Druck; PAP: Arteriopulmonaler Druck; PVP: venopulmonaler Druck; SV: Schlagvolumen; HF: Herzfrequenz; PR (≙RA): peripherer Widerstand; $avDO_2$: arteriovenöse Differenz)

EW = 100 W

	MODELL	KONTROLLE: Humanbefunde
PAS	↑	↑
PVS	↑	↑
PAP	↑	↑
PVP	↓	Modellvorhersage
SV	↑	↑
HF	↑	↑
PR	↓	↓
$avDO_2$	↑	↑

Das Modell ist damit auch für die Vorhersage von Systemzuständen einsetzbar. Aus Tabelle 1 ist die qualitative Veränderung des pulmonal venösen Druckes PVP in Abhängigkeit von der ergometrischen Belastung EW ersichtlich. Eine Erklärung für die Richtigkeit der Vorhersage findet man durch die folgende Überlegung:
Bei Belastung führt die Erhöhung des Schlagvolumens zu einer Verringerung des endsystolischen Volumens, was aus röntgenologischen Untersuchungen bekannt ist. Die Folge ist eine Abnahme des mittleren Füllungsdrucks im linken Ventrikel, entsprechend dem Verlauf seiner Ruhe-Dehnungskurve. Da unter diesen Voraussetzungen für die Ventrikelfüllung ein geringerer Mitteldruck erforderlich ist als unter Ruhebedingungen, nimmt der mittlere Druck im linken Vorhof (im Modell pulmonal venöser Druck PVP) ab. Der nach den Modellberechnungen als Folge einer ergometrischen Belastung sich verringert einstellende pulmonal venöse Druck genügt mithin den funktionellen Zusammenhängen der Herzmechanik [6, 7]. Die Modellvorhersage ist eindeutig.

Von Bedeutung für das Langzeitverhalten des Blutdrucks ist der Natriumhaushalt, wobei den Ernährungsgewohnheiten eine zentrale Bedeutung zukommt. Es ist bekannt, daß Kochsalz eine blutdrucksteigernde Wirkung ausübt. Kochsalz bzw. vielmehr Natriumionen vermögen, renal Wasser zu retinieren. Ist die zugeführte Flüssigkeit isoton, d.h. WS = 0,9 g NaCl/100 ml mit einer Osmolarität von 290 mosmol/kg H_2O, verteilt sie sich sowohl im Interstitium als auch im Plasma. Ursache ist die Permeabilität des Kapillarendothels in bezug auf Na^+, Cl^- und H_2O. Im Intrazellularraum kommt es zu keiner Nettoveränderung in bezug auf Na^+ und Cl^-. Folglich wird das extrazelluläre Volumen VECF entsprechend zunehmen, wobei sich die zugeführte isotone Flüssigkeit WS im Interstitium und im Plasma dem Volumenanteil adäquat verteilt. Damit erhöht sich auch das Blutvolumen VB. Infolge der Hypervolämie kommt es sowohl zu einem Anstieg des arteriellen Mitteldrucks PAS als auch des Herzzeitvolumens HZV bzw. des venösen Rückstroms VR. Ein erhöhtes Herzzeitvolumen ist gleichbedeutend mit einer Überperfusion der Peripherie. Autoregulativ wird sich deshalb der periphere Widerstand RA im Sinne einer Gegenregulation erhöht einstellen.

Für den Normalfall sind die Simulationsergebnisse in Abb. 4 angegeben.

Da dem Natrium als primärem ätiologischen Faktor bei der Hypertonie eine besondere Bedeutung zukommt, ist die durch Simulation beobachtbare Auswirkung einer isotonischen Flüssigkeitsbelastung WS auf die hämodynamischen Parameter von Interesse.

Bei reduzierter renaler Masse, beispielsweise auf 1/3 des Normalen, ist die renale Durchblutung entsprechend reduziert und damit die Zahl der funktionsfähigen Nephrone. Dies ist bemerkbar an einem verringerten Plasmafluß und einer verminderten glomerulären Filtration.

Unter einer isotonischen Flüssigkeitsbelastung kommt es wie im Normalfall zu einem Anstieg des Blutvolumens und gleichzeitig zu einer Abnahme des Hämatokrit und damit zu einem vergrößerten Plasmavolumen, dessen filtrierter Anteil auf Grund des verminderten Nierenparenchyms geringer ist als im Normalfall. Das Blutvolumen (VB) und der mittlere Füllungdruck (PMS) sind demzufolge im Vergleich zum Normalfall stärker erhöht, was Abb. 4 in vergleichender Gegenüberstellung zeigt. Daraus resultiert ein größerer venöser Rückstrom (VR) respektive Herzzeitvolumen (HZV), was gleichbedeutend ist mit einer Überperfusion der Peripherie. Autoregulativ stellt sich ein stark erhöhter peripherer Widerstand (RA) ein und im Zusammenwirken der beschriebenen Mechanismen ein erhöhter arterieller mittlerer Blutdruck PAS als Folge der isotonischen Flüssigkeitsbelastung (WS). Die gute Übereinstimmung zwischen Modellergebnissen - weiße Säulen - und experimentellen Befunden - punktierte Säulen - [2, 3] ist aus Abb. 4 ersichtlich.

Der im Vergleich zum experimentellen Befund überhöhte arterielle mittlere Blutdruck (PAS), wie er sich aus den Modellrechnungen ergibt (siehe Abb. 4), ist durch den größeren Wert des peripheren Widerstandes bedingt. Das hat seine Ursache in der Wahl des Wertes für KRA, dem vom Sauerstoffpartialdruck abhängigen Skalierungsfaktor des peripheren Widerstandes (RA).

Auch die Diskrepanz zwischen Modellergebnis und experimentellem Befund im Falle des venösen Rückstroms (VR) (siehe Abb. 4, Teil c) zeigt, daß das Modell diesen erwartungsgemäß richtig abbildet, setzt man die Simulationsergebnisse entsprechend dem Ansatz RA = PAS/VR an. Setzt man dagegen die in Abb. 4, Teil c, angegebenen experimentellen Daten für PAS und VR an, so ergibt sich für den peripheren Widerstand mit RA = 1,17 (mmHg/ml)s ein Wert, der unterhalb desjenigen des Normalfalles liegt, trotz vorhandener Überperfusion. Das widerspricht der von GUYTON [4] aufgestellten Autoregulations-Vorstellung. Die konsequente Anwendung der Vorstellung führt zu Widersprüchen in bezug auf die Werte des peripheren Widerstandes (RA). Der experimentelle Befund für den venösen Rückstrom VR läßt den Schluß zu, daß neben der Autoregulation noch andere Mechanismen berücksichtigt werden müssen.

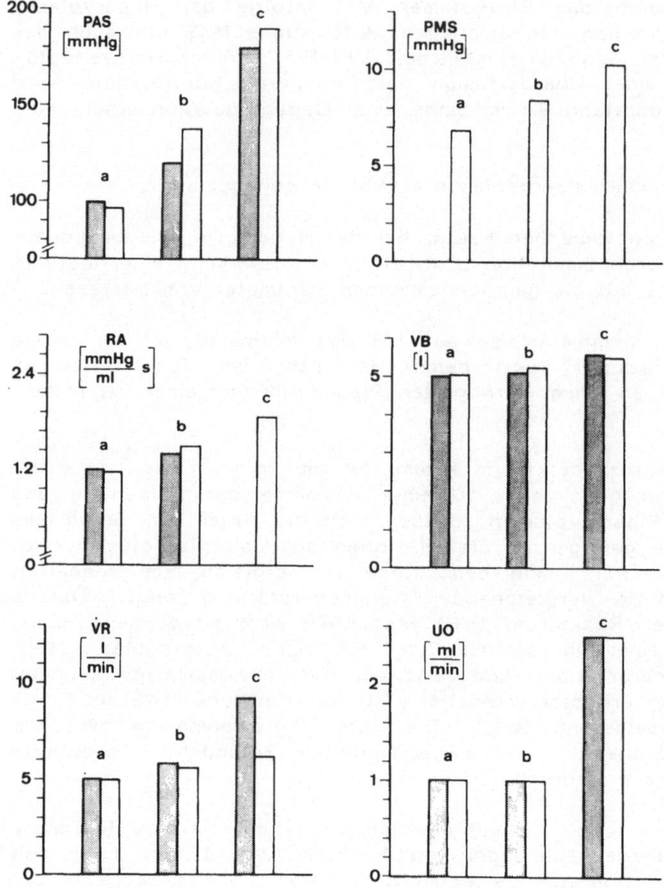

Abb. 4: Vergleichende Darstellung des arteriellen mittleren Blutdrucks (PAS), des peripheren Widerstandes (RA), des venösen Rückstroms (VR), des mittleren Füllungsdrucks (PMS), des Blutvolumens (VB) und der urinären Ausscheidung (UO),

a: Normotonie für eine Wasser- und Salzbelastung (WS) von 1 ml/min 0,9 g/dl NaCl,

b: reduzierte renale Masse unter einer Wasser- und Salzbelastung WS = 1 ml/min 0,9 g/dl NaCl,

c: reduzierte renale Masse unter einer Wasser- und Salzbelastung WS = 2,5 ml/min 0,9 g/dl NaCl.

Die renale Masse ist auf 1/3 des Normalen reduziert. Die punktierten Säulen entsprechen experimentellen Befunden nach [2, 3] die weißen Säulen stellen Modellaussagen dar

Die exemplarisch vorgestellten Simulationsergebnisse zeigen, daß mit Hilfe des nichtlinearen geschlossenen mathematischen Modells des renovaskulären Systems das Verhalten der relevanten hämodynamischen Parameter hinreichend genau nachbildbar ist. Darüber hinaus ist für den mittleren Füllungsdruck (PMS) die Modellvorhersage gegeben, da aus der bekannten Literatur keine gemessenen Befunde vorliegen. Eine Erklärung für die Richtigkeit der Vorhersage findet man durch die folgende Überlegung: Als Folge einer erhöhten isotonischen Flüssigkeitsbelastung (WS) steigt das Volumen des Extrazellularraums (VECF), ebenso das Blutvolumen (VB). Als Folge der Hypervolämie steigen der mittlere Füllungsdruck (PMS), der venöse Rückstrom (VR) und damit das Herzzeitvolumen (HZV). Das vergrößerte Herzzeitvolumen bewirkt einen Anstieg des peripheren Widerstandes (RA), damit einen erhöhten arteriellen mittleren Blutdruck (PAS). Dieser Zustand persistiert, solange die Flüssigkeitsbelastung anhält. Der als Folge einer isotonischen Flüssigkeitsbelastung (WS) sich erhöht einstellende mittlere Füllungsdruck (PMS) genügt damit den funktionellen Zusammenhängen der renalen Volumenregulation.

Berechnet man für die im Modell angesetzte isotone Flüssigkeitsmenge WS = 1 ml/min 0,9 g % NaCl den Salzgehalt, dann erhält man mit den Atommassen für Na (22,99) und Chlor (35,45) bezogen auf eine durchschnittliche Flüssigkeitsmenge von 1,5 l/d eine Salzmenge von 8,75 g (0,9*15*22,99)/(35,45).

Reduziert man die Salzaufnahme auf etwa ein Viertel des berechneten Wertes, d.h. von 8,75 g auf 2,2 g, dann nimmt der Blutdruck um 14% ab. Im Falle einer partiellen Nephrektomie führt eine Reduktion des Salzgehaltes auf die Hälfte zu einer Blutdruckabnahme um 16% (138 mm Hg --> 117 mm Hg); bei einer Reduktion auf ein Viertel sind es dagegen 25% (138 mm Hg -->103 mm Hg); der Blutdruckwert ist fast normal. Anhand dieser wenigen exemplarischen Ergebnisse ist ersichtlich, daß mit Hilfe von Modellbildung und Simulation therapeutische Auswirkungen direkt abgeschätzt werden können.

Darüber hinaus ist die Simulationstechnik vorteilhaft z.B. auch bei der Optimierung adaptiver Regler für Herzunterstützungs- und Ersatzsysteme anwendbar, was abschließend gezeigt werden soll. Für das Versuchstier mit Totalherzersatz THE 3/82 - beide Ventrikel sind durch pneumatische Blutpumpen mit extrakorporalen Antrieben ersetzt, erhalten bleiben bei der Operation der rechte und linke Vorhof bis zum Annulus der Einlaßklappen - sind in Abb. 5 die Ergebnisse der relevanten hämodynamischen Parameter arterieller mittlerer Blutdruck (PAS), peripherer Widerstand (RA) und rechter Vorhofdruck (PRA = PVS) in Abhängigkeit von einer schrittweisen Erhöhung der körpergewichtsbezogenen Perfusionsrate V_P ebenso wie die entsprechenden Simulationsergebnisse des entwickelten mathematischen Modells angegeben. Das Modell entspricht der in Abb. 2a dargestellten Struktur unter Einschluß der für den Totalherzersatz notwendigen Randbedingungen.

Bei den in Abb. 5 dargestellten Ergebnissen handelt es sich nicht um das zeitabhängige Verhalten, sondern um die im stationären Zustand erreichten Werte.

Das Fördervolumen der Blutpumpen wurde durch Änderungen der Pulsfrequenzen und der systolischen und diastolischen Treibdrucke variiert. Dabei wird darauf geachtet, daß keine passiven Flüsse durch die rechte Pumpe auftreten können. Für das Versuchstier THE 3/82 wurde dazu ca. 70 Tage postoperativ das Perfusionsvolumen zwischen 5,5 l/Min. und 10,8 l/Min. sowohl ansteigend als auch abfallend variiert. Aus Abb. 5 ist ersichtlich, daß der rechte Vorhofdruck (PRA) - entspricht PVS in Abb. 2a - und der periphere Widerstand (RA) unter einem zunehmenden Perfusionsvolumen V_P abnehmen, während der mittlere arterielle Blutdruck nahezu unverändert bleibt. Dieses im Tierexperiment gefundene dynamische Verhalten steht in qualitativ guter Übereinstimmung mit den Simulationsergebnissen des entwickelten mathematischen Kreislaufmodelles (siehe Abb. 5).

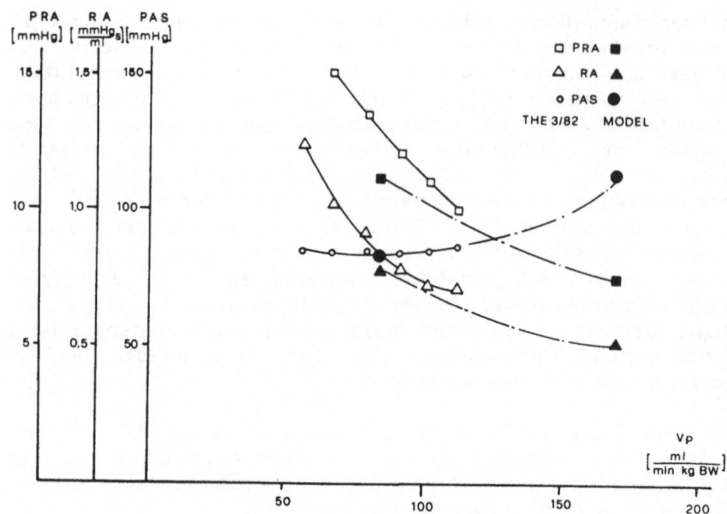

Abb. 5: Auswirkungen einer schrittweisen Erhöhung der körpergewichtsbezogenen Perfusionsrate V_P auf den rechten Vorhofdruck PRA (PRA = PVS), den peripheren Widerstand RA (RA = PR) und den arteriellen Mitteldruck PAS beim Versuchstier mit totalem Herzersatz THE 3/82 (dick ausgezogene Linien) und durch Simulation erzielte Ergebnisse (strichpunktierte Linien)

Die im Vergleich mit den tierexperimentellen Ergebnissen erniedrigten Werte des rechten Vorhofdrucks (PRA), wie sie sich aus den Modellrechnungen ergeben, sind durch die Beschränkungen bei der Modellentwicklung bedingt. An dieser Stelle muß eine differenziertere Parameterisierung durchgeführt werden, wobei der Einsatz der Parameteridentifikationstechnik vorteilhaft ist, was Gegenstand der weiteren Forschung ist.

Mit diesem verbesserten Modell können spezielle Reglerstrategien zur optimalen Steuerung von extrakorporalen Blutpumpensystemen untersucht werden. Durch Adaption des Reglers können die Antriebsparameter der Blutpumpen an den jeweils aktuellen Bedarf des Organismus angepaßt werden. Die zum Teil noch ungenauen Kenntnisse des zu optimierenden biologischen Prozesses komplizieren allerdings den Einsatz und die Anwendung derartiger, bei technischen Systemen erfolgreich genutzter Verfahren. Durch optimierte Reglerparameter kann auch die Stabilität des Reglers gewährleistet werden.

5. Schlußbemerkungen

Aus dem Dargelegten ist ersichtlich, daß durch die Entwicklung mathematischer Modelle und die Simulation derselben auf einem Rechner eine Reihe wertvoller Informationen über das biologische System gewonnen werden können, welche normalerweise nicht zugänglich sind, da mit dem realen physiologischen System nicht beliebig experimentiert werden kann. Die Simulationsanalyse ist mithin ein elegantes Verfahren zur Untersuchung physiologischer Systeme, da einerseits Vorhersagen zu in vivo nicht meßbaren Größen möglich sind, andererseits auf Grund der

Simulationsergebnisse gezielte experimentelle Untersuchungen stimuliert werden können [9].

Durch die Anwendung moderner Simulationssprachen, welche auch auf Kleinrechnern lauffähig sind und keine besonderen Kenntnisse der elektronischen Datenverarbeitung erfordern, können komplizierte Modelle in einfacher Form auf einem Rechner implementiert und untersucht werden. Die Erstellung des mathematischen Simulationsmodells stellt allerdings nach wie vor hohe Anforderungen und ist infolge der Schwierigkeiten der Beschaffung relevanter Daten häufig sehr langwierig.

Literatur

1. Bevegard, S., Holmgren, A., Jonsson, B.: Circulatory studies in well trained athletes at rest and during heavy exercise, with special reference to stroke volume and the influence of body position. Acta physiol. scand. 57 (1963) 26-50.

2. Coleman, T.G.: Mathematical Analysis and Experimental Studies of the Initial Phases of Salt-induced, Renoprival Hypertension. Thesis. University of Jackson, Mississippi 1967.

3. Guyton, A.C., Coleman, T.G., Cowley, A.W. et al.: Systems analysis of arterial pressure regulation and hypertension. Ann. biomed. Engng 1 (1972) 254-281.

4. Guyton, A.C.: Arterial Pressure and Hypertension. Philadelphia: W.B. Saunders 1980.

5. Holmgren, A., Jonsson, B., Sjöstrand, T.: Circulatory data in normal subjects at rest and during exercise in recumbent position, with special reference to stroke volume at different work intensities. Acta physiol. scand. 49 (1960) 343-363.

6. Möller, D.: Ein geschlossenes nichtlineares Modell zur Simulation des Kurzzeitverhaltens des Kreislaufsystems und seine Anwendung zur Identifikation. Berlin-Heidelberg-New York: Springer 1981.

7. Möller, D., Popovic, D., Thiele, G.: Modeling, Simulation and Parameter-estimation of the Human Cardiovascular System. Braunschweig: Vieweg 1982.

8. Möller, D.P.F.: Modellbildung und Simulation des renovaskulären Systems. Funkt. Biol. Med. 2 (1983) 57-63.

9. Wesseling, K.H., Möller, D.P.F.: Simulationsuntersuchungen zum Barorezeptorreflex als Beispiel für die Anwendung derzeitiger Simulationssprachen auf Kleinrechnern. Funkt. Biol. Med. 2 (1983) 85-93.

Aus dem Sonderforschungsbereich 123 (Stochastische Mathematische Modelle) der Universität Heidelberg

Wachstumsmodelle mit stochastischen Differentialgleichungen

G. Rosenkranz

Differentialgleichungen - deterministische wie stochastische - sind geeignet, Wachstumsprozesse approximativ zu beschreiben. Beim deterministischen Ansatz bleiben jedoch zufällige Fluktuationen, die einen Einfluß auf das Populationswachstum haben, unberNcksichtigt. Daher sind Unterschiede im qualitativen Verhalten von deterministischen und stochastischen Modellen zu erwarten.

Im vorliegenden Beitrag sollen diese Unterschiede am Beispiel eines mathematischen Modells aus der Tumorimmunologie gezeigt werden. Die stochastische Differentialgleichung ist daher von der Form

$$dX(t) = \mu(X(t))dt + \sigma(X(t))dW(t).$$

$W(t)$ ist ein Wienerprozeß; der Koeffizient σ dient zur Quantifizierung von internen und externen zufälligen Fluktuationen, die das Wachstum beeinflussen. Da die Lösung dieser Gleichung eine Diffusionsapproximation eines kontrollierten, d.h. von der Populationsgröße abhängigen Verzweigungsprozesses in zufälliger Umwelt liefert, sind die auftretenden Koeffizienten interpretierbar.

Die gemittelte zeitliche Änderung des durch eine stochastische Differentialgleichung definierten Prozesses ist gleich der zeitlichen Änderung des durch eine entsprechende deterministische Gleichung ($\sigma = 0$) gegebenen Modells. Daher sind bei diesen Modellen die Wirkungen von zufälligen Einflüssen besonders deutlich zu sehen.

1. Das Modell

GARAY und LEFEVER [2] stellten ein kinetische Modell vor, das Entstehung und Wachstum von Tumoren durch das Zusammenwirken von drei Phänomenen beschreibt:

1. Transformation von normalen in neoplastische Zellen,
2. Replikation von transformierten Zellen,
3. immunologische Interaktion von Organismus und transformierten Zellen.

Dabei wird angenommen, daß die Effektorzellen (Makrophagen, T-Lymphozyten) mit den transformierten Zellen einen Komplex bilden und diese unschädlich machen. Danach zerfällt der Komplex, und die Effektorzellen sind wieder in der Lage, weitere Tumorzellen zu zerstören.

Die beschriebene Reaktion kann in folgendem Schema dargestellt werden:

1. $\quad {}^{a} \quad X$

2. $\quad X \quad {}^{\lambda} \quad 2X$

3. $\quad X + E_0 \quad {}^{k} \quad E_1X \quad {}^{l} \quad E_0 + Z.$

Dabei wurden folgende Bezeichnungen verwendet:

X = transformierte Zellen,
a = Spontanrate,
= Replikationsrate,
E_0 = freie Effektorzellen,
E_1 = gebundene Effektorzellen,
Z = zerstörte Tumorzellen,
k = Komplexbildungsrate,
l = Komplexzerfallsrate.

Die Zerstörungsrate d in Schritt 3 genüge der Beziehung

$$d = \frac{kEX}{1 + \frac{k}{l}X}.$$

Dabei wird $E = E_0 + E_1$ als konstant vorausgesetzt. Ferner sei N eine Oberschranke für die Anzahl der Tumorzellen pro Volumen. Eine Rechtfertigung für die oben getroffenen Annahmen findet man in der eingangs genannten Arbeit.

Aus den Annahmen läßt sich folgende Gleichung für die Anzahl X von transformierten Zellen pro Volumen ableiten:

$$\frac{dX(t)}{dt} = (N-X(t))\left[a+\lambda\frac{X(t)}{N}\right] - \frac{kEX(t)}{1 + \frac{k}{l}X(t)}, \quad X(0) = x_o. \qquad \text{(D)}$$

Diese Gleichung ist gültig, wenn das Wachstum der neoplastischen Zellen als streng deterministisch angesehen werden kann. Im folgenden soll eine Gleichung aufgestellt werden, die zufälligen Einflüssen auf das Wachstum Rechnung trägt. Es wird angenommen:

1. Wachstum ist ein stochastischer Prozeß.
2. Dieser unterliegt zufälligen äußeren Einflüssen.

Die erste Annahme besagt, daß die Anzahl der Nachkommen eine Zufallsvariable ist. Die zweite Annahme berücksichtigt den Einfluß von Gewebedurchblutung, Sauerstoffversorgung, Temperatur, Bestrahlung usw. auf das Zellwachstum.

Geeignete mathematische Modelle, die den genannten Bedingungen genügen, sind kontrollierte Verzweigungsprozesse in zufälliger Umwelt. Da Eigenschaften dieser Prozesse nur schwer nachzuweisen sind, wird eine Approximation durch einen Diffusionsprozeß untersucht. Eine solche Approximation wurde zuerst von FELLER [1] für Galton-Watson-Prozesse vorgeschlagen und von KEIDING [4] auf populationsabhängige Prozesse in zufälliger Umwelt übertragen. Einen Beweis findet man in ROSENKRANZ [6].

Der Approximationsprozeß kann im hier betrachteten Beispiel angegeben werden als Lösung der stochastischen Differentialgleichung

$$dX(t) = \left\{(N-X(t))(a+\lambda\frac{X(t)}{N}) - \frac{kEX(t)}{1 + \frac{k}{l}X(t)}\right\} dt$$

$$+ \left\{ u^2\left[\frac{X(t)}{N}\right]^2 (N-X(t))^2 + v^2\frac{X(t)}{N}(N-X(t))\right\}^{1/2} dW(t), \qquad \text{(S)}$$

$$X(0) = x_o.$$

(u und v sind gewisse Konstanten, W(t) ist ein Wienerprozeß.) Es gilt dann:

$$\lim_{h\to 0} \frac{1}{h}E_X(X(t+h)-X(t)) = (N-X)(a+\lambda\frac{X}{N}) - \frac{kEX}{1+\frac{k}{l}X};$$

d.h. der mittlere Zuwachs des durch (S) gegebenen stochastischen Prozesses ist gleich dem des deterministischen. Für das zweite Moment des Zuwachses gilt:

$$\lim_{h\to 0} \frac{1}{h}E_X(X(t+h)-X(t))^2 = u^2\left(\frac{X}{N}\right)^2(N-X)^2 + v^2\,\frac{X}{N}(N-X).$$

Der erste Term gibt den Einfluß der Umweltvariabilität an: Es wird angenommen, daß die Teilungsrate λ eine Zufallsvariable mit Varianz u^2 ist. Der zweite Term gibt die mittlere Varianz der Nachkommensverteilung des Prozesses an.

Die Lösungen der Differentialgleichungen (D) und (S) lassen sich nicht explizit angeben. Man ist daher auf qualitative Eigenschaften der Lösungen angewiesen, d.h. auf das Verhalten von X(t) für $t\to\infty$.

2. Eigenschaften des deterministischen Modells

Sei X(t) die Lösung von (D). (Eine solche Funktion existiert und ist eindeutig bestimmt.) Anstelle von X(t) sollen die Eigenschaften von

$$Y(t) = \frac{k}{l}X\left(\frac{t}{\lambda}\right)$$

untersucht werden. Y(t) ist Lösung der Gleichung

$$\frac{dY(t)}{dt} = (1-\Theta Y(t))(\alpha+Y(t)) - \beta\frac{Y(t)}{1+Y(t)},\quad Y(0) = y_0, \qquad (D')$$

mit $\alpha = \frac{kAN}{l\lambda}$, $\beta = kE/\lambda$, $\Theta = k/lN$.

Bekanntlich heißt eine Lösung Y_s von (D′) stationär, wenn $dY_s(t)/dt=0$ gilt. Stationäre Lösungen sind deshalb von Interesse, weil sich der Prozeß für große t eventuell einer stationären Lösung nähert. Sie heißt dann asymptotisch stabil. Für (D′) gilt:

> Ist α gegeben, so existiert ein $\Theta_c < \frac{1}{1+\alpha}$ mit folgender Eigenschaft
>
> (D1) Für $\Theta \geq \Theta_c$ besitzt (D′) für alle $\beta > 0$ genau eine asymptotisch stabile stationäre Lösung.
>
> (D2) Für $0 < \Theta < \Theta_c$ existiert stets ein $\beta > 0$, so daß (D′) drei stationäre Lösungen $y_1 < y_2 < y_3$ besitzt. y_1 und y_3 sind asymptotisch stabil, y_2 ist instabil.

Im zweiten Fall liegt also folgende Situation vor: Startet der Prozeß im Intervall $[0,y_2)$, so gilt $Y(t)\to y_1$ für $t\to\infty$. Bei Startwerten größer als y_2 wird er gegen y_3 konvergieren. Ändert sich β derart, daß z.B. y_1 nach y_2 rückt, so wird y_1 instabil, und es gilt $Y(t)\to y_3$. Es gibt demnach einen kritischen Wert von β, an dem der Prozeß schlagartig sein makroskopisches Verhalten ändert. Für den hier diskutierten Tumorwachstumsprozeß heißt das, daß ein kleiner unerkannter Tumor scheinbar plötzlich groß und damit erkennbar wird. Umgekehrt kann bei einem manifesten Tumor Remission eintreten.

3. Eigenschaften des stochastischen Modells

Sei X(t) eine Lösung von (S). (Eine Lösung von (S) existiert und ist pfadweise eindeutig, siehe YAMADA und WATANABE [7]). Wie in Abschnitt 2 sei

$$Y(t) = \frac{k}{l} X\left[\frac{t}{\lambda}\right].$$

Man sieht, daß Y(t) eine Lösung der Gleichung

$$dY(t) = \left\{(1-\theta Y(t))(\alpha+Y(t)) - \beta\frac{Y(t)}{1+Y(t)}\right\} dt$$

$$+ \left\{\omega^2 Y(t)^2 (1-\theta Y(t))^2 + \tau^2 Y(t)(1-\theta Y(t))\right\}^{1/2} dB(t), \qquad (S')$$

$$Y(0) = y_o,$$

ist mit $\omega^2 = u^2/\lambda, \tau^2 = k/l\lambda$ und α, β, θ wie in Abschnitt 2. B(t) bezeichnet wieder einen Wienerprozeß. Die Koeffizienten der Differentialgleichung werden im folgenden mit μ bzw. σ abgekürzt.

Y(t) hat nun folgende Eigenschaften:

(S1) Es gilt

$$P_y\{Y(t) \in [0,1/\theta]\} = 1, \quad y \in [0,1/\theta].$$

(S2) Falls $0 < \tau^2 < 2\alpha$ gilt sogar

$$P_y\{Y(t) \in (0,1/\theta)\} = 1$$

und der Prozeß besitzt eine stationäre Verteilung, d.h.

$$\lim_{t\to\infty} P\{Y(t) \leq y\} = F(y)$$

wobei

$$F(y) = 0, \quad y \leq 0$$

$$F(y) = \frac{\int_0^y \Phi(z)dz}{\int_0^{1/\theta} \Phi(z)dz}, \quad y > 0.$$

mit

$$\Phi(x) = \frac{1}{\sigma^2(x)} \exp\left\{\int_0^x \frac{2\mu(z)}{\sigma^2(z)}dz\right\}.$$

Für hinreichend großes ω^2 existieren $\beta_1 > \beta_2$ mit folgender Eigenschaft

a.) Falls $\beta > \beta_1$ gilt, besitzt $f'(y) := F(y)$ genau ein relatives Maximum in der Nähe von 0.

b.) Falls $\beta_1 > \beta > \beta_2$ gilt, besitzt f zwei relative Maxima in $(0,1/\theta)$.

Falls $\beta_2 > \beta > 0$ gilt, können zwei Fälle auftreten:

c.) f besitzt genau ein relatives Maximum in der Nähe von $1/\theta$, oder

d.) f besitzt ein relatives Maximum in der Nähe von 0 und eine Polstelle bei $1/\theta$. Wird β weiter verkleinert, verschwindet das relative Maximum.

Es gilt stets $f(0) = 0$. In den Fällen a.)-c.) gilt außerdem noch $f(1/\theta)=0$.

(S3) Falls $\tau^2 > 2\alpha$, gilt

$$P\left\{\lim_{t\to\infty} Y(t) = 0\right\} = 1.$$

Außerdem kann der Prozeß mit positiver Wahrscheinlichkeit in endlicher Zeit aussterben. Der Punkt 0 ist jedoch regulär, d.h. der Prozeß kann erneut anwachsen, da $\mu(0) > 0$ gilt. Er verharrt jedoch eine gewisse Zeit in 0 bevor er wieder positive Werte annimmt.

Es gilt (siehe GIHMAN-SKOROHOD [3]):

$$\lim_{T\to\infty} \frac{1}{T} \int_0^T P\{Y(t) \leq y\} dt = G(y),$$

mit

$$G(y) = 0, \quad y \leq 0;$$

$$G(y) = \frac{1 + 2\alpha \int_0^y \Phi(z)dz}{1 + 2\alpha \int_0^{1/\theta} \Phi(z)dz}, \quad y > 0.$$

G(y) weist bei 0 eine Sprungstelle auf. Es ist

$$G(0+) = \lim_{T\to\infty} \frac{1}{T} \int_0^T P\{Y(t) = 0\} dt = \frac{1}{1 + 2\alpha \int_0^{1/\theta} \Phi(z)dz}.$$

Für $y > 0$ ist G(y) differenzierbar. Es existieren $\beta_1 > \beta_2$ mit folgender Eigenschaft: (Es gilt stets $g(0+) = \infty$, wo $g := G'$.)

a.) Falls $\beta > \beta_1$ gilt, besitzt g kein relatives Extremum, und es ist $g(1/\theta) = 0$.

b.) Falls $\beta_1 > \beta > \beta_2$ gilt, besitzt g ein relatives Minimum nahe bei 0 und ein relatives Maximum. Ferner ist $g(1/\theta) = 0$.

c.) Falls $\beta_2 > \beta$ gilt, besitzt g ein relatives Minimum in $(0,1/\theta)$ und eine Polstelle bei $1/\theta$.

Bei einem relativen Maximum von f ist der Zuwachs von F lokal maximal. Die Wahrscheinlichkeit, den Prozeß in der Umgebung solcher Punkte anzutreffen, ist groß. (Entsprechendes gilt für G.) Existiert kein Extremum, ist die Aufenthaltswahrscheinlichkeit an den Rändern 0 bzw. $1/\theta$ am größten.

4. Diskussion

Zum Schluß soll kurz gezeigt werden, welche Vorhersagen die diskutierten Modelle für das Tumorwachstum erlauben.

Je nach Tumortyp und zytotoxischer Aktivität der Effektorzellen variieren die Parameter α, β und θ, und zwar gilt:

$$10^{-19} < \alpha < 10^{-16};\ 10^{-2} < \beta < 10;\ 10^{-1} < \theta < 5.$$

Zum deterministischen Modell ist folgendes anzumerken: Da α sehr klein ist, ist θ_c ungefähr gleich 1. Für Zellsysteme mit $\theta > 1$ existiert nur eine asymptotisch stabile Lösung nahe bei 0, falls $\beta > 1$. Experimente zeigen, daß in solchen Systemen die zytotoxische Aktivität von T-Lymphozyten ausreicht, daß sich implantierte Tumoren zurückbilden. In Zellsystemen mit $\theta < 1$, bei denen zwei asymptotisch stabile Lösungen möglich sind (z.B. für natürliche Killerzellen), gilt häufig auch $\beta < 1$. In diesem Fall sagt das deterministische Modell keine Rejektion voraus.

Bleibt beim stochastischen Modell die erwartete Varianz der Nachkommensverteilung klein, d.h. $0 < \tau^2 < 2\alpha$, so erhält man zu gewissem β zwei Werte für die Anzahl der Tumorzellen in einem Gewebestück, die mit großer Wahrscheinlichkeit angenommen werden. Dies kann je nach Größe von ω^2 auch für Werte von β gelten, für die im deterministischen Modell nur eine stationäre Lösung existiert, die eine hohe Anzahl transformierter Zellen impliziert. Im stochastischen Modell besitzen dann auch kleine Anzahlen neoplastischer Zellen eine große Wahrscheinlichkeit. Die Wahrscheinlichkeit nur sehr wenige oder keine Tumorzellen anzutreffen, ist jedoch gleich Null. Wird hingegen $\tau^2 > 2\alpha$, so ist diese Wahrscheinlichkeit stets positiv. Für gewisse (kleine) Werte von β kann die Wahrscheinlichkeit für die Existenz von transformierten Zellen immer noch ein (relatives) Maximum erreichen.

Falls $\tau^2 = 0$, d.h. für streng deterministisches Wachstum in zufälliger Umwelt, folgt Rejektion, falls $\beta > 1$ gilt. Für $1-\omega^2/2 < \beta < 1$ sind geringe Anzahlen neoplastischer Zellen am wahrscheinlichsten. Dieser Fall ist ausführlich in LEFEVER und HORSTHEMKE [5] behandelt.

Literatur

1. Feller, W.: Diffusion processes in genetics. Proc. 2nd Berkeley Symp. Math.Statist. Prob. 2 (1951) 227-246.

2. Garay, R.P., Lefever, R.: A kinetic approach to the immunology of cancer: stationary states properties of effector target cell reactions. J. theor. Biol. 73 (1978) 417-438.

3. Gihman, I.I., Skorohod, A.V.: Stochastic Differential Equations. Berlin-Heidelberg- New York: Springer 1972.

4. Keiding, N.: Population growth and branching processes in random environments. Proc. 9th Int. Biometric Conf. Boston, 149-165 (1976).

5. Lefever, R., Horsthemke, W.: Bistability in fluctuating environments. Implications in tumor immunology. Bull. math. Biol. 41 (1979) 469-490.

6. Rosenkranz, G.: Diffusion approximation of controlled branching processes with random environments. 1983. (unpublished)

7. Yamada, T., Watanabe, S.: On the uniqueness of solutions of stochastic differential equations. J. Math. Kyoto Univ. 11 (1971) 155-167.

Aus dem Biometrischen Zentrum für Therapiestudien (BZT), München

Der Verlauf der akuten Leukämie - ein stochastischer Ansatz

Dorothea Messerer, A. Neiß

1. Einleitung und Problemstellung

Die akute Leukämie bei Erwachsenen ist eine Krankheit mit bisher unbefriedigenden Heilungsergebnissen. Die mediane Überlebenszeit beträgt wenig mehr als 2 Jahre ab Diagnosestellung.

Vom Biometrischen Zentrum für Therapiestudien in München wird eine multizentrische Beobachtungsstudie zur Therapie der akuten Leukämie betreut, in der geprüft werden soll, inwiefern ein neues sehr aggressives Polychemotherapieschema praktikabel ist und inwiefern es den Verlauf der Krankheit beeinflußt (2-5). Patienten werden für die Studie rekrutiert, sofern sie folgenden Einflußkriterien genügen:

1. Eindeutige Diagnose der akuten lymphatischen Leukämie (ALL) und akuten undifferenzierten Leukämie (AUL) - nicht in Remission - nachgewiesen im Knochenmarkspunktat;
2. keine Vorbehandlung;
3. Alter zwischen 15 und 65 Jahren.

Die Therapie läuft in 4 Phasen ab. Patienten, die mit der Induktionstherapie in komplette Remission gekommen sind, werden nach einer Erhaltungstherapie einer Reinduktionstherapie zugeführt. Die Behandlung endet, wenn danach eine ca. 2 Jahre dauernde Erhaltungstherapie durchgeführt werden konnte.

Viele Fälle erreichen das Behandlungsende nicht. Ungefähr 10% sterben bereits während der Induktionstherapie, weitere 10-15% kommen nie in komplette Remission. Bei einigen Patienten treten schon nach sehr kurzer Remissionsdauer (Zeitraum, in dem keine Tumorzellen nachgewiesen werden können) Rezidive auf. Die mediane Remissionsdauer beträgt 20 Monate.

Im Rahmen der Auswertung einer solchen Studie treten mehrere Fragen auf. Viele sind routinemäßig zu lösen; andere hingegen bilden das Salz in der Suppe eines Statistikers und eines Informatikers. Im folgenden soll ein solches Problem dargestellt und ein Lösungsansatz diskutiert werden. Die Fragestellung dabei lautet:

Wie können die oben erwähnten Krankheitsverläufe beschrieben und
wie können sie im Hinblick auf Einflußfaktoren analysiert werden?

2. Modell für den Krankheitsverlauf

Der Verlauf einer Krankheit ist vorstellbar als eine Folge von verschiedenen Krankheitsstadien. Diese Stadien sind charakterisiert durch Ereignisse wie komplette Remission, Rezidiv oder Tod. Üblicherweise werden diese Ereignisse getrennt voneinander analysiert (Überlebenszeit, Remissionsdauer).

Diese univariate Betrachtungsweise läßt außer acht, daß die Ereignisse voneinander abhängen und in einer zeitlichen Beziehung zueinander stehen. Deshalb ist eine multivariate Analyse, in der die zeitlichen Relationen der Ereignisse berücksichtigt werden, problemadäquat.

Um diese Anforderungen zu erfüllen, wird ein mathematisches Modell für den Krankheitsverlauf formuliert. Eine mögliche Modellvorstellung ist es,. den Krankheitsverlauf als einen stochastischen Prozeß mit diskretem Zustandsraum aufzufassen, in dem die Zustände den Krankheitsstadien entsprechen. Der Prozeß der Modellbildung muß in enger Kooperation mit dem Kliniker erfolgen.

2.1 Definition der Zustände

Die Zustände im Modell müssen folgende Kriterien erfüllen:

- Medizinische Relevanz (der Zustand muß klinisch bedeutsam sein, d.h. es müssen sich aus ihm u.U. Handlungsfolgen ableiten lassen);

- Eindeutigkeit (der Patient muß zu jedem Zeitpunkt einem und nur einem Zustand zugeordnet werden können);

- Reliabilität (alle an der Studie beteiligten Kliniker müssen einen Patienten dem gleichen Zustand zuordnen);

- Vollständigkeit (zu jedem Zeitpunkt muß jeder Patient einem Zustand zugeordnet werden können).

Es muß dafür Sorge getragen werden, daß die Definition der Zustände über die Zeit konstant bleibt. In die Definition werden im allgemeinen klinische Beobachtungen, Laborparameter und histologische Befunde einbezogen.

In der ALL/AUL-Studie wurden folgende /Zustände definiert:

Progression (P),
partielle Remission/Versager (PR/V),
komplette Remission (KR),
Rezidiv (R),
Tod (T).

Anfangszustand für alle Patienten ist die Progression, da die Aufnahme in die Studie nach Diagnosestellung erfolgt. Abschließend können sie entweder die komplette oder partielle Remission bzw. keinen Therapieerfolg erreicht haben, oder sie sind verstorben. Z.B. ist die komplette Remission erreicht, wenn kein Organbefall nachweisbar ist, das periphere Blut blastenfrei ist und das Knochenmark 0-5% Blasten mit mindestens 15% Erythro- und 25% normaler Granulopoese enthält. Da die klinische Relevanz der Trennung von partieller Remission und Therapieversager nicht bedeutend ist und das Modell so einfach wie möglich sein sollte, wurden PR und V zu einem Zustand PR/V zusammengefaßt.

Für Patienten, die die komplette Remission verzögert erreichen, wurde ein zweiter Zustand komplette Remission definiert, da dieses verzögerte Eintreten der KR den weiteren Krankheitsverlauf besonders charakterisiert.

Der Zustand Rezidiv ist erreicht, wenn nach einer klinisch und diagnostisch tumorfreien Zeit Tumorzellen wieder nachgewiesen werden können. Der Zustand Tod gilt für alle an Leukämie Verstorbenen, wobei in der ALL/AUL-Studie nur ein Patient an einer anderen Todesursache in kompletter Remission verstarb.

2.2 Definition der Übergänge

Es werden diejenigen Übergänge festgelegt, die aufgrund der klinischen Erfahrung auftreten können. Unmöglich wäre z.B. ein direkter Übergang von Progression ins Rezidiv, da einem Rezidiv stets eine Remission vorangehen muß (Abb.1). Ein Rezidiv kann nur nach kompletter Remission erreicht werden: deshalb gibt es allein die Übergänge von KR_1 und KR_2 nach R.

VERLAUF DER ALL/AUL DES ERWACHSENEN

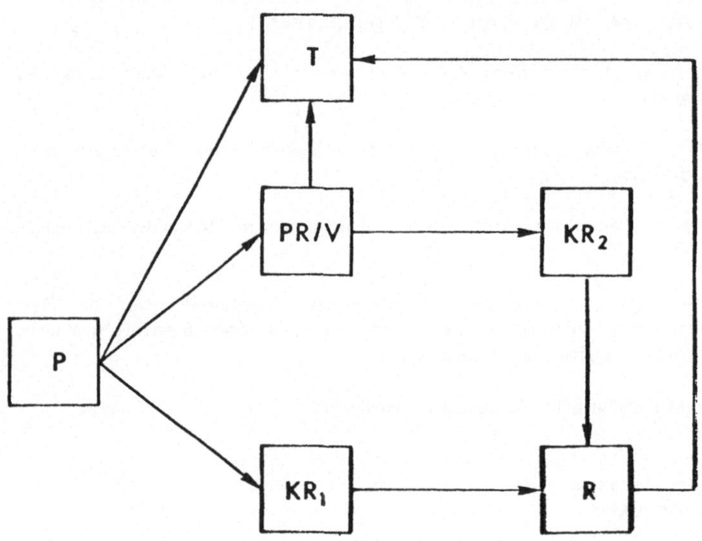

P	Progression
PR/V	Partielle Remission / Versager
KR_1	Komplette Remission (ohne PR/V)
KR_2	Komplette Remission (nach PR/V)
R	Rezidiv
T	Tod

Abb. 1: Darstellung der Modellstruktur

Da die Kliniker primär am Verlauf bis zum Rezidiv und an der Dauer vom Rezidiv bis zum Tod interessiert waren, wurde auf eine differenzierte Beschreibung des Verlaufes nach dem Erstrezidiv verzichtet.

2.3 Formulierung der Gesetzmäßigkeiten

Es ist naheliegend, als Kenngrößen des Modells die Wahrscheinlichkeit, in einen anderen Zustand überzugehen, und die Verweilzeit in einem Zustand zu verwenden. Dazu muß geklärt werden, welche Gesetze für diese Übergangswahrscheinlichkeiten und welche Regeln für die Verweildauer in den Zuständen gelten.

- Sind die Verweildauer und Übergangswahrscheinlichkeiten vom zurückliegenden Prozeßverlauf abhängig?
- Gibt es Kovariable, die den Krankheitsverlauf beeinflussen?

Aufgrund der Diskussion mit dem klinischen Partner wurde angenommen, daß keine Abhängigkeiten der Übergangswahrscheinlichkeiten oder Verweildauern vom zurückliegenden Prozeßverlauf vorliegen. Diese Annahmen müssen anhand der vorliegenden Daten überprüft werden (siehe dazu 4.1).

In einem früheren Stadium der Modellentwicklung wurde nicht zwischen KR_1 und KR_2 unterschieden, bis bei der Überprüfung der Modellvoraussetzungen festgestellt wurde, daß die Rezidivwahrscheinlichkeit davon abhängt, ob der Patient direkt von der Progression in KR kommt oder über PR/V. Um diese Abhängigkeiten auszuschließen, wurden zwei Zustände KR eingeführt.

Als Kovariable wurden Alter, morphologische Diagnose, Hepatosplenomegalie, Lymphknotenbefall und initiale Leukozytenzahl bei Diagnosestellung berücksichtigt.

2.4 Mathematische Formulierung des Modells

Z_0 sei der Anfangszustand und Z_n der Zustand, der dem n-ten Übergang eines Patienten entspricht. T_n ist die Verweildauer im Zustand Z_{n-1}. Die Folge der Zustände bildet aufgrund der Annahmen eine Markovkette. Da nach Aussagen des Klinikers die Zeit, von Z_{n-1} nach Z_n zu gelangen, davon abhängt, wie lange der Patient sich bereits in Z_{n-1} aufhält, ist es nicht gerechtfertigt, für die T_i eine Exponentialverteilung zugrundezulegen. Deshalb wurde ein Semi-Markov-Prozeß verwendet.

Die Parameter, die den Prozeß beschreiben, sind:

Anfangswahrscheinlichkeit $\alpha(i) = P(Z_0=i)$
Übergangswahrscheinlichkeit $\alpha(i,j) = P(Z_n=j|Z_{n-1}=i)$
Verteilungsfunktion der Verweildauer
$1-Q(t;i,j) = P(T_n \leq t|Z_{n-1}=i, Z_n=j)$.

2.5 Schätzen der Modellparameter

Es müssen die Parameter Anfangswahrscheinlichkeit, Übergangswahrscheinlichkeit und Verweildauer geschätzt werden, wobei für die Verweildauer ein bestimmter Verteilungstyp zugrundegelegt werden könnte. Da auf klinischer Seite keine Information über den Verteilungstyp vorhanden war, wurde ein nichtparametrischer Ansatz gewählt.

Bei der Analyse von Lebensdauerdaten bereiten im allgemeinen zensierte Beobachtungen, das sind Zeitdauern, die nicht durch das Zielereignis, sondern durch andere Ereignisse (Studienende) begrenzt sind, Probleme. Eine Methode, die sowohl einen beliebigen Verteilungstyp als auch zensierte Beobachtungen erlaubt, wurde von LAGAKOS [7] vorgeschlagen.

Die Schätzung der unbekannten Modellparameter wird mit einer nichtparametrischen Methode durchgeführt.

Um den Einfluß der Kovariablen auf den Krankheitsverlauf untersuchen zu können, wurden Untergruppen gebildet und in diesen die Schätzungen vorgenommen [9].

3. Ergebnisse

Das Modell wurde benutzt, um den Einfluß der Kovariablen auf den Krankheitsverlauf prüfen zu können. Dazu wurden die Kovariablen dichotomisiert: Alter ($\leq 35, > 35$), morphologische Diagnose (ALL,AUL), Hepatosplenomegalie (ja,nein), Lymphknotenbefall (ja,nein) und initiale Leukozytenzahl ($\leq 30.000/\mu l$, $> 30.000/\mu l$). Da die Kovariablen nicht korrelierten, konnte ihr Einfluß auf den Krankheitsverlauf univariat betrachtet werden.

Für den Faktor Alter werden die Ergebnisse exemplarisch vorgestellt:
Die geschätzten Übergangswahrscheinlichkeiten unterscheiden sich insbesondere beim Übergang von der Progression in den Tod mit 0.08 ± 0.03 bei den jüngeren

Patienten und mit 0.18 ± 0.06 in der Gruppe der älteren Patienten (Abb.2). Jüngere erreichen KR_1 mit höherer Wahrscheinlichkeit als Ältere, wohingegen nach dem Erreichen des Zustandes PR/V die Übergangswahrscheinlichkeit in KR_2 und in Tod vergleichbar sind.

Alter ≤ 35 (n = 122)

	P	PR/V	KR_I	KR_{II}	R	T
P	0	0,30	0,62	0	0	0,08
		0,04	*0,05*			*0,03*
PR/V	-	0	0	0,65	0	0,35
				0,08		*0,08*
KR_I	-	-	0	0	1	0
KR_{II}	-	-	-	0	1	0
R	-	-	-	-	0	1

Alter > 35 (n = 40)

	P	PR/V	KR_I	KR_{II}	R	T
P	0	0,33	0,50	0	0	0,18
		0,07	*0,08*			*0,06*
PR/V	-	0	0	0,64	0	0,36
				0,14		*0,06*
KR_I	-	-	0	0	1	0
KR_{II}	-	-	-	0	1	0
R	-	-	-	0	0	1

Abb. 2: Übergangswahrscheinlichkeit in den Untergruppen Alter < 35 Jahre und Alter > 35 Jahre

Die Verweildauern in KR_1 sind bei den jüngeren länger als bei den älteren Patienten (Abb.3), während die Verweildauern in KR_2 keine Altersunterschiede aufweisen (Abb.4). Daraus wurde geschlossen, daß für jüngere Patienten in der Progression die Prognose hinsichtlich der Wahrscheinlichkeit, in KR_1 zu kommen, günstiger, die Remissionsdauer länger und die Wahrscheinlichkeit, während der Induktionstherapie zu sterben, geringer ist. Sind Patienten im Zustand PR/V, so scheint das Alter bezüglich des weiteren Verlaufes keine Rolle mehr zu spielen.

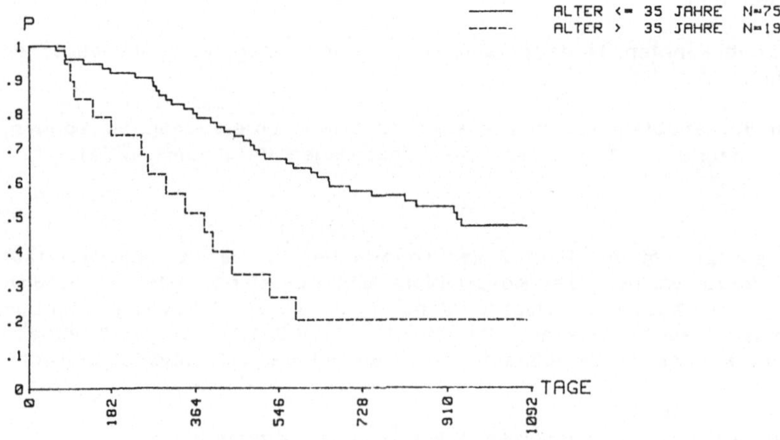

Abb. 3: Geschätzte Verweildauern im Zustand KR_IR in Untergruppen Alter < 35 Jahre und Alter > 35 Jahre

Für die initiale Leukozytenzahl lassen sich vergleichbar differenzierte Aussagen machen. Jedoch konnte bei den Kovariablen morphologische Diagnose, Hepatosplenomegalie und Lymphknotenbefall kein Einfluß auf den Krankheitsverlauf nachgewiesen werden.

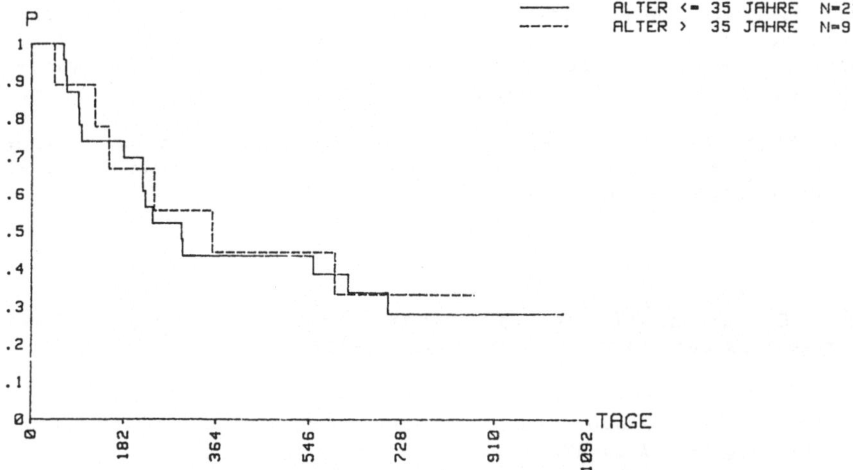

Abb. 4: Geschätzte Verweildauern im Zustand $KR_{II}R$ in Untergruppen Alter < 35 Jahre und Alter > 35 Jahre

4. Validierung des Modells

4.1 Überprüfen der Modellvoraussetzungen

Es muß geprüft werden, ob die Übergangswahrscheinlichkeiten oder die Verweildauern vom zurückliegenden Prozeßverlauf abhängen. Dazu wurden z.B. die Übergangswahrscheinlichkeiten von R nach T und die Verweildauern in R einmal für die Patienten geschätzt, die über Kr_1 und einmal für die, die über PR/V und KR_2 nach R gekommen sind und miteinander verglichen. Es zeigte sich, daß die untersuchten Schätzer für beide Wege übereinstimmen.

Außerdem wurde geprüft, ob die Zeit z.B. bis zum Erreichen des Zustandes Rezidiv die Verweildauer im Zustand R beeinflußt. Auch hier konnte die Semi-Markov-Bedingung als erfüllt angesehen werden.

4.2 Prognosefaktoren und ihre Reproduzierbarkeit

Die in den Abb. 2-4 dargestellten Ergebnisse entstammen 162 Patienten, die im Rahmen einer Pilotstudie rekrutiert worden waren. Inzwischen liegen die Resultate der Hauptstudie mit 220 Patienten vor. Es wurde nun geprüft, ob die Faktoren hinsichtlich ihrer prognostischen Wertigkeit auf den Krankheitsverlauf vergleichbar mit den Pilotstudienergebnissen waren. Es zeigte sich, daß Alter und initiale Leukozytenzahl nach wie vor wichtige Einflußfaktoren waren, während die anderen Kovariablen prognostisch keine Relevanz hatten.

5. Diskussion

Der Ansatz, den Krankheitsverlauf als stochastischen Prozeß aufzufassen, ermöglicht es, differenziertere Aussagen über den Verlauf zu machen, als wenn die Endpunkte (KR, Rezidiv) unabhängig voneinander analysiert werden. Er bietet damit eine Grundlage für individuelle Therapieentscheidungen.

Wir versuchten, den Einfluß der Kovariablen auf den Krankheitsverlauf univariat zu untersuchen. Wünschenswert wäre es, die Kovariablen multivariat zu analysieren. Wir arbeiten daran, das Modell dahingehend zu erweitern, den Einfluß der Kovariablen auf die Übergangswahrscheinlichkeiten mit Hilfe der logistischen Regression und auf die Verweildauern mit dem Cox-Modell zu modellieren. Derartige Versuche wurden bereits von KAY [6] und WU [10] unternommen.

Die medizinischen Ergebnisse stießen bei den Klinikern auf Interesse. In die Planung der nachfolgenden Studie, in der nach Prognosefaktoren stratifiziert werden soll, sind diese Ergebnisse eingeflossen.

Literatur

1. Blumenson, L.E., Bross, I.D.: A mathematical analysis of the growth and spread of breast cancer. Biometrics 25 (1969) 95-109.

2. Hoelzer, D., Thiel, E., Löffler, H. et al.: Multicentre pilot study for therapy of acute lymphoblastic and acute undifferentiated leukemia in adults. Haematol. Blood Transfus. 28 (1983) 36-40.

3. Hoelzer, D., Thiel, E., Löffler, H. et al.: Multizentrische Therapiestudie akute lymphatische Leukämie (AU) und akute undifferenzierte Leukämie (AUL) des Erwachsenen. Verh. Dtsch. Krebsges. 4 (1983) 723-731.

4. Hoelzer, D., Thiel, E., Löffler, H. et al.: Patientenrekrutierung und Ergebnisse einer Vorphasestudie zur Therapie der akuten lymphatischen Leukämie und der akuten undifferenzierten Leukämie des Erwachsenen. Onkologie 6 (1983) 170-174.

5. Hoelzer, D., Thiel, E., Löffler, H. et al.: Intensified therapy in acute lymphatic and acute undifferentiated leukemia in adults. Blood (im Druck).

6. Kay, R.: The analysis of transition times in multistate stochastic processes using proportional hazard regression models. Commun. Statist. A 11 (1982) 1743-1756.

7. Lagakos, S.W., Sommer, C.J., Zelen, M.: Semi-Markov models for partially censored data. Biometrika 65 (1978) 311-317.

8. Tautu, P.: Controlled illness processes with incomplete information. A re-examination of the basic hypotheses in constructing stochastic models for clinicals research. In Scheurlen, M.R., Weckesser, G., Armbruster, I. (Eds): Clinical Trials in 'Early' Breast Cancer, pp. 243-280. Berlin-Heidelberg-New York: Springer 1979.

9. Thurmayr, R., Neiß, A., Sintermann, R.: Analyse des Krankheitsverlaufs bei Prostatakarzinompatienten. In Horbach, L., Duhme, C. (Hrsg.): Nachsorge und Krankheitsverlaufsanalyse, S. 82-87. Berlin-Heidelberg-New York: Springer 1981.

10. Wu, S.-C.: A Semi-Markov model for survival data with covariates. Math. Biosci. 60 (1982) 197-206.

Aus der Abt. Medizinische Statistik und Biomathematik (Direktor: Prof. U. Feldman)
Fakultät für Klinische Medizin Mannheim der Universität Heidelberg

Ein Galton-Watson-Prozeß mit Katastrophen und seine Anwendung auf biologische Erneuerungssysteme

H.-P. Altenburg

1. Einleitung

In der Umgangssprache werden oft Ereignisse wie Epidemien, Erdbeben, schwere Unwetter oder die Zerstörung von Nahrungsreserven als Natur- oder Umweltkatastrophen bezeichnet. Im Hinblick auf solche Phänomene hatten N. KAPLAN et al. [6] ein mathematisches Modell entwickelt, dessen Grundlage ein altersabhängiger Verzweigungsprozeß war und bei dem Katastrophen an zufälligen Zeitpunkten die Population um einen zufälligen Betrag verminderten. Eine Modifikation und Erweiterung dieses Modells soll im folgenden diskutiert werden (vgl. hierzu auch ALTENBURG [1]). In Biologie und Medizin gibt es viele Beispiele, für die ein solcher Prozeß als Modell dienen kann, etwa die Chemotherapie bei der Behandlung von Tumoren, Kontrollstrategien bei der Überwachung von Infektionskrankheiten oder die Ausbeutung natürlicher Nahrungsreserven.

Gerade bei solchen Ressource-Management-Systemen sind neue methodische Ansätze notwendig, da die bestehenden Methoden und Vorgehensweisen zu schwerwiegenden Fehlentwicklungen geführt haben. Der Mensch hat durch die Ausweitung seines wirtschaftlichen Handelns beabsichtigt (z. B. in der Fischerei; 'overfishing') oder unbeabsichtigt (z. B. in der Schädlingsbekämpfung; Resistenzentwicklung) in die Regelmechanismen von vielen Mikroorganismen, Pflanzen und Tieren eingegriffen. So wurden viele der großen Fischgründe durch schlechte Ausbeutungsstrategien stark ausgedünnt und manche Art dabei fast ausgerottet. Gebraucht werden in solchen Situationen (MAY [7]) robuste und einfache Modelle, die mit nur wenig Vorwissen über den tatsächlichen Populationsbestand und das in der Population herrschende Wachstumsgesetz auskommen.

In der Schädlingsbekämpfung z. B. hat die unüberlegte Benutzung von Pestiziden dazu geführt, daß immer mehr Insektenarten resistent werden und folglich immer wieder neuere und stärkere Mittel entwickelt werden müssen. Es besteht sozusagen eine Art Wettrennen zwischen den Entwicklern neuer Substanzen (Chemiker und Pharmazeuten) und den Schädlingen, die immer neue Abwehrmechanismen dagegen erwerben. Eine ähnliche Situation liegt auch bei der Bekämpfung der Malaria mit Chemotherapeutika oder der Behandlung von Infektionen mit Antibiotika vor. Auch hier müssen also neue Strategien gefunden werden. Die beste Möglichkeit, einer Resistenzentwicklung entgegenzuwirken, besteht darin, die Gifte nur im äußersten Notfall anzuwenden und auch dann nur so lange, wie sie wirklich gebraucht werden. Dadurch bleibt die Wahrscheinlichkeit groß, daß eine Population zum größten Teil aus empfindlichen Individuen besteht, da unter normalen Umweltbedingungen die gifttoleranten Artgenossen keinen Selektionsvorteil besitzen. Ein allgemeines Verständnis solcher Prozesse könnte also vielleicht helfen, die Folgen menschlicher Eingriffe in das natürliche Wachstum von Populationen etwas besser als bisher zu übersehen, um so schwerwiegende Schäden zu vermeiden.

Das Verhalten eines solchen Wachstumsprozesses wird im wesentlichen von drei zufälligen Komponenten beeinflußt

1. dem Wachstum der Population, wenn keine Katastrophe stattfindet,
2. der Zeitdauer zwischen zwei Katatstrophen und
3. der Verdünnungsrate der Population bei einer Katastrophe.

Je nach dem Zweck eines Modells kann man die beiden letzten Komponenten z. B. vom Populationsumfang abhängen lassen (wie z. B. bei PAKES et al. [8] oder BROCKWELL [3]) oder als unabhängige Einflußgrößen vorsehen. Da wir das folgende Modell hauptsächlich zur Kontrolle von Wachstumsprozessen benutzen wollen, werden wir letzteres annehmen.

2. Definition des Modells und grundlegende Ergebnisse

Wir wollen nun die drei Einflußgrößen etwas genauer beschreiben.
Das normale Populationswachstum sei ein superkritischer Galton-Watson-Prozeß (GWP) $\{X_n\}$ mit der Nachkommen-wahrscheinlichkeitserzeugenden Funktion f(s), dem Erwartungswert $m > 1$, der Varianz $\sigma^2 < \infty$, $f(0) > 0$ und $X_0=1$. In zufälligen Generationen dieses GWP geschehen unabhängig von dem Prozeß $\{X_n\}$ Katastrophen. Die Zeiten zwischen (i-1)-ter und i-ter Katastrophe T_i bilden eine Folge unabhängiger und identisch verteilter Zufallsvariabler mit dem Erwartungswert $E[T_1]=:\lambda$ und der Varianz ω^2, und T_1 habe die wahrscheinlichkeitserzeugende Funktion (WEF)

$$g(s) = E[s^{T_1}] = \sum_j y_j s^j . \qquad (1)$$

Die Zufallsvariable ν_n gebe die Anzahl der Katastrophen an, die bis zur n-ten Generation geschehen sind. Die i-te Katastrophe bewirke dabei das Absterben eines lebenden Individuums mit der Wahrscheinlichkeit $1-p_i$, wobei p_i eine Zufallsvariable ist. Dabei sei das Überleben irgendeines Individuums unabhängig vom Überleben irgendeines anderen Individuums. Die Auswirkung einer Katastrophe geschehe unmittelbar nach der Entstehung der jeweiligen Generation des GWP, aber noch vor der Entstehung der nächsten Generation. Die $\{p_i\}$ seien ebenfalls eine Folge unabhängiger und identisch verteilter Zufallsvariabler mit $p\{0<p_i<1\}=1$, und sie seien außerdem unabhängig von der Folge $\{T_i\}$.

Mit Y_n bezeichnen wir die Anzahl der Überlebenden in der n-ten Generation. Dieser Prozeß $\{Y_n\}$ ist i. a. kein Verzweigungsprozeß mit zufälliger Umgebung mehr (zumindest nicht im üblichen Sinne, JAGERS [5] oder ATHREYA und KARLIN [2]). Er besitzt aber einen eingebetteten normalen Verzweigungsprozeß mit zufälliger Umgebung. Auch ist der bedingte Prozeß gegeben die Katastrophenfolge $\tilde{Y}_n = \{Y_n |$ Katastrophenfolge (T_i, p_i), $i=1,..\nu_n\}$ ein Verzweigungsprozeß mit variierender Umgebung, und wir können somit doch einige Ergebnisse aus der Theorie der Verzweigungsprozesse ausnutzen. Das für unser Ziel zunächst wichtigste Ergebnis ist ein Klassifikationssatz für den Erwartungswert von $\tilde{Y}_n$:

$$\tilde{l}_n := E[\tilde{Y}_n] = m^n \prod_{i=1}^{\nu_n} p_i . \qquad (2)$$

<u>SATZ</u> Es sei $C=\log m + E[\log p_1]/\lambda$. Dann gilt:

(i) $C > 0 \Longrightarrow \liminf_{n\to\infty} \tilde{l}_n = \limsup_{n\to\infty} \tilde{l}_n = \infty$ f.s.

(ii) $C < 0 \quad \liminf_{n\to\infty} \tilde{l}_n = \limsup_{n\to\infty} \tilde{l}_n = 0$ f.s.

(iii) $C = 0 \quad \liminf_{n\to\infty} \tilde{l}_n = 0$ f.s.

$\limsup_{n\to\infty} \tilde{l}_n = \infty$ f.s.

Beweis (Skizze): Relativ einfach läßt sich die WEF von $\tilde{Y}_n$ herleiten. Angenommen die erste Katastrophe geschieht nach der T_1-ten Generation, ist die WEF der Anzahl der Individuen unmittelbar vor der ersten Katastrophe gleich der T_1-ten iterierten von $f(s)$ ($= f_{T_1}(s)$), und, da die Zahl der Überlebenden der ersten Katastrophe binomial verteilt ist mit den Parametern (X_{T_1}, p_1), folgt für die WEF der Überlebenden der ersten Katastrophe:

$$_{(1)}\tilde{h}(s) = f_{T_1}(1-p_1 + p_1 s). \qquad (3)$$

Hieraus erhalten wir iterativ die WEF der Überlebenden der ν_n-ten Katastrophe. Befinden wir uns in der n-ten Generation und sind seit der letzten Katastrophe R_n Generationen vergangen (es gilt $n = T_1+...+T\nu_n+R_n$), so ist die WEF von $\tilde{Y}_n$ die Iterierte von ν_n WEF's der Form $f_{T_i}(1-p_i+p_i s)$ und einer Rest-WEF der Form $f_{R_n}(s)$:

$$\tilde{h}_n(s) = E[s^{\tilde{Y}_n}] = {}_{(1)}\tilde{h}({}_{(2)}\tilde{h}(\dots {}_{(\nu_n)}\tilde{h}(f_{R_n}(s)) \dots)). \qquad (4)$$

Durch Differenzieren erhalten wir hieraus unmittelbar Gleichung (2). Bilden wir in (2) den Logarithmus, so folgt

$$\log \tilde{l}_n = n\log m + \sum_{i=1}^{\nu_n} \log p_i \,. \qquad (5)$$

Zuerst betrachtet man den zweiten Term auf der rechten Seite für eine feste Anzahl von Summanden. Das Gesetz vom iterierten Logarithmus (Satz von Hartman-Wintner) liefert

$$\limsup_{n\to\infty} \frac{\sum_{j=1}^{n} \log p_j - n\,E[\log p_1]}{\sqrt{2Var[\log p_1] n \log\log n}} = 1 \quad \text{f.s.}\,. \qquad (6)$$

Mit Hilfe eines Übertragungssatzes folgt, daß die Beziehung (6) auch für eine zufällige Anzahl von Summanden gilt. Durch Transformation erhält man hieraus ein Gesetz vom iterierten Logarithmus für $\log l_n$ und hieraus die Behauptung.

Wir können also solche Prozesse wieder in sub-, super- und kritische Verzweigungsprozesse einteilen, je nachdem, ob $C<0$, $C>0$ oder $C=0$ ist. Die Konstante C liefert auch die kritische Schranke für das fast sichere Aussterben. Überraschend an diesem Ergebnis ist, daß es keine Rolle spielt, wann die Katastrophen geschehen. Anders dagegen verhält es sich bei der Varianz. Nach zweimaligem Differenzieren erhalten wir aus Gleichung (4) für die Varianz

$$Var[\tilde{Y}_n] = \tilde{l}_n^2 A_n, \qquad (7)$$

wobei A_n eine Zufallsvariable ist, die von $\{(T_i, p_i), i=1,...\nu_n\}$ und R_n abhängt. Die genaue Form von A_n ist für das folgende nicht von Bedeutung und wird deshalb nicht ausführlich dargestellt. Wichtig ist nur, daß im superkritischen Fall ($C>0$) A_n nach dem Gesetz der großen Zahl f.s. gegen eine endliche Zufallsvariable A konvergiert. A ist auch die Varianz des Grenzwertes von $\tilde{Y}_n/\tilde{l}_n$ und spielt eine große Rolle bei der Abschätzung der Aussterbewahrscheinlichkeit.

Mit Hilfe des letzten Satzes läßt sich nun leicht zeigen, daß die Aussterbewahrscheinlichkeit $\tilde{q}$ des bedingten Prozesses gleich 1 oder kleiner als 1 ist, je nachdem, ob $C\le 0$ oder $C>0$ ist. Dies ist eine direkte Folge eines Satzes von JAGERS [5] Satz 3.5.4). Hieraus folgt für die Aussterbewahrscheinlichkeit q des unbedingten

Prozesses $\{Y_n\}$ (wegen $\tilde{q} = E[\tilde{q} \mid \text{Umgebungsfolge}]$):

$$C = \log m = E[\log p_1]/\lambda \leq 0 \Longrightarrow q = 1 \text{ f.s.} \qquad (8a)$$

$$C = \log m = E[\log p_1]/\lambda > 0 \Longrightarrow q < 1 \text{ f.s.} \qquad (8b)$$

Diese Bedingungen für das fast sichere Aussterben kann man nun bei der Optimierung der Aussterbewahrscheinlichkeit ausnutzen.

3. Maximierung der Aussterbewahrscheinlichkeit

Eine Maximierung der Aussterbewahrscheinlichkeit ist etwa das Ziel bei einem Modell zur Schädlingsbekämpfung oder bei der Ausbreitung von Epidemien. Zwar gehören Schutzimpfungen zu den wirksamsten Maßnahmen, eine Epidemie zu verhindern; jedoch gibt es auch Situationen, bei denen sie nicht oder nur in geringem Umfang geeignet sind, etwa weil die Impfung ein gesundheitliches Risiko für die geimpfte Person darstellt oder weil der benötigte Impfstoff nicht oder nicht in ausreichender Menge vorhanden ist. Eine alternative Strategie zur Bekämpfung von Infektionskrankheiten könnte man mit Hilfe unseres Modells entwickeln.

Angenommen, es besteht der Verdacht, daß in einer bestimmten Region eine Infektionskrankheit eingeschleppt wurde. Mit Hilfe eines klinischen Filtertests könnte man dann in bestimmten mehr oder weniger zufälligen Zeitintervallen alle in Frage kommenden Personen der Population untersuchen und, falls der Test positiv ausfällt, einer ganz bestimmten Gegenmaßnahme (etwa Isolation) unterziehen, so daß diese Personen zumindest als Infektionsquelle ausscheiden. Wählt man als Zeiteinheit die durchschnittliche Dauer der Inkubationsperiode der betreffenden Krankheit und betrachtet man die Zeiten zwischen zwei aufeinanderfolgenden Untersuchungen als einen unabhängigen Erneuerungsprozeß, so kann man die Anzahl der Infizierten mit dem oben dargestellten Galton-Watson-Modell beschreiben. Dabei stellt m die erwartete Anzahl von Infizierten dar, die von einem bereits Infizierten angesteckt wurden, p entspricht der Sensitivität des verwendeten Filtertests und λ ist die erwartete Zeit zwischen zwei Untersuchungen. Gehen wir davon aus, daß ein Galton-Watson-Modell eine Art von Schwellensatz liefert, dessen Bedingungen uns sagen, wann nur eine kleine Epidemie stattfindet (d. h., wann der Prozeß mit Wahrscheinlichkeit 1 ausstirbt), so erhalten wir mit (8):

<u>SATZ</u> Falls $\log m + E[\log p_1]/\lambda \leq 0$ ist, tritt mit Wahrscheinlichkeit 1 nur eine kleine Epidemie auf.

Damit kann man also in konkreten Situationen durch geeignete Wahl der Kontrollparameter λ und p die Aussterbewahrscheinlichkeit maximieren. In der Regel wird man sich aber damit noch nicht zufrieden geben, denn es ist ja nicht nur wichtig, daß der Prozeß f.s. ausstirbt, sondern man will bei einer Kontrollstrategie auch die Zeit t_e, bis der Prozeß ausgestorben ist, minimieren. Somit bietet sich als zusätzliches Kriterium der Erwartungswert von t_e an. Für den bedingten Erwartungswert (gegeben die Katastrophenfolge $\{(T_i,p_i),i\geq 1\}$) gilt immer

$$E[t_e \mid \text{Katastrophenfolge}] = \sum_{n=1}^{\infty} (1 - \tilde{h}_n(0)). \qquad (9)$$

Schätzt man die WEF's auf der rechten Seite durch gebrochen lineare Funktionen ab FUJIMAGIRI [4]), so erhält man als obere Schranke

$$E[t_e \mid \text{Katastrophenfolge}] \leqslant \sum_{n=1}^{\infty} m^n \prod_{j=1}^{\nu_n} p_j. \qquad (10)$$

Dabei konvergiert im subkritischen Fall (C<0) die rechte Seite f.s. (nach dem Gesetz der großen Zahl). Bildet man nun den Erwartungswert bzgl. der Umgebung, so folgt nach einer weiteren Abschätzung (unter der Voraussetzung, daß m kleiner als der Konvergenzradius von g(s) ist)

$$E[\ t_e\ ] \leq \frac{g'(n) - g(m)/m}{1 - g(m)E[p_1]} \ . \tag{11}$$

Da g'(s) den gleichen Konvergenzradius hat wie g(s), brauchen wir nur noch zu zeigen, daß der Nenner im subkritischen Fall ($\log m + E[\log p_1]/\lambda < 0$) endlich ist. Dies folgt unmittelbar mit Hilfe der Jensen-Ungleichung, denn

$$g(m)E[p_1] \leq m^{E[T_1]}\, e^{E[\log p_1]} = m^{\lambda}\, e^{E[\log p_1]} < 1 \ . \tag{12}$$

Wir haben somit nur eine kleine zusätzliche Bedingung ($g(m) < \infty$) und können mit Gleichung (11) den Erwartungswert der Zeit bis zum Aussterben minimieren. Die gleichen Kriterien erhält man auch bei einem Modell zur Schädlingsbekämpfung.

4. Minimierung der Aussterbewahrscheinlichkeit

Die Ziele bei Ressource-Management-Systemen sind dagegen etwas anders geartet. Hier will man eine Population sinnvoll nutzen (bzw. ausnutzen), ohne daß dabei eine Ausrottung der Art bzw. eine Übernutzung der Population erfolgt. In unserem Modell heißt das aber gerade, daß alle auftretenden Parameter die Bedingung

$$\log m + E[\log p_1]/\lambda > 0 \tag{13}$$

erfüllen müssen, da nur dann die Aussterbewahrscheinlichkeit q f.s. kleiner als 1 ist. Dies allein wird aber i.a. auch noch nicht genügen, da ja auch Werte von q in der Nähe von 1 nicht erwünscht sind. Vielmehr will man durch geeignete Wahl von λ und p die Aussterbewahrscheinlichkeit q minimieren oder zumindest nach oben begrenzen. Mit einem einfachen Argument für bedingte Erwartungswerte läßt sich zeigen [1]), daß

$$\tilde{q} < 1 - \frac{1}{1 + A} \ , \tag{14}$$

wobei A im superkritischen Fall ($C > 0$) f.s. endlich ist. Unter der Zusatzbedingung

$$g(1/m)E[1/p_1] < 1 \tag{15}$$

läßt sich mit dem Satz von der majorisierten Konvergenz sogar ein geschlossener

Ausdruck für den Erwartungswert von A angeben:

$$E[A] = \frac{\sigma^2/m(m-1) - g(1/m) + g(1/m)E[1/p_1]}{1 - g(1/m)E[1/p_1]} \tag{16}$$

Damit können wir nun eine obere Schranke für q herleiten. Analog wie im letzten Abschnitt gilt

$$q < E[\ 1 - \frac{1}{1 + A}\ ] \ . \tag{17}$$

Die rechte Seite kann man nun mit der Jensen-Ungleichung noch einmal nach oben abschätzen. Man erhält dann

$$q < 1 - \frac{1}{1 + E[A]} . \tag{18}$$

Setzt man nun für E[A] den Ausdruck aus Gleichung (16) ein, so ergibt sich als obere Schranke (falls (15) erfüllt ist!)

$$q < 1 - \frac{1 - g(1/m)E[1p_1]}{1 + \sigma^2/m(m-1) - g(1/m)} . \tag{19}$$

Damit haben wir also das gesuchte Kriterium für eine Minimierung der Aussterbewahrscheinlichkeit gefunden. Durch Verändern der Zeitdauer zwischen zwei Ausbeutungsaktionen und der Verdünnungsrate kann man die rechte Seite von (19) (falls (15) erfüllt ist) entsprechend verkleinern. Beispielsweise wird sie umso kleiner, je kleiner der Term $g(1/m)E1/p_1]$ ist.

Ein Verzweigungsprozeß wird wahrscheinlich bei den meisten Anwendungen nicht über die ganze Zeitachse ein gutes Modell liefern; aber in den meisten Anwendungen ist es auch gar nicht das Ziel eines Modells, eine absolut perfekte Beschreibung der zugrundeliegenden Phänomene zu allen Zeiten zu geben. Vielmehr will man wissen, welche Auswirkungen bestimmte Maßnahmen in der Anfangsphase für die Populationsgröße haben werden. Meist müssen ja bereits am Anfang (wo in der Regel noch exponentielles Wachstum vorliegt) Gegenmaßnahmen eingeleitet werden, und hier bieten Verzweigunsprozesse i. a. relativ gute Modelle mit einer Reihe von Aussagen (z. B. Populationsumfang, Aussterberisiko, Zeit bis zum Aussterben), obwohl sie, über die ganze Zeitachse gesehen, instabil sind.

Literatur

1. Altenburg, H.-P.: On a Galton-Watson Process with Disasters. Preprint Nr. 238 des SFB 123, Universität Heidelberg 1983.

2. Athreya, K.B., Karlin, S.: On branching processes with random environment I, II. Ann. math. Statist. 42 (1971) 1499-1520 und 1843-1858.

3. Brockwell, P.J., Gani, J., Resnick, S.I.: Birth, immigration and catastrophe processes. Adv. appl. Prob. 14 (1982) 709-731.

4. Fujimagiri, T.: On the extinction time distribution of a branching process in varying environment. Adv. appl. Prob. 12 (1980) 350-366.

5. Jagers, P.: Branching Processes with Biological Applications. New York: Wiley 1975.

6. Kaplan, N., Sudbury, A., Nilson, T. S.: A branching process with disasters. J. appl. Prob. 12 (1975) 47-59.

7. May, R.M., Beddington, J.R., Horwood, J.W. et al.: Exploiting natural populations in an uncertain world. Math. Biosc. 42 (1978) 219-252.

8. Pakes, A.G., Trajstman, A.C., Brockwell, P.J.: A stochastic model for a replication population subjected to mass emigration due to population pressure. Math. Biosc. 45 (1979) 137-157.

9. Vincent, T.L., Skowronski, J.M. (Eds): Renewable Resource Management. (Lecture Notes in Biomathematics, Vol. 40). Berlin - Heidelberg - New York: Springer 1981.

Aus dem Sonderforschungsbereich 136 der Universität Heidelberg

Altersverteilungen bei einem eindimensionalen räumlichen Verzweigungsprozeß mit Shift

Thomas Götz

1. Einleitung

Das Zellerneuerungssystem der Dünndarmkrypte und seine räumliche Struktur, insbesondere die Abhängigkeit verschiedener Zellparameter von der Lage der Zellen im System, ist ein in der biologischen Literatur intensiv behandeltes Thema. Insbesondere über positionsabhängige Mitose- und Syntheseraten und ihre zeitliche Entwicklung liegt reichhaltiges Datenmaterial vor [1,4,8].
Das einfachste Modell, das einige dieser Ergebnisse erklärt und die Abschätzung gewisser Parameter ermöglicht, geht von zwei Grundannahmen aus:

1. Jede Zelle durchläuft n interne Zustände und teilt sich dann in zwei Tochterzellen, die ihren Zyklus wieder in Zustand 1 beginnen. Die Wartezeiten in allen Zuständen sind unabhängig identisch exponentialverteilt mit Parameter λ .

2. Jede Zelle besetzt eine Position $x \in \mathbb{N}$; ihre Töchter nehmen die Positionen x und $x+1$ ein; die Zellen an Positionen $y+x$ nehmen nach einer Teilung die Positionen $y+1$ ein.

Der resultierende stochastische Prozeß hat gewisse Ähnlichkeit mit den von PRESTON [7] und LIGGETT [5] betrachteten räumlichen Geburts- und Todesprozessen. Der wesentliche Unterschied ist das Auftreten von Wechselwirkungen mit sehr langer Reichweite, die durch den Shift-Mechanismus (Annahme 2) hervorgerufen werden.

Vernachlässigt werden dabei zunächst unterschiedliches Reproduktionsverhalten auf Grund fortschreitender Differenzierung, mögliche Zell-Zell-Interaktionen oder die Anwesenheit nichtproliferierender Panethzellen.

2. Formale Beschreibung des Systems

Ein System, das den Grundannahmen 1 und 2 genügt, läßt sich formal folgendermaßen beschreiben:
Sei

$$S = \left\{ \xi \in \{0,\ldots,n\}^{\mathbb{N}} : \text{ es gibt ein } x_0 \in \mathbb{N} \text{ mit } \begin{matrix} \xi(x)>0 \\ \xi(x)=0 \end{matrix} \text{ für } \begin{matrix} x \leq x_0 \\ x > x_0 \end{matrix} \right\}$$

$$|\xi| = \sum_{x \in \mathbb{N}} \mathbf{1}_{\{\xi(x)>0\}}$$

$\xi(x) = i$ bedeutet, daß die Zelle an Position x im Zustand i ist, falls $i \neq 0$ ist, und $\xi(x)=0$ heißt, daß Position x unbesetzt ist. $|\xi|$ gibt an, wieviele Zellen die Konfiguration ξ enthält. Ändert die Zelle an Position x ihren Zustand, geht die Konfiguration ξ über in ξ_x gegeben durch

$$\xi_x(y) = \begin{cases} \xi(y) & & \xi(x)=0 \\ \xi(y) & y\neq x & 0<\xi(x)<n \\ \xi(y)+1 & y=x & \\ \xi(y) & y<x & \\ 1 & y=x & \xi(x)=n \\ 1 & y=x+1 & \\ \xi(y-1) & y>x+1 & \end{cases} \qquad y\in\mathbb{N} \tag{1}$$

Damit kann man dann einen Markovprozeß $\{\xi_t\}$ auf S erklären durch Angabe der Übergangsmatrix

$$P(\xi,\xi') = \begin{cases} 1/|\xi| & \text{falls ein } x\in\mathbb{N} \text{ existiert mit } \xi'=\xi_x \\ 0 & \text{sonst} \end{cases}$$

und die Angabe der Übergangsintensitäten für jedes $\xi\in S$:

$$\gamma(\xi) = \lambda|\xi|.$$

Für jedes ξ_0 ist dann der Prozeß ξ_t, der zu P und γ gehört und in ξ_0 startet, wohldefiniert für alle $t\geq 0$.

3. Konvergenz der endlichdimensionalen Verteilungen

Es wird eine Folge von Prozessen $\{\xi_t^{(m)}\}$ gebraucht, die in gewisser Hinsicht die Projektion von ξ_t auf die ersten m Koordinaten darstellen. Der Zustandsraum sei

$S_m=\{\xi^{(m)}\in\{0,..,n\}^m$:

es gibt ein $\xi\in S$ mit $\xi(x)=\xi^{(m)}(x)$ für $x\leq m\}$.
Die Definition von ξ_x wird fast wörtlich für $\xi_x^{(m)}$ übernommen; man muß nur darauf achten, daß aus $\xi^{(m)}\in S_m$ auch $\xi_x^{(m)}\in S_m$ folgt:

$$\xi_x^{(m)}(y) = \begin{cases} \xi^{(m)}(y) & & \xi^{(m)}(x)=0 \\ \xi^{(m)}(y) & y\neq x & 0<\xi^{(m)}(x)<n \\ \xi^{(m)}(y)+1 & y=x & \\ \xi^{(m)}(y) & y<x & \\ 1 & y=x & \xi^{(m)}(x)=n \\ 1 & y=x+1\leq m & \\ \xi^{(m)}(y-1) & x+1<y\leq m & \end{cases} \qquad y\in\mathbb{N} \tag{2}$$

Man stellt also nur m Positionen zur Verfügung. Wenn alle Positionen besetzt sind und sich eine Zelle teilt, muß die Zelle an Position m das System verlassen. Dann definiert man für $\xi^{(m)}$ und $\varsigma^{(m)} \in S_m$ die Übergangsmatrix

$$P_m(\xi^{(m)}, \varsigma^{(m)}) = \begin{cases} 1/|\xi^{(m)}| & \text{falls für ein } x \leq m \quad \varsigma^{(m)} = \xi_x^{(m)} \\ 0 & \text{sonst} \end{cases}$$

und die Übergangsintensitäten

$$\gamma_m(\xi^{(m)}) = \lambda |\xi^{(m)}|$$

Es ist leicht einzusehen, daß sich die Prozesse ξ_t und $\xi_t^{(m)}$ so auf einem gemeinsamen Wahrscheinlichkeitsraum erklären lassen, daß $\xi_t^{(m)}(x) = \xi_t(x)$ für $x=1,...,m$ und $t \geq 0$ ist. Da die Prozesse $\xi_t^{(m)}$ aber alle positiv rekurrent sind, folgt daraus für die endlichdimensionalen Verteilungen

$$\lim_{t \to \infty} P\left\{\xi_t(x_1)=i_1, ..., \xi_t(x_k)=i_k\right\}$$

$$= \lim_{t \to \infty} P\left\{\xi_t^{(m)}(x_1)=i_1, ..., \xi_t^{(m)}(x_k)=i_k\right\}$$

existiert für $k \leq m$ und ist unabhängig vom Startpunkt. Im folgenden wird mit ξ eine Zufallsvariable mit Werten in S bezeichnet, deren endlichdimensionale Verteilungen mit denen der stationären Verteilung von ξ_t übereinstimmen.

4. Ein- und zweidimensionale Verteilungen

Von praktischem Intereresse sind die ein- bzw. zweidimensionalen Verteilungen

$$q_x(i) = P\{\text{Zelle an Position } x \text{ in Zustand } i\}$$

$$= P\{\xi(x)=i\}$$

$$\pi_x(i,j) = P\{\text{Zellen an Pos. } x, x+1 \text{ in Zust. } i, j\}$$

$$= P\{\xi(x)=i, \xi(x+1)=j\}$$

denn indem man den Zellzyklusphasen G_1, S, G_2 und M die interne Zustände $1...n_1$, $n_1+1,...n_2$, $n_2+1,...n_3$, und $n_3+1,...n$ zuordnet, erhält man daraus die positionsabhängigen Synthese- bzw. Mitoseindizes

$$SI(x) = \sum_{i=n_2+1}^{n_2} q_x(i)$$

$$MI(x) = \sum_{i=n_3+1}^{n} q_x(i)$$

d.h. die Wahrscheinlichkeit dafür, daß eine Zelle an Position x in der S- bzw. M-Phase ist - Größen, die experimentell gut zugänglich sind (8).

Die Berechnung von $\pi_x(i,j)$ ist von Interesse, weil sie eine Abschätzung ermöglicht, ob beobachtete Korrelationen zwischen Nachbarzellen durch die räumliche Struktur des Systems erklärt werden können, oder ob man eine Interaktion zwischen den Zellen annehmen muß (6,9).

5. Zur Berechnung von $q_x(i)$ und $\pi_x(i,j)$

Betrachtet man eine feste Postiton x, und ist die dort sitzende Zelle im Zustand i, so ist die Wahrscheinlichkeit für einen Übergang nach i' gegeben durch

$$\begin{aligned} p_x(i,i') = {} & P_1(i,i') \\ & + \frac{1}{x}\sum_{y=1}^{x-1} P\{\xi(y)\neq n \mid \xi(x)=i\}\mathbf{1}_{\{i=i'\}} \\ & + \frac{1}{x}\sum_{y=1}^{x-2} P\{\xi(y)=n, \xi(x-1)=i' \mid \xi(x)=i\} \\ & + \frac{1}{x} P\{\xi(y-1)=n \mid \xi(x)=i\}\mathbf{1}_{\{i=1\}} \end{aligned} \tag{3}$$

Dabei ist $P_1(i,i')$ die in Abschnitt 3 erklärte Übergangswahrscheinlichkeit für einen Prozeß mit Zustandsraum S_1 und entspricht einem Übergang an Position x. Dem zweiten Term auf der rechten Seite entspricht eine interne Zustandsänderung an einer der Positionen 1 bis x−1, dem dritten eine Zellteilung an einer der Positionen 1 bis x−2 und dem vierten eine Zellteilung an Position x−1. Leider sind die in dieser Gleichung auftretenden bedingten Wahrscheinlichkeiten aber genauso unbekannt wie die gesuchte Größe q_x, so daß sie nicht direkt für eine Berechnung in Frage kommen. Trotzdem ist zumindest eine approximative Berechnung möglich, wenn man die Annahme macht, daß

$$P\left\{\xi(x)=i_x \mid \xi(1)=i_1,\ldots,\xi(x-1)=i_{x-1}\right\}$$

in erste Linie von x und i_x abhängt. Man erhält damit an Stelle von (3)

$$\begin{aligned} p_x^{(1)}(i,i') = {} & P_1(i,i') \\ & + \frac{1}{x}\sum_{y=1}^{x-1} (1-q_y^{(1)}(n))\mathbf{1}_{\{i=i'\}} \\ & + \frac{1}{x}\sum_{y=1}^{x-2} q_y^{(1)}(n)\; q_{x-1}^{(1)}(i) \\ & + \frac{1}{x} q_{x-1}^{(1)}(n)\mathbf{1}_{\{i=1\}} \end{aligned} \tag{4}$$

und daraus mit

$$\sum_{i=1}^{n} p_x^{(1)}(i,i')\; q_x^{(1)}(i) = q_x^{(1)}(i')$$

die Differenzengleichung

$$q_x^{(1)}(i) = \begin{Bmatrix} q_x^{(1)}(i-1) & i=2,\dots,n \\ q_x^{(1)}(n) + q_{x-1}^{(1)}(n) & i=1 \end{Bmatrix} + \qquad (5)$$

$$q_{x-1}^{(1)}(i) \sum_{y=1}^{x-2} q_y^{(1)}(n) - q_x^{(1)}(i) \sum_{y=1}^{x-1} q_y^{(1)}(n) ,$$

mit der sich $q_x^{(1)}$ als erste Näherung an q_x rekursiv berechnen läßt. Gleichung (5) ist formal fast identisch mit einer von APPLETON et al. [2] auf deterministischem Weg hergeleiteten Differentialgleichung für die Altersverteilung in geschichtetem Epithelialgewebe.

Zur Berechnung von π_x ist die erste Näherung, die ja Unabhängigkeit der einzelnen Positionen impliziert, natürlich nicht ausreichend. Aber mit der Annahme

$$P\left\{\xi(x)=i_x \mid \xi(1)=i_1 \dots \xi(x-1)=i_{x-1}\right\}$$

$$\cong P\left\{\xi(x)=i_x \mid \xi(x-1)=i_{x-1}\right\}$$

erhält man mit der gleichen Methode wie oben eine Differenzengleichung für $\pi_x^{(1)}(i,j)$ als erste Nährung für $\pi_x(i,j)$ und gleichzeitig mit

$$q_x^{(2)}(i) = \sum_{j=1}^{n} \pi_x^{(1)}(i,j)$$

eine zweite Näherung für q_x:

$$\pi_x^{(1)}(i,j) = \begin{Bmatrix} \pi_x^{(1)}(i-1,j) + \pi_x^{(1)}(i,j-1) & i,j \neq 1 \\ \pi_{x-1}^{(1)}(n,j) + \pi_x^{(1)}(1,j-1) & i=1, j\neq 1 \\ \pi_x^{(1)}(i-1,1) + \pi_x^{(1)}(i,n) & i\neq 1, j=1 \\ \pi_{x-1}^{(1)}(n,1) + \pi_x^{(1)}(1,n) + q_x^{(2)}(n) & i,j=1 \end{Bmatrix} \qquad (6)$$

$$+ \pi_{x-1}^{(1)}(i,j)\left[\sum_{y=1}^{x-3} q_y^{(2)}(n) + \frac{\pi_{x-2}^{(1)}(n,i)}{q_{x-1}^{(2)}}\right]$$

$$- \pi_x^{(1)}(i,j)\left[\sum_{y=1}^{x-2} q_y^{(2)}(n) + \frac{\pi_{x-1}^{(1)}(n,i)}{q_x^{(2)}}\right]$$

Auch eine zweite Näherung für π_x und damit eine dritte Näherung für q_x kann für realistische Werte von n (n im Bereich zwischen 10 und 40) noch numerisch berechnet werden; die entsprechenden Gleichungen werden aber extrem unübersichtlich.

6. Rechtfertigung der Näherungsannahmen

Eine Verletzung der Modellannahme, daß die Zellwanderung immer strikt linear verläuft, bewirkt automatisch einen Übergang vom 'exakten' zum 'approximativen' Prozeß, so daß die Näherungsrechnung möglicherweise Ergebnisse liefert, die der Wirklichkeit näher kommen als die entsprechenden Resultate für den exakten Prozeß.

Eine weitere Rechtfertigung der Näherungsannahmen liefert das Verhalten der untersuchten Verteilungen für große Werte von x. Es gilt nämlich für alle i, $j \in \{1,\dots,n\}$:

$$\lim_{x\to\infty} q_x(i) = \lim_{x\to\infty} q_x^{(1)}(i) = \lim_{x\to\infty} q_x^{(2)}(i) = q(i) \qquad (7)$$

$$\lim_{x\to\infty} \pi_x(i,j) = \lim_{x\to\infty} \pi_x^{(1)}(i,j) = \pi(i,j)$$

q bzw. π sind die Verteilungen, die man erhält, wenn man eine bzw. zwei benachbarte Zellen zufällig aus einer großen Population auswählt, d.h.

$$q(i) = \lim_{x\to\infty} \frac{1}{x} \sum_{y=1}^{x} q_y(i) = q(i) \qquad (8)$$

$$\pi(i,j) = \lim_{x\to\infty} \frac{1}{x} \sum_{y=1}^{x} \pi_y(i,j) = \pi(i,j)$$

und sowohl q als auch π lassen sich explizit berechnen:

$$q(i) = [2^{1/n} - 1]\, 2^{n-i/n} \qquad (9)$$

$$\pi(i,j) = q(n) \sum_{\nu,\mu=0}^{\infty} \binom{\nu n+i+\mu n+j-2}{\nu n+i-1} \left[\frac{1}{2+q(n)}\right]^{\nu n+i+\mu n+j-1}$$

Aus den Gleichungen (9) bzw. (6) folgt, daß benachbarte Zellen die Tendenz haben, in der gleichen Zellzyklusphase zu sein. Diese Tendenz wurde auch experimentell nachgewiesen (8), aber ohne eine Verfeinerung des Modells und der experimentellen Methoden läßt sich die Frage nicht beantworten, ob die beobachteten Korrelationen ohne weitere Annahmen allein durch die räumliche Struktur des Systems erklärt werden können, oder ob man gewisse Zell-Zell-Interaktionen annehmen muß.

7. Abschließende Bemerkungen

Das hier vorgestellte Modell beschreibt lediglich die Verhältnisse im mittleren Teil der Krypte (Proliferationszone) einigermaßen korrekt; in der Nähe des Kryptenbodens (Stammzellenzone) und im oberen Teil (Reifungszone) sind Modifikationen erforderlich, um einen Vergleich der theoretischen mit den experimentellen Daten zu ermöglichen.

In der Reifungszone haben die Zellen ihre Proliferationsfähigkeit verloren; daher gehen die Synthese- und Mitoseindizes hier allmählich gegen Null. Dem kann man im Modell Rechnung tragen, indem man einen 'Reifungszustand 0' einführt und annimmt, daß neugeborene Zellen zufällig (mit ortsabhängiger Wahrscheinlichkeit) in den

Zustand 1 oder in den Zustand 0 gehen. Es ist kein Problem, die zu den Gleichungen (5) bzw. (6) analogen Gleichungen aufzustellen, und man erhält dann sowohl in der Proliferations- als auch in der Reifungszone gute Übereinstimmung mit den experimentellen Daten.

In der Stammzellenzone sind die Modellannahmen durch ungeordnete Zellbewegungen teilweise verletzt (3); schwerwiegender wirkt sich aber die Anwesenheit nicht-proliferierender Panethzellen aus, die bewirkt, daß die Positionszählung im Experiment nicht mit der Positionszählung im Modell übereinstimmt. Teilweise läßt sich das korrigieren, indem man die experimentelle Positionszählung als Zufallsgröße auffaßt, deren Verweilung durch die empirische

Verteilung der Panethzellen gegeben ist, die beispielsweise von BJERKNES [3] ermittelt wurde. Obwohl man viel Informtion verschenkt, wenn man die aktuelle Verteilung der Panethzellen durch ihre Wahrscheinlichkeitsverteilung ersetzt, stimmen die mit diesem Verfahren ermittelten Kurven überraschend gut mit den experimentell ermittelten überein.

Literatur

1. Al-Dewachi, H.S., Wright, N.A., Appleton, D.R., et al.: The cell cycle time in the rat jejunal mucosa. Cell Tissue Kinet. 7 (1974) 587-594.

2. Appleton, D.R., Wright, N.A., Dyson, P.: The age distribution of cells in stratified squamous epithelium. J. theor. Biol. 65 (1977) 769-779.

3. Bjerknes, M., Cheng, H.: The stem-cell zone of the small intestinal epithelium. I. Evidence from Paneth cells in the adult mouse. Amer. J. Anat. 160 (1981) 51-63.

4. Cairnie, A.B., Lamerton, L.F., Steel, G.G.: Cell proliferation studies in the small intestinal epithelium of the rat. II. Theoretical aspects. Exp.Cell Res. 39 (1965) 528-538.

5. Liggett, T.M.: Interacting Markov Processes. In Jäger, W., Rost, H., Tautu, P. (Eds): Biological Growth and Spread, pp. 145-156. Berlin-Heidelberg-New York: Springer 1979.

6. Neal, J.V., Potten, C.S.: A critical assessment of the intestinal proliferon hypothesis. J. theor. Biol. 91 (1981) 63-70.

7. Preston, C.: Spatial birth-and-death processes. Bull. int. statist. Inst. 46 Book 2 (1975) 371-391.

8. Potten, C.S., Chwalinski, S. Swindell, R. et al.: The spatial organization of the hierarchical proliferative cells of the crypts of the small intestine into clusters of 'synchronized' cells. Cell Tissue Kinet. 15 (1982) 351-370.

9. Zaijcek, G.: The intestinal proliferon. J. theor. Biol. 67 (1977) 515-521.

Aus dem Institut für Dokumentation, Information und Statistik am Deutschen Krebsforschungszentrum, Heidelberg (Direktor: Prof. Dr. G. Wagner)

Eigenschaften eines räumlichen stochastischen Stammzellsystems

L. Pilz

Zusammenfassung

Die Populationsdynamik eines stochastischen biologischen Stammzellsystems auf einem 3-dimensionalen ganzzahligen Gitter ($\mathbb{Z}^3$) wird mit Hilfe von Markov-Sprungprozessen beschrieben. Als erster Schritt der mathematischen Modellbildung wird angenommen, daß pluripotente Stammzellen zwei Funktionen ausführen können: 1.) Selbsterneuerung und 2.) Produktion von determinierten Stammzellen, die den Ursprung für die verschiedenen Zellinien bilden.

Ein Wachstumsstimulus wird mathematisch als multiplikativer Faktor bei den Sprungraten $c(x,\xi)$ eingeführt, die den Wechsel vom Zustand $\xi(x)$ nach $1-\xi(x)$ für den Punkt $x \in \mathbb{Z}^3$ beschreiben, wenn das System die Konfiguration ξ hat. Das ergodische Verhalten eines solchen Nachbarschaftsprozesses ändert sich, wenn der Parameter des Wachstumsstimulus in einem kritischen Bereich seinen Wert ändert. Die dabei auftretenden kritischen Phänomene werden biologisch wie folgt interpretiert: Die Instabilitäten der Zellzustände können eine Erklärung für die dauerhaft auftretende Heterogenität sein, die zur autonomen Erneuerung von neuen (z.B. malignen) Stammzelltypen führt.

1. Einführung

Der Terminus 'kritisches Verhalten' oder, um es präziser auszudrücken, der Begriff des Phasenübergangs für stochastische biologische Zellsysteme auf ganzzahligem Gitter soll in diesem Artikel eingeführt werden. Als Beispiel wird hierzu ein Modell für pluripotente Stammzellen, das durch einen Nachbarschaftsprozeß mathematisch beschrieben wird, betrachtet. Diese Arbeit basiert im wesentlichen auf den Betrachtungen über Instabilitäten in Stammzellsystemen von PILZ und TAUTU [8].

In der Zellpopulationsdynamik wird sehr oft die Hypothese von der Existenz von erzeugenden Zellen benutzt, die die Selbstreproduktion als einen ihrer wesentlichen Faktoren haben. Dies gilt sowohl in experimenteller als auch in theoretischer Hinsicht. Um genauer zu sein: Es wird angenommen, daß jedes proliferative Zellsystem - speziell langsam oder schnell wachsendes Epithelgewebe - eine zelluläre hierarchische Struktur besitzt mit pluripotenten Erzeugerzellen, die eine grosse proliferative Kapazität besitzen. Diese pluripotenten Zellen nennt man üblicherweise Stammzellen. Sie besitzen ein genügend großes multiplikatives Potential (das auch die Selbsterneuerung beinhaltet), um autonome zelluläre funktionelle Einheiten zu bilden, die sogenannten Differone, die ihre geradlinigen differenzierten Nachkommen mit einschliessen.

Für nicht hämatopoetische Stammzellen gibt es nur wenig Information über spezifisches Verhalten. Für den Fall der Hämatopoese wird angenommen, daß es sich um einen Prozess handelt, der durch die zeitlich gestaffelte Aktivierung und durch das eventuelle Absterben einer beschränkten Anzahl von spezifischen Stammzellen getragen wird. Aus Experimenten mit nicht hämatopoetischen Stammzellsystemen kann geschlossen werden, daß die geometrischen und Abstammungsstrukturen von unterschiedlichen erneuerungsfähigen Systemen eine sehr wichtige Rolle bei der Aufstellung der Proliferationsgesetze, die diese Systeme bestimmen, spielen. Als Beispiele seien Haut, Darmkrypten und Zunge angeführt, die POTTEN [9] experimentell untersucht hat.

In neueren Experimenten (siehe [2]) beschreibt man Stammzellen als Zellen, die keine spezifische funktionelle Aufgabe wahrnehmen, um sie als speziellen Zelltyp zu identifizieren. Es wird dabei zwischen Stammzellen unterschieden, die große Selbsterneuerungskapazität und keinen sehr aktiven Zellzyklus haben, und solchen Stammzellen, bei denen die Verhältnisse genau umgekehrt sind. Diese verschiedenen Typen von Stammzellen werden entweder als diskrete Zustände beschrieben oder auch als ein Kontinuum, das von primitiven bis zu determinierten Stammzellen reicht. Dabei ist es wichtig, zwischen 'echten' Stammzellen und ihren determinierten Nachkommen zu unterscheiden, da das Ereignis der Determinierung zwischen dem Selbsterneuerungspotential der Zelle und der Auslösung von Differenzierungsprogrammen entscheidet. Daher werden in dem in Abschnitt 2 folgenden Modell zwei Sorten von Stammzellen, deren Wahl Zufallsprozessen unterliegt, eingeführt: sich selbsterneuernde Stammzellen und determinierte Stammzellen, die bereits ein Programm der Zelldifferenzierung in sich bergen.

Eine mögliche Bedingung für die Selbsterneuerung wäre die Rezeptormaskierungsphase einer Stammzelle; dabei behielte die Zelle ihr klonales Potential. Ein spezielles Signal würde dann den Zellzyklus aktivieren, z. B. eine niedrige Dichte von sich selbst erneuernden Zellen, und die Produktion neuer Kopien anregen. Falls dies zutrifft, so wäre dies eine Erklärung dafür, daß bewegliche Stammzellen (im Gegensatz zu denjenigen im Knochenmark) eine beschränkte Selbsterhaltung haben. Weiterhin ist anzunehmen, daß eine große Anzahl von Stammzellen einen Modulationsprozeß, der sich aus immer noch reversiblen biochemischen Wandlungen zusammensetzt, durchlaufen, der der Determination vorangeht. Dieser Prozeß dürfte allerdings nur schwer zu beobachten sein. Eine Wachstumshemmung vor der Differenzierung in der G_1-Phase wurde neulich entdeckt [12]. Dies könnte ein möglicher Mechanismus zur Zellpopulationskontrolle sein. Solch eine Subphase im Zellzyklus legt eine zeitlich eingeschränkte Reversibilität im Übergang von der Selbsterneuerung zur Determinierung nahe. Die nach der Determinierung auftretende Heterogenität mag daran liegen, daß die Stammzelle davor z.B. von Viren befallen wurde oder Karzinogenen ausgesetzt war. In [12] wurde vorgeschlagen, neoplastische Transformationen als Ergebnis mangelhafter Abstimmung zwischen Wachstum und Differenzierung, die während der angeführten Wachstumshemmung auftreten kann, zu interpretieren.

2. Das Modell

Mit dem hier vorgestellten stochastischen Modell soll das makroskopische Verhalten eines im Raum regulär verteilten Stammzellsystems beschrieben werden. Es wird dabei angenommen, daß die Zellen auf einem 3-dimensionalen ganzzahligen Gitter $\mathbb{Z}^3$ plaziert sind, das aus Gitterpunkten $x = (x^1, x^2, x^3)$ besteht, wobei jede Komponente x^i ($i=1,2,3$) eine ganze Zahl ist. Diese mathematisch idealisierte Anordnung der Zellen gibt sowohl exemplarisch die räumliche Struktur vieler solcher Systeme wieder, z.B. die hexagonale Struktur der proliferativen Einheiten der Haut oder das System der Darmkrypten, als auch die Zusammenhänge einer Stammzelle mit ihrer Umgebung. Die Nachbarstammzellen in der Umgebung üben einen wesentlichen Einfluß darauf aus, ob sich eine Stammzelle selbsterneuert oder in eine determinierte Stammzelle verwandelt. Experimente haben gezeigt, daß die Kommunikation in Stammzellsystemen von kurzer Reichweite ist [1]. Aus diesem Grund wird angenommen, daß die Zell-Zell-Interaktion nur in einer Teilmenge von $\mathbb{Z}^3$ stattfindet, die in einer Kugel mit Radius r und Zentrum in $x \in \mathbb{Z}^3$ liegt, d.h. einer 'Gewebekugel' B_r mit Radius r.

Für das Modell werden die folgenden Annahmen gemacht:

A1: Die Lokalisationen der Stammzellen sind durch $x=(x^1, x^2, x^3) \in \mathbb{Z}^3$ gegeben. Kein $x \in \mathbb{Z}^3$ kann von mehr als einer Zelle besetzt werden (Ausschließung der mehrfachen Besetzung eines Gitterpunktes).

A2: Jede Stammzelle kann in einem der folgenden Zustände sein: Selbsterneuerung (Zustand 1) und Determination (Zustand 0).
Die Zellmodulation wird durch den Übergang vom einen zum anderen Zustand beschrieben.

A3: Der Übergang vom Zustand 1 zum Zustand 0 hat eine exponentielle Rate $c(x) \geq 0$, die nur von der räumlichen Position $x \in \mathbb{Z}^3$ abhängt.

A4: Der Übergang vom Zustand 0 zum Zustand 1 wird durch die Zustände und die 'Signalwirkungen' der Nachbarn beeinflußt. Dieser induktive Einfluß wird durch Wahrscheinlichkeiten $p(x,A)$, $A \subset B_r$ mit $\sum_{A \subset B_r} p(x,A)=1$ beschrieben.

A5: Es gibt einen (Signal-) Konzentrationsgradienten $g \geq 0$, der in dem gesamten Stammzellsystem wirkt. Er begünstigt den Eintritt in den Zustand 1.

Insbesondere für die letzte Annahme siehe [7].

Die stochastische Dynamik des mathematisch so definierten Stammzellprozesses wird auf dem Zustandsraum $\Xi = \{0,1\}^{\mathbb{Z}^3}$ beschrieben. Die Elemente von Ξ werden mit

$$\xi = \{\xi(x),\ x \in \mathbb{Z}^3\}$$

bezeichnet, wobei $\xi(x)$ als der Zustand der Stammzelle in der Position x aufgefaßt wird. Die Abbildung $\xi : \mathbb{Z}^3 \to \{0,1\}$ heißt üblicherweise Konfiguration und stellt die Zustände des Stammzellsystems dar. Für jede einzelne x-Koordinate ist der Wert zur Zeit t von $\xi(x)$ ein Markovprozeß mit Zuständen 0 und 1. Der stochastische Modulationsprozeß für das gesamte Stammzellsystem wird durch einen stochastischen Prozeß $\{\xi_t\}_{t \in \mathbb{R}^+}$ mit Zustandsraum Ξ beschrieben, dessen Dynamik durch die Sprungraten $c=\{c(x,\xi): x \in \mathbb{Z}^3,\ \xi \in \Xi\}$, wie sie in der Annahme A3 eingeführt wurden, bestimmt ist. Die Sprungrate $c(x,\xi)$ gibt die momentane Rate des Wechsels von $\xi(x)$ nach $1-\xi(x)$ im Gitterpunkt x wieder, wenn das System die Konfiguration ξ hat. In sehr vereinfachter Weise können diese Raten mit den Geburts- und Todesraten entsprechender Gittermodelle [11] verglichen werden.

Im folgenden soll der Nachbarschaftsprozeß, der 1975 von R.A. HOLLEY und T.M. LIGGETT [5] eingeführt wurde, beschrieben werden. Dazu zunächst einige technische Einzelheiten:

$\Xi = \{0,1\}^{\mathbb{Z}^3}$ wird mit der diskreten Produkttopologie versehen. Sei $\mathcal{C}(\Xi)$ der Raum der stetigen Funktionen auf Ξ mit der Supremumsnorm $\|\cdot\|$ und sei $\mathcal{D}$ die Menge derjenigen Elemente aus $\mathcal{C}$, die nur von endlich vielen Gitterpunkten in $\mathbb{Z}^3$ abhängen. Ferner soll angenommen werden, daß $c(x) > 0$ und $c(x,.) \in \mathcal{C}$ für alle $x \in \mathbb{Z}^3$ gilt.

Mit Z_0 sei die Menge der endlichen Teilmengen $A \subset \mathbb{Z}^3$ einschließlich der leeren Menge $\emptyset$ bezeichnet. Mit der Funktion $f_A(\xi) = \prod_{x \in A} (1-\xi(x)), \xi \in \Xi$ wird eine Art Indikator definiert, daß alle Zellen in A sich im Zustand 0 befinden. Dabei gilt $f_\emptyset(\xi) = 1$.

Damit lassen sich die Sprungraten in Übereinstimmung mit den Annahmen A4 und A5 wie folgt definieren:

$$c(x, \xi) = c'(x) g [(1 - \xi(x)) + (2\xi(x) - 1) \sum_{A \in Z_0} p(x, A) f_A(\xi)], \tag{1}$$

wobei $c'(x) = c(x) . g^{-1}$.

Weiterhin wird angenommen, daß

$$\sup_x c(x) \sum_{A \in Z_0} [pl(x, A) \cdot (|A| + 1)] < \infty. \tag{2}$$

Die Relation (2) sichert, daß die Sprungraten gleichmässig beschränkte Funktionen sind.

Somit kann der Stammzellmodulationsprozeß als Nachbarschaftsprozeß mit charakteristischen Übergangsintensitäten (1) und Wahrscheinlichkeiten

$$P\xi \{\xi_t(x) \neq \xi(x)\} = c(x,\xi).t + o(t),$$
$$P\xi \{\xi_t(x) \neq \xi(x), \xi_t(y) \neq \xi(y)\} = o(t) \text{ für } x \neq y, \tag{3}$$

definiert werden.

Ein solches stochastisches System mit Sprungraten c ist ein starker Markovprozeß, und er ist eindeutig [3]. Der infinitesimale Generator des Stammzellen-Nachbarschaftsprozesses auf Zylinderfunktionen eingeschränkt lautet:

$$\mathscr{A} f(\xi) = \sum_{x \in \mathbb{Z}^3} c(x,\xi) \cdot \Delta_x f(\xi), \tag{4}$$

wobei $\Delta_x f(\xi) = f(\xi_x) - f(\xi)$ und

$$\xi_x(y) = \begin{cases} \xi(y) & \text{für } x \neq y \\ 1-\xi(y) & \text{für } x = y \text{ ist.} \end{cases}$$

Sei $\mathfrak{C}^1(\Xi) = \{f \in \mathfrak{C}(\Xi): \quad |||f||| = \sum_X ||\Delta_x f|| < \infty\}$. Für $f \in \mathfrak{C}^1$ ist $\mathscr{A} f \in \mathfrak{C}^1(\Xi)$, und, weil $\mathfrak{C}^1 \supset \mathscr{D}$ gilt, ist der infinitesimale Generator auch dicht definiert (siehe [6]).

Mit dem Hille-Yosida-Theorem wird gezeigt, daß $\mathscr{A}$ eine eindeutige Markov-Halbgruppe erzeugt. Der Prozeß ist unter bestimmten Voraussetzungen an die Sprungraten ergodisch mit einem eindeutigen invarianten Maß auf Ξ (siehe [6]).

3. Das kritische Verhalten

Die Instabilität eines Stammzellsystems könnte eine Erklärung für die dauerhaft heterogene Zusammensetzung der Stammzellen sein, wie sie am Ende der Einführung erwähnt wurde. Bei diesem Prozeß könnte es auch zur Ausprägung neuer Differenzierungslinien kommen, was dann auch das Auftreten maligner Zelltypen erklären würde. Im folgenden soll es um die Existenz kritischer Phänomene in lokal interagierenden Stammzellsystemen im 3-dimensionalen Raum gehen. Solch kritisches Verhalten tritt im ergodischen System dann auf, wenn ein Parameter über einen bestimmten (kritischen) Bereich seinen Wert ändert. Es muß betont werden, daß es schwierig ist, die kritischen Parameter in 3-dimensionalen Systemen zu berechnen. Näherungswerte liegen nur für sehr einfache Systeme vor.

Um eine Aussage über das kritische Verhalten machen zu können, wird der Nachbarschaftsprozeß durch Kopplungsmethoden auf einen Kontaktprozeß zurückgeführt. Der eingeführte Nachbarschaftsprozeß ξ_t ist attraktiv und besitzt ξ als absorbierenden Zustand (siehe [6]). In einem attraktiven Prozeß ist die Sprungrate vom Zustand 0 zum Zustand 1 eine steigende Funktion der Konfiguration und die Sprungrate zurück eine fallende Funktion, so daß die Tendenz besteht, zusammenhängende Inseln oder Blöcke von Objekten im Zustand 1 zu bilden. Es werden nun zwei Prozesse ξ'_t und η'_t, zwei Kopien von ξ_t mit $c(x,\xi)$ als Sprungraten, aber mit jeweils anderen Startkonfigurationen so gewählt, daß die Sprungraten von ξ_t sich als

$$c(x,\xi) = \xi(x)\delta(x,\xi) + (1-\xi(x))\beta(x,\xi) \tag{5}$$

schreiben lassen, wobei

$$\beta(x,\xi) = \sup\{|c(x,\xi') - c(x,\eta')| : |\xi'(y) - \eta'(y)| \leq \xi(y) \text{ für alle } y \in \mathbb{Z}^3\}, \quad (6)$$

und

$$\delta(x,\xi) = \inf\{[c(x,\xi')+c(x,\eta')] : \xi'(x)=\eta'(x) \text{ und } |\xi'(y)-\eta'(y)| \leq \xi(y) \text{ für alle } y \in \mathbb{Z}^3\} \quad (7)$$

Die Raten β und δ werden so gewählt, daß der ursprüngliche Prozeß zu einem 3-dimensionalen linearen Kontaktprozeß wird (siehe [4]). Dies ist ein Markovprozeß, dessen Zustandsraum die Potenzmenge von $\mathbb{Z}^3$ ist:

$\beta(x,\xi)$ = exponentielle Sprungrate in x, wenn $\xi(x)=0$,

$\delta(x,\xi)$ = exponentielle Sprungrate in x, wenn $\xi(x)=1$.

Die Interpretation des Kontaktmodells für das Stammzellsystem ist dabei wie folgt: Wenn eine Stammzelle in $x \in \mathbb{Z}^3$ im Zustand der Rezeptormaskierung (Selbsterneuerung) ist, kann sie in den Zustand der Determination mit der Rate $\delta(x,\xi)$ übergehen. Durch Zeitskalierung und Einschränkung der lokalen Interaktion kann $\delta \equiv 1$ gewählt werden. Falls die Zelle in $x \in \mathbb{Z}^3$ vom Zustand der Determination zurück in die Selbsterneuerung springt, so tut sie das mit der Rate $\beta(x,\xi)$. Dabei soll

$$\beta(x,\xi) = \beta \sum_{|x-y|=1} \xi(y), \quad \beta \in \mathbb{R}^+,$$

gewählt werden.

Der infinitesimale Generator für diesen Markovprozeß ist

$$\mathcal{A} f(\xi) = \sum_{x \in \mathbb{Z}^3} [\xi(x) + \beta(1-\xi(x)) \cdot \sum_{|x-y|=1} \xi(y)] \Delta_x f(\xi). \quad (8)$$

Dieser vereinfachte Prozeß stellt ein elementares interagierendes System dar, das Phasenübergänge aufweist. Aus diesem Prozeß ergibt sich eine einparametrige Familie von Markov-Teilchensystemen $\{P^{\beta}_{\xi} : \xi \in \Xi\}$, wobei diese Systeme attraktiv für jedes β sind. Es kann gezeigt werden [5], daß für $\beta \geq 2/3$ der 3-dimensionale lineare Kontaktprozess mit Parameter β ein stationäres Maß m hat, das invariant unter Translationen in $\mathbb{Z}^3$ ist und für das gilt

$$m\{\xi : \xi \ni 0\} \geq 1/2 + (1/4 - 1/6\beta)^{1/2}.$$

Durch Monotonie-Eigenschaften kann gezeigt werden [4], daß es einen kritischen Wert β_c gibt, so daß für $\beta < \beta_c$ $P\{\xi_t(x)=0\} \to 1, t \to \infty$ für alle $\xi \in \Xi$ und $x \in \mathbb{Z}^3$ und daß für $\beta > \beta_c$ mehrere stationäre Maße existieren. Der kritische Wert ist durch $1/5 \leq \beta_c \leq 2/3$ beschränkt.

Damit erhält man für einen sehr vereinfachten Stammzellnachbarschaftsprozeß Auskunft über das Auftreten kritischer Phänomene. Es wird dabei insbesondere angenommen, β $\delta \equiv 1$ ist. Die Instabilitäten treten in diesem Fall auf, wenn die Rücksprungrate β den kritischen Wert erreicht.

Abschließend soll noch bemerkt werden, daß, falls im Generator nur über eine endliche Menge summiert wird, $c(x,\xi) > 0$ für alle x,ξ, eine irreduzible Markovkette vorliegt, die ergodisch ist.

4. Schlußbemerkungen

Zum Schluß soll nochmals betont werden, daß das vorgestellte Modell einen ersten Versuch darstellt, die Existenz von kritischen Phänomenen in lokal interagierenden Stammzellsystemen zu beschreiben, bevor es zu einer echten Ausdifferenzierung der Zellen kommt. Es lassen sich zwar leicht kompliziertere Modelle aufstellen, doch gibt es bis jetzt keine guten mathematischen Techniken, um die Existenz von Phasenübergängen zu zeigen und die entsprechenden kritischen Werte zu berechnen. Besonders schwierig wird die Situation, wenn mehrparametrige Familien von Teilchensystemen vorliegen.

Einige weitergehende mathematisch-biologische Probleme dieses Modells sollten noch erwähnt werden: Die Untersuchung des Modells, wenn das Gitter in deterministischer oder stochastischer Weise durchlöchert ist, d.h. nicht mehr in jedem Gitterpunkt eine Stammzelle sitzt, der Fall, daß mehrere Zelltypen oder intermediäre Stufen vorliegen, sowie die Behandlung des Problems durch die Einführung von Gibbs-Zuständen als Konfigurationsmasse. Dabei wird ein Phasenübergang des Systems in geometrischer Weise interpretiert (siehe [10]).

Literatur

1. Bentley, S.A.: Close range cell: cell interaction required for stem cell maintenance in continuous bone marrow culture. Exp. Hematol. 9 (1981) 308-312.

2. Burton, D.I., Ansell, J.D., Gray, R.A., et al.: A stem cell for stem cells in murine haematopoiesis. Nature 298 (1982) 562-563.

3. Gray, L., Griffeath, D.: On the uniqueness and non uniqueness of proximity processes. Ann. Prob. 5 (1977) 678-692.

4. Harris, T.E.: Contact interactions on a lattice. Ann. Prob. 2 (1974) 969-988.

5. Holley, R., Liggett, T.M.: The survival of contact processes. Ann. Prob. 6 (1978) 198-206.

6. Liggett, T.M.: The stochastic evolution of infinite systems of interacting particles. In Hoffmann-Jorgensen, J. (Edit.): Ecole d' Eté de Probabilités de Saint-Flour, VI, pp. 187-248. (Lecture Notes in Mathematics, Vol. 598). Berlin-Heidelberg-New York: Springer 1977.

7. Matioli, G.T.: Annotation on stem cells and differentiation fields. Differentiation 21 (1982) 139-148.

8. Pilz, L., Tautu, P.: Instabilities in stem cell systems. In Proc. 4th Intern. Conf. Math. Modelling, Zürich, pp. 739-744. Oxford: Pergamon Press 1984.

9. Potten, C.S.: Proliferative cell populations in surface epithelia: Biological models for cell replacements. In Jäger, W., Rost, H., Tautu, P. (Eds): Biological Growth and Spread, pp. 23-35. (Lecture Notes in Biomathematics, Vol. 38). Berlin-Heidelberg-New York: Springer 1980.

10. Ruelle, D.: A mechanism for the speciation based on the theory of phase transitions. Math. Biosci. 56 (1981) 71-75.

11. Till, J.E., McCulloch, E.A., Siminovitch, L.: A stochastic model of stem cell proliferation based on the growth of spleen colony forming cells. Proc. nat. Acad. Sci. (USA) 51 (1964) 29-36.

12. Wille, J.J., Scott, R.E.: Topography of predifferentiation G_D growth arrest state in the G_1 phase of the cell cycle. J. Cell Physiol. 112 (1982) 115-122.

9. ORGANISATIONSTHEORIE UND NETZWERKE

Aus der Abt. Med. Statistik, Biomathematik und Informationsverarbeitung, Universität Heidelberg, Klinikum Mannheim und dem Tumorzentrum Heidelberg/Mannheim

Darstellung der Informationsflüsse in der Tumornachsorge mit Petri-Netzen

M. Rothemund, K.-H. Ellsässer

Zusammenfassung

Die Planung und Darstellung dynamischer und konkurrierender Abläufe im Problembereich der Tumornachsorge bedingen adäquate Beschreibungsmittel und Darstellungstechniken. Eines dieser Mittel ist die Petri-Netz-Theorie, deren Anwendung bei der Darstellung von Strukturen und Informationsflüssen in der Tumornachsorge gezeigt wird.

1. Einleitung

Die Notwendigkeit einer effektiven Nachsorge von Tumorpatienten als gleichwertiges Glied in der Kette der Krebsbekämpfung mit Krebsvorsorge, -früherkennung, -diagnostik, -therapie, -nachsorge und -rehabilitation steht unumstritten fest. Zusätzlich wird immer deutlicher, daß sinnvolle Krebsnachsorge nur in Kooperation zwischen Ärzten, Fachärzten und Kliniken durchgeführt werden kann.

Diesem sinnvollen Zusammenwirken der niedergelassenen Ärzte mit den Krankenhausärzten bei der Nachsorge von Krebspatienten muß mit entsprechenden Konzepten der Organisation und Dokumentation Rechnung getragen werden. Planung und Darstellung der hier auftretenden Strukturen und Informationsflüsse stellen bestimmte Anforderungen an Beschreibungsmittel und Darstellungstechniken. Abschnitt 2 beschäftigt sich mit solchen Anforderungen. In Abschnitt 3 werden verschiedene existente Verfahren zur Beschreibung von Strukturen und Informationsflüssen genannt und klassifiziert.

Eines dieser Verfahren stellen die Petri-Netze dar. In Abschnitt 4 wird die Auswahl der Petri-Netze als Beschreibungsmittel der Wahl begründet und die Grundbegriffe der Petri-Netz-Theorie erläutert. Einige Möglichkeiten der Darstellung dynamischer und konkurrierender Abläufe aus dem Gebiet der Tumornachsorge zeigen die Anwendbarkeit in diesem Problembereich.

2. Anforderungen an Beschreibungsmittel

2.1. Allgemeine Anforderungen

Jedes formale Beschreibungsmittel bzw. jede Darstellungstechnik wird eingesetzt, um Unzulänglichkeiten einfacher Texte und Zeichnungen bei der Beschreibung von z.B. Organisationsformen, Systemverhalten, Informationsflüssen, Systemanforderungen, etc. auszuschalten. Die Behebung der Unzulänglichkeiten entspricht der Hauptanforderung, die an formale Darstellungstechniken gestellt wird [3]: Präzise, vollständige, widerspruchsfreie und knappe Beschreibung der Sachverhalte durch exakte Festlegung der Syntax und Semantik des Beschreibungsmittels.

Um diese Kriterien zu erfüllen, sind formale Beschreibungsmittel meist komplexe 'Sprach'-gebilde, deren Anwendung erst erlernt werden muß. Die Erlernbarkeit sollte jedoch, ebenso wie die Anwendung, möglichst einfach sein. Außerdem werden Anpassungsfähigkeit und Erweiterbarkeit der Beschreibungsmittel gefordert.

Die durch den Einsatz der Darstellungstechniken erstellten Beschreibungen dienen auch als Kommunikationsbasis zwischen verschiedenen Personengruppen. Aus diesem Grund wird gefordert, daß sie:

- für alle Personengruppen verständlich und lesbar sind und
- ein besseres Verständnis des dargestellten Problems und seine korrekte Interpretation ermöglichen [3].

Generell sollte eine formale Beschreibung

- gleichzeitig Dokumentation sein;
- änderungsfreundlich sein;
- Entscheidungshilfen für das weitere Vorgehen bieten und
- auf Vollständigkeit, Konsistenz und Widerspruchsfreiheit (automatisch) überprüft werden können [3].

2.2. Spezielle Anforderungen

Die speziellen Anforderungen an formale Beschreibungsmittel ergeben sich aus der Absicht, sie im Problembereich der Organisation der Tumornachsorge eines Klinikums in Zusammenarbeit mit niedergelassenen Ärzten einzusetzen. PEIMANN beschreibt drei Forderungen, wie sie bei der Beschreibung und Analyse von Informationssystemen im Krankenhaus gestellt werden müssen [19]. Diese Forderungen gelten ebenfalls für den Bereich der Tumornachsorge. Ein Beschreibungsmittel muß:

- einen hierarchischen und modularen Entwurf gestatten. (Die Forderung nach der Möglichkeit der modularen Darstellung gilt umsomehr, als immer häufiger schon bestehende Teillösungen integriert werden müssen und nicht jedesmal wieder alles von Grund auf neu strukturiert wird.);
- struktur- und verhaltensäquivalente Systembeschreibungen liefern. ('Verhaltensäquivalent' bedeutet hier vor allem, daß auch die einer Tumornachsorge innewohnende Dynamik dargestellt werden kann);
- die aus parallelen Ereignissen resultierenden Abhängigkeiten erfassen können.

Zusätzlich sollte es bei der Modellierung der Tumornachsorge möglich sein,

- die Informationsträger (z.B. Patient, Formular) und deren
- Zustandsänderungen (Umfangs-, Inhalts-, Zuordnungsveränderungen, Vervielfältigung, Zwischenspeicherung, Löschung) zu beschreiben und dadurch
- inhaltsorientierte Entscheidungen treffen zu können.

In ihrer Eigenschaft als Kommunikationsbasis zwischen Ärzten und Systemanalytikern dient die Beschreibung gleichzeitig als

- Dokumentation der Organisation und Funktionsweise der bestehenden Tumornachsorge,
- Darstellung, was bestehende oder neue Systemteile leisten,
- Grundlage der Überprüfung, ob geplante Systemteile den Anforderungen der Ärzte entsprechen und inwieweit Belange der Patienten besser berücksichtigt werden können.

3. Formale Beschreibungsmittel und Darstellungstechniken

Formale Beschreibungsmittel und Darstellungstechniken, die geeignet sind, kausal-logische Zusammenhänge und/oder dynamische Aspekte wie etwa sequentielle oder zirkuläre Abläufe, zeitliche Abhängigkeiten etc. darzustellen, basieren im Endeffekt nahezu alle auf Graphen. Im Hinblick auf die (zeichnerische) Niederschrift - der (graphischen) Darstellungsform - bei der Anwendung der verschiedenen Methoden läßt sich eine grobe Einteilung in drei große Obergruppen treffen:

- Matrizen,
- Graphen,
- Sonstige Darstellungsformen.

Nachfolgende Einordnung der verschiedenen Beschreibungsmittel in diese Obergruppen geschieht anhand ihrer anschaulichsten Darstellungsform. Da sich Matrizen und Graphen sowie auch die meisten der sonstigen Darstellungsformen teilweise ineinander überführen lassen, ist diese Einteilung nicht absolut zu sehen. Je nach Intention wird man, wenn die Möglichkeit besteht, die jeweils günstigere Darstellungsform bei der Anwendung ein und desselben Beschreibungsmittels wählen. Für die Darstellung eines Graphen als Matrix oder in graphischer Form und deren Überführung ineinander siehe z.B. [20].

Obergruppe MATRIZEN

1. Matrizen

   - Funktion-Funktionsträger-Matrix
     z.B. Funktionendiagramm oder Linear Responsibility Chart (LRC)
   - Aufgabenbestimmungsmatrix
   - Dateibestimmungsmatrix
   - Dateiverwendungsmatrix

     .
     .
     .

2. Entscheidungstabellen

3. Balkendiagramme oder Gantt-Diagramme

4. Infogramme [12]

5. Darstellungstechniken folgender Methoden

   - Kommunikations-System-Studie (KSS, von IBM) [24]
   - Business Systems Planning (BPS, von IBM) [1]

Obergruppe GRAPHEN

1. Konventionelle Modelle

   - Input/Output-Modell
   - Blackbox-Methode
   - Regelkreismodell
   - Ablaufdiagramme
     - lineare/zyklische Ablaufdiagramme
     - Blockschaltbild
     - Programmablaufplan oder Flußdiagramm
     - Koordiniertes Ablaufdiagramm [5]
     - Datenflußplan
     - Crowder-Diagramm [22]

- Zustandsgraph oder Übergangsdiagramm/-tabelle
- Bäume
  - Entscheidungsbaum
  - Relevanzbaum
- Datenbankdiagramm oder Bachman-Diagramm

2. Interaktionsdiagramm [12]

3. Konzept von SHAPIRO [23]

4. Information Graph von LINDGREEN [16]

5. Netzplantechnik [7]

   - Vorgangsknoten-Netzpläne
     - Metra-Potential-Methode (MPM)
     - Hamburger Methode der Netzplantechnik (HMN)
     - Precedence Diagramming Method (PDM)
     - Projekt-Planungs- und -steuerungssystem (PPS)

   - Vorgangspfeil-Netzpläne
     - Critical Path Method (CPM)

   - Ereignisknoten-Netzpläne
     - Program Evaluation and Review Technique (PERT)
     - Graphical Evaluation and Review Technique (GERT)

   - weitere Methoden
     - Baukasten-Netzplanverfahren (BKN)
     - Resource Allocation and Multi Project Scheduling (RAMPS)
     - Dynamische Netzplantechnik (DNPT)
     - Project Management System (PMS, IBM)
     - Siemens Netzplantechnik (SINETIK, Siemens)
     - Predecessor, Successor Nodes (IJ)

6. Graph-artige Darstellungstechniken folgender Software-Engineering-Methoden:

   - Jackson-Methode

   - Jackson System Development (JSD)

   - Structured Design (SD) oder Composite Design oder Constantine-Methode [8]

   - Linzer Technique of Software-Design (LITOS); Weiterentwicklung der Constantine-Methode [22]

   - Hierarchy plus Input Process Output (HIPO, IBM)

   - Structured Analysis (SA) [13]

   - Structured Analysis and Design Technique (SADT) [4]

   - Controlled Requirement Expression (CORE) Weiterentwicklung von SADT [3]

   - Konzept von LINDVALL et al. [17]

7. Techniken der künstlichen Intelligenz

   - Semantische Netze - Inferenznetze

8. Netze auf Petri-Netz-Basis [11,21]

- Bedingungs/Ereignis-Netz
- Stellen/Transitionen-Netz
- Prädikaten/Transitionen-Netz
- Relationen-Netz
- Auswertungsnetze [6]
- Funktionsnetze
- ABRAHAM/ISAC
- Evaluation Nets
- Puffer/Transaktions-Netze
- Role/Activity Nets
- Entscheidungs/Aktions-Netz
- Pro-Netz
- Simulationsnetz

Obergruppe SONSTIGE DARSTELLUNGSFORMEN

1. Ablaufschemata

2. Struktogramme oder Nassi-Shneiderman-Diagramme

3. Relationale Darstellung

4. Abstrakte Datentypen

5. Techniken der künstlichen Intelligenz

   - Logikkalküle
   - Frames, Scripts, Units
   - KI-Programmiersprachen, z.B. PLANNER und PLANNER-artige Sprachen

6. Problembeschreibungssprachen

   - Pseudocode (PC) [12]
   - Konzept von Parnas [12]
   - Problem Statement Language (PSL) mit Werkzeug Problem Statement Analyzer (PSA), Entwicklung der Universität Michigan [4,8]
   - Erweiterung von PSL für Prozeßrechneranwendungen (PSCL) [3]
   - Systematics [22]
   - Requirements Statement Language (RSL) (auch grafisch darstellbar als sogenanntes R-Net) mit Werkzeug Requirements Engineering and Validation System (REVS) in Methode Software Requirements Engineering Methodology (SREM); Weiterentwicklung von PSL [4]
   - Programm Design Language (PDL) [2]
   - Requirements and Development Language (RDL) mit Werkzeug RDL-Processor (RDP) [3]
   - Design Aid for Real-Time Systems (DARTS) [15]
   - EPOS-R für die Definition von Anforderungen und EPOS-S für die Beschreibung des Systementwurfs im Werkzeug Entwurfsunterstützendes Prozeß-Orientiertes Spezifikationssystem (EPOS) [3]

4. Auswahl der Petri-Netze als Beschreibungsmittel

4.1 Begründung

Bei der Planung und Realisierung der Organisation einer Tumornachsorge arbeiten Personen verschiedenster Ausbildung zusammen (Mediziner, Informatiker, Dokumentationskräfte usw.). Ein Beschreibungsmittel, das in diesem Bereich zum Einsatz kommt, wird "... aus Text, Tabellen und Graphiken bestehen, da dies die Darstellungsformen sind, die einem möglichst großen Personenkreis zumutbar sind" [8]. Aus Gründen der Anschaulichkeit und der Möglichkeit, sich anhand einer Darstellung komplexe Abläufe und Zusammenhänge vorstellen zu können, bieten sich die Graphen aus der Menge der in Kapitel 3 genannten Beschreibungsmittel an. Abb. 4.1-1 zeigt eine Bewertung wichtiger und gebräuchlicher Beschreibungsmittel, die eine grafische Darstellung ermöglichen, anhand der in Kapitel 2.2. gestellten speziellen Anforderungen.

Darstellungstechniken \ Anforderungen	Möglichkeiten des modularen Entwurfs	Darstellung von Dynamik	Darstellung von parallelen Ereignissen	Beschreibung der Informationsträger
Koordiniertes Ablaufdiagramm	X	0	X	0
Netzplantechnik	X	X	XX	0
HIPO	XX	0	0	X
SADT/SA	XX	0	X	0
Petrinetze	XX	XX	XX	X
RSL	XX	X	X	X

Abb. 4.1-1: Bewertung ausgewählter Darstellungstechniken
(Legende: 0 nicht möglich, X möglich, XX gut möglich)

Petri-Netze decken diese Bedingungen am besten ab und werden daher zur Anwendung ausgewählt. So hat z.B. auch PEIMANN gezeigt, daß mit Petri-Netzen 'Kommunikationsabläufe anschaulich und einfach dargestellt werden können' [19].

4.2. Grundbegriffe der Petri-Netz-Theorie

Ein Petri-Netz ist ein Netz mit zwei Sorten von Objekten, den S-Elementen oder Stellen als Informationseinheiten (interpretierbar z.B. als Bedingungen, Zustände, Speicher, Plätze etc.) und den T-Elementen oder Transitionen als Funktionseinheiten (interpretierbar z.B. als Ereignisse, Aktionen, Übergänge, Anweisungen etc.). Die Beziehungen zwischen Stellen und Transitionen werden durch die Flußrelation festgelegt.

Ein Tripel N=(S,T;F) heißt Netz, falls gilt:

(i) S (Menge der Stellen) und T (Menge der Transitionen) sind disjunkte Mengen

(ii) $F \leq (S \times T) \cup (T \times S)$ ist eine zweistellige Relation, die Flußrelation von [21]

Beispiel: N1 = (S,T;F) mit
$S = (s_1, s_2, s_3)$, $T = (t_1, t_2)$,
$F = ((s_1,t_1), (t_1,s_2), (t_1,s_3), (s_3,t_2), (t_2,s_1))$

Im Petri-Netz-Graphen werden Stellen als Kreise, Transitionen als Rechtecke und die Flußrelation als Pfeile dargestellt. Abbildung 4.2-1 zeigt die graphische Darstellung von Netz N1.

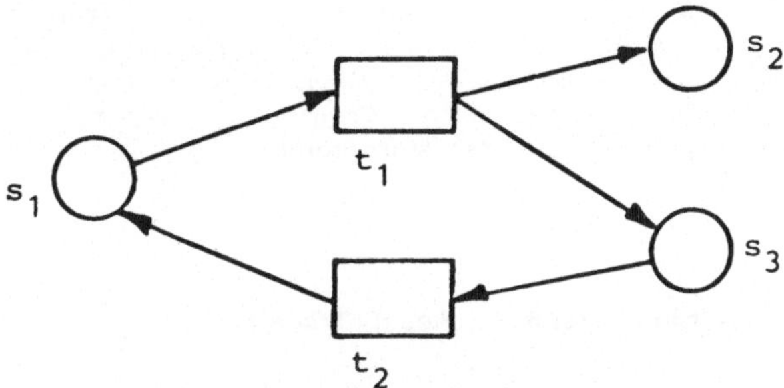

Abb. 4.2-1: Graphische Darstellung von N1

Zur Kenntlichmachung von Abläufen innerhalb eines Petri-Netz-Graphen werden Stellen, die realisiert sind, mit einer oder mehreren Marken (token) markiert.

Ein 6-Tupel N=(S,T;F,K,W,M) heißt Stellen/Transitionen-Netz, falls gilt:

(i) (S,T;F) ist ein Netz aus Stellen S und Transitionen T;

(ii) $K: S \rightarrow \mathbb{N} \cup (\omega)$ erklärt eine (möglicherweise unbeschränkte) Kapazität für jede Stelle;

(iii) $W: F \rightarrow \mathbb{N} \cup (0)$ bestimmt zu jedem Pfeil des Netzes ein. Gewicht;

(iv) $M: S \rightarrow \mathbb{N} \cup (\omega)$ ist eine Anfangsmarkierung, die die Kapazitäten respektiert, d.h. für jede Stelle s S gilt: $M(s) \leq K(s)$ [21].

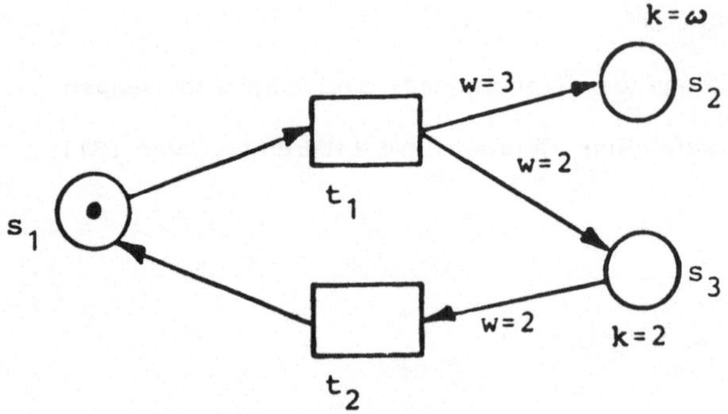

Abb. 4.2-2: Netz N1 mit Kapazitäten, Pfeilgewichten und Anfangsmarkierung M_0

Werden Pfeilgewichte und Kapazitäten nicht angegeben, entspricht dies einem Gewicht von 1 und einer Kapazität von 1. Wenn eine Transition schaltet (feuert), werden von jeder Eingangsstelle der Transition die Anzahl Marken entsprechend des Pfeilgewichts entfernt und auf jede Ausgangsstelle der Transition die Anzahl Marken entsprechend dem Pfeilgewicht und unter Beachtung der Kapazität der Ausgangsstelle hinzugefügt.

Die Menge aller Eingangsstellen einer Transition t ist der **Vorbereich** .t dieser Transition:

$$.t := \{y \mid (y,t) \in F\}.$$

Die Menge aller Ausgangsstellen ist der **Nachbereich** t. dieser Transition:

$$t. := \{y \mid (t,y) \in F\}.$$

Die Transition t kann bei einer aktuellen Markierung M_i nur schalten, wenn gilt:

$$\forall s \in .t \; Mi(s) \geq W(s,t) \text{ und}$$
$$\forall s \in t. \; Mi(s) \leq K(s) - W(t,s)$$

Das Schalten einer Transition t bestimmt eine Folgemarkierung M_j von M_i.

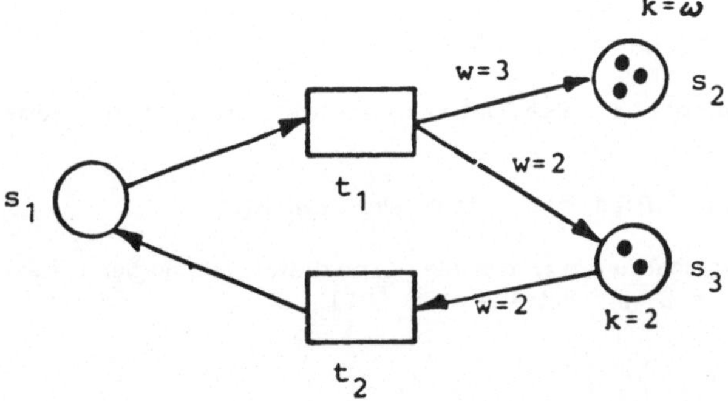

Abb. 4.2-3: Zustand des Netzes N1 nach Schalten der Transition t_1 von Anfangsmarkierung M_0 nach Markierung M_1: $M_1(s_1)=0$, $M_1(s_2)=3$, $M_1(s_3)=2$

Eine **Kontaktsituation** bei einer Markierung M eines Stellen/Transitionen-Netzes bezüglich einer Transition t entsteht, wenn t wegen fehlender Kapazitäten der Stellen des Nachbereiches t. nicht schalten kann.

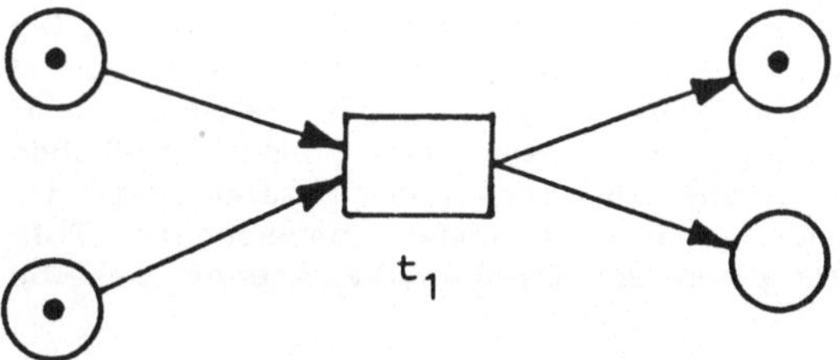

Abb. 4.2-4: Transition t_1 hat Kontakt bei der angegebenen Markierung

Zwei Transitionen t_1 und t_2 stehen bei einer Markierung M_i in Konflikt, wenn

- beide Transitionen schalten könnten,
- das Schalten einer der beiden Transitionen das Schalten der anderen Transition verhindert.

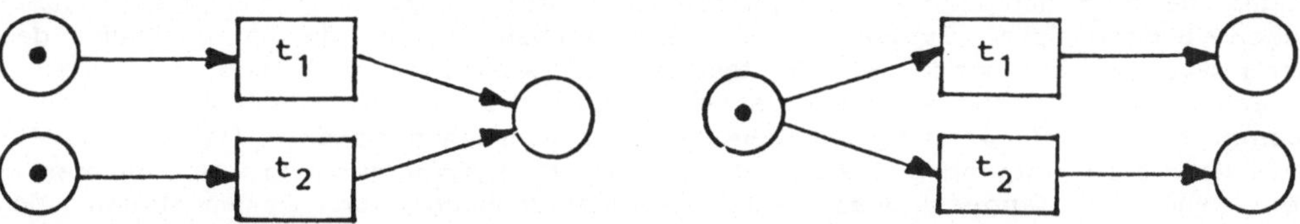

Abb. 4.2-5: Konfliktsituationen in Petri-Netzen

Kann bei einer Markierung keine Transition schalten, spricht man von einem **Deadlock** oder von einer **Haltemarkierung.**

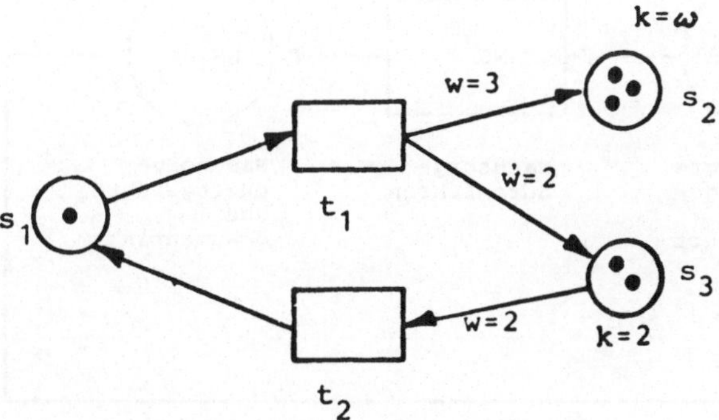

Abb. 4.2-6: Bei der angegebenen Markierung befindet sich das Netz N1 in einem Deadlock

Die Abfolge nacheinander schaltender Transitionen nennt man **Schaltfolge.** Die Erreichbarkeitsmenge bezüglich einer Anfangsmarkierung M ist die Menge aller von M aus durch endliche Schaltfolgen erreichbaren Markierungen. Eine Transition heißt **lebendig** bezüglich einer Anfangsmarkierung, wenn sie nach einer endlichen Schaltfolge schalten kann. Kann eine Transition bei keiner Markierung der Erreichbarkeitsmenge schalten, so wird sie als **tote Transition** bezeichnet. **Tote Stellen** sind Stellen, die bei jeder Markierung aus der Erreichbarkeitsmenge dieselbe Anzahl von Marken tragen.

Um die Möglichkeiten und den Einsatzbereich der Petri-Netze zu vergrößern (z.B. Marken individuell zu benennen), wurden eine Vielzahl von Erweiterungen und Modifikationen der hier vorgestellten Stellen/Transitionen-Netze vorgenommen (siehe dazu z.B. [11] Seite 14ff., [10]).

5. Darstellung von Informationsflüssen in der Tumornachsorge mit Petri-Netzen

Das erste Anwendungsbeispiel aus dem Bereich der Nachsorge von Tumorpatienten behandelt in einem vereinfachten Schema die Einbestellung eines Patienten, dessen Nachsorgeuntersuchung in der Klinik oder bei einem niedergelassenen Arzt und die Durchführung der dazugehörigen Dokumentation. Abbildung 5-1 bis Abbildung 5-3 zeigen die einzelnen Modellierungsphasen des Petri-Netzes mit immer detaillierteren Beschreibungen des Systems und verdeutlichen damit die Möglichkeit des hierarchischen und modularen Systemaufbaus. Abbildung 5-1 und 5-2 stellen zunächst nur statische kausal-logische Zusammenhänge dar. Abbildung 5-3 zeigt zusätzlich durch Verwendung der Marken den dynamischen Aspekt. Das abgebildete Petri-Netz stellt folgenden Zustand dar: Die Nachsorgeuntersuchung des Patienten in der Klinik ist abgeschlossen; die Voraussetzungen zur Dokumentation der Untersuchungsergebnisse sind gegeben. Die Stellen 'a' und 'b' bilden einen Regulationskreis, mit dessen Hilfe eine Möglichkeit besteht, im Petri-Netzgraphen auszudrücken, daß die Nachsorgeuntersuchungen des Patienten im Wechsel zwischen Klinik und Hausarzt stattfinden sollen.

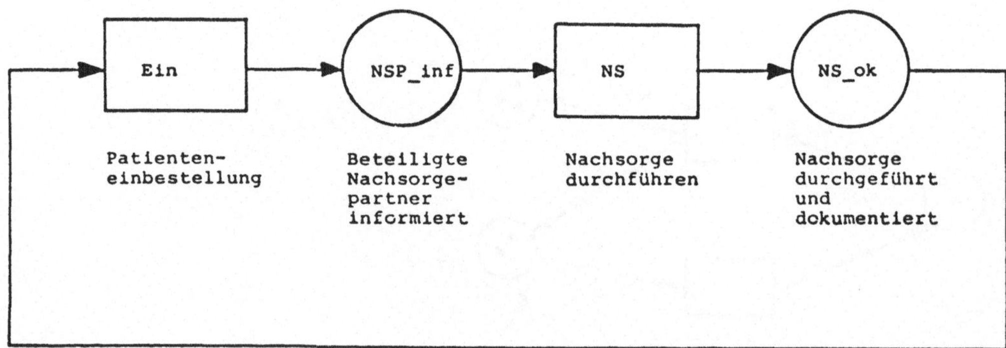

Abb. 5-1: Grobes Petri-Netz der Organisation einer Tumornachsorge

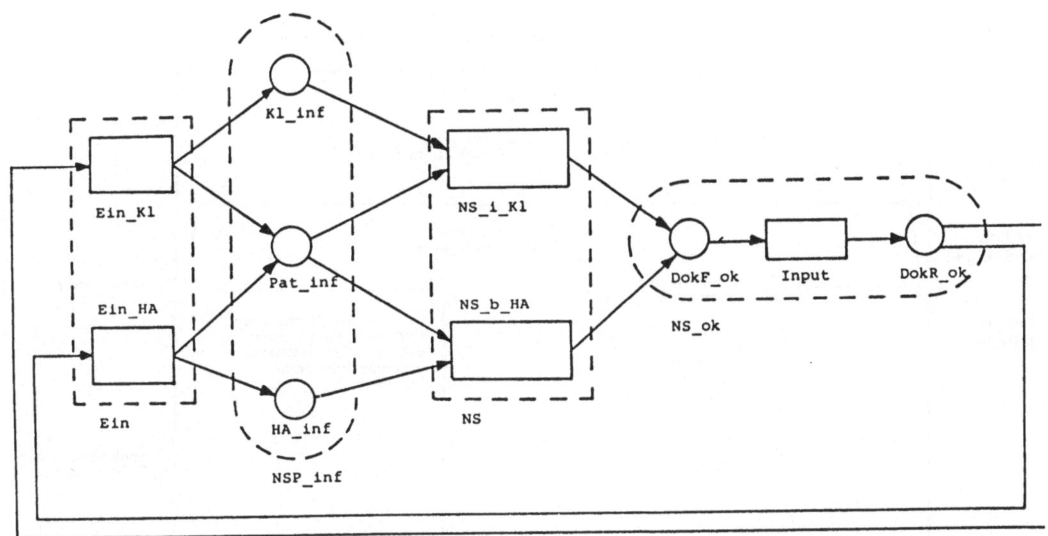

Abb. 5-2: Verfeinertes Petri-Netz von Abb. 5-1

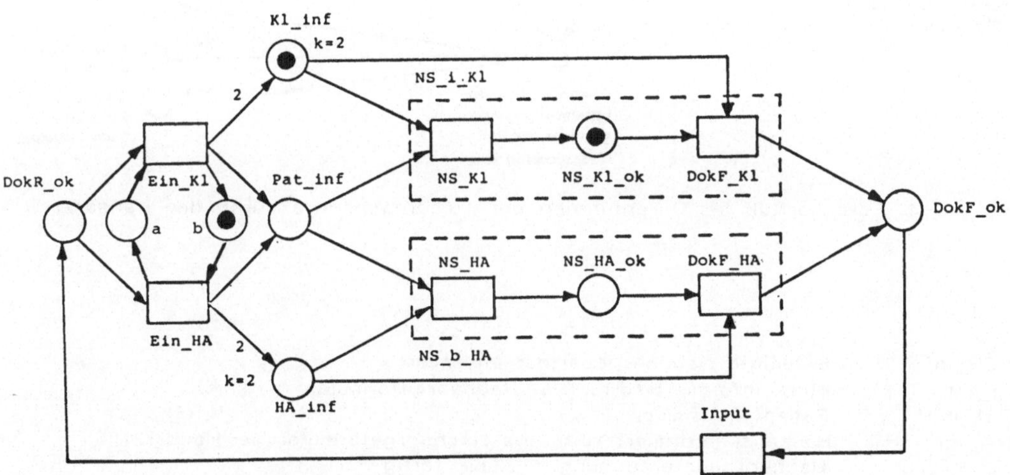

Abb. 5-3: Endgültiges Petri-Netz mit Markierungen

Das zweite Beispiel in Abbildung 5-4 zeigt den Formularfluß, wenn die Nachsorgeuntersuchung eines Patienten beim Hausarzt durchgeführt wird. Dabei sind deutlich die beiden Kreisläufe des Patientenpasses und der Nachsorgeformulare zu erkennen, die parallel ablaufen. Die Nachsorge des Patienten mit den Einträgen in den Patientenpaß kann stattfinden, ohne daß die Dokumentation auf den Nachsorgeformularen mit Speicherung in der nachsorgeführenden Klinik funktionieren muß.

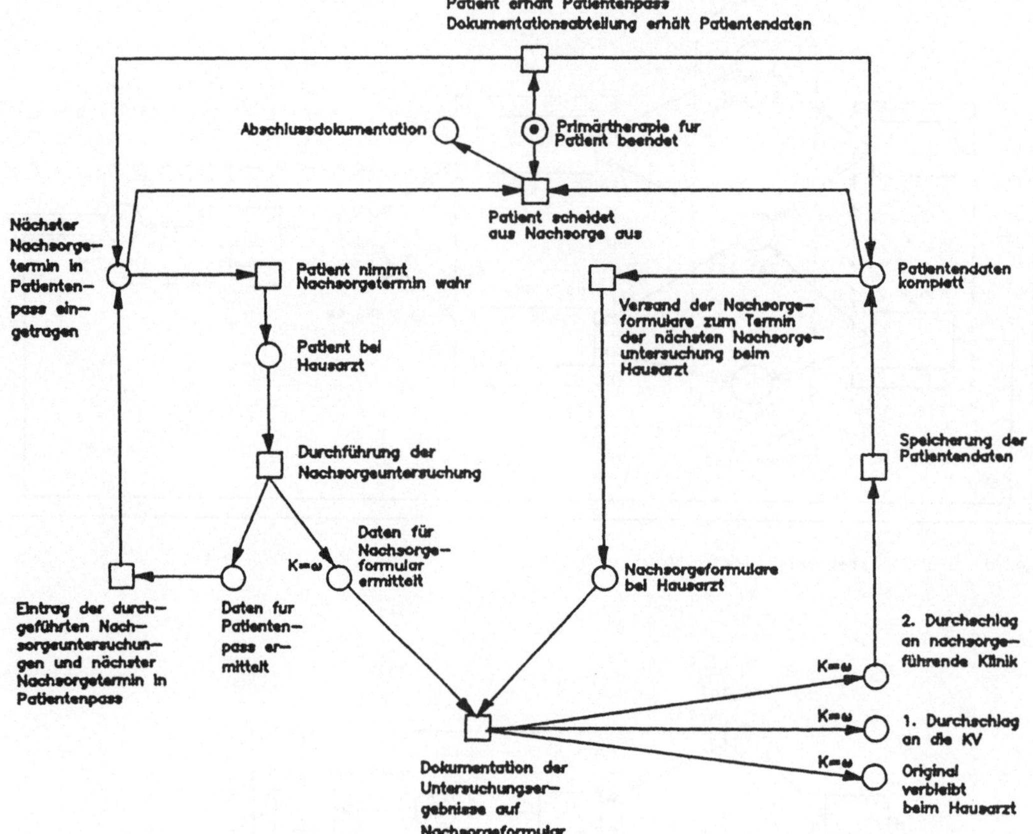

Abb. 5-4: Formularfluß bei Durchführung der Tumornachsorge durch den Hausarzt

Stellen:

NSP_inf	Beteiligte Nachsorgepartner informiert
Kl_inf	Klinik informiert (d.h. u.a. Nachsorgeformular in Klinik)
Pat_inf	Patient informiert
HA_inf	Hausarzt informiert (d.h. u.a Nachsorgeformular bei Hausarzt)
NS_Kl_ok	Nachsorgeuntersuchung in Klinik fertig
NS_HA_ok	Nachsorgeuntersuchung bei Hausarzt fertig
NS_ok	Nachsorge durchgeführt und dokumentiert
DokF_ok	Dokumentation auf Formular fertig
DokR_ok	Dokumentation in Rechner fertig
a,b	Kontrolle für alternierende Sequenz

Transitionen:

Ein	Patienteneinbestellung
Ein_Kl	Einbestellung in Klinik
Ein_HA	Einbestellung zum Hausarzt
NS	Nachsorge durchführen
NS_i_Kl	Nachsorge in Klinik
NS_Kl	Nachsorgeuntersuchung in Klinik durchführen
DokF_Kl	Dokumentation auf Formular in Klinik
NS_b_HA	Nachsorge bei Hausarzt
NS_HA	Nachsorgeuntersuchung bei Hausarzt durchführen
DokF_HA	Dokumentation auf Formular bei Hausarzt
Input	Eingabe der Formulareinträge in Rechner

Literatur

1. Anonym: Business Systems Planning. Handbuch zur Planung von Informationssystemen. (IBM Form GE-12-1400-1). Stuttgart: IBM Deutschland GmbH 1979.

2. Anonym: PDL-Entwurfshandbuch. Firmenschrift. Aachen: Gesellschaft für elektronische Informationsverarbeitung mbH 1979.

3. Balzert, H.: Methoden, Sprachen zur Definition, Dokumentation und Analyse von Anforderungen an Software-Produkte. Teil 1: Informatik-Spektrum 4 (1981) 145-163; Teil 2: Informatik-Spektrum 4 (1981) 246-260.

4. Balzert, H.: Die Entwicklung von Software-Systemen. Prinzipien, Methoden, Sprachen, Werkzeuge. (Reihe Informatik, Bd. 34). Mannheim: Bibliographisches Institut 1982.

5. Bauer, F.L., Woessner, H.: Algorithmische Sprache und Programmentwicklung. Berlin-Heidelberg-New York: Springer 1981.

6. Behr, J.-P., Isernhagen, R., Pernards, P. et al.: Modellbeschreibung mit Auswertungsnetzen. Angew. Inform. 17 (1975) 375-382.

7. Dänzer, W.F. (Hrsg.): Systems Engineering. 2. Aufl. Köln: Hanstein 1978.

8. Endres, A.: Methoden der Programm- und Systemkonstruktion. Ein Statusbericht. Informatik-Spektrum 3 (1980) 156-171.

9. Genrich, H.J., Stankiewicz-Wiechno, E.: A dictionary of some basic notions of net theory. In Brauer W. (Edit.): Net Theory and Applications, pp. 519-531. (Lecture Notes in Computer Science, Vol. 84). Berlin-Heidelberg-New York: Springer 1980.

10. Girault, C., Reisig, W. (Eds): Application and Theory of Petri Nets. (Informatik-Fachberichte, Bd. 52). Berlin-Heidelberg-New York: Springer 1982.

11. Godbersen, H.P.: Funktionsnetze. Eine Modellierungskonzeption zur Entwurfs- und Entscheidungsunterstützung. Birkach-Berlin-München: Ladewig 1983.

12. Hesse, W.: Methoden und Werkzeuge zur Software-Entwicklung - Ein Marsch durch die Technologie-Landschaft. Informatik-Spektrum 4 (1981) 229-245.

13. Hruschka, P.: Software Engineering Environment gestalten. Computerwoche vom 31.3.83, 8.4.83, 15.4.83, 22.4.83, 29.4.83.

14. Hruschka, P.: PROMOD - Motivation und Einführung. Firmenschrift. Aachen: Gesellschaft für elektronische Informationsverarbeitung mbH 1982.

15. Keutgen, H.: DARTS - ein Werkzeug zum Entwurf von Systemen. Firmenschrift. Aachen: Gesellschaft für elektronische Informationsverarbeitung mbH.

16. Lindgreen, P.: Graphical representation of information structures. In Petri, C.A. (Hrsg.): Ansätze zur Organisationstheorie rechnergestützter Informationssysteme, S.187-206. (GMD-Bericht, Nr. 111). München-Wien: Oldenbourg 1979.

17. Lindvall, R., Karlsson, H., Rosin, O. et al.: Computer supported interactive development of information flow systems. In O'Moore, R.R., Barber, B., Reichertz, P.L. et al. (Eds): Medical Informatics Europe 82, pp. 744-749. (Lecture Notes in Medical Informatics, Vol. 16). Berlin-Heidelberg-New York: Springer 1982.

18. Noltemeier, H.: Graphentheoretische Modelle und Methoden. In Mayr, H.C., Meyer, B.E. (Hrsg.): Formale Modelle für Informationssysteme, S. 170-180. (Informatik-Fachberichte, Bd. 21). Berlin-Heidelberg-New York: Springer 1979.

19. Peimann, C.-J.: Über den Einsatz von Petrinetzen zur Beschreibung und Analyse von Informationssystemen im Krankenhaus. In Berger, J., Höhne, K.H. (Hrsg.): Methoden der Statistik und Informatik in Epidemiologie und Diagnostik, S. 192-199. (Medizinische Informatik und Statistik, Bd. 40). Berlin-Heidelberg-New York: Springer 1983.

20. Perl, J.: Graphentheorie. Grundlagen und Anwendungen. Wiesbaden: Akademische Verlagsgesellschaft 1981.

21. Reisig, W.: Petrinetze. Eine Einführung. Berlin-Heidelberg-New York: Springer 1982.

22. Schneider, H.-J. (Hrsg.): Lexikon der Informatik und Datenverarbeitung. München-Wien: Oldenbourg 1983.

23. Shapiro, R.: Towards a design methodology for information systems. In Petri, C.A. (Hrsg.): Ansätze zur Organisationstheorie rechnergestützter Informationssysteme, S. 107-118. (GMD-Bericht, Nr. 111). München-Wien: Oldenbourg 1979.

24. Zander, E.: Die Kommunikations-System-Studie (KSS) als Werkzeug für Planung und Entwicklung von Informations-Systemen bei der ESSO A.G. Stuttgart: IBM Deutschland 1983.

Aus der Abteilung für Krankenhausdokumentation und Datenverarbeitung der Universität Heidelberg (Direktor: Prof. Dr. J.-R. Möhr)

Simulation der Auswirkungen von Computeranwendungen am Beispiel der Praxis-EDV

J.-R. Möhr

1. Einleitung

Modellbildung und Simulation haben sich in der Medizinischen Informatik zu einem bedeutenden Teilbereich entwickelt, bei dem eine heterogene Gruppe von Methodenfamilien für unterschiedlichste Problemkonstellationen eingesetzt wird. Sehr grob kann die Modellierung biologischer Vorgänge von der Modellierung von Komponenten des Gesundheitsversorgungssystems unterschieden werden. Während die Modellierung biologischer Prozesse im weitesten Sinn bisher schon recht umfangreich betrieben wird [vgl.z.B. 4,5,19], finden sich bei uns erst in letzter Zeit, allerdings deutlich zunehmend, Ansätze zur Modellierung ökonomischer und organisatorischer Strukturen und Prozesse [vgl.15]. In der Folge soll ein Ansatz, der dem letztgenannten Bereich zuzuordnen ist, beschrieben und die dabei gemachten Erfahrungen zusammengefaßt werden.

Die beschriebenen Arbeiten hatten alle das Ziel, Simulationsmodelle von Arztpraxen zu bilden, die es gestatten, Effekte der Einführung von Computern in diesen Praxen auf den Praxisablauf vorauszusagen und zu beurteilen.

2. Problemstellung

Bei der Einführung komplexer Informationssysteme bzw. allgemein bei der Einführung von automatisierten oder teilautomatisierten Prozeduren in konventionelle Arbeitsabläufe ist man häufig mit dem Problem konfrontiert, daß einzelne Prozeduren eliminiert oder vereinfacht, z.B. zeitlich verkürzt werden, während andere hinzukommen oder aufwendiger werden. Wie sich derart komplexe Veränderungen insgesamt auswirken, ist nur schwer erkennbar. Im Rahmen derartiger Fragestellungen kann die Beurteilungsmöglichkeit durch Modellbildung u.U. verbessert werden, wenn es gelingt, komplexe Zusammenhänge so nachzubilden, daß Fernwirkungen von unterschiedlichen Einzelmaßnahmen beurteilt werden können. Dieser Ansatz wurde in den im folgenden zusammengefaßten Arbeiten versucht.

3. Durchgeführte Untersuchungen

Über die durchgeführten Arbeiten gibt Tabelle 1 eine Übersicht:

Tab. 1: Übersicht über durchgeführte Praxissimulationsversuche

Autor	Thema
M.Lange [10]	Allgemeines Praxismodell (Allgemeinpraxis)
H.Eiermann [8]	Einfluß von Textverarbeit. der Verwaltung und Computerunterstützung in diagnostisch orientierter Praxis eines Internisten
F.Schattmeier [18]	Einfluß von Textverarbeitung und Computerunterstützung der Verwaltung in radiologischen Praxen
G.Delp, P.Gaudich [7]	Einfluß von Computereinsatz in Zahnarztpraxen

Die Arbeiten [10 und 8] konnten überwiegend die Daten aus vorhandenen Analysen [13,14,16,17] verwenden, während in den Arbeiten [7 und 18] die den Modellen zugrunde gelegten Daten zunächst erarbeitet werden mußten.

Die Modelle wurden in der Simulationssprache GPSS (General Purpose Simulation System) [1,2,9] erstellt. Dazu hat M.LANGE [10] eine sehr knappe Symbolik (Abb.1) entwickelt, die die Erstellung der Programme vereinfacht, indem sie es gestattet, komplexe Abläufe in einer der Übertragung in GPSS adäquaten, übersichtlichen Form darzustellen (Abb.2). Diese Darstellungstechnik hat die nachfolgenden Arbeiten sehr vereinfacht [7,8,18].

Die Modellbildung in GPSS setzt zunächst die Unterscheidung von Prozeßkomponenten voraus: Grundelement ist die Abarbeitung eines Stroms von diskreten Transaktionselementen (z.B. Patienten, Dokumenten, Untersuchungsgut, etc.) durch unterschiedliche Leistungsstellen, an denen infolge der Bearbeitung Verzögerungen auftreten. Vor den Leistungsstellen können Warteschlangen entstehen. Die Abarbeitung kann entsprechend unterschiedlichen Prioritäten erfolgen. Transaktionsströme können generiert werden oder als Kopie eines vorhandenen Transaktionsstroms entstehen, verzweigen, zusammengeführt werden oder das Modell verlassen. Sie belegen unterschiedliche Leistungselemente (z.B. Geräte, Mitarbeiter, Räume etc.) entsprechend der Wahrscheinlichkeit ihres Auftretens und für eine ihrer Zeitcharakteristik entsprechende Dauer.

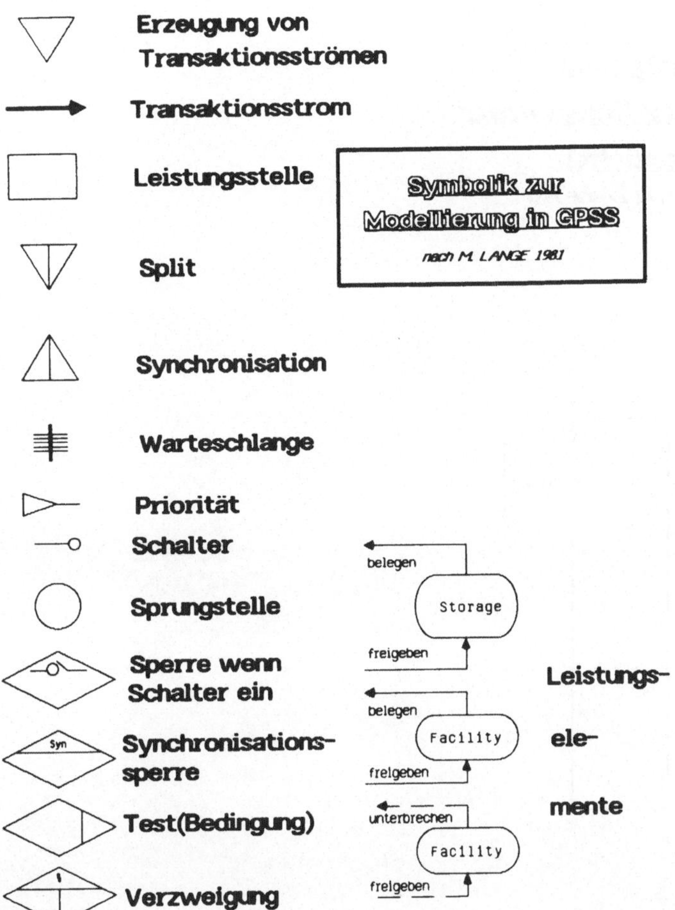

Abb. 1: Symbolik zur graphischen Darstellung der Modellierung in GPSS nach M. LANGE [10].

Die Abbildungen 2 bis 4 illustrieren das Prinzip der graphischen Darstellung der GPSS-Modelle. In Abb.2 ist eine Übersicht über eine allgemein-medizinisch orientierte (internistische Praxis) dargestellt. Abb.3 enthält einen etwas detaillierteren Ausschnitt aus einem Praxismodell, in dem mehrere Spezialsprechstunden durchgeführt wurden. Dem wird durch Generierung mehrerer Patientenströme entsprochen, die unterschiedliche Komponenten des Modells durchlaufen. In Abb.4 ist die Röntgenuntersuchung, eine von mehreren Behandlungsabläufen, an dem Modell von M. LANGE [10] dargestellt.

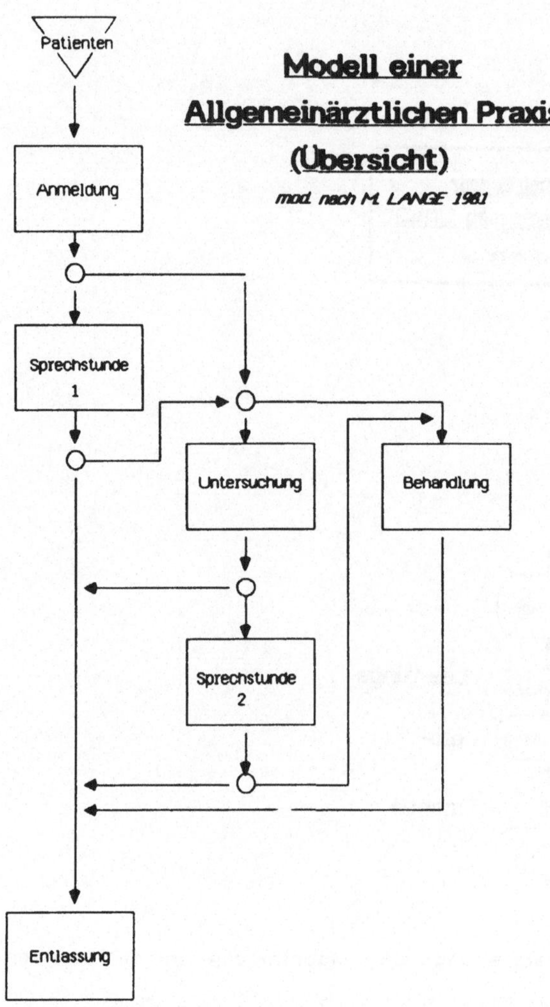

Abb. 2: Grobübersicht über das Modell einer Allgemeinärztlichen Praxis, modifiziert nach M. LANGE [10].

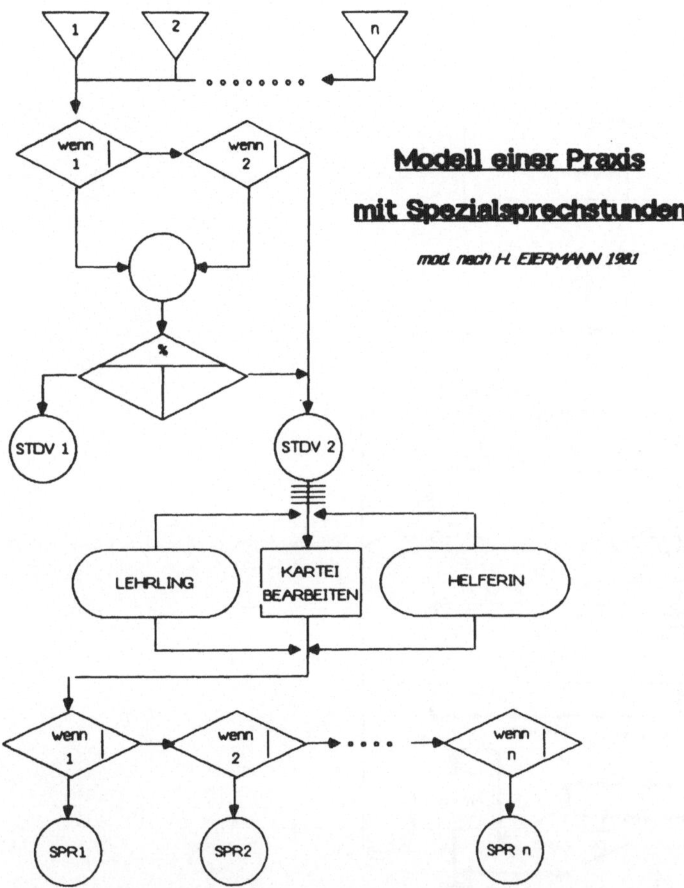

Abb. 3: Ausschnitt aus dem Modell einer Praxis mit Spezialsprechstunden, die durch Generierung unterschiedlicher Patientenströme (1...n) simuliert werden. Modifiziert nach H. EIERMANN [8].

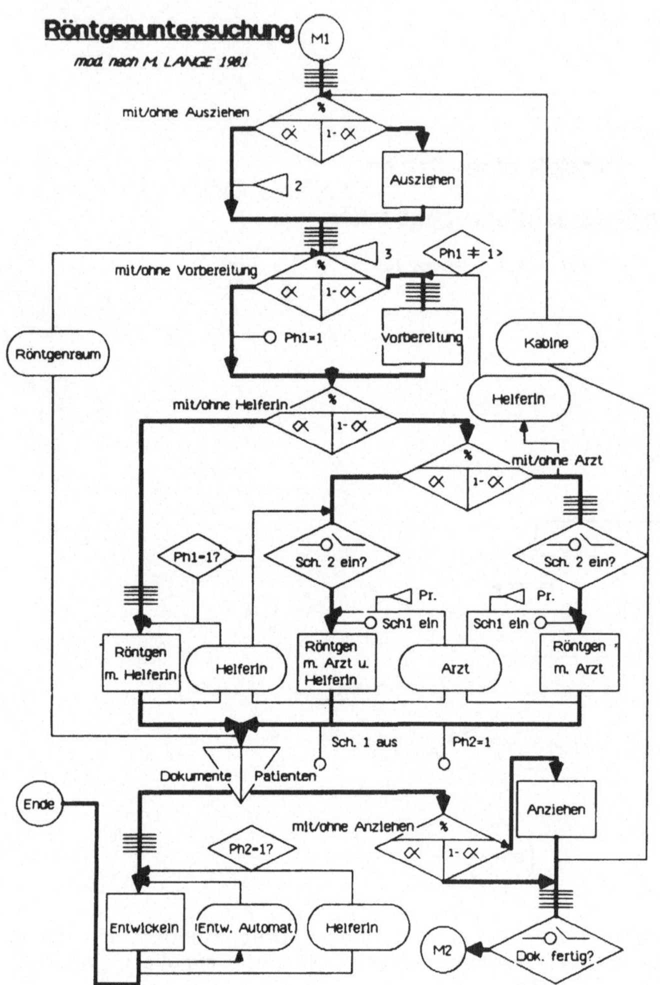

Abb. 4: Detailmodell der Röntgenuntersuchung, modifiziert nach M. LANGE [10].

Zur Beantwortung einer gegebenen Fragestellung müssen nun eine Reihe von Varianten des Grundmodells gebildet werden, die sich in ihrer Grundstruktur oder auch nur in den Eigenschaften einzelner ihrer Komponenten unterscheiden. Die Zahl der Modellvarianten steigt im allgemeinen schnell in beachtliche Dimensionen und muß nach Möglichkeit begrenzt werden, um die Untersuchung in ökonomisch vertretbarem Rahmen zu halten.

In den zitierten Versuchen [7,8,10,18] wurde jede Modellvariante in mindestens 10 Simulationsläufen durchgespielt und dabei die interessierenden Parameter gemessen bzw. gezählt. Bei unseren Untersuchungen war im allgemeinen die Auslastung des in den Praxen tätigen Personals besonders wichtig.

Die betreffenden Ergebnisse können in 'Auslastungsdiagrammen' zusammengefaßt werden (Abb.5). Dazu wird die Simulationszeit in kleine Zeitabschnitte zerlegt - in unseren Modellen im allgemeinen 6 Minuten - und für jede Leistungsstelle und jeden Zeitabschnitt festgehalten, für welchen Prozentsatz des Zeitabschnitts die Leistungsstelle belegt war.

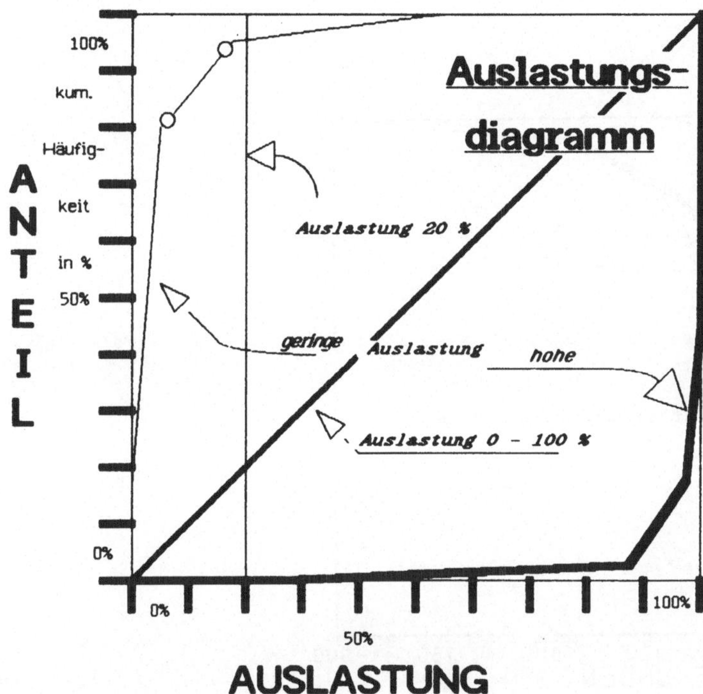

Abb. 5: Auslastungsdiagramm
Graphische Darstellung zur Visualisierung von Veränderungen der Auslastung von Leistungselementen. Zur Erläuterung siehe Text.

Die beobachteten Auslastungen werden zu Klassen mit einer bestimmten Klassenbreite - z.B. von 5% - zusammengefaßt, und die für diese beobachteten Häufigkeiten werden über alle Klassen kumuliert und zu Prozentangaben relativiert. Die graphische Darstellung der Ergebnisse gibt übersichtlichen Aufschluß über unterschiedliche Belastungssituationen bei unterschiedlichen Modellvarianten. Die Diagramme haben die Form von Quadraten. Wenn Ergebnisse die Form einer Senkrechten in einem solchen Diagramm haben, bedeutet dies das ausschließliche Vorkommen genau einer Auslastung (von z.B. 20% in Abb.5). Eine positive Diagonale würde bedeuten, daß alle Auslastungsklassen gleich wahrscheinlich sind. Im allgemeinen haben die Ergebnisse Kurvenform. Eine Kurve in der linken oberen Ecke des Diagramms würde das Überwiegen geringer Auslastung bedeuten, eine Kurve in der rechten unteren Ecke resultiert aus dem Überwiegen höherer Auslastungswerte. Insgesamt gestatten die Diagramme Aussagen darüber, welcher Auslastungsgrad mit welcher Häufigkeit vorkommt, bzw. wie sich die Auslastung bei Annahme unterschiedlicher Modellvarianten unterscheidet.

Der Typ der Aussagen, der sich auf diese Weise ergibt, sei an einem Beispiel aus der Arbeit von SCHATTMEIER [18] illustriert. Er untersuchte den Effekt von Computerunterstützung für administrative Funktionen und Berichterstellung

(Textverarbeitung) in dokumentationsintensiven Praxen. Die Grunddaten dazu wurden in zwei radiologischen und einer pulmonologischen Praxis erhoben. Dabei zeigte sich, daß der Prozeß der Berichterstellung in allen drei Praxen fundamental unterschiedlich organisiert war und dennoch praktisch identische Zeitcharakteristiken aufwies. Die Erstellung eines Berichts beanspruchte in allen drei Praxen größenordnungsmäßig 5 Minuten an Zeit von Arzt und Helferinnen (bei unterschiedlichen Anteilen der jeweils Beteiligten) (Abb.6).

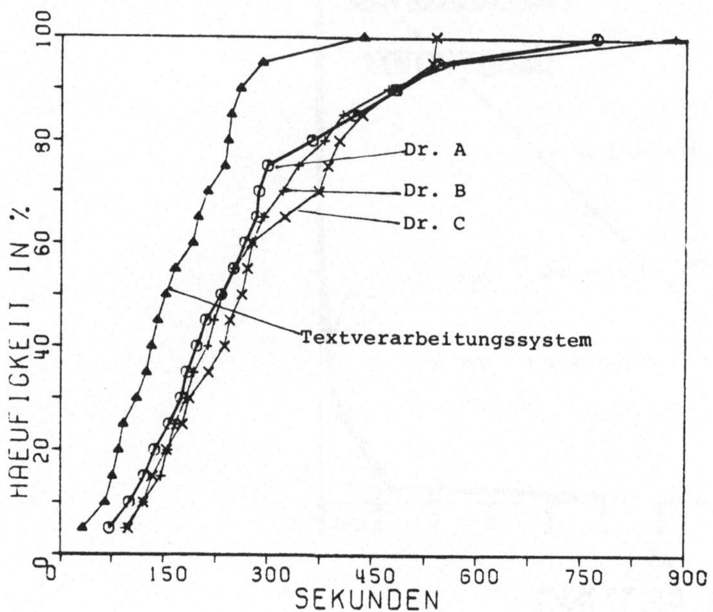

Abb. 6: Zeitaufwand für Erstellung eines Befundes
Zeitaufwand von Arzt und Helferin in Sekunden dargestellt als kumulierte relative Häufigkeit. In drei Praxen fand sich trotz stark unterschiedlicher Organisation des Berichtswesens gleichartige Zeitverteilungen. Textverarbeitung erfordert ca 40% weniger Zeitaufwand; modifiziert nach F. SCHATTMEIER [18].

Computergestützte Textverarbeitung - wobei ein ganz bestimmtes Textverarbeitungssystem vorausgesetzt wurde - gestattet es, den Gesamtaufwand auf etwa 3 Minuten, also um etwa 40% zu reduzieren. Allerdings hatte das untersuchte Computersystem auch Effekte auf die Praxisverwaltung - Patientenaufnahme und Entlassung, Zugriff zu Krankenakten etc. -. Für das so unterstützte Gesamtsystem konnte nun gezeigt werden, daß eine deutliche Verminderung der Belastung der Helferinnen resultiert, obwohl der absolute Effekt der Entlastung bei der Textverarbeitung nur bei 2 Minuten pro Bericht lag.

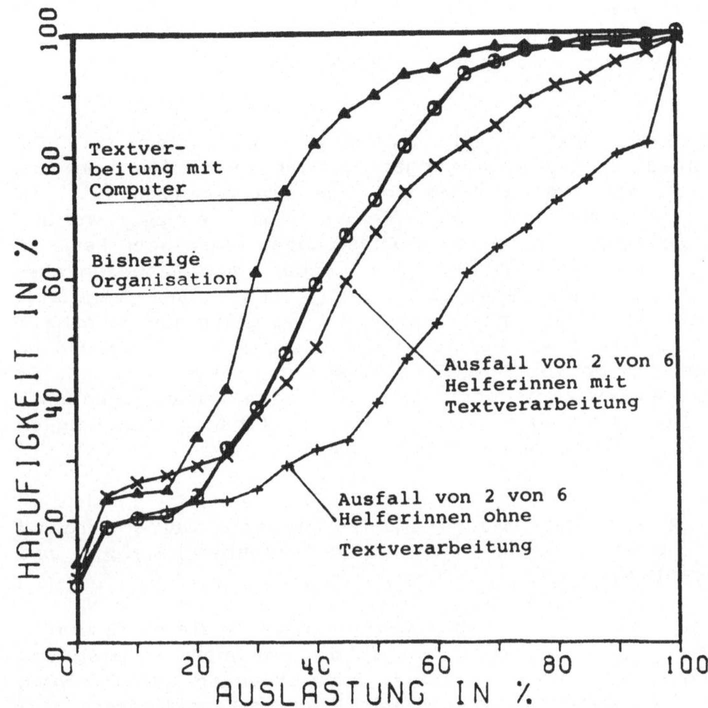

Abb. 7: Auslastung der Helferinnen
Einfluß des Übergangs zu computergestützter Textverarbeitung und des Ausfalls von 1/3 des Personals auf Auslastung der Helferinnen. Modifiziert nach F. SCHATTMEIER [18].

Die Effekte können folgendermaßen beschrieben werden (Abb.7): Im bisher praktizierten Verfahren lag die Auslastung der Helferinnen in 40% der Fälle zwischen 20% und 90%. Nach Einführung des Computersystems sank der Anteil dieser Auslastung auf etwa 30%, also um etwa 25%. Die Bedeutung dieser Feststellung wird deutlich, wenn man sieht, daß die Reduktion des Personals um 1/3 bei Verwendung des Computersystems kaum zu stärkerer Auslastung des Personals führt als im konventionellen System. Der Anteil der 60-100%igen Auslastung steigt gegenüber dem konventionellen System von ca 10% auf ca 20%. Hat die Praxis dagegen den Personalausfall zu verkraften, ohne durch das Computersystem unterstützt zu werden, so liegt der Anteil der 60-100%igen Auslastung bei über 50%. Insgesamt konnte SCHATTMEIER für eine Reihe von Modellvarianten zeigen, daß Computerunterstützung in der genannten Form zu einer Glättung des Praxisablaufs und zu einem Abfangen extremer Belastungen ausgenutzt werden kann. Dabei war insbesondere aufschlußreich, daß die aufgeführten Verbesserungen durch Textautomaten allein noch nicht erreicht werden können.

Für Allgemeinpraxen konnte M.LANGE [10] dagegen zeigen, daß eine Vermehrung des Berichtsvolumens in dieser Umgebung nur durch Personalvermehrung zu erreichen ist. Der Anspruch, in diesem Milieu durch Computereinsatz zu einer Verbesserung der externen Kommunikation beizutragen, dürfte danach schwer einzulösen sein.

4. Diskussion

Die Beurteilung der Bedeutung des skizzierten Ansatzes der Computersimulation für den Konstrukteur von Informationssystemen muß

- die Zuverlässigkeit der erreichbaren Aussagen (Validität),
- die Bedeutung der Ergebnisse (Effektivität)
- und den Aufwand, mit dem sie erzielt werden können (Effizienz),

berücksichtigen.

Die Validierung der komplexen Modelle stellt zweifellos ein Problem dar. Die Fehlerquellen sind zahlreich und ihre Auswirkungen schwer feststellbar. In den zitierten Untersuchungen konnte im allgemeinen die Übereinstimmung von Grundcharakteristiken des Modells mit dem realen System leicht verifiziert werden. Für abgeleitete Parameter, wie beispielsweise die Auslastungen, lagen aber keine im Realsystem gemachten Messungen vor. Infolgedessen haben die diesbezüglichen Aussagen einen Rest an hypothetischem Gehalt. Dieser wird noch dadurch verstärkt, daß ungeachtet der Komplexität der Grundmodelle viele vergröbernde Annahmen gemacht werden mußten und viele bekannte oder wahrscheinliche Charakteristiken des Grundsystems und seiner Komponenten nicht berücksichtigt werden konnten. So wurde etwa vorausgesetzt, daß die Arbeitsgeschwindigkeit in extremen Situationen identisch mit der unter Normalumständen ist, daß die Arbeitsgeschwindigkeit unterschiedlicher Personen gleicher Qualifikationsklasse gleich ist usw.

Dennoch scheint die Effektivität des Ansatzes insgesamt gut zu sein. Die Einsichten, die das Durchspielen der verschiedenen Modellvarianten erbringt, werden ergänzt durch Einsichten, die sich unmittelbar aus der Analyse ergeben, welche eine Voraussetzung der Modellkonstruktion ist.

Insgesamt sind wir überzeugt, daß Entscheidungen bezüglich der Systemkonfiguration und der Funktionsauswahl für eine bestimmte Umgebung erheblich sicherer und detaillierter getroffen werden können, wenn sie durch Untersuchungen der genannten Art untermauert werden, als in der durch Versuch und Irrtum gekennzeichneten Art und Weise, auf die man ohne diese Methoden angewiesen ist. Fehlschläge, wie sie viele Entwicklungen der frühen siebziger Jahre - etwa beim Versuch der Unterstützung des Berichtswesens in Praxen - gekennzeichnet haben, lassen sich durch Simulation voraussehen und vermeiden.

Die Effizienz des beschriebenen Ansatzes muß im Licht der verfügbaren Alternativen gesehen werden. Es sind zahlreiche Beispiele bekannt, wo EDV-Entwicklungen für den in unseren Untersuchungen bearbeiteten Anwendungsbereich nach Aufwendungen in der Größenordnung mehrerer Millionen DM aufgegeben wurden [z.B. 17]. Auch wenn nicht mit Sicherheit behauptet werden kann, daß diese Fehlschläge durch Anwendung von Simulationstechniken vermieden worden wären, weil einwandfreie Funktion eines Informationssystems allein nicht ausschlaggebend ist für seinen Erfolg [3,12], so möchte ich doch meinen, daß die Zahl und das Ausmaß der Mißerfolge hätte verringert werden können. Der Aufwand für die Erstellung der angeführten Modelle lag in der Größenordnung von 1-2 Mannjahren, einschließlich der vorausgehenden Analysen, wo diese nötig waren. Wie angedeutet, kann der Rechenaufwand für die Simulation durch zunehmende Detaillierung und Anzahl der berücksichtigten Modellvarianten leicht in unökonomische Dimensionen ausgedehnt werden. Meist genügt es aber, einige extreme Situationen abzuprüfen und durchzuspielen, um zu den interessierenden Aussagen zu kommen. Die Rechenkosten der bisher aufwendigsten Simulationsuntersuchung lagen in der Höhe von 15.000 DM. Das bedeutet insgesamt, daß die Erfahrung, die bisher überwiegend durch Versuch und Irrtum gesammelt wurde, durch die beschriebenen Techniken mit einem Bruchteil des Aufwandes, den eine fehlgeschlagene Entwicklung bedeutet, gemacht werden kann.

Abschließend sei im Rahmen dieser Tagung darauf verwiesen, daß die durchgeführten Untersuchungen auch einige interessante Beispiele für Möglichkeiten und Grenzen des Beitrages der Informationsverarbeitung zum Fortschritt der Medizin erbracht haben.

Literatur

1. Anonym: GPSSV Einführung für den Benutzer. International Business Machines Corporation. Document Nr.SH12-3046-0.

2. Anonym: GPSSV Users Manual. International Business Machines Corporation. Document Nr.SH20-0851-2.

3. Barret-Moore, M.: Marketing a new technology. A guide to making the venture successful. In Rienhoff, O., Abrams, M.E. (Eds): The Computer in the Doctor's Office, pp.191-196. Amsterdam: North-Holland 1980.

4. Bemmel, J.H. van, Ball, M.J., Wigertz, O. (Eds): Medinfo 83. Amsterdam: North-Holland 1983.

5. Cardus, D., Vallbona, C.: Computers and Mathematical Models in Medicine. Berlin-Heidelberg-New York: Springer 1981.

6. Daenzer, W.F.: Systems Engineering. Köln: Hanstein 1979.

7. Delp, G., Gaudich, P.: Analyse und Simulation zur Untersuchung des Einflusses von administrativer Computeranwendung in Zahnarztpraxen. Diplomarbeit, Heidelberg/Heilbronn 1983.

8. Eiermann, H.: Computermodell einer Arztpraxis zur Untersuchung des Einflusses von Textautomation. Studienarbeit, Heidelberg/Heilbronn 1981.

9. Gordon, G.: Systemsimulation. München: Oldenbourg 1972.

10. Lange, M.: Entwicklung eines Simulationsmodells zur Untersuchung der Ablauforganisation allgemein-medizinischer Arztpraxen. Diplomarbeit, Heidelberg/Heilbronn 1980.

11. Möhr, J.-R.: Designkriterien für ein Allgemeinärztliches DV System. Niedersächs. Ärztebl. 51 (1978) 20-25.

12. Möhr, J.-R.: The Computer in the Doctor's Office. Review of an IMIA Working Conference. Meth. Inform. Med. 20 (1981) 217-222.

13. Möhr, J.-R., Boese, J.: Textverarbeitung in der Praxis eines niedergelassenen Arztes. Interner Bericht. Universität Heidelberg/ Fachhochschule Heilbronn 1980.

14. Möhr, J.-R., Haehn, K.D.: Verdenstudie - Strukturanalyse Allgemeinmedizinischer Praxen. Köln: Dtsch. Ärzteverlag 1977.

15. Page, B.: Methoden der Modellbildung in der Gesundheitssystemforschung. Berlin-Heidelberg-New York: Springer 1983.

16. Reichertz, P.L., v. Gaertner-Holthoff, G., Möhr, J.-R., Schwarz, B.: Struktur und Funktion der allgemeinmedizinischen Praxis. Studie Niedersachsen, 1977. Köln: Dtsch. Ärzteverlag 1978.

17. Reichertz, P.L., Möhr, J.-R., Schwarz, B., Schlatter, A.: Praxiscomputer im Routinetest. Begleituntersuchung eines Feldversuchs. Köln: Dtsch. Ärzteverlag 1980.

18. Schattmeier, F.: Analyse und Simulation zur Funktionspezifikation für ein allgemeines Computersystem für die Arztpraxis. Diplomarbeit, Heidelberg/Heilbronn 1982.

19. Schneider, B., Ranft, U. (Hrsg.): Simulationsmethoden in der Medizin und Biologie. Berlin-Heidelberg-New York: Springer 1978.

Aus dem Zentralklinikum des Krankenhauszweckverbandes Augsburg

Das 'natürliche' Informationsdefizit zentraler Leistungsstellen – nur Schlagwort der Dezentralisten oder unüberbrückbarer Konstruktionsfehler?

M. Opfer, E. Wilde

1. Einleitung

Im Zentralklinikum Augsburg, einem neuerbauten Haus der maximalen Versorgungsstufe mit 1625 Betten, wird zur Unterstützung der Anforderung diagnostischer und therapeutischer Leistungen in den zentralisierten Leistungsstellen, ihrer Annahme und Planung sowie zur Erfassung der dort erhobenen Befunde bzw. durchgeführten Leistungen ein Netz von Terminalsystemen, bestehend aus Datensichtgerät mit Ausweisleser, Lesepistole und Terminaldrucker, eingesetzt. Dahinter steht ein fehlertolerierendes, transaktionsorientiertes 7-Prozessorsystem, an das zugleich Subsysteme verschiedener Funktionsbereiche (Zentrallabor, Nuklearmedizin, Intensivüberwachung) angekoppelt sind [1].

Leitidee dieser Konzeption war – wie schon früher z. B. im Krankenhaus Kulmbach [2] – die Unterstützung des Routinebetriebes eines Klinikums im primären, d. h. an medizinische Leistungen gebundenen Informationsgeschehen mit daraus abgeleiteter Bereitstellung von Einzelleistungsdaten für medizinisch-statistische und betriebswirtschaftliche Zwecke.

Mehr noch als im Krankenhaus mittlerer Größe galt dabei das besondere Augenmerk der Überwindung – oder doch zumindest der Verkürzung – nicht nur der räumlichen sondern vor allem der informatorischen Distanz von leistungsanfordernden und -erbringenden Stellen des Hauses.

2. Organisatorische Probleme zentraler Dienste

Das Augsburger Zentralklinikum weist in seiner baulichen Struktur eine Trennung des Untersuchungs- und Behandlungsbereiches (Geschoßebenen 1 – 5) vom Pflegebereich (Ebenen 6 – 13) auf. Diesen Bereichen sind 19 Abteilungsbüros zur Übernahme von Organisationsaufgaben der Pflege und 17 Steuerungspunkte als Pendant im Funktionsbereich vorangestellt. Diese Organisationsknotenpunkte, die entsprechend personell besetzt sind, fungieren als Schaltstellen für all' jene Aufgaben, die ein Überschreiten der stationsbezogenen Grenzen erforderlich machen; sie sind jeweils mit einem Terminalsystem sowie Förderanlagenanschluß ausgestattet.

Diese aus der Organisationsstuktur resultierende bauliche Struktur des Hauses weist auf eine weitgehende Zentralisierung aller Dienste hin, ein Funktionsprinzip, das insbesondere von ärztlicher Seite bisweilen als Konstruktionsfehler gewertet wird, und zwar nahezu gleichmäßig in allen Häusern dieser Struktur. Hierbei stehen – verständlicherweise – weniger Fragen der rationellen Gestaltung des patienten- und problemorientierten flexiblen 'ad hoc-Managements' der Ressourcen für Diagnostik und Therapie.

Dabei wird nicht selten übersehen, daß die hierbei zu Tage tretenden Probleme wohl zuerst aus der Spezialisierung der modernen Medizin mit der zwangsläufigen Folge des arbeitsteiligen ärztlichen Handelns resultieren und erst in zweiter Linie aus der Schwerfälligkeit der notwendigen Kommunikationsvorgänge im Hause. Jedoch kann letztere – zumal bei der beträchtlichen Differenzierung medizinischer Zuständigkeiten, wie sie im Großkrankenhaus anzutreffen ist – rasch zur Zielscheibe des gesamten organisatorischen Unmutes werden. Hieraus resultiert dann der Ruf nach Dezentralisierung der Ressourcen, wobei stets die Geräte gemeint sind und die Fachkompetenz mitunter unberücksichtigt bleibt.

Ein weiterer Problempunkt ärztlicher Aufgabenteilung besteht in der Vervollständigung und Erhaltung des patienten- und leistungsbezogenen Kontextes einer diagnostischen oder therapeutischen Aufgabenstellung. Hierbei ist nicht selten zu beobachten, daß dem anfordernden Arzt der leistungsbezogene Informationsbedarf des Funktionsarztes nur z. T. bekannt ist, bedingt durch die geringere Vertrautheit mit den Methoden der Leistungsstelle, ihren Voraussetzungen, Indikationen und Risiken.

Wird diese Tatsache vom jeweiligen Funktionsarzt beklagt, so kann es passieren, daß der Kliniker dieses dem 'natürlichen' (d.h. konzeptionsbedingten) Informationsdefizit zentraler Leistungsstellen zuschreibt.

Schließlich muß überall dort, wo nicht mit einer Probe gearbeitet werden kann, der Patient in aller Regel zur Leistungsstelle kommen oder gebracht werden, in den Arbeitsablauf eingeschleust und vom Funktionsarzt mit dem Verfahren vertraut gemacht werden. Wie bekannt, sind hierbei Wartezeiten unvermeidlich.

Bisweilen stellt sich z. B. erst hier heraus, daß der Patient noch nicht aufgeklärt und um Einwilligung gebeten aber bereits prämediziert wurde. Genau genommen kann die vorgesehene Untersuchung jetzt nicht vorgenommen werden, auch dann nicht, wenn der Patient mit einer für ihn belastenden Prozedur vorbereitet wurde.

3. EDV-gestützte Leistungsanforderung

Anhand eines Beispieles aus dem Leistungsspektrum des Hauses (z. Zt. ca. 760 anforderbare Leistungen) soll nachfolgend der EDV-gestützte Ablauf der Leistungsanforderung skizziert werden, wie er sich im täglichen Ablauf - ausgehend von einer Verordnung z. B. in der Visite - darstellt. Besonderer Wert wird dabei auf Art und Umfang der zu übermittelnden Informationen gelegt, um den Auftrag - im Bsp. eine Schädel-Angiographie - lege artis verzögerungsfrei durchführen zu können.

Die unmittelbare Aufzeichnung der Verordnung im EDV-Vorfeld erfolgt - klinikabhängig - entweder in der Fieberkurve oder auf einem gesonderten Verordnungsblatt als Bestandteil des Krankenaktes, in beiden Fällen in einer Tagesspalte. Ausgehend von dieser Verordnungsnotiz wird der Leistungsanforderungsdialog am Datensichtgerät des zugehörigen Abteilungsbüros unter Anwesenheit des Stationsarztes (in einigen Fällen von ihm selbst) und unter Verwendung des Betriebsausweises mit codierter Zugriffsberechtigung eröffnet. Nach Eingabe der Patientenaufnahme-Nummer mittels Lesepistole oder Tastatur werden die patientenbezogenen Daten dargestellt; diese können hier überprüft und bei Bedarf aktualisiert werden.

Zunächst wird die Vorgabe der Patiententransportart verlangt, die zur Steuerung des zentralen Krankentransportes ausgewertet wird. Bereits diese Angabe hat einen medizinischen Hintergrund und muß durch den Stationsarzt erfolgen.

Die nächste geforderte Eingabe definierte die gewünschte Untersuchung/Behandlung. Dazu steht dem Anforderer ein nach Fachdisziplinen geordneter Katalog anforderbarer Leistungen mit OCR-Kennung zur Verfügung. An diese Eingabe schließt sich der gewünschte Termin der Leistungsdurchführung an.

Abhängig von der definierten Leistungsart wird nach klinischen Zusatzinformationen und relevanten Voruntersuchungen gefragt, wobei diese Fragen jeweils genau auf die spezifizierte Leistung abgestimmt sind. Im Falle der Schädel-Angiographie gehören hierzu:

- Labor: Gerinnung, Harnstoff, Kreatinin?
- Femoralispulse tastbar? beidseitig/links/rechts?
- Doppler-Untersuchung?
- Hirnszintigramm?
- Ophthalmodynamographie?
- Ultraschall-Untersuchung?
- CT?

Ferner werden spezifizierende Angaben zur Untersuchung selbst erbeten, so

- Carotis/einseitig-beidseitig?
- Vertebralis-Angiographie?

In einer weiteren Teilmaske werden Freitextangaben zu bisherigen Diagnosen, Fragestellung und Hinweisen gefordert, um die genaue Zielstellung der Untersuchung für den Arzt in der Funktionsstelle deutlich werden zu lassen und ihm weitere Hinweise zu geben.

Schließlich wird nach dem Vorliegen der Einwilligung sowie etwaigen bekannten Risikofaktoren gefragt.

Die Frage nach früheren Röntgenuntersuchungen im Hause dient dem automatischen Abruf der Röntgenakte aus dem Archiv.

Entsprechend seiner Unterschrift auf dem konventionellen Anforderungsbeleg übernimmt der anfordernde Arzt die Verantwortung für diese Verordnung durch abschließendes Einlesen seines Dienstausweises am Terminal.

Die bei der Leistungsanforderung geforderten Angaben enthalten entsprechend den Vorgaben der Leistungsstellen obligatorische und fakultative Angaben. Kann eine obligatorische Angabe nicht gemacht werden (z. B. Bestätigung der Einwilligung), wird diese Anforderung zunächst zurückgestellt und ein sog. Unvollständigkeitsprotokoll am Terminaldrucker ausgegeben. Erst nach Vervollständigung dieser Angabe wird die Anforderung an die Leistungsstelle übermittelt.

4. Leistungsplanung und -durchführung

Sämtliche vollständigen Leistungsanforderungen werden zunächst in einer Datei gesammelt. Bis zu einem festgesetzten Redaktionsschluß können Änderungen und Stornierungen berücksichtigt werden. Danach erfolgt in der jeweiligen Leistungsstelle zunächst ein Ausdruck des Anforderungsbestandes zu Übersichts- und Planungszwecken. Hierbei wird bereits eine maschinelle, raumbezogene Terminierung unter Verwendung von leistungsspezifischen Anhaltszeiten durchgeführt, die dem verantwortlichen Oberarzt der Funktionsstelle als Planungshilfe zur Verfügung steht. Diese Liste muß sämtliche Anforderungsinformationen enthalten, um dem Oberarzt z. B. die Prüfung der Indikationsstellung zu ermöglichen. Nach Planung aller für den folgenden Tag angeforderten Leistungen einschließlich Umterminierungen (z. B. bei Geräte-Defekten, Personal-Ausfall) und ggf. Streichungen (Ablehnung) werden die Termine freigegeben.

Im unmittelbaren Anschluß an die Freigabe erfolgt einerseits im Steuerungspunkt der Leistungsstelle der raumbezogene Ausdruck der endgültigen Arbeitsunterlagen für den mit der Leistungsdurchführung beauftragten Arzt. Diese enthalten sämtliche vom Anforderer übermittelten Informationen, zuzüglich der geplanten Raum- und Zeitangaben. Parallel dazu werden in den Abteilungsbüros Annahme- und Terminbestätigungen ausgedruckt, sodaß mit der ggf. erforderlichen Vorbereitung der Patienten begonnen werden kann.

Ferner werden für Röntgenleistungen im Röntgenarchiv Anforderungen zur Anlieferung des Röntgenaktes - soweit vorhanden - ausgedruckt. Auch Scriborkarten und Hilfsmittel zur Leistungserfassung werden maschinell erstellt.

Notfall-Leistungen werden konventionell mittels Beleg angefordert; die Terminplanung hält im erfahrungsgemäß erforderlichen Umfang Lücken für deren bevorzugte Durchführung frei.

5. Leistungserfassung

Soweit möglich, erfolgt die Erfassung der erbrachten Leistungen durch Fortschreibung und Korrektur des Leistungsanforderungsbestandes im Steuerungspunkt.

Speziell im Bereich Röntgen ist in größerem Umfang eine zusätzliche Erfassung der Anzahl und Formate verwendeter Filme erforderlich; auch werden hier über die angeforderten Aufnahmen hinaus weitere Leistungen in nennenswertem Umfang erbracht, die nachträglich erfaßt werden müssen.

Zusammenfassung

Das gelegentlich kritisierte Großklinikum Augsburger Prägung bezieht seine Rechtfertigung in erster Linie aus der zunehmenden Spezialisierung der diagnostischen und therapeutischen Tätigkeiten und Methoden und deren umfassender Verfügbarkeit unter einem Dach. Mit dieser Spezialisierung ist parallel die Notwendigkeit der Beteiligung mehrerer medizinischer Spezialisten am Untersuchungs- und Behandlungsprozeß gewachsen. Zugleich damit rückt das Problem der Kommunikation in den Vordergrund. Diese kann in angemessener Weise nur dann funktionieren, wenn der zur jeweiligen medizinischen Aktion erforderliche objektive Informationsbedarf bekannt und definiert ist und zum Zeitpunkt des Informationsaustausches herangezogen werden kann.

Damit reicht der Einsatz des Instruments Datenverarbeitung in seiner Aufgabenstellung über die vielfach beschriebene Effektivitätssteigerung (z. B. [3]) hinaus. Der immanente Widerspruch zwischen universeller ärztlicher Zuständigkeit auf der einen Seite und qualifiziertem Spezialwissen auf der anderen kann durch problemgerechte Methoden der Kommunikationsunterstützung in der beispielhaft gezeigten Weise zumindest beträchtlich entschärft werden. Damit dient dieses System nicht nur der Überbrückung der räumlichen Trennung von Station und zentralen diagnostischen Leistungsstellen, sondern mehr noch der Überbrückung unterschiedlicher Standpunkte hinsichtlich des handlungsbezogenen Informationsbedarfs. Sofern dieser Brückenschlag in der Praxis gelingt, kann das Argument vom 'Konstruktionsfehler' nicht bestehen.

Literatur

1. Wilde, E.: Rechnergestütztes Krankenhauskommunikations- und -steuerungssystem: Verfügbarkeits- und Leistungsanforderungen. In Brauer, W. (Hrsg.): Architektur und Betrieb von Rechensystemen, S. 224-235. (Informatik Fachberichte, Bd. 78). Berlin-Heidelberg-New York-Tokyo: Springer 1984.

2. Wilde, E.: Modellentwicklung eines Krankenhaussteuerungssystems. Anästhesiol. Inform. 16 (1975) 297-301.

3. Bakker, A.R.: Information System of Leyden University Hospital. In Egmont, J. van (Edit.): Information Systems for Patient Care, pp. 221-249. Amsterdam: North-Holland 1976.

Aus dem Institut für Mathematik und Datenverarbeitung in der Medizin (Direktor: Prof. Dr. J. Berger) Universitäts-Krankenhaus Eppendorf, Hamburg

Entwurf eines onkologisch-klinischen Informationssystems

C.-J. Peimann, F. Böcker

Zusammenfassung

Aufbauend auf der 'Basisdokumentation für Tumorkranke' [9], die von der Arbeitsgemeinschaft Deutscher Tumorzentren (ADT) zusammengestellt wurde, wird am Universitäts-Krankenhaus Eppendorf ein klinisches Krebsregister entwickelt, das anfangs in der medizinischen Onkologie eingesetzt und später auf die Bereiche Chirurgie und Strahlentherapie ausgedehnt werden soll. Im Zuge der Integration weiterer onkologischer Bereiche soll das klinische Krebsregister zu einem Informationssystem ausgebaut werden.

Den Kern des Informationssystems bildet das relationale Datenbanksystem ORACLE. Die Anwendungen wurden bzw. werden, soweit nötig, in enger Zusammenarbeit mit den beteiligten Ärzten entwickelt. Die Schwerpunkte beim Entwurf liegen auf einer ausführlichen Darstellung der strukturellen und dynamischen Einbettung in die Organisation des Routinebetriebs auf den Stationen und in den Ambulanzen. Zur Darstellung von Funktionsweise und Funktionsfähigkeit des Informationssystems werden netztheoretische Beschreibungsverfahren benutzt. Die logischen Strukturen werden mit Hilfe des Entity-Relationship-Modells beschrieben. Das konzeptuelle Schema wird aus einem für das gesamte Universitäts-Krankenhaus gültigen Datenbankkonzept abgeleitet. Die Erstellung der Anwendungen wird vom Datenbanksystem durch Dialoggeneratoren unterstützt. Ein Prototyp des onkologisch-klinischen Informationssystems ist fertiggestellt und befindet sich derzeit in Erprobung.

1. Einleitung

Entwicklungsziel ist die Realisierung eines klinischen Krebsregisters, das, ausgehend von der Abteilung für Onkologie und Hämatologie, durch Integration von weiteren Abteilungen der onkologischen Krankenversorgung zu einem onkologisch-klinischen Informationssystem ausgebaut werden soll.

Onkologie ist ein weitgehend interdisziplinäres Arbeitsgebiet. Deshalb ist es wichtig, möglichst alle mit der Tumorbehandlung befaßten Abteilungen in das System einzubeziehen. In einem ersten Schritt ist die Anbindung der Bereiche Chirurgie und Strahlentherapie vorgesehen. Zu einem späteren Zeitpunkt soll darüber hinaus noch das Pathologische Institut in das Informationssystem integriert werden. Weiterhin besteht bei der Zahn-, Mund- und Kieferklinik großes Interesse an einem Anschluß an das System.

Die in dem hier beschriebenen Informationssystem benutzten Basisdaten gehen von dem Umfang der 'Basisdokumentation für Tumorkranke' aus, die von der 'Arbeitsgemeinschaft Deutscher Tumorzentren' (ADT) festgelegt wurde. Als standardisierte Grunddatendokumentation stellt sie ein fach- und klinik-unabhängiges Minimalprogramm dar [9]. Sie besteht aus drei Sorten von Erhebungsdaten, den Ersterhebungs-, den Folgeerhebungs- und den Abschlußerhebungsdaten. Während Ersterhebungs- und Abschlußerhebungsdaten nur einmal für jeden Patienten erfaßt werden, entstehen Folgeerhebungsdaten bei jedem Nachsorgetermin.

Da der Umfang der in dieser Basisdokumentation festgelegten Daten für das geplante Informationssystem als nicht ausreichend für die angenommenen Fragestellungen angesehen wurde, haben die in der ersten Entwicklungsstufe beteiligten Kliniken (Medizinische Klinik, Chirurgische Klinik und Strahlentherapie) die Erfassungsbögen um Daten ergänzt, die für Fragestellungen aus ihren Fachgebieten relevant sind. Im Zuge des weiteren Ausbaus werden noch mehr Felder aufzunehmen sein, so daß die Erweiterungsfähigkeit der Basisdaten ein wichtiges Design-Kriterium ist.

Entsprechend dem für das Universitäts-Krankenhaus Eppendorf entwickelten DV-Konzept ist das Informationssystem als Funktionsrechner zu realisieren, der mit der Datenbank des Zentralsystems kommunizieren kann. Als Datenbanksystem wurde ein relationales DBMS gewählt, da es an die vorhandene Struktur leichter anzupassen und für klinische Fragestellungen besser geeignet ist.

2. Entwurfsprobleme

Die Realisierung von Informationssystemen erfordert einen hohen Entwicklungsaufwand. Trotz dieses hohen Aufwandes sind spätere Änderungen an den Basisdaten die Regel. Die Umstrukturierung bringt dann immer viele zusätzliche Konsistenz- und Integritätsprobleme mit sich. Es kommt hinzu, daß in den Entwurfsphasen strukturelle und organisatorische Auswirkungen der Anwendungen nicht abzuschätzen sind. Auch leidet häufig die Akzeptanz des Systems in der Routine unter hohem Bedienaufwand. Beides ist darauf zurückzuführen, daß während des Entwurfs dynamische Eigenschaften des Systems nicht untersucht worden sind.

Aufgrund dieser Erfahrungen ergeben sich als Forderungen an die Entwurfsmethodik, daß

1. der Zeitaufwand zur Bedienung des Systems abgeschätzt werden kann;
2. die Möglichkeit besteht, schon im Konzept Erweiterungen und Umstrukturierungen der Basisdaten einzuplanen;
3. die Formulierung von Konsistenz- und Integritätsbedingungen vom Datenbanksystem unterstützt wird;
4. dynamische Eigenschaften des Systems dargestellt und am Modell untersucht werden können.

Diese Forderungen können weitgehend erfüllt werden, wenn

- es möglich ist, schnell und einfach einen Prototyp zu entwickeln, an dem wesentliche Eigenschaften des Systems, z.B. das Zeitverhalten, erprobt werden können;

- Modelle zur Darstellung und Untersuchung des Systems benutzt werden, die die o.g. Nachteile vermeiden.

3. Charakterisierung eines Informationssystems

In Analogie zur Definition von Programmen nach N. WIRTH [10]: 'Programme = Datenstrukturen + Algorithmen' definieren wir ein Informationssystem als

'Informationssysteme = Daten + Operationen'.

Aus dieser Unterscheidung ergibt sich, daß man zur vollständigen Beschreibung eines Informationssystems zwei Modelle benötigt:

1. ein Modell, das die Struktur der Daten und damit das System aus der Sicht des Datenbanksystems beschreibt (das Datenstruktur-Modell) sowie

2. ein Modell, das die Funktionsweise darstellt und damit die Anwendungsprogramme in den Vordergrund stellt, d.h. organisatorische Aspekte berücksichtigt (das Transaktions-Modell).

Die Gesamtheit der in einem Informationssystem gespeicherten Daten werden als Basisdaten bezeichnet. Zu diesen Basisdaten gehört ein Typkonzept, das vergleichbar ist mit der Variablendeklaration in Programmiersprachen. Für jede Variable wird ein Wertebereich definiert. Die logischen Beziehungen der Daten untereinander und zur Umwelt sowie die auf den Basisdaten erlaubten Operationen können mit einem Modell dargestellt werden. Eine mögliche Darstellung liefert das 'Entity-Relationship-Modell' [1, 7, 8]. Mit dieser Darstellungsmethode kann ein Datenstruktur-Modell (konzeptuelles Schema) erzeugt werden.

In der Planungsphase eines kliniknahen Informationssystems ist besonderer Wert darauf zu legen, die o.g. Aufgaben mit Hilfe systemanalytischer Verfahren darzustellen und das so gewonnene Modell auf seine Äquivalenz zur Realität zu prüfen. Dabei ist es besonders wichtig, Aussagen darüber zu machen, inwieweit die Funktionsweise des Modells mit der Realität übereinstimmt und ob das Modell als Ganzes und in Teilen funktionsfähig ist. Die Problematik klassischer systemanalytischer Verfahren liegt darin, daß sie die Dynamik und Komplexität medizinischer Einsatzgebiete nur sehr beschränkt wiedergeben können. Darüber hinaus ist mit diesen Verfahren nur schwer darzustellen, wo und mit welchen dynamischen Konsequenzen Informationen von außen steuernd in das System eingreifen. In der Systemtheorie wird gezeigt, daß Informations-verarbeitende und Informations-darstellende/-speichernde Elemente vollständig beschrieben werden können [2]. Auf dieser Zerlegung fußt die Darstellung von Informationssystemen durch Petrinetze [3, 6, 7].

4. Die Modelle des onkologisch-klinischen Informationssystems

4.1 Das konzeptuelle Schema

Um ein konzeptuelles Schema mit Hilfe des Entity-Relationship-Modells zu gewinnen, wird für jede Variable ein Typ und ein Wertebereich festgelegt. Derart spezifizierte Elemente heißen Attribute. Sie können nach logischen, formalen oder natürlichen Gesichtspunkten zusammengefaßt werden und bilden eine semantische Einheit, die als Entity bezeichnet wird. Die Attribute beschreiben und/oder identifizieren die Entities. Z.B. ist die Entity 'Patient' durch die Attribute 'Patienten-Identifikation', 'Name', 'Vorname', 'Geburtsdatum' usw. beschrieben. Zu jeder Entity gehört ein Schlüssel, der diese eindeutig identifiziert. Die Beziehungen zwischen den Entities werden durch Relationships dargestellt. Z.B. gehört zu einem bestimmten Patienten mindestens eine bestimmte Diagnose. Um diesen Zusammenhang darzustellen, wird in der Relationship 'Patient - Diagnosen' der Schlüssel des Patienten und der Schlüssel der ihm gestellten Diagnose eingetragen (Siehe Abb. 1).

ENTITY 'PATIENT'	RELATIONSHIP 'PAT-DIAG'	ENTITY 'DIAGNOSEN'
PAT-ID	PAT-ID - DIAG-ID	DIAG-ID
1234	1234 - 9876	9876
2345	1234 - 9999	8765
2468	2345 - 8765	9999
7654	2468 - 9876	7531
3579	7654 - 7531	

Abb. 1.: Verknüpfung zweier Entities durch eine Relationship

In Abb. 2 ist das Entity-Relationship-Modell des Tumor-Informationssystems wiedergegeben.

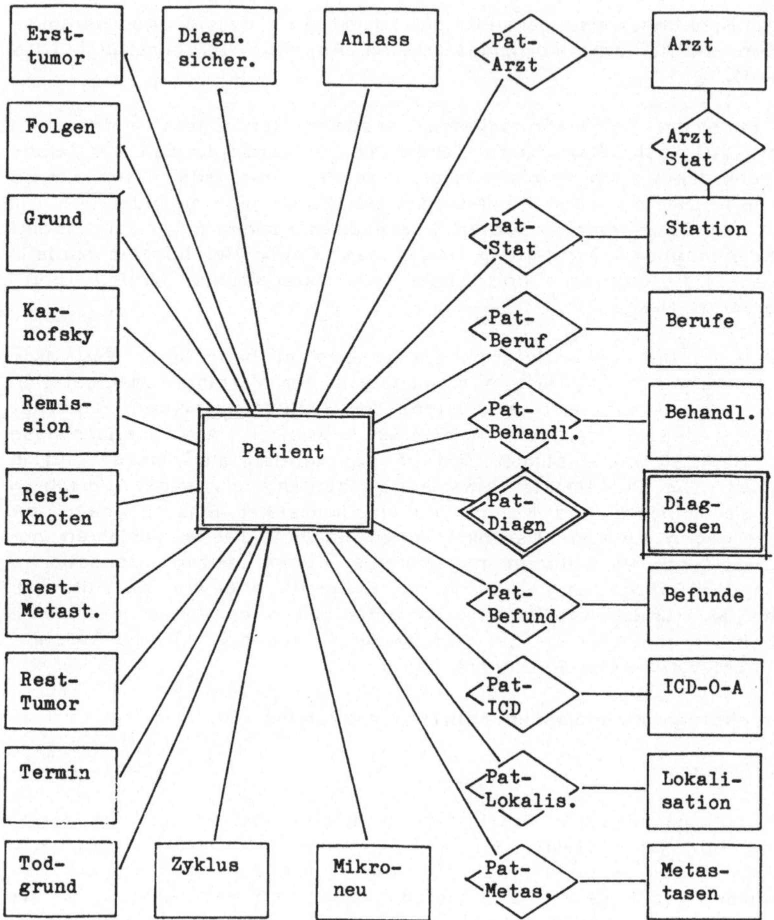

Abb. 2: Das konzeptionelle Schema
(Das Beispiel aus Abb. 1 ist hervorgehoben)

Die Entities sind durch Rechtecke dargestellt, die Relationships durch Rhomben. Die Relationships enthalten die Primärschlüssel der relativierten Entities als Fremdschlüssel. Alle Entities und Relationships enthalten als Attribut einen Zeitstempel als externes Sortierkriterium, z.B. für Verlaufsdokumentation. Soll in einer Relationship ein bestimmter Zeitraum erfaßt werden (z.B. in der Relationship 'Station-Patient' die Aufenthaltsdauer auf der Station), sind in der Relationship auch der Beginn und das Ende als Attribut enthalten. Die Entity 'Patient' besteht aus den Feldern Patientenidentifikation, Geburtsdatum, Geschlecht und Wohnort (als Kreisschlüssel) der Basisdokumentation und enthält noch weitere Attribute, wie z.B. Name, Vorname und Wohnort im Klartext.

In der Entity 'Diagnosen' sind alle die Diagnosen zusammengefaßt, die nicht über große Schlüsseltabellen, wie z.B. die ICD-O-DA, verschlüsselt werden. Die Abkopplung der großen Schlüssel von der Entity 'Diagnosen' ist ausschließlich aus Design-Gesichtspunkten erfolgt. Viele der Entities auf der linken Seite der Abb. 2 enthalten nur wenige Attribute. Das macht zwar die Struktur komplizierter, erleichtert aber Erweiterungen und ist deshalb in Hinblick auf den vorgesehenen Ausbau des

Systems gerechtfertigt. So können z.B. durch die Abtrennung der Entity 'Behandlungen' zu einem späteren Zeitpunkt mit geringem Aufwand Therapieschemata in die Struktur eingebaut werden. Die Sicht der Daten ist in den Anwendungen, wie z.B. Ersterhebung, Folgeerhebung, unterschiedlich. Dem wird durch sog. Subschemata - 'Views' - Rechnung getragen, in denen 'Pseudo-Entities' definiert werden, die der Sicht der Daten in einer bestimmten Anwendung entsprechen.

4.2 Das Funktionsmodell

Während das in 4.1 beschriebene Datenmodell zeigt, wie die Daten logisch miteinander verknüpft sind, beschreibt das Funktionsmodell, wie die Anwendungsprogramme in den klinischen Routinebetrieb eingebettet sind, wie das Datenmodell mit seiner Umgebung kommuniziert und welche organisatorischen Wirkungen von dem Informationssystem ausgehen.

Im ersten Realisierungsschritt sind die Abteilungen für Hämatologie und Onkologie, die in eine Station und eine Ambulanz unterteilt ist, die Chirurgie, soweit sie onkologische Patienten behandelt, und schließlich die Abteilung für Strahlentherapie Anwender des Systems. Diese Arbeitseinheiten können in einer groben Abstraktionsebene als Instanzen im Sinne der Petrinetz-Interpretation angesehen werden (siehe Abb. 3). Sie tauschen Informationen untereinander aus und erheben die Daten, die im Datenbanksystem gespeichert werden.

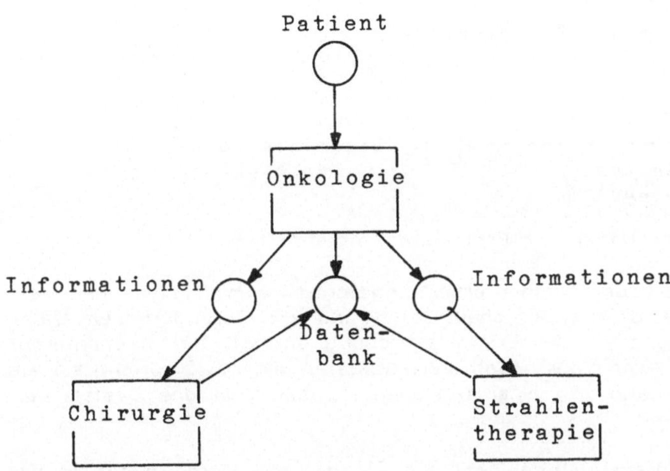

Abb. 3: Petrinetz-Modell der beteiligten Kliniken

Primäre Datenquelle ist der Patient. Durch Befragen, Messen und Beurteilen werden vom behandelnden Arzt Daten unmittelbar vom Patienten gewonnen. Viele Daten sind aber nicht direkt vom Patienten zu erhalten. Dazu bedarf es eines Informationsvermittlers. Diese Rolle haben die Laboratorien und andere Untersuchungseinheiten, die Proben (z.B. Blut- oder Gewebeproben) des Patienten untersuchen und Befunde erstellen. Der Arzt interpretiert diese, indem er die aktuellen Befunde beurteilt und sie in bezug auf bereits vorhandene Informationen, die in der Krankenakte abgelegt sind, relativiert. Auf diese Art und Weise werden neue Informationen gewonnen, die dann wieder in der Datenbank abgelegt werden.

Aufgrund der ärztlichen Entscheidung wird für einen Patienten eine bestimmte Therapie festgelegt, die durch weitere Befunde kontrolliert wird und die in einem erneuten Entscheidungsprozeß zu einer Modifikation der Therapie führen kann. In diesem Kreislauf spielen die Informationen, die über den Patienten gespeichert sind, die entscheidende Rolle. Die Basisdaten auf die in der Kommunikation zugegriffen wird, sind für die Anwendungen auf der Station und in der Ambulanz identisch. Unterschiede bestehen nur in der organisatorischen Einbettung in die klinische Routine, die sich in Modifikationen der Anwenderprogramme dokumentiert. Die nächsten beiden Abbildungen zeigen, wie die Anwendungsprogramme in die Organisation auf der onkologischen Ambulanz bzw. Station eingefügt werden (siehe Abb. 4 und 5).

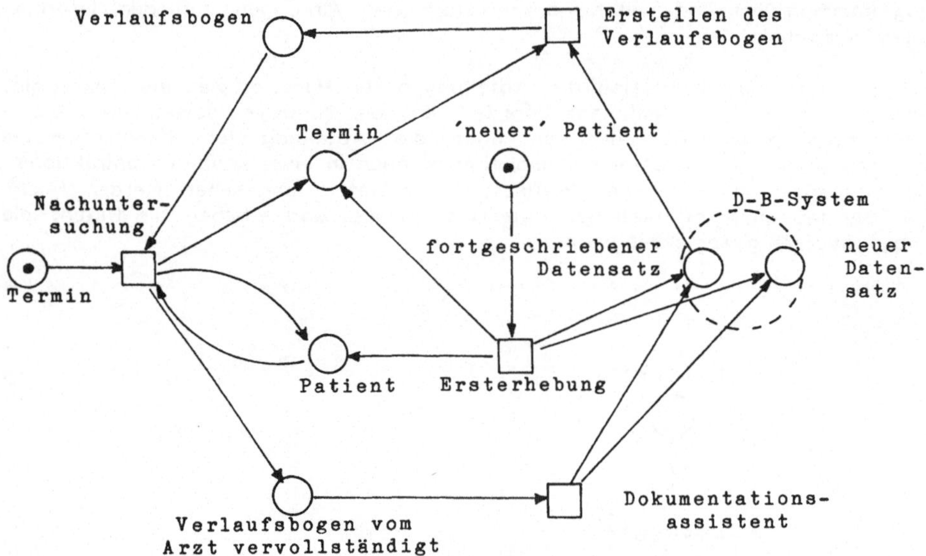

Abb. 4: Netz-Modell der Operationen zur Erst- und Folgeerhebung

Nach der Ersterfassung wird zum Nachuntersuchungstermin vom System ein Verlaufsbogen erstellt, der alle unveränderlichen Daten und die veränderlichen Daten der letzten Nachuntersuchung bzw. der Erstuntersuchung enthält. Der nachuntersuchende Arzt trägt in diesen Bogen die neuen Verlaufsdaten ein bzw. spricht sie auf ein Band. Die Daten werden dann von einer Dokumentationskraft in das System eingegeben.

Bei dieser Version gibt der behandelnde Arzt die veränderten Daten direkt in das System ein. Im Gegensatz zu Abb. 4 ist in Abb. 5 die Ersterfassung nicht dargestellt.

Es muß darauf hingewiesen werden, daß diese Netzdarstellungen nur einen kleinen Ausschnitt aus dem Gesamtsystem zeigen und auch diese Ausschnitte für eine Realisierung weiter detailliert werden müssen.

5. Stand der Realisierung

Auf der Grundlage des vorgestellten Konzeptes wurde mit Hilfe des Dialoggenerators IAG des Datenbanksystems ORACLE ein Prototyp entwickelt, an dem z.Z. erprobt wird, welche zeitlichen Mehrbelastungen sich aus den Erfassungsdialogen ergeben. Für die Akzeptanz des Systems in der klinischen Routine spielt der Zeitaufwand, den die Eingabe erfordert, eine entscheidende Rolle.

Die in die Dialoggeneratoren eingebaute Schnittstelle zu der Datenbanksprache SQL erlaubt im Erfassungsdialog viele Integritäts- und Konsistenzprüfungen wie die Einhaltung von Wertebereichen oder die Prüfung eines Feldes in Abhängigkeit vom Wert eines anderen Feldes. So darf z.B. in der TNM-Klassifikation die Variable M nur dann den Wert 0 erhalten, wenn zuvor keine Fernmetastasen spezifiziert worden sind. Mit diesen Möglichkeiten gelingt es, viele Eingabefehler abzufangen und durch Erzwingen von Antworten eine größtmögliche Vollständigkeit der Daten zu erreichen. Erst eine große Vollständigkeit und ein hoher Füllungsgrad der Datenbank machen wissenschaftliche Auswertungen sinnvoll.

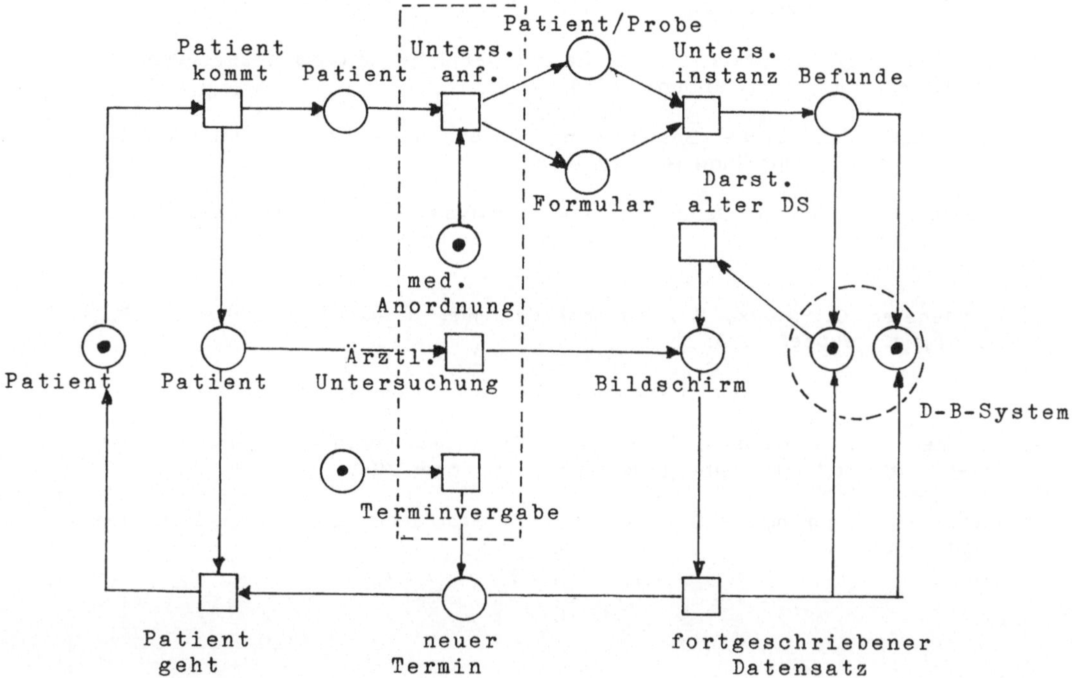

Abb. 5: Netzmodell der Operationen
- Verfeinerung von Abb. 4 -

6. Schlußfolgerungen

Mit Hilfe des Prototyps konnte der Zeitaufwand ermittelt werden, der für die Datenerfassung notwendig ist. Veränderungen in der organisatorischen Einbettung der Dialogprogramme mit dem Ziel einer Verbesserung des Zeitverhaltens wurden vor der Realisierung an Petri-Netz-Modellen durchgespielt. Damit wird eine möglichst geringe Beeinträchtigung des Routinebetriebs bei Einführung des Systems auf der Station bzw. Ambulanz erreicht.

Das Datenstruktur-Modell, das mit Hilfe des 'Entity-Relationship-Modells' gewonnen wurde, erlaubte es, schon in der Entwurfsphase spätere Erweiterungen und Umstrukturierungen der Basisdaten einzuplanen. Veränderungen an den Basisdaten werden auch durch das relationale Datenbanksystem ORACLE unterstützt.

Insgesamt konnte durch die vorgestellten Entwurfskonzepte der Zeitaufwand für die Entwicklung reduziert und eine qualitative Verbesserung bezüglich der Anfrage-Möglichkeiten, des Zeitverhaltens der Dialoganwendungen und der organisatorischen Einbindung in die klinische Routine erreicht werden.

Literatur

1. Chen, P.P.: The Entity-Relationship-Model: Towards a Unified View of Data. ACM Trans. Database Syst. 1 (1976) 9-37.

2. Genrich, H.: Instanzen und Kanäle. Interner Bericht. Bonn: GMD 1974.

3. Godbersen, H.: Transitions- und Instanzennetze als Instrument zur Analyse, Modellierung und Simulation von Informationssystemen. Diplomarbeit. Institut für angewandte Informatik, TU Berlin 1977.

4. Lockemann, P.C., Mayr, H.C.: Rechnergestützte Informationssysteme. Berlin-Heidelberg-New York: Springer 1978.

5. Oberquelle, H.: 'Grobe' Beschreibung von Systemen durch Netze. FB Informatik, Univ. Hamburg, Mitteilung Nr. 62, 1978.

6. Peimann, C.-J.: Modellierung und Analyse von Informationssystemen im Krankenhaus mit Hilfe von Petrinetzen. Berlin-Heidelberg-New York: Springer (im Druck).

7. Schlageter, G., Stucky W.: Datenbanksysteme: Konzepte und Modelle. 2. Aufl. Stuttgart: Teubner 1983.

8. Ullman, J.D.: Principles of Database Systems. London: Pitman 1982.

9. Wagner, G., Grundmann, E. (Hrsg.): Basisdokumentation für Tumorkranke. 3., erw. Aufl. Berlin-Heidelberg-New York: Springer 1983.

10. Wirth, N.: Algorithms + Data Structures = Programs. Englewood Cliffs: Prentice Hall 1976.

Aus dem Institut für Nuklearmedizin im Zentralklinikum Augsburg (Leiter: Prof. Dr. P. Heidenreich) und der Abteilung EDV (Leiter: Dr. E. Wilde)

Rechnerkonzept des Instituts für Nuklearmedizin, KZVA
- Systemarchitektur und Anwendung -

G. Graf, P. Heidenreich, E. Wilde

Für die Planung und Inbetriebnahme der Abteilung für Nuklearmedizin im Zentralklinikum Augsburg (mit 1400 Betten ein Krankenhaus der 3. Versorgungsstufe) stellte sich die Aufgabe, ein leistungsfähiges Datenverarbeitungssystem anzuschaffen, welches den gestellten Anforderungen gerecht werden konnte.

Nachdem in den Jahren der Entscheidungsfindung - etwa 1978/79 - komplette Systeme mit Hardware und Software, welche insbesondere den Anforderungen im Bereich der kardiovaskulären Nuklearmedizin gerecht werden konnten, von der Industrie nicht angeboten wurden, war eine Eigenentwicklung der Systemarchitektur und des Anwenderprogrammsystems nicht zu umgehen. Wir gaben dem zentralistischen Konzept eines großen Abteilungsrechners gegenüber mehreren, den einzelnen Szintillationskameras zugeordneten Kleinrechnern den Vorzug. Anlehnend an das sog. Bonner-Modell [4] mit dem Siemens Prozeßrechner R30 entwickelten wir das Konzept des nuklearmedizinischen Abteilungsrechners, wobei es galt, unter Berücksichtigung der adäquaten nuklearmedizinischen Routineversorgung eines Krankenhauses der 3. Versorgungsstufe folgenden Forderungskatalog zu erfüllen (Tab. 1):

Tab. 1: Forderungen des Nutzers an das nuklearmedizinische Rechnersystem

Einsatzschwerpunkt kardiovaskuläre Nuklearmedizin
- LIST-Mode
- 10 msek/frame
- ausreichende Plattenkapazität

. Anschluß von 3 Szintillationskameras
. 2 Befundplätze
. Befundung während Aufnahmebetrieb möglich
. Programmentwicklung parallel zum Untersuchungsbetrieb
. Archivierung patientenorientiert (Floppy-Disk)
. Ausfallsicherheit
. Ausbaufähigkeit für künftige Projekte

- Aufnahmetechniken in sog. LIST-Mode-Verfahren [2], d.h. jedes registrierte Gammaquant wird während der Aufnahme vom Rechner übernommen und in einer 'Liste' als sequentieller Datenstring abgespeichert.

- FRAME-Mode-Technik mit einer zeitlichen Auflösung bis zu 10 Bildern pro Sekunde.

Die Anzahl der geforderten dynamischen Untersuchungen oder statischen Szintigramme mit quantitativer Auswertung machte den Anschluß von drei Szintillationskameras und zwei grafischen Befundplätzen notwendig. Während des Aufnahmebetriebs war die Auswertung und Befundung uneingeschränkt zu gewährleisten.

Nachdem eine intensive Entwicklung organspezifischer Auswerteprogramme erforderlich schien, war der Entwicklungsbetrieb während der Tagesroutine parallel zum Untersuchungsbetrieb zu ermöglichen. Eine patientenorientierte Archivierung medizinisch interessanter Fälle wurde als zweckmäßig erachtet.

Eine weitere unabdingbare Forderung betraf die Ausfallsicherheit: Der Ausfall einzelner Systemkomponenten durfte nicht den gesamten Aufnahme- oder Auswertebetrieb zum Erliegen bringen. Im Falle technischer Störungen der Rechnerhardware und/oder der Kamerasysteme war ein zahlenmäßig reduzierter Betrieb bei uneingeschränkter Qualität zu ermöglichen.

Dagegen wurde vom Online-Anschluß der RIA-Laborautomaten aufgrund der Eigenintelligenz der neuen Automatengeneration abgesehen. Ebensowenig war er für Einkanal-Meßplätze oder Scanner gefordert. Eine spätere Nachrüstung mit Interface-Bausteinen zu den genannten Geräten sollte jedoch prinzipiell möglich sein. Ähnliches galt auch für die Bereiche der Arztbriefschreibung, Befunderstellung oder die Erstellung von Verbrauchsstatistiken der verwendeten Radiopharmaka. Die Systemkapazität des Abteilungsrechners durfte kein Engpaß für derartige zukünftige Projekte werden. Die genannten Forderungen konnten mit einem Doppelrechnerkonzept, basierend auf den beiden Siemens R30-Prozeßrechnern, erfüllt werden (Abb. 1 u. Tab. 2). Beide Rechner laufen autark ohne Master-Slave-Konzept. Lediglich die Last ist unsymmetrisch mit dem höheren Anteil auf dem Rechner mit dem größeren Hauptspeicher aufgeteilt. Die freie Kapazität des zweiten Rechners steht dem Programmentwicklungsbetrieb zur Verfügung.

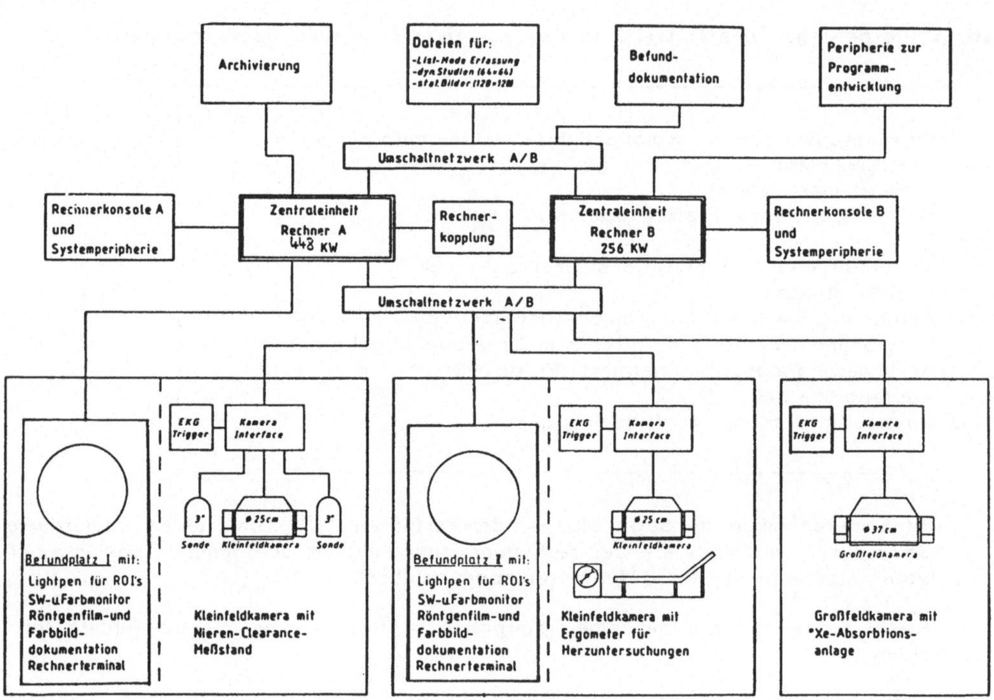

Abb. 1: Funktionsblockbild Abteilungsrechner Nuklearmedizin

Tab. 2: Systemleistungskatalog

FRAME-Mode-Aufnahmen:

Dynamische Studien mit Matrizen zu 64 x 64 Bildpunkten in Bytetiefe (maximale Counts/Pixel = 255)

Statische Bilder mit Matrizen zu 128 x 128 Bildpunkten in Worttiefe (maximale Counts/Pixel = 65536)

LIST-Mode-Aufnahmen:

EKG-getriggerte Herzstudien mit 10 Millisekunden Zeittakt und EKG-R-Zacken-Zeitmarken (= maximale Auflösung von 100 Bildern/ sek.)

Kamera-Interface:

Geeignet zur Doppelisotopenmessung
Grenzfrequenz des ADC bei 100000 Counts/sek.

Bilddateien auf den Stapelplattenlaufwerken (Kapazität = 316 MByte):

7500 Bildmatrizen zu 64 x 64 Bildpunkten für dynamische Studien in FRAME-Mode (Dateigröße = 30 MBytes)

256 Bildmatrizen zu 128 x 128 Bildpunkten für statische Aufnahmen (Dateigröße = 4,2 MBytes)

6500 Bildmatrizen zu 64 x 64 Bildpunkten in Worttiefe für dynamische Herzstudien, errechnet aus LIST-Mode-Daten (Dateigröße = 53 MBytes)

7 LIST-Mode-Dateien zu je 30 MBytes (= 15 Millionen Counts pro Projektion). Je zwei Dateien können im Bedarfsfall gekoppelt werden

Patientenbezogene Archivierung:

Abspeichern der Bilddaten auf 2D-Disketten mit 1 MByte Kapazität

Jeder Rechner besitzt eine eigene Bedienerkonsole und ein eigenes System-Plattenlaufwerk. Beide Zentraleinheiten sind über eine schnelle Rechnerkopplungsstrecke von 170 Kiloworten pro Sekunde zusammengeschlossen. Rechner A ist mit den beiden Stapelplattenlaufwerken zur Aufnahme der Bildmatrizen und der LIST-Mode-Dateien für EKG-getriggerte Herzstudien verschaltet. Ebenso hängen am Rechner A die beiden Normalfeld-Szintillationskameras und die beiden Auswerteplätze.

Zur patientenorientierten Archivierung der Bildsequenzen dient das Doppellaufwerk für 2D-Disketten mit je 1 Megabyte Kapazität. Rechner B speichert die aufgenommenen Bildmatrizen der Großfeldszintillationskamera temporär in Dateien auf dem Systemlaufwerk. Am Ende eines jeweiligen Aufnahmezyklus werden die Bilddaten über die Rechnerkopplung auf Dateien der Stapellaufwerke des Rechner A transferiert, wo anschließend die Daten der Auswertung zur Verfügung stehen. Die Geräte zur Programmentwicklung wie Terminals für Editierfunktionen und Drucker für Listingausgaben sind fest mit dem Rechner B verbunden.

Bei Ausfall von Systemkomponenten bzw. einer Zentraleinheit ist durch Umschaltung mit Hilfe sog. Ein-/Ausgabe-Umschalter oder Umstecken von Kabelsteckern die weitere Aufnahme von Funktionsuntersuchungen an den Szintillationskameras gewährleistet. Die Gammakameras können beliebig zwischen den Rechnern getauscht werden. Daneben ist die Ankopplung der Stapellaufwerke mit den Bildmatrizen und LIST-Mode-Dateien sowie eines kompletten Auswerteplatzes über Schalter an die jeweils noch funktionsfähige Zentraleinheit möglich.

Von den drei angeschlossenen Szintillationskameras sind in der Regel eine Normalfeldkamera ausschließlich für kardiologische Untersuchungen, die anderen in Verbindung mit einem sogenannten Oberhausen-Meßplatz für die seitengetrennte Nierenclearance-Bestimmung vorgesehen. Die Großfeld-Gammakamera wird zur Lungenventilationsprüfung, Hirnserienszintigraphie, für dynamische Leberuntersuchungen und für statische Szintigramme verwendet. Der Abteilung steht noch eine weitere, nicht an den Rechner angeschlossene Großfeldszintillationskamera mit Ganzkörperzusatz zur Verfügung, die nahezu ausschließlich der Knochenszintigraphie und der J-131-Ganzkörperszintigraphie dient.

Die beiden Prozeßrechner laufen unter dem Realtime-Betriebssystem ORG 300 PV. Mit dem Kommunikationssystem SINEC 300 sind die beiden Rechner zum Funktionsverbund zusammengeschlossen. Damit ist durch Definition globaler Geräte der vom System kontrollierte Zugriff auf die Peripherie des Partnerrechners möglich. Das Anwenderprogrammsystem ist in den Sprachen ASSEMBLER und FORTRAN 77 erstellt. Weitgehend gilt aber dabei die Aufteilung, daß Aufnahmeprogramme oder kleine Hilfsroutinen in ASSEMBLER laufen, alle Auswerteprogramme dagegen in FORTRAN. Mit dem Einsatz von FORTRAN bei den organspezifischen Auswerteprogrammen ist grundsätzlich der Programmaustausch mit anderen nuklearmedizinischen Instituten gegeben, wenn sich dies auch meist auf den Austausch der Kernalgorithmen beschränkt.

Die mit dem Betriebssystem ORG 300 PV angebotene Prozeßsteuerung mittels der nach Anwenderwünschen vorzunehmenden Laufbereichseinteilung des Hauptspeichers, der Programmprioritätsstruktur sowie der Zeitscheibentechnik gestatten eine individuelle Steuerung der simultan laufenden Prozesse.

Typische Arbeitsabläufe mit dem Abteilungsrechner in der medizinischen Routine hat man sich wie folgt vorzustellen:

Die Patienten werden simultan an den drei Szintillationskameras untersucht. An den kameraseitigen Rechnerterminals werden über eine Programmauswahlmaske die gewünschte Studienart gewählt, die Patientendaten und Untersuchungsparameter eingegeben und die Aufnahme gestartet. Für die Radionuklid-Ventrikulographie werden Aufnahmen in mindestens drei Projektionen im sog. LIST-Mode durchgeführt. Hierzu stehen auf den Stapelplattenlaufwerken sieben Dateien zu je 30 Megabytes bereit. Am Ende einer Aufnahme in einer Projektion werden die Daten vom System automatisch in FRAMES umgerechnet, wobei nur Daten der sog. repräsentativen (zeitgleichen) Herzzyklen verwendet werden. Die Rechenzeiten liegen für ca. 400 repräsentative Herzzyklen bei etwa 12 Minuten. Nach Erstellung der FRAME-Sequenz wird mit Hilfe der Fourier-Transformation die multiharmonische Analyse der Grundwelle mit der ersten und zweiten Oberwelle des Herzfrequenzspektrums in jedem Pixel ermittelt, noch während der Patient zur Aufnahme weiterer Projektionen unter der Szintillationskamera liegt. Typische Rechenzeiten für die Fourier-Transformation liegen bei vier Minuten.

Die Kapazität und Anzahl der LIST-Mode-Dateien erlaubt es in besonderen Fällen, die in LIST-Mode erfaßten Daten eines Patienten oder einer Projektion über die Tagesroutine hinaus zu retten, um später FRAMES nach speziellen Kriterien zu erstellen. In Routine werden die LIST-Dateien nach der Umwandlung wieder von den Daten des nächsten Patienten überschrieben.

Die digitale Bilddokumentation kann jederzeit an den beiden Auswerteplätzen vorgenommen werden. Die Befundung und Auswertung ist, unabhängig vom Aufnahmebetrieb, immer möglich. Die Archivierung von Studien erfolgt komplett auf Floppy-Disks. Bei Bedarf lassen sich diese zum Zweck einer erneuten Auswertung wieder in die Bilddateien zurückschreiben.

Aus den Anwendungen im Bereich der nuklearmedizinischen Funktionsdiagnostik möchten wir an Beispielen parametrischer Bilder in der Radionuklid-Ventrikulographie Einblick in die Leistungsfähigkeit des Abteilungsrechners geben.

Zur Entwicklung parametrischer Bilder der Herzfunktion gehen wir von der Bildsequenz einer kompletten Herzaktion aus. Beginnend mit der Diastole sehen wir in Abb. 2 eine komplette Herzaktion auf 16 Einzelbilder aufgeteilt. Durch kinematographische Darstellung der Sequenzszintigramme in einer Endlosschleife wird eine qualitative Beurteilung der Herzmotilität erleichtert. Als nachteilig ist zu diesem Verfahren anzumerken, daß man leicht optischen Täuschungen unterliegt oder nach subjektiven Empfindungen beurteilt. Somit geht bei dieser Betrachtungsweise die Erfahrung des Auswerters unmittelbar in die Qualität der Befundung ein. Im Gegensatz dazu konnte durch die Einführung der Fourier-Transformation in die Radionuklid-Ventrikulographie mit Hilfe parametrischer Amplituden- und Phasenbilder eine objektive Funktionsdarstellung erreicht werden [1].

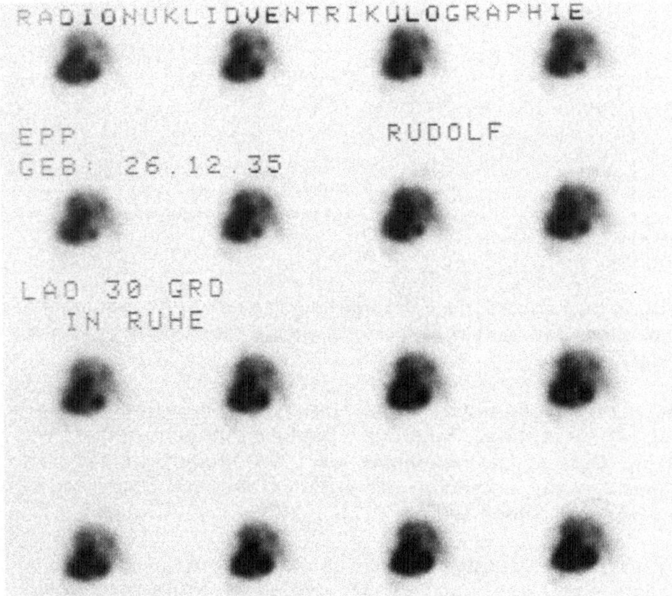

Abb. 2: Sequenzszintigraphie eines Herzzyklus in der Radionuklidventrikulographie (RNV) (LAO 30° -Projektion). Erste Reihe 1. Bild links sowie vierte Reihe 4. Bild rechts entsprechen der Diastole. Zweite Reihe Mitte entspricht der Systole

Die Vorgehensweise bei der Fourier-Transformation geht aus Abb. 3 hervor. Das im oberen Teil gepunktet gezeichnete Signal A_d repräsentiert den Aktivitätsverlauf eines Pixels innerhalb des Herzens. Nachdem dieses originale Meßsignal sehr der Statistik des radioaktiven Zerfalls unterliegt, schwanken die Funktionswerte um einen zeitlichen Mittelwert. Da es sich bei den Herzaktionen um periodische Vorgänge handelt, ist es möglich, im Rahmen der Spektral-Transformationen mit der sog. Fourier-Reihenentwicklung die Zeit/Aktivitätskurven in jedem Pixel nach Amplitude und Phase der Grund- und Oberwellen zu analysieren. Beginnend von der Basisfrequenz oder Grundwelle, entsprechend der reziproken Periodendauer des Herzzyklus, erhalten wir die ganzzahligen Vielfachen der Grundwelle, die sog. Oberwellen.

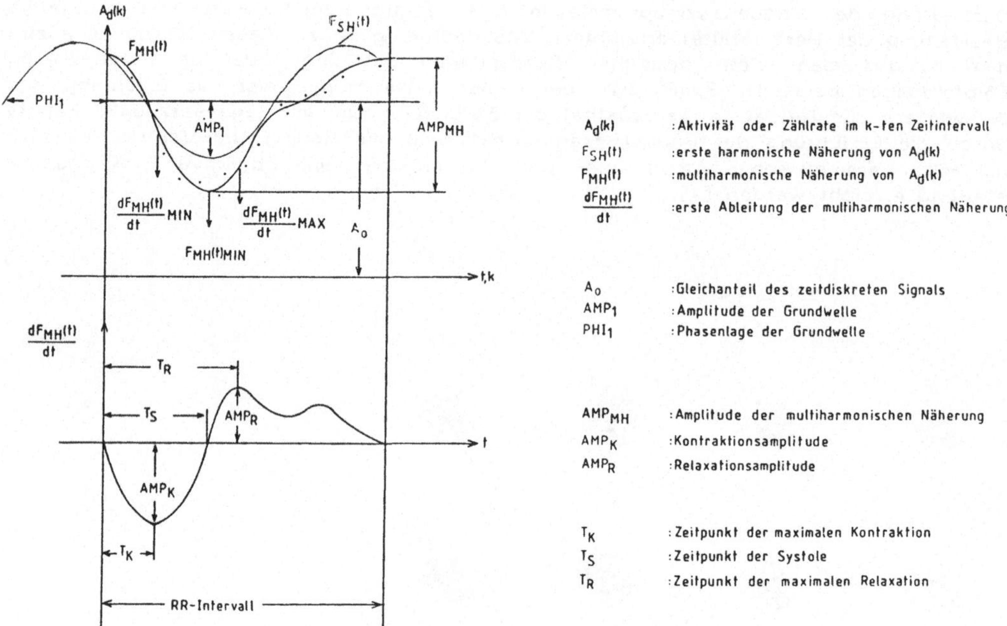

Abb. 3: Schematische Darstellung verschiedener Parameter der 'Multiharmonischen Fourieranalyse' der diskreten Zeit/Aktivitätskurve eines EKG-RR-Intervalls in der Radionuklid-Ventrikulographie

Die Amplituden der ersten drei Harmonischen der Spektralanalyse einer Radionuklid-Ventrikulographie sind in Abb. 4 zu sehen. Die größten Amplituden finden wir schwarz dargestellt (Grundwelle). Gut ist die Abnahme der Amplituden zu höheren Frequenzen (Oberwellen) im Spektrum zu erkennen. Amplituden weiterer Oberwellen würden fast nur Anteile des Rauschens beinhalten.

Eine erste und gute Näherung in der Aussage der Herzfunktion läßt sich mit der relativ einfachen Berechnung der Amplitude und Phase der Grundwelle erreichen, was wir als singleharmonische Näherung bezeichnen. Der durch diese grobe Annäherung an das originale Meßsignal gemachte Fehler wird aus der Funktion F_{SH} (t) in Abb. 3 deutlich. Dieser sinus- oder cosinusförmige Linienzug schmiegt sich nur annähernd an das originale Meßsignal an. Bereits dieses Verfahren ist hinreichend sensitiv, um gröbere Störungen im Kontraktionsverhalten des Herzens nachzuweisen.

Ein Amplituden- und Phasenbild, nur unter Berücksichtigung der Grundwelle aus der Fourier-Transformation, zeigt Abb. 5. Routinemäßig werden die parametrischen Bilder zur besseren Beurteilung in Farbe dokumentiert, sind hier jedoch nur in schwarz/weiß-Reproduktionen abgebildet. Das Amplitudenbild zeigt die Ortsverteilung der Kontraktilität im Herzen; das Phasenbild gibt Aufschluß über den zeitlichen Ablauf der Kontraktion, wobei ein R-R-Intervall in 360 Phasengrade eingeteilt wird (Abb. 6). Im Falle eines Herzgesunden (Abb. 5) sehen wir im Bereich des linken Ventrikels eine vom Ventrikelrand und Septum in konzentrischen Kreisen zur Ventrikelmitte zunehmende Amplitude. Das Phasenbild weist im Bereich der Ventrikel eine einheitliche Graufärbung auf. Am Histogramm ist mit dem scharfen Peak der Ventrikelphasen (bei ca. 120°) der synchrone Kontraktionsablauf des linken und rechten Ventrikels dokumentiert.

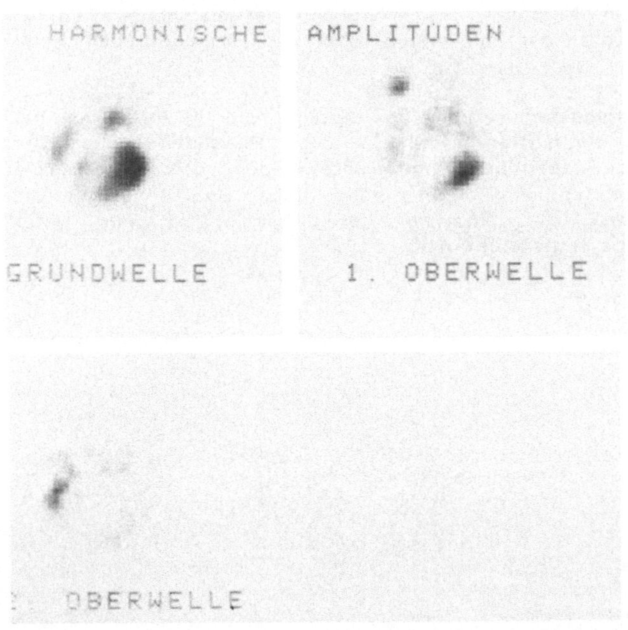

Abb. 4: Darstellung der harmonischen Amplitudenmatrizen von Grundwelle, 1. und 2. Oberwelle des Frequenzspektrums nach der Fourier-Transformation

Die Genauigkeit der Aussage in den parametrischen Bildern aus der singleharmonischen Näherung läßt sich durch weitere Parameter aus der sog. multiharmonischen Analyse verbessern [3]. Werden bei der Fourier-Transformation neben der Grundwelle auch die Spektralanteile der ersten und zweiten Oberwelle zur Berechnung der parametrischen Bilder verwendet, erreicht man eine genaue Interpolation des originalen. Meßsignals A_d, was mit der Funktion $F_{MH}(t)$ in Abb. 2 gezeigt wird. Die damit erzielte Rauschfilterung des Originalsignals ist jedem Glättungsverfahren überlegen. Die als Ergebnis vorliegende analytische Zeit/Aktivitätskurve $F_{MH}(t)$ gestattet die exakte Ableitung weiterer Parameter. Mit diesem Vorgehen versucht man, die Fragen des Kardiologen nach dem Kontraktions- und Relaxationsverhalten des Herzmuskels während der Systole und Diastole sowie dem systolischen Zeitverhalten zu beantworten. Als klinisch relevante Parameter der Zeitvolumenkurve aus der multiharmonischen Analyse (Abb. 6) sind in ihrer zeitlichen Reihenfolge während einer Herzaktion zu nennen:

1. Das Kontraktionsverhalten, ausgedrückt durch die maximale Kontraktionsamplitude und die zugehörige Phase, die den Zeitpunkt des Erreichens der maximalen Kontraktion (K) angibt. K markiert die Stelle der maximalen negativen Steigung der Zeitvolumenkurve.

2. Die regionale Auswurffraktion sowie der Zeitpunkt der Systole (S). Die Differenz zwischen Maximum und Minimum der Zeitvolumenkurve pro Pixel entspricht der regionalen Auswurffraktion. Das Minimum der Zeitvolumenkurve gibt das Erreichen der Systole an, was uns erlaubt, die Zeitpunkte der Systole im systolischen Phasenbild darzustellen.

3. Das Relaxationsverhalten, ausgedrückt durch die maximale Relaxationsamplitude und die zugehörige Phase, den Zeitpunkt des Erreichens der maximalen Relaxation (R). R markiert den Punkt der maximalen positiven Steigung der Zeitvolumenkurve.

Die aufgezählten Parameter der regionalen Herzfunktion sind in Abb. 7 als parametrische Bilder zusammengestellt. In der mittleren Reihe sind die Phasenbilder, darüber die zugehörigen Histogramme der Phasenverteilungen und in der unteren Reihe die Amplituden der einzelnen Parameter abgebildet. Die linke Spalte zeigt (als 'Singleharmonische' überschrieben) die Analyse der Herzmotilität nur unter Berücksichtigung der Grundfrequenz (entspricht Abb. 5).

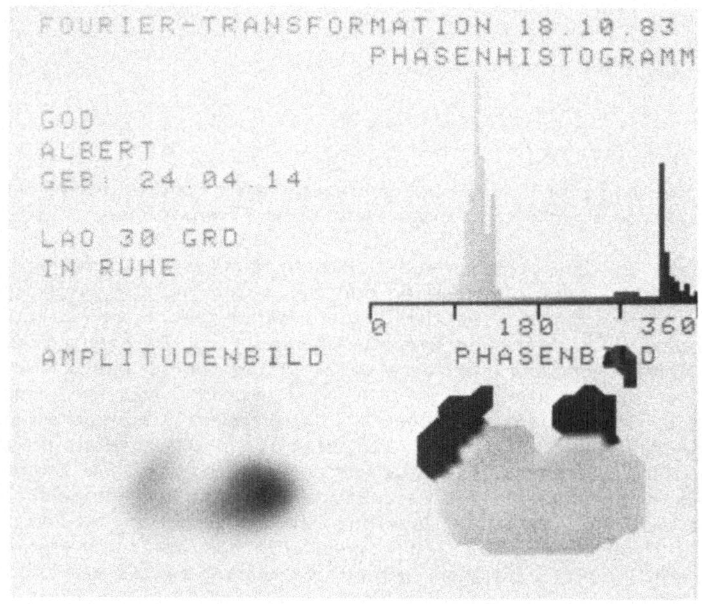

Abb. 5: Darstellung eines nur unter Berücksichtigung der Grundwelle der Fourier-Transformation errechneten Amplituden- und Phasenbildes sowie des Histogramms der Phasenverteilung

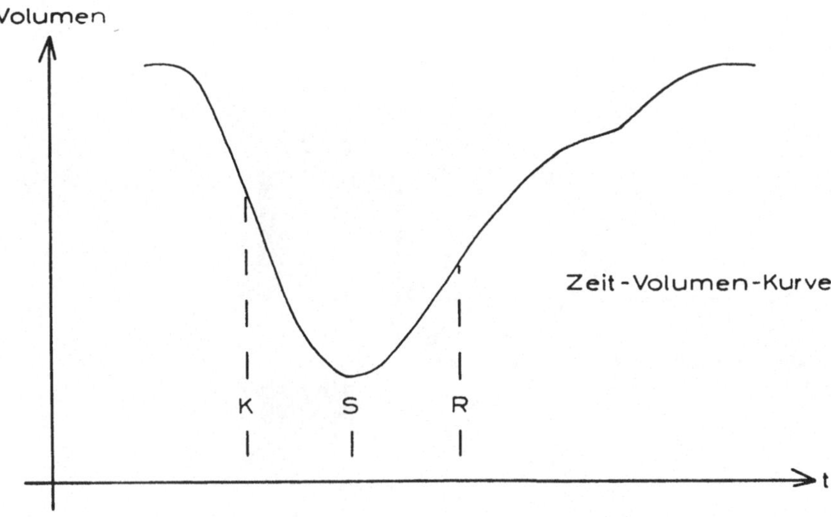

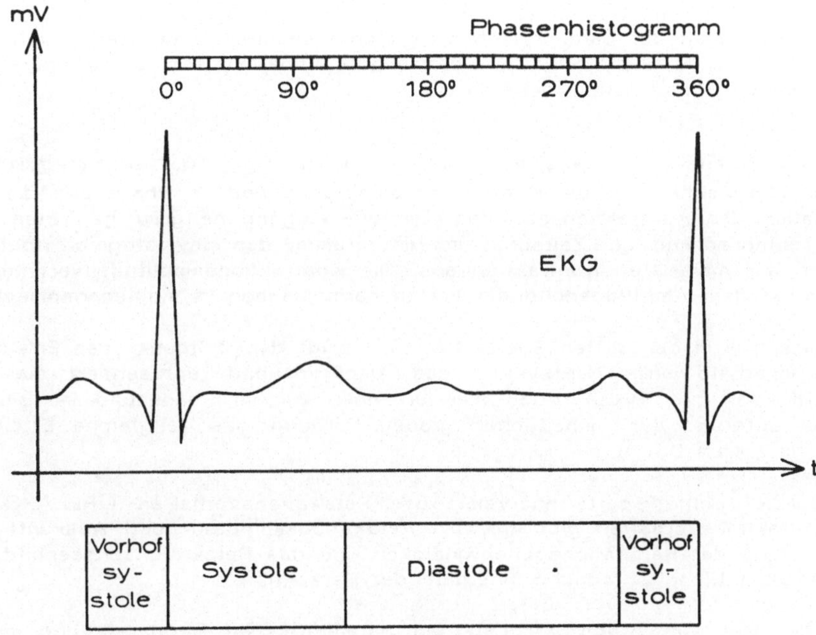

Abb. 6: Einteilung eines RR-Intervalls in 360 Phasengrade

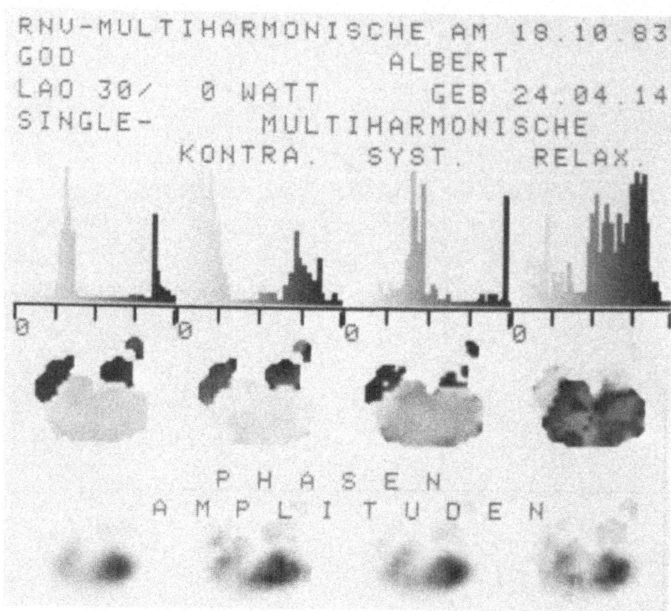

Abb. 7: Übersicht der parametrischen Herzfunktionsbilder unter Berücksichtigung der Grundwelle und 1. und 2. Oberwelle (multiharmonisch) der Fourier-Transformation (Einzelheiten siehe Text)

Die zweite Spalte zeigt das Kontraktionsverhalten des Herzens ('KONTRA'). Im Amplitudenbild sehen wir die Kontraktionsamplituden und im Phasenbild die zeitliche Koordination des Kontraktionsablaufes. Die überwiegend hellgrau gefärbten Ventrikel weisen, entsprechend der Zeitachse im Histogramm, das physiologisch richtige frühe Erreichen der maximalen Kontraktion aus. Die Kontraktionsamplitudenverteilung deckt sich gut mit dem Amplitudenbild der ersten harmonischen (= singleharmonisch).

Das Phasenbild in der dritten Spalte ('SYST') zeigt den Zeitpunkt des Erreichens der Systole innerhalb eines Herzzyklus; das Amplitudenbild repräsentiert die regionale Auswurffraktion pro Pixel. Auch hier erkennen wir im Phasenbild im Bereich der Ventrikel aufgrund der einheitlichen grauen Färbung das zeitgleiche Erreichen der Systole im ersten Drittel der Herzaktion.

Die äußerste rechte Spalte analysiert das Relaxationsverhalten ('RELAX'). Analog zum Kontraktionsverhalten gibt uns das Relaxationsamplitudenbild Auskunft über die Ortsverteilung der Relaxationsgeschwindigkeit und das Relaxationsphasenbild die entsprechende zeitliche Zuordnung innerhalb der Herzaktion.

Neben der hier ausführlich vorgestellten parametrischen Bilddarstellung im Bereich der Herzfunktionsdiagnostik werden wegen ihrer Bedeutung in der objektiven Funktionsdiagnostik ähnliche Verfahren etwa bei der Nierensequenzszintigraphie, Lungenventilationsszintigraphie und Schilddrüsendiagnostik angewandt oder sind dafür geplant.

Literatur

1. Bitter, F., Adam, W. E., Geffers, H. et al.: Die Fourier-Analyse bei der Auswertung von Herzuntersuchungen. In Pöppl, S.J., Pretschner, D.P. (Hrsg.): Systeme und Signalverarbeitung in der Nuklearmedizin, S. 152-165. Berlin-Heidelberg-New York: Springer 1981.

2. Knopp, R., Bähre, M., Breuel, H.-P. et al.: Die Methoden der Datenakquisition bei der Herzfunktionsszintigraphie. Vor- und Nachteile, diagnostische Wertigkeit. Nuklearmedizin 19 (1980) 155-160.

3. Wendt, R.E., Murphy, P.H., Clark, J.W., Jr. et al.: Interpretation of multigated Fourier functional images. J.Nucl.Med. 23 (1982) 715-724.

4. Winkler, C., Knopp, R.: DV-Systeme für die klinische Nuklearmedizin. In Schneider, B., Schönenberger, R. (Hrsg.): Datenverarbeitung im Gesundheitswesen, S. 150-162. Berlin-Heidelberg-New York: Springer 1976.

Aus dem Institut für Klinische Pharmakologie (Leiter: Prof. Dr. med. H. Kewitz)
im Universitätsklinikum Steglitz der Freien Universität Berlin

Erfordernisse einer Befunderstellung auf hoher Informationsebene im klinisch-pharmakologischen Routinelabor

M. Nitz, G. Kreutz, H. Kewitz

1. Einleitung

Im klinisch-pharmakologischen Routinelabor werden Arzneimittelkonzentrationen im Plasma oder Serum zur Überwachung der Therapie mit Pharmaka bestimmt. Dies geschieht in erster Linie bei solchen Arzneimitteln, die eine geringe therapeutische Breite oder bedeutende inter- und intraindividuelle Unterschiede der Pharmakokinetik aufweisen.

Das Analysenergebnis und die Kenntnis über sein Entstehen genügen nicht, um von der ärztlichen Fragestellung zu einer rationalen therapeutischen Entscheidung zu gelangen. Abbildung 1 zeigt alle Stufen im Ablauf einer solchen Bestimmung von der Beobachtung am Patienten über die Analyse bis zur therapeutischen Handlung und die auf den einzelnen Stufen wirksam werdenden Einflüsse.

INFORMATIONSRICHTUNG	INFORMATIONSEBENE	EINFLUSSGRÖSSEN
↑	ärztliche Handlung	Compliance individueller klinischer Status
	ärztlicher Befund	limitierende Faktoren der Analysenmethode individuelle Phamakokinetik individuelle Pharmakodynamik Voruntersuchungen
	Untersuchungs-ergebnis	Analysenmethode Auswertungsmethode Meßfehler
	Untersuchungs-material	Art Zeitpunkt Umstände
	ärztliche Fragestellung	Symptome Begleitmedikation Begleiterkrankung Vorerkrankung
	ärztliche Wahrnehmung	Vorkenntnisse Erfahrung

Abb. 1: Gang der Information, Informationsebenen und Einflußgrößen bei der Bestimmung von Arzneimittelkonzentrationen

Der entscheidende Schritt zwischen der Analyse und der therapeutischen Maßnahme ist die Beurteilung der gesamten das Ergebnis beeinflussenden Größen und die Erstellung eines ärztlichen Befundes als Voraussetzung für sachgerechtes ärztliches Handeln.

In den Befund geht zusätzliche Information ein. Sie umfaßt im wesentlichen limitierende Faktoren der Analysenmethode, die Berücksichtigung allgemeiner und individueller pharmakokinetischer und pharmakodynamischer Kenngrößen und die Einbeziehung von Ergebnissen aus Voruntersuchungen.

Voraussetzung für jeden ärztlichen Befund im Verlauf der Bestimmung der Konzentration eines Arzneimittels ist demnach die Kenntnis aller bis zu dieser Ebene Einfluß nehmenden Größen und ihre individuelle Abwägung. Sie stellt eine klinisch-pharmakologische Aufgabe dar.

Zusätzlich zur analytischen Technik ist dazu ein System erforderlich, das für jede einzelne Bestimmung die gesamte Information liefert, die zur Erstellung des Befundes benötigt wird. Bei genügend großen Analysenzahlen ist dies mit vertretbarem personellen und materiellen Aufwand nur durch ein Verfahren zu leisten, das die Möglichkeiten der elektronischen Datenverarbeitung nutzt.

Die Anforderungen an ein solches System sind folgende:

1. Berechnung der Arzneimittelkonzentrationen aus physikalisch-chemischen Meßwerten mit Hilfe von Eichkurven;
2. Datenerfassung (Konzentrationen, Proben- und Patientenidentifikationen, Analysendatum);
3. Zugriff auf Voruntersuchungen innerhalb von Substanzgruppen;
4. Qualitätskontrolle;
5. Datenverwaltung und Protokollierung von Eichkurven, erfaßten und ausgegebenen Daten;
6. Bedienung durch angelerntes Personal und Unabhängigkeit von zentralen Rechenanlagen;
7. niedrige Anschaffungskosten und weitgehende Wartungsfreiheit.

Unter diesen Voraussetzungen und Anforderungen wurde das hier vorgestellte System von uns entwickelt und unter der Bezeichnung 'Drug-Monitoring-Daten-System' (DMDS) in unser Routinelabor eingeführt.

2. Hardware

Die gewählte Hardwarekonfiguration umfaßt mehrere Komponenten:

- Microcomputer mit integriertem Betriebssystem in ROMs, 32 K RAM und Videodisplay, erweitert um 192 K RAM und Hersteller-ROMs mit zusätzlichen Funktionen;
- Doppellaufwerk für Minidisketten, doppelseitig, einfache Schreibdichte, mit einer Kapazität von 280 K pro Diskette;
- Nadeldrucker (80 Zeichen/sec);
- Stiftplotter.

Alle Geräte sind durch einen gemeinsamen Daten-/Adreßbus miteinander verbunden.

3. Software

Die im DMDS eingesetzte Software hat mehrere Aufgaben zu erfüllen. Neben der Berechnung der Arzneimittelkonzentrationen aus den Meßwerten der Analysengeräte ist dies vor allem die patientenbezogene Speicherung und Wiederfindung der Ergebnisse.

Die Informationen, die später als Vorbefunde wiedergefunden werden sollen, werden in chronologisch sortierten Diskettendateien gespeichert. Dabei werden zur Zeit fünf Stoffgruppen unterschieden, deren Dateien - die sogenannten Hauptdateien - sich auf verschiedenen Disketten befinden. Dies ermöglicht einen raschen Datenzugriff und eine einfache Fortschreibung der Dateien auch über mehrere Disketten hinweg.

Eine Datei- und Satzbeschreibung wird im Anhang gegeben.

3.1 Programme

Den verschiedenen Aufgaben entsprechend ist die Software in einzelne Programme oder Programmgruppen eingeteilt. Zwischen den Programmen findet ein Datenaustausch auf zwei Arten statt. Zum einen können die Programme auf gemeinsame Speicherplätze im RAM-Bereich des Rechners zugreifen; zum anderen findet der Datenaustausch über Dateien statt, die auf Disketten abgelegt werden. Abbildung 2 zeigt die Struktur des Datenflusses.

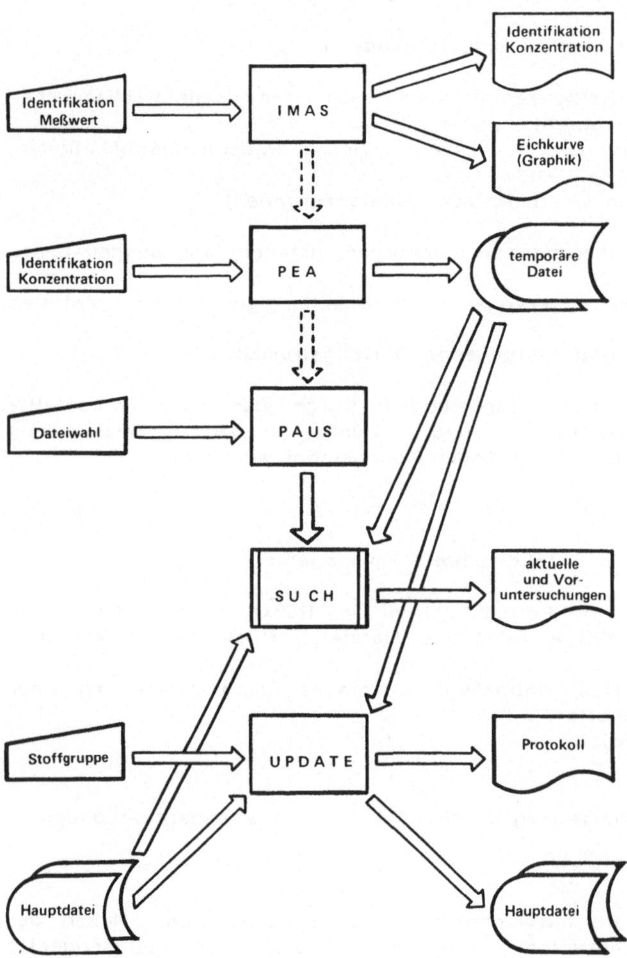

Abb. 2: DMDS-Datenflußplan

3.1.1 IMAS - Immunoassay

Das erste Programm (Abbildung 3) mit dem Namen IMAS (Immunoassay) dient der Erstellung einer Eichkurve für einen Analysengang und der Umwandlung von Meßwerten in Konzentrationen anhand der Eichung. Zunächst erwartet IMAS die Eingabe von Eichkonzentrationen und zugehörigen Meßwerten und berechnet daraus über eine LOGIT-LOG-Transformation eine Eichgerade. Diese wird zur Kontrolle auf dem Bildschirm graphisch dargestellt, und die Koeffizienten der Geraden werden ausgedruckt. Alternativ können auch die Parameter einer alten Eichgeraden eingegeben werden.

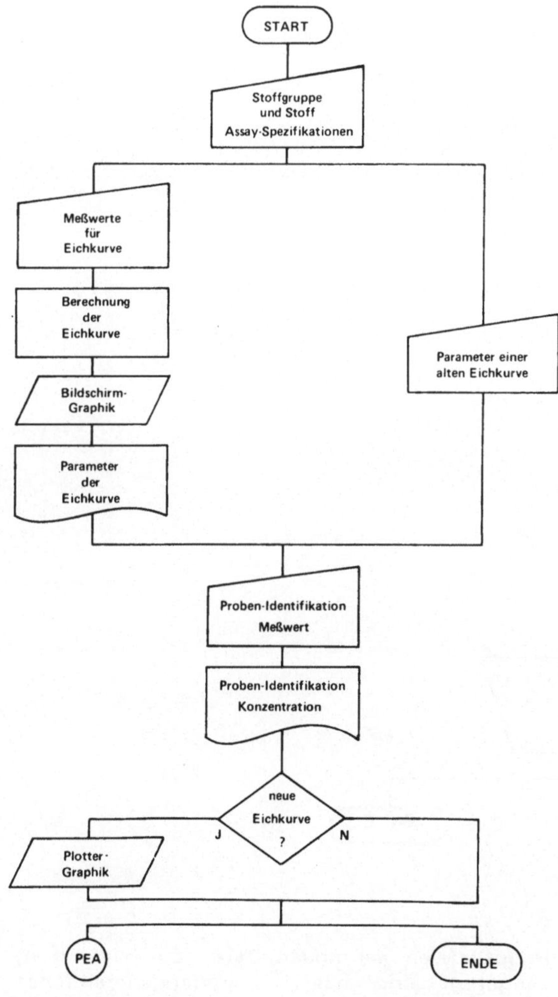

Abb. 3: IMAS-Programmablaufplan

Für eingegebene Probenmeßwerte wird entsprechend der Eichung die Arzneimittelkonzentration errechnet und zusammen mit einer Identifikation auf dem

Drucker protokolliert. Nach Abschluß der Eingabe kann die Eichkurve mit dem Stift-Plotter gezeichnet werden. Auf Wunsch wird ein zweites Programm (PEA) aufgerufen, das die eingegebenen und errechneten Daten weiter verarbeitet.

3.1.2 PEA - Patienten-Ein-/Ausgabe

Das Programm PEA (Patienten-Ein-/Ausgabe) (Abbildung 4) übernimmt die mit IMAS erarbeiteten Daten oder erwartet die Eingabe von Daten wie Namen von Substanzgruppe und Substanz, Patientenidentifikation und Konzentration des untersuchten Stoffes. Nach der Eingabe werden die Daten dem Benutzer erneut zur Kontrolle vorgeführt, wobei die Richtigkeit zu bestätigen ist. Dabei erfolgt durch das Programm auch eine Prüfung der Daten auf Plausibilität und Zulässigkeit des Formats. Zur langfristigen Speicherung können diese Informationen zusammen mit dem Datum der Untersuchung auf einer Diskette abgelegt werden.

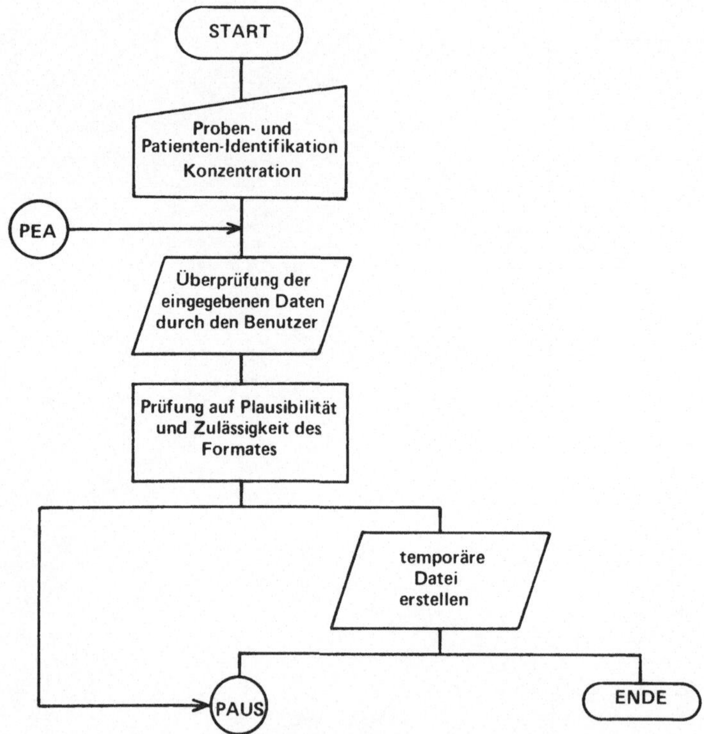

Abb. 4: PEA-Programmablaufplan

Um die aufwendige Fortschreibung der Hauptdateien mit neuen Daten zu erleichtern, werden zunächst temporäre Dateien angelegt und nur in größeren zeitlichen Abständen in die bestehenden Hauptdateien eingefügt (siehe UPDATE). Soll nun für die eingegebenen und geprüften Konzentrationsbestimmungen nach Voruntersuchungen gesucht werden, wird automatisch das nächste Programm geladen und gestartet.

3.1.3 PAUS - Patienten-Ausgabe

Das dritte Programm PAUS (Patienten-Ausgabe) übernimmt, soweit vorhanden, die von PEA erzeugten Daten und fordert den Benutzer auf, die temporären Dateien zu spezifizieren, für die nach Vorbefunden gesucht werden soll.

In den übrigen temporären Dateien und der Hauptdatei der entsprechenden Substanzgruppe wird nach früheren Konzentrationsbestimmungen gesucht. Diese Aufgabe übernimmt das Unterprogramm SUCH. Für jeden Patienten werden die aktuellen Ergebnisse zusammen mit den Voruntersuchungen ausgedruckt.

3.1.4 UPDATE

Um die über längere Zeit (ca. 4 Wochen) entstandenen temporären Dateien in die Hauptdateien einfügen zu können, wird das Programm UPDATE benötigt. Es informiert den Benutzer darüber, für welche Stoffgruppe temporäre Dateien vorliegen, und erwartet eine Entscheidung, ob ein Update durchgeführt werden soll.

Die zu einer Gruppe gehörenden temporären Dateien werden sortiert und anschließend mit der Hauptdatei zu einer neuen Datei so gemischt, daß die Sortierung erhalten bleibt. Evtl. benötigte Scratch-Dateien legt das Programm selbständig an.

Zur Überwachung des kritischen Teils des Programmablaufs werden die wichtigsten Aktionen (wie Erzeugung neuer Dateien, Löschen alter Dateien) auf dem Drucker protokolliert. Dadurch ist es im Fehlerfall möglich, Programm- und Dateizustände zu rekonstruieren und Fehler zu beheben.

3.1.5 Utilities

Der Überwachung des ordnungsgemäßen Ablaufs und der Wartung der Programme, der Pflege der Datenbestände sowie einer statistischen Auswertung dienen einige Hilfsprogramme. Darunter sind z.B. Programme, die die gespeicherten Daten auf den Drucker ausgeben oder Datensicherungen durchführen.

3.2 Eigenschaften der Programme

Die Programme des DMDS sind im wesentlichen in BASIC geschrieben und bedienen sich des durch die Hersteller-ROMs erweiterten BASIC-Befehlssatzes. Darüber hinaus finden sowohl Hersteller- als auch eigene Assembler-Unterprogramme Anwendung. Weitestgehende Wartungsfreundlichkeit der Programme wurde durch eine modulare Struktur angestrebt.

Da die Analysenergebnisse nicht on-line oder über Datenträger verarbeitet werden können, müssen alle Daten manuell eingegeben werden. Der dadurch erforderliche Dialog mit dem Benutzer macht hohe Bedienungsfreundlichkeit und -sicherheit notwendig. So werden für die Steuerung der Programmabläufe Menüs angeboten, aus denen eine Auswahl zu treffen ist. Dateneingabe durch den Benutzer wird stets im Dialog angefordert und durch Bildschirmformulare übersichtlich gehalten. Die notwendige Bedienung der Geräte, wie Einschalten des Druckers, Wechsel von Disketten wird per Programm erbeten. Außerhalb dieser Dialogphasen wird der Benutzer über Zustand bzw. interne Programmvorgänge am Bildschirm informiert. Einzelne Programmabläufe werden auch auf Papier protokolliert.

Fehlersituationen, die vom Bediener verursacht werden können, werden von den Programmen erkannt und führen nicht zu einem Programmabbruch mit eventuellem Datenverlust. Dazu gehören z.B. Fehler bei der Dateneingabe und das Einlegen falscher Disketten. Die Zustände der Geräte werden durch die Programme überwacht. Wird ein Fehler erkannt, wird der Benutzer akustisch und per Bildschirm gewarnt und aufgefordert, den Fehler zu korrigieren. Unerwartete und nicht behebbare Fehler werden auf Bildschirm und Drucker protokolliert.

Um einen unbeabsichtigten Programmabbruch durch Fehlbedienung zu vermeiden, ist die Tastatur des Rechners durch Software-Maskierung blockiert und wird nur soweit freigegeben, wie dies für die gerade geforderte Eingabe notwendig ist.

All diese Maßnahmen gewährleisten Komfort und Sicherheit der Programme als Voraussetzung für die Benutzung durch datentechnisch nicht vorgebildetes Personal. Eine kurze Einweisung in die Bedienung von Programmen und Geräten ist erfahrungsgemäß bei technischen Mitarbeitern ausreichend.

4. Zusammenfassung

Das vorgestellte Drug-Monitoring-Daten-System befindet sich seit etwa einem Jahr in der Routineanwendung. In fehlerfreiem Betrieb hat es seine Bewährungsprobe bestanden. Die Anforderung, aus Analysenergebnissen mit seiner Hilfe die Möglichkeit zur Erstellung ärztlicher Befunde zu erhalten, wurde voll erfüllt.

Bisher sind etwa 10.000 Einzelergebnisse erfaßt. Der Anteil von Patienten mit Wiederholungsuntersuchungen ist hoch. Bei jeder neu hinzukommenden Bestimmung konnte der Befund aufgrund des vorliegenden Verlaufes mit entsprechender longitudinaler Interpretation erstellt werden. Dies ist ein zusätzlicher Schritt zu mehr therapeutischer Sicherheit, der den finanziellen, materiellen und personellen Aufwand rechtfertigt.

Anhang

<u>Datei- und Satzbeschreibung</u>

Die temporären und Hauptdateien, die von den Programmen erzeugt und verwaltet werden, haben den gleichen Aufbau. Die Hauptdateien befinden sich nach Substanzgruppen getrennt auf verschiedenen Disketten, während die temporären Dateien auf der Arbeitsdiskette des Systems angelegt werden.

Eine Hauptdatei besteht aus einer wachsenden Anzahl von Sätzen oder Records. Eine Diskette kann etwa 6000 Sätze aufnehmen. Die Records haben eine Länge von 44 Byte und sind wie folgt aufgebaut:

1. Buchnummer (hausintern), 4 Characters, 7 Bytes;
2. I-Zahl (enthält Geburtsdatum, 2-ziffrige Codierung der Anfangsbuchstaben des Geburtsnamens und das Geschlecht) numerisch, 8 Bytes;
3. Stoffname, 10 Characters, 13 Bytes;
4. Konzentration, numerisch, 8 Bytes;
5. Datum (technisches Datum), numerisch, 8 Bytes.

Die Dateien sind absteigend nach Datum und innerhalb gleichen Datums nach Buchnummer sortiert. Das ermöglicht bei der Wiederfindung der Information eine Begrenzung der Suche auf einen bestimmten Zeitraum.

Aus dem Lehrstuhl für Technische Elektronik - Informatik-Forschungsgruppe 9 - (Prof. Dr.-Ing. D. Seitzer), Universität Erlangen-Nürnberg

Laborinth: Eine Hierarchie aus arbeitsplatzorientierten Mikrorechnernetzen für den Einsatz in der Labordatenverarbeitung

T. Norgall, H. Dietsch

Zusammenfassung

Mit dem Aufkommen leistungsfähiger Mikrorechner und der für ihren praktischen Einsatz benötigten Hard- und Softwarewerkzeuge ist die Realisierung dezentral organisierter Labordatenverarbeitungssysteme (als Gegensatz zu bisherigen zentralistischen Strukturen) möglich geworden. Gegenstand des vorliegenden Beitrags ist das Kommunikationssystem LABORINTH (=lokale busorientierte Netzwerkhierarchie), dessen Fähigkeiten in besonderem Maße auf die Anforderungen der Laborautomatisierung zugeschnitten sind. Ausgehend von diesen Anforderungen werden zunächst die wichtigsten Merkmale des LABORINTH-Konzepts und anschließend die Komponenten einer Pilotinstallation im Zentrallabor des Universitätskrankenhauses Erlangen beschrieben.

1. Automatisierungskonzepte für das Großlabor: Anforderungen und Möglichkeiten

Ein Großlabor (wie z.B. das klinisch-chemische Zentrallabor eines Universitätskrankenhauses) läßt sich prinzipiell in zwei kooperierende Subsysteme aufgliedern:

- Die Labordatenbank ist zuständig für die Erstellung, Verwaltung und Präsentation patientenbezogener Daten.

- Aufgabe des Laborgerätesystems (im weiteren 'Laborautomatisierungssystem' genannt) ist die zuverlässige, schnelle und kostengünstige Bereitstellung richtiger Meßergebnisse.

Im Unterschied zur klassischen Prozeßdatenverarbeitung sind die Automatisierungssysteme in der Labordatenverarbeitung

- zu einem großen Teil aus komplexen Einzelstationen mit individuellem Verhalten zusammengesetzt und
- relativ häufigen, von einer fluktuierenden Anwendungsumgebung induzierten Strukturänderungen unterworfen.

Ausgehend von den Parametern 'Geräteausstattung', 'Leistungsspektrum' und 'Anforderungsprofil' lassen sich für Laborautomatisierungssysteme die Systemkenngrößen 'Wartezeiten', 'Qualität der Ergebnisse' und 'Materialverbrauch' in Abhängigkeit von unterschiedlichen Bearbeitungsstrategien bestimmen [10]. Für dynamische, d.h. vom aktuellen Systemzustand (ausgedrückt z.B. durch Warteschlangenlängen, Verfügbarkeit) beeinflußte Strategien gelten besondere Anforderungen an die Beobachtbarkeit des Automatisierungssystems (Fehlermeldungen, Lastangaben, Statistiken).

In der Praxis werden weitere, meist unterhalb der Benutzeroberfläche liegende

Kriterien zur Bewertung eines Automatisierungssystems herangezogen:

- Die strukturelle Anpassungsfähigkeit, womit sowohl Erweiterungen als auch Schrumpfungen (z.B. bedingt durch die Einführung leistungsfähiger Komponenten als Ersatz für veraltete Teilsysteme) gemeint sind, muß gewährleistet sein. Standardisierte Schnittstellen auf der Ebene des Übertragungsmediums sind hierfür notwendige, jedoch keinesfalls hinreichende Bedingungen. Im Forschungslabor setzt die Entwicklung neuer analytischer Methoden Möglichkeiten zur schrittweisen Eingliederung von Analysengeräten voraus [7]. Es empfiehlt sich, neue Stationen und die auf ihnen realisierten Meßverfahren zunächst in 'stand-alone'-Konfigurationen und tischrechnergesteuerten Kleinsystemen zu erproben [5].

- Das Automatisierungssystem soll eine hohe Verfügbarkeit aufweisen, wobei der Ausfall von Teilsystemen bis zu einem gewissen Grad toleriert werden kann ('graceful degradation').

- Durch geeignete, die Einflüsse des Übertragungsmediums nach oben hin begrenzende Architekturen soll weitgehende Unabhängigkeit von technischen Entwicklungen in diesem Bereich erzielt werden. Aus der Erfüllung dieses Kriteriums folgt die Fähigkeit eines Systems zur leistungsbezogenen Anpassung an steigende Durchsatz- und Antwortzeitforderungen. Des weiteren ist eine erhöhte Übertragbarkeit zu erwarten.

- Investitions- und laufende Kosten sollen, ausgehend von einem möglichst niedrigen Anfangssockel, in kleinen Inkrementen mit dem System wachsen.

Die Strukturen derzeit eingesetzter Laborautomatisierungssysteme sind trotz räumlicher Verteilung vieler Betriebsmittel durchweg als 'zentralistisch' einzustufen, indem sie zwar die Auslagerung einfacher Vorverarbeitungsfunktionen in sogenannte 'intelligente Geräte' ausnützen [12], sämtliche Steuerungsaufgaben (d.h. die Entscheidungen darüber, wann, wie und wo im Gesamtsystem kommuniziert wird) jedoch einer Zentralinstanz vorbehalten. Dafür können plausible Gründe (außerhalb der Logik 'historisch gewachsener' Strukturen) genannt werden:

- In (zunächst) kleinen Anwendungsumgebungen können zentral angeordnete Rechner aus der Leistungsklasse der 'mittleren Datenbank' durchaus die Aufgaben beider Subsysteme 'Datenbank' und 'Laborautomatisierung' übernehmen.

- Die bisher 'ad hoc' erfolgte Dezentralisierung von Laborautomatisierungsfunktionen erschüttert nicht die Anschauung, daß Kommunikation zwischen den Komponenten des Automatisierungs-Subsystems nicht vorgesehen werden muß [2,8].

- Die niedrige Verfügbarkeit von Sternsystemen kann durch eine Doppelrechnerkonfiguration in Verbindung mit entsprechenden Updating-Verfahren erhöht werden [8].

- Mit den (zumindest in der BRD) im Laborbereich verbreiteten Hardwareschnittstellen SILAB und 'GMDS-Norm' lassen sich ausschließlich Punkt-zu-Punkt-Verbindungen, aber keine Bus- und Ringtopologien installieren.

Die Abkehr vom 'zentralistischen' Prinzip wurde bereits früh von BECKERT mit der disjunkten Realisierung der beiden Subsysteme 'Datenbank' und 'Automatisierungssystem' vorgezeichnet [1]. Diese Überlegungen werden in [3] fortgeführt mit der Skizzierung eines vollständig dezentralisierten Laborautomatisierungssystems, dessen zu arbeitsplatzorientierten Untersystemen zusammengefaßte Komponenten über einen 'Laborbus' unbeschränkt untereinander und mit der Labordatenbank kommunizieren. Beiden zitierten Arbeiten haftet - ebenso wie den von DESSY präsentierten Beispielen für lokale Netze im Großlabor [2] - der Mangel an, daß die geschilderten Eigenschaften ausschließlich von den Netztopologien abgeleitet werden. Zwar sind die in

[3] aufgeführten Möglichkeiten und Vorteile einer zweistufigen Hierarchie von Busnetzwerken einsehbar, wie z.B.

- Flexibilität hinsichtlich Zahl und Ausstattung der Untersysteme,
- autonomer 'Inselbetrieb' von Untersystemen bei Aufall der höheren ('Laborbus'-) Ebene,
- dezentrale, anforderungsabhängige Steuerung von Kommunikationsvorgängen (vor allem auch an der Schnittstelle zum Subsystem 'Labordatenbank') und
- billigere Schnittstellenhardware,

doch können solche topologiebedingten Eigenschaften auf dem Weg zur Benutzeroberfläche des Laborautomatisierungssystems leicht verlorengehen. So muß die behauptete Flexibilität der Bushierarchie erst durch geeignete Prozeduren auf Betriebssystem- und Anwendungssystemebene für den Benutzer handhabbar gemacht werden.

Zur Beschreibung und Bewertung jeder Systemlösung ist es deshalb notwendig, dem eingangs aufgezählten Katalog allgemeiner Kriterien ein Modell der relevanten Abstraktionsebenen zur Seite zu stellen. Abb. 1 skizziert ein solches Modell [4]:

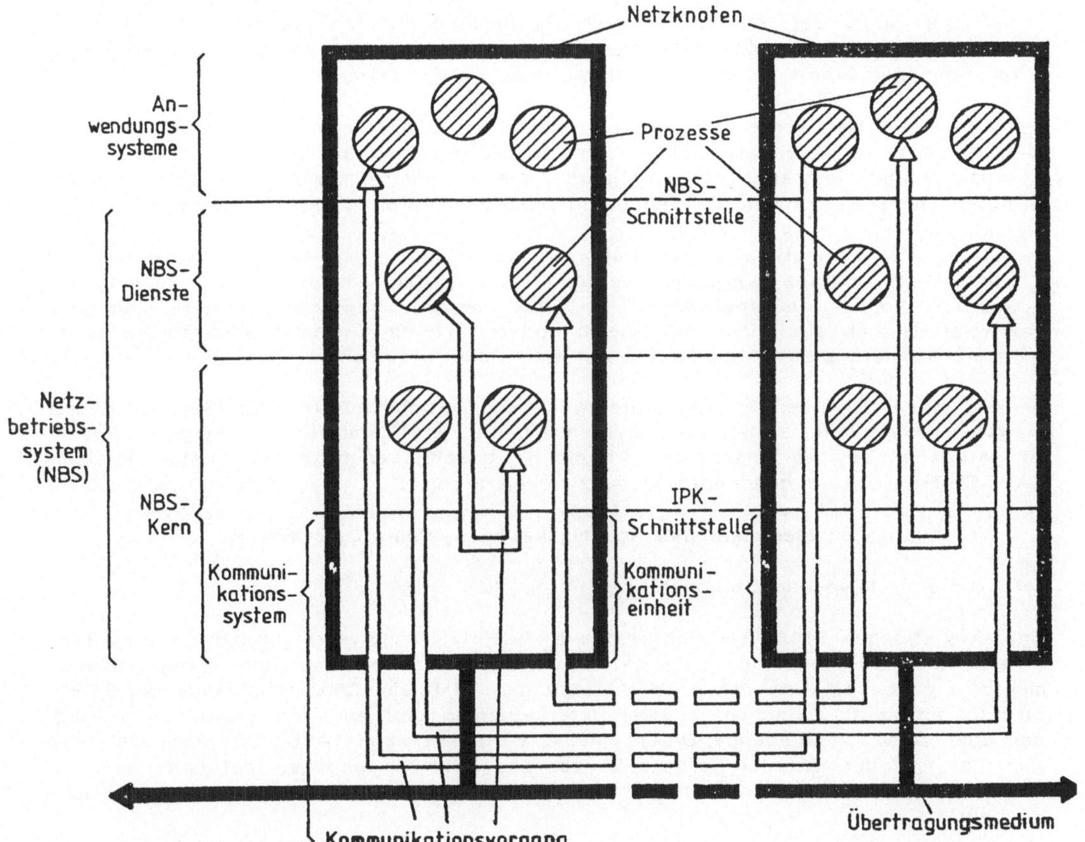

Abb. 1: Das Netzmodell

- Durch ein Übertragungsmedium verbundene physische Netzknoten beherbergen Prozesse und sind ausgestattet mit Kommunikationseinheiten, den knotenspezifischen Instanzen eines netzumspannenden Kommunikationssystems.

- Alle relevanten Betriebsmittel sind als Prozesse organisiert, die durch Auftragsbotschaften anderer Prozesse aktiviert werden.

- Wenn Prozesse miteinander kommunizieren, bedienen sie sich grundsätzlich der von der Kommunikationseinheit ihres Netzknotens bereitgestellten Funktionen. Diese IPK-('Inter-Prozeß-Kommunikations-')-Schnittstelle verbirgt vor den Prozessen, daß andere Prozesse auf anderen, räumlich entfernten Netzknoten lokalisiert sein können.

Die spezifischen Anforderungen an ein Kommunikationssystem für Labordatenverarbeitungs-Netzwerke lassen sich aus dem folgenden Szenario ableiten (vgl. Abb. 4):

- Eine Reihe von Unternetzwerken ist zusammen mit Einzelstationen (u.a. dem Subsystem 'Labordatenbank') an ein gemeinsames Verbindungsnetzwerk, den 'Laborbus', angeschlossen. Die Unternetzwerke bestehen aus Standardperipheriegeräten und Laborgeräten unterschiedlicher Provenienz.

- Manche Unternetzwerke verbinden aus Gründen der Bedienungsvereinheitlichung Stationen gleichen Typs, andere wiederum enthalten völlig verschiedene Laborautomaten, die gemeinsam ein komplexes Meßverfahren verwirklichen. Geräte mit hohem Durchsatz lassen sich so in ein autonomes Unternetzwerk einbetten, daß sie auch bei Ausfall anderer Systemkomponenten weiterarbeiten können. Intensive lokale Kommunikation innerhalb einer Gruppe von Stationen ist ein weiterer typischer Grund für die Einrichtung eines Unternetzwerks.

- Ein Teil der Netzwerke kommuniziert unidirektional mit genau einem weiterverarbeitenden Netzwerk; andere liefern nicht nur Ergebnisse ab, sondern nehmen auch Aufträge und Geräteparameter entgegen. Wieder andere, die mit seltenen Betriebsmitteln ausgestattet sind, bieten deren Benutzung allen anderen Netzwerken an.

- Relativ oft geschieht es, daß Laborautomaten aus einem Unternetzwerk entfernt und in ein anderes eingefügt werden. Aus organisatorischen und technischen Gründen können Unternetzwerke hin und wieder stillgelegt werden. Manchmal erweist es sich als notwendig, sie in andere Orte im Gesamtsystem zu transportieren: Insofern stellt Abbildung 4 nur eine 'Momentaufnahme' dar.

Der mit dieser Schilderung angedeuteten Kommunikationsvielfalt einen Satz effizienter Dienstleistungsfunktionen an einer systemeinheitlichen Schnittstelle entgegenzusetzen, ist Aufgabe des im nächsten Abschnitt beschriebenen Kommunikationssystems LABORINTH ('Lokale busorientierte Netzwerkhierarchie').

2. Die wichtigsten Merkmale des Kommunikationssystems LABORINTH

2.1. Untersysteme und Stationen

Charakteristisches Strukturelement eines LABORINTH-Netzwerks ist das Untersystem. Untersysteme werden über zunächst nicht näher zu beschreibende 'Kopplungselemente' ('gateways') so miteinander verbunden, daß eine zusammenhängende Baumstruktur entsteht: Zwischen je zwei Untersystemen gibt es dann genau einen Pfad, der über dazwischenliegende Untersysteme verlaufen kann (Abb. 2). Kein Untersystem ist von der Struktur her als Wurzel des Baumes ausgezeichnet (was eine auf höherer Ebene zu begründende Bildung einer 'funktionellen Hierarchie' nicht ausschließt).

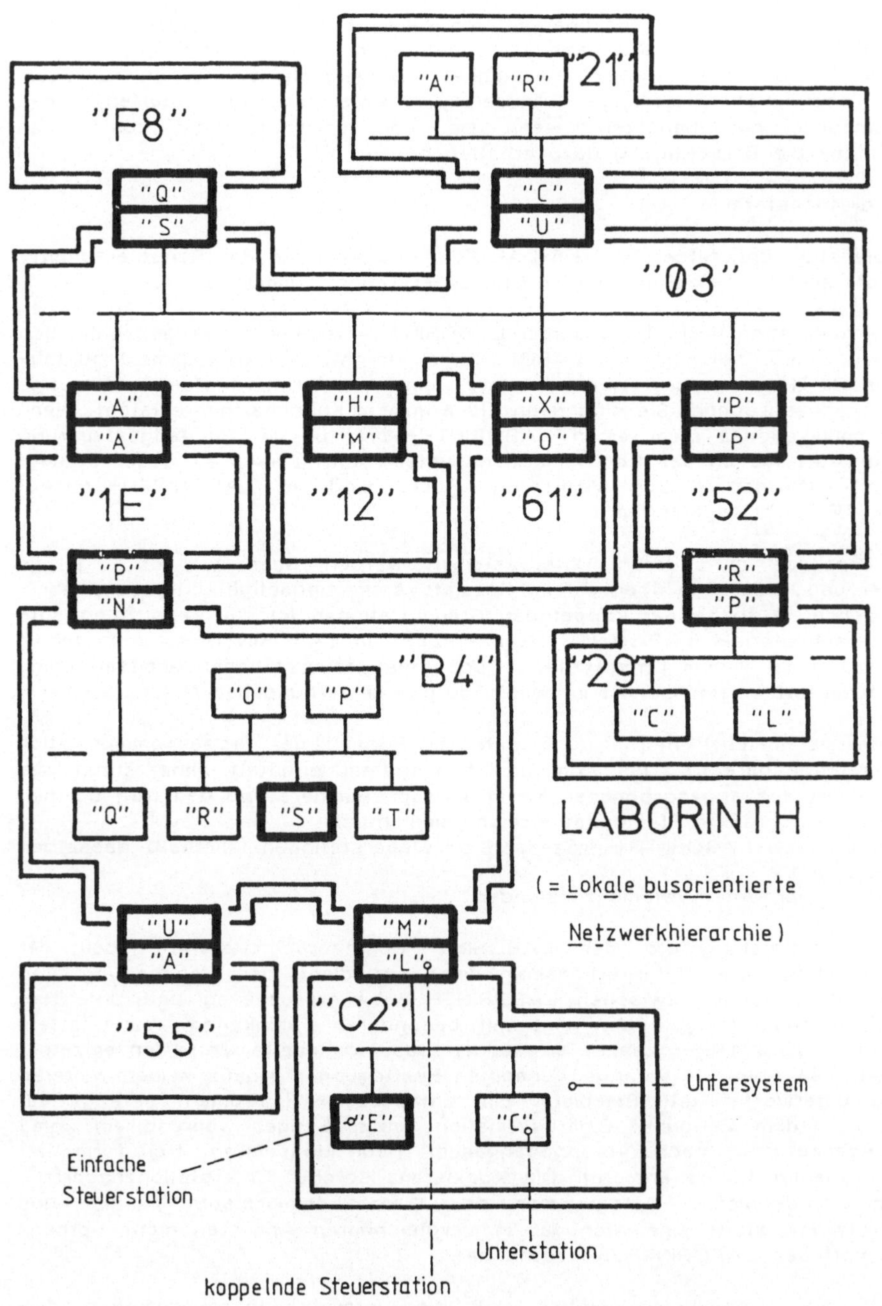

Abb. 2: LABORINTH: Gesamtsystem, Untersysteme, Stationen, Namen

Grundsätzlich beschränkt das Kommunikationssystem LABORINTH nicht die Topologien und Übertragungsmedien der Untersystem-Netzwerke. Seine

Schichtenarchitektur erlaubt es, unabhängig von deren Eigenschaften das Verhalten zweier Stationsklassen auf Benutzerebene zu definieren. Ihre Vertreter werden als 'Steuerstationen' und 'Unterstationen' bezeichnet. Steuerstationen können zu jedem Zeitpunkt Kommunikationsvorgänge initiieren, Unterstationen dürfen das Übertragungsmedium nur benutzen, wenn sie von einer für sie zuständigen Betreuungsinstanz die Berechtigung dazu erhalten haben.

2.2. Kommunikationsformen

Die beiden Dienstleistungsfelder, die ein LABORINTH-System an der Benutzerschnittstelle anbietet, sind Prozeßkommunikation und Unterstationskommunikation.

Die Prozeßkommunikation verläuft zwischen LABORINTH-Prozessen, die ausschließlich Steuerstationen zugeordnet sind und LABORINTH-Nachrichten ('Datagramme') austauschen. LABORINTH-Prozesse werden über eine im Untersystem eindeutige Prozeßnummer angesprochen. Sie sind dann als Kommunikationspartner existent, wenn sie dem Kommunikationssystem einen LABORINTH-Port für die Empfangssteuerung benennen. Für Aufträge an das Kommunikationssystem stellt dieses auf jeder Steuerstation einen Auftragsport zur Verfügung. Ports sind im LABORINTH-Konzept grundsätzlich FIFO-Warteschlangen.

LABORINTH-Prozesse in anderen Untersystemen werden über ihre dort gültige Prozeßnummer und zusätzlich über die im Gesamtsystem eindeutige Untersystemnummer angesprochen. Aufgabe der koppelnden Steuerstationen ist die Vermittlung solcher grenzüberschreitender LABORINTH-Nachrichten. Im LABORINTH-Konzept gehört jede Station zu genau einem Untersystem. Koppelnde Steuerstationen besitzen demgemäß die Steuerstationseigenschaft in beiden durch sie verbundenen Untersystemen.

Die (aus Untersystemsicht) internen und externen Formen der Prozeßkommunikation sind zuordnungstransparent: Das Kommunikationssystem ermittelt ohne Zutun des Benutzers den Ort des angesprochenen Kommunikationspartners und den Weg dorthin. Damit wird uneingeschränkte Flexibilität erreicht hinsichtlich

- der Zuordnung von LABORINTH-Prozessen zu Steuerstationen innerhalb desselben Untersystems und
- der Anordnung der Untersysteme zueinander.

Das zweite Dienstleistungsfeld der LABORINTH-Benutzerschnittstelle neben der Prozeßkommunikation, die Unterstationskommunikation, dient der Handhabung von 'Master-Slave'-Beziehungen zwischen LABORINTH-Betreuerprozessen und Unterstationen. Die Betreuerprozesse bilden eine mit besonderen Fähigkeiten ausgestattete Teilmenge der LABORINTH-Prozesse: sie kennen das individuelle Verhalten einzelner Unterstationen, das über die anfangs genannten Festlegungen hinaus keinen weiteren Konventionen unterworfen ist. Beispiele: Ein einfaches Meßinstrument erzeugt auf Anforderung zu jedem Zeitpunkt Binärinformation fester Länge, während ein komplexer Analysenautomat nach vorangegangenem Bedienungsdialog frei formatiert ASCII-Texte variabler Länge anbietet. Die Koexistenz solcher Unterstationsnachrichten mit den wohldefinierten Datagrammen oder Prozeßkommunikation in ein- und demselben Netzwerk stellt eine wichtige, in vergleichbaren Ansätzen nicht vorhandene Eigenschaft des LABORINTH-Konzepts dar.

Im Gegensatz zur Prozeßkommunikation muß die Unterstationskommunikation dem Benutzer die Möglichkeit geben, Stationen innerhalb des eigenen Untersystems zu benennen. Alle Stationen in einem LABORINTH-Netzwerk tragen aus diesem Grund eine untersystemeindeutige Stationsidentifikation; die Identifikation der Steuerstationen verbirgt das Kommunikationssystem vor dem Benutzer.

2.3. Innere Struktur

Oberste Ziele beim Einkauf des Kommunikationssystems LABORINTH waren [4]:

- die Anlehnung an das ISO-OSI-Referenzmodell [9], ohne dabei der Gefahr der 'Überstrukturierung' anheimzufallen,
- die exemplarische Verwirklichung des 'Zweiklassenprinzips' und
- die Implementierbarkeit als 'guest layer' über einem einfachen botschaftsorientierten Mehrprozeßbetriebssystem für Standardmikrorechner.

Abbildung 3 zeigt am Beispiel einer einfachen (d.h. nichtkoppelnden) Steuerstation die Schichtenstruktur.

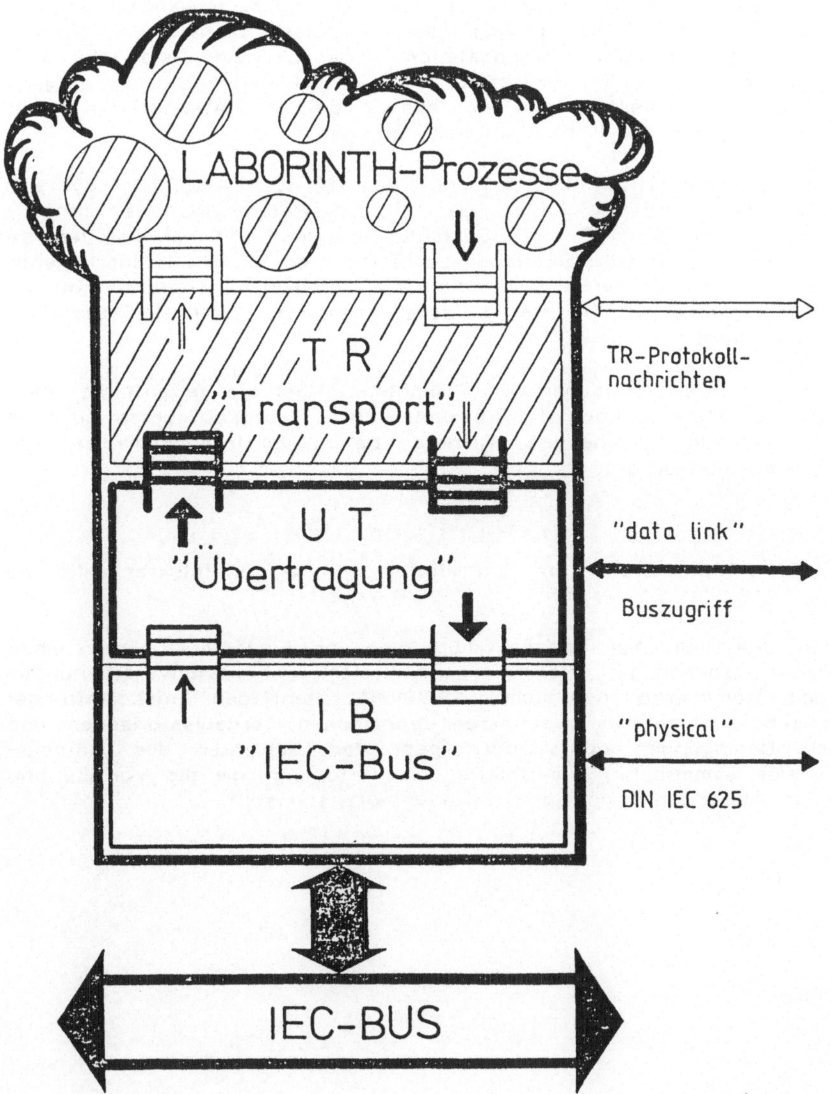

Abb. 3: 'Einfache' ('nichtkoppelnde') Steuerstation: Die Protokollschichten

Die medienunabhängige TR-('Transport')-Schicht, deren 'obere' Schnittstelle, die TR-Schnittstelle, identisch ist mit der Benutzerschnittstelle des Kommunikationssystems LABORINTH, offeriert TR-Dienste u.a.

- für den Transport von LABORINTH- und Unterstationsnachrichten,
- für die Vermittlung von Kurznachrichten ('Alarmen') zwischen Unterstationen und Betreuerprozessen und
- für die Erstellung der 'Betreuungsrelation'.

Nach den Maßstäben des ISO-OSI-Referenzmodells umfaßt die TR-Schicht typische Funktionen der Schichten 4 ('Transport') und 5 ('Session'). In koppelnden Steuerstationen ist die TR-Schicht zusätzlich mit Elementen der ISO-OSI-Netzwerkschicht angereichert.

Die TR-Funktionen bedienen sich der an einer ebenfalls noch medienunabhängigen Schnittstelle angebotenen UT-('Übertragungs')-Dienste. Diese Dienste werden von medienabhängigen Schichten erbracht. Grundsätzlich können beliebige Netzwerke (z.B. auch mit Sterntopologie: 'GMDS-Schnittstelle') in LABORINTH-Systemen Eingang finden, doch unterstützen Busstrukturen am besten die im LABORINTH-Konzept angestrebte Flexibilität gegenüber Konfigurationsänderungen.

In der in Abschnitt 3 vorgestellten 'IEC-Bus-Variante' [6] des LABORINTH-Systems trägt die unterste, dem 'Physical Layer' des ISO-OSI-Referenzmodells entsprechende Schicht den Namen IB-('IEC-Bus')-Schicht. Ihre IB-Funktionen bereiten die von der IEC-Bus-Norm induzierten Operationen zu IB-Diensten für die darüberliegende UT-Schicht auf. Die UT-Funktionen verwirklichen u.a. ein Netzzugangsprotokoll für den CIC ('Controller-in-Charge') Transfer zwischen mehreren 'Controller'-Stationen in einem IEC-Bus-Netzwerk.

Ports bilden die Schnittstellen zwischen den Schichten. Über sie verläuft die 'vertikale' Kommunikation. TR-Protokoll, UT-Protokoll und IB-Protokoll führen mit Hilfe der ihnen zur Verfügung stehenden Dienste bzw. Übertragungsmedien die 'horizontale' Kommunikation durch.

3. Eine LABORINTH-Pilotinstallation im Zentrallabor des Universitätskrankenhauses Erlangen

Abb. 4 gibt einen Überblick über Umfang, Topologie und Einzelkomponenten eines für das Universitätskrankenhaus Erlangen projektierten Labordatenverarbeitungssystems. Mit dem Kommunikationssystem LABORINTH steht den Entwicklern der anwendungsspezifischen, von den besonderen technischen, organisatorischen und wissenschaftlichen Bedingungen des Labors geprägten Schichten des Automatisierungssystems eine einheitliche Schnittstelle zur Verfügung, die die Vorteile und Möglichkeiten der in Abbildung 4 gezeigten Struktur nutzbar macht.

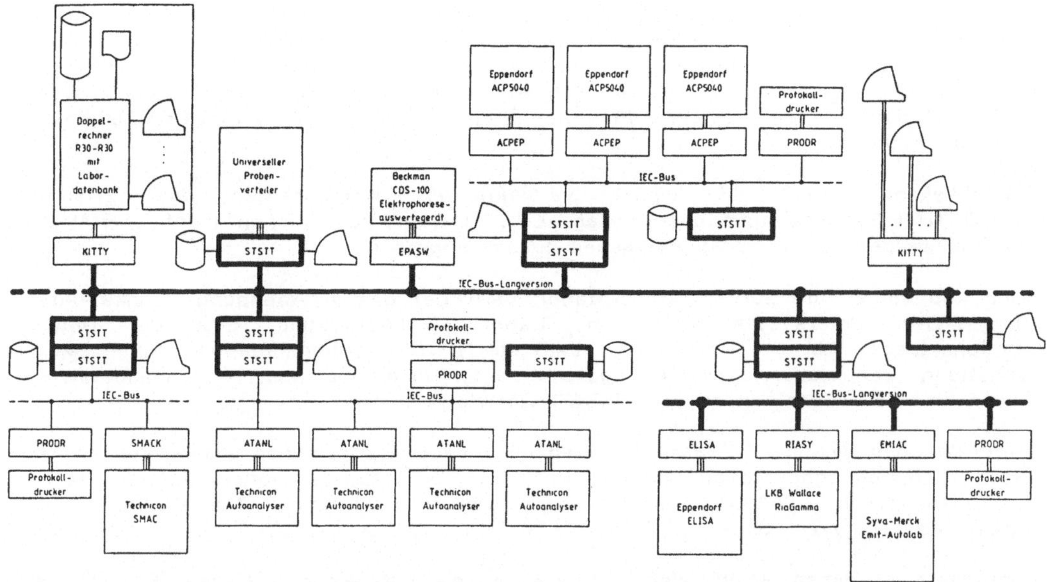

Abb. 4: Ein typisches LABORINTH-System (projektiert für das Zentrallabor des Universitätskrankenhauses Erlangen)

Das universelle Software-Bauelement 'LABORINTH-Prozeß' dient dabei nicht nur der relativ 'hardwarenahen' Einbindung individueller Laborautomaten und Standardperipheriegeräte, sondern ermöglicht darüber hinaus die Konstruktion 'höherer' Software-Subsysteme u.a.

- für die Realisierung komplexer Meßverfahren,
- für die Präsentation von Resultaten,
- für die Dialogführung mit dem Bedienungspersonal,
- für die Steuerung des Verkehrs mit der 'Labordatenbank',
- für Dokumentation und Sicherung von Ergebnissen und
- für die Erstellung von Berichten über Verfügbarkeit, Güte und Auslastung einzelner Komponenten.

Wenn auch die Verwirklichung der letztgenannten Möglichkeiten zukünftigen Arbeiten vorbehalten ist, so zeigt doch eine Reihe von konkreten Ergebnissen bereits zum gegenwärtigen Zeitpunkt die Praktikabilität des LABORINTH-Konzepts (und insbesondere der realisierten IEC-Bus-Version):

- Parallel und weitgehend voneinander entkoppelt konnten auf Grund der 'Zwei-Stationsklassen'-Eigenschaft einzelne dedizierte Unterstationen und das vollständige LABORINTH-Struktur- und Protokollkonzept entwickelt werden.
- Als Unterstationen konzipierte Laborautomaten konnten vor ihrer Integration in das Gesamtsystem im IEC-Bus-'stand-alone'- Betrieb und in tischrechnergesteuerten Konfigurationen auf funktionelle und ergonomische Eigenschaften hin überprüft werden.
- Zeitweilige Koexistenz und 'fließender' Übergang zwischen dem vorhandenen SILAB-Automatisierungssystem und dem neuen LABORINTH-Konzept wurden dadurch erleichtert, daß die ursprüngliche Zentralinstanz, eine Doppelrechnerkonfiguration, die auch die Labordatenbank beherbergt, aus der Sicht des LABORINTH-Automatisierungssystems nurmehr Unterstationscharakter besitzt (Abb. 4).

- Die IEC-Bus-Version des Kommunikationssystems LABORINTH wurde als 'guest layer' über dem Mikrorechner-Betriebssystem Inter RMX80 auf einem 8085-Mikrorechner implementiert: Für die Kommunikationseinheit einer einfachen LABORINTH-Steuerstation ergeben sich ein Codeumfang von ca. 14 kByte und ein RAM-Bedarf von ca. 3 kByte. Für koppelnde Steuerstationen sind diese Zahlen zu verdoppeln.

Abschließend seien die bisher verwirklichten Komponenten des Erlanger LABORINTH-Systems kurz beschrieben. LABORINTH-Unterstationen identischen Verhaltens werden zu Unterstationsklassen zusammengefaßt:

Eine koppelnde 'file server'-Steuerstation verbindet das in Abbildung 4 links unten dargestellte Untersystem mit dem 'Laborbus'-Untersystem. Eine der Unterstationsklasse 'SMACK' zugehörige LABORINTH-Unterstation adaptiert unter Vorschaltung zahlreicher Verarbeitungsfunktionen einen Vielkanal-Analysenautomaten SMAC der Fa. Technicon an das LABORINTH-Netzwerk.

Unterstationen der 'KITTY'-Klasse führen die Umsetzung zwischen einem asynchronen bitseriellen Leitungsprotokoll und den für LABORINTH-Unterstationen gültigen Protokollregeln durch. 'ATANL'-Unterstationen steuern im Erlanger Zentrallabor Technicon-'Autoanalyzer'-Systeme [5].

Einfachere Aufgaben erfüllt eine Unterstation, die Mitglied der Klasse 'EPASW' ist und vorformatierte Meßergebnisse aus einem Elektrophorese-Auswertegerät der Fa. Beckman an ihren Betreuerprozeß überträgt.

Drei Automaten vom Typ ACP5060 der Fa. Eppendorf bilden zusammen mit Standardperipheriegeräten ein autonomes Untersystem.

Die Mikrorechner der 'EPASW'- und 'KITTY'-Unterstationsklassen stellen Beispiele für besondere einfache LABORINTH-Unterstationen dar. Ihr Codeumfang beträgt ca. 2 - 4 kByte; davon umfassen die LABORINTH-spezifischen Anmeldungs- und Kommunikationsfunktionen weniger als 1 kByte.

Im 'Laborbus'-Untersystem wird derzeit eine parallele 'IEC-Bus-Langversion' mit einer Übertragungsrate von ca. 1,5 kByte/s bei einer Maximaldistanz von ca. 1000 m eingesetzt [11].

Literatur

1. Beckert, D.: Standardisierung von Schnittstellen und Datenübertragung bei der Integration von Meßplätzen und Funktionseinheiten in der Medizin. In Schneider, B., Schönenberger, R. (Hrsg.): Datenverarbeitung im Gesundheitswesen - Erreichtes und Geplantes, S. 131-137. Berlin-Heidelberg-New York: Springer 1976.

2. Dessy, R.E. (Edit.): Local area networks: Part II. Analyt. Chem. 54 (1982) 1295-1306.

3. Dietsch, H.: Design of a decentralized multi-microcomputer system for data acquisition in a clinical laboratory. In Kaiser, W.A., Proebster, W.E. (Eds): From Electronics to Microelectronics. Amsterdam: North-Holland 1980.

4. Dietsch, H.: Ein verteiltes Kommunikationssystem für einen Verbund aus lokalen Mikrorechner-Netzwerken. Interner Bericht. Lehrstuhl f. Techn.Elektronik (INF FG 9) der Universität Erlangen-Nürnberg 1983.

5. Dietsch, H., Schütz, W., Unger, G.: Ein Mikrorechner für die Eingliederung eines Analysenautomaten in dezentral organisierte Laborautomatisierungssysteme. In Horbach, L., Duhme, C. (Hrsg.): Nachsorge und Krankheitsverlaufsanalyse, S. 365-371. (Med. Informatik und Statistik, Band 28). Berlin-Heidelberg-New York: Springer 1981.

6. DIN IEC 625-1: Byteserielles bitparalleles Schnittstellensystem für programmierbare Meßgeräte. Berlin: Beuth 1982.

7. Helb, H.-D., Assmann, G.: Ein neues Konzept für Labordatenverarbeitung. Datenverarb. Forsch. Med., Suppl. 1982, 9-21.

8. Hofmann, F., Holleczek, P.: Prozessrechnereinsatz in der Laborautomatisierung. GIT-Fachz. Lab. 1979, 1103-1105.

9. ISO/TC97/SC16: ISO/DP 7498, Data Processing - Open Systems Interconnection - Basic Reference Model. 1982

10. Körber, K., Werzinger, G.: Das Modell SIM-LAB. Simulation eines klinisch-chemischen Laboratoriums. Arbeitsberichte des IMMD der Universität Erlangen 1977.

11. Ögrük, E., Schütz, W., Spinnler, K.: Eine IEC-Bus-Langversion für das lokale Netzwerk LABORINTH. Interner Bericht. Informatik-Forschungsgruppe 9 der Universität Erlangen-Nürnberg 1983.

12. Randle, W.C., Kerth, N.: Microprocessors in instrumentation. Proc. IEEE 66 (1978) 173-181.

10. SPRACHEN UND GRAMMATIKEN

Aus der Med. Abteilung der Hoechst AG, Frankfurt

Syntax-orientierte Interfacegestaltung für Datenbanken

R. Blomer

Einleitung

Die klinische Prüfung von Arzneimitteln stellt hohe Anforderungen an Versuchsplanung, Statistik und Datenverarbeitung: Wirksamkeit und Unbedenklichkeit eines Präparates müssen aufgrund von vorgegebenen Einflußgrößen und beobachteten Kontroll- und Antwortvariablen sichergestellt werden. Mit ihrer methodischen Weiterentwicklung und ihrer quantitativen Ausweitung rücken die Aufgaben der Datenverarbeitung immer mehr in den Vordergrund. Neue Dimensionen der Datenhaltung und des Datenmanagements wurden bzw. werden erforderlich. Wege, wie sie die erste Generation von Auswerteprogrammen beschritt - nämlich Batchverarbeitung eines Stapels, bestehend aus Programm und Datenkarten - sind obsolet geworden.

Die zweite Generation, die statistische Programmpakete mit Zugriffsmöglichkeiten auf Datenfiles kannte, wo aber bei jedem Zugriff die entsprechende Formatierung nötig war und die die Vereinigung von Untermengen von Daten aus verschiedenen Studien nur schwerlich zuließ, wird jetzt abgelöst von der dritten Generation. Diese dritte Generation von projektintegrierbaren Auswertesystemen besorgt die Datenhaltung nicht mehr heterogen über Dateien ohne Zugriffsmöglichkeiten auf deren Datenbeschreibung, sondern baut auf Datenbanken und deren Schnittstellen auf, wobei eine der wichtigsten die Verbindung zwischen Methodenbereich und Datenhaltung ist. Die von den Herstellern im Zusammenhang mit Datenbanken angebotenen Schnittstellen weisen jedoch auch heute noch nicht immer die applikationsspezifischen und arbeitsplatzgerechten Eigenschaften auf, die ein optimales Arbeiten bei routinemäßigem Einsatz benötigt. Hier können Eigenentwicklungen wesentliche Verbesserungen hinsichtlich der Gesamteffizienz eines Systems bringen, falls die Entwicklungsarbeiten selbst in vertretbaren Größen gehalten werden können. Voraussetzung dafür ist die Kenntnis, Beherrschung und Anwendung moderner Softwaretechnologie, insbesondere von Techniken des Übersetzerbaus.

Syntaxorientierte Implementierung

Das Grundprinzip des Übersetzerbaus ist es, den Übersetzer für eine Sprache aus deren Grammatik automatisch zu erzeugen. Die Methodik dafür ist weitgehend bekannt. Was man auf dem Softwaremarkt weniger findet, sind die entsprechenden Systeme, die aus einer vorgegebenen Grammatik den Übersetzer erzeugen. Das praktische Vorgehen für die Implementierung einer Schnittstelle zerfällt dabei in folgende Schritte:

- Problemanalyse
- exakte, operationale Definition der gewünschten Schnittstelle und ihrer Repräsentation
- Aufstellen einer geeigneten Grammatik
- Generieren des lexikalisch und syntaktischen Analysators (Scanner und Parser) aus der Grammatik
- Hinzufügen der semantischen Routinen
- Optimierung
- Test

Der Typ der Grammatik wird bestimmt von dem zur Verfügung stehenden, den Übersetzer erzeugenden System. Wir haben gute Erfahrungen mit einem SLR(1)-Parser-Generator gemacht, der selbst in FORTRAN IV geschrieben ist und der Scanner und Parser als FORTRAN IV Sourceprogramme liefert. Seine Praktikabilität beruht

vor allem auch darauf, daß die Übersetzertabellen komprimiert als Liste dargestellt werden. Dadurch eignet er sich auch für Implementierungsarbeiten auf adresslimitierten 16-Bit Mini- und Microrechnern.

Beispiel: Eine einfache Datenprüfsprache

Als praktisches Beispiel für das beschriebene Vorgehen sei hier die Implementierung einer einfachen Datenprüfsprache als Interface zu einer Datenbank für klinische Studien skizziert.

Das hier angesprochene Datenbankmanagementsystem (AKS2) wurde, aufbauend auf die Datenbank IMAGE von Hewlett Packard, nach relationalen Vorstellungen entwickelt und auf einer HP3000 implementiert. Es stellt das zentrale Instrument der Datenhaltung und Datenverwaltung für klinische Studien der HOECHST AG dar.

Eines der Entwicklungsziele war es, konzeptuelle und terminologische Mittel zu schaffen, um die Verständigung zwischen den Projektpartnern - Medizinern, Statistikern und Informatikern - exakt, zumutbar und uneingeschränkt möglich zu machen. Aus diesem Grunde wird beispielsweise auch eine Relation der Datenbank synonym mit Fragebogen benannt und die Schema-Definition begrifflich als Fragebogendefinition eingeführt. Ein gedruckter Fragebogen ist der Repräsentant des Schemas einer Relation. Er enthält Items (Fragebogenpositionen), die durch

- Datentyp (INTEGER, REAL, TIME, CODE etc.)
- Speichereigenschaften (KEY etc.) und
- Layouteigenschaften (Anordnung, Länge, Schattierung etc.)

charakterisiert sind. Layouteigenschaften werden eingeführt, um direkt aus der Datendefinition einer Relation ihre Darstellung als Fragebogen in optisch gefälliger Form drucken zu können.

Die Daten einer Studie werden erfaßt im STUDY BOOK, das aus Fragebogen (Case Record Forms) besteht. Die Fragebogen werden präparatespezifisch, ähnlich wie in PASCAL der Record, als höhere Datentypen definiert. Bei der Studiendefinition zu einem Präparat kann man sich auf die präparateeigenen Fragebogentypen beziehen und eine Untermenge aus ihnen als STUDY instantiieren.

Formal kann dieser Sachverhalt folgendermaßen beschrieben werden:

Zu jedem Präparat P exisiert eine erweiterbare Menge F^P von Fragebogen

$$F^P = F_1^P, \ldots, F_n^P$$

Eine Studie S^P zu einem Präparat P wird charakterisiert durch die Untermenge

$$S^P = F_1^{PS}, \ldots, F_K^{PS}$$

von instantiierten Fragebogentypen F_i^P.

Schlüssel innerhalb eines Fragebogens sind normalerweise:

- Untersucher (investigator)
- Patient (patient)
- Zeitpunkt (visit).

Für eine derart strukturierte Datenbank soll nun eine Datenprüfsprache entwickelt werden mit folgenden Eigenschaften:

1) Sie ist für jeden der drei Partner - Mediziner, Statistiker und Informatiker - lesbar und verständlich.

2) Sie verwendet die Bezeichner aus den Fragebogen, d.h. man kann z.B. Alter mit ALTER und Blutdruck mit BLUTDRUCK usw. ansprechen, falls dies die entsprechenden Namen im Fragebogen sind.

3) Sie ist mächtig genug, um die üblichen Protokoll- und Plausibilitätsbedingungen abprüfen zu können.

4) Die Datenprüfung wird studienspezifisch durchgeführt.

Ein Datenprüfprogramm wird daher aus zwei Teilen bestehen:

a) einer Bereichsabgrenzung (SCOPE-PART)
b) einem Prüfteil (IF-THEN-PART)

Erinnern wir uns an die Struktur der Datenbank, dann wird klar, daß in der Bereichsabgrenzung angegeben werden muß

- um welches Präparat es sich handelt,
- welche Studie angesprochen werden soll,
- aus welchen Fragebogen Daten überprüft werden sollen,
- welche Untersucher,
- Patienten und
- Zeitpunkte berücksichtigt werden.

Der Prüfteil hat in einfachster Form das Aussehen

if CONDITION then print ACTION-LIST,

wobei der Prüfteil im allgemeinen aus mehreren if-then print-Konstrukten bestehen kann.

Als CONDITION wollen wir beliebige BOOLE'sche Ausdrücke, die durch Verknüpfung, von BOOLE'schen Variablen oder Termen mit den Operatoren

or, and, xor (exklusives oder) und not

gebildet werden können.

Als BOOLE'sche Terme lassen wir, wie üblich, alle Konstrukte der Art

AEXP rel AEXP

zu, wobei AEXP einen beliebigen arithmetischen Ausdruck aus numerischen Variablen der Sprache und rel einen der Relatoren

<, <=, =, >=, >, <>

darstellen und wobei Synonyma zugelassen sein sollen.

Im Falle von Variablen des Datentyps DATE soll beispielsweise 'before' anstatt '<' verwendet werden können. Also würde etwa in der Frage, ob das erfaßte Datum

des Studienendes END vor dem eingetragenen Studienbeginn BEGIN lag, so formuliert werden:

```
if END before BEGIN then print ....,
```

wobei BEGIN und END die entsprechenden Bezeichner aus dem im SCOPE-PART definierten Fragebogen sind.

Weiterhin muß sichergestellt werden, daß Items aus verschiedenen Fragebogen innerhalb einer Studie eindeutig angesprochen werden können. Zu diesem Zweck müssen Qualifizierungen mit dem entsprechenden Fragebogennamen möglich sein. Also würde etwa

```
if F1.DATUM before F2.DATUM
```

danach fragen ob der Wert des Items DATUM aus Fragebogen F1 im betrachteten Fall zeitlich vor dem Wert des Items mit demselben Namen im Fragebogen F2 liegt.

Die ACTION-LIST wird im wesentlichen aus einer Liste von Meldungen bestehen, die bei erfüllter CONDITION ausgegeben wird.

Damit haben wir unsere Prüfsprache deskriptiv skizziert.

Ein Programm in unserer Prüfsprache soll nun so aussehen:

```
Programm                              Erläuterung

start check 'Beispiel 1';             /* Markierung für Programm-
                                      /* beginn, Titel

scope                                 /* Beginn der Bereichsdefinition
  drug = P,                           /* berücksichtigtes Präparat P
  study = S,                          /* davon Studie S
  crf = F1,                           /* darin Fragebogen F1
investigator = 1..3,                  /* untersuche Daten von
                                      /* Untersucher 1 bis 3
  patient,                            /* alle Patienten davon
  visit = First                       /* aber nur deren 1. Besuch
end scope;                            /* Ende der Bereichsdefinition

if BIRTHDATE after 1/1/69             /* erste Prüfbedingung
  then print 'too young';             /* Ausdruck: Kommentar

if year (ADMISSION-BIRTHDATE) <18     /* zusammengesetzte Prüfbedingung
  and WEIGHT 100
  then print 'check weight',          /* ACTION-LIST:
  'weight =' weight,                  /* Kommentare, Variable,
  'age = ',                           /* Funktionen
year (ADMISSION-BIRTHDAY);

end check;                            /* Ende des Prüfprogramms
```

Wie sieht nun eine Grammatik für diese skizzierte Sprache aus? Sie ist aufgrund unserer Vorarbeit relativ leicht zu formulieren. Die Statements können aus einem

Startsymbol START folgendermaßen hergeleitet werden:

```
Grammatik:

START           ---> HEADER
                ---> SCOPE-PART
                ---> IF-THEN-PART
                ---> TRAILER
HEADER          ---> start check STRING

SCOPE-PART      scope RANGE-LIST end scope
RANGE-LIST      RANGE-LIST, RANGE
RANGE           drug = ID
                study = ID
                crf = CRF-RANGE
                .
                .
                .

IF-THEN-PART    if CONDITION THEN-PART
CONDITION       BOOL=EXP
BOOL-EXP
                .
                .
                .

THEN-PART       then print ACTION-LIST
ACTION-LIST
                .
                .
                .
TRAILER         end check STRING
```

wobei wir hier der Übersicht halber auf die Entwicklung der Zwischensymbole BOOL-EXP und ACTION-LIST verzichtet haben.

Mit Aufstellen der Grammatik ist das Übersetzerproblem soweit es die lexikalische und syntaktische Analyse und das Erstellen des Syntaxbaumes betrifft gelöst, denn das besorgt fehlerfrei der Parsergenerator. Natürlich bleibt immer noch einige Implementierungsarbeit übrig. Für unser Beispiel ist sie aber relativ leicht zu bewältigen.

Es ergibt sich noch ein weiterer Vorteil aus diesem Vorgehen: Neben einer klaren und eindeutigen Definition der Sprache haben wir in der Grammatik zugleich auch ihre Dokumentation.

Schlußbemerkung

Ohne Übersetzer-erzeugende Systeme ist moderne Softwareentwicklung nicht mehr denkbar. Die dabei verwendeten Techniken schulen abstrahierendes Denken. Sie unterstützen und fordern weitestgehend modulares, strukturiertes und damit durchschaubares Vorgehen bei der Systementwicklung, was der Erstellungs- und Ablaufeffizienz zugute kommt.

Literatur

1. Aho, A.V., Ullman, J.D.: Principles of Compiler Design. Reading: Addison-Wesley 1977.

2. Blomer, R.: Formale Beschreibung von Datenerhebungsbogen für klinisch-therapeutische Studien als Grundlage für ein Datenmanagement-System. Statist. Softw. Newsl. 5 (1979) 104-107.

3. Blomer, R., Cerny, J. Stutz, M. et al.: Concept and realization of a statistical data base system for clinical trials. In International Statistical Institute (Edit.): Proceedings of the 43rd Session of ISI, Buenos Aires, 1981, pp. 145-148.

4. Blomer, S., Blomer, R.: A high level language for retrieval and processing of data from medical questionnaires. In Shires, D.B., Wolf, H. (Eds): Medinfo 77, p. 1085. Amsterdam: North-Holland 1977.

5. Wirth, N.: Compilerbau. Stuttgart: Teubner 1977.

Aus der Abteilung Zentrale Datenverarbeitung (Leiter: Priv.-Doz. Dr. C.O. Köhler), Deutsches Krebsforschungszentrum Heidelberg, Institut für Dokumentation, Information und Statistik (Direktor: Prof. Dr. G. Wagner)

TABLET

ein interaktives System zur Erfassung und Auswertung graphischer Objekte

M. Hennige, H.P. Meinzer

Einleitung

In der biologisch-medizinischen Forschung gibt es häufig Probleme, die auf die Vermessung von Längen, Flächen und Volumen hinauslaufen. So interessieren u. a. die Längen von DNA und RNA-Fragmenten, die durch das Schneiden mit Enzymen entstanden sind und elektronenmikroskopisch gewonnen wurden. Flächenmessungen können im Zusammenhang mit tomographischen Untersuchungen eine Rolle spielen. Hat man eine Serie paralleler, äquidistanter Schnitte von Organen oder Zellen aus Gewebsschnitten, so lassen sich Aussagen über deren Lage und Volumen machen.

Bisher werden für die Vermessung einfache Geräte verwendet, die keine visuelle Kontrolle der Aufnahmen zulassen und für jede Digitalisierung nur einen Wert, d.h. eine Zahl, ausdrucken. Wenn die Analyse größerer Mengen von Objekten nötig wird, so verliert der Forscher leicht den Überblick über seine Untersuchung, weil die Zuordnung Objekt-Ergebnis unzuverlässig ist. Die Auswertung der gewonnenen Daten erfolgt bisher in einem separaten Arbeitsgang.

Um die vorgenannten Engpässe zu umgehen, wurde am Deutschen Krebsforschungszentrum deshalb ein System entwickelt, das die Aufnahme, Speicherung und Auswertung von Längen, Flächen und Volumina ermöglicht. Die Aufnahme erfolgt durch Nachfahren der Objekte auf einem graphischen Tablet, wobei die gespeicherten Daten zur Kontrolle auf einem Bildschirm dargestellt werden. Eine kontrollierbare Verknüpfung der Objekte und ihrer Daten ist gegeben. Die Auswertung, meist einfache deskriptive Statistik, ist ebenfalls integriert. Am wichtigsten ist hier ein Balkendiagramm der Häufigkeitsverteilung. Das System ist dialogorientiert, d. h. der gesamte Ablauf von Aufnahme, Speicherung und Auswertung findet an einem graphischen Terminal statt, das mit einem Rechner gekoppelt ist.

Der Dialog zwischen Mensch und Maschine

Prinzipiell kann man vier verschiedene Methoden des Dialogs zwischen Mensch und Maschine unterscheiden. Eine davon ist der sequentielle Dialog, eine Folge von Fragen und Antworteerfahrene Benutzer schätzen diese Möglichkeit, aber sie erweist sich sowohl für den Benutzer als auch für den Entwickler als unflexibel. Ein komplexes Softwaresystem läßt sich damit überhaupt nicht steuern.

Die zweite Methode ist die Menü-Technik, wobei sich der Benutzer eine Aktion aus einer Menge möglicher am Bildschirm dargestellter Aktionen auswählt. Diese Methode sieht zunächst auch sehr attraktiv aus und kann dies für einfache Systeme auch sein. In dem Moment jedoch, wo eine größere Anzahl variabler Parameter vor der Ausführung eines Befehls eingegeben werden müssen, braucht man mehrere Menüs. Das Durchlaufen mehrerer hierarchisch geordneter Menümengen kann für Benutzer sehr verwirrend sein.

Für die Eingabe großer Mengen variabler Eingaben sind formatierte Bildschirme besser geeignet. Hier werden vorgegebene Felder in der Art üblicher Formulare ausgefüllt.

Die Steuerung aktionsreicher Systeme ist mit dieser Methode weniger günstig.

Die vierte Methode, einen Dialog zu führen, ist die Verwendung einer Kommandosprache. Für eine bestimmte Anwendung werden alle notwendigen Funktionen als eigenständige Kommandos verfügbar gemacht. Die Menge aller notwendigen Befehle ergibt eine anwendungsorientierte Sprache. Als Beispiel für Sprachen solcher Art seien die Textbearbeitungssysteme (Editoren) erwähnt, die praktisch auf jeder Maschine vorhanden sind. Der Nachteil eines solchen Verfahrens ist der im Vergleich zu den anderen Methoden höhere Aufwand für die Schulung der Benutzer. Sobald ein Anwender sich jedoch mit den wichtigsten Befehlen einer Sprache vertraut gemacht hat, werden ihm die Vorteile der Kommandosprachen einleuchten.

Sowohl der Benutzer als auch der Systementwickler profitieren von der Flexibilität und Modularität einer solchen Sprache, die man auch einen problemorientierten Interpreter nennen kann [4].

Von den aufgezählten Verfahren haben wir uns aus einleuchtenden Gründen für die Verwendung von Befehlssprachen entschieden [5]. Die notwendigen Hilfsmittel zur Herstellung solcher Sprachen stehen in unserem Institut zur Verfügung [1,7].

Die Sprache TABLET

TABLET [3] ist eine Kommandosprache. Die Befehle lassen sich im wesentlichen in 2 Gruppen zusammenfassen:

- 2-dimensionale Erfassung und Auswertung
- 3-dimensionale Erfassung und Darstellung

Nachfolgend sollen die Befehle im einzelnen beschrieben werden; zunächst die Befehle zur 2-dimensionalen Erfassung und Auswertung. Das wichtigste Kommando ist

INPUT Name

Damit können 2-dimensionale Objekte mit Hilfe des graphischen Tablets (TEKTRONIX 4953/4954) erfaßt werden. Zur Erfassung werden die Vorlagen rutschfest auf die Tabletoberfläche gelegt. Nach dem Starten der Aufnahmeprozedur durch Eingabe des INPUT Kommandos, werden die Objekte durch das Nachfahren ihrer Konturen mit einem Stift digitalisiert. Der Benutzer kann im Aufnahmemodus durch Eingabe von

S das aufgenommene Objekt in die durch Name spezifizierte Datei abspeichern (store),
F das aufgenommene Objekt wieder löschen (forget),
E die Aufnahme beenden (end).

DISPLAY Name

zeichnet die in der Datei Name abgespeicherten Objekte auf den Bildschirm. Je nach Art der Objekte können mit den Kommandos

SHOW (LENGTH | AREA | VOLUME | ALL) OF Name
STORE (LENGTH | AREA | VOLUME | ALL) OF Name

Längen, Flächen oder Volumen berechnet werden. Mit SHOW werden die Ergebnisse lediglich auf den Bildschirm ausgedruckt, während mit STORE die Ergebnisse zusätzlich in eine der Dateien LEN.Name, AREA.Name oder VOL.Name abgespeichert werden.

Bei der Volumenberechnung werden alle Flächen einer Datei als Ebenen des Körpers betrachtet, von dem das Volumen berechnet werden soll. Zuvor muß mit dem Kommando

DELTA Zahl

der Abstand der Ebenen eingegeben werden.

Befinden sich in einer Datei unerwünschte Objekte, können diese mit dem Kommando

DELETE Zahl (,Zahl)* OF Name

entfernt werden. Der Stern (*) bedeutet, daß der geklammerte Ausdruck 0 - N mal vorkommen kann. Da dieses Kommando sowohl für Objekt- als auch für Längen-, Flächen- und Volumendateien gilt, muß der Dateiname den Familiennamen enthalten. Nach dem Löschen von Objekten aus einer Objektdatei kann diese mit

REKEY Name

neu durchnumeriert werden. Zwei Dateien können mit dem Kommando

ADD Name1 TO Name2

zusammengefaßt werden. Dabei wird die Objektdatei Name1 an die Objektdatei Name2 angefügt. Sie bleibt jedoch auch weiterhin als Einzeldatei erhalten. Längen-, Flächen- und Volumendateien können mit

SORT Name

aufsteigend sortiert werden. Diese Dateien können auch statistisch ausgewertet werden.

STATISTICS OF Name

gibt für die mit Name spezifizierte Datei den minimalen und maximalen Wert, Mittelwert, Streuung, Varianz und Median an.

PLOT HISTO OF Name

generiert ein Histogramm einer Längen-, Flächen-, oder Volumendatei. Die maximale Klassenzahl beträgt 80. Dem Benutzer stehen verschiedene Kommandos zur Verfügung, um ein Histogramm in der gewünschten Form zu erhalten.

Längen-, Flächen- und Volumendateien können mit

SCALE Name,Zahl

um den mit Zahl angegebenen Faktor verändert werden. Damit können beispielsweise Vergrößerungs- bzw. Verkleinerungsfaktoren beim Photographieren von Objekten wieder rückgängig gemacht werden.

Zu den Befehlen zur 3-dimensionalen Erfassung und Darstellung gehört als wichtigster:

INP3D Name

Dreidimensionale Objekte können damit erfaßt und abgespeichert werden. Die Objekte werden ebenenweise aufgenommen. Dazu müssen alle Objekte einer Ebene im richtigen Abstand voneinander und zentriert in ein Achsenkreuz gelegt werden. Das Kreuz kann an einer beliebigen Stelle auf dem Tablet liegen. Von diesem

Achsenkreuz müssen mit dem Stift die drei Eckpunkte eingegeben werden und es muß rechtwinklig sein. Die anschließend aufgenommenen Objekte werden sequentiell durchnumeriert. Das Achsenkreuz mit allen darinliegenden Objekten wird intern auf den Nullpunkt zentriert, so daß alle Ebenen richtig übereinander liegen. Im Eingabemodus können folgende Kommandos gegeben werden:

S das aufgenommene Objekt wird abgespeichert (store)
F das aufgenommene Objekt wird vergessen und kann erneut aufgenommen werden (forget)
L falls in einer Ebene ein Objekt nicht vorkommt, kann damit der Objektzähler um 1 hochgesetzt werden.
N dasselbe für den Ebenenzähler
E Ende der Aufnahme (end)
G Falls es dem Benutzer nicht gelingt, einen rechten Winkel zustandezubringen, kann damit dieser Teil des Programms übersprungen werden.

PLOT 3D Name

Mit diesem Kommando können 3-dimensionale Objekte auf dem Bildschirm dargestellt werden. Defaultmäßig werden beide Achsen um 45° gedreht.

Der Benutzer hat die Möglichkeit mit den Kommandos

ANGLEX Zahl

und ANGLEY Zahl

die Drehungswinkel selbst einzustellen. Der Abstand der Ebenen beträgt normalerweise 20 Bildpunkte. Mit dem Kommando

DISTANCEY Zahl

kann dieser Abstand verändert werden.

Mit dem Kommando

DISTANCEX Zahl

können die Ebenen seitlich gegeneinander verschoben werden.

Das nachfolgende Beispiel zeigt, wie ein Originalbild digitalisiert wird, und die daran anschließende Auswertung.

Die zirkuläre Plasmid DNA (pUC8) mit kloniertem Drosophila sn-RNA Gen wurde nach einer Glimmer-Ethidiumbromid-Präparation in einem Elektronenmikroskop aufgenommen. Die Vergrößerung beträgt 50000*; 1 Kbp entspricht 17 mm. Die DNA wurde durch Nachfahren auf einem Tablet aufgenommen und im Rechner abgespeichert.

Abb. 1: Ausschnitt der elektronenmikroskopischen Aufnahme zirkulärer Plasmid DNA (pUC8)

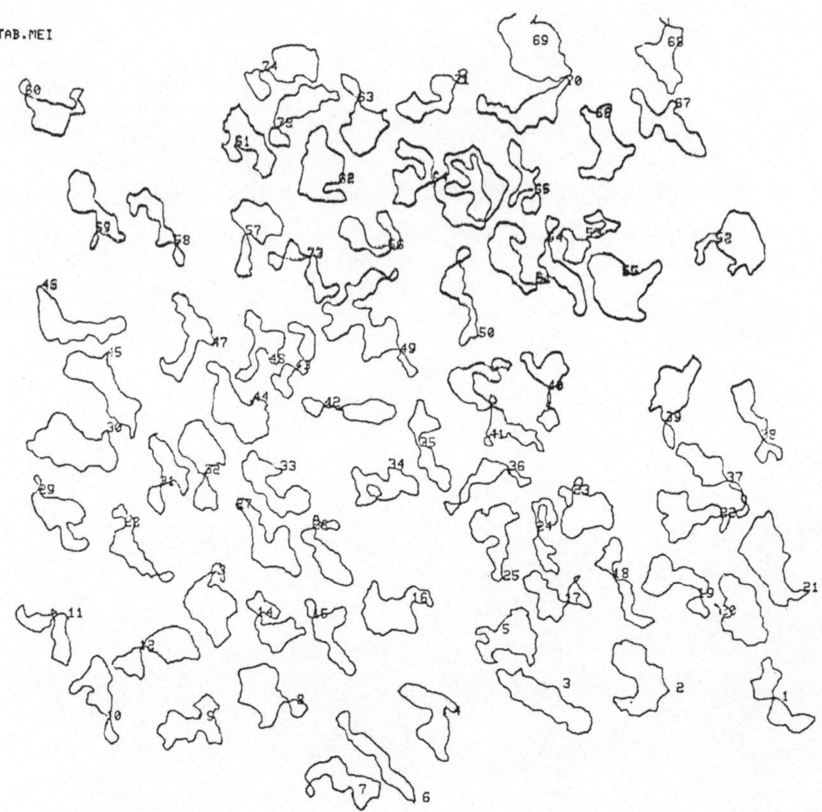

Abb. 2: Digitalisierte DNA von Abb. 1 (verkleinert)

Zur Ausgabe von Abb. 1 wurde der Befehl DISPLAY verwendet.
Das Kommando PLOT HISTO erzeugte das folgende Bild: (Abb. 3):

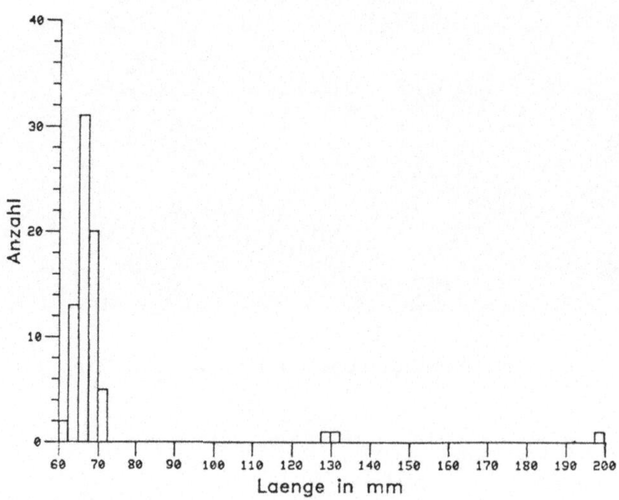

Abb. 3: Histogramm der Längenverteilung

Diese Abbildung wurde mit dem Befehl SHOW LEN hergestellt. Aus der Aufzählung von Abb. 4 folgt, daß insgesamt 74 Objekte vermessen wurden.

```
LAENGE OBJNR  1 =  66.02 MM   LAENGE OBJNR 38 =  63.62 MM
LAENGE OBJNR  2 =  67.02 MM   LAENGE OBJNR 39 =  67.37 MM
LAENGE OBJNR  3 =  67.73 MM   LAENGE OBJNR 40 =  68.70 MM
LAENGE OBJNR  4 =  67.21 MM   LAENGE OBJNR 41 = 127.61 MM
LAENGE OBJNR  5 =  67.90 MM   LAENGE OBJNR 42 =  59.72 MM
LAENGE OBJNR  6 =  67.30 MM   LAENGE OBJNR 43 =  63.98 MM
LAENGE OBJNR  7 =  66.80 MM   LAENGE OBJNR 44 =  67.09 MM
LAENGE OBJNR  8 =  64.58 MM   LAENGE OBJNR 45 =  71.23 MM
LAENGE OBJNR  9 =  65.03 MM   LAENGE OBJNR 46 =  68.78 MM
LAENGE OBJNR 10 =  66.08 MM   LAENGE OBJNR 47 =  69.10 MM
LAENGE OBJNR 11 =  66.06 MM   LAENGE OBJNR 48 =  63.30 MM
LAENGE OBJNR 12 =  67.08 MM   LAENGE OBJNR 49 = 131.29 MM
LAENGE OBJNR 13 =  66.81 MM   LAENGE OBJNR 50 =  68.28 MM
LAENGE OBJNR 14 =  64.81 MM   LAENGE OBJNR 51 =  66.24 MM
LAENGE OBJNR 15 =  63.33 MM   LAENGE OBJNR 52 =  71.67 MM
LAENGE OBJNR 16 =  65.90 MM   LAENGE OBJNR 53 =  63.31 MM
LAENGE OBJNR 17 =  67.06 MM   LAENGE OBJNR 54 =  67.67 MM
LAENGE OBJNR 18 =  69.02 MM   LAENGE OBJNR 55 =  66.65 MM
LAENGE OBJNR 19 =  68.93 MM   LAENGE OBJNR 56 =  64.78 MM
LAENGE OBJNR 20 =  63.87 MM   LAENGE OBJNR 57 =  66.58 MM
LAENGE OBJNR 21 =  69.90 MM   LAENGE OBJNR 58 =  66.73 MM
LAENGE OBJNR 22 =  67.16 MM   LAENGE OBJNR 59 =  65.96 MM
LAENGE OBJNR 23 =  60.24 MM   LAENGE OBJNR 60 =  65.90 MM
LAENGE OBJNR 24 =  66.64 MM   LAENGE OBJNR 61 =  65.77 MM
LAENGE OBJNR 25 =  66.81 MM   LAENGE OBJNR 62 =  64.70 MM
LAENGE OBJNR 26 =  65.06 MM   LAENGE OBJNR 63 =  63.68 MM
LAENGE OBJNR 27 =  68.49 MM   LAENGE OBJNR 64 = 199.75 MM
LAENGE OBJNR 28 =  67.85 MM   LAENGE OBJNR 65 =  65.52 MM
LAENGE OBJNR 29 =  68.69 MM   LAENGE OBJNR 66 =  68.10 MM
LAENGE OBJNR 30 =  68.66 MM   LAENGE OBJNR 67 =  71.25 MM
LAENGE OBJNR 31 =  64.48 MM   LAENGE OBJNR 68 =  64.67 MM
LAENGE OBJNR 32 =  65.97 MM   LAENGE OBJNR 69 =  68.13 MM
LAENGE OBJNR 33 =  66.32 MM   LAENGE OBJNR 70 =  71.48 MM
LAENGE OBJNR 34 =  64.42 MM   LAENGE OBJNR 71 =  67.63 MM
LAENGE OBJNR 35 =  64.79 MM   LAENGE OBJNR 72 =  63.52 MM
LAENGE OBJNR 36 =  67.81 MM   LAENGE OBJNR 73 =  67.07 MM
LAENGE OBJNR 37 =  66.42 MM   LAENGE OBJNR 74 =  68.90 MM
```

Abb. 4: Längen der Objekte in Abb. 1

Aus Abbildung 4 geht weiter hervor, daß die Objekte 41, 49 und 64 zwei- bzw. dreimal solang wie die restlichen 71 DNA-Ringe sind. Der Befehl STATISTICS führte zur Berechnung in Abbildung 5a.

Mit dem Befehl DELETE wurden die drei überlangen Objekte entfernt. Der Befehl STATISTICS ergab daraufhin die in Abb. 5b dargestellten Ergebnisse. Hier liegen Mittelwert und Median eng beieinander. Varianz und Streuung sind viel geringer als vor dem DELETE-Kommando.

```
ANZAHL DER OBJEKTE=    74     ANZAHL DER OBJEKTE=    71
MIN=                59.72     MIN=                59.72
MAX=               199.75     MAX=                71.67
MITTELWERT=         70.05     MITTELWERT=         66.55
STREUUNG=           18.55     STREUUNG=            2.29
VARIANZ=           344.12     VARIANZ=             5.25
MEDIAN=             66.80     MEDIAN=             66.73

            (a)                         (b)
```

Abb. 5: Die Ergebnisse von STATISTICS vor (a) und nach (b) DELETE

Implementation

TABLET ist implementiert auf einer IBM 3032 mit der üblichen Peripherie. Als graphischer Arbeitsplatz dient eine seriell angeschlossene TEKTRONIX 4014, an der wiederum ein Tablet TEKTRONIX 4953 hängt. Die Software ist größtenteils in FORTRAN IV geschrieben, erweitert um graphische Routinen aus dem Paket TCS und AG-II [2]. Zusätzlich werden eine Reihe von nützlichen Unterprogrammen aus dem

Programmiererhandbuch [6] genutzt. Das System ist eingebettet in das Time-Sharing-Betriebssystem TSS [8]. Die Analyse der Eingabezeilen wird von einem Scanner und Parser übernommen, der von den Generatoren PAULA [1] erzeugt wurde. Wegen der Generatoren und dem seltenen Betriebssystem TSS ist eine Umstellung auf einen anderen Rechner nur mit größerem Aufwand zu verwirklichen.

Ausblick

Da die Eingabe der Daten, d. h. die Aufnahme der Kurvenzüge im Dialog erfolgt, ist das System von den Time-Sharing-Eigenheiten des Betriebssystems TSS abhängig. Wenn die Antwortzeiten des Rechners wegen zunehmender Anzahl von Benutzern schlechter werden, leidet die Eingabe von Daten vom Tablet. Im Extremfall wird nicht nur die Auflösung schlecht, weil zu wenige Punkte übertragen werden, sondern es häufen sich die Programmunterbrechungen (Interrupts). Es ist daher geplant, zumindest die Datenerfassung auf einen kleinen Rechner zu verlegen, um so vom zentralen Rechner unabhängig zu werden. Der Kleinrechner wird für die Speicherung und Weiterverarbeitung der Daten mit dem zentralen Rechner gekoppelt. Diese Lösung hat den weiteren Vorteil, daß die Datenaufnahme dezentral vor Ort im Labor stattfinden kann.

Abgesehen von den vorgenannten Problemen sind die Benutzer mit dem System TABLET zufrieden. Besonders die visuelle Kontrolle der Eingaben und die Möglichkeiten der sofortigen Auswertung verschaffen TABLET einen Vorteil gegenüber den herkömmlichen Techniken.

Literatur

1. Becker, N., Osterburg, G., Schadewaldt, K.: PAULA - Generator für LL(1)-Parser und lexikalische Analyseprogramme. (ZDV Techn. Report, Nr. 10). Heidelberg: DKFZ 1977.

2. Hahne, H.: TCS und AGII. (ZDV Techn. Report, Nr. 8). Heidelberg: DKFZ 1976.

3. Hennige, M., Meinzer, H.P.: TABLET - Benutzerhandbuch. (ZDV Techn. Report, Nr. 28). Heidelberg: DKFZ 1983.

4. Meinzer, H.P.: Command languages in application programming. In Lindberg, D.A.B., Kaihara, S. (Eds): MEDINFO 80, pp. 719-722. Amsterdam: North-Holland 1980.

5. Meinzer, H. P.: Dialog zwischen Mensch und Maschine. In: Köhler, C.O. Böhm, K., Thome, R. (Hrsg.): Aktuelle Methoden der Information in der Medizin. Festschrift zum 65. Geburtstag von Prof. Dr.med. Gustav Wagner, S. 169-179. Landsberg: Ecomed Verlag 1983.

6. Programmiererhandbuch. (ZDV Techn. Report, Nr. 1). Heidelberg: DKFZ.

7. Schadewaldt, K., Merx, R., Kynast, W.: Der Inputprozessor. (ZDV Techn. Report, Nr. 18). Heidelberg: DKFZ 1980.

8. TSS Command System User's Guide. White Plains: IBM 1976. (IBM Form Nr. GC28-2001-9).

Studiengang Medizinische Informatik, Universität Heidelberg / Fachhochschule Heilbronn

Einsatz von Sprachelementen zur Adaptierung von Text- und Informationsverarbeitungs-Systemen in Arztpraxen

H. Krayl, J.-R. Möhr, G. Peter, H. Runge

1. Einleitung

Die steigenden Softwareentwicklungs- und Wartungskosten haben dazu geführt, daß immer mehr allgemein verwendbare und adaptierbare Software-Systeme entwickelt werden, die ohne größeren Aufwand sowohl an die unterschiedlichen Anforderungen verschiedener Anwender als auch an die sich im Laufe der Zeit ändernden Bedürfnisse jedes einzelnen Benutzers angepaßt werden können. Dieser Trend ist auch im medizinischen Bereich erkennbar. [1, 2, 4, 5, 6, 7, 8, 10, 15, 16, 17, 19, 21, 22, 23, 24, 25]. Diese Systeme wurden vorwiegend im klinischen Bereich eingesetzt und sind häufig in MUMPS implementiert. Auch bei der Entwicklung von Anwendungen für Arztpraxen werden diese Prinzipien zunehmend berücksichtigt [8, 26]. Allerdings sind die in diesem Bereich angebotenen Systeme überwiegend auf die Unterstützung administrativer Funktionen (Patientenaufnahme, Abrechnung, usw.) ausgerichtet. Anspruchsvollere Funktionen auf der Basis einer flexiblen medizinischen Dokumentation werden noch selten angeboten. Andererseits würde eine Realisierung derartiger Funktionen solche Systeme im Bereich von dokumentationsintensiven Praxen von Fachärzten in Gruppenpraxen und auf Abteilungsebene in Krankenhäusern attraktiv machen [12, 13, 14].

In einer Arbeitsgruppe des Studienganges Medizinische Informatik wurde deshalb in Zusammenarbeit mit Ärzten und dem Verein 'Rationelle Arztpraxis' ein Text- und Informationsverarbeitungs-System entworfen. Für den Entwurf wurden folgende Vorgaben gemacht:

- Das System soll möglichst allgemein verwendbar und adaptierbar sein, wobei aber die für die Akzeptanz notwendige Effizienz gewährleistet sein muß.
- Die Adaptierung sollte so einfach und problemorientiert sein, daß auch der Anwender damit umgehen kann.
- Es muß eine Integration der verschiedenen Funkionsgruppen (Textverarbeitung, Administration, Statistik, usw.) erreicht werden.
- Als Programmiersprache wurde Pascal vorgegeben.

Diesen Zielen wurde dadurch zu entsprechen versucht, daß Sprachelemente zur Adaptierung des Software-Systems entwickelt wurden. Dabei sind die beiden grundlegenden Anwendungseinheiten Datenerfassung (inkl. Speicherung) und Datenauswertung berücksichtigt. Für die Datenerfassung und -speicherung wurde ein Dialoggenerator und für die Datenauswertung eine Synthesesprache entworfen. Die Synthesesprache ist eine problemorientierte Sprache zur Erstellung von sogenannten Synthesevorschriften zur Datenauswertung.

2. Dialoggenerator

Mit dem Dialoggenerator ist es möglich, für beliebige Merkmalsträgerarten (z.B. Patient, Arzt, Kostenträger, usw.) Erfassungsdialoge zu definieren [20]. Nachdem die gewünschte Merkmalsträgerart definiert wurde, können hierzu beliebige Erfassungsdialoge am Bildschirm eingegeben werden. Durch Aufruf eines definierten Erfassungsdialogs können Daten zu einem Merkmalsträger erfaßt bzw. erfaßte Daten korrigiert werden. Die bearbeiteten Daten werden für eine spätere Auswertung abgespeichert. Zur Erfassung der Daten ist eine eindeutige Identifikation des zugeordneten Merkmalsträgers notwendig. Bei der Definition der Merkmalsträgerart kann aus drei verschiedenen Identifikationsarten ausgewählt werden (Ermittlung einer I-Zahl aus identifizierenden Daten des Merkmalsträgers, Kürzel, laufende Nummer).

Bei der Definition eines Erfassungsdialogs muß die Struktur der Erfassungsmasken angegeben werden. Dabei kann der Erfassungsdialog in Kapitel (durch Angabe des Kapitelnamens) und das Kapitel in Blöcke (durch Angabe der Blocknummer) unterteilt werden. Abb. 1 zeigt ein Beispiel für die Definition eines Erfassungsdialogs und Abb. 2 die zugeordnete Dialogmaske, die beim Aufruf des Erfassungsdialogs am Bildschirm erscheint. Die mit '%' gekennzeichneten Namen sind Merkmalsnamen, die zur Adressierung eines Merkmals bei der Synthesesprache verwendet werden können. Für jedes Eingabefeld der zu definierenden Formularstruktur wird eine Merkmalsbeschreibung im Dialog am Bildschirm angefordert. Dabei kann folgendes eingegeben werden:

- Datentyp
  Der Datentyp beschreibt die erlaubten Eingabewerte und dient der Fehlerprüfung (z.B. Zahl, Datum, Liste von Abkürzungen, usw.).

- Standardwert
  Wird für ein Feld kein Wert eingegeben, so wird der angegebene Standardwert verwendet.

- Eingabeobligation
  Es wird angegeben, ob die Eingabe des Wertes obligat oder optional ist.

- Wiederholgruppe
  Es kann Anfang und Ende einer Wiederholgruppe angegeben werden. Die Felder einer Wiederholgruppe können mehrfach erfaßt werden. Außerdem kann die Wiederholgruppe als Tabelle definiert werden. In diesem Falle werden die bereits eingegebenen Wiederholungen am Bildschirm ausgegeben.

- Sprünge und Plausibilitätskontrollen
  Mit einfachen Sprachelementen können Sprünge zu Merkmalsfeldern und Plausibilitätskontrollen mit zugeordneten Fehlerhinweisen in Abhängigkeit von den bereits eingegebenen Werten beschrieben werden. Die Sprachelemente sind der in Abschnitt 3 beschriebenen Synthesesprache entnommen.

- Aufruf von Synthesevorschriften
  Es besteht die Möglichkeit, die Namen von in der Synthesesprache verfaßten Synthesevorschriften (siehe Abschnitt 3) anzugeben. Diese werden bei der Datenerfassung nach dem zugeordneten Merkmalsfeld automatisch aufgerufen. Dadurch wird eine erste Auswertung der erfaßten Daten ermöglicht (Druck eines Laufzettels, Ausgabe von Leistungsziffern, Übertrag von erfaßten Werten in andere Erfassungsdialoge).

- Aufruf von Pascal-Prozeduren
  Zusätzliche Möglichkeiten bietet die Angabe von Prozedurnamen. Die Prozeduren werden in gleicher Weise wie die Synthesevorschriften aufgerufen. Diese Möglichkeit kann genutzt werden, wenn der Sprachumfang der Synthesesprache nicht ausreichend oder die interpretative Ausführung der Syntheseanweisungen aus Gründen der Effizienz ungeeignet ist.

```
%Name              ......................

%Vorname           ......................

%Geburtsdatum     ........

%Geschlecht       . "m/w"

%Geburtsname      ......................

%Adresse ................ .... ............................
          "Straße"            "PLZ" "Ort"

%Kostenträger    .. 'Kostenträger und Gültigkeitsbereich'
                    'bilden eine Wiederholgruppe'

%Gültigkeitsbereich "von" ........ "bis" ........
```

Abb. 1: Definition eines Erfassungsdialogs mit dem Namen 'Stammdaten'
%: Die mit Prozent gekennzeichneten Namen sind Merkmalsnamen
": Die durch das doppelte Hochkomma eingeschlossenen Texte werden als Textkonstanten auf der Eingabemaske ausgegeben.
': Die durch das einfache Hochkomma eingeschlossenen Texte sind Kommentare

```
Name          ......................

Vorname       ......................

Geburtsdatum ........

Geschlecht   . m/w

Geburtsname  ......................

Adresse ................ .... ............................
         Straße              PLZ  Ort Kostenträger ..

Gültigkeitsbereich von ........ bis ........
```

Abb. 2: Dialogmaske, die beim Aufruf des Dialogs "Stammdaten" am Bildschirm erscheint

In Abb. 3 sind einige Beispiele für Merkmalsbeschreibungen des in Abb. 1 definierten Erfassungsdialogs zusammengestellt.

<u>Beispiel für Merkmalsbeschreibungen</u>

%Name Eingabeobligation: ja (Die Eingabe des Wertes ist obligat)
Datentyp: TB (Text beliebig)

%Geburtsdatum
Eingabeobligation: ja
Datentyp: DA (Datum)

%Geschlecht
Eingabeobligation: ja
Datentyp: BI: m,w
(Es sind nur die Werte "m" und "w" erlaubt)
Sprung: Wenn %Geschlecht=m dann springe %Adresse;
(Bei der Eingabe von m wird der Geburtsname übersprungen)

%Adresse Feld 2
Eingabeobligation: nein
(Die Eingabe des Wertes ist optional)
Datentyp: ZE:1000-9999
(Die eingegebene Zahl darf zwischen 1000 und 9999 liegen)
Standardwert: 7100
(Für einen Arzt in Heilbronn wäre eine derartige Standardvorgabe sinnvoll)

%Kostenträger
Eingabeobligation: ja
Datentyp: ID,KK
(Der eingegebene Wert ist eine Identifikation für die Merkmalsträgerart Kostenträger, d.h. eine Abkürzung für einen bereits erfaßten Merkmalsträger. Die eingegebene Abkürzung wird mit den bereits erfaßten Abkürzungen verglichen und evtl. ein Fehlerhinweis ausgegeben)
Wiederholgruppe: WA
(Das Merkmal ist der Anfang einer Wiederholgruppe)

%Gültigkeitsbereich Feld 2
Eingabeobligation: nein
Datentyp: DT
Wiederholgruppe: WE
(Das Merkmal ist das Ende einer Wiederholgruppe. Die Merkmalsfelder %Kostenträger und %Gültigkeitsbereich Feld 1 und 2 bilden eine Wiederholgruppe und können mehrfach erfaßt werden)

Abb. 3: Beispiele für Merkmalsbeschreibungen zum Erfassungsdialog "Stammdaten"

Ein Erfassungsdialog kann durch Angabe der Merkmalsträgerart, des Namens und der Identifikation des Merkmalsträgers aufgerufen werden. Danach kann für jedes Merkmalsfeld ein Wert und ein beliebiger Freitext eingegeben werden. Jeder Erfassungsdialog kann mehrfach aufgerufen werden, wobei jeder Erfassung eine eindeutige laufende Nummer und das Erfassungsdatum zugeordnet wird. Außerdem kann die Definition eines Eingabedialogs zu jedem beliebigen Zeitpunkt verändert werden. Die einzelnen Versionen werden durch eine Versionsnummer unterschieden. Werden keine Angaben gemacht, so wird auf die letzte Versionsnummer und die letzte laufende Nummer zugegriffen. Durch Angabe der Versionsnummer und der laufenden Nummer kann auf beliebige Daten zugegriffen werden.

3. Synthesesprache

Die Synthesesprache besitzt folgende Anweisungen [20]:

- Anweisungen zur Ausgabe von Textteilen auf den Bildschirm und den Drucker. Damit können z. B. Arztbriefe und Befundberichte erstellt, aber auch Hinweise am Bildschirm ausgegeben werden.

- Anweisungen zur Formatsteuerung.

- Bedingte Anweisungen. Damit kann die Ausführung der Anweisungen von Bedingungen abhängig gemacht werden.

- Wiederholungsanweisung. Diese Anweisung erlaubt die wiederholte Ausführung von Anweisungen. Damit können z.B. Wiederholgruppen des Eingabedialogs und alle Werte eines Eingabedialogs bzw. ein Wert eines Eingabedialogs für alle Patienten verarbeitet werden.

- Setze-Anweisung. Damit können Voreinstellungen für die Merkmalsadressierung angegeben werden. Außerdem kann durch Zuweisung an eine Variable ein Wert zwischengespeichert und danach an beliebiger Stelle der Synthesevorschrift verwendet werden.

- Anweisungen zum Eintragen in Erfassungsdialoge. Mit diesen Anweisungen können Werte für andere Synthesevorschriften zwischengespeichert oder abgeleitete Daten gespeichert werden.

- Numerische Ausdrücke. Werte, die mit den einzelnen Anweisungen ausgegeben werden sollen, können mit Hilfe von numerischen Ausdrücken ermittelt werden.

- Aufruf von Synthesevorschriften. In einer Synthesevorschrift können weitere Synthesevorschriften aufgerufen werden (Unterprogrammtechnik). Dies erlaubt die modulare Entwicklung von größeren Anwendungseinheiten.

- Aufruf von Pascal-Prozeduren. Es besteht die Möglichkeit, Pascal-Prozeduren aufzurufen, wenn die Verwendung von Syntheseanweisungen aus den bereits genannten Gründen nicht möglich bzw. nicht geeignet ist.

In diesen Syntheseanweisungen kann auf die durch Dialoge erfaßten Werte und Freitexte durch Angabe einer Formular- und einer Merkmalsadresse zugegriffen werden. Die Formularadresse enthält die Merkmalsträgerart, den Namen des Erfassungsdialogs und die Versionsnummer. Die Merkmalsadresse besteht aus einer eindeutigen Kombination von Merkmalsname, Kapitelname, Blocknummer, Zeilennummer, Feldnummer innerhalb der Zeile, Wiederholnummer bei Wiederholgruppen und laufender Nummer der Erfassung. Durch die Möglichkeit der Voreinstellung (z.B. Merkmalsträgerart, Name des Erfassungsdialoges) und durch die Zuordnung von Standardwerten (z.B. letzte laufende Nr., letzte Versionsnummer) kann die Adressierung sehr vereinfacht werden. In den meisten Fällen reicht die Angabe des Merkmalsnamens aus. Durch den Aufruf einer Synthesevorschrift werden die angegebenen Anweisungen für einen

Merkmalsträger ausgeführt. Die Abb. 4 und 5 zeigen die Definition eines Dialogs und eine Synthesevorschrift, die darauf Bezug nimmt. Wie aus diesem Beispiel zu ersehen ist, erlauben diese Anweisungen die Beschreibung der Ableitung der Beurteilung aus den eingegebenen Befunddaten. In dem angegebenen Beispiel wurden die Setze-Anweisung, die bedingte Anweisung, die Drucke-Anweisung und Formatsteuerungsanweisungen verwendet. Diese Anweisungen sind für die Textverarbeitung ausreichend und so einfach, daß sie ohne Probleme von einem Arzt bzw. von einer Arzthelferin verwendet werden können. Die anderen Anweisungen dienen der effizienteren Formulierung der Textverarbeitung und anderen Anwendungsgebieten (Abrechnung, Statistik, usw.). Durch eine Versionsverwaltung können auch hier die Synthesevorschriften zu beliebigen Zeitpunkten geändert werden.

```
Erfassungsdialog "Galle":

%Darstellung      "gut (g) - flau (f) - nicht (n)"

%Form              "rund (r) - langestreckt (l)"

%Konkremente       "keine (k) - einzelne Steine (s) - Gries (g)"

%Kontraktion      "gut (g) - zögernd (z) - nicht (n)"

Synthesevorschrift "BefundGalle"

Setze %(merkta = Patient, form = Galle);
   'Als Voreinstellung wird für die Merkmalsträgerart "Patient"
   und für den Formularnamen "Galle" festgesetzt.'
Drucke "Galle oral mit BILORAL in 2 Ebenen: ";
Wenn %Darstellung = n dann drucke
   "Es erfolgt keine Darstellung der Galle." Endewenn;
Wenn %Form = r dann drucke
   "Rundes"
  oderwenn %Form = l dann drucke
   "Langgestrecktes " Endewenn;
Wenn %Darstellung = g dann drucke
   "gut dargestelltes Organ "
  oderwenn %Darstellung = f dann drucke
   "flau dargestelltes Organ " Endewenn;
Wenn %Konkremente = k dann drucke
   "ohne Anhalt für Konkremente. "
  oderwenn %Konkremente = s dann drucke
   "mit Anzeichen für einzelne gröbere Konkremente. "
  oderwenn %Konkremente = g dann drucke
   "mit Anzeichen für Konkrement Gries. " Endewenn;
Wenn %Kontraktion = g dann drucke
   "Nach Reiz gute, zeitgerechte Kontraktion. "
  oderwenn %Kontraktion = z dann drucke
   "Nach Reiz zögernde Kontraktion. "
  oderwenn %Kontraktion = n dann drucke
   "Auf Reiz hin ist keine Kontraktion nachweisbar. "
Endewenn;
Neuezeile; Drucke "Beurteilung:"; Neuezeile;
Wenn %Darstellung = g und %Konkremente = k und
     %Kontraktion = g dann drucke
     "Normale Galle. Kein Anhalt für Konkremente."
  oder wenn ......usw.
```

Abb. 4: Definition eines Erfassungsbelegs und einer Synthesevorschrift

Aufruf des Erfassungsdialogs "Galle" und Eingabe der Werte:

Darstellung g gut (g) - flau (f) - nicht (n)

Form l rund (r) - langestreckt (l)

Konkremente k keine (k) - einzelne Steine (s) - Gries (g)

Kontraktion g gut (g) - zögernd (z) - nicht (n)

Der Aufruf der Synthesevorschrift "BefundGalle" ergibt folgenden Text:

Galle oral mit BILORAL in 2 Ebenen: Langgestrecktes, gut dargestelltes Organ ohne Anhalt für Konkremente. Nach Reiz gute, zeitgerechte Kontraktion.
Beurteilung:
Normale Galle. Kein Anhalt für Konkremente.

Abb. 5: Aufruf eines Erfassungsdialogs und einer Synthesevorschrift

4. Anwendung der Sprachelemente bei einem Text- und Informationsverarbeitungssystem für die Arztpraxis

Der Dialoggenerator und die Synthesesprache ermöglichen die Spezifizierung einer Vielzahl von Anwendungssystemen in der Medizin. Eine mögliche Anwendung ist ein Text- und Informationsverarbeitungssystem für die Artzpraxis [8, 20]. Dabei wird jede Art von Datenerfassung mit Hilfe des Dialoggenerators realisiert (Patientenstammdaten, Befunde, Kostenträger, Leistungsziffern, Ärzteadressen, Therapie, usw.). Die Auswertung dieser Daten für Textverarbeitung, Administration und Statistik wird mit Hilfe von Synthesevorschriften realisiert, soweit die Sprache die dazu notwendigen Anweisungen besitzt. Mit der Synthesesprache können folgende Funktionen realisiert werden:

- Erstellen von Texten aller Art (Arztbrief, Befundbericht, Formularwesen, Druck der Privatrechnung und der Krankenscheinaufkleber);
- automatische Ermittlung der Leistungsziffern aus den Angaben der Befunderfassung;
- Übersetzung der Leistungsziffern in verschiedene Gebührenordnungen;
- Plausibilitätskontrollen bei Dateneingabe und Abrechnung.

Damit können die Funktionen Administration und Statistik zu großen Teilen mit den Synthesevorschriften realisiert werden. Für den verbleibenden Rest müssen Pascal-Programme geschrieben werden. Es wurde versucht, die Anwendung des Dialoggenerators und der einfachen Anweisungen der Synthesesprache so leicht zu halten, daß auch die Arzthelferin und der Arzt damit umgehen können. Es kann aber nicht davon ausgegangen werden, daß dieser Personenkreis selbständig eine vollständige Anwendung realisiert. Es muß daher für jede Facharztgruppe bzw. für jede Organisationsform eine Musterlösung vom Informatiker erstellt werden. Diese Musterlösung sollte dann von der Arzthelferin bzw. vom Arzt nach einer Einarbeitungszeit an die speziellen Bedürfnisse angepaßt werden können, sofern diese Änderung nicht zu komplex ist. Die Synthesevorschriften zur Umwandlung von Leistungsziffern und zur Plausibilitätskontrolle bei der Abrechnung müssen zentral gewartet werden. Durch die Verwendung gleichartiger Hilfsmittel für verschiedene Funktionsgruppen wurde automatisch eine einheitliche Benutzerschnittstelle und eine Integration der verschiedenen Funktionsgruppen erreicht.

5. Realisierung

Bei der Realisierung dieser Hilfsmittel muß darauf geachtet werden, daß durch die Benutzerfreundlichkeit und Allgemeinheit die für die Akzeptanz ebenfalls notwendige Effizienz nicht leidet. Daher werden die Dialogbeschreibung und die Syntheseanweisungen nicht direkt interpretiert. Die Definition des Dialogs wird in eine interne Form übersetzt, die für eine effiziente Interpretation geeignet ist. Der Aufruf eines Dialogs zur Datenerfassung bewirkt die Interpretation dieser internen Form durch einen Eingabeinterpreter. Zur Interpretation der Syntheseanweisungen wurden eine Menge von atomaren Operationen definiert, mit denen die gewünschten Verarbeitungsfunktionen realisiert werden können. Die Syntheseanweisungen werden in eine Folge von atomaren Operationen übersetzt, die von einem Ausgabeinterpreter abgearbeitet werden. Die Systemkonstruktion ergab zwei Teilsysteme 'Systemanpassung' und 'Routine' [18]: Das Teilsystem 'Systemanpassung' erlaubt die Spezifikation eines Anwendungssystems. Damit können die Erfassungsdialoge und Synthesevorschriften definiert, geändert und übersetzt und einige interne Listen für Anpassungsparameter gewartet werden. Das Teilsystem 'Routine' enthält die Moduln:

- Eingabe
  Interpretation der Erfassungsdialoge durch den Eingabeinterpreter;

- Ausgabe
  Interpretation der Synthesevorschriften zur Ausgabe von Texten und Übersichtslisten durch den Ausgabeinterpreter;

- Abrechnung
  Verarbeitung der Abrechnungsdaten durch Interpretation von Synthesevorschriften und Ausführung von Pascal-Programmen. Die Implementierung einer ersten Systemversion steht kurz vor dem Abschluß und wird in nächster Zeit von einem niedergelassenen Arzt in Routine eingesetzt und getestet.

6. Diskussion

Beim Entwurf von allgemeinen adaptierbaren Systemen für einen bestimmten Anwendungsbereich sind unterschiedliche Realisationskonzepte erkennbar. Das eine Extrem ist die Adaptierung durch eine mächtige Sprache, während beim anderen Extrem die Anpassung über die Spezifikation von einigen Anpassungsparametern erfolgt. Bei dem Sprachkonzept besteht die Gefahr zu hoher Vielfalt und daraus resultierend komplexer Handhabung und geringer Effizienz, während bei dem anderen Extrem die Gefahr in zu starker Spezialisierung und zu geringer Verallgemeinerungsfähigkeit liegt. Wir hoffen, mit dem hier beschriebenen Weg einen optimalen Mittelweg gewählt zu haben. Durch die Wahl der Sprachelemente wurde versucht, eine hochgradige Verallgemeinerungsfähigkeit zu erreichen. Wir gehen davon aus, daß der spätere Benutzer mit einer Untermenge von einfachen Sprachelementen in der Lage ist, die zur Verfügung stehenden Funktionen an seine Bedürfnisse anzupassen. Wir sind weiterhin überzeugt, daß die beschriebene Software-Architektur durch hohe Effizienz in der Anwendung gekennzeichnet ist. Wir erwarten daher mit Spannung die Ergebnisse der ersten Feldversuche, die Aufschluß darüber geben sollen, wie weit die gesteckten Ziele erreicht wurden.

Literatur

1. Baker, R.L.: An adaptable interactive system for medical and research data management. Meth. Inform. Med. 13 (1974) 209-215.

2. Beilis, S., Horodnichano, A., Schindler, D.: Y-DOC: An application generator

for medical information systems. In Bemmel, J.H. van, Ball, M.J., Wigertz, O. (Eds): Medinfo 83, pp. 1086-1089. Amsterdam: North-Holland 1983.

3. Boschert, W.: Entwurf und Realisierung eines Maskengenerators zur Erstellung von Erfassungsdialogen. Diplomarbeit im Studiengang Medizinische Informatik an der Universität Heidelberg/Fachhochschule Heilbronn 1982.

4. Duisterhout, J.S., Franken, B.: AIDA (Applied Interactive Design of Application) software tools for the generation of interactive medical systems. In Bemmel, J.H. van, Ball, M.J., Wigertz, O. (Eds): Medinfo 83, pp. 1078-1081. Amsterdam: North-Holland 1983.

5. Ellsässer, K. H., Hönike, E., Offenhäuser, K.H. : KRAZTUR. Technical Report Nr. 3. Tumorzentrum Heidelberg-Mannheim 1980.

6. Giere, W., Baumann, H., Schmidt, H.A.E.: Der programmierte Arztbrief. Ein Weg zur klinischen Volldokumentation. IBM Nachr. 19 (1969) 505-511.

7. Giere, W.: Einführung der Datenverarbeitung in der ärztlichen Praxis - Dokumentation und Informationsverbesserung in der Praxis des niedergelassenen Arztes mittels EDV-Service. (DIPAS) DVM Bericht, Nr. 3. Neuherberg: Gesellschaft für Strahlen- und Umweltforschung 1975.

8. Gruner, R.: Administrative Funktionen für ein Computersystem für die Arztpraxis. Diplomarbeit im Studiengang Medizinische Informatik an der Universität Heidelberg / Fachhochschule Heilbronn 1982.

9. Hepperle, G.: Realisierung eines automatischen, datengesteuerten Arztbriefschreibungssystems. Diplomarbeit im Studiengang Medizinische Informatik an der Universität Heidelberg / Fachhochschule Heilbronn 1979.

10. Kauffmann, P.: Portabilitätsbetrachtungen über COSTAR anhand der Implementation des Terminierungsmoduls. Diplomarbeit im Studiengang Medizinische Informatik an der Universität Heidelberg / Fachhochschule Heilbronn 1981.

11. Klumpp, I.: Entwurf und Realisierung eines Textgenerierungs- und Verarbeitungssystems. Diplomarbeit im Studiengang Medizinische Informatik an der Universität Heidelberg / Fachhochschule Heilbronn 1981.

12. Lange, M., Eiermann, M., Möhr, J.-R.: Simulation der Ablauforganisation in Praxen niedergelassener Ärzte. In Adlaßnig, K.P., Dorda, W., Grabner, G. (Hrsg.): Medizinische Informatik, S. 295-297. Wien-München: Oldenbourg 1981.

13. Möhr, J.-R., Peter, G., Krayl, H. et al.: Text processing systems for the doctor's office. In O'Moore, R.R., Barber, B., Reichertz, P.L. et al. (Eds): Medical Informatics Europe 82, pp. 262-271. Amsterdam: North-Holland 1982.

14. Möhr, J.-R., Peter, G., Krayl, H. et al.: Brauchen niedergelassene Ärzte Textverarbeitung? In Adlaßnig, K.P., Dorda, W., Grabner, G. (Hrsg.): Medizinische Informatik, S. 285-288. Wien-München: Oldenbourg 1981.

15. Pocklington, P.R.: AMAP - a general optical mark reader form evaluation program. Meth. Inform. Med. 12 (1973) 211-222.

16. Pocklington, P.R.: The necessity for requirements of and basic design of a general data interpretation and evaluation system (DIES). In Anderson, J., Forsythe, J.M. (Eds): Medinfo 74, pp. 411-418. Amsterdam: North-Holland 1974.

17. Pocklington, P.R.: A critical survey of 30 months OMR form processing within the Medical System Hannover. In Reichertz, P.L., Schwarz, B. (Hrsg.): Informationssysteme in der Medizinischen Versorgung. Ökologie der Systeme, S. 619-625. Stuttgart: Schattauer 1978.

18. Sawinski, R.: Konstruktion und Realisierung eines allgemeinen Textverarbeitungs- und Administrationssystem für Arztpraxen. Diplomarbeit im Studiengang Medizinische Informatik an der Universität Heidelberg / Fachhochschule Heilbronn 1983.

19. Schneider, W., Dudek, J., Sager, W. et al.: KLAUKON - a microprocessor based data and free text acquisition system with automatic control in the clinical environment. In Lindberg, D.A.B., Kaihara, S. (Eds): Medinfo 1980, pp. 733-737. Amsterdam: North-Holland 1980.

20. Schnurr, R.: Spezifikation eines allgemeinen Dokumentations- und Informationsverarbeitungssystems für Arztpraxen. Diplomarbeit im Studiengang Medizinische Informatik an der Universität Heidelberg / Fachhochschule Heilbronn 1982.

21. Spenner, V.: Realisierung DUTAP und DPTDUT in Mumps. Diplomarbeit im Studiengang Medizinische Informatik an der Universität Heidelberg / Fachhochschule Heilbronn 1980.

22. Thurmayr, R.: Über ein neues Verfahren der Dokumentation digitaler Daten und der automatischen Berichterstattung in der Klinik. Habilitationsschrift. (GSF Bericht MD 85). München: GSF 1974.

23. Wassermann, A.I.: The user software engineering methodology: Concepts and tools. In Bemmel, J.H. van, Ball, M.J., Wigertz, O. (Eds): Medinfo 83, pp. 1074-1077. Amsterdam: North-Holland 1983.

24. Wolters, I.: Ein datengesteuertes interaktives System für medizinische Anwendungen. Habilitationsschrift. Medizinische Hochschule Hannover 1976.

25. Wolters, I., Reichertz, P.L.: Problem directed interactive transaction management in medical systems. Meth. Inform. Med. 15 (1976) 135-140.

26. Zentralinstitut für die kassenärztliche Versorgung in der Bundesrepublik Deutschland: Fachtagung "EDV in der Arztpraxis II" am 30./31. Okt. 1981. Interner Bericht. Köln 1981.

11. WORKSHOP SPRACHEN UND GRAMMATIKEN

Zusammenfassung

R. Blomer, R. Engelbrecht

Moderne, syntaxorientierte Techniken der Systemplanung und -entwicklung aus der Sicht ihrer praktischen Verwirklichung im Bereich der medizinischen Informatik darzustellen und Aspekte ihrer normativen Wirkung auf das Anwenderverhalten zu erhellen, war das Ziel des Workshops 'Sprachen und Grammatiken', der gemeinsam von den Arbeitsgruppen 'Systeme und Systementwicklung' und 'Anwenderkriterien für DV-Systeme' durchgeführt wurde.

Die Sitzung war thematisch so aufgeteilt, daß charakteristische Fragestellungen und Probleme aus den verschiedenen Anwendungsgebieten wie z.B. Datenbanksprachen, Sprachen zur Selektion und Auswertung von Daten, Graphik, Anwendungsbeschreibung und Expertensysteme diskutiert werden konnten.

Zeitgründe und die Tatsache, daß diese Thematik zum ersten Mal in der Geschichte der GMDS explizit auf dem Programm einer Jahrestagung stand, ließen den Referenten nur wenig Spielraum, die Grundlagen darzulegen, Schwächen bestehender Systeme aufzuzeigen und Verbesserungsvorschläge detailliert zu präsentieren. Es wurde durch die Referate und die lebhafte Diskussion die Grundlage für die weitere Arbeit gelegt.

Die intensive Mitarbeit der zahlreichen Teilnehmer an dieser Veranstaltung und ihr Ausharren bis zum letzten Referat können als Indikator für das Interesse an dieser Problematik, deren Aktualität und Relevanz für den praktischen Einsatz gewertet werden.

Es zeigt sich, daß syntaxorientierte Techniken sehr gut in der Lage sind, anstehende Entwicklungsarbeiten zu unterstützen und eine Methodik darstellen, die in zunehmenden Maße eingesetzt werden wird.

Aus dem Deutschen Krebsforschungszentrum Heidelberg, Institut für Dokumentation, Information und Statistik (Direktor: Prof. Dr. G. Wagner)

Kommandosprachen

H.P. Meinzer

Einleitung

Benutzerfreundliche Systeme zeichnen sich durch ihre Dialogfähigkeit aus. Die Nachteile der Frage- und Antworttechnik (sequentieller Dialog) und der Menütechnik liegen in ihrer Länge und Starrheit. Ein flexibler Dialog läßt sich am ehesten durch Befehlssprachen erreichen. Diese Computersprachen gehören zur Klasse der formalen Sprachen, deren Prinzipien von den Compilerbauern schon lange systematisch erforscht und beschrieben worden sind [z.B. 1,2,11,27]. Hier wird beschrieben, wie solche Sprachen, die man auch problem- oder anwendungsorientierte Interpreter nennen könnte, definiert und implementiert werden können.

Zur Definition einer Sprache gehört, neben der Festlegung ihrer Struktur auch die Bestimmung, was mit der Sprache ausgesagt werden soll. Die Struktur einer Sprache wird bestimmt durch die Wörter, aus denen die Sprache besteht, und durch die Sätze, die sich aus diesen Wörtern zusammensetzen lassen. Die Menge der erlaubten Sätze bildet den Sprachumfang. Die Regeln, die die Struktur einer Sprache definieren, werden Syntax genannt. Die Bedeutung der einzelnen Sätze und Wörter wird als Semantik bezeichnet.

Die Syntax und die Semantik einer Kommandosprache müssen, wie die jeder anderen Programmiersprache, eindeutig festgelegt sein. Ohne formale Definition kann ein Interpreter die Eingaben nicht verarbeiten, ebensowenig wie ein Benutzer die Sprache lernen kann.

1. Die Syntax einer Sprache

Nach unserer Erfahrung sind die wichtigsten Anforderungen an eine Kommandosprache:

- einfache, saubere Syntax,
- kurze Parameterlisten,
- überschaubarer Sprachumfang.

Eine einfache Syntax entsteht z.B. wenn man festlegt, daß eine Eingabe aus einem Kommandowort, eventuell gefolgt von Parametern, besteht. Falls es mehrere Parameter gibt, werden diese durch Kommata getrennt. Ein Beispiel:

```
PRINT dateiname.
```

Lange Parameterlisten sind für die Benutzer schwer zu merken. Falls z.B. auf einer Grafik an eine bestimmte Stelle ein Text geschrieben werden soll, könnte das Kommando so lauten:

```
TEXT X,Y,FONT,SIZE,ANGLE,'String'
```

Es soll die Zeichenkette 'String' an die Position X,Y mit dem Schrifttyp FONT, der Größe SIZE im Winkel ANGLE geschrieben werden. Besser ist eine Kommandofolge

```
MOVE Zahl, Zahl
FONT (SIMPLEX|DUPLEX|COMPLEX)
SIZE Zahl
ANGLE Zahl
TEXT 'String'
```

Man sieht, wie eine kurze Parameterliste die Anzahl der nötigen Kommandos gleich vervielfacht.

Zur Definition einer formalen Sprache stehen zwei Möglichkeiten zur Wahl. Die ältere Methode ist die Backus-Naur-Form (BNF). Das obige Beispiel stellt sich folgendermaßen dar:

```
START     → MOVE Zahl , Zahl
START     → FONT  FONTREST
FONTREST → SIMPLEX
FONTREST → DUPLEX
FONTREST → COMPLEX
START     → SIZE Zahl
START     → ANGLE Zahl
START     → TEXT 'String'
```

Dabei sind die Ausdrücke, die mit anfangen, Zwischensymbole (Nonterminals), Ausdrücke ohne sind Endsymbole (Terminals). Es gibt ein besonderes Nonterminal START, das den Satzanfang bezeichnet, oder, wenn man sich die obige Struktur als Baum darstellt, den obersten Knoten (TOP). Der Pfeil liest sich als 'geht über nach'.

Die andere Methode, eine formale Sprache zu definieren, ist die Verwendung von Syntaxgraphen [27].

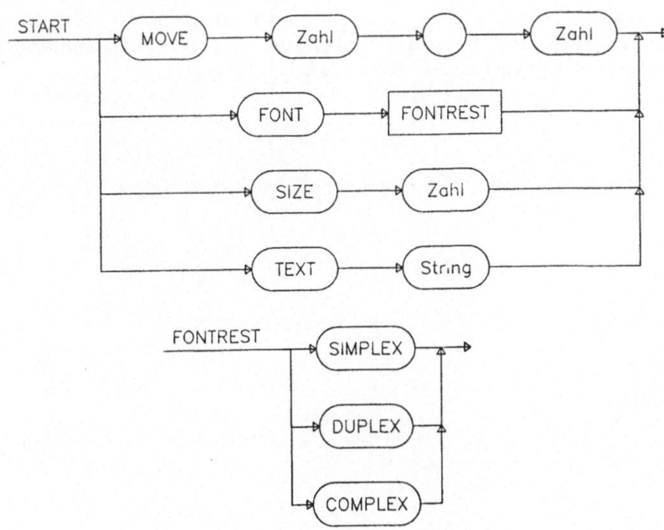

Abb. 1 Syntaxgraph einer einfachen Sprache

Mit Hilfe von Syntaxgraphen lassen sich syntaktische Strukturen sehr anschaulich darstellen. Besonders umfangreiche Grammatiken bleiben leserlich. Während für unsere kurzen Kommandos die Backus-Naur-Form einen Vorteil bietet, gibt es auch Beispiele, wo ein Syntaxgraph viel anschaulicher als die BNF ist, z.B. ein Arithmetikmodul.

Der Hauptnachteil eines Syntaxgraphen ist, daß er nicht maschinell analysierbar ist. Eine BNF kann dagegen von einem Rechner gelesen und verarbeitet werden.

2. Die Semantik einer Sprache

Während es für die Definition und Verarbeitung der Syntax einer Sprache ein ausreichendes formales Rüstzeug gibt [2,3,11], sind für Definition und Verarbeitung der Semantik bisher nur wenige theoretische Ansätze gemacht worden [7,24]. Diese Versuche sind in der Praxis wenig erprobt und noch nicht in die Routine des Compiler- oder Interpreterbaus eingefügt worden. Es soll hier deshalb ein zwar formaler, aber heuristischer Weg der Integration von Struktur und Bedeutung einer Sprache beschrieben werden.

Wenn wir davon ausgehen, daß bereits eine formale Beschreibung der Syntax, z.B. in der BNF, vorliegt, dann ist es ohne weiteres möglich, eine Verknüpfung von Syntax und Semantik vorzunehmen. In der Regel wird es so sein, daß zu jedem Kommando klar ist, welche Aktion der Rechner dabei ausführen soll. Diese zunächst rein verbale Beschreibung muß nun in einen Code umgesetzt werden. Dieser Code wird immer dann ausgeführt (durchlaufen), wenn das zugehörige Kommando eingegeben wurde.

Durch die als Folge der formalen Beschreibung der Syntax strukturierte Sprache wird der Code, der die Semantik jedes einzelnen Eingabesatzes (Kommandos) enthält, von vornherein übersichtlich und in der Mehrzahl der Fälle sogar erstaunlich kurz. Es muß ja immer nur der Code zu einem einzigen Kommando bearbeitet werden. Man kann es auch so formulieren, daß der Code einer Kommandosprache automatisch modular und strukturiert ist. Als sehr nützlich hat es sich erwiesen, Programmteile, die durch ein Kommando aufgerufen werden, als Unterprogramme zu definieren.

Die Semantik des mehrfach verwendeten Beispiels zum Plot einer Textzeile in einer Grafik soll hier als Beispiel dienen.

```
START  →  MOVE Zahl,Zahl

    GET X
    GET Y
    CALL MOVE (X,Y)

START  →  FONT  FONTREST

    kein Code

FONTREST  → SIMPLEX

    IFONT = 1

FONTREST  → DUPLEX

    IFONT = 2

FONTREST → COMPLEX

    IFONT = 3

START  → SIZE Zahl

    GET Zahl
    SIZE = Zahl

START  → TEXT 'String'

    GET 'String'
    ILEN = LENGTH  ('string')
    CALL SYMBOL (X,Y,SIZE,IFONT,ANGLE,'String',ILEN)
```

Wie man sieht, gibt es nicht zu jedem Kommando einen Code, sondern zu jeder Ableitung (Produktion). Dieser Code ist meist sehr simpel; manche Ableitungen haben sogar gar keinen Code. Der Transfer von Parametern von der Eingabezeile ins Programm wird durch GET angedeutet. Die Unterprogramme sind einem gängigen graphischen Softwarepaket [10] entnommen. Die Initialisierung der Variablen X, Y, IFONT, SIZE und ANGLE muß beim Aufruf des Interpreters vorgenommen werden, d.h. hier werden die Defaults gesetzt.

Die zwangsweise modulare Struktur des Programms führt neben der großen Übersichtlichkeit selbst umfangreicher Sprachen zu einer einfachen Erweiterbarkeit und Wartung. Sprachen, die auf die beschriebene Weise aufgebaut wurden, wachsen nach und nach um etliche Kommandos (Funktionen). Falls man dabei relativ fernwirkungsfrei programmiert, bleiben die älteren, schon ausgetesteten Moduln unberührt. Fernwirkungsfrei meint hier, daß die Semantik zweier Funktionen nicht interferiert. Es müssen dann nur die neu hinzukommenden Teile getestet und verifiziert werden.

3. Die Verwendung kontextfreier Grammatiken

WIRTH [27] erläutert, daß die kontextfreien Grammatiken (Chomsky-Typ2) gut zur Definition von Sprachen geeignet sind. Hier soll beschrieben werden, wie solche Grammatiken direkt für die Analyse einer Eingabezeile, eines Kommandos, verwendet werden können. Hierzu ist die Konstruktion eines Übersetzers (Parsers) notwendig, dessen Aufgabe die Erkennung eines Satzes und seiner Struktur ist.

Es gilt, bei der Satzanalyse die Folge von Ableitungen herauszufinden, die auch für seine Konstruktion notwendig gewesen wären. Die Komplexität des Analysators hängt dabei stark von den gewählten Ableitungen, die z.B. in der Backus-Naur-Form (BNF) dargestellt sind, ab. Für manche Grammatiken ist es sogar unmöglich, einen geeigneten Algorithmus zu finden [11]. Da die Analysatoren ausserdem in der Praxis eingesetzt werden sollen, muß auch der Aufwand für die Analyse in Schranken gehalten werden.

Bisher wurde davon ausgegangen, daß die Endsymbole (Terminals) der Sprache aus nur einem einzigen Zeichen bestehen. Tatsächlich handelt es sich natürlich um Zeichenfolgen, also Wörter. Die syntaktischen Analysatoren (Parser) stellen fest, ob diese Wörter in einer zulässigen Reihenfolge auftreten. Praktischerweise wird die Isolierung der Wörter im Eingabestring und ihre Identifikation in einem Schritt vor der syntaktischen Analyse gemacht.

Die Eingabe für solche lexikalischen Analysatoren (Scanner) ist die Eingabezeile selbst; die Ausgabe ist die Reihe der gefundenen Terminals oder besser, deren stellvertretenden Symbole. Am einfachsten werden diese durchnumeriert; die Ausgabe des Scanners ist dann ein Array ganzer Zahlen. Im Scanner werden die Trenner der Endsymbole wie Blank, Komma, Semikolon oder X'00' unabhängig von ihrer Anzahl aussortiert.

Ein Eingabeanalysemodul hat damit z.B. das in Abb. 2 dargestellte Struktogramm:

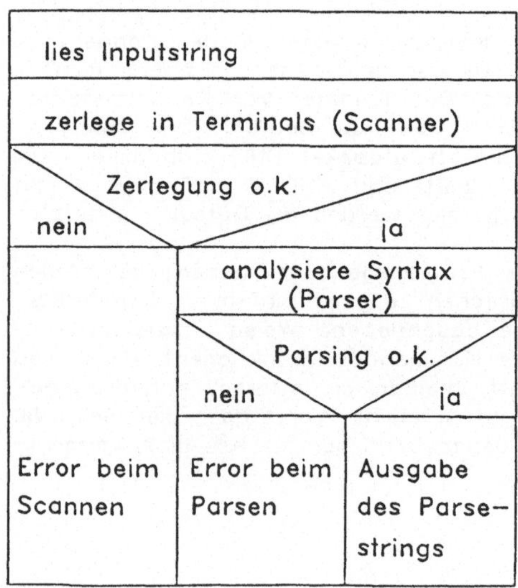

Abb. 2 Aufbau eines Programmes zur Analyse eines Eingabestrings

Die Eingabe für den Parser ist eine Reihe von Endsymbolen, wie sie zweckmäßigerweise vom Scanner vorbereitet wurde. Die Ausgabe ist die Folge der Nummern der Regeln oder Ableitungen der Grammatik. Dies gilt für den Fall, daß eine Eingabe erfolgreich analysiert (geparst) werden konnte.

Falls die Grammatik den von Wirth [27,S.8] erläuterten Einschränkungen genügt, läßt sich ein Parser konstruieren. Für den Fall, daß die Grammatik als Syntaxgraph vorliegt, kann eine relativ mechanische Vorschrift angegeben werden, wie die einzelnen Blöcke eines Syntaxgraphen in ein Programm umgesetzt werden können. Eine Bauanleitung dazu hat Wirth [27,S.18] für die Wirtssprache PASCAL aufgezeichnet.

Anhand dieser mechanischen Abbildungsvorschriften läßt sich auch ein Programm schreiben, das die Generierung einer Parsertabelle übernimmt. Das Programmgerüst ist, wieder formuliert in PASCAL, im gleichen Buch enthalten.

Falls man einen Generator für Parser bauen will, muß man eine Programmiersprache wählen, die über gute Funktionen für das Stringhandling verfügt und die den Speicherplatz eventuell dynamisch erweitern kann. In Heidelberg [6,7] wird deshalb hierfür SPITBOL verwendet. Die Heidelberger Generatoren haben den Entwurf von neuen Sprachen so erleichtert, daß man sich auf Syntax und Semantik konzentrieren kann und sich nicht im Analysatorenbau (Scanner und Parser) verzettelt.

Alle erwähnten theoretischen Erkenntnisse und Methoden werden bisher vorwiegend in ihrer Bedeutung für den Compilerbau gesehen. Für die Konstruktion von Interpretern gilt allerdings das gleiche.

4. Die Verknüpfung von Syntax und Semantik

Syntax und Semantik werden in einem sogenannten Hauptprogramm verknüpft, das im Prinzip ganz einfach aufgebaut ist. Das Hauptprogramm wird aufgerufen, wenn man mit dem Interpreter arbeiten will. Wie schon beschrieben wurde, kann man jeder Ableitung, die bei der Analyse einer Eingabe gefunden wird, eine eigene semantische Bedeutung zuordnen. Die Ausgabe des Parsers ist der Parse-String oder die Reihenfolge der Ableitungen die bei der Rekonstruktion der (richtigen) Eingabe durchlaufen wurde. In dieser Reihenfolge werden die einzelnen Programmteile, d.h. der Code zu jeder Ableitung, nacheinander abgearbeitet.

Um die Verknüpfung zu erleichtern, werden die Ableitungen einfach durchnumeriert. Einer Ableitung in der BNF entspricht beim Syntaxgraphen ein Pfeil (Kante). Das Hauptprogramm ist demnach nichts weiter als ein größeres 'computed-goto' oder - in der Sprache der strukturierten Programmierung - ein 'do-case'. Das Struktogramm eines Hauptprogramms ist in Abb. 3 dargestellt.

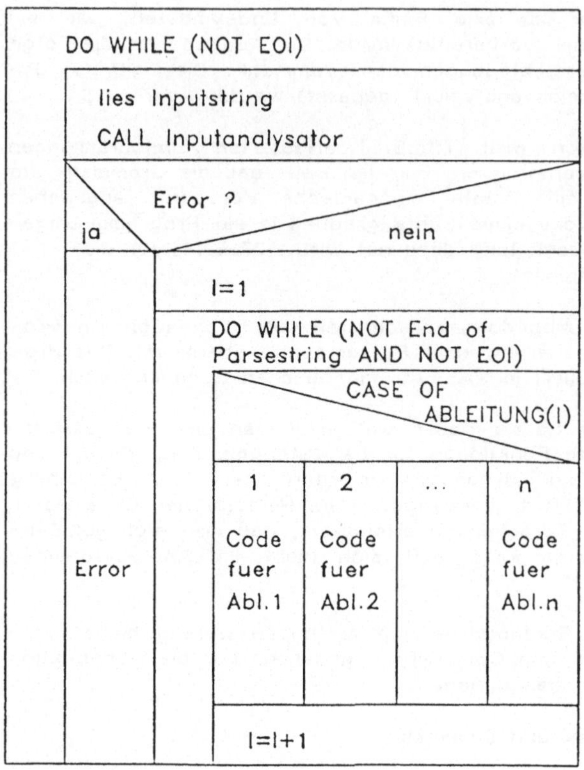

Abb. 3 Struktogramm eines Hauptprogramms

Dieses Hauptprogramm enthält den Code (oder auch die Semantik) für alle Ableitungen. Seine Struktur ist sehr einfach. Deshalb kann auch für dieses Programm ein Generator geschrieben werden (6). Als Eingabe für den Generator für das Semantikprogramm dient eine Datei, die in Blöcken den Code für alle Ableitungen enthält. Es hat sich herausgestellt, daß sehr oft zu einer Ableitung kein Code existiert. Die Codeblöcke, die tatsächlich existieren, sind in aller Regel kurz und übersichtlich. Die systemimmanente Modularität und Struktur ermöglicht ein leichtes Erweitern, Verändern und Testen des Interpreters.

Die beschriebene Vorgehensweise bei einer Implementation garantiert eine vergleichsweise hohe Sicherheit bei der Ausführung von Kommandos. Es wird überhaupt nur dann eine einzige Codezeile abgearbeitet, wenn vorher die komplette Eingabezeile vom Parser als richtig akzeptiert wurde. Die Fehler, die aus halb richtigen Eingaben und möglicherweise halber Ausführung von Kommandos herrühren, werden vermieden. In welcher Sprache das Hauptprogramm realisiert wird, ist bei der Planung zunächst unbedeutend. Die dort nötigen Statements sind in allen klassischen Compilern vorhanden, so daß man zweckmäßigerweise die Wirtssprache benutzt, die sich nach den inhaltlichen und maschinellen Gegebenheiten am ehesten anbietet.

Literatur

1. Aho, A.V., Ullman, J.D.: The Theory of Parsing, Translation and Compiling. Vol. 1. Englewood Cliffs: Prentice Hall 1972.

2. Aho, A.B., Ullman, J.D.: Principles of Compiler Design. Reading: Addison-Wesley 1978.

3. Alberts, S.: Ein Interpreter zur einfachen graphischen Darstellung medizinischer Meßwerte. Diplomarbeit, Fachbereich Medizinische Informatik, Universität Heidelberg, Fachhochschule Heilbronn 1980.

4. Alberts, S., Meinzer, H.P.: An interpreter for the easy creation of graphic displays of experimental data. Meth. Inform. Med. 20 (1981) 28-32.

5. Backus, J.: Can programming be liberated from the von Neumann style? A functional style and its algebra of programs. Comm. ACM 21 (1978) 613-641.

6. Becker, N., Osterburg, G., Schadewaldt, K.: PAULA - Generator für LL(1)-Parser und lexikalische Analyseprogramme. ZDV Techn. Rep. Nr. 10. Heidelberg: DKFZ 1977.

7. Becker, N., Osterburg, G.: Generierung interpretativer Systeme. ZDV Techn. Rep. Nr. 11. Heidelberg: DKFZ 1978.

8. Foley, J.D., Wallace, V.L.: The art of natural graphic man-machine conversation. Proc. IEEE 62 (1974) 462 - 471.

9. Gries, D.: Some comments on programming language design. In Schneider, H.J., Nagl, M. (Hrsg.): Programmiersprachen, 235-252. Berlin-Heidelberg-New York: Springer 1976.

10. Hahne, H.: TCS und AGII. ZDV Techn. Rep. Nr. 8. Heidelberg: DKFZ 1976.

11. Herschel, R.: Einführung in die Theorie der Automaten, Sprachen und Algorithmen. München: Oldenbourg 1974.

12. Hoare, C.A.R.: Prospects for a better Programming Language. Infotech Limited 1972, pp. 328 - 343.

13. Hoare, C.A.R.: Hints on Programming Language Design. SIGPLAN/SIGACT Symposium on Principles of Programming Language, Boston, Oct. 1973.

14. Kowalski, R.: Algorithm = Logic + Control. Comm. ACM 22 (1979) 424-436.

15. Linnemann, V.: Kontextfreie Grammatiken und Ableitungsbäume als Hilfsmittel bei der Programmierung. Angew. Inform. 2 (1980) 60-66.

16. Meinzer, H.P.: Easy generation of medical data forms. In Barber, B., Grémy, F., Überla, K. Wagner, G. (Eds): Medical Infomatics 1979, pp. 619-627. Berlin-Heidelberg-New York: Springer 1979.

17. Meinzer, H.P.: Dialog zwischen Mensch und Maschine. In Köhler, C.O., Böhm, K., Thome, R. (Hrsg.): Aktuelle Methoden der Information in der Medizin. Festschrift zum 65. Geburtstag von Prof.Dr.med. Gustav Wagner, S. 169-179. Landsberg: Ecomed 1983.

18. Meinzer, H.P.: Command languages in application programming. In Lindberg, D.A.B., Kaihara, S. (Eds.): MEDINFO 80, pp. 719-722, Amsterdam: North-Holland 1980.

19. Meinzer, H.P.: Graphik in Statistikpaketen. Statistik und eine interpretative, graphische Kommandosprache. Statist. Softw. Newsl. 7 (1981) 104-109.

20. Meinzer, H.P.: Definition und Implementation von Kommandosprachen. Statist. Softw. Newsl. B No. 5 (1983) 13-22.

20. Nagler, R.: Prozeßorientierter Entwurf von Dialogsystemen. Angew. Inform. 12 (1980) 504-509.

21. Newman, W.M., Sproull, R.F.: Principles of Interactive Computer Graphics. New York: McGraw Hill 1973.

22. Payer, M.: Syntaxgesteuerte Interpretation von Sprachen. Statist. Softw. Newsl. B No. 5 (1983) 4-12.

23. Scott, D.S.: Logic and programming languages. Comm. ACM 20 (1977) 634-641.

24. Tennent, R.D.: The denotational semantics of programming languages. Comm. ACM 19 (1976) 437-453.

25. Tennent, R.D.: Language design methods based on semantic principles. Acta inform. 8 (1977) 97-112.

26. Winograd, T.: Beyond programming languages. Comm. ACM 22 (1979) 391-401.

27. Wirth, N.: Compilerbau - Eine Einführung. Stuttgart: Teubner 1977.

Aus der Abteilung Medizinische Statistik, Biomathematik und Informationsverarbeitung der Universität Heidelberg am Klinikum der Stadt Mannheim
(Leiter: Prof. Dr. U. Feldmann)

Künstliche Intelligenz und Programmiersprachen

M. Rothemund

1. Einleitung

'Künstliche Intelligenz' (KI), übernommen vom englischen Ausdruck 'Artificial Intelligence' (AI), ist die ungewöhnliche Bezeichnung für ein Teilgebiet der Informatik. Obwohl die KI erst in jüngster Zeit zu großer Popularität gekommen ist, lassen sich ihre Anfänge bis in das Jahr 1943 zurückverfolgen [9].

Man unterscheidet zwei Forschungsrichtungen:

Die eine Richtung beschäftigt sich mit der wissenschaftlichen Erforschung der Intelligenz an sich und den dazugehörenden Prozessen kognitiver und kommunikativer Art (simulation approach). Dabei werden Computerprogramme als Werkzeuge und Hilfsmittel verwendet, um Funktionsmodelle zu erstellen, die versuchen, die Originalprozesse nachzubilden, und somit auch zum Verständnis der menschlichen Fähigkeiten beitragen.

Die andere Richtung konzentriert sich hauptsächlich auf die Lösung praktischer und technologischer Probleme und versteht sich als Ingenieurswissenschaft (engineering approach). Eine Definition dieser Forschungsrichtung, ohne dabei bestimmte Ziele genau herauszuheben, gibt MINSKY (zitiert in [7]): 'KI ist die Wissenschaft, Maschinen Dinge machen zu lassen, die - würden sie vom Menschen getan - Intelligenz erforderten' (übersetzt nach MINSKY).

Zusammenfassend lassen sich als Ziele der KI nennen [8]:

- Der Versuch, mit Hilfe des Computers die grundlegende Natur von 'Intelligenz' und 'menschlicher Denkfähigkeit' zu verstehen;
- mit Computerprogrammen Informationsverarbeitungsprozesse nachzubilden, für die Intelligenzleistungen nötig sind;
- Rechner nützlicher zu machen, indem das Spektrum dessen erweitert wird, was Computer tun können, wodurch sie auch auf Gebieten ohne berechenbare Methoden eingesetzt werden können.

Eine mögliche Untergliederung der KI ist die Aufteilung in Anwendungsgebiete, wie sie Abbildung 1 zeigt. Allen diesen Anwendungsgebieten sind verschiedene Problembereiche gemeinsam. Diese grundlegenden Bereiche und die dazugehörigen Methoden und Techniken werden auch als Kerngebiete der KI bezeichnet (Abb. 2) Die in der KI verwendeten Programmiersprachen gehören dazu.

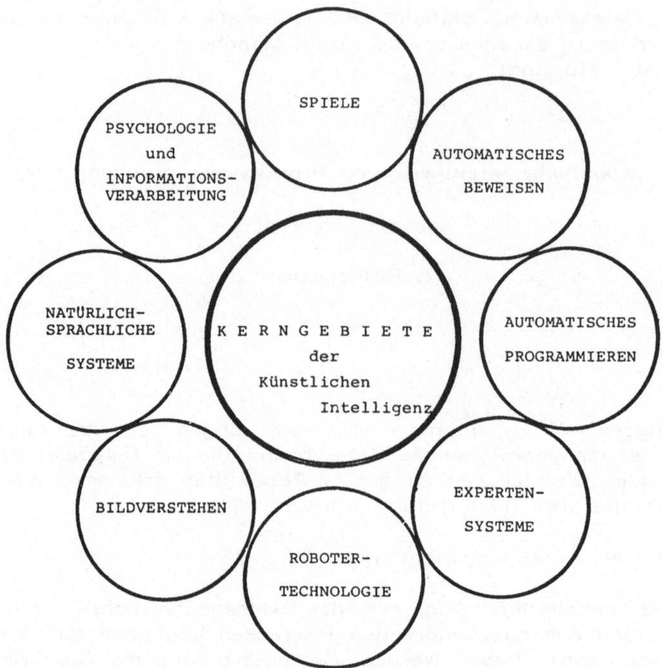

Abb. 1: Anwendungsgebiete der Künstlichen Intelligenz

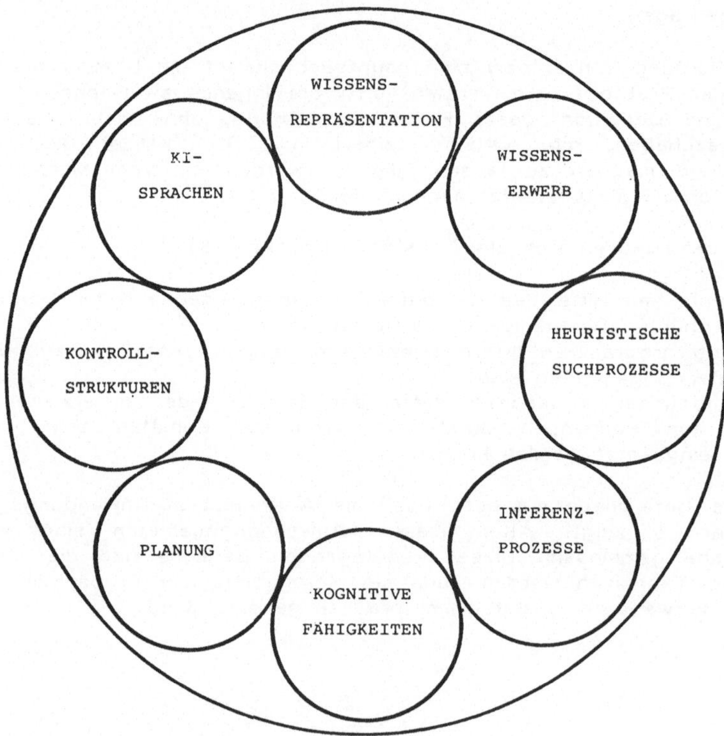

Abb. 2: Kerngebiete der Künstlichen Intelligenz

2. Programmiersprachen der künstlichen Intelligenz

Wie in jedem Anwendungsbereich wurden auch im Gebiet der künstlichen Intelligenz vom Anfang an spezifische Programmiersprachen für spezielle Probleme entwickelt und eingesetzt. So haben die im 1. Kapitel genannten Anwendungsgebiete bestimmte Anforderungen an Programmiersprachen gestellt; umgekehrt haben Eigenschaften der benutzten Programmiersprachen auch gewisse Lösungsmöglichkeiten von bearbeiteten Problemen provoziert. Die Verwendung von Listen als Datenstruktur bei der Symbolverarbeitung in der Programmiersprache LISP ist ein Beispiel dafür. Programmiersprachen können untergliedert werden in imperative, prädikative, funktionale und Datenfluß-Programmiersprachen [12]. Im Gegensatz zu imperativen Sprachen, die auf der von Neumann'schen Rechnerarchitektur basieren, in denen Variable Namen für Speicherzellen sind und Ausdrücke Berechnungen durch schrittweises Verändern von Speicherinhalten darstellen, gruppieren sich nahezu alle Programmiersprachen, die in der KI Anwendung finden, in die prädikativen und funktionalen Programmiersprachen ein. Ein Programm in einer funktionalen Programmiersprache (z.B. LISP, APL) besteht aus Funktionen, die direkt durch mathematische Ausdrücke die Beziehung zwischen Ein- und Ausgabedaten beschreiben. Im Prinzip existiert kein Variablenkonzept, und die Universalität wird durch vor allem auch rekursive Funktionen über Funktionen erreicht. Bei prädikativen Programmiersprachen (z.B. PROLOG, OPS) wird das Problem in der Sprache der Prädikatenlogik dargestellt, d.h. es gibt Fakten und Regeln. Ein Programm läuft ab, indem zu einer Problemspezifikation die passenden Fakten und Regeln gesucht werden. KI-Sprachen lassen sich dadurch charakterisieren, daß sie besonders gut geeignet sind

- Symbole zu manipulieren,
- Listen und listenähnliche Strukturen zu verarbeiten,
- Daten als Programme zu interpretieren,
- assoziative Datenzugriffe zu ermöglichen,
- rekursive Kontrollstrukturen zu benutzen,
- unvorhersehbare Struktur und Größe von Datenbeständen zuzulassen,
- interaktiv damit zu arbeiten.

Erweiterte Möglichkeiten sind z.B. mustergesteuerte Prozeduraufrufe, nicht determinierte Kontrollstruktur, Backtracking-Mechanismen, Inferenzmöglichkeiten mit Default-Werten, etc. Nachfolgend sollen mit LISP als einer der ältesten und PROLOG als einer der jüngsten Programmiersprachen zwei typische Vertreter der KI-Programmiersprachen kurz vorgestellt werden.

2.1. LISP

LISP (List Processing) wurde Ende der 50er, Anfang der 60er Jahre von John McCarthy am Massachusetts Institute of Technology (MIT) entwickelt. LISP hat in der Forschung und Entwicklung auf dem Gebiet der KI eine weite Verbreitung gefunden, einer Standardisierung jedoch bisher weitgehend getrotzt (Abb. 3). Neueste Entwicklungen sind eigens auf diese Sprache hardwaremäßig orientierte Rechner, die sogenannten 'LISP-Maschinen'. Die Sprache LISP basiert auf dem λ-Kalkül von Church. In diesem wird eine Funktionsvorschrift als 'Form' bezeichnet, z.B. y^x. Diese Form wird mit bestimmten Argumenten ausgewertet, z.B. $(y^x)[2,3]$. Ob 2^3 oder 3^2 gemeint ist, ergibt die Zuordnung der aktuellen zu den formalen Parametern durch Church's Lambda-Notation: $\lambda(y,x)(y^x)$. Jetzt wird $\lambda(y,x)(y^x)[2,3]$ zu $2^3=8$ berechnet. Eine entsprechende LISP-Notation ist nahezu identisch: (LAMBDA (Y X)(EXPONENT Y X)[2 3] wird zu 8 evaluiert. LISP-Lehrbücher findet man von ALLEN [1], HAMANN [3], SIKLOSSY [11], WINSTON und HORN [13].

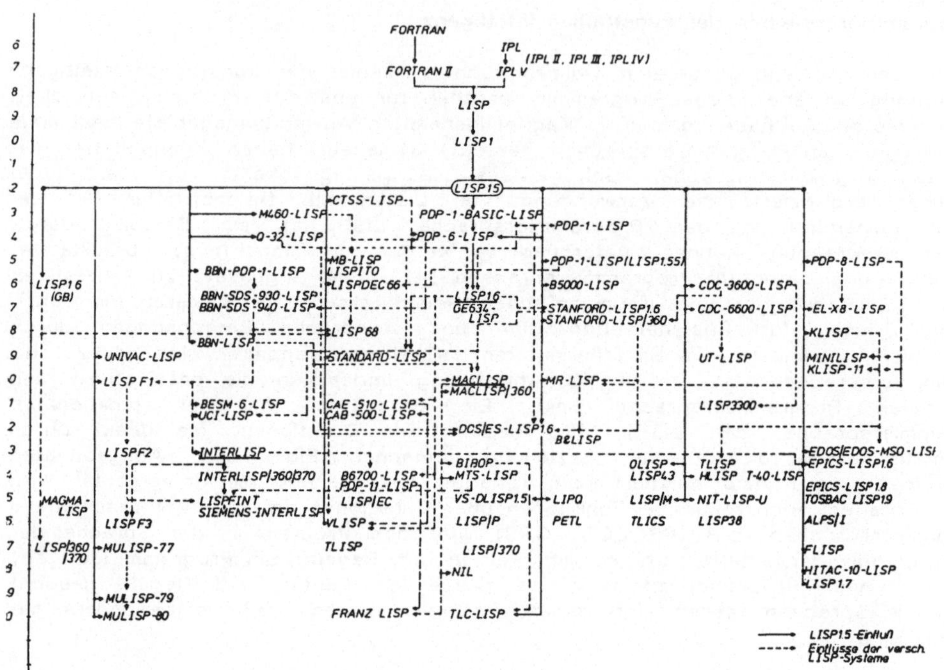

Abb. 3: Übersichtsgrafik der LISP-Historie

2.2. PROLOG

PROLOG (Programmieren in Logik) wurde Anfang der 70er Jahre von Kowalski entwickelt und initiiert [5] und von Colmerauer und Mitarbeitern erstmals an der Universität Marseille implementiert. PROLOG basiert auf einer speziellen Form der Prädikatenlogik erster Ordnung, den sogenannten Horn-Klauseln [6]. PROLOG wird im Bereich der KI, vor allem bei der Entwicklung von Expertensystemen eingesetzt. Auch von Seiten der Softwaretechnologie existiert ein gewisses Interesse an der Anwendung von PROLOG als Spezifikationssprache [10]. In PROLOG besteht die Möglichkeit, Fakten und Regeln anzugeben sowie Fragen zu stellen. Fakten werden angegeben, indem ein Prädikat und Argumente genannt werden, die dieses Prädikat erfüllen, z.B.:

```
Klinik-hat-Arzt (Chir., Dr. E.)  <-
Klinik-hat-Arzt (Chir., Dr. Z.)  <-
Arzt-hat-Patient(Dr. E., Herr D.)<-
Arzt-hat-Patient(Dr. Z, Frau V.) <-
```

Regeln werden ähnlich angegeben, z.B.:

```
Klinik-hat-Patient(x,z) <- Klinik-hat-Arzt(x,y),n Arzt-hat-Patient(y,z)
```

Fragen werden gestellt, indem man zu Argumenten eines Prädikates restliche Argumente sucht, welche zusammen das Prädikat erfüllen:

<- Klinik-hat-Patient(Chir.,z)

Diese Benutzeranfrage betrachtet PROLOG als ein zu beweisendes Theorem. Bei der Beweisführung werden freie Variablen in Fakten, Regeln und Anfragen durch 'pattern matching' an Konstanten gebunden. Die Programmierung in PROLOG wird in [2] beschrieben.

2.3. Beispiel

Als zusammenfassendes Beispiel wird die Berechnung der Fakultät einer positiven ganzen Zahl herangezogen.

Mathematische Definition

$n! = n \cdot (n - 1)!$ für $n = 1,2,3,\ldots$ mit $0! = 1$

LISP-Notation

Definition einer Funktion 'Fak' zur Berechnung der Fakultät:

```
(DEFUN Fak (n)

    (COND ((ZEROP n) 1)
          (T (TIMES n (Fak (SUB1 n))))))
```

Prädikatenkalkül
(1) Fak(0) = 1 (2) xy [Fak(x) = y → Fak(x+1) = y (x+1)]

PROLOG

```
Fakt:                  Fak(0) = 1 <-
Regel:      Fak(x+1) = y (x+1) <- Fak(x) = y
Frage, z.B.:                  <- Fak(3) = z
```

Literatur

1. Allen, J.: Anatomy of LISP. New York: McGraw-Hill 1978.

2. Clocksin, W.F., Mellish, C.S.: Programming in Prolog. Berlin-Heidelberg-New York: Springer 1981.

3. Hamann, C.-M.: Einführung in das Programmieren in LISP. Berlin-New York: de Gruyter 1982.

4. Jansen, C.: LISP-Systeme an der FH Heilbronn. Diplomarbeit, Studiengang Medizinische Informatik, Universität Heidelberg/Fachhochschule Heilbronn 1982.

5. Kowalski, R.: Predicate logic as a programming language. In Rosenfeld, J.L. (Edit.): Information Processing 74, pp. 569-574. Amsterdam: North-Holland 1974.

6. Kowalski, R.: Algorithm = logic + control. Commun. ACM 22 (1979) 424-436.

7. National Institutes of Health (Edit.): The Seeds of Artificial Intelligence. NIH Publ. No. 80-2071. Bethesda, Md.: NIH 1980.

8. Rothemund, M.: Künstliche Intelligenz - Einführung und Anwendungen. In Rothemund, M., Runge, H. (Hrsg.): Tagungsband der 3. Arbeitstagung für Medizinische Informatiker, 6.-8. Mai 1982, S. 108-119. Vielbrunn/Odenwald 1982.

9. Rothemund, M.: Künstliche Intelligenz: Brücke in die Zukunft. Historie. Computer-Magazin 12 (1983) 48.

10. Schnupp. P.: Prolog als Spezifikations- und Modellierungswerkzeug. In Hommel, G., Krönig, D. (Hrsg.): Requirements Engineering, S. 173-182. (Informatik-Fachberichte, Vol. 74). Berlin-Heidelberg-New York: Springer 1983.

11. Siklossy, L.: Let's Talk LISP. Englewood Cliffs: Prentice-Hall 1976.

12. Wilhelm, R.: Imperative, prädikative und funktionale Programmierung. In Nehmer, J. (Hrsg.): GI - 12. Jahrestagung, Kaiserslautern, 5.-7. Oktober 1982, S. 188-193. (Informatik-Fachberichte, Vol. 57). Berlin-Heidelberg-New York: Springer 1982.

13. Winston, P.H., Horn, B.K.P.: LISP. Reading: Addison-Wesley 1981.

Aus dem Institut für Medizinische Dokumentation, Statistik und Datenverarbeitung der Universität Heidelberg (Direktor: Prof. Dr. N. Victor)

Sprachen in statistischen Auswertungssystemen

R. Haux

1. Einleitung

Im folgenden möchte ich versuchen, eine grobe Übersicht über die zur Zeit vorhandenen Sprachtypen in statistischen Anwendungssystemen zu geben. Diese Sprachtypen werden dann anhand einiger Kriterien bewertet und diskutiert. Auf konkrete Beispiele von Sprachkonstrukten bestimmter statistischer Auswertungssysteme habe ich bewußt verzichtet: Man findet sie in ausreichender Form bereits in der Literatur. Verwiesen sei hier besonders auf das Buch von FRANCIS [3] und auf das Beiheft 5 des Statistical Software Newsletters (insb. GRÜNBERG, [4]; HAUX, [6]; SCHIENMANN, [14]. Die verwendete Terminologie ist erläutert in HAUX [7]. Die Literaturangaben zu den hier erwähnten statistischen Anwendungssystemen stehen - falls sie hier nicht aufgeführt sind - in FRANCIS [3].

2. Sprachen

2.1 Vorbemerkungen

Unter den Sprachen statistischer Auswertungssysteme versteht man zumeist die sogenannte Kommandosprache, die der Methodenanwender zum Einlesen seiner Daten, zur Datenaufbereitung und zum Aufruf seiner (Auswertungs-) Methoden verwendet. Dies ist jedoch nur eine Sprache einer bestimmten Sprachebene unter zumeist mehreren eines statistischen Auswertungssystems. Die Zahl der Sprachebenen eines solchen Auswertungssystems hängt eng zusammen mit dem jeweiligen schichtweisen Aufbau des Systems. Genau genommen stehen für jede Systemschicht eine oder mehrere Sprachen zur Verfügung. Diese müssen allerdings für die verschiedenen Schichten nicht notwendigerweise unterschiedlich sein.

Wir können zur Zeit - bezüglich der Sprachkonzepte statistischer Auswertungssysteme - drei unterschiedliche Ansätze erkennen:

- Den Mehrschichtenansatz, wie er z.B. in Karamba-Systemen vertreten wird (HÜBNER, [9]). Hier erhält jede potentielle Benutzerklasse (der Endbenutzer, der programmierende Anwendungsfachmann, der ausgebildete Programmierer,...) ihre eigene(n) Sprache(n) auf den jeweiligen Systemebenen;

- den Zweischichtenansatz, der in den meisten bekannten statistischen Auswertungssystemen verwendet wird. Man unterscheidet hier die Sprachebene des Methodenanwenders und die Sprachebene des Methodenprogrammierers, also derjenigen Person, welche die Auswertungsmethoden entwirft und programmiert;

- den Einschichtenansatz, bei dem nur eine Sprachebene zur Verfügung steht. Hier gibt es die Möglichkeit, bestimmten Benutzerklassen den jeweils für sie relevanten Sprachumfang abzugrenzen und so eventuell über ein stufenloses Sprachkonzept unterschiedlichen Bedürfnissen der jeweiligen Klasse zu entsprechen. In den nächsten Abschnitten wollen wir zwischen den Sprachen des Methodenanwenders und denen des Methodenprogrammierers unterscheiden, wobei der Begriff (formale) Sprache bewußt sehr weit gefaßt wird. Die Aufteilung in Sprachen für den Methodenanwender bzw. für den Methodenprogrammierer wurde nicht vorgenommen, weil diese Untergliederung immer die sinnvollste sein muß, sondern weil sie den derzeitigen Gegebenheiten am ehesten entspricht.

2.2 Sprachen des Methodenanwenders

Wir wollen hier zwischen den zweckorientierten Sprachen und den problemorientierten bzw. höheren Programmiersprachen unterscheiden (zu den verwendeten Begriffen vgl. SAMMET [11]).

Der einfachste Sprachtyp bei den zweckorientierten Sprachen basiert auf dem sequentiellen Dialog. Diesen Sprachtyp findet man hauptsächlich bei dialogorientierten Auswertungssystemen, weniger bei stapelorientierten. Er ist insbesondere für den DV-Laien konzipiert bzw. für Personen, die ein Auswertungssystem selten verwenden. Bei einem sequentiellen Dialog wird der Methodenanwender vom Daten- und Methodenbankverwaltungssystem oder von der jeweiligen Methode nach sämtlichen Angaben, die zum Einlesen bzw. Aufbereiten der Daten oder zum Aufruf der Methode nötig sind, abgefragt. Das statistische Auswertungssystem SCSS hat z.B. eine solche Sprache.

Ähnlich sind die Sprachtypen, die auf Menütechniken basieren. Hier hat der Anwender die Möglichkeit, seine Angaben in bestimmte Bildschirmformulare einzutragen. Je nach der Möglichkeit des Methodenanwenders, auf die Formularauswahl Einfluß nehmen zu können, unterscheidet man zwischen aktiver und passiver Menütechnik. Die Möglichkeit, über Menütechniken auszuwerten, bietet z. B. IDAMS [2]. Bei diesen beiden Sprachtypen ist es natürlich etwas gewagt, sie überhaupt schon als 'Sprach'-Typen zu bezeichnen.

Anders ist es bei den Kommandosprachen, also etwa den Sprachen von BMDP, SAS oder SPSS. Diese Sprachen sind immer noch relativ einfach gehalten (besonders bei BMDP und SPSS) und sollen auch für Benutzer erlernbar sein, die keine höhere Programmiersprache beherrschen. Man kann bei den Kommandosprachen bereits mehr (SAS) oder weniger (BMDP, SPSS) zwischen Konstrukten zur Datenbeschreibung und zur Datenverarbeitung (Einlesen, Datenaufbereitung, Methodenaufruf) unterscheiden. Im Vergleich zum sequentiellen Dialog oder zur Menütechnik ist es mit den Kommandosprachen möglich, auch kompliziertere Probleme zu bearbeiten.

Zu den zweckorientierten Sprachen kann man außerdem noch Makrosprachen zählen, die der eigentlichen Kommandosprache vorgeschaltet sind (z.B. SAS ab Version 82), und die sogenannten 'natürlichen' Sprachen, in denen ein Anwender über der natürlichen Sprache angelehnte Sprachkonstrukte die Auswertung vornimmt.

Problemorientierte Sprachen, die ein Methodenanwender für statistische Auswertungen benützt, sind hauptsächlich FORTRAN, zum Teil auch PASCAL. Zur Datenverwaltung und -aufbereitung stehen hier die Konstrukte der jeweiligen Sprache zur Verfügung, der Methodenaufruf entspricht in diesem Fall dem Unterprogrammaufruf (oder Prozeduraufruf) von Unterprogrammen aus einer Unterprogrammbibliothek (z.B. IMSL,NAG). Erwähnenswert ist in diesem Zusammenhang die Sprache PASCAL/R [12,13]. Diese Sprache enthält neben den üblichen PASCAL-Sprachelementen zusätzlich Konstrukte zum Verwalten relationaler Datenbanken. Problemorientierte Sprachen sind im Vergleich zu den anderen Sprachen schwieriger zu erlernen. Sie bieten aber auch bei weitem größere Möglichkeiten für kompliziertere - das bedeutet hier auch: von dem üblichen Vorgehen abweichende - rechnergestützte statistische Auswertungen.

2.3 Sprachen des Methodenprogrammierers

Die Sprachen, in denen das Daten- und Methodenbankverwaltungssystem und die (Auswertungs-) Methoden der statistischen Auswertungssysteme geschrieben sind, sind im wesentlichen die höheren Programmiersprachen FORTRAN (z.B. bei BMDP, SPSS, zum Teil bei SAS) oder PL/I (z.B. zum großen Teil bei SAS). Zum Teil werden auch bestimmte Systemteile in Assembler geschrieben. Beispielsweise besteht eine Methode in SAS aus einem Parser-Modul in (Makro-) Assembler und einem Lade-Modul in PL/I oder FORTRAN. Es gibt allerdings auch Daten- und Methodenbankverwaltungssysteme und Methoden, die in ALGOL-Sprachen, in APL oder anderen höheren Sprachen geschrieben sind, erstaunlicherweise sogar auch in BASIC oder MUMPS.

3. Bewertung der Sprachen

3.1 Vorbemerkungen

Die (sicherlich unvollständige) Bewertung erfolgt anhand von Kriterien, die in HULTSCH et al. [10], HAUX [6] und insbesondere HAUX, MEINZER und PAYER [5] aufgestellt wurden. Die Kriterien sind zwar wohlüberlegt und begründbar, sie müssen aber natürlich letztendlich subjektiv bleiben. Sie beziehen sich auf statistische Auswertungssysteme, die nach dem Zweischichtenansatz oder nach dem Einschichtenansatz aufgebaut sind.

3.2 Allgemeine Anforderungen an die Sprache eines statistischen Auswertungssystems

(1) Mit der Sprache soll der Benutzer die Möglichkeit haben, statistische Auswertungen sowie Datenverwaltungsaufgaben durchzuführen.

(2) Es sollte eine formale Spezifikation der Syntax vorliegen (z.B. in Form der Wirthschen Syntaxdiagramme; liegt eine formale Spezifikation der Syntax vor, so lassen sich im allgemeinen Parsergeneratoren zur Erzeugung des Übersetzens einsetzen; dies erleichtert die Implementierung).

(3) Die Semantik sollte genau beschrieben sein, wo es möglich erscheint, auch formal spezifiziert.

(4) Die Sprache sollte leicht erlernbar sein.

(5) Die syntaktische Struktur von Konstrukten des Daten- und Methodenbank- verwaltungssystems einerseits und von Methoden andererseits sollte, soweit wie möglich, einheitlich gehalten werden.

(6) Die Sprache soll, soweit wie möglich, betriebssystemunabhängig, das Auswertungssystem, soweit wie möglich, portabel sein.

(7) Eine Folge von Anweisungen sollte man zu einer parametrisierbaren Prozedur (bzw. einem Makro) zusammenfassen können.

Punkt 1 scheint - je nach Bedarf der Benutzerklassen - bei den Sprachen aller Sprachtypen erfüllbar zu sein.

Punkt 2 ist z.Zt. leider nur bei den problemorientierten Sprachen erfüllt, dort insbesondere bei PASCAL und bei den ALGOL-Sprachen. Bei den Kommandosprachen (zumindest in den angeführten Systemen) ist dies nicht der Fall; man kann sich zwar nachträglich über Syntaxdiagramme ein einigermaßen klares Bild über die syntaktische Struktur der Sprache machen (z.B. in HAUX [6]), im Detail läßt sich die syntaktische Richtigkeit einer Anweisung aber oft nur durch Ausprobieren bestätigen. Dies ist ein mangelhafter und verbesserungswürdiger Zustand, insbesondere wenn man bedenkt, daß die Syntax der Kommandosprachen einfacher ist als die der höheren Programmiersprachen und daß Parsergeneratoren für Sprachen mit LL-, LR-, SLR- oder LALR-Grammatiken prinzipiell zur Verfügung stehen.

Punkt 3 ist - im Sinne einer formalen Spezifikation der Semantik - nicht erfüllt, mit Ausnahme von PASCAL. Hier muß man aber bedenken, daß dies ein sehr schwieriges Problem ist. Eine ausreichende Beschreibung der Semantik dürfte sicher bei den bekannten höheren Programmiersprachen vorliegen. Bei den Kommandosprachen, bei denen die Semantik der Konstrukte viel komplexer ist als bei den problemorientierten Sprachen (z.B. bei Methodenaufrufen), läßt die Beschreibung oft zu wünschen übrig. Eine positive Ausnahme bildet hier BMDP, in der neuesten Version z.T. auch SAS. Bei den natürlichen Sprachen ist die Beschreibung der Semantik wohl am mangelhaftesten. Natürliche Sprachen zeichnen sich ja oft dadurch aus, daß man eben nicht weiß, was genau gemeint ist. Dies dürfte auch der Grund sein, daß E.W. DIJKSTRA [1] behauptet hat: 'Projects promoting in 'natural language' ar intrinsically doomed to fail'.

Zu Punkt 4: Am leichtesten erlernbar dürften wohl die 'Sprachen' vom Typ sequentieller Dialog und Menü sein, zumindest für einfache Standardanwendungen. Allerdings ist es für einen Benutzer nach mehrfachem Auswerten oft äußerst unangenehm und zeitaufwendig, auf diese Art zu Auswertungen zu kommen. Für die mehrfache Anwendung von statistischen Anwendungssystemen und bei etwas umfangreicheren Problemen (Datenaufbereitung,...) erscheinen deshalb gut konzipierte Kommandosprachen als geeigneter. Problemorientierte Sprachen dürften dem DV-kundigen Benutzerkreis für Probleme, die nicht mit Anweisungen einer Kommandosprache lösbar sind, vorbehalten bleiben. Diese Sprachen sind am schwierigsten zu erlernen. Man könnte allerdings die Schwierigkeit, eine solche Sprache zu erlernen, zu umgehen versuchen, indem man das zu Beginn erwähnte stufenlose Sprachkonzept verwendet: Ein Anfänger, der einfache Auswertungen durchführen möchte, sollte nur einen minimalen Sprachumfang der Sprache erlernen müssen. Hierzu zählt vor allem eine Auswahl der wichtigsten Methodenaufrufe und einige wenige sonstige Anweisungen. Möchte der Benutzer dazulernen, so sollte er immer nur einige neue Anweisungen zu den bereits bekannten erlernen müssen. Geeignet für ein solches Vorgehen erscheinen Sprachen in der Art von PASCAL/R . Man müßte allerdings ein Konstrukt zur Aktivierung einer Methode aus der Methodenbank des statistischen Auswertungssystems zur Verfügung haben. Der Prozeduraufruf von PASCAL ist hierfür nicht ausreichend.

Punkt 5 ist außer bei den problemorientierten Sprachen nicht immer befriedigend gelöst. Dies liegt vor allem an den unter Punkt 2 aufgeführten Mängeln beim syntaktischen Sprachkonzept.

Zu Punkt 6: Das Problem der Portabilität und Betriebssystemunabhängigkeit ist um so schwieriger zu lösen, je komplexer das System ist. Es ist weniger von der syntaktischen Struktur einer Sprache abhängig, als von der dazugehörigen Semantik (vgl. Punkt 3).

Zu Punkt 7: Dies ist bei den problemorientierten Sprachen möglich. Bei den Kommandosprachen hat die SAS-Kommandosprache die Möglichkeit, parametrisierbare Makros zu spezifizieren.

3.3 Spezifische Anforderungen des Methodenanwenders

(1) Dem Benutzer eines statistischen Auswertungssystems soll der für sein Problem und für seinen Wissensstand geeignete Sprachumfang zur Verfügung stehen. D.h.: Um eine vielseitige Anwendung zu gewährleisten, sollte(n) die Sprache(n) sowohl einfache als auch umfangreichere Auswertungen ermöglichen. Für einfache Auswertungen muß es genügen, eine Untermenge des gesamten Sprachumfangs zu beherrschen.

(2) Die Sprache sollte bezüglich ihres Umfangs erweiterbar und beschränkbar sein (folgt aus 1).

(3) Die Sprache des Daten- und Methodenbankverwaltungssystems oder der Methoden sollte unabhängig von der jeweiligen Implementierungssprache sein.

Zu Punkt 1 und 2: Diese Anforderungen beziehen sich weniger auf eine Sprache als auf das Sprachkonzept des gesamten statistischen Auswertungssystems. Sie hängen außerdem teilweise mit den in 3.2 aufgestellten Anforderungen zusammen. Wichtig ist, daß umfangreichere Auswertungen nur in Kommandosprachen und höheren Programmiersprachen sinnvoll vorgenommen werden können. Die geforderte Erweiterbarkeit und Beschränkbarkeit kann man relativ einfach dadurch erreichen, daß man möglichst viele Anweisungen als Methodenaufrufe gestaltet. Ein 'kleines' System enthielte dann weniger Methoden in der Methodenbank - und somit einen geringeren Sprachumfang - , eine größere Version entsprechend mehr. Mit einem solchen Vorgehen wäre es auch möglich, bestimmte verkleinerte Versionen statistischer Auswertungssysteme (z. B. auf Kleinrechnern) zu implementieren.

Punkt 3 ist beispielsweise dann nicht erfüllt, wenn ein Anwender zusätzlich zur Kommandosprache eines Auswertungssystems auch die FORTRAN-Format-Spezifikationen kennen muß (wie in BMDP) oder gar Fehlermeldungen der Implementierungssprache(n) zu deuten hat.

3.4 Spezifische Anforderungen des Methodenprogrammierers

(1) Die Sprache soll ein hohes Abstraktionsniveau haben.

(2) Sie sollte den Programmierer beim Entwurf von Programmen sowie bei der Fehlersuche in effizienter Weise unterstützen und den Entwurf numerisch hochwertiger Programme ermöglichen.

(3) Sie sollte geeignete Modularisierungstechniken unterstützen, wie etwa die schrittweise Verfeinerung von Datenstrukturen und Operationen (WIRTH [15]) und die schrittweise Reduktion von Datenstrukturen (z.B. HAUX [8]).

(4) Aus Punkt 3 folgt, daß die Sprache so konzipiert sein muß, daß Methoden andere Methoden aufrufen können.

Zu Punkt 1 und 2; Ob FORTRAN ein ausreichend hohes Abstraktionsniveau besitzt, ist zweifelhaft. Hierzu nochmals DIJKSTRA [1]: 'The tools we use have a profound (and devious!) influence on our thinking abilities'. Noch zweifelhafter erscheint mir allerdings, ob es sinnvoll ist, in BASIC oder MUMPS numerische Algorithmen zu schreiben, sowohl bezüglich deren Laufzeiteigenschaften als auch bezüglich deren numerischer Fehleranfälligkeit. Die Anwendung der in Punkt 3 aufgeführten Modularisierungstechniken ist in den problemorientierten Sprachen möglich (jedoch nicht - würde man diese Forderung auch für die Sprache(n) des Methodenanwenders aufstellen - in den Kommandosprachen oder in Sprachen noch einfacherer Sprachtypen).

Zu Punkt 4: Vgl. die Bemerkungen zu PASCAL/R in Abschnitt 3.2, Punkt 4. Denkbar wäre die Verwendung eines Konstruktes 'Activate <Methodenkennzeichnung> <Syntax der jeweiligen Methode> End Activate'.

4. Schlußbemerkungen

Wir haben es also bei den Sprachen in statistischen Auswertungssystemen nicht mit einer Sprache in jedem System, sondern mit einem meistens mehrere Sprachebenen umfassenden Sprachkonzept pro System zu tun. Das jeweils verwendete Sprachkonzept beeinflußt die Anwendbarkeit des statistischen Auswertungssystems, da die Sprache(n) die wesentliche Schnittstelle zum Benutzer darstellt (bzw. darstellen).

Drei Punkte sollen noch erwähnt werden:

(1) Massgebend für die Güte rechnergestützter statistischer Auswertungen sind auch geeignete Datenstruktur- und Datentypen in der jeweiligen Sprache. Ausführungen hierzu befinden sich in [8].

(2) Ein weiteres mögliches Sprachkonzept neben den in Abschnitt 3.1 erwähnten wäre das folgende: In Anlehnung an das ANSI/Sparc Drei-Schichten-Modell aus dem Bereich der Datenbanksysteme ließe sich auch ein dreischichtiges Sprachkonzept entwerfen, welches eine zentrale 'konzeptuelle Sprache' enthielte und - für den jeweiligen Benutzerkreis - bestimmte 'externe Sprachen'. Die Syntax der externen Sprachen bildet man vor Übersetzung der Anweisungen in die Syntax der konzeptuellen Sprache ab. Ähnliches gilt für die 'internen Sprachen' von Methoden. Der Vorteil ist, daß etwa für jede neue externe Sprache nur die Abbildungsvorschrift in die konzeptuelle Sprache angegeben werden müßte, nicht mehr.

(3) Die strikte Unterscheidung zwischen Methodenanwender und Methodenprogrammierer entspricht, wie gesagt, den Gegebenheiten. Sie ist aber im Grunde genommen künstlich. Jeder Methodenanwender ist potentiell auch Methodenprogrammierer; jeder Methodenprogrammierer wendet möglicherweise auch Methoden an. Außer bei einfachen Anwendungen ist es praktisch immer denkbar, daß man die Ergebnisse einer Methode modifizieren oder zur Weiterrechnung verwenden möchte. Bei einem Sprachkonzept eines statistischen Auswertungssystems sollte man auch dies berücksichtigen.

Literatur

1. Dijkstra, E.W.: How do we tell truths that might hurt? Sigplan Notices 17, No. 5 (1982) 13-15.

2. Erbe, R., Walch, G.: Ein Dialogsystem zur Methodensuche. In Mühlbacher, J. (Hrsg.): GI - 5. Jahrestagung. S. 133-147. Berlin-Heidelberg-New York: Springer 1975.

3. Francis, I.: Statistical Software: A Comparative Review. New York: North-Holland 1981.

4. Grünberg, U.: Einheitliche Syntax von Kommandosprachen und Probleme der Realisierung in Programmsystemen. Statist. Softw. Newsl. B No. 5 (1983) 23-27.

5. Haux, R., Meinzer, H.-P., Payer, M.: Anforderungen an die Sprachen in statistischen Auswertungssystemen. Unveröffentlichtes Manuskript. Heidelberg 1982.

6. Haux, R.: Die Syntax der Kommandosprache von SAS - Überblick und Kritik -. Statist. Softw. Newsl. B No. 5 (1983) 28-37.

7. Haux, R.: Statistical analysis systems - construction and aspects about method design. Statist. Softw. Newsl. (1983) (Im Druck).

8. Haux, R.: The construction of statistical analysis systems on the basis of appropriate data structure types and data types. (Zur Veröffentlichung eingereicht) (1983).

9. Hübner, R.: Softwaretechnologien auf dem Gebiet der Anwendungssysteme. Statist. Softw. Newsl. 5 79-86 (1979).

10. Hultsch, E., Jannasch, H., Krier, N. et al.: Anforderungen an Programmsysteme zur statistischen Datenanalyse. Statist. Softw. Newsl. 4 (1978) 3-30.

11. Sammet, J.E.: Programming Languages, History and Fundamentals. Englewood Cliffs: Prentice Hall 1969.

12. Schmidt, J.W.: Some high level language constructs for data of type relation. ACM Trans. Database Syst. 2 (1977) 247-261.

13. Schmidt, J.W., Mall, M.: PASCAL/R Report. Techn. Bericht IFI-HH-B-66/80, Inst. für Informatik der Univ. Hamburg 1980.

14. Schiemann, M.: Syntax der Kommandosprachen SPSS und BMDP. Statist. Softw. Newsl. B No. 5 (1983) 38-44.

15. Wirth, N.: Program development by stepwise refinement. Comm. ACM 14 (1971) 221-222.

Aus dem Institut für medizinische Informatik und Systemforschung (MEDIS), Neuherberg, (Direktor: Prof.Dr. W. van Eimeren) der Gesellschaft für Strahlen- und Umweltforschung mbH

Konzeption eines Anwendungsgenerators am Beispiel von GENDAS und der Anwendungsbeschreibungssprache FORMULA

J.Glaubitz, G.Klementz, R.Engelbrecht

1. Einleitung

Jedermann sind die Schlagworte vom Anwendungsstau und seinem Abbau durch Verwendung von Anwendungsgeneratoren geläufig. Uns auch. Deshalb haben auch wir uns entschlossen, einen Anwendungsgenerator einzusetzen, um dem recht häufig an uns herangetragenen Wunsch nach schneller Erstellung eines kleinen Datenerfassungssystems besser gerecht werden zu können. Nun gibt es in der Zwischenzeit eine ganze Anzahl solcher Systeme [2,3] auf dem Markt, so daß sich die Frage stellt: Lohnt es sich, einen Generator selbst zu entwickeln, oder ist es nicht besser, ein geeignetes System zu kaufen? Bei der Inspektion auf dem Markt angebotener Systeme sind wir jedoch schnell auf Grenzen gestoßen, die durch einige unverzichtbare Forderungen unsererseits an solch ein System gezogen wurden und die uns zur Entwicklung eines eigenen Generators veranlaßten, der unseren Anforderungen genügt.

Es soll im folgenden kurz auf unsere Vorstellungen von den Fähigkeiten eines solchen Systems eingegangen, danach etwas über das Konzept unseres Anwendungsgenerators GENDAS gesagt und zum Schluß die Anwendungsbeschreibung mit der formalen Sprache FORMULA erläutert werden.

2. Anforderungen an einen Anwendungsgenerator

Die in diesem Punkt angesprochenen Forderungen beziehen sich auf Eigenschaften, die angebotene Systeme meist nicht besitzen. Eigenschaften wie z.B. Dialogfähigkeit oder ähnlich selbstverständliche sollen nicht weiter erwähnt werden.

Ein Problem, mit dem größere Organisationen häufig konfrontiert werden, ist eine historisch bedingte Heterogenität des vorhandenen Rechnerumfelds. Um diese Ressourcen effizient nutzen zu können, ist die Generierung portabler Anwendungen zu fordern, die auf verschiedenen Anlagen mit möglichst gleicher Benutzeroberfläche laufen können.

Das führt sofort zu einer weiteren Anforderung, der nach Verwendung vorhandener Systemkomponenten und -utilities. So hängen z.B. an den verschiedenen Rechnern ganz verschiedene Terminaltypen. Da eigentlich alle namhaften Hersteller Formathandlingsysteme [7,8] anbieten, die ihre verschiedenen Standardterminals bedienen können, ist es nur vernünftig, diese System-Utilities auch zu verwenden, anstatt selbst eine Vielzahl eigener zusätzlicher Treiber zur Verfügung zu stellen. Ähnliches gilt für Datenhaltungssysteme [9].

Ein Anwendungsgenerator sollte außerdem die Verwendung standardisierter bzw. vorgefertigter Elemente unterstützen. Jede Organisation entwickelt für bestimmte Dinge eigene Standards. So haben z.B. Fragebögen und Bildschirmmasken einen einheitlichen Header, Adreßteile haben eine einheitliche Form usw. Schon in der 'Steinzeit' der EDV wurde deshalb für die Programmiersprache COBOL die Verwendung von Copy-Elementen vorgesehen. Wir finden, daß ein moderner Anwendungsgenerator das eigentlich auch können sollte.

Die meisten Generatoren arbeiten so, daß mit eigenständigen Moduln die verschiedenen Komponenten einer Anwendung, z.B. Bildschirmmasken und

Datenbank, beschrieben werden. Ob diese Komponenten dann letztlich aber auch zusammenpassen, wird nicht überprüft, sondern bleibt Crashtests überlassen. Ein letzter Punkt ist deshalb die Forderung, schon zur Generierungszeit weitgehende Konsistenzprüfungen durchführen zu können.

3. Der Anwendungsgenerator GENDAS

Der von uns konzipierte Anwendungsgenerator GENDAS besteht aus zwei unabhängigen Hauptkomponenten, einem Laufzeitsystem und dem eigentlichen Generator (siehe Abbildung 1).

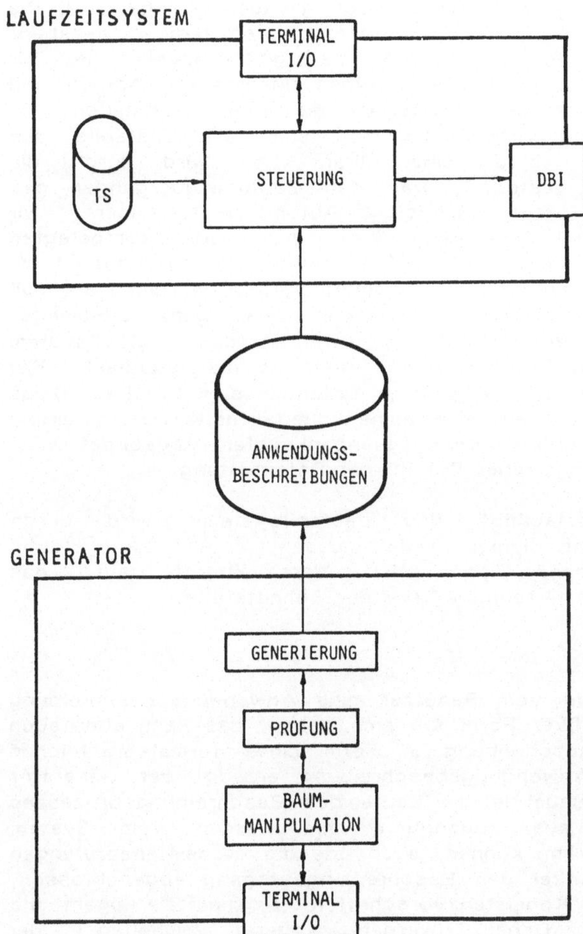

Abb. 1: Komponenten von GENDAS
(DBI: Database Interface, TS: Transaktionsschablonen)

3.1. Laufzeitsystem

Das Laufzeitsystem von GENDAS ist, zumindest in der gegenwärtigen Phase, als reines Datenerfassungssystem konzipiert. Man kann damit also nicht beliebige Anwendungen ausführen, sondern nur die einer ganz bestimmten Klasse. Diese Einschränkung erscheint uns sinnvoll aufgrund unserer Standardanwendungen. Es dreht sich dabei sehr häufig um kleinere Systeme zur Erfassung einfach strukturierter Datenbestände mittleren Umfangs und deren Pflege. Verarbeitung dieser Daten im engeren Sinn ist hier in der Regel nicht gefordert oder kann mit anderer Software, wie z.B. Statistikpaketen, durchgeführt werden.

Das Laufzeitsystem arbeite+ als Interpreter, d.h. es führt eine Anwendung durch Interpretation einer Anwendungsbeschreibung aus. Diese Anwendungsbeschreibung enthält alle statischen Informationen der Anwendung, wie z.B. Maskennamen, Feldnamen, Datenbankfiles etc. (darauf wird später noch genauer eingegangen). Die dynamischen Aspekte einer Anwendung sind in Standardabläufen fest vorgegeben. Die Standardabläufe heißen Transaktionen, und es gibt davon die für Datenerfassungssysteme üblichen vier, nämlich Hinzufügen, Inspizieren, Ändern und Löschen. Die Funktionsweise des Laufzeitsystems ist die eines Automaten [1]. Transaktionen bestehen aus Einzelschritten, die man sich als Zustände des Automaten vorstellen kann. Der Ablauf einer Transaktion wird durch die Aufeinanderfolge der Einzelschritte gesteuert, was den Zustandsübergängen des Automaten entspricht. Die Tafeln dieses Automaten nennen wir Transaktionsschablonen, Schablonen deswegen, weil die hierin festgelegten Durchführungsvorschriften für Anwendungen 'Löcher' enthalten, die zur Laufzeit mit Informationen aus der aktuellen Anwendungsbeschreibung gefüllt werden. So muß z.B. dem Einzelschritt 'Maske aufziehen' der Name einer ganz bestimmten Bildschirmmaske mitgeteilt werden. Wie gefordert, verwendet das Laufzeitsystem Utilities des jeweiligen Rechners, sein Formathandlingsystem und die Datenbank. Der Zugriff zur Datenbank geschieht über eine allgemeine Datenbankschnittstelle. Diese vermittelt dem Laufzeitsystem die Sicht auf eine einheitliche virtuelle Datenstruktur, die durch die Schnittstelle auf das unterliegende Datenbanksystem abgebildet wird. Man erreicht dadurch Transparenz technischer Details der Datenhaltung.

Ein größtmögliches Maß an Portabilität des Laufzeitsystems wird durch Implementierung in PASCAL erreicht. Einige Teile müssen jedoch zwangsläufig rechnerspezifisch angepaßt werden, so z.B. der Zugriff auf das Formathandlingsystem und die datenbankseitigen Teile der Schnittstelle.

3.2. Generator

Der Generatorteil von GENDAS nimmt vom Benutzer eine Anwendungsbeschreibung entgegen. Das wird meist in interaktiver Form vor sich gehen; das kann aber auch durch Erstellung der Anwendungsbeschreibung in Form eines formalsprachlichen Ausdrucks geschehen. Aus der Anwendungsbeschreibung erzeugt der Generator eine Art Syntaxbaum [5]. Dieser Baum ist im Laufe des Beschreibungsprozesses Manipulationen von Benutzerseite aus zugänglich. Ihm werden vom System Standardelemente hinzugefügt; an ihm können auch ständig Konsistenzprüfungen durchgeführt werden. Hat der Benutzer den Beschreibungsvorgang abgeschlossen, und genügt der finale Baum allen Konsistenzvorschriften, beginnt die eigentliche Generierung der Anwendung. Dabei werden zuerst Quellen der Bildschirmmaskenbeschreibungen für die verschiedenen Formathandlingsysteme geschrieben, und es werden Datenbankbeschreibungen erstellt, falls nicht auf bereits bestehenden Datenbeständen gearbeitet wird. Schließlich wird noch die Anwendungsbeschreibung für das Laufzeitsystem erzeugt. Es handelt sich dabei um eine modifizierte Form des erwähnten Syntaxbaums. Dieser modifizierte Baum enthält keinerlei Informationen mehr, die nur zur Generierungszeit nötig sind, wie z.B. graphische Attribute von Maskenfeldern oder Submaskenstrukturen. Er ist dafür aber um einige Informationen ergänzt, die erst zur Laufzeit von Bedeutung werden und automatisch bestimmt werden können. Dazu gehören u.a. Pufferpositionen von

Feldern und Verwendungsnachweise von Feldern in Masken und Datenbankzugriffen. Suchvorgänge geschehen in GENDAS in etwa nach der Methode des 'Query by example' [10], wozu ein Standardbildschirm zur Eingabe von Suchkriterien generiert wird. Der Baum wird dann wieder in einen formalsprachlichen Ausdruck zurückversetzt und an einer dem Laufzeitsystem bekannten Stelle abgelegt.

Für die Portabilität des Generators gilt ähnliches wie beim Laufzeitsystem, mit der Einschränkung, daß hier auf Portabilität leichter verzichtet werden kann, wenn man für generierte Anwendungen Transportwege vom Generierungs- zum Laufzeitrechner vorsieht.

4. Anwendungsbeschreibung in FORMULA

Eine Anwendungsbeschreibung im Anwendungsgenerator GENDAS heißt 'Formular'. Wie schon erwähnt, legen wir ein Formular als formalsprachlichen Ausdruck ab. Die formale Sprache, die dafür entwickelt wurde, heißt FORMULA. Wir beschreiben Anwendungen in Form von Programmen und nicht, wie es häufig geschieht, in Tabellen, weil uns dieser Weg einfach praktischer erscheint. Die Hauptvorteile sehen wir zum einen in einer relativ guten Lesbarkeit solcher Anwendungsbeschreibungen auch ohne die Verwendung eines Reportgenerators; dazu kommt zum anderen die leichte Handhabbarkeit sowohl des Programms als auch des Syntaxbaums, wobei bewährte Techniken aus dem Compilerbau Verwendung finden können. Die sprachliche Form gewährt auch Unabhängigkeit von interaktiven Komponenten. Das soll nicht heißen, daß diese überflüssig wären. Im Gegenteil: wird der Generator einmal Endbenutzern in die Hand gegeben, kann man darauf keinesfalls verzichten. Während der Phase des Generatorbaus jedoch, der Phase des Prototyping, ist es als absoluter Vorteil anzusehen, sich durch Unabhängigkeit von aufwendiger dedizierter Softwareperipherie ein Höchstmaß an Flexibilität Änderungen gegenüber zu bewahren. Auch später, nach Umkleidung des fertigen Systemkerns mit benutzerfreundlichen Frontends, die eine vollständig systemgeführte Formularerstellung ermöglichen, ist zu erwarten, daß sich versierte Benutzer bisweilen den Weg über eine zwangsläufig immer etwas schwerfällige Führung etwa in Form von Menüs sparen werden und stattdessen mit einem Texteditor direkt an das FORMULA-Programm gehen.

Beim Entwurf der Sprache wurde kein besonderer Wert auf eine 'Ästhetik der Notation' gelegt. Das FORMULA-Programm soll auch nicht als Anwendungsdokumentation für den Endbenutzer dienen, wird aber natürlich Grundlage davon sein. Ein Beispiel ist in Abbildung 2 wiedergegeben.

Die Sprache selbst ist vom einfach zu parsenden Typ LL1 [4]. Ein FORMULA-Programm gliedert sich in vier Sektionen, in denen Felder, Masken, Datenbasis und Querprüfungen spezifiziert werden.

Im Felderteil sind alle Felder der Anwendung mit ihrem Namen und diversen Attributen aufgeführt. Zu den Attributen gehören eine Längenangabe, eine Typangabe (numerisch oder alpha), eine Angabe zur Justierung vor der Abspeicherung und eventuell eine Angabe, ob das Feld Suchkriterium sein soll. (In diesem Fall wird es in die erwähnte Suchmaske aufgenommen; in der Datenbank ist es adäquat, z.B. invertiert abzulegen). Prüfungen können auf zwei Arten angestoßen werden. Prüfungen, die zu einer Menge von Standardprüfungen gehören, werden in Form eines Sprachausdrucks beschrieben, der von einem Prüfmodul des Laufzeitsystems ausgewertet wird. Nichtstandardprüfungen werden durch Namen spezifiziert und über einen speziellen Ausgang des Laufzeitsystems abgehandelt. Schließlich kann hier noch ein Verweis auf eine Transformationsvorschrift und Quellfelder angebracht werden, aus denen der Wert des Feldes zu bestimmen ist. Für die Spezifizierung der Transformationsvorschrift gibt es analoge Möglichkeiten wie bei den Prüfungen.

```
$FORMULAR  BEISPIEL

$FIELDS
  FELD1  $L 12  $JL  $S
  FELD2  $L 2  $TN  $JR
  FELD3  $L 8  $CHK '$D JJ/MM/TT $LE 83/09/26'
  FELD4  $L 4  $TR btrans (FELD1 FELD2)

$MASKS
  BMASKE
  ( FELD3  $P 5 10  $RV
    'DATUM:'  $P 5 2
    $SM  $P 10 1  SUBMASKE
    ( 'NAME:'  $P 3 3  $RV  $BL
      FELD1  $P 3 9  $RV  $BL
      'ALTER:'  $P 5 3
      FELD2  $P 5 10 $RV
      $GR  $P 1 1  $H 22  $V 7  '+' ) )
  $CO  ANDERESFORMULAR  XMASKE

$USERVIEW  BVIEW
  $SET  OSET  $O
    $DA  DATAAREA1 FELD1 FELD2
  $SET  MSET
    $DA  DATAAREA2  FELD3 FELD4
  $CO  ANDERESFORMULAR  XSET

$CHECKS
  bcheck (FELD2 FELD3)
```

Abb. 2: Beispiel für eine Anwendungsbeschreibung in FORMULA

Im Maskenteil werden alle Bildschirmmasken der Anwendung beschrieben. Es wurde hier versucht, eine Schnittmenge der Beschreibungsmöglichkeiten gebräuchlicher Formathandlingsysteme zu verwenden, um bei der Abbildung auf diese Systeme möglichst wenig Schwierigkeiten zu bekommen. Eine Maske enthält drei Elementtypen. Das sind einmal Felder für Daten-I/O mit Positionsangabe und graphischen Attributen, zum anderen Festtexte mit denselben Spezifikationen und als drittes Graphikelemente, mit denen auf einfache Weise Linien und Kästen beschrieben werden können. Eine Besonderheit ist, daß eine Maske rekursiv aus Submasken aufgebaut werden kann. In solchen Submasken sind Teilbildschirme zu gemeinsam handhabbaren Einheiten zusammengefaßt, was den Maskenentwurf erleichtert. Wie gefordert, können auch vorgefertigte Masken einkopiert werden, als Submasken oder als eigenständige Hauptmasken.

Im Datenbankteil werden Datenstrukturen für die oben erwähnte allgemeine Datenbankschnittstelle beschrieben. Wir haben uns hier auf das Modell der einstufigen Hierarchie beschränkt. Für medizinische Anwendungen erscheint uns das geeignet und ausreichend, da man es hier doch sehr häufig mit Datenstrukturen zu tun hat, die sich in einen identifizierenden Satz und diverse davon abhängige Sätze untergliedern lassen. Bei den Beschreibungsmöglichkeiten der Datenstrukturen wird das Konzept des 'Userview' oder 'externen Schemas' [6] unterstützt. Ein Userview besteht aus verschiedenen Datensatztypen, genannt 'Sets'. (Man kann sich darunter Datenbankfiles oder Relationen vorstellen). Ein Set wird durch einen Namen identifiziert und mit einer Ownerangabe versehen, falls es sich um die Wurzel der einstufigen Hierarchie handelt. Der Datenbankzugriff selbst geschieht über 'Data Areas', die eine Teilmenge der Felder des zugehörigen Set spezifizieren. Selbstverständlich können auch Beschreibungen bereits bestehender Bestände einkopiert werden.

In der letzten Sektion eines FORMULA-Programms schließlich können noch feldübergreifende Querprüfungen vereinbart werden. Hier sind wir dabei, ähnlich wie bei den Einzelfeldprüfungen einen Satz von häufig vorkommenden Standardprüfungen zu definieren, die dann sprachlich spezifizierbar sein werden. Noch ist nur ein Ausgang des Laufzeitsystems vorhanden.

Damit sind im wesentlichen alle Elemente angesprochen, die wir benötigen, um eine Anwendung - genauer: ihre statische Beschreibung - zu generieren.

5. Erfahrungen und Ausblick

Im Augenblick befinden wir uns mitten in der Erstellung eines ersten Prototyps von GENDAS. Aufgrund unserer bisherigen Erfahrungen läßt sich auf alle Fälle sagen, daß der eingeschlagene Weg sicherlich kein ganz verkehrter ist. Speziell durch Compilerbautechniken, die wegen unseres formalsprachlichen Ansatzes Verwendung finden können, lassen sich eine ganze Reihe von Problemen lösen. So ist z.B. die Generierung einer Maskenbeschreibung für ein rechnerspezifisches Formathandlingsystem im Grunde nichts anderes als eine Art Codeerzeugung. Auch die Möglichkeit, Copy-Elemente zu verwenden, konnte in dieses Konzept recht elegant eingebettet werden.

Erweiterungsmöglichkeiten sehen wir in zwei Richtungen. Ein Ziel wird sein, häufig vorkommende Arten von Verarbeitung erfaßter Daten im engeren Sinn zu klassifizieren und durch eine Spracherweiterung von FORMULA für GENDAS spezifizierbar zu machen. Außerdem soll die Möglichkeit geschaffen werden, die bis jetzt fest vorgegebenen Transaktionstypen vom Benutzer durch neue Transaktionen ergänzen zu lassen, die er aus standardisierten Einzelschritten zusammensetzen kann.

Literatur

1. Aho, A.V., Ullmann, J.D.: The Theory of Parsing Translation and Compiling. Vol.1,2. Englewood Cliffs: Prentice-Hall 1972/1973.

2. Ellsässer, K.-H., Köhler, C.O., Wagner, G.: KRAZTUR - A generator for medical documentation and information systems. Meth. Inform. Med. 20 (1981) 191-195.

3. IBM: Program Description / Operations Manual. Patient Care System - Application Development System. White Plains: IBM 1981.

4. Knuth, D.E.: Top-down syntax analysis. Acta Inform. 1 (1971) 79-110.

5. Maurer, H.: Theoretische Grundlagen der Programmiersprachen. Mannheim: Bibliographisches Institut 1969.

6. Nijssen, G.M. (Edit): Modelling in Data Base Management Systems. Amsterdam: North-Holland 1976.

7. Prime Computer Inc.: The FROMS Programmer's Guide. Natick, Mass. 1979.

8. Siemens AG: FHS Format Handling System Transdata BS2000, Benutzerhandbuch. München 1982.

9. Software AG: ADABAS Version 4 - Command Reference Manual. Darmstadt 1979.

10. Zloof, M.M.: Query by Example. (IBM Research Report, RC 4917). Yorktown Heights 1974.

12. AUTORENVERZEICHNIS

Abel, U., Dr.rer.nat., Tumorzentrum Heidelberg/Mannheim, Im Neuenheimer Feld 220, 6900 Heidelberg

Adolphs, H.-D., Priv.Doz. Dr., Städtisches Krankenhaus, Urologische Abt., 3470 Höxter

Altenburg, H.-P., Dipl. Math., Fakultät für Klinische Medizin, Medizinische Statistik, Biomathematik und Informationsverarbeitung, Theodor-Kutzer-Ufer, 6800 Mannheim 1

Becker, N., Dr.sc.hum., Deutsches Krebsforschungszentrum, Institut für Dokumentation, Information und Statistik, Im Neuenheimer Feld 280, 6900 Heidelberg

Bender, H.J., Dr., Fakultät für Klinische Medizin, Medizinische Statistik, Biomathematik und Informationsverarbeitung, Theodor-Kutzer-Ufer, 6800 Mannheim 1

Berger, J., Prof. Dr.med.vet., Inst. für Mathematik und Datenverarbeitung in der Medizin, Abt. Mathematik in der Medizin, Martinistraße 52 2000 Hamburg 20

Blomer, R., Dr.rer.nat., Hoechst AG, Medizinische Abteilung, Gebäude H 840, 6000 Frankfurt 80

Böhm, K., Dr.rer.pol. Deutsches Krebsforschungszentrum, Institut für Dokumentation, Information und Statistik, Im Neuenheimer Feld 280, 6900 Heidelberg

Brandeis, W.E., Priv.Doz. Dr.med., Universitätskinderklinik, Im Neuenheimer Feld 150, 6900 Heidelberg

Brodda, K., Dr., II. Physiologisches Institut, Johannes-Gutenberg-Universität, Saarstr. 21, 6500 Mainz

Cabassa, N., Prof. Dr.med., Servizio di Medicina Nucleare, U.S.L.Centro-Sud, Via L. Böhler 5, Bolzano, ITALIEN

Da Via, M., Servizio di Medicina Nucleare, U.S.L.Centro-Sud, Via L. Böhler 5, Bolzano, ITALIEN

Dietrich, C., Dr.rer.nat., Industrieanlagen-Betriebsgesellschaft mbH, Einsteinstrasse Geb. 21, 8012 Ottobrunn bei München

Dietsch, H., Dipl. Inform., Universität Erlangen-Nürnberg, Lehrstuhl für Technische Elektronik, Informatik-Forschungsgruppe 9, Martensstr. 3, 8520 Erlangen

Dietz, K., Prof. Dr.rer.nat., Eberhard-Karls-Universität, Institut für Medizinische Biometrie, Westbahnhofstr. 55, 7400 Tübingen

Drepper, A., Dr. Dr.med., Fachklinik Hornheide, Facharzt für Mund- und Kieferchirurgie, Dorbaumstr. 300, 4400 Münster

Düchting, W., Prof. Dr. Universität Gesamthochschule Siegen, Fachbereich 13, Fachgebiet Regelungstechnik, Hölderlinstr. 3, 5900 Siegen 21

Edler, L., Dr.rer.nat., Deutsches Krebsforschungszentrum, Institut für Dokumentation, Information und Statistik, Im Neuenheimer Feld 280, 6900 Heidelberg

Ehlers, C.Th., Prof. Dr.med., Universität Göttingen, Lehrstuhl für Medizinische Dokumentation, und Datenverarbeitung, Robert-Koch-Str. 40, 3400 Göttingen

van Eimeren, W., Prof. Dr.med., Gesellschaft für Strahlen- und Umweltforschung mbH, Institut für Medizinische Informatik und Systemforschung, Ingolstädter Landstr. 1, 8042 Neuherberg

von Eisenhart-Rothe, B., Dr., Gesellschaft für Strahlen- und Umweltforschung mbH, Institut für Medizinische Informatik und Systemforschung, Ingolstädter Landstr. 1, 8042 Neuherberg

Ellsässer, K.-H., Dipl. Inform.Med. Tumorzentrum Heidelberg/Mannheim, Im Neuenheimer Feld 220, 6900 Heidelberg

Emrich, D., Universität Göttingen, Lehrstuhl für Medizinische Dokumentation, und Datenverarbeitung, Robert-Koch-Str. 40, 3400 Göttingen

Engelbrecht, R., Dr.rer.pol., Gesellschaft für Strahlen- und Umweltforschung mbH, Institut für Medizinische Informatik und Systemforschung, Ingolstädter Landstr. 1, 8042 Neuherberg

Engelmann, U., Dipl. Inform. Med., Deutsches Krebsforschungszentrum, Institut für Dokumentation, Information und Statistik, Im Neuenheimer Feld 280, 6900 Heidelberg

Epple, E., Dr.Ing., Universität Tübingen, Institut für Anästhesiologie, Calwer Str. 7, 7400 Tübingen

Failing, K., Dipl. Math., Universität Gießen, Fachbereich 18, Abteilung Biomathematik, Frankfurter Str. 100, 6300 Gießen

Fassl, M., Prof. Dr.med., Medizinische Hochschule Lübeck, Institut für Medizinische Statistik und Dokumentation, Ratzeburger Allee 160, 2400 Lübeck

Feldmann, U., Prof. Dr.rer.nat., Fakultät für Klinische Medizin, Medizinische Statistik, Biomathematik und Informationsverarbeitung, Theodor-Kutzer-Ufer, 6800 Mannheim 1

Filipiak, Birgit, Dipl. Stat., Gesellschaft für Strahlen- und Umweltforschung mbH, Institut für Medizinische Informatik und Systemforschung, Ingolstädter Landstr. 1, 8042 Neuherberg

Fischer, R.-J., Dr.rer.medic., Institut für Medizinische Informatik und Biomathematik, Hüfferstr. 75, 4400 Münster

Friedrich, H.-J., Dr., Medizinische Hochschule Lübeck, Institut für Medizinische Statistik und Dokumentation, Ratzeburger Allee 160, 2400 Lübeck

Gebbensleben, Brigitte, Krankenhaus Merheim, Ostmerheimer Str. 200, 5000 Köln 91

Gerdel, W., Dr.med., Institut für Dokumentation und Information über Sozialmedizin und öffentliches Gesundheitswesen, Westerfeldstr. 15, 4800 Bielefeld

Giere, W., Prof. Dr.med., Uniklinikum Frankfurt, Abteilung für Dokumentation und Datenverarbeitung, Zentrum der Medizinischen Informatik, Theodor-Stern-Kai 7, 6000 Frankfurt 70

Glaubitz, J., Dipl. Inform., Gesellschaft für Strahlen- und Umweltforschung mbH, Institut für Medizinische Informatik und Systemforschung, Ingolstädter Landstr. 1, 8042 Neuherberg

Götz, T., Dipl. Math. Universität Heidelberg, Sonderforschungsbereich 136, 6900 Heidelberg

Graf, G., Dipl. Ing., Krankenhauszweckverband Augsburg, Zentralklinikum, Stenglinstr. 2, Postfach 101920, 8900 Augsburg

Graubner, B., Dr.med., Universität Göttingen, Lehrstuhl für Medizinische Dokumentation, und Datenverarbeitung, Robert-Koch-Str. 40, 3400 Göttingen

Griesser, G., Prof. Dr.med., Christian-Albrecht-Universität, Olshausenstr. 40/60, 2300 Kiel

Gross, F. † Prof. Dr.med., vormals: Pharmakologisches Institut, Im Neuenheimer Feld 366, 6900 Heidelberg

Hammel, Gertrud, Biometrisches Zentrum für Therapie- studien, Pettenkoferstr. 35, 8000 München 2

Hartung, H.J., Dr.med., Fakultät für Klinische Medizin, Medizinische Statistik, Biomathematik und Informationsverarbeitung, Institut für Anästhesiologie und Reanimation, Theodor-Kutzer-Ufer, 6800 Mannheim 1

Haux, R., Dipl. Inform.Med., Universität Heidelberg, Institut für Medizinische Dokumentation, Statistik und Datenverarbeitung, Im Neuenheimer Feld 325, 6900 Heidelberg

Hedderich, J., Universitätsklinik Kiel, Abteilung Medizinische Statistik und Dokumentation, Brunswiker Str. 2a, 2300 Kiel

Heidenreich, P., Dr., Krankenhauszweckverband Augsburg, Zentralklinikum, Institut für Nuklearmedizin, Stenglinstr. 2, Postfach 101920, 8900 Augsburg

Hellmann, W., Prof., Fachhochschule Hannover, Fachbereich BID, Hanomagstr. 8, 3000 Hannover 91

Hennige, M., Dipl. Inform.Med., Deutsches Krebsforschungszentrum, Institut für Dokumentation, Information und Statistik, Im Neuenheimer Feld 280, 6900 Heidelberg

Hermanek, P., Prof. Dr.med., Chirurgische Universitätsklinik, Abteilung Klinische Pathologie, Maximiliansplatz, 8520 Erlangen

Herrmann, G., Gesellschaft für Strahlen- und Umweltforschung mbH, Institut für Medizinische Informatik und Systemforschung, Ingolstädter Landstr. 1, 8042 Neuherberg

Hess, C.F., Dr.med., II. Physiologisches Institut, Johannes Gutenberg-Universität, Saarstr. 21, 6500 Mainz

Höcker-Lindemann, Karla, Fachklinik Hornheide, Dorbaumstr. 300, 4400 Münster

Holle, R., Dipl. Math., ZMBT, Fachbereich 23, Heinrich-Buff-Ring 44, 6300 Gießen

Hommel, G., Prof. Dr., Universität Mainz, Institut für Medizinische Statistik und Dokumentation, Langenbeckstr. 1, 6500 Mainz

Jäger, N., Dr. Urologische Universitätsklinik, 5300 Bonn-Venusberg

Jesdinsky, H.-J., Prof. Dr.med., Institut für Medizinische Statistik und Biomathematik, Moorenstr. 5, 4000 Düsseldorf

Johann, A., Dr.med., Fakultät für Klinische Medizin, Medizinische Statistik, Biomathematik und Informationsverarbeitung, Theodor-Kutzer-Ufer, 6800 Mannheim 1

Kewitz, H., Prof. Dr.med., Freie Universität Berlin, Klinikum Steglitz, Institut für Klinische Pharmakologie, Hindenburgdamm 30, 1000 Berlin 45

Klar, R., Dr.rer.nat., Universität Göttingen, Lehrstuhl für Medizinische Dokumentation und Datenverarbeitung, Robert-Koch-Str. 40, 3400 Göttingen

Kleinsorge, H., Prof. Dr.med., MPS e.V., Bildhildisstr. 2, 6500 Mainz

Kluge, A., Prof. Dr.med., Universität Heidelberg, Institut für Immunologie, Im Neuenheimer Feld 305, 6900 Heidelberg

Köhler, C.O., Priv.Doz. Dr.rer.pol. Deutsches Krebsforschungszentrum, Institut für Dokumentation, Information und Statistik, Im Neuenheimer Feld 280, 6900 Heidelberg

Kohnle, A., Dipl. Inform.Med., Technische Universität Berlin, Fachbereich Informatik, Fachgebiet Systemanalyse und Elektronische Datenverarbeitung, Institut für quantitative Methoden, Hardenbergstr. 4-5, 1000 Berlin

Koller, S., Prof. Dr.phil.Dr.med., Universität Mainz, Institut für Medizinische Statistik und Dokumentation, Langenbeckstr. 1, 6500 Mainz

Komitowski, D., Priv.Doz. Dr.med., Deutsches Krebsforschungszentrum, Institut für Experimentelle Pathologie, Im Neuenheimer Feld 280, 6900 Heidelberg

Krayl, H., Prof., Fachhochschule Heilbronn, Fachbereich Medizinische Informatik, Max-Planck-Str. 39, 7100 Heilbronn

Kreutz, G., Dr., Freie Universität Berlin, Klinikum Steglitz, Institut für Klinische Pharmakologie, Hindenburgdamm 30, 1000 Berlin 45

Küfner, R., Gesellschaft für Strahlen- und Umweltforschung mbH, Institut für Medizinische Informatik und Systemforschung, Ingolstädter Landstr. 1, 8042 Neuherberg

Lange, Helga, Dr.med., Institut für Dokumentation und Information über Sozialmedizin und öffentliches Gesundheitswesen, Westerfeldstr. 15, 4800 Bielefeld

Lange, H.-J., Prof. Dr.med., Technische Universität München, Institut für Medizinische Statistik und Epidemiologie, Sternwartstr. 2/III, 8000 München 80

Leven, F.J., Prof., Fachhochschule Heilbronn, Fachbereich Medizinische Informatik, Max-Planck-Str. 39, 7100 Heilbronn

Lippold, Andrea, Dipl. Inform.Med., Fachklinik Hornheide, Dorbaumstr. 300, 4400 Münster

Lordigk, E., Dipl. Inform., Institut für Biometrie und Medizinische Informatik, Abteilung Klinische Informatik, Karl-Wiechert-Allee 9, 3000 Hannover-Kleefeld

Lorenz, W., Prof. Dr.med., Klinikum der Philipps-Universität Marburg, Zentrum für Operative Medizin I, Abteilung für Theoretische Chirurgie, Robert-Koch-Str. 8, 3550 Marburg

Luft, R., Gesellschaft für Strahlen- und Umweltforschung mbH, Institut für Medizinische Informatik und Systemforschung, Ingolstädter Landstr. 1, 8042 Neuherberg

Lutz, H., Prof. Dr.med., Fakultät für Klinische Medizin, Medizinische Statistik, Biomathematik und Informationsverarbeitung, Institut für Anästhesiologie und Reanimation, Theodor-Kutzer-Ufer, 6800 Mannheim 1

Meinzer, H.-P., Dr.sc.hum., Deutsches Krebsforschungszentrum, Institut für Dokumentation, Information und Statistik, Im Neuenheimer Feld 280, 6900 Heidelberg

Messerer, Dorothea, Dipl. Inform.Med., Biometrisches Zentrum für Therapiestudien, Pettenkoferstr. 35, 8000 München 2

Metzner, K.-H., Dr.med., Medizinische Computer- und Informationssysteme, Weissliliengasse 31, 6500 Mainz 1

Michaelis, J., Prof. Dr.med., Universität Mainz, Institut für Medizinische Statistik und Dokumentation, Langenbeckstr. 1, 6500 Mainz

Miller, R.A., Prof. Dr., University of Pittsburgh, Decision Systems Laboratory, 1360 Scaife Hall Pittsburgh, PA 15261, USA

Möhr, J.-R., Prof. Dr.med. Universität Heidelberg, Institut für Medizinische Dokumentation, Statistik und Datenverarbeitung, Im Neuenheimer Feld 325, 6900 Heidelberg

Möller, D.P.F., II. Physiologisches Institut, Johannes-Gutenberg-Universität, Saarstrasse 21, 6500 Mainz

Montini, G., Servizio di Medicina Nucleare, U.S.L.Centro-Sud, Via L. Böhler 5, Bolzano, ITALIEN

Morini, D., Servizio di Medicina Nucleare, U.S.L.Centro-Sud, Via L. Böhler 5, Bolzano, ITALIEN

Münch, E., Dr.med. Universität Erlangen-Nürnberg, Hals-Nasen-Ohrenklinik, Waldstr. 1, 8520 Erlangen

Murza, G., Dr., Institut für Dokumentation und Information über Sozialmedizin und öffentliches Gesundheitswesen, Westerfeldstr. 15, 4800 Bielefeld

Neiß, A., Prof. Dr.rer.nat. Dr.med.habil., Technische Universität München, Institut für Medizinische Statistik und Epidemiologie, Sternwartstr. 2/III, 8000 München 80

Nitz, M., Dipl. Math., Freie Universität Berlin, Klinikum Steglitz, Institut für Klinische Pharmakologie, Hindenburgdamm 30, 1000 Berlin 45

Norgall, T., Dipl. Ing., Universität Erlangen-Nürnberg, Lehrstuhl für Technische Elektronik, Informatik-Forschungsgruppe 9, Martensstr. 3, 8520 Erlangen

Ohmann, C., Dr.rer.nat., Klinikum der Philipps-Universität Marburg, Abteilung für Experimentelle Chirurgie und Pathologische Biochemie, Robert-Koch-Str. 8, 3550 Marburg

Opfer, M., Krankenhauszweckverband Augsburg, Zentralklinikum, Stenglinstr. 2, Postfach 101920, 8900 Augsburg

Osswald, P.M., Priv.-Doz. Dr.med., Klinikum der Stadt Mannheim, Institut für Anästhesie und Reanimation, Theodor-Kutzer-Ufer, 6800 Mannheim 1

Peimann, C.-J., Dr.rer.nat., Universitätskrankenhaus Eppendorf, Institut für Informatik und Datenver- arbeitung in der Medizin, Martinistr. 52, 2000 Hamburg 20

Perinelli, F., Servizio di Medicina Nucleare, U.S.L.Centro-Sud, Via L. Böhler 5, I-Bolzano, ITALIEN

Perz, S., Dipl. Ing., Gesellschaft für Strahlen- und Umweltforschung mbH, Institut für Medizinische Informatik und Systemforschung, Ingolstädter Landstr. 1, 8042 Neuherberg

Peter, G., Prof. Dr., Fachhochschule Heilbronn, Max-Planck-Str. 39, 7100 Heilbronn

Pfaff, G., Dr.med., Chirurgische Klinik, Abteilung Kinderchirurgie, Im Neuenheimer

Feld 110, 6900 Heidelberg

Pilz, L., Dipl. Math., Deutsches Krebsforschungszentrum, Institut für Dokumentation, Information und Statistik, Im Neuenheimer Feld 280, 6900 Heidelberg

Piotrowski, W., Prof. Dr.med., Klinikum der Stadt Mannheim, Neurochirurgische Klinik, Theodor-Kutzer-Ufer, 6800 Mannheim 1

Pöppl, S.J., Priv. Doz. Dr.Ing. Dr.med.habil. Gesellschaft für Strahlen- und Umweltforschung mbH, Institut für Medizinische Informatik und Systemforschung, Signalverarbeitung und Prozeßrechnertechnik, Ingolstädter Landstr. 1, 8042 Neuherberg

Qin, Y., Klinikum der Philipps-Universität Marburg, Zentrum für Operative Medizin I, Abteilung für Theoretische Chirurgie, Robert-Koch-Str. 8, 3550 Marburg

Radecke, H.W., Dr., Urologische Universitätsklinik, 5300 Bonn-Venusberg

Ranft, U., Dr.Ing., Medizinische Hochschule Hannover, Institut für Biometrie, Postfach 610180, 3000 Hannover 61

Rau, E., Dr.med., Krankenhaus Merheim, Ostmerheimer Str. 200, 5000 Köln 91

Reichertz, P.L., Prof. Dr.med., Medizinische Hochschule Hannover, Institut für Medizinische Informatik, Konstanty-Gutschow-Str. 8, 3000 Hannover 61

Reichmann, R., Dr.med.dent., Universität Göttingen, Lehrstuhl für Medizinische Dokumentation und Datenverarbeitung, Robert-Koch-Str. 40, 3400 Göttingen

Richter, O., Priv.Doz. Dr., Institut für Medizinische Statistik und Biomathematik, Moorenstr. 5, 4000 Düsseldorf

Röder, F. Gesellschaft für Strahlen- und Umweltforschung mbH, Institut für Medizinische Informatik und Systemforschung, Ingolstädter Landstr. 1, 8042 Neuherberg

Röhrich, M. Dr.med., Klinikum der Stadt Mannheim, Neurochirurgische Klinik, Theodor-Kutzer-Ufer 23, 6800 Mannheim 1

Rohde, H., Prof. Dr.med., Krankenhaus Merheim, Ostmerheimer Strasse 200, 5000 Köln 91

Rosenkranz, G., Dipl. Math., Universität Heidelberg, Sonderforschungsbereich 123, Im Neuenheimer Feld 293, 6900 Heidelberg

Rothemund, M., Dipl. Inform.Med., Klinikum der Stadt Mannheim, Theodor Kutzer Ufer 23; 6800 Mannheim 1

Runge, H., Dipl. Inform.Med., Stadt Heilbronn - Krankenanstalten, Medizinische Informatik, Am Gesundbrunnen, 7100 Heilbronn

Sandblad, B., Dr., UDAC, P.O.Box 2103, S-75002 Uppsala 2, SCHWEDEN

Sassen, G., Dr.med., Institut für Dokumentation und Information über Sozialmedizin und öffentliches Gesundheitswesen, Westerfeldstr. 15, 4800 Bielefeld

Sauter, K., Prof. Dr.Ing., Universitätsklinik Kiel, Abteilung Medizinische Statistik und Dokumentation, Brunswiker Str. 2a, 2300 Kiel

Schach, Elisabeth, Dipl. Volkswirt M.S., Universität Dortmund, Bereich

Anwendungssysteme, Hochschulrechenzentrum, Postfach 500500, 4600 Dortmund 50

Scheibe, O., Prof. Dr.med., Chirurgische Klinik, Krankenhaus Feuerbach, Stuttgarter Str. 151, 7000 Stuttgart 30

Schicha, H., Prof. Dr.med., Universität Göttingen, Lehrstuhl für Medizinische Dokumentation, und Datenverarbeitung, Nuklearmedizinische Abteilung, Robert-Koch-Str. 40, 3400 Göttingen

Schillings, H., Dipl. Ing., Universität Göttingen, Abteilung für Medizinische Informatik, Robert-Koch-Str. 40, 3400 Göttingen

Schnabel, M., Dipl. Math., Technische Universität München, Institut für Medizinische Statistik und Epidemiologie, Sternwartstr. 2/III, 8000 München 80

Schneider, B., Prof. Dr.phil.nat., Medizinische Hochschule Hannover, Institut für Biometrie, Postfach 610180, 3000 Hannover 61

Schneider, H.J., Prof. Dr., Universität Erlangen/Nürnberg, Informatik II, Martensstrasse 3, 8520 Erlangen

Schubel, H., Dr.rer.nat., Gesellschaft für Strahlen- und Umweltforschung mbH, Institut für Medizinische Informatik und Systemforschung, Ingolstädter Landstr. 1, 8042 Neuherberg

Schuhmacher, M., Dr.rer.nat., Universität Heidelberg, Institut für Medizinische Dokumentation, Statistik und Datenverarbeitung, Im Neuenheimer Feld 325, 6900 Heidelberg

Schulz, Kira, Dr., Gesellschaft für Strahlen- und Umweltforschung mbH, Institut für Medizinische Informatik und Systemforschung, Ingolstädter Landstr. 1, 8042 Neuherberg

Starz, Irmgard, Biometrisches Zentrum für Therapiestudien, Pettenkoferstr. 35, 8000 München 2

Stelzer, G., Dipl. Inform.Med., Institut für Medizinische Datenverarbeitung, an der Klinik Oberwald, 6424 Grebenhain

Stieber, Jutta, Dr., Gesellschaft für Strahlen- und Umweltforschung mbH, Institut für Medizinische Informatik und Systemforschung, Ingolstädter Landstr. 1, 8042 Neuherberg

Stöltzing, H. Dr.med., Klinikum der Philipps-Universität Marburg, Zentrum für Operative Medizin I, Abteilung für Theoretische Chirurgie, Robert-Koch-Str. 8, 3550 Marburg

Sund, M., Dr., Gesellschaft für Strahlen- und Umweltforschung mbH, Institut für Medizinische Informatik und System- forschung, Ingolstädter Landstr. 1, 8042 Neuherberg

Tautu, P., Prof. Dr.med., Deutsches Krebsforschungszentrum, Institut für Dokumentation, Information und Statistik, Im Neuenheimer Feld 280, 6900 Heidelberg

Thon, K., Priv.Doz. Dr.med., Klinikum der Philipps-Universität Marburg, Zentrum für Operative Medizin I, Abteilung für Theoretische Chirurgie, Robert-Koch-Str. 8, 3550 Marburg

Thurmayr, R., Prof. Dr.med., Technische Universität München, Institut für Medizinische Statistik und Epidemiologie, Sternwartstr. 2/III, 8000 München 80

Timmermann, U., Dipl. Math., Universität Göttingen, Abteilung für Medizinische Informatik, Robert-Koch-Str. 40, 3400 Göttingen

Tomasi, C., Servizio di Medicina Nucleare, U.S.L.Centro-Sud, Via L. Böhler 5, Bolzano, ITALIEN

Trampisch, H.J., Dr.rer.nat., Institut für Medizinische Statistik und Biomathematik, Moorenstr. 5, 4000 Düsseldorf

Victor, N., Prof. Dr.rer.nat., Universität Heidelberg, Institut für Medizinische Dokumentation, Statistik und Datenverarbeitung, Im Neuenheimer Feld 325, 6900 Heidelberg

Vogelsänger, T. Universität Gesamthochschule Siegen, Fachbereich 13, Fachgebiet Regelungstechnik, Hölderlinstr. 3, 5900 Siegen 21

Wagner, G., Prof. Dr.med., Deutsches Krebsforschungszentrum, Institut für Dokumentation,Information und Statistik, Im Neuenheimer Feld 280, 6900 Heidelberg

Weber, E., Prof. Dr.agr., Deutsches Krebsforschungszentrum, Institut für Dokumentation, Information und Statistik, Im Neuenheimer Feld 280, 6900 Heidelberg

Weckesser, G., Dipl. Math., Universität Heidelberg, Institut für Medizinische Dokumentation, Statistik und Datenverarbeitung, Im Neuenheimer Feld 325, 6900 Heidelberg

Wichmann, H.E., Dr.rer.nat., Medizinische Universitäsklinik, Joseph-Stelzmann-Str. 9, 5000 Köln 41

Wilde, E., Dr.Ing., Krankenhauszweckverband Augsburg, Zentralklinikum, Stenglinstr. 2, Postfach 101920, 8900 Augsburg

Wittkowski, K., Dipl. Math., Eberhard-Karls-Universität, Institut für Medizinische Biometrie, Westbahnhofstr. 55, 7400 Tübingen

Wolters, E., Prof. Dr., Fachhochschule Hannover, Fachbereich BID, Hanomagstr. 8, 3000 Hannover 91

Zajicek, G., Prof. Dr.med., Hadassah Medical School, Hebrew University, Jerusalem, Israel

Zinser, G., Dr.rer.nat., Deutsches Krebsforschungszentrum, Institut für Experimentelle Pathologie, Im Neuenheimer Feld 280, 6900 Heidelberg

Zips, Brigitte, Dipl. Inform.Med., Johann-Wolfgang-Goethe Universitätsklinikum, Zentrum der Medizinischen Informatik, Abteilung für Medizinische Dokumentation und Datenverarbeitung, Theodor Stern-Kai 7, 6000 Frankfurt 70

Zwingers, T., Dipl. Ing., Biometrisches Zentrum für Therapiestudien, Pettenkofer Str. 35, 8000 München 2

13. SACHVERZEICHNIS

Band 34: C. E. M. Dietrich, P. Walleitner, Warteschlangen-Theorie und Gesundheitswesen. VIII, 96 Seiten. 1982.

Band 35: H.-J. Seelos, Prinzipien des Projektmanagements im Gesundheitswesen. V, 143 Seiten. 1982.

Band 36: C. O. Köhler, Ziele, Aufgaben, Realisation eines Krankenhausinformationssystems. II, (1-8), 216 Seiten. 1982.

Band 37: Bernd Page, Methoden der Modellbildung in der Gesundheitssystemforschung. X, 378 Seiten. 1982.

Band 38: Arztgeheimnis – Datenbanken – Datenschutz. Arbeitstagung, Bad Homburg, 1982. Herausgegeben von P. L. Reichertz und W. Kilian. VIII, 224 Seiten. 1982.

Band 39: Ausbildung in der Medizinischen Informatik. Proceedings, 1982. Herausgegeben von P. L. Reichertz und P. Koeppe. VIII, 248 Seiten. 1982.

Band 40: Methoden der Statistik und Informatik in Epidemiologie und Diagnostik. Proceedings, 1982. Herausgegeben von J. Berger und K. H. Höhne. XI, 451 Seiten. 1983

Band 41: G. Heinrich, Bildverarbeitung von Computer-Tomogrammen zur Unterstützung der neuroradiologischen Diagnostik. VIII, 203 Seiten. 1983.

Band 42: K. Boehnke, Der Einfluß verschiedener Stichprobencharakteristika auf die Effizienz der parametrischen und nichtparametrischen Varianzanalyse. II, 6, 173 Seiten. 1983.

Band 43: W. Rehpenning, Multivariate Datenbeurteilung. IX, 89 Seiten. 1983.

Band 44: B. Camphausen, Auswirkungen demographischer Prozesse auf die Berufe und die Kosten im Gesundheitswesen. XII, 292 Seiten. 1983.

Band 45: W. Lordieck, P. L. Reichertz, Die EDV in den Krankenhäusern der Bundesrepublik Deutschland. XV, 190 Seiten. 1983.

Band 46: K. Heidenberger, Strategische Analyse der sekundären Hypertonieprävention. VII, 274 Seiten. 1983.

Band 47: H.-J. Seelos, Computerunterstützte Screeninganamnese. IX, 221 Seiten. 1983.

Band 48: H.-E. Wichmann, Regulationsmodelle und ihre Anwendung auf die Blutbildung. XVIII, 303 Seiten. 1984.

Band 49: D. Hölzel, G. Schubert-Fritschle, Ch. Thieme, Klinikübergreifende Tumorverlaufsdokumentation. XI, 269 Seiten. 1984.

Band 50: Der Beitrag der Informationsverarbeitung zum Fortschritt der Medizin. 28. Jahrestagung der GMDS, Heidelberg, September 1983. Herausgegeben von C.O. Köhler, P. Tautu und G. Wagner. XI, 668 Seiten. 1984.